KLIMAGEWALTEN

Treibende Kraft der Evolution

HARALD MELLER UND THOMAS PUTTKAMMER (HRSG.)

KLIMAGEWALTEN

Treibende Kraft der Evolution

BEGLEITBAND ZUR SONDERAUSSTELLUNG
IM LANDESMUSEUM FÜR VORGESCHICHTE HALLE (SAALE)

30. NOVEMBER 2017 BIS 21. MAI 2018

Landesamt für Denkmalpflege und Archäologie Sachsen-Anhalt
LANDESMUSEUM FÜR VORGESCHICHTE

HALLE (SAALE) 2017

»KLIMAGEWALTEN – TREIBENDE KRAFT DER EVOLUTION«
30. NOVEMBER 2017 BIS 21. MAI 2018
www.landesmuseum-klimagewalten.de

DIE AUSSTELLUNG ENTSTAND IN KOOPERATION MIT DEM ZENTRALMAGAZIN NATURWISSENSCHAFTLICHER SAMMLUNGEN (ZNS) DER MARTIN-LUTHER-UNIVERSITÄT HALLE-WITTENBERG.

DIE AUSSTELLUNG WIRD FINANZIERT DURCH MITTEL DES LANDES SACHSEN-ANHALT.

WIR DANKEN FÜR DIE FÖRDERUNG UND UNTERSTÜTZUNG:

Verein zur Förderung
des Landesmuseums für
Vorgeschichte Halle (Saale) e.V.

LEIHGEBER

Belgien	• Royal Belgian Institute of Natural Sciences, Brüssel
Deutschland	• Museum Aschersleben
	• Staatliche Museen zu Berlin, Antikensammlung
	• Museum für Naturkunde Berlin
	• Braunschweigisches Landesmuseum, Braunschweig
	• Brandenburgisches Landesamt für Denkmalpflege und Archäologisches Landesmuseum, Zossen
	• Museum für Naturkunde, Chemnitz
	• GeoZentrum Nordbayern, Fachgruppe Paläoumwelt, Erlangen
	• Sammlungen des Geowissenschaftliches Zentrums der Georg-August-Universität Göttingen
	• Institut für Biologie, Bereich Geobotanik und Botanischer Garten, Herbarium der Martin-Luther-Universität Halle-Wittenberg
	• Geologisch-Paläontologische Sammlungen der Martin-Luther-Universität Halle-Wittenberg
	• Geiseltalsammlung/ZNS der Martin-Luther-Universität Halle-Wittenberg
	• Zoologische Sammlung/ZNS der Martin-Luther-Universität Halle-Wittenberg
	• Centrum für Naturkunde (CeNak) der Universität Hamburg
	• Niedersächsisches Landesamt für Denkmalpflege Hannover, Abteilung Archäologie
	• Institut für Geowissenschaften der Universität Heidelberg
	• Privatsammler, Jena
	• Museum der Westlausitz Kamenz
	• Staatliches Museum für Naturkunde Karlsruhe
	• Geologische und Paläontologische Sammlung der Universität Leipzig
	• Staatliche Naturwissenschaftliche Sammlungen Bayerns – Bayerische Staatssammlung für Paläontologie und Geologie (SNSB – BSPG), München
	• Staatliches Museum für Naturkunde Stuttgart
Frankreich	• Collection du Muséum National d'Histoire Naturelle, Paris
	• Musée d'Archéologie nationale et Domaine national de Saint-Germain-en-Laye
	• Collections des Musées de la Ville de Poitiers et de la Société des Antiquaires de l'Ouest
Georgien	• Georgian National Museum. Simon Janashia Museum of Georgia, Tiflis
Italien	• Museum of Natural History, Geological and Paleontological Section, University of Florence
	• Museo Civico, Ostuni
Österreich	• Naturhistorisches Museum Wien
	• Landessammlungen Niederösterreich
Russland	• State Historical Museum, Moscow
	• The State Hermitage Museum, St. Petersburg
Schweiz	• Naturhistorisches Museum Basel
Slowakei	• Slovak National Museum – Natural History Museum, Bratislava
	• Archäologisches Institut der Slowakischen Akademie der Wissenschaften, Nitra
Tschechische Republik	• Moravské zemské muzeum, Brno
Ukraine	• Institute of Archaeology – National Academy of Sciences of Ukraine, Kiev

AUSSTELLUNG

Gesamtleitung	• Harald Meller
Projektleitung	• Thomas Puttkammer
Kurator/-in	• Dieta Ambros (Erlangen)
	• Karol Schauer (Salzburg)
Wissenschaftliche Beratung	• Dr. Volker Bothmer (Göttingen)
	• Dr. Olaf Jöris (Neuwied)
	• Dr. Stefan Kröpelin (Köln)
	• Prof. Dr. Dietrich Mania (Jena)
	• Dr. Nicolas Mélard (Paris)
	• Prof. Dr. Arnold Müller (Leipzig)
	• Prof. Dr. Martin Oliva (Brno)
	• Prof. Dr. Wolfhard Schlosser (Bochum)
	• Dr. Frank Steinheimer (Halle [Saale])
	• Prof. Dr. Thomas Terberger (Hannover)
	• Prof. Dr. Thorsten Uthmeier (Erlangen)
	• Dr. Reinhard Ziegler (Stuttgart)
Wissenschaftliche Volontäre	• Juliane Weiß
	• Anne Wolsfeld
Ausstellungstexte	• Dieta Ambros (Erlangen)
	• Arnold Muhl
	• Thomas Puttkammer
	• Karol Schauer (Salzburg)
	• Juliane Weiß
Audioguidetexte	• Linon Medien e. K. (Berlin)
Gestaltung	• Juraj Lipták (München)
	• Karol Schauer (Salzburg)
Rekonstruktionszeichnungen und Illustrationen	• Karol Schauer (Salzburg)
Fotos	• Juraj Lipták (München)
Bildrecherche	• Stefanie Buchwald
	• Thomas Puttkammer
	• Juliane Weiß
	• Anne Wolsfeld
Leihverkehr	• Urte Dally
	• Anne Wolsfeld
Öffentlichkeitsarbeit	• Tomoko Emmerling
	• Julia Kruse
	• Robert Noack
	• Alfred Reichenberger
	• Georg Schafferer
	• Michael Schefzik
	• Anja Stadelbacher
Besucherbetreuung	• Monika Bode
	• Sven Koch

Herstellung der Dermoplastiken
• »Zentralinstallation« und »Riesenhyäne« Dieter Schön (Pfarrkirchen i. M./Österreich)

Koordination Ausstellungsbau
• Thomas Puttkammer
• Juliane Weiß
• Anne Wolsfeld

Technische Leitung Ausstellungsbau
• Gerhard Lamm (Halle [Saale])

Ausstellungsvorbau und Haustechnik
• Lutz Bloy und Team

Sammlung
• Roman Mischker
• Carsten Schittko
• Irina Widany

Restauratorische Betreuung
• Heiko Breuer
• Friederike Hertel
• Vera Keil
• Hartmut von Wieckowski (Nehlitz)
• Christian-Heinrich Wunderlich

Exponateinrichtung
• Fißler & Kollegen GmbH (Leipzig)

Ausstellungsgrafik
• Stefanie Buchwald
• Klaus Pockrandt (Halle [Saale])
• Thomas Puttkammer

Karten
• Stefanie Buchwald
• Klaus Pockrandt (Halle [Saale])
• Thomas Puttkammer

Filme und Animationen
• FS Bewegtbild/Kommunikation (Niederstotzingen)
• Globoccess AG (Hamburg)
• Thomas Puttkammer

BEGLEITBAND

Herausgeber
• Harald Meller
• Thomas Puttkammer

Konzeption
• Dieta Ambros (Erlangen)
• Harald Meller
• Thomas Puttkammer
• Karol Schauer (Salzburg)

Redaktion/Lektorat
• Dieta Ambros (Erlangen)
• Holger Dietl
• Anne Gottstein
• Kathrin Legler
• Nele Lüttmann
• Thomas Puttkammer
• Juliane Weiß
• Anne Wolsfeld

Endredaktion
• Holger Dietl
• Manuela Schwarz
• Claudia Trummer

Technische Bearbeitung
• Stefanie Buchwald
• Anne Gottstein
• Birte Janzen
• Brigitte Parsche
• Klaus Pockrandt (Halle [Saale])
• Thomas Puttkammer

Gestaltungskonzept
• Birte Janzen

Layout und Satz
• Anne Gottstein
• Birte Janzen
• Brigitte Parsche

Umschlaggestaltung
• Klaus Pockrandt (Halle [Saale])

Umschlagmotiv
• Am Rande der Welt, Zeichnung © Karol Schauer (Salzburg)

Vorsatz
• Am Rande der Welt, Zeichnung © Karol Schauer (Salzburg)

Nachsatz
• Besucher eines Schwimmbads in Suining, Südwestchina, © picture alliance/dpa, Foto: Li Xiangyu

Kapiteltrenner
• 1. »The USGS National Ice Core lab provides storage for ice cores from polar regions. Credit: USGS«
• 2. Rheintalpanorama, Zeichnung © Karol Schauer (Salzburg)
• 3. *Australopithecus boisei* (links) und *Homo erectus* (rechts), Zeichnung © Karol Schauer (Salzburg)
• 4. Mammutjagd des *Homo sapiens*, Zeichnung © Karol Schauer (Salzburg)
• 5. © Otis Laubert – The Earth has spilled out of its banks, idea 1974, realisation 2000

Recherche Bildrechte
• Stefanie Buchwald
• Holger Dietl
• Thomas Puttkammer
• Juliane Weiß
• Anne Wolsfeld

Übersetzungen
• Karol Schauer, Salzburg (slowakisch)
• Juliane Weiß (englisch)

Druck und Bindung
• Grafisches Centrum Cuno GmbH & Co. KG (Calbe) Ultra HD Print

Bibliografische Information der Deutschen Nationalbibliothek.
Die Deutsche Nationalbibliothek verzeichnet diese Publikation in der Deutschen Nationalbibliografie; detaillierte bibliografische Daten sind im Internet über http://portal.dnb.de abrufbar.

Der Konrad Theiss Verlag ist ein Imprint der WBG.
Die Herausgabe des Werkes wurde durch die Vereinsmitglieder der WBG ermöglicht.
www.wbg-wissenverbindet.de

ISBN 978-3-944507-63-7 (Museumsausgabe)
ISBN 978-3-8062-3120-5 (Buchhandelsausgabe)

INHALT

5 KLIMAÄNDERUNGEN UND DIE GESELLSCHAFT

ANHANG

VORWORT

Sicherlich ist die Sentenz Alexander von Humboldts »Nur wer die Vergangenheit kennt, hat eine Zukunft« der Aphorismus, der am meisten bemüht wird, um die Relevanz der Geschichtswissenschaften zu verdeutlichen.

Vernunft und Logik dieses Satzes sind offensichtlich. Jedoch wird er in der Regel unter dem Blickwinkel einer begrenzten zeitlichen Rückschau verstanden. Verfechter humanistischer Bildung und politisch interessierte Bürger dürften dabei bis in die Aufklärung, die Französische Revolution und die Entdeckungen der Neuzeit zurückblicken. Klassisch Gebildete schließen in ihre Betrachtung natürlich die Antike und deren Philosophen mit ein, die sich zweifellos bereits mit den wesentlichen Fragen des menschlichen Daseins auseinandergesetzt haben. Kulturhistorisch interessierte Bürger wiederum setzen möglicherweise den Beginn unseres modernen Daseins mit dem dramatischen Übergang zur neolithischen Lebensweise gleich. All dies greift jedoch aus unserer Sicht für das Verständnis des heutigen Menschen und seiner Lebensumstände, aber auch für eine Abschätzung seiner Zukunft zu kurz.

Die entscheidende Entwicklung des Menschen erfolgte im Pleistozän, also im Eiszeitalter während der letzten 2,6 Millionen Jahre. In diesen Zeitraum fiel die Entwicklung der verschiedenen »Urmenschen« vom reinen Naturwesen hin zum Kulturwesen. Bezüglich der Frage, wie sich dies im Einzelnen zugetragen hat, stehen wir noch am Anfang der Forschung. Es zeichnet sich jedoch ab, dass bereits der *Homo erectus* vor mindestens 500 000 Jahren, möglicherweise aber vor weit mehr als einer Million Jahren Feuer und Werkzeuge, insbesondere Speer oder Lanze, entwickelte. Diese initialen Innovationen ermöglichten es einem kleinen, von Natur aus eher wehrlosen Affen, die Weiten der Erde zu erobern, sukzessive die Tierwelt zu dominieren und sich in der Folge an die Spitze der Evolution zu setzen.

Dabei gingen die technischen Entwicklungen aus unserer Sicht äußerst langsam voran, wohingegen die Expansion der Homininen vergleichsweise schnell erfolgte. Durch ein Bündel geistiger Fähigkeiten gelang es den verschiedenen Menschenarten, sich die unterschiedlichsten ökologischen Zonen zu erschließen, sodass sie letztlich nahezu alle terrestrischen ökologischen Nischen bewohnen und ausbeuten konnten. Diese Fähigkeiten ermöglichten es ihnen auch, mit apokalyptischen Naturkatastrophen, wie z. B. dem Ausbruch des Supervulkans Toba oder aber langsameren, dabei nicht weniger dramatischen Veränderungen wie den wiederkehrenden Eiszeiten, umzugehen. Dabei war es gerade die außerordentliche Anpassungsfähigkeit an die Natur – insbesondere an unterschiedlichste, sich drastisch wandelnde Klimabedingungen –, die dem Menschen das Überleben sicherte. Die Grundlagen hierfür bildeten einfache, stabile Techniken der Jagd, des Feuermachens, des Sammelns, der Herstellung von Bekleidung etc. Sie ermöglichten es den hoch mobilen Gruppen, Tieren und Pflanzen in ihre Refugien zu folgen und sich dort neue Lebenschancen zu erschließen. Eine der jüngsten Entdeckungen aus Bad Kösen-Lengefeld in Sachsen-Anhalt zeigt, dass selbst im Hochglazial unter scheinbar ungünstigsten Umständen eine Gruppe von Jägern mit Zelten in der endlosen Eis- und Löss-Steppe den Tieren auf ihren Wanderungen folgte.

Als Geologen, Paläontologen und Archäologen betrachten wir in der Regel große Zeiträume von Jahrhunderten, Jahrtausenden, wenn nicht gar Jahrmillionen. Innerhalb dieser Skala jedoch zeigt sich: Unabhängig von menschlichen Eingriffen waren die Klimaschwankungen während der letzten drei großen Eiszeiten in zyklischen Abständen von ca. 100 000 Jahren extrem.

Für das Verständnis der Gesamtvorgänge ist es wesentlich, nicht – wie zumeist präsentiert – nur die Kaltzeiten, sondern vielmehr das gesamte Känozoische Eiszeitalter (ca. 34 Millionen Jahre) sowie die extrem langen vorangehenden Zyklen aus Kalt- und Warmzeiten zu betrachten.

Dass heute der Wunsch nach Klimastabilität in den Fokus rückt, ist völlig nachvollziehbar, sind wir doch seit der Neolithischen Revolution und damit der Abhängigkeit von Ackerbau und Viehzucht trotz aller scheinbarer Technisierung ungeheuer verwundbar. Bereits eine Erwärmung des Weltklimas um wenige Grad oder – noch dramatischer – eine zukünftige Eiszeitphase hätte schwerwiegende Folgen für unsere technische Zivilisation. Aus der Perspektive eines sich kontinuierlich wandelnden Klimas scheint eine Veränderung fast zwingend. Dann wird möglicherweise in ferner Zukunft der moderne *Homo sapiens* wieder das Habitat besetzen, in dem alles begann: das tropische Afrika.

Prof. Dr. Harald Meller
Direktor des Landesamtes für Denkmalpflege und Archäologie Sachsen-Anhalt – Landesmuseum für Vorgeschichte und Landesarchäologe des Landes Sachsen-Anhalt

Dr. Thomas Puttkammer
Projektleiter der Ausstellung »Klimagewalten – Treibende Kraft der Evolution«

Schätzungen der globalen Oberflächentemperaturen der letzten ~100 Millionen Jahre und des Känozoikum (ab 66 Millionen Jahre). Die Temperaturangaben beruhen auf Delta-O-18-Messungen ($\delta^{18}O$) an Tiefseesedimenten (Foraminiferen) und für die letzten 800 000 Jahre aus EPICA-Eisbohrkernen der Antarktis (folgende Doppelseiten). Für die letzten 3,3 Millionen Jahre sind die wichtigsten im Katalog genannten archäologischen Fundorte und Kulturen mit ihrer ungefähren Datierung (unkalibriert, vor heute) aufgeführt. Mit blauer Schrift gekennzeichnete Fundplätze können nicht sicher einer archäologischen Kulturstufe zugeordnet werden. ➤➤

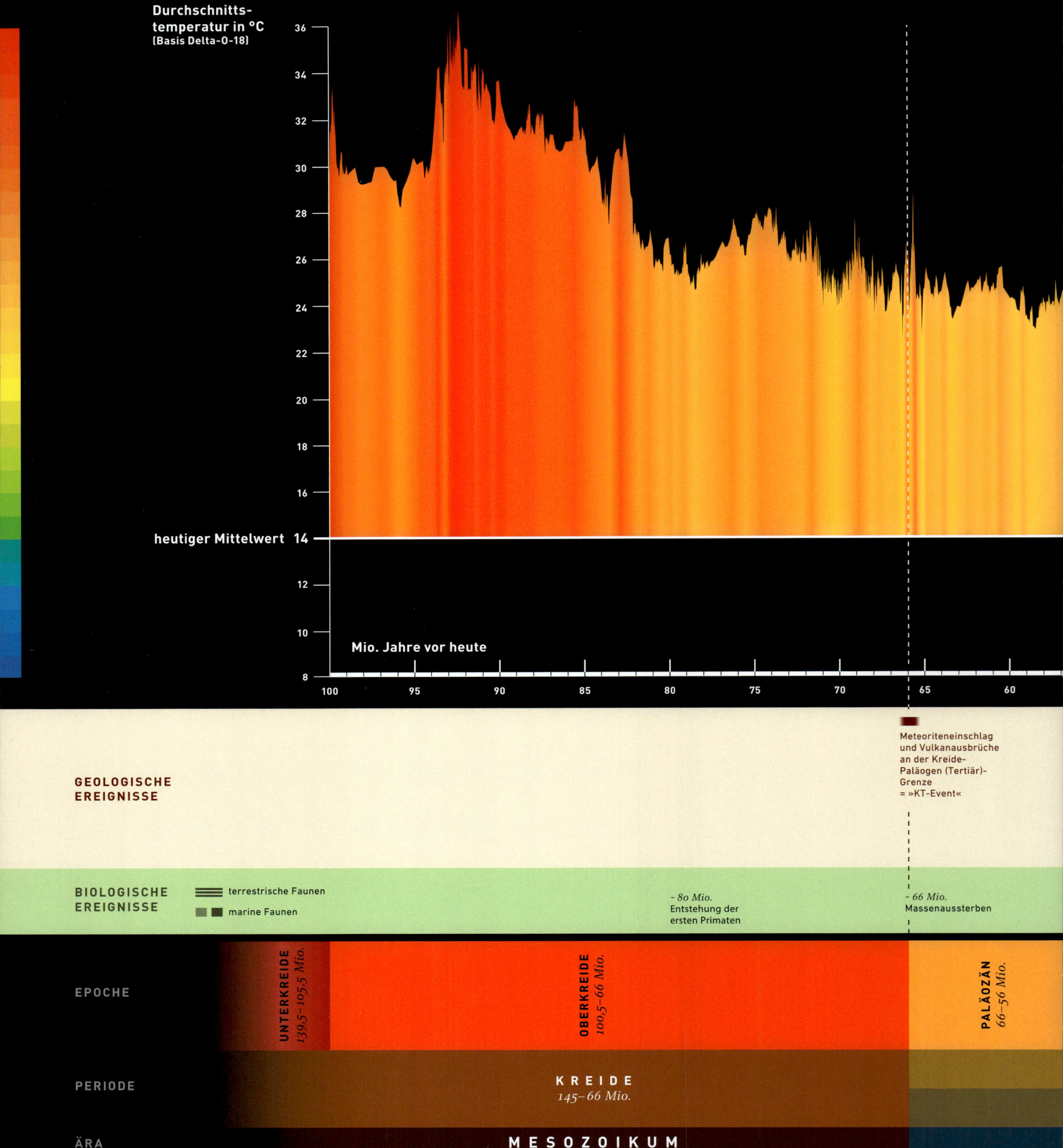
Durchschnitts-
temperatur in °C
(Basis Delta-O-18)
36
34
32
30
28
26
24
22
20
18
16
heutiger Mittelwert 14
12
10
8
Mio. Jahre vor heute
100
95
90
85
80
75
70
65
60
Meteoriteneinschlag
und Vulkanausbrüche
an der Kreide-
Paläogen (Tertiär)-
Grenze
= »KT-Event«
GEOLOGISCHE
EREIGNISSE
BIOLOGISCHE
EREIGNISSE
terrestrische Faunen
marine Faunen
~ 80 Mio.
Entstehung der
ersten Primaten
~ 66 Mio.
Massenaussterben
EPOCHE
UNTERKREIDE
139,5–105,5 Mio.
OBERKREIDE
100,5–66 Mio.
PALÄOZÄN
66–56 Mio.
PERIODE
KREIDE
145–66 Mio.
ÄRA
MESOZOIKUM

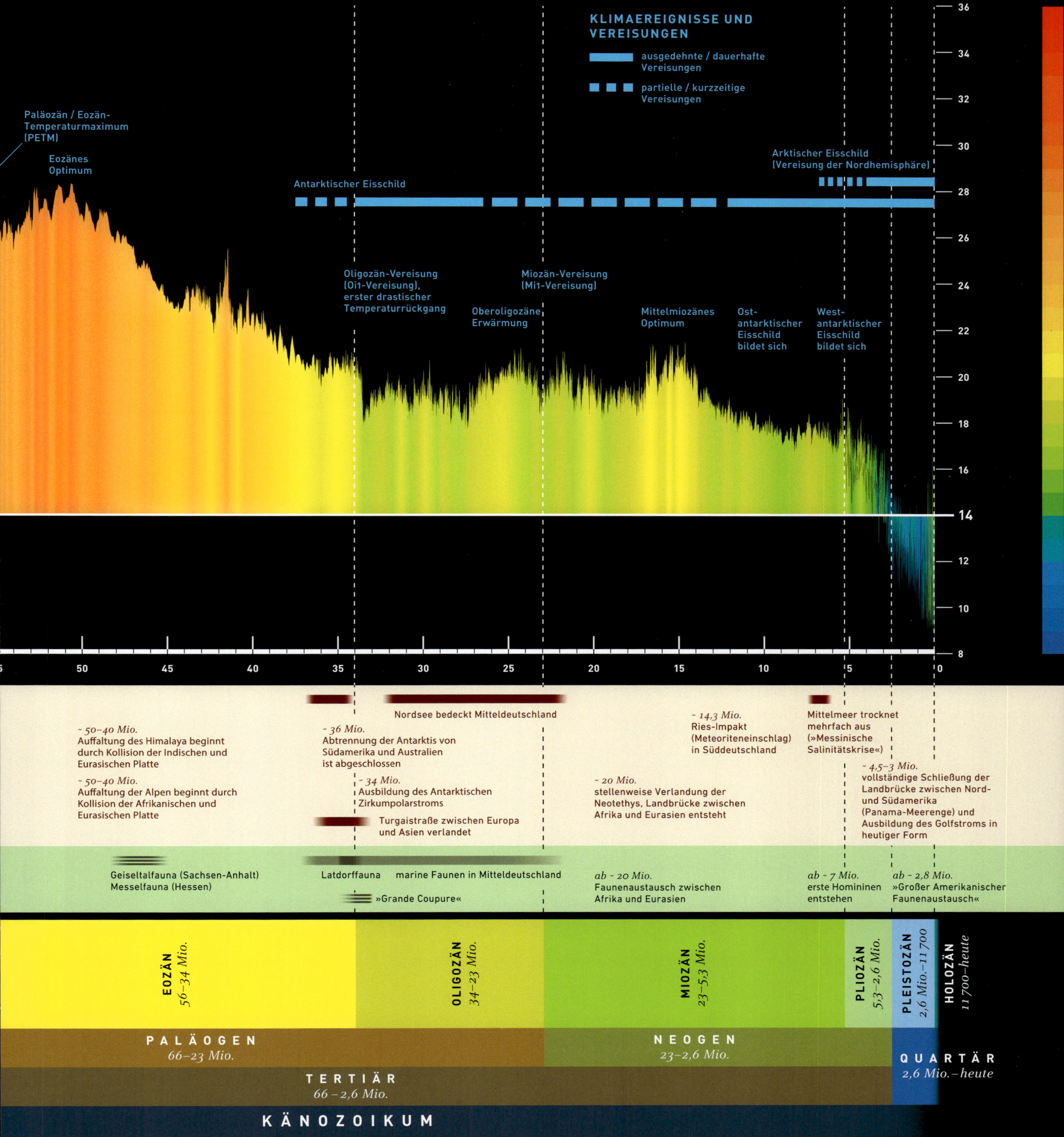

KLIMAEREIGNISSE UND VEREISUNGEN
ausgedehnte / dauerhafte Vereisungen
partielle / kurzzeitige Vereisungen
Paläozän / Eozän-Temperaturmaximum (PETM)
Eozänes Optimum
Antarktischer Eisschild
Arktischer Eisschild (Vereisung der Nordhemisphäre)
Oligozän-Vereisung (Oi1-Vereisung), erster drastischer Temperaturrückgang
Miozän-Vereisung (Mi1-Vereisung)
Oberoligozäne Erwärmung
Mittelmiozänes Optimum
Ost-antarktischer Eisschild bildet sich
West-antarktischer Eisschild bildet sich
36
34
32
30
28
26
24
22
20
18
16
14
12
10
8
50
45
40
35
30
25
20
15
10
5
0
Nordsee bedeckt Mitteldeutschland
~ 50–40 Mio. Auffaltung des Himalaya beginnt durch Kollision der Indischen und Eurasischen Platte
~ 50–40 Mio. Auffaltung der Alpen beginnt durch Kollision der Afrikanischen und Eurasischen Platte
~ 36 Mio. Abtrennung der Antarktis von Südamerika und Australien ist abgeschlossen
~ 34 Mio. Ausbildung des Antarktischen Zirkumpolarstroms
Turgaistraße zwischen Europa und Asien verlandet
~ 14,3 Mio. Ries-Impakt (Meteoriteneinschlag) in Süddeutschland
~ 20 Mio. stellenweise Verlandung der Neotethys, Landbrücke zwischen Afrika und Eurasien entsteht
Mittelmeer trocknet mehrfach aus (»Messinische Salinitätskrise«)
~ 4,5–3 Mio. vollständige Schließung der Landbrücke zwischen Nord- und Südamerika (Panama-Meerenge) und Ausbildung des Golfstroms in heutiger Form
Geiseltalfauna (Sachsen-Anhalt)
Messelfauna (Hessen)
Latdorffauna
marine Faunen in Mitteldeutschland
»Grande Coupure«
ab ~ 20 Mio. Faunenaustausch zwischen Afrika und Eurasien
ab ~ 7 Mio. erste Homininen entstehen
ab ~ 2,8 Mio. »Großer Amerikanischer Faunenaustausch«
EOZÄN 56–34 Mio.
OLIGOZÄN 34–23 Mio.
MIOZÄN 23–5,3 Mio.
PLIOZÄN 5,3–2,6 Mio.
PLEISTOZÄN 2,6 Mio.–11 700
HOLOZÄN 11 700–heute
PALÄOGEN 66–23 Mio.
NEOGEN 23–2,6 Mio.
QUARTÄR 2,6 Mio.–heute
TERTIÄR 66 – 2,6 Mio.
KÄNOZOIKUM

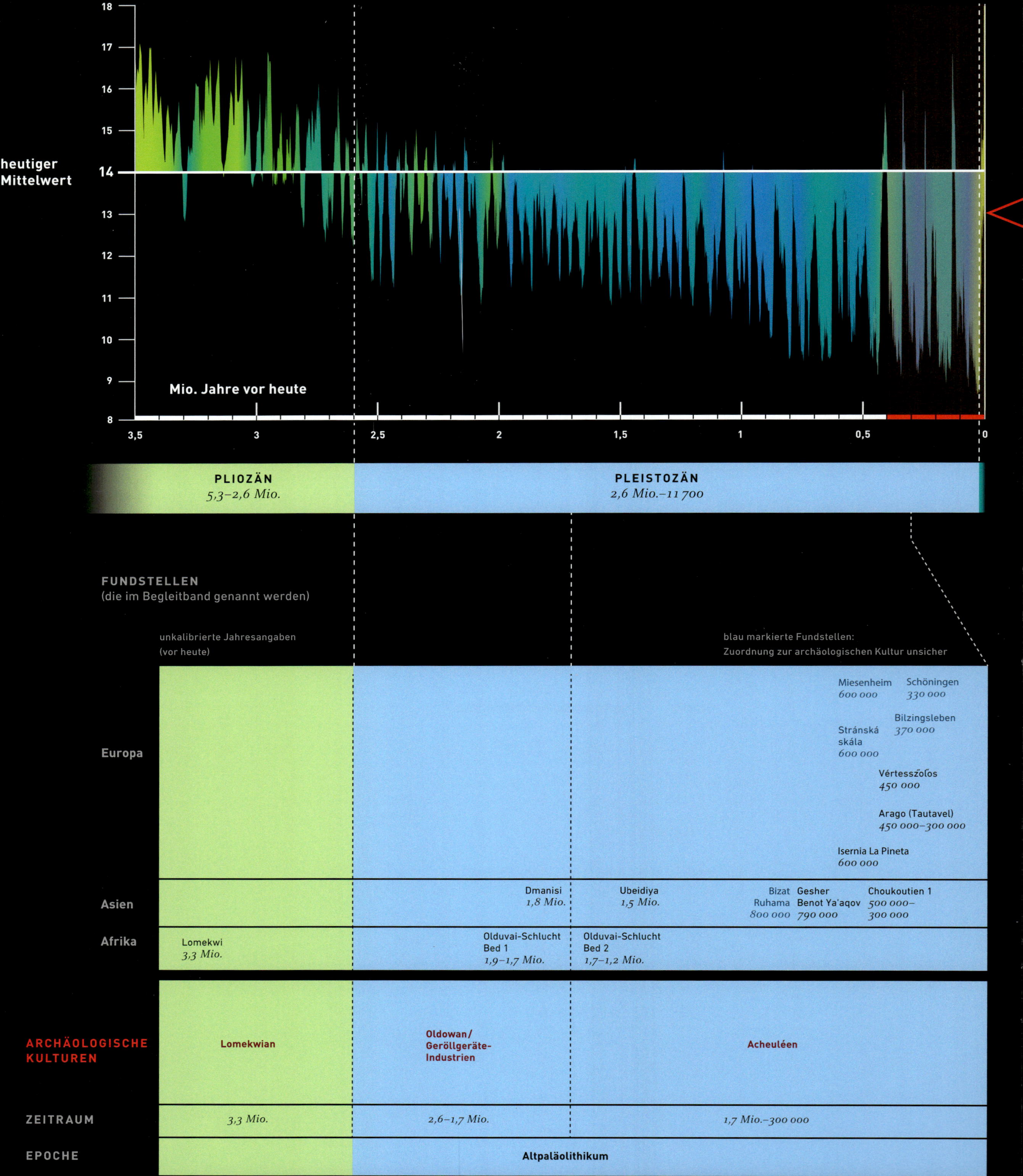
heutiger Mittelwert
18
17
16
15
14
13
12
11
10
9
8
Mio. Jahre vor heute
3,5
3
2,5
2
1,5
1
0,5
0
PLIOZÄN
5,3–2,6 Mio.
PLEISTOZÄN
2,6 Mio.–11 700
FUNDSTELLEN
(die im Begleitband genannt werden)
unkalibrierte Jahresangaben
(vor heute)
blau markierte Fundstellen:
Zuordnung zur archäologischen Kultur unsicher
Europa
Miesenheim 600 000
Schöningen 330 000
Bilzingsleben 370 000
Stránská skála 600 000
Vértesszőlős 450 000
Arago (Tautavel) 450 000–300 000
Isernia La Pineta 600 000
Asien
Dmanisi 1,8 Mio.
Ubeidiya 1,5 Mio.
Bizat Ruhama 800 000
Gesher Benot Ya'aqov 790 000
Choukoutien 1 500 000–300 000
Afrika
Lomekwi 3,3 Mio.
Olduvai-Schlucht Bed 1 1,9–1,7 Mio.
Olduvai-Schlucht Bed 2 1,7–1,2 Mio.
ARCHÄOLOGISCHE KULTUREN
Lomekwian
Oldowan/ Geröllgeräte-Industrien
Acheuléen
ZEITRAUM
3,3 Mio.
2,6–1,7 Mio.
1,7 Mio.–300 000
EPOCHE
Altpaläolithikum

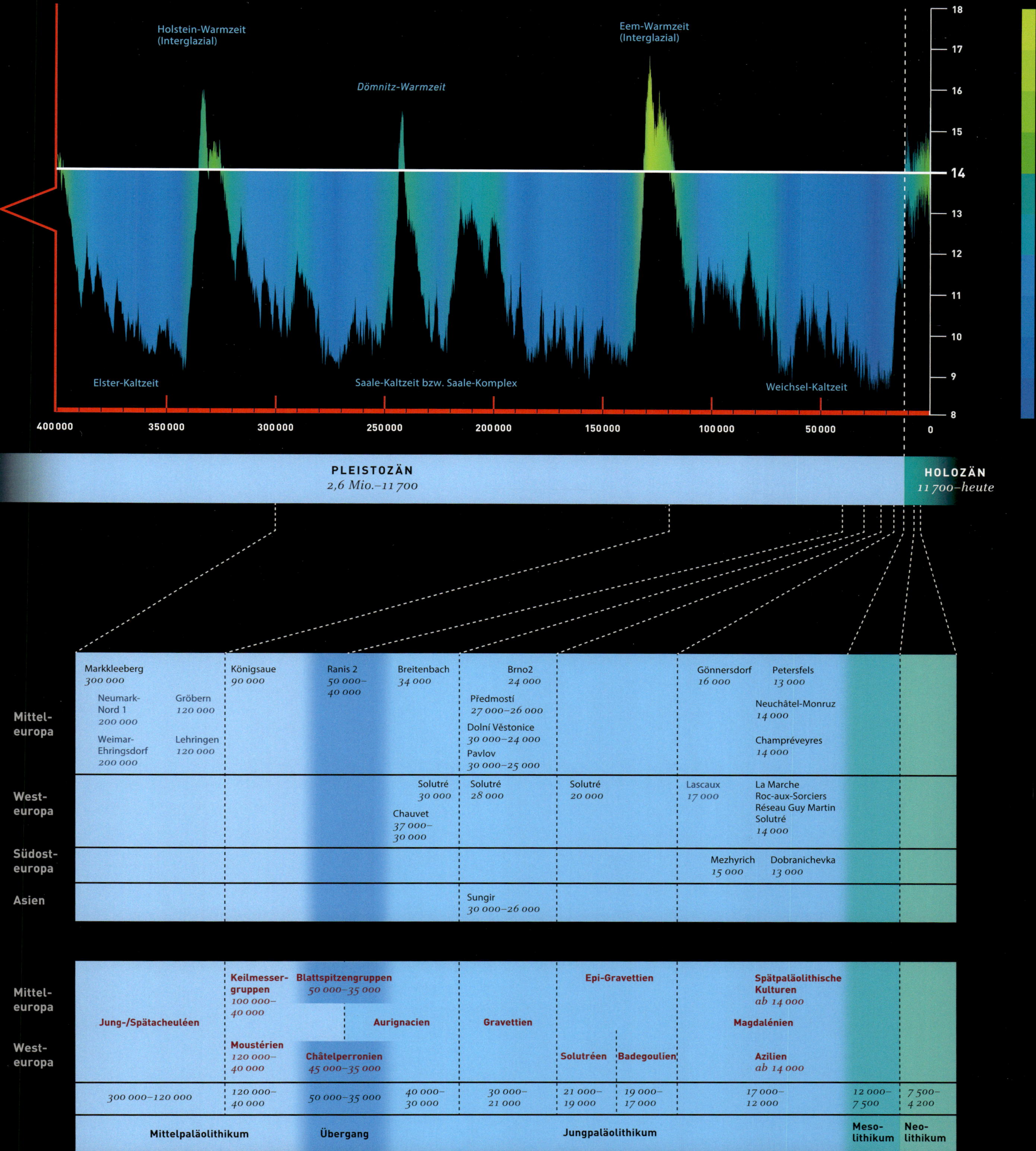

Holstein-Warmzeit
(Interglazial)
Dömnitz-Warmzeit
Eem-Warmzeit
(Interglazial)
Elster-Kaltzeit
Saale-Kaltzeit bzw. Saale-Komplex
Weichsel-Kaltzeit
18
17
16
15
14
13
12
11
10
9
8
400 000
350 000
300 000
250 000
200 000
150 000
100 000
50 000
0
PLEISTOZÄN
2,6 Mio.–11 700
HOLOZÄN
11 700–heute
Mittel-
europa
Markkleeberg
300 000
Neumark-
Nord 1
200 000
Gröbern
120 000
Weimar-
Ehringsdorf
200 000
Lehringen
120 000
Königsaue
90 000
Ranis 2
50 000–
40 000
Breitenbach
34 000
Brno2
24 000
Předmostí
27 000–26 000
Dolní Věstonice
30 000–24 000
Pavlov
30 000–25 000
Gönnersdorf
16 000
Petersfels
13 000
Neuchâtel-Monruz
14 000
Champréveyres
14 000
West-
europa
Solutré
30 000
Chauvet
37 000–
30 000
Solutré
28 000
Solutré
20 000
Lascaux
17 000
La Marche
Roc-aux-Sorciers
Réseau Guy Martin
Solutré
14 000
Südost-
europa
Mezhyrich
15 000
Dobranichevka
13 000
Asien
Sungir
30 000–26 000
Mittel-
europa
West-
europa
Jung-/Spätacheuléen
Keilmesser-
gruppen
100 000–
40 000
Blattspitzengruppen
50 000–35 000
Aurignacien
Moustérien
120 000–
40 000
Châtelperronien
45 000–35 000
Gravettien
Epi-Gravettien
Solutréen
Badegoulien
Spätpaläolithische
Kulturen
ab 14 000
Magdalénien
Azilien
ab 14 000
300 000–120 000
120 000–
40 000
50 000–35 000
40 000–
30 000
30 000–
21 000
21 000–
19 000
19 000–
17 000
17 000–
12 000
12 000–
7 500
7 500–
4 200
Mittelpaläolithikum
Übergang
Jungpaläolithikum
Meso-
lithikum
Neo-
lithikum

1 NATÜRLICHE KLIMAFAKTOREN UND KLIMAGESCHICHTE

Arnold Müller

KLIMA UND PALÄOKLIMAFORSCHUNG

Auch wenn Technisierung und Entfremdung von der Natur manchmal den Blick verstellen: Die Menschheit als Gesellschaft hochentwickelter Säugetiere ist bis heute Teil der belebten Natur (Biosphäre) und mutierte nicht zu einer darüberstehenden Instanz. Für alle menschlichen Lebensvorgänge gelten die gleichen Gesetze wie für andere Lebewesen: Energiegewinnung durch Nahrungsaufnahme, Erhaltung der Art durch Fortpflanzung und Überleben durch Anpassung an natürliche Umgebungsumstände. All das lehrt auch ein Blick zurück in die menschliche Geschichte. Mit nur 100 Generationen Rückschau kommt man bereits in einer mehrere Tausend Jahre zurückliegenden Zeit an, als die Menschen noch nahezu schutzlos den Launen der Natur unterworfen waren und Strategien zum Überleben entwickeln mussten. Als sicher wichtigste Einflussgröße steuerte die Klimageschichte maßgeblich die Menschheitsgeschichte. Das Klima reduzierte die Welt für frühe Menschen auf den physiologisch überhaupt bewohnbaren Teil. Über seinen Einfluss auf die Biosphäre entschied es auch über Nahrungsressourcen zu bestimmten Zeiten und an bestimmten Orten. Die frühe Menschheit musste dem Klimawandel zwangsläufig und unmittelbar folgen.

Erst mit der Nutzung von Kleidung, Feuer und Behausung wurde der Ausbruch aus der ursprünglich engen Bindung an warmes Klima möglich. Die Neuerungen ermöglichten die Ausdehnung menschlicher Lebensräume bis in unwirtlich kalte Zonen, wo die ursprüngliche Nacktheit den Tod bedeutet hätte. Die Klimaabhängigkeit allerdings blieb erhalten, weil die Nahrungsbeschaffung weiterhin vom klimatischen Geschehen abhing und bis heute blieb. Die evident hohe Klimabindung der Homininenevolution in den Fokus zu rücken, bietet eine gute Gelegenheit für einen Blick zurück bis zu den Anfängen im frühen Känozoikum. Vor 40–60 Millionen Jahren durchstreiften unsere fernen Vorfahren noch als Halbaffen die üppigen Wälder des Alttertiärs. Im Zuge der großen eozänen Säugetierentfaltung entsprang dieser Stammgruppe schließlich der zu den Menschen (Homininen) führende Zweig. Während zahlreiche eozäne Zeitgenossen unter den Säugetieren bald wieder von der Bildfläche verschwanden, führte der weitere Verlauf einer weitgehend klimatisch gesteuerten Evolution bei den Homininen hin zum Menschen. Klimaentwicklung, Vegetationsentwicklung und Menschheitsgeschichte sind untrennbar miteinander verbunden und ein Blick auf den Einfluss des Klimas auf die menschliche Evolution verspricht eine spannende Geschichte, die mit einem Blick aus dem Fenster beginnen mag.

Der Fensterblick offenbart das aktuelle Wetter und damit einen kurzzeitig wirksamen Zustand der Atmosphäre am Ort des Beobachters. Hält sich irgendeine Art von Wetter einige Tage, umschreibt man das als Wetterlage oder Witterung. Die Abfolge solcher Witterungsverläufe charakterisiert einen Jahresgang mit seinen saisonalen Schwankungen. Ob ein Jahr normal verlief, ergibt sich erst aus Vergleichsmöglichkeiten mit weiteren Jahren. Über ein Menschenleben dauernde Beobachtungen bieten schon nützliche Vergleichswerte, die aber in der Regel auf den Lebensort begrenzt sind. Klima jedoch als statistisches Konstrukt besteht aus Durchschnittswerten diverser Klimaparameter (vor allem Temperatur und Niederschlagswerte) über einen längeren Zeitraum und über große Flächen. Was in einer bestimmten Region normal ist und ob sich Änderungen und Trends abzeichnen, ist erst über ausreichend lange Zeitreihen zu ermitteln. Für globale Aussagen sind global verteilte Messungen erforderlich (heute via Satelliten). Als Mindestanforderungen für aussagefähige Zeitreihen gelten aus statistischen Gründen 30–40 Jahre, doch je länger eine Zeitreihe mit Daten gefüttert werden kann, desto stichhaltigere Aussagen sind zu gewinnen. In Europa reichen exakte Messreihen rund 150 Jahre zurück. Von da an verfügte man über entsprechende Messgeräte und richtete Beobachtungsstationen mit Messwertaufzeichnungen ein.

Heute wird das Klima aber nicht nur als statistisches Konstrukt betrachtet, sondern zunehmend auch als Produkt vielfältiger Interaktionen zwischen Atmosphäre und anderen Sphären (Lithosphäre, Hydrosphäre, Biosphäre) im System Erde. Die daraus erwachsende Komplexität mit ihrer Datenflut ist in der Klimaforschung nur noch mit leistungsfähigen Computern zu erfassen und auszuwerten. Die Daten werden nicht nur zur Wettervorhersage benutzt, sondern zunehmend zu Modellrechnungen (Simulationen). Simulationen helfen, frühere Klimazustände (Paläoklima) möglichst realitätsnah darzustellen und erlauben fundierte Ausblicke in die Zukunft (Prognosen).

Das Klima der Erde ist primär eine Folge der unterschiedlichen solaren Energiezufuhr auf der Erdoberfläche. Infolge der Kugelgestalt der Erde und der Stellung der Erdachse erhält die Erdoberfläche nicht gleichmäßig viel Sonnenenergie. Äquatornahe Bereiche mit günstigstem Einstrahlwinkel kommen am besten weg und die Pole mit ungüns-

Ziehen von Eisbohrkernen in British Columbia (Kanada) mit einem elektrothermischen Bohrer.

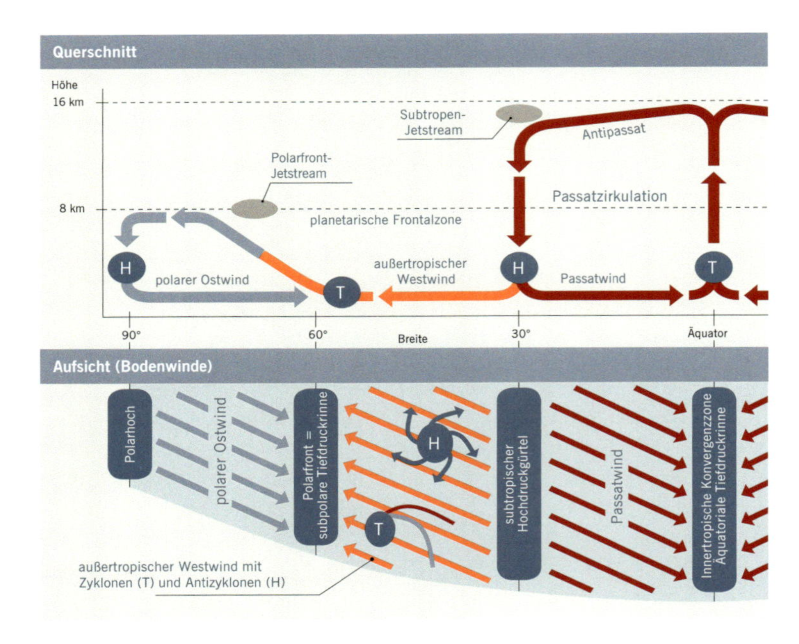

Abb. 1 *Die Abbildung zeigt schematisch die allgemeine Zirkulation in der Atmosphäre auf der Nordhalbkugel mit der normalen Lage der atmosphärischen Druckgebilde (Hoch- und Tiefdrucksysteme). Hoch- und Tiefdruckgebiete sorgen für einen vertikalen und horizontalen Luftmassenaustausch, indem erwärmte Luft in Tiefdruckgebieten aufsteigt, Feuchtigkeit verliert (Kondensation, Niederschlag), in der Höhe zu den Hochdruckgebieten fließt und dort als trockene Luft in den bodennahen Bereich fällt. Von da aus fließt sie als Bodenströmung wieder Richtung Tiefdruckgebiete zurück. Auf der Nordhalbkugel bilden die polare und die subtropische Hochdruckzone die stabilen Hochdruckzonen, während die innertropische Tiefdruckrinne am Äquator und die subpolare Tiefdruckrinne die Kernbereiche tiefen Luftdrucks darstellen. Die Aufsicht zeigt den normalen Verlauf der Bodenwinde an. Mitteleuropa liegt zwischen der Polarfront und dem subtropischen Hochdruckgürtel im Bereich westlicher Winde (»Westwindzone«).*

tigem Einstrahlwinkel am schlechtesten. Zusätzlich verschlechtert hier noch die Neigung der Erdachse mit ihrer Kreiselbewegung die Energiebilanz durch winterliche Dunkelheit (Polarnacht). Die Unterschiede allein ziehen schon eine Temperaturzonierung nach sich. Sie führen aber auch zu thermodynamischer Spannung, die über den Wärmetransport einen Ausgleich sucht. Atmosphärische Druckgebilde (Hochs und Tiefs) übernehmen den Austausch. Sie pumpen warme Luft nach Norden und kalte Luft nach Süden. Am stabilsten sind die Tropen und die polnahen Bereiche. In einem breiten Bereich dazwischen, in der Zone der gemäßigten Wechselklimate, findet ein großer Teil des Luftmassenaustauschs unter sehr dynamischen Begleitumständen (rascher Wechsel von Hoch- und Tiefdruckgebieten) statt (Abb. 1).

Die Erde ist weder eine ideale Kugel noch besitzt sie eine homogene Oberfläche mit gleichartigem Abstrahlungsverhalten. Land- und Meerverteilung mit Meeresströmungen, zirkulationshemmenden Gebirgen und einflussreicher Vegetation wirken so stark auf das Klimasystem ein, dass es einer mehr oder weniger starken, ortsabhängigen Ausprägung unterliegt und maßgeblich die jeweilige Vegetation bestimmt. Eine weitere wichtige Rolle spielen die erdgeschichtlich variable Gaszusammensetzung der Atmosphäre sowie die Hydrosphäre mit dem Wasserdampf als wichtigstem Treibhausmedium. Regionale Klimatypen und Vegetation bilden die Grundlage für die heute übliche Einteilung in Klimazonen, beispielsweise nach dem gebräuchlichen »effektiven Klimamodell« nach Köppen und Geiger (1954), das auf der Pionierarbeit von Köppen (1900) basiert (Abb. 2). Die Klimazonierung beeinflusste als wichtige paläobiogeografische Kenngröße auch maßgeblich die Evolution der Organismen. Da letztlich alle wesentlichen kosmischen und irdischen Stellschrauben im Klimasystem variabel sind, ist auch Klima selbst zwangsläufig variabel, zumal Rückkoppelungsprozesse bestimmte Entwicklungen noch verstärken oder abschwächen können. Mehr zum Klima findet man in zahllosen Büchern (z. B. Buchal/Schönwiese 2012) und Internetseiten.

Das wahre Ausmaß der Klimavariabilität mit manchen Extremzuständen verdeutlicht selbst schon ein kurzer Rückblick in die jüngere Erdgeschichte der letzten ca. 541 Millionen Jahre (Phanerozoikum; Abb. 3). Obwohl diese Periode durchschnittlich viel wärmer als heute war, stürzten die Temperaturen zeitweise drastisch in die Kälte mit massiven Vereisungen ab: die ordovizische Saharavereisung (vor 455–430 Millionen Jahren) und die permokarbonische Gondwanavereisung (vor 320–260 Millionen Jahren). Kurz nach der permokarbonischen Vereisung schossen die Temperaturen in der Trias (vor 248 Millionen Jahren) wieder stark nach oben und eine besonders warme Periode im Mesozoikum (Erdmittelzeit) begann. Auch wenn sich die Temperaturen nach der triassischen Hitzeperiode wieder etwas ermäßigten und durchaus auch etwas kühlere Phasen dabei waren, ist nach aktuellem Stand der Forschung keine mesozoische Vereisung sicher belegt. Erst im jüngsten Kapitel der Erdgeschichte, im Känozoikum (Erdneuzeit), zog ein erneuter Temperatursturz die neogene Eiszeit nach sich.

Mit einem gewaltigen Knall, dem Einschlag eines großen Asteroiden auf der Halbinsel Yucatan (Mexiko), und dem damit verbundenen Massenaussterben begann vor 66 Millionen Jahren das Känozoikum. Im Gefolge des Impakts begab sich das globale Klima zunächst auf eine kurze, aber heftige Achterbahnfahrt – erst in Richtung kalt, dann in Richtung warm. Daran schloss sich das Paläozän mit (für Mitteleuropa) warmen bis warmgemäßigten Temperaturen an. Am Ende des Paläozän kam es zum kurzzeitigen Ausbruch der Temperaturen zum känozoischen Spitzenwert (»Late Paleocene Thermal Maximum« oder kurz LPTM). Es leitete zu den allgemein hohen Temperaturen im tieferen Eozän über (eozänes Klimaoptimum). Bis zum Ende des Eozän ging es dann allmählich (und immer noch auf hohem Niveau) abwärts. Zu Beginn des Oligozän erfolgte dann der Übergang in ein neuerliches Eishaus Erde. Er mündete schließlich in die großen quartären Vereisungen der Nordhemisphäre und der Antarktis. Bis weit in das Pliozän hinein überschritten die globalen Durchschnittstemperaturen oft noch das heutige Niveau und fielen erst in den kalten eiszeitlichen Phasen deutlich darunter. Deutlich wärmere Verhältnisse als heute waren also der Normalzustand des känozoischen Klimas, die heutige Situation ist eine Ausnahme weit darunter und die pleistozänen Eisphasen liegen extrem weit jenseits normaler känozoischer Konditionen (Zachos u. a. 2001).

Unter den weitgehend warmen Klimaten im Känozoikum entstand die moderne Version der Biosphäre mit ihren maßgeblich von modernen Blütenpflanzen aufgebauten Wäldern, Steppen, tropischen Korallenriffen und anderen Großlebensräumen, am Ende aber auch die

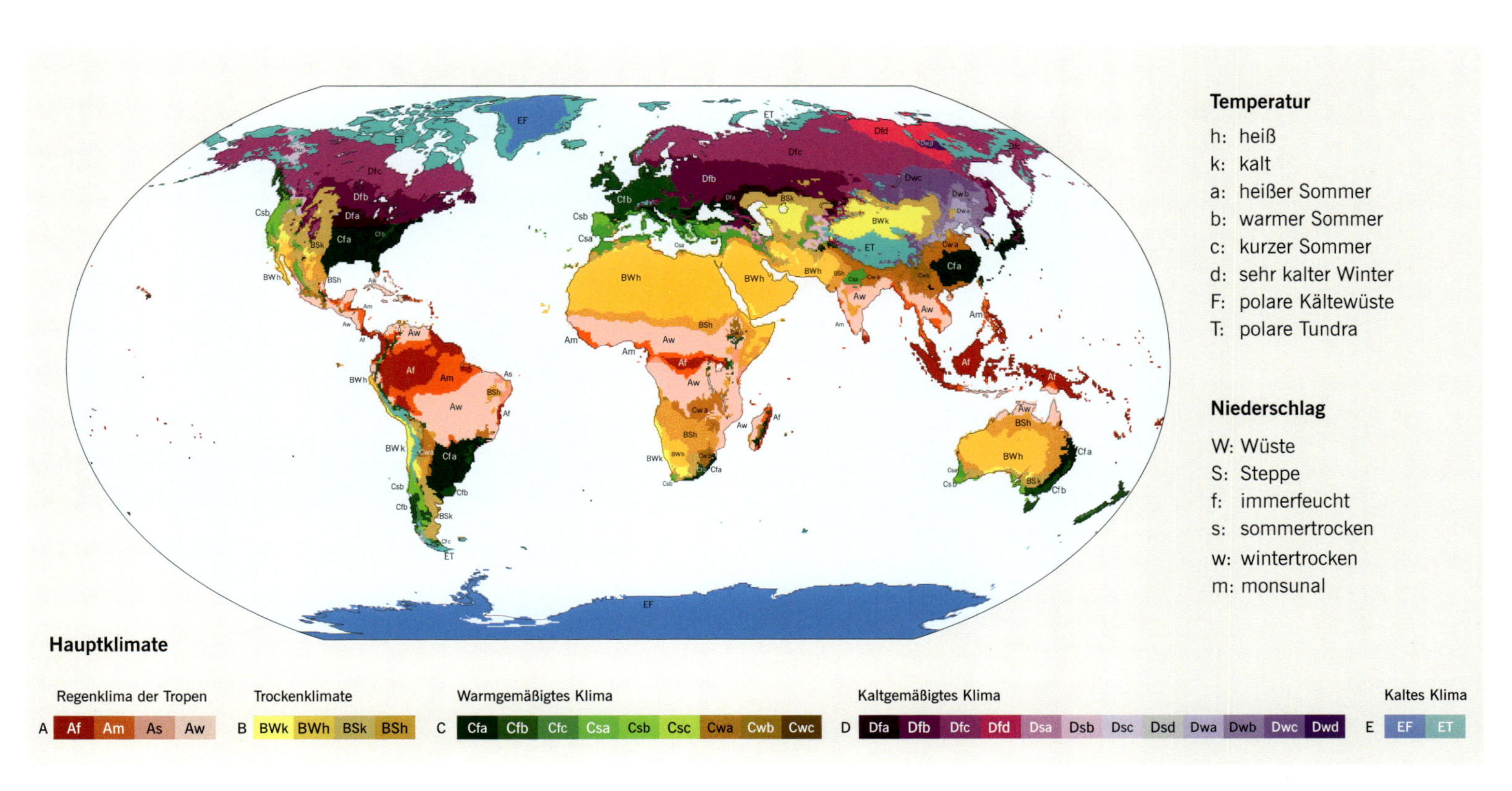

Abb. 2 *Klimazonen der Erde (effektives Klimamodell nach Köppen und Geiger).*

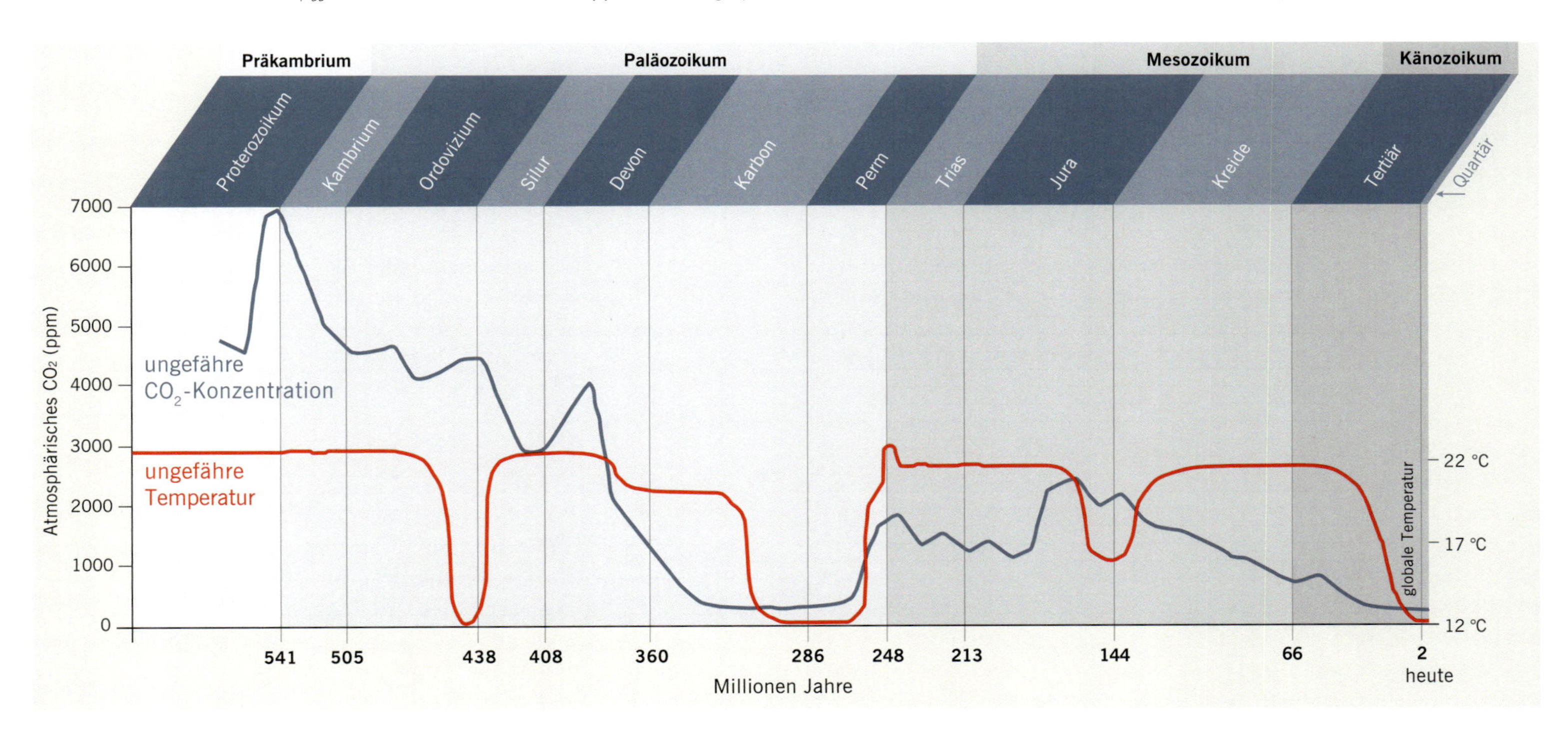

Abb. 3 *Temperaturverlauf und CO_2-Gehalt im Phanerozoikum (541 Millionen Jahre bis heute). Die beiden Kurven zeigen das Auf und Ab der globalen Temperaturen vom Kambrium bis heute. Die Temperaturkurve dokumentiert für den langen Zeitraum ein durchschnittlich wesentlich höheres Temperaturniveau als heute, unterbrochen von kürzeren Kaltzeiten. Auf den ersten Blick ersichtlich: Nur in der spätordovizischen und der permokarbonischen Kaltzeit war es ähnlich kalt wie in der aktuellen (quartären) Kaltzeit. Ferner war nur im Permokarbon der CO_2-Gehalt ähnlich niedrig wie heute und lag über lange Zeit der jüngeren Erdgeschichte deutlich über dem heutigen Level.*

extrem kalten Varianten im Periglazialraum, auf dem Eis oder in den angrenzenden eisigen Ozeanen. Klimaoptima erzeugten hohe biologische Diversität (Vielfalt), kalte Zeiten bedeuteten Artenrückgang. In einem wahren Sturmlauf der Evolution im paläogenen Klimaoptimum ging bei den Säugetieren (Eutheria) beispielsweise aus wenigen insektenfresserartigen Gruppen und Urhuftieren an der Kreide/Tertiärgrenze eine Flut neuer Entwicklungslinien mit allen heute noch existierenden Gruppen hervor. Am Ende des Eozän mündete die Primatenevolution bereits in die Entstehung direkter Vorfahren der Menschheit. Die folgende mio-pliozäne Geschichte der Homininen setzte sich im warmen Afrika fort, während weiter im Norden allmählich der Absturz in die pleistozäne Kälte eingeleitet wurde. Erst Innovationen wie Feuer und Kleidung ermöglichten den Menschen die Besiedlung der kalten Welt. Die Verhältnisse dort zwangen zu weiteren Anpassungen und Innovationen – ein wesentlicher Faktor in der Entwicklung des modernen Neumenschen. Die Menschheit als innovativste Primatengruppe schuf sich die Mittel selbst, auch unter den unwirtlichsten Bedingungen existieren zu können. So stehen Klimaentwicklung im Känozoikum und Evolution der Homininen in einer untrennbaren Verbindung, weshalb ein Blick auf die Klimageschichte der letzten 66 Millionen Jahre so ungemein interessant ist. Die Daten für den Klimarückblick liefert die Paläoklimatologie.

PALÄOKLIMATOLOGIE UND REKONSTRUKTION DES KLIMAS MIT PROXYDATEN

Da Paläoklimatologen keine direkten Messwerte von Temperatur oder Niederschlag zur Verfügung stehen, müssen sie andere Möglichkeiten zur Rekonstruktion früherer Klimazustände finden. Glücklicherweise hinterlässt das Klima genügend markante Spuren auf der Erde, überwiegend konserviert in vorzeitlichen Sedimenten. Besonders geeignete Sedimente mit Fossilien, Tropfsteine in Höhlen oder dauerhafte Eiskörper können Klimaspuren längerer Zeiträume (Zeitreihen) konservieren und bilden hervorragende Klimaarchive. Selbst ein mehrere Hundert Jahre alter Baum enthält als Klimaarchiv eine gute Zeitreihe. Aus allen möglichen Klimazeugen in Klimaarchiven lassen sich Daten zum früheren Klima (Proxydaten oder kurz Proxis) gewinnen, untersuchen und interpretieren.

Bevor physiko-chemische Methoden Einzug in die Paläoklimaforschung hielten, galten Fossilien als wichtigste Proxis. Fossile Pflanzen- und Tiergemeinschaften wurden mit heutigen Gemeinschaften verglichen (aktualistischer Vergleich) und paläoklimatologisch interpretiert (siehe u. a. Schwarzbach 1993). Wegen der engen verwandtschaftlichen Nähe känozoischer und rezenter Organismen funktioniert das auch recht gut. Auch anorganische Klimazeugen bieten gute Proxydaten, beispielsweise klimagebundene Verwitterungsprodukte oder Mineralneubildungen wie bestimmte Tonminerale oder die an kaltes Meerwasser gebundenen Glendonite. Auch wenn die klassischen Proxydaten

Abb. 4 Aufbereitung gefrorener Baumscheiben für die Ausmessung der Wachstumsringe.

keine exakten Messwerte liefern, sondern üblicherweise Intervalle abbilden, innerhalb derer sich rezente Vergleichsfaunen oder -floren bewegen, sind sie nach wie vor im Gebrauch und immer noch eine wesentliche Stütze der Paläoklimatologie. Nachfolgend einige Beispiele für oft genutzte Klimaarchive:

BAUMRINGE

Alle Bäume einer Region sind im gleichen Zeitraum vom gleichen Klimageschehen betroffen und bilden mit ihren Jahresringen kollektiv die Klimaentwicklung ab (Abb. 4). Aus der Aneinanderreihung von Baumindividuen kann man Zeitreihen über längere Zeiträume erstellen, indem man einzelne Hölzer über charakteristische Ringzonen miteinander korreliert. Die daraus folgende chronologische Abfolge ist sowohl zur Altersdatierung fossiler Hölzer (Dendrochronologie) als auch zur Klimainterpretation über längere Zeiträume geeignet. In Mitteleuropa reicht der »Hohenheimer Jahrringkalender« bis 14600 Jahre zurück (Jüngere Dryaszeit).

SEESEDIMENTE

In manchen Binnenseen sammelt sich über Tausende oder sogar Hunderttausende von Jahren ungestört Sediment an, im optimalen Fall als jahreszeitlich geschichtetes (laminiertes) Sediment mit Fossilien. In Deutschland betrifft das vorrangig tertiäre Maarseen mit laminierter Sedimentfüllung, aber auch quartäre Binnenseen. Solche laminierten Sedimente kann man mit Multielementscannern auf jahreszeitliche Schwankungen signifikanter Elemente untersuchen, Isotopenuntersuchungen an biogenen Skelettsubstanzen vornehmen und die zeitlichen

Abb. 5 Angeschliffener Stalagmit aus der Klaus-Cramer-Höhle, Vorarlberg (Österreich) von 16 cm Länge. Sein Alter konnte an der Basis auf 492000 Jahre bestimmt werden. ➤

Veränderungen (Fluktuationen) in den Faunen und Floren erfassen. Die multidisziplinären Untersuchungen führen zu sehr treffsicheren Ergebnissen.

TROPFSTEINHÖHLEN

Karsthöhlen in Kalksteinen enthalten oft Kalksinterbildungen in flächiger Form oder als Tropfsteine (Stalaktiten von der Höhlendecke und Stalagmiten vom Höhlenboden). Intensität und Geschwindigkeit der Sinterbildungen hängen vom Wasserzufluss und dem im Wasser gelösten CO_2 (Kohlensäure) ab, denn erst die Kohlensäure ist der eigentliche Kalklöser. Wasserzufluss und CO_2-Eintrag korrelieren mit dem Klimaverlauf und der damit verbundenen Entwicklung der Vegetationsdecke. Pflanzen setzen im Wurzelbereich CO_2 frei und verstärken den CO_2-Gehalt des durchziehenden Oberflächenwassers. Das ganze System schwingt also mit der Klima- und Vegetationsentwicklung. Wachstumsrhythmen von Stalagmiten und Stalaktiten bilden klimatische Prozesse direkt ab (Abb. 5). Geschützte Höhlen mit ihrem recht konstanten Höhlenklima können über lange Zeiträume existieren und liefern dann lange Zeitreihen paläoklimatischer Proxydaten (beispielsweise in Spötl u. a. 2007). So konnten trockene und feuchtere Klimaphasen im Pleistozän der Trockengürtel der Sahelzone und des arabischen Raums inzwischen ziemlich genau ermittelt (Vaks u. a. 2006; Fleitmann u. a. 2007) und mit anderen Klimazeugen korreliert werden. Höhlen in Meeresnähe, beispielsweise die Blue Holes der Bahamas, reflektieren mit ihren Füllungen das klimainduzierte Auf und Ab des Meeresspiegels. Tropfsteine/Höhlensinter gehören zu den besten bekannten Klimaarchiven und liefern sehr gute Proxydaten, zumal man das Material auch isotopengeochemisch analysieren kann.

TIEFSEESEDIMENTE

Tiefseesedimente entstehen in den Ozeanen in der Regel unter wenig gestörten Bedingungen. Bei 2000–4000 m Wassertiefe oder mehr ist der Einfluss von Meeresspiegelschwankungen um 100 oder 150 m gering. In landfernen Tiefseebecken bleibt zudem der Eintrag von Sedimenten oft sehr gering und auf vom Wind getriebenen Staubeintrag beschränkt. Daraus resultieren sehr geringe Sedimentationsraten mit Bruchteilen eines Millimeters pro Jahr. Tiefseesedimente bestehen oft nur aus Gehäusen und Skeletten von Foraminiferen (Kammerlinge), Radiolarien (Strahlentierchen), Diatomeen (Kieselalgen) und Pteropoden (Flügelschnecken). Solche nahezu rein biogenen Sedimente (Ooze) unterteilt man nach den quantitativ wichtigsten Planktongruppen (beispielsweise Foraminiferen-Ooze). Wegen der langsamen Sedimentation kondensiert in Tiefseesedimenten viel Zeit in relativ geringen Sedimentmächtigkeiten. Tiefseeablagerungen enthalten in der Regel genügend Fossilien für exakte biostratigrafische Datierungen, biogene Hartteile für isotopengeochemische Untersuchungen und zusätzlich anorganische Komponenten (z. B. Tonminerale) für anderweitige Untersuchungen. Sie sind deshalb ideale Klimaarchive. In den vergangenen Jahrzehnten gewann und untersuchte man im Rahmen des *Deep Sea Drilling Projects* (DSDP) zahlreiche Tiefseebohrkerne. Die darauf aufbauenden Temperaturkurven aus $\delta^{18}O$-Messungen (beispielsweise von Zachos u. a. 2001) gehören mit ihrer Zuverlässigkeit heute zur Grundausstattung paläoklimatischer Arbeiten.

EISBOHRKERNE

In den Eispanzern Grönlands und der Antarktis stecken bis zu Millionen Jahre Klimageschichte. Nach Entwicklung der technischen Voraussetzungen für umfangreiche Eisbohrungen konnte man in den vergangenen Jahren mehrere Kerne in der Antarktis und auf Grönland gewinnen (Abb. 6) und isotopengeochemisch untersuchen, wobei das Eis selbst und die darin eingeschlossenen Luftblasen als Reste fossiler Atmosphäre für isotopengeochemische Untersuchungen genutzt wurden. Trotz gewisser methodischer Einschränkungen (Diskussion um die Lufteinschlüsse) haben Eisbohrkerne ganz wesentlich zur Kenntnis der Klimaentwicklung der letzten 800 000 bis 1 Million Jahre beigetragen, beispielsweise der Vostok-Eiskern (Abb. 7; Petit u. a. 1999) und der Dome C-Kern des *European Project for Ice Coring in Antarctica* (EPICA) aus der Antarktis. Letzterer reicht bis 700 000 Jahre zurück und wurde mit dem Vostok-Eiskern korreliert (Siegenthaler u. a. 2005). Auch grönländische Eiskerne konnten inzwischen analysiert werden. Sie reichen zeitlich nicht so weit zurück wie die Antarktiskerne, lieferten aber gerade für das Jungpleistozän (begann vor 127 000 Jahren) interessante Ergebnisse.

MODERNE LABORVERFAHREN

Moderne physiko-chemische Methoden generieren echte Messwerte. Sie liefern allerdings keine direkten Werte von Klimaparametern (z. B. Temperatur) – die werden erst durch Umrechnung mittels Standards und speziellen Formeln ermittelt. Gegenwärtig steht vor allem die Isotopengeochemie von Sauerstoff und Kohlenstoff im Fokus. Das im Mas-

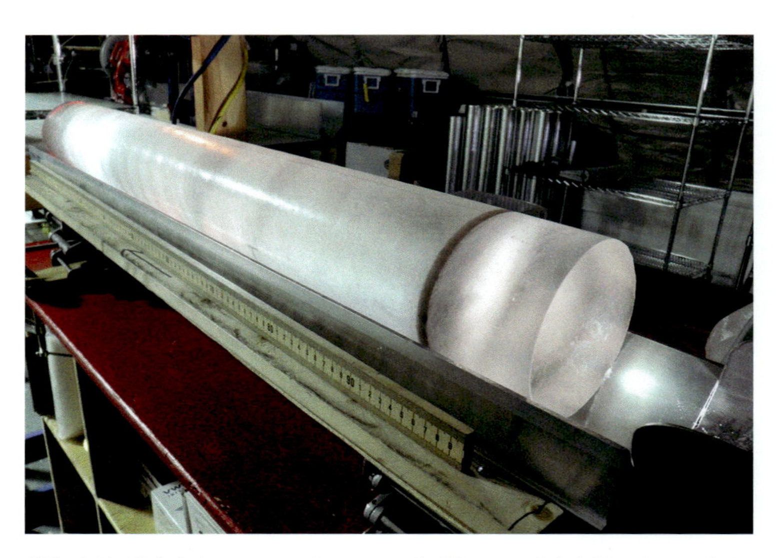

Abb. 6 *Ein Eisbohrkern von 1 m Länge aus der Westantarktis (»West Antarctic Ice Sheet Divide«) mit einer dunklen Vulkanascheschicht, die sich vor 21 000 Jahren auf der Eisdecke abgelagert hatte.*

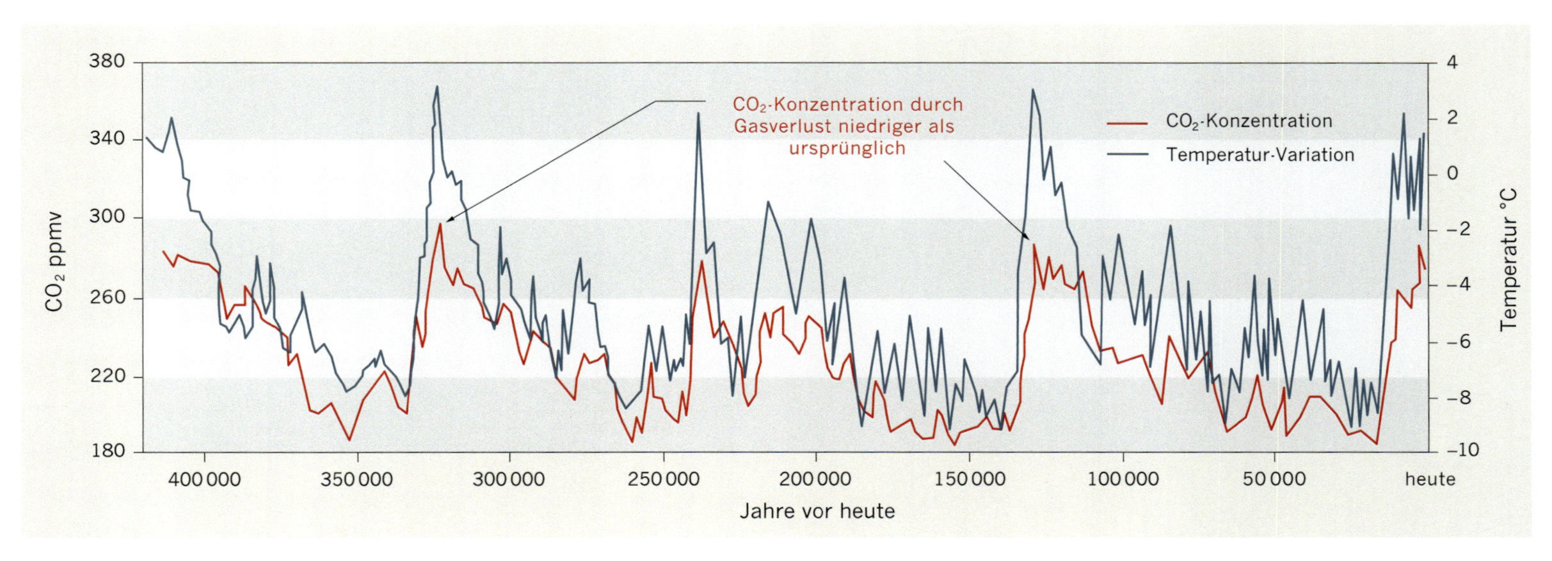

Abb. 7 *Temperatur- und CO_2-Kurve aus dem Vostok-Eiskern der Antarktis. Der in der Nähe der russischen Antarktisstation Vostok gewonnene Eisbohrkern gilt als erstrangiges Klimaarchiv. Über 400 000 Jahre Klimageschichte konnten damit dokumentiert werden.*

senspektrometer zu messende Gas wird oft aus biogenem Skelettmaterial (Karbonate, Phosphate oder Opal) gewonnen, aber auch abiogenes Material wie Karbonat aus Tropfsteinen oder Eis sind wichtige Träger von Informationen. Im Arsenal der Isotopengeochemie gewinnen weitere Elemente wie Wasserstoff oder Strontium zunehmendes Interesse.

SAUERSTOFF-ISOTOPIE

Die wichtigste laborative Methode zur Paläotemperaturbestimmung beruht auf dem Verhältnis der beiden stabilen Sauerstoffisotope ^{16}O und ^{18}O ($\delta^{18}O$). Die $\delta^{18}O$-Werte im marinen Bereich hängen von verschiedenen Faktoren ab (v. a. Temperatur und Salzgehalt), die hier im Detail nicht erörtert werden können. Verdunstungsraten, Süßwasser-(Eis-)Salzwasser-Massenbilanz und andere Faktoren fließen mit ein, sodass $\delta^{18}O$-Werte letztlich unter Einsatz von Standards und Korrekturfaktoren zu Temperaturwerten umgerechnet werden. Die laborative Aufbereitung der Ausgangssubstanzen liefert die mit einem Massenspektrometer zu messenden Gasproben. Die gemessenen Werte werden dann unter Einbeziehung von Standards mithilfe einer komplexen Formel zu Paläotemperaturwerten umgerechnet. Neben Messfehlern können in den Umrechnungen Fehler auftreten (z. B. falsche Voraussetzungen bei Korrekturfaktoren), aber auch durch Vitaleffekte von Organismen. Nicht jedes Tier muss die Sauerstoffisotopen im natürlichen Gleichgewicht der Umgebung in seine Hartteile einbauen. Trotz aller Schwierigkeiten ist die Sauerstoffisotopie heute eine der wichtigsten Proxydatenquellen der Paläoklimatologie.

KOHLENSTOFF-ISOTOPIE

In der Kohlenstoffisotopie nutzt man das Verhältnis des schweren ^{13}C zum leichten ^{12}C, ausgedrückt als $\delta^{13}C$. Es wird auch hier der Unterschied zu einem Standard ermittelt und nach etablierten Formeln berechnet. $\delta^{13}C$-Werte ermöglichen Einblicke in (auch klimarelevante) fossile Kohlenstoffkreisläufe. Inzwischen hat man auch den CO_2-Gehalt der Atmosphäre früherer Perioden der Erdgeschichte ermittelt. Die daraus abgeleitete Kurve der erdgeschichtlichen Entwicklung der CO_2-Konzentration in der Atmosphäre ist heute ein unverzichtbares Werkzeug der Paläoklimatologie.

SONSTIGE

Im Rahmen der Entwicklung istotopengeochemischer Methoden rücken auch zunehmend die Strontium- und Wasserstoff-Isotopie in das Blickfeld der Paläoklimatologie und gestatten interessante Einblicke in Stoffkreisläufe, klimatisch gesteuerte Verwitterungsprozesse u. a. Aspekte. Es ist damit zu rechnen, dass sie und andere in den kommenden Jahren stärker in Erscheinung treten und wichtige Proxydaten liefern werden.

FAZIT

Klassische Werkzeuge der Paläoklimatologie und moderne, isotopengeochemische Methoden erlauben heute sehr genaue Rekonstruktionen fossiler Klimazustände und -variationen. Die daraus abgeleiteten Temperaturkurven belegen die außergewöhnlich niedrigen heutigen Durchschnittstemperaturen. Weitaus höhere Temperaturen waren der Normalzustand im globalen Klima und Eiszeiten nur vergleichsweise kurze Episoden. Die letzte Kaltzeit im Plio-Pleistozän bildete den klimatischen Hintergrund für die finale Evolution der Menschen (Homininen).

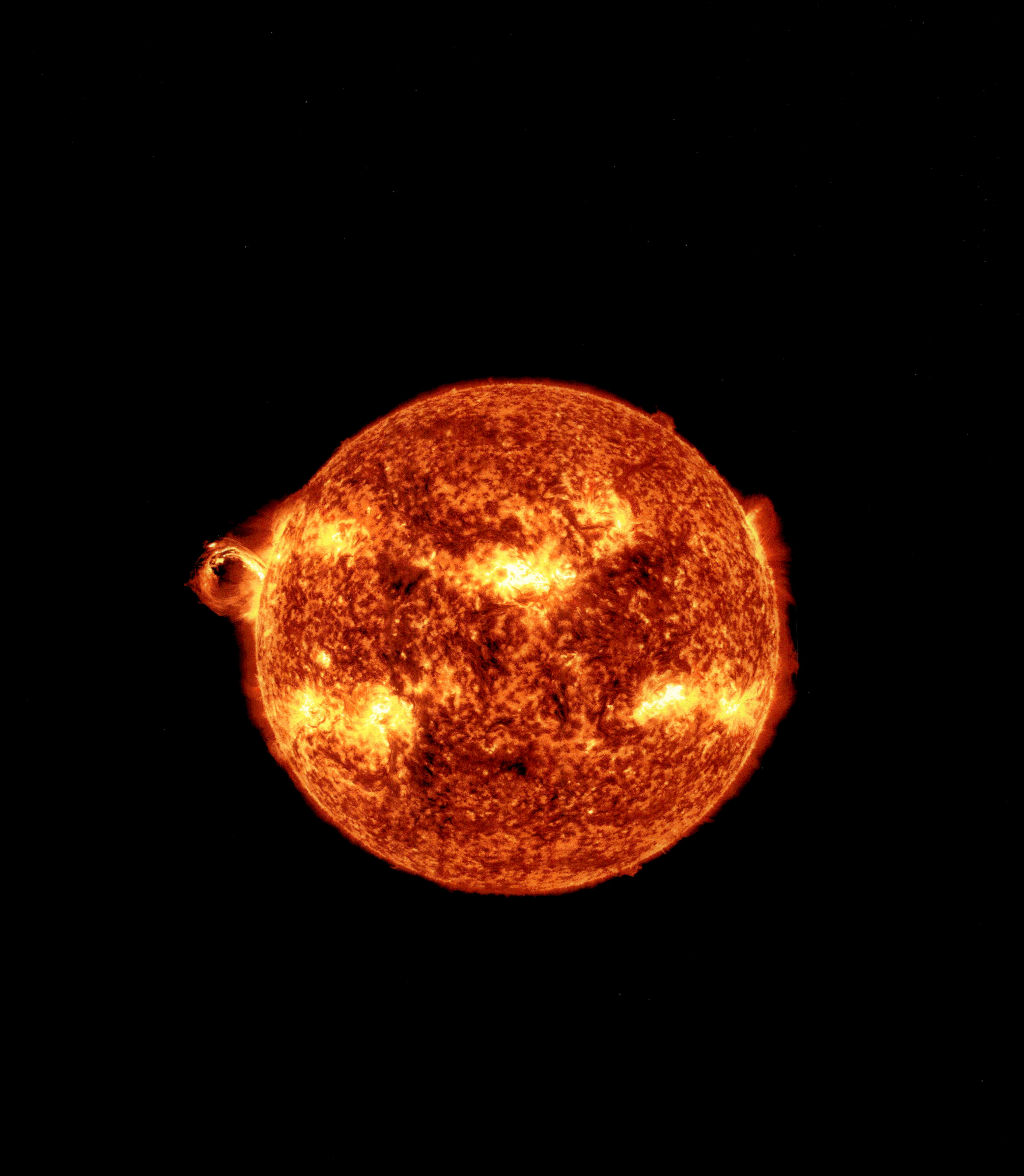

Volker Bothmer

ASTRONOMISCHE FAKTOREN UND IHR EINFLUSS AUF DAS KLIMA

Die Bedeutung der Sonne für das Leben auf der Erde ist für uns in Form von Licht und Wärme jederzeit spürbar. So nehmen wir Menschen die Sonne als zentralen Himmelskörper wahr, der die Länge der Tag- und Nachtzeiten und die Jahreszeiten bestimmt. Die klimatisch bedingten Unterschiede zwischen den Sommer- und den Wintermonaten waren von existentieller Bedeutung für die Jagd oder die Ernte. So wurden schon früh astronomische Beobachtungen durchgeführt, deren Kenntnisse bei der Anlage von Siedlungen oder Kultstätten Verwendung fanden. Die auf der Scheibe von Nebra dargestellten Himmelskörper sind ein direktes Zeugnis dafür. Im Laufe der Jahrtausende hat sich unsere Technologie auf den Weltraum ausgedehnt und wir haben Sonne und Erde mit Weltraummissionen wie SOHO, SDO und STEREO stetig im Blick.

Durch den Zuwachs der wissenschaftlichen Erkenntnisse können wir heute die Ursache und den Verlauf der Jahreszeiten astronomisch korrekt erklären. Abb. 1 zeigt die Umlaufbahn der Erde um die Sonne und die im Laufe der Zeit eintretenden Veränderungen. Der Umlauf der Erde erfolgt nicht exakt auf einer Kreisbahn, sondern auf einer Ellipsenbahn, auf der die Erde Anfang Juli mit 152 Millionen Kilometern den entferntesten und Anfang Januar mit 147 Millionen Kilometern den geringsten Abstand zur Sonne erreicht. Der Einfluss der unterschiedlichen Entfernung wirkt sich nur geringfügig auf die Gesamteinstrahlung der Sonne auf die Erde aus. Für die Jahreszeiten ist die jeweils unterschiedlich einfallende Sonneneinstrahlung auf die Nord- und Südhalbkugel ausschlaggebend. Da die Erdachse gegenüber der Umlaufebene um die Sonne, der sog. Ekliptik, um einen Winkel von 66,6° geneigt ist, ändern sich im Laufe des Jahres, je nach dem Aufenthaltsort auf der Erde, Intensität, Dauer und Winkel der einfallenden Sonnenstrahlung. Ausgezeichnete Phasen im Umlauf der Erde um die Sonne sind die Tages- und Nachtgleichen um den 21. März und 23. September herum, wenn die Sonne senkrecht über dem Erdäquator steht. Durch die unterschiedliche Sonneneinstrahlung auf die Erde entstehen

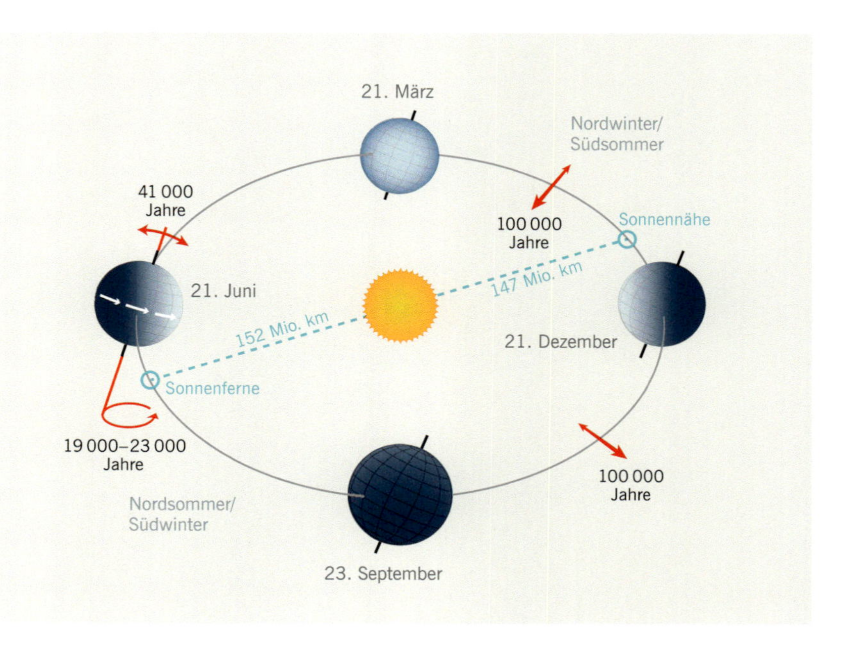

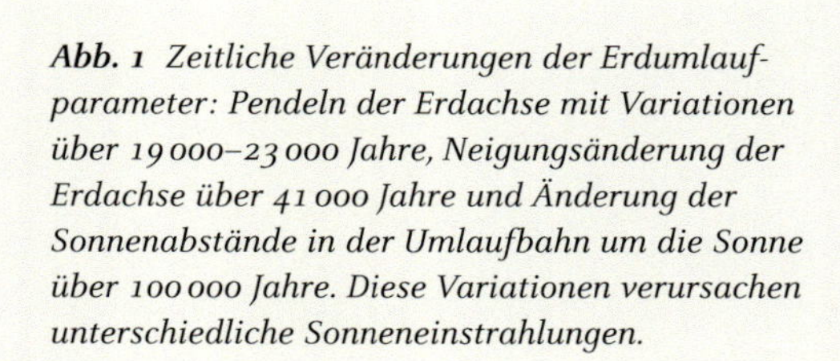
***Abb. 1** Zeitliche Veränderungen der Erdumlaufparameter: Pendeln der Erdachse mit Variationen über 19 000–23 000 Jahre, Neigungsänderung der Erdachse über 41 000 Jahre und Änderung der Sonnenabstände in der Umlaufbahn um die Sonne über 100 000 Jahre. Diese Variationen verursachen unterschiedliche Sonneneinstrahlungen.*

◄ Kombination von Aufnahmen der Sonnenatmosphäre, der Korona, im extrem ultravioletten Licht (304 nm und 171 nm = Nanometer). Gut zu erkennen sind helle, aktive Regionen und Schläuche heißen Plasmas am Sonnenrand.

die bekannten Klimazonen wie die äquatornahen Tropen oder die in hohen Breiten befindlichen Polarzonen.

Die Parameter der Erdumlaufbahn um die Sonne bleiben aber nicht konstant gleich, sondern werden durch die Bewegungen anderer Planeten im Sonnensystem, speziell durch Jupiter und Saturn, über längere Zeitskalen regelmäßig verändert. Dies führt zu den folgenden wichtigen Auswirkungen (vgl. Abb. 1):

1. einem Pendeln der Erdachse über einen Zeitraum von etwa 19 000–23 000 Jahren;
2. einer Änderung der Neigung der Erdachse mit einer Periode von etwa 41 000 Jahren;
3. einer Änderung der Umlaufbahn um die Sonne über einen Zeitraum von etwa 100 000 Jahren, mit näheren und entfernteren Sonnenabständen.

Man schätzt, dass die Änderung der Sonneneinstrahlung durch diese erstmals wissenschaftlich von Milankovitch (1941) berücksichtigten Prozesse eine Veränderung der Gesamteinstrahlung der Sonne von 5–10 % bedeutet. Es ist zu berücksichtigen, dass Temperaturanstiege auf der Nordhalbkugel, wegen der dort konzentrierten Landmassen, schneller stattfinden als auf der Südhalbkugel. Diese natürlich bedingten klimatischen Veränderungen werden in Zusammenhang gebracht mit den im Verlauf von einigen 100 000 Jahren stattfindenden Eiszeiten der jüngeren Erdgeschichte (Abb. 2). Vernachlässigt wird dabei, dass auch die räumliche Neigung der Erdbahnebene selbst, im Vergleich zur Sonne-Jupiter-Ebene, über eine Periode von etwa 100 000 Jahren variiert, was aber nicht zu einer nennenswerten Variation der Sonneneinstrahlung führt.

Die Variation der Sonneneinstrahlung auf die Erde kann seit Beginn der 1980er Jahre mit Instrumenten an Bord von Satelliten systematisch gemessen werden (Fröhlich 2012), wie Abb. 3 zeigt. Die gesamte Einstrahlung variiert etwa alle 11 Jahre um einen Wert von ca. 1 Promille, d. h. um etwa 1 W/m² (Watt pro Quadratmeter) bei Absolutwerten dieser »Solarkonstante« von 1366 W/m².

Insgesamt wird heute dieser Unterschied in der solaren Leuchtkraft von Forschern als zu klein erachtet, um den Temperaturanstieg von etwa 0,5 °C ab 1980 erklären zu können, ebenso wie den damit vermutlich zusammenhängenden Anstieg des Meeresspiegels. Dies führt zu der jetzigen Annahme der atmosphärischen Veränderung durch die erhöhte Produktion von Treibhausgasen, insbesondere Kohlendioxid und Methan.

Die etwa elfjährige Variation der Sonneneinstrahlung hängt mit dem seit der Entwicklung von optischen Teleskopen im 16. Jahrhundert beobachteten veränderlichen Auftreten der Zahl der Sonnenflecken, die als dunkle Gebiete auf der sichtbaren Sonnenscheibe zu erkennen sind, zusammen. Deren Häufigkeiten über die letzten Jahrhunderte, d. h. der Verlauf des etwa elfjährigen Sonnenfleckenzyklus, sind in Abb. 4 dargestellt. Unabhängig vom Wetter und von Tag- und Nachtverlauf können wir heute die Sonne mit Weltraumsatelliten wie SOHO kontinuierlich beobachten. Abb. 5 zeigt die im März 2001 auf der Sonnenscheibe mit SOHO registrierten großen Sonnenflecken. Phasen mit erhöhter Fleckenzahl bzw. erhöhter Sonnenaktivität wechseln sich mit Phasen geringer Fleckenzahlen und geringer Aktivitätsphänomene ab. Zu den bekannten Aktivitätsphänomenen zählen die kurzzeitigen Strahlungsausbrüche in solaren »Flares« und gewaltige Sonnenstürme in Form koronaler Massenauswürfe (Abb. 6). Dabei werden große Materiemengen aus der äußeren Sonnenatmosphäre, der Korona, explosionsartig ins All geschleudert.

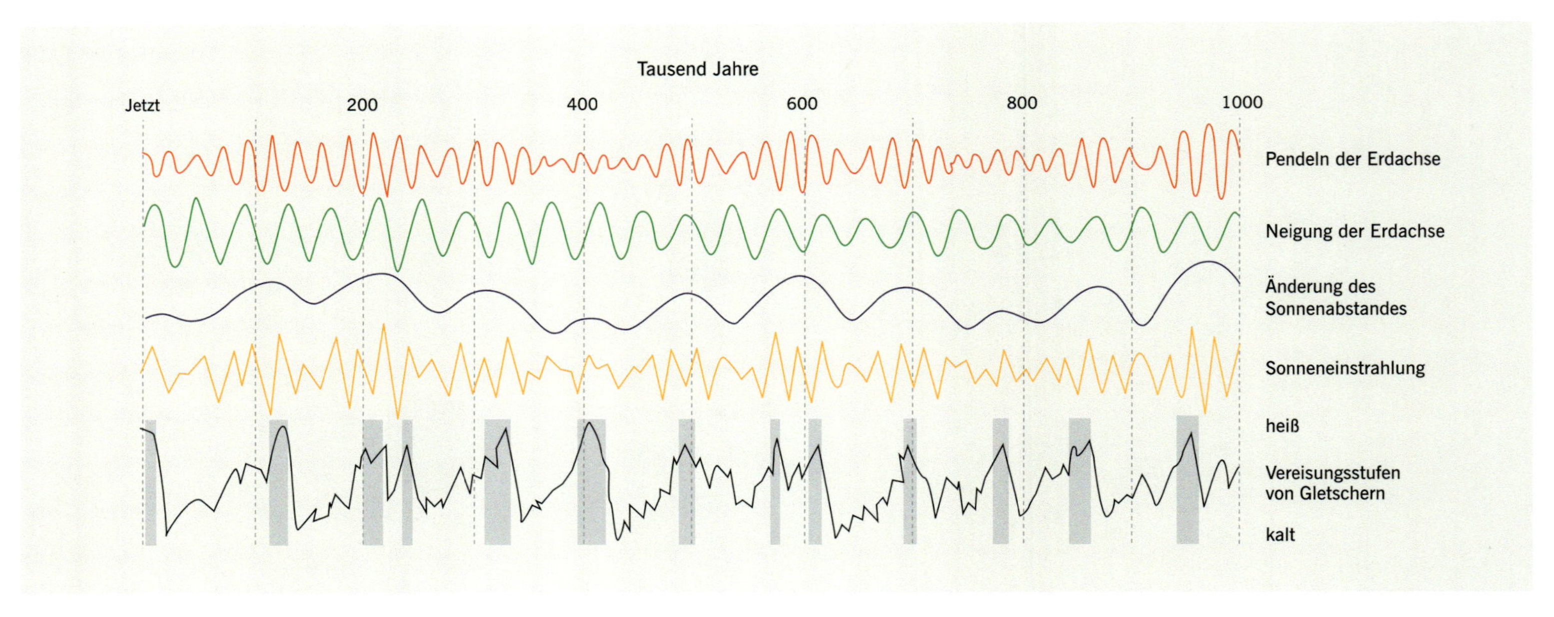

Abb. 2 *Die schematische Darstellung zeigt den möglichen Einfluss der Änderung der Erdbahnparameter auf das Klima. Die Sonneneinstrahlung bezieht sich auf die Nordhalbkugel im Sommer bei 65° Breite. Als graue Balken sind die Warmzeiten während der letzten 1 Million Jahre dargestellt.*

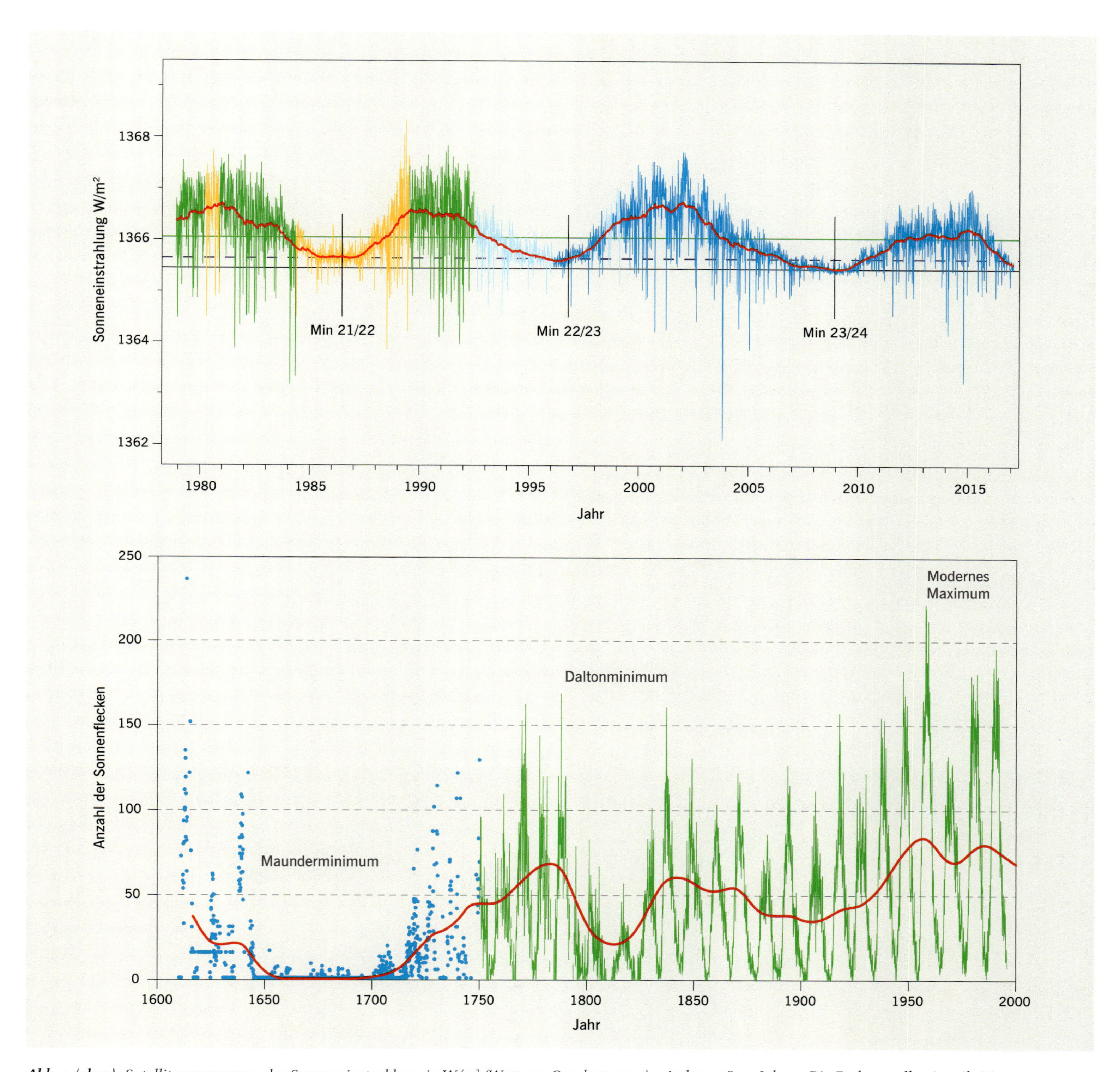

Abb. 3 (oben) *Satellitenmessungen der Sonneneinstrahlung in W/m² (Watt pro Quadratmeter) seit den 1980er Jahren. Die Farben stellen jeweils Messungen verschiedener Instrumente dar. Vertikale Linien kennzeichnen die jeweiligen Minima und Maxima der Sonneneinstrahlung mit Angabe der Nummer des etwa elfjährigen Sonnenfleckenzyklus.*

Abb. 4 (unten) *Darstellung der Sonnenfleckenhäufigkeiten über die letzten 400 Jahre. Besondere Phasen geringerer und höherer Fleckenzahlen sind benannt. Systematische Beobachtungen fanden erst nach 1750 statt. Die rote Kurve kennzeichnet den mittleren Verlauf.*

Dem elfjährigen Fleckenzyklus überlagert erscheinen längerdauernde Perioden erhöhter bzw. geringerer Fleckenzahlen, z. B. eine in Abb. 4 erkennbare etwa 110-jährige Periodizität, die gut im Einklang mit dem zurzeit sehr schwachen Aktivitätszyklus steht. Ob wir wieder auf eine Phase nahezu fehlender Flecken zulaufen, wie sie während der in Abb. 4 gekennzeichneten ausgeprägten Minima zu erkennen ist, ist Gegenstand aktueller Forschung. Neben den bekannten elfjährigen Schwabe- und 110-jährigen Gleissberg-Zyklen werden auch längere Periodizitäten vermutet, so etwa über 1500 Jahre, die mit zurückliegenden Kaltphasen in Verbindung gebracht werden (Braun u. a. 2005). In den Jahren um 1660 herum wurden fast keine Sonnenflecken beobachtet (vgl. Abb. 4). Dieses sog. »Maunderminimum« wird von einigen Forschern als Ursache der damaligen Kältephase in Europa angesehen. Doch ist dies keineswegs eindeutig geklärt, da auch andere Mechanismen wie z. B. ein verstärkter Vulkanismus oder auch Meteoriteneinschläge als Verursacher von Klimaschwankungen gelten. Die elfjährige Periodizität des Sonnenzyklus ist eine in vielen Datenreihen gesuchte Größe, z. B. in dem Verlauf der Breite von Baumringen, wie sie in dieser Ausstellung zu sehen sind (Abb. 7).

Versucht man den Zusammenhang zwischen der Intensität der Sonnenstrahlung und dem elfjährigen Sonnenfleckenzyklus zu verstehen, kommt es zunächst einmal zu einem scheinbaren Widerspruch. Sollte die Sonne bei dem Auftreten vieler dunkler Sonnenflecken nicht eigentlich schwächer strahlen? Auswertungen von Beobachtungen der Gebiete um Sonnenflecken zeigen nun aber sehr helle Zonen, sog. Fackeln, die heller strahlen und die scheinbar fehlende Abstrahlung der Flecken kompensieren und sogar übersteigen.

Beobachtungen mit Instrumenten an Bord von Raumsonden außerhalb der abschirmenden Erdatmosphäre belegen ferner, dass die Sonne eine nur im Röntgen- und extrem ultravioletten Licht strahlende, heiße äußere Atmosphäre besitzt, die sog. Sonnenkorona. Abb. 8 zeigt anhand halbjähriger Aufnahmen der Raumsonde Yohkoh in den Jahren 1991 bis 2001 die mit dem Sonnenfleckenzyklus variierende Röntgenstrahlung. In diesem Strahlungsbereich beträgt der Unterschied der Intensität zwischen einem Maximum und einem Minimum der Sonnenaktivität nicht mehr nur ein Promille, wie bei der solaren Gesamtstrahlung, sondern sie kann abhängig vom betrachteten Spektralbereich um bis zu 100 % oder sogar mehr variieren. Diese Strahlung erreicht aufgrund unserer schützenden Erdatmosphäre nicht den Erdboden. Sie spielt aber aufgrund der ionisierenden Wirkung auf die oberen Schichten der Erdatmosphäre, von etwa 80 Kilometern Höhe an aufwärts, eine Rolle für deren Zusammensetzung. Veränderungen machen sich dann in der Ausbreitung von Navigationssignalen, wie etwa des GPS-Systems, bemerkbar. Bei extrem starken Sonnenstürmen, bei denen zusätzlich auch solare Radiostrahlung auftritt, kann es sogar zu Komplettausfällen kommen. Die so durch die Sonne verursachten Prozesse des Weltraumwetters wirken sich im Extremfall auf wichtige technologische Systeme unserer modernen Infrastruktur aus, wie z. B. Stromnetze, Flugverkehr oder auch Eisenbahnnetze (Bothmer/Daglis 2007).

Aus der Sonnenkorona strömt ständig ein Schwall geladener Teilchen in den gesamten Weltraum, der sog. Sonnenwind. Im Vergleich zum Licht, das von der Sonne bis zur Erde etwa 8 Minuten braucht, benötigt der Sonnenwind wenige Tage, bei starken Sonnenstürmen in Form koronaler Materieausstöße mitunter auch nur etwas mehr als einen halben Tag.

Der Sonnenwind verformt, wie in Abb. 9 dargestellt, das Magnetfeld der Erde in charakteristischer Weise. Zur Sonne hin, d. h. auf der Tagseite, wird es durch den Teilchenstrom zusammengedrückt, auf der abgewandten Seite bzw. der Nachtseite hingegen zu einem langen Schweif verformt. Entgegen vieler populärwissenschaftlicher Darstellungen besitzen die Sonnenwindteilchen nicht genügend

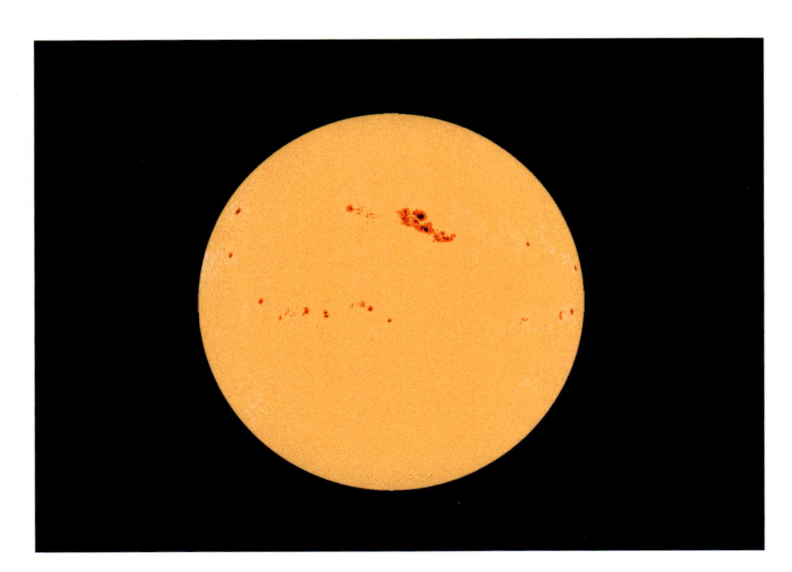

Abb. 5 *Sonnenflecken, beobachtet mit der Raumsonde SOHO am 29. März 2001.*

Abb. 6 *Koronaler Massenauswurf (coronal mass ejection = CME) bzw. Sonnensturm, beobachtet mit dem Satelliten STEREO am 08. Januar 2012.*

Abb. 7 *Verkieselte Baumscheiben (*Agathoxylon *sp.) im Anschliff aus dem versteinerten Wald von Chemnitz-Hilbersdorf, Sachsen, die auf ein Alter von 291 Millionen Jahre (Perm) datieren. Der Durchmesser der Baumscheiben beträgt maximal 22,5 cm (oben) und 28 cm (unten). Erstmals konnten die Jahrringsequenzen mehrerer Bäume aus einem fossilen Ökosystem mit dendrochronologischen Methoden korreliert werden. Die Sequenzen weisen eine regelmäßige Zyklizität von elf Jahren auf, was als Klimaschwankung aufgrund variierender Sonnenaktivität interpretiert wird.*

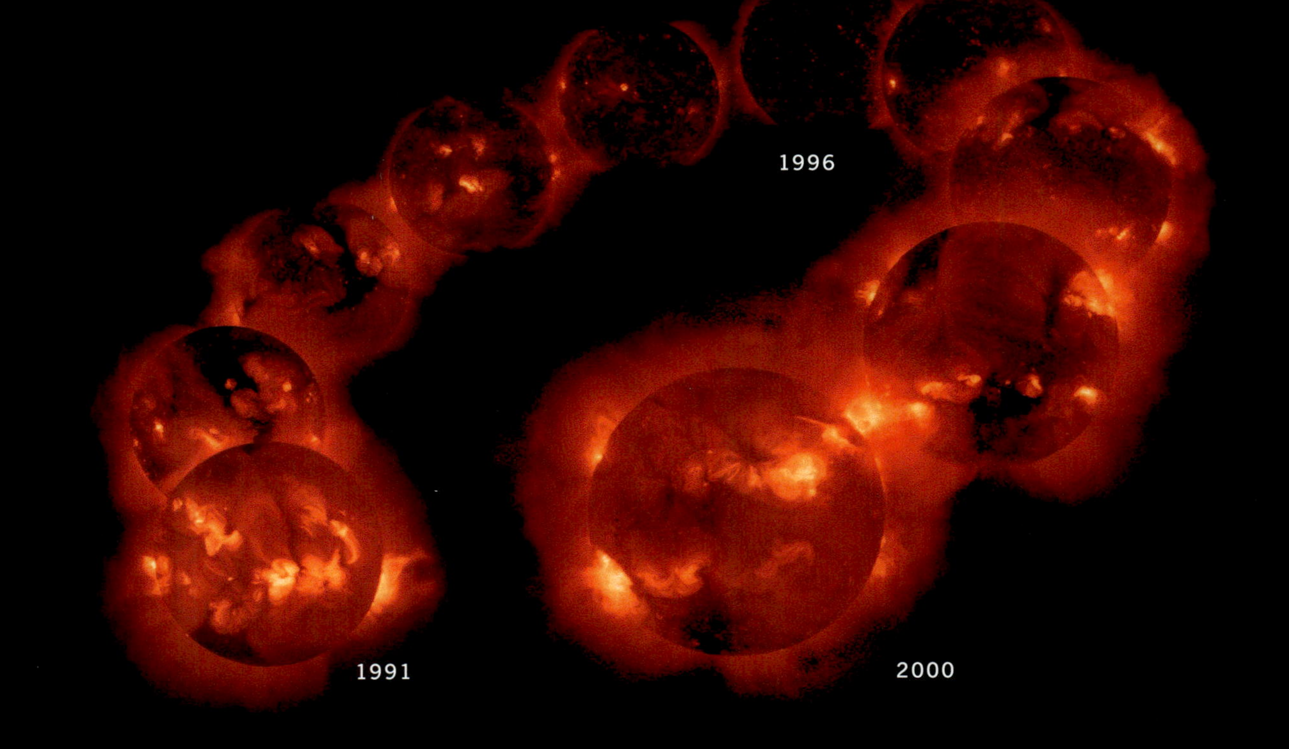

Abb. 8 *Veränderlichkeit der Röntgenemission der Sonnenkorona in den Jahren 1991 bis 2001, d. h. über einen gesamten Sonnenzyklus, aufgenommen mit dem Satelliten Yohkoh.*

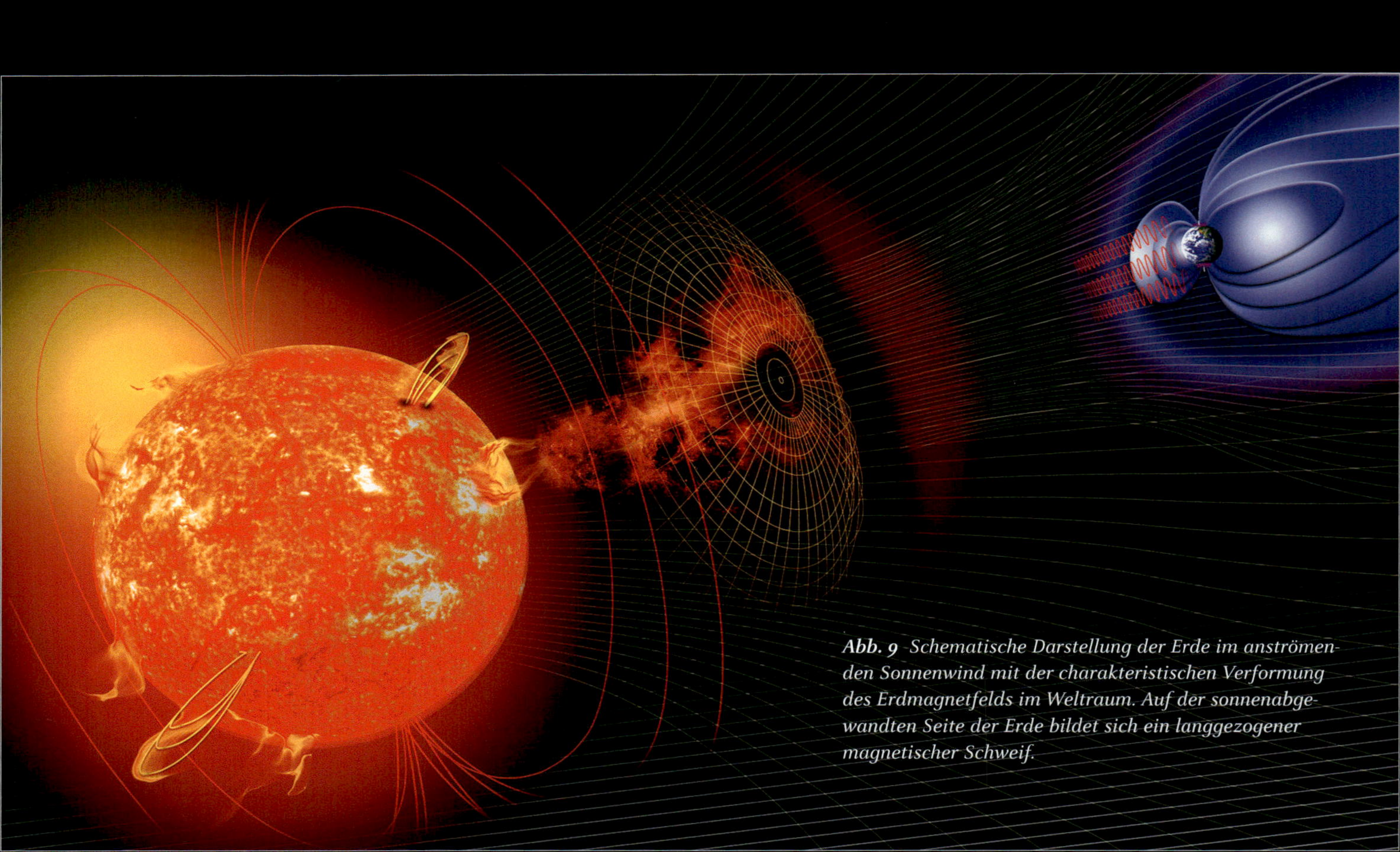

Abb. 9 *Schematische Darstellung der Erde im anströmenden Sonnenwind mit der charakteristischen Verformung des Erdmagnetfelds im Weltraum. Auf der sonnenabgewandten Seite der Erde bildet sich ein langgezogener magnetischer Schweif.*

hohe Energien, um in das Erdmagnetfeld und die Erdmagnetosphäre selbst eindringen zu können. Die Polarlichter (Abb. 10) werden durch Elektronen erzeugt, die aus der oberen Erdatmosphäre in den Schweif entwichen sind. Dies geschieht durch elektrische Felder, die durch den anströmenden Sonnenwind erzeugt werden.

Ein stärkerer Sonnenwind schirmt die Erde vor kosmischer Strahlung ab, die das gesamte All durchströmt. Sie besteht aus Teilchen mit sehr hoher Energie, wie sie etwa bei Supernovae, d. h. Sternexplosionen, entstehen. Da bei höherer Sonnenaktivität vermehrt koronale Massenauswürfe erzeugt werden, variiert die kosmische Strahlung ebenfalls mit dem solaren Aktivitätszyklus. Seit einiger Zeit vertreten Forscher die Auffassung, dass nicht die auf kurzen Zeitskalen gering variierende Sonneneinstrahlung die Temperatur auf der Erde beeinflusst, sondern die schwankende kosmische Strahlung. Es wird dabei angenommen, dass die kosmischen Teilchen in der Erdatmosphäre als Kondensationskeime fungieren, die zur erhöhten Wolkenbildung beitragen und in der Folge eine Abkühlung verursachen (Svensmark/Friis-Christensen 1997). Zurzeit werden zu dieser Fragestellung an einigen großen Teilchenbeschleunigern auf der Welt gezielt Untersuchungen durchgeführt.

Mit den großen Dimensionen kosmischer Vorgänge, etwa den Ausmaßen der gewaltigen koronalen Massenauswürfe der Sonne (vgl. Abb. 6), die ein Vielfaches des Ausmaßes der Sonne selbst besitzen und im All riesige Stürme verursachen, tut man sich aus irdischer Perspektive naturgemäß schwer. So benötigt unser Sonnensystem für einen vollen Umlauf um das Zentrum unserer Milchstraße etwa 250 Millionen Jahre und es ist daher gut vorstellbar, dass sich auf diesen Zeitskalen unsere unmittelbare kosmische Umgebung ändert. Die in der Erdgeschichte über Hunderte von Millionen Jahren aufgetretenen Warm- und Kaltphasen (Abb. 11) könnten daher durchaus mit solchen Vorgängen kosmischer Natur in Zusammenhang stehen. Hinzu kommt, dass die Zusammenhänge wegen vieler verschiedener möglicher Einflüsse komplizierter Natur sind. Die weitere Forschung auf den Gebieten des Klimas und Weltraumwetters bietet daher spannende Perspektiven.

Abb. 10 Polarlichter am Himmel von Tromsø, Fylke Troms (Norwegen).

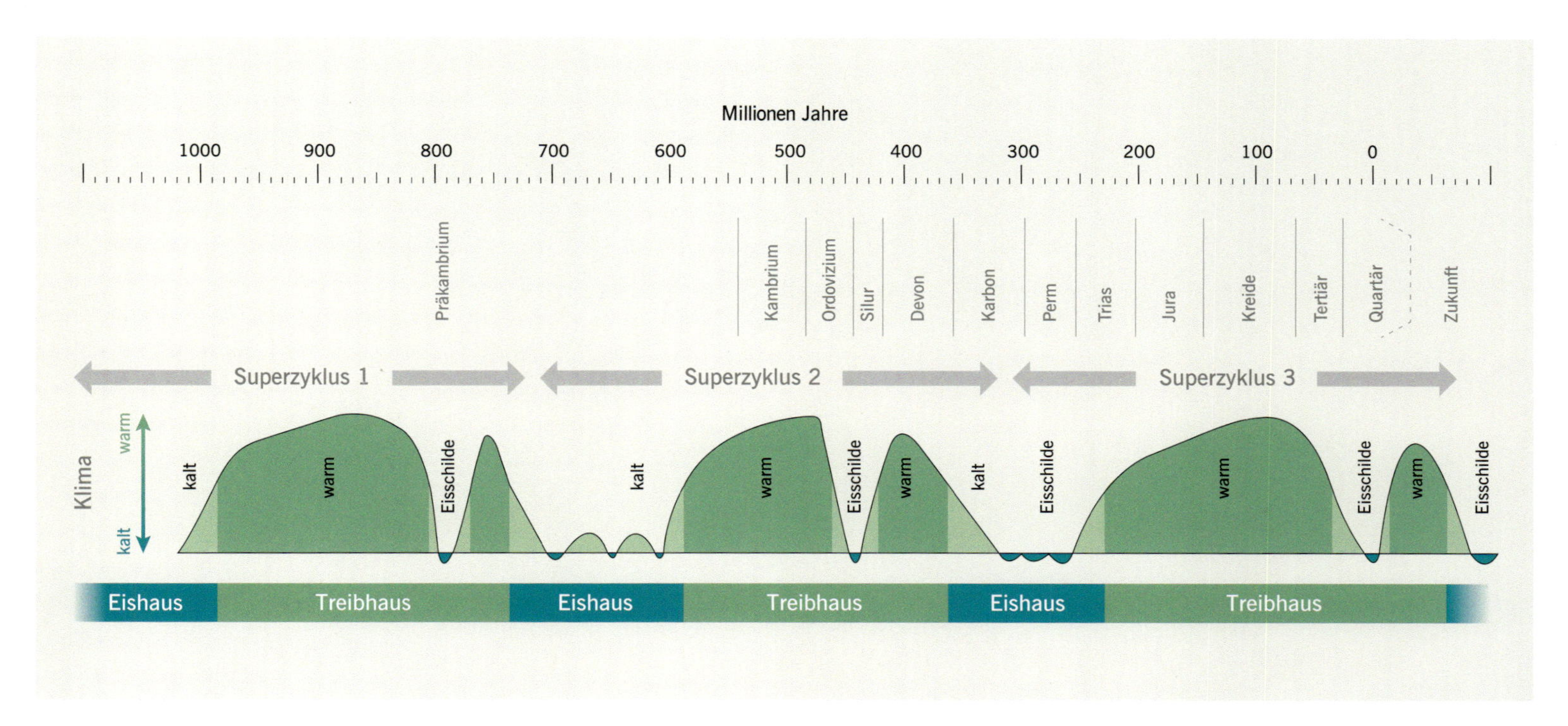

Abb. 11 In der Erdgeschichte ist ein zyklischer Wechsel von Eis- und Treibhauszeitaltern ca. alle 150 Millionen Jahre charakteristisch.

Arnold Müller

IRDISCHE EINFLUSSFAKTOREN AUF DAS KLIMA DER ERDE

Im System Erde sind Lithosphäre (griech. *líthos* = Stein; *sphaira* = Kugel), Hydrosphäre (altgriech. *hýdor* = Wasser), Atmosphäre und Biosphäre (griech./altgriech. *atmós* = Dampf, Dunst, Hauch; griech./altgriech. *bíos* = Leben) in komplexen Wechselwirkungen miteinander verbunden und es ist nicht einfach, dieses Geflecht aufzulösen und die einzelnen Faktoren in ihrer tatsächlichen Wirkungsmächtigkeit exakt zu benennen. Manches ist noch unzureichend erforscht und bekannt. Daher sind auch alle bisherigen Klimamodelle mit Unsicherheiten behaftet, zumal ja noch regelmäßig (zyklisch) ablaufende kosmische Faktoren, wie Erdbahnparameter und Sonnenzyklen, einzurechnen sind. Zu allen regelhaft ablaufenden Prozessen gesellen sich schließlich noch singuläre Ereignisse, die irregulär auftreten, aber zuweilen einschneidende Folgen für das globale Klima nach sich ziehen. Singuläre Ereignisse sind beispielsweise Einschläge (Impakte) von Himmelskörpern und Supervulkanausbrüche.

Obwohl also durchaus noch zahlreiche Fragen offen sind, hat man in den vergangenen Jahrzehnten einen erheblichen Fortschritt in Sachen Klimafaktoren und Computersimulation erreicht. Die wesentlichen Einflussgrößen auf das globale Klima sind bekannt, Interaktionen im Klimasystem ebenfalls. An dieser Stelle ist nicht der Platz für jedes Detail, weshalb ein Blick auf die wesentlichen Dinge folgt, beginnend mit der Globaltektonik (Plattentektonik) und ihren Auswirkungen.

KLIMAFAKTOREN

Globaltektonik (Plattentektonik)

Als der Geophysiker und Grönlandforscher Alfred Wegener (1912, 1912a, 1915) seine »Kontinentalverschiebungstheorie« begründete, konnten sich nur wenige Fachwissenschaftler seiner Zeit mit der Vorstellung einer mobilen Gesteinshülle der Erde anfreunden. Daran änderte sich auch nichts, als Köppen und Wegener (1924) die paläoklimatologischen Konsequenzen aus der Theorie der kontinentalen Drift zogen. In den 60er Jahren des vergangenen Jahrhunderts lebte die anfangs so bekämpfte Drifttheorie im neuen Gewand als Plattentektonik wieder auf und heute wird das Bild einer mobilen Erdkruste, die aus einzelnen, beweglichen Lithosphärenplatten besteht, kaum noch in Zweifel gezogen. Aktuelle, hoch auflösende Satellitenmessungen bewiesen die Bewegungen schließlich auf direkte Weise.

Moderne Ortsbestimmungen früherer plattentektonischer Situationen fußen vor allem auf der Paläomagnetik. Aus der Orientierung von ferromagnetischen Mineralen im Gestein kann man frühere Pollagen ableiten und daraus ein Bild der »Polwanderung« generieren. Es kann aber auch die topografische Lage einer Lithosphärenplatte und eines einzelnen Punktes der Erdoberfläche zu einer bestimmten Zeit ermittelt werden. Die Methode ermöglichte die Ausfertigung von Karten mit der paläokontinentalen Situation zum jeweiligen Zeitpunkt (»Zeitscheiben«). Die »Rückabwicklung« tektonischer Prozesse lässt sich zu Darstellungen (Karten) der gewählten Zeitebene verwenden. Einfach gesagt: Man kann heute Karten des Globus für beliebige Zeitscheiben errechnen, die zumindest für die jüngere Erdgeschichte der aktuellen Präzision nur noch wenig nachstehen. Beliebt sind filmische Animationen von Kartenstapeln einer Zeitreihe aus Einzelbildern. Sie belegen auf besonders anschauliche Weise die Dynamik der plattentektonischen Prozesse (Abb. 1).

Der Motor für die plattentektonische Prozessdynamik liegt in der Thermodynamik der Erde, besonders des Erdmantels (Wärmetransport durch Konvektion). Dort, wo die Wärme aufsteigt, treibt sie die Kruste auseinander und in den entstehenden Rissen tritt basaltische Lava aus. Band an Band neu gebildeter Kruste lagert sich an. In den meisten Fällen geschieht das tief unter Wasser verborgen entlang der ozeanischen Rücken. Da die Erdoberfläche begrenzt ist, muss auf der anderen Seite Kruste verschwinden. Das geschieht in den Kollisionszonen, wo Platten aufeinander treffen. Dort schiebt sich eine Platte unter die andere und wird nach unten in die heiße Tiefe gedrückt. Dabei schmilzt das in die Tiefe gleitende Festgestein wieder auf. Ein Teil der Gesteine wird vorher allerdings auf die überlagernde Platte aufgeschoben und mit deren Gesteinen in einer Art »Knautschzone« zusammengeschoben – ein Gebirge entsteht. Dieser Prozess baut Spannungen auf, die sich in Erdbeben entladen, während die aufgeschmolzenen Gesteine der abtauchenden Platte den Vulkanismus befeuern. Das beste rezente Beispiel ist der tektonisch sehr aktive pazifische Feuerring an den Kollisionsrändern der pazifischen Platte. Vulkanismus und Erdbeben/Seebeben sind ständige Begleiter dieser Unruhezone der Erde. Ein anderes Beispiel ist der Atlantik mit seiner aktiven Spreadingzone

◄ *Morning Glory Pool, Yellowstone National Park, Wyoming (USA); Upper Geyser Basin, 2015.*

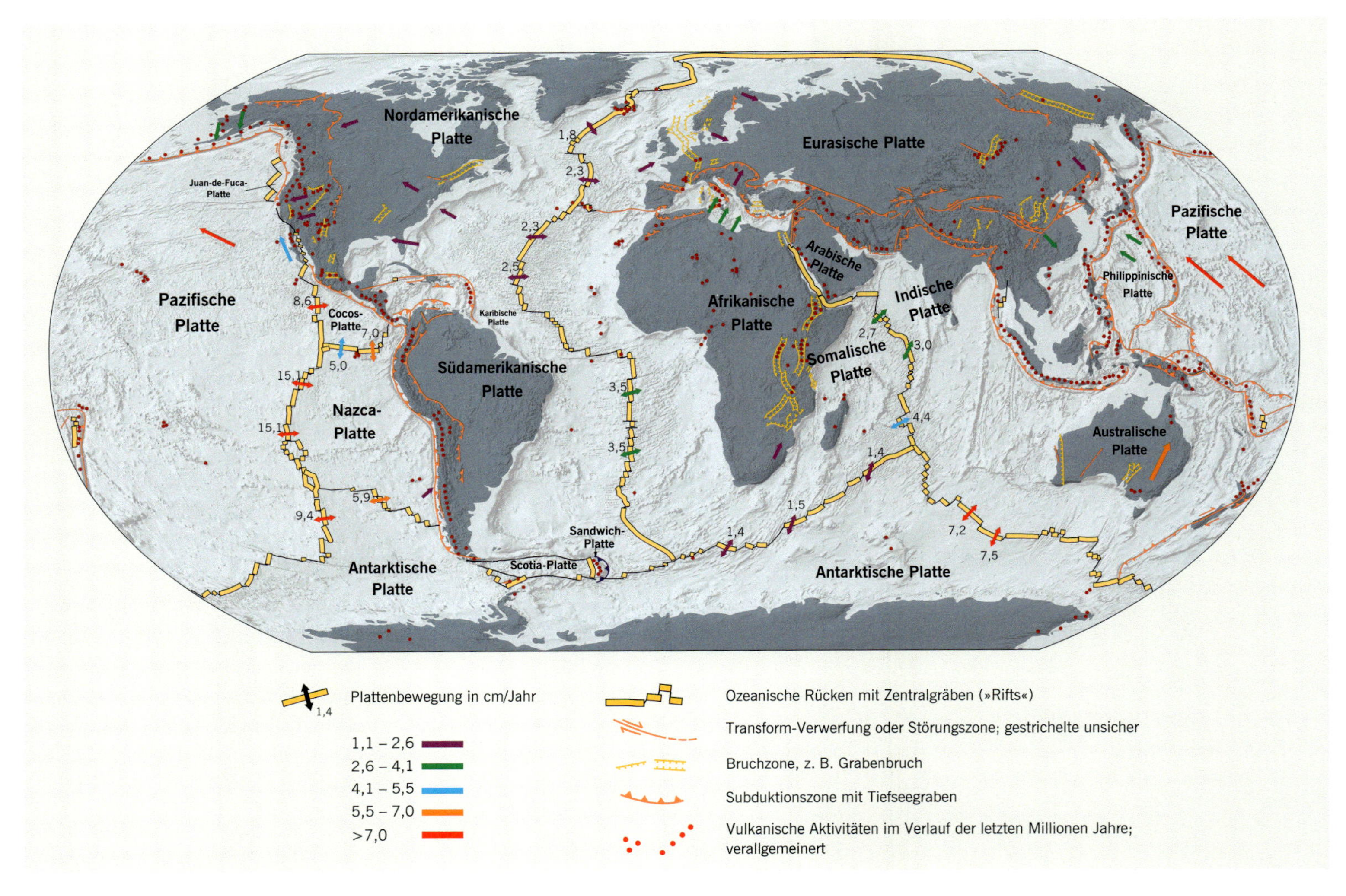

Abb. 1 Reliefkarte der Erdoberfläche mit den Lithosphärenplatten und Angaben zur Geodynamik. Die wichtigsten Strukturen sind die Spreadingzonen (überwiegend in den Ozeanen), wo Platten auseinanderdriften und durch Vulkanismus (ozeanische Rücken mit zentralen Grabenstrukturen) neue Gesteinskruste gebildet wird. Im Gegenzug wird in aktiven Kollisionszonen, wo sich Lithosphärenplatten gegeneinander bewegen, eine Platte unter die andere gedrückt und aufgeschmolzen (Subduktionszonen). Dort verschwindet also Kruste. Für Subduktionszonen/Plattenkollisionen ist eine hohe tektonische Aktivität (Erdbeben) in Verbindung mit aktivem Vulkanismus typisch (beispielsweise pazifischer »Feuerrring«).

(mittelatlantischer Rücken). Er weitet sich derzeit ziemlich flott aus und treibt die Amerikas auf der einen und Europa und Afrika auf der anderen Seite immer weiter auseinander, was zu Lasten des schrumpfenden Pazifiks geht. Die Entstehung eines neuen zukünftigen Ozeans in Afrika (ostafrikanischer Graben) beschleunigt diesen Prozess noch.

Über heißen Punkten im Erdmantel (Hotspots oder Superplumes) entstehen oft besonders große Vulkane (Supervulkane), auch abseits von Plattengrenzen (Intraplattenvulkane). Die Hotspots selbst sind stationär. Die Lithosphärenplatten wandern darüber hinweg und die Vulkanausbrüche hinterlassen eine Kette verschieden alter Vulkanberge (Driftspur). Beispiele sind die Hawaii-Inseln mit ihrer submarinen Kette erloschener Vulkane, der gewaltige Lavaklotz von Island auf dem Nordteil des mittelatlantischen Rückens oder der Yellow Stone Supervulkan in den USA. Die Plattentektonik ist also für die Lage und Ausdehnung von Ozeanen und Kontinenten verantwortlich, ebenso für Gebirgsbildungen und einen großen Teil des Vulkanismus. Die wesentlichsten Klimaeinflüsse der Plattentektonik lassen sich auf folgende Punkte verdichten:

Paläokontinentale Situation mit Ausdehnung und Lage von Land- und Wasserflächen (Kontinente, Ozeane und Schelfmeere)

- Wasser hat ein anderes Abstrahlverhalten (Albedo) als Festland und kann große Mengen Wärme speichern. Aufgrund der thermischen Trägheit des Wassers wirken große Wasserflächen ausgleichend auf tägliche und jahreszeitliche Temperaturgänge. Über die große

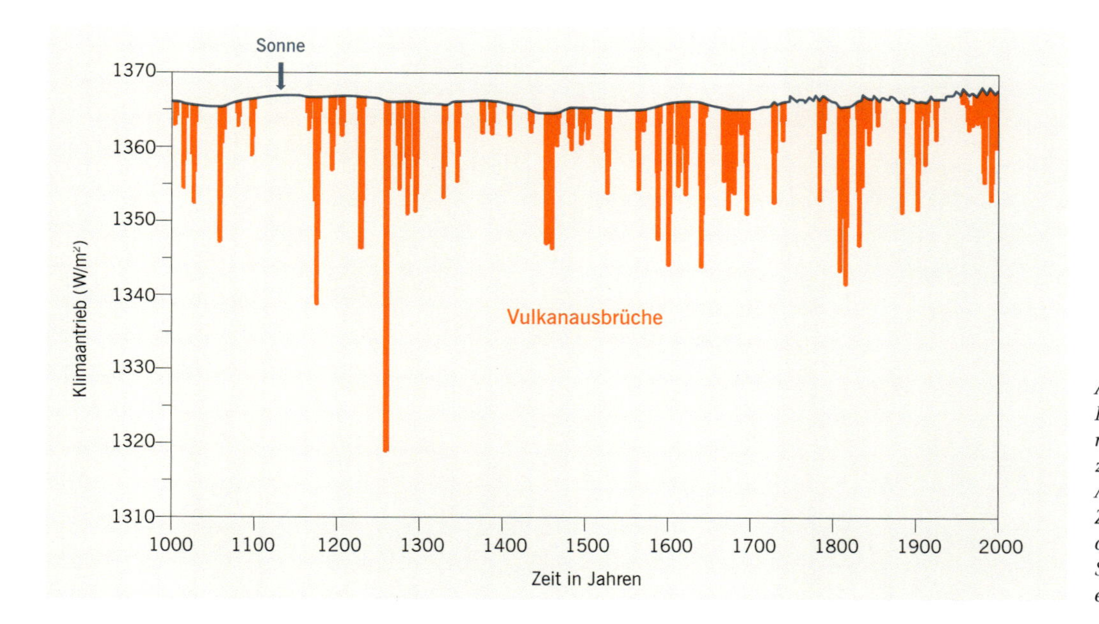

Abb. 2 Beispiel für eine Kurve des solaren Klimaantriebs (in Watt pro m²) in Kombination mit vulkanischer Aktivität. Die Kurve zeigt die Energiezufuhr durch die Sonne in Abhängigkeit von der Sonnenaktivität (solare Zyklen). Große Vulkanausbrüche dämpfen die Energiezufuhr durch Asche und Aerosole/Schwebeteilchen (kurzzeitige Abkühlungsereignisse).

Wasserfläche der Meere und Ozeane wird auch ein großer Teil der Verdunstung und damit der Wasseraufnahme in die Atmosphäre geregelt. Die Klimawirksamkeit findet ihren Ausdruck in der Klimazonierung vom maritimen zum kontinentalen Klima.

- Polsituationen: Liegen Kontinente in einer Pollage, kühlen sie aufgrund ihres Abstrahlungsverhaltens (Albedo) stärker ab als ozeanische Wassermassen in Pollage. Der Aufbau einer polaren Eiskappe wird hierdurch stark unterstützt (siehe heutige Antarktis oder Gondwanavereisung im Permokarbon).
- Topografie: nicht nur Lage und Ausdehnung der Kontinente, sondern auch deren Topografie beeinflussen das Klimageschehen. Gebirge, insbesondere Hochgebirge, als Produkte der Plattenkollisionen, verändern die atmosphärische Zirkulation und können erheblichen Einfluss auf das Klima nehmen. Schon die West-Ost gerichtete Sperrkette der durchschnittlich 3000–4000 m hohen Alpen übte in Europa einen signifikanten Einfluss auf das Klima aus. Noch erheblich klimawirksamer sind beispielsweise die bis über 8000 m hohen Gebirge Asiens mit dem Himalaya im Zentrum, deren Aufstieg Zentralasien von den Monsunniederschlägen abkoppelte und dort zu extremer Aridisierung führte.
- Die Zirkulation der Ozeane ist abhängig von der Paläogeografie, also der jeweiligen plattentektonischen Konstellation. Ändern sich die paläogeografischen Verhältnisse durch die plattentektonische Entwicklung, folgt die ozeanische Zirkulation zwangsläufig der neuen Situation. Der Wärmetransport der Ozeane stellt sich somit auf die veränderte Situation ein. Besonders klimawirksame Beispiele im Känozoikum sind die geografische Isolierung der Antarktis vor 40–34 Millionen Jahren im Eozän und deren erste Vereisungen (Ausbildung der zirkumantarktischen Meeresströmung) sowie die Formierung der mittelamerikanischen Landbrücke vor 5 Millionen Jahren an der Wende Miozän/Pliozän und der damit verbundenen Entstehung des Golfstromsystems.

Vulkanismus

Ein großer Teil des Vulkanismus ist an die oben schon besprochenen Kollisionszonen von Platten gebunden und zahlreiche Vulkane fördern in unterschiedlichen Rhythmen Lava und Asche. Somit sind also immer irgendwelche Vulkane aktiv und (normale) vulkanische Aktivitäten gehören zum allgegenwärtigen Hintergrundrauschen der Erdgeschichte. Es kommt eben auf die Größenordnung an. Besonders starke Ausbrüche von Supervulkanen können weit über das vulkanische Hintergrundrauschen hinaus schießen und für begrenzte Zeit verheerende und global sofort wirksame Folgen haben. Diese »schlafenden Riesen« bilden also die größte Gefahr für das Klima. Sie sind zwar sehr lange ruhig, brechen dann aber mit verheerender Gewalt aus. Dem Yellow Stone Supervulkan in den USA beispielsweise unterstellt man einen Rhythmus von ca. 600 000 Jahren. Da der letzte Ausbruch etwa diese Zeitspanne zurückliegt, müsste er bald wieder aktiv werden. Ein Ausbruch würde heftige Auswirkungen auf das globale Klima besitzen und große Teile Nordamerikas unter einer dicken Ascheschicht ersticken. Die Supervulkane haben als singuläre Ereignisse ihre Spuren in der Erdgeschichte hinterlassen. Sie bilden eine kurz wirksame, aber zuweilen extrem einschneidende Einflussgröße in der globalen Klimageschichte, was sich auch in den entsprechenden Temperaturkurven niederschlägt (Abb. 2). Regional können auch kleinere Ausbrüche von Bedeutung sein.

Atmosphäre

Die Atmosphäre ist der eigentliche Träger der globalen Wetterabläufe und des Klimas. Die Wirksamkeit der atmosphärischen Faktoren im Klimasystem ist bereits im Beitrag von A. Müller (S. 20) dargelegt. Hier ist nur noch einmal festzuhalten, dass Spurengaszusammensetzung, Wasserdampf und Aerosole (Schwebeteilchen) als maßgebliche irdi-

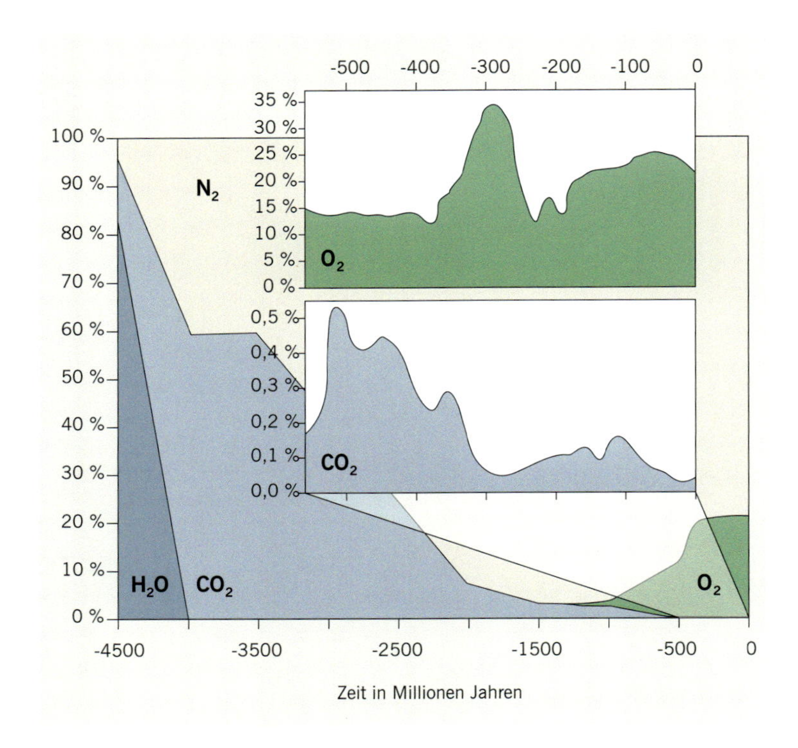

Abb. 3 *Die historische Entwicklung der Gaszusammensetzung der Atmosphäre. H_2O = Wasser, CO_2 = Kohlendioxid, N_2 = Stickstoff, O_2 = Sauerstoff. Die Zeit seit dem Kambrium vor ca. 541 Millionen Jahren ist detaillierter dargestellt. Das heutige Niveau an Sauerstoff war erstmals vor ungefähr 350 Millionen Jahren erreicht, hat seitdem jedoch mehrere starke Schwankungen durchgemacht.*

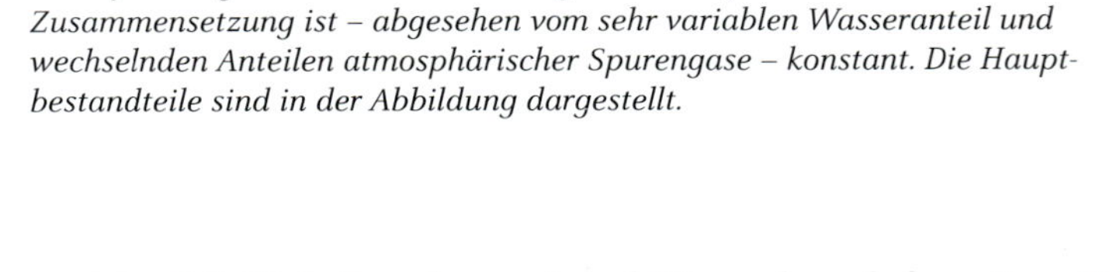

Abb. 4 *Heutige Gaszusammensetzung der Atmosphäre in Bodennähe. Ihre Zusammensetzung ist – abgesehen vom sehr variablen Wasseranteil und wechselnden Anteilen atmosphärischer Spurengase – konstant. Die Hauptbestandteile sind in der Abbildung dargestellt.*

sche Klimafaktoren Variablen sind und in höchst unterschiedlichem Ausmaß untereinander interagieren. Aus dieser Gemengelage resultiert ein wesentlicher Antrieb des permanenten Klimawandels in der Erdgeschichte.

Freien Sauerstoff beispielsweise gab es in der primären »Uratmosphäre« der Erde nicht. Er ist erst mit der Fotosynthese von Organismen in die Atmosphäre gekommen und der erste Schub davon hat zur »Verrostung« (Oxidation) der Welt geführt (z. B. gebänderte Eisenerze im Präkambrium). Kohlendioxid und Stickstoff hingegen sind seit jeher Bestandteil der Erdatmosphäre, nur haben sich deren Anteile an der Atmosphäre stark verändert.

An dieser Stelle stehen vor allem die Faktoren im Mittelpunkt, die im erdgeschichtlichen Kontext die globalen Klimaabläufe am stärksten beeinflusst haben: Gaszusammensetzungen (insbesondere Sauerstoff, Ozon, Kohlendioxid und Stickstoff) und Wasserdampf (Abb. 3–4).

Hydrosphäre

Der größte Teil der globalen Wassermenge befindet sich in den Weltozeanen. Ein weiterer gewichtiger Teil ist aktuell als Eis festgelegt (»Kryosphäre«). Das betrifft vor allem die polaren Eiskappen, während Gebirgsgletscher dagegen quantitativ kaum eine Rolle spielen. Süßwasser (einschließlich Grundwasser) und Wasserdampf als weitere Teile der Hydrosphäre treten ebenfalls quantitativ weit hinter die ozeanischen Wassermengen zurück.

Wasser ist thermisch träge. Es kann große Wärmemengen speichern und zeitversetzt wieder abgeben. Aus diesem Grunde gleichen ausreichend große Gewässer schon regional das Klima aus. Noch weitaus stärker betrifft das den marinen Bereich mit den maritimen Klimaten. Die in den Ozeanen gespeicherte Wärme kann zyklisch wieder freigesetzt werden. Bekannt ist beispielsweise das El-Niño-Muster des Pazifiks. Wärme und Temperaturunterschiede setzten aber auch thermodynamische Prozesse in Gang. Auf diese Weise entstehen in den Ozeanen große Zirkulationssysteme (Meeresströmungen), die einerseits das Klima prägen, andererseits aber auch von den atmosphärischen Zirkulationssystemen angetrieben werden (Hauptwindrichtungen) und durch die Corioliskraft (Drehimpuls durch Erdrotation) in Rotation kommen können. Das entspricht weitgehend den atmosphärischen Druckgebilden. Nicht außer Acht gelassen werden darf die Salinität (Salzgehalt) des Meerwassers. Sie entscheidet mit über dessen Dichte und die Kombination Temperatur-Salinität gestattet eine besondere Art der Zirkulation, die als thermohaline Zirkulation bezeichnet wird (Abb. 5). Beispielsweise wäre der Golfstrom ohne das warme, salzreiche Wasser der Karibik nicht vorstellbar. Es reist von Florida über den Atlantik nach Nordosten, kühlt sich dabei ab und bekommt aufgrund

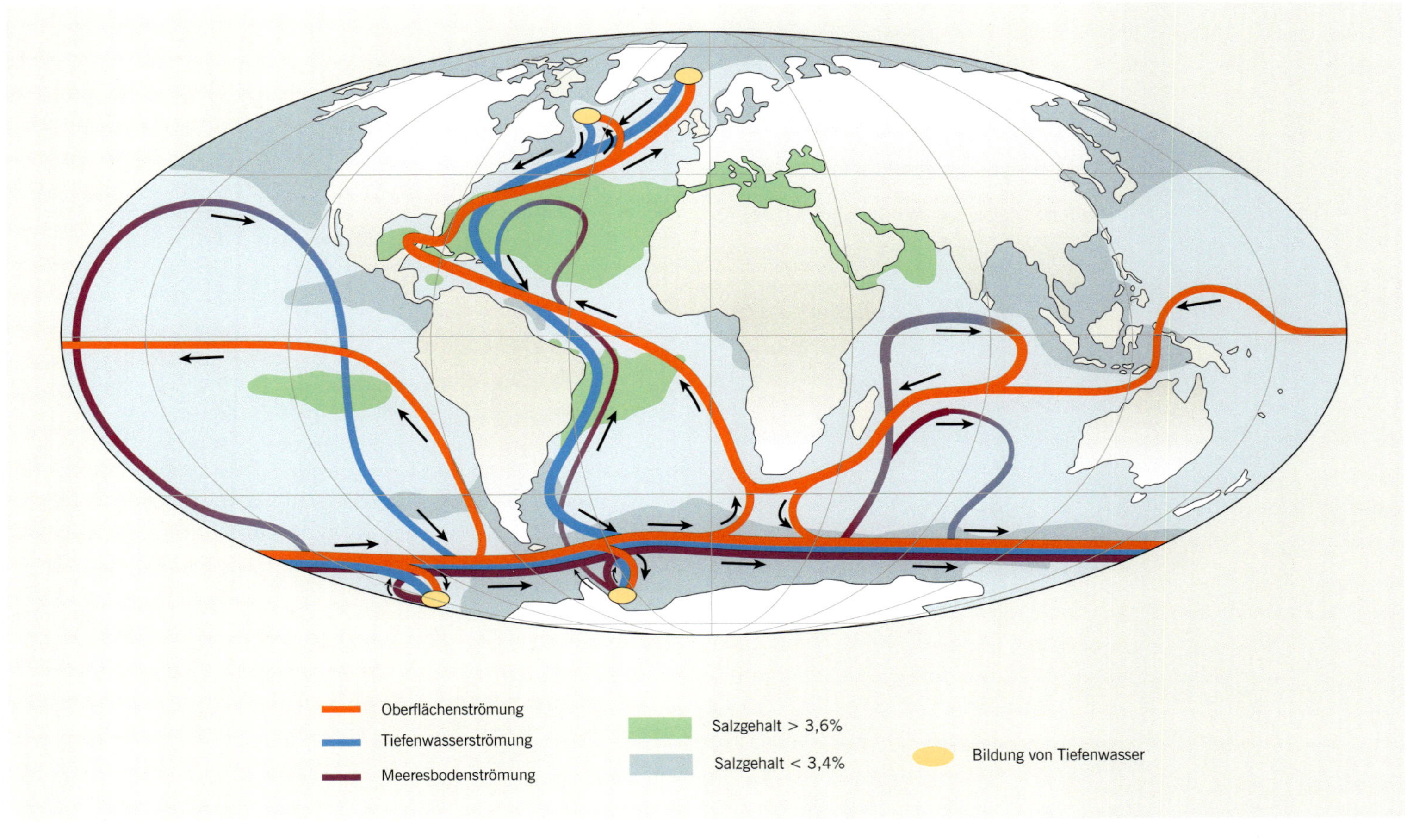

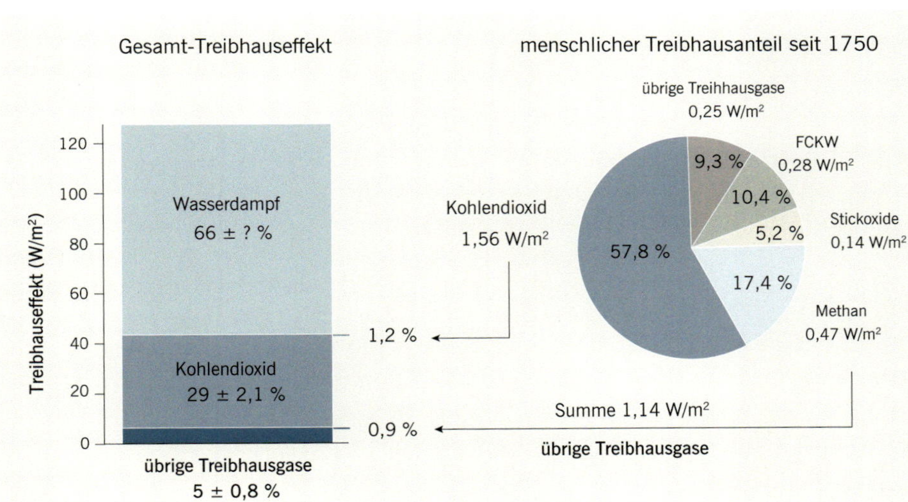

Abb. 5 (oben) *Thermohaline Zirkulation in den Ozeanen (aktuelle Situation). Der Antrieb der Zirkulation gründet im unterschiedlichen Salzgehalt und in den Temperaturunterschieden. Bei Abkühlung in polnahen Bereichen sinkt das salzreichere Wasser warmer Strömungen in die Tiefe und fließt als Tiefenströmung zurück. Durch das Absinken wird immer neues Warmwasser angesogen (Beispiel: »Wärmepumpe« Golfstrom im Nordatlantik).*

Abb. 6 (links) *Treibhauswirkung der atmosphärischen Bestandteile. Der Wasserdampf ist das wichtigste Treibhausgas der Atmosphäre, gefolgt von Kohlendioxid und den übrigen Spurengasen Ozon, Methan und Stickoxid. Der menschliche Anteil an diesem Treibhaus-System beträgt etwa 2,7 Watt pro Quadratmeter oder 2,1 %.*

des hohen Salzgehaltes eine höhere Dichte als das Umgebungswasser. Fazit: Es sinkt ab und fließt als kühler Bodenstrom wieder zurück. Würde diese schöne Gratis-Warmwasserheizung Europas aus irgendwelchen Gründen stottern oder gar abbrechen, würden hier sehr ungemütliche Verhältnisse einziehen. Die ozeanische Zirkulation sorgt also für einen Wärmetransport und die Oberflächentemperaturen (Grenzflächen Ozeane/Atmosphäre) sind unmittelbar wetter- und klimawirksam. Besonders turbulent wird es dort, wo unterschiedlich temperierte Strömungen aufeinander treffen.

Wasser nimmt gelöste Gase auf und Kohlendioxid wird (wie alle Gase) proportional zum atmosphärischen Partialdruck im Wasser gelöst. Das System ist zusätzlich noch temperaturabhängig. Kühles

***Abb. 7** Das Tertiärprofil von Morl nördlich von Halle (Saale), Sachsen-Anhalt, zeigt auf instruktive Weise die Kaolinisierung (Umwandlung in Tonminerale) der Feldspäte des Halleschen Porphyrs mit allen Begleiterscheinungen:*
1 Ausbildung einer Kaolinlagerstätte;
2 Einkieselung (Quarzitbank);
3 Moorbildung (unteroligozänes hallesches Oberflöz);
4 unteroligozäne Meeressedimente.

Wasser nimmt mehr CO_2 oder O_2 auf als warmes Wasser. Erwärmen sich große Wassermassen, geben sie einen Teil des gelösten CO_2 zurück an die Atmosphäre. Das erklärt die aus Eisbohrkerndaten (z. B. Vostok-Kern aus der Antarktis) bekannte Tatsache, dass die CO_2-Anstiege den Temperaturanstiegen zeitlich nachhinken, d.h. dass erst die Erwärmung erfolgte und dann mit Freisetzung des CO_2 dessen Anstieg. Ein großer Teil des im Wasser gelösten CO_2 wird bei der biogenen Karbonatbildung der Organismen zu Skeletten und Gehäusen aus Kalk ($CaCO_3$) verbraucht (Kohlenstoffsenke).

In der Atmosphäre entfaltet der Wasserdampf die beherrschende Treibhauswirkung und ein großer Teil des atmosphärischen Treibhauses wird vom Wasserdampfgehalt reguliert (Abb. 6), der in der Wolkenbildung seinen sichtbaren Ausdruck findet. Dichte Wolken behindern die Sonneneinstrahlung, gleichzeitig aber auch die Wärmerückstrahlung, und erst das Ergebnis dieser gegenläufigen Wirkung geht in die Gesamtbilanz ein. Hohe, dünne Wolken wirken anders als tiefe und sehr dichte Wolken. Wolke ist also nicht gleich Wolke und erst die Art der vielfältigen Wolkenbildungen entscheidet über deren Wirksamkeit. Die Wolkenbildung hängt aber nicht nur vom Wasserdampfgehalt, sondern auch von der Verfügbarkeit von Kondensationskeimen ab. Dafür kommen hauptsächlich Aerosole in Frage, die über natürliche Quellen (vulkanische Tätigkeit, Staubstürme u. a.) oder anthropogene Quellen in die Atmosphäre gelangen. Der Mensch hat hier also einen deutlichen Einfluss. Inzwischen wird auch der solare Partikelstrom, der sich u. a. im Sonnenwind manifestiert, als Lieferant von Kondensationskeimen in die Diskussion gebracht. Damit wäre das System nicht nur von irdischen Quellen abhängig, sondern auch von kosmischen und hier vor allem von den Solarzyklen.

Lithosphäre

Auch die anscheinend so tote Lithosphäre übt deutlichen Einfluss auf das Klima aus, in erster Linie durch die Verwitterungsprozesse. Während in den kalten Klimazonen oder unter hochariden Bedingungen hauptsächlich eine physikalische (mechanische) Verwitterung stattfindet (Frostsprengung, thermische Belastung durch schnelle Temperaturwechsel), tritt in warmhumiden Gebieten die chemische Verwitterung unter dem Einfluss von Wasser in den Vordergrund. Im Wasser gelöstes CO_2 mutiert zur Kohlensäure, welche beispielsweise Kalk ($CaCO_3$) in lösungsfähiges Kalziumhydrogenkarbonat $Ca(HCO_3)_2$ überführt und für den Transport im Wasser mobilisiert. Über diesen Mechanismus erfolgt die Lösung von Kalkgesteinen unter Verkarstung.

Am klimawirksamsten ist die Hydrolyse (Spaltung chemischer Verbindungen durch Wasser), wodurch silikatische Minerale (beispielsweise Feldspäte) zu Tonmineralen (Kaolinit, Montmorillonit u. a.) umgewandelt werden. Frei werdendes Kalium oder Kalzium werden über Kohlensäure in lösungsfähige Stadien gebracht und abgeführt. Die Kaolinisierung (Umwandlung in Tonminerale) von Feldspäten hat unter den überwiegend warmhumiden Klimabedingungen des Tertiärs in Mitteleuropa zu mächtigen Kaolinlagerstätten geführt (»Porzellanerde«), die hauptsächlich auf den feldspatreichen Rotliegend-Rhyolithen (»Porphyre«) angesiedelt sind. Dabei sind große Mengen Kieselsäure frei geworden, die im Grundwasser transportiert und andernorts wieder als Einkieselungen ausgefällt wurden. So entstanden die »Braunkohlenquarzite« Mitteldeutschlands.

Die Verwitterung der Silikate und deren Umwandlung in Tonminerale ist auch als initiale Phase der Bodenbildung anzusehen und die Vegetation spielt eine maßgebliche Rolle. Einerseits verstärken die Pflanzen die Verfügbarkeit von Kohlensäure, andererseits stellen sie weitere Säuren (vor allem Huminsäuren) bereit, die den Verwitterungsprozess verstärken und beschleunigen. Chemische Verwitterung ist mehr oder weniger ein Produkt der Interaktion von Litho- und Biosphäre. Die tertiären Moorbildungsphasen (»Braunkohlenmoore«) beispielsweise waren von besonders hoher Huminsäureproduktion begleitet, wodurch die Kaolinisierung der Feldspäte beschleunigt und besonders viel Kieselsäure freigesetzt wurde (Abb. 7).

Biosphäre

Die Biosphäre ist nicht nur vom Klima abhängig, sondern selbst ein erstrangiger Klimafaktor. Die Vegetationsformen der Erde nehmen un-

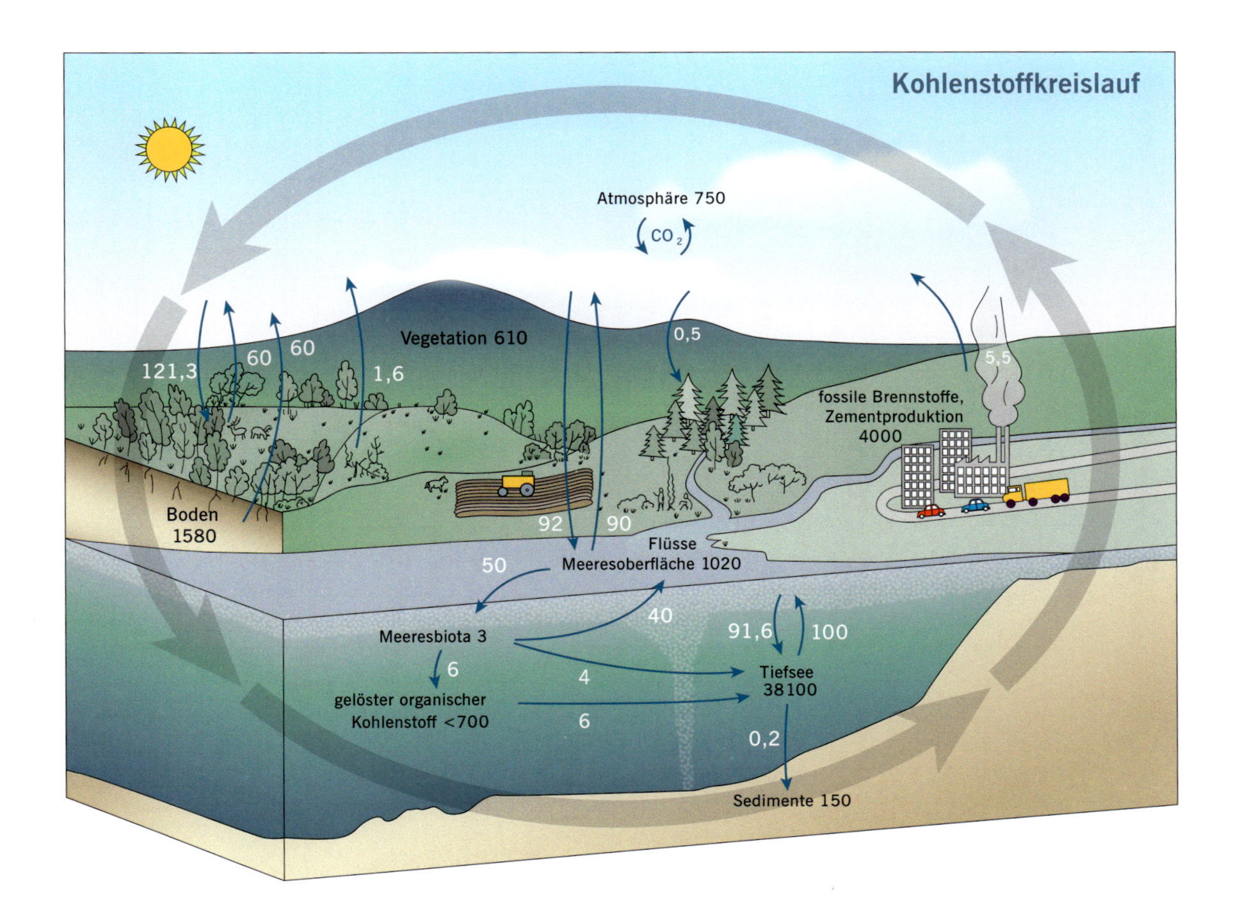

Abb. 8 Globaler Kohlenstoffkreislauf. Die schwarzen Zahlen zeigen an, wie viele Milliarden Tonnen oder Gigatonnen Kohlenstoff (Gt C) in den verschiedenen Reservoiren vorhanden sind; die weißen Zahlen geben an, wie viel Kohlenstoff zwischen den einzelnen Speichern pro Jahr (Gt/a C) ausgetauscht wird.

mittelbaren Einfluss auf das Abstrahlverhalten der Erde (Albedo), auf den Feuchtigkeitshaushalt und auf Temperaturgänge. Viel wichtiger ist die Biosphäre aber als indirekter Trigger über den weitgehend biogen gesteuerten globalen Kohlenstoffkreiskauf (Abb. 8). Organismen aller Art erzeugen und verbrauchen im Wechselspiel Sauerstoff und Kohlendioxid, sorgen also für lebensnotwendige Gase (Sauerstoff) und Spurengase (Kohlendioxid) in der Atmosphäre. Sie binden aber auch große Mengen von Kohlenstoff, der dann mehr oder weniger lange dem Kreislauf entzogen werden kann, fixiert als Torf, Kohle, Erdgas oder Erdöl. Oft sind die üppigen tropischen Wälder als Kohlenstoffsenken ins Gespräch gebracht worden – zu unrecht. Nur junge Wälder im Aufwuchs bilden tatsächlich effektive Kohlenstoffsenken. Alte Wälder (auch die tropischen Regenwälder) gehen dann zum Recycling der Biomasse über und wirken nicht mehr so effektiv.

Die Hauptarbeit leistet das Plankton der Ozeane. Dort wird es vom Phytoplankton verbraucht und in Biomasse umgesetzt, die fortwährend zum Meeresgrund rieselt und dort wenigstens partiell in Sedimenten fixiert wird. Auf der anderen Seite bauen Meeresorganismen mithilfe des gelösten CO_2 karbonatische Skelette auf und bilden daraus gewaltige Sedimentmassen. Ein großer Teil des CO_2 verschwindet also im biogenen Kalziumkarbonat ($CaCO_3$) als Kohlenstoffsenke, was häufig übersehen wird. Die Karbonatbildungsraten üben auch eine wichtige Pufferfunktion aus, indem sie in Zeiten hoher CO_2-Angebote das System über erhöhte Karbonatbildung entlasten.

KLIMAFAKTOR MENSCH

Seit erdgeschichtlich kürzester Zeit tritt der Mensch zunehmend als Klimafaktor in Erscheinung – und das gleich in mehrfacher Hinsicht:

1. Veränderung der Vegetation der Erde durch Entwaldung und Umwandlung von Wäldern in Agrarflächen;
2. Urbanisierung und Versiegelung von Bodenflächen;
3. Chemisierung der Landwirtschaft (Pestizide/Herbizide/Dünger) und deren Auswirkung auf Biosphäre und Atmosphäre;
4. Veränderung der Gaszusammensetzung der Atmosphäre durch industrielle Tätigkeit (Energieerzeugung aus fossilen Brennstoffen) und Verkehr (Verbrennungsmotoren).

Die Veränderung der Vegetation der Erde durch die Umwandlung großer Naturräume (Wälder und Savannen) in Agrarflächen kann als erster großer Eingriff der Menschheit in den globalen Naturhaushalt gelten. Seit Beginn der Sesshaftwerdung der Menschen im Holozän (in Mitteleuropa ab ca. 5500 v. Chr.) war die sich ausweitende Umwandlung von Natur- in Agrarflächen von Rodungen großer Waldflächen begleitet. Mit wachsender Bevölkerung weiteten sich die Rodungen aus und betrafen große Teile der globalen Waldflächen. Die Umwandlung in Ackerflächen veränderte den Wasserhaushalt (Wälder als Speicher) und das Abstrahlverhalten (Albedo). Die Veränderungen betreffen

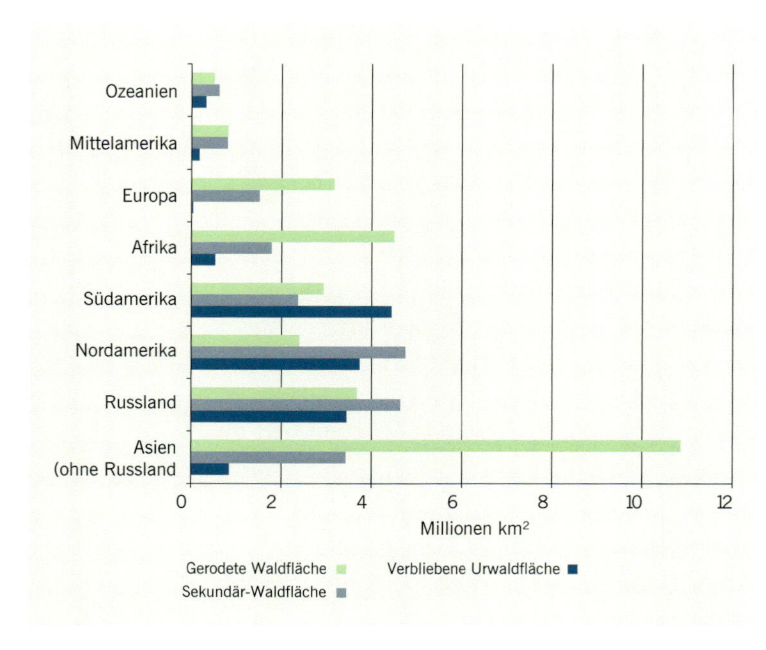

Abb. 9 *Rückgang der (Ur-)Waldfläche von vor 8000 Jahren bis heute. Entsprechend des WWF (2011) besteht nur noch gut ein Drittel der globalen Waldfläche – 13,6 Millionen km² – aus Urwäldern, also Wäldern, die sich seit der letzten Eiszeit unberührt von menschlichen Eingriffen entwickeln konnten. 78 % der Urwälder wurden in den letzten 8000 Jahren zerstört, davon allein zwischen 2000 und 2010 über 40 Millionen Hektar.*

tägliche und saisonale Temperaturgänge sowie die Abflussgeschwindigkeit von Niederschlagswasser und die damit verbundene Bodenerosion. Die Entwaldung läuft auch aktuell (vor allem außerhalb Europas) ungebremst weiter – nicht nur zur Schaffung von Ackerflächen für eine stetig wachsende Weltbevölkerung, sondern auch zur Errichtung von Plantagen zur Erzeugung von »Biotreibstoffen« (Abb. 9). Der WWF (2011) rechnet beispielsweise bis 2050 mit einem weiteren Waldverlust von 230 Millionen Hektar. Die Anlage von Ölpalmenplantagen zur Erzeugung von »Biodiesel« möge dafür als Beispiel dienen und ist als ökologischer Nonsens zu bewerten. Über Brandrodungen werden überdies große Mengen von Aerosolen (Ruß) in die Atmosphäre entlassen, wo sie zur Wasserdampfkondensation (Wolkenbildung) beitragen.

Noch im Mittelalter war der Urbanisierungseffekt gering und Städte mit 5000–10000 Einwohnern galten damals bereits als eine Art Großstadt. Seit Beginn der Industrialisierung im ausgehenden 18. und frühen 19. Jahrhundert änderte sich das dramatisch. Die Bevölkerung nahm in den sich entwickelnden Industrieländern sprunghaft zu und die Industriegebiete entwickelten sich zu großen Agglomerationen mit Umwandlung erheblicher Bodenflächen in versiegelte Industrie-, Wohn- und Verkehrsflächen. Die Entwicklung führte zu einer veränderten Wärmebilanz (urbane Wärmeinseln) mit entsprechendem Abstrahlverhalten, zumal die großen, dunklen Asphaltflächen von Straßen und Plätzen mehr Wärme absorbieren als helle, reflektierende Flächen. Parallel dazu wurde das Abflussverhalten von Niederschlagswässern verschärft. Das ungebremste Bevölkerungswachstum der vergangenen Jahrzehnte beschleunigte die Urbanisierung mit der Perspektive von Megastädten und Agglomerationen mit mehr als 20 oder 30 Millionen Einwohnern. Sie werden vor allem im tropisch-subtropischen Klimabereich angesiedelt sein. Die Urbanisierung wird zur weiteren globalen Erwärmung beitragen.

Die Industrialisierung der Landwirtschaft mit ihrem hohen Einsatz von Pestiziden, Herbiziden und Kunstdüngern beeinflusst zunächst die Biodiversität und die moderne Landwirtschaft ist ein Hauptfaktor bezüglich des gegenwärtigen dramatischen Artensterbens. Sie ist aber auch ein Erzeuger von klimawirksamen Spurengasen, insbesondere von Methan aus Bodenausgasungen und vor allem aber aus dem Verdauungstrakt von Wiederkäuern (in erster Linie Rinder). Eine Massentierhaltung der heutigen Dimension ist nur durch intensiven Futteranbau unter Einsatz diverser Chemikalien möglich.

Im Zentrum anthropogener Klimaeinflüsse steht allerdings die Emission klimawirksamer Spurengase in die Atmosphäre, wobei CO_2 aus der Verbrennung fossiler Energieträger (Kraftwerke, Zementindustrie, Verbrennungsmotoren u. a.) im Vordergrund steht (Abb. 10). Aktuell liegt der CO_2-Gehalt der Atmosphäre bei 338 ppm (Parts per Million) und nähert sich 400 ppm an. Etwa 96–96,5 % davon entspringen Quellen aus dem natürlichen Kohlenstoffhaushalt der Erde und nur etwa 3,5–4 % sind als anthropogener Eintrag im System zu werten. Das wären ganze 11,38–13,52 ppm, und wenn wir demnächst bei 400 ppm CO_2 in der Atmosphäre ankommen, entspricht das einer Steigerung auf 14–16 ppm. Der anthropogene Anteil am CO_2-verursachten Treibhauseffekt wird von Berner (2008) auf 1,2 % veranschlagt, der aller anthropogen erzeugten Spurengase auf 2 %. Deutschland ist wiederum mit etwa 3 % an der anthropogenen Weltkohlendioxidproduktion beteiligt, was bei 400 ppm gesamt und 14–16 ppm anthropogen gesamt etwa 0,42–0,48 ppm bedeutet. Da das Ausmaß der Klimawirksamkeit von CO_2 keineswegs gesichert ist, sondern zum Gegenstand einer kontroversen Diskussion wurde, ist der Einfluss Deutschlands auf das globale Klima geradezu grotesk gering.

Weitaus größere Klimawirksamkeit entfaltet Methan (CH_4). Es wird in gewissem Umfang ebenfalls industriell freigesetzt (beispielsweise als Bestandteil des Erdgases bei der Erdgasförderung und Distribution), entstammt aber überwiegend biogenen Quellen und zeichnet sich durch einen hohen Anteil des leichten Kohlenstoffisotops ^{12}C aus. Methan wird in der Atmosphäre relativ rasch zu CO_2 oxidiert, hat also eine relativ geringe Halbwertszeit, und ohne permanente Nachlieferung würde der Methangehalt der Atmosphäre schnell gegen Null sinken.

Neben den Spurengasen sind vor allem Aerosole als anthropogene Einflussgrößen von Bedeutung. Staub, Ruß, Schwefeldioxid oder chlorierte Kohlenwasserstoffe (FCKW) wirken auf die Atmosphäre ein. Sie absorbieren einerseits Sonneneinstrahlung, reflektieren aber auch die Wärmerückstrahlung und wirken so teilweise gegensätzlich. Staub und Ruß als atmosphärische Schmutzpartikel kehren mit den Niederschlägen zurück zur Erde. Auf Eis und Schnee werden sie als Schmutz sichtbar, absorbieren Wärme und verändern die Albedo von Eis- und Schneeflächen, die deshalb eher und leichter schmelzen. Die Aerosole spielen aber auch als Kondensationskeime für Wasserdampf eine wichtige Rolle bei der Wolkenbildung. Deshalb tritt in Industriegebieten mit hohem Aerosolaufkommen auch häufig Industrienebel

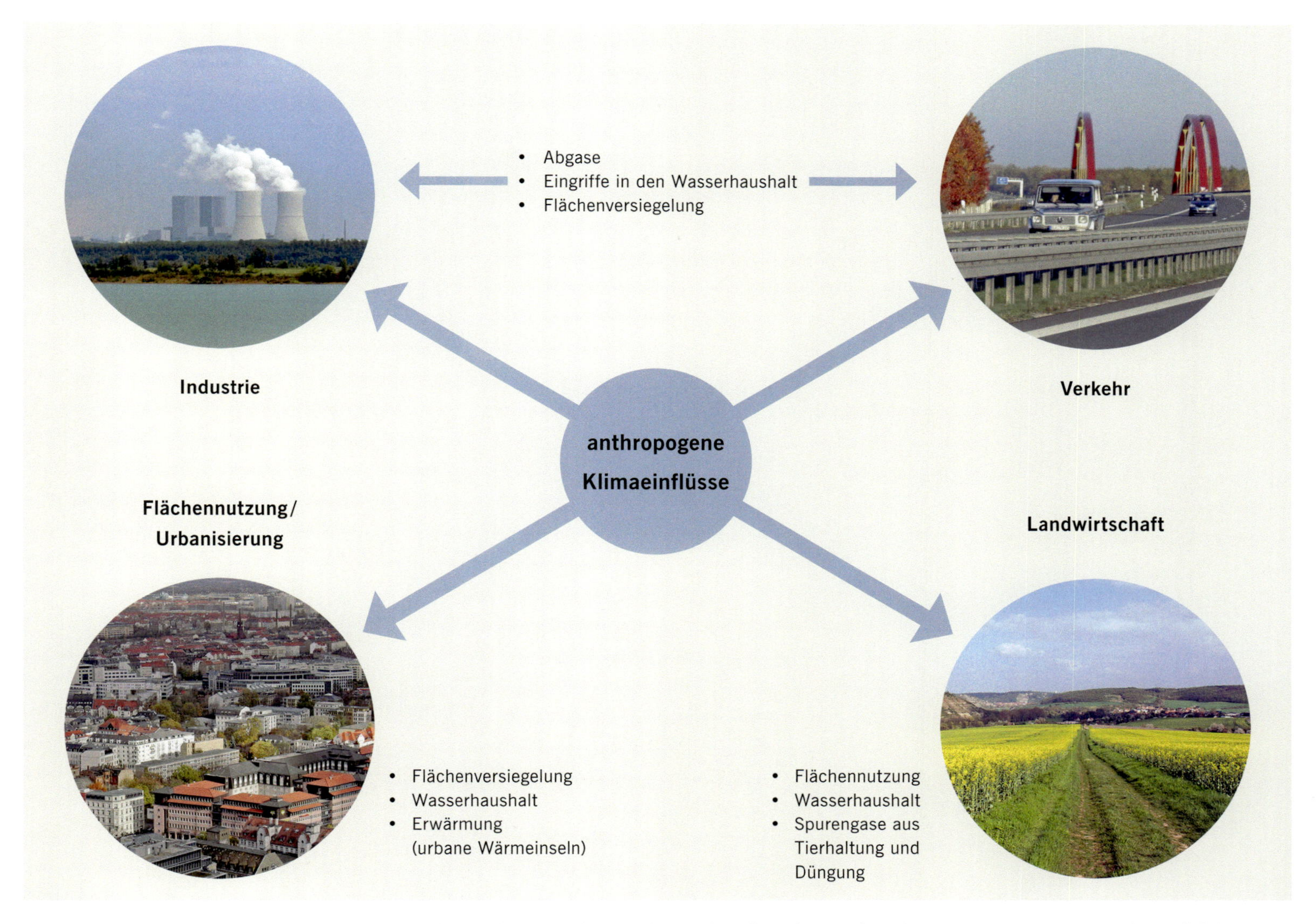

Abb. 10 *Anthropogene Klimafaktoren. Industrie, Verkehr und Wohnen (Heizung) verändern die Erdatmosphäre (Spurengaszusammensetzung). Parallel dazu sorgt die Flächenversiegelung für ein verändertes Abstrahlverhalten der Erdoberfläche. Industrie und vor allem Urbanisierung verursachen Erwärmung (»urbane Wärmeinseln«). In der Landwirtschaft verändern große Ackerflächen (»Kultursteppe«) im Verhältnis zu den ursprünglichen Waldflächen ebenfalls das Abstrahlverhalten der Erdoberfläche. Dieser Aspekt wird gegenwärtig durch die massiven Rodungen tropischer Wälder beschleunigt. Die Massentierhaltung und Düngung von Ackerflächen führt zu starken Spurengasemissionen (Methan, Stickoxide). Alle menschlichen Tätigkeiten sind auch mit klimawirksamen Eingriffen in den Wasserhaushalt der Natur verbunden.*

auf (siehe aktuell besonders Peking). Den FCKW wird zusätzlich noch eine zerstörerische Rolle für die Ozonschicht zugeschrieben, die uns vor zu viel UV-Einstrahlung schützt (Stichwort Ozonloch).

Zusammenfassend betrachtet reguliert sich das globale Klima auch heute weitgehend auf natürliche Weise durch die Interaktion einer breiten Palette von Klimafaktoren. Der anthropogene Einfluss ist eher gering und die Fokussierung auf die CO_2-Problematik unter Vernachlässigung anderer Faktoren ist eine sehr verengte Sicht der Dinge. Weiterer Bevölkerungszuwachs, Urbanisierung, Entwaldung und andere Faktoren sind für die Menschheit viel problematischer als ein Anstieg des CO_2-Gehaltes der Atmosphäre von 380 auf 500, eventuell bis 800 ppm. Bei etwa 800 ppm liegt der erdgeschichtliche Durchschnitt, zumindest im Phanerozoikum (ca. 541 Millionen Jahre bis heute). Das entspricht in etwa auch dem Optimum für Pflanzen. Unter optimalen CO_2-Bedingungen würde die Landwirtschaft deutlich höhere Erträge liefern und für lange Zeit die Ernährung der wachsenden Weltbevölkerung garantieren. Die Begasung von Gewächshäusern mit CO_2 illustriert diesen Zusammenhang auf direktem Wege. Insofern verschwendet die CO_2-Vermeidung Ressourcen, die in anderen Bereichen für die Zukunftssicherung viel nützlicher verwendet werden könnten.

2 TIER- UND PFLANZENWELT

Arnold Müller

ENTWICKLUNG DER LEBENSWELT IN DER ERDNEUZEIT (KÄNOZOIKUM)

Vor etwa 66 Millionen Jahren begann das Känozoikum als jüngstes Kapitel der Erd- und Lebensgeschichte. Känozoikum heißt Neuzeit der Tierwelt. Die Pflanzen waren mit der ersten Phase der Angiospermenevolution (Bedecktsamer, Blütenpflanzen) den Tieren vorausgeeilt, weshalb die Neuzeit der Pflanzen (Känophytikum) bereits vor rund 95 Millionen Jahren in der höheren Unterkreide begann. Schon die ersten Geologen und Paläontologen in der Frühzeit der Geowissenschaften bemerkten den großen Umschwung der Faunen, ohne dessen Gründe genau klären zu können. Sie konstituierten daraus eine bis heute gültige, biostratigrafische Grenze (Kreide-Tertiär-Grenze). Erst später wurde das Aussterben der Dinosaurier, Ammoniten und anderer Tiergruppen mit erdgeschichtlichen Katastrophen verbunden. Flutbasalteruptionen in Indien (Dekkan-Trapp) und der Einschlag eines großen Asteroiden auf der heutigen Halbinsel Yucatan (Mexiko) gelten aktuell als Auslöser der Katastrophe (Alvarez u. a. 1980; Keller u. a. 2002). Wie immer in der Erdgeschichte gab es Verlierer, die aus dem weiteren Geschehen aussteigen mussten, und Gewinner, die sich zu neuen Höhen aufschwangen. Im Känozoikum stehen die Säugetiere im Vordergrund, aus deren Mitte schließlich die Menschen hervorgingen. Am Ende des Känozoikum stürzten die Temperaturen dramatisch ab und die letzte Eiszeit der vergangenen etwa 550 Millionen Jahre begann. Sie bildete den dramatischen Hintergrund der finalen Evolution der modernen Menschen. Eine Fülle von Informationen zu diesen interessanten Prozessen zwingt bei knapp bemessenem Platz zur Beschränkung auf das Wesentliche. Nachfolgend also ein knappes Protokoll der vergangenen 66 Millionen Jahre.

HINTERGRÜNDE: ÜBERSICHT ZUR KLIMAENTWICKLUNG, ZU EVENTS UND ZUR PLATTENTEKTONIK

Als Folge des Impakts (Einschlags) an der Kreide-Tertiär-Grenze ging das Klima zunächst auf eine abenteuerliche, aber kurze Achterbahnfahrt (Abb. 1). Aerosole (Staub, Ruß u. a.) vom Impakt selbst und nachfolgenden verheerenden Waldbränden verdunkelten die Sonne und führten zu einer kurzen, rapiden Abkühlung (Szenario des »atomaren« oder »kosmischen« Winters). Danach ging es im Paläozän rasch wieder aufwärts mit den Temperaturen und die Verhältnisse normalisierten sich. Vor etwa 62 Millionen Jahren stellte sich ein erstes Optimum ein. Anschließend gingen die Temperaturen wieder etwas zurück auf ein kleines Minimum vor etwa 58 Millionen Jahren. Darauf folgte im Oberpaläozän eine kontinuierliche Erwärmung, bis die Temperaturen an der Grenze zum Eozän im oberpaläozänen Temperaturmaximum (Late Paleocene Thermal Maximum = LPTM), abrupt in die Höhe schossen und sich anschließend wieder auf das Ausgangsniveau einpendelten. Der darauf einsetzende erneute Temperaturanstieg mündete in das eozäne Optimum (um 48–52 Millionen Jahre, Untereozän bis tiefes Mitteleozän). Danach schloss sich zwar wieder eine leichte Abkühlung an, doch blieben die Temperaturen im gesamten Mitteleozän sehr hoch. Im Obereozän fielen die Temperaturen noch weiter, blieben aber immer noch weit über dem heutigen Niveau.

An der Grenze Eozän/Oligozän (vor 33–34 Millionen Jahren) führte die erste großflächige Vereisung der Antarktis (Oi1-Glaziation) zur nächsten großen Zeitenwende, dem Übergang vom globalen Treibhaus zum Eishaus (Ehrmann 1994; DeConto/Pollard 2003). Ein kräftiger Temperatureinbruch mit globalem Meeresspiegelrückgang markiert den Einbruch, gefolgt von allmählich wieder ansteigenden Temperaturen. Die neuerliche Erwärmung kulminierte in der oberoligozänen Warmphase (vor 24–25 Millionen Jahren). An der Grenze Oligozän-Miozän sorgte die nächste antarktische Vereisung erneut für einen kurzzeitigen globalen Temperatureinschnitt (Mi1-Glaziation). Anschließend kletterten die Temperaturen zum mittelmiozänen Optimum (vor etwa 14–16 Millionen Jahren), um danach endgültig zum pleistozänen Eishaus abzustürzen, begleitet von starken, kurzzeitigen Schwankungen (hochfrequente Temperaturoszillationen). Der Temperaturrückgang beschleunigte sich ab dem höheren Pliozän (vor etwa 3 Millionen Jahren) noch und leitete den Übergang in die extrem kalte Periode der quartären Eiszeiten ein.

Die känozoische Klimaentwicklung ist eng mit der plattentektonischen Entwicklung verknüpft. Im Mesozoikum waren die Südkontinente (Südamerika, Afrika mit Indien, Australien und die Antarktis) noch zum Superkontinent Gondwana verbunden. Der Zerfall des großen Südkontinents in mehrere Einzelkontinente führte zu völlig neuen Bedingungen. Afrika und Indien waren zu Beginn des Känozoikum

◄ Architectonica *ist eine Schnecke aus der Latdorf-Fauna von Atzendorf, Salzlandkreis (Sachsen-Anhalt); Länge 0,4 cm.*

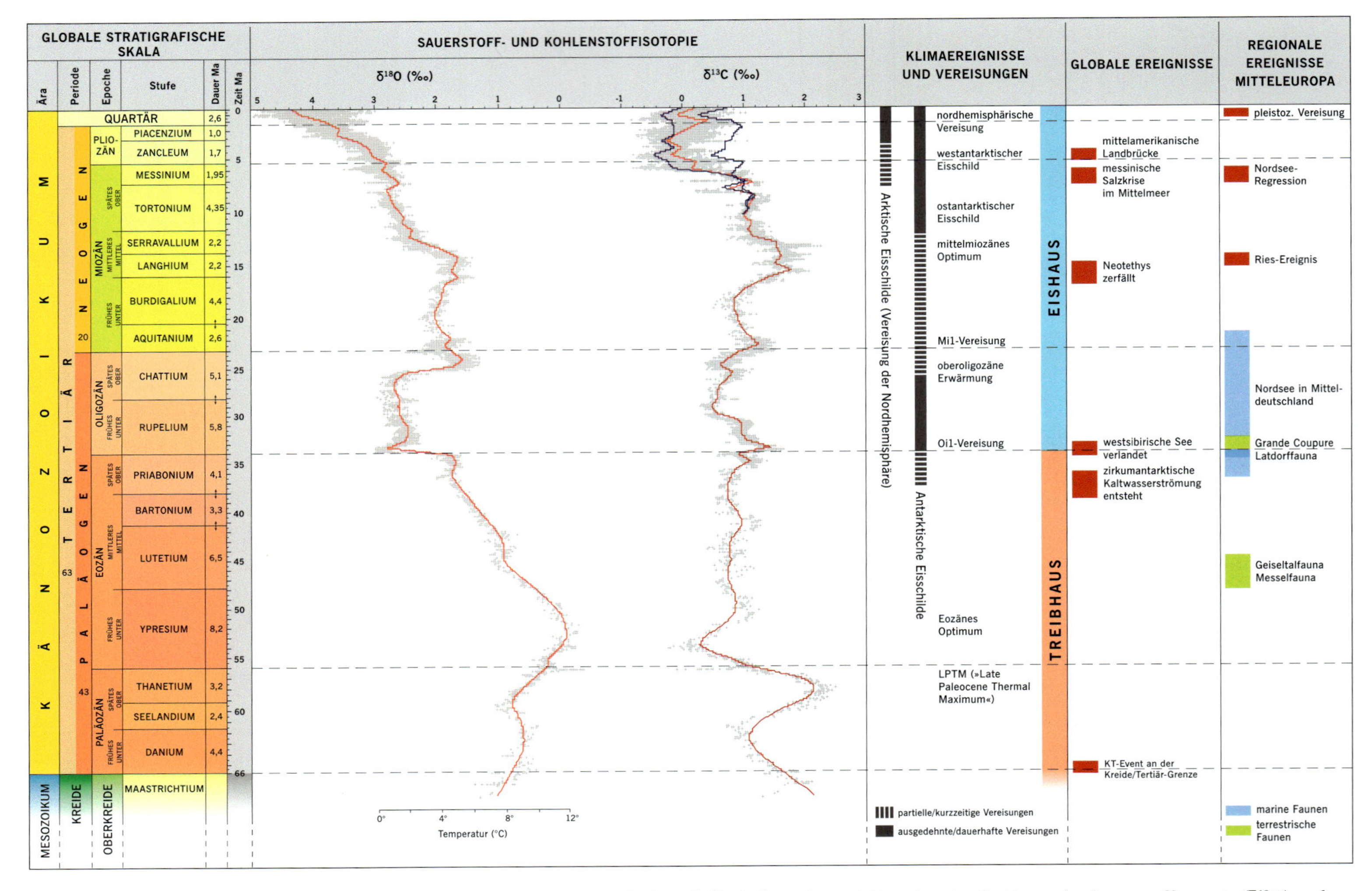

***Abb. 1** Übersicht über das Känozoikum mit aktueller Zeittafel (stratigrafische Tabelle, linke Kolumne). Daneben ist die Kurve der Sauerstoffisotopie ($\delta^{18}O$) und die der Kohlenstoffisotopie abgebildet (nach Zachos u. a. 2001). Aus der Sauerstoffisotopie (Verhältnis der Sauerstoffisotope) wird die Paläotemperatur bestimmt. In der Kolumne »Klimaereignisse und Vereisungen« sind die Vereisungsgeschichte der Arktis und Antarktis sowie wichtige Klimaereignisse dargestellt. Daneben (»Globale Ereignisse«) folgen wichtige Ereignisse der känozoischen Geschichte. Die letzte Spalte ist regionalen Ereignissen in Mitteleuropa gewidmet. Weitere Erläuterungen sind im Text zu finden.*

aus dem Verbund herausgelöst und Madagaskar trennte sich gerade von Afrika. Südamerika und Australien vollzogen die vollständige Trennung von der Antarktis vor 35–40 Millionen Jahren erst im älteren Paläogen und die Antarktis verharrt seitdem in zentraler südpolarer Position (Abb. 2). Ein äquatornaher Ozean, die Neotethys, verband die indopazifische Region über das Mittelmeer mit dem Atlantik, welcher selbst über den Isthmus von Panama mit dem Pazifik in Kontakt stand. So konnte sich eine zirkumäquatoriale Meeresströmung einstellen.

Indien, das sich schon vor 70–80 Millionen Jahren (Oberkreide) von Restgondwana gelöst hatte, wanderte mit ziemlich hoher Geschwindigkeit nach Nordnordosten und kollidierte bald mit der Eurasischen Platte. In der Kollisionzone entstanden allmählich der Himalaya und andere asiatische Hochgebirge. Etwas später trennte sich Madagaskar von Afrika und nahm eine frühe Halbaffengesellschaft mit, aus der sich die heutigen Loris und Kattas herleiten. Anders als Indien blieb Australien (mit Neuseeland) nach der Trennung von der Antarktis bis heute ein isolierter Inselkontinent und behielt seine endemische (nur regional vorkommende) Beuteltierfauna. Südamerika nahm bis zur Schließung der mittelamerikanischen Landbrücke vor etwa 5 Millionen Jahren ebenfalls einen paläobiogeografisch isolierten Sonderweg mit Entwicklung einer endemischen Fauna (beispielsweise Faultiere und Gürteltiere). Zwischen Eurasien und Nordamerika bestand zeitweise Kontakt über verschiedene Landbrücken. Für das Paläozän/Eozän sind Landbrücken zwischen Europa und Nordamerika postuliert worden. Auf der anderen Seite Eurasiens bestanden temporäre Verbindungen zwischen Jakutien und Alaska über die Beringbrücke

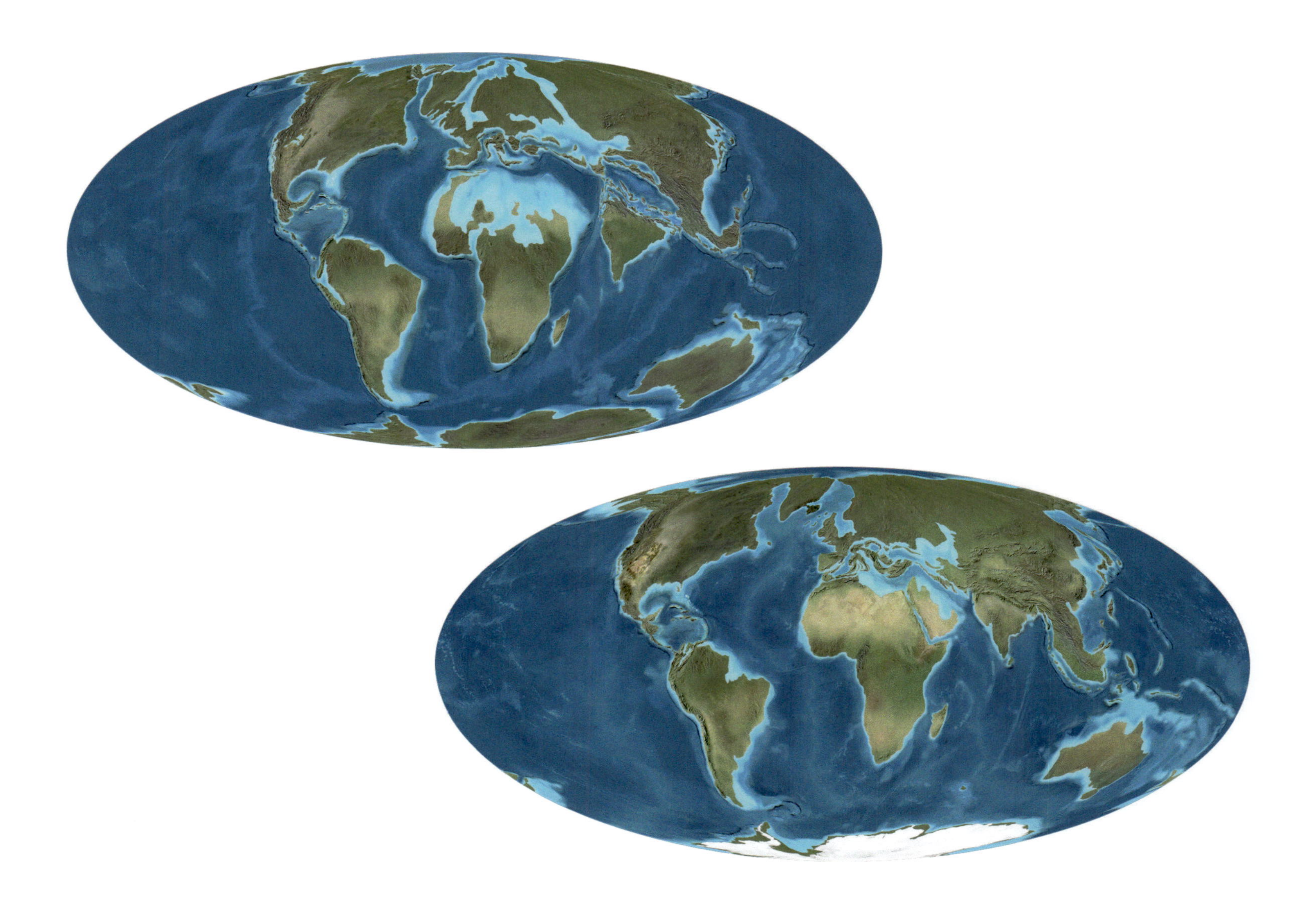

Abb. 2 *Globus im Eozän (oben; vor 50 Millionen Jahren) und Miozän (unten; vor 20 Millionen Jahren). Im Vergleich beider Zeitscheiben ist die weitere Öffnung des Nordatlantiks und die Schließung des südlichen Tethysarms zwischen Mittelmeer und Indik gut zu erkennen.*

(Bereich der heutigen Beringstraße). Europa war im Paläogen zugleich ein Inselarchipel, von Meeresstraßen durchzogen und von Asien langzeitig durch den nördlichen Tethysarm und die westsibirische See (Turgaisee) getrennt.

Am Ende des Paläogen (vor ca. 24 Millionen Jahren) entstanden also vier große biogeografische Reiche: die Alte Welt mit Eurasien und Afrika, zu der Nordamerika als Teil der heutigen Neuen Welt immerhin regelmäßig Kontakt hatte, die extrem isolierte *Terra Australis*, das isolierte Südamerika und die Antarktis mit ihrer Eisgeschichte. Indien, ebenfalls vorübergehend isoliert, wurde nach dem Anschluss an Asien Teil der Alten Welt.

Im mittleren Neogen (vor 16–14 Millionen Jahren) verschwand zunächst der Neotethys-Ozean mit seiner passatgetriebenen zirkumäquatorialen Warmwasserströmung (Rögl/Steininger 1983; Steininger/Wessely 2000). Daraufhin wurde das Mittelmeer kurzzeitig komplett isoliert und trocknete bis auf solebedeckte Tiefseebecken aus (messinische Salinitätskrise, vor etwa 7–5 Millionen Jahren; Hsü u. a. 1978; Hsü u. a. 1977). Das öffnete Migrationsrouten für Faunen zwischen Europa, Nordafrika und den Inseln im Mittelmeer. Parallel dazu schloss sich durch plattentektonische Vorgänge die mittelamerikanische Landbrücke (Panama-Brücke). Nord- und Südamerika traten wieder in Kontakt. Konkurrenzstarke Säugetiere aus dem Norden wanderten ein und verdrängten seither einen großen Teil der endemischen Fauna Südamerikas. Die Landbrücke zwang zudem den karibischen Warmwasserstrom durch den Golf von Mexiko und die Floridastraße, von wo aus er den Nordatlantik als Golfstrom überquert. Damit wurde der letzte Grund-

Abb. 3 Verlierer und Gewinner an der Kreide-Tertiär-Grenze (um 66 Millionen Jahre vor heute). Die kurzzeitige, aber drastische Umweltveränderung nach dem Meteoriteneinschlag wirkte wie ein Filter. Manche Organismengruppen kamen durch, andere nicht. Die Verlierer starben aus, wohingegen zahlreiche Gewinner einen erneuten Aufschwung erlebten (»adaptive Radiation«).

stein zur heutigen thermohalinen Zirkulation gelegt (siehe Beitrag von A. Müller, S. 41, Abb. 5). Der Golfstrom gilt als wesentlicher Faktor der plio-pleistozänen Klimaentwicklung.

AUSGANGSPUNKT OBERKREIDE (CA. 100–66 MILLIONEN JAHRE)

Am Ende der Kreidezeit herrschte global ein recht warmes und ausgeglichenes Klima mit relativ geringer Zonierung. Manche Paläoklimatologen postulieren jedoch erste geringe Eisbildungen in der Antarktis. Trotz insgesamt vorteilhafter Verhältnisse begann aber bereits ein großer Umschwung in der Biosphäre, zuerst bei den Pflanzen. Die Bedecktsamer (Angiospermen) erlebten einen raschen Aufschwung und traten zunächst vor allem als Bäume auf, darunter erste Ahorne, Buchen, Eichen, Myrten, Platanen, Muskatbäume, Rosengewächse und Lorbeerbäume. Palmen entwickelten eine erstaunliche Vielfalt und erste Riedgräser besiedelten Feuchtgebiete. Die Laubbäume erwarben rasch die Fähigkeit des saisonalen Laubabwurfs – zunächst wohl nicht unbedingt wegen Kälte, sondern Trockenheit oder Beleuchtung (Polarnacht). In polnahen Bereichen der Nordhemisphäre entstanden saisonal laubwerfende Wälder mit Palmen, wie Fossilien von Grönland und der kanadischen Arktis anzeigen.

In der Tierwelt der Oberkreide erlebten typisch mesozoische Gruppen kräftige Diversitätseinbrüche. Nachdem beispielsweise die Ammoniten in der oberen Unterkreide ihre maximale Artenvielfalt erreichten, beschleunigte sich ihr Diversitätsrückgang in der Oberkreide bis auf wenige Gattungen im Maastrichtium (vor etwa 72–66 Millionen Jahren). Ähnlich sieht es bei anderen Tiergruppen aus. Selbst die im Mesozoikum herrschenden Reptilien einschließlich der Dinosaurier erlebten markante Diversitätseinbrüche. Sie betrafen zunächst vor allem marine Gruppen: Ichthyosaurier und später Plesiosaurier. Deren Platz nahmen in der späten Oberkreide kurzzeitig die Maasechsen (Mosasaurier) aus dem Verwandtschaftskreis der Warane ein. Die Dinosaurier selbst, in nordamerikanischen Formationen der mittleren

Oberkreide noch mit etwa 30 Gattungen belegt, gingen dort auf zwölf Arten am Ende der Kreidezeit zurück, begleitet von den letzten Flugsauriern und Zahnvögeln *(Hesperornis)*.

Die Biosphäre befand sich in der höheren Oberkreide also bereits im Umbruch, als zwei einschneidende Ereignisse den Zeitenwechsel beschleunigten. Es sind der Dekkan-Trapp-Vulkanismus im heutigen Indien und der Impakt (Einschlag) eines großen Himmelskörpers vor etwa 66 Millionen Jahren im heutigen Mexiko (Yucatan). Während sich der Trapp-Vulkanismus über einige Millionen Jahre hinzog (höchste Kreide bis tiefes Paläozän), setzte der Impakt darauf noch ein gewaltiges Ausrufezeichen. Das Zusammenspiel dieser Ereignisse mündete in eine der größten Krisen der Biosphäre im Phanerozoikum (541 Millionen Jahre bis heute). Zahlreiche Organismengruppen starben aus oder wurden an den Rand des Aussterbens gebracht.

VERLIERER UND GEWINNER: BIOTA AN DER KREIDE-TERTIÄR-GRENZE (UM 66 MILLIONEN JAHRE VOR HEUTE)

Die dunkle, kalte Zeit unmittelbar nach dem Impakt (Szenario des »atomaren« oder »kosmischen« Winters) geriet zu einem Flaschenhals der Evolution mit Filterwirkung. Zahlreiche Pflanzen- und Tiergruppen überstanden die dunklen, kalten und turbulenten Jahre direkt nach dem Impakt nicht oder wurden erheblich dezimiert (Abb. 3). Zu den absoluten Verlierern (Aussterbenden) gehören wichtige Teile des marinen Planktons ebenso wie Ammoniten, riffbauende Muscheln (Rudisten), Dinosaurier, Mosasaurier, Pterosaurier (Flugsaurier), Plesiosaurier u. a. Typisch mesozoische Pflanzengruppen wie Benettiteen und Cycadeen oder Fischgruppen wurden erheblich dezimiert und überlebten als »lebende Fossilien« nur in Rückzugsarealen bis heute. Manche Tiergruppen (beispielsweise Moostierchen bzw. Bryozoen) reagierten zeitverzögert. Zahlreiche Kreidebryozoen überschritten die Kreide-Tertiär-Grenze und verschwanden erst am Ende des Unterpaläozän (Danium, 61,5–62 Millionen Jahre).

Zu den Gewinnern der großen Zeitenwende gehörten bedecktsamige Blütenpflanzen (Angiospermen), bestimmte marine Planktongruppen, diverse Molluskengruppen (Weichtiere) und vor allem moderne Wirbeltiere. Höhere Knochenfische (Teleostei), moderne Reptilien, wie Eidechsen, Warane und Schlangen (alles Schuppenechsen oder Squamata), Vögel und plazentale Säugetiere erlebten einen atemberaubenden Aufschwung. Aber auch so langlebige Reptilgruppen wie Schildkröten und Krokodile überstanden dieses Ereignis relativ unbeschadet.

TIEFERES PALÄOZÄN (CA. 66–60 MILLIONEN JAHRE VOR HEUTE): REPARATURZEIT

Das tiefere Paläozän kann als Reparaturzeit im Ökosystem Erde betrachtet werden. Nachdem die unmittelbaren Folgen des Impakts bald ausklangen, bedurfte die Wiederherstellung der Biodiversität eines größeren Zeitrahmens. In kontinentalen Lebensräumen stellte sich zunächst eine interessante Situation ein: Alle großen carnivoren (fleischfressenden) und herbivoren (pflanzenfressenden) Tiere waren mit dem Aussterben entsprechend spezialisierter Dinosaurier und anderer Gruppen verschwunden. Drei Großgruppen der Säugetiere überwanden die Kreide-Tertiär-Grenze: altertümliche Multituberculaten, deren Gebißstruktur oft an Nagetiere erinnert, Beuteltiere (Metatheria) und höhere Säugetiere (Eutheria oder auch Placentalia). Die Placentalia entwickelten bereits in der höheren Oberkreide einige Stammgruppen, welche sich rasch über die Nordhemisphäre ausbreiten konnten. Neben ihren insektenfresserartigen Vorfahren waren sie im Unterpaläozän sofort präsent und wurden zum Ausgangspunkt einer bemerkenswerten Radiation (Auffächerung einer Art). Urhuftiere (Condylarthra), früheste Primaten (Plesiadapiden), Pelzflatterer (Dermoptera) und Nager (Rodentia) sind hier in erster Linie zu nennen. Eine der wichtigsten Fundstellen paläozäner Säugetiere ist Walbeck bei Weferlingen (Bördekreis, Sachsen-Anhalt; Abb. 4; Weigelt 1939; Weigelt 1941; Weigelt 1960; siehe Infobox »Walbeck« von D. Ambros S. 186).

Im ebenfalls verarmten marinen Bereich reorganisierte sich zunächst das Plankton. Neue Gruppen von Phytoplankton und Planktonforaminiferen (statt Globotruncanen in der Oberkreide nun Globigerinen) entstanden. Im Neotethysgebiet bildete eine Gruppe benthischer (bodenbewohnender) Foraminiferen (Nummuliten) ab dem höheren Paläozän Riesenformen bis über 10 cm Durchmesser – die größten Einzeller der Erdgeschichte. Korallen formten erstmals wieder größere Bioherme (Riffe mit Höhenwachstum), zunächst interessanterweise in kühleren Gewässern. Bei den Mollusken sind nun vor allem moderne Schnecken maßgeblich an der marinen Biodiversität beteiligt, in erster Linie die Neogastropoda (Neuschnecken) mit den Oberfamilien Muricoidea (Stachelschnecken), Volutoidea und Conoidea (Kegelschnecken). Letztere stiegen zur artenreichsten Gruppe überhaupt auf. Schließlich eroberten die Flügelschnecken (Pteropoden) einen wichtigen Platz im Holoplankton der Ozeane. Süßwassermuscheln und Landschnecken (Pulmonaten) erlebten ebenfalls einen erheblichen Aufschwung. Moderne Knochenfische (Teleostei) sind die eigentlichen Gewinner unter den Wirbeltieren und stellen heute die artenreichste Gruppe, gefolgt von den Vögeln. Während in den paläozänen Süß- und Brackwasserfaunen Europas noch altertümliche Knochenhechte (Lepisosteidae: *Lepisosteus* und *Atractosteus*) und Kahlhechte (Amiidae: *Amia* und *Cyclurus*) dominierten, begann in den angrenzenden Meeren bereits der Aufstieg moderner Gruppen, besonders der Barschähnlichen (Perciformes).

Im nördlichen Europa wird die Übergangszeit von der Oberkreide zum Paläozän am besten durch Profile in Dänemark repräsentiert. Dort folgen auf den bituminösen Fish Clay, der die Zeit unmittelbar nach dem Impakt repräsentiert, die korallen- und bryozoenreichen Faxekalke aus dem Danium. Stockbildende Korallen (*Moltkia* und *Dendrophyllia*) bauten dort sogar kleine Riffe auf. *Dendrophyllia* lebt ohne Symbiose mit Grünalgen (Zooxanthellen) und ist heute noch eine wichtige Gattung der Tiefwasserbioherme des Nordatlantiks. Seeigel (*Tylocidaris* mit keulenförmigen Stacheln), gestielte Seelilien *(Isselicrinus)* und zahlreiche Bryozoen (Moostierchen) überwanden die Kreide-Tertiär-Grenze und starben erst am Ende des Danium aus. *Nautilus*-Verwandte, Muscheln, Schnecken und zahlreiche Krabben (*Dromiopsis* u. a.) lebten in den Biohermen und deren engerer Umge-

bung. Wegen des Vorkommens zahlreicher Oberkreidegruppen (beispielsweise Bryozoen; Voigt 1985) legte man die Kreide-Tertär-Grenze früher auch an das Ende des Danium.

EOZÄNES OPTIMUM (VOR CA. 53–47 MILLIONEN JAHREN VOR HEUTE)

Ab dem höheren Paläozän beschleunigte sich die Angiospermenradiation. Zahlreiche neue Gruppen erschienen, darunter vor allem nicht baumartig wachsende Kräuter. Die Diversifizierung der höheren Pflanzen brachte auch eine neue Dynamik in davon abhängige (koevolutive[1]) Prozesse. Die Bestäubungsstrategie der Angiospermen zielte verstärkt auf Insekten. Mit immer raffinierteren Blüten betrieben sie die Absicherung einer effektiven Bestäubung. Die große känozoische Entfaltung moderner Blütenpflanzen geriet zum Motor einer ungeheuren Insektendiversifizierung. Insekten stiegen zur artenreichsten känozoischen Tiergruppe überhaupt auf. Als weitgehend festsitzende Organismen entwickelten die Pflanzen zugleich erfolgreiche Strategien zur Ausbreitung. Auch hier wurden Tiere verstärkt einbezogen. Früchte locken Tiere an, die nach Verzehr der Früchte die Samen andernorts wieder ausscheiden. Manche Samen keimen sogar erst nach einer Darmpassage. Eine andere Art Koevolution betrifft Pflanzen und Pilze, was aber fossil nur selten direkt nachzuweisen ist. Wegen ihres geringen Fossilisationspotentials sind Pilze nur selten erhalten. Trotz ihrer Wichtigkeit bleiben sie deshalb bei der Analyse fossiler Pflanzengesellschaften meist unberücksichtigt. Bäume beispielsweise gingen enge Verbindungen mit symbiontischen[2] Pilzen über deren Pilzgeflecht (Myzel) ein. Pilze bilden eine Mykorrhiza mit dem Wurzelgeflecht von Bäumen und jede Baumart hat bestimmte Partner unter den Pilzen. Von allein etwa 800–1000 Arten der Haarschleierlinge (Gattung *Cortinarius*) sind die meisten an spezielle Baumpartner gebunden. Ihre hohe Diversität reflektiert also die Diversitätsentwicklung der Bäume. Aufgrund koevolutiver Prozesse entwickelten sich känozoische Wälder und andere Pflanzengesellschaften zu äußerst komplexen Gefügen (Abb. 5) mit vielfältigen Interaktionen von Pflanzen, Pilzen und Tieren.

Besonders hohe Biodiversität stellte sich ab dem Paläozän in den tropischen Regenwäldern mit ihrer Tiefenstaffelung und den zahlreichen Nischen und Mikrohabitaten ein. Die obere Etage der Großbäume fängt das meiste Licht ein. Nach unten wird es immer dunkler und jede Etage wird von Pflanzen bewohnt, die optimal auf die Lichtverhältnisse eingestellt sind. In die Primärvegetation zogen allmählich die Sekundärgesellschaften der Epiphyten (aufsitzende Baumbewohner) ein: Orchideen, Bromelien u. a. Epiphyten und Tiere besetzten die Etagen durch jeweils andere Bewohner. Die Stapelung führte zu besonders hoher Besiedlungsdichte und Diversität auf einer begrenzten Grundfläche (Faszination Regenwald; Engelhard 2016). Da Topografie, Grundwasser und andere Kenngrößen variabel sind, ändert sich die Zusammensetzung des Waldes auch in der Fläche schnell. Manche epiphytischen Orchideen sind nur aus wenigen Quadratkilometern Wald bekannt.

Die Schichtung ist in den Tropen nicht mehr so ausgeprägt und verliert in Trockenwäldern und Savannen, mit ihren Einzelbäumen, weiter an Bedeutung. Mit den känozoischen Klimaschwankungen und den topografischen Entwicklungen (Gebirgsbildungen) oszillierte das System in der Fläche, dehnte sich aus oder schrumpfte. Schrumpfung heißt auch Artenverlust, Ausdehnung Zugewinn. Aufgrund der Ausdehnung tropisch-paratropischer Wälder im Eozän spielte sich ein großer Teil der Entfaltung landlebender Tiere in Wäldern unterschiedlichen Typs ab. Offene Graslandschaften erlangten erst ab dem höheren Eozän/Oligozän eine zunehmende Relevanz.

Unter den warmen Bedingungen des höheren Paläozän und Eozän, als auf Grönland und in der sibirischen Arktis noch Palmen wuchsen, bedeckten immergrüne Wälder als vorherrschender Vegetationstypus die Landmassen in den mittleren bis höheren Breiten der Nordhemisphäre. In den wärmsten Phasen des Paläogen kamen warmgemäßigte Wälder mit laubwerfenden Bäumen nur in der engeren Polarregion vor. Die immergrünen Wälder unterscheiden sich in mancher Hinsicht von tropischen Regenwäldern äquatornaher Regionen mit ganzjährig hohen Niederschlägen und gleichmäßiger Sonneneinstrahlung. Die paläogenen immergrünen Wälder mittlerer und hoher Breiten sind deshalb am besten als wechselfeuchte, paratropische (»entlang der Tropen liegende«) Wälder zu klassifizieren.

Im marinen Bereich entwickelten sich tropische Korallenriffe zum absoluten Hotspot mariner Biodiversität. Ihr Gerüst wird in erster Linie von Steinkorallen in Symbiose mit Grünalgen (Zooxanthellen) aufgebaut. Nachdem sich im höheren Paläozän mit dem Übergang in den Chemismus der »Aragonitmeere« günstige Bedingungen für Organismen mit Aragonitgehäusen und -skeletten einstellten, brach für Riffkorallen wieder eine günstige, bis heute andauernde Zeit an. Sie begannen ab dem höherem Paläozän/Untereozän mit dem Aufbau riesiger Riffkomplexe, deren größtes heutiges das Barriereriff an der Küste Nordostaustraliens ist. Die große Vielfalt leitet sich aus einer vertikalen Stockwerksgliederung mit zahlreichen Höhlen und Mikrohabitaten ab und bildet damit eine erstaunliche Parallele zum tropischen Regenwald.

In Europa entstanden vor allem an der Nordküste des damals zur Neotethys gehörenden Mittelmeeres im frühen Eozän erste tropische Korallenriffe. In Norditalien, in den lessinischen Voralpen, gehört der eozäne Riffkomplex von Bolca zu den Fossilfundstellen von Weltrang (Papazzoni/Trevisan 2006; Papazzoni u. a. 2014). In den feingeschichteten Sedimenten der Lagune des Bolcaer Riffs ist eine Flora und Fauna mit zahlreichen tropischen Gewächsen und Korallenfischen perfekt

◄ **Abb. 4** *Knochen eines Primaten* (Plesiadapis) *aus dem Mittelpaläozän von Walbeck, Bördekreis (Sachsen-Anhalt). Reihe 1 links: Ellenfragment, Länge 1,5 cm; Reihe 1 Mitte: Oberarmfragment, Länge 0,7 cm; Reihe 1 rechts: linkes(?) Becken-Fragment, Länge 2 cm; Reihe 2 links: rechtes Oberschenkelknochenfragment, Länge 1,6 cm; Reihe 2 Mitte: rechtes Oberschenkelknochenfragment, Länge 2,3 cm; Reihe 2 rechts: linkes Oberschenkelknochenfragment, Länge 1,9 cm; Reihe 3: rechtes Unterkieferast-Fragment, Länge 3,3 cm.*

Abb. 6 Mene rhombea *Volta ist eng mit dem heutigen Mondfisch verwandt. Er wurde bei Monte Bolca, etwa 30 km nordöstlich von Verona, Prov. Verona (Italien), gefunden. Seine Körperlänge liegt bei ca. 15 cm. Als Besonderheit lässt sich bei diesem Exemplar ein kleiner Clupeide? (Hering) als Mageninhalt erkennen.*

konserviert worden. Die Atolle wurden von Palmen besiedelt, darunter Kokospalmen sowie Feigenbäume und Eukalyptus. Besonders artenreich sind aber die Fische. 250 Arten und 140 Gattungen wurden bisher beschrieben, darunter Pycnodontidae mit Pflasterzähnen als echte Kreiderelikte. Über die Hälfte der Arten gehört jedoch zu der modernen Ordnung der Barschähnlichen (Perciformes), womit die Fauna die älteste bekannte, Perciformes-dominierte Fauna überhaupt ist und einen sehr modernen Aspekt aufweist. Von den zahlreichen Gattungen und Familien können hier nur einige stellvertretend genannt werden: Rochen (u. a. *Torpedo*), Haie *(Galeorhinus)*, Aale und Muränen (Anguillidae und Muraenidae), Soldatenfische (Holocentridae), Schleimköpfe (Berycidae), Seenadeln (Syngnathidae), Schnepfenfische (Centriscidae), Kardinalfische (Apogonidae), Riffbarsche (Pomacentridae), Mondfische (Menidae; Abb. 6), Fledermausfische (Scatophagidae),

◄ ***Abb. 5*** *Fossile Blätter aus dem Paläozän von Gelinden, Prov. Limburg (Belgien). Oben:* Dryophyllum dewalquei, *Höhe 15,7 cm; unten links:* Chamaecyparis belgica, *Höhe 5,2 cm; unten Mitte:* Quercus loozi, *Höhe 10,4 cm; unten rechts:* Laurus omalii, *Höhe 10,5 cm.*

***Abb. 7a** Die Schneckengattung* Campanile giganteum *(Riesenturmschnecke) ist ein typisches eozänes Warmwassertier aus dem Mitteleozän des Pariser Beckens; Länge 40 cm.*

Bürstenzähner (Chaetodontidae) und Papageienfische (Scaridae; Blot 1980; Bannikov 2014).

Die Meeresräume nördlich der Alpen zerfielen im Eozän in drei große Teilbereiche: den atlantischen Raum mit seinen Randbecken (Aquitaine, Pariser Becken, Hampshire-Becken), die paläogeografisch stark isolierte Nordsee und den nördlichen Neotethysarm in Osteuropa (Ukraine, Südrussland). Temporäre Meeresstraßen verbanden diese Becken kurzzeitig und bildeten ein System kommunizierender Röhren mit gelegentlichem Faunenaustausch.

Im Westen ist das vom Atlantik her geflutete Pariser Becken als Beispiel für die paläogene Faunenentwicklung geeignet. Vom Paläozän an ist eine Zunahme biologischer Diversität zu verzeichnen, besonders bei den Mollusken. Sie gipfelt in einer Tausende Arten umfassenden mitteleozänen Fauna tropischer Prägung mit großen, oft stark ornamentierten Schnecken (Abb. 7; *Campanile, Serratocerithium,* Muricidae, Strombidae u. a.), begleitet von Nummuliten (Abb. 8), Korallen und Fischen. Stechrochen *(Dasyatis)*, Adlerrochen *(Myliobatis)*, zahlreiche Brotuliden (Ophidiiformes), Kardinalfische (Apogonidae) und andere Perciformes lebten in den warmen Gewässern des Pariser Beckens.

Die Nordsee zeigt eine ganz andere Geschichte, denn sie hatte oft nur einen schmalen Zugang zum Nordmeer. Im höheren Paläozän bis Untereozän sorgte starker Vulkanismus im Skagerrak für aschereiche Sedimente mit Diatomeenblüten und interessanten Fischfaunen, während die benthischen (bodenbewohnenden) Faunen sehr artenarm waren. Auch die unter- bis mitteleozänen Faunen der Nordsee sind im Vergleich zum Pariser Becken äußerst fossilarm. Eine Ausnahme bildet das Londoner Becken als Randbecken der Nordsee mit seiner dem tieferen Eozän Frankreichs ähnlichen Molluskenfauna. Erst als sich die Nordsee über die südosteuropäische Meeresstraße mit dem nördlichen Tethysarm (heutige Ukraine) verband, wanderten im höchsten Eozän zahlreiche Mollusken und andere Gruppen in das Nordseebecken ein und kurzzeitig etablierte sich die äußerst artenreiche Latdorf-Fauna, benannt nach der Typuslokalität (Ort der wissenschaftlichen Erstbeschreibung) Latdorf bei Bernburg. Sie wird im nächsten Kapitel im Mittelpunkt stehen.

Im Tethysbereich Osteuropas bauten Großforaminiferen (Nummuliten) die Nummulitenkalke der Krim auf, das gleiche Material, aus dem auch die ägyptischen Pyramiden zu einem großen Teil bestehen. Die nummulitenreichen Ablagerungen sind ein Charakteristikum der Tethys zwischen Südostasien im Osten und Spanien im Westen. Sie fehlen im westatlantischen Raum (Amerika).

MITTELEUROPA IM EOZÄN (55–35 MILLIONEN JAHRE VOR HEUTE)

Zwei mitteleozäne Fossillagerstätten von Weltrang erlauben einen besonders guten Einblick in die Flora und Fauna Mitteleuropas in dieser warmen Zeit: Messel bei Darmstadt und das Geiseltal bei Halle (gleich-

***Abb. 7b** Die Schnecke* Cryptoconus *(Verwandte der Kegelschnecken) aus Atzendorf, Salzlandkreis (Sachsen-Anhalt). Sie ist eine typische Warmwassergattung des Eozän; Länge 2,9 cm.*

zeitig bis etwas jünger als Messel). Zahlreiche tropisch-subtropische Pflanzenfamilien wurden an den beiden Fundorten nachgewiesen. Im Geiseltal reicht die Palette von Algen über Moose, Schachtelhalmgewächse, Bärlappgewächse und Farne bis hin zum besonders artenreichen Komplex der Angiospermen. Unter den Farnen finden sich noch einige bemerkenswerte Kreiderelikte wie Matoniaceae, Schizaceae und Gleicheniaceae, dazu Baumfarne (Cyathaceae), Lagunenfarne aus der Gruppe der Tüpfelfarne (Polypodiaceae) und viele andere. Gymnospermen (Nacktsamer) sind einerseits durch Palmenfarne (Cycadeen) vertreten, ebenfalls mesozoische Relikte, andererseits durch Gnetumgewächse (Gnetales) und Nadelhölzer (Coniferales) mit Kiefern *(Pinus)*, Hemlocktannen *(Tsuga)*, *Doliostrobus* (mit den rezenten Sequoien verwandt) und Schirmtannen (*Sciadopytis*, in den Pollenspektren häufig).

Das Gros der Pflanzenwelt wird aber von den Angiospermen gestellt. Besonders häufig sind Lorbeergewächse (Lauraceae), Buchengewächse (Fagaceae) mit den als *Dryophyllum* beschriebenen Blättern, Gagelgewächse (Myricaceae), altertümliche Walnusstypen (Juglandaceae), Sandelbaumgewächse (Santalaceae), Wolfsmilchgewächse (Euphorbiaceae), Rautengewächse (Rutaceae), Icacinaceae (Lianen), Wollbaumgewächse (Bombaceae) als besonders wärmebedürftige Elemente, Kakaobaumgewächse (Sterculiaceae), Myrten (Myrtaceae), Tupelobäume (Nyssaceae), Hundsgiftgewächse (Apocynaceae, das sog. Affenhaar des Geiseltals geht auf Gummigefäße dieser Gruppe zurück) und Seerosen (Nymphaeaceae; Abb. 9). Unter den Einkeimblättrigen sind *Eichhornia* (Pontederiaceae), Süßgräser (Gramineae, vor allem Pollen) sowie Palmen zu nennen. Letztere sind durch Fiederpalmen *(Phoenicites)* sowie diverse Fächerpalmen (*Livistona, Sabal* und *Serenoa*) repräsentiert. In den Pollenspektren sind Palmenpollen ebenfalls sehr häufig.

In Tümpeln und Wasserläufen lebten zahlreiche Süßwasserschnecken, Muscheln und Schalenkrebse sowie Fische, darunter altertümliche Knochenhechte *(Atractosteus)*, Kahlhechte *(Amia/Cyclurus)*, Knochenzüngler *(Thaumaturus)*, aber auch Hechtverwandte *(Palaeoesox)* und Barsche *(Amphiperca, Anthracoperca)*. Froschlurche und Schwanzlurche bevölkerten ebenfalls die Gewässer. Zahlreiche Insekten sind überliefert worden: Libellen, Schaben, Termiten, Käfer u. a.

Käfer mit ihren festen Flügeldecken fossilisieren besser als zarte Mücken und sind aus diesem Grunde in beiden Faunen stark vertreten, wobei die bunt schillernden Prachtkäfer (Buprestidae) mit wohl erhaltenen Strukturfarben besonders attraktiv sind (Abb. 10). Andererseits sind in den Geiseltalfaunen Schmetterlinge, Zwei- und Hautflügler selten oder fehlen ganz.

VOM TREIBHAUS ZUM EISHAUS: OBEREOZÄN BIS OLIGOZÄN (CA. 38–24 MILLIONEN JAHRE VOR HEUTE)

Obwohl die Temperaturen nach dem eozänen Optimum im Obereozän (Priabonium, vor rund 38–34 Ma) bereits merklich zurückgingen,

Abb. 8 *Nummuliten (größte einzellige Organismen der Erdgeschichte) aus Bad Adelholzen, Lkr. Traunstein (Bayern); Durchmesser max. 2,7 cm. Nummuliten gehören zu den einzelligen Kammerlingen (Foraminiferen) und sind wichtige Warmwasseranzeiger.*

blieben sie weltweit immer noch auf einem sehr hohen Niveau. Nordamerika, Asien und Afrika entwickelten sich zu Evolutionszentren moderner Säugetiere. Europa blieb zunächst von dieser Entwicklung abgekoppelt und war zu dieser Zeit eher ein Inselarchipel als eine geschlossene Landmasse. Meeresstraßen wie das Rheingrabensystem, die nördliche Alpenvortiefe oder die osteuropäische Meeresstraße zum Nordarm der Tethys durchzogen den Subkontinent. Östlich des Urals erstreckte sich eine Meeresstraße vom Nordpolarmeer nach Süden und mündete in der Kaspiregion in den nördlichen Tethysarm. Die Situation begünstigte die Ausbreitung mariner Tiere, bremste zugleich aber die Migration festländischer Tiere und Pflanzen.

Im Tethysraum südlich der weiter aufsteigenden Alpen (Mittelmeer) wurden im flachen Schelfbereich weiterhin nummulitenreiche Sedimente abgelagert, die sich auf der nördlichen Seite von Spanien

Abb. 9a *Fossile Pflanzenreste aus dem Geiseltal, Saalekreis (Sachsen-Anhalt), alles Mittel- bis Obereozän (rechte Seite von oben nach unten):* Rhodomyrtophyllum sinuatum *aus der Familie der Myrtengewächse (Myrtaceae), Länge der Platte 14 cm;* Sterculia labrusca *aus der Familie der Malvengewächse (Malvaceae), Länge der Platte 11 cm; Astfragmente von* Doliostrobus taxiformis *aus der Familie der Zypressengewächse (Cupressaceae), Länge der Platte 20 cm.* ➤

Abb. 9b *Rinde mit Milchsaftzellen von* Coumoxylon hartigii *aus der Familie der Hundsgiftgewächse (Apocynaceae, sog. Affenhaar des Geiseltals); Länge 82 cm.* ➤➤

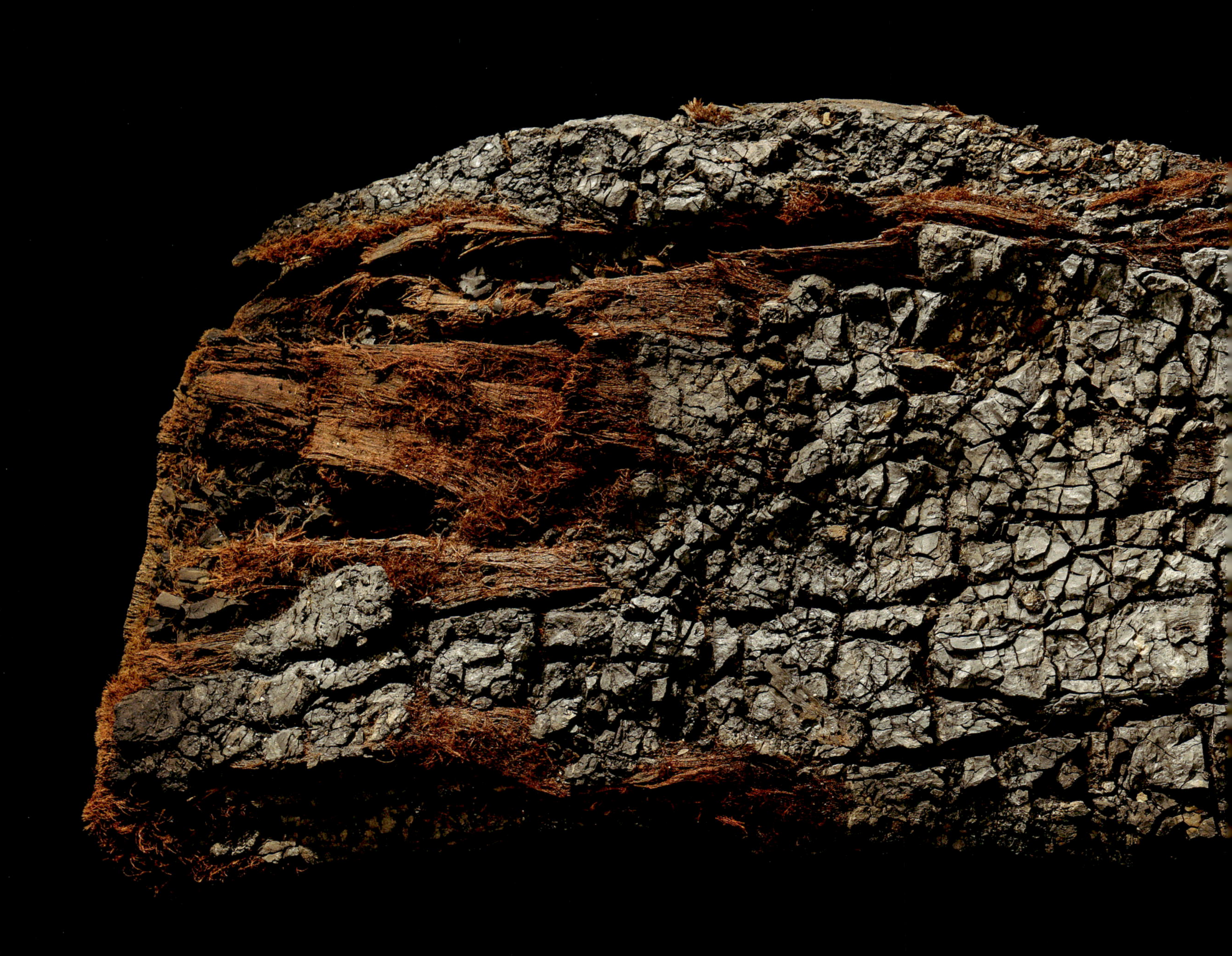

***Abb. 10** Eozäner Käfer* (Iridotaenia primordialis) *aus dem Geiseltal, Saalekreis (Sachsen-Anhalt); Länge 2,6 cm. Die Erhaltung der Strukturfarbe ist etwas Besonderes bei fossilen Käfern.*

über Italien bis zur Krim hinziehen. Gleiches gilt für die Schelfbereiche der Südküsten im heutigen Nordafrika bis zum Vorderen Orient. In Nordafrika verzahnten sich marine und kontinentale Fazies in einem breiten Küstensaum und bei der heutigen Oase Fayum in Ägypten entstand eine obereozän-oligozäne Fossillagerstätte von Weltrang. Sie wurde vor allem durch ihre Afrotheria-Fauna mit frühen Rüsseltieren, Schliefern und Seekühen bekannt und lieferte zudem wichtige Primatenreste.

Am Ende des Eozän sorgte die erste große Antarktisvereisung (Oi1-Glazial) für einen globalen Temperaturrückgang. Er war mit einem weltweiten Meeresspiegelrückgang verbunden und führte zum kurzzeitigen Trockenfallen weiter Schelfmeerbereiche. Der Temperaturrückgang zog eine Verschiebung der Klimazonen und Vegetationsgürtel im Oligozän nach sich. Die Südverlagerung der Palmengrenze und die Ausdehnung arktotertiärer, laubwerfender Floren in der Nordhemisphäre zeichnen diese Änderungen nach. Der Temperaturrückgang, von den sehr hohen Werten im Eozän, blieb aber weit oberhalb des heutigen Niveaus stehen und in Mitteleuropa herrschte weiterhin mildes Klima. Die globalen Prozesse bildeten sich natürlich auch in der mitteldeutschen Region ab, die sich mit ihren reichen fossilen Floren und marinen Faunen als Fallbeispiel für den Umschwung anbietet.

VOM TREIBHAUS ZUM EISHAUS: FALLBEISPIEL MITTELDEUTSCHLAND

Große Teile des nördlichen Mitteleuropas waren im Paläogen Teil der Nordsee. Norddeutschland stand fast immer unter Wasser. Die Nordsee selbst als ein recht isoliertes Randmeer des Nordatlantiks/Nordmeeres besaß nur im Norden einen dauerhaften, schmalen Zugang dazu. Den Ärmelkanal zum Atlantik gab es damals noch nicht und an dieser Stelle existierten höchstens kurzzeitige Meeresverbindungen. Die osteuropäische Meeresstraße stellte temporäre Verbindungen zum Warmwasserraum des nördlichen Tethysarms im heutigen Südosteuropa her, so im

Abb. 11 *Paläogeografische Karte von Europa im Untereozän (50 Millionen Jahre vor heute). Die besondere Situation der Nordsee und ihrer paläogenen Faunen ergibt sich aus der isolierten Lage und der Tatsache, dass die Verbindung zu den Weltmeeren langzeitig ausschließlich weit im Norden lag. Den Ärmelkanal zum Atlantik gab es damals noch nicht und an dieser Stelle existierten höchstens kurzzeitige Meeresverbindungen.*

Paläozän und im höchsten Eozän. Die besondere Situation der Nordsee und ihrer paläogenen Faunen ergibt sich aus der isolierten Lage und der Tatsache, dass die Verbindung zu den Weltmeeren langzeitig ausschließlich weit im Norden lag (Abb. 11).

Ab dem höheren Eozän dehnte sich die Nordsee schrittweise nach Süden aus und erreichte im obersten Priabonium die Niederrheinische Bucht, die Kasseler Bucht und Mitteldeutschland, während der Oberrheingraben möglicherweise Anschluss an die nordalpine Vortiefe fand. In Südskandinavien wuchsen die Bernsteinwälder (Kiefernwälder) und hinterließen in der »Blauen Erde« des Samlandes umfangreiche Bernsteinvorkommen. Die Bernsteininklusen geben einen hervorragenden Einblick in die Kleintierfauna dieser Zeit, wobei Insekten naturgemäß einen großen Teil der Inklusen (Einschlüsse in Bernstein) ausmachen. In Mitteldeutschland wurde ab dem Bartonium zunächst die Subherzyne Mulde nördlich des Harzes geflutet und zu einer Nordseebucht. Südöstlich davon, zwischen Halle und Leipzig (Leipziger Bucht), stellten sich fluviatile bis ästuarin-brackische[3] Verhältnisse ein. In großflächigen Küstenmooren sammelte sich der Torf als Ausgangsmaterial für die paralische (im Küsten- und Deltabereich liegende) Braunkohle des heutigen Hauptflözhorizontes zwischen Halle und Leipzig. Die Hinterlassenschaften der eozänen Küstenniederungen sind ein komplexes Geflecht von Flussablagerungen mit Altwasserbildungen, Brackwasserablagerungen, paralischen Braunkohlenflözen und Spuren kurzer mariner Ingressionen (Meeresvorstöße). Die Sedimente enthalten reiche Vorkommen an Pflanzenfossilien, aber bis auf Spurenfossilien kaum Tierreste. Sie fielen den aggressiven Huminsäuren der Moore zum Opfer.

Die durch Makrofossilien (Blätter und Früchte/Samen) charakterisierte obereozäne Flora Mitteldeutschlands wird gerne unter den Terminus »Makroflorenkomplex Zeitz« (Mai/Walther 1983) zusammengefasst – eine synthetische Flora mit überwiegend azonalen Komponenten feuchter Niederungen und Moore. Die Vegetation des höher gelegenen, trockeneren Hinterlandes spiegelt sich dagegen eher in den Pollenspektren wider. In den obereozänen Floren dominieren immergrüne Gruppen und bezeugen ein warmes Klima. Vorherrschende Waldtypen waren immergrüne Wälder mit einer Dominanz laurophyller (lorbeerlaubiger) Bäume und Sträucher, in erster Linie immergrüne Buchengewächse, Lorbeergewächse und Teegewächse (Abb. 12). Dazu gesellten sich einige häufige Koniferengattungen (*Athrotaxis* und *Doliostrobus* als typische Lorbeerwald-Koniferen) und Palmen. Zahlreiche weitere Pflanzenfamilien trugen zum Artenreichtum der Wälder bei. Andererseits sind tropische Gruppen wie die Bombaceen (Wollbaumgewächse) in der mitteleozänen Geiseltalflora noch recht häufig, im Obereozän bereits selten oder ganz aus den Floren verschwunden.

Im Latdorfium (Eozän/Oligozän) erreichte die marine Fauna der Nordsee ein Diversitätsmaximum. Der Artenreichtum ist enorm und zahlreiche Molluskenarten erinnern an mitteleozäne Faunen des Pariser Beckens und Südenglands. Tatsächlich besteht ein gewichtiger

***Abb. 12** Platte mit Zeitzer Flora; Tagebau Witznitz, Lkr. Leipzig (Sachsen); Länge 41 cm. Die sog. Zeitzer Flora (Zeitzer Florenbild) enthält zahlreiche paratropische, immergrüne Laubbäume.*

Teil der Latdorf-Mollusken (Abb. 13) aus den letzten Nachfahren der mitteleozänen Warmwasserfaunen. Tropisch-subtropische Muscheln und Schnecken bevölkerten den Meeresgrund. Warmwassergattungen wie *Cryptoconus* und *Conorbis* aus dem Verwandtschaftskreis der Kegelschnecken, *Ectinochilus, Sulcogladius* und *Hippochrenes* (Stromboidea) oder *Pseudoneptunea, Pseudocominella* und *Clavilithes* (Buccinea, Wellhornschnecken) drücken der Latdorf-Fauna ihren Stempel auf (Von Koenen 1889–1894; Müller u. a. 2014), begleitet von Armkiemern (Brachiopoden), Moostierchen (Bryozoen), Korallen (*Turbinolia* u. a.) und anderen Tiergruppen. Unter den Fischen dominieren kleine Einhorndorsche *(Bregmaceros)*, zahlreiche Brotulas (Ophidiiformes), Kardinalfische (Apogonidae), Bandfische (Cepolidae) u. a. Die später vorherrschenden Dorschfische (Gadoidei) sind in der Latdorf-Fauna noch sehr selten (Müller/Rozenberg 2000; Müller/Leder in Vorb.).

Die gesamte Diversität brach am Ende des Latdorfium zusammen, als im Zuge der ersten Glaziation der Antarktis (Oi1-Ereignis) eine merkliche Abkühlung einsetzte und die Nordsee sich im Verlauf einer starken Regression wieder aus Mitteldeutschland zurückzog. Ein großer Teil der Korallen, Bryozoen, Brachiopoden, Mollusken und Fische verschwand aus der Nordsee. Manche starben komplett aus, andere zogen sich in wärmere Meere zurück und kehrten in späteren Warmphasen nochmals in die Nordsee zurück. Andere Arten adap-

***Abb. 13** Wichtige Muscheln und Schnecken der Latdorf-Fauna von Atzendorf, Salzlandkreis (Sachsen-Anhalt). Links:* Volutilithes, *Länge 4,7 cm; rechts oben:* Pseudocominella, *Länge 2,2 cm; Mitte rechts:* Protobranchia, *Länge 0,9 cm; untere Reihe von links nach rechts:* Pseudoneptunea, *Länge 1,7 cm;* Architectonica, *Länge 0,4 cm;* Mathilda, *Länge 0,7 cm.* ➤

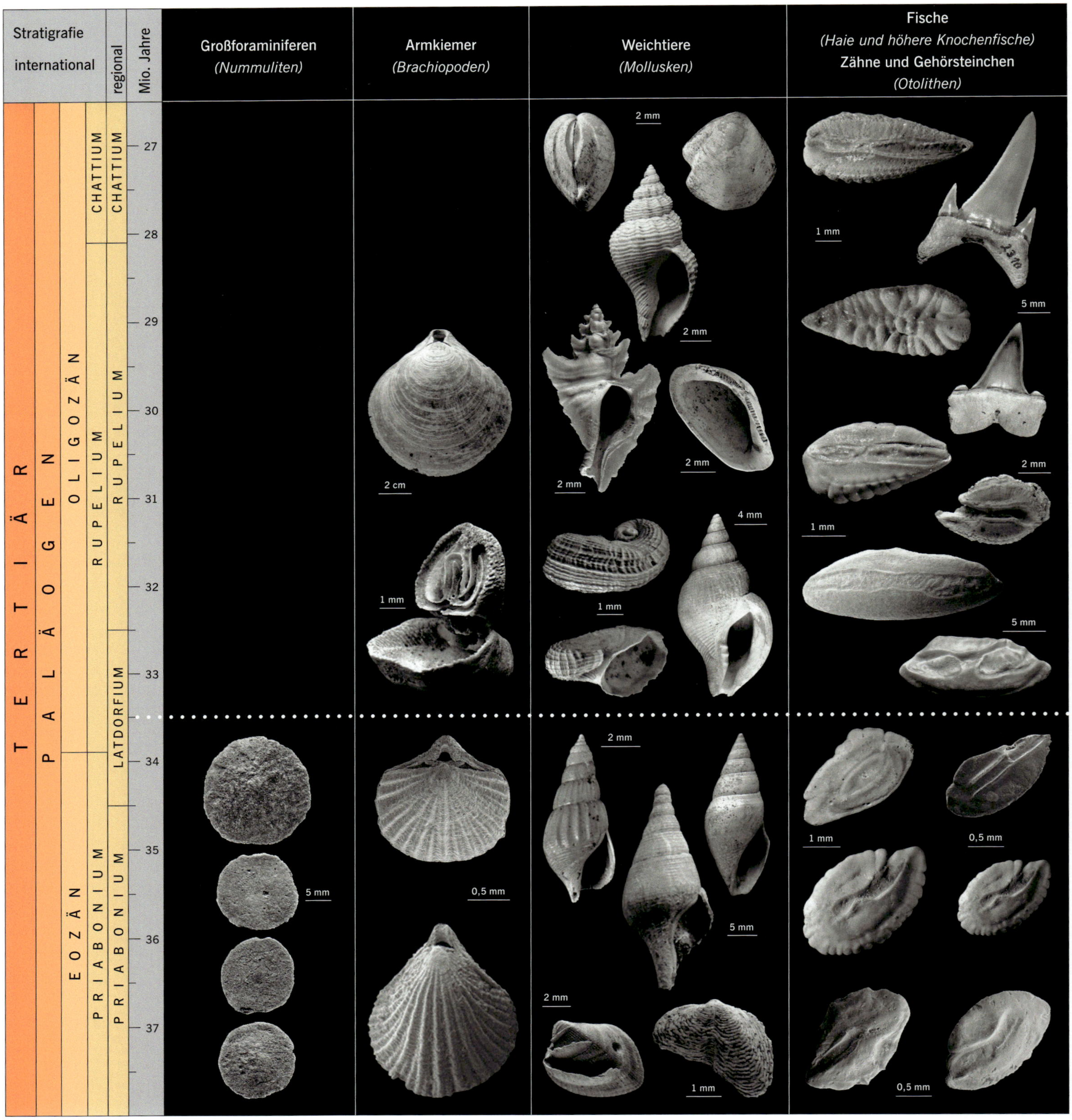

Stratigrafie international	regional	Mio. Jahre	Großforaminiferen (Nummuliten)	Armkiemer (Brachiopoden)	Weichtiere (Mollusken)	Fische (Haie und höhere Knochenfische) Zähne und Gehörsteinchen (Otolithen)
TERTIÄR – PALÄOGEN – OLIGOZÄN – CHATTIUM	CHATTIUM	27–28			2 mm; 2 mm	1 mm; 5 mm
TERTIÄR – PALÄOGEN – OLIGOZÄN – RUPELIUM	RUPELIUM	28–32		2 cm; 1 mm	2 mm; 2 mm; 4 mm; 1 mm	2 mm; 1 mm; 5 mm
TERTIÄR – PALÄOGEN – OLIGOZÄN – RUPELIUM	LATDORFIUM	32–33				
TERTIÄR – PALÄOGEN – EOZÄN – PRIABONIUM	LATDORFIUM	33–34	5 mm	0,5 mm	2 mm; 5 mm	1 mm; 0,5 mm
TERTIÄR – PALÄOGEN – EOZÄN – PRIABONIUM	PRIABONIUM	34–37			2 mm; 1 mm	0,5 mm

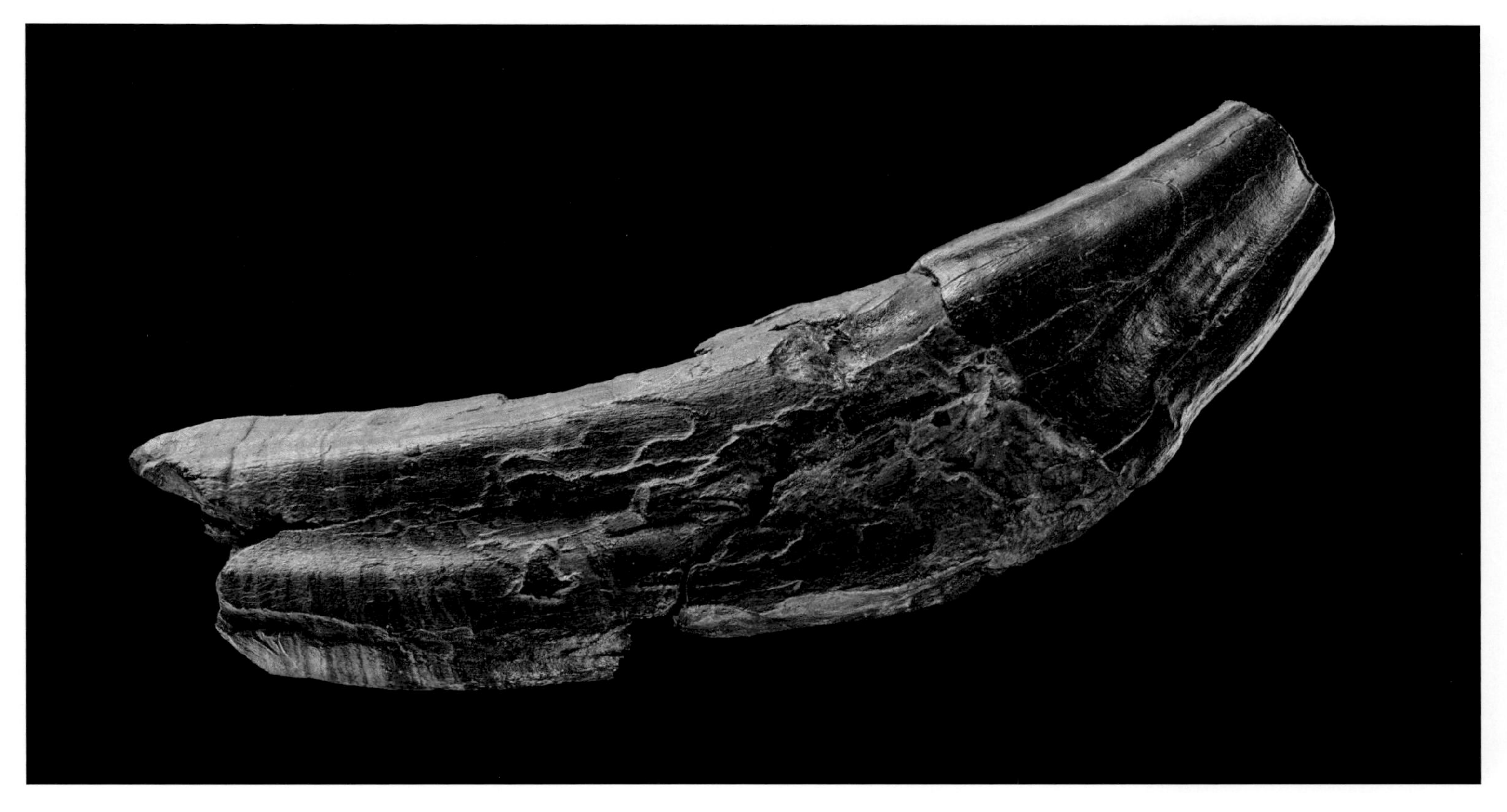

Abb. 15 Zahn von Entelodon *(»Schreckschwein«) aus der Böhlen-Formation südlich von Leipzig (Sachsen); Länge 16 cm, Mitteloligozän. Diese riesigen Schweineverwandten ähneln den heute lebenden Warzenschweinen Afrikas, wurden aber noch wesentlich größer.*

tierten die neuen Verhältnisse und finden sich auch in nachfolgenden Schichten. Der Faunenschnitt an der Grenze der Nannoplanktonzonen NP21/NP22 ist einer der schärfsten Faunenwechsel im Känozoikum der Nordsee und darüber hinaus, denn auch in den ostatlantischen Randbecken (Pariser Becken oder Aquitaine) spielte sich ähnliches ab. Allerdings ging der Temperaturabfall von einem sehr hohen Niveau aus und erreichte letztlich warmtemperierte Verhältnisse wie heute im Mittelmeerraum. Wie wir heute aus Proxydaten wissen (vor allem $\delta^{18}O$-Analysen an saisonalen Wachstumszonen von Fischotolithen, sog. »Gehörsteine« in Fischen), nahm aber die Saisonalität (Winter-Sommer-Gegensatz) gegenüber dem Eozän deutlich zu (De Man u. a. 2004).

Parallel zum Temperaturrückgang überlagerte noch eine paläogeografische Umstellung den Vorgang (Abb. 14). Die Verlandung der osteuropäischen Meeresstraße schnitt das Nordseebecken von der Warmwasserzufuhr aus dem nördlichen Tethysarm ab und die Verlandung der Westsibirischen See östlich des Urals (Obiksee und Turgaisee) machte den Weg frei für die Invasion konkurrenzstarker Säugetiere aus dem asiatischen Evolutionszentrum. Zahlreiche Nagetiere (mehrere Familien), die ersten Hasenartigen *(Desmatolagus)*, Bärenhunde (Amphicyonidae, später ausgestorben), frühe Katzen, Hyänenvorläufer, riesige »Schreckschweine« (*Entelodon*; Abb. 15), »Kohlenschweine« (*Anthracotherium* u. a. Gattungen) sowie Nashörner ohne Horn *(Ronzotherium,*

◄ ***Abb. 14*** *Verlierer und Gewinner des Klimawechsels an der Eozän-Oligozän-Grenze. Die untere Bildreihe unter der punktierten Linie zeigt wichtige Fossilien aus der warmen Latdorf-Zeit (Unteroligozän der regionalen Nordseebecken-Stratigrafie). Links Großforaminiferen, dann folgen nach rechts Armkiemer (Brachiopoden:* Orthothyris *und* Rhynchonellopsis) *sowie Schnecken* (Ectinochilus, Clavilithes *und* Cryptoconus) *und Muscheln* (Anisocardia *und* Anisodonta). *Ganz rechts sind Gehörsteinchen (Otolithen) von Fischen zu sehen, darunter Bandfische* (Cepola) *und Kardinalfische* (Apogon). *Die Serie über der punktierten Linie zeigt Exponenten aus dem kühleren Mitteloligozän regionaler Stratigrafie. Die linke Spalte ist frei, weil Nummuliten wegen der Abkühlung aus dem Nordseebecken verschwanden. Unter den Armkiemern (Brachiopoden) haben die klimatisch anspruchsloseren Gruppen* (Pliothyrina *und* Lacazella) *aus dem Latdorfium überdauert. Daneben sind Muscheln und Schnecken des kühleren Meeres zu sehen (u. a.* Pterynopsis, Portlandia deshayesiana *und* Angistoma). *Ganz rechts wieder Fischotolithen und Haizähne. In der Otolithengemeinschaft dominieren nun die Dorschfische (Gadiformes) mit zahlreichen Gattungen und Arten.* Carcharoides *und* Isurolamna *repräsentieren zwei inzwischen ausgestorbene Haigattungen.*

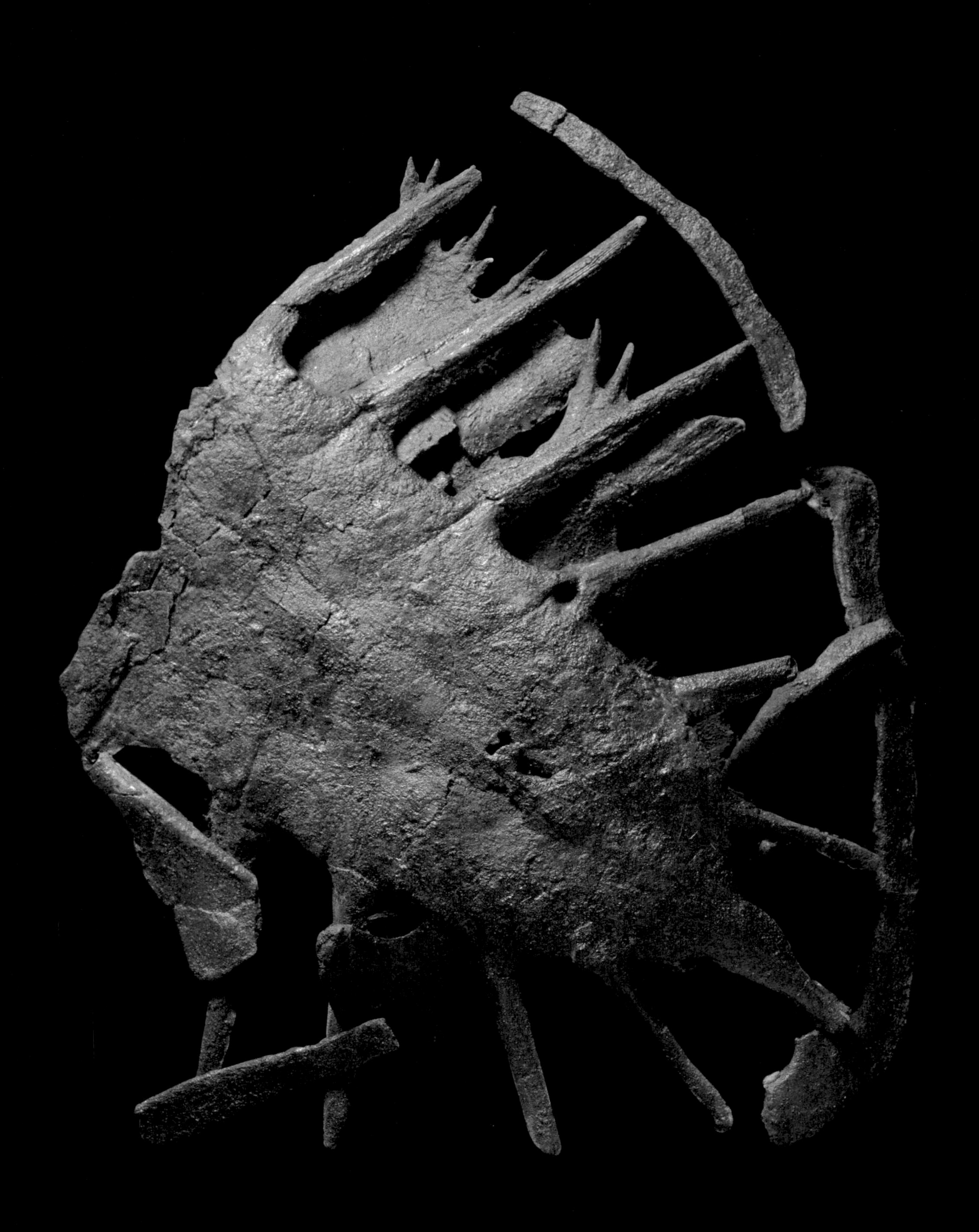

Eggysodon) erschienen in Mitteleuropa (Böhme 2001). Auf der anderen Seite verschwanden im Mitteloligozän viele Vertreter der alten europäischen Fauna: tapirähnliche Lophiodonten oder die Urpferdchen, die kurz zuvor in der Geiseltalfauna so präsent waren. Deren weitere Evolution verlagerte sich nun nach Nordamerika. Nach aktuellem Kenntnisstand starben etwa 60% der eozänen Säugergattungen im tieferen Oligozän aus und etwa 17 Familien und 20 Gattungen wanderten neu ein. Parallel zum Umbruch in den marinen Faunen kam es also auch auf dem Festland zu einer scharfen Wende, die erstmals von dem Schweizer Paläontologen Stehlin (1909) als »Grande coupure« (»Große Grenze« der europäischen Säugetierstratigrafie) bezeichnet wurde.

Die Nordsee kehrte nach der Regression ebenfalls wieder nach Mitteldeutschland zurück und erreichte im Mitteloligozän ihre maximale Ausdehnung. Zeitweise verlief die Küste im sächsisch-thüringischen Hügelland und südlich des Harzes verband ein Meeresarm Mitteldeutschland mit dem Leinetalgraben bei Göttingen. Über diese Gegend hinaus entwickelte sich rasch ein Meeresarm über Kassel und Frankfurt/Main zum Oberrheingraben mit anhängendem Mainzer Becken. In der Nordsee etablierte sich eine neue Fauna, in der nur noch eine begrenzte Zahl von Durchläufern aus der Latdorf-Fauna überlebte. Stattdessen dominieren neue, offensichtlich besser an die veränderten Verhältnisse angepasste Gruppen. Bei den Mollusken betraf der Wechsel oft »nur« Gattungen und Arten, während die Geschichte bei den Fischen auch höhere Kategorien erfasst. Einhorndorsche, Kardinalfische, viviparide (lebendgebärende) Brotulas, Bandfische und viele andere verschwanden komplett, andere etwas zeitversetzt im unteren Rupelium. Auf der anderen Seite begann der Aufstieg der Dorschverwandtschaft (Gadoidei) zur beherrschenden Fischgruppe. Gabeldorsche (Phycidae), Froschdorsche (Ranicipitidae), Echte Dorsche (Gadidae) und die Quappen (Lotidae) dominieren von nun an im Artenspektrum. Dazu gesellen sich Brassen (Sparidae), Bonitos und Fregattmakrelen *(Scomberomorus)*, Schwertfische *(Xiphias)* und verschiedene Plattfische (Pleuronectiformes). Haie und Rochen sind ebenfalls artenreich verbreitet, darunter Sandtiger (Odontaspidae), große Lamniformes *(Otodus, Isurus, Isurolamna)* und die planktonfressenden Cetorhinidae *(Keasius)*, die noch heute in temperierten Meeren anzutreffen sind. Adlerrochen *(Myliobatis, Rhinoptera)*, Stechrochen *(Dasyatis)*, Echte Rochen (Rajidae) und Teufelsrochen (Mobulidae) kamen ebenso vor. Seeschildkröten und Seekühe waren ebenfalls verbreitet, selbst die Spuren seltener Wale sind gefunden worden, dazu Vogelknochen, die teilweise Seevögeln zugeordnet werden konnten, aber auch normale Landformen wie Ureulen (Palaeostrigiformes) umfassen. Die mitteloligozäne Wirbeltierfauna war besonders reich in den Tagebauen südlich von Leipzig vertreten. Dort wurden Knochen und Zähne der asiatischen Neueinwanderer gefunden, darunter *Entelodon, Ronzotherium* und *Eggysodon*. Häufiger als die Landtiere sind aber Skelettreste großer Seeschildkröten (*Allopleuron lipsiensis* u.a.; Abb. 16) und Seekühe (*Halitherium*; Abb. 17). Sie sprechen für ein immer noch deutlich wärmeres Klima als heute in der Region, ebenso die Flora. Die älteste Flora nach dem Oi1-Event in der Region ist die Haselbacher Flora. In ihr dominieren zwar erstmalig laubwerfende, arktotertiäre Sippen wie Ulmen, Pappeln und Ahorne, doch kommen immergrüne Arten noch in größerer Zahl vor. Im weiteren Verlauf zeichnete das Verhältnis immergrüner zu laubwerfenden Sippen die Oszillationen des Klimas nach. An der Wende Oligozän/Miozän entstand das bekannte Bernsteinvorkommen von Bitterfeld, dessen Genese (autochthon oder allochthon) umstritten ist und dessen Kleintierwelt eng mit dem samländischen Bernstein verknüpft ist.

MIOZÄN (23–5,3 MILLIONEN JAHRE): AUFSCHWUNG ZUM NEOGENEN OPTIMUM UND ANSCHLIESSENDER ABSTIEG

Die plattentektonische Entwicklung im Miozän führte zur Bildung hoher Gebirge an der Kollisionsgrenze von Indien und Eurasien sowie zur Hebung von Tibet. Die Entwicklung isolierte paläogeografisch den nördlichen Tethysarm, aus dem sich ab dem höherem Oligozän das osteuropäisch-zentralasiatische Binnenmeer der Paratethys mit einer höchst komplexen Geschichte herausbildete. Aralsee, Kaspisches Meer und Schwarzes Meer sind Restseen der neogenen Paratethys. Ein gewichtiger Teil osteuropäischer Süß- und Brackwasserfaunen leitet sich aus der endemischen (nur regional vorkommenden) Paratethys-Fauna ab und konnte sich bis heute im Kaspischen Meer und in den großen Flüssen Osteuropas halten, darunter die Muschelgattungen *Dreissena* und *Limnocardium*, diverse Störe und andere Fische.

Zwischen Nord- und Südamerika schloss sich aufgrund einer komplexen plattentektonischen Geschichte die mittelamerikanische Landbrücke und eröffnete eine neue Migrationsroute für Pflanzen und Tiere. Konkurrenzstarke Zuwanderer aus dem Norden verdrängten rasch große Teile der endemischen Tierwelt Südamerikas und die finale Ausformung der heutigen Neotropis (Florenreich und biogeografische Region der neuen Welt) begann. Afrika driftete weiter nach Norden und setzte Europa und vorgelagerte Mikroplatten im Mittelmeer unter Druck. Im Ergebnis stiegen Pyrenäen, Alpen und Karpaten weiter auf. Ganz im Südwesten bildeten das Atlasgebirge in Marokko und die Sierra Nevada in Spanien einen durchgehenden Gebirgszug. Im Gefolge des weiteren Gebirgsaufstiegs und des endmiozänen Meeresspiegelabfalls (antarktische Vereisung) verschwanden die Randsenken dieses Gebirgssystems und die Verbindung des Mittelmeeres zum Atlantik riss ab. Nachdem etwas früher bereits die Verbindung zum Indik über die südliche Türkei und den Persischen Golf trocken fiel, wurde das Mittelmeer vorübergehend zum Binnenmeer (Abb. 18): Im höchsten Miozän (Messinium) dampfte das Mittelmeer so weit ein, dass höher gelegene Gebiete landfest wurden. In den Tiefseebecken entstanden aus konzentrierter Sole die Evaporite (Gipse und Salze) des messinischen Salinars (Gesteinskomplex vorwiegend aus Salzgestein).

◄ ***Abb. 16*** *Carapax (Panzer) der großen, ausgestorbenen Meeresschildkröte* Allopleuron lipsiensis *aus der Böhlen-Formation südlich von Leipzig (Sachsen), Mitteloligozän. Der ursprünglich von einer derben Haut überzogene Panzer dieser Art konnte bis etwa 75 cm breit werden.*

Abb. 17 *Skelett der ausgestorbenen Seekuh* Halitherium *aus der Böhlen-Formation südlich von Leipzig (Sachsen), Mitteloligozän. Sie konnte eine Länge von bis zu 2,5 m erreichen.*

Die Geschichte rund um das Mittelmeer hatte erhebliche Auswirkungen für Faunen und Floren der angrenzenden Regionen. Tiere konnten zwischen Europa und Nordafrika wechseln und auch die bis dahin abgeschiedenen Inseln erreichen. Auf der anderen Seite starb praktisch die gesamte Tethysfauna des Mittelmeeres aus (»messinische Katastrophe«). Über Persien und Arabien setzte ab dem Mittelmiozän ein Faunenaustausch zwischen Asien und Europa ein, gekennzeichnet durch das *Hipparion*-Event. Das noch dreizehige Pferd *Hipparion* entstand etwas früher in Nordamerika (MacFadden 1984), wanderte über die Beringbrücke nach Eurasien und erreichte kurz darauf über Arabien auch Afrika – ein Musterbeispiel für paläogeografische Entwicklungen und damit verbundene Tierwanderungen (der nordamerikanische Ursprung wird inzwischen auch kritisch hinterfragt).

Die erneute Flutung des Mittelmeeres erfolgte im Osten zunächst durch die Paratethys (Durchbruch am heutigen Bosporus), im Westen über die neu entstandene Straße von Gibraltar. Am Ende stellten sich wieder normalmarine Verhältnisse mit Einwanderung einer atlantischen Meeresfauna ein (Abb. 19–21), während die Inseln mit ihren Neueinwanderern wieder isoliert wurden. Das führte zu den bekannten Zwergfaunen der großen Mittelmeerinseln.

In den globalen Florenreichen entstand im Neogen keine neue Großgruppe (Ordnung) der Angiospermen. Die Gründerzeit war erst einmal abgeschlossen. Doch auf niedrigerem systematischen Niveau ging die Radiation im hohen Tempo weiter. Neue Pflanzenfamilien traten auf den Plan oder aus den wenigen paläogenen Vorfahren erwuchs plötzlich neuer Artenreichtum. Kohlgewächse (Brassicaceae), Schmetterlingsblütler (Fabaceae), Lippenblütler (Lamiaceae) und die Orchideen sind hier zu nennen. Orchideen erlebten im Neogen ihre große Diversifizierung zur heute artenreichsten Pflanzenfamilie. Die Gattung der Tragante *(Astragalus,* Fabaceae*)* ist heute mit mehreren Hundert Arten in der Nordhemisphäre die artenreichste Pflanzengattung und ein Spross der miozänen Neustarter. Die Pflanzen der trockenen Gebiete gingen nun verstärkt einen neuen Weg in der Photosynthese (C_4-Pflanzen), der gegenüber dem C_3-Modus den Vorteil hat, in Zeiten hoher Sonneneinstrahlung (tagsüber) die Spaltöffnungen geschlossen zu halten und so Feuchtigkeitsverluste durch Transpiration (Verdunstung) zu begrenzen. Auch die Sukkulenz (Ausbildung fleischig-saftiger Wasserspeichergewebe) gewann an Bedeutung. Während in der neuen Welt vor allem Kakteen diesen Weg gingen, waren es in Afrika hauptsächlich Wolfsmilchgewächse. Sie brachten aus funktionalen Gründen den Kakteen gleichende Phänotypen (Menge aller Merkmale eines Organismus) hervor.

Die Ausdehnung von Savannen und Steppen durch Aridisierung weiter Kontinentalbereiche (Zentralasien, Nordamerika) erforderte

Abb. 18 *Paläogeografische Karte von Europa im Mittelmiozän (13 Millionen Jahre vor heute). Die Karte zeigt die noch große Ausdehnung des Binnenmeeres Paratethys. Die Paratethys nahm damals große Teile des heutigen Kasachstans sowie Rumäniens und der Südukraine ein. Durch die fortlaufende Gebirgsbildung im Atlas-System (Nordwestafrika, Marokko) wurde das Mittelmeer vom Atlantik abgeriegelt und zum Binnenmeer. Das leitete die messinische Salinarphase (Eindampfung und Gips-/Steinsalzablagerungen) des Mittelmeeres ein.*

zahlreiche Anpassungsleistungen für Tiere. Harte Gräser und Kräuter, selbst Sukkulenten, standen nun als Nahrung zur Verfügung. Kieselsäure in Gräsern oder Staub verstärkten das Nahrungsproblem noch. Zusätzlich sind Steppen mit ihrer starken nächtlichen Abstrahlung und Abkühlung klimatisch rauer als Wälder. Noch extremer verhalten sich vegetationslose Wüsten. Steppenböden sind in der Regel deutlich härter und oft steiniger als die Humuspolster der Wälder und dornige Pflanzen bereiten zusätzliche Probleme. Pflanzenfresser reagierten mit besonderen Strategien, wie man besonders eindrucksvoll bei den Pferden sehen kann. Sie entwickelten hochkronige Molaren, die genügend Abriebreserven für die harte Nahrung boten, und harte Hufe für den schnellen Lauf. *Hipparion* war dreizehig, aber funktional war nur noch der Mittelzeh in Aktion. Die restlichen Zehen wurden beim modernen Pferd dann komplett zurückgebildet. *Hipparion* hatte ein hoch-

Abb. 19 (links) *Schnecken aus der miozänen Fauna des Karaman-Beckens (Südosttürkei). Oben:* Murex *sp. (Verwandte der Stachelschnecken), Länge 7,5 cm; unten:* Hexaplex austriacus *(Verwandte der Purpurschnecken), Länge 6,3 cm.* ➤➤

Abb. 20 (rechts) *Schnecke aus der miozänen Fauna des Karaman-Beckens (Südosttürkei),* Clavatula asperulata, *Länge 5,8 cm.* ➤➤

***Abb. 22** Typisches miozänes Steppentier (Pferd) (aff.* Hippotherium brachypus) *aus Maragha, Prov. Ost-Aserbaidschan (Iran); Länge 32,5 cm. Pferde passten sich durch ihre derben Hufe und hochkronigen Zähne perfekt an das Leben und die Nahrung in der Steppe an.*

kroniges (hypsodontes) Gebiss und war bereits ein perfektes Steppentier (Abb. 22). Eine andere Erfindung war der Verdauungstrakt der zu den Paarhufern gehörenden Wiederkäuer (Ruminantia). Während der Verwandtschaftskreis der Schweine schon im Eozän vorhanden war, erschienen erste Hirsche im höheren Oligozän. In den miozänen Steppen Nordamerikas, Eurasiens und Afrikas folgte die weitere Radiation dieser Gruppe zu Hirschen, Ziegen, Schafen und Rindern.

MIOZÄN IN MITTELEUROPA

In Mitteleuropa dominierte weiterhin die Nordsee das Geschehen. Sie erreichte im Miozän nicht mehr die Südausdehnung wie im Oligozän und verzahnte sich am Niederrhein und in der Lausitz mit der kontinentalen Fazies. Miozäne Meeresfaunen sind vom Niederrhein und aus Norddeutschland bekannt, aber auch ganz im Süden aus dem voralpinen Molassebecken. Die Alpentektogenese ließ den Vulkanismus aufleben, der sich in einem West-Ost gerichteten Gürtel von der Eifel über den Vogelsberg (größter Schildvulkan Mitteleuropas) und die Rhön bis zum Egergraben hinzog. Maarseefüllungen dieses Vulkanismus und Karstfüllungen auf der Fränkischen und Schwäbischen Alb lieferten zahlreiche Fossilien (siehe Beitrag von R. Ziegler, S. 90).

Miozäne Floren sind aus der Lausitz, vom Niederrhein oder aus Seesedimenten in Süddeutschland und der Schweiz gut bekannt. Besonders wichtige Fundorte sind Sandelzhausen (Bayern), Öhningen, das Randecker Maar (beide Baden-Württemberg) oder Frankfurt am Main mit seiner bekannten »Klärbecken-Flora«. Insgesamt spiegelt die Flora Mitteleuropas sehr gut den Temperaturgang mit mittelmiozänem Optimum und anschließendem Rückgang wider. Humiditätswechsel bewirkten ebenfalls Änderungen der Vegetation, die zwischen verschiedenen Waldtypen, Savannen und Steppen variierte. Vor allem das Untermiozän ist eine recht trockene Zeit gewesen und savannenartige Vegetationstypen bis zur offenen Steppe breiteten sich aus, obwohl noch wesentlich größere Wasserflächen als heute vorhanden waren. Vermutlich rückte das Gebiet im Zuge einer Verschiebung der Klimagürtel noch einmal in den Bereich des subtropischen Trockengürtels,

◄ ***Abb. 21** Schnecke aus der miozänen Fauna des Karaman-Beckens (Südosttürkei),* Cypraea*; Länge 5,6 cm. Um diese Zeit bestand die letzte Meeresverbindung zwischen Mittelmeer und Indischem Ozean.*

oder die weiter aufsteigenden Gebirge Pyrenäen, Alpen und Karpaten beeinflussten das Klimasystem in dieser Richtung. Im mittelmiozänen Optimum wurde es auch wieder feuchter und üppige Wälder dehnten sich aus, in denen zahlreiche Elemente der eozänen, paläotropischen Flora nochmals heimisch wurden, beispielsweise Magnolien, Amberbäume, Teebäume und besonders zahlreich Mastixgewächse mit ihren charakteristischen Samen (Abb. 23–26). Nach dem mittelmiozänen Optimum verschwanden tropisch-subtropische Florenelemente allmählich aus den mitteleuropäischen Floren und sommergrüne, arktotertiäre Sippen traten in den Vordergrund (Mai 1994; Mai 1995).

In dieser Zeit verursachten zwei Meteoriteneinschläge auf der Alb vor rund 14 Millionen Jahren deutliche Verwüstungen in der Biosphäre Mitteleuropas. Da sie aber für überregionale Katastrophen zu schwach waren, wurden die Lücken schnell wieder durch Neubesiedlung aus der Umgebung geschlossen. Die Sedimentfüllungen der Kraterseen (heute Nördlinger Ries und Steinheimer Becken) lieferten mit ihren Fossilien zahlreiche Informationen zu Fauna und Flora der Umgebung (s. Infobox Steinheim am Albuch S. 101).

Die Mollusken mitteleuropäischer Binnengewässer näherten sich den heutigen Verhältnissen an. Unioniden (Flussmuscheln), Anodonten (Teichmuscheln) und die kleinwüchsigen Kugel- und Erbsmuscheln (*Sphaerium* und *Pisidium*) stellten sich ein. Die langlebige Gattung *Corbicula*, schon aus dem Paläozän bekannt, überdauerte bis heute und ist im Pleistozän ein gutes Indexfossil für warme Klimaabschnitte. Interessant ist die relativ scharfe Grenze zur Paratethys-Provinz mit ihren Endemismen (regional beschränktes Vorkommen von Arten).

In den Fischfaunen der miozänen Binnengewässer Mitteleuropas vollzog sich seit dem höheren Oligozän eine stille Revolution. Eozäne Gruppen wie *Thaumaturus* oder *Palaeoesox* waren schon im Oligozän verschwunden, Knochenhechte (Lepisosteidae) und Kahlhechte (Amiidae) folgten etwas später. Sie kommen heute nur noch in Nordamerika vor. Stattdessen breiteten sich ab dem höheren Oligozän neue Gruppen aus: Hechte *(Esox)*, Grundeln (Gobiidae), Kärpflinge (Cyprinodontidae) und schließlich die Karpfen- oder Weißfische (Cyprinidae) mit Plötze, Rotfeder, Karausche und vielen anderen Arten. Heute repräsentieren die Weißfische die artenreichste Fischgruppe mitteleuropäischer Binnengewässer. Grundeln und Weißfische sind sicher aus Evolutionszentren in Asien eingewandert, wo heute noch die artenreichsten Gesellschaften beider Gruppen vorkommen. Neben den Fischen besiedelten Froschlurche, Molche und Salamander die Gewässer, darunter Riesensalamander *(Andrias scheuchzeri)* von über 1 m Länge: Zwei nahe Verwandte des Riesensalamanders leben heute in Gewässern Chinas und Japans.

Die untermiozänen Molluskenfaunen der Nordsee knüpften zunächst eng an die oberoligozänen Faunen an. Mit der mittelmiozänen Erwärmung und Öffnung neuer Meeresverbindungen wanderte nochmals ein großer Schwung thermophiler (hohe Temperaturen bevorzugender) Arten in das Nordseebecken ein. Die Diversität der Faunen aus dem höheren Unter- bis Mittelmiozän (Hemmoorium/Reinbekium) erinnert an die der Latdorf-Fauna. Zum Ende des Miozän sank die Vielfalt wieder, dafür nahm der Anteil noch heute lebender Arten deutlich zu. Zahlreiche Warmwasserfische wurden ebenfalls nochmals im Nordseebecken heimisch, darunter Brassen (Sparidae), Bandfische (Cepolidae), Großaugen (Priacanthidae) und Umberfische (Sciaenidae). Sie bereicherten das von Dorschen dominierte Spektrum und zogen sich im Laufe der obermiozänen Abkühlung wieder aus der Nordsee zurück. Neben den Fischen traten im Miozän nun Robben und Wale als marine Vertebraten (Wirbeltiere) stärker in den Vordergrund. Aus den im Oligozän seltenen Urzahnwalen gingen Bartenwale und moderne Zahnwale hervor. Besonders häufig wurden Walreste in den obermiozänen Glimmertonen von Groß-Pampau bei Hamburg gefunden (Schwarzhans 2010).

ÜBERGANGSZEIT PLIOZÄN (VOR 5,3–2,6 MILLIONEN JAHREN)

Im Pliozän fanden die letzten Schritte im Übergang von den wärmeren tertiären zu den kalten quartären Klimabedingungen statt. Dazu trugen sicher die letzten großen paläogeografischen Umstellungen der Erde bei. Die Schließung der mittelamerikanischen Landbrücke war kein kurzzeitiger Akt, sondern zog sich als Prozess über einen längeren Zeitraum hin (Obermiozän bis Pliozän). Ungefähr vor 3 Millionen Jahren wurde etwa der heutige Status erreicht. Das passt auffällig gut zur drastischen Abkühlung im Oberpliozän bis Altpleistozän. Nachdem die Antarktis bereits an der Wende Miozän/Pliozän großflächig vereiste (Meeresspiegelrückgang im Messinium), folgte ab dem Unterpliozän die Eisbildung in der Arktis (Grönland, Nordamerika). Am Ende des Pliozän war die Arktis dann bereits komplett vereist. Dieser Punkt spiegelt sich in der aktuellen Grenzziehung Piacenzium/Gelasium (2,6 Millionen Jahre). Parallel dazu kam es in Mitteleuropa zum ersten massiven Kälteeinbruch (Prätegelen-Komplex oder auch Biber-Kaltzeit). Die massive Abkühlung ab dem Oberpliozän erfolgte unter heftigen Schwankungen zwischen kalt und warm. Die hochfrequenten Temperaturoszillationen blieben auch im Quartär ein Kennzeichen des insgesamt kalten Klimas.

Nach seiner Flutung im Unterpliozän wurde das Mittelmeer wieder zur Barriere zwischen Europa und Nordafrika. Am nächsten kommen sich beide an der Straße von Gibraltar, wo es manchen Tieren gelegentlich gelang, von der einen Seite zur anderen zu wechseln. Zwischen Afrika und Arabien hatte sich im Neogen das Rote Meer etabliert und wurde nach Öffnung der Meerenge von Aden zum Nebenmeer des Indischen Ozeans. Aufgrund seiner Enge, Tiefe und Abgeschnittenheit von der ozeanischen Zirkulation besitzt es vergleichsweise sehr warmes Tiefenwasser. Afrika war von da an nur noch durch den Sinai-Korridor mit Eurasien verbunden.

Abb. 23 *Samen aus dem Miozän von Wiesa bei Kamenz, Lkr. Bautzen (Sachsen). Links:* Vitis lusatica *(Weinrebengewächs), Länge 0,7 cm; rechts:* Magnolia burseracea *(Magnoliengewächs), Länge 0,8 cm.* ➤

Im Unterpliozän lag das durchschnittliche Temperaturniveau in Mitteleuropa trotz der polaren Vereisungen noch mehr oder weniger deutlich über dem heutigen. Andererseits zog sich die Nordsee teilweise deutlich hinter die heutige Küstenlinie zurück. Nur am Niederrhein und in den angrenzenden Niederlanden sowie im Bereich der Scheldemündung (Belgien) gibt es marine Sedimente südlich der heutigen Küstenlinie. Die Insel Sylt bietet am Morsumkliff die einzige Gelegenheit in Deutschland, die Überlagerung von marinen obermiozänen Sedimenten (Syltium) durch marine unterpliozäne Ablagerungen (Morsumium) zu beobachten. Am Niederrhein werden die marinen pliozänen Sedimente als Oosterhout-Formation zusammengefasst. Im belgisch-holländischen Raum bezeichnet man das Unterpliozän als Kattendijkium, das Oberpliozän als Scaldisium, was etwa den Reuver-Ablagerungen am Niederrhein entspricht.

Die pliozänen Faunen der Nordsee kommen der rezenten schon sehr nahe. Die letzten miozänen Warmwasserarten verschwanden spätestens im Obermiozän. Etwa 90 % der Schnecken und Muscheln gehörten bereits heute noch lebenden Arten an. Ähnlich sieht es bei den Fischen aus. Dorschverwandte (Gadidae) dominieren die Gemeinschaften, begleitet von Knurrhähnen (bodenbewohnender Meeresfisch), Groppen im weiteren Sinne (Cottoidei) und anderen. Die Warmwasserfische aus dem mittelmiozänen Optimum waren zu diesem Zeitpunkt bereits Geschichte.

Im terrestrischen (langebundenen) Bereich Mitteleuropas sind pliozäne Fossilfundstellen rar und konzentrieren sich überwiegend auf den höheren Teil (Reuver oder Scaldisium). Die artenreichste Flora und Fauna lieferten tonige Ablagerungen eines kleinen Sees bei Willershausen unweit von Göttingen. Dort fanden sich fossilisierte Reste der Ufervegetation und von Wasserbewohnern, die einen guten Einblick in die Lebenswelt der wärmeren Phasen des höheren Pliozän geben. Wasserpflanzen waren durch Schwimmfarne, Wasserlinsen, Tausendblatt und Laichkräuter vertreten. Dazu gesellten sich zahlreiche Kieselalgen. Im angrenzenden Wald waren Steineiben *(Torreya)* sehr häufig. Weitere Nadelbäume waren Hemlocktannen *(Tsuga)*, Lebensbäume *(Thuja)*, Tannen *(Abies)*, Sumpfzypressen *(Taxodium)* u. a. Die Laubbäume vermitteln schon ein recht aktuelles Bild mit Buchen, Hainbuchen, Linden, Pappeln, Ahornen, Hartriegel, Efeu usw. Die Ulmengattung *Zelkovia* war schon im Miozän verbreitet. Zürgelbaum *(Celtis)*, Pimpernuss *(Staphylea)*, Magnolien *(Magnolia)*, Tulpenbaum *(Liriodendron)*, Perückenstrauch *(Cotinus)*, Weinreben *(Vitis)* und andere wärmebedürftige Arten hingegen zeigen etwas wärmeres Klima an (Bezüge besonders nach Südosteuropa, aber auch bis Ostasien). Sumpfzypressen, Magnolien, Tulpenbäume und Hemlocktannen gehörten mindestens seit dem Eozän zum festen Inventar paratropischer bis warmgemäßigter Wälder Mitteleuropas.

Im Wasser lebten Süßwasserkrebse, Larven von Libellen und Uferfliegen sowie Gelbrandkäfer. Zahlreiche Fische (Schleien, Barsche, Welse) und Amphibien (Frösche, Geburtshelferkröten) lebten im/am Wasser, darunter auch die wohl letzten europäischen Riesensalamander der Gattung *Andrias*. Die Fundstelle Willershausen dokumentiert etwas wärmere Verhältnisse als heute mit einer Flora und Fauna, die zwar von heute in Mitteleuropa lebenden Gattungen dominiert wird, aber noch zahlreiche Tertiärelemente aufweist.

Im Pliozän bildeten sich auch allmählich die heutigen Flussläufe heraus. Während Main und Rhein früher nach Süden (Richtung Molassebecken) entwässerten, kehrte sich das nun um und die Entwässerung ging in Richtung Nordsee. In den Schotterablagerungen werden häufig Reste von *Anancus arvernensis* (Mastodon) und *Tapirus arvernensis* (Tapir) gefunden, weshalb sie als Arvernensisschotter bezeichnet werden. Zahlreiche weitere Säugetierarten belegen für die Ablagerungszeit der Arvernensisschotter noch recht warme Verhältnisse. Bemerkenswert sind dabei auch Funde von Affen (Makaken).

EISZEIT QUARTÄR (CA. 2,6 MILLIONEN JAHRE BIS HEUTE)

Vor rund 2,6 Millionen Jahren begann mit dem Prätegelen-Komplex (Gelasium) nach heutiger Vereinbarung das Quartär. Die Grenze entspricht der Umkehrung des Erdmagnetfeldes Gauss-Matuyama. Im Prätegelen brach die erste große Kältewelle über Europa herein und erstmals breiteten sich kalte Steppen aus. Wärmeliebende Tiere verschwanden aus der nord- und mitteleuropäischen Fauna. Aus den Alpen heraus stießen erstmals Gletscher in das Vorland vor (vermutlich zwei Vorstoßphasen in der dem Prätegelen im Norden weitgehend entsprechenden Biber-Kaltzeit). Norddeutschland blieb jedoch noch lange eisfrei und wurde erst rund 2 Millionen Jahre später (Elster-Glazial) vom nordischen Eiskörper erfasst. Im angrenzenden Nordostatlantik wanderten Kaltwassermollusken südwärts. Die Islandmuschel *(Arctica islandica)* beispielsweise zog sogar in das Mittelmeer ein.

Die ganze Geschichte wiederholte sich nun mehrfach unter heftigen Schwankungen in Richtung kalt oder warm. Im gesamten vorausgehenden Känozoikum hat es solche extremen Schwankungen nicht gegeben. Sie lassen sich auch nicht allein auf die solare Strahlungskurve und Erdbahnparameter (Milankovitch-Zyklen) als Ursache zurückführen, denn die zeitliche Dauer von Kalt- und Warmzeiten schwankt beträchtlich und ist nicht immer mit den Milankovitch-Zyklen synchronisierbar. Dagegen spricht auch die Tatsache, dass es trotz Zyklen keine so massiven Abkühlungen im vorausgehenden Känozoikum gab. Es müssen deshalb noch andere Faktoren am Werk gewesen sein und vieles hängt wohl mit der nordatlantischen ozeanischen Zirkulation und dem erst entstandenen Golfstrom zusammen – eine multifaktoriell gesteuerte Geschichte also.

Über den Ablauf der Schwankungen geben isotopengeochemische Untersuchungen an Eisbohrkernen die beste Auskunft (Abb. 27). Sie bieten die höchste zeitliche Auflösung (Schärfe) in langen Zeitreihen.

◄ **Abb. 24** *Samen aus dem Miozän von Wiesa bei Kamenz, Lkr. Bautzen (Sachsen). Links oben:* Vitis palaeomuscadina *(Weinrebengewächs), Länge 0,7 cm; mitte rechts:* Symplocos salzhausensis *(Saphirbeerengewächs), Länge 0,4 cm; unten:* Sphenotheca incurvata *(Saphirbeerengewächs), Länge 1,0–1,3 cm.*

Abb. 25 *Samen aus dem Miozän von Wiesa bei Kamenz, Lkr. Bautzen (Sachsen).* Eomastixia saxonica *(Hartriegelgewächs); Länge 2,5–3 cm.*

Daher folgt ein kurzer Blick darauf. Steile Temperaturanstiege zu den Warmzeiten (Interglaziale) und nahezu ebenso steile Abfälle zu den Kaltzeiten (Glaziale) zeigen zunächst, wie schnell das System kippen kann. Die Kaltzeiten wiederum sind durch hochfrequente Temperaturschwankungen auf niedrigerem Niveau gekennzeichnet, deren wärmere Seite als Interstadiale und kältere Seite als Stadiale bezeichnet werden. Auffällig ist ein sägezahnartiger Temperaturabfall in den Glazialen zum absoluten Minimum kurz vor dem steilen Temperaturanstieg zum nächsten Interglazial. Die Verhältnisse sind am besten für die Weichsel-Kaltzeit als jüngstes Glazial erforscht worden (Hebbeln 2015) und allmählich kommt man den Hintergründen auf die Spur, auch wenn noch längst nicht alles geklärt ist.

Ausgangspunkt für das Beispiel ist das Eem-Interglazial zwischen Saale- und Weichsel-Glazial. Es war zwischen 1 und 3 °C wärmer und feuchter (je nach geografischer Position) als das Holozän. Das Eem-Interglazial dauerte rund 10 000 Jahre. Am Ende leitete ein zunächst gradueller Temperaturabfall in das Weichsel-Glazial über, der dann Tempo aufnahm und in einen schnellen Wechsel von Stadialen und Interstadialen überging. Auf 25 solcher Wechsel hat sich die Wissenschaft geeinigt. Sie werden als Dansgaard-Oeschger-Zyklen (DOZ) bezeichnet. Auf Grönland wurden innerhalb der Schwankungen enorme Temperaturdifferenzen von 8–10 °C ermittelt. Den sägezahnartigen Abfall der Temperaturen in den DOZ fasst man als Bond-Zyklen zusammen. Am Ende eines Bond-Zyklus', in den kälteren Stadialen, traten zudem oft noch die Heinrich-Ereignisse ein. Sie werden mit einem Kollabieren des nordamerikanisch-grönländischen (laurentischen) Eisschildes erklärt. Die Mechanik des Kollabierens funktioniert folgendermaßen: Wenn sich genügend Eis ansammelte, schmolz es an der Basis (Kontaktfläche zur Lithosphäre), wozu Auflastdruck des Eiskörpers und auch die Erdwärme beitrugen. Der Eiskörper wurde instabil und gleitfördernder Untergrund verstärkte die Instabilität. Schließlich glitten riesige Eismassen zum Atlantik ab und driften dort als Eisberge weiter. Das Abgleiten erzeugte ungeheure Mengen Drifteis auf dem Nordatlantik (Bond/Lotti 1995).

Die aus den Eismassen hervorgehenden Süßwassermassen legen kurzzeitig die thermohaline Zirkulation lahm. Danach kehrte bis zum nächsten Eisabgang eine gewisse Ruhe ein. Während neue Eismassen bis zum nächsten Kollaps akkumuliert wurden, kam die thermohaline Zirkulation wieder in Gang. Die DOZ zeigen in der Regel einen Rhythmus von 1500 Jahren und werden mit solaren Zyklen in Verbindung gebracht: 87-Jahre-Zyklus (Gleißberg-Zyklus) und 210-Jahre-Zyklus (De-Vries-Zyklus), doch werden auch andere Gründe erwogen. Die hohe zeitliche Auflösung der Prozesse in den Eisbohrkernen kann man in den glazialen Sedimenten auf den Festländern kaum nachvollziehen. Glaziale Sedimente (Till oder Geschiebemergel, Schmelzwassersande u. a.) gehören zu den am schwersten datier- und korrelierbaren Sedimenten, da sie aus paläoklimatischen Gründen (Kälte) außerordentlich fossilarm sind und zahlreiche Lagerungsstörungen aufweisen.

Die extrem niedrigen Temperaturen und die Ausbreitung großer Eismassen bedeuten einen erheblichen Einschnitt in die Natur. Mit der Abkühlung rückten die arktischen bis borealen Vegetationsgürtel sowie entsprechende Tiergesellschaften weit nach Süden vor, während der warme, tropisch-subtropische Klimagürtel erheblich schrumpfte. Arealeinengungen bedeuten einen Rückgang der Biodiversität. In

***Abb. 26** Zapfen aus dem Miozän von Wiesa bei Kamenz, Lkr. Bautzen (Sachsen).* Cathaya bergeri *(Kieferngewächs); Länge 4–6 cm. Als diese Pflanzenteile im Boden der Oberlausitz eingebettet wurden, war es nochmals sehr warm in Mitteleuropa (miozänes Optimum).*

Europa war der Rückzug zudem nicht unproblematisch, weil Alpen, Pyrenäen, Karpaten und dahinter das Mittelmeer den Rückweg versperrten. Entsprechend hohe Verluste traten hier ein. Vertreter der vorpleistozänen Flora fanden in der Kolchis (zwischen Großem und Kleinem Kaukasus am Schwarzen Meer) noch eine kleine geschützte Nische. Reste der früheren Lorbeerwälder überlebten auf den Kanaren als Laurisilva. Auf Mallorca hielt sich die Balearen-Zwergpalme als einzige authentisch europäische Palmenart (Abb. 28).

In den kalten Phasen fiel der Meeresspiegel zeitweise um mehr als 100 m und neue Landwege für Faunen- und Florenmigration wurden aktiv. Zwischen Australien und Timor entstand so eine temporäre Landbrücke und brachte erstmalig die Biosphären Australiens und der Alten Welt (indonesische Inseln) in Kontakt. In Europa fiel die Nordsee in den Glazialen bis auf die Norwegische Rinne weitgehend trocken. Für Landtiere öffnete sich der Weg zwischen England und Kontinentaleuropa.

Im Zusammenhang mit der starken Abkühlung im Plio-Pleistozän setzte nun in der Nordhemisphäre die Entwicklung von Organismen mit starker Kälteanpassung ein. In der Antarktis geschah das ja schon ab dem höheren Eozän/Oligozän und Pinguine hatten sich längst in der extremen Kälte eingerichtet. Die Arktis zog im Plio-Pleistozän nach. Im Nordpolarmeer und im angrenzenden Nordatlantik formierte sich die heutige Kaltwasserfauna. Arktische Dorsche (*Boreogadus* und *Arctogadus*), Rundfisch *(Cyclopterus)*, der seltsame Eishai *(Somniosus)* und Narwal sind Exponenten der arktischen Meeresfauna. Eisbären und zahlreiche Wasservögel (Alke, Lummen u. a.) besitzen zumindest eine enge Bindung an das kalte Meer. Am Meeresgrund kamen einige Muscheln, Schnecken und Stachelhäuter perfekt mit der Kälte zurecht (Abb. 29): Islandmuscheln, Yoldien, Wellhornschnecken u. a. Kennzeichen für Kaltwassermollusken sind dünne Kalkschalen mit dicker Periostrakum-Auflage[4]. Kalk löst sich im kalten Wasser leichter, seine Abscheidung bedeutet physiologischen Stress für die Tiere. Die dicke hornartige Schicht des Periostrakum schützt das kostbare Kalkgehäuse vor Korrosion im kalten Wasser. Ein weiteres Kennzeichen der borealarktischen Kaltwasserfaunen ist auch ihre relativ geringe Diversität. Dafür kommen manche Arten in ungeheurer Individuenzahl vor, denn geringe Diversität heißt noch lange nicht geringe Produktivität. Die riesigen Schwärme der Dorschartigen mit ihren jahreszeitlichen Wanderungen sind Sinnbild der hohen Produktivität und waren über Jahrhunderte wichtige Nahrungsgrundlage der Völker an den nordostatlantischen Küsten.

Auf dem Festland sah es ähnlich aus wie im Meer. Die Zahl der Arten reduzierte sich in den kalten Gebieten erheblich im Vergleich zu warmen Regionen. Dafür traten (und treten) manche Arten in großen Verbänden auf, z. B. Lemminge oder Rentiere. Das Auf und Ab des Klimas sorgte für ein wiederholtes Vordringen und Zurückweichen der Kälte. In diesem Rhythmus verschoben sich die Vegetationsgürtel sehr schnell und die dazugehörigen Tiere wanderten mit. Besonders elegant lösten die Vögel das jahreszeitliche Auf und Ab. Sie profitieren von der hohen Produktivität des Nordens, nutzen den kurzen Nordsommer mit seinen Nahrungsquellen für die Reproduktion, ohne sich jedoch den Widrigkeiten der kalten Winter auszusetzen. Sie ziehen sich im Herbst nach Süden zurück. Die großen jährlichen Vogelwanderungen sind ebenso im Zuge der Abkühlung entstanden wie die Züge mancher Fischschwärme im Meer.

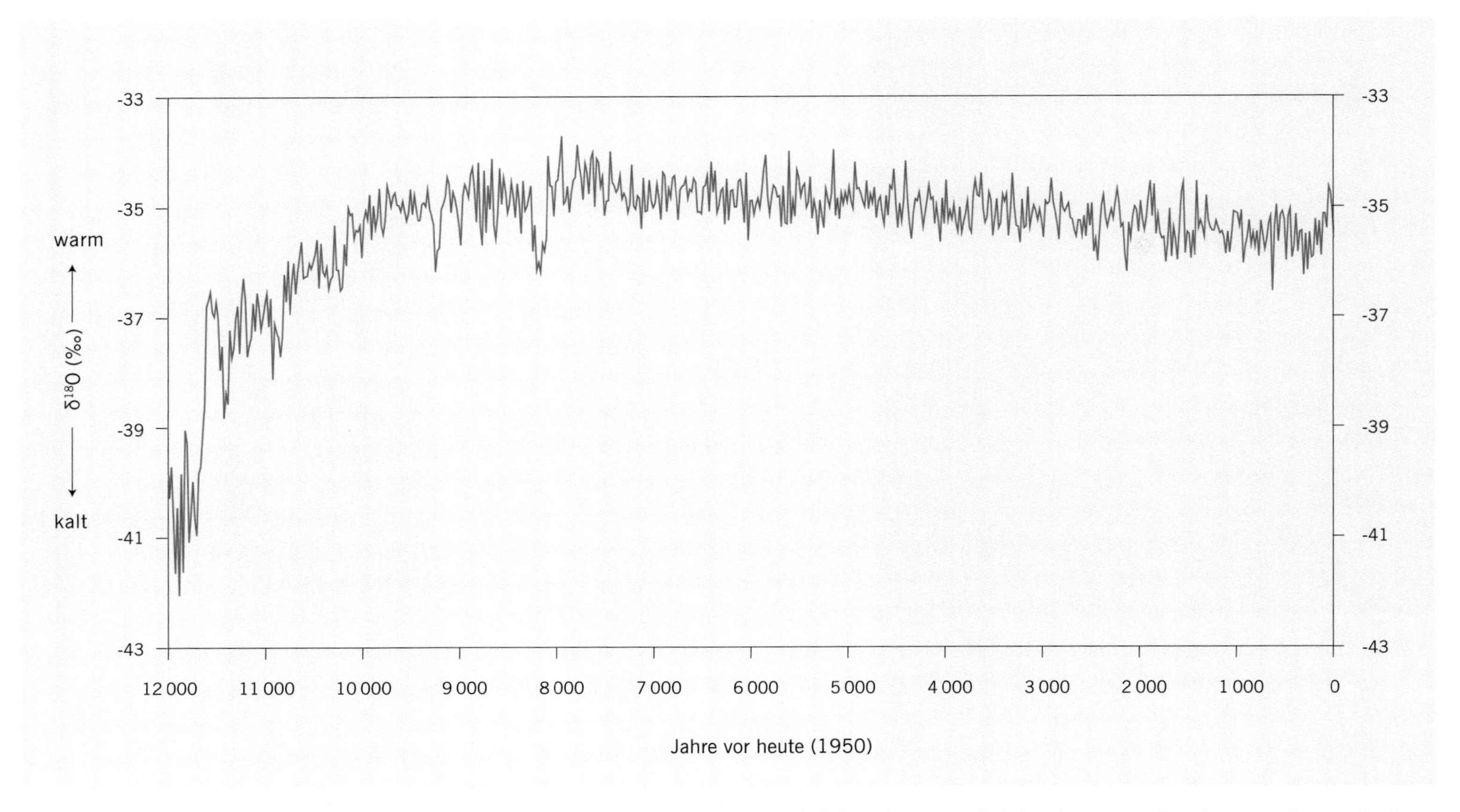

Abb. 27 *Temperaturkurve vom Ende der letzten Eiszeit bis heute aus einem Grönland-Eisbohrkern (NGRIP-Eisbohrkern). Sie zeigt den abrupten Klimawechsel ca. 10 000 Jahre vor heute auf der Basis von Messungen des Verhältnisses der Sauerstoffisotopen im Bohrkern.*

Die Zyklen aus Kalt- und Warmzeiten wirkten sich natürlich stark standortabhängig aus. Während die Sahara bei Erwärmung feuchter wurde und ergrünte, verlagerte sich der nördlich anschließende Trockengürtel weiter nach Norden. Ging das globale Klimasystem in eine Kaltzeit über, schwang das Ganze zurück und die Sahara trocknete aus. Für Mitteleuropa bedeutet ein voller Zyklus den Absturz von temperierten, manchmal sogar warm-temperierten zu kalten Verhältnissen (in den letzten drei Glazialen auch mit Eisdecke bis nach Mitteldeutschland) und anschließend wieder Anstieg zu temperierten Verhältnissen. An einem Ort heißt das: Optimum mit üppigen Laubwäldern, gefolgt von borealen Nadelwäldern, Tundren mit Permafrostböden und schließlich vegetationsloses Eis. Anschließend passierte das Gleiche umgekehrt. Auf das Eis folgen Periglaziallandschaften[5] mit Tundren, boreale Nadelwälder und im nächsten Optimum wieder Laubwälder, manchmal mit thermophilen Komponenten. In dieser Abfolge kommen dann auch immer wieder die nahezu gleichen Mitspieler in den Floren und Faunen vor, natürlich modifiziert: Zeit bedeutet Evolution und eine ältere Art wird im nächsten Durchgang vielleicht von einer neuen Art der Gattung ersetzt. Manche Linien starben auch aus und fehlen dann das nächste Mal. Dafür kommen neue Zuwanderer hinzu. Die Zyklen werden ganz wunderbar in den Pollenspektren nachgezeichnet.

In der Kleintierwelt des Pleistozän spielen Süßwasser- und Landschnecken eine wichtige Rolle (Abb. 30). Sie kommen artenreich vor und lebten selbst im Periglazialraum. Die kalte Seite markieren die Lössschnecken, die warme Seite thermisch anspruchsvolle Gattungen wie *Fagotia*. In Sedimenten der Gewässer ist die Muschel *Corbicula* ein guter Anzeiger für Wärme. Die praktisch in jedem Kleingewässer vorkommenden Schalenkrebschen (Ostrakoden) überdecken und charakterisieren nahezu jede Klimavariante, ebenso Käfer, deren feste Flügeldecken sehr gut erhalten bleiben. Käfer sind inzwischen eine besonders im Fokus stehende Gruppe bezüglich der Klimarekonstruktion.

Fische bewohnten selbst die kältesten Gewässer, solange sie nicht für lange Zeit völlig durchfroren. Hechte und Barsche kommen bereits in sehr kaltem Wasser vor und überstehen temporäres Einfrieren im Eis. Bei Erwärmung der Gewässer stellen sich nach und nach weitere Arten ein, zunächst Rotfedern, Schmerlen etc., am Ende als anspruchsvollste Gattungen Karauschen u. a. Eine besonders interessante Geschichte dreht sich um die spätweichselzeitlichen bis holozänen Maränen (oder Renken), Lachsfische der Gattung *Coregonus*. Ursprünglich in den gro-

Abb. 28 *Palmwurzelholz aus dem Mitteloligozän (ca. 30 Millionen Jahre), Tagebau Zwenkau, Lkr. Leipzig (Sachsen), Kippenfund; Länge 21,5 cm. Palmen waren in wärmeren Klimaphasen in Mitteleuropa sehr verbreitet, ihr Holz ist allerdings sehr vergänglich und oft bleibt nur das besonders widerstandsfähige Palmwurzelholz erhalten.*

ßen Eisstauseen weit verbreitet, zerfiel ihr Areal nach Eisrückgang in einzelne voneinander getrennte Seen und bald drifteten deren isolierte Populationen genetisch und in ihren Merkmalen auseinander. Das ist vielleicht als Frühphase einer Speziation (Artbildung) zu verstehen (Bernatchez 2004). Ähnliche Prozesse kennt man von den Buntbarschen (Cichlidae) der Seen im ostafrikanischen Graben.

Am Ende behält auch das Donausystem eine bemerkenswerte biogeografische Position. Durch den ostwärts gerichteten Abfluss in das Schwarze Meer hat es Anschluss an die osteuropäischen Faunen mit ihren Paratethys-Relikten. Die Fische Donauhuchen, Zingel, Schrätzer und Donaustreber kommen nur im Donausystem vor, eine weitere Streberart noch in der Rhone (vermutlich ein altes Tertiärrelikt). Auch die Muschel *Dreissena*, Schnecken aus dem *Theodoxus*-Kreis und andere Kleintiere gehören zur Paratethys-Gesellschaft der Donau. Mit dem Bau des Donau-Main-Kanals kann die Donaufauna nun in die zur Nordsee abfließenden Stromsysteme vordringen.

Ab dem Holozän tritt der Mensch verstärkt als Faktor in der Biosphäre hervor. Landnahme und Ackerbau veränderten die Vegetation. Zahlreiche Wildtiere wurden ausgerottet oder an den Rand des Aussterbens gebracht. Geschichte läuft ungebremst weiter und das nächste große Sterben nach dem Kreide-Tertiär-Impakt ist längst im Gange, diesmal vom Menschen verursacht. Anfangs betrifft es vor allem die größeren landlebenden Säugetiere, aber auch kommerziell wichtige Exponenten der marinen Faunen. Ferner setzt der Mensch auch die Verschleppung exotischer Pflanzen und Tiere in Gang, darunter äußerst schädliche Pilze oder Insekten. Die Neozoen und Neophyten genannten invasiven Arten werden weitere Einschnitte in den autochthonen Faunen und Floren verursachen.

FAZIT

Nach dem Aussterbeereignis an der Grenze Kreide-Tertiär begann im Känozoikum die umfassende Reorganisation der Tierwelt. Die Pflanzen erledigten das schon früher, weshalb die »Pflanzenneuzeit« (Känophytikum) weit in die Kreidezeit zurückreicht. Die Quantifizierung der rezenten Biodiversität ist noch mit zahlreichen Unsicherheiten behaftet. Einerseits sind taxonomischer (Taxonomie = Klassifikationslehre) Status und Abgrenzung vieler Arten noch unsicher. Andererseits sind manche Gruppen (insbesondere Kleintiere) noch nicht ausreichend erforscht. Trotzdem kann man mit den verfügbaren Daten recht gut einschätzen, wer zu den Gewinnern der känozoischen Periode gehört. Die Zahl der höheren Pflanzen (Gefäßpflanzen) veranschlagt man derzeit auf rund 260 000 mit dem größten Artenreichtum bei den

Angiospermen (Bedecktsamern). Pilze werden gegenwärtig mit etwa 70000 Arten angegeben, wobei man mit hoher Dunkelziffer rechnen muss. Bei den Tieren stehen die Insekten an der Spitze mit 850000 bis 1 Million bekannter Arten. Geschätzt werden aber um 5–6,5 Millionen Arten, d.h. die meisten Insekten sind demnach noch nicht wissenschaftlich erfasst. Mollusken werden mit 60000 bis über 100000 Arten angegeben. Die große Differenz dokumentiert die Schwierigkeiten der Artabgrenzung bei vielen Molluskengruppen. Unter den Wirbeltieren stehen die Fische mit ca. 32500 Arten an der Spitze, gefolgt von den Vögeln (10600), Reptilien (um 10000), Amphibien (7400) und am Ende den Säugetieren (um 4000). Das ergibt insgesamt 64500 Arten – wenig im Vergleich zu den Insekten und noch weniger, wenn man alle Gliedertiere (Arthropoda) in einer Zahl manifestiert.

Nimmt man also die schiere Zahl zum Maßstab des Erfolgs, sind die Wirbeltiere weit abgeschlagen. Dennoch stellen sie neben den Angiospermen und den Pilzen einen signifikanten Anteil der känozoischen Biodiversität. Säugetiere wiederum, mit 4000 Arten die kleinste Vertebratengruppe, sind geradezu eine Vorzeigegruppe der känozoischen Evolution, weil sie vorher ein Schattendasein führten und erst nach dem Aussterben der großen Landreptilien am Ende der Kreidezeit zu ihrer heutigen Vielfalt aufstiegen. Schließlich ging aus ihnen auch der moderne Mensch hervor.

Die rasante Diversifizierung der känozoischen Biosphäre fand zum großen Teil im warmen Paläogen statt und auch die nachfolgenden Warmphasen erwiesen sich als Zeiten vermehrter Artbildungen, während die kalten Zeiten eher einen Artenrückgang bedeuteten, auch wenn dabei durch die Anpassung an die Kälte neue Arten entstanden. Die Verluste sind größer und wurden durch Neubildung nicht ausgeglichen. Insgesamt sind die kalten Zeiten in der Erdgeschichte relativ kurze Ausnahmezeiten gewesen und warme Zeiten deutlich über dem heutigen Niveau waren normal. Die ordovizische Eiszeit dauerte ungefähr 25 Millionen Jahre, die permokarbonische etwa 50–60 Millionen Jahre. Der große Rest im Phanerozoikum (knapp 500 Millionen Jahre) verlief deutlich wärmer als das aktuelle Klima. Ähnliches gilt auch für das Känozoikum. Wann die aktuelle (und bislang letzte) Kälteperiode ausklingt, ist ungewiss. Die vorangegangenen Eiszeiten im Paläozoikum bieten nur Vergleichswerte über die mögliche zeitliche Ausdehnung. Letztlich bleibt es immer noch Spekulation, weil die Ursachen dafür immer noch nicht zweifelsfrei feststehen. Ob in Zukunft der Ausbruch aus der kalten Zeit bevorsteht oder ein Temperaturabfall folgt, weil unser Interglazial seinem Ende zustrebt, ist beim gegenwärtigen Stand der Dinge nicht sicher zu beantworten. Beide Szenarien sind möglich und sollten als Zukunftsoptionen im Blickfeld behalten werden.

ANMERKUNGEN

1 Koevolution steht in der Stammesgeschichte für die wechselseitige Anpassung interagierender Partner (Arten; Art) zur Sicherung und Vervollkommnung ihrer Existenz und Fortpflanzung. Als Beispiel kann hier die Blüte und das Insekt genannt werden.

2 Symbiose bezeichnet die Vergesellschaftung von Individuen zweier unterschiedlicher Arten, die für beide Partner vorteilhaft ist.

3 fluviatil = Sedimente, deren Gesteine von einem Fließgewässer mitgeführt, zerkleinert und abgelagert wurden; ästuarin = Ablagerung im Bereich eines Ästuars (Trichtermündung an einer Gezeitenküste); brackisch = Schichten oder Sedimente, die aus einer Mischung von Meer- und Süßwasser abgelagert wurden.

4 Das Periostrakum ist die äußere, organische Schicht der Schale von Weichtieren (Mollusken) und Armfüßern (Brachiopoden).

5 Unter Periglazial versteht man eine Landschaft, die außerhalb der Eisgebiete liegt und durch Erscheinungen wie Permafrost, Frostverwitterung, Solifluktion (Bodenfließen) u.a. gekennzeichnet ist.

◄ ***Abb. 29*** *Mollusken und Fische (durch Otolithen oder Gehörsteinchen nachgewiesen) der kühleren oligozänen Nordsee von Amsdorf, Lkr. Mansfeld-Südharz (Sachsen-Anhalt). Oben: Muschel* Portlandia, *Länge 3,1 cm; Mitte: Schnecke* Aporrhais *(fossiler »Pelikanfuß«), Länge 2,1 cm; unten links: Otolith von* Raniceps *(Froschdorsch), Länge 1,9 cm; unten rechts: Otolith von* Palaeogadus *(fossiler Seehecht), Länge 1,8 cm.*

Abb. 30 *Typische quartäre Landschnecken. Linke Seite oben links:* Columella columella *(Hohe Windelschnecke), Länge 0,3 cm; oben rechts:* Pupilla muscorum *(Moospuppenschnecke), Länge 0,37 cm; unten:* Helicopsis striata *(Gestreifte Heideschnecke), Länge 0,75 cm. Rechte Seite oben:* Trochulus hispidus *(Gemeine Haarschnecke), Länge 0,5 cm; unten links:* Succinea oblonga *(Kleine Bernsteinschnecke), Länge 0,7 cm; Mitte rechts:* Vallonia tenuilabris *(Feingerippte Grasschnecke), Länge 0,3 cm.* ►►

Glis
glis (L.)
2034.

Reinhard Ziegler

KLEINSÄUGETIERE AUS DEM SÜDWESTEN DEUTSCHLANDS

Vor ca. 66 Millionen Jahren begann mit dem Aussterben der Dinosaurier das Zeitalter der Säugetiere. Dieser Zeitabschnitt, der bis heute andauert, wird als Känozoikum bezeichnet (siehe Chronologietabelle, S. 14–15). Der Ursprung der Säugetiere reicht aber weit ins Erdmittelalter (Mesozoikum) zurück und ihre Stammgruppen gingen vor über 200 Millionen Jahren aus Cynodontia (Hundszahnsauriern) hervor. Das älteste Säugetier aus Süddeutschland ist *Thomasia antiqua* aus dem Rhät-Bonebed von Stuttgart-Degerloch, einer ca. 200 Millionen Jahre alten Ablagerung mit zahlreichen Knochen und Zähnen. Typusexemplar – das Stück, auf dem die Artbeschreibung beruht – ist ein 1,6 mm langer, 1847 entdeckter Molar mit vielen Höckern (Abb. 1). Oft findet man nur Zähne. Diese sind aber sehr charakteristisch und reichen meist für die Artbestimmung aus; man kann auch auf die Größe des Tieres schließen. Demnach war *Thomasia* etwa so groß wie eine kleine Spitzmaus. *Thomasia* ist Stammgruppenvertreter und gehört zur Ordnung der *Haramyida*. Zwei Drittel ihrer Geschichte lebten die Säugetiere buchstäblich im Schatten der Dinosaurier. Die ersten Säugetierartigen waren noch klein und dürften wie Spitzmäuse ausgesehen haben. Dank ihrer hohen Anpassungsfähigkeit besiedelten sie schon früh die unterschiedlichsten Lebensräume und bildeten eine Vielfalt von Lebensweisen aus. Spektakuläre Funde in den letzten 15–20 Jahren von verschiedenen Kontinenten zeigen, dass aus zunächst kleinen und unscheinbaren Tieren im Laufe des Erdmittelalters eine Fülle an Formen entstand. *Volaticotherium* aus über 125 Millionen Jahre alten Ablagerungen in der Inneren Mongolei konnte bereits 70 Millionen Jahre vor den Fledermäusen fliegen (Abb. 2). Vor ca. 160 Millionen Jahren hatte *Castorocauda* (»Biberschwanz«) bereits Anpassungen an das Leben im Wasser wie heutige Biber. *Fruitafossor* lebte vor über 150 Millionen Jahren in Nordamerika. Er konnte graben wie ein Maulwurf und ernährte sich von Termiten wie ein Ameisenbär. Mit einer Gesamtlänge von 105 cm war *Repenomamus giganticus* das größte unter den frühen Säugetieren. Er lebte vor ca. 120 Millionen Jahren im Nordosten von China. Die Vielfalt entstand also nicht erst mit dem Aussterben der Dinosaurier. Sie zeichnete sich von Anfang an und während der langen Koexistenz ab. Anpassungsfähigkeit und Vielfalt waren somit der Schlüssel zum Erfolg der Säugetiere. Die genannten Formen sind die Stammgruppen der Säugetiere. Sie hatten noch mehr Zähne im Kiefer, der Unterkiefer bestand noch aus mehreren Knochen und das Kiefergelenk wurde noch aus Knochen gebildet, die bei den Eutheria, den höheren oder echten Säugetieren, zu Gehörknöchelchen umgewandelt wurden. Der Unterkiefer besteht bei diesen nur noch aus einem Knochen. Die Anfänge der Eutheria liegen im Jura. Zunächst entstanden die Monotremata (Kloakentiere, eierlegende Säugetiere), von denen es heute noch die Ameisenigel und die Schnabeltiere von Australien und Neuguinea gibt. Später trennten sich die Linien der Metatheria (Beuteltiere) und der Eutheria. Zu den Letzteren zählen die plazentalen Säugetiere, zu denen alle heutigen Eutheria und ihr letzter gemeinsamer Vorfahre gehören. Die meisten mesozoischen Säugetiere sind schon vor dem Känozoikum ausgestorben und mit den heutigen Säugetieren trotz oftmals vieler Ähnlichkeiten nicht näher verwandt.

Unter den heutigen Säugetieren sind die Placentalia (Säugetiere mit Plazenta) mit 1135 Gattungen und über 5000 Arten die artenreichste Gruppe (Wilson/Reeder 2005). Die Entstehungszeit der Beuteltiere und der Placentalia, die zusammen die Theria bilden, ist Gegenstand anhaltender Debatten. Der Fossilbericht spricht für Ursprung und Entfaltung der Säugerordnungen in einer kurzen Zeitspanne etwa 10 Millionen Jahre nach der Kreide/Tertiär-Grenze (»explosive model«). Nach

Abb. 1 Thomasia antiqua, *zweiwurzeliger Backenzahn eines Stammgruppenvertreters der Säugetiere aus dem Rhät von Stuttgart-Degerloch, Baden-Württemberg. Kauflächen- und Seitenansicht.*

◄ *Präparat eines Siebenschläfers* (Glis glis) *aus der Universitätssammlung in Halle (Saale), Sachsen-Anhalt, dem größten Bilch in der heutigen Fauna (mögliche Körperlänge 13–18 cm, ohne Schwanz). Sein fossiler Vorfahre,* Gliravus, *war kleiner.*

dem von Molekularbiologen präferierten »short-fuse model« sind die heutigen Säugerordnungen dagegen älter und reichen weit in die Kreide, bis vor 100 Millionen Jahre zurück (Rose 2006). Die unterschiedlichen Angaben zum Ursprung der Säugetiere liegen zum Teil auch am lückenhaften Fossilbericht. Die Molekularbiologen meinen, dass die entsprechenden Fossilien aus der Kreidezeit nur noch nicht gefunden worden sind.

Im Folgenden soll gezeigt werden, wie Paläogeografie und Klima die tertiären Kleinsäugerfaunen im Südwesten Deutschlands beeinflusst haben. Zur Entwicklung der Großtierfauna im Tertiär siehe den Beitrag von A. Müller (S. 48) und zur Biodiversität der Säuger von Messel und aus dem Geiseltal den Beitrag von A. Hastings (S. 104).

BLÜTEZEIT IM EOZÄN

Im Paläozän (vor 66–56 Millionen Jahren), dem frühesten Abschnitt des Paläogen (Alttertiärs), war Mitteleuropa noch teilweise von Meer bedeckt (Abb. 3). Im Norden war der Arktische Ozean, im Süden die Tethys, die Vorläuferin des Mittelmeeres, im Westen der Atlantik und im Osten das Ob-Meer und die Turgai-Straße, ein Flachmeer am Ostrand des Urals, das die Tethys mit dem Arktischen Ozean verband.

Es war noch wesentlich wärmer als heute und auf Grönland wuchsen Palmen. Aus dieser Zeit gibt es generell wenige Säugetierfaunen, aus Südwestdeutschland überhaupt keine. Die Säugerfaunen aus dem Mittelpaläozän von Hainin in Belgien und dem Oberpaläozän von Cernay im Pariser Becken sowie von Walbeck in Sachsen-Anhalt haben vielfach endemischen Charakter, d. h. sie sind auf eng begrenzte Regionen beschränkt. Sie bestehen überwiegend aus archaischen Formen, deren verwandtschaftliche Beziehungen zu den heutigen Säugerordnungen noch weitgehend unklar sind (Storch 1984). Sie zeigen aber auch einige Beziehungen zu Nordamerika. Der Faunenaustausch war im oberen Paläozän und unteren Eozän über die nordatlantische Route möglich, da Nordamerika und Europa noch näher beisammen lagen und der Nordatlantik daher noch nicht so breit war wie heute. Am Übergang vom Paläozän zum Eozän, vor 55 Millionen Jahren, gab

Abb. 3 *Europa im Alttertiär zur Zeit der Entfaltung der Säugetiere. Europa war ein Kontinent aus Inseln (grün), zergliedert von Seewegen und Flachmeeren. Die Kontur von Deutschland ist rot gekennzeichnet.*

es innerhalb weniger Jahrtausende einen massiven Temperaturanstieg, das Paläozän/Eozän-Temperaturmaximum (PETM), dessen Ursachen bis heute rätselhaft sind. Starker Vulkanismus am Boden des noch jungen Atlantiks könnte eine Ursache dafür sein (Berndt u. a. 2016). In der Folge wurden die archaischen Formen durch eine Masseninvasion fortschrittlicher Säuger abgelöst, die den heutigen Säugern schon ähnlicher waren. Diese Einwanderer bilden den Ausgang von Entwicklungslinien zu jüngeren, modernen Säugetierfamilien.

Die ca. 48 Millionen Jahre alte mitteleozäne Säugetierfauna von Messel bei Darmstadt lieferte bis heute 46 Säugetierarten aus 34 Gattungen, darunter drei Arten von Beuteltieren, acht verschiedene Fledermausarten, vier Nagetierarten und einen Insektenfresser (Rose 2012). Die archaische Fledermaus *Palaeochiropteryx tupaiodon* gehört zu den ältesten Fledermäusen überhaupt (Abb. 4). Skelette mit erhaltenen Weichteilen zeigen die Flughaut und damit, dass sie fliegen konnte. Röntgenuntersuchungen an der Gehörschnecke belegen darüber hinaus, dass sich diese Fledermaus auch mittels Echoortung orientieren und Beute orten konnte.

Der Igelartige *Pholidocercus hassiacus* gehört zur autochthonen, d. h. ortsansässigen Fauna. Die meisten Arten liegen als vollständige oder fast vollständige zusammenhängende Skelette vor (Abb. 5). Die Messelfauna zeigt große Ähnlichkeiten mit nordamerikanischen Faunen ähnlichen Alters: Mindestens die Hälfte der Gattungen der Willwood, Green River und Bridger Formations in Wyoming kommen auch in Messel vor. *Macrocranion* – ob Rüsselspringerverwandter oder igelartiger Insektenfresser ist nicht entschieden – ist ein Einwanderer

◄ ***Abb. 2*** Volaticotherium antiquum, *der älteste Gleitflieger aus dem Jura der Inneren Mongolei. Trotz ähnlicher Lebensweise ist diese Art nicht mit den heutigen Flughörnchen verwandt. Sie war etwa so groß wie das heutige Südliche Gleithörnchen* (Glaucomys volans) *aus Nord- und Mittelamerika; Gesamtlänge 21–26 cm, davon Schwanzlänge 8–12 cm.*

aus Nordamerika (Abb. 6). Dies zeigt, dass zur Zeit dieser Faunen die transatlantische Route noch existierte. Die Messelfauna zeigt aber weniger Affinitäten zu eozänen asiatischen Faunen. Die Turgai-Straße, ein Flachmeer, das das Polarmeer mit dem Tethys-Meer im Süden verband, bildete eine Barriere, die den Faunenaustausch zwischen Europa und Asien verhinderte.

Die anderen eozänen Säugerfaunen Südwestdeutschlands stammen aus Karstspaltenfüllungen der Schwäbischen Alb – Frohnstetten, Neuhausen ob Eck – oder der Ulmer Region – Mähringen (Stadtteil von Ulm), Herrlingen 6 und Lautern 1 (beide Teilgemeinden von Blaustein bei Ulm; Abb. 7). Sie lieferten aber überwiegend Großsäugetiere. Aus der Fundstelle Herrlingen 6 gibt es Zähne von Beuteltieren aus der Familie der Didelphidae und eines ursprünglichen Insektenfressers aus der Familie der Nyctitheriidae. Ein Nyctitheriide ist auch in Lautern 1 nachgewiesen, außerdem die Nagetiere *Pseudosciurus*, *Suevosciurus* und *Gliravus* (Abb. Seite 90). Die beiden erstgenannten Gattungen gehören zur Nagerfamilie Pseudosciuridae, die gegen Ende des Unter-Oligozän vor ca. 30 Millionen Jahren ausgestorben ist. Im Zahnbau zeigen sie Ähnlichkeiten mit den Hörnchen (Sciuridae), ohne aber mit diesen näher verwandt zu sein; daher der Name Pseudosciuridae, falsche Hörnchen. *Gliravus* ist eine ausgestorbene Gattung der Bilche oder Schlafmäuse.

DIE GRANDE COUPURE – DER GROSSE FAUNENSCHNITT

Am Übergang von Eozän zum Oligozän vor 34 Millionen Jahren setzte sich die Norddrift der Südkontinente weg von der Antarktis fort, es begann der Aufstieg der Alpen und Pyrenäen, der Nordatlantik öffnete sich zwischen Grönland und Norwegen, und es entstand eine Verbindung zum Polarmeer. Diese geografischen Veränderungen hatten eine globale Abkühlung der Meerestemperaturen um 5°C zur Folge und in der Antarktis bildeten sich Gletscher (Zachos u. a. 2001). Dadurch sank der Meeresspiegel und viele Schelfmeere verlandeten, auch die Europa und Asien trennende Turgai-Straße (Abb. 8).

Abb. 4 Palaeochiropteryx tupaiodon, *archaische Fledermaus, Skelett aus der Grube Messel, Lkr. Darmstadt-Dieburg (Hessen). Diese Messelfledermaus hatte kurze, breite Flügel mit einer Spannweite von 25–30 cm.*

Vor diesem Hintergrund kam es in der Säugerfauna Europas zu einem markanten Umbruch, den der Schweizer Paläontologe H. G. Stehlin 1909 »Grande Coupure« (Stehlin 1909), deutsch »großer Schnitt«, nannte. Im Zuge dieses Faunenwandels wanderten viele Formen aus Asien ein und verdrängten die ansässigen Arten, die letztlich ausstarben (Hooker u. a. 2004). In den Faunen vor der Grande Coupure dominierten unter den Unpaarhufern die noch kleinen tapirähnlichen Urpferde aus der Familie der Palaeotheriidae, unter den Paarhufern die Familien Anoplotheriidae, Xiphodontidae und Amphimerycidae. Sie waren alle Pflanzenfresser und sind zu Beginn des Oligozän ausgestorben. Aus Osten wanderten Nashörner, schweine- bis flusspferdähnliche Paarhufer (Anthracotheriidae) und hornlose Wiederkäuer aus der Familie der Gelocidae ein und besetzten die freigewordenen Lebensräume. Unter den Kleinsäugern erschienen in Europa erstmals Igel aus der Unterfamilie Galericinae (Haar- oder Rattenigel; Abb. 9), Hamster, Biber, Hörnchen und die ausgestorbene Nagerfamilie Eomyidae, die mit den heutigen Taschenmäusen Amerikas verwandt ist. Die Beuteltiere, die Insektenfresserfamilie Nyctitheriidae (Abb. 10) und die Nagerfamilien Pseudosciuridae und Gliridae überlebten die Grande Coupure unbeschadet. Unter den Neuankömmlingen waren offenbar keine Konkurrenten für sie. In den unteroligozänen Säugetierfaunen von der Fränkischen und Schwäbischen Alb sind die Pseudosciuriden derart häufig, dass man sie Pseudosciuridenfaunen nennt (Abb. 11). In den Karstspalten des Weißjuras sind oft massenhaft Säugtierfossilien angereichert; so in den unteroligozänen Spaltenfüllungen Möhren 13, Herrlingen 7, Ehrenstein 8–12 (Ziegler/Heizmann 1991). Zu den endemischen Nagerarten der Schwäbischen und Fränkischen Alb, deren Vorkommen auf diese Region beschränkt ist, gehören mehrere Arten der Gattungen *Suevosciurus*, von *Pseudosciurus* und von Bilchen der Gattungen *Gliravus* und *Oligodyromys*. Sie gab es vor und nach der Grande Coupure.

In der Evolution der Säugetiere ist die Größenzunahme innerhalb einer Familie oder Gattung ein häufig zu beobachtender Trend. Die Pferde fingen klein an. Die ältesten vor ca. 55 Millionen Jahren er-

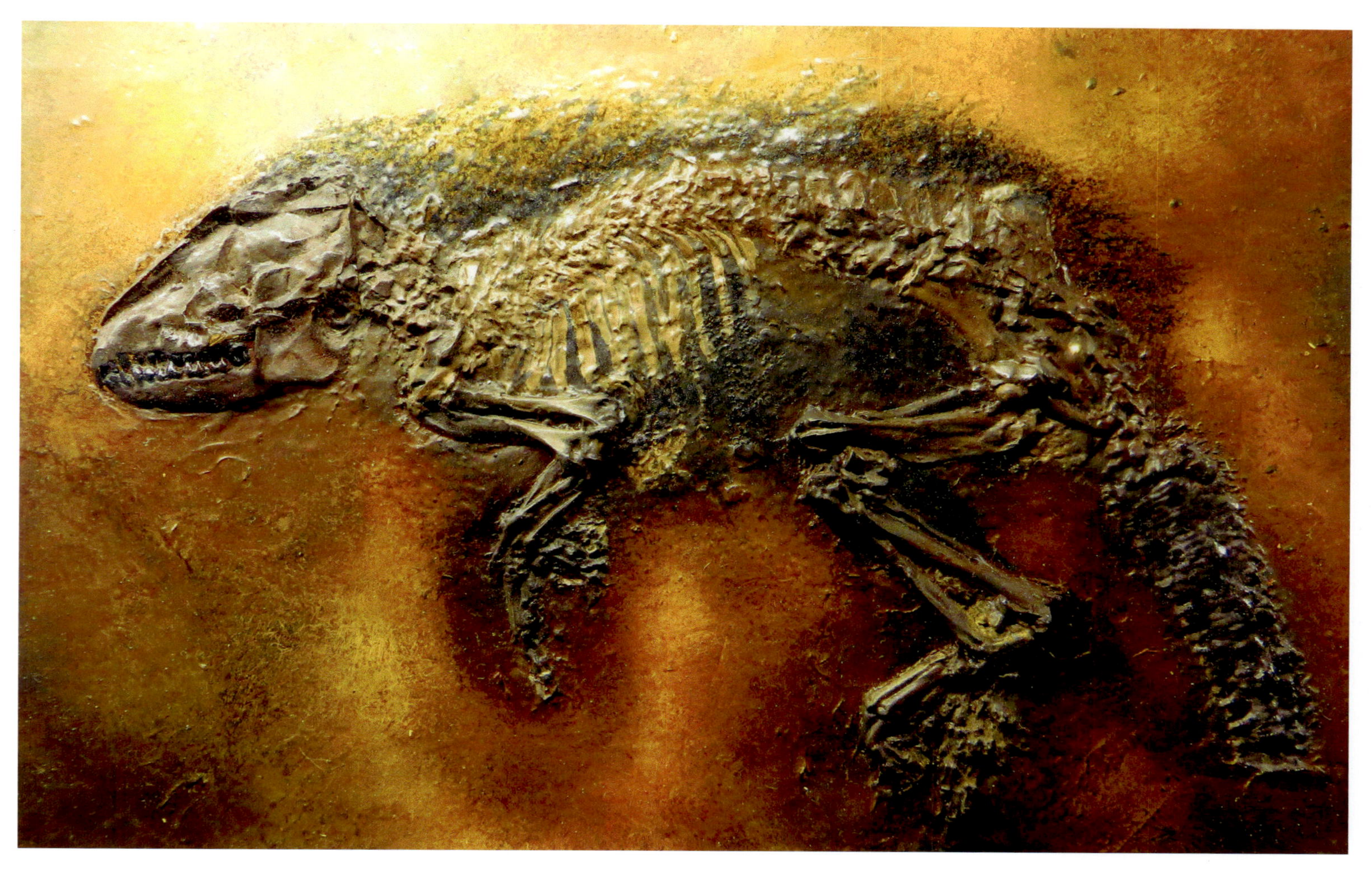

Abb. 5 Pholidocercus hassiacus *war ein gut geschützter, bodenlebender Allesfresser, der sich gemächlich fortbewegte. Diese Art gehört zu den Igelartigen. Sie hatte eine Kopf-Rumpf-Länge von 19 cm und eine Schwanzlänge von 16–18 cm. Fossilfund aus der Grube Messel, Lkr. Darmstadt-Dieburg (Hessen).*

Abb. 6 Macrocranion tupaiodon, *insektenfresserartiger archaischer Säuger. Der Name bezieht sich auf den großen Kopf und die äußere Ähnlichkeit mit Tupaja, den heutigen Spitzhörnchen. Skelett aus der Grube Messel, Lkr. Darmstadt-Dieburg (Hessen): Der Weichkörper ist als dunkler Belag erkennbar. Die Kopf-Rumpf-Länge liegt zwischen 14 und 16 cm, die Schwanzlänge bei ca. 15 cm.*

reichten gerade 20 cm Schulterhöhe. Auch die Arten der Gattung *Suevosciurus* wurden im Laufe der Zeit größer. Diese Größenzunahme ist biostratigrafisch relevant, d. h. sie ermöglicht es, die zeitliche Abfolge der Faunen zu bestimmen (Heissig 1987).

Unter den Nagetieren kam im Laufe des Unteroligozän eine Nagerfamilie, die Melissiodontidae, hinzu, die wahrscheinlich aus ursprünglichen Hamstern entstanden ist. Die Melissiodontiden hatten Molaren mit einer wabenartigen Kaufläche, die im Laufe der Evolution immer komplizierter wurde. Sie ernährten sich wahrscheinlich von Früchten.

KARSTSPALTEN ALS FOSSILFALLEN

Der Weißjura der Schwäbischen und Fränkischen Alb ist stark verkarstet und von zahlreichen Höhlen und Spalten durchsetzt. Niederschlagswasser versickert durch Klüfte und Fugen und nimmt beim Durchgang durch den Boden Kohlendioxid (CO_2) auf. Die dabei entstandene Kohlensäure löst den Kalk durch Korrosion (Zersetzung durch Wasser). Auf diese Weise entstanden verschiedene Hohlformen (z. B. Spalten und Höhlen), die im Laufe der Zeit mit Verwitterungsresten von der Oberfläche her verfüllt wurden. Durch zusätzliche Erosion, mechanische Ausräumung bzw. Abtragung, werden die Höhlen erweitert. Für Paläontologen und Urgeschichtsforscher sind die Spalten und Höhlen von Interesse, weil sie oft zahlreiche Fossilien und archäologische Funde enthalten. Tiere geraten auf verschiedene Weise in Karsthohlformen. Für einige sind sie zumindest zeitweise Lebensraum. Einige Fledermäuse, z. B. Arten aus den Familien der Rhinolophiden (Hufeisennasen) und Megadermatiden (Großblattnasen), nutzen Höhlen und Spalten als Wohnraum, zum Schlafen, Überwintern und als Wochenstuben, d. h. sie gehören zur autochthonen, ortsansässigen Fauna. Die

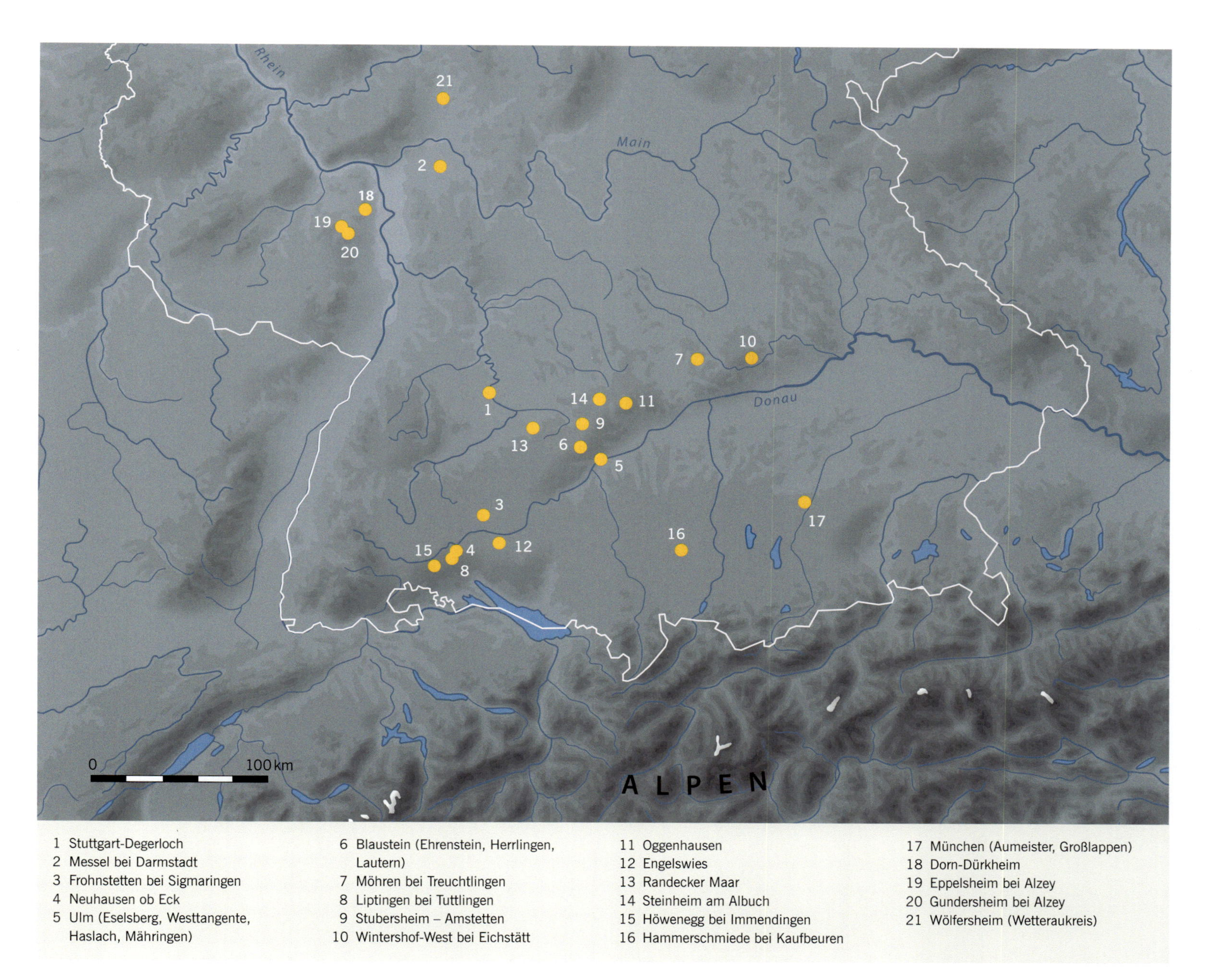

Abb. 7 *Kartierung der wichtigsten im Text genannten Fundorte.*

Masse der Kleinsäuger gerät aber in Form von Speiballen, den Gewöllen von Eulen, in die Spalten. Eulen verzehren ihre Beute mit Haut und Haaren und speien die unverdaulichen Reste als Gewölle wieder aus. Ist der Ansitz einer Eule in der Nähe einer Karstspalte, so können die Gewölle dort hingeraten und sich anreichern. In Spalten findet man zwar oft viele Säugerfossilien, nie aber vollständige, zusammenhängende Skelette. Bisher sind im Bereich der Schwäbisch-Fränkischen Alb weit über 200 fossilführende Spalten entdeckt worden. Die Entdeckung ist dabei meist an den kommerziellen Abbau der Kalke in Steinbrüchen gebunden. Bei Sprengarbeiten werden die Spalten freigelegt. Wenn dann ein Paläontologe oder Fossiliensammler zur richtigen Zeit vor Ort ist, kann er den Spaltenlehm auf Fossilführung prüfen und gegebenenfalls Proben mitnehmen.

Auf der Schwäbischen Alb gibt es viele Karstspalten mit Bohnerzen (Eisenstein), erbsen- bis bohnenförmigen Knollen mit hohem Eisengehalt. Sie sind an einigen Orten massenhaft zu regelrechten Konzentratlagerstätten angereichert worden und wurden bis ins 19. Jahrhundert zur Eisengewinnung abgebaut. Auch dabei fand man gelegentlich Säu-

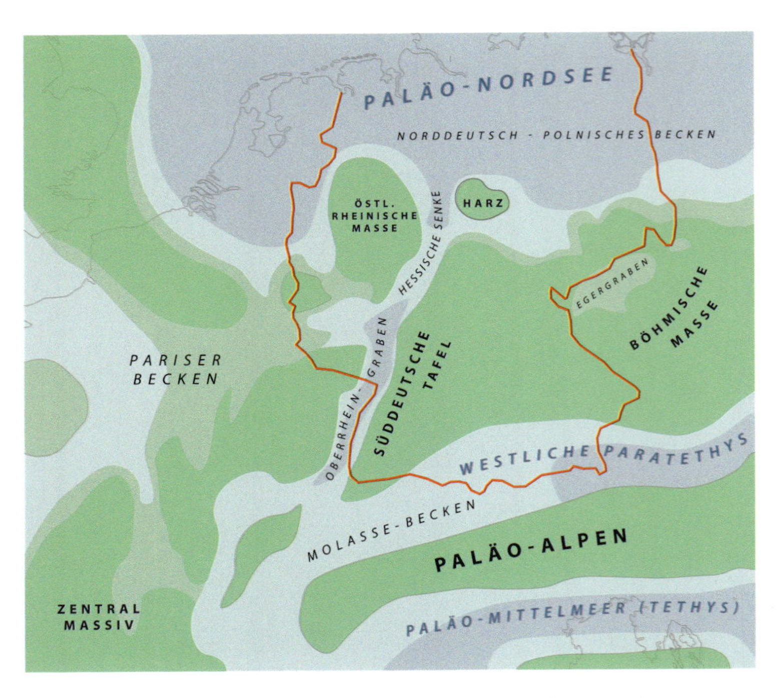

Abb. 8 *Mitteleuropa im Unteren Oligozän vor ca. 30 Millionen Jahren. Die rote Linie ist der Umriss von Deutschland.*

gerfossilien, so z. B. in der klassischen obereozänen Fundstelle Frohnstetten bei Sigmaringen. Die Förderung dieser Bohnerze zur Eisengewinnung ist seit Langem eingestellt, da es rentablere Eisenlagerstätten gibt.

Die fossilführenden Karstspalten in Südwestdeutschland enthalten zum größten Teil Kleinsäugerfaunen aus dem Oligozän. Aus dem Unteroligozän stammen die Faunen von Liptingen bei Tuttlingen und von Ehrenstein 8–12 bei Ulm. Reiche oberoligozäne Kleinsäugerfaunen lieferten die Spaltenfüllungen Ehrenstein 7 und Herrlingen 8 und 9 (Ziegler/Heizmann 1991).

ULM – EINE FUNDGRUBE FÜR SÄUGETIERPALÄONTOLOGEN

In Ulm stieß man schon im 19. Jahrhundert beim Bau von Befestigungsanlagen am Eselsberg auf Reste von Säugetieren in den Ablagerungen der Unteren Süßwassermolasse. Diese Sedimente bestehen aus Verwitterungsschutt der aufsteigenden Alpen, die von Flüssen ins Alpenvorland weit nach Norden verfrachtet wurden. Die alten, klassischen Fundstellen sind als Eselsberg, Fort Eselsberg oder nur Ulm in die Literatur eingegangen. Auch Haslach, das heute ebenfalls zu Ulm gehört, ist eine klassische Fundstelle. Sie wurden neben anderen Fossilfundstellen in der Ulmer Region vom Münchner Wirbeltierpaläontologen Max Schlosser beschrieben. Auch in neuer Zeit fand man bei Baumaßnahmen zum Teil Massen von fossilen Säugetieren, darunter unzählige Kleinsäuger: 1980 beim Bau der Universitätsklinik am Oberen Eselsberg und vor allem 1987 die Fundstelle Ulm-Westtangente beim Bau einer Umgehungsstraße, ebenfalls am Eselsberg. Ulm-Westtangente zählt zu den reichsten untermiozänen Säugetierfundstellen Europas. Es wurden mindesten 6000 Großsäugetiere geborgen, an Kleinsäugern über 10000 Funde von fast 40 Arten (Heizmann u. a. 1989). Vom Insektenfresser *Dimylus paradoxus* allein gibt es über tausend Funde (isolierte Zähne, Unter- und Oberkiefer) (Abb. 12). Er gehört zur ausgestorbenen Familie der Dimylidae, deren wesentliches Kennzeichen der Besitz von nur zwei Mahlzähnen ist. Die meisten höheren Säugetiere haben davon drei. Die Zusammensetzung der Säugetierfauna ist für einen Abschnitt des Untermiozän kennzeichnend, dessen Alter bei 21–22 Millionen Jahre liegt. Die Erhaltung der Funde – viele isolierte Zähne und Kiefer – lässt darauf schließen, dass die Tiere bei einer großflächigen Überschwemmung ums Leben kamen. Die meisten Tierkadaver wurden beim Transport zerlegt und es blieben nur noch Zähne, Kiefer und einzelne Knochen zur Einbettung in das Sediment übrig. Ein Teil der Kadaver muss aber rasch eingebettet und so vor dem weiteren Zerfall bewahrt worden sein, wie Teilskelette von verschiedenen Säugerarten zeigen. Die Diversität der Säugerfauna bezeugt verschiedene Lebensräume. Biber und die Dimyliden waren an Wasser gebunden, Fledermäuse flogen, Maulwürfe lebten im Boden, Hamster bevorzugten die offene Landschaft, Bilche und viele andere Nagetiere dagegen mehr bewaldete Biotope. Hohe Diversität von Faunen ist generell ein Hinweis darauf, dass sie aus mehreren Biotopen stammen.

Die genannten Fundstellen sind aus dem miozänen Teil der Unteren Süßwassermolasse. Im unteren Miozän hat sich in Europa das Klima gegenüber dem Oligozän nicht wesentlich geändert. Es blieb warmgemäßigt.

DER FAUNENWANDEL IM MIOZÄN VOR 20 BIS 17 MILLIONEN JAHREN

Bis zum Ende des Untermiozän war Afrika von Eurasien durch das Tethys-Meer getrennt. Das heutige Mittelmeer ist der westlichste Teil des einst großen, die Nord- von der Südhemisphäre trennenden Meeres. Vor ca. 17 Millionen Jahren entstand im Bereich des östlichen Mittelmeeres durch die Kollision der afro-arabischen mit der anatolischen Platte eine Landbrücke zwischen Eurasien und Afrika. Im Zuge dieser Kollision stiegen die Alpen und Pyrenäen auf, begleitet von Vulkanismus und zeitweiligem Vordringen und Zurückweichen des Meeres in Süddeutschland. Der endgültige Rückzug des Meeres vor ca. 17 Millionen Jahren hatte ein mehr saisonales und kontinentales Klima zur Folge, d. h. die jahreszeitlichen Gegensätze wurden stärker. Aber insgesamt war es noch im Jahresmittel bis zu 6 °C wärmer als heute. Über die Landbrücke wanderten in mehreren Wellen Säugetiere nach Europa ein. Igel aus der Unterfamilie der Haar- oder Rattenigel (Galericinae) sind erstmals im Miozän in den ca. 18 Millionen Jahre alten Faunen von Stubersheim (Teilgemeinde von Amstetten im Alb-Donau-Kreis) und Wintershof-West bei Eichstätt mit jeweils zwei Arten von *Galerix* nachgewiesen. In einer weiteren Welle erscheinen vor ca. 17,5 Millionen Jahren moderne Hamster der Gattungen *Eumyarion, Democricetodon* und *Megacricetodon* in Europa. Für manche ortsansässigen Arten bedeuteten die Neuankömmlinge das »Aus«. Unter den Kleinsäugern starben zunächst die Hamster *Eucricetodon* und *Pseudocricetodon* und der Hase *Amphilagus* aus, wenig später auch der Nager *Melissiodon*. Andere kamen mit der Konkurrenz besser zurecht. Pfeifhasen der Gattung *Prolagus* konnten sich behaupten. Eine Art, *Prolagus sardus*, lebte sogar bis vor wenigen Jahrhunderten auf den Inseln Sardinien und Korsika.

Im Miozän gab es aber auch einen regen Faunenaustausch zwischen Nordamerika und Asien über die damals bestehende, Sibirien mit Alaska verbindende Bering-Landbrücke. Wenn man aber von den Pferden absieht, die stets von Amerika nach Eurasien wanderten – vor etwa 18 Millionen Jahren die dreizehigen Waldpferde Anchitherien –, gingen die Ausbreitungen meist in Richtung Amerika. Beispielhaft seien die Spitzmaus-Gattungen *Angustidens* und *Antesorex* erwähnt, die vor ca. 20 Millionen Jahren in Nordamerika erschienen und ihren Ursprung in Eurasien haben (Dawson 1999).

DAS MIOZÄNE KLIMATISCHE OPTIMUM

Im Oligozän und Untermiozän fluktuierte das Klima, ohne aber den Abwärtstrend seit dem Eozän fortzusetzen. Vor 18–14 Millionen Jahren kam es in Mitteleuropa zu einem markanten Temperaturanstieg, bevor es wieder kontinuierlich abwärts ging (Hansen u.a. 2013). Während dieses miozänen klimatischen Optimums stiegen die Jahresmitteltemperaturen in Mitteleuropa auf mindestens 17,4 °C an (Böhme 2003). Ein erhöhter Kohlendioxidgehalt in der Atmosphäre infolge vulkanischer Aktivität dürfte die Ursache für den Temperaturanstieg

von oben nach unten:

Abb. 9 *Der Haarigel* Tetracus nanus *– wird heute von manchen* Galerix nana *genannt –, ein Einwanderer im Zuge der »Grande Coupure«. Linker Oberkiefer mit vier Backenzähnen, unteroligozäne Spaltenfüllung Möhren 19 bei Eichstätt, Fränkischer Jura (Bayern); Länge der Zahnreihe ca. 7 mm (Aufnahme mit dem Rasterelektronenmikroskop, REM).* ➤

Abb. 10 *Der Insektenfresser* Cryptotopos communis *aus der Karstspalte Herrlingen 7, Alb-Donaukreis (Baden-Württemberg) gehört zur ausgestorbenen Familie Nyctitheriidae. Linker Oberkiefer mit vier Backenzähnen; Länge der Zahnreihe 5,6 mm (Aufnahme mit dem Rasterelektronenmikroskop, REM).* ➤

Abb. 11 *Der Nager* Pseudosciurus suevicus *überlebte die »Grande Coupure«. Linker Oberkiefer mit den vier Backenzähnen; Länge 1,8 cm, unteroligozäne Spaltenfüllung Ehrenstein 12, Blaustein, Alb-Donau-Kreis (Baden-Württemberg).* ➤

Abb. 12 Dimylus paradoxus *ist der häufigste Insektenfresser in Ulm-Westtangente, Baden-Württemberg. Rechter Unterkiefer mit Eckzahn bis zum letzten Molaren; Länge 1,5 cm.* ➤

Abb. 13 *Das Hörnchen* Heteroxerus *aff.* rubricati *aus Ablagerungen der Oberen Süßwassermolasse von Oggenhausen, Lkr. Heidenheim (Baden-Württemberg), zur Zeit des miozänen klimatischen Optimums. Erster und zweiter linker Unterkiefermolar; Länge der beiden Molaren ca. 3,4 mm (Aufnahme mit dem Rasterelektronenmikroskop, REM).* ➤

Abb. 14 *Der Haarigel* Parasorex socialis *aus den Ablagerungen des Kratersees von Steinheim am Albuch, Lkr. Heidenheim (Baden-Württemberg). Linker Oberkiefer mit Backenzähnen; Länge 1,5 cm.* ➤

STEINHEIM AM ALBUCH, LKR. HEIDENHEIM, BADEN-WÜRTTEMBERG

Fundstelle: Steinheim am Albuch, rund 40 km nördlich von Ulm, ist eine berühmte Fossilfundstelle in Seeablagerungen eines verlandeten Kratersees, der infolge eines Meteoriteneinschlags vor ca. 14,3 Millionen Jahren entstanden ist. Erste Fossilfunde wurden bereits im frühen 18. Jahrhundert beim Abbau von Sand in mehreren Sandgruben gemacht. Der bedeutendste Aufschluss ist die ehemalige Pharionsche Sandgrube, wo auch von 1969 bis 1980 wissenschaftliche Grabungen eine reiche Ausbeute an Wirbeltieren lieferten (Heizmann/Reiff 1998).

Zeitstellung: Die Fossilien aus den Seeablagerungen sind 13–14 Millionen Jahre alt und damit aus dem mittleren Mittelmiozän. Die Säugetierfauna gehört in der 16 Einheiten umfassenden Säugetiergliederung des Jungtertiärs (Neogen) in die Säugereinheit MN* 7 (Heizmann/Reiff 2002).

Bedeutung der Fundstelle: Beim Sandabbau entdeckte man schon im frühen 18. Jahrhundert zahlreiche Schnecken. Franz Hilgendorf konzipierte anhand der Schnecken aus verschiedenen Lagen der Seesedimente 1866 einen Stammbaum mit vielen Nebenlinien (Abb. 1), den ersten Beweis von Darwins 1859 veröffentlichter Evolutionstheorie (Rasser 2006).
Außer den Schnecken wurden auch zahlreiche Fossilien von Wirbeltieren, die im und am See lebten, gefunden. Die Säugetiere wurden erstmals von Georg Friedrich von Jäger (1835, 59) in seiner Studie über »Die Ueberreste von Säugethieren aus dem Süsswasserkalk bei Steinheim« vorgestellt.
Die Steinheimer Säugetierfauna ist eine der reichhaltigsten Tertiärfundstellen Süddeutschlands (Heizmann/Reiff 1998). Insgesamt wurden bisher 230 Tier- und 90 Pflanzenarten bestimmt. Aufgrund ihrer charakteristischen Zusammensetzung ist sie die Referenzfauna für die Säugereinheit MN 7. Die Fauna beinhaltet außer zahlreichen Funden von Pflanzen, Vögeln, Fischen, Amphibien und Reptilien fast 30 Arten von Großsäugetieren, darunter *Gomphotherium steinheimense*, Raubtiere, Pferde, Nashörner, Krallentiere, Schweine, Hirsche und Giraffenverwandte.

*) MN steht für die Zone »Mammals Neogene« bzw. »Mammifères Néogènes« = Neogene Säugetierzone.

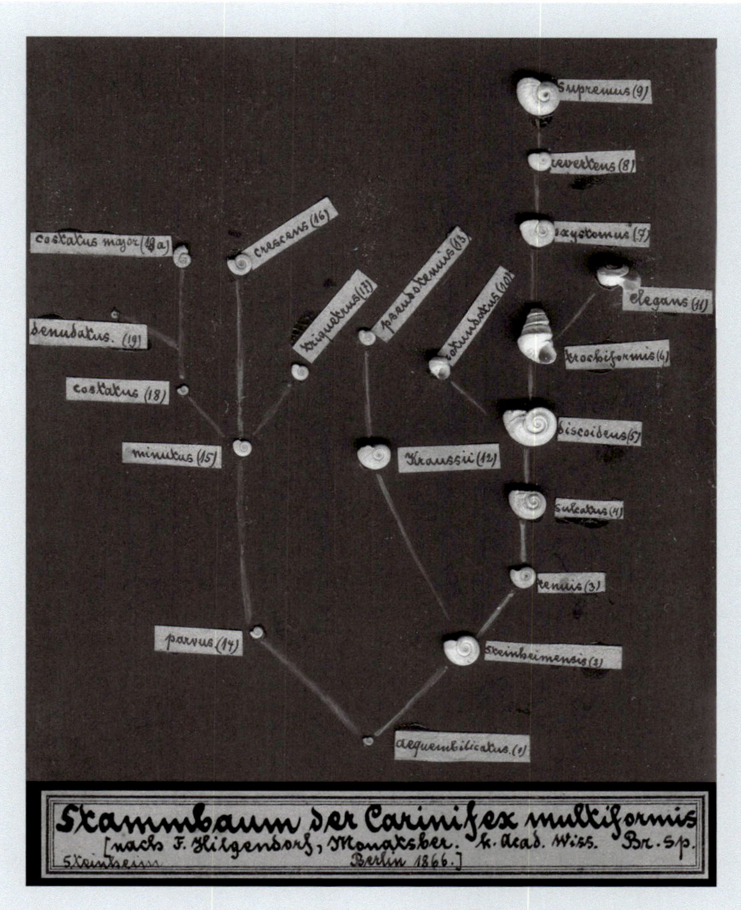

***Abb. 1** Historischer Stammbaum der Steinheimer Tellerschnecken* (Gyraulus), *von Franz Hilgendorf im Jahr 1866 eigenhändig zusammengestellt.*

Unter den über 20 Kleinsäugerarten ist der Haarigel *Parasorex socialis* biostratigrafisch bedeutsam, da er in der Steinheimer Fauna erstmals in Europa auftritt. Die an ihrer Anzahl am stärksten vertretene Gruppe sind die Pfeifhasen mit drei Arten.

Reinhard Ziegler

sein. In diese Zeit fiel auch die Aktivität des »Schwäbischen Vulkans«, der auf der Schwäbischen Alb und in deren Vorland über 350 Vulkanschlote hinterließ.

Aus der Zeit dieses miozänen klimatischen Optimums sind die Faunen von Oggenhausen, vom Randecker Maar und von Engelswies in Südwestdeutschland. In Engelswies fand man einen Zahn des ältesten Hominoiden in Eurasien. Die letzten Vorkommen von Beuteltieren in Europa sind in den Faunen von Oggenhausen und vom Randecker Maar nachgewiesen. Die Ursachen für ihr Aussterben liegen im Dunkeln. Die insgesamt 380 Kleinsäugerfossilien von Oggenhausen gehören zu 23 Arten (Abb. 13). Die Fauna vom Randecker Maar ist mit 35 Kleinsäugerarten bei nur 360 Funden außerordentlich divers. Die relative Vielfalt spiegelt die Herkunft aus verschiedenen Lebensräumen wider. Es sind Arten überliefert, die in der Nähe des Kratersees gelebt

◄ ***Weitere Ansichten von Abb. 11 und Abb. 14** Oben: linker Oberkiefer des Nagers* Pseudosciurus suevicus *aus Abb. 11; Länge 1,8 cm. Unten: linker Oberkiefer des Haarigels* Parasorex socialis *aus Abb. 14; Länge 1,5 cm.*

haben, solche aus der näheren bewaldeten Umgebung, aus dem offeneren Hinterland in der weiteren Umgebung des Sees und fliegende Arten wie die Fledermäuse.

DIE FAUNA VON STEINHEIM AM ALBUCH – LEBEN NACH DER KATASTROPHE

Im Mittelmiozän vor ca. 14,3 Millionen Jahren schlugen in Süddeutschland zwei Meteoriten ein, die das Nördlinger Ries und das Steinheimer Becken hinterließen. In den ausgesprengten Kratern bildeten sich rasch Seen. Der kleinere Steinheimer Krater (ca. 20 km nordöstlich von Ulm) hat einen Zentralhügel und einen Durchmesser von 3,5 Kilometern und reichte nicht bis zum Grundgebirge in die Tiefe (siehe Infobox »Steinheim am Albuch« von R. Ziegler, S. 101). Im Krater bildete sich rasch ein See, in dessen Ablagerungen eine fossile Lebensgemeinschaft von enormer Vielfalt eingebettet ist. Die ersten Funde stammen vom kommerziellen Abbau von Sanden in Sandgruben rund um den Zentralhügel. Seit 1969 förderten über zehn Jahre wissenschaftliche Grabungen eine Vielzahl an Fossilien – Wirbeltiere, Schnecken und Pflanzen – zutage, darunter auch ganze Skelette. Die hohe Diversität hängt damit zusammen, dass Organismen verschiedener Lebensräume – See, bewaldete Uferzone und die Hochfläche der Alb – überliefert sind. Der See war Tränke für Tiere aus der näheren und weiteren Umgebung. Aufgrund der hohen Vielfalt von Fauna und Flora ist Steinheim Referenzlokalität für einen bestimmten Abschnitt des Mittelmiozän. Gerade die Kleinsäugerfauna ist mit über 20 Arten für die zeitliche Einstufung der Fauna von eminenter Bedeutung. Unter den Insektenfressern ist der Rattenigel *Parasorex socialis* die am stärksten vertretene Art (Abb. 14). Er erschien in Europa erstmals zur Zeit der Steinheimer Fauna und löste den bis dahin im Mittelmiozän dominierenden *Galerix exilis* ab. Die Hasenartigen sind mit drei Arten zahlreich vertreten, die Hamster allein mit sechs Arten. Die gesamte Fauna und Flora der Fundstelle zeigt, dass vor ca. 14 Millionen Jahren in Süddeutschland ein warm-temperiertes Klima mit ausgeprägten jahreszeitlichen Schwankungen in Gestalt von Trocken- und Regenzeiten herrschte. Gegenüber dem Untermiozän war der kontinentale Einfluss stärker ausgeprägt, d. h. es gab stärkere jahreszeitliche Schwankungen.

KLEINSÄUGERFAUNEN AUS DEM OBERMIOZÄN UND PLIOZÄN

Das Vallesium, der untere Teil des Obermiozän (vor ca. 11–9 Millionen Jahren), ist eine Periode markanter Veränderung von Klima und Umwelt und in der Folge der Faunen. Es ist gekennzeichnet durch einen Wandel von Faunen eines mehr humiden Klimas zu Offenlandfaunen und durch intensiven Faunenaustausch über die gesamte holarktische Region, die den Großteil der nördlichen Hemisphäre umfasst. Im Vallesium erreichte die Faunenvielfalt in Europa nach dem Eozän einen erneuten Höhepunkt. Bei den Temperaturen setzt sich der Abwärtstrend fort, aber auch im Pliozän war es noch warm-gemäßigt und wärmer als heute.

Im Obermiozän gibt es vergleichsweise wenige Kleinsäugerfaunen in Südwestdeutschland: z. B. von Aumeister und Großlappen in München, Hammerschmiede bei Kaufbeuren, Eppelsheim im Kreis Alzey Worms und Dorn-Dürkheim im Kreis Mainz-Bingen. Die Münchner Fundstellen lieferten nur spärliche Kleinsäugerreste aus den 1920er Jahren. Die Fauna vom Höwenegg bei Immendingen stammt aus den Ablagerungen eines Kratersees, der infolge eines Vulkanausbruchs vor ca. 10 Millionen Jahren entstanden ist. Mehrere bis vor kurzem durchgeführte Grabungskampagnen lieferten zahlreiche Großsäugerskelette, darunter viele der Pferdegattung *Hippotherium*, die um diese Zeit erstmals in Europa auftrat. Außer einem Unterkiefer des Altbibers *Trogontherium minutum* sind allerdings keine Kleinsäuger überliefert (Giersch u. a. 2010).

In der etwas älteren, 11,62 Millionen Jahre alten Fauna von der Hammerschmiede bei Kaufbeuren fehlt *Hippotherium* noch. In der über 30 Arten umfassenden Kleinsäugerfauna ist die Spitzmaus *Crusafontina* erwähnenswert, da sie in der Hammerschmiede an der Basis des Obermiozän erstmals in Europa auftritt, ebenso wie die Hamstergattung *Microtocricetus* (Kirscher u. a. 2016). Insgesamt beinhaltet die Fauna 85 Taxa aus 55 Wirbeltierfamilien und zählt damit weltweit zu den artenreichsten Wirbeltierfaunen aus dem Obermiozän.

Die ca. 9 Millionen Jahre alte Fauna von Dorn-Dürkheim 1 ist mit 80 Säugerarten, darunter 39 Arten von Kleinsäugern, ebenfalls außerordentlich artenreich. Weltweit einzigartig ist der Nachweis von fünf verschiedenen Biberarten. Die hohe Biodiversität spiegelt eine entsprechend hohe Vielfalt an Lebensräumen wider: sowohl bewaldete Biotope als auch offenes Waldland und Grasland und die Nähe von Gewässern (Franzen u. a. 2013).

Pliozäne Säugerfaunen sind in Deutschland rar. Zwei sind aber aufgrund ihres außerordentlichen Artenreichtums erwähnenswert: Gundersheim (Lkr. Alzey-Worms) und Wölfersheim (Wetteraukreis). Die Kleinsäugerfauna von Gundersheim beinhaltet 54 Arten, davon allein zwölf Fledermausarten. In Wölfersheim gibt es 55 Kleinsäugerarten, darunter elf Maulwurfarten mit semiaquatisch lebenden Desmanen (Abb. 15; Dahlmann 2001).

Zusammenfassend zeigen die Kleinsäugerfaunen im gesamten Paläogen und Neogen einen wesentlich größeren Artenreichtum als heute.

Abb. 15 *Präparat eines Pyrenäen-Desmans* (Galemys pyrenaicus) *aus der Universitätssammlung in Halle (Saale), Sachsen-Anhalt. Desmane gehören zu den Maulwürfen und sind an ein Leben im Wasser angepasst; mögliche Körperlänge 11–16 cm.* ➤

Galemys
pyrenaïca
(E. Geoffr.)
671.
Pyrenaen

Alexander K. Hastings

DIE ARTENVIELFALT IM EOZÄN AM BEISPIEL DES GEISELTALS UND DER GRUBE MESSEL

Der ehemalige Braunkohletagebau im Geiseltal westlich von Merseburg in Sachsen-Anhalt weist eine hervorragende Ökosystem-Erhaltung fossiler Pflanzen und Tiere des Eozän auf (ca. 47,5–42,5 Millionen Jahre; siehe Infobox »Fossillagerstätte Geiseltal« von F. Steinheimer, S. 119; Krumbiegel u. a. 1983). Außergewöhnliches Material konnte hier geborgen werden, wie z. B. die sehr selten anzutreffenden Strukturfarben von schillernden Käfer-Exoskeletten (Abb. 1) oder der Mageninhalt ausgestorbener Urpferde.

Der erstaunlich hohe Fossilisationsgrad im Geiseltal hat seine Ursachen den ungewöhnlichen Erhaltungsumständen zu verdanken. Die meisten Wirbeltierfossilien aus anderen Kohlelagerstätten entstammen den metamorph überprägten Schlick- oder Tonschichten direkt unterhalb der eigentlichen Kohle. Manchmal sind sie auch zwischen einzelnen Kohleflözen eingebettet. Im Geiseltal sind die Fossilien jedoch direkt in der Braunkohle eingeschlossen.

Kohle entsteht durch Inkohlung abgestorbener Pflanzen in Zeiträumen von Jahrmillionen. Dieser Prozess setzt mit Beginn der Inkohlung starke Huminsäuren frei, die im Normalfall fast alle organischen Reste der darin eingebetteten Organismen auflösen. Anders dagegen im Geiseltal. Hier herrschten außergewöhnliche Umstände vor, die eine erstklassige Erhaltung ermöglichten: Die Braunkohlenflöze erstreckten sich zum größten Teil entlang einer alten Beckenstruktur, die an ein höher gelegenes Muschelkalkplateau angrenzte. Infolge dieser Konstellation konnte kalziumkarbonatreiches Wasser über Fließgewässer oder als zirkulierende Grundwässer mit Beginn des Inkohlungsprozesses eindringen. Die Beimischung dieser chemischen Komponente half dabei, die zersetzenden Eigenschaften der Huminsäure zu neutralisieren. Dadurch konnte eine reiche Vielfalt eozänen Lebens fossilisieren und so für Millionen Jahre erhalten bleiben (Krumbiegel 1977).

DIE EHEMALIGEN »TROPEN« DEUTSCHLANDS

Die dicken Braunkohleschichten – die Fossillagerstätte des Geiseltals – sind ein Zeichen dafür, dass dieses Gebiet einst sehr feucht und von einer dichten und reichen Vegetation bedeckt war (Krumbiegel u. a. 1983). Über typische (sub-)tropische Pflanzen- und Tierarten lässt sich zudem über einen langen Zeitraum hinweg ein vergleichsweise sehr warmes Klima nachweisen. Hierbei sind die mehr als 5 Millionen Jahre eingeschlossen, die sich allein durch die Fossilien des Geiseltals dokumentieren lassen. Die pflanzlichen Makrofossilien – hier vor allem Blätter – stellen dabei die umfangreichste und zugleich, bezogen auf das vorherrschende Klima, aussagekräftigste Fossilgruppe dieser Fundstelle dar: z. B. eine Schachtelhalmart (*Equisetum*), fünf verschiedene Farnarten, eine Palmfarnart, fünf verschiedene Nadelgehölze und 37 verschiedene Arten von Blütenpflanzen (Teodoridis u. a. 2012). Fossile Früchte und Samen repräsentieren zwei Nadelgehölze und 26 verschiedene Blütenpflanzen. Über die Zusammensetzung der fossilen Flora und über Einzelmerkmale der Blattgrößen und Blattränder lässt sich für das eozäne Klima des Geiseltales eine mittlere Jahresdurchschnittstemperatur von etwa 22,9–25,0 °C bestimmen. Selbst im kältesten Monat lagen die Durchschnittswerte noch bei 16,9–23, °C (Mosbrugger u. a. 2005). Vergleichbare subtropische Verhältnisse mit gleichmäßig warmen Temperaturen und einer ebenso artenreichen Pflanzen- und Tierwelt sind heute z. B. im Süden Floridas in den USA zu finden.

Zur Zeit der beginnenden Braunkohlebildung vor 45 Millionen Jahren lag das Geiseltal zwar definitiv im Binnenland, aber längst nicht so weit von der Küste entfernt wie heute. Das Landschaftsbild prägte ein mehrstöckiger Niederungswald in Küstennähe, der mit Bächen, Teichen und Mooren durchsetzt war. Ein großer Teil Europas war damals von einem warmen, flachen Meer bedeckt, so auch Norddeutschland

◄ Lebensrekonstruktion zweier Großlaufvögel der Art Gastornis geiselensis *aus dem Eozän des Geiseltals, Saalekreis (Sachsen-Anhalt), vor ca. 45 Millionen Jahren bei einer Wasserstelle, aus der sie von einem* Asiatosuchus germanicus*, eine dem heutigen Nilkrokodil ähnliche Art, angegriffen werden.* Gastornis geiselensis *wuchs bis auf eine geschätzte Größe von maximal 160 cm und wird nach neuestem Forschungsstand als Vegetarier gesehen. Aufgrund der fehlenden großen Landraubsäuger und der isolierten geografischen Lage des damaligen Gebiets konnten auch große flugunfähige Vögel existieren. Nur Krokodile stellten zumindest für junge und unerfahrene Individuen von* Gastornis *einen gefährlichen Feind dar (Zeichnung © K. Schauer).*

Abb. 1a–b *a (links) 45 Millionen Jahre alte fossile Prachtkäfer* Lampetis weigelti *(unten) und* Eopyrophorus mixtus *(oben) aus dem Geiseltal, Saalekreis (Sachsen-Anhalt), mit der Überlieferung der originalen Strukturfarben. Die untere Gesteinsplatte hat eine Länge von 1,9 cm bei einer Breite von 3 cm. b (rechts) heutiger Prachtkäfer* Chrysochroa radians *(oben und unten) im Vergleich.* Chrysochroa radians *kann eine Körperlänge von 3,4 cm erreichen.* ►►

Abb. 2 *Darstellung der eozänen Landverteilung auf einer Karte des heutigen Europas mit der Kennzeichnung von Deutschland (rot).*

und Nordfrankreich. Europa glich damals einem Mosaik von subtropischen Inseln, die nur so vor Leben strotzten (Abb. 2; Storch 1986).

DIE DATIERUNG DER GEISELTALFOSSILIEN

Trotz der unglaublich guten Erhaltung (Konservat- und Konzentratlagerstätte) ist die genaue geologische Datierung der Geiseltal-Fossilschichten sehr schwierig. Die Methode der Radiokarbondatierung findet für derartig altes Material keine Anwendung mehr. Daher mussten alternative Strategien herangezogen werden. Als die Paläontologen versuchten, die Zeiträume schnell ablaufender Säugetierevolutionen in überschaubare Sequenzen zu unterteilen, etablierten sie die sog. »European Land Mammal Mega-Zones« (ELMMZ). Sie gelten für alle europäischen Landsäugetierfundstellen (Franzen/Haubold 1987). Die fossile Säugetierfauna aus dem Geiseltal ist so zahlreich und gleichzeitig so repräsentativ für ihren Zeitabschnitt des Eozän, dass sie als Referenz für das »Geiseltalium« gilt, einem Abschnitt aus der Stratigrafie der europäischen Landsäugetiere im Zeitraum von ca. 47–43 Millionen Jahren. Diese stratigrafische Bezeichnung wird daher auch für andere Fossilfundstellen mit ähnlichen Beständen an Landsäugern benutzt. Zu ihnen gehören beispielsweise die berühmte Grube Messel in der Nähe von Darmstadt in Hessen, die zeitlich mit den älteren geologischen Schichten im Geiseltal korreliert, und die Fossilfundstelle Eckfelder Maar in der südwestlichen Eifel bei Manderscheid, die sich mit den jüngeren Schichten des Geiseltals deckt (vgl. Abb. 2). Interessanterweise reichen die jüngsten Fossilablagerungen im Geiseltal zeitlich weit über das »Geiseltalium« hinaus in die nächstjüngere ELMMZ, das sog. »Robiacium«. Alles in allem umfasst das stratigrafische Profil des Geiseltals eine lithologische Sequenz von 120 m.

Absolute Datierungen können nicht direkt aus der Kohle bzw. den Fossilien des Geiseltals oder anderer zeitgleicher Fundstellen gewonnen werden. Stattdessen werden Proben von stabileren, vulkanischen Gesteinen benötigt, da diese sich seit ihrer Entstehung vor mehreren Millionen Jahren nicht mehr signifikant chemisch verändert haben. Die Fundstellen Messel und Eckfeld liegen beide direkt oberhalb vulkanischer Gesteinseinheiten und erlauben es auf diese Weise, die aufliegenden Fossilfunde zeitlich zumindest einzugrenzen. Das Gestein unterhalb der Fundstelle Messel wurde auf 47,8 ± 0,2 Millionen Jahre datiert (Mertz/Renne 2005). Basierend auf den Sedimentationsraten im Geiseltal kann für die ältesten Fossilien dort ein Alter von etwa 47,5 Millionen Jahren angenommen werden. Das Vulkangestein unterhalb der jüngeren Fundstelle Eckfeld wurde auf 44,3 ± 0,4 Millionen Jahre datiert (Mertz u. a. 2000). Basierend auf der Sedimentations- und der Evolutionsrate der Säugetiere sind die jüngsten Fossilien im Geiseltal ungefähr 42,5 Millionen Jahre alt. Das bedeutet, dass die Geiseltaler Fossilien etwa 5 Millionen Jahre umfassen, weit mehr, als in jeder anderen eozänen Fundstelle in Deutschland.

JAHRZEHNTELANGES SAMMELN UND AUSGRABEN IM GEISELTAL

Der Braunkohleabbau im Geiseltal begann bereits im Jahr 1698. Über mehr als 200 Jahre hinweg versuchte man zunächst mittels unterirdischer Schächte die reichen Braunkohlelagerstätten zu erreichen. Zu Beginn des 20. Jahrhunderts hatte der Abbau der Kohle mit der Industrialisierung signifikant zugenommen und eine Reihe offener Gruben entstand, um die Kohle sicherer und in größeren Mengen fördern zu können. Fossilien wurden wahrscheinlich schon sehr früh während der Abbauarbeiten entdeckt, als solche erkannt wurden sie aber nicht vor 1908 und systematisch erschlossen nicht vor der Mitte der 1920er Jahre (Krumbiegel u. a. 1983).

Die ersten fundierten Arbeiten zur Geiseltal-Fossillagerstätte wurden von Prof. Dr. Johannes Weigelt und Prof. Dr. Johannes Walther verfasst. Beginnend mit den 1930er Jahren wandte Weigelt seine Untersuchungen über die Zersetzung von Wirbeltierkadavern auf die Fossillagerstätte an, um besser verstehen zu können, auf welche Weise die Fossilien sich im Geiseltal angesammelt hatten. Während des Zweiten Weltkriegs – genauer gesagt in den Jahren von 1938 bis 1949 – kamen die Ausgrabungen zum Erliegen und konnten erst in den 1950er Jahren wieder aufgenommen werden. Viele weitere, teils wissenschaftlich wegweisende Funde wurden in dieser Zeit entdeckt und sorgfältig dokumentiert. Der Höchststand der Fossilbergungen wurde in den 1960er Jahren erreicht. Als die Kohleförderung schließlich in den einzelnen Gruben immer weiter nachließ, gingen damit auch die Fundzahlen zurück. Bemerkenswert ist in diesem Zusammenhang der besonders schlechte Erhaltungszustand der Fossilien aus den letzten Grabungsjahren. Zurückführen lassen sich die veränderten Erhaltungsbedingungen auf die Ausbeutung anderer Gruben, in denen der Einfluss des kalkhaltigen Wassers geringer war. Knochen und Weichteilgewebe hatten sich daher zumeist schon vor Beginn der Fossilisation größtenteils aufgelöst (Krumbiegel 1977).

Die letzte Ausgrabung von Wirbeltierfossilien im Geiseltal fällt mit dem letzten Jahr des Braunkohleabbaus 1993 zusammen. Schlussendlich wurden seit 1861 etwa 1430 Milliarden Tonnen Braunkohle im Geiseltal abgebaut (Bilkenroth 1993). Als alle Arbeiten an dem früheren Tagebau

Abb. 3 *Teilskelett des Krokodils* Diplocynodon darwini *aus dem Geiseltal, Saalekreis (Sachsen-Anhalt). Das gezeigte Fossil ist 38 cm lang. Die bevorzugte Beute waren kleinere Wirbeltiere (u. a. Frösche, Salamander, Schlangen), Weichtiere und eventuell Gliederfüßler.*

beendet waren, traf man die ersten Vorbereitungen, um die großen offenen Gruben mit Wasser zu fluten und so einen künstlichen See zu schaffen. Mehr als zehn Jahre lang wurden lokale Flüsse umgeleitet, um sie zu füllen. Heute ist der ehemalige Tagebau weithin als »Geiseltalsee« bekannt. Aktuell ist er mit 1853 ha einer der größten künstlichen Seen in Deutschland. Infolge der Flutung gibt es mittlerweile nur noch einen einzigen Braunkohleaufschluss am südlichen Ufer des Geiseltalsees, der vom Landesamt für Geologie und Bergwesen Sachsen-Anhalt geschützt wird. Er enthält Teile der Oberkohle-Formation (ältestes Obereozän) und ist das repräsentative Geotop für die Geiseltal-Fundstelle.

DIE SPEKTAKULÄREN WIRBELTIERFOSSILIEN AUS DEM GEISELTAL

Das frühere Ökosystem des Geiseltals war höchst facettenreich und bot Lebensraum für eine große Bandbreite an Wirbeltieren. Bis jetzt konnten 125 verschiedene Wirbeltierarten in der Fundstelle identifiziert werden (Hellmund 2007). Im Allgemeinen nahm die Artenvielfalt im Geiseltalium stetig zu und erreichte ihren Höhepunkt in den jüngeren Schichten der Braunkohle. Der Fossilbestand reicht von extrem häufigen Arten mit hunderten von Individuen bis hin zu solchen, die nur durch ein einziges Knochenbruchstück repräsentiert werden. Einige Arten, die in anderen Fundstellen weitaus seltener vorkommen, sind im Geiseltal häufig anzutreffen (Hastings/Hellmund 2015).

Gemeinsamkeiten der Geiseltal- und Messelfauna

Im Vergleich der älteren zeitgleichen Schichten des Geiseltals und der Grube Messel (Mammal Paleogene Zone 11 = MP 11) fällt auf, dass nur elf verschiedene Wirbeltierarten an beiden Lokalitäten zu finden sind: vier Arten von Reptilien, drei Vogelarten und sechs verschiedene Säugetiere (Morlo u. a. 2004; Hellmund 2007). Berücksichtigt man auch andere Schichten sind weitere Artüberlappungen anzutreffen.

◄ **Abb. 4a–b** *a (links) Schädel des Krokodils* Asiatosuchus germanicus *aus dem Geiseltal, Saalekreis (Sachsen-Anhalt); Länge 55 cm, Breite 36 cm. Die mit dem heutigen Nilkrokodil verwandte Art konnte auch große Säugetiere erbeuten. b (oben) Detailaufnahme der Zahnreihe des Landkrokodils* Boverisuchus magnifrons.

Reptilien

Die Weichschildkröte *Trionyx* sp. ist in beiden Fundstellen selten, aber sie repräsentiert ein wichtiges warmes, aquatisches Habitat und sie trägt ein Panzermuster, das sich stark von denen anderer Süßwasserschildkröten-Arten unterscheidet.

Die Krokodile sind mit drei Arten an beiden Fundstellen vertreten, darunter das sehr häufig vorkommende Krokodil *Diplocynodon darwini* (Abb. 3), ein entfernter Verwandter des Alligators (Hastings/Hellmund 2017). Das größte Raubtier, sowohl in Messel als auch im Geiseltal, war das Krokodil *Asiatosuchus* (Abb. 4a), das eine durchschnittliche Länge von 2,5 m besaß und mit dem modernen Nilkrokodil dieselbe Abstammungslinie teilt. Eine besonders bizarre Krokodilart ist im Geiseltal wesentlich besser repräsentiert: das Landkrokodil *Boverisuchus magnifrons* (Abb. 4b; 5–6). Es besaß längere Beine, die mehr unter dem Körper standen, ans schnelle Rennen angepasste Füße, einen kürzeren und leichteren Schwanz sowie eine lange Schnauze voller geriffelter Zähne. So ausgestattet war diese Art ein perfekter Räuber, der im Ökosystem des Geiseltals Landtieren nachstellte.

Vögel

Fossilien des riesigen Landvogels *Gastornis geiselensis* wurden an beiden Fundstellen entdeckt (Hellmund 2013). Oft wurde die Rolle dieses Vogels im weiteren Ökosystem diskutiert. Verschiedene Forscher haben in ihm einen aktiven Räuber gesehen, andere stattdessen eher einen Pflanzenfresser. In Messel wurde lediglich ein Oberschenkelknochen entdeckt. Dagegen ist die Art im Geiseltal durch wesentlich mehr Skelettelemente repräsentiert, darunter auch ein Schädelfragment (Abb. 7–8). Gewöhnlich endet bei fleischfressenden Vögeln der obere Schnabel hakenförmig. Dadurch können sie ihre Beute aufreißen. Stattdessen ähnelt der Schnabel des *Gastornis geiselensis* eher denen von pflanzenfressenden Vögeln. Eine Studie der stabilen Isotope des Kalziums in den fossilen Knochen zeigte, dass die Ernährung von *Gastornis* viel eher mit den Kalzium-Isotopenwerten vereinbar ist, die in pflanzenfressenden Vögeln gefunden werden, als mit denen in fleischfressenden (Abb. 9). Andere Vögel, die an beiden Fundstellen gleichzeitig vorkamen, umfassen einen Verwandten des modernen Mausvogels, *Eoglaucidium*, und den ausgestorbenen Papageienverwandten *Pseudasturides* (Mayr 2002).

Säugetiere

Diverse Säugetierarten sind an beiden Fundstellen gut repräsentiert, unter anderem die Pferdearten *Eurohippus parvulus*, *Propalaeotherium hassiacum* (Abb. 10) und *Hallensia matthesi* (Morlo u. a. 2004; Hellmund 2007). Der entfernte Tapirverwandte *Lophiodon* kommt an beiden Orten vor, wenn auch nur selten in Messel, dafür aber besonders häufig im Geiseltal – darunter auch drei zusammen gefundene Exemplare in dreidimensionaler Erhaltung. Ein noch entfernteres Familienmitglied der Tapire aus dieser Zeit, *Hyrachyus minimus*, wurde gleichfalls an beiden Fundstellen entdeckt.

Der merkwürdige Verwandte sogenannter Nebengelenktiere (u. a. Faultiere, Ameisenbären und Gürteltiere), *Eurotamandua joresi*, wurde ebenfalls an beiden Lokalitäten geborgen. Das Tier ist an beiden Fundstellen

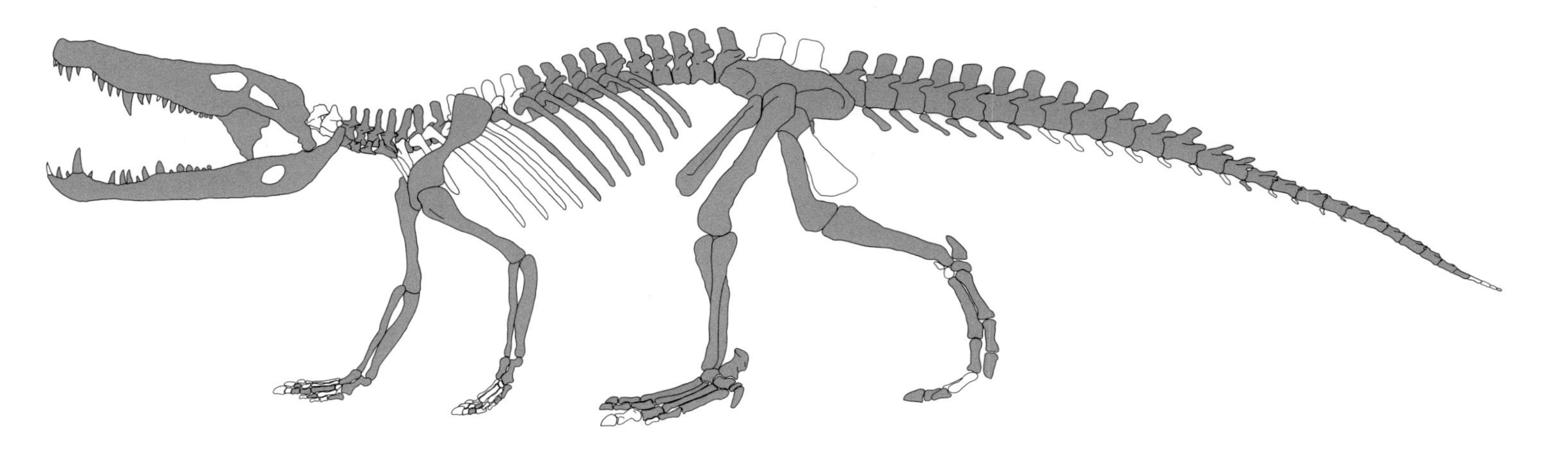

Abb. 6 Rekonstruktion eines Skeletts von Boverisuchus magnifrons. *Die grauen Teile entsprechen den Funden aus dem Geiseltal, Saalekreis (Sachsen-Anhalt), in Abb. 5.*

selten. Er repräsentiert eine wichtige Verbindungslinie zwischen Europa und Südamerika, die mindestens bis in das mittlere Eozän zurückdatiert (ca. 47 Millionen Jahre).

Unterschiede der Geiseltal- und Messelfauna

Beide Fossilfundstellen besitzen eine unterschiedliche Entstehungsgeschichte. Die dadurch bedingte lokale Geografie hatte wesentlichen Einfluss auf die Ab- und Einlagerung der verendeten Tiere und damit auf ihre Erhaltung in den Fundschichten. Die Fossilfundstelle Grube Messel geht auf Wasserdampfexplosionen bzw. einen Maarausbruch zurück (Maar-Vulkanismus), in dessen Folge ein steiler trichterförmiger Explosionskrater von ca. 800 m Durchmesser mit einem Ringwall aus Tuff entstand. Im Krater bildete sich ein Maarsee (Buness u. a. 2005; Lenz u. a. 2015). Die Tiere fielen hinein oder sie wurden durch fließendes Wasser nach ihrem Tode eingeschwemmt. Andere Tiere lebten innerhalb des Maarsees und ihre Kadaver sanken nach dem Tod hinab zum Seegrund. Somit konnte sich eine große Anzahl an Tieren aus unterschiedlichen Biotopen in Messel ansammeln. Da diese Art des Transports die tatsächlichen Häufigkeiten verzerrt darstellt (große, schwere Tiere können vom Wasser nicht so leicht bewegt werden wie kleine, leichte), ist anzunehmen, dass die ursprüngliche Messelfauna auch einige Großsäuger beinhaltete, die sich einfach nicht in der Fossilüberlieferung niederschlagen. Das größte Säugetier aus Messel ist der oben genannte Tapir *Hyrachyus minimus*.

Im Geiseltal gab es ganz andere Voraussetzungen (Krumbiegel u. a. 1983). Alle fossilisierten Tiere lebten auch an dem Ort, wo sich ihre Kadaver ablagerten. Zudem wurde eine große Zahl sofort im Moor eingebettet, wodurch eine Zersetzung vor der Fossilisierung verhindert wurde. Sie starben und fossilisierten faktisch an derselben Stelle. Eine wasserbedingte Bewegung der Körper kann im Gegensatz zu Messel vernachlässigt werden. Die Umstände erklären die hohe Anzahl der überlieferten großen Säugetiere im Geiseltal.

Im summarischen Vergleich ähneln sich beide Fundstellen in der Gesamtanzahl aufgenommener Wirbeltiere: 132 in Messel und 125 im Geiseltal (Morlo u. a. 2004; Hellmund 2007). Allerdings umfasste die Zeitspanne vom Geiseltal mehrere Millionen Jahre, während Messel nur Fossilien aus weniger als einer Million Jahre enthält (Schulz u. a. 2002). Der Fossilbericht jeder Fundstelle stellt immer nur einen kleinen Ausschnitt dessen dar, was wirklich in diesem Gebiet gelebt hat. Im Geiseltal gingen sicherlich durch den maschinellen Braunkohleabbau besonders die Fossilien fragiler und kleiner Organismen unbeobachtet verloren. Auch Carnivoren (Fleischfresser) sind allgemein in jeder Freilandfundstelle immer seltener anzutreffen als ihre Beute, da sie in der näheren Umgebung gelebt haben und nur auf Wanderungen das Gebiet streiften. Nicht zuletzt ist auch der Fossilisationsprozess an beiden Fundstellen nicht derselbe. Verschiedene Mineralien werden in unterschiedlichen Fundstellen auf unterschiedliche Weise in organisches Material eingelagert, was eine Variation in der Qualität und dem Grad der Fossilisation hervorruft. Die Geoche-

◀ Abb. 5 Skelett des Landkrokodils Boverisuchus magnifrons *aus dem Geiseltal, Saalekreis (Sachsen-Anhalt); Länge 126,5 cm. Deutlich kann man die verlängerten Beine und den relativ dünnen Schwanz erkennen.*

Abb. 7 (links) Skelettreste des Landvogels Gastornis geiselensis. *Oben: Oberer Teil des Schnabels; Länge 24 cm, Breite 11 cm. Mitte: Kräftiges Unterkieferfragment; Länge 25 cm, Breite 18 cm. Unten:* Synsacrum, *bestehend aus den miteinander verwachsenen Darmbein-, Sitzbein- und Schambeinknochen sowie Beckenwirbeln, die zusammen das Becken (*Pelvis*) bilden; Länge 59 cm, Breite 27 cm.* ▶▶

Abb. 8 (rechts) Skelett- und Körperrekonstruktion von Gastornis geiselensis. *Der flugunfähige Großlaufvogel war kräftiger gebaut, als heutige Laufvögel (Zeichnung © K. Schauer).* ▶▶

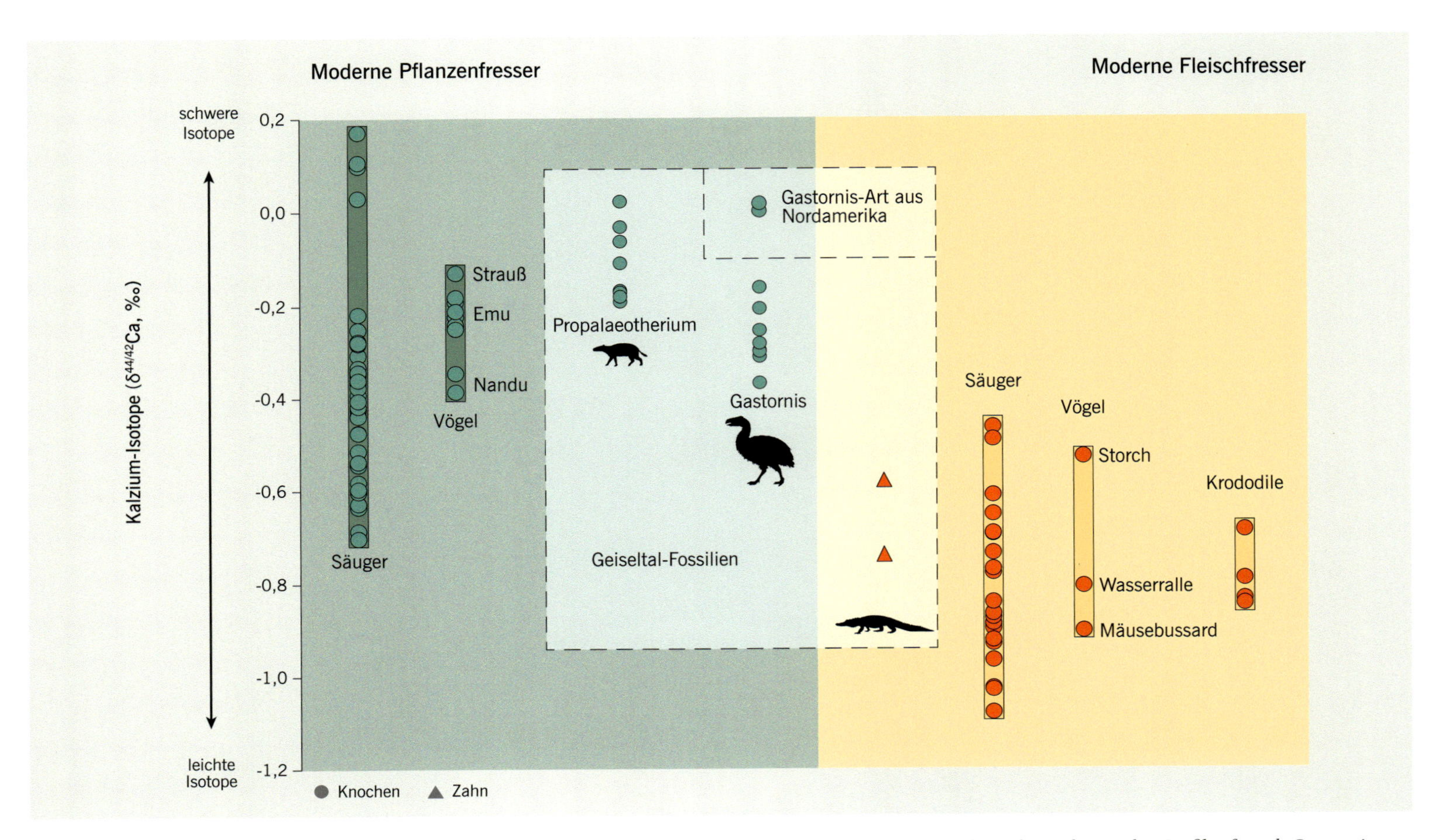

Abb. 9 *Kalzium-Isotopenzusammensetzungen von Knochen und Zähnen heutiger und fossiler Tiere zur Ermittlung der Nahrung des Großlaufvogels* Gastornis. *Die Kalzium-Isotopenwerte von* Gastornis *sind denjenigen moderner herbivorer (pflanzenfressender) Vögel und dem ebenfalls herbivoren Pferd* Propalaeotherium *ähnlich, aber viel höher als diejenigen von Fleischfressern.*

mie hat entscheidenden Einfluss auf die Fossilisation und obwohl die Umstände im Geiseltal und in Messel unterschiedlich waren, führten sie doch jeweils zu unglaublichen Entdeckungen.

Fische

Die fossile Fischfauna im Geiseltal unterscheidet sich fast komplett von der in Messel (Hellmund 2007; Micklich 2012). Das mag nicht wirklich verwunderlich sein, da sich die Fundschichten mit fossilen Fischen im Geiseltal zeitlich nicht mit denen von Messel decken (MP 11). Insgesamt sind acht Arten von Fischen in Messel und fünf im Geiseltal bekannt. Nur eine Art kommt in beiden Fundstellen vor, der ausgestorbene Kahlhechtverwandte *Cyclurus kehreri* (Abb. 11), der in den späten Braunkohleschichten im Geiseltal gefunden wurde (MP 13).

Für beide Fundplätze gibt es Überlappungen bei höheren taxonomischen (klassifikatorischen) Einheiten mit verschiedenen Arten von Knochenhechten (Lepisosteidae), mit sehr entfernten Verwandten der Lachse (Thaumaturidae) und Barsche (Perciformes). Im Geiseltal wurden keine fossilen Aale (Anguillidae) gefunden, dafür aber ein Individuum dieser Familie in Messel.

Amphibien

An beiden Fundstellen sind Amphibien relativ selten. Im Geiseltal wurden sie nur in den jüngeren Schichten entdeckt. In Messel fanden sich drei Arten ausgestorbener Frösche, davon wurde keine im Geiseltal registriert. Aber zwei haben zumindest sehr enge Verwandte, die im Geiseltal vorkamen (Morlo u. a. 2004; Hellmund 2007). Eine größere Froschfauna von sechs Arten wurde im Geiseltal identifiziert, vor allem in der MP 13-Zone.

»Nur ein einziges Fossil eines Schwanzlurches der Gattung *Chelotriton* wurde in Messel gefunden. Im Geiseltal wurden hingegen über 200 Reste von zwei verschiedenen Schwanzlurchen geborgen, von denen der seltenere allerdings eng mit der in Messel entdeckten Art verwandt ist.«

Abb. 10 *Unterkiefer von* Propalaeotherium hassiacum*; Länge 16,5 cm. Das Urpferd ist eines von fünf verschiedenen Arten, die mehr oder minder gleichzeitig für das Geiseltal, Saalekreis (Sachsen-Anhalt), vor 45 Millionen Jahren nachgewiesen werden konnten. Die Art* P. hassiacum *war eine der größeren und hatte eine Schulterhöhe von ca. 40 cm.* ➤

***Abb. 11** Skelett des Kahlhechtverwandten* Cyclurus (Amia) kehreri. *Der Gesteinsblock hat eine Länge von 27 cm und eine Breite von 17 cm. Nur diese eine Art konnte an den beiden hier verglichenen Fossillagerstätten des Eozän in Deutschland, Messel (Lkr. Darmstadt-Dieburg, Hessen) und Geiseltal (Saalekreis, Sachsen-Anhalt), nachgewiesen werden.*

Reptilien

Sechs verschiedene Arten von Schildkröten wurden in Messel gefunden und fünf im Geiseltal (Hellmund 2007; Morlo u. a. 2004). Nur eine von diesen kommt an beiden Fundstellen vor: die Weichschildkröte. Selbst die größeren Untereinheiten von Schildkröten unterscheiden sich an beiden Fundstellen. Messel besitzt mehr Landschildkrötenarten und eine Dominanz der aquatischen *Allaeochelys*, eine Nische, die im Geiseltal vor allem von *Chrysemys* und *Geoemyda* eingenommen wird. Fast alle Schildkrötenfossilien kommen im Geiseltal aus den jüngeren Schichten. Allerdings wurde die große Landschildkröte *Geochelone eocaenica* in MP 11 gefunden, aber bisher noch nicht in Messel entdeckt.

Auch alle Eidechsen des Geiseltals kommen aus jüngeren Schichten. Sie beinhalten elf verschiedene Arten (Morlo u. a. 2004; Hellmund 2007). Messel hat ebenfalls elf Arten, aber nur drei davon tatsächlich überlappend. Ein entfernter Verwandter der Warane, *Eolacerta robusta*, wurde an beiden Fundstellen gefunden. Jedoch haben beide Fossillagerstätten je eine Art von *Necrosaurus*, ein engerer Verwandter der Warane. Die anderen überlappenden Arten sind die beinlose Eidechse *Ophisauriscus* (auch *Ophisaurus* genannt) *quadrupes* und der Leguanverwandte *Geiseltaliellus maarius*.

Fünf verschiedene Arten von Boas wurden in Messel identifiziert und zwei im Geiseltal. Beide Fundstellen haben eine *Palaeopython*-Art gemein (Abb. 12), aber die anderen sind verschieden. Das Geiseltal beherbergte auch noch eine andere Schlangenfamilie, die mit den modernen Rollschlangen (Aniliidae) verwandt ist. Alle Schlangen im Geiseltal entstammen späteren geologischen Einheiten, dennoch scheinen Boas beide Ökosysteme dominiert zu haben.

Die Krokodile beider Fossilfundstätten haben die meisten Überschneidungen unter den Reptilien (Hastings/Hellmund 2017). Fünf der sieben in Messel aufgenommenen Arten wurden auch im Geiseltal gefunden, drei davon entstammen der MP 11-Zone. Eine, die nicht im Geiseltal gefunden wurde, ist *Diplocynodon deponiae*, dessen enger Verwandter *Diplocynodon darwini* jedoch häufig an beiden Fundstellen auftrat (vgl. Abb. 3). Die andere Art ist durch ein einzelnes Individuum der Familie Tomistomidae vertreten, dessen moderner Verwandter der Sunda-Gavial ist. Seine Identität ist nicht vollständig geklärt (es gibt nur einen Fund), aber er repräsentiert zumindest ein langschnauziges Krokodil. *Bergisuchus* tritt an beiden Lokalitäten auf, mit jeweils dem Nachweis eines Individuums. An beiden Fundstellen repräsentieren die Krokodile die größten und häufigsten Raubtiere des Ökosystems mit jeweils sehr diversifiziertem Nahrungsspektrum (Abb. 13).

FOSSILLAGERSTÄTTE GEISELTAL, SAALEKREIS, SACHSEN-ANHALT

Fundort: Ehemaliger Braunkohletagebau Geiseltal zwischen Neumark-Nord, Braunsbedra und Mücheln, Saalekreis, Sachsen-Anhalt.

Fundstelle: Verschiedene Fundorte mit mehreren historischen Grubenbezeichnungen und Lokalitäten (z. B. Cecilie, Elisabeth, Leonhardt, Neumark-Nord, Pfännerhall).

Fundumstände: Die Entdeckung der ersten Fossilien fällt in das Jahr 1908. Erste systematische Ausgrabungen beginnen ab Mitte der 1920er Jahre überwiegend im Zuge des Kohleabbaus. Die letzten Bergungen fallen in das Jahr 2000. Ihre Präsentation erfolgte von 1934 bis 2011 im sog. Geiseltalmuseum in Halle (Saale). Ab 2003 wurden die Tagebaurestlöcher zur Stabilisierung der Hänge und zur späteren Nutzung als Naherholungsgebiet geflutet (Hastings/Hellmund 2015).
Insgesamt sind heute um die 50 000 Fossilienbelege an der Martin-Luther-Universität Halle-Wittenberg und mehrere Tausend im Landesmuseum für Vorgeschichte in Halle (Saale) zu finden.

Zeitstellung des Fundplatzes: Zwei größere Fossilisierungszeiträume werden unterschieden: Der ältere stammt aus dem Eozän (vor ca. 47,5–42,5 Millionen Jahren) und dokumentiert über 5 Millionen Jahre hinweg eine subtropische Fauna und Flora (Franzen/Haubold 1987). Der zweite Fossilisierungszeitraum ist wesentlich jünger und erlaubt einen ökologischen Einblick in die Zwischenwarmzeit vor rund 200 000 Jahren (Mania 2010). Wenige Relikte des Geiseltals sind den eigentlichen Eiszeiten zuzuordnen, wie z. B. das Mammutskelett von Pfännerhall.

Besonderheiten der eozänen Fundstelle: Neben ähnlichen Fundstellen des Eozän in Europa besitzen nur die Fossilien aus dem Geiseltal eine derart zeitliche Tiefe. Die Fossilfundschichten liegen nicht wie sonst üblich unter der Kohle, sondern inmitten der Braunkohle im sog. Lignit. Dort neutralisierte einfließendes kalziumkarbonathaltiges Wasser den Säuregehalt des Kohlemoors (Gallwitz 1955). Im Ergebnis entstanden Fossilien in hervorragender Erhaltung, von den Spaltöffnungen der Pflanzenblätter bis hin zu den physikalischen Lichtreflexen der Flügeldecken von Käfern (Krumbiegel u. a. 1983).
Jahrzehnte des Sammelns und des gründlichen Katalogisierens führten zu einem umfangreichen Fossilerbe, das mittlerweile als national wertvolles Kulturgut gelistet ist. Es hilft Fragen zur biologischen Diversität, zum Klimawandel und zur adaptiven Radiation (Ausdifferenzierung von verschiedenen Arten aufgrund unterschiedlicher ökologischer Rahmenbedingungen) zu klären. Gerade die Pflanzenreste zeigten sich als sehr wertvoll für die Rekonstruktion der einstigen Temperaturen und Feuchtigkeitswerte, mit dem Ergebnis, dass das Klima damals im Geiseltal wesentlich wärmer war als heute. In dem damaligen subtropischen Ökosystem etablierte sich eine außergewöhnlich hohe Anzahl an größeren Wirbeltieren, allen voran Krokodile, Vögel und Säugetiere. Heute hat die Natur keine vergleichbaren Nischen ausgebildet, sodass das Studium dieser Tierarten wertvolle Erkenntnisse zum Ablauf des Evolutionsprozesses liefern kann.
Die Fossilien des Geiseltals haben schon jetzt außerordentlich zum Verständnis des eozänen Lebens in unserer Region beigetragen, mit der Entwicklung neuer Untersuchungsmethoden und Forschungsansätze werden noch weitere Erkenntnisse zu erwarten sein.

Frank Steinheimer

Abb. 1 Der ehemalige Braunkohletagebau wird heute vom Geiseltalsee eingenommen, hier der Blick von Westen in Richtung Merseburg, Saalekreis (Sachsen-Anhalt); Aufnahme von 2012.

***Abb. 12** Skelett der fossilen Würgeschlange* Paleryx ceciliensis *aus dem Geiseltal, Saalekreis (Sachsen-Anhalt); Länge ca. 56 cm. Würgeschlangen kommen heute vor allem in subtropischen bis tropischen Gegenden vor und könnten daher ein Nachweis von wärmerem Klima darstellen.*

Vögel

Eine Fülle an Arbeiten erschien bereits zur Vogelfauna in Messel (z. B. Mayr 2000; Mayr 2006). Als ein Resultat konnten bisher 51 verschiedene Arten an dieser Fundstelle identifiziert werden. Das sind mehr als aus allen anderen Tiergruppen.

Im Geiseltal konzentrierte sich die Forschung bisher wenig auf die Vogelfauna. Lediglich zwölf identifizierte Vogeltypen lassen sich aufzählen (Mayr 2002). Zusätzlich zu den drei bereits genannten Vögeln überlappen noch vier weitere mit Messel; sie stammen aber aus jüngeren Abschnitten. Diese beinhalten den straußenähnlichen *Palaeotis weigelti*, den mausvogelähnlichen *Selmes absurdipes*, den ausgestorbenen Verwandten des Wiedehopfs *Messelirrisor* und den ausgestorbenen Verwandten des Kurols *Plesiocatharthes geiselensis*. Drei weitere Arten wurden für das Geiseltal erkannt und finden sich nicht in Messel. Diese schließen den ausgestorbenen, seglerähnlichen *Aegialornis broweri*, den rätselhaften *Cotupirnes* unbekannter phylogenetischer Herkunft und den hühnergroßen, flugunfähigen *Strigogyps robustus* ein. Neue Studien der Geiseltaler Vogelfossilien werden wahrscheinlich ein umfänglicheres Verständnis der vergangenen Diversität dieser Fundstelle bringen und die Anzahl an bekannten Vogelarten erhöhen.

Säugetiere

Die Säugetiergruppen (Taxa) beider Fundstellen wurden detailliert untersucht, was in ziemlich gut etablierten Arten resultiert. Insgesamt wurden 76 verschiedene Säugetiere im Geiseltal identifiziert und 45 wurden in Messel festgestellt (Morlo u. a. 2004; Hellmund 2007). Nur sehr wenige Arten überlappen an beiden Fundstellen (siehe oben), einige andere Arten sind zwar verschieden, stammen aber immerhin aus der gleichen Gattung. Zu diesen zählt das Beuteltier *Amphiperatherium*, vier verschiedene Formen primitiver Säugetiere, zwei frühe Formen von Huftieren und ein Primat (*Europolemur*).

Frühe carnivore Säugetiere (Creodonta) sind im Geiseltal mit acht verschiedenen Formen viel häufiger vertreten als in Messel. Dort lässt sich nur eine Art nachweisen (Morlo 1999). Das täuscht allerdings nur eine potenzielle Komplexität von Raubtieren in jener Umwelt vor. Zwei Arten früher insektenfressender Säugetiere wurden im Geiseltal zusätzlich zu denen, die aus Messel bekannt sind, gefunden. Die kleinen carnivoren Säugetiere im Geiseltal sind generell mehr in den früheren Zeiteinheiten verbreitet (die mit Messel korrelieren), als in den späteren. Die Vorfahren moderner, echter Carnivoren (im phylogenetischen Sinne) waren an beiden Fundstellen mit unverwechselbaren Belegen einer (Geiseltal) bzw. zweier Arten (Messel) vertreten. Der Fossilbericht an Fledermäusen ist an beiden Lokalitäten groß und verweist auf eine sehr detaillierte Erhaltung. Die Fledermäuse des Geiseltals gehören zwei verschiedenen Gruppen an, während Messel über vier verfügt. Neben dem *Eurotamandua*, der an beiden Fundstellen auftrat, entwickelten sich in Messel auch noch zwei weitere Formen von von Schuppentierverwandten. Ein sog. tillodontes Säugetier wurde im Geiseltal entdeckt, das einen bizarren Ableger der Säugetierevolution ohne lebende Nachfahren darstellt. Beide Fundstellen waren die Heimat von vier verschiedenen Nagetierformen, aber nur zwei davon überlappen miteinander. Das Geiseltal zeigt eine Fülle an Huftieren (Ungulata), darunter auch 14 Formen, die in Messel nicht präsent waren (Abb. 14–15), während Messel nur eine Form aufweist, die nicht auch im Geiseltal vorkommt. Schließlich gab es im Geiseltal auch diverse fossile Primaten, acht verschiedene Formen, von denen nur eine auch in Messel auftrat. Der einzige Primat, der zwar in Messel, aber nicht im Geiseltal gefunden wurde, ist der bekannte *Darwinius masillae* (Franzen u. a. 2009). Dennoch könnten einige bisher nicht identifizierte Fossilreste aus dem Geiseltal eventuell zu dieser Art gehören.

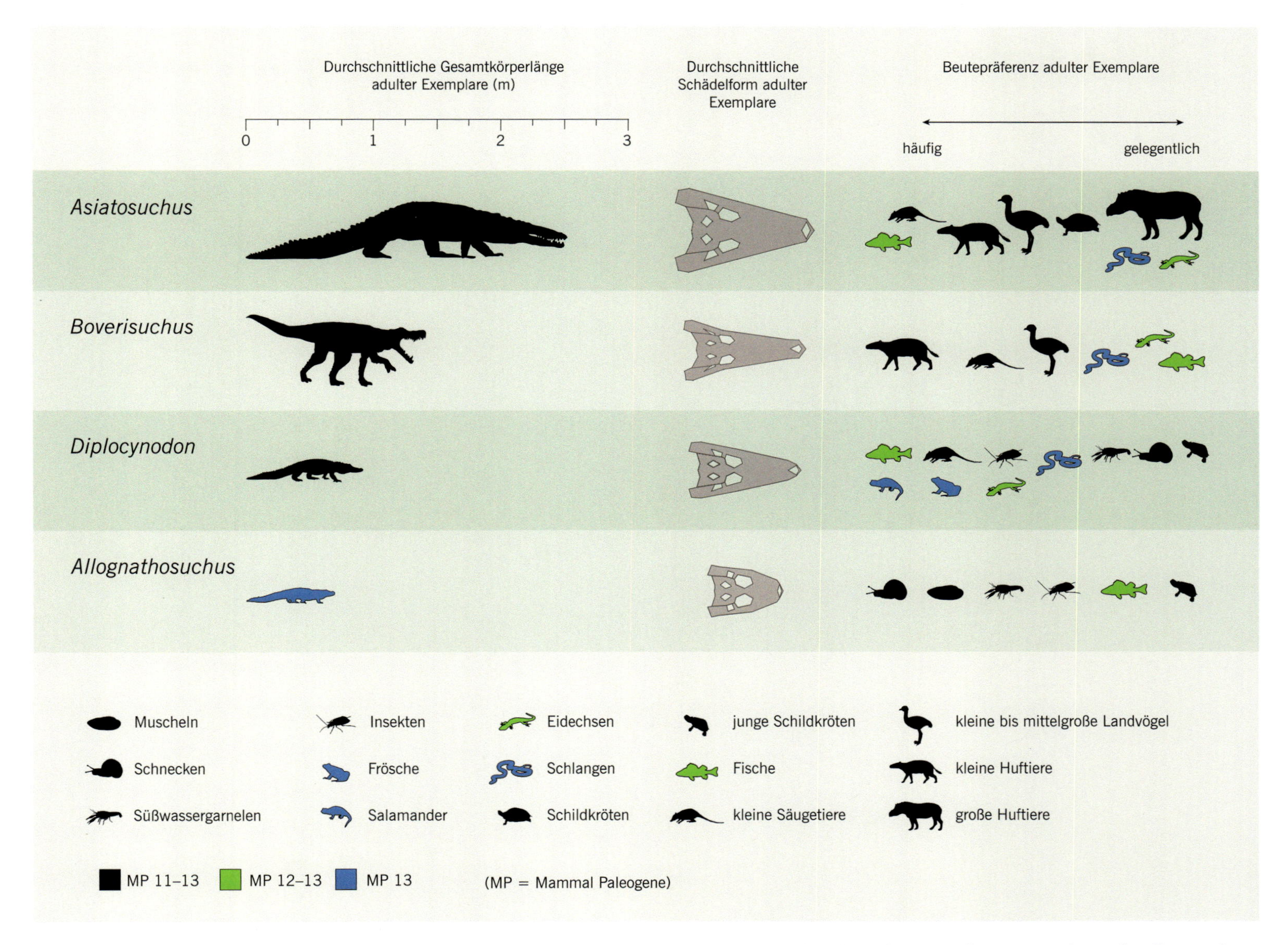

Abb. 13 *Jede der Krokodilarten weist deutliche Unterschiede hinsichtlich der Körpergröße und der Schädelmorphologie auf. Daraus ergeben sich völlig verschiedene Beutespektren. Aus Vergleichsstudien mit lebenden Krokodilarten lässt sich auf die jeweilig bevorzugten Beutetiere der Geiseltalkrokodile rückschließen. Lediglich* Bergisuchus *kann hier nicht in die Schädelanalyse einbezogen werden, da bislang noch kein Schädelfund vorliegt. Eine sichere Aussage über die Art der Beutetiere kann im Geiseltal nur während ganz bestimmter Zeitabschnitte gemacht werden. Das sind diejenigen Braunkohlenflöze, die mit den sog. MP-Zonen verknüpft sind.*

Abb. 14 *Das nahezu vollständige Skelett eines Urpferdes der Art* Propalaeotherium isselanum *stammt aus der Oberen Mittelkohle des Geiseltales, Saalekreis (Sachsen-Anhalt). Ein charakteristisches Merkmal dieser primitiven Vertreter der Pferdeartigen ist die vierstrahlige Vorder- und die dreistrahlige Hinterextremität; Maße ca. 70 x 65 cm.*

Abb. 15 *Schädel und Teilskelett des mittelgroßen Pferdes* Propalaeotherium voigti; *Länge 37 cm. Das Tier war bei seinem Tod noch nicht vollends ausgewachsen, es hat zum Teil noch Milchzähne im Gebiss.*

DAS GEISELTAL-KAPITEL DES EOZÄN – EINE SCHLÜSSELSTELLUNG IN DER EVOLUTION

Die Fossilfauna des Geiseltals repräsentiert eine Schlüsselstellung der eozänen Epoche. Die Säugetiere begannen damit, sich in allen möglichen ökologischen Nischen zu etablieren. Mehrfache zeitliche Sequenzen von einem Ort zu haben, jede einzelne davon mit einem beeindruckenden Fossilbericht, das macht die Fossiliensammlung des Geiseltals zu einem unentbehrlichen Beispiel des Lebens in einer der bedeutendsten Perioden der Evolution. Die subtropische geologische Formation, die einzigartige Art und Weise der Erhaltung und Jahrzehnte sorgfältiger Ausgrabungen haben eine unglaublich nützliche Ressource geschaffen, um großangelegte Fragen zu betrachten, die sich um die Evolution, die biologischen Antworten auf klimatische Veränderungen und die Komplexität eines Ökosystems während einer kritischen Zeit der Wirbeltierevolution drehen.

Frank D. Steinheimer und Gerald Mayr

50 MILLIONEN JAHRE KLIMAESKAPADEN ÜBERLEBT: TROPISCHE FAUNENELEMENTE AUS DEM EOZÄN

Will man verstehen, wie der Wechsel verschiedener Erdklimata auf die Evolution einwirkte, ist es spannend, sich einen Lebensraum vorzunehmen, der sich die letzten knapp 50 Millionen Jahre zumindest bezüglich des Klimas kaum geändert hat – die Tropen. Ähnliche klimatische Bedingungen, wie wir sie heute aus den Tropen von Amerika, Afrika und Asien kennen, herrschten im Eozän auch in der Gegend, die heute Deutschland einnimmt. Daher verwundert es auch kaum, dass damals exotische Lebewesen die Regionen um die zwei wichtigsten heutigen eozänen Fossillagerstätten, Geiseltal und Messel, bevölkerten.

Interessant ist aber, dass auch die gleichen Faunenelemente teils nahezu unverändert von damals bis heute in den Tropen der Erde weiter existieren, zum Teil mit verblüffender Ähnlichkeit zu den Tieren vor rund 45–49 Millionen Jahren. Dazu gehören die großen Krokodile der Gattung *Asiatosuchus* aus dem Geiseltal, die dem heutigen Nilkrokodil ähneln, die Würgeschlangen, etliche Schildkrötenarten und beispielsweise die Prachtkäfer. Säugetiere machten hingegen bis heute noch rasante Veränderungen durch. Welche Ursachen gab es dafür? Um dies zu klären, möchte sich dieser Beitrag vor allem zwei ausgewählten tropischen Vogelfamilien widmen, den Kolibris und den Trogonen. Der Verbreitungsschwerpunkt dieser Vogelgruppen liegt heute noch in den Tropen, beide Gruppen haben aber fossile Nachweise aus dem Eozän Deutschlands.

Im Folgenden wird der Frage nachgegangen, was Stabilität eines Lebensraums für die dort ansässigen Arten bedeutet und was letztendlich zum Aussterben der tropischen Arten auf dem heutigen Gebiet Deutschlands geführt hat. Einige tropische Vogelgruppen konnten wohl über lange Zeiträume im selben Gebiet bestehen, schafften es, einige Klimaschwankungen zu überstehen und zeigen heute noch ein spannendes globales Verbreitungsbild.

DIE TROGONE

Trogone gehören zu ihrer eigenen Vogelordnung; ihre nächsten Verwandten sind Horn-, Specht- und Rackenvögel (Jarvis u. a. 2014). Heute zählt man 43 Arten mit 109 beschriebenen Unterarten (del Hoyo/Collar 2014), die in den tropischen und subtropischen Waldgebieten von Afrika, Indien, Südostasien sowie Mittel- und Südamerika zu finden sind. Nur eine Art aus Zentral- und Südafrika, der Narinatrogon *Apaloderma narina*, und wenige Arten aus Mittel- und Südamerika (z. B. *Trogon elegans, T. violaceus, T. citreolus*) besiedeln neben Primär- und Sekundärwäldern auch Plantagen und Savannengebiete. Trogone sind typische Baumbewohner in der Größe von Tauben, die mit ihren zarten und extrem kurzen Läufen und Zehen am Boden eher unbeholfen wirken. Die Federn hängen relativ locker in der Haut und sind flauschig. Alle Trogone sind bunt befiedert (Männchen intensiver als die Weibchen) und, obwohl auf drei Kontinente verteilt, im Aussehen sehr ähnlich: Die oft sehr intensive Brustfärbung hebt sich zumeist von einer anderen Bauchfärbung ab, Schwanzfedern und Flügeldecken sind oft schwarz-weiß gebändert bzw. abgesetzt, der Schwanz ist immer gestuft, der Rücken und der Oberkopf schimmern metallisch grün bis blau, gelegentlich auch braun oder grauviolett, und die relativ großen Augen sind häufig von nackten, bunt gefärbten Hautpartien umgeben (Abb. 1; Collar 2001). Die Vögel können ihren Kopf um 180° drehen. Der vergleichsweise kurze, aber breite und kräftige Schnabel ist mit Federborsten umstellt. Trogone mit ihren relativ wendigen kurzen, runden Flügeln und dem langen Steuerschwanz sind beides: Früchtefresser und Jäger von Insekten, zumeist im Flug. Nur die drei afrikanischen Arten verzehren ausschließlich Insekten. Alle Trogone sind darauf spezialisiert, auch giftige Raupen zu konsumieren. Meist wird im Gleit-, selten sogar im Rüttelflug die Beute von Bäumen abgesammelt. Gebrütet wird in Baumhöhlen (Collar 2001). Auffällig ist die sogenannte Heterodaktylie: Im Unterschied zu den meisten Vögeln, die drei Zehen nach vorne und eine Zehe nach hinten gerichtet haben, weisen bei Trogonen zwei Zehen nach vorne und zwei nach hinten, wodurch sie optimal Zweige umklammern können. Dabei hat sich die zweite (innere) Zehe durch ein genetisch fixiertes asymmetrisches Wachstum der Zehenmuskeln nach hinten zur ersten Zehe gedreht (Botelho u. a. 2014). Trogone sind die einzigen modernen Vögel mit einer permanent umgestellten zweiten Zehe (bei den wenigen anderen Vogelgruppen mit zwei nach hinten weisenden Zehen, d. h. Kuckucke, Papageien und

◄ *Kubatrogon* (Priotelus t. temnurus), ♂. *Das Präparat aus dem Jahr 1968 zeigt gut die typischen Merkmale eines Trogons: weiches Gefieder, breiter Schnabel, gestufte Schwanzfedern und eine klar abgegrenzte Zweifarbigkeit von Brust- und Bauchgefieder; Größe 23–25 cm, Gewicht 47–75 g.*

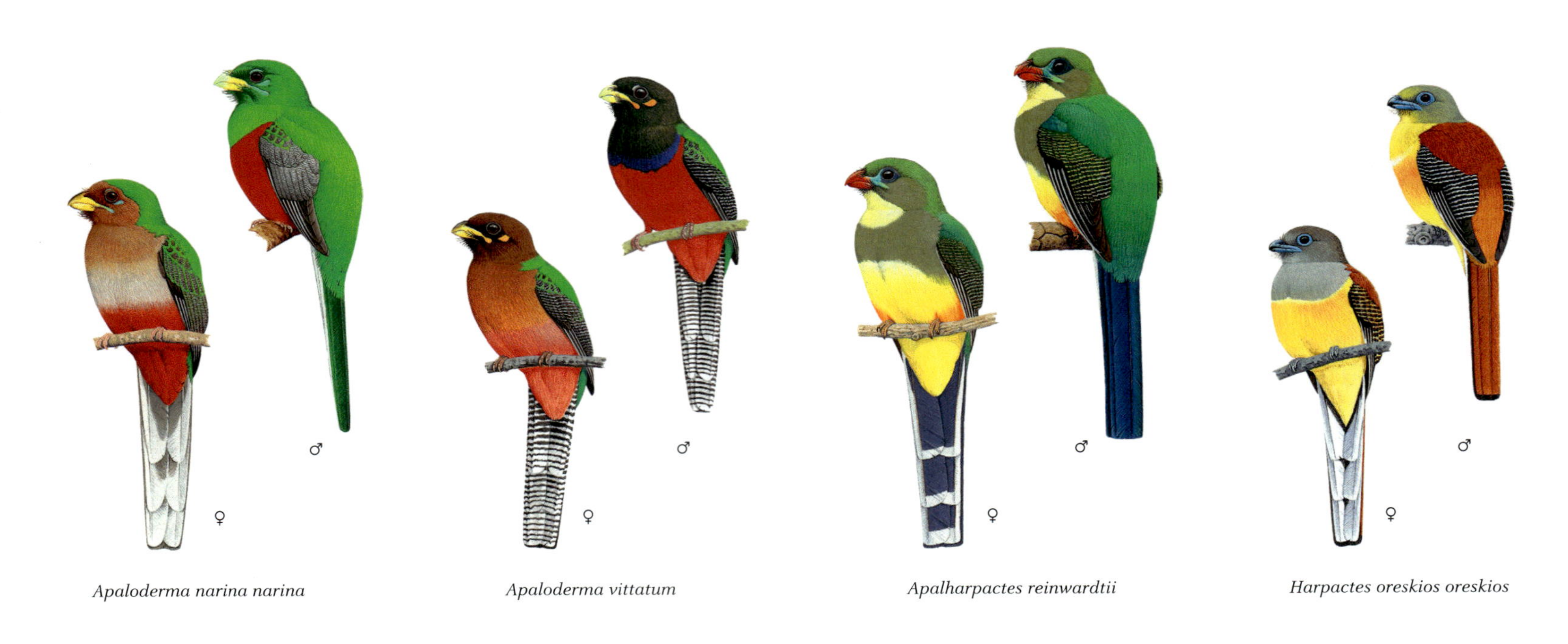

Apaloderma narina narina *Apaloderma vittatum* *Apalharpactes reinwardtii* *Harpactes oreskios oreskios*

Harpactes diardii diardii *Harpactes erythrocephalus erythrocephalus* *Harpactes wardi*

Harpactes ardens ardens *Trogon viridis* *Trogon rufus rufus* *Trogon elegans*

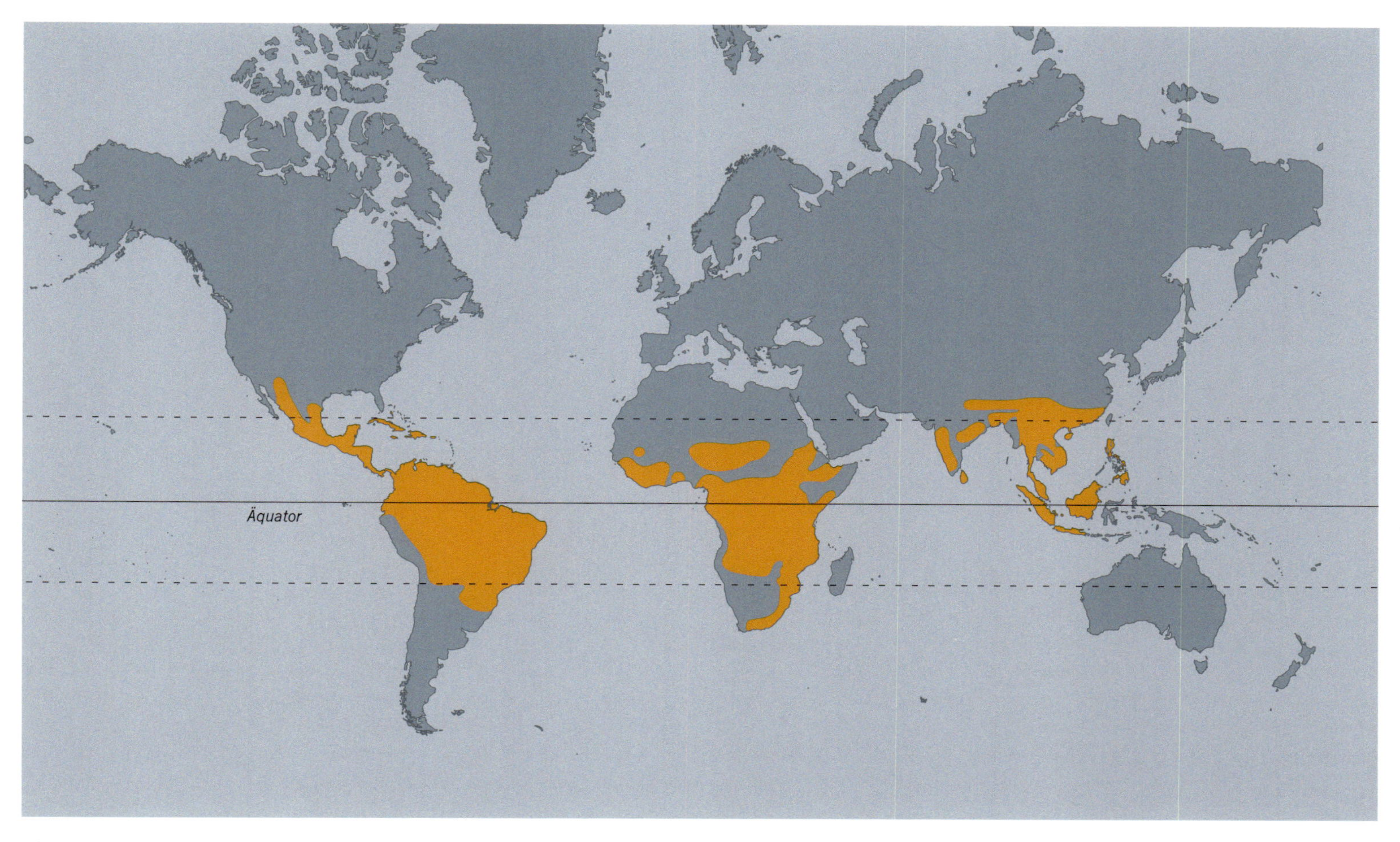

Abb. 2 *Verbreitung der Vogelfamilie der Trogone (Trogonidae) in den Tropen und Subtropen der Alten und Neuen Welt.*

der weiteren Spechtverwandtschaft, drehte sich die vierte Zehe zur ersten). Umso erstaunlicher ist, dass Trogone diesen speziellen Fuß schon seit dem Eozän besitzen. Die bekannteste Trogonart ist der Quetzal, der heilige Vogel der Azteken und Nationalvogel von Guatemala.

VERBREITUNG UND HISTORISCHES VORKOMMEN DER TROGONE

Trogone sind und waren, wie der sehr ähnliche Skelettbau der Fossilien belegt, nie ausdauernde Flieger. Außer einigen wenigen saisonalen Ausweichbewegungen im tropischen Gebirge sind sie ortstreu und gelten als mit einer schlechten Ausbreitungsfähigkeit versehen. Ihre heutige Verbreitung reflektiert daher ehemals bestehende Landverbindungen zwischen den Kontinenten (vgl. Smith u. a. 1994), über die sich die Tiere ausbreiten konnten. Die heutigen Arten finden sich auf drei Kontinenten und haben eine weite Verbreitung über 23 000 km von der Westspitze Ecuadors bis zur Ostspitze der philippinischen Insel Mindanao, sind aber dennoch sehr ähnlich (Abb. 2). Vermutlich waren Trogone für den Lebensraum, den sie heute bewohnen, schon vor vielen Millionen Jahren perfekt angepasst und ihr Habitat hat sich während des Känozoikum weder hinsichtlich der Nahrungsverfügbarkeit noch strukturell stark gewandelt. In diesem stabilen Optimallebensraum veränderten sich Trogone daher kaum. Erst heute, wo der Mensch weite Teile der tropischen Wälder abgeholzt hat, scheinen diese Vögel

◄ ***Abb. 1*** *Trogonarten von drei verschiedenen Kontinenten, Narina- und Bergtrogon (*Apaloderma narina *und* A. vittatum*) aus Afrika, Schwarzkehl-, Grünmantel- und Schmucktrogon (*Trogon rufus, T. viridis *und* T. elegans*) aus Süd- und Mittelamerika, und* Harpactes- *und* Apalharpactes-*Arten aus Südost-Asien. Die sehr großen Ähnlichkeiten zeugen von einer Entwicklung des Aussehens vor der geografischen Separation, eventuell sogar schon im tropischen Europa des Miozän.*

nach Jahrmillionen ihre ersten existenziellen Probleme zu bekommen. zehn Arten (23 %) stehen mittlerweile auf der IUCN Vorwarnliste der weltweit bedrohten Arten (BirdLife International 2016), eine Art gilt als gefährdet.

Einer der ältesten Nachweise eines Trogons überhaupt stammt aus dem späten Unter-Eozän der Grube Messel bei Darmstadt (Hessen) und datiert auf rund 49 Millionen Jahre. Die fossile Art wurde in die Gattung *Masillatrogon* gestellt und erhielt das Art-Epitheton *pumilio* für ihre relativ zwergenhafte Gestalt (Mayr 2005; Mayr 2009). Schon zu dieser Zeit besaßen Trogone offensichtlich den heterodaktylen Fuß und einen breiten, relativ abgerundeten kräftigen Schnabel. Ein weiteres kennzeichnendes Merkmal ist das besonders ausgebildete Flügelbein (Pterygoid) im Schädel des Fossils, das eine Artikulationsfläche aufweist, an der sich der sog. Basipterygoid-Fortsatz anlegt. Dieser Fortsatz unterscheidet Trogone von den meisten anderen höheren Landvögeln. Ob diese besondere Morphologie als Überrest aus der Stammesgeschichte der Trogonvorfahren mitgeschleppt wurde (plesiomorphes Merkmal) oder einer Neuerrungenschaft (autapomorphes Merkmal) der Doppelfunktion als Fluginsektenjäger- bzw. Früchtefresserschnabel geschuldet ist, ist wissenschaftlich nicht geklärt (Abb. 3). Erstaunlich ist auch die Ähnlichkeit der Flügelknochen des Millionen Jahre alten *Masillatrogon pumilio* und eines heutigen Blauschwanztrogons (Abb. 4; *Apalharpactes reinwardtii*). Was zudem aus evolutionsbiologischer Sicht besonders interessant ist, ist die Tatsache, dass sogar das Federkleid, insbesondere die Proportionen der Schwanzlänge zur Körpergröße, schon vor Millionen von Jahren ähnlich aussah wie heute. Möglicherweise hatten die damaligen Trogone auch bereits ähnliche Farbmuster, wie wir diese von den rezenten Arten kennen. In diesem Fall wären auch Flug- und Nahrungsverhalten, Balz- und Brutverhalten ähnlich gewesen. Nach der molekulargenetischen Uhr von Espinosa de los Monteros (1998) fand die erste Aufspaltung der afrikanischen Trogone von den restlichen Arten irgendwann vor 20 bis 36 Millionen Jahren statt (Mayr 2005). Die nächste Aufspaltung zwischen Alt- und Neuweltarten kam nur kurz danach.

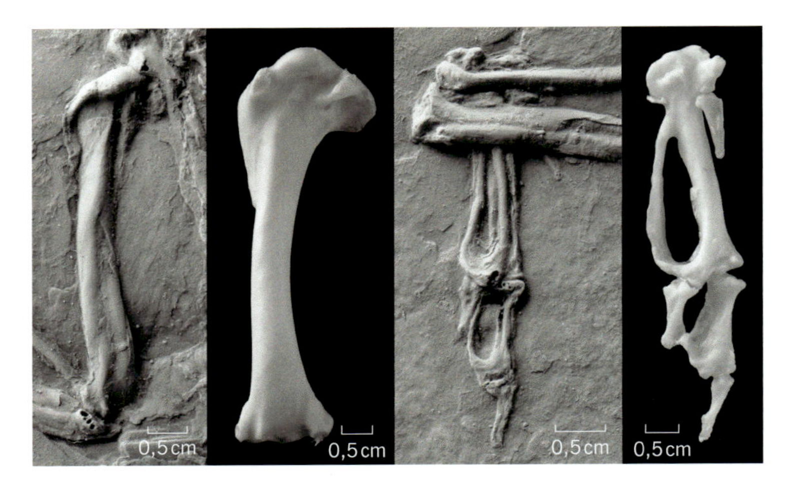

Abb. 4 *Fotos eines Oberarmknochens* (Humerus) *vom* Masillatrogon pumilio *(ganz links) und eines heutigen Trogons (Mitte links). Fotos der Handknochen von* Masillatrogon pumilio *(Mitte rechts) und eines heutigen Trogons (ganz rechts).*

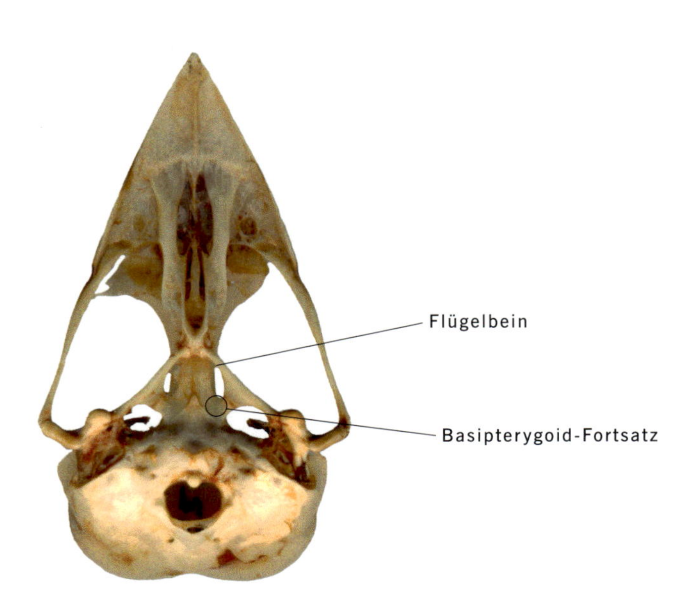

Abb. 3 *Trogonschädel mit dem für die Familie der Trogone diagnostisch ausgebildeten Flügelbein und Basipterygoid-Fortsatz (Aufsicht); Länge des Schädels etwa 4 cm.*

FOSSILNACHWEISE UND PALÄOKLIMA

In der Region des heutigen Europas tauchten die Trogone, wie die fossilen Nachweise zeigen, im frühen Eozän (vor ca. 55 Millionen Jahren) auf (Abb. 5). Sie waren weit verbreitet – Funde existieren aus Deutschland, Frankreich, Belgien, England, wohl auch Tschechische Republik und mit dem nördlichsten Nachweis Dänemark (Mayr 1999; Kristoffersen 2002; Mlíkovský 2002; Mayr 2009; Mayr/Smith 2013); Trogone sind allerdings zu dieser Zeit aus keiner Fundstelle außerhalb Europas belegt (Abb. 6). Ein naher Verwandter könnte *Foshanornis* aus China sein (Zhao u. a. 2015). Trogone konnten in Europa in der Gegend des heutigen Frankreichs bis vor ca. 20–23 Millionen Jahre (frühes Miozän) nachgewiesen werden (Mlíkovský 2002; Mayr 2011; Mayr 2017). Die molekulargenetische Uhr und die Fossilienfunde deuten auf ihren Ursprung in der Alten Welt hin. Interessanterweise gibt es keine Trogone auf Madagaskar. Die Insel war schon im Eozän zu weit von jeglichem Kontinent entfernt, als dass sie von so schlechten Fliegern hätte erreicht werden können. Auch die sog. Wallace-Linie zwischen der asiatischen und der australopazifischen Fauna wurde nicht überquert, ob aus ökologischen Gründen oder eher aufgrund fehlender Landbrücken, ist nicht komplett geklärt (Mayr 2017).

Die recht große morphologische und wohl auch ökologische Ähnlichkeit der Trogone des Eozän und der heutigen legt nahe, dass diese

Abb. 5 Masillatrogon pumilio *aus dem Unter-Eozän von Messel, Lkr. Darmstadt-Dieburg (Hessen). Die Heterodaktylie, die Beschaffenheit des Basipterygoid-Fortsatzes, die Länge der Schwanzfedern und der breite Schnabel weisen das Fossil eindeutig als Trogon aus.*

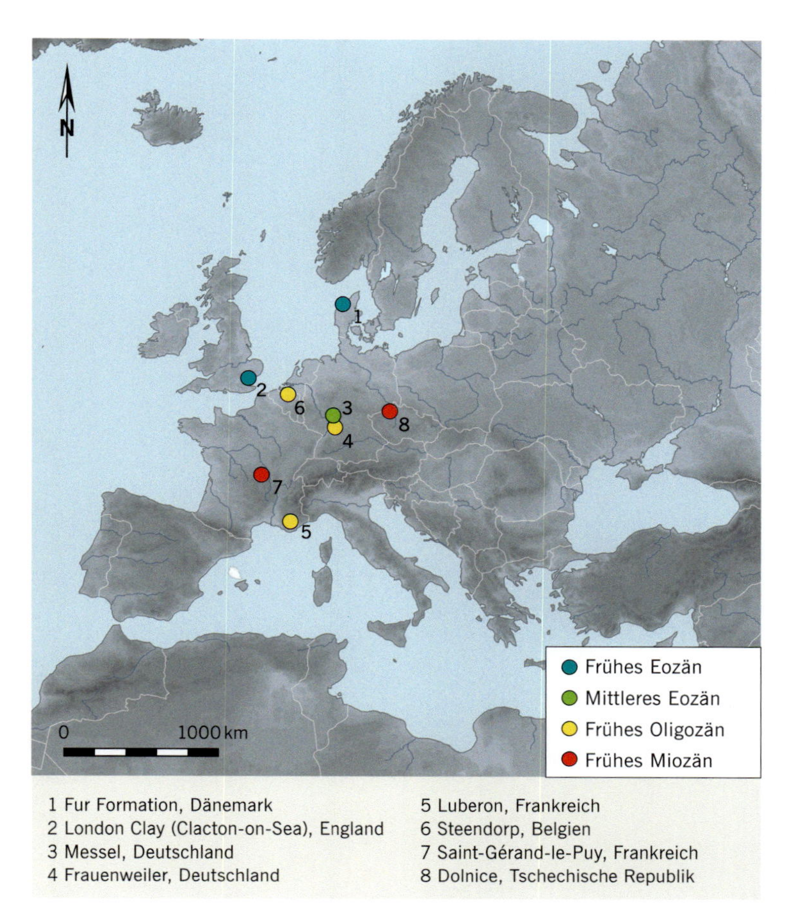

Abb. 6 *Fundstellen fossiler Trogone in Europa.*

Vögel im Verlauf der Zeiten recht konservativ geblieben sind. Die Vertreter dieser Vogelordnung sind daher der Paläo-Umwelt bzw. dem Paläo-Klima des frühen Eozän treu geblieben und folgten der Verlagerung des Regenwaldgürtels Richtung Äquator, anstatt sich neuen Umwelten und einem neuen Klima anzupassen (Kristoffersen 2002). Die bei fast allen Trogonen (mit Ausnahme der drei afrikanischen Arten) optimierten doppelten Nahrungsquellen – d. h. sowohl Früchte (frugivor) als auch Insekten (insektivor) – sowie das Nutzen von teils selbst erweiterten Bruthöhlen in Bäumen als Schutz vor Nesträubern machen Trogone erfolgreich in Habitaten, die viele fruchtende Bäume aufweisen sowie günstige Bedingungen für eine hohe tierische Biomasseproduktion (vor allem Insekten) und einen Baumbestand im Klimaxstadium (ausgewachsene, alte Bäume) haben. Es ist daher nicht primär die Temperatur selbst, die Trogone begünstigt, sondern die Verfügbarkeit von Brutplätzen und Nahrung bei gleichzeitig schlechter Migrationsfähigkeit der Trogone selbst. Noch heute kommen Trogone auch in Gebieten vor, die Frost und sogar Schnee aufweisen können (z. B. in den Himalaya-Abhängen im Norden von Myanmar). Für die Existenz von Trogonen limitierend ist die Dauer dieser Frosttage und das damit verbundene Vorkommen von Früchte tragenden Bäumen und großen Insekten, da ein Vogelzug, wie bei vielen sich ähnlich ernährenden Vögeln Europas, bei den auf lange Distanz schlecht fliegenden Trogonen nicht möglich wäre. Trogone konnten sich dennoch über etliche Klimakapriolen hinweg in Europa für 20 Millionen Jahre halten. Sogar den Kälteeinschnitt der »Grande Coupure« an der Zeitgrenze zwischen Eozän und Oligozän vor ca. 34 Millionen Jahren (Zachos u. a. 2001), während der die Durchschnittstemperaturen mit ca. 15 °C unter dem Klimaoptimum des Eozän fast so niedrig waren wie heute, aber harte Winter ausblieben, überstanden die Trogone in Zentraleuropa zusammen mit so exotischen Tieren wie Krokodilen, Chamäleons und Waranen (Böhme 2003). Erst als das Klima ab dem Mittel-Miozän zu langen, kalten Wintern überging und damit dauerhaft kühler wurde (Mosbrugger u. a. 2005), verlagerte sich ihre Verbreitung (Mayr 2011).

KOLIBRIS

Geht man von der heutigen Verbreitung der Kolibris aus, einer rein neuweltlichen Vogelgruppe, würde man deren Ursprung ebenfalls in der amerikanischen Landmasse vermuten. Allerdings gibt es ein-

1 cm

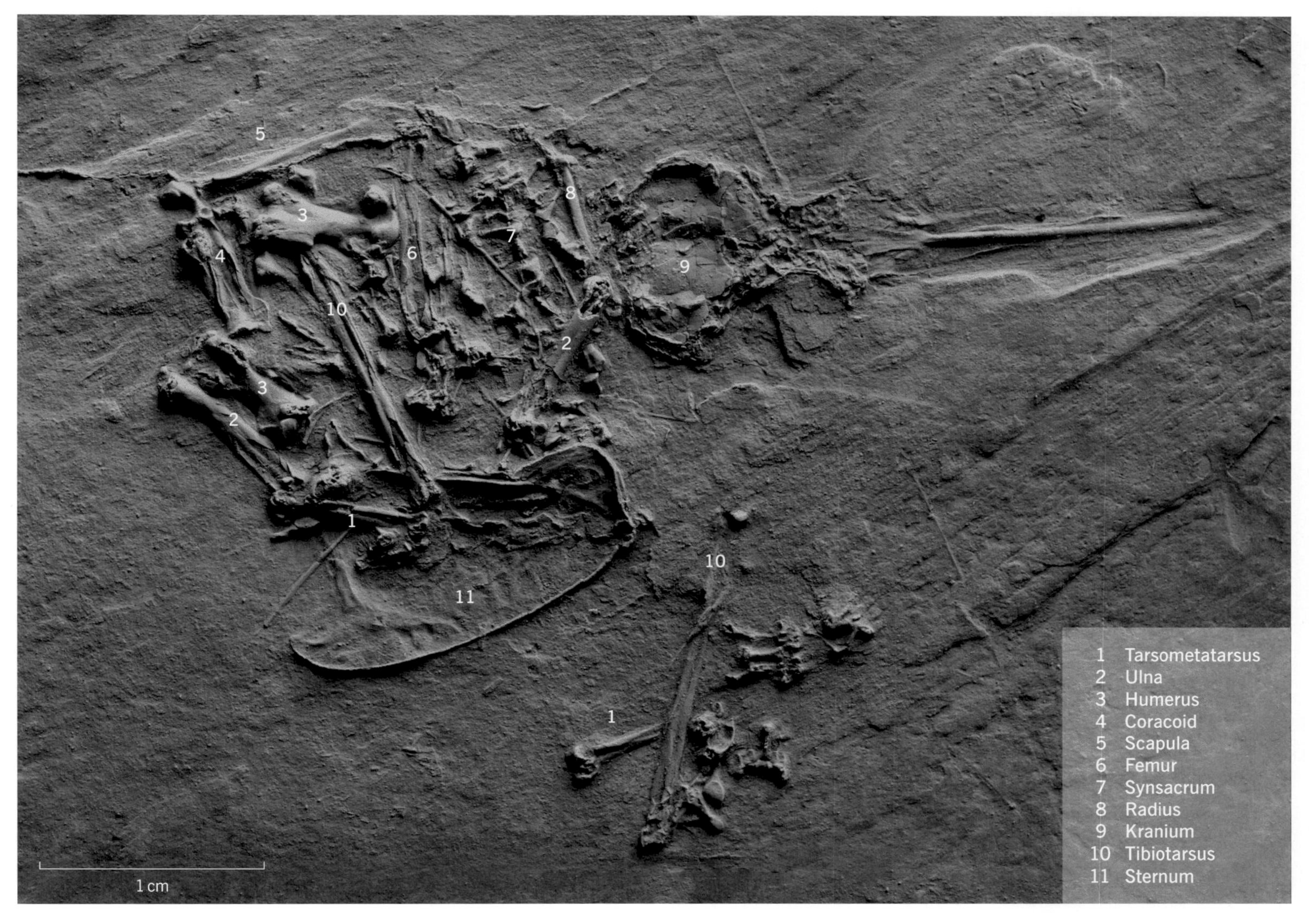

Abb. 8 *Fossiles Skelett des Kolibriverwandten* Eurotrochilus *aus dem Unter-Oligozän der ehemaligen Tongrube Unterfeld, Wiesloch-Rauenberg (Rhein-Neckar-Kreis, Baden-Württemberg). Auffällig ist der lange Schnabel, der ein Hinweis auf Nektarkonsum sein könnte.*

deutige fossile Belege aus Europa, die eine evolutive Entwicklung der heutigen Kolibris während des Eozän und Oligozän in dem Gebiet nahelegen, das heute Europa umfasst. Aus der Fossillagerstätte Messel wurde 2003 ein erster möglicher Vertreter der Kolibris unter der Gattung *Parargornis* beschrieben (Abb. 7; Mayr 2003). Für eine nahe Kolibriverwandtschaft sprechen ein sehr verkürzter Oberarmknochen in Verbindung mit langen Schwanzfedern und kurzen Hand- und Armschwingen. Dies könnte darauf hinweisen, dass dieser frühe mutmaßliche Kolibrivorfahre dauerhaft auf der Stelle fliegen konnte – ein Alleinstellungsmerkmal der Kolibris heute. Allerdings hatte *Parargornis* noch einen reinen Insektenfresserschnabel und war noch kein Nahrungsspezialist für zusätzlichen Nektarkonsum. Eine Reihe weiterer Fossilien mit großer Ähnlichkeit zu *Parargornis* konnten geborgen und beschrieben werden, aber erst *Eurotrochilus* aus dem frühen Oligozän von Deutschland, Polen und Frankreich (Mayr 2017a) weist einen dünnen, langen Schnabel auf und zeigt dadurch morphologische Hinweise auf eine nektarivore Ernährung (Abb. 8; Mayr 2004; Mayr/Micklich 2010).

◄ ***Abb. 7*** *Der früheste bekannte Stammgruppenvertreter der Kolibris,* Parargornis, *aus dem Unter-Eozän der Grube Messel, Lkr. Darmstadt-Dieburg (Hessen). Gut sind der für Kolibris typisch kurze Oberarmknochen und lange Schwanzfedern zu erkennen; Gesamtlänge des Fossils etwa 14 cm.*

Die Familie der Kolibris ist sehr artenreich. Über 300 Arten wurden bislang beschrieben. Sie kommen ausschließlich in Amerika vor, erreichen mit der Rotrücken-Zimtelfe *(Selasphorus rufus)* sogar Alaska bis zu 61° nördlicher Breite. Andere Arten schaffen es, in den Anden in 4000 m Höhe über dem Meeresspiegel zu überleben. Kolibris sind sehr kleine bis selten mittelgroße Vögel (5–22 cm Körperlänge), die sich auf Nektarkonsum im Schwirrflug spezialisiert haben. Das Gefieder ist bei vielen Arten metallisch grün, blau oder violett irisierend (Abb. 9–10). Kolibris sind durch eine ausgeprägte Polygamie der Männchen gekennzeichnet. Die Weibchen suchen sich den Partner daher genau aus und die Geschlechter sind oft sehr unterschiedlich gefärbt; Männchen tragen dabei die bunteren Gefieder und teils längere Schwanzfedern als Weibchen (Abb. 11). Ähnlich der Segler, mit denen Kolibris in ein Schwestergruppenverhältnis gestellt werden, können auch Kolibris ihre Körpertemperatur aktiv bis zur Hälfte herunterregeln und dadurch die Stoffwechselrate minimieren, um Energie vor allem während Schlechtwetterperioden und kälterer Nächte zu sparen (das Stadium nennt sich Torpor). Mit bis zu 10–12 Jahren werden Kolibris dadurch auch älter als andere, vergleichbar kleine Vögel. Für den Nektarkonsum haben sich die Schnäbel vielfältig an unterschiedliche Blütentypen angepasst, vom Schwertschnabelkolibri (*Ensifera ensifera*; Abb. 12), der unter den Vögeln den längsten Schnabel (9–11 cm) im Verhältnis zu seinem Körper hat, bis hin zum Weißkehl-Sichelschnabel (*Eutoxeres aquila*; Abb. 13), dessen Schnabel um 90° gebogen ist. Auch der kleinste Vogel der Welt, die auf Kuba vorkommende Bienenelfe (*Mellisuga helenae*; Abb. 14), mit lediglich 1,6–1,9 g Gewicht gerademal so schwer wie größere Käfer, gehört zu dieser Vogelfamilie. Der Oberarmknochen *(Humerus)* und die schmalen Handschwingen sind stark verkürzt, die Zahl der Armschwingen ist auf 6–7 reduziert (viele Sperlingsvogelfamilien besitzen 9 Armschwingen, manche Nichtsperlingsvögel, wie der Albatros, bis zu 37). Aufgrund zahlreicher morphologischer Spezialanpassungen, unter anderem einem charakteristischen Fortsatz an der Gelenkfläche des Humeruskopfes, können Kolibris ihre Flügelspitzen in einer Art Acht kreisen lassen und somit Auftrieb beim Auf- und Abschlag des Flügels erzeugen. Dies wiederum ermöglicht diesen Vögeln den perfekten Schwirr- und sogar Rückwärtsflug. Kolibris haben eine hoch adaptierte Zunge, die sich an der Spitze in zwei eingekrümmte Hälften aufteilt. Die beiden dadurch gebildeten Röhren ermöglichen die Aufnahme von Nektar. Kolibris ernähren sich durchschnittlich zu 90 % von Nektar und zu 10 % von Gliederfüßlern wie Spinnen und Insekten sowie Pollen (Schuchmann 1999), wobei tierische Proteine vor allem für die Jungenaufzucht notwendig sind. Kolibris haben sich im Nestbau an die äußersten Stellen von Bäumen und Felsen herangewagt und kleben ihre Nester an Blattspitzen, unter Blätter, an Ästchen, Luftwurzeln, Lianen und Felswände. Die Nester sind sehr oft mit Spinnweben konstruiert und durch angeklebte Pflanzen- und Flechtenpartikel optimal getarnt. Dies hat den Beutedruck auf Gelege und Jungvögel enorm reduziert. Kolibris besitzen, im Gegensatz zu den Trogonen, ein ausgeprägtes Zugverhalten und einige Arten können nonstop 800 km fliegen.

Wie und wann Kolibris aus Europa letztendlich verschwunden sind, bleibt ungeklärt. Wahrscheinlich hielten sie auf lange Sicht dem Beutegreiferdruck nach der Schließung der Landverbindung zu Asien nicht stand. Erst die Weiterentwicklung von diffizilen Nestkonstruktionen und die Koevolution von Vogelblumen und Nektarkonsum der Kolibris legten die Grundlage des Erfolgs der Kolibris. Bleiweiss (1998) vermutet aber, dass dieser Erfolg und die Entwicklung zu vielen verschiedenen Arten der modernen Kolibris nicht mehr in Europa, sondern in Mittel- und Südamerika während des »mittleren Känozoikum« (Miozän) stattgefunden haben.

SCHLUSSFOLGERUNG

Stabile, ausdifferenzierte Ökosysteme im sog. Klimaxstadium, wie es die tropischen Wälder sind, erzeugen zumindest bei größeren Wirbeltieren verhältnismäßig wenig Biodiversitätszuwachs. Die extremen adaptiven Radiationen, also die Ausdifferenzierung von verschiedenen Lebensformen aufgrund unterschiedlicher ökologischer Rahmenbedingungen und Konkurrenzvermeidung, entstanden vermutlich größtenteils im Zuge der Besiedelung neuer Habitate (z. B. Bergregionen, Inseln; Mayr 1976) oder während Zeiten ökologischer Umbrüche des besiedelten Lebensraums (z. B. durch Klimaänderungen, Vulkanausbrüche, Erdhebungen, invasive Arten etc.; Stanley 1979). Das, was wir heute an Biodiversität bewundern, ist also das Ergebnis von historischen Phasen der Instabilität und Neuansiedlung und den damit verbundenen Selektionsprozessen.

◄ ***Abb. 9*** *Weißnackenkolibri* Florisuga mellivora *aus der Universitätssammlung in Halle (Saale), Sachsen-Anhalt. Das Präparat stammt vom Pichincha, dem Hausberg der ecuadorianischen Hauptstadt Quito. Der Vogel wurde dort Mitte des 19. Jahrhunderts gesammelt; Größe 11–12 cm, Gewicht 7,4–9 g.*

Abb. 10 (links) *Der Rotschwanz-Degenflügel* Campylopterus falcatus *wurde in Kolumbien gefunden. Die irisierenden Farben, der relativ lange, dünne Schnabel und die verhältnismäßig langen, aber schmalen Flügel sind typisch für Kolibris; Größe 11,5–13 cm, Gewicht 6,4–8 g.* ►►

Abb. 11 (rechts) *Das Exemplar der Himmelssylphe* Aglaiocercus kingii *kam über die bekannte Naturalienhandlung von Wilhelm Schlüter vom damaligen Neugranada (nördliches Südamerika) an die heutige Universitätssammlung von Halle (Saale), Sachsen-Anhalt. Die Kolibris haben zum Teil einen beeindruckenden Geschlechtsdimorphismus entwickelt – hier ein Männchen mit verlängerten Schwanzfedern; Größe (mit Schwanzfedern beim Männchen) 16–19 cm, Gewicht 5–6 g.* ►►

Abb. 12 *Beim Schwertschnabelkolibri* (Ensifera ensifera) *sind Körpergröße (ca. 10 cm) und Schnabel (9–11 cm) nahezu gleich lang. Daher hält der Vogel den Schnabel beim Sitzen auf einem Ast meistens senkrecht, um das Gleichgewicht halten zu können. Bei diesem historischen Präparat aus der Mitte des 19. Jahrhunderts wurde die Sitzposition daher nicht korrekt wiedergegeben. Der lebende Vogel wiegt um die 12–15 g. Das Präparat kam über Philipp Franz von Siebold aus dem Naturkundemuseum von Leiden, Prov. Südholland (Niederlande) nach Halle (Saale), Sachsen-Anhalt.*

Die Säugetierradiation im frühen Känozoikum legte die Grundlage der meisten heute bekannten Säugetierfamilien, aber keine Säugetiergruppe des tropischen Eozän in Europa wanderte mit dem Regenwaldgürtel nach Süden und existiert noch heute nahezu unverändert weiter. Der Klimaeinschnitt der »Grande Coupure« zwischen Eozän und Oligozän ließ etwa 60 % der eozänen Säugetiergattungen aussterben. Zeitgleich schloss sich durch den sinkenden Meeresspiegel die sog. Turgai-Straße: Nach dem Verschwinden dieser Meerenge waren Europa und Asien plötzlich auf dem Landweg verbunden. Dadurch überrannten neue Säugetierarten die europäischen Landschaften. So kam es gerade bei den Säugetieren zu einem massiven Artenaustausch, der durch eine Kombination aus Klimadruck und evolutiv »überlegenen« eingewanderten Arten verursacht wurde. Nur wenige Säugetierfamilien Europas überstanden damals, im frühen Oligozän, diesen Einschnitt, unter anderem zum Beispiel die Familie der sog. Schläfer (Gliridae; siehe Beitrag von R. Ziegler, S. 90), zu denen heute der bekannte Siebenschläfer gehört (Hooker u. a. 2004). Einige (sub-)tropische Vogelgruppen, wie die Trogone, Papageien und Mausvögel (Mayr 2011), steckten diesen mehrere hunderttausend Jahre währenden Kälteeinschnitt und die neuen Fressfeinde an Kleinsäuge- und Raubsäugetieren sowie asiatischen Reptilien relativ gut weg (zumindest für einige Millionen Jahre). Wichtig war hierbei, dass genau diese Vogelfamilien unter dem massiven zusätzlichen Selektionsdruck es schafften, ihre Brut vor den Säugern und Kriechtieren nachhaltig zu schützen: Trogone und Papageien waren vermutlich ohnehin schon Höhlenbrüter, die ihre Nesthöhlen selbst bearbeiteten (Mayr 2011). Die Mausvogelverwandtschaft baute sogar Nester, die denen von Sperlingsvögeln gleichen – hoch oben in die Zweige der Bäume. Kolibris waren unter den ersten »(sub-)tropischen« Vogelgruppen, die nach wenigen Millionen Jahren in Europa ausstarben; die Trogone hingegen überstanden die Invasion der neuen Säugetiere mehr als 10 Millionen Jahre und scheiterten in Europa letztendlich an den harten Wintern. Besser als Säugetiere konnten zudem diese Vogelfamilien immerhin kleine Ausweichmanöver fliegen, wenn doch einige harte Frosttage das Überleben kritisch gestalteten. Noch heute unternehmen Trogone und Kolibris talwärtige Wanderungen im Himalaya bzw. den Anden, wenn die klimatischen Bedingungen Nahrungsquellen kurzzeitig versiegen lassen, wobei oft die Männchen eher im Brutgebiet und damit in ihren Revieren ausharren als die Weibchen.

Auf der anderen Seite zeigt uns vor allem das Beispiel der Trogone auch, dass trotz aller Klimaänderungen auf der Welt Biotope erhalten blieben, die zumindest in den für diese Vögel relevanten ökologischen Grundzügen dem eozänen Geiseltal und Messel ähnelten. Der Lebensraum »(sub-)tropischer Regenwald« war seit dem Eozän durchgehend bis heute existent und für die Trogone und auch Kolibris zugänglich, trotz erheblicher Klimaänderungen. Der Regenwald kann sich nur schrittweise aus Europa verlagert haben. Wenn auf der einen Seite die Dynamik der Ökosysteme für die Entwicklung der Arten essenziell ist, so ist Platz zum Ausweichen auf der anderen Seite wichtig, um konservative Vogelgruppen wie die Trogone zu erhalten, wenn sich die Gegebenheiten ändern.

Im subtropischen Eozän war die Artenvielfalt an Vögeln und Reptilien (für Krokodile siehe Hastings/Hellmund 2017) in Mitteleuropa deutlich höher als heute und aus Messel alleine sind bisher etwa 70 Vogelarten nachgewiesen worden (Mayr 2017a). Klimaerwärmung heißt nicht von vornherein hoher Artenverlust und klimatische Wechsel haben in der Vergangenheit die Entstehung biologischer Diversität gefördert. Allerdings ist eine hohe biologische Diversität in der Regel an eine ökologische Komplexität des jeweiligen Lebensraumes gekoppelt, der zahlreiche Nischen für koexistierende Arten bereithält. Die Uniformität menschlicher Kulturlandschaften bietet dafür keine guten Voraussetzungen. Der wichtigste Schluss aus dem Studium der Eozänfossilien ist daher auch: Wer heute vom Schutz der Artenvielfalt spricht, muss Dynamik zulassen, gleichzeitig aber auch für eine strukturelle Vielfalt von Lebensräumen sorgen. Und für letzteres ist eine durch den Menschen überbevölkerte Welt das größte (Umwelt-)Problem.

Abb. 13 *Der Schnabel des Weißkehl-Sichelschnabels* (Eutoxeres aquila) *ist außerordentlich geformt und krümmt sich, ähnlich wie die Blütenkelche seiner bevorzugten Nektarblumen der Gattungen Heliconia und Centropogon, in einem 90° Winkel. Das historische Präparat mit einer Gesamtlänge von ca. 14 cm befindet sich in der Universitätssammlung Halle-Wittenberg, Sachsen-Anhalt. Lebende Exemplare dieser Art wiegen zwischen 8,5 und 12,5 g.* ➤

Abb. 14 *Die mittlerweile recht seltene Bienenelfe* (Mellisuga helenae) *aus Kuba gilt als die kleinste Vogelart der Welt. Dieses Exemplar (Seiten- und Rückenansicht) kam im Jahre 1968 nach Halle (Saale), Sachsen-Anhalt, und wird heute im Schau- und Lehrmagazin der Universität aufbewahrt. Eine Bienenelfe wird lediglich 5–6 cm groß und wiegt 1,6–2,6 g.* ➤➤

Reinhard Ziegler

DIE ENTWICKLUNG DER GROSSTIERFAUNA IM QUARTÄR DEUTSCHLANDS

Das Quartär ist die jüngste Periode der Erdgeschichte und ist in das Pleistozän, das Eiszeitalter, und das Holozän, die Nacheiszeit, gegliedert. Im Pleistozän verstärkt sich der sich schon im Tertiär abzeichnende Trend zur Abkühlung. Erstmals liegen die globalen Temperaturen unter dem heutigen Mittelwert. Starke und rasche Kalt-Warm-Schwankungen kennzeichnen das Klima im Zeitraum zwischen 2,6 Millionen und ca. 11 500 Jahren, dem Pleistozän (zu den Ursachen für die Klimaschwankungen siehe Beitrag von A. Müller, S. 20 und 36 und Beitrag von V. Bothmer, S. 28). In den langen Kaltzeiten, den Glazialen, lagen während der Maxima die globalen Temperaturen bis zu 8 °C unter dem heutigen Mittelwert, in den vergleichsweise kurzen Warmzeiten, den Interglazialen, war es bis zu 4 °C wärmer als heute (Bubenzer/Radke 2007). Während der bis zu 100 000 Jahre andauernden Glaziale war es nicht durchgehend kalt, sondern es gab ständige abrupte Temperatursprünge. Bohrkerne im grönländischen Eisschild zeigen, dass die mittleren Wintertemperaturen in Nordeuropa innerhalb von nur einem Jahrzehnt um bis zu 10 °C fielen oder anstiegen (Broecker 1996). Während der glazialen Maxima drangen die Gletscher der Alpen weit ins Vorland, der Skandinavische Eisschild breitete sich über weite Teile Norddeutschlands aus. Für das nördliche Mitteleuropa sind drei bis vier Gletschervorstöße nachweisbar: Elster, Saale (mit Drenthe- und Warthestadium) und Weichsel. In Süddeutschland sind fünf Glaziale geomorphologisch nachgewiesen: Günz, Haslach, Mindel, Riss und Würm. Die Weichsel-Eiszeit entspricht mit Sicherheit dem Würm-Glazial. Die Korrelation der älteren Glaziale ist aber noch mit Unsicherheiten behaftet. Die gegenwärtige Warmzeit, das Holozän, zeichnet sich durch ein relativ stabiles Klima aus, das die Entstehung von Ackerbau und Viehzucht und unserer Zivilisation begünstigte.

SÄUGETIERE ALS ANZEIGER VON WARM- UND KALTZEITEN

Auch unter den Säugetieren gibt es Arten mit enger Bindung an bestimmte Lebensräume und Klimata. Der natürliche Lebensraum des Moschusochsen ist die baumlose Tundra in der Arktis von Grönland und Nordostkanada. Flusspferde leben heute im subsaharischen Afrika in der Nähe von Gewässern, die auch im Winter nicht zufrieren dürfen. Bis in das 19. Jahrhundert lebten sie aber noch am Nil. Es gibt auch Arten, die in ihren Ansprüchen an den Lebensraum flexibler sind, wie z. B. den Wolf (siehe Infobox »Hunde [Canidae]« von D. Ambros, S. 163), der in der arktischen Tundra ebenso zuhause ist wie in den Wüsten Zentralasiens. Die meisten Raubtiere und nur wenige Pflanzenfresser, wie z. B. Pferde, sind ökologisch weniger anspruchsvoll. Viele Säugetiere des Pleistozän gibt es auch heute noch, und man kann annehmen, dass sich gleiche Arten im Pleistozän und Holozän hinsichtlich ihrer Ansprüche an Lebensraum und Klima nicht wesentlich unterscheiden. Für die ausgestorbenen Säugetiere kann man ihren Lebensraum aus der Assoziation mit anderen Arten erschließen. Typische Säuger der warmzeitlichen Waldelefanten-Fauna sind: der namengebende Waldelefant *(Palaeoloxodon antiquus)*, Damhirsch *(Dama dama)*, Reh *(Capreolus capreolus)*, Wasserbüffel *(Bubalus murrensis)*, Auerochse *(Bos primigenius)*, Flusspferd *(Hippopotamus amphibius)*, Waldnashorn *(Stephanorhinus kirchbergensis)* und Wildschwein *(Sus scrofa)*. Das Klima war in Europa atlantisch geprägt mit milden Wintern und mäßig warmen Sommern. Typische Begleiter des Mammuts in der kaltzeitlichen Mammutfauna sind: Vielfraß *(Gulo gulo*; siehe Infobox »Marderartige [Mustelidae]« von D. Ambros, S. 173), Rentier *(Rangifer tarandus;* siehe Infobox »Hirsche [Cervidae]« von J. Weiß, S. 159), Steppenbison *(Bison priscus)*, Moschusochse *(Ovibos moschatus)*, Saiga *(Saiga tatarica;* siehe Infobox »Hornträger [Bovidae]« von J. Weiß, S. 161) und Woll-/Fellnashorn *(Coelodonta antiquitatis)*. In den Mammut-Faunen war der verstärkte kontinentale Einfluss bestimmend, d. h. es gab große Temperaturunterschiede zwischen Tag und Nacht und zwischen den Jahreszeiten. Die Mammutsteppe ist nicht mit der heutigen arktischen, weitgehend baumlosen Tundra gleichzusetzen, denn Sonnenstand und -einstrahlung waren ja so hoch wie heute in Mitteleuropa. Begünstigt durch die Sonneneinstrahlung war die Vegetation reich an Gräsern und Kräutern und damit sehr nährstoffreich. Die Mammutsteppe war eine Kältesteppe, die sich von Westeuropa über Sibirien bis nach Alaska erstreckte. Es gibt kein Äquivalent in der heutigen Vegetation. Am ehesten kann man sie noch mit den baumfreien Zonen der Hochgebirge vergleichen, die eine

◄ *Waldelefant,* Palaeoloxodon antiquus, *von Neumark-Nord, Saalekreis (Sachsen-Anhalt). Teilweise beschädigter Schädel eines männlichen Tieres in Frontalansicht. Kennzeichnend sind die im Vergleich zum Mammut nur wenig gebogenen Stoßzähne. Bullen dieser Art erreichten Schulterhöhen von bis zu 3,90 m.*

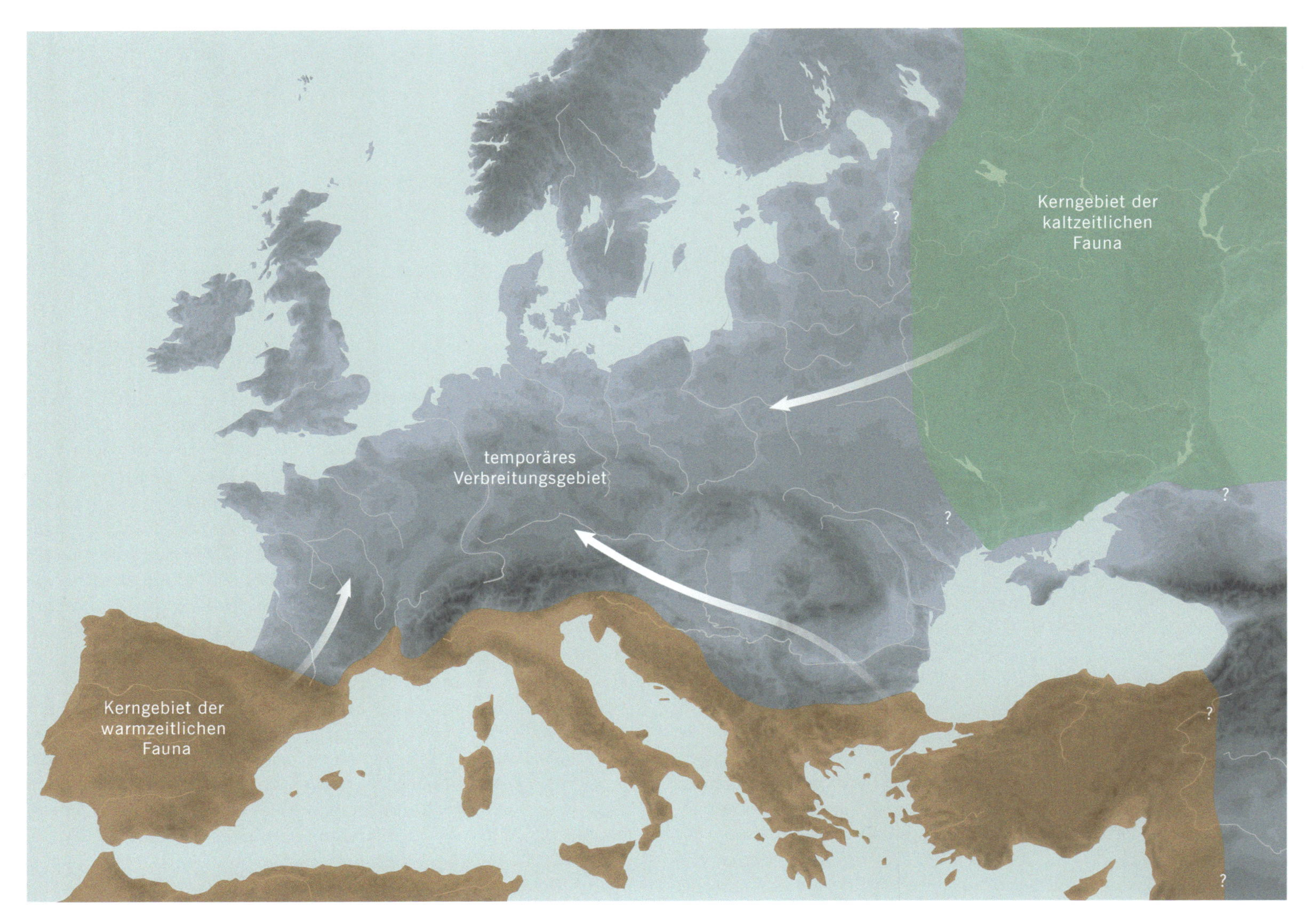

Abb. 1 *Modell für den Faunenaustausch in Mitteleuropa nach von Koenigswald (2002). Mitteleuropa war ein temporäres Verbreitungsgebiet für kalt- und warmzeitliche Faunen. Die warmzeitlichen Faunen überdauerten während der Kaltzeiten im Süden Europas, die kaltzeitlichen während der Warmzeiten im Osten und Nordosten.*

hohe Pflanzenproduktion aufweisen, wie die Almwirtschaft in den Alpen zeigt (von Koenigswald 2002).

In beiden Faunen kann man folgende Säugetiere antreffen: Höhlenbär *(Ursus spelaeus)* siehe Infobox »Bären [Ursidae]« von D. Ambros, S. 154), Höhlenlöwe *(Panthera leo spelaea;* siehe Infobox »Katzen [Felidae]« von D. Ambros, S. 166), Höhlenhyäne *(Crocuta crocuta spelaea;* siehe Infobox »Hyänen [Hyaenidae]« von D. Ambros, S. 164), Rothirsch *(Cervus elaphus)*, Riesenhirsch *(Megaloceros giganteus;* siehe Infobox »Hirsche [Cervidae]« von J. Weiß, S. 159) und Wildpferd *(Equus ferus;* siehe Infobox »Pferde [Equidae]« von J. Weiß, S. 175).

Die Faunenzusammensetzung während der Glaziale und Interglaziale war maßgeblich durch klimatische Faktoren bestimmt. Die Änderungen des Klimas beim Wechsel von Warm- und Kaltzeiten hatten daher auch tiefgreifenden Einfluss auf die Zusammensetzung der Säugerfaunen. Jede Art schiebt die Grenzen ihres Verbreitungsgebiets so weit hinaus, wie es die ökologischen Faktoren gestatten. Das Klima beeinflusst die Vegetation und damit die Nahrungsgrundlage der Pflanzenfresser. Geografische Barrieren wie Flüsse, Gebirge, Wüsten und Meere bestimmen ebenfalls die Arealgrenzen. Bei optimalen Bedingungen wird das gesamte Areal ausgefüllt, ja sogar vergrößert. Klimaschwankungen machen sich zuerst in den Randgebieten des Verbreitungsgebiets und bei deren Populationen bemerkbar, weil dort die Veränderungen zuerst auftreten. Beim Heranrücken einer Kaltzeit verschwinden zunächst die Wälder am Ostrand. Die Populationen der

Waldbewohner werden immer kleiner, weil ihre Lebensgrundlage schwindet. Sie können nicht nach Süden abwandern, weil ihr Lebensraum dort schon besetzt ist. Zunächst werden weniger Jungtiere überleben, die Geburtenrate sinkt, schließlich stirbt eine Art lokal aus, sobald eine kritische Populationsgröße unterschritten ist. Im Gegenzug wird der frei gewordene Raum von kaltzeitlichen Einwanderern besetzt, die ihr Areal wegen für sie günstigerer Bedingungen ausweiten. Beim Heranrücken einer Warmzeit breiten sich die Wälder nach Norden und Osten aus. In der Folge weicht das Areal der kaltzeitlichen Tiere weiter nach Osten und Norden zurück.

Mitteleuropa war im Pleistozän ein temporäres Verbreitungsgebiet von warmzeitlichen Arten währen der Warmzeiten und von kaltzeitlichen Arten während der Kaltzeiten (Abb. 1). Am Beginn einer Kaltzeit schrumpfte das Areal der warmzeitlichen Arten auf ihr Kerngebiet in Südeuropa, um sich von dort wieder nach Norden auszudehnen, wenn eine Kaltzeit vorüber war. Das Mittelmeergebiet ist durch die Ost-West verlaufenden alpinen Gebirgszüge vor Kälteeinbrüchen aus dem Norden geschützt. Das Kerngebiet der kaltzeitlichen Arten lag in Osteuropa und reichte bis nach Sibirien. Dort lebten die Arten der Mammutsteppe auch während der Warmzeiten (von Koenigswald 2003), von wo aus sie sich während einer beginnenden Kaltzeit wieder ausbreiteten. In den letzten 800 000 Jahren gab es etwa zehn Warmzeiten und neun Kaltzeiten. Dies hatte ein wiederholtes Ausdehnen und Schwinden der Mammutsteppe im Wechsel mit Waldlandschaften in Mitteleuropa zur Folge.

Abb. 2 *Steppenelefant,* Mammuthus trogontherii. *Das Skelett wurde 1930 in einer Kiesgrube südlich von Edersleben, Lkr. Mansfeld-Südharz (Sachsen-Anhalt) entdeckt. Es hat eine Gesamthöhe von 3,45 m und stammt von einem 45–50 Jahre alten Elefanten. Aufgrund der geringen Größe und der schlanken Stoßzähne gehört es wohl zu einer Elefantenkuh.*

SÄUGETIERE ALS LEITFOSSILIEN – VOM SÜDELEFANT ZUM MAMMUT

Unter den großen Säugetieren sind die Elefanten der Mammutlinie Leitfossilien, da in relativ kurzer Zeit neue Arten entstanden sind. In Europa folgten innerhalb von 3 Millionen Jahren auf *Mammuthus rumanus* der Südelefant *M. meridionalis*, der Steppenelefant *M. trogontherii* und das Mammut *M. primigenius* (siehe Infobox »Mammut (Mammuthus)« von K. Schauer, S. 168), während es beim Waldelefanten in Europa nur eine Art, *Palaeoloxodon antiquus*, gab, die fast 900 000 Jahre ohne große Veränderungen während der Warmzeiten lebte.

Die Elefanten sind vor ca. 7 Millionen Jahren in Afrika entstanden. Der erste Elefant, *Primelephas*, lebte vor ca. 7–3,6 Millionen Jahren in Ost- und Zentralafrika. Von dort aus haben die Elefanten die entlegensten Regionen der Erde besiedelt. Von Afrika ging es über die Levante nach Europa und Asien. Über die Sibirien und Alaska verbindende Bering-Landbrücke erreichten sie schließlich Amerika. Die ältesten Fossilfunde vom Mammutzweig sind ebenfalls aus Afrika und gehören zum ca. 4–5 Millionen Jahre alten *M. subplanifrons*. In Europa erschien mit *Mammuthus rumanus* die erste Art der Mammutlinie vor etwa 3 Millionen Jahren (Lister u. a. 2005), die manche Forscher auch zum Südelefanten rechnen. Bei *M. rumanus* hatten die letzten Molaren sehr niedrige Kronen und nur 8–10 Lamellen.

Die älteste pleistozäne Art ist der Südelefant, *Mammuthus meridionalis*, der vor ca. 2,5 Millionen Jahren in Europa erschien. Die ältesten Nachweise dieser Art bzw. einer evolvierten Form in Deutschland stammen aus der ca. 1 Million Jahre alten Fauna von Untermaßfeld in Thüringen und aus den etwas jüngeren Faunen von Dorn-Dürkheim (Rheinland-Pfalz) und aus Voigtstedt (Untere Kiese, Thüringen). *Mammuthus meridionalis* erreichte Schulterhöhen von ca. 4 m und hatte bis zu 4 m lange Stoßzähne. Seine letzten Molaren waren noch sehr niedrig, hatten aber schon 12 bis 14 Lamellen. Er war noch an bewaldete Habitate und gemäßigtes Klima gebunden und hatte noch kein langhaariges Fell. Populationen, die sich nach Nordchina und Nordostsibirien ausbreiteten, erwarben im Laufe der Zeit die Kälteanpassung und wurden zur typischen Art der kalten und baumlosen Mammutsteppe.

Auf den Südelefanten folgt vor ca. 1 Million Jahren der Steppenelefant, *M. trogontherii*, dessen älteste typische Vertreter aus Dorn-Dürkheim, Voigtstedt (Obere Kiese) und Süßenborn bei Weimar stammen und zwischen 0,8–0,6 Millionen Jahre alt sind. Das einzige vollständige Skelett dieser Art in Deutschland ist aus Edersleben in Sachsen-Anhalt (Abb. 2). Der Steppenelefant ist wahrscheinlich in Nordostsibirien vor 1,2–0,8 Millionen Jahren entstanden. Die typische Form lebte in Europa vor 0,8–0,5 Millionen Jahren. Sie erreichte bis zu 4,30 m Schulterhöhe. Ein fortgeschrittenes Stadium repräsentiert der ca. 0,4 Millionen Jahre alte Steinheimer Steppenelefant, *Mammuthus trogontherii fraasi*, von dem es neben zahlreichen Zähnen auch ein Skelett aus Schottern der frühen Riss-Eiszeit von Steinheim an der Murr (siehe Infobox »Steinheim an der Murr« von R. Ziegler, S. 146) gibt. Er hatte eine Schulterhöhe von ca. 3,75 m, hochkronige Zähne und stark gewundene und gedrehte Stoßzähne. Wahrscheinlich besaß er auch schon ein langhaariges Fell als Schutz gegen die Kälte, denn die Temperaturen waren in der Riss- bzw. Saale-Kaltzeit ebenso niedrig wie in der letzten Kaltzeit. Es gibt aber keine Belege dafür, weil nur Zähne und Knochen, im günstigsten Fall Skelette erhalten sind.

Das typische Mammut, *Mammuthus primigenius*, erscheint in Europa vor ca. 150 000 Jahren in der jüngeren Saale- bzw. Riss-Eiszeit. Aus dieser Zeit stammt das Skelett von Pfännerhall (Abb. 3). *M. primigenius* ist vor ca. 0,7 Millionen Jahren im Nordosten Sibiriens entstanden, zu einer Zeit als in Europa die Steppenelefanten gerade ihre Blütezeit erlebten. Das Mammut gilt als Charaktertier der Eiszeit und ist namengebend für die Mammutsteppe.

Es gibt zahlreiche Funde aus Ablagerungen der letzten Eiszeit. Von Borna bei Leipzig, Ahlen bei Münster, Polch bei Mayen und Siegsdorf in Bayern gibt es sogar mehr oder weniger vollständige Skelette. Letzteres war mit ca. 3,60 m Schulterhöhe für das letzte Glazial außerordentlich groß und stammt von einem kräftigen Bullen. Das Mammut von Klinge bei Cottbus soll aus eemzeitlichen Ablagerungen sein (Fischer 1996). Demnach ist dies der einzige Fund eines warmzeitlichen Mammuts.

Die Mammute der letzten Eiszeit erreichten im Mittel nur Schulterhöhen um 3 m und waren damit ungefähr so groß wie der heutige Asiatische Elefant. Das Mammut war optimal an das trocken-kalte Klima angepasst. Von Höhlengemälden in Südwestfrankreich und Nordspanien sowie Gravuren auf den Schiefertafeln von Gönnersdorf in der Eifel und von Kadaverfunden aus dem Dauerfrostboden Sibiriens und Alaskas wissen wir, dass das Mammut ein langhaariges Fell mit Unterwolle und Deckhaaren, kleine Ohren und einen kurzen Schwanz hatte. In Europa ist das Mammut vor ca. 14 000 Jahren ausgestorben (Stuart 2014). Im Nordosten Sibiriens bestand der typische Lebensraum, die Mammutsteppe, länger, und einige Populationen haben bis in das frühe Holozän überdauert. Auf der Wrangel-Insel in der Ostsibirischen See vor dem äußersten Nordosten Sibiriens gab es sogar noch vor 4000 Jahren Zwergformen des Mammuts mit Schulterhöhen von ca. 1,80 m.

Morphologische wie paläogenetische Untersuchungen zeigen, dass das Mammut näher mit dem Asiatischen als mit dem Afrikanischen Elefanten verwandt ist (Hofreiter/Lister 2006). Die zum Afrikanischen Elefanten führende Linie spaltete sich schon vor der Trennung der zu Mammut und Asiatischem Elefanten führenden Linien ab (siehe Infobox »Mammut (Mammuthus)« von K. Schauer, S. 169 Abb. 1).

STEINHEIM AN DER MURR, LKR. LUDWIGSBURG, BADEN-WÜRTTEMBERG

Fundstelle: Steinheim an der Murr, ca. 30 km nördlich von Stuttgart, ist eine berühmte mittelpleistozäne Säugetierfundstelle. Im Zuge des kommerziellen Kies- und Sandabbaus wurden vom Ende des 19. Jahrhunderts bis in die 1960er Jahre ca. 3000 Fossilien von Großsäugern geborgen.

Zeitstellung: Die Funde stammen aus den riss-kaltzeitlichen *trogontherii-primigenius*-Schottern und aus den holstein-warmzeitlichen *Antiquus*-Sanden, die beide nach den kennzeichnenden Elefantenfunden benannt wurden (Adam 1988). Die Holstein-Warmzeit wird mit der marinen Sauerstoffisotopenstufe MIS 11 gleichgesetzt und ist damit ca. 400 000 Jahre alt (Gibbard/Cohen 2008). Die darauffolgende, wesentlich längere Riss-Kaltzeit liegt zwischen der Holstein-Warmzeit und der Eem-Warmzeit, die vor 126 000 Jahren einsetzte.

Bedeutung der Fundstelle: Durch die Entdeckung eines Skeletts von *Mammuthus trogontherii fraasi* in riss-eiszeitlichen Schottern im Jahr 1910 wurde Steinheim als Fundstelle pleistozäner Säugetiere erstmals international bekannt. Es folgten Skelettfunde von Steppenbison und Auerochse. Steinheim ist auch Typuslokalität des Murr-Wasserbüffels, *Bubalus murrensis*, von dem man einen Schädel in den *Antiquus*-Sanden fand. Am 24. Juli 1933 entdeckte man in der gleichen Schicht einen Schädel eines Urmenschen, der weltweit als *Homo steinheimensis* bekannt wurde (Abb. 1) und der vollständigste Urmenschenschädel in Deutschland ist. Dieser Mensch lebte während der Holstein-Warmzeit in den Auen der Murr und gilt als Vorfahre des Neandertalers (Ziegler 1999).

Reinhard Ziegler

Abb. 1 *Schädel des Steinheimer Urmenschen,* Homo steinheimensis, *aus den holsteinzeitlichen Ablagerungen der Grube Sigrist in Steinheim an der Murr, Lkr. Ludwigsburg (Baden-Württemberg). Der Schädel hat ein Gehirnvolumen von ca. 1100 ml und eine Länge von ca. 20 cm.*

Abb. 3 Mammut, Mammuthus primigenius, *von Pfännerhall, Saalekreis (Sachsen-Anhalt). Das im Landesmuseum für Vorgeschichte in Halle (Saale)(Sachsen-Anhalt), ausgestellte Skelett wurde 1953 beim Braunkohletagebau bei Braunsbedra im Geiseltal gefunden. Es ist ein stammesgeschichtlich frühes Exemplar aus der Vorstoßphase der Saalevereisung. Die Schulterhöhe beträgt 3 m, die Höhe am Scheitel des Schädels 3,20 m. Die größte Länge von den Stoßzähnen bis zur Schwanzwölbung liegt bei 4,60 m.*

PALAEOLOXODON ANTIQUUS – DER ELEFANT DER WARMZEITEN

Nach neuesten paläogenetischen Untersuchungen soll der Waldelefant dem Afrikanischen Waldelefanten, *Loxodonta cyclotis*, genetisch näher stehen als dem Asiatischen Elefanten, wie bisher Konsens war (Callaway 2016). Mammut und Waldelefanten gehören auch zwei unterschiedlichen Entwicklungslinien an (siehe Infobox »Mammut (Mammuthus)« von K. Schauer, S. 169 Abb. 1). Der Waldelefant lebte bei uns während der Warmzeiten anstelle des Mammuts und seiner Vorfahren. In Mitteleuropa erschien er erstmals vor ca. 0,6 Millionen Jahren im Interglazial von Mauer bei Heidelberg als Zeitgenosse des *Homo heidelbergensis* (siehe Infobox »Mauer an der Elsenz« von R. Ziegler, S. 148). Von da an war er in allen Interglazialen auch nördlich der Alpen der typische Vertreter der warmzeitlichen Faunen: Bilzingsleben (Thüringen), Stuttgart-Bad Cannstatt, Steinheim an der Murr (beide Baden-Württemberg), Neumark-Nord (siehe Abb. S. 142), Gröbern (beide Sachsen-Anhalt), Lehringen (Niedersachsen), zahlreiche Funde, darunter Teilskelette, aus den Kiesgruben der Rheinebene, um nur einige Beispiele zu nennen. In den fast 500 000 Jahren vom ersten Auftreten bis zum Aussterben während der letzten Kaltzeit ist beim Waldelefanten keine wesentliche Entwicklung erkennbar. Er konnte Schulterhöhen von über 4 m erreichen und hatte nur wenig gebogene Stoßzähne. Man kann davon ausgehen, dass er kein langhaariges Fell hatte, da dies bei warmzeitlichen Verhältnissen nicht nötig ist.

Nach den paläogenetischen Untersuchungen soll sich der Waldelefant mit dem Mammut gelegentlich gekreuzt haben. Möglicherweise

MAUER AN DER ELSENZ, RHEIN-NECKAR-KREIS, BADEN-WÜRTTEMBERG

Fundstelle: Mauer, ca. 15 km südöstlich von Heidelberg, ist eine weltweit bekannte Homininen- und Säugetierfundstelle. Mehrere Jahrhunderte Abbau von Sanden in einer alten Neckarschlinge ergaben als Nebenprodukt mehr als 5000 Fossilfunde von Säugetieren, darunter den Unterkiefer eines Urmenschen, des *Homo heidelbergensis*.

Zeitstellung: Für die zeitliche Einstufung der Fauna sind die Kleinsäuger, vor allem die Wühlmausarten *Arvicola mosbachensis, Pliomys episcopalis, Pliomys coronensis* und die Spitzmaus *Sorex (Drepanosorex) savini* von Bedeutung. Danach ergibt sich als Mindestalter das Interglazial III des Cromer-Komplexes, eines verschiedene Warm- und Kaltphasen umfassenden Zeitabschnittes am Beginn des Mittelpleistozän (Schreiber u. a. 2007). Die Kleinsäuger ermöglichen auch eine Einstufung in die marine Sauerstoffisotopenstufe MIS 13 oder 15 (Wagner u. a. 2011). Eine Kombination aus verschiedenen absoluten Datierungsmethoden am Schmelz von Säugetierzähnen und an Sandkörnern aus der Fundschicht ergaben ein Alter von 609 000 (± 40 000) Jahren und damit die Korrelation mit MIS 15. *Homo heidelbergensis* von Mauer ist damit der älteste Urmenschenfund von Mittel- und Nordeuropa (Wagner u. a. 2010).

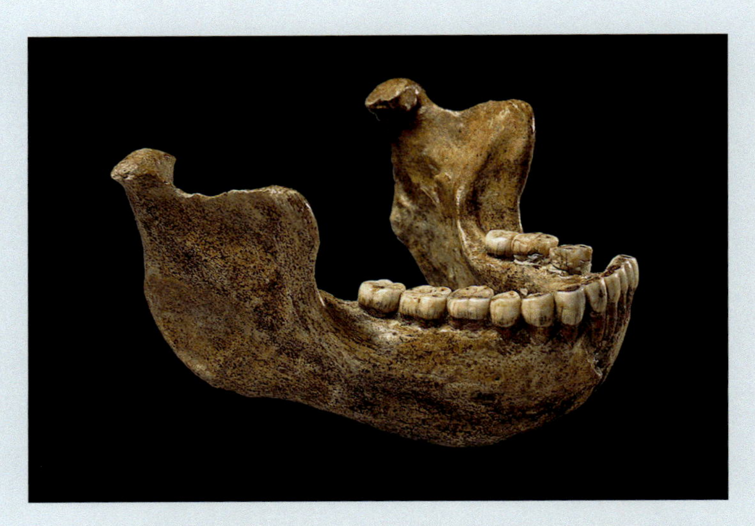

Abb. 1 Unterkiefer des Urmenschen Homo heidelbergensis *von Mauer an der Elsenz, Rhein-Neckar-Kreis (Baden-Württemberg); Länge des Unterkiefers links 135 mm, Unterkieferhöhe links 73 mm, Breite über beiden Gelenken 137 mm.*

Bedeutung der Fundstelle: Bronn erwähnt 1830 erstmals den Fund eines Stoßzahns eines Waldelefanten. 1887 entdeckte man einen fast vollständigen Schädel eines Waldelefanten. Inzwischen sind 36 Säugetierarten in den Mauerer Sanden der Sandgrube Grafenrain nachgewiesen. Der warmzeitliche Charakter der Fauna kommt in Funden von Biber, Waldmaus, Waldelefant, Waldnashorn, Waldwisent, Flusspferd und Wildschwein zum Ausdruck. Der Fund eines Unterkiefers eines Urmenschen im Jahr 1907 in der Sandgrube Rösch im Gewann Grafenrain, durch den Sandgrubenarbeiter Daniel Hartmann, repräsentierte Jahrzehnte lang den ältesten Europäer (Abb. 1). Noch immer ist er der älteste Urmenschenfund Europas nördlich der Alpen. Otto Schoetensack beschrieb ihn 1908 als *Homo heidelbergensis*. Da der Sandabbau 1962 eingestellt wurde, gibt es keine weiteren Funde von großen Säugetieren, wohl aber Kleinsäugern, die aus geringen Sedimentmengen ausgesiebt wurden. Zuletzt fand man 2008 in Sedimentresten einen Backenzahn von *Macaca sylvanus*, eines Makaken (Schreiber/Löscher 2011).

Reinhard Ziegler

sind sie sich in Übergangszeiten begegnet, wenngleich es keine gesicherten Fossilbelege für ein gemeinsames Vorkommen gibt. Nördlich der Alpen starb der Waldelefant am Ende der letzten Warmzeit vor ca. 110 000 Jahren aus. Auf der Iberischen Halbinsel in Italien und möglicherweise auf dem Balkan überlebte er noch bis in die letzte Kaltzeit, vor rund 70 000–50 000 Jahren (Stuart 2014).

EINE AUSWAHL AN GROSSSÄUGETIEREN DER KALTZEITEN

Wollnashorn, *Coelodonta antiquitatis*

Es ist neben dem Mammut eine charakteristische Art der Mammutsteppe und ernährte sich vornehmlich von niedrig wachsenden krautartigen Pflanzen und Gräsern. Durch den nach hinten verlängerten Schädel ist die natürliche Kopfhaltung nach unten geneigt, was die Aufnahme der Nahrung vom Boden ermöglicht. Die Zähne sind hochkronig und haben einen rauen Zahnschmelz. Gravierungen des Wollnashorns auf Schieferplatten von Gönnersdorf, Wandgemälde in Höhlen in Südfrankreich und Kadaverfunde aus dem Dauerfrostboden von Sibirien zeigen, dass zumindest das letztglaziale Wollnashorn ein Fell als Kälteanpassung hatte (siehe Infobox »Nashörner [Rhinocerotidae]« von K. Schauer, S. 174). Es stammt aus Asien und erwarb seine Kälteanpassung im Zuge der Expansion nach Westen. Das Wollnashorn folgte nicht anderen Säugetieren wie Steppenbison, Rentier, Moschusochse und Höhlenlöwe, die Nordamerika über die Bering-Landbrücke erreichten. Warum es Nordamerika mied, weiß man nicht.

In Mitteleuropa ist das Wollnashorn erstmals im frühen Elsterglazial nachweisbar, wie Funde aus Frankenhausen (Thüringen), Borna (Sachsen) und Neuekrug (Sachsen-Anhalt) belegen (Kahlke 1994). Diese frühen Vorkommen waren bereits mit dem Rentier assoziiert. Im Holstein-Interglazial und in den darauffolgenden Warmzeiten sind die *Coelodonta*-Populationen in Mitteleuropa erloschen. Die letztglazialen Populationen des Wollnashorns waren von Spanien bis nach Nordostsibirien verbreitet. Vor 35 000 Jahren schrumpfte das Areal des

Fellnashorns ostwärts. Die letzten Vorkommen sind in Nordostsibirien vor ca. 14000 Jahren ausgestorben (Stuart/Lister 2012; Stuart 2014).

Steppenbison, *Bison priscus*

Er war ebenfalls ein Begleiter des Mammuts und lebte in großen Herden in der Mammutsteppe, kam aber auch in Warmzeiten vor. Er ist in fast allen Faunen seit dem frühen Mittelpleistozän mit verschiedenen Unterarten vertreten. *Bison priscus priscus* lebte in den Wald- und Steppentundren Europas und Westsibiriens (Kahlke 1994). Er ist das häufigste Rind in der späten Saale-/Riss-Kaltzeit und im Weichsel-/Würm-Glazial. Aus den riss-kaltzeitlichen Schottern von Steinheim an der Murr stammt ein fast vollständiges Skelett. Der Steppenbison hatte einen vergleichsweise kurzen und gedrungenen Schädel mit nur leicht gebogenen Hornzapfen. Von Kadaverfunden aus dem Dauerfrostboden von Alaska und Sibirien sind Fellreste erhalten. Der Steppenbison ist auch in den eiszeitlichen Höhlengemälden von Nordspanien und Südwestfrankreich detailliert dargestellt. Sie zeigen gut die Stellung der Hörner und den Bart dieser Rinder. In Europa ist er im späten letzten Glazial ausgestorben. Die letzten Nachweise dieser Art sind von der Taimyr-Halbinsel in Russland und 9800 Jahre alt (Stuart 2014).

Moschusochse, *Ovibos moschatus*

Er ist seit dem frühen Mittelpleistozän als weitgehend kälteresistente Form bekannt (Kahlke 1994). Die ältesten Nachweise in Deutschland stammen aus Süßenborn bei Weimar. Es ist offen, ob er damals schon die Kälteanpassung der heutigen Moschusochsen hatte. Er kommt dort allerdings bereits zusammen mit dem Rentier vor, was für eine gewisse Bindung an kühles Klima spricht. In allen späteren Kaltzeiten ist er ein Anzeiger für sehr kaltes und trockenes Klima. Er ist ein Tier der arktischen Tundra bzw. der Steppentundra und kommt heute natürlich nur noch in Alaska, Kanada und Grönland vor (siehe Infobox »Hornträger [Bovidae]« von J. Weiß, S. 161). Als Kälteschutz hat er ein dichtes und langes Fell mit einer besonders feinen Unterwolle.

EINE AUSWAHL AN GROSSSÄUGETIEREN DER WARMZEITEN

Waldnashorn, *Stephanorhinus kirchbergensis*

Dieses Nashorn lebte bei uns während der Warmzeiten (Abb. 4). Merkmale am Schädel und Zähne mit niedrigen Kronen zeigen deutlich, dass es ein Laubäser war. Das Hinterhaupt ist nahezu rechteckig und nicht nach hinten verlängert. Daraus ergibt sich die für Laubäser typische gehobene Kopfhaltung.

Das Waldnashorn lebte in bewaldeten Habitaten. Die ältesten Nachweise in Deutschland stammen aus Mosbach 2 (heute Stadtteil von Wiesbaden, Hessen) und Mauer. Die Funde von Bilzingsleben, aus den Travertinen von Stuttgart-Bad Cannstatt und von Steinheim an der Murr sind aus Warmzeiten vor 400000–370000 Jahren. Ein fast vollständiger Schädel, Bruchstücke von zwei weiteren Schädeln sowie Einzelzähne und -knochen stammen aus ca. 200000 Jahre alten Ablagerungen von Neumark-Nord. Vorkommen aus dem letzten Interglazial gibt es in den Faunen von Taubach (heute Ortsteil von Weimar), Weimar und in vielen Kiesgruben der Oberrheinebene. Am Ende des letzten Interglazials ist es in Mitteleuropa ausgestorben.

Steppennashorn, *Stephanorhinus hemitoechus*

In den Warmzeiten lebte in Europa neben dem Waldnashorn noch das Steppennashorn, das in offeneren Habitaten vorkam. Die im Vergleich zum Waldnashorn etwas höherkronigen Zähne weisen auf einen höheren Anteil an Grasnahrung hin. Zudem ist das Hinterhaupt gegenüber dem Waldnashorn etwas verlängert. Dies bedeutet, dass der Schädel mehr zum Boden geneigt ist zur Aufnahme der Grasnahrung.

Die ältesten Nachweise in Deutschland stammen aus den Faunen von Mosbach 2. Weitere Funde kommen aus den holsteinzeitlichen Travertinen von Stuttgart-Bad Cannstatt, Steinheim an der Murr, Bilzingsleben und auch aus eem-interglazialen Faunen. Ein fast vollständiges Skelett fand man in Neumark-Nord (Sachsen-Anhalt). Es lebte in einer Warmzeit vor ca. 200000 Jahren.

Waldwisent, *Bison schoetensacki*

Er ist ein typisch warmzeitliches Wildrind. Die ältesten Vorkommen des Waldwisents stammen aus den Faunen von Voigtstedt, Süßenborn, Mosbach 2 und Mauer. In der holsteinzeitlichen Fauna von Steinheim an der Murr ist er ebenfalls nachgewiesen (Abb. 5).

Wasserbüffel, *Bubalus murrensis*

Namengebend für den Murr-Wasserbüffel ist ein Schädel aus den holsteinzeitlichen Ablagerungen von Steinheim an der Murr (Abb. 6). Aus der gleichen Warmzeit ist der Nachweis von Schönebeck bei Magdeburg. In mehreren Kiesgruben der Oberrheinebene fand man Reste des Murr-Wasserbüffels aus der letzten Warmzeit. Fossile Schädel des Wasserbüffels kann man leicht am dreikantigen Querschnitt der Hörner erkennen. Die Hörner sind etwas länger als die Hornzapfen und konnten 1 m lang werden. Skelettknochen dieser seltenen Art hat man bisher nicht gefunden. Dies mag daran liegen, dass sie aufgrund der Seltenheit tatsächlich nicht überliefert sind, oder dass sie vom Auerochsen oder Bison nur schwer zu unterscheiden sind. Der Wasserbüffel ist ein Anzeiger für die Nähe von Wasser und für ein mildes Klima, insbesondere milde Winter.

Flusspferd, *Hippopotamus antiquus*

Die pleistozänen Flusspferde in Europa werden meist als eigenständige Art *H. antiquus* geführt. Im späten Altpleistozän lebte das Flusspferd noch in Thüringen, wie zahlreiche Funde von Untermaßfeld bei Meiningen zeigen (Abb. 7). Die Funde von Würzburg-Schalksberg gehören eventuell zur gleichen Einwanderungswelle. In den mittelpleistozänen Warmzeiten ist es in Mauer und Mosbach nachgewiesen. Im letzten Interglazial ist es entlang des Rheins bis nach England vorgedrungen.

***Abb. 5** Waldwisent,* Bison schoetensacki, *von Steinheim an der Murr, Lkr. Ludwigsburg (Baden-Württemberg). Schädel mit beiden Hornzapfen. Kennzeichnend sind die kurzen, gebogenen Hörner. Der Abstand zwischen den Spitzen der Hornzapfen beträgt 85 cm.*

***Abb. 6** Murr-Wasserbüffel,* Bubalus murrensis, *von Steinheim an der Murr, Lkr. Ludwigsburg (Baden Württemberg). Schädelbruchstück mit beiden Hornzapfen. Die Hornzapfen zeigen den für Wasserbüffel typischen dreieckigen Querschnitt. Die größte Breite zwischen den Spitzen der Hornzapfen liegt bei 90 cm.*

Der Rhein war seit dem späten Mittelpleistozän die Ostgrenze des Verbreitungsgebietes.

Fossilfunde des Flusspferds sind leicht zu erkennen. Die Langknochen sind massiv und gedrungen und haben kräftige Muskelansätze. Die stark gebogenen Eckzähne wachsen kontinuierlich nach und haben auf der Außenseite Schmelz mit typischen Riefen. Imposant sind auch die mächtigen, geraden Schneidezähne.

VON BÄRENHÖHLEN UND HÖHLENBÄREN

Auf der Schwäbisch/Fränkischen Alb gibt es wie in anderen Karstgebieten zahlreiche Spalten und Höhlen, in deren Höhlenlehm man oft Fossilfunde von Wirbeltieren findet. In vielen Höhlen gibt es auch Reste des Höhlenbären, in manchen sogar massenhaft. Typuslokalität (Ort der wissenschaftlichen Erstbeschreibung) für den Höhlenbären *Ursus spelaeus* ist die Zoolithenhöhle bei Burggaillenreuth in der Fränkischen Schweiz. Rosenmüller beschrieb die Art 1794 anhand von Funden aus dieser Höhle. Es gibt viele andere Höhlen mit Funden von Höhlenbären (siehe Infobox »Bären [Ursidae]« von D. Ambros, S. 154). Erwähnenswert ist die Bärenhöhle im Hohlenstein bei Asselfingen im Alb-Donau-Kreis. Dort barg man 1861 in einer mehrwöchigen Ausgrabung an die 10 000 Knochen von mindestens 400 Höhlenbären, darunter viele Schädel (Abb. 8). Für das massenhafte Vorkommen wurden früher spezialisierte Jagd oder Massensterben als Ursache bemüht. Die naheliegende Erklärung ist die Akkumulation von natürlich verstorbenen Höhlenbären über einen längeren Zeitraum. Sehr alte Höhlenbären und Höhlenbärenbabys sind in den Höhlenfunden überrepräsentiert. Für diese ist die Winterruhe eine kritische Zeit. Wenn nur alle paar Jahre ein Höhlenbär den Winter nicht überlebt, kommt in 1000 Jahren eine Menge an Höhlenbärenknochen zusammen.

Der Höhlenbär ist vor ungefähr 130 000 Jahren aus dem Deninger-Bären *Ursus deningeri* entstanden. Wesentliche Entwicklungstendenzen sind Größenzunahme und der Verlust von Prämolaren. Er erreichte eine Schulterhöhe bis 1,70 m und eine Rumpflänge von 3 m.

Das Gebiss des Höhlenbären zeigt, dass er im Gegensatz zum Braunbären ein spezialisierter Pflanzenfresser war (Rabeder u. a. 2000). Isotopenuntersuchungen an Knochen von Höhlenbären aus der Goyet-Höhle in Belgien bestätigen, dass sich der Höhlenbär rein pflanzlich ernährte. Diese Einschränkung auf die vegetarische Lebensweise trug möglicherweise zu seinem Aussterben bei. Er konnte sich offensichtlich nicht mehr schnell genug an die raschen Schwankungen in Klima und Vegetation anpassen (Naito u. a. 2016).

◄ ***Abb. 4** Waldnashorn,* Stephanorhinus kirchbergensis, *von Neumark-Nord, Saalekreis (Sachsen-Anhalt). Der Schädel ist ca. 70 cm lang und ungefähr 200 000 Jahre alt. Die Rauigkeiten auf dem Nasenbein markieren die Ansatzstellen der beiden Nasenhörner.*

Abb. 7 *Flusspferd,* Hippopotamus antiquus, *aus den Werra-Sanden von Untermaßfeld, Lkr. Schmalkalden-Meiningen (Thüringen). Am ca. 1,05 Millionen Jahre alten Schädel eines ausgewachsenen Flusspferdes fehlen Teile des Jochbogens, des Stirnbeins und das vorderste Stück der Schnauze. Die ungefähre Länge des Schädels beträgt 57 cm.*

DAS AUSSTERBEN DER MEGAFAUNA

Das Aussterben von Arten ist an sich ein normaler Vorgang. Unsere heutige Tier- und Pflanzenwelt ist nur ein kleiner Bruchteil dessen, was insgesamt an Arten entstanden ist. Es gab aber mehrmals in der Erdgeschichte große Massensterben, bei denen ein bedeutender Anteil der vorhandenen Tier- und Pflanzenarten ausstarb. Das wohl bekannteste ist das Massenaussterben am Ende der Kreidezeit vor ca. 66 Millionen Jahren, bei dem unter anderem die Dinosaurier und die Ammoniten völlig verschwanden. Die jüngste Krise in der Erdgeschichte ist das Aussterben der pleistozänen Megafauna, die vor allem die landlebenden Großsäugetiere, in geringerem Maße auch Vögel und Reptilien betraf. Anders als bei früheren Aussterbeprozessen waren Meeresbewohner, Pflanzen und Nichtwirbeltiere davon kaum betroffen. Von allen vorangegangenen Krisen unterscheidet sich die spätpleistozäne durch die Gegenwart des Menschen. Die Frage, inwieweit er am Aussterben der Megafauna beteiligt war, wird nach wie vor kontrovers diskutiert. Die Verluste sind auch geografisch sehr ungleich verteilt. In der Megafauna von Südamerika starben 46 von 58 (80 %) der Gattungen aus, in Nordamerika waren es 33 von 45 (73 %) und in Australien sogar 15 von 16 (94 %). Europa war mit 7 von 24 (29 %) ausgestorbenen Gattungen vergleichsweise wenig betroffen, und in Afrika südlich der Sahara starben am Ende des Pleistozän nur 2 von 44 (5 %) der Gattungen aus (Stuart 1993). In Europa sind zwei Phasen des endpleistozänen Aussterbens zu unterscheiden. Am Beginn des letzten Glazials starben Waldelefant, Wald- und Steppennashorn und Flusspferd nördlich der Alpen aus und überdauerten bis zu ihrem endgültigen Verschwinden vor rund 30 000 Jahren in südeuropäischen Reliktarealen. Lediglich die Flusspferde überlebten in Nordafrika und sind auch heute noch im subsaharischen Afrika anzutreffen. Die kälteangepassten Arten, wie Mammut und Wollnashorn, starben bei uns im Spätglazial vor ca. 14 000–10 000 Jahren aus.

Zur Erklärung für das endpleistozäne Aussterben werden verschiedene Ursachen angenommen: menschlicher Einfluss (Overkill-Hypothese), Klimawandel, Einschlag von Meteoriten. Unbestritten ist, dass sich durch den Klimawandel die Vegetation und damit das Nahrungsangebot grundlegend änderten. Mit dem Herannahen einer Kaltzeit verschwinden die Wälder und die Kältesteppe nimmt ihren Platz ein. Die Populationen der warmzeitlichen Säugetiere schrumpfen. Eine Bejagung durch den Menschen wirkt sich auf eine solche vorgeschädigte Population anders aus als auf eine gesunde. Für Nordamerika nimmt Haynes (1999) an, dass die Mammutpopulationen durch den Klimawandel am Ende der letzten Eiszeit auf kleine Reliktareale geschrumpft waren. Die Clovisjäger, so benannt nach ihren charakteristischen Speerspitzen, die in der kurzen Zeitspanne vor 11 000–10 500 Jahren ankamen, hatten somit ein leichtes Spiel und beschleunigten den Niedergang der Populationen, waren aber nicht die primäre Ursache für das Verschwinden der amerikanischen Megafauna.

Im nördlichen Eurasien zog sich das Aussterben der Megafauna über einen längeren Zeitraum hin und Menschen gab es dort schon lange. Es gilt auch zu bedenken, wie viele Jäger nötig sind um eine gesunde Population auszurotten. Aus einer Vielzahl von archäologischen Fundplätzen hat Zimmermann (1996) Schätzungen zur Populationsgröße von Jägern in Deutschland vor dem letzten Hochglazial vorgelegt. Demnach lebten zu dieser Zeit in Deutschland ca. 2000 Menschen. Im Spätglazial stieg die Bevölkerungszahl dann auf 40 000 Einwohner an, entsprechend 0,1 Einwohner pro km^2. Es ist schwer vorstellbar, wie eine so kleine Zahl von Jägern Mammute, Wollnashörner, Höhlenbären etc. ausgerottet haben soll. Diese kleine Zahl von Jägern müsste ja das gesamte Gebiet kontrollieren. Pushkina und Raia (2008) haben für Eurasien gezeigt, dass die spätpleistozäne Klimaverschlechterung zunächst eine Fragmentierung der Habitate der Megafauna, ein Schrumpfen ihres Verbreitungsgebietes und eine Abnahme der Populationsgröße zur Folge hatte. Die Bejagung durch den Menschen verstärkte diesen Prozess und führte letztlich zum Aussterben von Arten.

Der Fossilbericht im Spätglazial zeigt, dass unter den Großsäugern insbesondere Pferde und Rentiere, die in großen Herden vorkamen, gejagt wurden, weniger die schon selten gewordenen Mammute und Wollnashörner. Die stark bejagten Pferde und Rentiere sind aber nicht ausgestorben.

***Abb. 8** Höhlenbär,* Ursus spelaeus, *aus der Bärenhöhle im Hohlenstein bei Asselfingen, Alb-Donau-Kreis (Baden-Württemberg). Das Skelett ist aus den Knochen mehrerer Individuen zusammengesetzt und hat eine Kopf-Rumpf-Länge von 2,10 m.*

Dies zeigt, dass weder die Overkill-Hypothese noch die Klima-Hypothese allein eine zufriedenstellende Erklärung für das endpleistozäne Aussterben der Megafauna bietet. Man muss vielmehr von einem Zusammenwirken mehrerer Ursachen ausgehen. In Nord- und Südamerika, wo das Aussterben zeitlich eng mit dem raschen Erscheinen des Menschen korreliert, mag der anthropogene Einfluss stärker gewesen sein als in Europa, wo die meisten Säuger lange nach der Ankunft des anatomisch modernen Menschen ausstarben. Für weite Teile Eurasiens dürften einschneidende Klimaänderungen und in deren Folge das Verschwinden geeigneter Vegetation die entscheidende Ursache für das Aussterben am Ende des Pleistozän sein. Am Übergang zum Holozän ist das Ökosystem der Mammutsteppe auch in Sibirien verschwunden. Während mehrerer Warmzeiten davor bestand sie in Sibirien fort und war das Kerngebiet der kaltzeitlichen Säugerfaunen.

INFOBOXEN – TIERWELT

BÄREN, GROSSBÄREN (URSIDAE)

Eine Reihe verschiedener Bärenarten ist aus dem pleistozänen Europa bekannt, darunter der Höhlenbär *(Ursus spelaeus),* neben dem Mammut sicher das Charaktertier für die Eiszeit, und seine Vorfahren *(U. etruscus, U. deningeri).* Auch der Braunbär *(U. arctos)* lebte schon damals auf dem Kontinent. Selten und wenig bekannt sind Funde des Europäischen Schwarzbären *(U. thibetanus).* Am Beginn der letzten großen Vereisungsphase entwickelte sich aus einer Braunbärenpopulation schließlich der Eisbär *(Thalarctos maritimus).*

Schon den gelegentlichen Höhlenbesuchern früherer Jahrhunderte fielen die in manchen Höhlen ungeheuer zahlreichen Knochenreste auf. Dank günstiger klimatischer Bedingungen sind diese in Höhlen viel besser erhaltungsfähig als im Freiland. Schon früh gab es auch Erklärungsversuche zu den Tierformen (Drachen, Einhörner), aber auch zu der großen Anzahl (Sintflut, Jagdbeute, Höhlenbärenkult und vieles mehr).

Einen sehr großen Anteil haben Knochen von Bären. An Funden aus der bezeichnenderweise als »Zoolithenhöhle« (Höhle der Tierversteinerungen) benannten Fundstelle erkannte schon 1774 der Uttenreuther Pfarrer Johann Friedrich Esper (1774), dass sich diese Art von den heutigen Braunbären unterscheidet. Da er aber kein Naturwissenschaftler war, wollte er sich nicht anmaßen, eine neue Art aufzustellen. 1794 geschah dies durch den Leipziger Arzt und Naturforscher Johann Christian Rosenmüller, der einige Zeit in Erlangen studiert und dabei auch die Zoolithenhöhle bei Burggaillenreuth (Bayern) kennengelernt hatte.

Nach über 200 Jahren Forschung wissen wir heute deutlich mehr über Abstammung und Lebensweise dieser großen eiszeitlichen Bärenart.

Bären (Familie Ursidae) treten erstmals im oberen Oligozän und unteren Miozän (vor ca. 23 Millionen Jahren) auf. Über verschiedene Vorfahren entwickelte sich *Ursus etruscus* (Pliozän, Eurasien), von dem am Beginn des Pleistozän die Braunbären *(U. arctos)* und am Beginn des Mittelpleistozän dann auch die Höhlenbärengruppe *(U. deningeri, U. spelaeus)* abzweigten. Neue genetische Untersuchungen haben in den letzten Jahren Klarheit in die bisher recht umstrittenen Abstammungsverhältnisse gebracht, aber auch gezeigt, dass es eine Reihe von Populationen mit unterschiedlichen Merkmalen gab. Daher werden heute meist drei Arten unterschieden *(U. spelaeus, U. ingressus, U. deningeri kudarensis*; Knapp u. a. 2009). Der Höhlenbär tritt erstmals im ausgehenden Mittelpleistozän auf, letzte Vertreter kennt man vom Ende des Oberpleistozän. Im Gegensatz zu den weit verbreiteten Braunbären (Eurasien, Nordafrika, Nordamerika) kennt man den klassischen Höhlenbären *(U. spelaeus)* fast ausschließlich aus Europa (Abb. 1).

Eisbären *(U. maritimus)* sind eng mit dem Braunbären verwandt. Sie haben sich wahrscheinlich im nördlichen Eurasien entwickelt, die bisher ältesten Funde sind mehr als 110 000 Jahre alt.

Höhlenbären unterschieden sich von den heutigen Braunbären deutlich in Größe und Erscheinungsbild. Sie waren etwa so groß wie die größte lebende

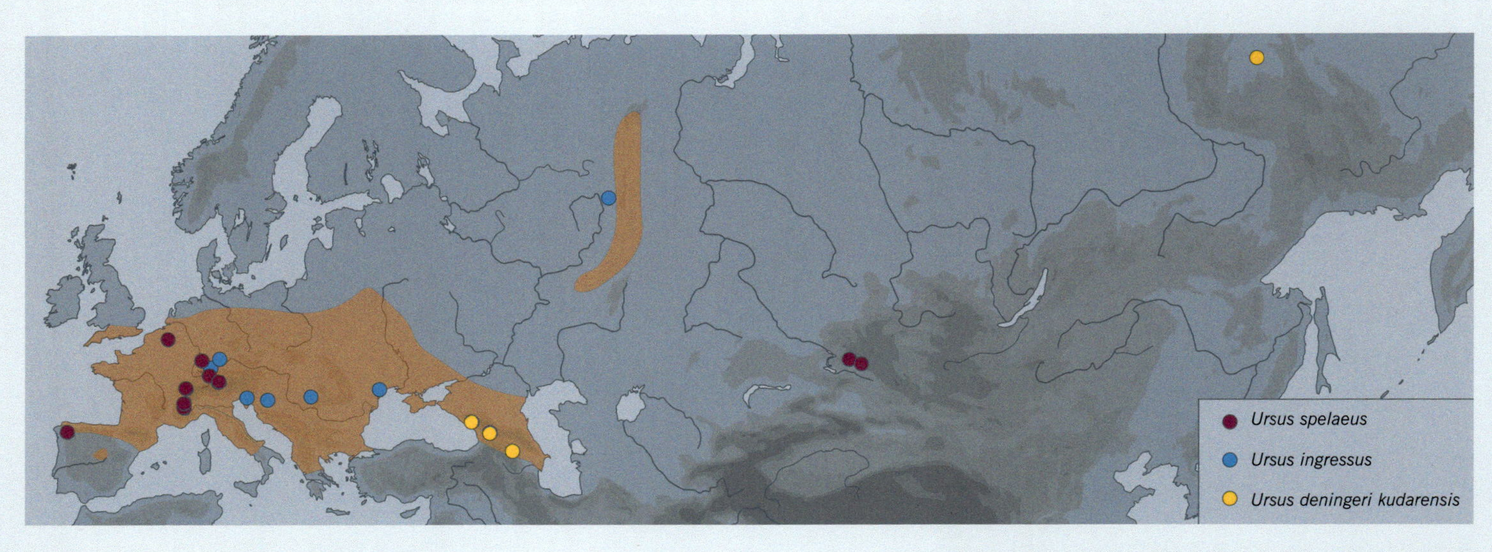

Abb. 1 Verbreitung der Höhlenbärengruppe: Das braun markierte Gebiet zeigt die Verbreitung von Ursus spelaeus *sensu lato und* Ursus deningeri *in Europa, das anhand morphologisch bestimmter Knochenfunde erfasst wurde. Farbige Punkte markieren im Zuge neuerer Untersuchungen publizierte DNA-Sequenzen. Durch diese sind im Laufe der Jahre auch Höhlenbären außerhalb der bisher bekannten Gebiete ermittelt worden.*

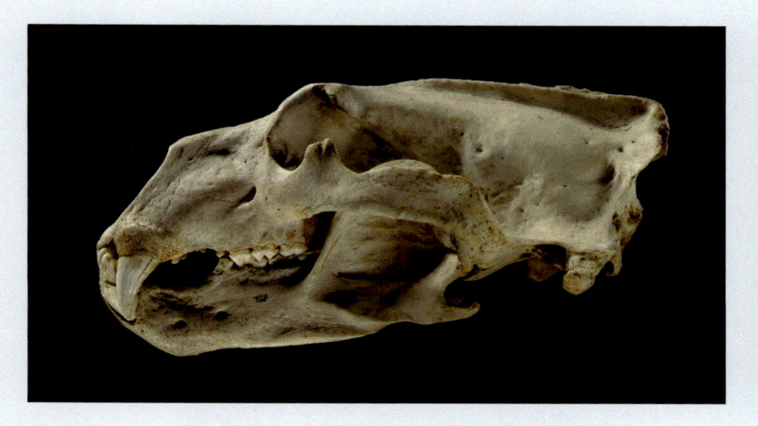

Abb. 2 Schädel eines heutigen Eisbären (Ursus maritimus)*; Länge 38 cm, Breite 24,5 cm, Höhe 21 cm.*

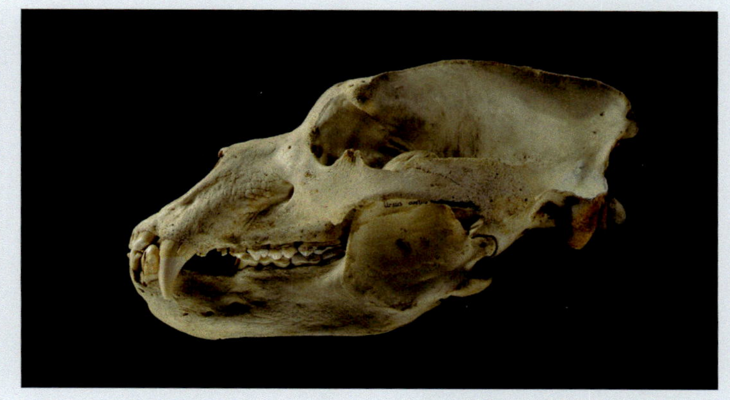

Abb. 3 Schädel eines heutigen Braunbären (Ursus arctos)*; Länge 40 cm, Breite 26,5 cm, Höhe 23 cm.*

Braunbärenform, der Kodiakbär *(U. a. middendorffi)*, aber noch etwas kräftiger gebaut. Die Schulterhöhe betrug 110 bis 140, selten bis 160 cm bei einer Kopf-Rumpf-Länge von bis zu 350 cm. Besonders auffällig ist die Schädelform der Männchen. Im Gegensatz zu Braun- und Eisbären (Abb. 2–3) haben diese eine steil aufragende Stirn (Abb. 4–5). Der Zweck dieser Bildung ist bis heute nicht geklärt.

Moderne Braunbären sind Allesfresser. Je nach Lebensraum, Jahreszeit und individuellen Vorlieben beinhaltet der Speiseplan Beeren, Wurzeln, Fisch, verschiedene Wirbellose (Schnecken, Insekten), kleine Wirbeltiere, aber auch größeres Wild. Neben aktiver Jagd sind sie auch Aas nicht abgeneigt.

Die vom Braunbärengebiss abweichenden Zähne der Höhlenbären ließen schon lange vermuten, dass diese Art stärker vegetarisch ausgerichtet war als ihre Vettern. Moderne Isotopen-Methoden weisen ebenfalls in diese Richtung. Allerdings sind auch hier Unterschiede zwischen verschiedenen Populationen vorhanden (Richards u. a. 2008; Rabal-Garcés u. a. 2012; Naito u. a. 2016).

Ähnlich wie die heutigen (allerdings fleischfressenden) Eisbären überbrückten auch Höhlenbären die nahrungsarme Zeit, indem sie Winterruhe hielten. Sie zogen sich in Höhlen zurück, reduzierten ihren Stoffwechsel auf ein Minimum und zehrten von den im Spätsommer und Herbst angefressenen Fettreserven. Am Ende des Winters bekamen die Weibchen zudem im Winterquartier ihren Nachwuchs.

Tiere, die zu wenige Reserven hatten, die alt, schwach oder krank waren, überlebten oft diese Lebensphase nicht. Auch Neugeborene oder etwaeinjährige Jungtiere starben manchmal in dieser Zeit. So lassen sich auch die eingangs erwähnten großen Knochenakkumulationen zwanglos erklären. Viele Höhlen wurden jahrhundertelang immer wieder aufgesucht. Wenn nur alle paar Jahre ein Bär dort verendet ist, braucht man keine Katastrophen heranziehen, um dies zu erklären.

Wie ausgeprägt die Jagd des prähistorischen Menschen auf Höhlenbären war, ist heute nicht mehr zu sagen. Dass sie zumindest ab und an stattfand, wissen wir aber. Ein Nachweis ist der Brustwirbel eines Bären aus der Höhle Hohler Fels bei Schelklingen auf der Schwäbischen Alb (Baden-Württemberg), in dem ein Feuersteinprojektil steckt (Münzel u. a. 2001).

Immer wieder wurde auch ein Höhlenbärenkult des Neandertalers bzw. des modernen Menschen als Ursache für die Häufigkeit oder auch für die ungewöhnlichen Fundsituationen von Höhlenbären-Schädeln und -Knochen propagiert. Häufig wurde dazu auf historische und noch ausgeübte Bärenkulte bei verschiedenen Völkern hingewiesen. Eingehende Untersuchungen konnten das vorgeschichtliche Pendant aber nicht bestätigen (Pacher 1997).

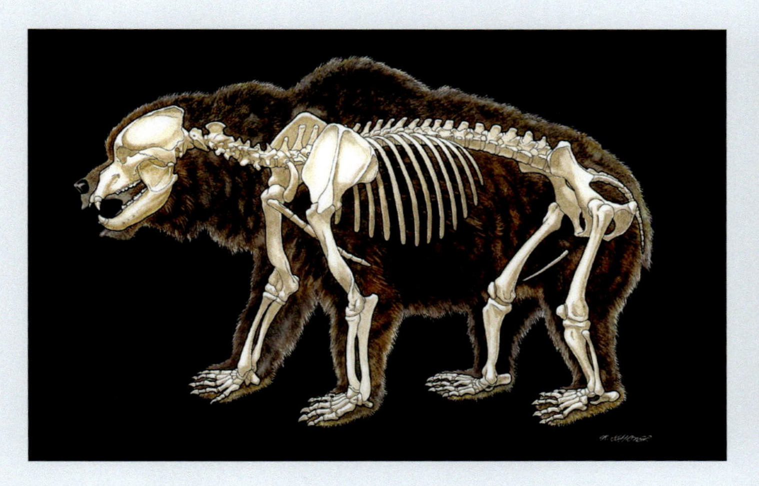

Abb. 4 Rekonstruktion eines Höhlenbären (Ursus deningeri-spelaeus) *(Zeichnung © K. Schauer).*

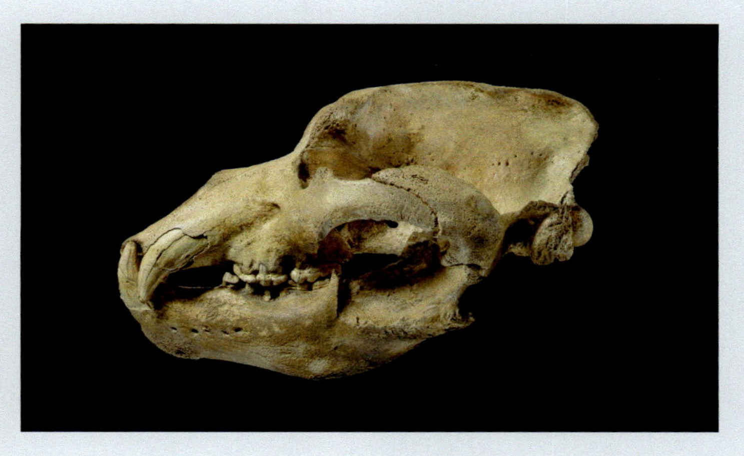

Abb. 5 Schädel eines männlichen Höhlenbären (Ursus spelaeus) *aus der Hermannshöhle, einer der Rübeländer Tropfsteinhöhlen, Lkr. Harz (Sachsen-Anhalt). Deutlich ist die steile Stirn zu erkennen; Länge 49 cm, Breite 31 cm, Höhe 22 cm.*

Bis heute ist nicht endgültig geklärt, warum der Höhlenbär schließlich ausstarb. Letzte Vertreter stammen aus einer Zeit kurz vor der letzten großen Kältephase der letzten (Weichsel-) Eiszeit (LGM, Last Glacial Maximum; vor ca. 27800 Jahren). Da sie vermutlich stärker an pflanzliche Nahrung angepasst waren als die verwandten Braunbären, fanden sie möglicherweise nicht mehr genügend Nahrung.

Dieta Ambros

DONNERHUFTIERE (BRONTOTHERIIDAE)

Im frühen Eozän, vor etwa 54–45 Millionen Jahren, kam es zu einer globalen Klimaerwärmung, dem Eozän-Maximum. Begünstigt durch den enormen Temperaturanstieg – bis zu 12 Grad wärmer als heute – und ein ausreichend feuchtes Klima, kam es zur großflächigen Ausbreitung einer üppigen Vegetation, die weit über den heutigen Polarkreis hinausreichte. Diese tropischen Verhältnisse führten weltweit zur höchsten Öko-Vielfalt im gesamten Känozoikum. Doch diese ging durch eine relativ abrupte und starke Abkühlung am Ende des Eozän vor 34 Millionen Jahren bis auf verhältnismäßig kleine Refugien unwiederbringlich verloren (Prothero 1994).

Während des gesamten Eozän nimmt die Körpergröße zahlreicher pflanzenfressender Säugetiere (Herbivoren) erstmals erheblich zu. In Afrika sind es z.B. die Arsinoitherien. In der nördlichen Hemisphäre sind es die bizarren Dinoceraten – die Uintatherien. Bei den Unpaarhufern der Holarktis (nichttropische Gebiete der nördlichen Hemisphäre) sind es die Lophiodonten (Tapir-Verwandte), Amynodonten (Nashorn-Verwandte), Palaeotherien (Urpferd-Verwandte) und vor allem die den Pferden nahestehenden Brontotherien.

Die ausgestorbene Familie Brontotheriidae (»Donnerhuftiere«) gehört zur Ordnung Perissodactyla (Unpaarhufer) und wird hauptsächlich definiert durch die bunoselenodonten Zahnmuster (einer Kombination von konischen Höckern auf der Innen- und einem halbmondförmigen Grat auf der Außenseite) ihrer Oberkieferbackenzähne (Mader 1989), einen im Verhältnis zum Körper kleinen und niedrigen Schädel mit verkürzter Gesichtspartie und weit nach vorn gesetzten Augen (Abb. 1–2). Der Schädel ist hinter der Augenpartie verlängert und umschließt ein relativ kleines Gehirn. Charakteristisch sind große Knochenzapfen (frontonasale Protuberanzen) über dem Maul, die im oberen Bereich eine raue Oberflächenstruktur haben, ähnlich der Hornbasis der Nashörner. Es ist wahrscheinlich, dass die Knochenzapfen mit Haut und Fell – ähnlich den Hornzapfen der Giraffen – überzogen waren. Solche »Hörner«, die bei den frühen, ursprünglichen und wahrscheinlich paraphyletischen[1] Vertretern fehlen, gab es am Ende des Eozän in großer Formenvielfalt.

Die Brontotheriiden lebten ausschließlich in der Zeit des Eozän. Die frühere Annahme, sie hätten bis ins untere Oligozän existiert, ist stratigrafisch revidiert. Die ersten Brontotheriiden tauchen etwa gleichzeitig im frühen Eozän vor 53 Millionen Jahren in Asien und Nordamerika auf (*Lambdotherium, Eotitanops, Palaeosyops*; Abb. 3). Die frühen, noch hornlosen Vertreter der Familie Brontotheriidae haben etwa die Größe eines Schweins. Bereits am Ende des frühen Eozän hat sich ihre Körpermasse verdoppelt und im oberen Eozän erreichen sie die Größe noch heute lebender Nashörner und Elefanten. Ihr Verbreitungsgebiet beschränkt sich auf Asien (mit Pakistan bis jetzt als östlichstem Vorkommen; Missiaen u.a. 2011) und auf das westliche Nordamerika. Manchmal werden wenige und fragmentarische Nachweise aus Osteuropa angeführt, allerdings stets auf der Basis alter Ankäufe aus Privatsammlungen unklarer Herkunft (Osborn 1929; Lucas/Schoch 1989). Ein eindeutiger Nachweis aus einer dokumentierten Grabung in Europa fehlt bis jetzt, was mit der geografischen Trennung von Europa und Asien bis ins Oligozän hinein im Einklang steht.

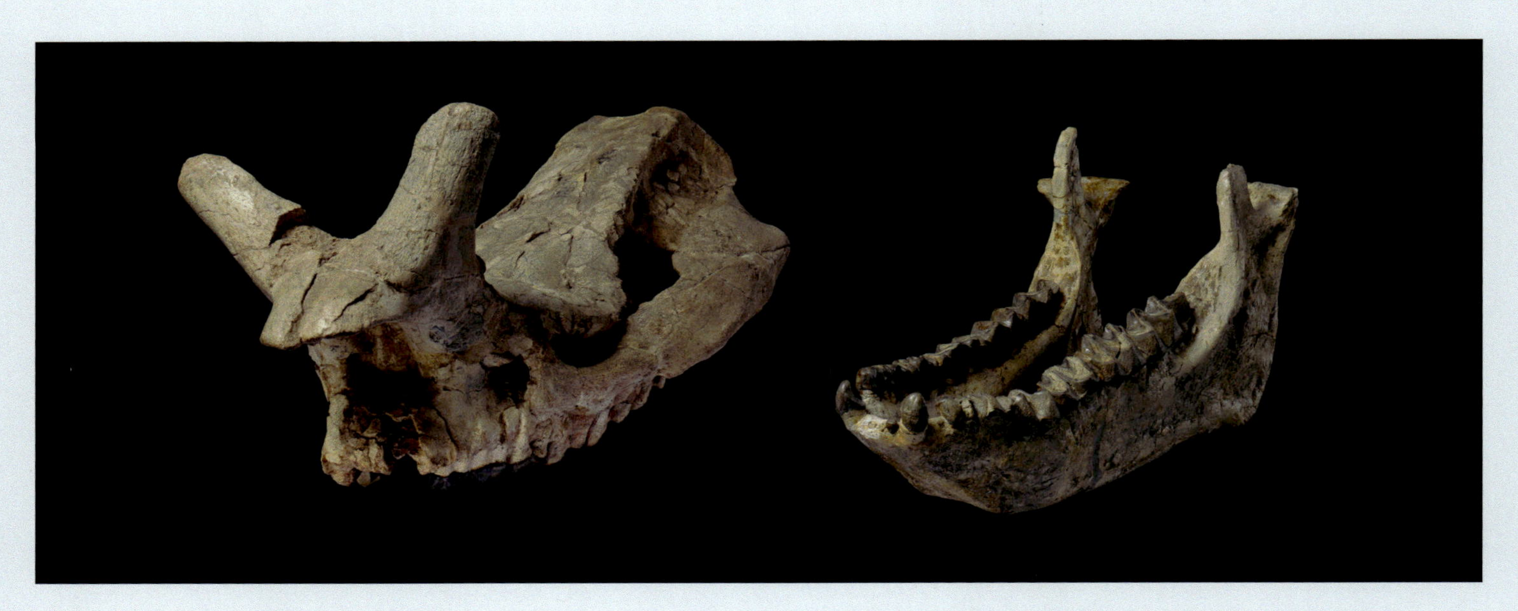

***Abb. 1** Schädel und Unterkiefer eines* Brontops robustus *aus der White-River-Formation, South Dakota (USA); Länge 84 cm, Chardonian, spätes Eozän, 35 Millionen Jahre alt.*

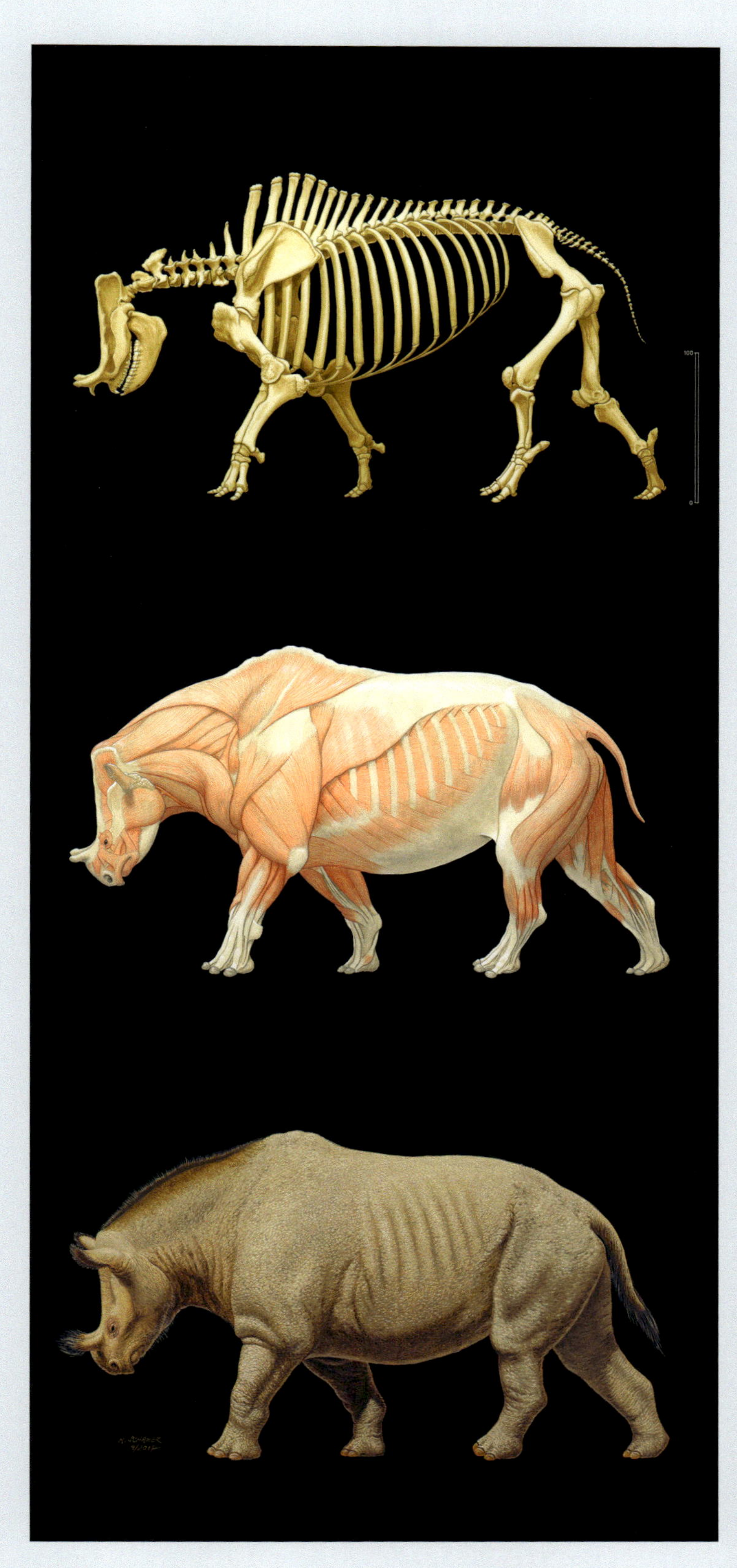

Abb. 2 Rekonstruktion eines Brontops robustus *(Zeichnung © K. Schauer).*

Die großangelegte Revision der Taxonomie (Klassifikation) ist noch lange nicht abgeschlossen (Osborn 1929; Prothero 1994; Mihlbachler 2003, Mihlbachler u. a. 2004; Mihlbachler/Samuels 2016). Gleichwohl steht fest, dass diese Familie zu den meistverzweigtesten Huftiervertretern während des Eozän zählt. Alle bisherigen Nachweise zeigen, dass asiatische und nordamerikanische Brontotherien aufgrund mehrerer interkontinentaler Verbreitungsereignisse während des mittleren Eozän eine phylogenetische (stammesgeschichtliche) Zusammensetzung sind (vgl. Abb. 3).

Im Vergleich mit Pferden oder sogar Tapiren haben Brontotherien kürzere Extremitäten, vor allem im distalen (unteren) Bereich (vgl. Abb. 2). Die Vorderextremitäten haben vier, die hinteren drei Zehen. Früher schloss man aus diesen Beinproportionen auf eine semiaquatische Lebensweise: Demnach hätten die Tiere einen signifikanten Anteil ihrer Zeit sowohl an Land als auch im Wasser verbracht, sind aber auf keinen dieser Lebensräume voll adaptiert (wie z. B. Nilpferde). Anpassungen des Skeletts an eine semiaquatische Lebensweise (wie etwa beim Biber oder Fischotter) zeigen sich an der dichteren Knochenstruktur und an den verkürzten hinteren Extremitäten mit vergrößerten Muskeln. Diese Veränderungen am Skelett der meisten semiaquatisch lebenden Tiere sind als Adaptationen an das Schwimmen zu werten. Das gilt allerdings weder für Brontotherien noch für Nilpferde. Denn Nilpferde können beispielsweise weder schwimmen noch im Wasser treiben. Ihre Fortbewegung im und unter Wasser besteht darin, am Grund des Gewässers zu laufen.

Der verkürzte untere Beinbereich von Huftieren geht meist mit einer Verlängerung des Olecranon der Ulna (Fortsatz der Elle) am Vorderbein und des Calcaneus (Fersenbein) am Hinterbein einher. Solche Verlängerungen verstärken die Hebelwirkung und verbessern eine Eignung der Beine für eine langsame und kraftvolle Fortbewegung im tieferen Schlamm. Die fossilen Fußspuren der Brontotherien aus Utah und Texas oder die im Seeuferschlamm (jetzt in feinem Sandstein) erhaltenen Fußspuren aus Kyzyl Murun (Kazachstan) eines *Aktautitan* (Mihlbachler u. a. 2004) sind den Abdrücken rezenter Nashörner oder Elefanten sehr ähnlich. Als weitere markante Anpassungen der Nilpferde an das Leben im Wasser können die erhöhte Position der Augen und die verkürzten Dornfortsätze der Brustwirbel gelten. Im Wasser wird der Kopf der Nilpferde durch Auftrieb gestützt, nachts an Land grasen sie mit gesenktem Kopf. Dies führt zur Reduktion des Sehnenstrangs im Nackenbereich und der Dornfortsätze der Brustwirbel. Keines dieser beiden Merkmale findet sich bei den Brontotherien. Ihre Dornfortsätze sind sehr lang und robust, ähnlich wie bei den Nashörnern.

Kurt Heissig (1989) versuchte, die Verkürzung der Extremitäten in Bezug zum miozänen Nashorn *Chilotherium* mit dem bodennahen Grasen in Verbindung zu bringen, wie es z. B. bei Nilpferden und Breitmaulnashörnern der Fall ist. Das Gebiss der Brontotherien sowie ihre Umwelt während des Eozän widersprechen einer solchen These. Die Backenzähne der Brontotherien sind brachyodont (mit niedriger Krone und geschlossener Wurzel) und deuten auf eine pflanzliche Mischkost hin, die überwiegend aus Laub und Wasserpflanzen bestand. Das bestätigen Mikrospuren am Zahnschmelz der Fossilien (Mihlbachler/Solounias 2002).

Die früheren Lebensbilder der Brontotherien wurden maßgeblich durch den amerikanischen Paläontologen Henry Osborn in Zusammenarbeit mit dem Künstler Charles Knight geprägt (Osborn 1929). Sie zeigen die rekonstruierten Tiere in einer weiten und offenen Graslandschaft, meist in der Nähe von Gewässern. Die Bilder stellen eher die Grassteppen Nordamerikas oder auch der Mongolei von heute dar, nicht aber die eozäne Welt mit ihrer üppigen Vegetation, in der sich Brontotherien ihren Lebensraum mit Schildkröten, Krokodilen, frühen Tapiren und mit den Nilpferden verwandten Paarhufern – den Anthrakotherien – teilten. Vor allem ist es die Vergesellschaftung der Bronto-

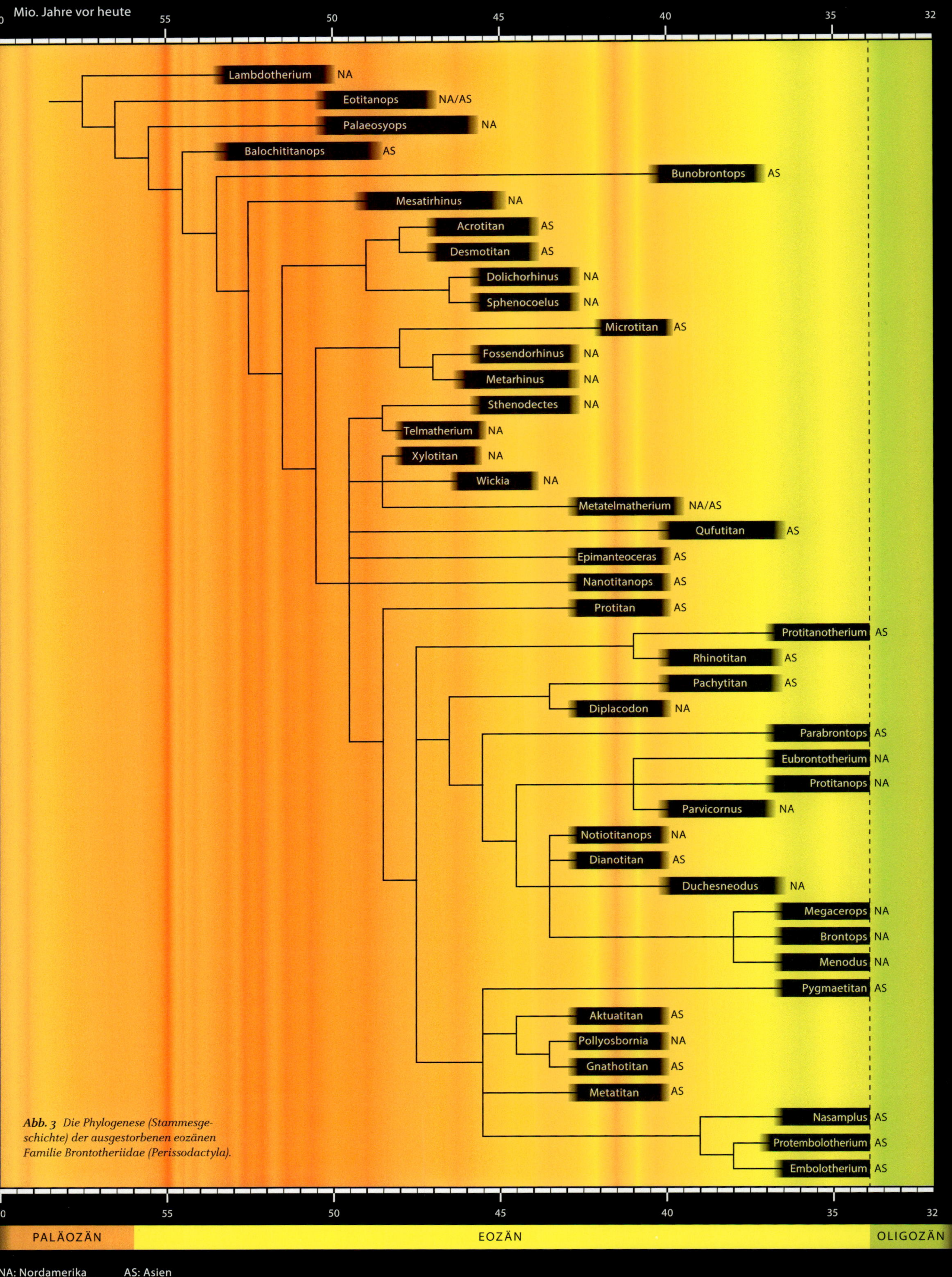

Abb. 3 Die Phylogenese (Stammesgeschichte) der ausgestorbenen eozänen Familie Brontotheriidae (Perissodactyla).

Abb. 4 *Lebensbild der Brontotheriiden* Brontops robustus *im späten Eozän (Zeichnung © K. Schauer).*

therien mit Primaten, wie z. B. *Notharctus* und *Ourayia* in Colorado und Utah, Nordamerika, *Eosimia* in der Inneren Mongolei oder *Pondaungia* in Myanmar, die eine Grassteppe als angestammten Lebensraum ausschließt. Die Brontotherien lebten lange, bevor sich das neue, vom Gras beherrschte Ökosystem etablierte. Ihre Lebensweise könnte man am ehesten mit der der asiatischen Nashörner (Sumatra-, Java- oder Panzernashorn) oder Tapire vergleichen, in einer Umwelt, die den heutigen, tropischen Wäldern in Südostasien ähnlich war (Abb. 4).

Karol Schauer

HIRSCHE (CERVIDAE)

Hirsche finden sich in den verschiedensten Habitaten, von der arktischen Tundra bis hin zum tropischen Regenwald. Sie ernähren sich vorrangig von Pflanzen, im Gegensatz zu den Hornträgern gibt es unter den Hirschen aber keine reinen Grasfresser (Geist 1998). Das Sozialverhalten der Hirsche unterscheidet sich je nach Gattung, von standorttreuen Einzelgängern bis hin zu regelmäßig wandernden großen Herden ist alles vertreten. Ihre enorme Vielfalt hat dazu beigetragen, dass Hirsche heute beinahe auf der ganzen Welt natürlich vorkommen, mit Ausnahme Australiens, wo sie erst durch den Menschen im 19. Jahrhundert eingeführt wurden, und der Antarktis.

Das charakteristischste Merkmal der Hirsche ist ihr Geweih, das aus Knochensubstanz besteht und jedes Jahr abgeworfen und neu gebildet wird. Bei den meisten Hirscharten trägt nur das Männchen Geweih, lediglich beim Ren *(Rangifer tarandus)* weisen auch die Weibchen eines auf. Nur eine heute noch lebende Hirschart, das in Ostasien verbreitete Wasserreh *(Hydropotes inermis)*, besitzt überhaupt kein Geweih.

Erste Hirsche traten in Europa bereits vor ca. 25–30 Millionen Jahren auf. Geweihlos und mit verlängerten oberen Eckzähnen, die bei den Männchen als auffällige Hauer aus dem Maul herausragten, besaßen sie jedoch noch wenig Ähnlichkeit mit den meisten uns heute bekannten Arten. Sie ähnelten eher dem oben genannten Wasserreh (Abb. 1), wenngleich dieses auch nicht näher mit ihnen verwandt ist. Erste Geweih tragende Hirscharten lassen sich

Abb. 1 Das Wasserreh (Hydropotes inermis) *ist die einzige noch lebende Hirschart ohne Geweih. Es ist klein und zierlich und hat eine Schulterhöhe von ca. 45–55 cm.*

Abb. 2 Rekonstruktion eines Riesenhirsches (Megaloceros giganteus). *Er hatte eine durchschnittliche Schulterhöhe von 2 m (Zeichnung © K. Schauer).*

im Neogen nachweisen. Im Laufe der Evolution bildeten sich schließlich die prominenten Eckzähne der Hirsche immer weiter zurück, während die Entwicklung ausladender Geweihe zunehmend voranschritt (Geist 1998).

Im Pleistozän Europas kamen neben sehr massigen Hirscharten wie dem Riesenhirsch *(Megaloceros giganteus)* und dem Elch *(Alces alces)* auch das Rentier *(Rangifer tarandus)*, der Damhirsch *(Dama dama)* und der Rothirsch *(Cervus elaphus)* vor. Das heute bei uns wieder weit verbreitete Reh (*Capreolus capreolus)* war dagegen während des Pleistozän fast völlig aus Europa verschwunden. In der paläolithischen Kunst begegnen uns von diesen bevorzugt Riesenhirsch und Rentier, auf die im Folgenden auch näher eingegangen werden soll, gejagt wurden jedoch nachweislich alle genannten Hirschgattungen.

Riesenhirsch (*Megaloceros* sp.): Die ersten Riesenhirsche traten bereits im Obermiozän in ganz Eurasien auf. Ihr Entstehungsraum dürfte jedoch in den kontinentalen Steppengebieten Asiens liegen. Im Pleistozän lassen sich zwei räumlich voneinander getrennte Entwicklungslinien feststellen. In fernöstlichen Gebieten fand sich die *Megaloceros Sinomegaceros*-Gruppe, in Europa dagegen Vertreter der Gruppe *Megaloceros Megaloceros* (Kahlke 1994). Nach aktuellem Forschungsstand berührten sich die Verbreitungsgebiete beider Gruppen nicht.

Der bekannteste Vertreter europäischer Riesenhirsche, *Megaloceros giganteus* (Abb. 2), erschien im Mittelpleistozän vor ca. 400 000 Jahren und starb am Ende der letzten Kaltzeit vor ca. 11 500 Jahren in Zentraleuropa aus. In Westsibirien überlebte er nachweislich noch bis etwa 7700 vor heute (Stuart u. a. 2004).

Zu den typischen Merkmalen der Riesenhirsche gehörte neben der Pachyostose (»Dickknochigkeit«), die vor allem am Unterkiefer auftrat, auch eine zunehmende Schaufelbildung und Verbreiterung der Augsprosse[2] am Geweih. Besonders innerhalb der *Megaloceros (Sinomegaceros)*-Gruppe kam es zum Teil zu exzessiven Veränderungen der Augsprossmorphologie. So besaß beispielsweise *Megaloceros (Sinomegaceros) pachyosteus* extrem große plattige Augsprosse, der chinesische *M. (S.) ordosianus mentougouensis* verfügte sogar über Augsprosse, die zylindrisch aufgerollt waren (Kahlke 1994).

Auch wenn die Bezeichnung »Riesenhirsch« es fälschlicherweise vermuten lässt, handelte es sich bei den Vertretern der Gattung *Megaloceros* nicht um die größten Hirsche aller Zeiten. *Megaloceros giganteus* besaß eine Schulterhöhe von ca. 2 m, was in etwa der Schulterhöhe heutiger Elche entspricht, die ihn jedoch an Masse zumeist übertreffen. So ist es auch eine Elchart, der sog. Breitstirnelch *(Alces latifrons)*, dem mit einem Körpergewicht von bis zu 1,4 t die Bezeichnung

»größter Hirsch aller Zeiten« zusteht. Einen Superlativ wies *Megaloceros giganteus* jedoch auf. Er verfügte über ein Geweih, das mit bis zu 3,70 m Spannweite das Geweih heutiger Hirsche bei Weitem überragte (Geist 1998).
Trotzdem sein Schaufelgeweih auf den ersten Blick dem eines Elches ähnelt, ergaben genetische Untersuchungen, dass *Megaloceros giganteus* mit dem Elch nicht näher verwandt ist. Als sein nächster, heute noch lebender Verwandter darf hingegen der Damhirsch gelten (Hughes u. a. 2006).
Obwohl sie sich vorrangig von Gräsern ernährten, waren Riesenhirsche keine reinen Steppentiere, sondern kamen auch in Gebieten mit lichter Bewaldung gut zurecht. Zwergsträucher und junge Bäume gehörten ebenso zu ihrem Nahrungsspektrum wie gelegentlich von Bäumen abgeschälte Rinde (Kahlke 1994). Sie bevorzugten gemäßigteres Klima, fanden somit also vor allem in Interstadialen (Warmphasen innerhalb einer Kaltzeit) optimale Lebensbedingungen.

Rentier *(Rangifer tarandus)*: Rentiere entwickelten sich vor etwa 2,6 Millionen Jahren in den arktischen Regionen. Die ältesten bekannten Funde stammen aus Kanada und Alaska. In Mitteldeutschland sind Rentiere anhand von Geweihfunden aus den frühelsterzeitlichen Kiesen von Süßenborn in Thüringen schon vor etwa 650 000 Jahren nachgewiesen (Kahlke 1994).
Rentiere besitzen einen äußerst ausgeprägten Herdentrieb (Abb. 3), einen Teil des Jahres leben sie in Kleingruppen von etwa 10–100 Tieren, die vorrangig nur aus Weibchen oder Männchen bestehen. Im Zuge saisonaler Wanderungen schließen sich diese kleineren Verbände zu riesigen Herden von bis zu mehreren 100 000 Tieren zusammen, die oft enorme Strecken zurücklegen. Es ist davon auszugehen, dass sich diese Verhaltensweise seit dem Pleistozän nicht wesentlich verändert hat.
Rentiere leben sowohl in der Tundra als auch in der Taiga. Dabei sind sie sowohl im Flachland als auch in bergigeren Regionen anzutreffen. Mit ihren langen Beinen und breiten Füßen sind sie perfekt an glaziale Verhältnisse angepasst. Selbst Schneetiefen bis zu einem halben Meter stellen für sie kein Problem dar. Die Körpergröße der einzelnen Individuen kann je nach Region stark variieren, ihre Schulterhöhe reicht von etwa 90 cm bis hin zu 140 cm.

Abb. 3 *Rentiere* (Rangifer tarandus) *in der Nähe von Tromsø, Fylke Troms (Norwegen). Ihre Schulterhöhe variiert zwischen 90 und 140 cm.*

Rentiere ernähren sich zwar bevorzugt von Gräsern, je nach Jahreszeit und Verbreitungsgebiet zählen aber auch Laub, kleinere Bäume, Moose, Flechten und Pilze zu ihrem Nahrungsspektrum. Bei Mineralstoff- und Eiweißmangel werden von ihnen sogar Lemminge und Wühlmäuse gejagt oder abgeworfene Geweihe und herumliegende Knochen angenagt (Herre 1986).
Im Paläolithikum, insbesondere im Magdalénien, zählten Rentiere zur Hauptjagdbeute des Menschen. Auch heute besitzen sie in einigen Regionen noch eine große wirtschaftliche Bedeutung, denn nach wie vor ist das Rentier die einzige Hirschart, die je vom Menschen domestiziert wurde.

Juliane Weiß

HORNTRÄGER (BOVIDAE)

Die Hornträger (Bovidae) sind die artenreichste Familie unter den Huftieren. Zu ihnen zählen neben Rindern auch Schafe, Ziegen, Gazellen und Antilopen. Sie besiedeln ein großes Spektrum verschiedenster Habitate und sind damit weltweit fast überall heimisch.
Im Gegensatz zu den Hirschen besitzen die Hornträger kein Geweih, das jährlich abgeworfen wird, sondern permanente, unverzweigte Hörner, die aus einem knöchernen Hornzapfen und einem Hornschuh aus Keratin bestehen. Bei einigen Arten verfügen nur die Männchen über Hörner, meistens werden sie jedoch von beiden Geschlechtern getragen, wobei die Hörner der Weibchen oftmals zierlicher sind.
Die Evolutionsgeschichte der Hornträger beginnt vor ca. 23 Millionen Jahren im Miozän und ist gerade in den letzten Jahren immer wieder Gegenstand wissenschaftlicher Diskussion. Denn im Fossilbefund sind meist nur noch die Hornzapfen erhalten, was insbesondere die Bestimmung sehr früher Bovidenarten erschwert (Bibi u. a. 2009).
Nach aktuellem Forschungsstand gliedert man die Hornträger in zwei Unterfamilien die Bovinae und die Antilopinae. Diese Auftrennung in zwei Entwicklungslinien erfolgte vor etwa 18 Millionen Jahren (Bibi u. a. 2009). Weiterhin kann man sie noch in zehn Triben unterteilen, doch es würde zu weit führen, hier näher darauf einzugehen.
Die Bovinae sind eher große Tiere von massiger Natur, während unter den Antilopinae sowohl große als auch sehr kleine Formen vorkommen. Im Gegensatz zu den Bovinae besitzen die Antilopinae zumeist Hörner mit quer verlaufenden Ringstrukturen. Auch in Bezug auf die bevorzugten Habitate lassen sich Unterschiede feststellen. So findet man Bovinae meist in Landschaften mit dichtem Unterwuchs oder in bewaldeten Gebieten, während Antilopinae oftmals Offenlandbewohner sind (Castello 2016).
Hornträger sind fast den ganzen Tag damit beschäftigt, zu fressen und ihre Nahrung wiederzukäuen. Generell sind sie Pflanzenfresser, einige Arten verzehren gelegentlich aber auch Vögel, Reptilien oder Amphibien. Es lassen sich drei Ernährungsstrategien unterscheiden: »Browser«, die sich sehr selektiv von weicher Pflanzenkost ernähren, »Grazer«, die vor allem Gras und andere faserige Pflanzenteile fressen, und »Mixed Feeders«, die eine Mischung aus den beiden zuvor genannten darstellen (Castello 2016).
Im Pleistozän Europas traten vor allem der Moschusochse *(Ovibos moschatus)*, der Steppenbison *(Bison priscus)*, der Auerochse *(Bos primigenius*; Abb. 1) und die Saiga-Antilope *(Saiga tatarica)* auf.

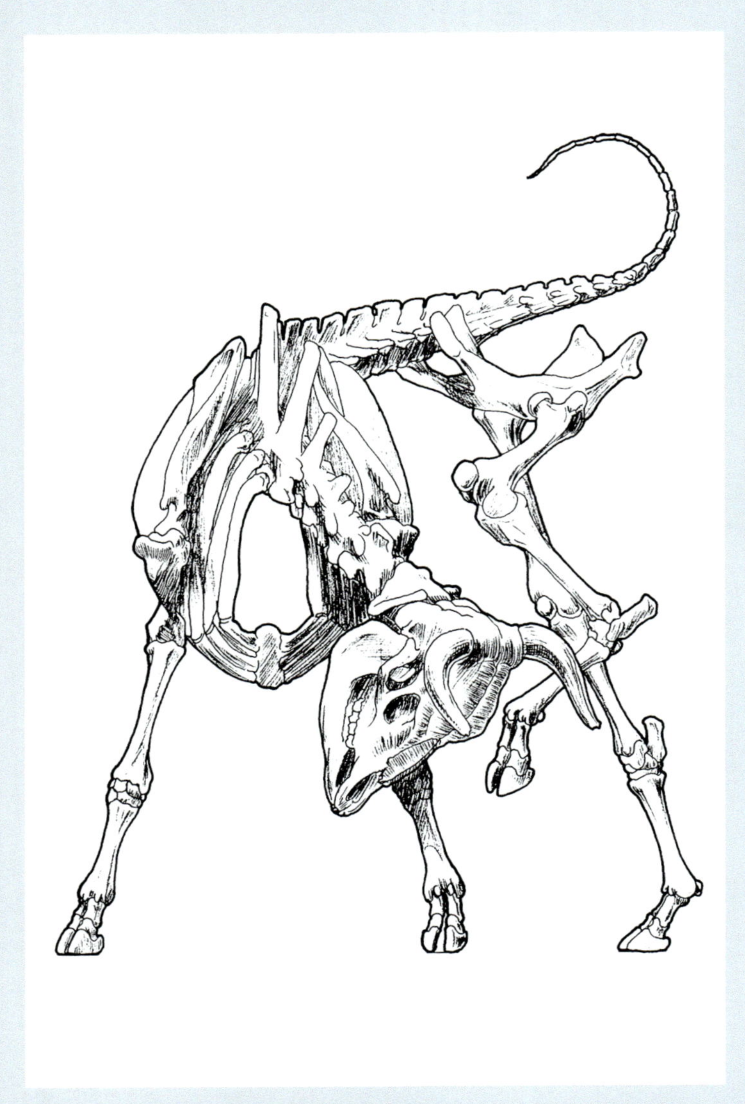

Abb. 1 Skelettrekonstruktion eines Auerochsen (Bos primigenius) *nach Funden aus Neumark-Nord, Saalekreis (Sachsen-Anhalt). Die Schulterhöhe der Auerochsen reichte von ca. 160 bis maximal 200 cm (Zeichnung © K. Schauer).*

Abb. 2 Moschusochse (Ovibos moschatus). *Die Schulterhöhe dieser Tiere variierte zwischen 130 und 150 cm.*

Besonders der Steppenbison war ein beliebtes Motiv zahlreicher Höhlenmalereien, sehr naturgetreue Darstellungen finden sich beispielsweise in den Höhlen von Altamira (Spanien) oder von Lascaux (Frankreich).

Moschusochse *(Ovibos moschatus)*: Erste Moschusochsen traten bereits im späten Pliozän, vor etwa 2,6 Millionen Jahren im Gebiet der zirkumpolaren Tundren auf. Im Mittel- und Spätpleistozän erweiterte sich ihr Lebensraum auf große Teile des nördlichen und mittleren Eurasiens von England bis nach Sibirien (Kahlke 1994).
Heute finden sich Moschusochsen, zum Teil durch den Menschen wiederangesiedelt, auf Grönland, in Kanada und Alaska sowie in Nordsibirien. Im Sommer leben sie in Kleinherden von etwa 5–15 Tieren, die sich im Winter zu größeren Gruppen von etwa 100 Tieren zusammenschließen.

Ovibos moschatus ist an kalte, trockene und tundrenartige Landschaften angepasst. Temperaturen bis zu -50 °C hält er dank dicker Fettschicht sowie der Kombination aus dicker Unterwolle und langer Deckwolle problemlos aus (Abb. 2). Er meidet jedoch tiefen und verharschten Schnee; auch sommerlicher Regen ist ungünstig für ihn (Kahlke 1994).
Moschusochsen ernähren sich zumeist von Gräsern, Weiden- und Zwergbirkentrieben. Im Winter besteht ihre Kost aus Moosen, Flechten und trockenen Gräsern.
Die pleistozänen Moschusochsen waren zum Teil größer und schlanker als ihre heutigen Vertreter, generell unterliegt die Morphologie der Moschusochsen aber einer beträchtlichen individuellen Variationsbreite, sodass eine Einteilung der mittel- bis oberpleistozänen Art *Ovibos moschatus* in weitere Unterarten eher umstritten ist (Kahlke 1994).

Saiga-Antilope *(Saiga tatarica)*: Früheste Nachweise der Saiga stammen aus Nordost-Sibirien. Es ist anzunehmen, dass ihre Entwicklung bereits im oberen Miozän im zentralasiatischen Raum einsetzte (Kahle 1994). Ihre maximale Verbreitung erlebte *Saiga tatarica* während des letzten Glazials, als sie sogar im heutigen Frankreich und Südengland heimisch war. Heute gibt es nur noch wenige, sehr kleine Saiga-Populationen in Kasachstan und der Mongolei, die zudem seit einigen Jahren zunehmend stark gefährdet sind (Abb. 3; Castello 2016).
Im Mai 2015 kam es in Zentralkasachstan zu einem plötzlichen Massensterben. Fast drei Viertel der noch verbliebenen Weltpopulation an Saiga-Antilopen verendeten in kürzester Zeit. Die Schutzorganisation »Saiga Conservation Alliance« gab im April 2016 schließlich nach umfangreichen Untersuchungen den Grund für das Massensterben bekannt: Das Bakterium *Pasteurella multocida*, ein normalerweise ungefährlicher Erreger, hatte sich bösartig verändert und bei den Tieren eine tödliche Infektion ausgelöst. Kurz zuvor erfolgter Kältestress durch einen plötzlichen Temperatursturz von plus 30 °C auf minus 5 °C innerhalb von 24 Stunden hatte das Immunsystem der Saigas, die zu diesem Zeitpunkt schon ihr Winterfell abgelegt hatten, stark geschwächt und so die Infektion begünstigt (Carstens 2016). Dass dabei gleich ein so großer

Abb. 3 *Saiga-Antilope* (Saiga tatarica). *Saigas erreichen für gewöhnlich eine Schulterhöhe von ca. 70 cm.*

Teil der gesamten Saiga-Population auf einmal starb, lag nicht zuletzt auch daran, dass es sich bei den Saiga-Antilopen um ausgesprochene Herdentiere handelt und in großen Gruppen das Ansteckungsrisiko natürlich erhöht ist.
Für gewöhnlich lebt *Saiga tatarica* in Herden von bis zu 15 000 Tieren, die fast ausschließlich flache bis flachwellige, steppenartige Gegenden besiedeln. Stärker reliefierte Räume werden von ihnen dagegen zumeist gemieden. Nur in Ausnahmefällen suchen sie bergigere Areale auf, um dort Schutz vor Sand- bzw. Schneestürmen zu finden.
Saigas sind in hohem Maße an trockene, kontinentale Lebensräume angepasst. So sind ihre flachen Hufe beispielsweise perfekt für festen Untergrund geeignet und ihre Rüsselnase dient nicht nur zum Anwärmen der Atemluft, sondern auch als eine Art Staubfilter. Da sie ihren Kopf bei ihrem charakteristischen schnellen Passgang sehr tief halten, ist solch ein Filter auch dringend nötig (Kahlke 1994).
Hauptnahrung der Saigas sind Steppengräser, generell werden von ihnen aber fast alle krautartigen Pflanzen gefressen (Kahlke 1994).

Juliane Weiß

HUNDE (CANIDAE)

Im pleistozänen Europa sicher nachgewiesen sind der Wolf *(Canis lupus)*, Rotfuchs *(Vulpes vulpes)*, Eisfuchs *(Vulpes lagopus)*, Steppenfuchs *(Vulpes corsac)*, Marderhund *(Nyctereutes procyonoides)* und Rothund *(Cuon alpinus)*. Erste Vertreter der Familie kennt man aus dem Eozän von Nordamerika, bereits im Oligozän hatten die verschiedenen Entwicklungslinien dort viele unterschiedliche Nischen besiedelt. Im Obermiozän erreichten die Caniden schließlich auch die Alte Welt (de Bonis u. a. 2007; Perini u. a. 2010).
Die Gattung Canis taucht zuerst im mittleren Pliozän in Nordamerika auf und wandert im Unterpleistozän über die Beringbrücke nach Eurasien. In Europa lebte im Unterpleistozän *Canis etruscus*, wahrscheinlich ein Vorfahre des Wolfes *(Canis lupus;* Abb. 1). Letzterer ist im Mittelpleistozän vor ca. 300 000 Jahren in Eurasien erstmals nachweisbar und breitete sich kurz danach in mehreren Einwanderungswellen bis nach Nordamerika aus (Chambers u. a. 2012). Die kleineren mittelpleistozänen europäischen Wölfe werden als eigene Unterart *C. l. mosbachensis* angesehen. Die größten Formen kennt man aus den oberpleistozänen Kaltzeiten (Abb. 2), die heutigen Formen sind wieder etwas kleiner. Sie erreichen Schulterhöhen von 57–90 cm bei einer Kopf-Rumpf-Länge von 100–160 cm.
Der anpassungsfähige Rudeljäger ist heute fast weltweit verbreitet, er fehlt nur in Australien und der Antarktis. Dabei findet man ihn sowohl in feuchten Wald- als auch in trockenen Offenlandbiotopen. Je nach Lebensraum variiert auch die Ernährung. Meist erbeutet der Wolf Nagetiere, Hasen und mittelgroße Pflanzenfresser, bisweilen werden aber auch große Herbivoren bis hin zu Moschusochsen gejagt.
Auch Aas und Abfälle werden nicht verschmäht. Vielleicht hat gerade dieses Verhalten die Annäherung an Menschengruppen begünstigt, die zu Zähmung und Domestizierung und schließlich zum Haushund führte (siehe Infobox »Auf den Hund gekommen?« von N. Mélard, S. 384).
Die ältesten sicher in die Abstammungslinie der Füchse zu stellenden Fossilien kennt man aus obermiozänen Ablagerungen aus Afrika (Tschad, ca. 7 Millionen Jahre vor heute; de Bonis u. a. 2007). Heute sind diese kleinen Caniden weltweit mit vielen Arten verbreitet und bewohnen so unterschiedliche Lebensräume wie heiße Wüstengebiete, gemäßigte Waldlandschaften und arktische Tundren.

Abb. 1 *Rekonstruktion eines Wolfes* (Canis lupus). *Die Schulterhöhen dieser Tiere variieren zwischen 57 und 90 cm bei einer Kopf-Rumpf-Länge von 100–160 cm (Zeichnung © K. Schauer).*

Die wichtigsten Vertreter im europäischen Pleistozän sind der Rotfuchs *(Vulpes vulpes)* und der Eis- oder Polarfuchs (*V. lagopus*, auch *Alopex lagopus*).
Wie viele Caniden sind die hauptsächlich dämmerungs- und nachtaktiven Füchse bei ihrer Nahrung nicht wählerisch. Je nach Angebot fressen sie Schnecken, Insekten, kleinere Wirbeltiere, Eier, Aas, Früchte und Beeren.
Der Rotfuchs ist die etwas größere und schlankere Art (Schulterhöhe 35–41 cm, Kopf-Rumpf-Länge 50–90 cm). Seine Überreste finden sich hauptsächlich in den Ablagerungen der gemäßigten bis warmen Zeiten. Heute lebt er in Eurasien, Nordamerika und Nordafrika in Wald- und Offenlandgebieten der gemäßigten Klimazonen.

***Abb. 2** Rechter Unterkieferast eines Wolfes* (Canis lupus) *aus der Ilsenhöhle bei Ranis, Saale-Orla-Kreis (Thüringen); Länge ca. 14,5 cm.*

***Abb. 3** Rekonstruktion eines Eisfuchses* (Vulpes lagopus). *Die Tiere erreichen eine Schulterhöhe von ca. 30 cm bei einer Kopf-Rumpf-Länge von 50–70 cm (Zeichnung © K. Schauer).*

Der kleinere und kompakt gebaute Eisfuchs (Schulterhöhe ca. 30 cm, Kopf-Rumpf-Länge 50–70 cm) ist dagegen an kühle bis kalte Habitate angepasst und in arktischen Tundren beheimatet. Er hat heute eine holarktische (nicht-tropischer Bereich der nördlichen Hemisphäre) Verbreitung (Abb. 3).
Fuchsknochen sind in pleistozänen Ablagerungen zwar nicht selten, aber oft nur in kleineren Stückzahlen zu finden. Da die Knochen der beiden Arten sehr ähnlich sind und sich hauptsächlich über die Dimension unterscheiden lassen, kann daher häufig keine Artbestimmung erfolgen. Dies ist erst ab einer bestimmten Anzahl mit statistischen Methoden sicher zu erreichen.
Viele Hundert Knochen des Eisfuchses kennt man beispielsweise aus der magdalénienzeitlichen Fundstelle Gönnersdorf (Rheinland-Pfalz), was auf eine intensive Bejagung hindeutet (von Koenigswald 2002). Dabei sprechen die erhaltenen Knochenpositionen für eine Nutzung der Pelze; das dichte, wärmende Fell war sicher schon damals sehr begehrt. Heute werden Eisfüchse deswegen sogar gezüchtet (Benecke 1994).
Auch in der ebenfalls dem Magdalénien zuzuordnenden Fundstelle Nebra und der aurignacienzeitlichen Fundstelle Breitenbach (beide Sachsen-Anhalt) wurden Überreste des Eisfuchses gefunden, darunter auch durchbohrte Zähne, die man sich als Anhänger oder Kleidungsbesatz vorstellen kann (siehe Beitrag von O. Jöris u. a., S. 318).

Dieta Ambros

HYÄNEN (HYAENIDAE)

Im europäischen Pleistozän treten vier Hyänenarten auf. Zum einen die bekannte und weit verbreitete Höhlenhyäne *(Crocuta crocuta spelaea)*, zum anderen die älteren Formen *Pachycrocuta brevirostris*, *Pliocrocuta perrieri* und *Chasmaporthetes lunensis*.
Die frühesten Formen der Familie kennt man aus dem Miozän vor ca. 17 Millionen Jahre vor heute aus Westeuropa. Von dort aus verbreiteten sich die Hyänen über Europa und Asien bis nach Afrika, mit einigen spezialisierten Formen auch nach Amerika.
Die ersten Hyänen waren kleine Tiere von marder- bis hundeartigem Erscheinungsbild, die noch deutliche Beziehungen zu ihren Schleichkatzen-Vorfahren zeigten. Bereits etwas größer waren die Arten der Gattung *Ictitherium,* die aber auch noch nicht den kräftigen Körperbau und das typische »Knochenknacker«-Gebiss der späteren Formen aufwiesen (Mittelmiozän, ab ca. 13 Millionen Jahre vor heute; Abb. 1). Beides trat erstmals bei der noch etwas jüngeren *Adcrocuta* auf (Obermiozän, ab ca. 11 Millionen Jahre vor heute; Werdelin/Solounias 1991).
Schon im Miozän trennten sich die Linien, die zu den heutigen Gattungen *Crocuta*, *Hyaena* und *Proteles* führten. Nur die *Crocuta*-Gruppe ist in Europa zweifelsfrei nachgewiesen. Älteste Formen dieser Gattung stammen aus dem Plio-Pleistozän des südlichen Afrikas und dem ältesten Pleistozän von Indien. Im frühen Mittelpleistozän erschien in Europa eine erste Form der Höhlenhyäne *Crocuta crocuta spelaea* (Abb. 2). Höhlenhyänen lebten von der Iberischen Halbinsel und den Britischen Inseln im Westen bis in die nördlicheren Bereiche von Ostasien; südlich wurden sie dort von der ähnlichen *C. c. ultima* ersetzt. Nördlich des 60. Breitengrades gibt es weder in Europa noch in Asien Nachweise. Am Ende des Oberpleistozän starb die Art aus; die jüngsten Funde stammen aus Südwestfrankreich, wo sie mit spätmagdalénienzeitlichen (jüngere Altsteinzeit) Artefakten vergesellschaftet waren. Die heutige Flecken- oder Tüpfelhyäne *Crocuta crocuta* ist eng mit der Höhlenhyäne verwandt (Rohland u. a. 2005); sie kommt heute nur in Afrika südlich der Sahara vor (Abb. 3). Möglicherweise hat die starke Besiedlung durch den Menschen die erneute Einwanderung in den eurasiatischen Raum nach dem letzten Glazial verhindert.
Die genaue Verwandtschaft von *Pachycrocuta brevirostris* und der ähnlichen *Pliocrocuta perrieri* (beide Pliozän bis Mittelpleistozän) mit der *Hyaena*- bzw. der *Crocuta*-Gruppe ist noch ungeklärt. Die Riesenhyäne *P. brevirostris* ist die größte bekannte Hyäne; einige Exemplare erreichten fast die Ausmaße eines Löwen. Ihre Lebensweise ähnelte wahrscheinlich der der Tüpfelhyäne, ihr Gebiss war auf ähnliche Weise spezialisiert (Abb. 4). Das Verbreitungsgebiet er-

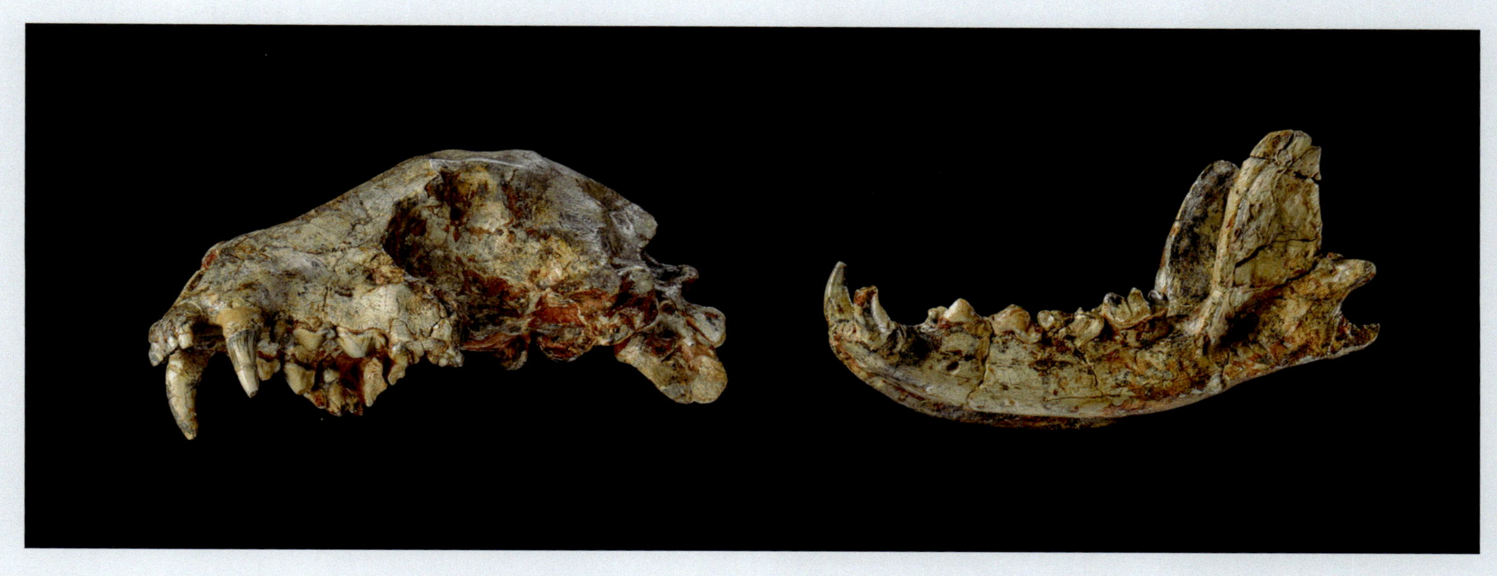

Abb. 1 Schädel und Unterkiefer der obermiozänen Hyäne Ictitherium viverrinum *aus Pikermi, Regionalbezirk Ostattika (Griechenland); ca. 7,2 Millionen Jahre vor heute. Diese frühe Art weist noch eine recht unspezialisierte Bezahnung auf; Länge ca. 23 cm.*

streckte sich von Süd-, West- und Mitteleuropa bis nach Pakistan, China und die südostasiatischen Inseln.

Mit ihrem schlankem Körperbau und dem eher katzenähnlichen Gebiss hatten sich die sog. »Gepardhyänen« (u. a. *Chasmaporthetes lunensis*) auf andere Jagd- und Ernährungsweisen spezialisiert. Ihre Entwicklung verlief schon früh eigenständig. Man kennt sie vom Obermiozän bis ins Mittelpleistozän aus Eurasien, Afrika und sogar Nordamerika, das sie als einzige Hyänen erreichten.

Funde von Höhlenhyänen gibt es in Warm- und Kaltzeiten, dabei waren die warmzeitlichen Formen etwas graziler gebaut. Insgesamt war die Unterart aber etwas größer als ihre lebenden Verwandten. Ihre Vertreter erreichten eine Schulterhöhe von 70–90, selten bis 100 cm und eine Kopf-Rumpf-Länge von ca. 160 cm.

Typische Hyänen zeigen als Anpassung an ihre Ernährungsweise einige charakteristische Körpermerkmale. An der Oberseite des Schädels bildete sich ein kräftiger Kamm aus, der als Ansatzstelle für die mächtigen Kaumuskeln fungiert. Wie bei den katzenartigen Raubtieren verkürzte sich zudem die Schnauze, was wegen des kürzeren Hebels die Beißkraft erheblich verstärkt. Das Gebiss ist ausgesprochen kräftig und stark spezialisiert, damit lassen sich sogar dicke Knochen zerbeißen. Mit den langen, starken Vorderbeinen, die länger als die Hinterbeine sind, können Hyänen ihre Beute zu Boden drücken, um sie dann zu töten.

Heutige Tüpfelhyänen leben in weibchendominierten Rudeln mit ca. 10–80 Mitgliedern. Es sind aktive Jäger der offenen Savannen, die je nach den äußeren Gegebenheiten ihr Nahrungsangebot mit mehr oder weniger Aas bereichern. Häufig nehmen Löwen den Hyänen die erlegten Tiere ab; der umgekehrte Fall ist seltener. Bei den fossilen *Crocuta*-Formen kann man wohl vergleichbares Verhalten annehmen.

Wie schon erwähnt, sind Hyänen an das Fressen von Fleisch und ganz besonders Knochen angepasst. An Hyänenfressplätzen findet man stark zerbissene und zerkleinerte Knochen. Manche Stücke, vor allem die härteren Zähne, zeigen sog. Anätzungsspuren; sie haben den Verdauungsvorgang überstanden, während dem sie der Magensäure der Tiere ausgesetzt waren, und wurden wieder ausgeschieden. Da Hyänen durch das Fressen von Knochen viel kalkhaltiges Material zu sich nehmen, sind ihre Kotballen (Koprolithen) sehr hart, gut erhaltungsfähig und somit im Fossilbeleg nachzuweisen (Diedrich 2010).

Trotz ihres Namens haben Höhlenhyänen nicht dauerhaft in Höhlen gelebt, diese als Schutz- und Rückzugsort aber immer wieder aufgesucht, z. B. zur Aufzucht ihrer Jungen. Sogenannte Hyänenhorste wurden oft über mehrere Generationen immer wieder begangen, daher findet man dort eine große Anzahl an Knochen ihrer Beutetiere, aber auch Skelettreste dort verendeter Hyänen (Diedrich 2015).

Abb. 2 Schädel einer Höhlenhyäne (Crocuta crocuta spelaea) *aus Königsaue, Saalekreis (Sachsen-Anhalt); ca. 90 000 Jahre vor heute; Länge 28,5 cm, Breite 19 cm, Höhe 12 cm.*

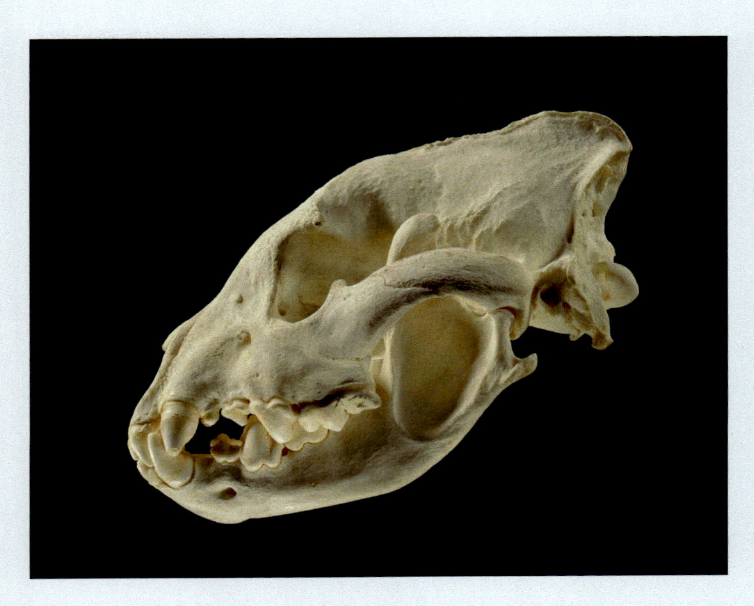

Abb. 3 Schädel einer heutigen Tüpfelhyäne (Crocuta crocuta)*; Länge 24,5 cm, Breite 15 cm, Höhe 15,5 cm.*

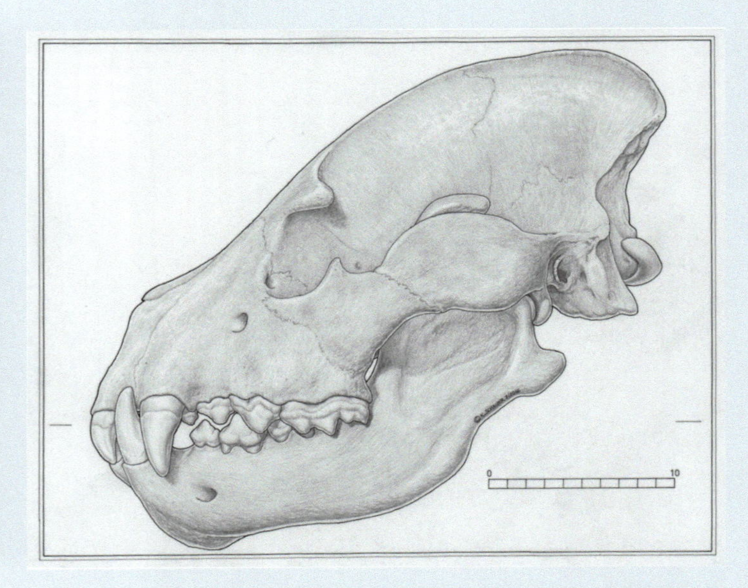

Abb. 4 Rekonstruktion des Schädels einer Riesenhyäne (Pachycrocuta brevirostris) *(Zeichnung © K. Schauer).*

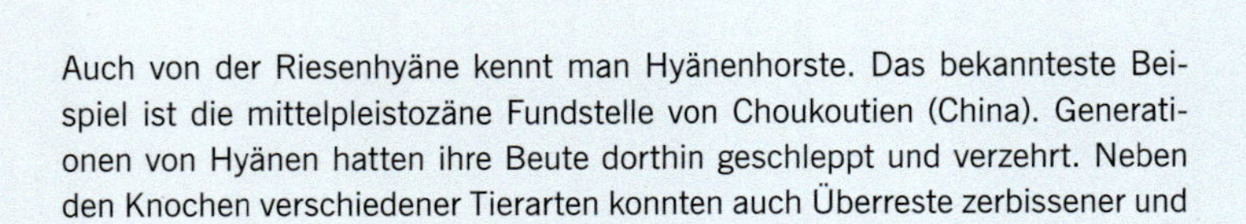

Auch von der Riesenhyäne kennt man Hyänenhorste. Das bekannteste Beispiel ist die mittelpleistozäne Fundstelle von Choukoutien (China). Generationen von Hyänen hatten ihre Beute dorthin geschleppt und verzehrt. Neben den Knochen verschiedener Tierarten konnten auch Überreste zerbissener und durch die Verdauungssäfte der Hyänen angeätzter Knochenreste der frühen Menschenform *Homo erectus* geborgen werden (Boaz u. a. 2000).

Dieta Ambros

KATZEN (FELIDAE)

Der bekannteste Vertreter im pleistozänen Europa war sicher der Höhlenlöwe *(Panthera leo spelaea)*, gefolgt von verschiedenen Arten von Säbelzahnkatzen (z. B. *Machairodus, Homotherium, Megantereon*). Daneben sind aber auch eine ganze Reihe weiterer mittelgroßer und kleiner Arten nachgewiesen: europäischer Jaguar *(Panthera gombaszoegensis)*, Leopard *(P. pardus)*, ein löwengroßer Gepard *(Acinonyx pardinensis)*, Luchse (Luchs von Issoire, *Lynx issiodorensis*; Nordluchs, *L. lynx*; Pardelluchs, *L. pardina*) sowie die Wildkatze *(Felis silvestris)*.
Um den Rahmen nicht zu sprengen, sollen hier nur der Höhlenlöwe und die Gruppe der Säbelzahnkatzen exemplarisch behandelt werden.

Höhlenlöwe *(Panthera leo spelaea)*: Entstanden ist die Gattung *Panthera* noch im Miozän (vor über 6 Millionen Jahren) in Asien (Tseng u. a. 2014); schon früh kam es zur Trennung der Linien, die zu den heutigen Tigern und zur Gruppe der Löwen führte. Nach heutigen Kenntnissen haben Tiger *(P. tigris)* Asien nie verlassen, wohingegen sich die Löwengruppe nach Europa, Afrika, Nordamerika und bis ins nördliche Südamerika (amerikanischer Höhlenlöwe, *P. leo atrox*) ausbreitete.
Im frühen Mittelpleistozän sind in Europa sehr große Formen nachgewiesen, die sicher in die Vorfahrenlinie des Höhlenlöwen gehören (der Mosbacher Löwe, *Panthera leo fossilis*, auch *P. mosbachensis*). Von letzterem unterscheiden sich diese hauptsächlich durch einfacher gebaute Zähne. Der klassische Höhlenlöwe erscheint im späteren Mittelpleistozän vor ca. 300 000 Jahren.
Nachgewiesen ist er sowohl in Warm- als auch in Kaltzeiten. Die warmzeitlichen Formen waren etwas kleiner, wohl vergleichbar mit den heutigen Löwen. Kaltzeitliche Höhlenlöwen konnten dagegen 5–10 % größer als die heute lebende Art werden. Sie erreichten eine Schulterhöhe von 120, selten bis 150 cm und eine Kopf-Rumpf-Länge von ca. 200 cm (Abb. 1).
Die Lebensweise wird wohl der ihrer heutigen Verwandten entsprochen haben. Das heißt, sie lebten und jagten in Rudeln in offenen, steppenartigen Landschaften, wobei das Vorhandensein von Gebüschen und Waldinseln sicher kein Problem darstellte. Als Beutetiere kommen die großen Herden- und Rudeltiere der jeweiligen Zeiten infrage (Pferde, verschiedene Rinder und Hirsche, in Ausnahmefällen vielleicht auch Elefanten und Mammute).
Aus Höhlenmalereien (z. B. Grotte Chauvet, Dép. Ardèche, Frankreich) und Ritzungen auf Schiefertäfelchen (Gönnersdorf, Rheinland-Pfalz), erhält man Hinweise auf Aspekte des Aussehens und Verhaltens, die man nicht aus den Knochenfossilien erschließen kann (von Koenigswald 2002). Beispielsweise hat der prähistorische Mensch darauf mehrere Tiere in Situationen dargestellt, die auf Rudelbildung schließen lassen. Es gibt Darstellungen der für Löwen typischen Schwanzquaste (Schwanzbüschel), aber keine Tiere mit Mähnen. Da nicht anzunehmen ist, dass niemals männliche Tiere abgebildet wurden, hatten Höhlenlöwen wohl keine oder nur sehr unscheinbare Mähnen. Ein Phänomen, das auch bei einigen heutigen Populationen und Unterarten zu beobachten ist.

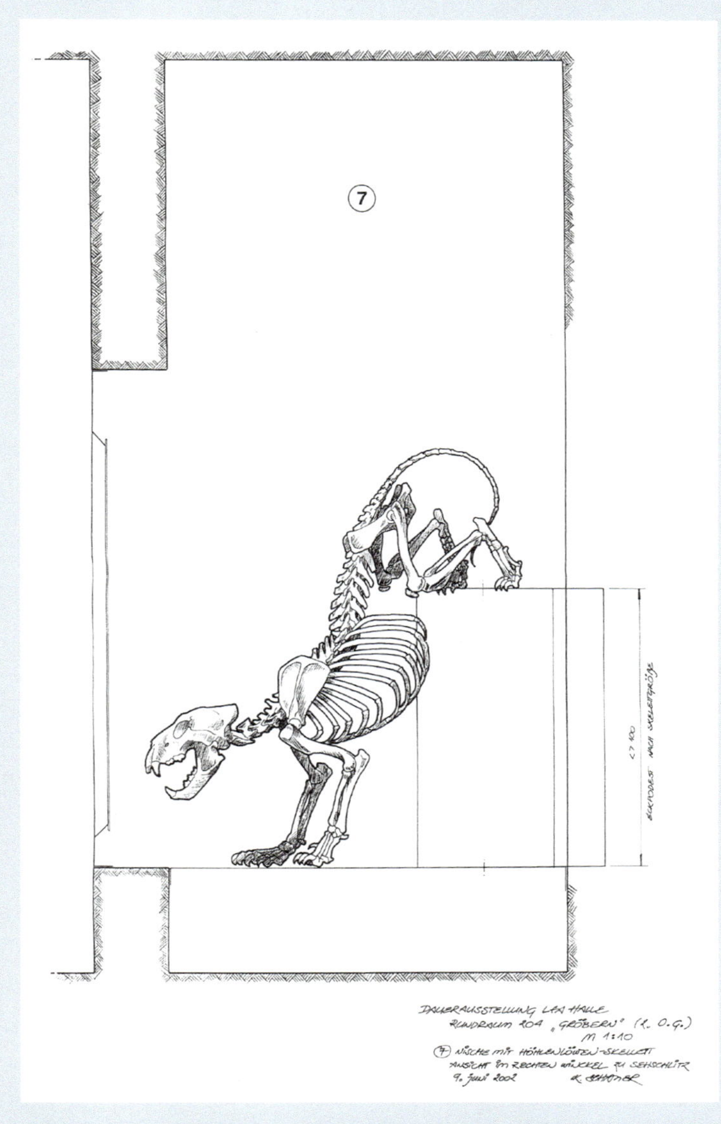

Abb. 1 *Skelettrekonstruktion eines Höhlenlöwen* (Panthera leo spelaea) *(Zeichnung © K. Schauer).*

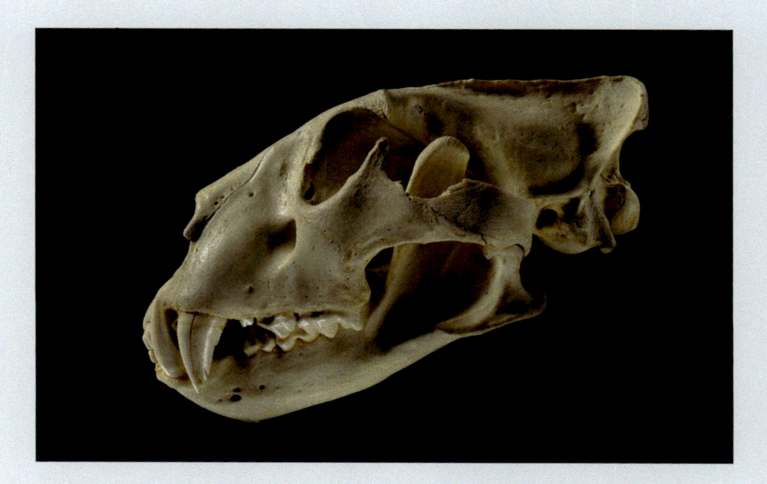

Abb. 2 *Schädel eines heutigen Löwen* (Panthera leo); *Länge 30,5 cm, Breite 22 cm, Höhe 20,5 cm.*

Neben der Darstellung der Schwanzquaste sprechen auch die in den letzten Jahren an einer Reihe von Individuen durchgeführten genetischen Untersuchungen dafür, dass es sich tatsächlich um enge Verwandte heutiger Löwen (Abb. 2) handelte und nicht um Tiger (Burger u. a. 2004). In der Vergangenheit gab es immer wieder auch Spekulationen in diese Richtung, da einige morphologische Befunde (z. B. der Bau des Gehirns) auch Ähnlichkeiten mit dieser Großkatze aufweisen.
Die klassischen Höhlenlöwen bewohnten also mehrere 100 000 Jahre große Teile Eurasiens, starben dann aber am Ende der letzten Kaltzeit nachkommenlos aus. Die Gründe dafür sind bis heute nicht abschließend geklärt. Ein Aspekt war möglicherweise Konkurrenz mit dem modernen Menschen um Beute und Lebensraum. Sichere Nachweise auf direkte Bejagung von Höhlenlöwen gibt es nicht, für eine Nutzung durch den Menschen aber schon. Zum Beispiel sind auf den Knochen eines recht vollständigen Löwenskeletts aus Siegsdorf (Bayern; ca. 47 000 Jahre vor heute) Schnittspuren belegt, die eine Verwendung von Fell, Sehnen, Fleisch etc. nahelegen. Ob das erwachsene Männchen aktiv erjagt oder ein Kadaver ausgeweidet wurde, ist nicht mehr nachzuvollziehen (Gross 1992).

Säbelzahnkatzen: Zur Zeit sehen die meisten Wissenschaftler die Säbelzahnkatzen als Unterfamilie Machairodontinae innerhalb der Katzenfamilie (Felidae) an, andere scheiden sie jedoch als eigene Familie Machairodontidae aus. Frühe Formen sind bereits aus dem Miozän vor ca. 15 Millionen Jahren bekannt, ihre letzten Vertreter sind vor ca. 10 000 Jahren in Nordamerika nachgewiesen. In Europa starben sie aber bereits im Laufe des Mittelpleistozän aus.
Innerhalb der Unterfamilie gab es eine Reihe unterschiedlicher Linien mit verschiedenen Anpassungen in Körperbau, Größe und wahrscheinlich auch Lebensweise (Turner/Antón 1997). Die Spannbreite reichte von kaum leoparden- bis zu löwengroßen Tieren sowie von eher schlanken bis zu kräftig gebauten. Die Schulterhöhe variierte zwischen 60 und 120 cm, die Kopf-Rumpf-Länge konnte bis ca. 200 cm betragen. Die bekanntesten Formen waren *Machairodus, Homotherium, Megantereon* und die amerikanische Gattung Smilodon mit der löwengroßen Art *S. populator* (Abb. 3).
Wozu die imposanten oberen Eckzähne dienten, die der Gruppe ihren Namen gaben, wie die Ernährungsweise dieser Tiere aussah, ob sie Einzelgänger oder Rudeljäger, aktive Jäger oder eher Aasfresser waren oder ob sich bei unterschiedlichen Arten verschiedene Strategien entwickelten, darüber herrscht keine Einigkeit.
Gemeinsam sind allen Säbelzahnkatzen die relativ langen, in der Vorderansicht schmalen, messerförmigen oberen Eckzähne mit Sägekanten. Daneben auch ein spezieller Kieferbau, der es ihnen erlaubte, den Unterkiefer in einem 95°-Winkel zu öffnen (bei modernen Katzen beträgt er maximal 70°).
Viele Arten – aber nicht alle – hatten sehr kräftige Vorderbeine. Da die schmalen Eckzähne sehr leicht brachen und nicht dazu geeignet waren, Knochen zu zerbeißen, könnten die Tiere ihre Beute zu Boden gedrückt und dann mit den scharfen Zähnen die Halsschlagader aufgeschlitzt haben.
Möglicherweise hat ihre starke Spezialisierung letztendlich auch zu ihrem Aussterben geführt. Gegenüber den modernen Groß- (Pantherinae) und Kleinkatzen (Felinae), die eine mehr generalisierte Lebensweise besitzen und sich

Abb. 3 Skelett der pleistozänen Säbelzahnkatze Smilodon populator *aus Rio Areco, Prov. Buenos Aires (Argentinien); Länge 171 cm, Breite 49 cm, Höhe 95 cm.*

neuen Situationen so schneller anpassen können, hatten sie irgendwann vermutlich keine Chance mehr.
Über das Verhältnis von Menschen und Säbelzahnkatzen ist sehr wenig bekannt. Wie beim Höhlenlöwen gibt es keinen Hinweis auf eine Bejagung dieser Katzen, aber auch hier auf Nutzung. Erst vor wenigen Jahren wurden in der mittelpleistozänen Fundstelle Schöningen (Niedersachsen; 300 000–320 000 Jahre vor heute) Überreste von *Homotherium latidens* gefunden. Darunter ist auch das Fragment eines Oberarmknochens, das vom damaligen Menschen *(Homo heidelbergensis)* verursachte Schlag- und Kratzmarken trägt (Serangeli u. a. 2014; Serangeli u. a. 2015). *Dieta Ambros*

MAMMUT (MAMMUTHUS)

Das Wollhaarmammut (*Mammuthus primigenius*, Blumenbach 1799) ist zu einem Symbol für die »Eiszeit« geworden. Die ansonsten eher sehr schwach behaarten Elefanten, die sich aus den tropischen Regionen Afrikas nach Norden verbreiteten und ein langes, dichtes Haarkleid ähnlich dem der arktischen Moschusochsen entwickelten, gelten als ein klassisches Beispiel für die evolutive Anpassung an extreme klimatische Bedingungen (siehe Abb. S. 8, »Eine Herde von *Mammuthus primigenius*« *[Zeichnung © K. Schauer]*).

Der Ursprung des Mammuts lässt sich mit fossilen Belegen bis ins untere Pliozän vor 6 Millionen Jahren in Afrika zurückverfolgen. Ein als *Mammuthus subplanifrons* benannter Elefant ist aus dieser Zeit von mehreren Fundstellen bekannt (Kusaralee in Äthiopien, Manonga in Tansania und vor allem Langebaanweg in Südafrika). Seinem Skelettbau nach ähnelte das afrikanische Altmammut noch den damaligen afrikanischen Savannenelefanten *(Loxodonta adaurora)*. Die gemeinsamen Vorfahren aus dem oberen Miozän sind noch nicht zweifelsfrei identifiziert. Aus dieser Zeitspanne (vor 9–7 Millionen Jahren), in der sich in Afrika die morphologisch modernen Elefanten mit hochkronigen Backenzähnen und einem horizontalen Zahnwechsel herausgebildet haben,

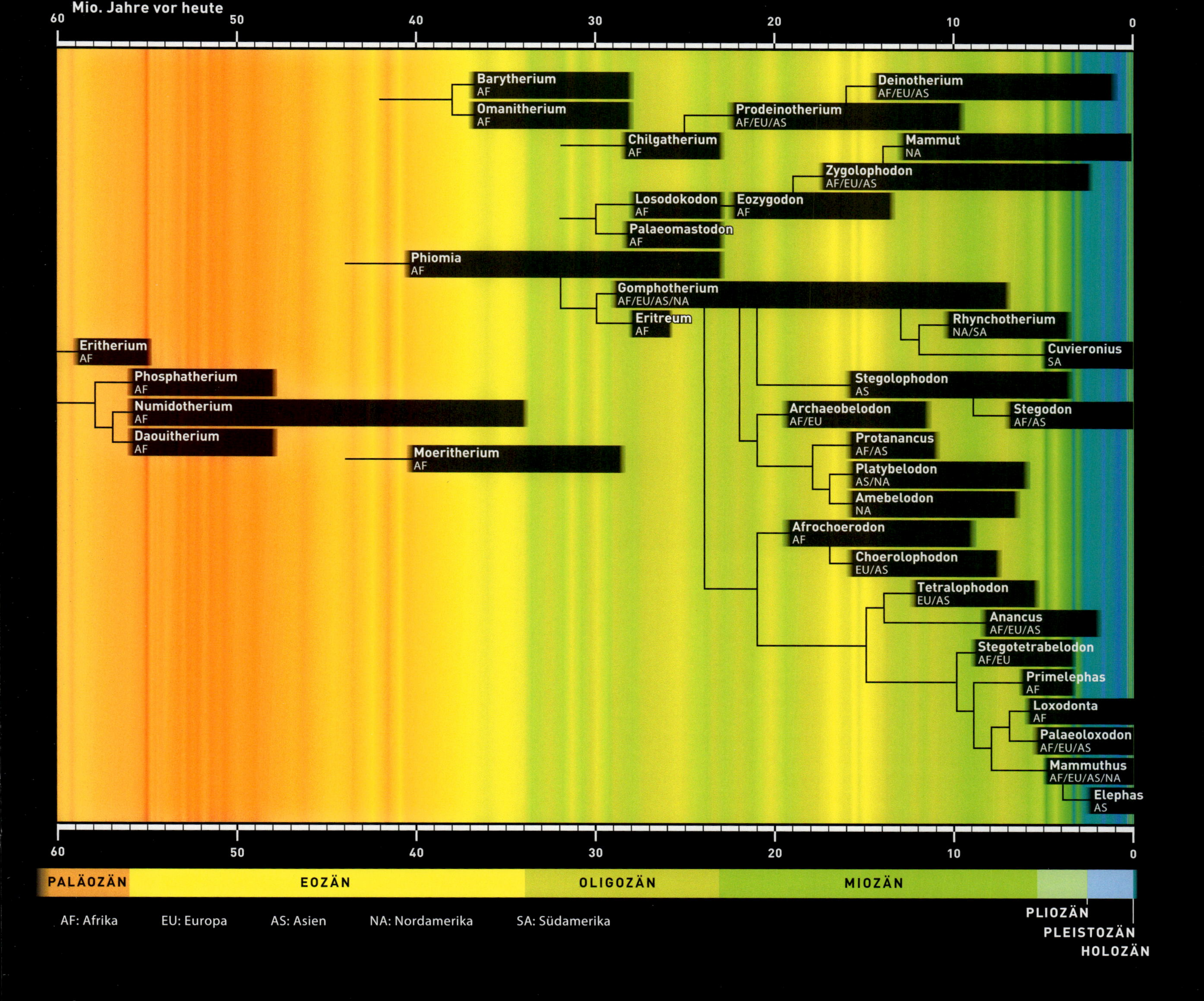

Abb. 1 *Phylogenetische (stammesgeschichtliche) Evolution der Proboscidea (Rüsseltiere).*

gibt es kaum aufschlussreiche Funde. Spätestens vor 4 Millionen Jahren haben die Mammute Eurasien erreicht und sich dauerhaft verbreitet, wie Funde aus Russland und Rumänien belegen. Über die Beringstraße erreichten sie vor mehr als einer halben Million Jahren den nordamerikanischen Kontinent. In ihrem gesamten Verbreitungsgebiet im Pleistozän (2,5 Millionen–12 000 Jahre vor heute) unterscheiden Paläontologen mehr als zehn Arten. Genetisch bestätigt wurden bisher nur zwei davon: das in Eurasien und Nordamerika verbreitete *Mammuthus primigenius* und das Nordamerikanische *Mammuthus columbi* (Palkopoulou u. a. in Vorb.). Mit dem genetischen Nachweis der engen Verwandtschaft der eurasischen Waldelefanten *(Palaeoloxodon antiquus)* mit den afrikanischen Waldelefanten *(Loxodonta cyclotis)* sind sie als potenzielle Vorfahren der Asiatischen Elefanten ausgeschieden (Abb. 1; Meyer u. a. 2017). Die morphologische Ähnlichkeit der eurasischen Waldelefanten mit Asiatischen Elefanten liegt in einer gelegentlichen Vermischung der beiden Gattungen einerseits (Palkopoulou u. a. in Vorb.) und andererseits in ihrer konvergenten[3] Entwicklung begründet. Die Mammute sind enge Verwandte der Asiatischen Elefanten und die Trennung der beiden Linien fand in Eurasien statt.

Die Linie der Mammute ist meistens mit einer offenen Graslandschaft mit wenigen Bäumen und Büschen, der »Mammutsteppe«, und ihre größte Verbreitung mit Kälteperioden verbunden. In den warmen Interglazialen domi-

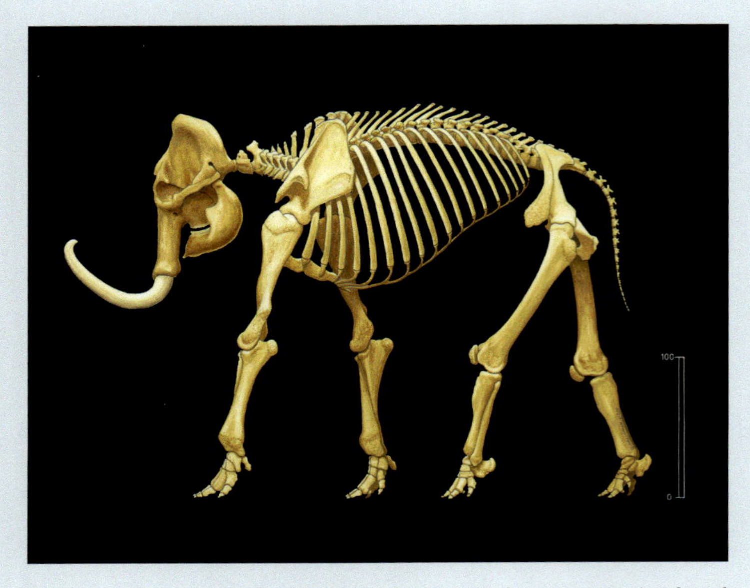

***Abb. 2** Rekonstruktion eines Wollhaarmammuts* (Mammuthus primigenius) *aufgrund des Erwachsenenskelettes aus Pfännerhall bei Braunsbedra, Saalekreis (Sachsen-Anhalt) (Zeichnung © K. Schauer).*

nierten die Waldelefanten. Die beiden vorangegangenen Warmzeiten haben sie in ihrem kleiner gewordenen Lebensraum unbeschadet überlebt. Dass die an Kälte adaptierten Tiere auch in einer Warmzeit gut zurechtkamen, zeigt die eemzeitliche Fundstelle bei Klinge nahe Cottbus. Hier wurde 1903 in torfigen Ablagerungen neben weiteren Jungtierknochen das erste Skelett eines erwachsenen Mammuts in Deutschland gefunden. Die begleitenden Pflanzen deuten auf ein Klima hin, das etwas wärmer als heute gewesen sein könnte (Fischer 1996).

Nach erneuter Abkühlung haben sich die geschrumpften Populationen wieder erholt und eroberten ihr ursprüngliches Verbreitungsgebiet zurück. Während der letzten Vereisungsphase (Weichsel-Glazial) teilten sie etwa 80000 Jahre lang ihr Steppenreich in Eurasien mit den Menschen. Es scheint, als hätte die Jagd auf die Tiere sich kaum merklich auf ihre Bestände ausgewirkt. Erst am Ende des Pleistozän verschwinden die Mammute auf beiden Kontinenten – Eurasien und Nordamerika – zeitgleich. Es ist nicht ausgeschlossen, dass die Menschen zu diesem Zeitpunkt einen entscheidenden Beitrag zu ihrem Aussterben geleistet haben. Die letzten Mammute kennen wir von der Wrangel-Insel in der Ostsibirischen See. Sie lebten dort bis vor etwa 4000 Jahren. Durch die Isolation auf der Insel waren sie in ihrer Körpergröße beträchtlich geschrumpft.

Die letzte Kälteperiode im Jungpleistozän, das Weichsel-Glazial, war durchzogen von kurzen Phasen extremer klimatischer Schwankungen. In den Phasen der globalen Erwärmung taute der Permafrostboden wiederholt auf und verwandelte sich in riesige metertiefe Schlammgebiete. Hinzu kamen noch große Mengen von Schmelzwasser aus dem nordischen Eisschild. Das Wasser staute sich zunächst an Land und bildete dann ein Labyrinth von riesigen flachen Seen. Die Steppen wurden zu morastigen Fallen, aus denen es oft kein Entkommen gab. Immer wieder kam es vor, dass so schwergewichtige Tiere wie Mammute in diesem aufgetauten tiefen Schlamm versanken und später, bei wieder einsetzender Kälte, einfroren. Solchen Vorgängen verdanken wir zahlreiche Mammutfunde aus Sibirien. Von einigen jüngeren dieser Tierleichen sind nicht nur Knochen erhalten, sondern ganze Körper mit weichen Gewe-

***Abb. 3** Schädel eines Wollhaarmammuts von vorne, von oben und von der linken Seite (Zeichnung © K. Schauer).*

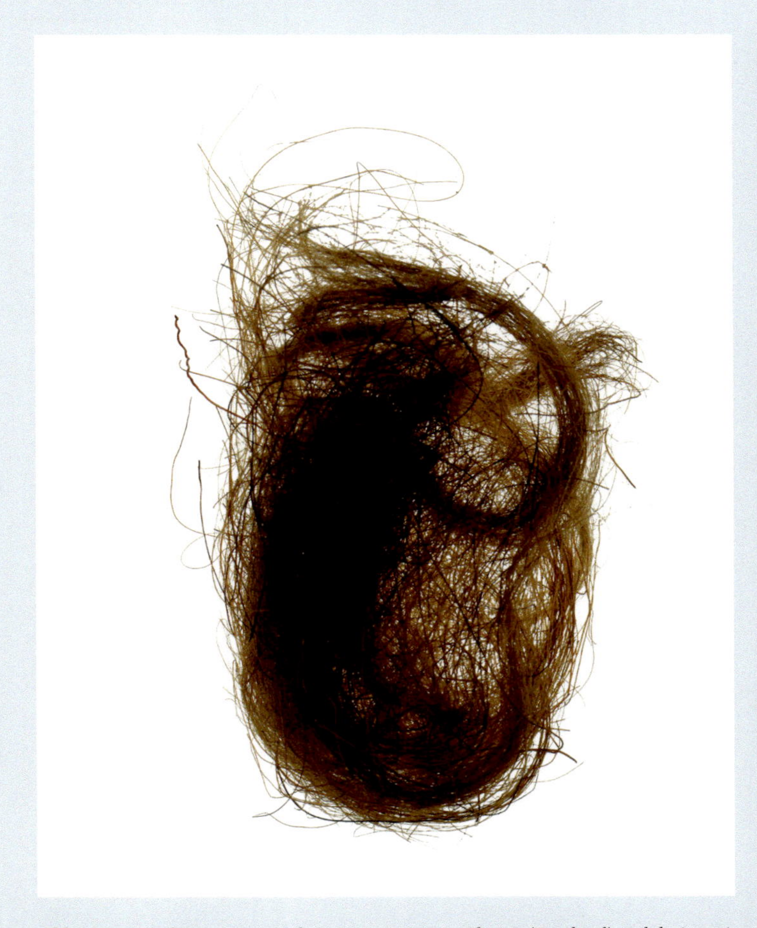

__Abb. 4__ Die erhaltenen Mammuthaare stammen aus Sibirien (Russland) und datieren in die Weichsel-Kaltzeit.

__Abb. 5__ Das Ohr des Mammuts vom Flussufer der Beresowka (Russland) (Länge 38 cm).

beteilen. Auf diese Weise gut konservierte Weichteile zeugen heute nicht nur vom Körperbau, dem Wachstum sowie der Ernährung und Körperbehaarung der Mammute. Sie sind auch eine wertvolle Datenquelle für die forensische Genetik, einer Diszplin der Gerichtsmedizin.

Verglichen mit den rezenten Elefanten hatten Wollhaarmammute als Steppentiere einen eher schlanken Körperbau mit relativ langen Beinen (Abb. 2). Die leicht gekrümmte Wirbelsäule bildete eine Rückenlinie ähnlich der der Asiatischen Elefanten. Ihr Schädel ist schmal und läuft oben am Stirnbereich konisch zu. Die Stoßzähne schmiegen sich im Bereich der Alveolen (Zahnhöhlen) eng aneinander und nach einem leicht seitlichen Austritt formen sie einen aufsteigenden Bogen mit zur Mitte zulaufenden Spitzen (Abb. 3). Ihre Zähne weisen die höchste Lamellendichte aller Elefanten auf. Die an arktische Kälte angepassten Tiere hatten ein dichtes Haarkleid. Es bestand aus bis zu 90 cm langen, kräftigen äußeren Schutzhaaren und einer kurzen Unterwolle. Die erhaltenen Haare sind durch den Pigmentverlust meistens blass und rötlich (Abb. 4). Ursprünglich könnten sie dunkelbraun bis schwarz gewesen sein, wie bei den heutigen Moschusochsen. Die Haut unter der Wolle war etwa 1,3–2,5 cm dick, dann folgte eine 8–10 cm dicke Fettschicht. Ihre Ohren waren relativ klein. Das erhaltene äußere Ohr der Mammutleiche vom Flussufer der Beresowka ist 59 cm hoch und 30 cm breit (Abb. 5), das des Yukagir-Mammuts nur 30 cm hoch und 17,5 cm breit (beide Russland; Mol u. a. 2006). Im Vergleich zu den für den Hitzeaustauch geeigneten Ohren eines afrikanischen Steppenelefanten mit 135 cm Höhe und etwa 90 cm Breite wirken sie winzig.

Im April 1953 wurden im Braunkohletagebau »Pfännerhall« im Geiseltal bei Braunsbedra in den pleistozänen Deckschichten ein Skelett eines erwachsenen (adulten) und wenige Skeletteile eines jungen (juvenilen) Mammuts gefunden. Ein Teil des ansonsten gut erhaltenen Skelettes wurde von einem Bagger zerstört, in die Abraumbahn verladen und verkippt, ehe man die Bedeutung des Fundes erkannte. Die wenigen Überreste des Jungtiers fand man während der Bergungsarbeiten in der gleichen grauen, sandigen Tonschicht in etwa 12 m Entfernung. Die Mammutfunde von Pfännerhall wurden stratigrafisch in die Saale-Kaltzeit (etwa 200 000 Jahre vor heute) datiert.

Das individuelle Alter der beiden Tiere lässt sich aus dem Zustand ihrer Gebisse und dem Verwachsungsgrad der Langknochen ableiten. Beim Jung-

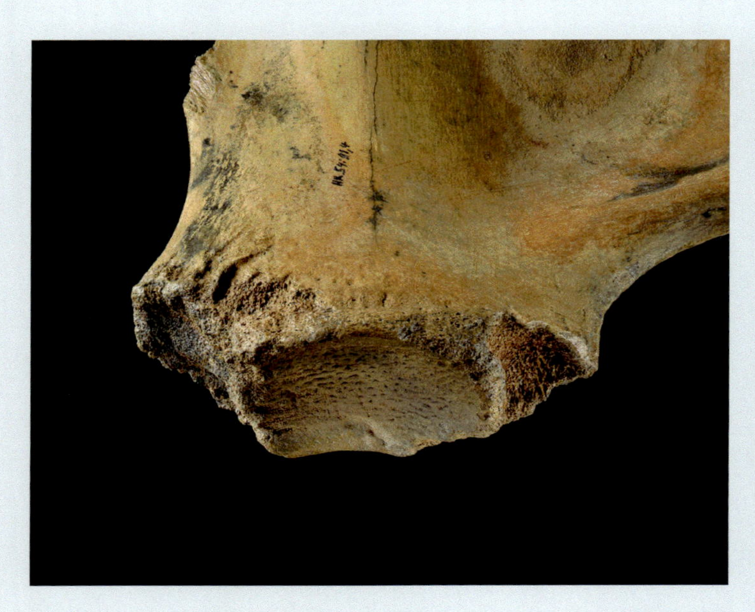

Abb. 6 Detailaufnahme des Hyänenverbisses im Gelenkbereich auf der Schulterblattinnenseite des Mammutjungtiers aus Pfännerhall bei Braunsbedra, Saalekreis (Sachsen-Anhalt).

Abb. 7 Der Restaurator Hartmut von Wieckowski beim Aufbau des neu restaurierten Skeletts des erwachsenen Mammuts von Pfännerhall bei Braunsbedra, Saalekreis (Sachsen-Anhalt) in seiner Werkstatt.

tier befinden sich im Ober- und Unterkiefer die dritten Milchbackenzähne in vollem Gebrauch und die ersten Molaren des Ersatzgebisses wurden bereits nachgeschoben. Damit lässt sich das Lebensalter des Tieres auf ungefähr zehn Jahre bestimmen.

Das erwachsene Mammut hatte die dritten Backenzähne seines Ersatzgebisses vollflächig im Gebrauch. Restlos abgenutzt waren sie aber noch lange nicht. Bei heute lebenden Elefanten deutet das auf ein Alter von etwas mehr als 40 Jahren hin. Allerdings ist die Abnutzung des Gebisses nicht nur ein sehr individuelles Merkmal, sondern wird auch vom verfügbaren Spektrum der Pflanzennahrung beeinflusst. Die gefrorenen Kadaver der Mammuts aus Sibirien zeigen, dass die Gelenkenden (Epiphysen) der Langknochen – vor allem der Oberarm-, Oberschenkel- und Unterarmknochen – bei den Mammutkühen nicht vor dem 25. und bei Mammutbullen nicht vor dem 40. Lebensjahr mit dem Knochenschaft verwachsen. Auf diese Weise können die Knochenschäfte bis zu diesem Alter weiterwachsen (Haynes 1991; Lister 1999). Der Wachstumsprozess der Langknochen des Pfännerhaller Mammuts war noch nicht vollständig abgeschlossen. Da die Beckenknochen des erwachsenen Skeletts fehlen, wurde die Geschlechtszugehörigkeit anhand der Größe der Stoßzähne, der Körpergröße insgesamt und des grazilen Knochengerüstbaus als weiblich eingeschätzt (Toepfer 1957).

Mit etwa 3 m Schulterhöhe ist das Mammut von Pfännerhall als erwachsenes Tier allerdings keinesfalls »klein«, sondern befindet sich durchaus innerhalb des Größenrahmens erwachsener männlicher Individuen. Die Größe der Stoßzähne und ihre Krümmung entspricht ebenfalls den als männliche Individuen bestimmten Skeletten oder Leichen, wie z. B. dem Mammut von Yukagir in Sibirien (Mol u. a. 2006). Das Knochengerüst der Mammute ist – verglichen mit rezenten Elefanten und vor allem mit dem warmzeitlichen *Palaeoloxodon* – entsprechend einem Steppentier und ausdauernden Läufer eher langbeinig und generell in seiner Gesamterscheinung graziler. Berücksichtigt man das Gebiss und die noch nicht vollständig verwachsenen Gelenkenden der Langknochen, dann deutet alles eher auf einen erwachsenen Mammutbullen im Alter von etwa 35–40 Jahren hin.

Beide Mammutskelette weisen Spuren von Verbiss an den Knochen auf, der typisch für Hyänen ist. Finden sich beim erwachsenen Mammut Bissspuren nur am Fußskelett und an den Schwanzwirbeln, so ist der Hyänenverbiss am Gelenkbereich des erhaltenen Oberarmknochens und an den Rändern des Schulterblattes des Jungtiers besonders intensiv (Abb. 6). Es ist nicht auszuschließen, dass die Kadaver der beiden toten Tiere gleichzeitig ins Sediment eingebettet wurden.

In der Zeit nach dem Zweiten Weltkrieg war die aufgebaute Nachbildung des Mammutskeletts von Pfännerhall die Attraktion der damaligen Dauerausstellung des Landesmuseums für Vorgeschichte in Halle. Die Skelettelemente wurden im Zuge der Vorbereitung der Sonderausstellung »Klimagewalten« durch den Restaurator Hartmut von Wieckowski von alten Ergänzungen aus Gips und Kunstharz befreit, gereinigt und in ihrem ursprünglichen Zustand neu konserviert (Abb. 7). Alle Originalknochen der beiden Tiere werden hier im Rahmen der Sonderausstellung zum ersten Mal öffentlich gezeigt.

Karol Schauer

MARDERARTIGE (MUSTELIDAE)

In pleistozänen Fundstellen Europas sind Überreste von Marderartigen nicht selten. Die wichtigsten Arten sind Vielfraß (*Gulo schlosseri* und *Gulo gulo*), Europäischer Dachs *(Meles meles)*, Fischotter *(Lutra lutra)*, Marder (*Martes vetus*; Baummarder, *M. martes;* Steinmarder, *M. foina*), Iltisse (Waldiltis, *Mustela putorius;* Steppeniltis, *Mustela eversmanni)*, Hermelin *(Mustela erminea)* und Mauswiesel *(Mustela nivalis)*.
Die Marderartigen sind eine alte Raubtierfamilie, die bereits im Eozän nachgewiesen ist. Der Schwerpunkt ihrer Entwicklung lag in Eurasien, von dort aus kam es mehrmals zu Auswanderungswellen in die anderen Weltregionen. Bereits im Oligo-Miozän hatten sich die verschiedenen Unterfamilien herausgebildet. Bis auf Australien und die Antarktis sind die Musteliden heute auf allen Kontinenten vertreten (Ambros 2006; Koepfli u. a. 2008). Hier soll nur auf die beiden größten Vertreter, Vielfraß und Dachs, näher eingegangen werden.

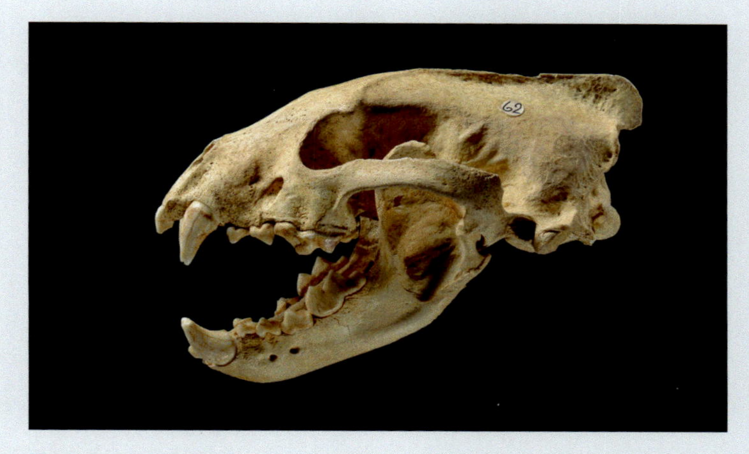

Abb. 1 *Schädel eines eiszeitlichen Vielfraßes* (Gulo gulo) *aus der Zoolithenhöhle bei Burggaillenreuth, Lkr. Forchheim (Bayern); Länge 18 cm, Breite 11,5 cm, Höhe 9 cm.*

Vielfraß *(Gulo gulo)*: Heute ist der Vielfraß mit einer Schulterhöhe von 40–45 cm und einer durchschnittlichen Kopf-Rumpf-Länge von 69–84 cm nicht nur der größte europäische Vertreter der Familie, sondern auch deren größter landlebender Repräsentant. Die Evolution der Vielfraße ist durch eine ständige Größenzunahme und eine Gebissspezialisierung charakterisiert. Erste Formen treten im späten Miozän auf (Kahlke 1994). Die Gattung *Gulo* ist erstmals im Unterpleistozän von Nord-Jakutien nachgewiesen. Die modernen Vielfraße könnten sich also in subarktischen Gebieten Nordasiens entwickelt haben. Bereits kurz danach erreichten sie vermutlich über Beringia die Neue Welt.
Im frühen Mittelpleistozän erscheint *G. schlosseri* in Europa und Asien. Er war etwas kleiner als die moderne Art *G. gulo*, hatte aber wahrscheinlich ein ähnliches Verbreitungsgebiet. Noch ungeklärt sind die genauen Verwandtschaftsverhältnisse und der Zeitpunkt des Auftretens der heutigen Art. Im Mindel-/Elster-Glazial scheint der moderne Vielfraß aber bereits verbreitet gewesen zu sein. Während des Mittel- und Oberpleistozän kam es, vermutlich vor allem temperaturbedingt, immer wieder zu Schwankungen in den Körpermaßen. Besonders groß waren die Vertreter der letzten Kaltzeit (Weichsel-/Würm-Glazial; Abb. 1).
Trotz seiner etwas plumpen Erscheinung kann der Vielfraß schnell laufen und gut springen, schwimmen und auf Bäume klettern. Die Nahrung des vor allem dämmerungs- und nachtaktiven Einzelgängers ist vielfältig. Sie besteht aus kleinen Wirbeltieren, Insekten, Aas und Früchten. Besonders in den Wintermonaten erbeutet der Vielfraß aber auch Schneehasen, Wildhühner, kleinere Raubtiere und junge oder kranke Huftiere. Es wurde beobachtet, dass er bisweilen sogar Rentiere und junge Elche anfällt (Macdonald 1995). Übrigens: Der deutsche Name »Vielfraß« leitet sich vom norwegischen »fjellfras« bzw. »fjellfross« her, was Bergkater oder Bergkatze bedeutet, hat also nichts mit den Ernährungsgewohnheiten zu tun.
Der Vielfraß ist eine typische Kaltzeitform, die mit ihrem dickem Fell, den breiten Pfoten und der kompakten Körperform gut an Kälte und Schnee angepasst ist. Heute kommt er holarktisch (nichttropischer Bereich der nördlichen Hemisphäre) in Tundra und Taiga vor.

Europäischer Dachs *(Meles meles)*: Die zweitgrößte europäische Art ist der Europäische Dachs. Er erreicht eine Schulterhöhe von ca. 30 cm und eine durchschnittliche Kopf-Rumpf-Länge von 64–88 cm. Dachse sind seit dem Untermiozän bekannt, im Mittelmiozän fand eine starke Differenzierung statt. Vor allem im Miozän ist die Unterfamilie sehr formenreich, die verwandtschaftlichen Beziehungen sind noch nicht hinreichend geklärt. Die Gattung *Meles* tritt erstmals im Unterpliozän auf. *M. thorali* aus dem Plio-Pleistozän, einer der ersten Vertreter der Gattung, ist vermutlich der Vorfahre von *M. meles*, der im jüngeren Mittelpleistozän erscheint (Lüps/Wandeler 1993).
Unter den europäischen Musteliden ist der Dachs die am wenigsten carnivore (fleischfressende) Art. Das Gebiss zeigt eine Anpassung an seine Ernährungsweise als Allesfresser (omnivor), es enthält sowohl schneidende als auch höckerig-mahlende Zähne.
Im Pleistozän kam er hauptsächlich in den wärmeren Zeiten vor. Heute ist er in großen Teilen von Eurasien verbreitet, dabei bevorzugt er waldreiche Gebiete. Dort legt er ein ausgedehntes System von Grabbauten mit Kammern und Tunneln an. Dieses wird von Familienverbänden mit selten mehr als zwölf Individuen bewohnt. Meist in der Dämmerung und bei Nacht gehen die Tiere einzeln auf Nahrungssuche. Gefressen wird so ziemlich alles, was erreichbar ist, gerne Schnecken und Würmer, aber auch Insekten, kleine Wirbeltiere, Wurzeln, Knollen und Früchte. Seine Nahrung findet er oberirdisch, gräbt aber auch danach. Als Anpassung an das Graben haben Dachse kurze, kräftige Extremitäten mit breiten, kurzen Pfoten und starken Krallen.
Im Gegensatz zu anderen Musteliden hält der Dachs eine Winterruhe. Das hängt sicher hauptsächlich mit seiner Ernährungsweise zusammen, da seine Hauptnahrungsquellen (Weichtiere, Früchte) im Winter fehlen.

In Höhlensedimenten sind Mustelidenreste häufig. Wie auch viele andere Raubtiere nutzen sie solche natürlichen Baue auch heute gerne als Rückzugsmöglichkeit. Aber auch als Beutereste anderer Raubtiere können sie dorthin gelangt sein. Reste der kleineren Arten findet man auch in den Gewöllen (Speiballen) von Eulen, die häufig in Höhlen den Tag verschlafen.
Ein Problem bei der Datierung von Dachsresten soll noch erwähnt werden. Durch ihre grabende Lebensweise geraten die Knochen manchmal in tiefere Schichten, was ein höheres Alter vorgaukeln kann.
Für die Altsteinzeit gibt es keine (sicheren) Hinweise für eine Nutzung von Mardern durch den Menschen, sei es zum Nahrungserwerb oder zur Verwendung von Fell oder Zähnen.
Aus jüngeren Fundzusammenhängen sieht das allerdings anders aus. So kennt man z. B. aus verschiedenen jungsteinzeitlichen Fundstellen im Gebiet des Federsees (Baden-Württemberg; ca. 3900–2500 v. Chr.) durchbohrte Zähne von Dachs und Fischotter sowie aus der ebenfalls jungsteinzeitlichen Bodensee-Ufersiedlung Arbon-Bleiche 3 (Thurgau, Schweiz; 3384–3370 v. Chr.) gelochte Unterkiefer von Baummardern (Steppan 2006).

Dieta Ambros

NASHÖRNER (RHINOCEROTIDAE)

Die Familie der Nashörner (Rhinocerotidae) hatte als Teil der Ordnung der Unpaarhufer ihren Ursprung während des Paläozän auf der nordamerikanischen Landmasse. Die damals noch hornlosen Tiere waren bereits im Eozän in Europa und Asien in einer großen Vielfalt verbreitet. Im Gegensatz zu den Brontotheriiden haben sie die globale Abkühlung und die damit verbundenen klimatischen Veränderungen vor 34 Millionen Jahren gut überstanden. Ein Zweig der hornlosen Nashörner, die Unterfamilie Aceratheriinae, lebte noch bis ins obere Miozän in Asien (darunter auch das *Chilotherium*; Abb. 1), Europa und Nordamerika (Gattungsgruppe der Teleoceratini), starb aber während der erneuten Phase der Abkühlung im unteren Pliozän weltweit aus.
Während des Miozän haben sich in Eurasien Nashörner mit einem oder zwei Hörnern entwickelt. Spätestens im mittleren Miozän wanderten sie aus Eurasien über die arabische Landbrücke in Afrika ein. Ihre progressiven Nachfahren mit zwei Nasenhörnern haben die klimatischen Umwälzungen des Pliozän und Pleistozän in Afrika ohne wesentliche Veränderungen überlebt. Als zwei verschiedene Gattungen – das Breitmaulnashorn *Ceratotherium simum* und das Spitzmaulnashorn *Diceros bicornis* – prägen sie bis heute unser Bild der afrikanischen Savannenfauna. In den Rückzugsgebieten der tropischen Regenwälder Südostasiens haben ursprünglichere Formen bis in die Gegenwart überlebt: das Indische Panzernashorn *(Rhinoceros unicornis)*, das Java-Nashorn *(Rhinoceros sondaicus)* und das Sumatra-Nashorn *(Dicerorhinus sumatrensis)*.
Die Nashörner haben sich im Verlauf des Känozoikum den jeweiligen klimatischen Veränderungen erfolgreich angepasst. Bis ins obere Miozän fraßen sie hauptsächlich Blätter. Mit der zunehmenden Versteppung der Landschaft ab dem mittleren Miozän (vor 15 Millionen Jahren) änderten sie ihre Fressgewohnheiten und wichen zunehmend auf bodennahe Pflanzen aus. Die großen herbivoren Säugetiere deckten ihren hohen Energiebedarf durch die Verwertung der unterschiedlich erreichbaren und nicht immer leicht verdaulichen Pflanzen. Die bevorzugte Nahrung lässt sich an ihrem Gebiss ablesen. Das Abweiden der silikatreichen Bodenvegetation verursacht einen stärkeren Zahnabrieb als das der weichen Blätter – ein Umstand, dem wiederum mit höheren Zahnkronen, dickerem Zahnschmelz und einer verstärkten Faltung der Zähne begegnet wird. Auch die Körperhaltung während der Nahrungsaufnahme, mit der die Pflanzenfresser die meiste Zeit ihres Lebens verbringen, wirkt sich auf ihren Körperbau aus. Die Nashörner haben einen relativ kurzen Hals und durch ihre Kopfhaltung bedingt haben die hauptsächlich blattfressenden Tiere einen kurzen und die grasenden einen verlängerten Hinterhauptknochen am Schädel. Diesen Merkmalen entsprechend werden sie als Wald- beziehungsweise Steppennashörner bezeichnet.
Die ältesten Belege eines Vorfahren der Fellnashörner – des Tibetanischen Wollhaarnashorns *Coelodonta thibetana* – kommen aus der südwestlichen Tibet-Hochebene und datieren ins mittlere Pliozän (etwa 3,7 Millionen Jahre vor heute). In einer Fundstelle im chinesischen Verwaltungsbezirk Zanda, die

Abb. 2 *Schädel eines Wollhaarnashorns* Coelodonta antiquitatis *aus Neumark-Nord, Saalekreis (Sachsen-Anhalt). Das verlängerte Hinterhaupt am Schädel deutet auf ein hauptsächlich grasendes Steppennashorn hin. Dieser Fund stammt aus warmzeitzeitlichen Seeablagerungen (Eem-Interglazial, vor etwa 115 000 Jahren) und zeigt, dass die kälteangepassten Wollhaarnashörner als Steppentiere auch mit wärmeren klimatischen Bedingungen zurecht kamen; Länge 80 cm, Breite 35 cm.*

Abb. 1 *Schädel (Länge 50 cm) und Unterkiefer (Länge 54 cm) eines in der heutigen Türkei entdeckten hornlosen Nashorns* Chilotherium kowalevskii *(Rhinocerotidae/ Aceratheriinae/ Chilotheriini) aus dem oberen Miozän (11,5–5,3 Millionen Jahre vor heute). Diese kurzbeinigen Tiere hatten zwar dem Nasenbein nach kein Horn, dafür aber stark ausgeprägte Unterkieferincisiven (lat.* incisivi *= Schneidezähne). Die ähnlich vergrößerten unteren Schneidezähne des heutigen Panzernashorns* (Rhinoceros unicornis) *werden bei Rangkämpfen eingesetzt und können starke Verletzungen verursachen. Das Gebiss des* Chilotherium *hat einen dünneren Zahnschmelz und das Hinterhaupt des Schädels ist relativ kurz, was auf eine hauptsächlich blattfressende Ernährung hindeutet.*

heute auf einer Höhe von 4207 m über dem Meeresspiegel liegt, wurden Reste einer kälteangepassten Fauna gefunden, darunter auch die eines Schneeleoparden und eines Eisfuchses (Deng u. a. 2011). Die Landschaften im Vorland des Himalaja waren klimatisch auch während der globalen Warmzeiten durch Trockenheit, jahreszeitlich extrem schwankende Temperaturen und kalte Winter geprägt. Die Funde aus Zanda zeigen, dass die kälteangepasste eiszeitliche Fauna ihren Ursprung in höheren Regionen mit solch rauem Klima hatte. Erst mit Beginn des Eiszeitalters vor etwa 2,8 Millionen Jahren, als während der Vereisungsphasen ähnliche klimatische Bedingungen auch in den Steppenlandschaften Zentralasiens herrschten, breiteten sich die Wollhaarnashörner allmählich auch in den nördlichen Tiefebenen aus. Die frühpleistozänen Funde des *Coelodonta nihowanensis* aus dem Nihowan-Becken im nördlichen China sowie die mittelpleistozänen *Coelodonta tologoijensis*-Reste aus der Mongolei und dem Transbaikal-Gebiet im östlichen Russland zeigen ihren Verbreitungsweg. Der Schädelfund des auf ein Alter von 460 000 Jahre (Elster-Kaltzeit) datierten *Coelodonta tologoijensis*-Fellnashorns von Bad Frankenhausen in Nordthüringen markiert die Ankunft der Tiere in Mitteleuropa während einer Kälteperiode (Kahlke/Lacombat 2008).

Im älteren und mittleren Pleistozän lebten in Europa mehrere Waldnashornarten (*Stephanorhinus etruscus*, *Stephanorhinus hundsheimensis* und *Dihoplus [Stephanorhinus] kirchbergensis*) und ein Steppennashorn *(Stephanorhinus hemitoechus)*, das dem Wollhaarnashorn morphologisch am nächsten steht. Dessen Verbreitungsgebiet beschränkte sich in den Kälteperioden auf die Mittelmeerküsten im Süden. In den jeweiligen Warmzeiten stießen die Tiere nach Norden vor, während dieser Phasen überschnitt sich ihr Lebensraum teilweise mit dem der Wollhaarnashörner. Die wärmeliebenden Nashörner starben während der letzten Vereisung im Jungpleistozän aus.

Die jungpleistozänen Wollhaarnashörner (*Coelodonta antiquitatis*; Abb. 2) bildeten zusammen mit Mammuts, Moschusochsen, Rentieren und anderen Kaltzeittieren die kälteresistente Säugetierwelt Eurasiens (*Mammuthus-Coelodonta*-Faunenkomplex). Deren Verbreitungsgebiet reichte von der Iberischen Halbinsel bis an die östliche Spitze Sibiriens (Kahlke 1999). Warum die Fellnashörner nicht den gleichen Verbreitungsweg wie den der kaltzeitlichen Säugetiere über die Beringstraße nach Nordamerika nahmen, ist bis heute nicht geklärt. Sie starben am Ende der letzten Kälteperiode (Weichsel-Vereisung) vor etwa 12 000 Jahren aus.

Anhand von zahlreichen Knochenfunden, wenigen mumifizierten Kadavern mit erhaltenen Weichteilen (darunter auch Haare und Nasenhörner) und Darstellungen durch eiszeitliche Jäger sind Wollhaarnashörner hinreichend bekannt. Die Körperlänge der erwachsenen Tiere betrug 3,60 m, die Widerristhöhe etwa 1,70 m. Ihr robuster, massiger Körper mit bis zu 3 t Lebendgewicht war mit einem dichten, vor der trockenen Kälte schützenden Wollhaarkleid bedeckt. Die Wollhaarnashörner hatten einen bis zu 90 cm langen Schädel, dessen Nasenscheidewand verknöchert war. Dieses Merkmal ist nur bei jungpleistozänen *Coelodonta* ausgebildet und steht wahrscheinlich im Zusammenhang mit ihrem überdimensionierten, bis zu 1,20 m langen vorderen Nasenhorn. Die Hörner aller Nashornarten bestehen aus haarähnlichen dicken Keratinfäden. Das vordere Nasenhorn der *Coelodonta antiquitatis* saß weiter vorne an der Nasenspitze, hatte eine sehr hohe und leicht gerundete Basis, war seitlich abgeflacht und wesentlich länger als das der heutigen Nashörner. Häufig sind die wenigen im Permafrostboden erhaltenen Hörner an der Unterseite scharfkantig abgeschliffen. Der Abrieb bildet an der zum Boden gewandten Seite eines natürlich gebogenen Horns eine gerade Kante (Abb. 3). Der gängigen Erklärung nach räumten Wollhaarnashörner mit seitlichem Schwenken ihres Nasenhorns die Schneedecke weg, um an die Bodenvegetation heranzukommen. Die Fellnashörner waren, ähnlich den rezenten Breitmaulnashörnern, Steppentiere und auf grasende Ernährung spezialisiert. Position, Form und Größe des vorderen Nasenhorns der *Coelodonta* zeigen, dass das »Schneeräumen« als Erklärung für dieses Phänomen nicht zwingend notwendig ist. Mit ihrem beim Grasen tief gesenkten Kopf berührten die Tiere mit der Unterkante ihres Horns unvermeidlich den Boden.

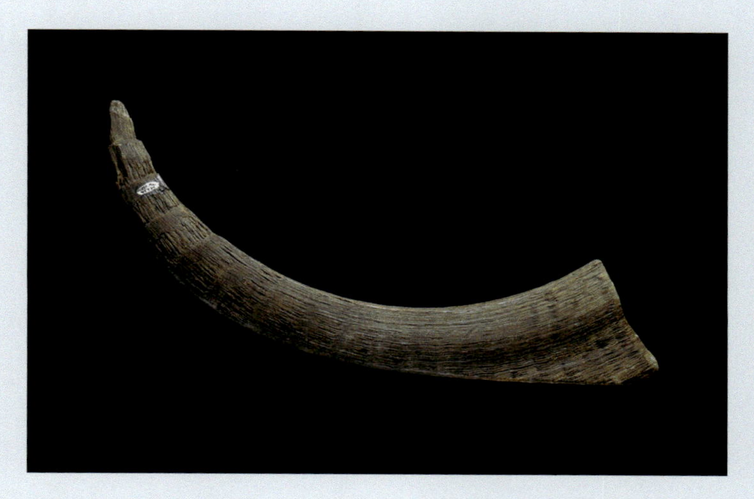

Abb. 3 *Ein etwa 1 m langes Nasenhorn eines Wollhaarnashorns* Coelodonta antiquitatis *aus Sibirien (Russland).*

Die in der freien Wildbahn beinahe unangreifbaren Nashörner haben nur einen potenziellen Feind: den Menschen. Tragisch und lächerlich zugleich ist der Aberglaube derer, die dem Konsum der »Nasenhaare« der toten Huftiere eine potenzsteigernde Wirkung zuschreiben. So haben sie diese imposanten urtümlichen Tiere trotz aller Bemühungen innerhalb kürzester Zeit an den Rand des Aussterbens gebracht.

Karol Schauer

PFERDE (EQUIDAE)

Die Stammesgeschichte der Pferde reicht etwa 56 Millionen Jahre zurück bis ins frühe Eozän und geht vorrangig von Nordamerika aus. Immer wieder wanderten von dort aus einzelne Arten in andere Gebiete und vollzogen eigenständige Entwicklungen. Die Evolution der Pferde kann also keineswegs als linear bezeichnet werden, man könnte sie am ehesten als mosaikartig beschreiben. Dank ihrer enormen Anpassungsfähigkeit war es den Pferden auf diese Weise möglich, sich weltweit auszubreiten.

Generell lässt sich ein Evolutionstrend von kleinen waldbewohnenden Tieren, die bevorzugt weiche Pflanzenkost fraßen, hin zu größeren Pferden mit Anpassung an harte Grasnahrung und trockene Offenlandgebiete beobachten. So kam es beispielsweise zu einer Reduktion der Zehenanzahl von ursprünglich

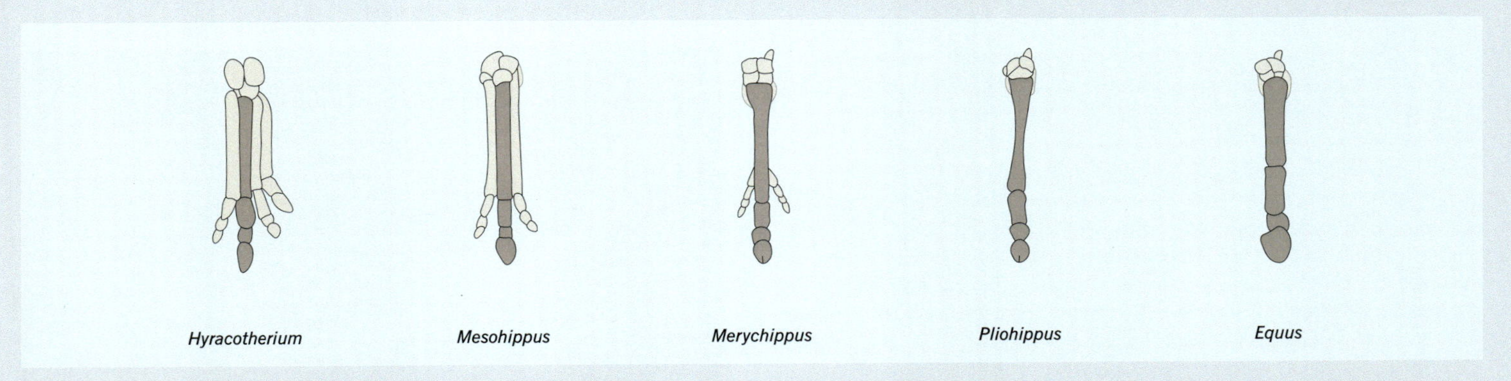

Abb. 1 *Evolution des Pferdefußes. Deutlich erkennbar ist die anhaltende Verminderung der Zehenanzahl von ursprünglich vier Zehen an den Hinterfüßen des eozänen* Hyracotherium *bis zu nur noch einem Zeh bei unseren modernen Pferden.*

fünf Zehen bis hin zu den heutigen Pferden, die nur noch auf einem Zeh laufen – eine Anpassung an harten Untergrund (Abb. 1).

Zur Hauptnahrung der Pferde gehören vorwiegend Seggen und Gräser. Aber auch Kräuter, Farne, Erlen- und Weidenzweige sowie Zwergbirken werden gelegentlich gefressen. Da Gräser die äußerst harte Kieselsäure enthalten und somit beim Verzehr einen erhöhten Zahnabrieb erzeugen, bildeten die Pferde im Laufe der Evolution zunehmend hochkronige Backenzähne aus, die durch ihre mehrfachen Einfaltungen auch einen immer höheren Zahnschmelzanteil besitzen.

Pferde sind ausgesprochene Herdentiere, die Größe der Herden variiert aber stark je nach Art. Innerhalb der Herden bestehen Kleingruppen, deren Gruppengröße etwa 3–30 Tiere beträgt. Diese Gruppen setzen sich aus mehreren Stuten und deren Nachkommenschaft sowie einem, manchmal auch mehreren Hengsten zusammen.

Da die Entwicklung der Pferde enorm komplex verlief, ist es nicht möglich, in diesem kurzen Rahmen auf alle Arten näher einzugehen, es seien hier daher nur ausschnitthaft einige der wichtigsten Vertreter genannt.

Das eozäne *Hyracotherium* darf wohl als eines der frühesten Pferdeartigen gelten. Es war ein winziges Waldtier von gerade einmal 20 cm Schulterhöhe, das sich bevorzugt von Blättern und Früchten ernährte (Froehlich 2002). An den Vorderfüßen besaß es jeweils vier Zehen, an den Hinterfüßen jeweils drei. Seine Füße besaßen noch keine echten Hufe, sondern waren eher Pfoten.

Mesohippus, das gegen Ende des Eozän/Anfang des Oligozän, vor ca. 40 Millionen Jahren das erste Mal auftrat, war mit ca. 60 cm Schulterhöhe schon wesentlich größer als *Hyracotherium* (MacFadden 1992). Es war bereits an einen deutlich trockeneren und offeneren Lebensraum angepasst. Das erkennt man unter anderem daran, dass es an allen Beinen nur noch drei funktionsfähige Zehen besaß und Schneidezähne entwickelte, die auch für härtere Grasnahrung geeignet waren. Außer Gräsern fraß Mesohippus aber wohl vorrangig Gestrüpp und kleinere Sträucher.

Im Miozän, vor ca. 18 Millionen Jahren, entstand die Art *Merychippus*, die noch stärker an trockenes Grasland angepasst war. Diese Tiere besaßen eine Schulterhöhe von etwa 1 m. Sie verfügten zwar immer noch über jeweils drei Zehen pro Bein, liefen im Gegensatz zu ihren Vorgängern jedoch bereits vollständig auf den Zehenspitzen mit einem großen zentralen Huf. Ihre hochkronigen Backenzähne mit dickem Zahnschmelz waren noch besser auf kieselsäurehaltige Nahrung eingestellt, weshalb man davon ausgehen darf, dass nun Gräser den Hauptanteil in ihrem Nahrungsspektrum ausmachten.

Merychippus stellt einen bedeutenden Vorfahren unserer Pferde dar. Er entwickelte sich nämlich recht schnell weiter und bot den Ausgangspunkt für die Entstehung von mindestens 20 verschiedenen Pferdespezies. Die wichtigsten Entwicklungslinien sind dabei das immer noch dreizehige *Hipparion*, das als erste Pferdegattung auch den afrikanischen Kontinent erreichte, und schließlich die Equini, zu denen auch die heutigen Pferdearten gezählt werden.

Innerhalb der Equini verschwanden schließlich die zuvor noch vorhandenen seitlichen Zehen, so auch bei *Pliohippus*, einem der ältesten Vertreter der Equini. Er entstand vor ca. 15 Millionen Jahren in Nordamerika und wies bereits deutliche Ähnlichkeiten zu unseren heutigen Pferden auf. Er war ebenfalls ein Grasfresser und mit einer Schulterhöhe von ca. 1,25 m in etwa so groß wie ein modernes Pony (MacFadden 1992).

Die Gattung *Equus* trat dann erstmals in Nordamerika im Pliozän vor ca. 3,9 Millionen Jahren auf und umfasst die modernen Pferde (Abb. 2), zu denen auch die noch heute lebenden Pferdearten gehören (Forstén 1992). Es ist dabei zwischen stenoiden und caballoiden Pferden zu unterscheiden: Vor ca. 2,7–2,6 Millionen Jahren wanderten stenoide Pferde aus Nordamerika über Beringia und Eurasien bis nach Afrika, wo sie sich sehr erfolgreich ansiedelten (Kahlke 1994). Benannt sind sie nach der altpleistozänen Art *Equus stenonis*. Diese Tiere waren an wärmeres Klima angepasst und von eher graziler Statur. Stenoide Pferde kamen auch in unseren Breiten vor. So kennen wir in Mitteldeutschland beispielsweise aus der mittelpleistozänen Fundstelle Voigtstedt (Thüringen) allein schon zwei Arten: *Equus suessenbornensis* und *Equus altidens* (Kahlke 1994). Es wird vermutet, dass alle stenoiden Pferde zumindest teilweise gestreiftes Fell aufwiesen. Zu ihren Nachfahren gehören neben den Eseln auch die Zebras, die wir aus den afrikanischen Savannen kennen. Sie sind die letzten »echten Wildpferde«, die es heute noch gibt.

Caballoide Pferde verbreiteten sich vor etwa 2,5 Millionen Jahren aus Nordamerika über Beringia nach Eurasien. Sie sind insbesondere an harschere Bedingungen angepasst, konnten im Gegensatz zu den stenoiden Pferden in Afrika aber nicht Fuß fassen (Kahlke 1994). Auf dem gesamten amerikanischen Kontinent starben die Pferde vor ca. 10 000 Jahren aus noch ungeklärter Ursache komplett aus. Die Mustangs der nordamerikanischen Plains, die wir – vorgeprägt durch Karl May'sche Wildwestromantik – oft für Wildpferde halten, wurden tatsächlich erst im 16. Jahrhundert durch die Konquistadoren eingeführt. Sie gingen aus verwilderten Hauspferderassen hervor und sind keine echten Wildpferde im engeren Sinn.

Wann genau die ersten Pferde domestiziert wurden, ist noch nicht eindeutig geklärt. Aktuell geht man davon aus, dass die Domestikation spätestens im 3. Jahrtausend v. Chr. stattgefunden haben muss (Ludwig u. a. 2009). Unsere heutigen Hauspferde *(Equus ferus caballus)* haben eine enorme Varianz in punkto Schulterhöhe. Je nach Rasse erreichen sie Größen von minimal 40 cm (Minipony) bis maximal 220 cm (Mitte des 19. Jahrhunderts bei einem Shire Horse gemessen).

Eines der charakteristischsten Merkmale caballoider Pferde sind die sog. »Hengst- oder Hakenzähne«, die fast ausschließlich bei männlichen Tieren ausgeprägt sind. Es handelt sich um einzeln stehende, hakenförmige Eckzähne, die bis zu 7 cm lang werden können. Zudem verfügen alle caballoiden Pferde über ein deutliches Diastema, eine Lücke zwischen den Schneide- und Backenzähnen. Modernes Zaumzeug nutzt diese biologische Besonderheit – die Trense, die zur Führung des Pferdes dient, wird im Maul des Pferdes in das Diastema eingehängt.

Juliane Weiß

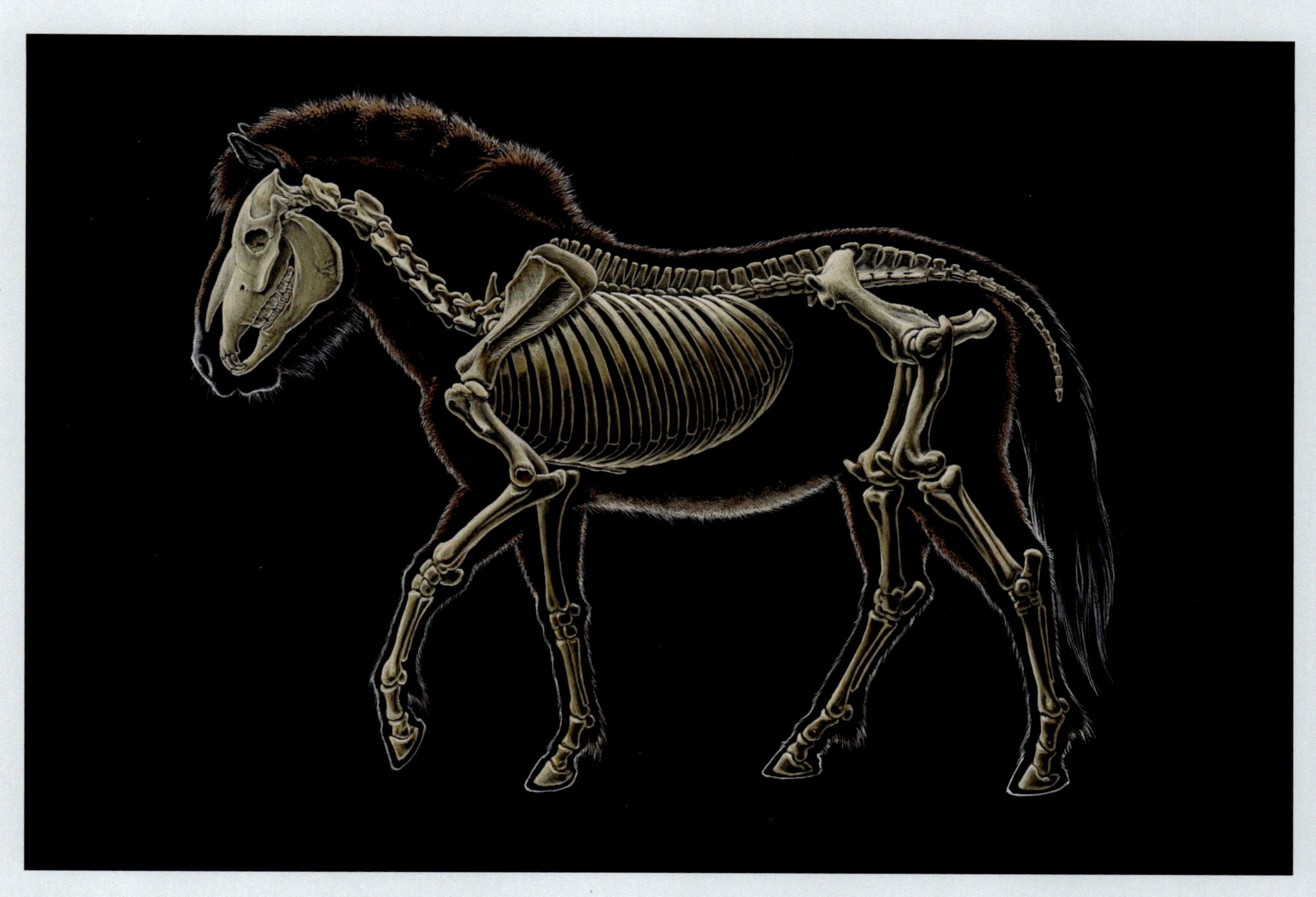

***Abb. 2** Skelettzeichnung eines modernen Pferdes* (Equus caballus)*; Schulterhöhe zwischen 120 und 145 cm (Zeichnung © K. Schauer).*

ANMERKUNGEN

1 paraphyletisch = Ein Taxon (Tiergruppe), das von einer einzigen Art abstammt, aber nicht alle Nachkommen dieser Stammart enthält, da diese einer anderen Tiergruppe zugeordnet wurden. Zum Beispiel werden Reptilien als paraphyletisch angesehen, da sie sich, wie die Vögel (die nicht zu den Reptilien gezählt werden), aus den Dinosauriern entwickelt haben.

2 Als Augsprosse wird bei Hirschen die unterste, unmittelbar über dem Auge sitzende Sprosse am Geweih bezeichnet.

3 Mit Konvergenz bezeichnet man einen Vorgang, wenn unterschiedliche Tiere unabhängig voneinander unter gleichen Lebensbedingungen ähnliche körperliche Merkmale entwickeln und sich dadurch ähnlich werden.

K. SCHAUER
9/2017

3 AUF DEM WEG ZUM MODERNEN MENSCHEN

A. SCHANER
9/2017

Karol Schauer

PRIMATEN

DIE ERDE IM KÄNOZOIKUM ALS PLANET DER AFFEN

Die Primaten zählen zu den erfolgreichsten Säugetiergruppen. Das ist nicht allein dem evolutiven Sonderweg der Menschen zu verdanken. Zurzeit zählt man etwa 450 Arten von Primaten, etliche von ihnen sind weitgehend unerforscht. Es werden noch immer neue lebende Arten entdeckt, wie z. B. *Rungwecebus kipunji* im südlichen Tansania (Jones u. a. 2005; Davenport u. a. 2006; Zinner u. a. 2009). Die rasanten Fortschritte der vergangenen 20 Jahre in der molekularen Phylogenetik (Stammesgeschichte) haben in die traditionelle Taxonomie eingegriffen und eine ganze Reihe von Verwandtschaftsfragen geklärt. Jedes Jahr werden zusätzlich mehrere neue fossile Arten entdeckt, beschrieben und in das riesige Puzzle unserer weitverzweigten Verwandtschaft eingefügt.

Im Vergleich zu den meisten Säugetierordnungen sind Primaten in ihrem Körperbau wenig spezialisiert. Als Generalisten waren sie immer in der Lage, sich mit relativ wenigen Veränderungen im Körperbau an neue Herausforderungen anzupassen. Dass einer kleinen Gruppe von Menschenaffen die morphologische Umstellung auf die zweibeinige Fortbewegung gelang, verdanken wir u. a. auch dieser unscheinbaren Voraussetzung.

Eines der auffälligsten Merkmale der Primaten ist, dass sie an ihren Extremitäten fünf Zehen besitzen. Damit bleiben sie, verglichen mit Huftieren, sehr konservativ. Die fünf Zehen sind ein Erbe der ursprünglichen Säugetiere. Die Paarhufer haben im Verlauf ihrer Anpassung die Strahlen auf zwei reduziert. Manche Unpaarhufer, wie z. B. Pferde, verfügen sogar nur über einen Strahl. Somit sind sie mit ihren neu erworbenen Anpassungen höher entwickelt. Die Herrentiere (Primaten) können ihre Daumen und – bis auf den Menschen – auch die großen Zehen den anderen Zehen gegenüberstellen. Auf diese Weise können sie beim Klettern auch mit den Füßen einen Ast umgreifen. Die Fingerbeeren mit ihren feinen Hautleisten an den Fingerkuppen verhindern das Abrutschen und verfügen über ein sehr gutes Tastgefühl. Andere Säugetiere wie etwa Nager oder Katzen benutzen beim Klettern ihre Krallen. Die greifende Art des Kletterns der Primaten führte zur Umbildung der ursprünglichen Krallen zu Nägeln. Nur bei den Lemuren ist noch eine Fußzehe mit einer Kralle bewehrt, die hauptsächlich als Putzkralle verwendet wird. Eine Familie sehr kleiner südamerikanischen Neuwelt-Affen, die Krallenaffen (Callitrichidae), hat nachträglich aus den Nägeln wieder Krallen entwickelt. Von dieser besonderen Fähigkeit, mit opponierbaren Daumen und einem guten »Fingerspitzengefühl« greifen zu können, hat später der Mensch auf seine eigene Art profitiert. Eine weitere Anpassung am Fuß der Primaten – das verlängerte Fersenbein – verschafft ihnen ein besonderes Sprungvermögen.

Jede Säugetierordnung hat ihr charakteristisches Gebiss. Da die Zähne besonders widerstandsfähig gebaut sind und sich dadurch am häufigsten als Fossilien erhalten, bilden sie noch immer die wichtigste Informationsquelle für die Paläontologie. Das Gebiss der ursprünglichen Säugetiere hat 44 Zähne. Viele der Ordnungen haben im Verlauf ihrer entwicklungsgeschichtlichen Spezialisierung etliche davon eingebüßt. Die Primaten sind hier mit dem Verlust von nur einem Schneidezahn auf jeder Seite oben und unten noch relativ konservativ. Bis auf wenige Ausnahmen verfügen die ursprünglichen Primaten über 40 Zähne: im Quadrant (pro Kiefer und Seite) 2 Schneidezähne (Incisives), 1 Eckzahn (Caninus), 4 Vorbackenzähne (Praemolares) und 3 Backenzähne (Molares). Eine solche Ausnahme ist das Fingertier *Daubentonia madagascariensis*. Das Fingertier hat pro Kieferhälfte nur einen meißelförmigen, nagetierartigen Schneidezahn. Mit seinen vier Schneidezähnen schält es Baumrinde ab und mit seinen langen dünnen Fingern zieht es fett- und eiweißreiche Insektenlarven heraus. Genetische Untersuchungen haben gezeigt, dass sich der Zweig der Fingertiere bereits im Ober-Eozän vor mehr als 40 Millionen Jahren von den übrigen Lemuren abgespalten hat. Das Fingertier, auch Aye-Aye genannt, kann als Paradebeispiel einer hochgradigen Spezialisierung unter den Primaten gelten.

Die tendenziell nach vorne ausgerichteten Augen der Primaten ermöglichen ein dreidimensionales Sehen, das beim Greifen und Klettern unentbehrlich ist. Die Augen der dämmerungs- und nachtaktiven Arten (meist Insektenfresser) sind ebenso angelegt, allerdings größer. Dagegen tritt der Geruchsinn in den Hintergrund.

Bezogen auf ihr Körpergewicht haben Primaten im Vergleich zu anderen Säugetieren ein großes Gehirn. Am markantesten ist dieses Verhältnis beim Menschen.

◄ *Rekonstruktion des* Oreopithecus bambolii *Gervais 1872 (Oreopithecinae/Hominidae/Hominoidea/Catarrhini/Primates) aus dem oberen Miozän (vor 9–7 Millionen Jahren), Baccinello (Prov. Grosseto, Italien) (Zeichnung © K. Schauer).*

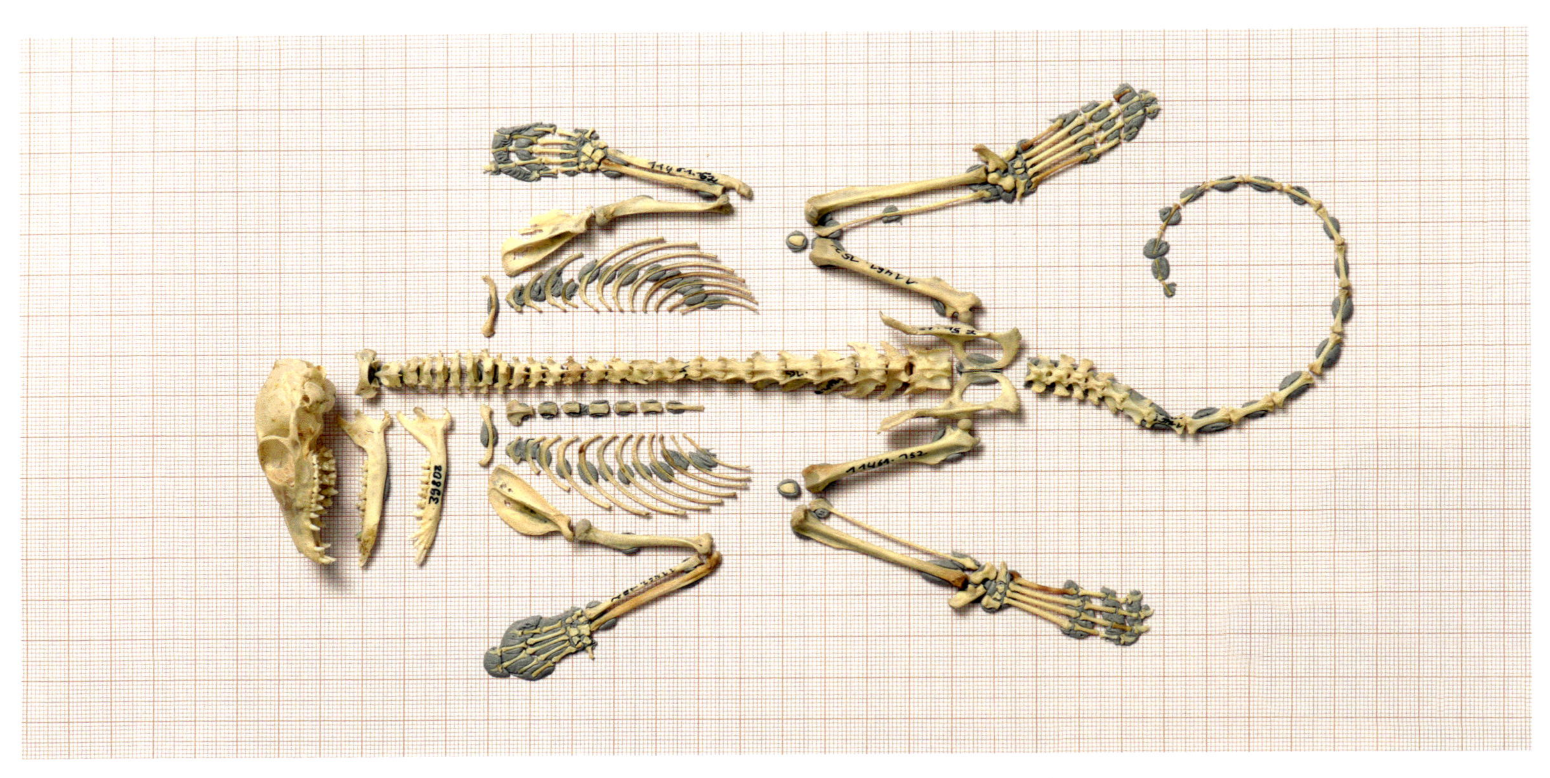

Abb. 1 *Skelett eines Spitzhörnchens* Tupaia glis *Dirard 1820 (Tupaiidae/Scandentia/Sundatheria/Euarchonta).*

Abb. 2 *Skelett eines Malaien-Gleitfliegers* Cynocephalus variegatus *Audebert 1799 (Cynocephalidae/Dermoptera/Primatomorpha/Euarchonta).*

Die nächsten Verwandten der Primaten sind die Spitzhörnchen (Ordnung Scandentia) und die Riesengleiter (Ordnung Dermoptera). Mit der bereits im mittleren Eozän ausgestorbenen Familie der Insektenfresser Adapisoriculidae bilden alle gemeinsam die Großordnung Euarchonta. Das Heimatgebiet der Spitzhörnchen und der Gleitflieger sind die subtropischen Wälder Südostasiens. Ihre Lebensweise vermittelt einen Eindruck davon, wie die ursprünglichen gemeinsamen Vorfahren gelebt haben könnten. Die Tupajas (*Tupaia glis*, Scandentia; Abb. 1) sind teils Baum- und teils Bodenbewohner, die bei der Nahrungssuche tagsüber auf Büsche oder Bäume klettern. Sie sind Allesfresser und mögen außer Blättern, Früchten und Samen auch Insekten und kleine Wirbeltiere. Ihre Backenzähne haben spitze Höckerchen, die den harten Chitinpanzer von Insekten knacken können. Die Malaien-Gleitflieger (*Cynocephalus variegatus*, Dermoptera; Abb. 2) wiederum sind ausschließlich Baumbewohner, nachtaktiv und herbivor: Sie fressen Blätter, Knospen, Blüten und Früchte.

Die Systematik teilt die Ordnung der Primaten in zwei Unterordnungen: die Strepsirrhini (Feuchtnasenaffen) und die Haplorrhini (Trockennasenaffen). Diese werden gelegentlich auch Strepsirhini und Haplorhini genannt. Von den Feuchtnasenaffen leben nur noch Lemurenverwandte: die Galagos (als Familie der Galagidae), Loris (Lorisidae), Fingertiere (Daubentoniidae), Lemuren (Lemuridae und Lepilemuridae), Katzenmakis (Cheirogaleidae) und Indris (Indriidae). Sie alle sind in warmen und bewaldeten Gebieten Südostasiens und Afrikas beheimatet. Verglichen mit der einstigen Blütezeit der Feuchtnasenaffen im Paläogen leben heute nur noch sehr wenige Lemurenverwandte. Die Insel Madagaskar bot lange Zeit ein Refugium für zahlreiche Lemuren, die sich stammesgeschichtlich sehr früh von den übrigen Primaten getrennt haben. Wie die subfossilen Überreste in den Höhlen Madagaskars zeigen, lebten bis zur Ankunft der ersten Siedler vor etwa 2000 Jahren noch etliche Lemuren-Arten, darunter einige sehr große. Das Körpergewicht des im Holozän ausgestorbenen Riesenlemuren *Megaladapis* wird auf rund 150 kg geschätzt.

Bis jetzt sind weltweit allein für die klimatisch heißen Epochen Paläozän und Eozän 155 Primatengattungen mit 348 Arten bekannt, obwohl die fossilen Belege für diese Zeitspanne in Afrika und Asien äußerst lückenhaft sind. Demgegenüber stehen 22 Gattungen mit 118 Arten der heute noch verbliebenen Halbaffen (Strepsirrhini).

An der Basis der Haplorrhini stehen die Tarsiiformes (Tarsier oder auch Koboldmakis). Die noch heute in Südostasien lebenden, kaum 15 cm kleinen Wesen sind nur noch durch drei Gattungen mit sieben Arten vertreten. Die Tarsier wurden nach einer ihrer Besonderheiten benannt: den stark verlängerten Fußwurzelknochen (Tarsus). Durch die Verlängerung von Naviculare und Calcaneus (Kahn- und Fersenbein) ist der Fuß der Koboldmakis gestreckt und hat eine bessere Hebelwirkung beim Abspringen. Die Winzlinge können sich bis zu einen halben Meter hoch und zwei Meter weit katapultieren. Um Geräusche zu orten, können sie ihre Ohrmuscheln unabhängig voneinander bewegen. Dagegen sind ihre riesigen, weit hervortretenden Augen wegen ihrer Größe weitgehend unbeweglich. Dafür können sie ihren Kopf, ähnlich einer Eule, um 180° nach links und rechts drehen. Ausgestattet mit einem außerordentlichen Sprungvermögen sowie einem gut entwickelten Gesichts- und Gehörsinn sind die kleinen Nachtgespenster erfolgreiche Beutemacher (vgl. Abb. 14). Die lebhaften, sehr geschickten Kletterer sind ausschließliche Baumbewohner und begeben sich nur zum Ergreifen der Beute ganz kurz auf den Boden.

Zu ihrem Beutespektrum zählen hauptsächlich Insekten. Nur die Sunda-Koboldmakis (*Cephalopachus bancanus*) erbeuten auch kleinere Eidechsen und Vögel. Auch wegen ihrer ähnlichen Lebensweise hat man bis vor Kurzem angenommen, dass Tarsier eine Schwestergruppe der fossilen Omomyiden bilden. Heute weiß man, dass sich die Linie der Tarsiiformes bereits im frühen Eozän (vor 50 Millionen Jahren) von den übrigen ursprünglichen Primaten abgespaltet hat. Die ältesten Tarsier (*Tarsius eocaenicus*) aus dem mittleren Eozän fand man im heutigen China. Die Tarsier sind die nächsten Verwandten der Simiiformes (»echten Affen« oder Anthropoiden) und somit auch von uns – den Menschen.

Die Aufspaltung der Simiiformes in Platyrrhini (Neuweltaffen oder Breitnasenaffen) und Catarrhini (Altweltaffen oder Schmalnasenaffen) kam durch die geografische Isolierung der frühen Primaten Süd- und Mittelamerikas von den Affen der Alten Welt zustande.

Die Catarrhini haben sich unmittelbar nach der globalen Abkühlung zu Beginn des Oligozän vor 34 Millionen Jahren in zwei Gruppen aufgeteilt: die Cercopithecoidea (Hundsaffen), die ihren langen Schwanz bis auf wenige Ausnahmen behielten, und die Hominoidea (Menschenähnlichen), die schwanzlosen Arten.

URSPRUNG DER PRIMATEN UND IHRE ERSTE BLÜTEZEIT IM PALÄOGEN

Basierend auf fossilen Belegen und einer phylogenetischen Rekonstruktion wurde früher das mögliche Ursprungsgebiet der ältesten Primaten wahlweise in Afrika, Asien, Europa oder Nordamerika verortet. Heute geht man davon aus, dass es Südostasien war, von wo aus sich die ursprünglichen Primaten während des Paläogen (vor 66–23 Millionen Jahren) über die nördliche Hemisphäre verbreitet haben (Beard 1998). Diese Hypothese wird auch von Molekularbiologen gestützt (Springer u. a. 2012). Die Entwicklungsgeschichte der Primaten begann bereits in der Kreidezeit, am Ende des Erdmittelalters (Mesozoikum) vor etwa 70 Millionen Jahren. Ihre rasche Verbreitung in den immergrünen Wäldern des Urkontinents Laurasia steht sicherlich mit dem Massenaussterben der Dinosaurier am Übergang der Kreidezeit zum Paläogen (vor 66 Millionen Jahren) in Zusammenhang. Der Evolutionsverlauf der Primaten wurde von erdgeschichtlichen und klimatischen Ereignissen begleitet und ihre Entwicklung war entsprechend komplex und nicht geradlinig (Abb. 3).

Die Fossillagerstätte nahe der Ortschaft Walbeck im westlichen Teil Sachsen-Anhalts (siehe Infobox »Walbeck« von D. Ambros, S. 186) lieferte Nachweise von Halbaffen, die weltweit zu den ältesten zählen. In der Sedimentfüllung einer Muschelkalk-Karstspalte wurde eine fossile Amphibien-, Reptilien-, Vogel- und Säugetier-Fauna gefunden, die biostratigrafisch in das Mittlere Paläozän (Seelandium, vor 61,6–59,2 Millionen Jahren) gestellt wird. Darunter befinden sich fossile Reste von

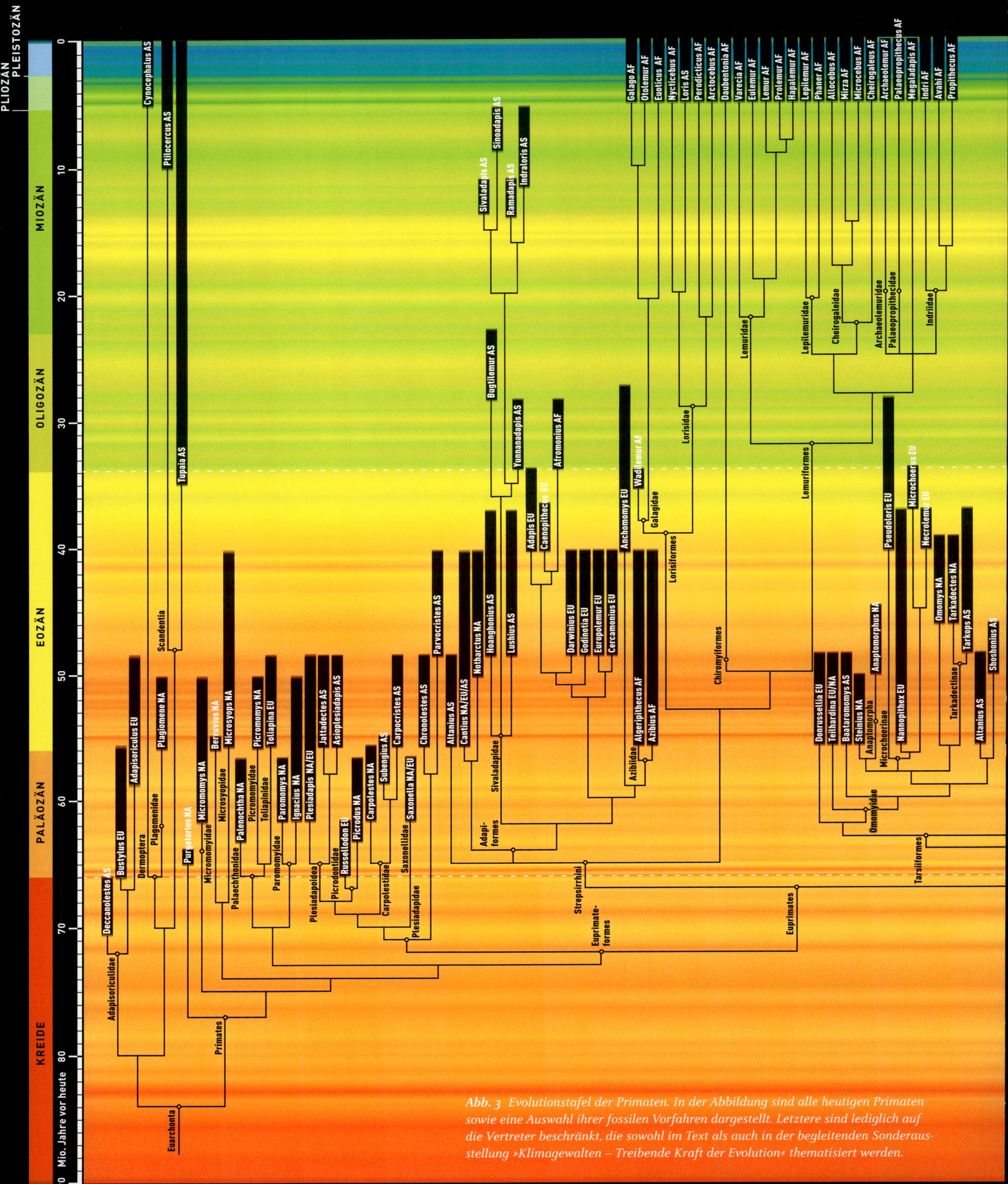

Abb. 3 Evolutionstafel der Primaten. In der Abbildung sind alle heutigen Primaten sowie eine Auswahl ihrer fossilen Vorfahren dargestellt. Letztere sind lediglich auf die Vertreter beschränkt, die sowohl im Text als auch in der begleitenden Sonderausstellung »Klimagewalten – Treibende Kraft der Evolution« thematisiert werden.

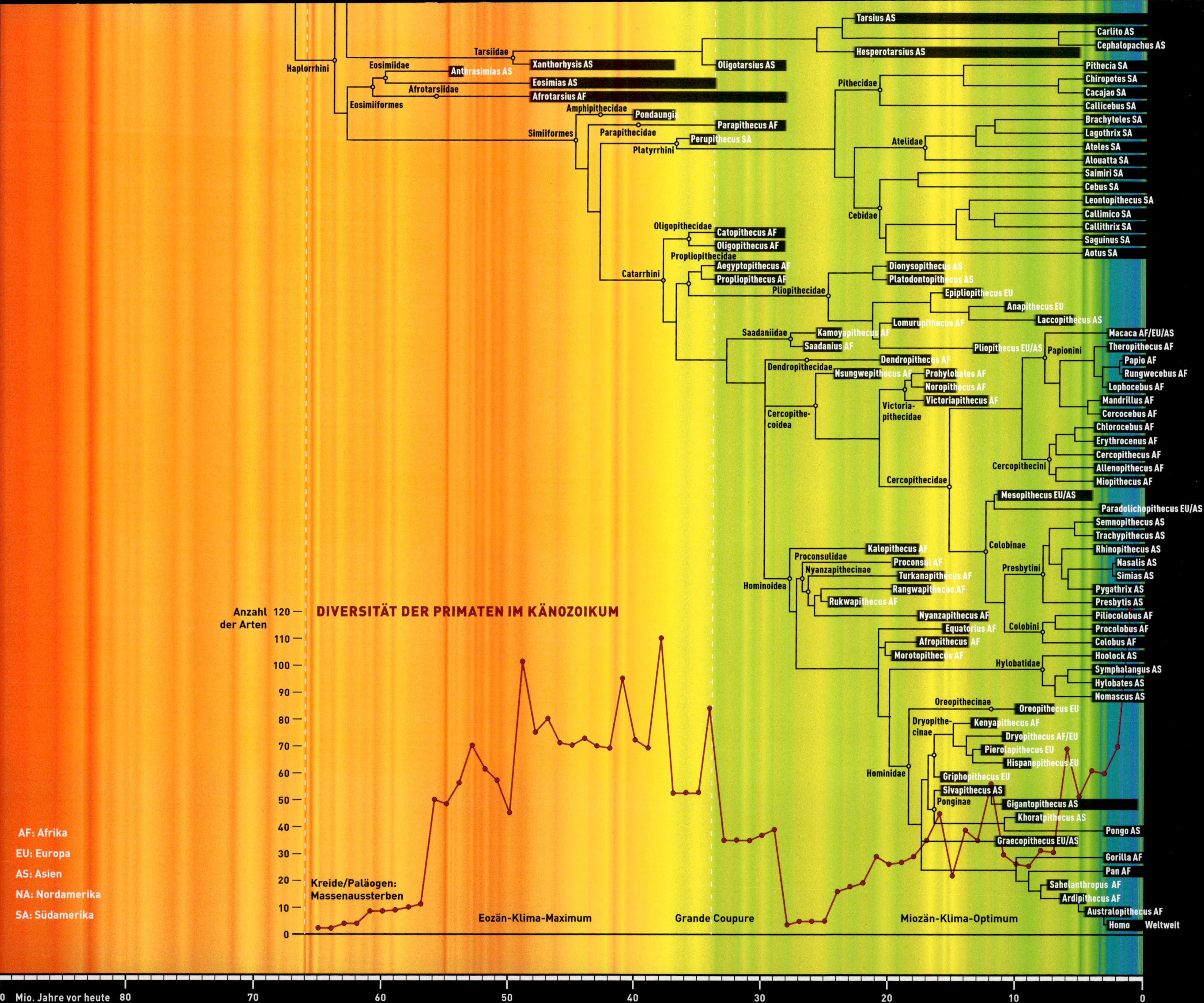

DIVERSITÄT DER PRIMATEN IM KÄNOZOIKUM
Anzahl der Arten
120
110
100
90
80
70
60
50
40
30
20
10
0
Kreide/Paläogen: Massenaussterben
Eozän-Klima-Maximum
Grande Coupure
Miozän-Klima-Optimum
Mio. Jahre vor heute
90
80
70
60
50
40
30
20
10
0
AF: Afrika
EU: Europa
AS: Asien
NA: Nordamerika
SA: Südamerika
Haplorrhini
Tarsiidae
Eosimiidae
Afrotarsiidae
Eosimiiformes
Amphipithecidae
Simiiformes
Parapithecidae
Platyrrhini
Pithecidae
Atelidae
Cebidae
Oligopithecidae
Propliopithecidae
Catarrhini
Pliopithecidae
Saadaniidae
Dendropithecidae
Cercopithecoidea
Victoriapithecidae
Cercopithecidae
Papionini
Cercopithecini
Colobinae
Presbytini
Colobini
Proconsulidae
Nyanzapithecinae
Hominoidea
Hylobatidae
Oreopithecinae
Dryopithecinae
Hominidae
Ponginae
Tarsius AS
Carlito AS
Cephalopachus AS
Hesperotarsius AS
Xanthorhysis AS
Oligotarsius AS
Anthrasimias AS
Eosimias AS
Afrotarsius AF
Pondaungia
Parapithecus AF
Perupithecus SA
Pithecia SA
Chiropotes SA
Cacajao SA
Callicebus SA
Brachyteles SA
Lagothrix SA
Ateles SA
Alouatta SA
Saimiri SA
Cebus SA
Leontopithecus SA
Callimico SA
Callithrix SA
Saguinus SA
Aotus SA
Catopithecus AF
Oligopithecus AF
Aegyptopithecus AF
Propliopithecus AF
Dionysopithecus AS
Platodontopithecus AS
Epipliopithecus EU
Anapithecus EU
Laccopithecus AS
Lomuropithecus AF
Kamoyapithecus AF
Saadanius AF
Pliopithecus EU/AS
Dendropithecus AF
Nsungwepithecus AF
Prohylobates AF
Noropithecus AF
Victoriapithecus AF
Macaca AF/EU/AS
Theropithecus AF
Papio AF
Rungwecebus AF
Lophocebus AF
Mandrillus AF
Cercocebus AF
Chlorocebus AF
Erythrocenus AF
Cercopithecus AF
Allenopithecus AF
Miopithecus AF
Mesopithecus EU/AS
Paradolichopithecus EU/AS
Semnopithecus AS
Trachypithecus AS
Rhinopithecus AS
Nasalis AS
Simias AS
Pygathrix AS
Presbytis AS
Piliocolobus AF
Procolobus AF
Colobus AF
Kalepithecus AF
Proconsul AF
Turkanapithecus AF
Rangwapithecus AF
Rukwapithecus AF
Nyanzapithecus AF
Equatorius AF
Afropithecus AF
Morotopithecus AF
Hoolock AS
Symphalangus AS
Hylobates AS
Nomascus AS
Oreopithecus EU
Kenyapithecus AF
Dryopithecus AF/EU
Pierolapithecus EU
Hispanopithecus EU
Griphopithecus EU
Sivapithecus AS
Gigantopithecus AS
Khoratpithecus AS
Pongo AS
Graecopithecus EU/AS
Gorilla AF
Pan AF
Sahelanthropus AF
Ardipithecus AF
Australopithecus AF
Homo
Weltweit

WALBECK, LKR. BÖRDE, SACHSEN-ANHALT

Walbeck gehört zu den wenigen paläozänen Wirbeltier-Fundstellen in Europa und ist die bisher einzige dieser Zeitstellung in Deutschland. Es handelt sich um eine Karstspalte in den Muschelkalk-Schichten nördlich der Ortschaft Walbeck (heute ein Ortsteil von Oebisfelde-Weferlingen).

1939 entdeckte ein Arbeiter eines Kalksteinbruchs die fossilführende Spalte. Die Funde wurden Prof. Dr. Johannes Weigelt gemeldet, der damals die Ausgrabungen im Geiseltal bei Halle leitete. Er erkannte sofort das hohe Alter und die Bedeutung der Fundstelle. Nach Untersuchungen vor Ort organisierte er die Ausräumung des restlichen Spalteninhaltes (ca. 33 t) und den Transport des Materials zur Martin-Luther-Universität nach Halle. Auch das bereits auf eine Abraumhalde verfrachtete Material ließ er bergen. In Halle wurde dann alles geschlämmt und gesiebt, um auch die kleinsten Knochen und Zähne zu finden (Abb. 1; Weigelt 1941; Bachmann u. a. 2008).

Wegen der Fundsituation war eine Datierung über eine Schichtenabfolge nicht möglich. Die Faunenzusammensetzung und die Entwicklungshöhe der Tierarten konnten aber mit datierten Fundstellen verglichen werden. Auf diese Weise können die Überreste von Walbeck in das mittlere Paläozän (ca. 60 Millionen Jahre vor heute) gestellt werden (de Bast u. a. 2013).

Etwa 10 000 Faunenreste wurden aus der Karstspalte geborgen, darunter ca. 6000 Reste von Säugetieren und 450 von Vögeln, aber auch Nachweise von Amphibien und Reptilien (Weigelt 1941; Mayr 2007; Rose u. a. 2015). Die Funde befinden sich heute in der Sammlung des Instituts für Geowissenschaften und Geografie der Martin-Luther-Universität Halle-Wittenberg.

Dem Alter entsprechend ist die Säugetierfauna sehr altertümlich. Neben Verwandten noch heute lebender Arten enthält sie daher eine ganze Reihe ausgestorbener Linien. Die meisten Funde stammen von kleinen insektenfressenden Tieren mit einem Gewicht unter 500 g. Allerdings gab es auch bereits recht große Formen wie Urhuftiere (Condylarthra) und Arctocyoniden (Weigelt 1960). Von letzteren kennt man gut 3000 Einzelfunde, die sich auf drei Arten verteilen. *Arctocyon matthesi* und *Arctocyonides weigelti* waren etwa schäferhundgroße Allesfresser, *Mentoclaenodon walbeckensis* dagegen wohl ein Fleischfresser. Mit einer Schädellänge von bis zu 15 cm ist dies die größte in Walbeck gefundene Art. Alle drei Formen wurden erstmals anhand von Funden dieser Fundstelle beschrieben.

Besonders bemerkenswert ist außerdem der Nachweis von gleich zwei Primatenarten, *Plesiadapis walbeckensis* und *Saxonella crepaturae*, die beide ihre Erstbeschreibung dieser Fundstelle zu verdanken haben (siehe Beitrag von K. Schauer, S. 180 und Beitrag von A. Müller, S. 48).

Abb. 1 *Historische Aufnahme der Fundsituation 1939. Kurz nach der Entdeckung der Spaltenfüllung in einem Steinbruch nördlich der Ortschaft Walbeck, Lkr. Börde (Sachsen-Anhalt) wurde der Inhalt geborgen.*

Die meisten Funde sind stark zerbrochen und zeigen Spuren eines längeren Transports, es sind vor allem stabilere Knochen erhalten geblieben. Zudem finden sich auch einige Reste land- und wasserlebender Tierarten des Oligozän in der Spalte. Diese Befunde lassen darauf schließen, dass der Eintrag des fossilführenden Sandes erst im unteren Oligozän stattfand, wahrscheinlich während der Rupel-Transgression vor etwa 33 Millionen Jahren, als es zu einem Meeresvorstoß aus Nordwesten kam (Bachmann u. a. 2008).

Dieta Ambros

zwei urtümlichen Primaten, *Plesiadapis walbeckensis* (Abb. 4–5) und *Saxonella crepaturae*. Beide gehören zur Unterordnung Plesiadapiformes, sie werden aber zu zwei getrennten Familien gezählt: den Plesiadapidae und den Saxonellidae. Des Weiteren befinden sich in der Fauna von Walbeck auch Reste von ausgestorbenen Primaten-Verwandten, den Insektenfressern Adapisoriculiden (*Bustylus germanicus*, oberes Paläozän, 59–56 Millionen Jahre), dessen kreidezeitliche Vorfahren vom Indischen Subkontinent stammen (*Deccanolestes*, obere Kreide, 70–66 Millionen Jahre).

Im Verbreitungsgebiet der Plesiadapiden, das Asien, Europa und Nordamerika umfasst, gab es im Paläozän zahlreiche Arten sehr unterschiedlicher Körpergröße. Die eichhörnchen- bis katzengroßen Tiere okkupierten, ähnlich den subtropischen Hörnchen, verschiedene ökologische Nischen. Ein Teilskelett aus Frankreich weist Merkmale eines Boden- sowie Baumbewohners auf. Das Kreuzbein ist dem eines Grauhörnchens (*Sciurus carolinensis*) erstaunlich ähnlich (Szalay/Delson 1979). Seine Füße hatten noch stark ausgebildete Krallen, die auf eine gute Kletterfähigkeit hinweisen. Auffällig sind ihre vergrößerten ersten Schneidezähne. Die zweiten fehlen vollständig. Das Gebiss deutet darauf hin, dass diese Tiere Allesfresser waren, allerdings mit einer Spezialisierung auf Früchte (frugivor-omnivor). Ihre verlängerten Schneidezähne waren, ähnlich wie bei Nagetieren, zum Festhalten und Schälen der Früchte geeignet. Ihr Schädel war breit und flach, die Augenhöhlen waren noch ohne Knochenspange, also nicht geschlossen. Das Gehirn war bereits größer als das von zeitgleich vorkommenden Säugern vergleichbarer Körpergröße.

Die Plesiadapiden stammen, ähnlich ihren fernen Verwandten, den Adapisoriculiden (Adapisoriculidae), aus Südostasien, dem Kerngebiet der Primaten. Darauf deuten die Funde ihrer Vertreter, wie z. B. *Asioplesiadapis* oder *Jattadectes* der Familie Plesiadapidae oder *Subengius*, *Carpocristes*, *Parvocristes* und *Chronolestes* der Familie Carpolestidae, hin. Die beiden Gattungen *Plesiadapis* und *Saxonella* (»die kleine Sächsin«) aus Walbeck wurden auch auf dem heutigen nordamerikanischen Kontinent gefunden. Das zeigt, dass die beiden Kontinente noch während des Paläozän (vor 66–56 Millionen Jahren) im Nordatlantik durch eine Landbrücke oder zumindest eine Inselkette miteinander verbunden waren (Abb. 6).

Spätestens zu Beginn des mittleren Eozän wurden die Plesiadapiden Europas von zwei unterschiedlichen Familien, den Notharctiden und Omomyiden, abgelöst. Die etwa kleinkatzengroßen Notharctiden waren tagaktive, allesfressende Baumbewohner. Die kleineren Omomyiden haben als nachtaktive Insektenfresser eine andere ökologische Nische besetzt. So überrascht es nicht, dass allein in der mitteleozänen Fossillagerstätte des Geiseltals (47,5–43,5 Millionen Jahre) in Sachsen-Anhalt mehrere Primaten gleichzeitig vorkommen: *Europolemur weigelti* (Notharctidae, Cercamoniinae; Abb. 7), *Nannopithex raabi* (Omomyidae, Microchoerinae; Abb. 8) und *Godinotia neglecta* (Adapidae, Caenopithecinae; Abb. 9). In der etwa gleichalten Grube Messel (47 Millionen Jahre) kommt ein weiterer nächster Verwandter der *Godinotia* vor, *Darwinius masillae*, dessen vollständiges Skelett auch unter dem Spitznamen Ida bekannt geworden ist. Die fossilen Primaten aus dem Geiseltal zeugen von der großen Biodiversität eines eozänen paratropischen Regenwaldes unter heißen klimatischen Bedingungen; während des Eozän-Maximums vor etwa 50 Millionen Jahren herrschten in unseren Breitengraden bis zu 14°C höhere globale Durchschnittstemperaturen als heute.

Ab dem mittleren Eozän wurden die Wälder Europas von weiteren Primaten erobert, die allerdings reine Laubfresser waren. *Adapis parisiensis* (Adapidae, Adapiformes) war die erste fossile Primatenart, die in Europa gefunden und 1822 von Georges Cuvier beschrieben wurde. Allerdings wurde der auf dem Montmartre in Paris ausgegrabene fossile Schädel von *Adapis* noch nicht als Primat erkannt. Die Ähnlichkeit mit Lemuren fiel erst später auf. Die Zähne von *Adapis* haben hohe Höckerchen, die typisch für Laubfresser sind. Dies war auch der Grund, weshalb Cuvier bei dem gefundenen Schädel anfänglich eher an einen urtümlichen laubfressenden kleinen Paarhufer dachte. Die breiten Jochbeine, ein Scheitelkamm am Schädel und ein breiter, hoch aufsteigender Unterkieferast lassen auf eine kräftige Kaumuskulatur schließen (Abb. 10). Das Tier dürfte sehr viel Zeit kauend in Baumkronen verbracht haben, um aus einer großen Menge wenig nahrhafter Blätter ausreichend Energie zu gewinnen.

Zahlreiche Fossilien der Adapiden wurden während des Phosphorit-Abbaus in Tonablagerungen der Karsthöhlen von Quercy auf dem südfranzösischen Kalkplateau bei Cahors gefunden (Abb. 11). Neben den Resten der verstorbenen Höhlenbewohner, der Fledermäuse, fand man auch Skelettreste von Säugetieren, die mit Tonsedimenten von der Oberfläche eingeschwemmt wurden. Die obereozänen Primaten von Quercy bilden eine dem Geiseltal ähnliche Vergesellschaftung. Die tagaktiven, laubfressenden Adapiden lebten dort, ähnlich wie im Geiseltal, neben weiteren Primatenarten wie etwa den omnivoren (allesfressenden) Notharctiden *Anchomomys quercyi* oder den nachtaktiven, insektenfressenden Omomyiden *Pseudoloris parvulus* oder *Necrolemur antiquus* (Abb. 12).

Die bisher angenommene verwandtschaftliche Verbindung der europäischen und nordamerikanischen Halbaffen im Eozän, die das Fortbestehen einer Nordatlantik-Route voraussetzt, lässt sich phylogenetisch nicht eindeutig nachvollziehen. Vielmehr findet man in dieser Epoche immer mehr Verwandtschaften zwischen den Primaten Europas und Afrikas. Offensichtlich stellten Europa und Afrika ab dem frühen Eozän jeweils den äußersten Rand der westlichen Verbreitung aus Asien dar. Währenddessen war Nordamerika das andere Ende der östlichen Verbreitung aus Asien. Der neu entstandene Nordatlantik hatte den Urkontinent Laurasia bereits Ende des Paläozän, Anfang des Eozän aufgespalten (vor 56 Millionen Jahren) und Europa von Nordamerika isoliert. Bis Ende des Eozän (vor 34 Millionen Jahren) waren Asien und Europa bis auf eine Inselkette im Süden weitgehend getrennt, dafür aber durch eine breite Landbrücke, die Beringia, mit der westlichen Hälfte des nordamerikanischen Kontinents verbunden. Die Fauna Asiens und Nordamerikas aus dieser Zeitspanne bildete zwar keine biogeografische Einheit, befand sich aber in einem lockeren Austausch, wie z. B. die Verbreitung der Dinoceraten oder Brontotherien (siehe Infobox »Donnerhuftiere (Brontotheriidae)« von K. Schauer, S. 156) verdeutlicht. Die asiatischen Halbaffen des Eozän sind eng verwandt mit den frühen Primaten von den Fundstellen im westlichen Gebiet der heutigen Vereinigten Staaten.

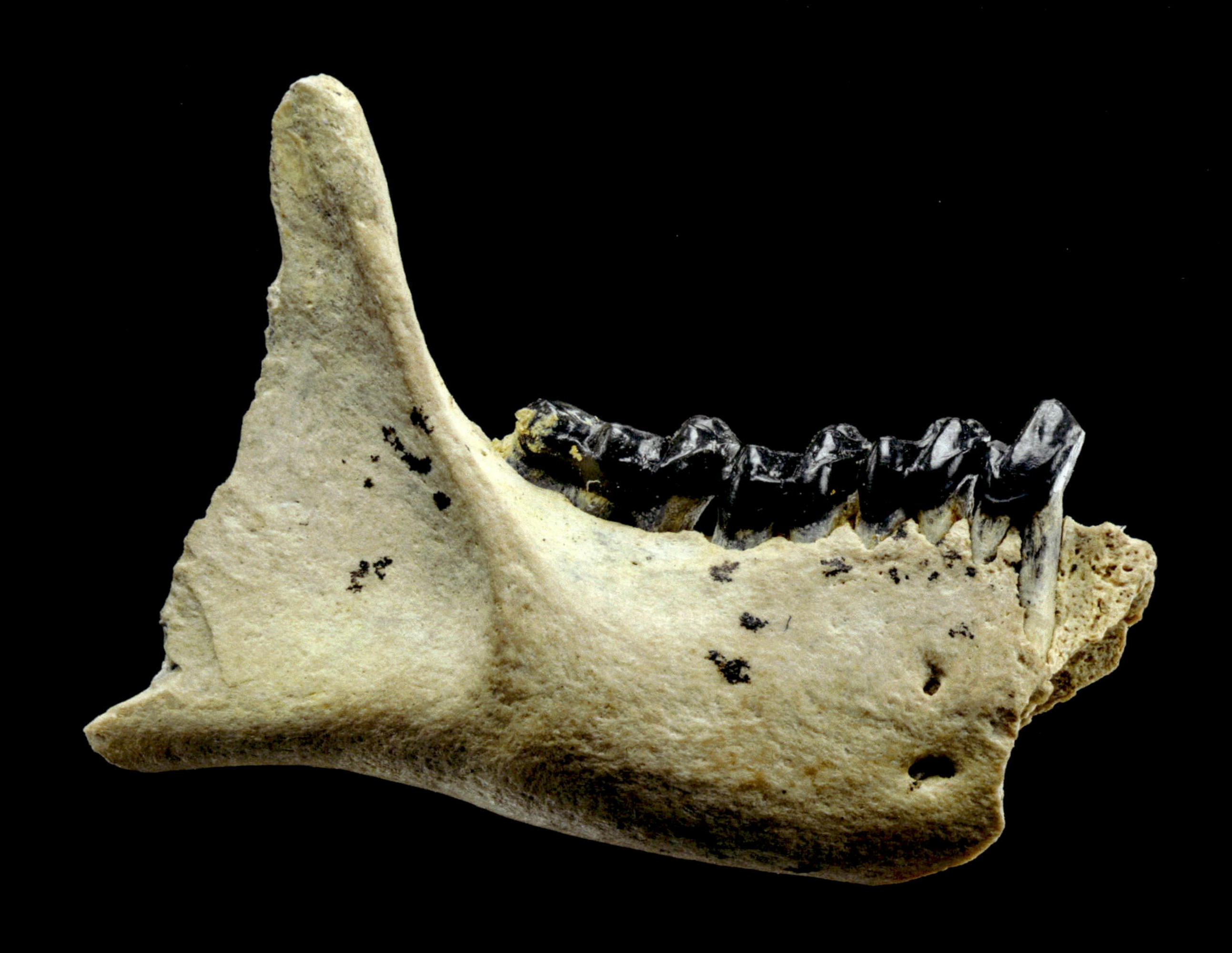

Abb. 4 *Unterkiefer des* Plesiadapis walbeckensis *Russell 1964 (Plesiadapidae/Primates), eines der ältesten Primatenvertreter aus dem mittleren Paläozän (61,6–59,2 Millionen Jahre) aus dem Sediment einer Karstspalte bei Walbeck, Lkr. Börde (Sachsen-Anhalt); ohne Maßstab.*

Abb. 5 *Schädel- und Kopfrekonstruktion von* Plesiadapis walbeckensis *(Zeichnung © K. Schauer).* ➤

0
10 mm
K. SCHAUER
9/2017

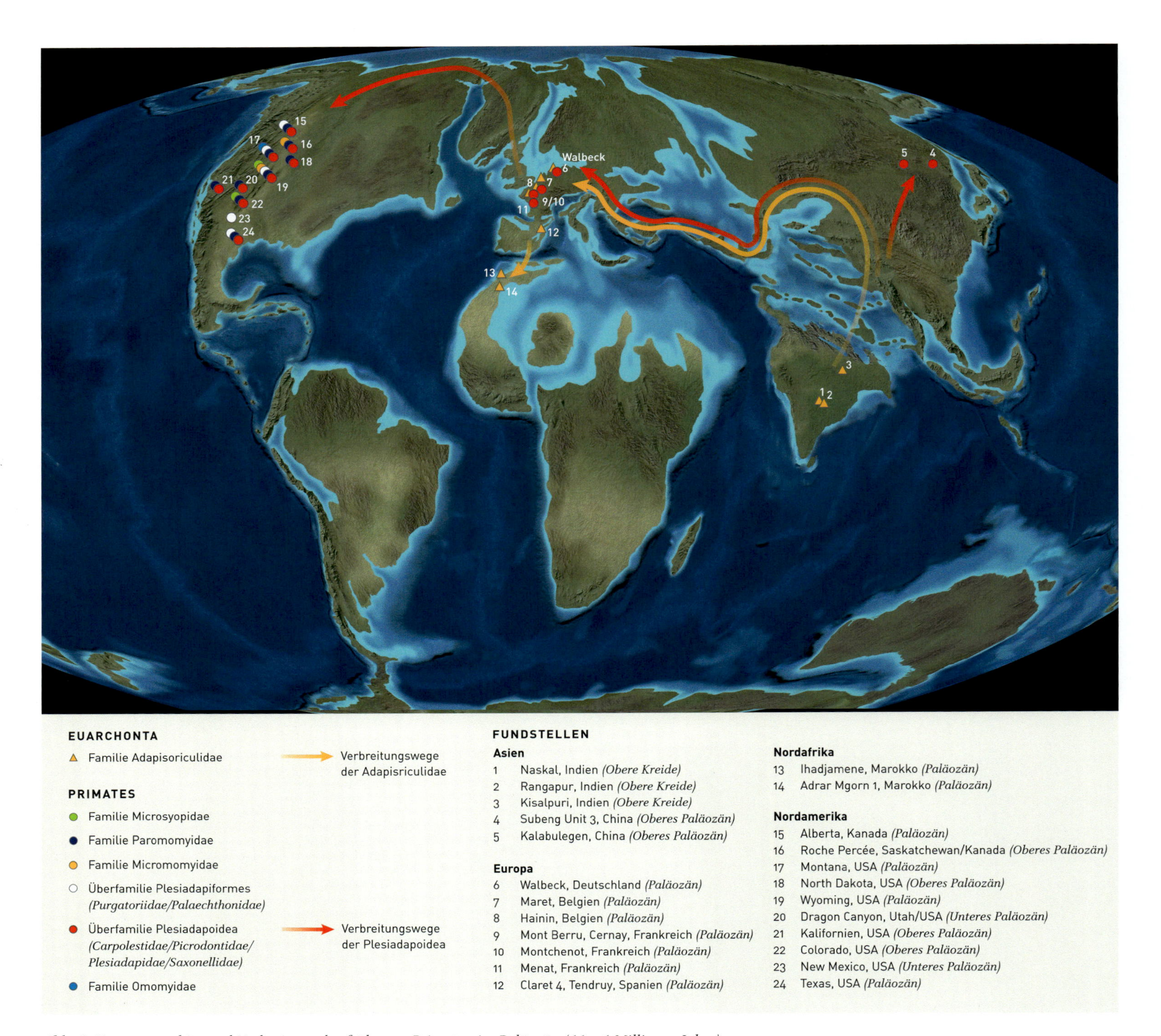

Abb. 6 *Ursprungsgebiet und Verbreitung der frühesten Primaten im Paläozän (66–56 Millionen Jahre).*

Abb. 7 (oben) *Unterkiefer eines* Europolemur weigelti *Gingerich 1977 (Cercamoniinae/Notharctidae/Adapoidea/Primates) aus dem Mittel-Eozän, Geiseltal, Saalekreis (Sachsen-Anhalt); ohne Maßstab.* ➤

Abb. 8 (unten) *Unterkiefer eines* Nannopithex raabi *Heller 1930 (Microchoerinae/Omomyidae/Tarsiiformes/Primates) aus dem Mittel-Eozän, Geiseltal, Saalekreis (Sachsen-Anhalt); Länge 18,4 mm, Höhe 8,5 mm.* ➤

10209

Abb. 9 *Skelett einer* Godinotia neglecta *Thalmann u. a. 1989 (Caenopithecinae/Adapidae/Adapiformes/Strepsirrhini/Primates) aus dem Mittel-Eozän, Geiseltal, Saalekreis (Sachsen-Anhalt); Länge 23,5 cm, Breite 14,0 cm.*

Auf eine Verbreitungsroute der Primaten im Paläogen von Asien nach Nordamerika via Beringstraße deuten vor allem die engen Verwandtschaften innerhalb der Familie der Omomyidae hin, darunter auch die Unterfamilie Tarkadectinae. Dagegen bildet die Unterfamilie Microchoerinae der Omomyiden mit *Necrolemur* und *Nannopithex* in Europa eine geschlossene Gruppe ohne Bezug zu Nordamerika (Abb. 13). Während die Omomyiden und Adapiden in Europa zum Zeitpunkt der klimatischen Wende und des »großen Einschnitts« vor 34 Millionen Jahren restlos verschwunden sind, lebte eine asiatische Familie der Adapiden, die Sivaladapidae, auf dem Gebiet des heutigen Pakistan, Indien, südlichen China, Thailand und Myanmar bis Ende der letzten warmen Phase des Miozän vor etwa 10 Millionen Jahren.

Die Belege der ältesten Simiiformes oder auch Anthropoidea, der »echten Affen«, die bisher entdeckt wurden, stammen aus einem Braunkohle-Tagebau in Indien. In der dort geborgenen untereozänen Fauna (datiert auf 54 Millionen Jahre) wurde neben den Vertretern der Omomyiden und Adapoiden auch ein Mitglied einer asiatischen Familie der »frühen echten Affen« (Eosimiidae), der *Anthrasimias gujaratensis*, gefunden (Bajpai u. a. 2008). Nur wenig später, ab dem mittleren Eozän (vor 48 Millionen Jahren), tauchten die ersten echten Affen auch auf dem afrikanischen Kontinent auf. Die frühen Anthropoiden haben Europa nie erreicht.

Der älteste Fund eines Primaten auf dem südamerikanischen Kontinent bisher, *Perupithecus ucayaliensis*, wurde in den auf Ende Eozän

Abb. 10 *Schädel- und Kopfrekonstruktion eines* Adapis parisiensis *(Zeichnung © K. Schauer).* ➤

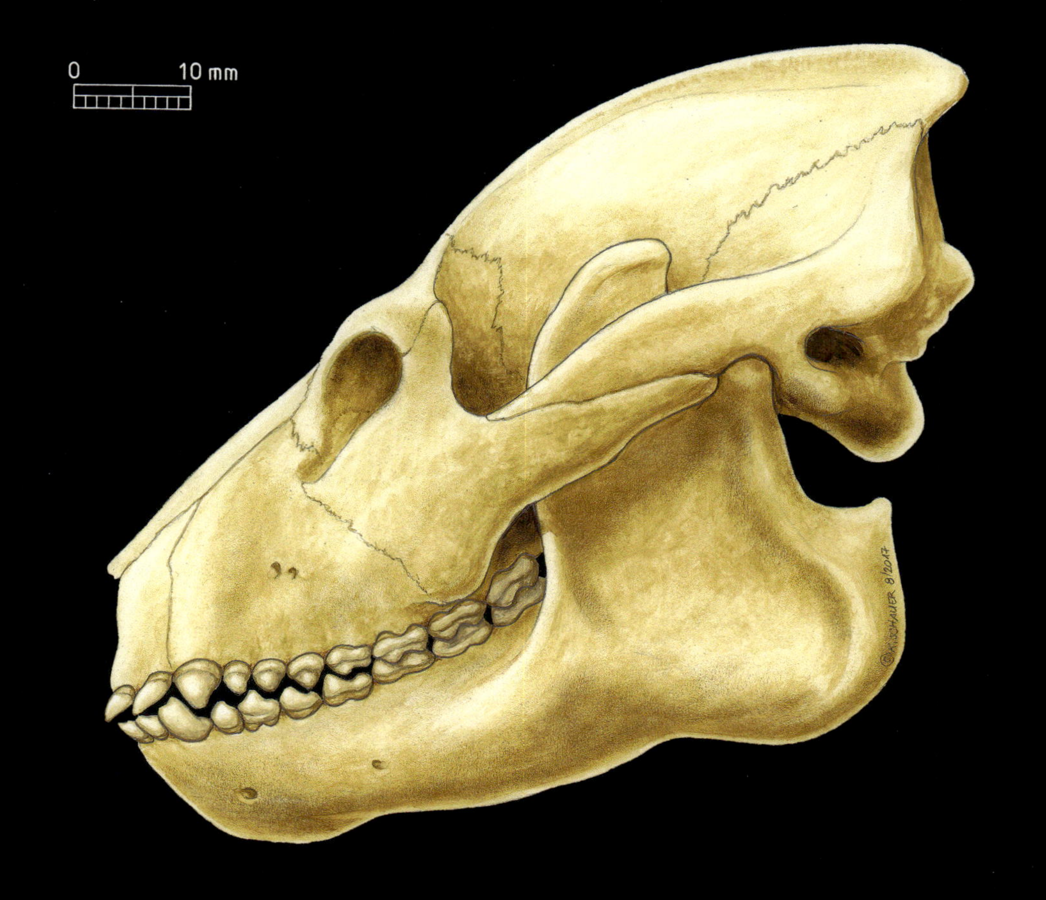
0
10 mm

2 cm

Abb. 11 *Schädel eines* Adapis parisiensis *Cuvier 1821 (Adapidae/Adapiformes/Strepsirrhini/Primates) aus dem Ober-Eozän, Quercy (Frankreich).*

bis Anfang Oligozän datierten geologischen Schichten der Yahuarango-Formation (37–28 Millionen Jahre) in Peru gefunden (Bond u. a. 2015). Die Ankunft der Primaten in Südamerika muss sich aber wesentlich früher ereignet haben.

Genetisch wurden die Platyrrhini von Südamerika bereits vor 50 Millionen Jahren von den Primaten der restlichen Welt isoliert und ihre Weiterentwicklung verlief innerhalb eines stets gleichen Habitats. Sie blieben bis heute den im Neogen sich verbreitenden offenen Landschaften, den Pampas, fern. Auch wenn sie entwicklungsgeschichtlich einen eigenen Weg gingen, blieben sie morphologisch größtenteils eher konservativ und zeigen sehr gut die vielfältige Lebensweise der ursprünglichen Primaten in tropischen Regenwäldern.

Die allmähliche Loslösung zuerst der Südamerikanischen, später dann auch der Australischen Platte von der gemeinsamen Landmasse am Südpol wurde von einer langsamen Abkühlung begleitet. Dies geschah in eine Zeitspanne von etwa 16 Millionen Jahren im späten Eozän und frühen Oligozän (zwischen 50 und 34 Millionen Jahre vor heute). Nach der abgeschlossenen Trennung vor etwa 34 Millionen Jahren kam es zu einer endgültigen Veränderung der Meeresströmungen auf der südlichen Halbkugel. Um den neu entstandenen Kontinent am Südpol, die Antarktis, bildete sich eine zirkumpolare Meeresströmung, die den Temperaturaustausch mit erwärmten Wassermassen im Äquatorialbereich blockierte. Die Folge war ein abrupter globaler Temperatursturz. Zu diesem Zeitpunkt setzten die ersten periodischen Vergletscherungen der Antarktis ein. Die Plattentektonik führte zudem zu einer Schließung der Turgai-Wasserstraße, die damals das Land von Europa und Asien trennte und die Gewässer von Nordsee und Indischem Ozean verband. Die Verlandung führte zu einem Zusammenschluss und so entstand eine neue Landmasse: Eurasien. Die globale Abkühlung veränderte die Vegetation auf der nördlichen Hemisphäre. Die progressiveren Landtiere Asiens strömten nach Europa und verdrängten nach und nach die bis dahin mit dem östlichen Nordamerika gemeinsame endemische (regional vorkommende) Säugetierfauna. Dieses Ereignis bezeichnet man als »Grande Coupure«: einen großen Einschnitt im Känozoikum. Auch die Primaten blieben von solchen Umwälzungen nicht verschont. Zu Beginn des Oligozän sank die Durchschnittstemperatur weltweit um etwa 10 °C. Obgleich es noch immer 4 °C wärmer war als heute, wurde die Umwelt in Europa für die an tropische Lebensbedingungen gewöhnten Primaten zu kühl. Bis zur wieder einsetzenden Erwärmung im mittleren Miozän war Europa für die nächsten 15 Millionen Jahre affenfrei.

EIN INTERMEZZO IN AFRIKA

Die wesentlichen entwicklungsgeschichtlichen Ereignisse während des Oligozän haben sich auf dem afrikanischen Kontinent abgespielt. Im Gebiet des damaligen Nordafrika, zu dem auch Bereiche der jetzigen Arabischen Halbinsel gehörten, war während des Eozän und Oligozän ein bewaldeter Küstenbereich des damaligen Tethys-Meeres. Wo heute nur trockene Wüste ist, gab es ein stabiles Ökosystem, das sich nur durch Schwankungen des Meeresspiegels und Verlagerungen der Flussmündungen geografisch verändert hat. Hier waren zahlreiche vorgelagerte kleine Inseln und wo sich heute die Senke von Al-Fayum in Ägypten befindet, war das große Flussdelta des Ur-Nil. In diesem Überschwemmungsgebiet hat der Fluss in 10 Millionen Jahren eine 300 m mächtige Sedimentschicht gebildet. In den Ablagerungen des dicht bewaldeten ehemaligen Sumpfgebiets entdeckte man fossile Mangrovenstämme und im Bereich der Meeresgezeiten Skelette einiger Urwale. Die kontinentale Wirbeltierfauna war eine Mischung aus endemischen Elementen und teilweise heimisch gewordenen Einwanderern. Zu den Säugetieren afrikanischen Ursprungs, der Afrotheria, gehörten die Rüsseltiere, große Schliefer oder auch ausgestorbene nashornähnliche Arsinoitherien. Zu den frühen Einwanderern zählten vor allem die großen Raubtiere, die Hyaenodonten, und die Primaten.

Zu den Adapiden und Tarsiern (Abb. 14) aus dem Eozän gesellten sich zu Beginn des Oligozän die ersten Simiiformes (die eigentlichen Affen) asiatischen Ursprungs. Die Anzahl und Vielfalt der echten Affen explodierte hier regelrecht und es bildete sich zusätzlich zu den bereits Ende des Eozän aus Asien eingewanderten Afrotarsiiden eine ganze Reihe neuer Familien. Neben den mit den Neuweltaffen entfernt verwandten Anthropoiden-Familien Oligopithecidae und Parapithecidae erschien hier zum ersten Mal eine Primaten-Familie, die zu den Altweltaffen (Catarrhini) gezählt wird: die Propliopithecidae. Einer der Propliopitheciden, der *Aegyptopithecus zeuxis*, wies manche Merkmale der modernen Affen auf, sodass er einige Zeit für einen frühen Angehörigen der Hominoiden gehalten wurde (Abb. 15). Doch seine Gehörgangsöffnung ist ähnlich der der Neuweltaffen noch ringförmig, während der Gehörgang der Menschenaffen röhrenförmig verlängert ist. Wegen der Mischung aus archaischen und modernen Merkmalen steht der *Aegyptopithecus zeuxis* an der Basis der Catarrhini.

EIN NEUER WEG IN EINEN NEUEN LEBENSRAUM

Die Annahme der molekularen Phylogenetik, dass die Aufspaltung der Catarrhini in Cercopithecoidea (Hundsaffen) und Hominoidea (Menschenaffen) bereits vor etwa 30–25 Millionen Jahren in Afrika stattfand (Springer u. a. 2012), wurde durch Funde aus der Rukwa-Senke des Ostafrikanischen Grabenbruchs in Tansania bestätigt. Die ältesten Nachweise der beiden Gruppen (zwei Unterkiefer-Fragmente mit Zähnen) legen nahe, dass die Altweltaffen bereits vor 25 Millionen Jahren getrennte Wege gingen. Der älteste bekannte Vertreter der Hundsaffen wurde *Nsungwepithecus gunnelli* und der Hominoiden *Rukwapithecus fleageli* benannt (Stevens u. a. 2013).

Aus dem frühen Miozän Afrikas kennen wir bis jetzt nur drei Gattungen (*Noropithecus* und *Victoriapithecus* der Familie Victoriapithecidae und *Prohylobates*, gegenwärtig ohne bestimmte Familienzugehörigkeit) der Hundsaffen. Um diese Zeit dominierten noch immer lockere tropische Waldbiotope, in denen die Hominoiden anscheinend als zahlenmäßig überlegene Gruppe lebten.

Nach einer schlagartigen Abkühlung zu Beginn des Oligozän stabilisierte sich das Klima für die darauffolgenden 20 Millionen Jahre

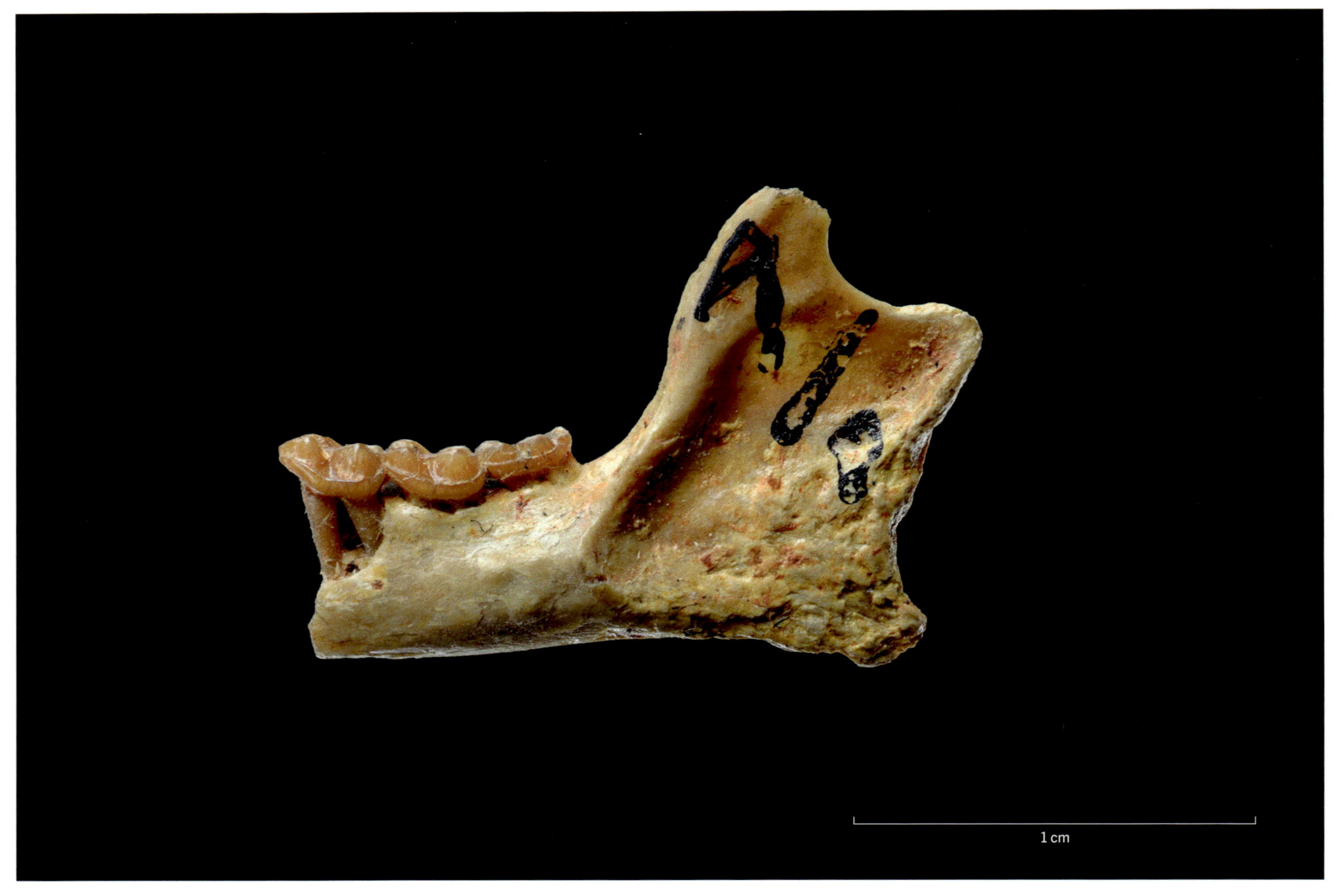

Abb. 12 *Unterkiefer eines* Necrolemur antiquus *Filhol 1873 (Microchoerinae/Omomyidae/Primates) aus dem Ober-Eozän, Quercy (Frankreich).*

tendenziell auf Temperaturen etwa 5°C über den heutigen. Durch die zunehmende Trockenheit ist im Miozän weltweit ein neuer Lebensraum entstanden: ein von Büschen und Bäumen durchsetztes Grasland – die Savanne. Das neue Biotop wurde nach und nach überwiegend von großen Pflanzenfressern besetzt, den Huftieren. Erst in einem mehrere Millionen Jahre dauernden Anpassungsprozess, begleitet von Migrationswellen, entstand das für uns so charakteristische Bild von Afrika. Bis Anfang des Miozän lebte hier außer Elefanten (Proboscidea), Schliefern (Hyracoidea) und Primaten keines der großen Säugetiere, die heute mehrheitlich unsere Vorstellung von Afrikas Tierwelt prägen. In einem ungleichen Faunenaustausch vor etwa 20 Millionen Jahren kamen beinahe alle großen Landsäugetiere, die wir heute als typisch für Afrika ansehen, aus dem asiatischen Raum. Dazu gehörten vor allem Paarhufer (Artiodactyla) mit Wiederkäuern, wie die große Familie der Hornträger (Bovidae). Diese bilden heute in afrikanischen Savannen große Herden. Auch urtümliche Giraffen, Schweineartige und die Vorfahren der Nilpferde (Anthracotherien) kamen aus Eurasien. Von den Unpaarhufern (Perissodactyla) waren es die Eurasischen Nashörner, die ausgestorbenen Chalicotherien und die ursprünglich aus Nordamerika stammenden Pferde (Hipparions und später Zebras), die den afrikanischen Kontinent über eine arabische Landbrücke erreichten. Die großen Pflanzenfresser wurden von modernen Raubtieren begleitet, den Carnivoren, die wiederum die archaischen Creodonten (Urraubtiere) Afrikas verdrängten. In die entgegengesetzte Richtung, aus Afrika nach Eurasien, strömten vor allem die Elefanten und die Deinotherien. Die Elefanten haben sich anschließend erfolgreich aus Asien über Nordamerika (vor 13 Millionen Jahren) bis nach Südamerika (über die Panama-Landbrücke im Pliozän, vor etwa 4 Millionen Jahren) verbreitet. Die Deinotherien haben den nordamerikanischen Kontinent nie erreicht. Die Primaten der beiden Schwestergruppen Cercopithecoidea und Hominoidea breiteten sich aus Afrika erst nach einer mäßigen Erwärmung vor 15 Millionen Jahren, dem Miozän-

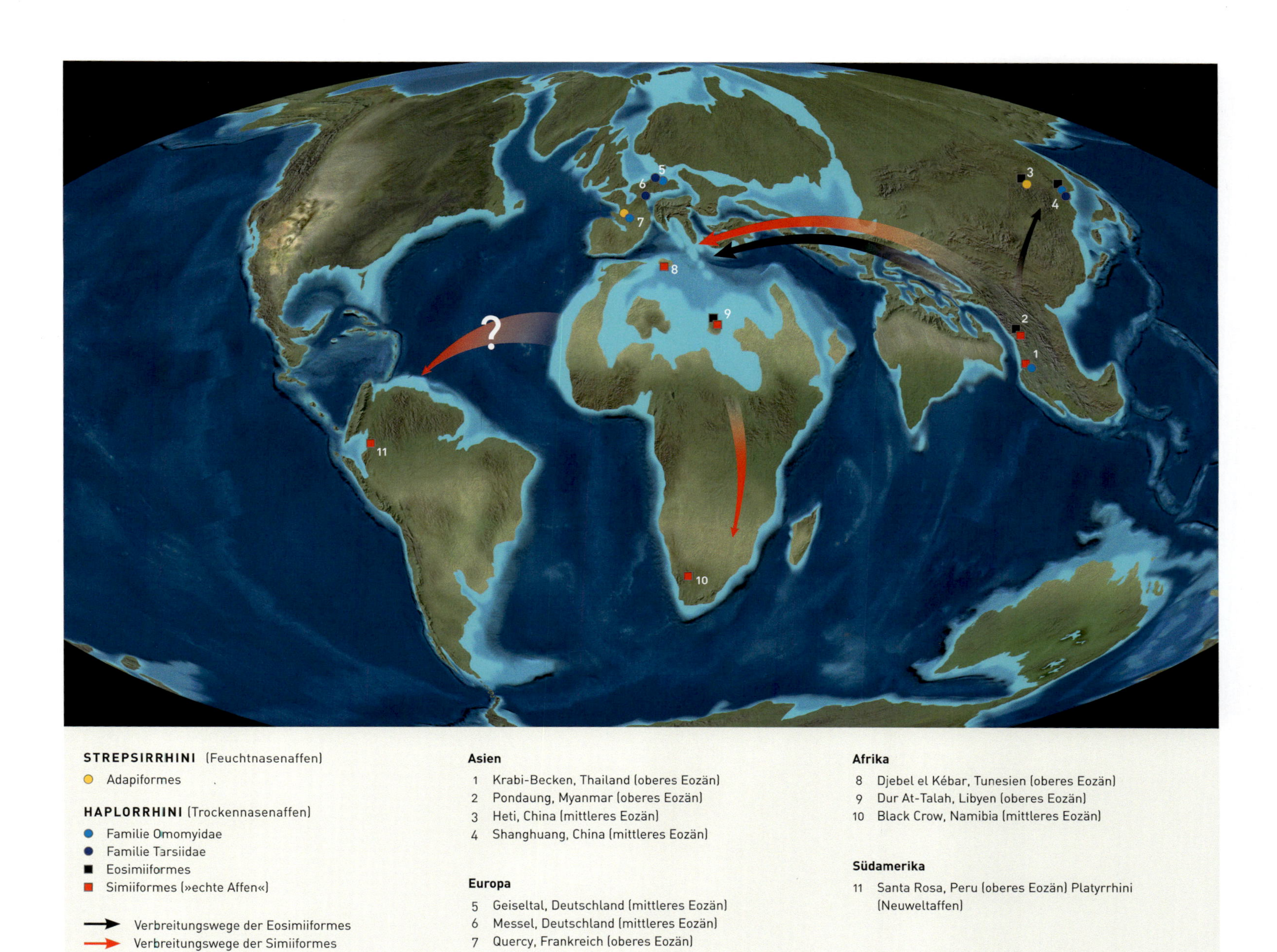

Abb. 13 *Verbreitung der Primaten im Eozän (56–34 Millionen Jahre).*

Optimum, in Europa und Asien aus. Im oberen Miozän entstand rund ums Mittelmeer und in Vorderasien – bis zum heutigen Iran – eine von lockeren Wäldern durchsetzte offene Graslandschaft, ähnlich den heutigen afrikanischen Reservaten. Während die Menschenaffen weiterhin in ihren angestammten bewaldeten Gebieten lebten, eroberten die Hundsaffen als erstes erfolgreich das Grasbiotop.

Aus dieser Zeit, dem späten Miozän (vor 8 Millionen Jahren), kennen wir aus dem heutigen südlichen Mittelmeerraum zahlreiche Funde ausgestorbener Schlankaffen. Bereits Anfang des 19. Jahrhunderts entdeckte man diesen Primaten in der Schlucht Pikermi nahe Athen in Griechenland und nannte ihn *Mesopithecus pentelicus* (Abb. 16). Die relativ kleinen Primaten tragen Körpermerkmale, z. B. am Fersenbein, die sie teils als Baum- und teils als Bodenbewohner definieren (Youlatos 2003; Abb. 17). Das entspricht auch der Rekonstruktion der damaligen Umwelt der griechischen Fundstelle, die als Savanne mit Galeriewäldern beschrieben wird.

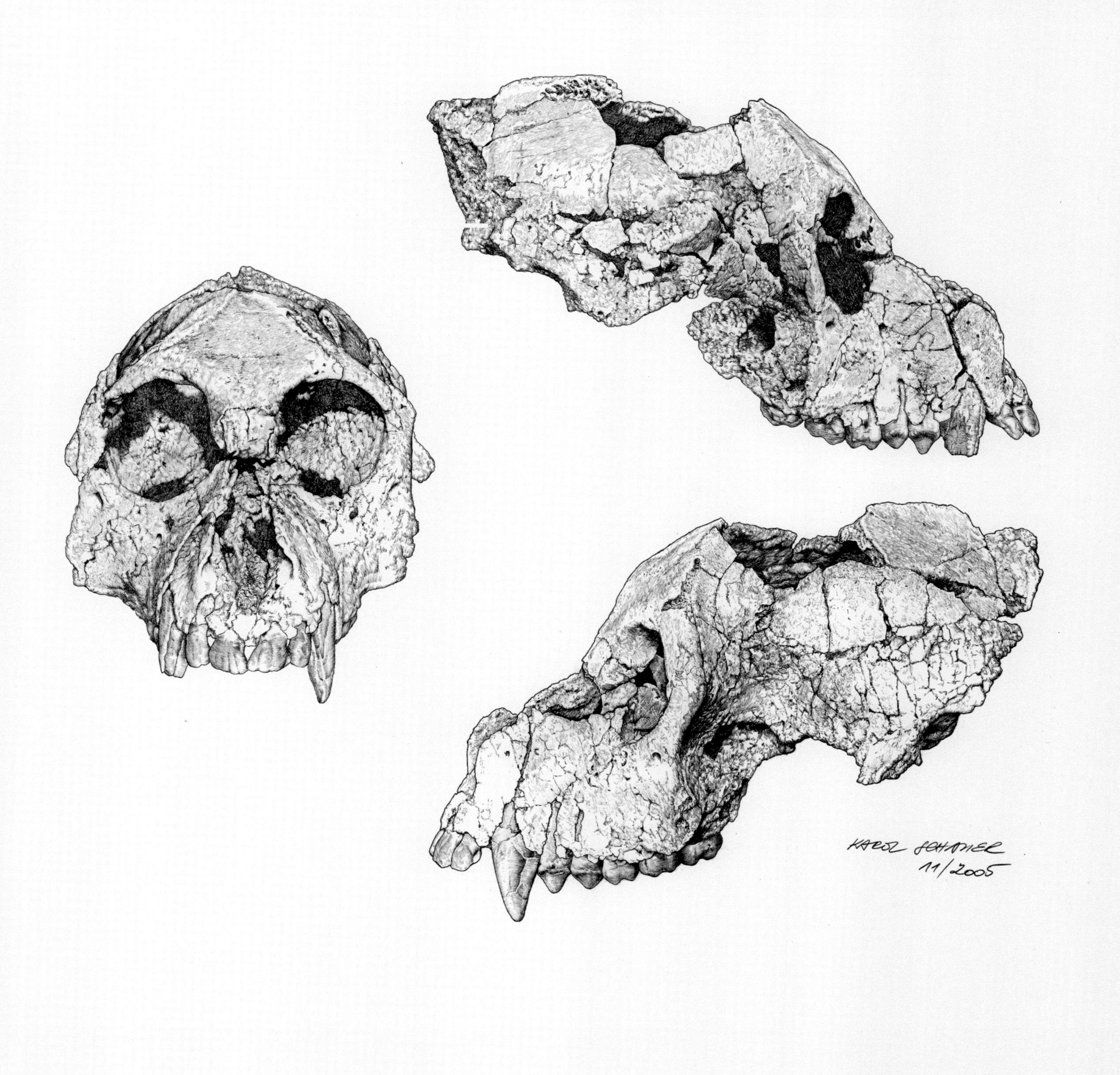

◄ ***Abb.** 14* Tarsius tarsier *(Tarsiidae/Tarsiiformes/Primates) Koboldmaki; Höhe ca. 15 cm.*

***Abb.** 15 Schädel eines* Aegyptopithecus zeuxis *Simons 1965 (Propliopithecidae/Catarrhini/Simiiformes/Haplorrhini/Primates) aus dem unterem Oligozän, Fayum (Ägypten) (Zeichnung © K. Schauer).*

Abb. 16 *Schädel und Reste des Ober- und Unterkiefers des obermiozänen Schlankaffen* Mesopithecus pentelicus *Wagner 1839 (Colobinae/Cercopithecidae/Catarrhini/Simiiformes/Haplorrhini/Primates) aus dem oberen Miozän, vor 7 Millionen Jahren, Pikermi, Regionalbezirk Ostattika (Griechenland).*

2 cm

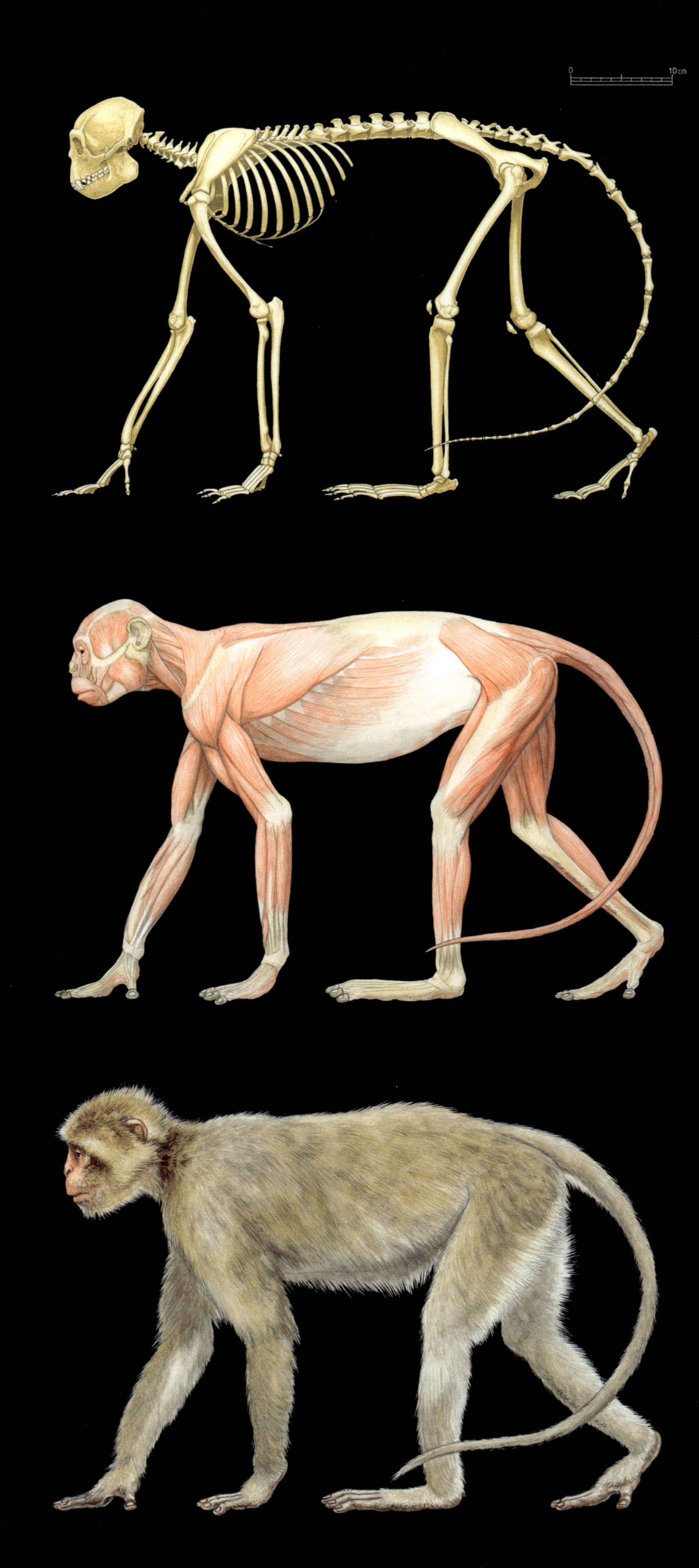

Abb. 17 *Rekonstruktion des* Mesopithecus pentelicus *(Zeichnung © K. Schauer).*

Die vollzogene Umstellung mancher Hundsaffen auf das Leben in den Savannen Afrikas fand im oberen Miozän (10–6 Millionen Jahre vor heute) statt. Vor allem die große Gruppe der Steppenpaviane (*Papio cynocephalus*) ist optimal an das Leben in offenen Landschaften angepasst. Sie verfügen über alle körperlichen Merkmale der sonstigen Savannentiere. Mit ihren gleich langen vorderen und hinteren Extremitäten sind sie ausgesprochene Vierbeiner und erreichen beim Laufen sehr hohe Geschwindigkeiten (Abb. 18). Wie es alle typischen Steppentiere seit Jahrmillionen demonstrieren, ist die vierbeinige Fortbewegung in einem solchen Habitat in jeder Hinsicht die effizienteste. Die Savanne zwingt keinesfalls zu einer zweibeinigen Fortbewegung. Auch das Tragen des Nachwuchses – in der Regel auf dem Rücken oder festgeklammert unter der Brust – bzw. das Tragen der Beute oder der gesammelten Früchte im Maul über längere Distanzen macht das anstrengende Bemühen, auf zwei Beinen voranzukommen, völlig überflüssig. Die Paviane werden in einer offenen Landschaft, die tagsüber schattenarm ist und nachts stark abkühlt, vor der intensiven Sonne am Tag und vor nächtlicher Kälte von einem dichten Haarkleid geschützt. Auch wenn sie die meiste Zeit des Tages mit der Nahrungssuche am Boden verbringen, sind sie noch immer sehr gute Kletterer. Die Steppenpaviane sind omnivore Opportunisten. Zu ihrem breiten Nahrungsspektrum gehören Pflanzen (Gräser, Samen, Kräuter, Wurzeln, Früchte, Nüsse und Blätter) sowie Insekten und Fleisch (Eier, kleine Vögel und Säuger). Sie sind geschickte Jäger und schaffen es nicht nur, in einem Überraschungsangriff Flamingos in Ufernähe, sondern auch in einer kurzen Hetzjagd junge Antilopen zu erbeuten. Die Dscheladas (*Theropithecus gelada*) des äthiopischen Hochplateaus sind die einzigen Primaten, die sich fast ausschließlich von Gras ernähren. Die Hundskopfpaviane leben in der Regel in großen Verbänden von bis zu 150 Tieren und durchstreifen die Landschaft auf Nahrungssuche. Die großen Trupps werden von dominanten Männchen angeführt, die über extrem starke Eckzähne verfügen. Diese dienen hauptsächlich in sozialen Rangkämpfen zur Einschüchterung, werden aber nicht selten auch bei Bedrohung durch Feinde wie z. B. Leoparden eingesetzt. In großen Gruppen sind die Paviane äußerst wehrhaft, was in einer offenen Landschaft mit lauernden Raubtieren überlebensnotwendig ist. Die Steppenpaviane zeigen uns eindrücklich, was evolutiv zwangsläufig geschieht, wenn große Primaten ohne Umweg von den Bäumen direkt in die Savanne wechseln.

Nur von wenigen europäischen Fundstellen aus dem oberen Pliozän vor rund 3 Millionen Jahren (z. B. in Griechenland, Spanien, Frankreich oder Rumänien) sind Schädel und Skelettreste eines großen Cercopitheciden *Paradolichopithecus* erhalten. Dieser Hundsaffe hatte etwa die Größe eines Mantelpavians (*Papio hamadryas*). Seinem Skelett nach war er eindeutig ein vierbeiniger Bodenbewohner der Savannen.

Die letzten Cercopitheciden in Europa kommen in den warmen Zeitabschnitten (Interglazialen) des Alt- und Mittelpleistozän vor. Die Funde von Makaken (*Macaca florentina* und *Macaca sylvanus*) zeigen, dass sie sich während der klimatisch günstigen Warmzeiten aus ihrem Rückzugsgebiet am Mittelmeer wiederholt nach Norden verbreiteten. Die meisten Belege nördlich der Alpen stammen aus dem Cromer- oder Holstein-Interglazial Mitteleuropas, wie z. B. Bilzingsleben (Abb. 19). Während der Holstein-Warmzeit haben sie es bis ins heutige England geschafft. Die letzten und jüngsten Funde in Europa werden auf den Beginn des Holozän datiert und kommen von Sardinien (Vlček 2003).

Heute ist das natürliche Verbreitungsgebiet der Cercopithecoidea auf Afrika und das südliche Asien, also auf den tropischen und subtropischen Klimagürtel beschränkt. Die am nördlichsten verbreiteten Cercopitheciden sind die mit einem dichten Fell kälteangepassten und in der Nähe der warmen Wasserquellen lebenden Rotgesichtsmakaken (*Macaca fuscata*) in Japan. Die auf der Halbinsel Gibraltar lebenden Berberaffen (*Macaca sylvanus*) stammen aus dem Atlas-Gebirge in Marokko und wurden dort von Menschen ausgesetzt.

DIE SICH AN BÄUMEN FESTKLAMMERN

Aus dem unteren und mittleren Miozän ist eine ganze Reihe von hominoiden Primaten bekannt, hauptsächlich aus Ostafrika. Von allen Arten sind meist nur Zähne oder Kieferbruchstücke erhalten. Ganze aussagekräftige Skelette sind rar. 1984 wurden mehrere Skelettteile und das fast vollständig erhaltene Skelett eines relativ kleinen Hominoiden namens *Proconsul* auf der Rusinga-Insel am Victoriasee in Kenia geborgen. *Proconsul* war bereits seit 1933 bekannt, allerdings nur durch die Funde weniger Schädel und postkranialer Knochen (außer dem Schädel). Die verschiedenen Arten des *Proconsul*, die sich hauptsächlich in ihrer Größe unterscheiden, bilden eine eigene Familie, die Proconsulidae. Das Skelett zeigt, dass *Proconsul* keinen Schwanz hatte, was als hominoides Merkmal gilt. Die Beine und Arme waren etwa gleich lang. Beim Gehen musste er sich nicht auf die Fingerknöchel stützen wie Schimpansen oder Gorillas (»knockle-walking« oder der Knöchelgang). In seiner Fortbewegung war er wenig spezialisiert. Damit ähnelte er den frühen Cercopitheciden. Der *Proconsul* war mit seinem auf etwa 12 kg geschätzten Körpergewicht als ein an das Baumleben angepasster Vierbeiner seinem Körperbau nach ein Generalist.

Ab dem mittleren Miozän kam es zur Aufspaltung der Hominoiden im afrikanischen und europäisch-asiatischen Raum. Diese spiegelt sich auch in ihrer tendenziellen Ausrichtung in der Fortbewegung wider, die man auch an den noch heute lebenden großen Menschenaffen gut beobachten kann. Zunächst unterscheiden sie sich beide durch eine Verlängerung der Arme und die Verkürzung der Beine von den ursprünglichen Hominoiden. Dies geschieht, wenn ein Primat nicht mehr hauptsächlich auf vier Beinen über Baumäste läuft, wie es der *Proconsul* tat, sondern sich zunehmend an den Armen hängend von Ast zu Ast hangelt. Das gesamte Körpergewicht eines ursprünglichen Vierbeiners wird somit auf seine Vorderbeine »gehängt«. Eine solche Art der Fortbewegung lässt sich am Skelettbau gut erkennen. Die Merkmale eines hangelnden Kletterers sind ein breiter und flacher Brustkorb, breite Schulterblätter, große Schlüsselbeine, erweitert drehbare Schultergelenkköpfe der Oberarmknochen, verlängerte Oberarm- und Unterarmknochen, verstärkt streckbare Ellbogengelenke, lange und gekrümmte erste Fingerknochen, breite und kurze Lendenwirbel, breitere Beckenschaufeln, abgeflachte distale (körperferne) Schäfte der Oberschenkelknochen und verkürzte Unterschenkelknochen.

Der Bewegungsapparat der großen Menschenaffen Afrikas (Schimpansen und Gorillas) ist, verglichen mit den asiatischen Hominiden,

Abb. 18 *Eine vierbeinige Fortbewegung eines Säugetiers in den Savannen Afrikas ist die effizienteste. Hier bilden Primaten keine Ausnahme, wie z. B. Geladas oder Paviane. So können auch Steppenpaviane* (Papio cynocephalus) *beim Laufen sehr hohe Geschwindigkeiten erreichen.*

weniger spezialisiert. Schimpansen und Gorillas verbringen viel Zeit auf dem Boden, laufen währenddessen vierbeinig und stützen sich dabei mit den Handknöcheln auf. Die schweren Gorillas begeben sich ohnehin nur gelegentlich zum Schlafen in die Baumkronen. Die Menschenaffen Asiens haben sich verstärkt an eine hangelnde und schwingende Kletterfortbewegung angepasst. Die schwerer gebauten Orang-Utans bewegen sich eher gemächlich. Die leichtgewichtigen Gibbons indes sind – bei gleicher Art des Kletterns – schnelle Baumakrobaten.

Diesen getrennten Weg kann man auch an den erhaltenen Fossilien der miozänen Menschenaffen in Europa und Asien verfolgen. Der Trennungszeitpunkt der Gibbons (Hylobatidae) von den übrigen Menschenaffen wird auf 20 Millionen Jahre vor heute geschätzt. Die grazilen kleinen mittel- bis obermiozänen Primaten wie *Lomorupithecus* aus Afrika, *Dionysopithecus, Platodontopithecus* und *Laccopithecus* aus Asien und *Epipliopithecus, Anapithecus* und *Pliopithecus* aus Europa hatten einen langen Schwanz. Dieses Merkmal allein schließt sie taxonomisch aus der Überfamilie der Hominoidea aus. Demnach bilden sie eine eigene ausgestorbene Familie (Pliopithecidae) und ihre Ähnlichkeit mit Gibbons wird als konvergente Entwicklung betrachtet. Bislang hat man noch keine eindeutigen fossilen Gibbon-Vorfahren in Asien entdeckt, die älter als 200 000 Jahre sind.

Die Linie, die zu den Orang-Utans führte (Ponginae), hat sich vor 18 Millionen Jahren von den restlichen afrikanischen Menschenaffen abgetrennt. In einer Zeitspanne zwischen 14 und 9 Millionen Jahren lebten im westlichen Europa (Spanien, Frankreich, Deutschland und Ungarn) große Hominoiden, deren Vorfahren aus Afrika eingewandert sind. Die Affen der Unterfamilie Dryopithecinae hatten etwa die Größe eines kleinen Schimpansen. Die dünne Schmelzschicht ihrer Zähne verrät, dass sie als reine Pflanzenfresser weiche Nahrung wie Früchte, junge Blätter, Blüten und Knospen bevorzugten. Die zahlreichen Funde aus Spanien – darunter auch das gut erhaltene Teilskelett eines 12,5–13 Millionen Jahre alten *Pierolapithecus catalaunicus* und eines *Hispanopithecus laietanus* (früher *Dryopithecus laietanus,* 9,5 Millionen Jahre) – zeigen, dass die Dryopithecinen im Gegensatz zum Vierbeiner *Proconsul* bereits eine weit fortgeschrittene Tendenz in Richtung hangelnde Fortbewegung entwickelt hatten (Moyà-Solà/ Köhler 1996; Moyà-Solà u. a. 2004; Almécija u. a. 2007).

Noch in den 1970er Jahren sah man in den obermiozänen hominoiden Primaten Asiens, die Ramapithecinen genannt wurden, die direkten Vorfahren der Menschen. Die in den Siwalik-Hügeln im Grenzgebiet Pakistans und Indiens geborgenen fossilen Hominoidenreste bekamen Gattungsnamen nach hinduistischen Gottheiten:

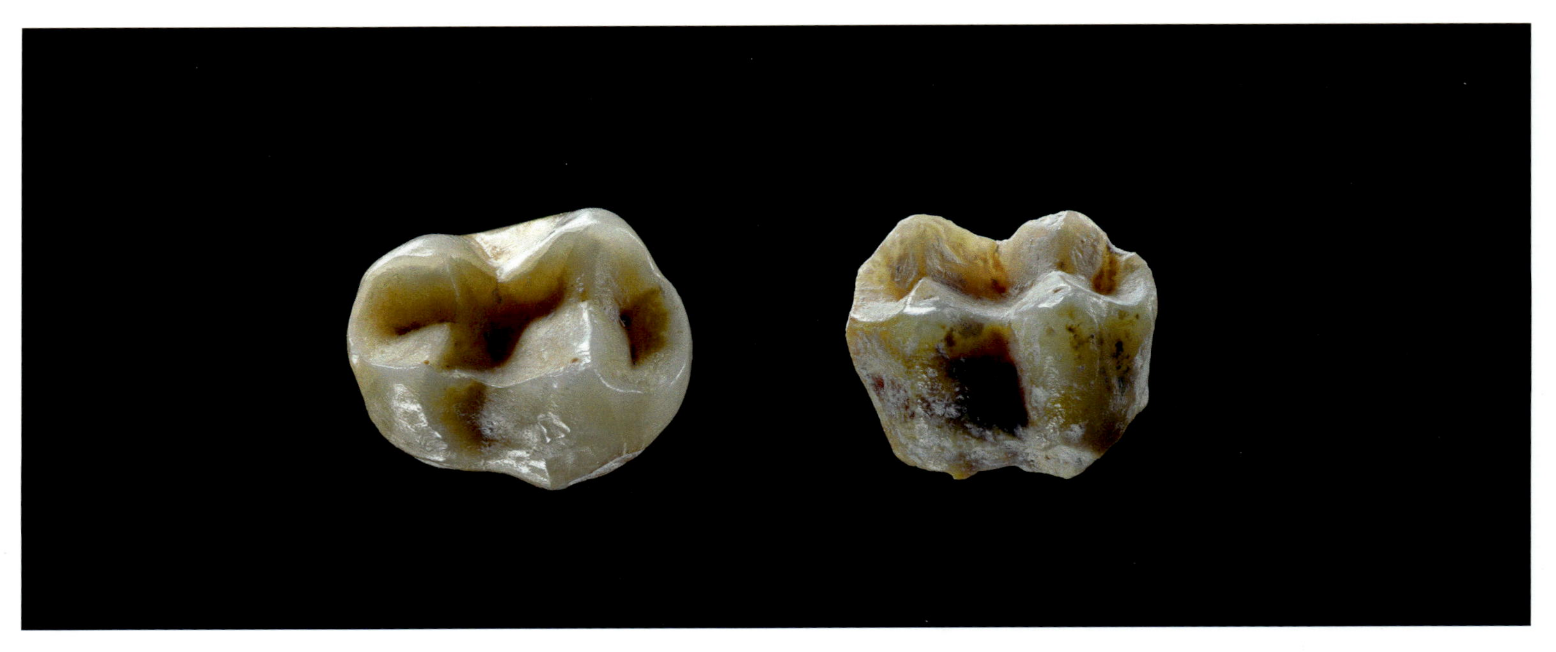

Abb. 19 *Zwei Backenzähne (zweiter linker Oberkiefermolar, erster rechter Unterkiefermolar) eines Makaken* (Macaca florentina) *aus dem jüngeren Mittelpleistozän (etwa 370 000 Jahre) von Bilzingsleben, Lkr. Sömmerda (Thüringen). Oberkiefermolar: max. Breite 8,04 mm; Unterkiefermolar: max. Breite 6,78 mm.*

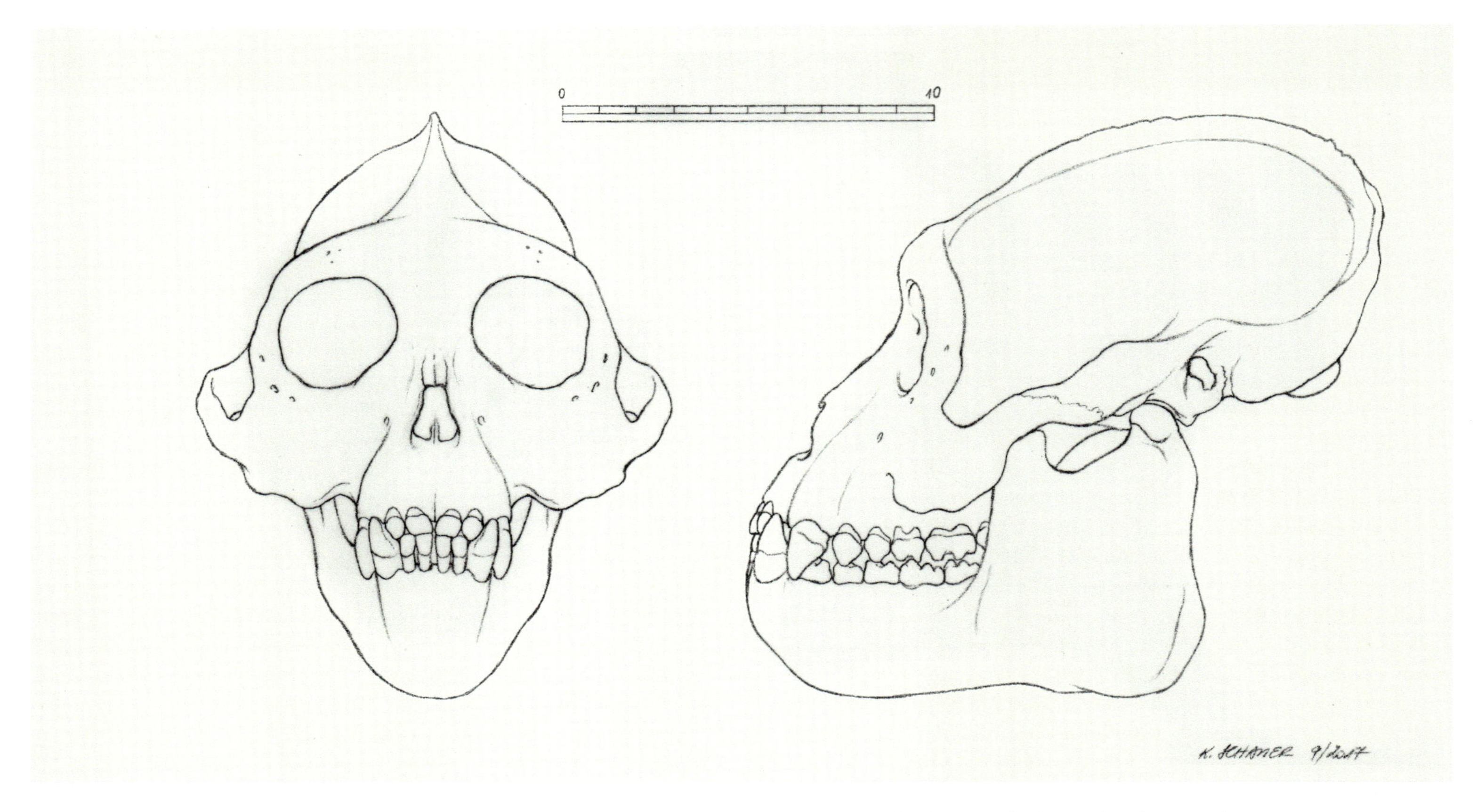

Abb. 20 *Schädelrekonstruktion des* Oreopithecus bambolii *Gervais 1872 (Oreopithecinae/Hominidae/Hominoidea/Catarrhini/Primates) aus dem oberen Miozän (vor 9–7 Millionen Jahren), Baccinello (Prov. Grosseto, Italien) (Zeichnung © K. Schauer).*

Abb. 21 *Das Waten in Flachwasser zwingt einen Primaten zu aufrechter Körperhaltung und Fortbewegung auf zwei Beinen. Gleichzeitig wird der Oberkörper durch Wasserauftrieb entlastet. Die Aufnahme zeigt einen Bonobo* (Pan paniscus) *bei der Nahrungssuche am Gewässerufer.*

Brahmapithecus, *Ramapithecus* und *Sivapithecus*. Heute werden sie alle als unterschiedliche Arten einer Gattung – des *Sivapithecus* – zusammengefasst. Manche körperlichen Merkmale des *Sivapithecus* weichen von denen der heute lebenden Orang-Utans ab. Wenn man die Tatsache berücksichtigt, dass es sich hier um viele Populationen handelt, die nicht nur zeitlich (zwischen 13 und 7 Millionen Jahren), sondern auch geografisch (von Anatolien bis Thailand) gefasst werden, wird das heterogene Erscheinungsbild verständlich. Die überwiegend von Kieferfragmenten und wenigen Schädel- und Extremitätenresten bekannten Menschenaffen werden längst in ein Verwandtschaftsverhältnis zu Orang-Utans und als Gattungsgruppe Sivapithecini in die Unterfamilie Ponginae gestellt. Sie spielen in der direkten Entwicklung der Menschen nur eine Nebenrolle.

Zu den Sivapithecinen wird auch ein riesiger Menschenaffe aus dem Alt- bis Mittelpleistozän Chinas gezählt. Der ferne Verwandte des Orang-Utans, dessen Fossilien nur als Beutereste großer Raubtiere aus den Höhlen Südchinas bekannt sind, bekam aufgrund seiner errechneten Körpergröße den Namen *Gigantopithecus*. Seine Körpergröße bietet noch immer Anlass zu Spekulationen und Mythen. Über *Gigantopithecus* weiß man bis heute nur sehr wenig. Von den zweifellos sehr großen Menschenaffen sind bisher nur einzelne Zähne oder Unterkieferfragmente überliefert. Sie hatten relativ kleine Eckzähne und ihre Backenzähne ähneln in der Beschaffenheit sehr denen von Pandabären. Das könnte bedeuten, dass sie sich hauptsächlich von Bambuspflanzen ernährt haben. Den erhaltenen Unterkiefern nach übertraf ihre Körpergröße die der heutigen Gorillas bei weitem. Deshalb kann man sie sich als eher gemächliche Bodenbewohner vorstellen, die nur selten in Baumkronen kletterten.

Der letzte große Hominid Europas war *Oreopithecus* (Abb. 20, siehe Beitrag von L. Rook, S. 222). Fossilien, die man diesen Menschenaffen sicher zuordnen kann, kennt man bis jetzt nur aus dem Maremma-Gebiet in Italien und von Sardinien. An der jetzigen Westküste Italiens erstreckte sich vor 9–6,5 Millionen Jahren eine Ebene mit Sumpfwald- und Überschwemmungsgebiet, angrenzend an eine flache Küste mit zahlreichen kleinen Inseln (Toskano-Sardinische Paläobioprovinz) mit einer eng begrenzten Säugetierfauna. Dazu gehörten außer Insektenfressern und Nagern auch kurzbeinige Paarhufer und eine kleine Schweineart. Die größten und gefährlichsten Raubtiere waren eine Marder- und mehrere Fischotterarten. Fragmente eines kleinen Bären (*Indarctos laurillardi*) tauchen im zeitlichen Horizont erst am Ende dieses geschlossenen Ökosystems auf. Der etwa schimpansengroße *Oreopithecus bambolii* bereitete der Paläontologie und vor allem der Paläoanthropologie immer Kopfzerbrechen. In seinem Körper sind ursprüngliche und spezialisierte Merkmale zu einem Mosaik vereint. Ähnlich den Schimpansen hatten sie stark abgespreizte große Zehen. Ihre Lendenwirbel und das Kreuzbein weisen keine Merkmale auf, die darauf hindeuten, dass sie für den aufrechten Gang am trockenen Land besser geeignet wären als die modernen Schimpansen (Russo/Shapiro 2013). Das Längenverhältnis der Arme und Beine zeugt zwar von einem guten Kletterer. Die Fingerknochen der Hände sind jedoch schwächer gekrümmt als bei Schimpansen. Das niedrige, beinahe menschlich anmutende Becken mit breiten Darmbeinschaufeln lässt darauf schließen, dass dieser Primat sich überwiegend mit vertikal aufgerichtetem Oberkörper fortbewegte (Rook u.a. 1999). Auch seine Eckzähne sind kleiner und schwächer ausgebildet. Der Körperbau des *Oreopithecus* insgesamt war bereits vor 8 Millionen Jahren »moderner« als der heutiger Schimpansen (*Pan troglodytes*) oder Bonobos (*Pan paniscus*). Die Kombination dieser Merkmale war Anlass, den *Oreopithecus* in eine eigene Familie zu stellen, die Oreopithecinae. Das Herkunftsgebiet des *Oreopithecus* wird in Afrika vermutet, lässt sich aber bis heute mit keinem der bekannten Hominoiden aus dieser Zeit in Verbindung bringen. Der Körperbau und die Umwelt des *Oreopithecus* deuten auf eine Lebensweise hin, die eine watende Fortbewegung im Flachwasser beinhaltet. Solange fossile Skelette aus dieser Schlüsselzeit – vor 10–6 Millionen Jahren – aus Afrika fehlen, liefert *Oreopithecus* möglicherweise einen Beitrag zum Verständnis der Entstehung des aufrechten Gangs. Denn eine ähnliche Lebensweise im gleichen Habitat führt nicht selten zu ähnlichen Ergebnissen (Konvergenz).

Seit mehr als 20 Millionen Jahren drückt die Nordafrikanische Kontinentalplatte gegen die Europäische und hebt im Vorfeld der Alpen auch die Apenninen. Vor etwa 7–6,5 Millionen Jahren fiel aufgrund solcher tektonischer Aktivitäten das Flachwasserhabitat der heutigen Toskana trocken und die gesamte endemische Säugetierfauna mit *Oreopithecus* verschwand ohne Nachkommen für immer.

EIN BESONDERER PRIMAT GEHT EINEN SONDERWEG

Etwa zur gleichen Zeit, als die Cercopitheciden die offenen Landschaften eroberten und Oreopithecinen in der Toskana lebten, also vor 10–6 Millionen Jahren, dürften auch kleine Gruppen von größeren Menschenaffen ein ähnliches Habitat in Afrika für sich entdeckt haben. Das könnte theoretisch zeitgleich an mehreren Orten stattgefunden haben, z.B. an den Ufern des ehemaligen großen Süßwassersees im Tschad.

Wenn man sich fragt, warum Affen einen solchen Lebensraum aufsuchen, kann man die meisten Antworten auch von den noch heute lebenden Primaten erhalten: Zum einem ist es außer ständiger Verfügbarkeit von Trinkwasser ein stark erweitertes Nahrungsangebot (z.B. leicht erreichbare Ressourcen wie saftige Wasserpflanzen, Schnecken, Muscheln, Fische, Amphibien oder Reptilien wie Schildkröten), das sogar während der Trockenzeiten gesichert ist. Zum anderen ist es eine mögliche Zuflucht vor großen Raubtieren. Eine Übernachtung in den Baumkronen auf einer kleinen Seeinsel bietet Sicherheit. Allerdings hat eine solche Lebensweise ihren Preis: Wenn man auf Nahrungssuche größere Distanzen in relativ flachem Wasser zurücklegen oder eine geschützte Insel erreichen will, bringt einen die vierbeinige Fortbewegung wie an Land nicht weiter. Um im Wasser bestimmter Tiefe atmen zu können, ist man gezwungen, den Kopf über der Wasseroberfläche zu halten und zum Vorankommen auf zwei Hinterbeinen über den Grund zu laufen. Während einer solchen Fortbewegung wird die Wirbelsäule durch den Wasserauftrieb entlastet. Dieser Faktor ist für einen langfristigen und durchaus radikalen morphologischen Umbau entscheidend. Das gelegentliche Schwimmen, um eventuelle Untiefen zu überwinden, oder Tauchen, um Nahrung vom Grund aufzusammeln, ist für die Entstehung der zweibeinigen Fortbewegung nicht ausschlaggebend. Eine solche Lebensweise, die über mehrere Millionen Jahre erfolgreich geführt wird, verändert den Körperbau dauerhaft (Abb. 21). Allerdings kann das umfangreiche Thema hier nicht in aller Ausführlichkeit und Argumentation behandelt werden. Einer der bisher aussichtsreichsten Kandidaten für eine solche Lebensweise, der sowohl zeitliche als auch die Umwelt betreffende Voraussetzungen erfüllt, ist *Sahelanthropus tchadensis*, ein Hominoid aus 7 Millionen Jahre alten Seeablagerungen im Tschad.

Während des Miozän-Optimums waren die klimatischen Bedingungen für solche Habitate besonders günstig. Vor 10–6 Millionen Jahren herrschte ein ausgesprochen feucht-warmes Klima. Ein anschauliches Bild von einer solchen Umwelt bietet das berühmte Naturreservat des Okawango-Überschwemmungsgebietes in Botswana. Erst zu Beginn des Pliozän vor 6 Millionen Jahren verlor das Klima an Stabilität,

Abb. 22 *Rekonstruktion des* Australopithecus boisei *Leakey 1959 (Zeichnung © K. Schauer).* ➤

K. SCHAUER
9/2017

© KAROL SCHAUER
1/2012

und mit den klimatischen Schwankungen kamen auch Perioden lang anhaltender Trockenheit. Beim Verschwinden solcher Ökosysteme waren die großen Hominiden dieser Zeit mit neuen Herausforderungen konfrontiert. Die von uns als Australopithecinen benannten aufrecht gehenden Lebewesen bevölkerten entlang locker bewaldeter Flussläufe ganz Afrika (Abb. 22).

Die Wasser- oder auch Wat-Theorie ist nicht neu. Bereits 1923 stellte der Berliner Pathologe Max Westenhöfer Überlegungen in diese Richtung an. Fast zeitgleich kam der britische Meeresbiologe Alister Hardy auf ähnliche Ideen und eine prominente Verfechterin solcher Ansichten war die Journalistin und Feministin Elaine Morgan. Zuletzt hat der Leiter des Berliner Instituts für Humanbiologie und Anthropologie, Carsten Niemitz, sich ausführlich mit der Thematik befasst (Niemitz 2002; Niemitz 2004). Einige Überlegungen und Schlussfolgerungen ließen die Diskussion eine unglückliche Wendung nehmen. Allein die Bezeichnung »aquatic ape«-Theorie (»Wasseraffen«-Hypothese) rief im Vorfeld eine ablehnende Haltung hervor, weil man damit eher etwas Paradoxes assoziiert, wie z.B. einen »Baumfisch«. Nach jahrzehntelanger vehementer Ablehnung beginnt die Paläoanthropologie – verständlicherweise nur zaghaft und auf Umwegen – einzelne Elemente der Wasser-Theorie zu übernehmen, wie z.B. die Erweiterung des Nahrungsangebots aus dem Flachwasser-Habitat zur Zeit der Entstehung des aufrechten Gangs (Wrangham u.a. 2009). Das erhaltene postkraniale Material der pliozänen Australopithecinen zeigt, dass der Prozess der Entstehung des aufrechten Gangs zu diesem Zeitpunkt bereits abgeschlossen war (siehe Beitrag von T. Kaiser u.a., S. 210). Damit stand ein großer Hominoid in aufrechter Körperhaltung an der Schwelle zum Menschen. Die feine Perfektionierung kam spätestens mit dem *Homo erectus* (Abb. 23).

Heute stellt der Mensch die zahlenmäßig größte und am weitesten verbreitete Primatenart auf der Erde dar, die ihre restliche Verwandtschaft in erschreckender Geschwindigkeit verdrängt. Aus Sicht eines Außerirdischen würde die Erde, die gegenwärtig flächendeckend von Menschen besiedelt ist, als Planet der Affen erscheinen.

◄ ***Abb. 23*** Homo erectus *am Flussufer (Zeichnung © K. Schauer).*

Thomas M. Kaiser, Agness Gidna, Amandus Kwekason, Audax ZP Mabulla, Fredrick K. Manthi, Lazarus Kgasi, Ellen Schulz-Kornas und Mirriam Tawane

KLIMAWANDEL ALS ANTRIEB DER MENSCHLICHEN EVOLUTION

Der Klimawandel folgt neben globalen gelegentlich auch starken regionalen Antriebsmechanismen. Ein Mechanismus, der das regionale Klima in Ostafrika stetig beeinflusst, ist die Kontinentalverschiebung. In Ostafrika begann so vor ca. 25 Millionen Jahren ein Grabenbruchsystem zu entstehen. Die sich im Ausgleich hebenden Bergketten hielten fortan die regenreichen Westwinde von den dahinterliegenden Hochländern ab und die bis dahin dort vorherrschenden tropischen Regenwälder wichen teilweise savannenähnlichen Landschaften. Entlang des Grabenbruchs und seiner Seen entstanden so vielfältige neue Lebensräume auf engem Raum. Vor 8–6 Millionen Jahren waren zeitweise aufrecht gehende Menschenaffen, die möglicherweise erst kurz zuvor aus Europa oder Asien nach Afrika eingewandert waren, in der Lage, diese neuen Lebensräume für sich zu erobern und isolierten sich schließlich von ihren waldlebenden Verwandten.

Der aufrechte Gang ist mit Sicherheit nicht in der Savanne entstanden, sondern im Wald (Lovejoy u.a. 2009; Kaiser 2011). Ein Vorteil an dieser Fortbewegungsweise ist, dass man bei längeren Märschen Energie spart. Außerdem erlauben freie Hände das Mitnehmen von Kindern, Werkzeugen, Waffen, Nahrung oder anderen Ressourcen. Der Aktionsradius der Gruppe wird größer, und insgesamt wird man unabhängiger von den jeweiligen Gegebenheiten des Lebensraums. Durch diese Voranpassungen können jetzt auch lebensfeindlichere und raubtierreichere Habitate, wie z.B. Savannen, besiedelt werden.

Vor 2,6 Millionen Jahren hatte die globale Abkühlung auch Afrika südlich der Sahara erreicht und dort überregional für trockeneres Klima gesorgt. Savannen wurden nun in großen Teilen des Kontinents zum beherrschenden Landschaftstyp. Die Pflanzen dieser Lebensräume wachsen durch den Wassermangel langsamer und schützen ihre Früchte durch mechanische Barrieren, wie z.B. hartschalige Fruchthüllen, und entwickeln unterirdische Speicherorgane. Da die Hominini[1], wie viele andere Tiere, keine Zellulose verwerten können, müssen sie Strategien entwickeln, um diese Barrieren zu überwinden. Schalen müssen aufgeknackt, Knollen und Rüben ausgegraben werden. Eine Möglichkeit ist die Ausbildung körperlicher Anpassungen, wie z.B. massive Kieferknochen und eine kräftige Kaumuskulatur, um die Savannennahrung zumindest in Zeiten schlechter Versorgung besser nutzen zu können. Ein Verwandtschaftszweig der Hominini, der diese Strategie verfolgt, erscheint vor 2,7 Millionen Jahren als *Paranthropus* im Fossilbericht. Kulturelle Errungenschaften wie Werkzeuge sind eine weitere Strategie. Andere Gruppen scheinen daher etwa zur gleichen Zeit deren Nutzung verbessert zu haben. Diese bearbeiteten Werkzeuge werden oft mit den ersten Vertretern der Gattung *Homo* (*H. rudolfensis* und *H. habilis*) in Zusammenhang gebracht. *H. erectus* hat diese Strategie seit mindestens 1,9 Millionen Jahren um ausgefeilte Jagdtechniken erweitert und seit 1,8 Millionen Jahren (Diez-Martín u.a. 2015) geradezu standardisierte, wahrscheinlich zweckgebundene Werkzeugtypen hinterlassen. Vor mindestens 1,6 Millionen Jahren brannten in Afrika von Menschen kontrollierte Feuer, wodurch man ein großes Stück weit unabhängiger von Klima- und Wettereinflüssen wurde. Das Sterilisieren und Garen ermöglichte die intensive Nutzung von Fleisch als Nahrungsquelle und damit viele Hunderttausend Jahre später auch die dauerhafte Besiedlung von Lebensräumen, in denen energiereiche pflanzliche Nahrung nicht das ganze Jahr über zu beschaffen ist (siehe Beitrag von K. Michel, S. 231).

Seit etwa 2 Millionen Jahren verschwinden die Urwälder auch im südlichen Asien; Tiere und Menschen (*H. erectus*), die in Afrika ähnliche Landschaftstypen bewohnten, breiten sich nach Norden aus. Der bislang früheste direkte Beleg für die Migration von Homininen aus Afrika heraus stammt aus Georgien: Die 1,8 Millionen Jahre alten menschlichen Skelettreste von Dmanisi werden als früher *H. erectus* interpretiert und sind mit den gleichen Typen von Steinwerkzeugen gefunden worden, die auch in Afrika mit *H. erectus* zusammen vorkommen. In mehreren Besiedlungswellen erreichte *H. erectus* aus Afrika heraus große Teile des südlichen und östlichen Asiens. Als in Kaltphasen des Pleistozän der Meeresspiegel fiel, wurde sogar die Inselwelt Südostasiens besiedelt, zum Teil wahrscheinlich mit Wasserfahrzeugen oder Schwimmhilfen. Dort lebten noch vor 60 000 Jahren isolierte Zwergpopulationen (*H. floresiensis*), die möglicherweise auf *H. erectus* oder sogar *H. habilis* zurückzuführen sind.

Aus Europa gibt es die frühesten menschlichen Lebensspuren vor etwa 1,2 Millionen Jahren. Auch diese Urmenschen dürften aus Afrika eingewandert sein. Dort hatte sich *H. heidelbergensis* von afrikanischen

◄ *Blick in die Olduvai-Schlucht (Tansania).*

H. erectus-Populationen abgespalten und neben großen Teilen Afrikas zunächst das südliche Europa erreicht. Eine Verbreitung nördlich der Alpen erfolgte dann vor etwa 800 000 Jahren, spätestens 300 000 Jahre danach kam er bis nach England. Wahrscheinlich erlaubten bessere Jagdtechniken, wie z. B. Lanzen und die Entwicklung von Speeren, das sichere Erlegen großer Säugetiere und machten ein Vordringen dieser Urmenschen in die durch harte Winter geprägte Region erst möglich.

Bei der Weiterentwicklung zum modernen Menschen (*H. sapiens*) nehmen die afrikanischen Populationen des *H. heidelbergensis* eine zentrale Position ein als Bindeglied zwischen den Neandertalern, den Denisova-Urmenschen und eventuell auch noch unbekannten Urmenschen-Populationen. Bereits vor etwa 300 000 Jahren ist der moderne Mensch in Nordafrika belegt und muss sich in den folgenden 200 000 Jahren relativ rasch über ganz Afrika ausgebreitet haben. Unsere Art scheint Afrika spätestens in der letzten Warmzeit vor etwa 110 000 Jahren erstmals verlassen zu haben, dies belegen Höhlenfunde von modernen Menschen aus dem heutigen Israel. Dieser Vorstoß kam jedoch im westlichen Asien wieder zum Erliegen, als eine Klimaverschlechterung dem weiteren Vordringen ein Ende setzte. Alle anderen außerhalb Afrikas gefundenen Lebensspuren moderner Menschen sind weniger als 80 000 Jahre alt. Vor etwa 60 000 Jahren wurden bereits Australien und die südostasiatische Inselwelt erreicht. Vielleicht kam es dort noch zu einem Zusammentreffen mit den letzten Populationen von *H. floresiensis*. In Europa traf *H. sapiens* vor etwa 50 000 Jahren vor heute auf die letzten Neandertalerpopulationen (*H. neanderthalensis*), obwohl Begegnungen vermutlich selten waren.

Der Klimawandel bietet Chancen und nimmt sie wieder. Mit der Veränderung des Klimas verschieben sich die Verbreitungsareale der Pflanzen, die die Basis jeder Nahrungskette sind. Tiere und Menschen folgen dieser Arealverschiebung so lange, bis z. B. widrige Umweltbedingungen dem Vordringen Einhalt gebieten. In dieser Situation können bereits zuvor in anderen Zusammenhängen erworbene Fähigkeiten ihre Stärken plötzlich ausspielen und das weitere Vordringen einiger weniger Individuen ermöglichen. Andererseits kann ein Fehlen entscheidender körperlicher oder kultureller Eigenschaften den Untergang einer ganzen Population bewirken. Der Klimawandel ist daher ein starker Antrieb für die Evolution und betrifft alle Organismengruppen, den Menschen eingeschlossen.

AUSTRALOPITHECUS AFARENSIS

Zeitstellung: 3,85–2,95 Millionen Jahre

Fundumstände: L.H.4 (Laetoli Hominid 4; Abb. 1–2) stammt aus 3,7 Millionen Jahre alten vulkanischen Aschen von Laetoli, am Südrand der Serengeti in Tansania. L.H.4 wurde 1974 von Maundu Muluila, einem Mitarbeiter von Mary Leakey von der Geländeoberfläche abgesammelt (Leakey u. a. 1976). 1978 wurde das Fossil als Typusexemplar (Exemplar, das als Referenz für eine Art hinterlegt wird) von *A. afarensis* ausgewählt, nachdem man auch Fossilien aus dem 1500 km entfernten Hadar (Äthiopien) als zur selben Art gehörig erkannt hatte (Johanson u. a. 1978).

Bedeutung für die Evolution der Hominini in Afrika

A. afarensis ist eine der langlebigsten und bestuntersuchten frühen Homininenarten. Man kennt neben zahlreichen Zahn- und Kieferfragmenten (mehr als 300 Individuen) ein Teilskelett eines Erwachsenen (»Lucy«) und ein fast vollständiges Skelett eines etwa dreijährigen Kindes (DIK 1-1; Alemseged u. a. 2006). Die bisher gefundenen Fossilien stammen aus Vulkanaschen und Seeablagerungen in Äthiopien, Kenia, Tansania und wahrscheinlich auch aus dem Tschad (Brunet u. a. 1995). Die Fußabdrücke von Laetoli (Tansania) zeugen von mindestens zwei Erwachsenen und einem Kind, die sich vor 3,6 Millionen Jahren aufrecht gehend über frische vulkanische Asche bewegten. Für viele Jahrzehnte wurde die Fundstelle Laetoli als ein recht trockener, savannenartiger Lebensraum rekonstruiert. Daraus wurde anfangs geschlossen, dass die Evolution des aufrechten Ganges mit der Besiedlung von Savannen zusammenhängen müsse. Inzwischen gibt es überzeugende Indizien dafür, dass aufrecht gehende Homininen bereits eine halbe Million Jahre früher in bewaldeten Lebensräumen vorkamen (Lovejoy u. a. 2009). Das Gehirnvolumen von *A. afarensis* war ähnlich klein wie

***Abb. 1** L.H.4 ist das Typusexemplar von* A. afarensis. *Das gut erhaltene Unterkieferfragment gehörte einem erwachsenen Individuum; Länge 7 cm, Breite 7,6 cm.*

Abb. 3 *Der fast vollständige Schädel Sts 5 mit dem Spitznamen »Mrs. Ples« wird zu* A. africanus *gestellt. Er gilt heute als der eines jungen männlichen Individuums (Thackeray u. a. 2002); Länge 18 cm, Höhe 11 cm, Breite 12,4 cm.*

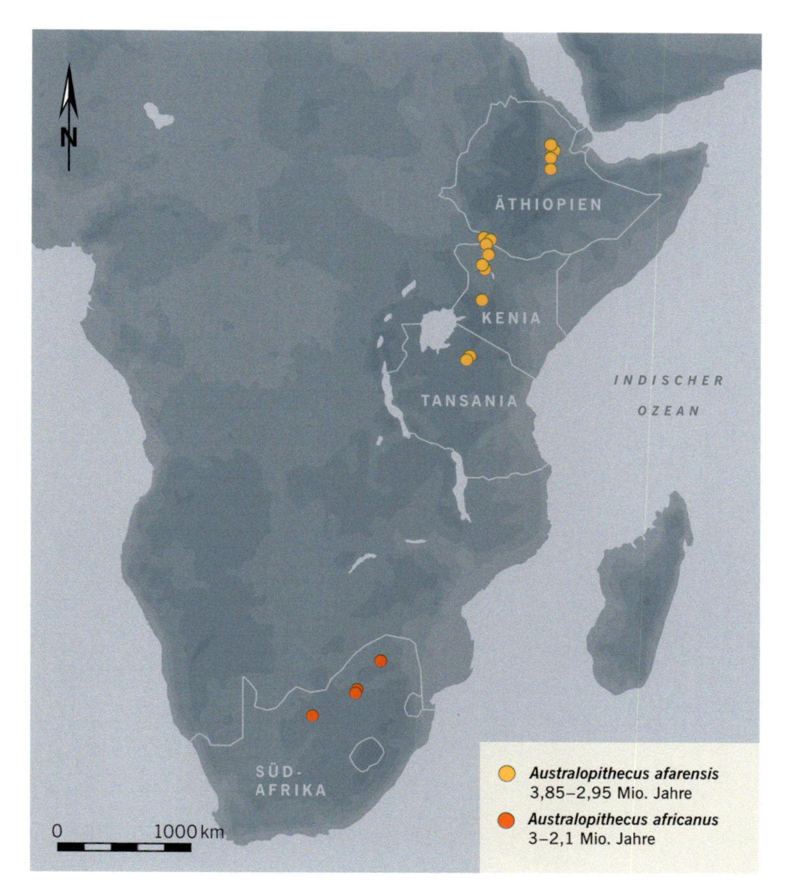

Abb. 2 *Fossilienfundstellen von* A. afarensis *und* A. africanus *in Afrika.*

das eines Schimpansen. *A. afarensis* belegt daher, dass der aufrechte Gang lange vor einem vergrößerten Gehirn entstanden ist. In die Zeit und in den Verbreitungsraum von *A. afarensis* fallen die ältesten bearbeiteten Steinwerkzeuge, die 3,3 Millionen Jahre alt sind (Harmand u. a. 2015). Abnutzungsspuren der Zähne belegen ein Abstreifen von staubigen Pflanzenteilen mit den Frontzähnen und insgesamt eine dem Gorilla ähnliche Ernährungsweise. Hauptnahrung dürften demnach weiche Pflanzenteile und Früchte gewesen sein. Die Backenzähne waren jedoch gut geeignet, um spröde und harte Komponenten aufzubrechen, was in Zeiten knapper Nahrung eine größere Auswahl bietet. Es spricht vieles dafür, dass *A. afarensis* aus dem älteren *Australopithecus anamensis* hervorgegangen ist. Eine Nähe zur Verwandtschaftslinie der Gattung *Homo* und somit letztlich zum modernen Mensch wird zwar von vielen Forschern für wahrscheinlich erachtet, ist aber nicht unumstritten.

Abb. 4 Der fragmentarisch erhaltene Schädel eines erwachsenen Individuums (KNM-WT-17 000) vom Turkanasee in Kenia hat den Spitznamen »Black Skull«. Der Schädel ist außerordentlich breit, das Gesicht war groß, das Gehirnvolumen liegt aber bei bescheidenen 410 cm³. Andere Schädel- und Kieferfragmente von P. aethiopicus *sind aus Äthiopien und Tansania bekannt. Länge 22 cm, Höhe 11 cm, Breite 15,4 cm.*

AUSTRALOPITHECUS AFRICANUS

Zeitstellung: 3–2,1 Millionen Jahre

Fundumstände: Sts 5 (Abb. 3; vgl. Abb. 2) wurde 1947 von Robert Broom bei Sprengarbeiten in verfestigten Ablagerungen der Höhlenruine Sterkfontein (Südafrika) entdeckt und im gleichen Jahr veröffentlicht (Broom 1947). Dabei verlief die Bruchkante zwischen den Gesteinsbrocken genau durch den Gehirnschädel. Sts 5 wird heute auf ein Alter von etwa 2,1 Millionen Jahre datiert und ist damit der bislang jüngste Fund von *A. africanus*.

Bedeutung für die Evolution der Hominini in Afrika

Die Art ist auch in den Höhlenablagerungen von Makapansgat, Gladysvale und Taung in Südafrika belegt. Im November 1924 wurde in Taung der Schädel eines etwa dreijährigen Kindes von einem Arbeiter des Buxton-Steinbruchs entdeckt. Das später als »Kind von Taung« bezeichnete Kleinkind war vor etwa 2,5 Millionen Jahren zur Beute eines großen Greifvogels geworden. Da das Fossil der erste in Afrika identifizierte frühe Hominine war, wurde der Kinderschädel zum Holotypus, dem Typusexemplar der Art *A. africanus* bestimmt (Dart 1925).

Beckenreste, Oberschenkel- und Fußknochen (Sts 14), die zum Teil vermutlich zum selben Individuum gehören wie Sts 5, legen nahe, dass diese Vormenschen aufrecht gingen, die Arme und Schultern deuten auf eine gute Kletterfähigkeit in Bäumen hin. Von welchen Vorläufern *A. africanus* abstammt und in welcher Nähe er zu den unmittelbaren Vorfahren des Menschen steht, konnte bislang nicht geklärt werden. Es ist

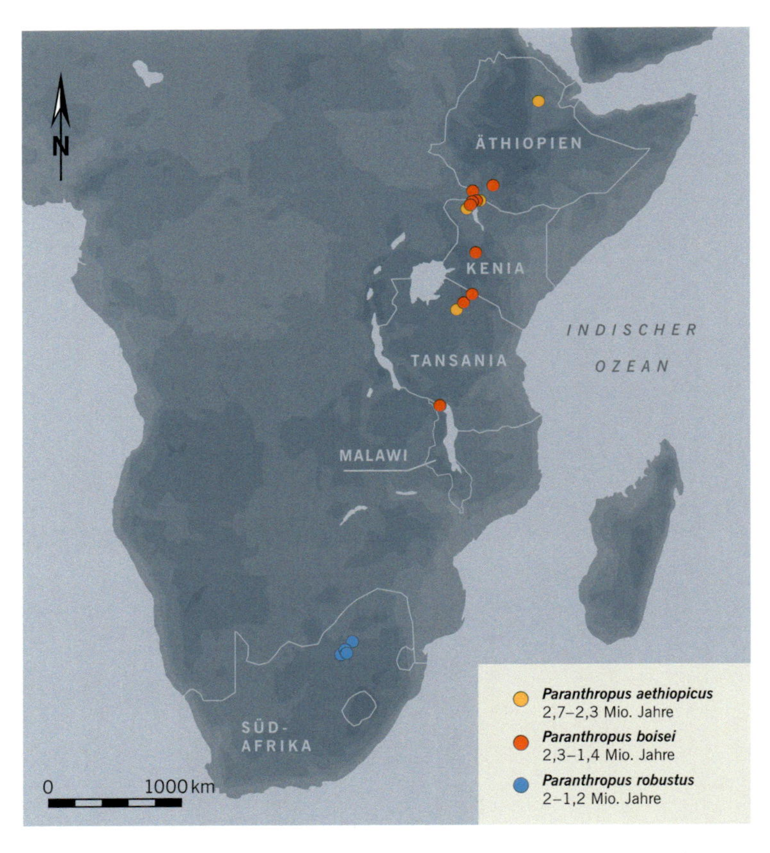

Abb. 5 Fossilfundstellen der drei Paranthropus-Arten P. aethiopicus, P. boisei *und* P. robustus *in Afrika.*

möglich, dass *A. africanus* vor 3–2 Millionen Jahren bereits bearbeitete Steinwerkzeuge nutzte. Die Hände wurden dabei auf dieselbe Art und Weise eingesetzt, wie es moderne Menschen tun (Skinner u. a. 2015).

PARANTHROPUS AETHIOPICUS

Zeitstellung: 2,7–2,3 Millionen Jahre

Fundumstände: Am 29. August 1985 fand Alan Walker Bruchstücke eines schwarzen Schädels auf der Geländeoberfläche in etwa 2,5 Millionen Jahre alten Ablagerungen am Westufer des Turkanasees in Kenia (Walker u. a. 1986). Die schwarze Färbung des Schädels (Abb. 4) rührt von Manganverbindungen her, die erst nach der Einbettung durch Sickerwasser in den Knochen eingedrungen sind.

Bedeutung für die Evolution der Hominini in Afrika

P. aethiopicus lebte in einer Zeit klimatischer Umbrüche in Ostafrika. Es wurde trockener und die Wälder lichteten sich. Die Lebensräume, mit denen die spärlichen Funde assoziiert sind, werden daher als savannenähnlich rekonstruiert. *P. aethiopicus* muss das östliche Afrika zu einer Zeit besiedelt haben, als auch erste Vertreter der Gattung *Homo* dort lebten. Die Art teilt viele ursprüngliche Merkmale mit *A. afarensis*, von dessen Verwandtschaftsgruppe sie sich wahrscheinlich ableitet. Sie scheint zudem am Anfang eines eigenständigen Seitenzweiges der Hominini zu stehen, den robusten Australopithecinen. Mit großer Wahrscheinlichkeit führt diese Verwandtschaftslinie nicht zur Gattung *Homo*. Da jeder Schädel vor allem als Kraftleitsystem für die Kaukräfte fungiert, besteht ein direkter Zusammenhang zwischen der Schädelform und der Ernährungsweise und somit der ökologischen Nische. Die abgeleiteten Merkmale wie die schüsselförmige Gesichtsfläche, die nach vorne vorspringenden Jochbögen und die massiven Backen- und Vorbackenzähne zeigen daher eine besondere Ernährungsstrategie an. Die Nahrung der robusten Australopithecinen dürfte überwiegend aus pflanzlichen Komponenten bestanden haben. Um solche, oft durch Schalen und abrasive Einlagerungen geschützten Pflanzenorgane kauen zu können, ist eine massive Muskulatur erforderlich, deren Kräfte die Schädelform maßgeblich bestimmen.

Abb. 6 Olduvai Hominid 5 (OH 5) ist der fast vollständig erhaltene Schädel eines männlichen Individuums von P. boisei, *hier ein Abguss. Das Fossil stammt aus Bed I, den ältesten heute oberflächlich in der Olduvai-Schlucht in Tansania zugänglichen fossilienführenden Schichten. Länge 22 cm, Höhe 13 cm, Breite 15 cm.*

PARANTHROPUS BOISEI

Zeitstellung: 2,3–1,4 Millionen Jahre

Fundumstände: OH 5: Am 17. Juli 1959 fand Mary Leakey Kieferfragmente in einem schmalen Seitental der Olduvai-Schlucht in Tansania, dem nach Frieda Leakey benannten F. Leakey Korongo. Im Folgejahr begannen dort Ausgrabungen, in deren Verlauf noch viele weitere Fragmente des Schädels geborgen wurden. Die Sedimente dort sind vulkanischen Ursprungs und lagerten sich vor 1,75 Millionen Jahren am Ufer eines Sees ab.

Peninj 1 wurde am 11. Januar 1964 durch Kamoya Kimeu, einem Mitarbeiter Richard Leakeys und Glynn Isaacs, entdeckt. Das Fossil war in alte Seeablagerungen eingebettet, die am Westufer des heutigen Natronsees in Form ausgedehnter »Badlands« anstehen. Die Knochen waren jedoch noch nicht sehr lange der Verwitterung ausgesetzt. Dieser Umstand ist ein großer Glücksfall, der maßgeblich für die sensationell gute Erhaltung verantwortlich ist. Bis heute ist Peninj 1 das einzige Homininenfossil aus diesem Ablagerungsraum geblieben.

Obgleich das Individuum Peninj 1 mehr als 200 000 Jahre nach OH 5 lebte und die Fundorte 100 km Luftlinie voneinander entfernt liegen, lassen sich die beiden Fossilien fast so zusammenfügen, als gehörten sie demselben Individuum an (Abb. 6–7; vgl. Abb. 5). Natürlich gibt es kleine Größenunterschiede und auch die Ebenen der Zahnabnutzung stimmen nicht exakt miteinander überein. Dennoch werden die beiden Fossilien oft miteinander kombiniert, denn sie stellen die besterhaltenen Beispiele der Art dar und gehören insgesamt zu den besterhaltenen Fossilien früher afrikanischer Homininen, die man kennt.

Abb. 7 Peninj 1 ist der fast vollständig erhaltene Unterkiefer eines männlichen Individuums von P. boisei. *Das Fossil stammt aus 1,5 Millionen Jahre alten Ablagerungen des Natronsees (Tansania); Länge 12,5 cm, Höhe 9,6 cm, Breite, 12 cm.*

Bedeutung für die Evolution der Hominini in Afrika

P. boisei war ein robuster Australopithecine mit kräftiger Kaumuskulatur und massiven Kieferknochen. Er dürfte ein Nachfahre von Populationen sein, die *P. aethiopicus* zuzurechnen sind, dem er im gleichen Lebensraum (Ostafrika) zeitlich nachfolgte. Von allen bekannten Hominini hatte *P. boisei* die größten Zähne mit dem dicksten Zahnschmelz. Männliche Individuen waren zudem deutlich größer als weibliche. Trotz der offensichtlichen Fähigkeiten zumindest in schlechten Zeiten auch sehr harte, abrasive und gut geschützte Nahrung wie Nüsse und Knollen zu essen, dürfte in guten Zeiten eher eine abrasive Savannennahrung wie Süß- und Sauergräser die Grundlage gebildet haben. In dieser ökologischen Nische war *P. boisei* offenbar sehr erfolgreich, denn er überlebte alle Klimaschwankungen in seiner fast 1 Million Jahre lang andauernden Existenz. Wissenschaftsgeschichtlich ist der Fund von OH 5 durch Mary und Louis Leakey 1959 ein Meilenstein (Leakey 1959), denn bis dahin war man von einer viel kürzeren Zeitspanne der menschlichen Evolution ausgegangen. OH 5 war zu dieser Zeit der älteste Vertreter der Hominini aus Ostafrika und wurde daher kurzzeitig in die Nähe der menschlichen Linie gestellt. Bis heute ist daher der »Nussknacker-Mensch« ein Begriff.

PARANTHROPUS ROBUSTUS

P. robustus ist eine weitere Art der robusten Australopithecinen, deren Überreste bislang nur in ehemaligen Kalksteinhöhlen des heutigen Südafrika gefunden wurden (Broom 1938).

Zeitstellung: 2–1,2 Millionen Jahre

Fundumstände: Am 30. Juni 1950 wurde SK 48 bei Sprengarbeiten von Mr. Fourie, einem lokalen Steinbrucharbeiter, in der Ruine der ehemaligen Kalksteinhöhle von Swartkrans entdeckt und von Robert Broom in seiner Bedeutung erkannt und beschrieben. SK 23 war in unmittelbarer Nähe von SK 48 eingebettet (Abb. 8–9; vgl. Abb. 5), stammt aber von einem anderen Individuum. Die Höhle liegt 32 km von Johannesburg (Südafrika) entfernt auf der gleichnamigen Farm. Die meisten Fossilien in Swartkrans und ähnlichen südafrikanischen Fundstellen sind in Brekzien eingebettet, die sich im Inneren der Höhle ab etwa 2 Millionen Jahre vor heute zunächst als Lockersedimente abgelagert und später durch Sickerwasser betonhart verfestigt hatten. Die eingeschalteten Tropfsteinlagen wurden schließlich im Steinbruchbetrieb abgebaut. Dabei wurden auch die ersten Fossilien entdeckt. In Swartkrans wurden unter den mehr als 200 000 fossilisierten Knochenresten auch etwa 270 verbrannte Stücke gefunden (Brain/Sillent 1988), die eine frühe Feuernutzung, wahrscheinlich durch *H. erectus*, um etwa 1,5 Millionen Jahre vor heute belegen.

Bedeutung für die Evolution der Hominini in Afrika

Wie auch *P. boisei* dürfte sich *P. robustus* aus Populationen entwickelt haben, die dem älteren *P. aethiopicus* nahestehen. Die wenigen erhaltenen Knochenfragmente aus dem Bereich unterhalb des Kopfes legen nahe, dass *P. robustus* zumindest zeitweise zweibeinig gehen konnte.

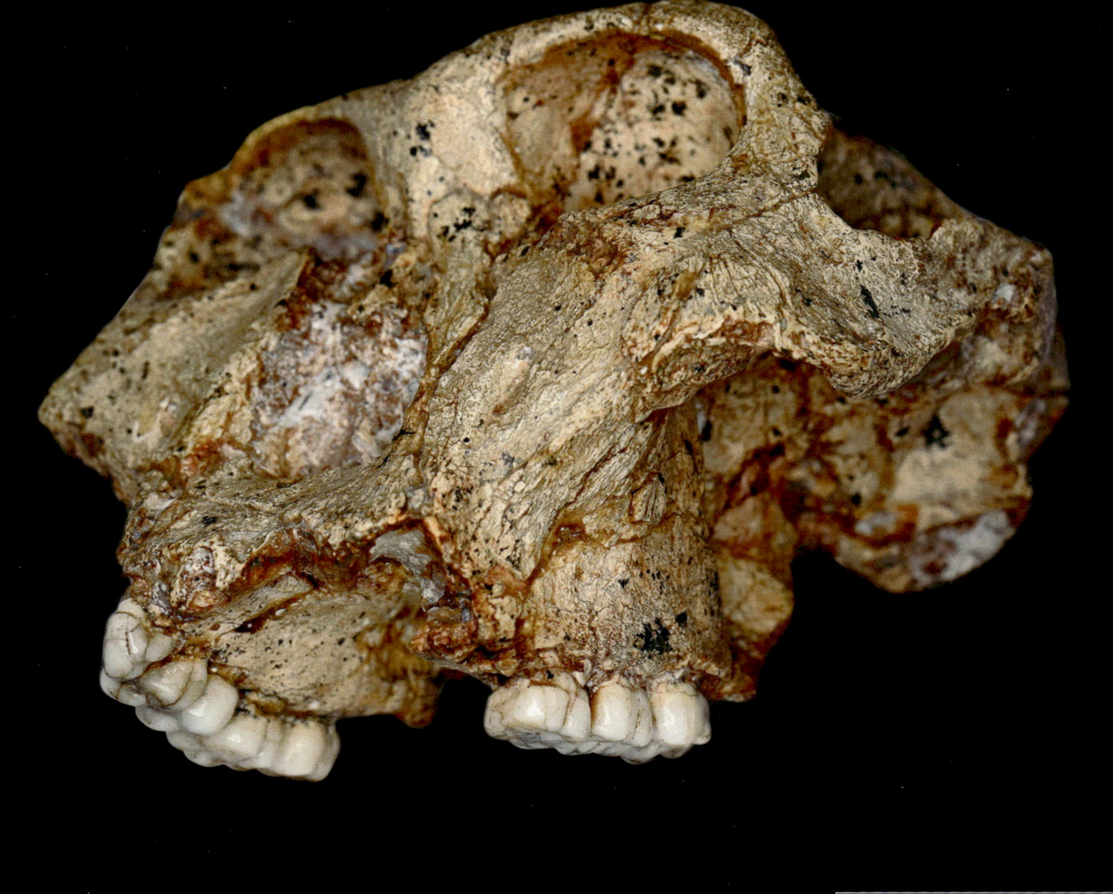

Abb. 8 *SK 48 ist das 1,8 Millionen Jahre alte Cranium eines erwachsenen Individuums von* P. robustus. *Der Schädel mit seinem Scheitelkamm, den kräftigen Jochbeinbögen und dem vertieften Nasenbereich ist bis heute einer der besterhaltenen, die man kennt; Länge 16 cm, Höhe 10 cm, Breite 14 cm.*

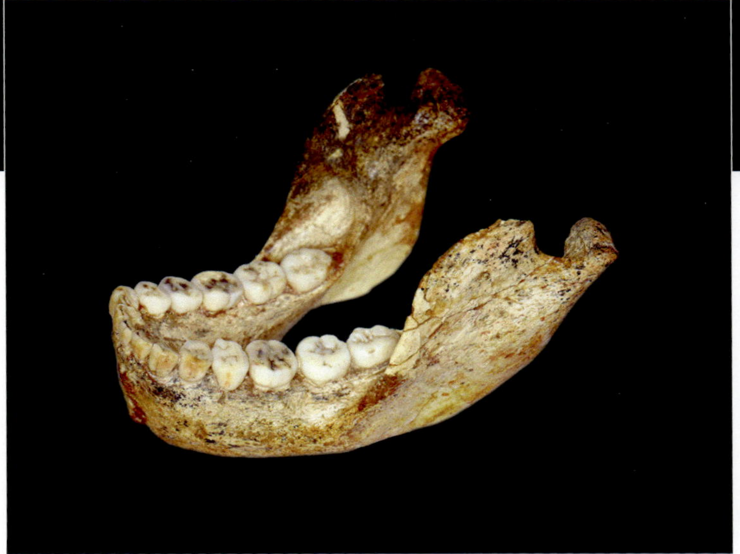

Abb. 9 *SK 23, ein vollständig erhaltener Unterkiefer von* P. robustus*; Länge 12 cm, Höhe 9 cm, Breite 9,5 cm.*

Überreste von *P. robustus* wurden bislang nur im Gebiet des heutigen Südafrikas gefunden. Ob *P. robustus* ausschließlich im südlichen Afrika vorkam oder ob dieser Eindruck nur durch die dort gegebenen Erhaltungsbedingungen in Höhlenablagerungen entsteht, ist unklar. Eine regionale Evolution ist aber wahrscheinlich. In manchen dieser Höhlen folgt *P. robustus* in den jüngeren Schichtgliedern dem älteren *A. africanus* nach, ohne dass jedoch belegt wäre, dass beide Arten zeitgleich nebeneinander lebten. Trotzdem werden sie in Studien oft miteinander verglichen.

Das Wachstum beim männlichen *P. robustus* schien bis weit nach der Geschlechtsreife anzudauern (Lockwood u. a. 2007). Das könnte auf große soziale Konkurrenz unter den Männern hindeuten, die bei heutigen Arten dann zu beobachten ist, wenn ein Männchen eine Gruppe von Weibchen dominiert und andere Männchen von dieser Gruppe fernzuhalten versucht, z. B. beim Gorilla. Verhältnisse stabiler Isotopen im Knochengewebe lassen auf den geologischen Untergrund schließen, auf dem die Nahrungspflanzen wuchsen. Bei *P. robustus* legen sie nahe, dass die Männchen von Geburt an weitgehend ortstreu waren, während die Weibchen aus anderen Regionen zuwanderten. Ein ähnliches Verhalten zeigen heute die Schimpansen (Copeland u. a. 2011).

Wahrscheinlich war *P. robustus* ein Savannenbewohner und konnte dort zumindest in schlechten Zeiten auch hartes aber eher sprödes Pflanzenmaterial verwerten (Sponheimer u. a. 2006). Dabei spielten die Schneidezähne, die bei *P. robustus* besonders klein sind, wohl keine große Rolle bei der Aufbereitung der Nahrung.

Abb. 10 *Der Schädel mit der Fundbezeichnung OH 24 ist das älteste zu* H. habilis *gestellte Fossil; Länge 17 cm, Höhe 13 cm, Breite 9,9 cm.*

HOMO HABILIS

Zeitstellung: 2,1–1,5 Millionen Jahre

Fundumstände: OH 24 gehörte einem erwachsenen weiblichen Individuum und wurde im Oktober 1968 von Peter Nzube in fast 2 Millionen Jahre alten Seeablagerungen vulkanischen Ursprungs in der Olduvai-Schlucht in Tansania entdeckt (Abb. 10–11). Da das Fossil vor seiner Auffindung von der enormen Gesteinsauflast völlig flach gedrückt worden war, erhielt es den Spitznamen »Twiggy«.

Bedeutung für die Evolution der Hominini in Afrika

Die Bekanntgabe der ersten Funde von *H. habilis* und die Namensgebung im April 1964 (Leakey u. a. 1964) gelten als ein Wendepunkt in der Wissenschaft, da zuvor aus Afrika nur hominine Fossilien der Gattung *Australopithecus* bekannt waren. Weil *H. erectus* bis dahin ausschließlich in Asien gefunden worden war, vermutete man damals nämlich, dass die Gattung *Homo* sich in Asien entwickelt habe. In den fossilienführenden Schichten, aus denen *H. habilis* stammt, wurden Steinwerkzeuge vom Oldowan-Typ und Tierknochen mit typischen Einkerbungen gefunden, die als Schnittspuren gedeutet werden. Daraus wurde geschlossen, dass *H. habilis* Fleisch, vielleicht von Löwenrissen, von den Knochen getrennt und verzehrt hat. Auf Fleischkonsum deuten auch Isotopendaten der Zähne hin. *H. habilis* lebte sowohl vor als auch nach dem Verlanden des Olduvai-Sees vor etwa 1,7 Millionen Jahren in der Gegend. Inzwischen kennt man die Art auch aus Kenia, Äthiopien und vermutlich Südafrika. Es gibt sogar Indizien dafür, dass Populationen aus einer frühen Seitenlinie von *H. habilis* die Inselwelt Südostasiens erreicht haben. Funde von der indonesischen Insel Flores (*Homo floresiensis*) werden von manchen Wissenschaftlern so gedeutet (Argue u. a. 2017). Diese Zwergpopulationen könnten noch mit dem erst seit etwa 60 000 Jahren aus Afrika dort einwandernden *H. sapiens* zusammengetroffen sein.

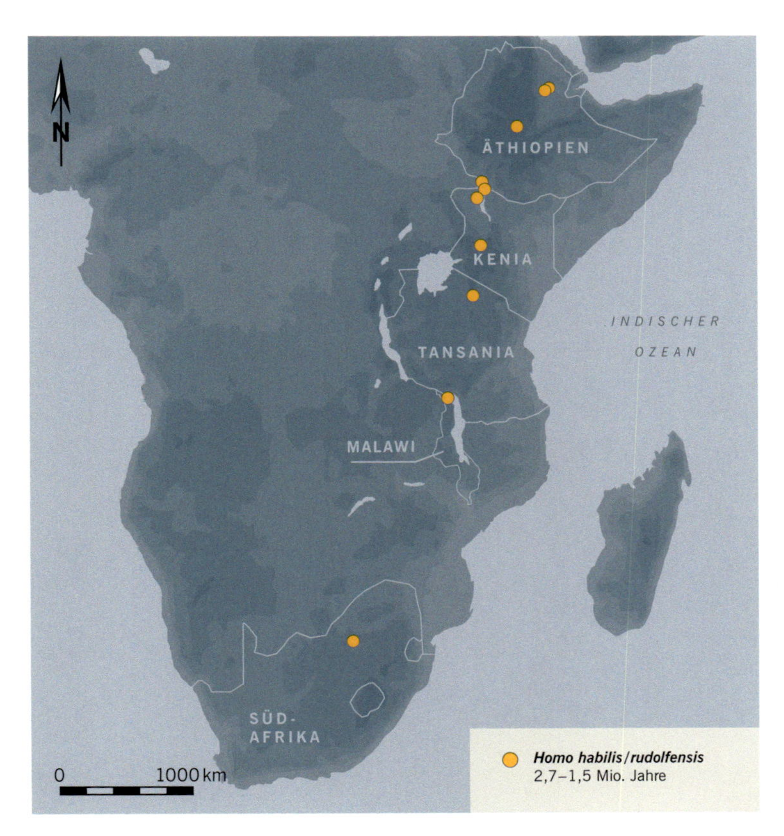

Abb. 11 Fossilfundstellen von H. habilis *und* H. rudolfensis *in Afrika.*

Im Vergleich zu den früher lebenden *Australopithecus*-Formen und zu *P. boisei* haben die als *H. habilis* klassifizierten Funde mit ca. 650 cm^3 ein um mindestens 30 % größeres Hirnvolumen, ein fortschrittliches Merkmal. Im Schädelbau vereint *H. habilis* menschliche Charakteristika mit Merkmalen der Australopithecinen, z. B. den Bau des Unterkiefers. Ob dies auch für das Skelett unterhalb des Kopfes zutrifft, ist noch nicht zu entscheiden, denn in den gleichen Fundschichten kommt auch der Australopithecine *P. boisei* vor. Von beiden Arten sind Knochen unterhalb des Schädels selten und lassen sich bislang nicht zweifelsfrei einer der beiden Arten zuordnen. Die Einordnung der als *H. habilis* bezeichneten Funde in den Stammbaum der Hominini wird auch aus diesem Grund bis heute diskutiert. Auch eine Zuordnung mancher der Fossilien zu *Australopithecus* erscheint möglich. Die jüngsten Vertreter dürften zeitgleich mit *H. erectus* gelebt haben, sodass von unterschiedlichen ökologischen Nischen ausgegangen wird.

Aus der Epoche um 2 Millionen Jahre vor heute stammen in Afrika auch fossile Individuen, die ein deutlich größeres Gehirn hatten (750 cm^3) und deren Schädeln die Australopithecinenmerkmale weitgehend fehlen. Diese kleine Gruppe von Fossilien wird inzwischen einer eigenständigen Art, *H. rudolfensis,* zugeordnet (Lieberman u. a. 1996). Die ältesten dieser Fossilien sind mehr als 2,7 Millionen Jahre alt und zählen daher zu den ältesten menschlichen Skelettresten, die wir kennen. In diese Zeit fallen auch die ältesten bekannten Werkzeugspuren. Der Körperbau unterhalb des Kopfes ist bei *H. rudolfensis* mangels zusammengehöriger Funde allerdings noch unklar.

HOMO ERECTUS

Zeitstellung: 1,9 Millionen – ca. 100 000 Jahre

Fundumstände: KNM-ER 3733 wurde 1975 von Bernard Ngeneo, einem Mitarbeiter von Richard Leakey, in Koobi Fora, Kenia, direkt am Ostufer des Turkanasees gefunden (Abb. 12–13). Auch der etwa 1,5 Millionen Jahre alte Unterkiefer KNM-ER 992 stammt vom Ostufer des Turkanasees, aus Ileret (Abb. 14). Er ist einer der besterhaltenen Unterkiefer des frühen *H. erectus*, den man aus Afrika kennt.

Bedeutung für die Evolution der Hominini in Afrika

Von manchen Forschern wird *H. erectus* als der erste Vertreter der Menschen (der Gattung *Homo*) angesehen. Aus Populationen, die *H. erectus*

***Abb. 12** Fundstellen von* Homo erectus *in Afrika, Europa und Asien.*

und seinen Nachfahren zugeschrieben werden, entwickelten sich vermutlich in Europa der Neandertaler und unabhängig von ihm in Afrika der moderne Mensch (*H. sapiens*). Da die ersten Fossilien ab den 1890er Jahren jedoch in Asien entdeckt wurden, hielt man diesen Kontinent lange Zeit auch für die Wiege des modernen Menschen. Inzwischen sind frühe Fossilien sicher auf 1,7–1,9 Millionen Jahre datiert. Man kennt sie aus Ostafrika, dem heutigen Südafrika und aus Georgien. Seit etwa 1,8 Millionen Jahren scheinen somit immer wieder einzelne Gruppen Afrika verlassen und danach große Teile Asiens und Europas besiedelt zu haben. Es entstanden regionale Populationen mit eigenen Besonderheiten. Die kulturellen Errungenschaften dürften maßgeblich die Ausbreitung von *H. erectus* begünstigt haben. Dazu zählt eine Werkzeugkultur, die neben stark typisierten Steingeräten in späteren Zeiten auch hochentwickelte Geräte aus vergänglichen Materialien umfasst haben dürfte. Die Nutzung von Feuer zur Nahrungsaufbereitung ist zumindest für spätere Populationen gesichert und hat anatomische Veränderungen in Gang gesetzt, unter anderem eine Entlastung des Kauapparates. *H. erectus* dürfte wie kein anderer Hominine vor ihm von klimatischen Gegebenheiten unabhängig gewesen sein. Das hat seine Ausbreitung sehr begünstigt. Es gibt sogar erste Indizien für eine frühe Besiedlung Nordamerikas (Holen u. a. 2017), vielleicht sogar durch Populationen, die *H. erectus* nahestehen.

ANMERKUNG

1 Die Bezeichnung Hominini umfasst alle Arten der Gattung *Homo* einschließlich dem heute lebenden Menschen (*Homo sapiens*) sowie deren ausgestorbene Vorfahren. Die gemeinsamen Vorfahren von Schimpansen und *Homo* gehören nicht mehr dazu.

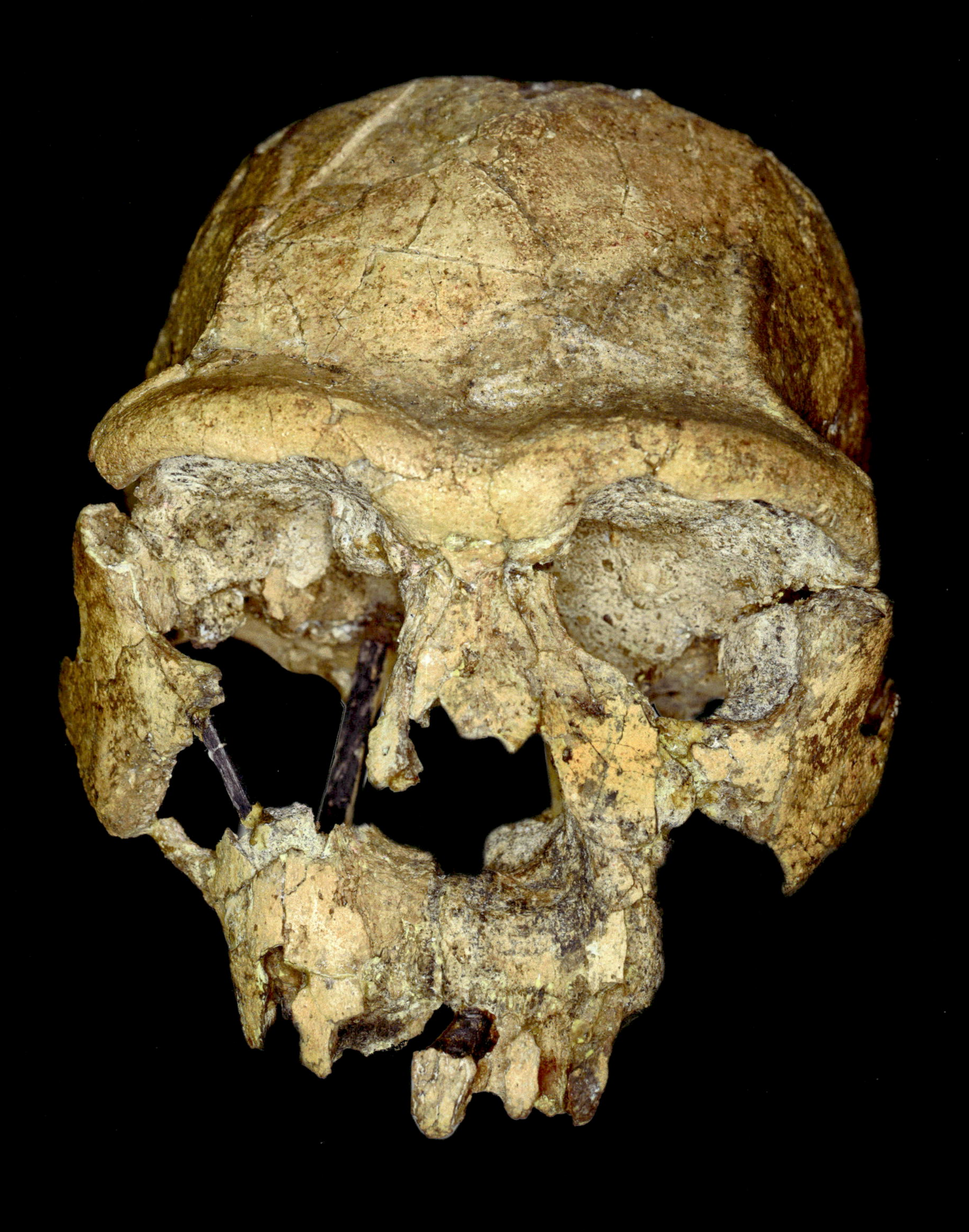

Abb. 13 *Das fast vollständig erhaltene weibliche Cranium eines frühen* Homo erectus *mit der Registriernummer KNM-ER 3733 zählt zu den besterhaltenen menschlichen Schädelfunden aus der Zeit um etwa 1,6 Millionen Jahre vor heute; Länge 19,3 cm, Höhe 16 cm, Breite 13 cm.*

Abb. 14 *Der etwa 1,5 Millionen Jahre alte Unterkiefer mit der Registriernummer KNM-ER 992 ist eines der besterhaltenen Fossilien des frühen* H. erectus. *Die Abbildung zeigt den rechten Kieferast des Originals; Länge 12 cm, Höhe 7 cm, Breite 12 cm.*

Lorenzo Rook

DER *OREOPITHECUS*

EINE RÄTSELHAFTE FOSSILE AFFENART AUS ITALIEN

Die italienischen Primatenfossilien haben eine ungewöhnliche Geschichte, ebenso ungewöhnlich wie eines ihrer bekanntesten Fossilien, die ausgestorbene Spezies *Oreopithecus bambolii.* Im Gegensatz zum restlichen Europa finden sich in Italien nur drei Gattungen fossiler Primaten, diese gehören zu den zwei Überfamilien Hominoidea (Menschenartige) und Cercopithecoidea (Meerkatzenverwandte oder Hundsaffen). Die erste Überfamilie ist durch die regional vorkommende, spätmiozäne Gattung *Oreopithecus* vertreten, während die zweite mit den zwei Gattungen *Mesopithecus* (aus dem Spätmiozän und Pliozän) und *Macaca* (aus dem Pliozän bis Spätpleistozän) in Italien zu finden ist. Italienische Paläontologen widmeten bisher den Primaten nicht genug Aufmerksamkeit. Ein Blick in die Literatur zur italienischen Primatenforschung offenbart, dass der größte Anteil der wissenschaftlichen Schriften zu den Neufunden fossiler Affen in Italien aus den 1870er Jahren bis zum Beginn des 20. Jahrhunderts verfasst wurde. Die meisten dieser Studien wurden von Forschern toskanischer Universitäten bzw. Institutionen durchgeführt. Insbesondere Florenz war ein Zentrum für die Entwicklung der Säugetierpaläontologie in Italien, dank der Sammlungen aus den zentralen Apenninenbecken, die auch umfangreiche Funde aus dem Oberen Arnotal (Valdarno), der Typuslokalität des *Macaca florentina* (Cocchi 1872), enthalten. Zusätzlich eröffnete der industrielle Abbau spätmiozäner Braunkohlen an verschiedenen Orten in der Südtoskana (unter anderem in der berühm-

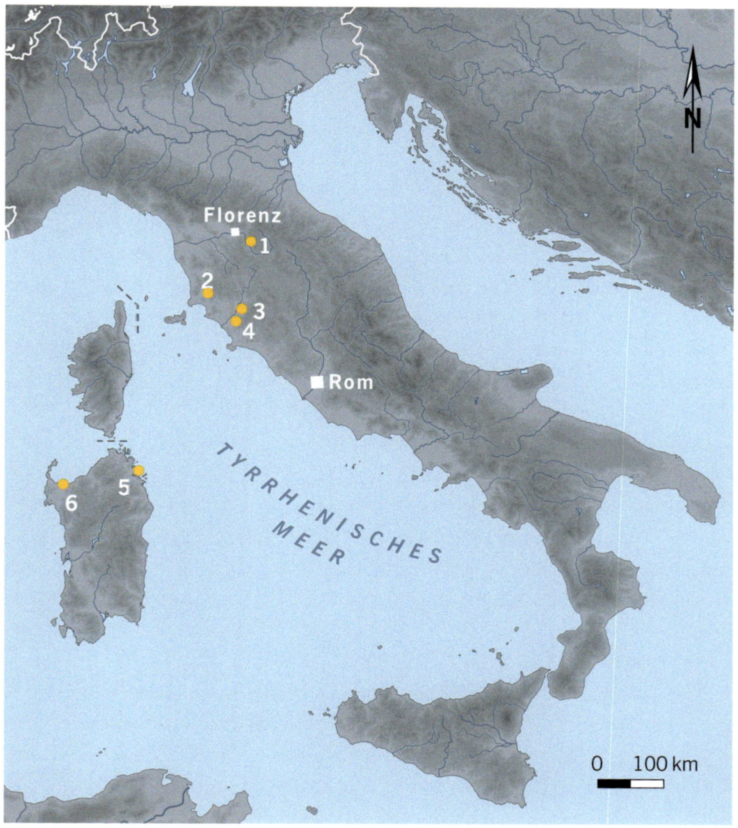

Abb. 1 *Karte mit den wichtigsten im Text erwähnten Primatenfundstellen in Italien. 1 Oberes Arnotal (Valdarno), 2 Montebamboli, 3 Cinigiano, 4 Baccinello, 5 Capo Figari, 6 Fiume Santo.*

Abb. 2 *Prof. Igino Cocchi (1827–1913). Zur Zeit des Portraits war er Direktor des Geologischen Instituts in Florenz und hatte bereits eine berufliche Karriere als Geologe/Paläontologe hinter sich. Er wird als der erste italienische Paläoprimatologe angesehen.*

◄ Oreopithecus bambolii. *Skelett in anatomischem Verbund (Höhe 86 cm, Breite 56 cm). Die Braunkohleplatte wurde in der Braunkohlemine von Baccinello, Prov. Grosseto (Italien) von Prof. Johannes Hürzeler 1958 entdeckt.*

Abb. 3 Das Unterkiefer-Typusexemplar für Oreopithecus bambolii. *Das Exemplar aus den Montebamboli-Braunkohleminen, Prov. Grosseto (Italien) wurde in den Archiven 1862 nachgewiesen.*

ten Montebamboli-Mine) einen weitreichenden Einblick in die mit *Oreopithecus bambolii* vergesellschaftete Fauna (Abb. 1; Gervais 1872).

Nach diesen ersten Jahrzehnten starken wissenschaftlichen Interesses waren die fossilen Primaten lange Zeit nicht mehr Gegenstand paläontologischer Forschung in Italien. Einzige Ausnahme bildet ein Aufsatz über den nur regional vorkommenden Makaken *Macaca majori* von Capo Figari in Sardinien, der in der Mitte der 1940er Jahre veröffentlicht wurde (Azzaroli 1946). Seit Ende des 20. Jahrhunderts ist ein neuerliches Interesse an den Fossilien der Primaten in der Toskana erwacht. Eine Anzahl an Studien, die besonders von der Universität Florenz ausgingen (Gentili u.a. 1998; Rook 2009), gaben unter anderem eine Zusammenfassung des Forschungsstandes zur paläontologischen Primatenforschung in Italien.

OREOPITHECUS UND SEINE ENTDECKUNG

Da unser Interesse hier auf dem nur regional vorkommenden, fossilen Affen *Oreopithecus bambolii* liegt, soll im Folgenden ein Überblick zu seiner Entdeckungsgeschichte und zu den verschiedenen, oft auch widersprüchlichen Hypothesen bezüglich seiner stammesgeschichtlichen Verwandtschaften und morphofunktionalen Interpretationen gegeben werden.

Die ersten Fossilien von *Oreopithecus* wurden 1862 in der Sammlung des »Instituti di Studi Superiori« in Florenz, damals unter Leitung von Prof. Igino Cocchi, dokumentiert (Abb. 2). Hier befand sich das Typusexemplar, IGF 4335, also das erste Exemplar, anhand dessen eine neue Art beschrieben werden konnte. Dies geschah im Jahr 1872 durch den renommierten französischen Paläontologen Paul Gervais, der ihm den Namen *Oreopithecus bambolii* gab (Abb. 3).

Das Vorkommen dieses seltsamen großen, menschenartigen *Oreopithecus bambolii* und seiner begleitenden, nur regional vorkommenden Säugetierfauna war also schon seit dem 19. Jahrhundert durch den Abbau spätmiozäner Braunkohle an verschiedenen Orten in der Toskana bekannt. Unter diesen Lokalitäten ist die Geologie und Paläontologie der Baccinello-Region am bekanntesten, dank der Arbeiten des Baseler Paläontologen Johannes Hürzeler (Rook 2012; Rook 2016). Er entdeckte zahlreiche Faunenreste aus verschiedenen stratigrafischen Schichten und am 2. August 1958 auch das berühmte, fast vollständige männliche Skelett des *Oreopithecus bambolii* (Abb. S. 222; Abb. 4).

DER GEOLOGISCHE KONTEXT ZUR ENTDECKUNG DES *OREOPITHECUS*

Das Baccinello-Cinigiano-Becken besteht aus vier biochronologischen Einheiten (Vergesellschaftung fossiler Säugetiere), die in das späte Miozän datieren (biochronologisch kalibriert zwischen 9,5–8,7 und 6,5–5,5 Millionen Jahren vor heute). Die ältesten drei Einheiten (bekannt unter den Abkürzungen V0, V1 und V2) repräsentieren eine nur regional vorkommende Fauna. Nur die Einheiten V1 und V2 beinhalten die *Oreopithecus*-Fossilien. Die jüngste Einheit (V3) reflektiert eine Faunenwende mit dem Auftreten einer typisch europäischen Fauna und dem Ende ihres regional beschränkten Vorkommens, das auch mit dem Aussterben des *Oreopithecus* zusammenfällt. In den letzten Jahren haben weitere Feldforschungen unser Wissen über die Geologie und Sedimentologie dieses Gebietes erweitert, was uns nun ein besseres Verständnis über die Sediment- und Umweltentwicklung des Beckens ermöglicht. Dies beinhaltet auch eine geochronologische Kalibrierung einer Ascheschicht mittels der Argon-Argon-Datierungsmethode[1], die innerhalb der Sedimentabfolge identifiziert werden konnte. Die Chronologie der Sedimentabfolgen des Beckens konnte durch paläomagnetische Untersuchungen weiter verbessert werden. So war es möglich, eine Einordnung dieser Sedimente in einen gesicherteren chronologischen Rahmen und in eine genauere Chronologie der *Oreopithecus*-führenden Schichten in Baccinello vorzunehmen. Neben anderen Details unterstützten die paläomagnetischen Daten die Hypothese, dass *Oreopithecus* der letzte spätmiozäne Affe in Südeuropa gewesen ist, der die sog. »Vallesium-Krise«, einen abrupten Wechsel von Flora und Fauna vor ca. 9,6 Millionen Jahren, noch für eine beträchtliche Zeit überlebte (Rook 2016).

Zusätzlich zu den Lokalitäten in der Toskana, die klassischerweise mit den Entdeckungen von *Oreopithecus bambolii* und der mit ihm auftretenden Fauna in Verbindung gebracht werden, wurde in den frühen 1990er Jahren eine neue *Oreopithecus*-Fundstelle in Sardinien entdeckt (Abbazzi u.a. 2008). Die Fundstelle Fiume Santo (im nordwestlichen Sardinien) bietet die aktuellste Dokumentation, die über die ausgestorbene Inselfauna, der sog. tusco-sardinischen Paläobioprovinz erhältlich ist. Die Fundstelle enthielt eine reiche Ansammlung fossiler Wirbeltiere. Etwa 15 Tiergruppen (Taxa) konnten identifiziert werden, darunter der hochspezialisierte Affe *Oreopithecus*, sechs Boviden (darunter *Maremmia* und *Tyrrhenotragus*), das giraffenartige *Umbrotherium* und das Schwein *Eumaiochoerus*. Das Vorkommen dieser Tiergruppen charakterisiert auch die Einheiten V0–V2 der bekannten spätmiozänen Fauna aus dem Baccinello-Cinigiano-Becken in der südlichen Toskana.

SKELETTMORPHOLOGIE UND TAXONOMIE (KLASSIFIKATIONSLEHRE) VON *OREOPITHECUS*

Aufgrund der ungewöhnlichen Morphologie des postkranialen, d.h. hinter dem Schädel liegenden, Skeletts hat sich die Interpretation der stammesgeschichtlichen Entwicklung (Phylogenie) des *Oreopithecus* als schwierige Aufgabe erwiesen. Johannes Hürzeler verbrachte viel Zeit damit, die Funde des Primaten zu studieren, und legte zudem in den 1950er Jahren eine große Sammlung aus der Baccinello-Mine an (darunter auch das berühmte zusammenhängende Skelett). Er bemerkte zunächst, dass das postkraniale Skelett von *Oreopithecus* einige Gemeinsamkeiten mit dem moderner Menschen aufweist, während andere primitivere Charakteristika denen noch heute lebender Affen ähneln (Hürzeler 1949; Hürzeler 1958). Wissenschaftler interpretierten *Oreopithecus bambolii* entweder als agilen, hängenden und kletternden oder als sich langsam bewegenden, hoch auf Bäumen lebenden Affen (Köhler/Moyà-Solà 1997; Rook u.a. 1999). Andere Arbeiten wiederum vertraten die Ansicht, *Oreopithecus bambolii* hätte, unter Anpassung an besondere evolutionäre Bedingungen, eigenständig den aufrechten Gang entwickelt. Obgleich er eine nichtmenschliche Morphologie des

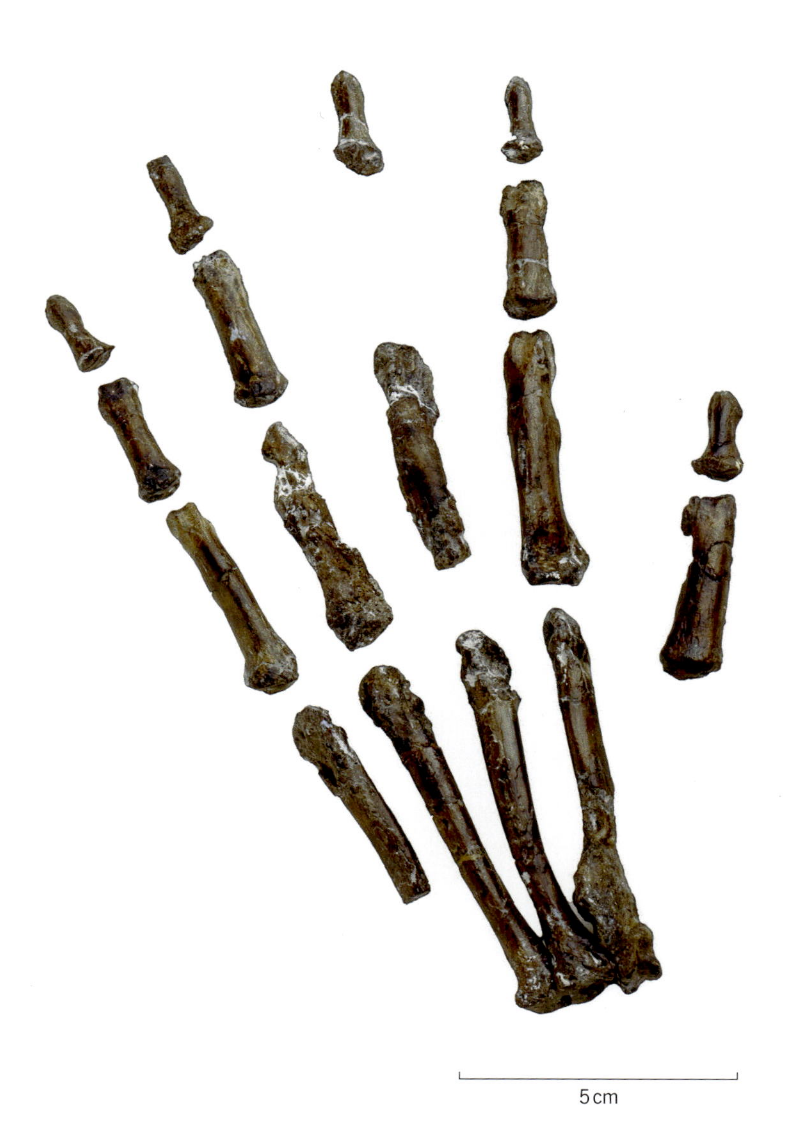

Abb. 5 Oreopithecus bambolii. *Linke Hand des zusammenhängenden Skeletts aus Baccinello, Prov. Grosseto (Italien) von Abb. S. 222.*

Abb. 4 *Prof. Johannes Hürzeler (1908–1995) steht vor den Abgüssen (Vorder- und Rückseite) des* Oreopithecus bambolii-*Skeletts aus der Braunkohlemine von Baccinello, Prov. Grosseto (Italien) im Naturhistorischen Museum in Basel.*

Torsos und der Vorderbeine beibehielt (z.B. breiter und kurzer Rumpf, hoher Intermembralindex[2]), zeigt er eine seltsame Kombination von affen- und homininenähnlichen[3] Eigenschaften, die mit dem aufrechten Gang in Zusammenhang stehen. Dazu zählen z.B.:

a) fünf Lendenwirbel mit Lendenlordose (nach vorne gerichtete, konvexe Krümmung der Lendenwirbelsäule);
b) ein breites homininen-ähnliches Becken mit kurzem *Ischium* (Sitzbein), großer *Spina ischiadica* (Sitzbeinstachel), kurzer pubischer Symphyse (Schambeinfuge) mit einem breiten subpubischen Winkel und einem gut entwickelten *Tuberculum iliacum* (Darmbeinhöcker), einer trabekulären (schwammartigen) Knochenarchitektur, die kompatibel ist mit einer gewöhnlichen Bipedie (dauerhaft aufrechtem Gang);
c) ein distaler Femur (Oberschenkelknochen) mit beinahe gleichen Gelenkhöckern und ausgeprägtem Diaphysen-Winkel;
d) ein Fuß, der eingeschränkte Mobilität zeigt, mit einer Linie der Hebelwirkung zwischen erstem und zweitem Metatarsus (Mittel-

Abb. 6 Oreopithecus bambolii. *Rekonstruiertes Gesicht des zusammenhängenden Skeletts aus Baccinello, Prov. Grosseto (Italien) von Abb. S. 222.*

fußknochen) und einer dreifußähnlichen Morphologie, mit einer aufrechten Positur, die aber nicht ans Rennen angepasst ist;

e) eine Handmorphologie, die auf verbesserte, auf die Hand bezogene Fähigkeiten im Vergleich zu fossilen und heute noch lebenden Hominoiden (außer dem Menschen) hinweist, mit dem Vorhandensein des menschenähnlichen Ballen-auf-Ballen-Präzessionsgriffs, der aber nicht in Zusammenhang steht mit einer Steinwerkzeugherstellung (Abb. 5).

Zusätzlich zu der postkranialen Anatomie waren die Zähne des *Oreopithecus bambolii* ebenfalls Thema der Diskussion seit den frühen Beschreibungen von P. Gervais (1872). Nur auf der Basis der Zahnanatomie bemerkte Gervais ursprünglich starke Ähnlichkeiten zum Gorilla, wohingegen einige andere Autoren erwägten, er sei ein Meerkatzenverwandter oder ein Nachkomme des oligozänen Menschenaffen *Apidium*. Es wurde ebenfalls argumentiert, er hätte starke Ähnlichkeiten mit primitiven Hominoidea des mittleren Miozän in Afrika, obgleich er auch genug unterscheidende Charakteristika zeigt, um ihn einer eigenen Familie, den Oreopithecidae, zuzuweisen. Ein allgemeiner Konsens stellt gegenwärtig *Oreopithecus* in eine separate Tribus (Oreopithecini) als Unterfamilie *incertae sedis* (lat.: unsicherer Sitz, d. h. mit unsicherer systematischer Stellung) innerhalb der Familie Hominidae.

Die ungewöhnliche kraniale (lat. *cranium* = Schädel) Morphologie des *Oreopithecus* (Abb. 6) war ebenso ein Ausgangspunkt für verschiedene Interpretationen seiner stammesgeschichtlichen Einordnung. Einige Autoren halten ihn für einen relativ primitiven Affen, während Harrison/Rook (1997) und Köhler/Moyà-Solà (1997a) ihn als eine Form betrachten, die eng artverwandt mit *Dryopithecus* (jetzt: *Hispanopithecus*) ist. Alba u. a. (2001) erklären dies noch detaillierter, mit besonderem Schwerpunkt auf Moyà-Solà und Köhlers Hypothese, dass das Kranium von *Oreopithecus* pädomorph (erwachsene Lebensformen haben Merkmale von Jungtieren) sei.

Oreopithecus weist ein Mosaik an dentalen, kranialen und skelettalen Charakteristika auf, die bei heute noch lebenden Primaten unbekannt sind. Das erklärt, weshalb es bisher verschiedene stammesgeschichtliche und funktionale Interpretationen, basierend auf seiner Morphologie, gab. Der Umstand, dass dieser Primat (genau wie die mit ihm auftretende Fauna) für lange Zeit unter inselartigen Verhältnissen gelebt hat, ist ein Schlüsselaspekt (der bis vor wenigen Jahren noch ignoriert wurde), den man unbedingt beachten muss, wenn man verstehen möchte, wie der Selektionsdruck bzw. die natürliche Selektion diese Kombination von Charakteristika in *Oreopithecus* gefördert hat.

Die isolierte Inselwelt, in der *Oreopithecus* gelebt hat, in der große Raubtiere fehlten, unterschied sich ökologisch stark von den Umweltverhältnissen auf dem Festland, denen noch seine Vorfahren ausgesetzt waren. Daher mag es für *Oreopithecus* weniger wichtig gewesen sein, als Schutz vor Raubtieren in den Bäumen zu leben. Stattdessen passte er seine Bewegungsweise auf dem Boden an, womit er möglicherweise Energie sparen konnte und das Risiko zufälliger Stürze aus den Bäumen minimierte, im Gegensatz zu seinen Vorfahren, die noch überwiegend in den Bäumen lebten (Abb. 7). Die ressourcenarme, inselartige Umwelt, in der *Oreopithecus* lebte, mag auch der Grund dafür gewesen sein, dass sich die Geschicklichkeit seiner Hände verbesserte, was ihm eine effizientere und somit energetisch vorteilhaftere Nahrungsbeschaffung ermöglichte (z. B. besseres Greifen und Pflücken von Pflanzenteilen).

Abb. 7 *Rekonstruiertes Lebensbild des Primaten* Oreopithecus bambolii *(Zeichnung © M. Antón).* ➤

ANMERKUNGEN

1 Die Argon-Argon-Datierungsmethode ist ein Verfahren der absoluten Altersbestimmung von Gesteinen durch die Messung des Häufigkeits- oder Mengenverhältnisses der Argonisotope ^{40}Ar und ^{39}Ar.

2 Der Intermembralindex hilft bei der Rekonstruktion der Fortbewegungsweise bei Primaten. Er lässt sich mathematisch berechnen, indem man die Länge der Vorderbeine durch die Länge der Hinterbeine teilt und dann mit 100 multipliziert.

3 Die Bezeichnung Hominini umfasst alle Arten der Gattung *Homo* einschließlich dem heute lebenden Menschen *(Homo sapiens)* sowie deren ausgestorbene Vorfahren. Die gemeinsamen Vorfahren von Schimpansen und *Homo* gehören nicht mehr dazu.

4 LEBEN IN DER ALTSTEINZEIT

Kai Michel

WERK DES FEUERS

WIE SICH DIE MENSCHEN MIT DER ZÄHMUNG DER FLAMMEN SELBER ZÄHMTEN. EINE EXPEDITION IN UNSERE LEUCHTENDE VERGANGENHEIT

Ist es nicht seltsam? Wir leben in Häusern mit LED-Lampen, Induktionsherd und Zentralheizung, und doch sind Kerzen für uns der Inbegriff der Romantik, schafft uns nichts mehr Behaglichkeit als ein Kamin und selbst nachts in der Wildnis gibt uns das prasselnde Lagerfeuer ein Gefühl absoluter Sicherheit.

Unsere heiße Liebe zum Feuer in Zeiten, in denen wir es gar nicht mehr brauchen: Was könnte ein besserer Beweis dafür sein, welch eine elementare Bedeutung das Feuer in unserer Evolutionsgeschichte gespielt haben muss? Während andere Säugetiere eine instinktive Furcht vor ihm besitzen, hat die natürliche Selektion die Liebe zum Feuer tief in die Gene des *Homo sapiens* eingebrannt. Wir sind Geschöpfe der Flammen.

Die Herrschaft über das Feuer und die daraus resultierende Befreiung vom animalischen Schicksal, die Nahrung roh verschlingen zu müssen, ist es, die uns erst zu Menschen macht – diese Vorstellung findet sich in vielen Kulturen rund um den Globus (Lévi-Strauss 1976). »Kein Tier ist ein Koch«, schrieb schon 1773 der schottische Autor James Boswell und nannte den Menschen das »kochende Tier« (Pollan 2014, 14).

Es stimmt: Wohl kaum eine andere kulturelle Innovation hatte solch weitreichende Konsequenzen wie die Nutzung des Feuers. Keine hat uns unabhängiger gemacht von der Unbill des Wetters, uns so sehr geholfen, klimatischen Umschwüngen zu trotzen, uns all jene Tiere vom Hals gehalten, die uns übelwollten und vieles mehr. Bringen wir also Licht ins Dunkel der Prähistorie und sehen uns an, was wir alles den Flammen zu verdanken haben.

AUF DER SUCHE NACH DER SMOKING GUN

Traditionell gilt die Zähmung des Feuers als relativ späte Errungenschaft der Evolution, ohne jeden Vorläufer im Tierreich (Goudsblom 2016, 17). Unsere Vorfahren mussten erst ihre großen Gehirne entwickeln, um mit ihren überlegenen kognitiven Fähigkeiten das Feuer zu kontrollieren und zum Zubereiten von Mahlzeiten zu nutzen – das war lange Zeit die Lehrmeinung. In den letzten Jahren ist sie ins Wanken geraten, genauso wie die anthropozentrische Vorstellung, es sei ein menschlicher Prometheus gewesen, der uns das Feuer brachte.

Für die Archäologie ist es oft kaum möglich zu entscheiden, ob prähistorische Feuerspuren von einem Wildfeuer stammen oder dort einst Menschen gezündelt hatten. Die sich im archäologischen Befund manifestierten Feuertemperaturen haben sich als wenig verlässliche Identifikationsmerkmale erwiesen. Deshalb gelten angesengte Artefakte als »Smoking Gun«, als definitive Belege für Menschenfeuer, etwa Steinabschläge, die bei der Werkzeugherstellung in die Glut fielen. Nur selten hat man solch ein Glück, wie in Schöningen, wo sich mehrere Feuerstellen beieinander fanden und an einer noch ein Holzstab lag, der an einem Ende angekohlt war. Womöglich handelte es sich um den Bratspieß, an dem die steinzeitlichen Jäger ihre Wildpferde-Steaks zubereitet hatten (Abb. 1; Gowlett/Wrangham 2013, 8 f.).

Von archäologischer Seite her gilt deshalb die regelmäßige Feuernutzung erst für die letzten 400 000 Jahre als gesichert. Was zumindest heißt: Auch ältere Menschenarten, wie die Neandertaler im eiszeitlichen Europa, wärmten sich bereits an den Flammen. In den letzten Jahren jedoch sind dank verbesserter Methoden immer tiefer in die Vergangenheit reichende Nachweise menschlicher Feuerstellen gelungen.

In Gesher Benot Ya'aqov im Norden Israels stießen Archäologen auf 790 000 Jahre alte Hinterlassenschaften menschlicher Kochkunst. Neben Steinartefakten, die deutliche Spuren von Feuereinwirkung tragen (Abb. 2), fanden sich angesengte Reste essbarer Pflanzen wie wilde Gerste. Als Feuerholz dienten Olivenbäume und wilde Weinstöcke (Goren-Inbar u. a. 2004). Die älteste derzeit weitgehend akzeptierte Feuerstelle liegt in der Wonderwerk-Höhle in Südafrika. Dort stieß man auf verbrannte Knochen und verkohlte Pflanzenfragmente. Ihr Alter? Eine Million Jahre! Blätter, Gräser und Zweige waren der Brennstoff gewesen (Berna u. a. 2012). Strittig ist dagegen die menschliche Urheberschaft für zwei Feuerstellen vom Turkana-See in Kenia, die ein Alter von über 1,5 Millionen Jahre besitzen (Gowlett 2016).

MACHTE UNS ERST DAS KOCHEN ZU MENSCHEN?

Sind solch frühe Belege nur singuläre Zeugen zufälliger Nutzungen? Oder sind es die ersten bisher identifizierten Funken einer leuchtenden Vergangenheit? Letzteres ist zumindest die Überzeugung des An-

◄ *Bedrohlich, tödlich, verheerend: Das Feuer ist die furchterregendste Naturgewalt. Es zu beherrschen und sich dienstbar zu machen, war eine der größten Kulturleistungen der Menschheitsgeschichte, die unsere Körper, unsere Psychologie und unser Zusammenleben gewaltig veränderte.*

Abb. 1 *Schöningen Fundstelle 13 II-4, Detail des angekohlten Holzstabes (Bratspieß) mit der Verkohlungszone. In Schöningen, Lkr. Helmstedt (Niedersachsen), fanden sich die Reste einer Wildpferdejagd. Neben den berühmten Speeren entdeckten die Ausgräber Feuerstellen und diesen an einem Ende angekohlten Holzstab. Wahrscheinlich diente er den steinzeitlichen Jägern vor über 300 000 Jahren dazu, die Beute über dem offenen Feuer zu grillen; ohne Maßstab.*

Abb. 2 *Sie gehören zu den ältesten Nachweisen menschlicher Kochkunst: In Gesher Benot Ya'aqov im nördlichen Jordantal (Israel) stießen Archäologen auf 790 000 Jahre alte Steinartefakte mit Feuerspuren und die angesengten Reste essbarer Pflanzen. Weinstöcke hatten das Feuerholz geliefert; ohne Maßstab.*

thropologen Richard Wrangham (2009), der die Ansicht vertritt, bereits der *Homo erectus* habe das Feuer regelmäßig genutzt. Wranghams *Cooking Hypothesis* zufolge war es das Feuer und die daraus resultierende Möglichkeit, Nahrung zu kochen, die uns menschlich werden ließ. Mag es zwar bisher an archäologischen Beweisen mangeln, illustriert Wranghams Theorie doch eindrücklich, welch einen gewaltigen Einfluss das Feuer auf die Evolution der Gattung *Homo* hatte.

Wranghams Grundannahme lautet: Eine so weitreichende Innovation wie die Feuernutzung und die damit verbundene Ernährungsumstellung müssen deutlich erkennbare Spuren in der menschlichen Evolutionsgeschichte hinterlassen haben. »Wir dürfen vermuten«, schreibt Wrangham, »dass die Anfänge des Kochens an umfangreichen, innerhalb einer kurzen Zeitspanne auftretenden Veränderungen der menschlichen Anatomie als Folge einer weicheren und energiereicheren Kost abzulesen sind« (Wrangham 2009, 106).

Da es aus der Zeit vor 2 Millionen Jahren keine Hinweise auf die Beherrschung des Feuers gibt, kommen für Wrangham nur drei Perioden in Frage, »in denen sich unsere Vorfahren so schnell und gründlich verändert haben, dass man jeweils von einer neuen Art spricht. Es waren die Zeiten, die *Homo erectus* (vor ca. 1,8 Millionen Jahren), *Homo heidelbergensis* (vor ca. 600 000 Jahren) und *Homo sapiens* (vor ca. 300 000 Jahren) hervorgebracht haben.« Da aber in den beiden letzten Fällen Nachweise von Feuernutzung existieren, zudem die jeweiligen anatomischen Veränderungen eher gering sind und in keinem deutlichen Zusammenhang mit einer veränderten Diät stehen, kommt aus Wranghams Sicht allein die Entstehung des *Homo erectus* als Werk des Feuers in Frage.

Tatsächlich spricht der Wandel in Sachen Anatomie und Verhalten eine deutliche Sprache. Die älteren Australopithecinen (4–1 Million), aber auch der *Homo habilis* (2,3–1,4 Millionen) waren in vielerlei Hinsicht noch recht affenähnlich. In etwa schimpansengroß, mit langen Armen und kurzen Beinen, beherrschten sie zwar den aufrechten Gang, konnten aber trotzdem behände durch die Bäume klettern. Als in Zeiten klimatischer Abkühlung die Savannen zunahmen, erweiterten sie ihren Speiseplan um Wurzeln und Knollen, Nüsse, Samen und Pflanzenstängel. Wie 2,6 Millionen Jahre alte Funde von Tierknochen mit Schnittspuren von Steinwerkzeugen zeigen, werden sie das eine oder andere Mal Fleisch gegessen haben. In aller Regel wohl Aas, denn talentierte Jäger waren sie keine. Die größeren Zähne lassen noch auf harte, zähe Nahrung schließen, die lange gekaut werden musste (Lieberman 2015, 80–102).

»*Homo erectus* war längst nicht mehr so affenähnlich wie die Habilinen«, schreibt Wrangham. »Nie in den letzten sechs Millionen Jahren verkleinerten sich die Zähne stärker als beim Übergang von den Habilinen zu *Homo erectus*«. Dessen Kiefermuskulatur war deutlich schwächer, Magen und Darmtrakt waren geschrumpft, dem gegenüber standen eine markante Zunahme der Körpergröße und ein enormes Hirnwachstum: Während die Australopithecinen ein Hirnvolumen von 400–550 cm^3 und der *Homo habilis* eines von 510–690 cm^3 besaßen, betrug es beim *Homo erectus* 600–1000 cm^3 (Wrangham 2009, 108 f.; Lieberman 2015, 98).

Die traditionelle Begründung für diese anatomischen Verwandlungen lautet: Fleisch! Seit es regelmäßig auf dem Speiseplan stand, lieferte es genügend Energie. Immerhin, weich geklopft, geschabt oder geschnitten, war Fleisch auch roh ein bedeutender Energielieferant. Dennoch erforderte es große Kauleistungen, so zäh war es. Die Schwäche der Fleisch-Hypothese liegt für Wrangham indes darin, dass sie nicht zu erklären vermag, wie der *Homo erectus* mit einem bereits verkleinerten Verdauungsapparat rohe Pflanzennahrung verdauen sollte, die nach wie vor einen beträchtlichen Bestandteil seines Speiseplans ausmachte. Ernährungsexperimente zeigen, dass moderne Menschen mit einem ähnlich kleinen Magen-Darm-Trakt nicht in der Lage sind, allein aus Rohkost genügend Kalorien zu ziehen. Gerade in Zeiten der Wildknappheit führte aber kein Weg daran vorbei: »Ersatz in Form pflanzlicher Kohlenhydrate war dann lebenswichtig«, sagt Wrangham (2009, 58). Allein das Kochen habe die Energieausbeute pflanzlicher wie tierischer Nahrung steigern können und es dem *Homo erectus* ermöglicht, weniger Energie in die Verdauung zu stecken und sich dafür ein so energetisch teures Organ wie ein großes Gehirn zu leisten.

»GESCHMACKSVERSTÄRKENDE VORVERDAUUNG«

Die Hitze des Feuers macht Fleisch – und Pflanzen – nicht nur weicher, einfacher zu kauen und zu verdauen, es verändert markant den Geschmack. Selbst Schimpansen greifen lieber zu gekochter als roher Nahrung (Warneken/Rosati 2015). Zudem tötet das Feuer Krankheitserreger, Parasiten und macht die Toxine im Fleisch lebender Fäulnisbakterien unschädlich. Deshalb sind wir heute so anfällig für Lebensmittelvergiftungen, sagt Wrangham; das wäre anders, wenn sich unsere Vorfahren das Fleisch jahrhunderttausendlang roh in die Münder gestopft hätten.

Das Kochen spart Zeit und revolutioniert die Energieaufnahme: Schimpansen verbringen sechs Stunden pro Tag kauend. Menschen benötigen nur vierzig bis sechzig Minuten zum Essen. Während Schimpansen es auf 300 Kalorien Nahrungsaufnahme pro Stunde bringen, schaffen wir 2000 bis 2500 Kalorien in derselben Zeit. Das Feuer nimmt uns als eine Form der »geschmacksverbessernden Vorverdauung« jede Menge Arbeit ab und stellt uns Zeit und Kraft für andere Aktivitäten zur Verfügung (Jones 2008).

Das aber war nur auf der Basis von Arbeitsteilung möglich, ist die Beschaffung von Fleisch in der Savanne doch erheblich zeitaufwendiger als das Pflücken von Früchten in der Fülle des Regenwaldes. Ob man aber deshalb wirklich so weit gehen kann wie Wrangham im Kochen den Anbeginn der Paarbindungen, ja, der Ehe zu sehen – die Männer können nur auf die Jagd gehen, weil die Frauen das Essen zubereiten –, sei dahingestellt.

Es gibt noch weitere Indizien, die für eine frühe Verwendung des Feuers sprechen: *Homo erectus* konnte kaum besser klettern als wir heute. Er schlief also bereits auf der Erde und nicht mehr wie seine Vorfahren auf Bäumen. So etwas aber war erst möglich im Schutz eines Feuers, das die Raubtiere auf Distanz hielt. Vom Kletterzwang befreit, konnte sich sein Körperbau immer besser an das Leben in der offenen Savanne anpassen; die Arme wurden kürzer, die Beine länger.

Zugleich entwickelte er ein äußerst effektives Körperkühlsystem. Millionen von Schweißdrüsen machten ihn zu einem erfolgreichen

Abb. 3 *Rekonstruktion des Lagerplatzes von Bilzingsleben, Lkr. Sömmerda (Thüringen). An dem gut 370 000 Jahre alten mitteldeutschen Fundort zeugen verkohlte Holzstücke und Steinartefakte mit Feuerspuren von der frühen Benutzung des Feuers durch den* Homo erectus. *Die weiträumige Verbreitung dieser frühen Menschenform, die auch die klimatisch gemäßigteren Zonen Europas besiedelte, wurde vermutlich durch die Nutzung des Feuers als Wärmequelle begünstigt (Zeichnung © K. Schauer).*

Lauf- und Hetzjäger. Das aber ging notwendigerweise mit dem Verlust des Fells einher. Wann das geschah, wissen wir nicht. Doch auch Anthropologen wie Daniel Lieberman vermuten, dass es bereits beim Auftauchen der Gattung *Homo* der Fall war (Lieberman 2015, 114 ff.). Ein Verlust des Fells erscheint aber erst dann möglich, wenn ein alternativer Wärmelieferant zur Verfügung stand, um das Auskühlen in kalten Nächten zu verhindern – das Feuer.

Noch ein letztes Argument bringt Wrangham in Stellung: die Eroberung Asiens und Europas durch den *Homo erectus*. Bereits vor 1,8 Millionen Jahren tauchte er in Georgien auf, vor 1,6 Millionen Jahren in China und Indonesien, bald auch in Europa. Es ist nur schwer vorstellbar, wie den Urmenschen die Besiedlung klimatisch gemäßigter Zonen und die Anpassung an den saisonalen Wechsel von Sommer und Winter ohne eine vielfältig einsetzbare Wärmequelle gelungen sein sollten (Abb. 3). Auch Höhlen werden erst dank Feuer heimelig (Wrangham 2009, 109; Gowlett 2016).

NICHT ALLE TIERE SCHEUEN DAS FEUER

Halten wir kurz inne: Keine Frage, solange archäologische Beweise fehlen, bleibt das Spekulation. Trotzdem schärft Richard Wranghams *Cooking Hypothesis* den Blick auf die Vielzahl der Konsequenzen, die Feuer und Kochen auf die menschliche Evolution gehabt haben, unabhängig davon, wann genau sie sich etablierten.

Ohnehin sollte man sich von der Vorstellung verabschieden, ein exakt datierbarer prometheischer Akt habe unseren Vorfahren das Feuer beschert. Stattdessen haben wir es mit einem langen Prozess zu tun, der von der gelegentlichen opportunistischen Nutzung von Wildfeuern zum gezielten Entfachen eines Lagerfeuers führte. Der Zeitrahmen dafür betrug vermutlich eher Jahrmillionen als Jahrhunderttausende. Das wird deutlich, sobald man den Blick ins Tierreich hinein weitet (was erstaunlicherweise in Sachen Feuer bisher eher selten getan worden ist). Nicht nur die Primatenforschung zeigt: Nicht alle Tiere scheuen das Feuer wie der Teufel das Weihwasser.

Bereits 1894 hatte der deutsche Ethnologe Karl von den Steinen auf seinen Expeditionen im brasilianischen Urwald beobachtet, dass Buschfeuer Tiere anzogen: »Alles Raubzeug machte sich den Vorfall sehr bedacht zu Nutze, es suchte und fand seine Opfer weniger bei dem hellen Feuer als auf der rauchenden Brandstätte, wo mancher Nager verkohlen mochte« (von den Steinen 1894, 220). Ornithologen bestätigen, dass manche Greifvogelarten sehr wohl wissen, welche Vorteile ein Wildfeuer mit sich bringt (Gowlett 2016).

1978 berichtete die Primatologin Stella Brewer von Schimpansen, die nach Buschfeuern den verkohlten Boden unter Afzelienbäumen absuchten. Im rohen Zustand sind deren Bohnen zu hart; sobald sie jedoch ein Feuer geröstet hat, können Schimpansen sie mit den Backenzähnen knacken (Brewer 1978). 2010 dann legten die Anthropologin Jill Pruetz und der Biologe Thomas LaDuke ihren Bericht aus Fongoli im Senegal vor. Die beiden Wissenschaftler hatten beobachtet, wie Savannen-Schimpansen auf die nicht gerade selten auftretenden Buschfeuer reagierten. Brannte das Grasland, gerieten die Schimpansen keineswegs in Panik. Im Gegenteil: Sie beobachteten selbst nahegelegenes Buschfeuer ohne Anzeichen von Stress oder Angst und schienen den weiteren Verlauf des Feuers antizipieren zu können. Sie saßen so seelenruhig in Flammennähe, dass die menschlichen Beobachter sich um die Sicherheit der Schimpansen sorgten. Pruetz und LaDuke werten solches wiederholt beobachtetes Verhalten als »kognitive Fähigkeit, sich an einen potenziell gefährlichen Agenten anzupassen« (Pruetz/LaDuke 2010).

Beobachtungen an Schimpansen in Gefangenschaft bestätigen, dass unsere nächsten Verwandten keine instinktiv festgelegten Reaktionen auf das Feuer zeigen, sondern sich ihm erstaunlich offen gegenüber verhalten. So zeigte sich eine Gruppe Schimpansen von einem Lagerfeuer nicht beunruhigt; ein Männchen riss sogar Holzstücke heraus, bis es erlosch (Charmove 1996). Berüchtigt sind Experimente aus den 1950er Jahren, in denen Schimpansen das Rauchen beigebracht wurde. Sie lernten Zigaretten anzuzünden und auszudrücken. Der Paläontologe A. S. Brink war beeindruckt von der »körperlichen Gewandtheit, der manuellen Geschicklichkeit und geistigen Beweglichkeit«, welche die Menschenaffen dabei zeigten (Brink 1957, 247).

Schließlich ist da noch der berühmte Bonobo Kanzi. Die Psychologin Sue Savage-Rumbaugh hatte ihm beigebracht, mittels 348 Symbolen zu kommunizieren (Ravage-Rumbaugh/Lewin 1998). Aber nicht nur das: In einem Waldgehege signalisierte der Zwergschimpanse, wonach ihm gerade der Sinn stand – »Feuer« und »Marshmallow«. Er sammelte Zweige, brach sie auf das rechte Maß, schichtete sie zu einem Stapel, entzündete ein Streichholz und setzte das Lagerfeuer in Brand. Dann spießte Kanzi ein Marshmallow auf einen Stock, briet ihn über den Flammen und ließ ihn sich genüsslich schmecken.

DREI STUFEN ZUR ERLEUCHTUNG

Mit solchen Erkenntnissen im Rücken scheint es sinnvoll, Pruetz und LaDuke zu folgen, die vorschlagen, die Kontrolle des Feuers durch den Menschen als Endpunkt eines ebenso komplexen, wie langwierigen evolutionären Prozesses zu betrachten, der sich in drei Stufen gliedern lässt. Stufe eins bezeichnet dabei das Unterdrücken der Furcht vor dem Feuer. Das ermöglicht, das Verhalten der Flammen unter verschiedenen Bedingungen zu verstehen, ihre Bewegungen vorherzusagen und Handlungen in deren Nähe vorzunehmen. Die Savannen-Schimpansen haben diese Stufe eindeutig erreicht.

Die zweite Stufe impliziert die Fähigkeit ein Feuer zu kontrollieren, indem man es mit Brennstoff versorgt oder ihm welchen entzieht. Auch die Stufe zwei liegt im Bereich der kognitiven Möglichkeiten von Menschenaffen und damit unserer Australopithecinen-Vorfahren (van Schaik 2016, 88). Die Psychologen Felix Warneken und Alexandra Rosati vertreten sogar die (wenn auch umstrittene) Auffassung, dass bereits Schimpansen die psychologischen Kapazitäten für das Prozedere des Kochens besitzen (Warneken/Rosati 2015). Die dritte Stufe ist erreicht, sobald es verlässlich gelingt, gezielt ein Feuer zu entzünden. Das ist ein durchaus komplexes Vermögen, das sich vermutlich erst spät entwickelte.

Aus heutiger Perspektive wird das Feuermachen jedoch in seiner Bedeutung für die Beherrschung des Feuers überschätzt. Einerseits

Abb. 4 *Ein durch Blitzeinschlag entstandenes Savannenfeuer bei Magaliesburg, Prov. Gauteng (Südafrika). Weil das Feuermachen ein hohes Maß an Intelligenz voraussetzt, galt die Feuerbeherrschung lange als eine späte Errungenschaft der menschlichen Evolution. Dabei wurde übersehen, dass mit einer nicht zu unterschätzenden Häufigkeit alternative Feuerquellen, z. B. durch Hitze oder Blitzeinschläge verursachte Buschbrände, zur Verfügung standen.*

standen mit einer nicht zu unterschätzenden Häufigkeit alternative Feuerquellen zur Verfügung – Buschbrände durch Hitze oder Blitzeinschlag (Abb. 4), eventuell auch durch Funkenflug beim Faustkeilschlagen in Brand gesetztes Stroh –, andererseits war die Glut eines existierenden Feuers leicht konservierbar und transportabel, sodass sich, falls das eigene Feuer erloschen war, welches bei einer Nachbargruppe eintauschen ließ. Die neolithische Gletschermumie Ötzi hatte einen Glutbehälter aus Birkenrinde im Gepäck, und noch heutige Jäger und Sammler haben oft ein Stück schwelendes Holz dabei (Wrangham 2009, 200 ff.; Gowlett 2016).

Es ist also davon auszugehen, dass bereits die Australopithecinen »*Fire Foraging*« betrieben, also nach einem Buschfeuer gebackene Wurzeln oder verkohltes Fleisch von Reptilien, Nagern oder anderen Tieren suchten (Abb. 5). Vielleicht ergriff dabei ein mutiger Hominine das kalte Ende eines glimmenden Stocks und erschreckte die anderen. Für die Einsicht, dass sich damit ein Löwe in die Flucht schlagen ließ, war nicht viel Einfallsreichtum nötig – schon Schimpansen wehren sich mit Stöcken gegen Leoparden. Das könnte der Anfang gewesen sein.

Wenn aber Feuer bereits so lange im Bereich des Vormenschenmöglichen lag, ja selbst Menschenaffen in einem bestimmten Rahmen damit umzugehen wissen: Warum haben es unsere Vorfahren nicht viel früher genutzt? Bei all den Vorteilen, die es bietet! Warum kultivierten nicht schon die Australopithecinen das Feuer – als Lebensversicherung in der Savanne?

KOOPERATION IST ALLES

Eine Innovation allein genügt eben nicht. Es bedarf einer entsprechenden Fähigkeit sie weiterzugeben und zu entwickeln, kurz der kumulativen kulturellen Evolution. Die Grundbedingung dafür ist, sagen Anthropologen wie Joseph Henrich oder Carel van Schaik, dass sich ein großes Maß an sozialer Toleranz und gegenseitiger Unterstützung in den Gruppen etabliert hatte (Henrich 2016; van Schaik 2016). Aber Kooperation ist ein Talent, das bei den Menschenaffen nicht sonderlich ausgeprägt ist.

Ein Feuer will gehegt und gepflegt werden. Um es zu unterhalten, muss jemand Holz sammeln, während ein Zweiter darauf achtet, dass es nicht auf das trockene Gras übergreift. Es muss eine Nachtwache organisiert werden, die abwechselnd aufpasst, dass das Feuer nicht verlöscht. Ansonsten wären die schlafenden Homininen ein gefundenes Fressen für jedes dahergelaufene Raubtier. Die brennende Frage ist,

Abb. 5 Nach verheerenden Waldbränden, wie im Juli 2012 in Nordkatalonien (Spanien), bilden die verkohlten Reste verendeter Wildtiere und im Feuer »gebackener« Pflanzen eine mögliche Nahrungsquelle. Die gezielte Nahrungssuche nach erloschenen Wildbränden, das sog. »Fire Foraging«, ist für verschiedene Tierarten, u. a. auch für Schimpansen und Greifvögel, belegt. Auch unsere Vorfahren machten sich auf diese Weise Wildfeuer zu Nutze und suchten in der rauchenden Erde nach gebackenen Wurzeln und verbrannten Tieren.

ob solch eine Form der Kooperation ohne Sprache überhaupt möglich ist. Die aber tauchte vermutlich erst vor gut 500 000 Jahren auf – was sehr gut die Zunahme der archäologischen Feuerfunde menschlicher Provenienz vor 400 000 Jahren erklären würde.

Insbesondere die Zubereitung von Nahrung am Feuer brauchte ein großes Maß sozialer Toleranz. Andernfalls wird das Essen rasch gestohlen. Es muss also schon die Nahrungsteilung etabliert gewesen sein, wie sie mit dem *Homo erectus* auftauchte, deren Vertreter die Savanne als Jäger und Sammler durchstreiften. Schimpansen dagegen teilen, abgesehen von Mutter und Kind, so gut wie nie Nahrung untereinander (van Schaik 2016).

Wir können uns heute nur schwer vorstellen, welche Zähmungsleistung der Zusammenkunft am Steinzeitgrill vorausgegangen sein musste. Nicht allein das Feuer war erschreckend. »Direkter Augenkontakt ist im Tierreich ein ebenso feindseliger Akt wie das Öffnen des Mundes und das Blecken der Zähne«, sagt der Archäologe Martin Jones. »Kombiniert man das mit Futter, das inmitten einer Gruppe von Individuen platziert wird, bei denen es sich nicht um Eltern und Kind handelt, hat man ein ideales Rezept für einen gewalttätigen Konflikt« (Jones 2008). Wrangham sieht es ähnlich: »Bevor wir kochten, aßen wir eher wie Schimpansen – jeder für sich und alles schnell in den Mund stopfend, damit es einem nicht weggenommen wurde.« Danach hockten wir gemeinsam ums Feuer, lernten, unsere impulsiven Reaktionen zu zügeln und die anderen zu respektieren.

Das Feuer schenkte einer Gruppe erstmals einen tatsächlichen Mittelpunkt; es schweißte zusammen. Die Gruppenmitglieder saßen nicht mehr vereinzelt oder zu zweit, sie schlossen einen Kreis ums Feuer – auch im übertragenen Sinn (Abb. 6). Ein Feuer, das gemeinsam am Leben erhalten werden muss, lässt inmitten der Gruppe etwas entstehen, das uns von unserer Primatenverwandtschaft abhebt: Es schafft ein »Wir«. Das ist ein Faktor, der bis heute gilt: Wie Erlebnispädagogen bestätigen, schafft nichts so verlässlich ein Gemeinschaftsgefühl wie ein Lagerfeuer draußen in der Natur (Hufenus 2004).

DIE NACHT ZUM TAGE MACHEN

Das Feuer avanciert damit zu einem wesentlichen Faktor dessen, was Anthropologen die »Selbstdomestizierung« des Menschen nennen. Mitnichten ist damit Sigmund Freuds Diktum gemeint, die »Zähmung des Feuers« habe zur Selbstbeherrschung der Menschen geführt, weil die Männer dafür lernen mussten, den Drang zu unterdrücken, jedes Feuer mit einem Harnstrahl zum Verlöschen zu bringen (Freud 1948, 449). Nein, das Feuer war ein strenger Lehrmeister, der kontinuierlich Achtsamkeit erforderte. Es hörte nie auf, »wegen seiner destruktiven Kraft eine potentielle Gefahrenquelle zu sein, so dass der Umgang mit ihm ständige Disziplin erforderte« (Goudsblom 2016, 84). Eine verkehrte Handbewegung bestrafte es mit einer Verbrennung, eine Unachtsamkeit ließ das Camp abbrennen.

Zugleich jedoch belohnten die Flammen ihre gelehrigen Schüler auf vielfältige Weise. Nicht nur, dass sie das Grillen, Brutzeln und Kochen ermöglichten, Wärme und Schutz spendeten – das Feuer machte auch die Nacht zum Tag. Menschenaffen ziehen sich mit dem Sonnenuntergang in ihre Nester zurück und schlafen mindestens elf Stunden lang, bei Menschen dagegen sind es im Schnitt nur acht (van Schaik 2016, 88). Das Feuer avancierte zum sozialen Brennpunkt, hier schlug die menschliche Kreativität Funken.

Wie die Anthropologin Polly Wiessner (2014) während ihrer Feldforschungen bei der größten Untergruppe der San, den Ju/'hoan, in Namibia und Botswana in minutiösen Gesprächsprotokollen dokumentierte, gehörte der Tag dem Gerede über Alltagstätigkeiten und soziale Beziehungen. Abends aber, wenn alle am Feuer saßen, wechselten die Gesprächsthemen: Dann war die Zeit der Geschichten gekommen.

»Geschichten, die im Schein der Flammen erzählt wurden, brachten die Zuhörer auf eine gemeinsame emotionale Wellenlänge«, sagt Polly Wiessner. So wuchsen auch bei unseren Vorfahren gegenseitiges Verständnis, Vertrauen und Sympathie. Eigenschaften wie Humor, Charme und Innovation mauserten sich zu popularitätssteigernden Mitteln. Mit der Zähmung des Feuers zähmten wir uns selbst.

Mehr noch: Rund ums Feuer passierte all das, was wir heute im engeren Sinne als Kultur auffassen; wurde, wie Wiessner es formuliert, die »Glut von Kultur und Gesellschaft entfacht«. Hier wurde gesungen und getanzt, wurden Rituale praktiziert. Hier entstanden jene imaginären Welten, die auch größer werdenden Gruppen den Zusammenhalt gaben. Und die phantastischen Höhlenmalereien der Eiszeit – ohne Feuer wären sie undurchführbar gewesen.

Abb. 6 Ob beim Werkzeugmachen, beim Kochen oder bei der abendlichen Runde ums Lagerfeuer: Immer initiierte das Feuer sozialen Austausch. Es war der Ort für die Wissensweitergabe, das Geschichtenerzählen, aber auch der Ort, an dem gesungen und getanzt wurde. Das Feuer ist damit der wohl wichtigste Hotspot der kulturellen Evolution des Menschen (Zeichnung © K. Schauer).

Die Flammen waren fortan immer im Spiel, wenn Zauber und Opfer ausgeführt wurden, sind sie doch ein magischer Gestaltwandler, der feste Dinge in Rauch aufgehen lässt. Und war es nicht das Feuer, das tote Körper in Geister verwandelte? Bis heute hat das Feuer seinen Ehrenplatz in den Religionen der Welt (Pyne 2016).

Natürlich half das Feuer auch ganz profane Dinge zu tun: Es sprengt Steine und produziert scharfe Werkzeugklingen; es härtet hölzerne Speerspitzen, verwandelt gelben in roten Ocker und bereits die Alchemisten unter den Neandertalern wussten, wie sie mittels wohl dosierter Hitze Birkenpech einkochen konnten, den Klebstoff der Steinzeit (Gowlett 2016). Feuer hält nicht nur die großen Räuber auf Distanz, es vertreibt auch kleines Ungeziefer. Und sein Lichtschein oder sein Rauch fungierten als das erste Fernmeldesystem.

WAS WIR DEN PYROMANEN VERDANKEN

Wir sehen: Das Feuer nicht zu fürchten, sondern seiner Faszination zu erliegen, brachte handfeste Selektionsvorteile. Unsere moderne Liebe zum Feuer überrascht also nicht. Die Pyromanen erwiesen sich als die Avantgarde des Fortschritts. Was heute als bedrohliche Manie gilt, muss einst höchst adaptiv gewesen sein (Fessler 2006, 447 f.). Die größten Erfindungen der Menschheit verdanken wir jenen, die gerne zündelten, kokelten und einfach keine Ruhe fanden, bevor sie nicht ausprobiert hatten, was mit diesem oder jenem geschah, wenn man es in die Glut warf (und dabei auch mal ihre Hütte abfackelten).

Ob Keramik, Metallurgie, Feuerwaffen, Dampfmaschine – der technische Fortschritt entspringt der Pyrophilie. Es war das Feuer, das den

***Abb. 7** Auch heute noch nutzen die Ureinwohner Australiens das »firestick farming«, um durch kontrolliert gelegte Brände das Land fruchtbar zu machen und die Jagdchancen im freien Gelände zu erhöhen.*

Menschen zur »ersten subtilen und intimen Kenntnis der Materie« verhalf und damit die Grundlagen für die »Entwicklung der empirischen Naturwissenschaften« schuf (Goudsblom 2016, 76). Nicht zu Unrecht gilt der mythologische Feuerbringer Prometheus als Ahnherr von Wissenschaft und technologischem Fortschritt.

Feuer war ein gewaltiges Werkzeug, das sich auch im großen Maßstab einsetzen ließ. Gezielt entfacht, scheuchte es Tiere aus der Deckung und war ein probates Mittel, Wälder zu roden. Entweder um jene Graslandschaften zu schaffen, die für jagdbares Wild besonders attraktiv waren oder, später im Neolithikum, um Landwirtschaftsflächen zu gewinnen und tropische Böden fruchtbar zu machen. Es war das Feuer, das es den Menschen erstmals ermöglichte, in selbstgeschaffenen Umwelten zu leben (Abb. 7; Goudsblom 2016, 66).

Das vielleicht eindrücklichste Beispiel für die Schaffung eines Habitats nach Maß stammt aus dem eiszeitlichen Europa. Rekonstruktionen der Vegetation für die Zeit des Maximums der letzten Eiszeit vor gut 21 000 Jahren waren lange rätselhaft: Pollenanalysen zeigen, dass Europa größtenteils mit Steppe und Tundra bedeckt war und Wald sich lediglich in kleinen Refugien hielt. Klima-Vegetationsmodelle hingegen belegen, dass weite Teile Europas selbst zu Zeiten der stärksten Vergletscherung für Wälder geeignet gewesen wären.

Eine neue Studie kommt zu dem Schluss, dass der Einfluss der Megafauna als Erklärung für die geringe Waldbedeckung nicht ausreicht. Hinzu kam ein weiterer Faktor: Die hochmobilen Jäger und Sammler des eiszeitlichen Europas bevorzugten halboffene Landschaften; diese boten ihnen ideale Bedingungen zur Jagd, zum Sammeln von Beeren und zum Herumziehen. Als »Meister des Feuers« schufen sie sich durch gezielte Brandstiftung die idealen Bedingungen. »Der Einfluss von Menschen auf die glaziale Landschaft Europas mag eine der frühesten anthropogenen Modifizierungen des Ökosystems im großen Maßstab darstellen«, konstatieren die Studienautoren um Jed Kaplan vom Institute of Earth Surface Dynamics an der Universität Lausanne (Kaplan u. a. 2016).

DIE SCHATTENSEITEN DES FEUERS

»Unser Pakt mit dem Feuer hat uns zu dem gemacht, was wir sind,« lautet das Fazit des Buchs des Feuer-Experten Stephen Pyne »Fire: Nature and Culture«. Noch bis vor wenigen Jahrzehnten war die Sorge um das Herdfeuer der erste Gedanke am Morgen und der letzte am Abend (Abb. 8; Pyne 2012). Wie bei jedem Pakt aber war auch in diesem Fall ein Preis zu bezahlen. Erst in den letzten Jahren hat die Forschung begonnen, sich für die dunklen Seiten des Feuers zu interessieren.

Vermutlich waren es die Flammen, die uns eine Geißel der Menschheit bescherten: Tuberkulose. Mit noch heute schätzungsweise 1,5 Millionen Toten führt sie die Liste der tödlichsten Infektionskrankheiten an. Ein Team um die australische Biologin Rebecca Chisholm berechnete die Wahrscheinlichkeit, mit der sich ein ursprüngliches Bodenbakterium vor gut 70000 Jahren in eine höchst ansteckende, die menschliche Lunge befallende Mikrobe verwandeln konnte. Sie erwies sich als äußerst gering. Erst als die Wissenschaftler das Feuer als möglichen Katalysator in ihre Modelle einbezogen, änderte das die Situation kolossal. Denn das Feuer brachte Menschen eng zusammen, schädigte ihre Lungen, zwang sie zum Husten – und schuf damit perfekte Bedingungen für die Besiedlung, effektive Verbreitung und beschleunigte Evolution der Mykobakterien (Chisholm u.a. 2016).

Zugleich gelang es Genetikern aber auch, menschliche Anpassungsleistungen an die negativen Auswirkungen des Feuers zu identifizieren. So konnten sie in modernen Menschen eine Mutation nachweisen, die uns gegen bestimmte, durch den Verbrennungsprozess freigesetzte Gifte schützt. Im Genom früherer Menschenformen wie dem der Neandertaler oder der Denisova-Menschen fehlt diese Anpassung, die unseren Vorfahren sicher einen Überlebensvorteil brachte (Hubbard u.a. 2016).

Solche Forschungen sind vor allem für die korrekte Einschätzung von Gesundheitsrisiken wichtig. Um ein Beispiel zu geben: Acrylamid, das in hocherhitzten, stärkehaltigen Lebensmitteln wie Pommes Frites oder Kartoffelchips enthalten ist, sorgte in den letzten Jahren für Schlagzeilen, weil es sich in Versuchen an Ratten und Mäusen als krebserregend erwiesen hatte. Bloß weisen Studien bei Menschen bisher keinen klaren Zusammenhang zwischen Acrylamid und erhöhtem Krebsrisiko aus. Das legt die Vermutung nahe, dass Versuchstiere, deren Evolution sich in keinem engen Kontakt mit dem Feuer abgespielt hat, nicht immer die geeigneten Modellorganismen sind, um die jeweiligen menschlichen Gesundheitsrisiken einzuschätzen (Yin 2016).

Abb. 8 *»Unser Pakt mit dem Feuer hat uns zu dem gemacht, was wir sind.« Selbst in der durchtechnisierten Welt von heute hat der Schein flackernder Flammen nichts von seiner Faszination verloren.*

Kommen wir zum Ende: Die Anpassung des Menschen an das Feuer ist ein beeindruckender Fall für das, was Anthropologen »*culture-gene coevolution*« nennen. Kulturelle und biologische Evolution sind auf das engste miteinander verschränkt und befinden sich in einem Prozess wechselseitiger Rückkopplungen und Verstärkungen (Henrich 2016). Deshalb sind wir ebenso kulturelle wie biologische Geschöpfe der Flammen.

Selten ist das besser zu beobachten, als wenn Familien draußen ein Feuer anzünden; dann wiederholt sich eine Urszene der Menschheit. Es sind die Kinder, die mit Feuereifer dabei sind. Sie werden magisch von den Flammen angezogen und halten Stöcke in die Glut, bis diese brennen – sie können nicht anders. Mit dem ersten selbst entfachten Feuer dann hüpfen sie umher, tanzen, lachen, malen mit den glimmenden Stöcken wilde Rauchzeichen in die Luft. Wohl wissend, auch sie sind zu Meistern des Feuers geworden.

KOPF DEN ANDEREN ZUGEWANDT
BLICK NACH VORNE
+473 (PLAFOND)
ANTENEANDERTHALER GRUPPE; GRÖBERN
2 SPEERE
160
150
100
50
STOßLANZE
WURFSPEER (ORIGINAL 2.10 m – HIER MAX. 1.75 m)
KINDESKOPF ABGEWANDT
+293,5
ABWICKLUNG
SANDUFER ABRIß

Dietrich Mania

AM ANFANG WAR DIE JAGD

Die Wiege des Menschen stand in Ostafrika. Hier entwickelte er sich während der letzten 8 Millionen Jahre aus Vorfahren, die er mit den großen Menschenaffen gemeinsam hat. Erste Fossilformen des frühen Menschen lassen sich zwischen 3 und 2,5 Millionen Jahren vor heute erfassen. Mit ihnen erscheinen auch die ersten Hinweise auf die besondere Daseinsform des Menschen, auf Kultur. Diese Daseinsform ist eng verbunden mit einer neuen Ernährungsweise, zu der die frühen Menschen nach und nach übergingen: Zur Nutzung tierischer Nahrungsmittel. Sie hatten verschiedene Möglichkeiten, diese zu erlangen. Aus einfachen Praktiken entwickelte sich ganz allgemein die Jagd im weitesten Sinne: Am Anfang stand die Jagd. Da die Ernährung und die Art und Weise, Nahrungsmittel zu erlangen, immer den Mittelpunkt des Lebens bildeten, selbstverständlich auch für diese frühen Menschen, stand die Jagd in enger Verbindung mit der Hervorbringung der frühmenschlichen Kultur. Mehr oder weniger können wir sagen: Die Jagd wird zum Motor der kulturellen Evolution. Zunächst breiteten sich frühe Menschen in Afrika aus, seit mindestens 1,6 Millionen Jahren vor heute auch nach Eurasien, indem sie die Landbrücke über den Vorderen Orient nutzten. Mehrere Ausbreitungswellen sind festzustellen, natürlich auch mit rückläufigen Wanderungen weiter entwickelter Frühmenschen-Formen. Es gab keine Ausbreitung ohne Rückkehr. Die Ausbreitungsvorgänge fanden nicht ohne Evolution der Kultur statt.

DER MENSCH IST VON NATUR EIN KULTURWESEN

Sein Verhalten ist durch Kultur geprägt. Eine Voraussetzung dafür ist, dass er sich seiner selbst und seiner Handlungen bewusst ist. Kultur ist die Gesamtheit dessen, was Menschen denken, tun und wie sie miteinander leben. Bewusstheit und Kultur begannen dort, wo man ihre ersten Äußerungen nachweisen kann. Das allerdings war von der Erhaltungsfähigkeit solcher Äußerungen abhängig und betrifft in erster Linie materielle Attribute der Kultur. Das sind Artefakte vorwiegend aus Stein. Wir kennen sie von den ostafrikanischen Fundstellen, wo sie vor 2,6–2,0 Millionen Jahren dort, wo der frühe Mensch sie hinterließ, von Sedimenten eingebettet wurden, wie am Turkana-See (Kenia), am Omo-Fluss und im Hadar (beide Äthiopien). Es sind Abschläge, Gerölle, von denen sie abgeschlagen wurden und die Schlagsteine. Wichtig waren die Abschläge mit ihren scharfen Kanten. Sie dienten vor allem zur Nahrungsgewinnung, vorwiegend zum Schneiden von Fleisch, und zusätzlich beweisen zerschlagene Tierknochen, wie z. B. nur wenig später in den unteren Schichten der Olduvai-Schlucht (Tansania; Abb. 1), dass tierische Nahrungsmittel und in Zukunft die Jagd als überwiegender Nahrungserwerb eine immer größere Rolle spielten. Im weiteren Verlaufe der Evolution bleiben derartige ökonomisch bedingte Artefakte und ihre erkennbaren Herstellungstechniken die hauptsächlichen Zeugen der menschlichen Kultur. Zugleich vermitteln sie, dass sie vom Stand der ökonomischen Entwicklung abhängig waren, im Gegenzug die Kultur diese Entwicklung maßgeblich befördert hat.

Eine Voraussetzung zum Leben in offenen Landschaften war die Fähigkeit zum aufrechten Gang. Sie erst führte die auf zwei Beinen laufenden Vor- und Frühmenschen in die offenen Baum-, Busch- und Grassavannen, wo sie sich die neue Ernährungsweise zulegen mussten. Hier gab es ein unübersehbares potentielles Nahrungsreservoir, tierische Produkte in Form der großen Herden und Rudel von Pflanzenfressern, die sich infolge der Säugetier-Evolution im Laufe des tropisch-subtropischen Tertiärs unter günstigen Umweltbedingungen herausgebildet hatten. Die Fleischfresser, die den Herden in den Savannen folgten, waren offenbar keine große Nahrungskonkurrenz. Und bald lernten die frühen Homininen, sich dieser Fressfeinde und Plagegeister zu erwehren. Selbstverständlich wollen wir nicht übersehen, dass nebenbei und je nach jahreszeitlichem Angebot in verschieden großem Maße die gesammelte Nahrung eine Rolle gespielt hat, also das Sammeln von kleinen eiweißreichen Tieren, von Pflanzenteilen aller Art, essbaren Pilzen, von Honig und dergleichen. Und sicher hat, wie bei den Pflanzenfressern und nichtmenschlichen Primaten, auch Salz eine gewisse Rolle gespielt. Hier ist noch anzumerken, dass der Mensch als Angehöriger der Primaten wie diese in seiner Evolution auf insektenfressende Vorfahren zurückgeht und seine Biologie ihm von Anfang an auch das Verzehren und Verdauen von tierischen Nahrungsmitteln erlaubte.

Die offenen Landschaften mit ihren Trockenzeiten boten nur wenig saftreiche Pflanzenkost. Hier war die Entwicklung des sozialen

◄ Neandertalergruppe. Entwurfszeichnung für die Dauerausstellung im Landesmuseum für Vorgeschichte in Halle (Saale), Sachsen-Anhalt (Zeichnung © K. Schauer).

Abb. 1 *Blick nach Südosten in die Olduvai-Schlucht (Tansania). Im Hintergrund sind die Berge des Ngorongoro Vulkankraters zu sehen.*

Jagens ein Überlebensvorteil. Sie wurde durch das riesige Angebot an Pflanzenfressern ermöglicht. Ihr eiweiß- und fettreiches Fleisch stellte eine durch die Pflanzenfresserverdauung aufbereitete und aufgeschlossene hochkonzentrierte Kost dar. Ihr Genuss sorgte für eine vereinfachte, effiziente Synthese von Proteinen, denn diese wurden bereits durch die Pflanzenfresser aus Pflanzensubstanz synthetisiert. Dazu kommen in dieser Nahrung Vitamine, vor allem solche, die in Pflanzenkost nicht enthalten sind, und zahlreiche Mineralstoffe. Diese Nahrung – ein wichtiger Nebeneffekt – förderte vor allem die Entwicklung des Gehirns. Möglicherweise wurde die neue Verhaltensweise zur Nahrungssicherung bei Vorhandensein genügend anderer pflanzlicher und auch tierischer Nahrung, die gesammelt werden konnte, zuerst nur hin und wieder angewandt. Doch zeigte sich bald ihr Vorteil, wenn es gelang, ein größeres Tier zu erlegen, das genügend Nahrung für die ganze Gruppe und auch für längere Zeit bot. Die Einsicht dazu führte im Laufe der weiteren Evolution einerseits zu höherer Kooperativität der Jäger, andererseits zur permanenten Anwendung der neuen Verhaltensmethode. Der gesellschaftliche Faktor spielte eine große Rolle: es wurde sozial gejagt, sozial verteilt, sozial verzehrt. E. Litsche (2004) hat diese Methode als »Dreiphasentätigkeit« bezeichnet, die Gruppe, die sich aus der Gemeinschaft bereitfindet, mittels Jagd die Nahrung zu beschaffen, als »kollektives Subjekt«. Schafft sie permanent genügend Beute heran, entstehen neue Bedingungen in der Gemeinschaft (»Kommunität«). Da nämlich der Vorrat reicht, werden auch die übrigen Mitglieder der Gemeinschaft in die Verteilung einbezogen, obwohl sie nicht am Erwerb der Beute beteiligt waren. So können die Mitglieder ihr Bedürfnis in demselben Gegenstand identifizieren und sich mit den Individuen des kollektiven Subjekts gleichberechtigt fühlen, sich ihnen zugesellen, assoziieren.

Allgemein gilt uns *Homo erectus* – indem wir seine unmittelbaren Vorgänger, so *Homo ergaster*, mit einbeziehen – als der »Urmensch« schlechthin, als erster, als früher Mensch. Er setzte sich in der weiteren Entwicklung auch durch, und zwar mittels der neuen Ernährungs- und Lebensweise. Vor allem er war es – abgesehen von einigen Vertretern der »Vormenschen«, der die ersten Artefakte als Ausdruck seiner Kultur hervorbrachte. Ihr Auftreten bedeutet den spätesten Zeitansatz für die allmähliche Herausbildung oder Weiterentwicklung von geistigen Fähigkeiten, von Bewusstheit, Intelligenz und spezifisch menschlicher Kommunikation. Es setzte das ein, was wir allgemein unter »kultureller Evolution« verstehen. Der Mensch als »Kulturwesen« schuf sich im Laufe dieser Evolution seine eigene sozio-kulturelle Daseinsform.

Die ständige Verfügbarkeit eines Produkts, also von Nahrung, war von größter Bedeutung für die Erhaltung und Weiterentwicklung der assoziierten Gemeinschaften. Mit dem frühen *Homo erectus* sind Fundstellen verbunden, die vor rund 1,8 Millionen Jahren die Zerlegung großer Tierkörper und den Fleischverzehr bezeugen. Das ist z. B. bei Koobi Fora am Ostufer des Turkana-Sees ein Flusspferd, dessen ausgelöste und teilweise zerschlagene Knochen zusammen mit einfachen steinernen Schlag- und Schneidwerkzeugen in einem fossilen Flussbett gefunden wurden. In der Olduvai-Schlucht, im Bed I, das zwischen 1,8 und 1,6 Millionen Jahren vor heute eingeordnet wird, kam im Uferbereich eines ehemaligen stehenden Gewässers (Fundstelle FLK Nord, Horizont 6; Leakey 1971) ein Begehungs- und Aufenthaltsplatz des frühen Menschen zum Vorschein, mit Skelettresten von

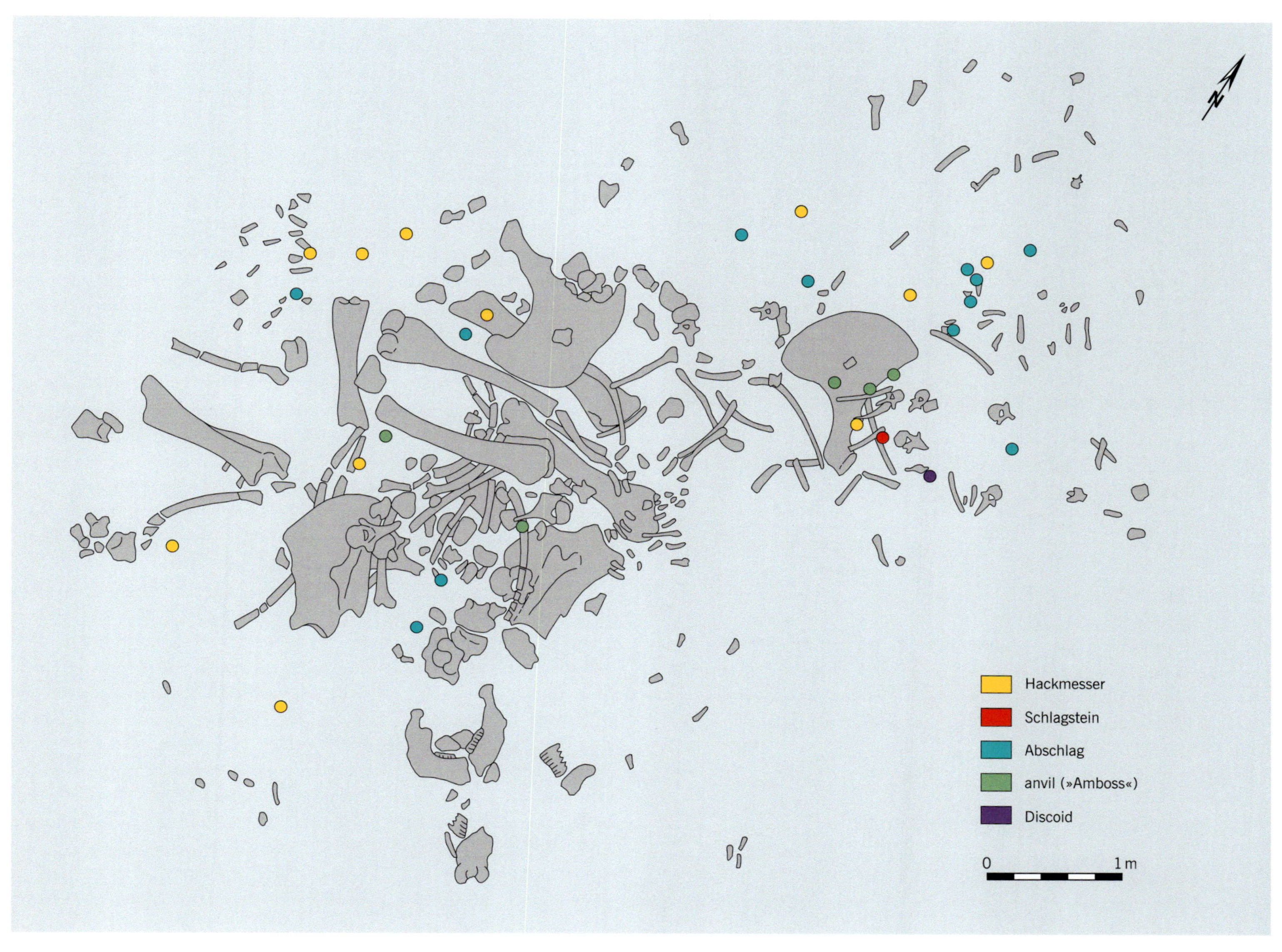

***Abb. 2** Olduvai-Schlucht (Tansania), FLK-North (Bed I): Skelett von* Elephas recki *mit Artefakten. Diese beweisen, dass sich frühe Menschen mit dem toten Tier beschäftigt haben. Der Schädel mit den Stoßzähnen ist bis auf den Unterkiefer (im unteren Teil des Bildes) weggeführt.*

Wildrindern, Wildpferden und Schweinen, die einen zerschlagenen Eindruck machen, sowie mit zahlreichen Artefakten aus Basaltlava, Quarzit, Quarz und Feuerstein. Wo die Fundstreuung ausdünnte, befand sich in einer einst sumpfigen Stelle das zerfallene Skelett eines großen Elefanten (*Elephas recki*; Abb. 2). Schädel und Stoßzähne waren entfernt, offenbar vom Menschen. Auffällig waren mehr als hundert Steingeräte, die das Skelett umgaben oder zwischen den Knochen lagen. Unter den Abschlägen befanden sich genügend große Stücke, die sich als Messer zum Tranchieren des Tierkörpers eigneten. Wie bei Koobi Fora, hat man sich hier an frisch verendeten Tieren – denn eine Jagd kommt wohl nicht in Frage – Nahrung besorgt, wie Teile der Innereien und Fleischstücke. Abgesehen von diesen beiden Beispielen wurden an zahlreichen anderen Stellen in der Olduvai-Schlucht Rast- und Verzehrplätze ergraben, die große Mengen von Speiseabfällen in Form zerschlagener Knochen und Gebisse, vorwiegend von mittelgroßen bis großen Säugetieren, mit den zugehörigen Steingeräten ergaben. Zweifellos gehen zahlreiche dieser Reste, vor allem der kleineren, jagdbaren Tiere, auf Beute, also aktive Jagd zurück. Inzwischen wurden auch noch ältere Fundkomplexe in Ostafrika bekannt, an denen größere Mengen zerschlagener Tierknochen den Fleischverzehr bezeugen, so z. B. von Kanjera South am Viktoriasee (Kenia), der mit über 2 Millionen Jahren vor heute angegeben wird. Wir haben mit diesen Fundstellen eine frühe soziale Entwicklungsphase der Gemeinschaften mit Dreiphasentätigkeit, vielleicht schon in sich herausbildender Permanenz, also mit

Abb. 3 Fundstelle Olorgesailie (Kenia). Hier haben frühe Menschen vor etwa 200 000 Jahren Artefakte hergestellt. Neben dem Werkabfall blieben zahlreiche Faustkeile zurück.

Langzeitwirkung ohne Zerfall des kollektiven Subjekts vor uns. Kultureller Ausdruck für diese frühmenschliche Daseinsform sind zunächst die Werkzeuge, unter denen Schneidwerkzeuge deutlich hervortreten. Ihr besonderer Charakter wird durch die kollektiven Aktionen in diesen Gemeinschaften und die dabei entstehenden und notwendigen sozialen Beziehungen und Bindungen der Individuen zu einer frühen sozio-kulturellen Daseinsform.

WEITERENTWICKLUNG DIESER DASEINSFORM

Gewiss waren die ersten Evolutionsschritte der Kultur eine hilfreiche Voraussetzung für den frühen Menschen, sich andere Lebensräume zu erschließen. Er kam bereits als ein kulturelles Wesen aus Afrika nach Eurasien, auch in Lebensräume auf unserer eurasischen Halbinsel Europa. Bevor wir ihm dorthin folgen, betrachten wir noch einige andere Akzente seiner frühmenschlichen Kultur.

Im Verlaufe der Evolution verlagerte sich sehr bald ihr Schwerpunkt mehr und mehr vom allgemeinen biotischen Bereich zum Gehirn, kombiniert mit der Hervorbildung von Fingerfertigkeit. Das betraf die sinnlich-geistige Wahrnehmung der Umwelt und deren geistige Verarbeitung auf dem Weg der Analyse. Das führte schließlich zur Fähigkeit, Begriffe zu bilden, denn analytische Wahrnehmung ist begriffliche Wahrnehmung. Aus dem zunächst anschaulichen Denken ging so das begriffliche Denken hervor. Dieses wiederum kommt ohne Sprache, ohne sprachliche Vermittlung über Begriffe als Wortsymbole nicht aus. So war das begriffliche Denken mit der Herausbildung der Sprache, in welcher frühen Form auch immer, gekoppelt. Von seinen Vorfahren erbte der Mensch die Befähigung zum dreidimensionalen Sehen. Sehen wurde neben dem Tastsinn zum wichtigsten Wahrnehmungssinn des Menschen. Der Tastsinn vermittelte zwischen Gehirn und Umwelt über die durch den aufrechten Gang frei gewordenen Hände, über deren zunehmende Fingerfertigkeit und das damit verbundene Begreifen der Umwelt in der unmittelbaren Bedeutung des Wortes. Dieses Begreifen, die Manipulation mit Gegenständen, die aus ihrer Umwelt herausgelöst wurden, regte im hohen Maße sehr bald das Wahrnehmungsvermögen und die geistige Verarbeitung des Wahrgenommenen an. Der Sehsinn spielte dabei eine große Rolle, z. B. bei der Erschließung neuer Nahrungsquellen. Diese fand der frühe Mensch in jenem schon erwähnten riesigen Nahrungsreservoir der Pflanzenfresser vor. Seine Nutzung wurde zur Überlebenschance. Den Raubtieren begegneten die frühen Menschen mit ihrer Intelligenz, mit ihrer gemeinschaftlich geplanten und ausgeführten Aktion, mit ihrer Behändigkeit, mit ihren Werkzeugen, die Raubtiergebiss, Pranken und Kraft ersetzten. Damit wurden sie zu den überlegenen Konkurrenten. Der Übergang zur Ernährung mit tierischen Fetten und Eiweißen erforderte das Jagen und Ergreifen von Beute, erforderte das Erkennen von Nahrungskonkurrenten und Fressfeinden. Voraussetzung dazu war die Umstellung der sinnlichen Wahrnehmung auf Objekte in Bewegung. Es wurde von Vorteil, deren Raum- und Umweltbeziehungen zu erkennen, während sie sich bewegten, sie dabei genau zu identifizieren und darauf rasch zu reagieren. So wurde der frühe Mensch zu einem »Carnivoren«, der über seinen Sehsinn jagte.

Selbstverständlich lassen sich die einzelnen Schritte und Niveaus, die bei der kulturellen Evolution erreicht wurden, kaum unmittelbar nachweisen. Außerdem fanden sie zunächst in langen Zeiträumen statt. Sie nahmen viele Tausend Jahre in Anspruch, bevor sich eine neue Qualität einstellte und allgemein durchsetzte. Als ein Beispiel dafür wird immer die Erfindung des Faustkeils (Abb. 3) vor mehr als 1,5 Millionen Jahren angeführt, eines zwar auffälligen, aber wohl weniger bedeutenden Beispiels, da wir dem Faustkeil keine so große kulturelle und technische Bedeutung – wie üblich –, auch keinen hochgeistigen Hintergrund beimessen. Er wird sogar als Maßstab der kulturellen Entwicklung bis in das letzte Jahrhunderttausend angesehen, obwohl er selbst fast keine diesbezügliche Veränderung zeigt. Das gilt mehr für relativ kleinformatige Spezialgeräte aus Silexgesteinen und die speziellen Techniken ihrer Herstellung wie Verwendung. Sie treten schon früh auf. Abgesehen von Schneidgeräten sind es Geräte mit besonders zugerichteten Funktionskanten, so mit gebuchteten und sägezähnigen Kanten, mit bohrerartigen Fortsätzen, mit Stichelschneiden. Abgesehen von den Messern, sind das keine Geräte zur Aufarbeitung der erbeuteten Nahrung. Sie dienten zur Bearbeitung anderer, vorwiegend organischer Rohstoffe. Sie setzten planvolles Handeln, Zielstrebigkeit voraus. Wir kennen sie mit ihren Anfängen bereits aus den verschiedenen Horizonten der Olduvai-Beds I und II (Abb. 4) und finden sie wieder auf der Spur des auswandernden *Homo erectus*, dann auch in weiterentwickelter Form, bis nach Choukoutien bei Peking.

ERSTE AUSWANDERUNG UND AUSBREITUNG IM ALTPALÄOLITHIKUM

Als vor etwa 1,6 Millionen Jahren sich frühe Menschen in ihren Savannen aufmachten und in die gemäßigten Klimagebiete Eurasiens

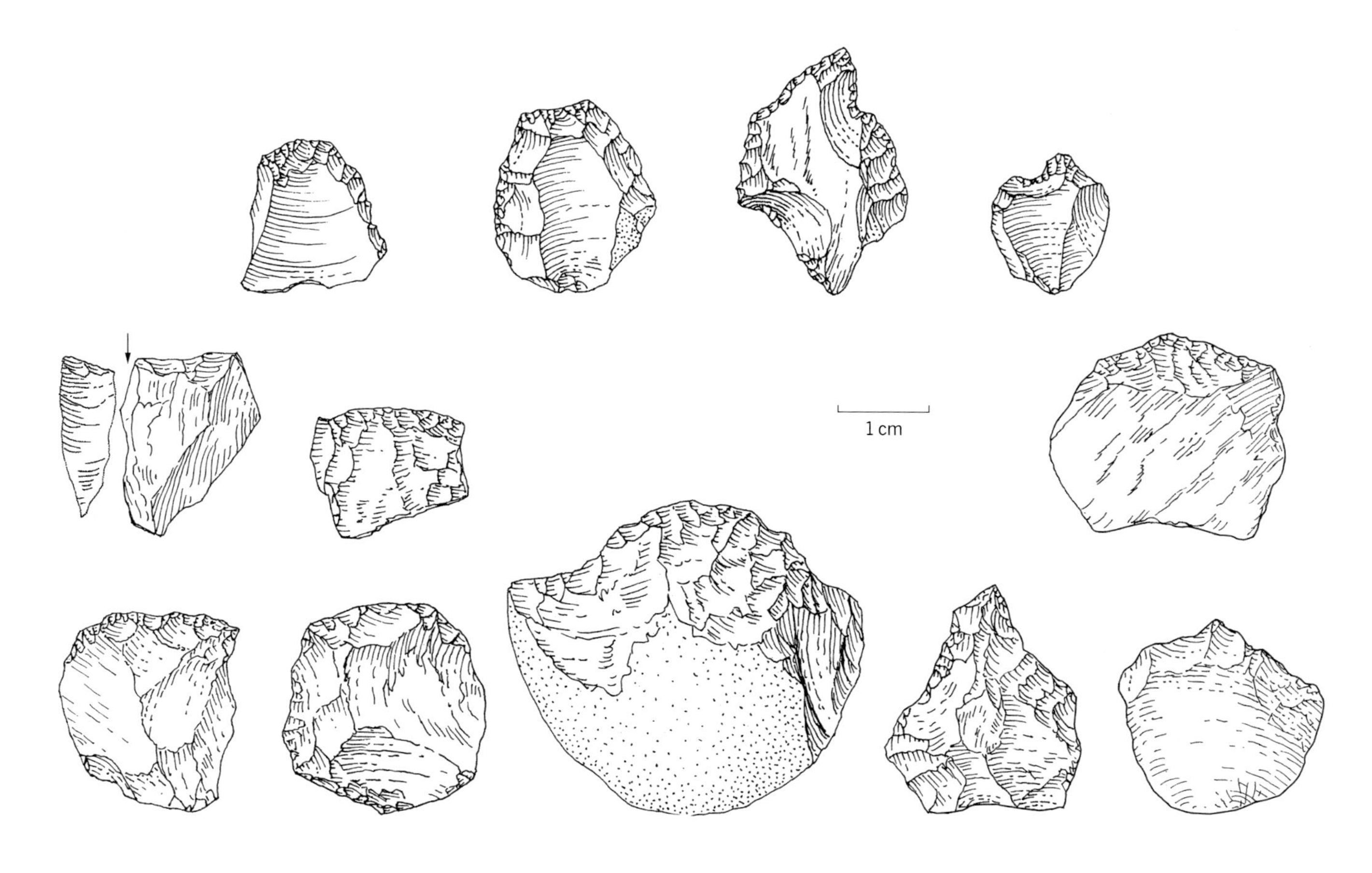

Abb. 4 *Artefakte früher Menschen aus der Olduvai-Schlucht (Tansania). Unten: Fundstelle FLK-North, Bed I; vorwiegend Schaber und Schneidegeräte, eine Spitze, ein Stichel (links). Oben: Fundstelle HWK-East, Lower Bed II; Schaber, gebuchtete Stücke.*

vordrangen, waren ihre sozio-kulturelle Lebensweise und ihr kulturelles Verhalten nicht nur von Vorteil, sondern die kulturelle Evolution erfuhr auch neue Anreize. Jetzt zeigte sich, dass die Kulturbefähigung ein wichtiges Mittel dafür war, sich aktiv an die neuartigen Umwelt- und Klimaverhältnisse, die man vorfand, anzupassen. Man hatte sie bis dahin nicht gekannt oder sie vermieden. So gab es im gemäßigten Klimagebiet einen empfindlichen jahreszeitlichen Klimawechsel mit Kälte, Frost, Schnee und nasskaltem Winter und mit Mangel an pflanzlicher Nahrung in dieser Jahreszeit. In solcher neuartigen Umwelt mussten sich die frühen Auswanderer mit ihren geistigen Fähigkeiten und ihrer Kultur sowie der Jagd als Mittel zur Existenzsicherung behelfen, um zu überleben. Später erst, um etwa 350 000 Jahren vor heute begannen sie, auch in die Zonen der kühleren Waldsteppen- und Steppenklimate vorzudringen. Schließlich brachten sie es auch fertig, sich an die subarktischen bis arktischen Klimate anzupassen. Wir nennen diesen Prozess »kulturelle Adaption«. Überspitzt meinte Phillip Tobias aus Johannesburg bei einem Besuch der Fundstelle Bilzingsleben dazu: »An einem so schrecklichen Platz, wie beispielsweise Europa konnten Menschen nur dank ihrer Lagerfeuer, Kleidung und Wohnhöhlen überleben, also nur mithilfe unserer Kultur, nicht mit unserer Biologie«.

Es zeigt sich, dass die Verhaltensweise des sozialen Jagens und die damit verbundene Umstellung auf eine völlig andere Lebensweise es den frühen Menschen ermöglichten, auch eiszeitliche Klimaänderungen aktiv zu überstehen. Sie taten das nicht, weil sie aus Überlebensgründen das mussten, sondern so, wie sie aus Neugier sich an neue Klima- und Umweltverhältnisse anpassen konnten, bewältigten sie auch die durch Klimawandel bewirkten Umweltveränderungen – mithilfe ihrer sozio-kulturellen Daseinsform. Einzige wichtige Voraussetzung war eine ihren Anforderungen genügende Existenzgrundlage, wie sie sie zuerst in den Savannen kennengelernt hatten. Einen Zwang zum Verlassen ihrer vorteilhaften Speisekammern, auch wenn sich Beeinträchtigungen durch Eiszeiten in Form von kühleren Phasen, von Trockenperioden und Ausdehnung oder Schrumpfung der Savannen bemerkbar machten, gab es für die frühen Menschen wohl nicht, denn ihre hauptsächliche Nahrungsquelle, die in Herden lebenden Pflanzenfresser, versiegte nicht. Außerdem ist nicht anzunehmen, dass sich ein starker Populationsdruck ausgebildet hätte. Ebenso ist nicht zu verste-

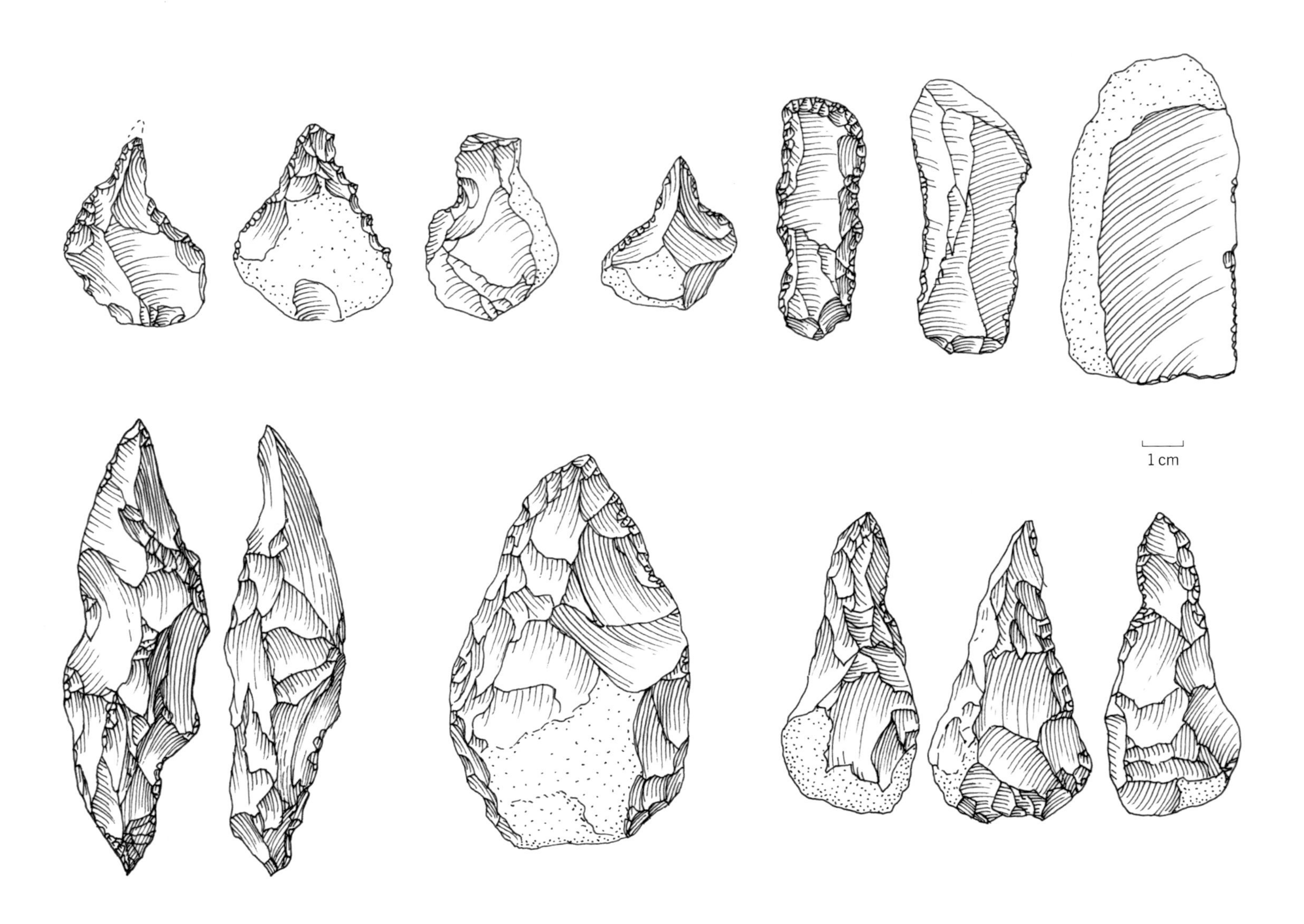

***Abb. 5** Ubeidiya im Jordantal (Israel). Geräteauswahl von der Lagerplatzfläche. Obere Reihe (von links nach rechts): Bohrer, Spitze, Gerät mit Bucht, Spitze, Klingenkratzer, zwei Messer aus Abschlägen. Untere Reihe (von links nach rechts): sog. Pick, Faustkeil, Trieder (Dreiflächner). Vorwiegend aus Feuerstein.*

hen, warum sie unter dem Druck von Klimaänderungen ausgerechnet in jene Gebiete ausweichen sollten, die noch empfindlicher von diesen Veränderungen betroffen wurden. Es war eine heute noch im Menschen tief verwurzelte Eigenschaft, die sie in andere Gebiete und Erdteile trieb. Sie hing eng mit ihrem erwachenden Geist zusammen: die oben schon angesprochene tätige Neugier. Konfrontiert mit den neuen Verhältnissen, verbesserten die frühen Menschen ihre sozio-kulturelle Umwelt und ihre ökonomischen Grundlagen. In den Wechselbeziehungen zwischen Anreiz, Anspruch, Verarbeitung und Reaktion wurde das Gehirn zur weiteren Entwicklung und Spezialisierung angeregt. Es entstand schließlich das, was wir heute verkörpern. Es gilt, was Gordon Childe (1959) so treffend formulierte: »Der Mensch schafft sich selbst«.

Zur Zeit der ersten Olduvai-Fundplätze setzten bereits Auswanderungen ein. Auf diese frühe Ausbreitung des Menschen, generell des *Homo erectus*, verweisen die Funde von Dmanisi (Georgien) in der südöstlichen Kaukasusregion (etwa 1,6 Millionen Jahre vor heute; Lordkipanidze 2015) und die Fundstelle von Ubeidiya im Jordantal in Israel (1,5 Millionen Jahre vor heute; Bar-Yosef/Goren-Inbar 1993). Die Funde von Dmanisi stammen aus Fluss- und Seeablagerungen, die, vermischt mit Vulkanaschen hinter einem durch eine Lavadecke verursachten Stau abgelagert wurden. Unter zahlreichen Resten der Tierwelt befanden sich Steinartefakte und menschliche Fossilien: fünf Schädel, auch mit Unterkiefern, und ein Mittelfußknochen. Wir ordnen sie dem *Homo erectus* zu. Unter den Artefakten erschienen Geröllgeräte und kleinere Spezialgeräte, wie sie kurz zuvor in Ostafrika auftraten. Die zahlreichen Wirbeltierarten einer Waldsteppen- und Steppenfauna bildeten die Existenzgrundlage. Es herrschten Mischwälder mit Kiefer, Fichte, Schierlingstanne, Buche, Hainbuche, Eiche und anderen Arten sowie Grassteppen.

Wenigstens einige menschliche Schädelreste stammen auch aus dem Fundhorizont von Ubeidiya, der damals am aufgefüllten und ausgesüßten Toten Meer in einer kühleren, gemäßigten Klimaperiode, mit lichten Eichenwäldern, Galeriewäldern und ausgedehnten Wiesensteppen, entstand. Besonders fundreich war ein 80 m langer Uferstreifen, bedeckt mit Flussschottern, deren Gleichförmigkeit einen pflasterartigen Eindruck machte. Die Funde gehen auf längere Aufenthalte, offenbar Lagerplätze zurück. Die Menschen hinterließen zahllose Steinartefakte (Abb. 5), die hier an Arbeitsplätzen hergestellt und benutzt wurden sowie zerschlagene Knochen und Gebisse als Verzehrreste ihrer Jagdbeute, wohl auch ausgewähltes Knochenmaterial für Artefakte. Es wurde Absichtsjagd betrieben, vorzugsweise auf Hirsche und Wildpferde, weniger auf zahlreiche andere Herdentiere. Es lassen sich verschiedene Gerätegruppen unterscheiden. Unter ihnen befinden sich auch Typen, die der frühe Mensch aus Afrika mitgebracht hat. Größere Geräteformen sind Ambosse, Schlagsteine, Hackmesser mit breiten Schneiden, auch spitz zugerichteten Enden. Sie bestehen meist aus Basalt- und Kalksteingeröllen, weniger aus Feuerstein, aus dem vor allem die anderen Artefakte gefertigt wurden. Eine besondere Gruppe bilden flächig bearbeitete, meist spitzovale Faustkeile, dreiflächig zugerichtete Spitzen (»Trieder«), schlanke flächig retuschierte Picks und Doppelpicks. Zweiflächig bearbeitete Diskusscheiben treten auf. Kugelige Formen (Polyeder und Sphäroide) wurden aus Feuersteingeröllen hergestellt. Große Abschläge und Spaltstücke mit scharfen Schneiden – potentielle Messer – bilden eine weitere Gruppe. Auffällig sind relativ kleinformatige Geräte aus Feuerstein, z. B. beidflächig bearbeitete Spitzen mit den Formen von Faustkeilen, Triedern und Picks. Dann treten Dreikantspitzen auf. Andere Kleingeräte haben gezähnte und gebuchtete Kanten, bohrer- oder stichelartige Enden, kratzer- und schaberförmige Funktionskanten. Dieses Artefaktinventar von Ubeidiya hat selbstverständlich nicht nur der Aufarbeitung von Nahrung gedient, sondern – und das ist seine große Bedeutung – vermittelt zahlreiche andere Tätigkeiten, z. B. die Bearbeitung organischer Materialien und die Herstellung weiterer Gerätschaften und Gebrauchsgegenstände. Trotz der frühen Zeit fällt eine Differenzierung der Artefakte auf, so nach Rohstoffauswahl, Bearbeitungstechniken, Formgebung und Funktion. Feuerspuren wurden in Ubeidiya nicht beobachtet, doch war sicher die Feuernutzung – ein wesentliches Element der sozio-kulturellen Evolution – in dieser Zeit schon bekannt, denn sie wurde bereits an ähnlich alten Siedlungsplätzen in Afrika festgestellt, z. B. in Swartkrans (Südafrika) und Chesowanja (Kenia).

ZUR UMWELT DES FRÜHEN MENSCHEN

Seit der Zeit der beiden ersten Fundstellen außerhalb von Afrika ist der frühe Mensch nicht nur in weiteren Gebieten Afrikas, sondern in Vorder-, Zentral- und Ostasien, in Indien, auf den indonesischen Inseln anzutreffen, die er über in Kaltzeiten entstandene Landbrücken erreichte, und schließlich auch in Europa nachweisbar. Evolution und Ausbreitung fallen in eine geologische Epoche, die besonders durch ihre Klimageschichte, eine lange Folge von Klimazyklen, gekennzeichnet ist: das Eiszeitalter. Warmzeiten lösten sich mit Kaltzeiten ab. Mindestens 40 solcher Großzyklen lassen sich nachweisen. Die Klimaänderung vom tropisch-subtropischen Tertiär zu dieser Epoche begann etwa um 2,5 Millionen Jahren vor heute, mit einer Temperaturdepression, die zur endgültigen Ausbildung der antarktischen Eiskappe führte. Wahrscheinlich waren damit auch jene Phasen trockenen Klimas verbunden, die in Afrika die weiträumigen Grasländer, jene Gras- und Baumsavannen hervorbrachten. Hier wird deutlich, dass die Evolution des Menschen in einer Epoche mit dramatischen Klima- und Umweltveränderungen stattgefunden hat, und deshalb die Kenntnis der jeweiligen, vorwiegend regionalen Umwelt- und Klimaverhältnisse sowie deren Entwicklung erforderlich ist. Im jüngeren Eiszeitalter nahmen die Klimaschwankungen an Intensität und Dauer zu. Ihre Großzyklen umfassten bis zu 120 000 Jahre, ihre Warmzeiten 10 000–20 000 Jahre, ihre Kaltzeiten mindestens fünfmal so viel. Diese waren noch zusätzlich durch Klimaschwankungen unterer Ordnung gegliedert. Beschränken wir uns auf Europa, so waren die Warmzeiten mit gemäßigtem bis submediterranem, vorwiegend atlantisch beeinflusstem Klima ausgezeichnet, die Warmphasen in den Kaltzeiten mit boreal-kontinentalem Klima (Interstadiale) oder subarktischem Klima (Intervalle). Die kalten Phasen dazwischen (Stadiale) führten zu arktischen, zunehmend trockenen Klimaverhältnissen. Bis zum jeweiligen Hochglazial einer dieser Kaltzeiten entstanden im Norden die großen Inlandeisdecken, die bis Mitteleuropa reichten und die Eisschilde in den Hochgebirgen. Die Klimazonen wurden jeweils nach Süden und Südosten verschoben und wanderten von der Baumgrenze in die Niederungen. Der umgekehrte Vorgang setzte mit der Wiedererwärmung bis zur nächsten Warmzeit ein. Vegetationsgürtel und Tiergemeinschaften folgten diesen Verschiebungen. Die Frühmenschen fanden bei ihren Wanderungen und Ausbreitungen die zu ihrer Zeit herrschenden Klima- und Umweltverhältnisse vor und waren in der Folgezeit den durch die Klimaentwicklung verursachten Umweltveränderungen ausgesetzt. Sie trafen also bei ihrem Vordringen in die eurasischen Lebensräume keine konstanten Klimaverhältnisse an.

WEITERE FUNDSTELLEN AUSSERHALB VON AFRIKA

Den ersten Funden menschlicher Fossilien außerhalb Afrikas, wie von Dmanisi in Georgien und Ubeidiya in Israel, folgen unmittelbar einige Funde von der indonesischen Insel Java im Indischen Ozean, etwas jüngere ebenfalls von dieser Insel und aus China. Im westlichen Eurasien sind es die Schädel- und Kieferreste aus der Gran Dolina bei Atapuerca (Nordspanien) mit einem Alter von 800 000–780 000 Jahren vor heute. Es folgen ein Hirnschädel von Ceprano (Italien, 700 000 vor heute), der Unterkiefer von Mauer bei Heidelberg (600 000–550 000 vor heute), ein Unterkieferfragment und ein Molar von Visogliano (Italien, 500 000 vor heute), einige Zähne von Vértesszőlős nordwestlich von Budapest (V.I, 450 000 vor heute) und zahlreiche Reste, darunter ein Schädel und drei Unterkiefer aus der Arago-Höhle bei Tautavel (Südfrankreich,

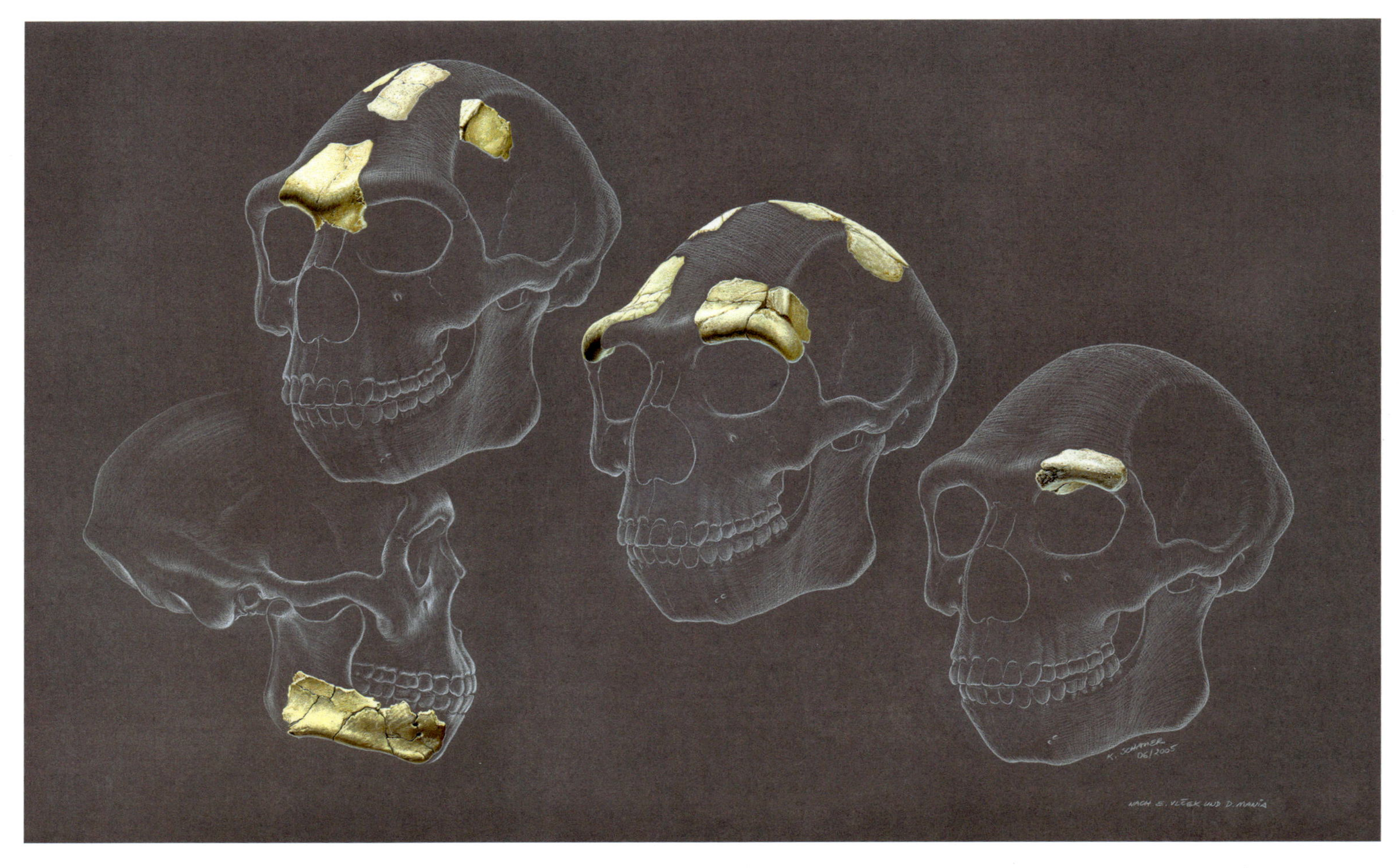

Abb. 6a *Bilzingsleben, Lkr. Sömmerda (Thüringen). Die Schädelreste von der Uferrandsiedlung des* Homo erectus *(Zeichnung © K. Schauer). Sie konnten von E. Vlček (2002) zusammengesetzt werden und gehörten zu drei Schädelindividuen und einem rechten Unterkiefer eines vierten Individuums.*

450 000 vor heute). Alle diese Funde gehören zur Gruppe des *Homo erectus.* Das trifft auch für die 28 Schädelfragmente, eine rechte Unterkieferhälfte und neun isolierte Zähne der Fundstelle Bilzingsleben zu (Thüringen, Bilzingsleben II, 370 000 vor heute; Abb. 6). Die Reste wurden von E. Vlček zu zwei Schädelindividuen zusammengesetzt, zu einem dritten gehört ein einzelner Orbitalrest, der Unterkiefer zu einem vierten Individuum (Vlček u. a. 2002). Sie haben die größte Ähnlichkeit zum *Homo erectus pekinensis,* auch zum *Homo erectus* aus Olduvai (OH 9). Ähnlich alt zu Bilzingsleben ist ein Hinterhauptsbein von Vértesszőlős (V.II). Abgesehen von weiteren Erectus-Funden dieser Zeitspanne in Afrika, besonders Nordafrika, Ostasien und Java gehören die angeführten europäischen Beispiele zu den wichtigsten Erectus-Funden in Europa (Abb. 7). Noch im zeitlichen Kontakt mit einigen von ihnen, wie Bilzingsleben, aber doch im Wesentlichen jünger (etwa 300 000 vor heute), treten die sog. archaischen bzw. frühen *Homo sapiens*-Formen auf: der Schädel von Steinheim an der Murr (Süddeutschland) und die Schädelkalotte von Swanscombe (England), ferner die zahlreichen Reste und einige Schädel aus der Sima de los Huesos von Atapuerca. Für Europa und den Nahen Osten schließen sich jetzt zahlreiche jüngere Formen an, wie z.B. Schädel und Unterkiefer des frühen Sapiens von Ehringsdorf (Thüringen, 200 000 vor heute), der auch neandertaloide Züge besitzt, ein ähnlicher Schädel des gleichen Alters von Biache bei Arras und danach die Funde der frühen und klassischen Neandertaler sowie der ersten *Homo sapiens*-Formen (Abb. 8).

Abb. 6b *Bilzingsleben, Lkr. Sömmerda (Thüringen). Das Hinterhauptsbein von Individuum I. Deutlich ist der mächtige Hinterhauptswulst zu erkennen.* ➤

K. SCHAUER
06/05

Die Kultur, die der frühe Mensch nach Eurasien brachte, zeigt besonders eindringlich die Fundstelle Ubeidiya. Sie ist mit dem sog. »entwickelten Olduvan« noch zeitlich verbunden und formenkundlich verwandt. Diese frühen Inventare werden immer wieder einer »Geröllgerätekultur« zugewiesen. Doch sind Geröllgeräte nicht das Wesentliche dieser Kultur. Wichtiger waren die kleinformatigen Spezialgeräte mit verschiedenen Funktionen. Abgesehen von ihrer Verbindung zur Nahrungsgewinnung dienten sie vor allem zur Herstellung weiterer Gerätschaften. Diese neue Qualität brachte *Homo erectus* nach Eurasien. Auch die Faustkeile und die mit ihnen verbundene Methode der zweiflächigen Artefakt-Bearbeitung brachte er mit. Doch, wie wir sehen werden, treten Faustkeile in allen weiteren Inventaren nur untergeordnet oder gar nicht auf. Sie waren bekannt, wurden aber offensichtlich nicht gebraucht oder durch andere Geräte ersetzt, z. B. auch durch analoge Geräte aus nicht erhaltungsfähigem organischem Material. So bildete sich eine Gerätekultur heraus, die neben ihrem Einsatz für die Nahrungsgewinnung, vornehmlich der Jagd, aus den erwähnten Spezialgeräten besteht, die einen höheren Differenzierungsgrad angewandter Techniken und zunehmend vielfältiger Herstellungsprozesse erkennen lassen. Im Laufe der weiteren Entwicklung verbanden sich die entstehenden Verbreitungsgebiete des *Homo erectus* zu einem Kulturkreis.

Erste derartige Fundstellen nach Ubeidiya zwischen 800 000 und 700 000 vor heute sind Gran Dolina bei Atapuerca, Bizat Ruhama und Evron in der Levante, Kuldara in Tadschikistan und einige frühe Fundhorizonte in Ostasien, so von Choukoutien. Das aussagekräftigste Inventar von einer Uferrandsiedlung bei Bizat Ruhama zeigt die kleinformatigen Geräte, die vor allem aus Flint angefertigt wurden, wie neben einfachen Kernsteinen und zahlreichen Abschlägen, auch größeren, die zum Schneiden geeignet waren, gebuchtete und gezähnte Geräte, solche mit Mikrobuchten, Bohrer, Schaber, Kratzer, kleine Spitzen in Faustkeilform und Dreikantspitzen, die den späteren Tayac- und Quinsonspitzen voll entsprechen. Zwei Ockerstücke beweisen den Farbstoffgebrauch, Holzkohlereste und gebrannte Knochenstücke die Feuernutzung. Ähnliche oder gleichartige Gerätetypen sowie kulturelle Aktivitäten zeigen auch die anderen Fundstellen. Die Verzehrreste in Form zerschlagener Knochen belegen Absichtsjagd vorzugsweise auf Wildpferde, Wildrinder und Hirsche.

Die Entwicklung führt dann weiter zu Fundstellen zwischen 650 000 und 500 000 vor heute. Dazu gehören Prezletice in einem alten Elbtal bei Prag, Uferrandsiedlungen von Isernia la Pineta in Mittelitalien, die Funde aus mittelpleistozänen Schottern von Mauer, von einem Jagd- und Zerlegungsplatz bei Miesenheim (Osteifel) und Artefakte und zerschlagene Faunenreste aus Karsttaschen von Stránská skála bei Brünn (siehe Abb. 8). Grundrisse von einfachen Wohnbauten wurden bei Prezletice, davor mit Feuerstelle und aus kreisförmig gesetzten Travertinblöcken bei Isernia la Pineta aufgefunden. Die Inventare verteilen sich wieder nach Größe und Funktionen auf Geröllgeräte und vorrangig auf die Spezialgeräte, diese vor allem aus Silexgesteinen. Die zerschlagenen Knochen der Jagdbeute tragen Schnitt- und Schlagspuren, gehen bei Prezletice auf Steppenelefanten, Nashörner, Hirsche, Rehe, Wildrinder, Wildpferde, Wildesel, Bären und andere Arten zurück, bei Isernia spielten vor allem Wildrinder und Nashörner eine große Rolle, ferner Hirsche und Waldelefanten. Bei Miesenheim wurde ein Wildrind zerlegt, weitere Reste stammen von Rehen und Wildpferden. Auch in Stránská skála wurde Feuernutzung in Form von Holzkohlen und gebrannten Steinen und Knochen bezeugt. Neu für diese Zeit sind Fundstellen auch mit Faustkeilinventaren, z. B. in Westeuropa (Abbeville, St. Acheul).

In der Zeit von 500 000–300 000 vor heute nimmt die Fundstellenanzahl in Eurasien zu. Für Süd- und Mitteleuropa wählen wir folgende Fundstellen aus: Die Aragohöhle bei Tautavel, Vértesszőlős, Bilzingsleben, Schöningen. Ein Beispiel für mittel- und ostasiatische Fundstellen bietet die Einsturzhöhle von Choukoutien in China. Da ihr Inventar nicht nur die schon erwähnten anthropologischen Parallelen in Form zahlreicher Schädel und Unterkiefer zu den europäischen Fundstellen hat, sondern vor allem auch den Kulturkreis charakterisiert, soll hier kurz auf diese Fundstelle eingegangen werden. Die 50 m mächtige Höhlenfüllung enthält die Fundhorizonte, besonders deutlich hervortretende regelrechte Ascheschichten, die die Reste der Kultur und in Mengen die Verzehrreste jener Tiere enthält, die offensichtlich auch zur Jagdbeute gehören. Das waren Riesenhirsche, weitere Cerviden (Hirschartige), Nashörner, Wasserbüffel, Wildschweine, auch Wildrinder, Wildpferde, Wildschafe und zahlreiche Carnivoren. Die Artefakte aus verschiedenen Gesteinen (vorwiegend Silexarten) umfassen mehr als hunderttausend Stücke (Abb. 9). Das sind einfache Kernsteine, Abschläge, Spaltstücke und Geräte. Dazu kommen Ambosse und Schlagsteine der Arbeitsplätze, Chopper und Sphäroide. Es überwiegen die Spezialgeräte mit Größen von 20–50 mm. Nur die Schneidgeräte, wie Abschläge oder als Messer zugerichtete Stücke, sind größer. Es treten zahllose kleinformatige Spitzen auf, wie bifazial bearbeitete Spitzen und Dreikantspitzen, wie wir sie an unseren Fundstellen als Tayac- und Quinsonspitzen kennen. Weitere Typen sind Schaber verschiedener Form, steilretuschierte Kratzer, Bohrer, Ahlen, stichelartige Geräte, Geräte mit verschieden großen Buchten oder sägezähnigen Kanten. Es bestehen Ähnlichkeiten bis Übereinstimmungen in den Artefaktgemeinschaften zahlreicher europäischer und asiatischer Fundstellen, wie allein schon mit jenen der oben genannten europäischen Fundstellen, wie auch mit den älteren hier beschriebenen.

Die Fundhorizonte von Tautavel entstanden durch die mehrfache Nutzung des Höhlenportals als Lagerplatz, jene von Vértesszőlős gehen auf Lagerplätze in der Nähe von Thermalquellen in einem Travertinbecken zurück (Abb. 10). Schöningen (II-1) ergab eine Uferrandsiedlung dort, wo ein Bach aus einem Nebengerinne ein Delta in einen Rinnensee schüttete. Die Muddesande des Deltas enthielten die Kulturreste. Im Travertin bei Bilzingsleben gab es auch einen Lagerplatz auf einer Uferterrasse neben der Einmündung eines Nebengerinnes mit Quellbach, der die Ursache der Travertinausscheidungen war (siehe Infobox »Bilzings-

◄ **Abb. 7** *Rekonstruktion eines* Homo erectus *(Zeichnung © K. Schauer).*

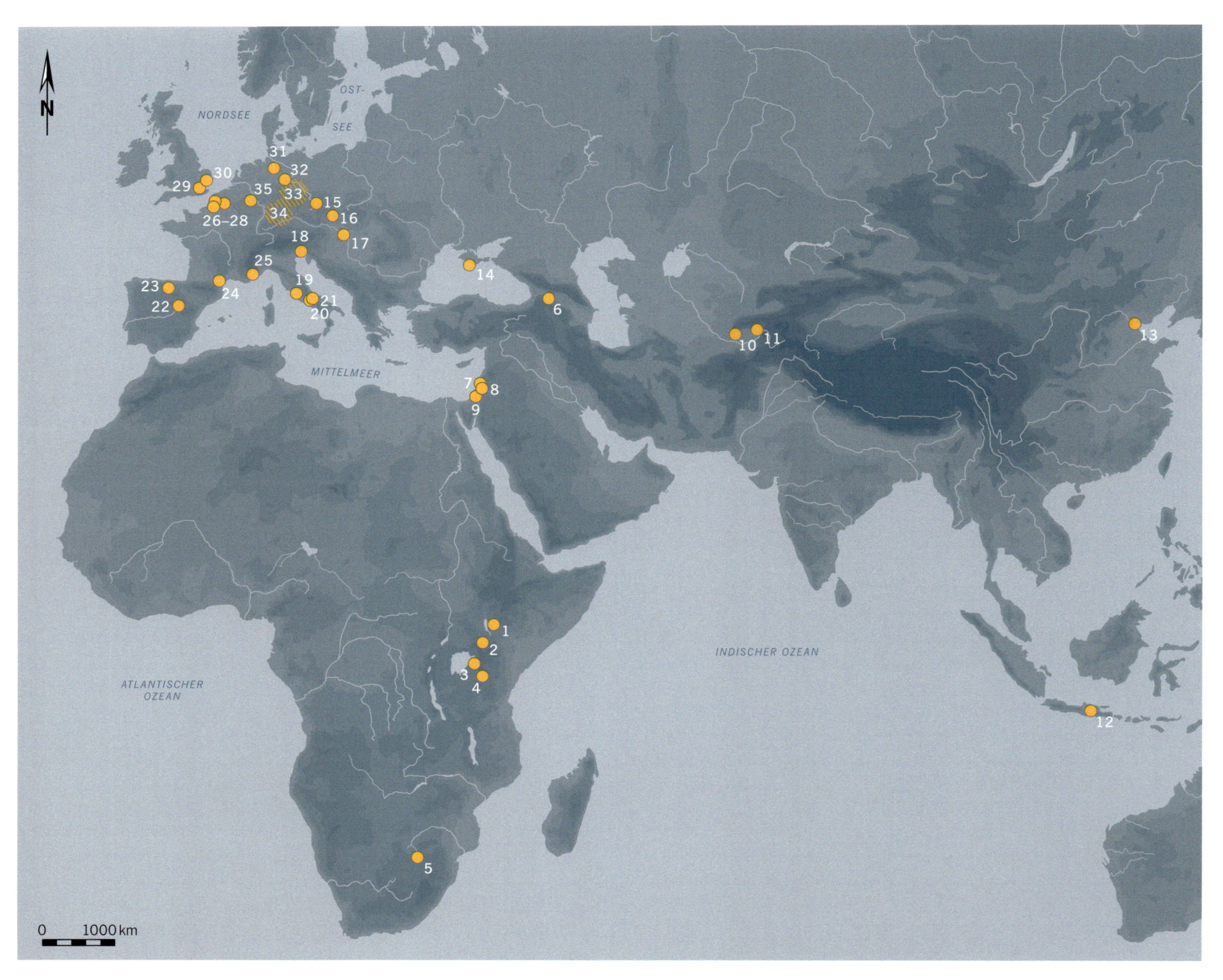

***Abb. 8** Die im Text erwähnten Fundstellen in der Alten Welt. Die beigegebene Tabelle (rechte Seite) verweist auf die Funde menschlicher Fossilien und die dazugehörige steinzeitliche Kultur.*

leben« von D. Mania, S. 256). Stellvertretend zu den anderen Fundstellen wird dieser Lagerplatz hier vorgestellt (Mania 1990; Mania/Mania 2004). Er ergab mehrere Tonnen Fundmaterial: Kulturreste aus Stein, Knochen, Geweih, Stoßzähnen und Holz, die faunistischen Reste – überwiegend von erbeuteten Tieren, zahlreiche eingetragene Gerölle und Gesteinsbrocken, darunter die Ambosse, bis 100 kg schwere Travertinblöcke, Pflastermaterial usw., nicht zu vergessen die menschlichen Fossilien und zahllose Lebensspuren (Abb. 11). Auf der Oberfläche der Uferterrasse stellten sich noch teilweise erhaltene primäre Fundverhältnisse heraus. Sie deuten auf spezifisch unterscheidbare Aktivitätszonen mit Arbeitsplätzen, auf drei Grundrissstrukturen einfacher Wohnbauten, davor Feuerstellen und Arbeitsplätze (Abb. 12), an diesen jeweils auffälligerweise niedergelegte Knochenartefakte mit eingeritzten symbolischen Mustern, dasselbe auch an zwei weiteren Arbeitsplätzen. An den Feuerstellen noch die angekohlten Hölzer und Steine mit Brandeinwirkungen, wie Glasuren und schaliger

Nr.	Fundstellen	Frühe Homininen	Homo-Erectus-Formen	Frühe Sapiens-Formen/ Vorneandertaler	Neandertaler	Kultur
1	Koobi Fora, Kenia	●	●			Oldowan
2	Chesowanja, Kenia	●				Oldowan
3	Kanjera South, Kenia			keine homininen Funde		Oldowan
4	Olduvai-Schlucht, Tansania	●	●			Oldowan
5	Swartkrans, Südafrika	●	●			Oldowan
6	Dmanisi, Georgien		●			Altpaläolithikum
7	Evron, Israel			keine homininen Funde		Altpaläolithikum
8	Ubeidiya, Israel		●?			Altpaläolithikum
9	Bizat Ruhama, Israel			keine homininen Funde		Altpaläolithikum
10	Teschik-Tasch-Höhle, Usbkekistan				●	Spätes Mittelpaläolithikum
11	Kuldara, Tadschikistan			keine homininen Funde		Altpaläolithikum
12	Insel Java, Indonesien		●			Altpaläolithikum
13	Choukoutien (untere Höhle), China		●			Altpaläolithikum
14	Staroselje, Krim (Ukraine)				●?	Spätes Mittelpaläolithikum
15	Prezletice, Tschechische Republik			keine homininen Funde		Altpaläolithikum
16	Stránská skála, Tschechische Republik			keine homininen Funde		Altpaläolithikum
17	Vértesszőlős, Ungarn		●			Altpaläolithikum
18	Visogliano, Italien		●			Altpaläolithikum
19	Polledrara, Italien			keine homininen Funde		Altpaläolithikum
20	Ceprano, Italien		●			Altpaläolithikum
21	Isernia la Pineta, Italien			keine homininen Funde		Altpaläolithikum
22	Ambrona und Torralba, Spanien			keine homininen Funde		Altpaläolithikum
23	Sierra de Atapuerca, Spanien (Gran Dolina, Sima de los Huesos)		●	●		Altpaläolithikum/ Frühes Mittelpaläolithikum
24	Arago-Höhle, Frankreich		●			Altpaläolithikum
25	Terra Amata, Frankreich			keine homininen Funde		Altpaläolithikum
26	Biache-Saint-Vaast, Frankreich			●		Mittleres Mittelpaläolithikum
27	Abbeville, Frankreich			keine homininen Funde		Altpaläolithikum
28	St. Acheul, Frankreich			keine homininen Funde		Altpaläolithikum
29	Swanscombe, England			●		Frühes Mittelpaläolithikum
30	Clacton-on-Sea, England			keine homininen Funde		Altpaläolithikum
31	Lehringen, Niedersachsen			keine homininen Funde		Spätes Mittelpaläolithikum
32	Schöningen, Niedersachsen			keine homininen Funde		Altpaläolithikum
33	Bilzingsleben, Thüringen		●			Altpaläolithikum
33	Weimar-Ehringsdorf, Thüringen			●		Mittleres Mittelpaläolithikum
33	Markkleeberg, Sachsen			keine homininen Funde		Frühes Mittelpaläolithikum
33	Neumark-Nord, Sachsen-Anhalt			keine homininen Funde		Mittleres Mittelpaläolithikum
33	Gröbern, Sachsen-Anhalt			keine homininen Funde		Spätes Mittelpaläolithikum
33	Königsaue, Sachsen-Anhalt			keine homininen Funde		Spätes Mittelpaläolithikum
34	Mauer, Baden-Württemberg		●			Altpaläolithikum
34	Steinheim a.d. Murr, Baden-Württemberg			●		Frühes Mittelpaläolithikum
34	Bad Cannstatt, Baden-Württemberg			keine homininen Funde		Altpaläolithikum
35	Miesenheim, Rheinland-Pfalz			keine homininen Funde		Altpaläolithikum

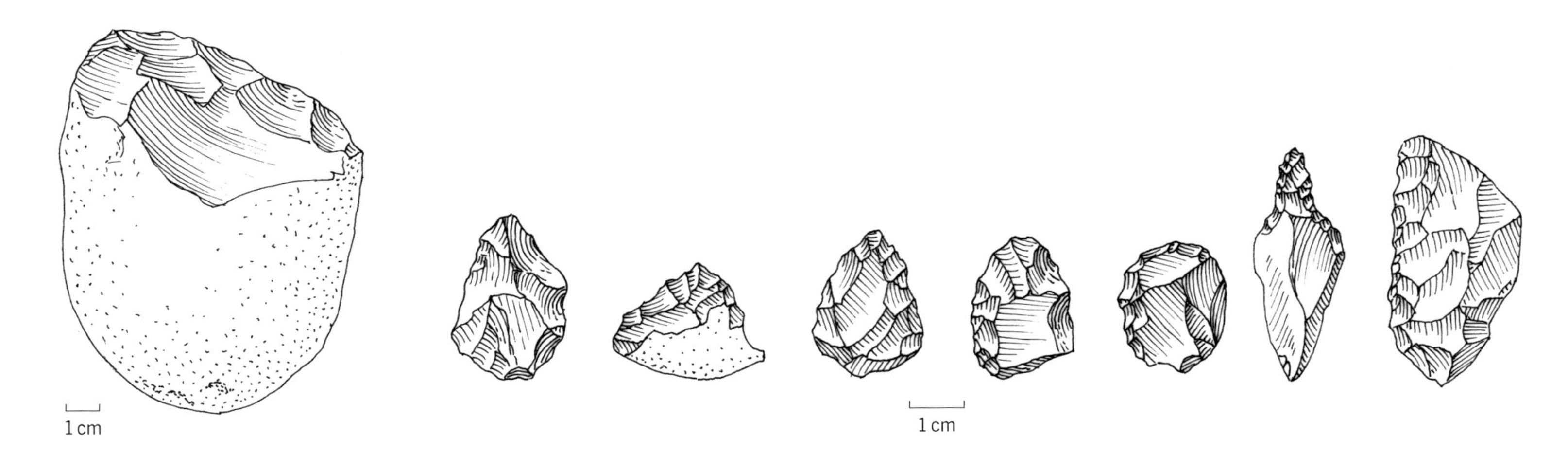

Abb. 9 *Choukoutien bei Peking (China), untere Höhle. Die dargestellten Steingeräte stammen aus den 300 000–500 000 Jahre alten Fundschichten. Von links nach rechts: Hackmesser, zweiflächige Spitze, kleiner Schaber, zweiflächige Spitze, Schaber, Kratzer, Bohrer, Messer.*

Oberflächenabsonderung, offenbar gebraucht zum Zubereiten von Nahrung, weiter mit den Knochenabfallhaufen, teils die Verzehrreste, teils Abfälle der Knochenbearbeitung. Im Südteil am Ufer erschien ein gepflasterter Platz mit 9 m Durchmesser. Das Pflastermaterial bestand aus eingetragenen Geröllen sowie aus Knochenstücken. Auf dem Pflaster befanden sich keine größeren Objekte und kein Abfall. Es war frei wie eine Tenne. Lediglich kamen vor: ein Quarzitamboss, auf dem nachweislich Knochen zerschlagen wurden, nämlich menschliche Schädel, wie einzelne Stücke auf dem Pflaster zeigen, die sich anpassen oder zusammensetzen lassen mit den Resten zweier Schädelindividuen, die aus dem Lagerplatz verbracht wurden, einmal in Bachrinnen des Schwemmfächers neben dem Lager bzw. in einen westlichen Randbereich, ebenfalls mit Kolken und Rinnen eines kleinen Bachlaufs, wo sie absichtlich niedergelegt wurden. Weiter befanden sich auf dem Pflaster Reste von kalzifizierten Holzartefakten, auch deren Abdrücke und eine große Feuerstelle mit brandrissigem großem Travertinblock. Einige Arbeitsplätze auf dem Lagerplatz wurden zum Zerschlagen von Knochen, auch zu deren Bearbeitung, vor allem zur Herstellung von speziellen Werkzeugen, gebraucht, an anderen wurde Steinmaterial zu Geräten verarbeitet, wieder andere, sogar mit arretierten Arbeitsunterlagen aus Elefantenknochen, dienten der speziellen Holzbearbeitung. Die kalzifizierten Abfallsplitter und Reste, aber auch gerade, bis 2,2 m lange Stangen blieben zurück. Letztere werden als Jagdwaffen gedeutet, seitdem wir die Wurfspeere von Schöningen kennen.

Insgesamt geht der Befund auf eine Heimbasis zurück. Mit Hilfe seiner kulturellen Fähigkeiten schuf sich *Homo erectus* seine eigene künstliche Mikroumwelt, die ihn in gewisser Weise von den Naturbedingungen unabhängig machte, mit einfachen hüttenartigen Wohnbauten, dem Feuer als Mittelpunkt und mit einer gewissen ökonomischen und sozialen Organisation innerhalb einer »assoziierten Kommunität«, in dieser auch mit gewissen biologisch wie ökonomisch bedingten Arbeitsteilungen (Abb. 13). Dieser Lagerplatz war längere Zeit Lebens- und Aktionsmittelpunkt einer Sozialgemeinschaft in einem größeren Schweifgebiet. Hier konnten Mütter mit ihren Kleinkindern, Alte und Kranke zurückbleiben, während andere Gruppenmitglieder unterwegs waren, um zu jagen, Nahrung und Rohstoffe zu sammeln, jeweils mit einem Minimalaufwand, der das tägliche Überleben ermöglichte. Das Schweifgebiet war so groß, dass eine Strecke, auch mit dem Tragen von Lasten, an einem Tage hin und zurück zu bewältigen war. Das bedeutet einen Radius von mindestens 10 km, möglich auch bis 20 km, wobei kleine Gruppen auch längere Zeit wegbleiben konnten. Diesen war es auch möglich, weiter entfernte, bekannte Nahrungs- oder Rohstoffquellen aufzusuchen. So ergibt sich die Vorstellung eines größeren Jagddistrikts, der für Bilzingsleben der periphere Mittelgebirgsrahmen war und somit eine Größe von 10 000 Quadratkilometern hatte. Hieraus ergeben sich weitere Überlegungen, z. B. die einer Abspaltung junger Leute von der Heimbasis, um eine eigene Sozialgemeinschaft zu bilden. Die drei Wohnbauten suggerieren eine Gruppengröße von mindestens 25 Personen. Die Größe war abhängig vom Vermögen,

Abb. 10 *Vértesszőlős, Komitat Komárom-Esztergom (Ungarn). Geräte von der Lagerplatzfläche im Travertin. Sie bestehen vorwiegend aus Silexgesteinen. Von oben nach unten und von links nach rechts: zweiflächige Spitze, Dreikantspitze (Typ Quinsonspitze), kleine einflächige Spitze, Rückenmesser mit retuschierter Schneide. Kratzer, Bohrer, drei Geräte mit Buchten. Vier flächig bearbeitete Spitzen. Bohrer, Säge, Rückenmesser.* ➤

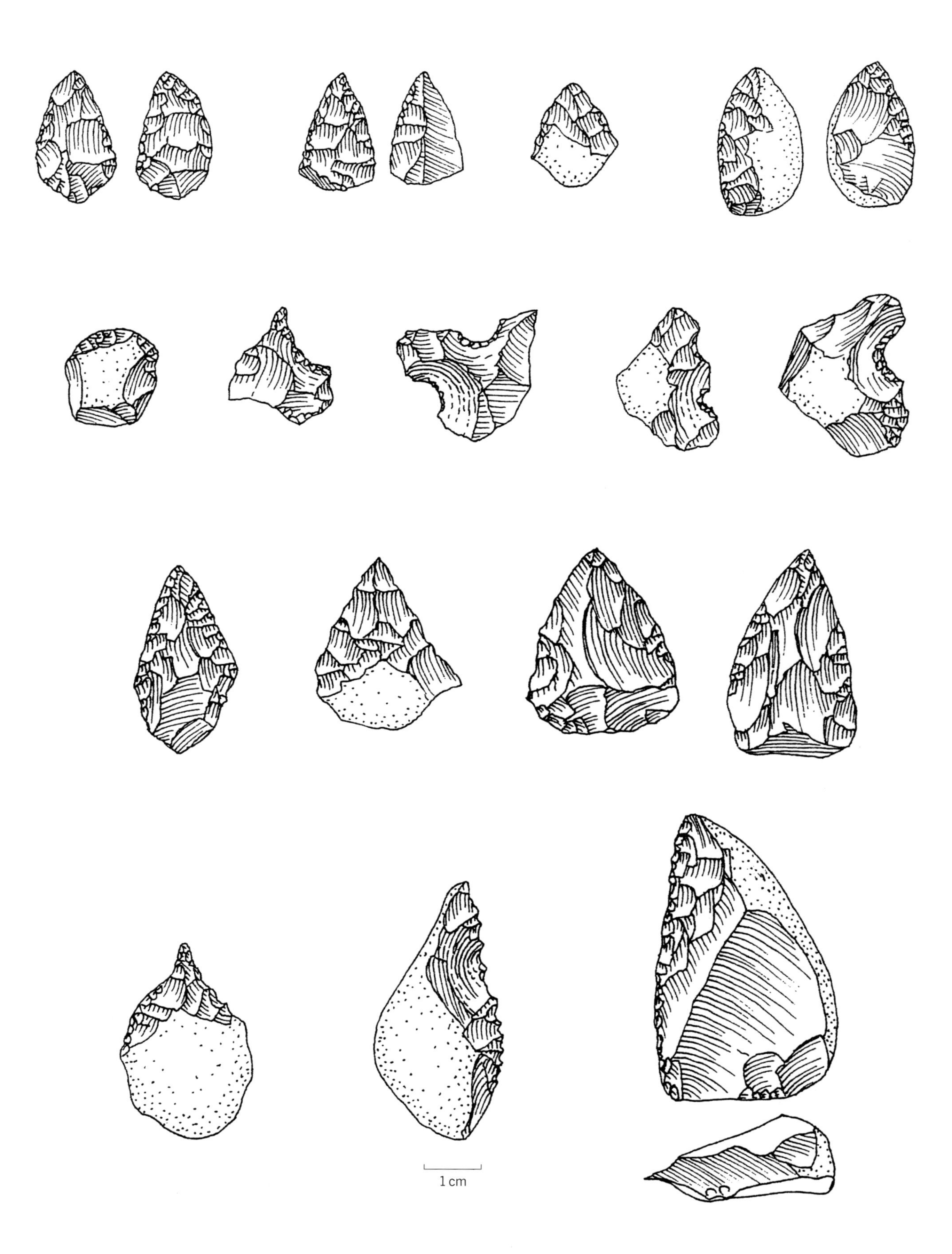
1 cm

BILZINGSLEBEN, LKR. SÖMMERDA, THÜRINGEN

Fundstelle: Steinrinne
Fundhorizont an der Basis eines Travertinlagers (»Bilzingsleben II«), aufgeschlossen in Steinbrüchen. E. F. von Schlotheim (1818) erwähnt den Fund eines menschlichen Schädels, der leider verschollen ist. Funde von faunistischen Resten und ersten Artefakten seit etwa 1900. Ausgrabung 1969 bis 2003 (Mania/Mania 2002).

Zeitstellung: Der Travertinkomplex gehört in das jüngere Mittelpleistozän, wurde in einer Warmzeit zwischen Elster- und Saalevereisung gebildet und wird mit etwa 370 000 Jahren vor heute datiert. Die Kulturreste repräsentieren ein spätes Altpaläolithikum.

Bedeutung der Fundstelle: Die Grabung ergab einen Lagerplatz am Ufer eines kleinen Sees, neben der Einmündung eines Nebengerinnes mit Abfluss einer Karstquelle, die die Ursache der Travertinbildung war (Abb. 1–2). Die Siedlungsfläche war mit den Kulturresten bedeckt, die trotz Überprägung durch Umlagerung noch autochthone Fundverhältnisse erkennen ließ. Daraus ergaben sich verschiedene Aktivitätszonen mit Arbeitsplätzen zur Bearbeitung von Stein-, Knochen- und Geweihmaterial sowie von Holz. Einige kreisförmige Befunde deuten wir als Grundrisse einfacher zeltartiger Hütten, vor ihren nach Südost orientierten Eingangsbereichen befanden sich Feuerstellen und spezielle Arbeitsplätze, diese in Verbindung mit Knochenartefakten, die intentionelle Ritzungen tragen. Im südlichen Teil der halbinselartigen Uferplatte kam ein mit hierher getragenen Geröllen und Schuttbrocken sowie Knochenabfall gepflasterter Platz mit 9 m Durchmesser zum Vorschein, der im Gegensatz zu den Aktivitätszonen frei von Kulturabfall war. Er diente offenbar rituellen Praktiken, wie die zerschlagenen menschlichen Schädelreste und ein dazu gebrauchter Amboss aus einem Quarzitgeröll sowie eine Feuerstelle mit großem, brandrissigem Travertinblock deuten lassen. Die Artefakte gehören zu verschiedenen Funktionsgruppen, die sich auch auf spezielle Rohstoffe beziehen: Vorwiegend kleinformatige Geräte zum Schneiden, Sägen, Schaben, Bohren bestehen aus Feuerstein, für grobe Arbeiten dienten Geröllgeräte (Schlagsteine, Breit- und Spitzchopper), spezielle Funktionen hatten Geräte, die aus der Kompakta von Großsäugerknochen hergestellt waren. An Arbeitsplätzen zur Holzbearbeitung kamen bis 2,5 m lange stangenförmige Reste vor, die wir als Jagdgeräte ansehen. Weiter kommen Holzartefakte mit Haken- und Ösenende sowie spatelförmige Geräte vor. Existenzgrundlage war die Jagd. In der Beute überwiegen Nashörner, Hirsche und Biber. Vom Menschen wurden 28 Schädelreste, ein Unterkieferfragment und neun Einzelzähne geborgen. E. Vlček (2002) konnte zwei Schädel teilweise zusammensetzen und rekonstruieren, ein Orbitalfragment und der Unterkiefer gehören zu jeweils einem weiteren Individuum. Die Merkmale verweisen auf einen späten Vertreter des *Homo erectus* mit größter Ähnlichkeit zu dem *Homo erectus* von Choukoutien (China), auch zu dem Fund aus Olduvai (OH 9). Einige Knochenartefakte tragen intentionell eingeritzte Muster, die symbolisch Gedanken wiedergeben und die Existenz einer Sprache voraussetzen. Die Fundstelle geht auf das Vermögen des frühen Menschen zurück, sich eine eigene künstliche Mikroumwelt zu schaffen. Mit Fundstellen, wie beispielsweise Vértesszőlős (Ungarn), Schöningen II (Niedersachsen), Tautavel (Südfrankreich), Isernia la Pineta (Italien), Ruhama und Evron (Israel) sowie Choukoutien gehört Bilzingsleben zum speziellen Kulturkreis des *Homo erectus*.

Dietrich Mania

Abb. 2 *Mithilfe der fossilen Flora im Travertin gelang D. H. Mai (1983) der Nachweis zahlreicher Pflanzengesellschaften. Er erlaubt die Rekonstruktion einer Umweltkarte für den Aufenthalt des* Homo erectus *am See im Travertinbecken. Geologische Untersuchungen ermittelten die Morphologie der Landschaft und das Gewässernetz.* ➤

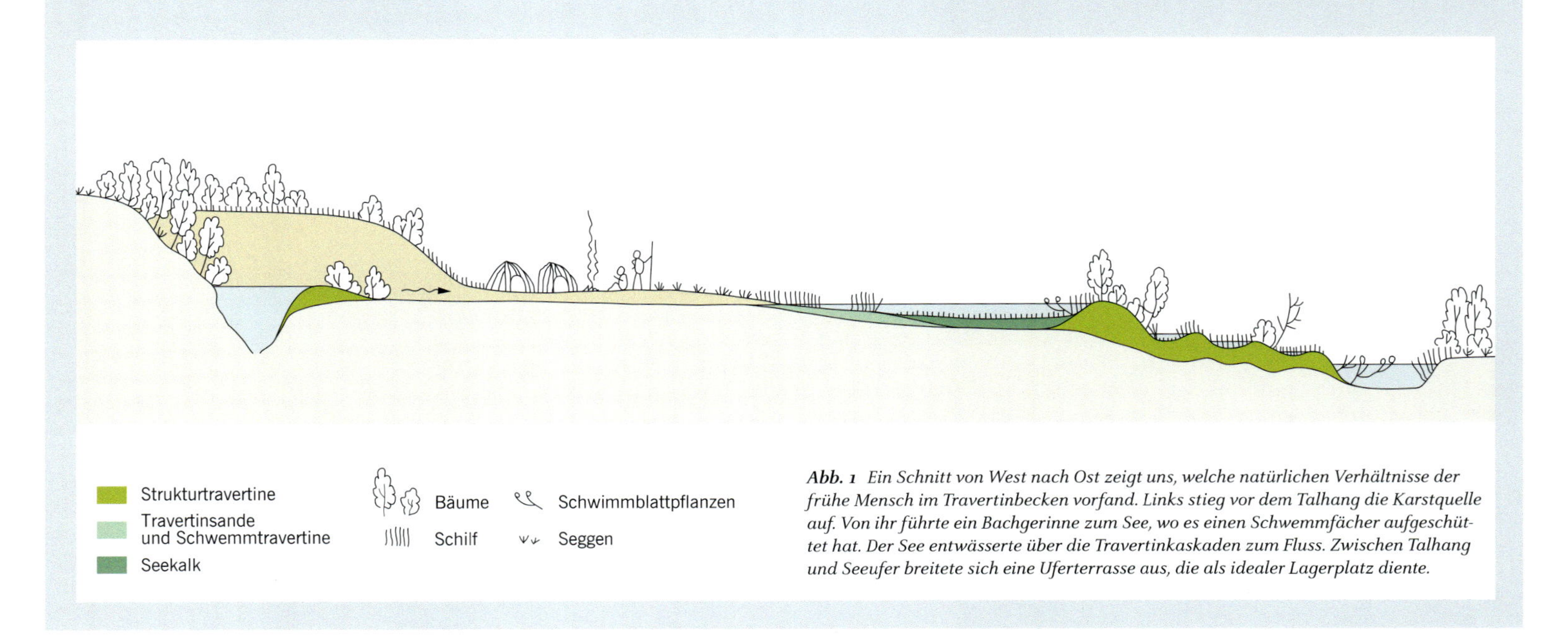

Abb. 1 *Ein Schnitt von West nach Ost zeigt uns, welche natürlichen Verhältnisse der frühe Mensch im Travertinbecken vorfand. Links stieg vor dem Talhang die Karstquelle auf. Von ihr führte ein Bachgerinne zum See, wo es einen Schwemmfächer aufgeschüttet hat. Der See entwässerte über die Travertinkaskaden zum Fluss. Zwischen Talhang und Seeufer breitete sich eine Uferterrasse aus, die als idealer Lagerplatz diente.*

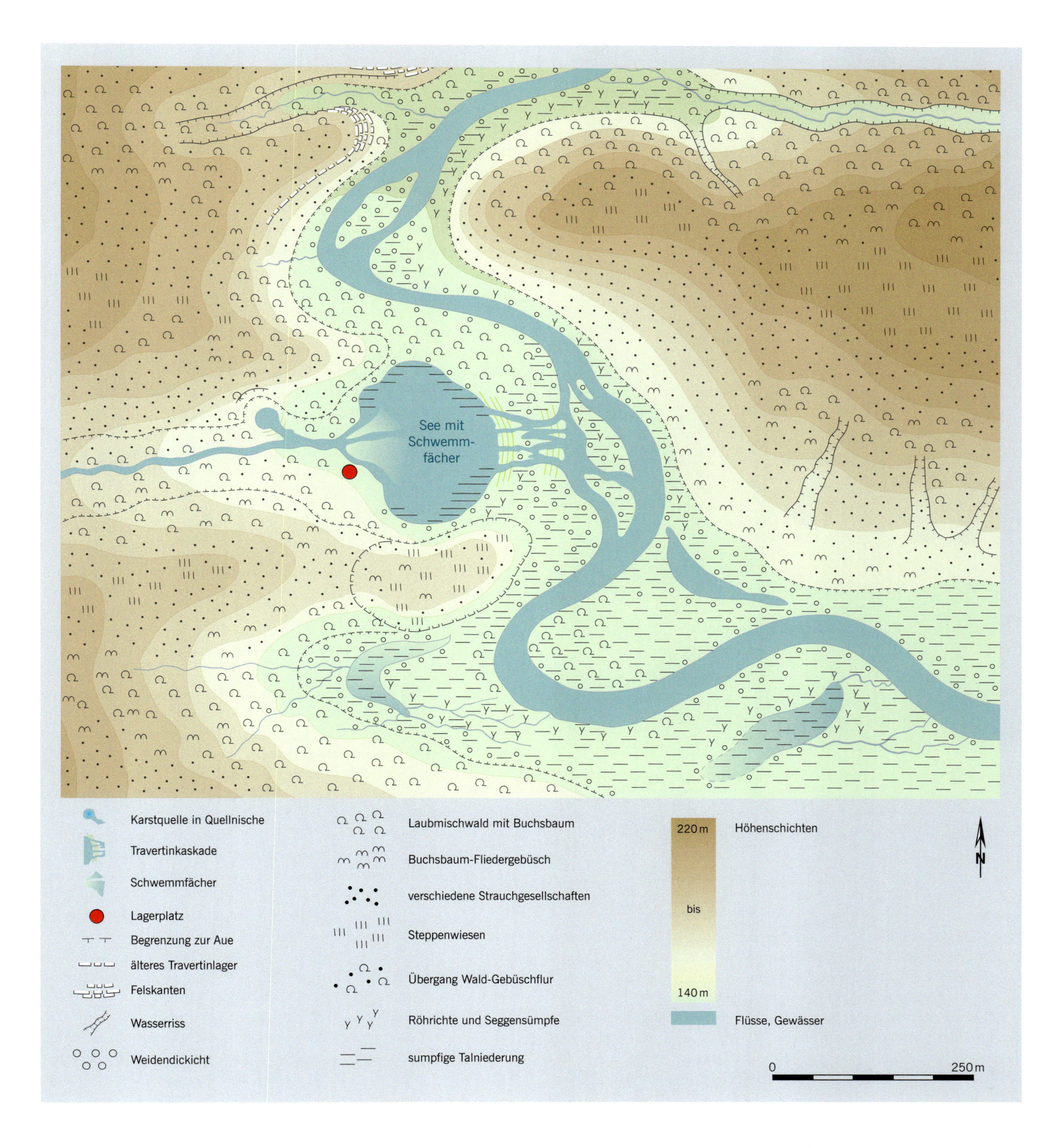
See mit Schwemm- fächer
Karstquelle in Quellnische
Travertinkaskade
Schwemmfächer
Lagerplatz
Begrenzung zur Aue
älteres Travertinlager
Felskanten
Wasserriss
Weidendickicht
Laubmischwald mit Buchsbaum
Buchsbaum-Fliedergebüsch
verschiedene Strauchgesellschaften
Steppenwiesen
Übergang Wald-Gebüschflur
Röhrichte und Seggensümpfe
sumpfige Talniederung
220 m
bis
140 m
Höhenschichten
Flüsse, Gewässer
N
0
250 m

***Abb. 11** Bilzingsleben, Lkr. Sömmerda (Thüringen). Blick auf einen Ausschnitt des Lagerplatzes, hier des gepflasterten Platzes. Dieser besteht aus Travertingeröllen, Muschelkalkplatten und Knochenresten. Auf ihm liegt ein kleines Hirschgeweih, dahinter hebt sich deutlich der Abdruck eines Stammstückes ab.*

Nahrung zu beschaffen (also die »Produktivkraft« der Gruppe) und vom Nahrungsangebot. Bei einer Tagesration von 2000 Kilokalorien pro Person ergibt sich, dass für diese Gruppe mindestens 50 000 Kilokalorien pro Tag zur Verfügung stehen mussten, also etwa ein Hirsch zu erlegen war. Doch ist das nur ein Richtwert.

Ohne Zweifel hat der *Homo erectus* von Bilzingsleben seine Geräte und anderen Gebrauchsgegenstände absichtlich und zweckgebunden hergestellt. Es können Formvorstellungen erkannt werden, die von ihm zielstrebig und planvoll in das Endprodukt umgesetzt wurden. Ein gewisses Maß an abstraktem Denken war dafür die Voraussetzung. Weiter lassen die Geräte eine Rohstoffauswahl erkennen. Sie beruhte auf der Kenntnis der Werkstoffeigenschaften der verschiedenen Materialien aus der Naturumwelt und ihren daraus resultierenden Verwendungsmöglichkeiten. Schon darin wird eine Differenzierung der Geräte nach ihrer Funktion deutlich. Auch nach Größe und Form der Nutzkante sind die Geräte stark differenziert. Technische Abläufe und damit verbundene Zielvorstellungen lassen sich an bestimmten Fundsituationen erkennen, z. B. die gezielte Knochen- oder Holzbearbeitung an dazu bestimmten Arbeitsplätzen. Zahllose große Geröllgeräte für grobe Arbeiten, wie Schlagsteine, Hackmesser, spitz zugerichtete Schlaggeräte bestehen aus Quarzit, dichtem Kalkstein, kristallinen Gesteinen, auch besonders festem Travertin. Das betrifft auch die Arbeitsunterlagen. Als kleine Schlagsteine für die Bearbeitung der Spezialgeräte aus Feuerstein wurden handliche Quarzgerölle benutzt. Unter diesen Geräten fallen als größte, 30–100 mm lange Stücke die Schneidgeräte auf (Abb. 14). Sie bestehen aus kaum bearbeiteten Abschlägen, aber zahlreiche Stücke haben einen bearbeiteten Rücken als Griffpartie und sind total oder partiell flächig retuschiert. Das sind vor allem verschiedene Keilmesserformen. Die übrigen kleinformatigen Geräte sind 10–50 mm lang. Ihre Kleinheit ermöglichte ihren Einsatz mit großem Kraftaufwand und Zielgenauigkeit, z. B. bei der Bearbeitung von Holz. Es sind folgende Geräteformen, meist schon in standardisierter Form und Bearbeitung: kleine Kratzer und Schaber, Bohrer, stichelartige Geräte, gebuchtete und sägezähnige Geräte und zahllose Spitzen, wie zweiflächige Spitzen und Dreikantspitzen, diese in Form der Tayac- und Quinsonspitzen (Spitzen nicht im Sinne von Bewehrungen). Die Knochengeräte wurden überwiegend aus der Kompakta der Langknochen vom Elefanten hergestellt. So treten Schaber auf, auch über 50 cm große, ferner schlanke retuschierte Spitzen, faustkeilartige Geräte, ein Beil mit ausgeplitterter Schneide und Griff, Meißel, Keile, Breit- und Spitzchopper und andere (Abb. 15). Geweihe wurden zu Hiebgeräten zugerichtet. Wie erwähnt, deuten die Holzreste auf die Herstellung von bis über 2 m langen Jagdwaffen, also Wurfspeeren oder Stoßlanzen. Verwendet wurden Birnbaum, Weißdorn, Hasel, Esche und Hartriegel. Bei zahlreichen Aktionen, so vor allem der Holzbearbeitung, als planvolle Handlungen, waren eine abstrakte Formvorstellung, die genaue Kenntnis des Arbeitsablaufs, der Werkstoffe und eingesetzten Geräte eine Vorbedingung. Eine andere Voraussetzung war die Beherrschung der Sprache und das auf dem Begriffsgedächtnis beruhende Wortgedächtnis. Die schon erwähnten Ritzmuster auf Knochenartefakten zeigen die Mitteilung von Gedanken in symbolischer Form – für uns ein Hinweis auf das Vorhandensein von Sprache. Der gepflasterte Platz und die besondere Behandlung von bereits mazerierten menschlichen Schädeln verraten uns frührituelle Verhaltensweisen.

Homo erectus von Bilzingsleben hat sich vorrangig durch die Jagd ernährt. Großwild bildet 60 % der Beute (Wald- und Steppennashorn, Wildrind, Wildpferd, Elefant, Bär), 20 % sind mittelgroße Tiere (Rothirsch, selten Damhirsch, Wildschwein) und weitere 20 % entfallen auf Niederwild, vor allem Altbiber und Biber. Möglicherweise gehörten die Bären gar nicht zur Nahrung. Von ihnen wurden nur die Reste der Schädel und Pranken sowie die Penisknochen gefunden, was lediglich eine Fellnutzung suggeriert. Als weitere Nahrungsreste finden sich

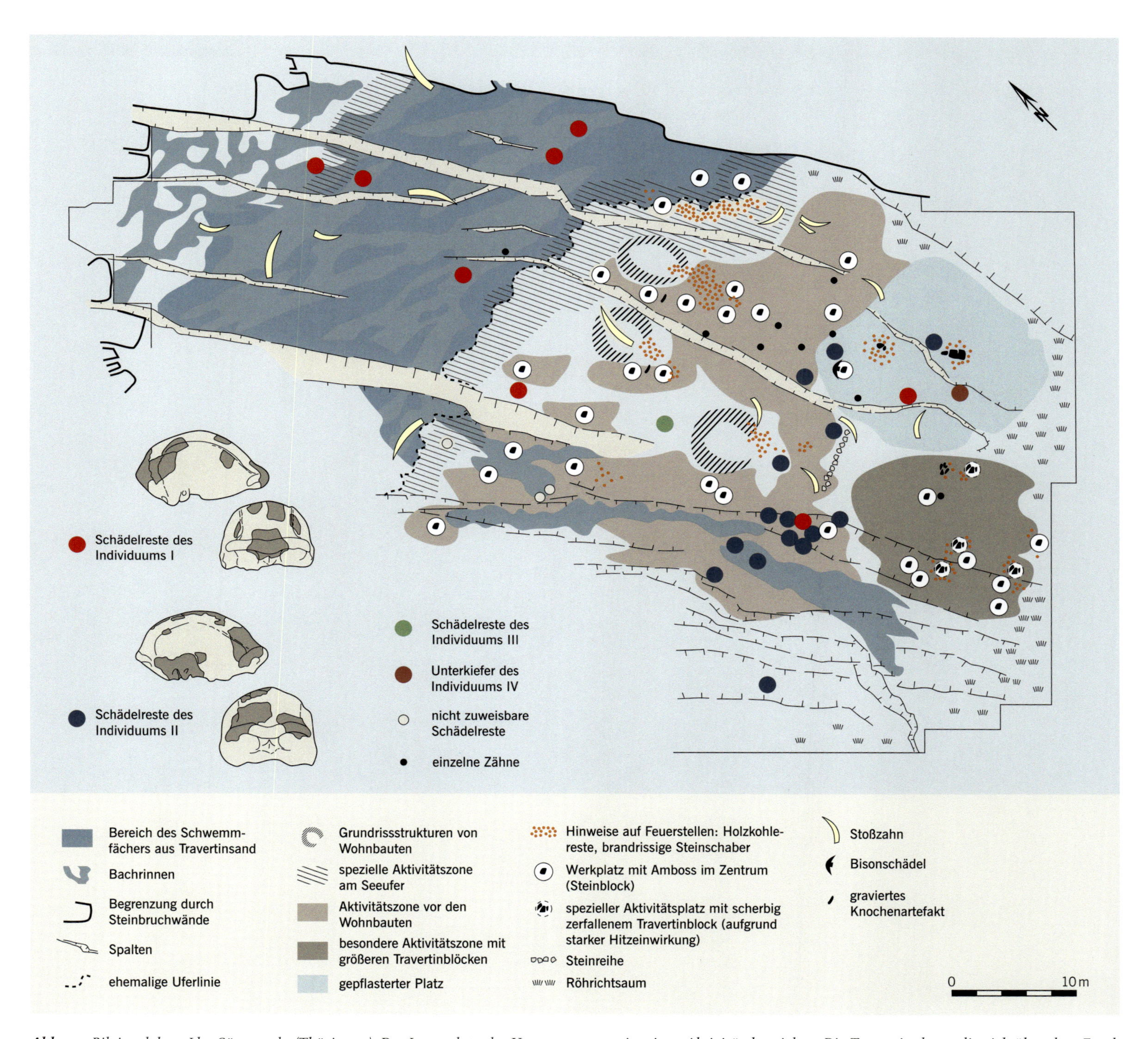

Abb. 12 *Bilzingsleben, Lkr. Sömmerda (Thüringen). Der Lagerplatz des* Homo erectus *mit seinen Aktivitätsbereichen. Die Travertinplatte, die sich über dem Fundhorizont befand, war durch tektonische Beanspruchung und Verwitterung in Einzelblöcke zerfallen, die sich verstellten. Die dadurch erzeugten Verwerfungen und Spalten setzten sich in den Untergrund durch die Fundfläche fort.*

Flussmuscheln, Fische und Wildkirschen. Aus den Resten der Travertinflora lassen sich andere essbare Pflanzen, aber besonders Klima- und Umweltverhältnisse erschließen. So waren gemäßigte, subkontinental beeinflusste Verhältnisse ausgebildet mit etwa 2–3 °C höheren mittleren Temperaturen als heute, mit Buchsbaum-Eichenwäldern, Buchsbaum-Fliedergebüschen und anderen Strauchformationen sowie großflächig

Abb. 13 *Bilzingsleben, Lkr. Sömmerda (Thüringen). Der Lagerplatz des* Homo erectus *in einer Lebensbilddarstellung (Zeichnung © K. Schauer).*

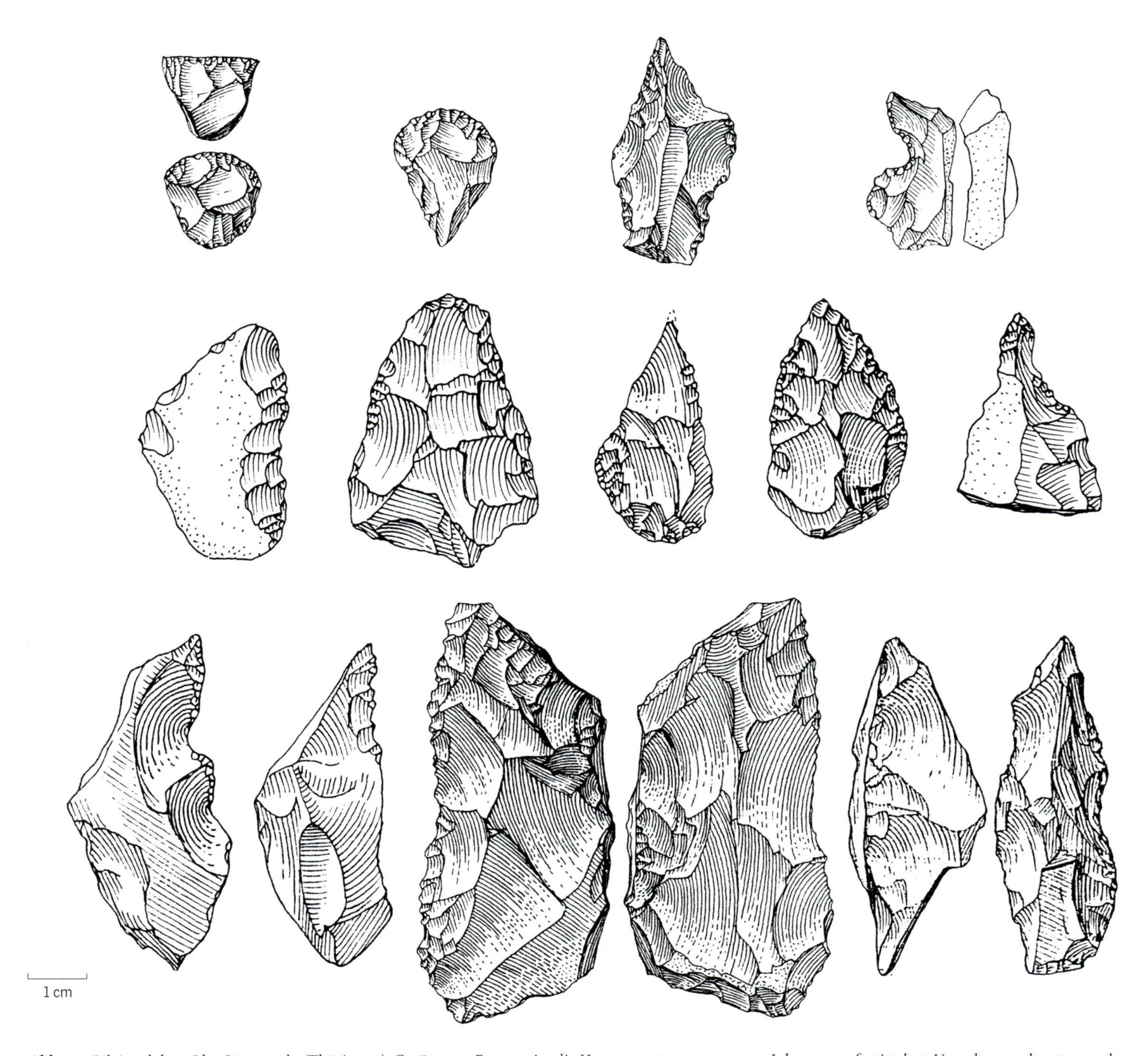

Abb. 14 *Bilzingsleben, Lkr. Sömmerda (Thüringen). Geräte aus Feuerstein, die* Homo erectus *vor 370 000 Jahren angefertigt hat. Von oben nach unten und von links nach rechts: kleiner Steilkratzer, Kratzer, Bohrer, Gerät mit Bucht. Schaber bzw. Messer, Messer (Schneide links), Bohrer, zweiflächige Spitze, Langbohrer. Zwei sog. Reißmesser (Schneidenpartie jeweils rechts oben), Rückenmesser in zwei Ansichten, pickartiges Gerät in zwei Ansichten.*

eingestreuten Langgrassteppen, diese vor allem als Lebensraum der Waldelefanten-Fauna. Bei der Untersuchung der uns bekannten Fundstellen von Ubeidiya bis Bilzingsleben stellt sich heraus, dass der ausgewanderte frühe Mensch zunächst nur die wärmeren Klimagebiete bzw. Klimaphasen bevorzugt hat. Er konnte von jenen Landschaften aus, die nördlich der Mittelmeerregion liegen und immer wieder durch die kaltzeitliche Klimaentwicklung beeinträchtigt wurden, in Gebiete ausweichen, die ihm bereits bekannt waren und ihm angenehme Lebensumstände boten.

DER JAGDBEFUND VON SCHÖNINGEN

Auch der warmzeitliche Fundhorizont von Schöningen (II-1; siehe Infobox »Schöningen« von D. Mania, S. 263), etwa so alt wie Bilzingsleben und mit der gleichen Artefakt-Kultur, bezeugt diese Verhaltensweise. Er gehört also mit in den Kulturkreis des *Homo erectus*, auch der einige tausend Jahre jüngere Fundhorizont (II-4) aus dem Spätinterglazial dieser Warmzeit (Thieme 2007). Dieser stammt jetzt allerdings aus einer kühleren Klimaphase: Wald- und Wiesensteppen verweisen auf ein boreales, kontinentales Klima. Für uns ist das einer jener ersten Beweise dafür, dass der Mensch nun auch in die kühleren Klimazonen ging und sich mithilfe seiner bereits entwickelten soziokulturellen Lebensweise, mehr aber mittels seiner technischen und kulturellen Befähigung sowie der Jagd als wichtigster Methode der Nahrungsbeschaffung an die neuen Verhältnisse anpasste. Genauso gut hätte er in wärmere Gebiete im Süden ausweichen können. Er tat es nicht: Ihn reizten offensichtlich die großen Pflanzenfresserherden, die aus der Waldelefanten-Fauna hervorgingen und die Tschernosemwiesensteppen im Harzvorland bevölkerten. Die Fundstelle zeigt uns das in bester Weise. Sie bezeugt, dass hier Absichtsjagd auf Wildpferde stattfand. Die Pferde wurden aus dem Hinterhalt auf eine sumpfige Riedgraswiese getrieben und dort erbeutet, da sie in den umgebenden Sumpf, teilweise mit dichtem Röhricht und Weidendickicht sowie in den anschließenden Rinnensee nicht mehr ausweichen konnten. Etwa zwanzig Pferde lassen sich nachweisen. Es ist möglich, dass die Jagd an dieser Stelle mehrere Male ausgeführt wurde. Neben den Resten der aufgearbeiteten Beute kommen auch zerschlagene Knochen von Rothirsch, Wildrind und Wildesel vor, die auf mehr als einen Aufenthalt schließen lassen. Von den Pferden blieben die Schädel, die Wirbel, Rippen, Becken und Schulterblätter zurück, weitgehend fehlen die Langknochen mit den Keulen, also den begehrten fleischreichen Teilen, die als Nahrungsvorrat weggebracht wurden, denn es gibt kaum Hinweise darauf, dass sie auch hier von den kleinen Jägerkollektiven verspeist wurden. Feuerstellen, vorwiegend mit Asche von Gräsern, deuten auf konservierende Verfahren hin, also mit Rauch. Zurück blieben auch die Tranchiermesser aus Feuerstein. Das Aufregendste dieses Jagdplatzes waren aber die hinterlassenen acht etwa 1,8–2,5 m langen und zirka 600 Gramm schweren Wurfspeere (Abb. 16–17) und zusätzlich ein an beiden Enden zugespitztes, 0,78 m langes Wirbelholz. Sie waren bis auf einen Kiefernholz-Speer aus Fichtenstämmchen hergestellt. Ihren größten Durchmesser von etwa 5 cm haben die Speere unterhalb ihrer Mitte. Von da an sind sie auf eine Länge von etwa 70–80 cm nadelartig zugespitzt. Sie lassen noch ihren Bearbeitungsendstand erkennen: Sorgfältig abgeschnittene und überglättete Astansätze, längs gerichtete Schrammen und Rillen der Buchtschaber und ebenfalls geglättete Spitzenpartien. Wir können uns den Arbeitsaufwand vorstellen, der nötig war, um aus einem mindestens 5 m hohen Fichtenbäumchen in mehreren Arbeitsschritten mit zunehmend feineren Steinwerkzeugen einen Wurfspeer herzustellen. Der Sportwissenschaftler Hermann Rieder (Heidelberg) hat mit seinen Sportlern mit nachgebauten 2,2 m langen Speeren experimentiert. Die Erprobung ergab, dass die Schöninger Speere als Distanzwaffen ausgezeichnete Wurf- und Flugeigenschaften besaßen, bei mittleren Distanzen von 20–30 m noch genügend tief in Tierkörper (ersatzweise Gelatinewürfel) eindrangen, und bei Zielwürfen gleicher Distanz nur geringe Abweichungen von maximal 20 cm zustande kamen. Das Wirbelholz war bei der Jagd auf Schwärme größerer Vögel oder flüchtiges kleineres Herdenwild geeignet. Der Befund des Jagdplatzes zeigt uns, dass trotz, oder sogar besonders mit diesen Jagdwaffen ein Jagderfolg nur in der Behinderung der Wehr- und Fluchtkraft der mittelgroßen bis großen Tiere und vorteilhaft aus dem Hinterhalt zu erreichen war, wie es bereits Wolfgang Soergel in seiner »Jagd der Vorzeit« (1922) beschrieb. Hermann Rieder (2000) sagt zu seinen Experimenten: »Das Ergebnis voraus: Die Flug- und Wurfeigenschaften der Speere können als phänomenal bezeichnet werden, geeignet für kurze, direkte Würfe mit maximaler Kraft, aber auch lange Bogenwürfe auf große Entfernung. Wer solche Speere herstellen konnte, musste hervorragende Wurffähigkeiten haben und einen technischen Erfahrungsschatz des Werfens beherrschen, der wohl schon über viele Jahrtausende tradiert wurde... Die Jagd, ihre Herausforderung, ihre Lebenssicherung und ihre Gefahren helfen wohl Eigenschaften zu entwickeln,... die als koordinative und konditionelle Fähigkeiten bezeichnet werden: Geschicklichkeit, Reaktionsvermögen, Timing, Kraft, Schnelligkeit und Ausdauer ... Wahrnehmen, Denken, Planen, Entscheiden – Die Informationsaufnahme und die Geschwindigkeit von der Wahrnehmung zum Handeln mussten, um des Erfolges willen, sehr verkürzt sein, was wiederum die Antizipation der möglichen Folgesituationen mit einschloss, Angriff oder Flucht, Verfolgen oder Töten von verletzten Tieren, Hilfen für Jagdgefährten in kritischen Situationen, Entfernung vom Jagd- zum Basislager, Kenntnis der Lebensgewohnheiten der gejagten Tiere ... Damit wird Denken herausgefordert ... Bewusstsein, Gedächtnis und Reflexion scheinen uns die entscheidenden Parameter. Vieles mag unbewusst abgelaufen sein im Jagdgeschehen, und automatische, schnellste Reaktionen unter der Zeitschwelle von 0,2 Sekunden wurden hinterher möglicherweise reflexiv aufgearbeitet – wie heute.« Ein erster Wurf bei dem Experiment mit 80 % Krafteinsatz erzielte 65 m Weite; noch größere Weiten sind

möglich. Bei den Würfen, wie oben beschrieben, wurden folgende Daten ermittelt (in Klammern zum Vergleich mit modernem Damenspeer): Auftreffgeschwindigkeit 23,7 m/sec (23,3 m) bzw. 85 km/h, Eindringtiefe 22,9 cm (29,4 cm), Wurfenergie 140,4 Joule (163,3).

Nur aus den mit Bilzingsleben zeitgleichen Travertinen von Bad Cannstatt ist noch ein 2,2 m langer Holzstab aus Feldahorn bekannt geworden, der als Speer oder Lanze interpretiert wird. Von Clacton-on-Sea in England stammt die Spitze eines Eibenholzspeeres. Der Fund ist einige zehntausend Jahre älter als Schöningen. Von verschiedenen Orten wurden Zerlegungsplätze bekannt, auch mit Waldelefanten, so von Ambrona und Torralba in Spanien, hier auch mit Holzresten, die auf Jagdwaffen deuten, oder von Polledrara in Italien. Von dem jüngeren Zerlegungsplatz eines Waldelefanten von Lehringen an der Aller stammt eine 2,38 m lange Eibenholzlanze.

ZUR KULTUR DES ÄLTEREN MITTELPALÄOLITHIKUM

Seit den unteren Beds von Olduvai entwickelten sich die Gerätekulturen mit Faustkeilen (älteres Acheuléen) weiter. Nebenbei wurden neue Verfahren zur Gewinnung in ihrer Form vorausbestimmter Abschläge entwickelt und angewandt (Levalloistechnik). Fundstellen

SCHÖNINGEN, LKR. HELMSTEDT, NIEDERSACHSEN

Fundstelle: Tagebau, Südfeld

Zeitstellung: Während der Abbauarbeiten wurden See- und Sumpfablagerungen rinnenförmiger Seen angeschnitten, die an verschiedenen Stellen paläolithische Kulturreste enthielten. Die entsprechenden geologischen, paläontologischen und archäologischen Untersuchungen der Fundhorizonte in der Zeit von 1992 bis 2006 gehen auf das von H. Thieme geleitete Projekt »Archäologische Schwerpunktuntersuchungen im Helmstedter Braunkohlenrevier« des Niedersächsischen Landesamtes für Denkmalpflege zurück (Thieme 2007). Besonders wichtig ist die Sedimentfolge Schöningen II, die in einer Warmzeit zwischen Elster- und Saalevereisung um etwa 370 000 Jahren vor heute entstand.

Bedeutung der Fundstelle: Zwei Fundhorizonte zeichnen sich ab: Ein Schwemmfächer aus Muddesanden aus dem Optimum der Warmzeit (II-1) und ein spätinterglazialer, einige Tausend Jahre jüngerer Horizont im versumpften Ufer der Seerinne (II-4) (Thieme 2007). In beiden Horizonten kommen die Gerätetypen vor, wie sie das Paläolithikum von Bilzingsleben führt. So können beide Inventare dem Kulturkreis des späten *Homo erectus* zugewiesen werden. Der ältere Horizont entstand unter einem teils subkontinental, teils submediterran beeinflussten Klima mit etwa 2 °C höheren mittleren Temperaturen als heute und mit Tataren-Ahorn-Eichen-Steppenwäldern als dem wichtigsten Waldtyp (Jechorek u. a. 2007). Während der Phase Schöningen II-4 dominierten bereits Wald- und Wiesensteppen unter boreal-kontinentalem Klima. Vorherrschende Vegetationstypen waren Wiesensteppen und Kiefern-Lärchen-Birkenwälder. Der Fundhorizont geht auf einen Jagdplatz am sumpfigen Ufer des Rinnensees zurück. Hier wurden aus dem Hinterhalt Wildpferde gejagt und erbeutet. Die Beute wurde an Ort und Stelle aufgearbeitet. Das zeigen die Reste von etwa zwanzig Tieren, die einschließlich der dazu gebrauchten Schneidgeräte aus Feuerstein auf dem Riedgrastorf des Ufers zurückblieben. Das sind vorwiegend Schädel, Rippen, Wirbel, Schulterblätter und Becken. Seltener kommen Extremitätenknochen vor. Offensichtlich wurden die fleischreichen Körperteile weggeführt, möglicherweise auch zuvor zwecks Konservierung mit Rauch behandelt, was drei größere Feuerstellen suggerieren. Sensationell sind die Funde von acht bis 2,5 m langen Wurfspeeren (Abb. 1) aus Fichtenstämmchen (jedoch einer aus Kiefernholz) und ein an beiden Enden zugespitztes Wirbelholz (Fichte) (Thieme 1999). Abgesehen von der Spitze eines Speeres aus Eibenholz von Clacton-on-Sea in England, sind das die ältesten bekannten Jagdgeräte dieser Art aus Holz. Sie hatten Wurf- und Flugeigenschaften, wie sie ähnlich heute Sportspeere besitzen (Rieder 2000) und erlauben weitgehende Schussfolgerungen auf die geistige und kulturelle Entwicklungshöhe der Verfertiger dieser Jagdwaffen.

Dietrich Mania

Abb. 1 *Schöningen, Lkr. Helmstedt (Niedersachsen), Fundstelle 13 II-4 Speer II, der digital entzerrte Bildplan (ermittelte Länge von 2,28 m) dokumentiert den Zustand vor der Konservierungsmaßnahme. Der Speer wurde aus einem Fichtenstämmchen geschnitzt. Das Artefakt wurde überglättet und zeigt zahlreiche Schrammen der Bearbeitung mit den Feuersteingeräten, wie die Spitzenpartie des Speeres erkennen lässt. Mit solchen Distanzwaffen hat der frühe Mensch aus dem Hinterhalt am sumpfigen Ufer des Rinnensees Wildpferde erlegt. Es herrschte sommerwarmes boreales, kontinental beeinflusstes Klima. Dieses rief eine offene Landschaft mit lichten Nadelwäldern und Wiesensteppen hervor, in denen eine individuenreiche Großwildfauna lebte.*

◄ ***Abb. 15*** *Bilzingsleben, Lkr. Sömmerda (Thüringen), Geräte aus Knochen-Kompakta. Oben ein Faustkeil (18 cm lang), unten ein Beil mit ausgesplitterter Schneide (24,5 cm lang).*

***Abb. 16** Schöningen, Lkr. Helmstedt (Niedersachsen), (Folge II, Kleinfolge II, 4). Wurfspeer (Nr. I)* in situ *(November 1994). Das Holz des Fichtenstämmchens, aus dem der Speer geschnitzt wurde, besitzt stellenweise sogar noch seine ursprüngliche Färbung. Diese ist leider durch spätere Oxidation verloren gegangen.*

kommen in Süd-, Ost- und Nordafrika vor, von da auch im nördlichen Mediterrangebiet, so z. B. im Orontes-Tal (Latamné, Syrien), in Italien, Spanien, Westeuropa. Terra amata bei Nizza ist so eine Fundstelle, mit einem Wohnbau am damaligen Strand, mit einem Gemisch von Typen der Faustkeilkultur und den bekannten kleinen Spezialgeräten, mit Feuernutzung und den Überresten erjagter Tiere. Ähnliche Inventare führen die schon erwähnten Jagd- und Zerlegungsplätze von Torralba und Ambrona. Im mittleren Acheuléen setzt sich die Levalloistechnik durch. Nun erscheinen Inventare mit dieser Technik, ebenso mit Zweiflächnern, auch in Mitteleuropa. Das sind zahlreiche Fundstellen um und ab etwa 300 000 vor heute, z. B. in den frühsaalezeitlichen Flussschottern von Markkleeberg (Abb. 18; siehe Infobox »Markkleeberg« von D. Mania, S. 266) in der Leipziger Tieflandsbucht. Hier zeigen Tausende von Artefakten, die aus baltischem Feuerstein bestehen, und die spezifische Zusammensetzung der Artefaktkomplexe, die vorwiegend von der fossilen Talsohle stammen, dass der frühe Mensch sogar bergmännisch die begehrten Feuersteingeschiebe und -gerölle aus den Grundmoränen der Elstervereisung geborgen hat, um sie zu Rohstücken, wie Vollkernen, oder großen Zielabschlägen aufzuarbeiten und diesen Werkstoff an die Stellen seines Bedarfs zu bringen. Aus dem sog. entwickelten Acheuléen, zu dem die Artefakte von Markkleeberg gehören, geht das jüngere Acheuléen hervor, ebenfalls mit zahlreichen Fundstellen in Mitteleuropa. In ihren Inventaren treten jetzt meisterhaft

***Abb. 17** Rekonstruktion eines Frühmenschen bei der Benutzung eines Wurfspeeres auf der Jagd (Zeichnung © K. Schauer).* ➤

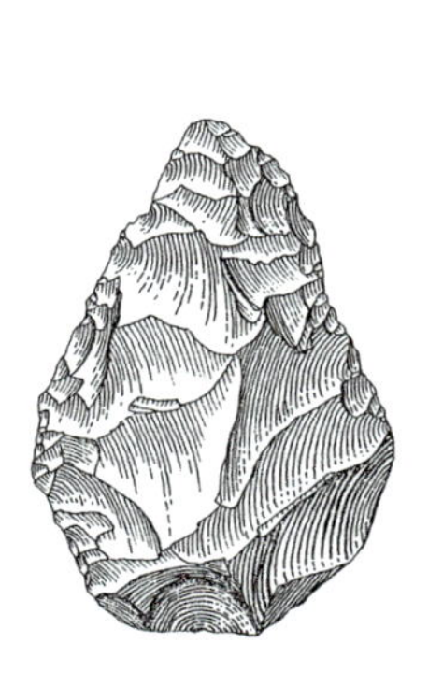
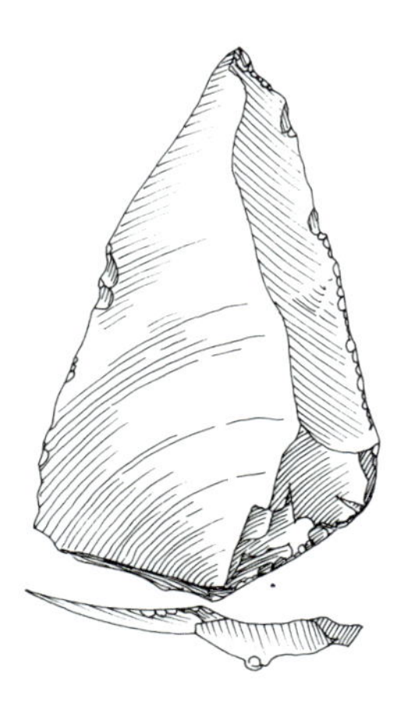
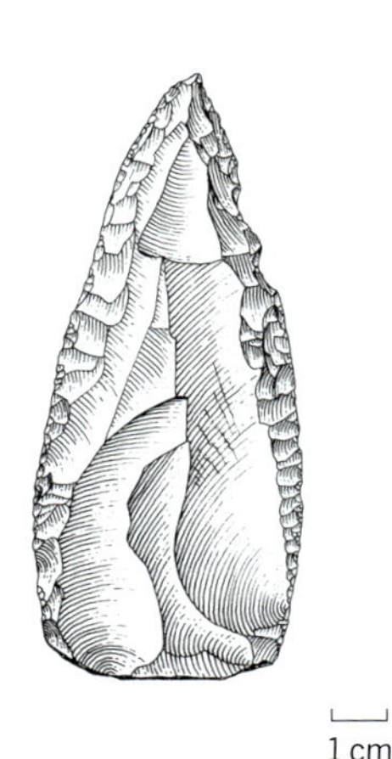

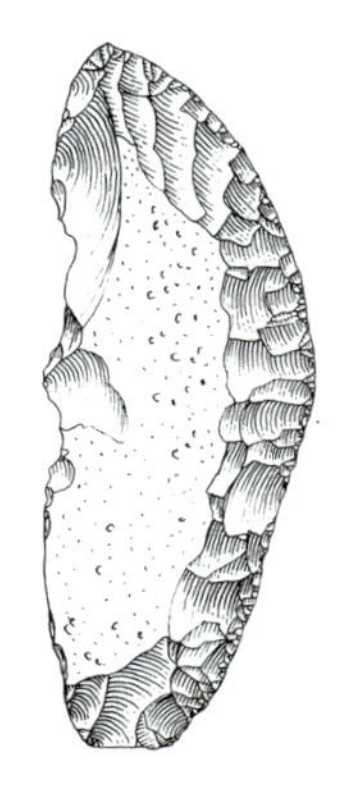
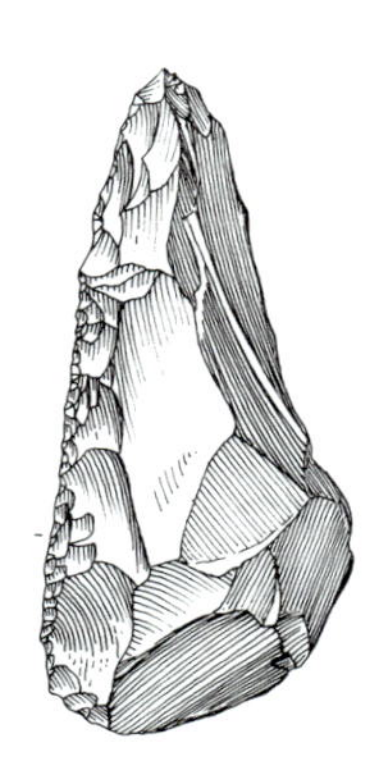

Abb. 18 Markkleeberg, Lkr. Leipzig (Sachsen). Artefakte aus dem Werkstatthorizont an der Basis der Flussschotter der Pleiße (frühes Mittelpaläolithikum, entwickeltes Acheuléen). Von links nach rechts: Faustkeil, Levalloisspitze, Klingenspitze, Schaber, Rückenmesser.

MARKKLEEBERG, LKR. LEIPZIG, SACHSEN

Fundstelle: Aufschlüsse (Kiesgruben, Tagebau) in den frühsaalezeitlichen Flussschottern von Pleiße, Gösel und Elster. Erste Funde von Artefakten aus Feuerstein am Ende des 19. Jahrhunderts, gezielte Aufsammlungen in der 1. Hälfte des 20. Jahrhunderts (Grahmann 1955; Toepfer 1970), Ausgrabungen im Tagebau durch das Landesmuseum für Vorgeschichte Dresden 1977 bis 1983 (Abb. 1; Baumann/Mania 1983; Mania 2004), Nachuntersuchung 1999–2001 (Schäfer u. a. 2004).

Zeitstellung: Der Fundkomplex stammt aus dem frühglazialen Abschnitt der Saale-Kaltzeit, der der Saalevereisung unmittelbar vorausgeht (etwa 250 000 bis 280 000 Jahre vor heute).

Abb. 1 Notgrabungen im Braunkohletagebau Markkleeberg, Lkr. Leipzig (Sachsen) im Jahre 1980. Aufgeschlossen sind die mehrere Meter mächtigen Pleißeschotter der frühsaalezeitlichen Terrasse. Der fossile Talboden befindet sich dort, wo die Grabungsarbeiter sitzen. Auf ihm befand sich die größte Zahl von Artefakten aus bergfrischem Feuerstein.

Bedeutung der Fundstelle: Die Artefakte befanden sich vorwiegend in den unteren Partien der mehrere Meter mächtigen Schotterdecke im umgelagerten Zustand, doch erschienen auf der Talsohle noch Artefaktansammlungen, wie sie vom Menschen hinterlassen wurden. Aus den Befunden geht hervor, dass er am aufstrebenden Talhang aus der hier angeschnittenen Grundmoräne der Elstervereisung den baltischen Feuerstein als bergfrischen Rohstoff für seine Geräte gewann. Das Inlandeis hatte ihn in Form von großen Geröllen und Geschieben in seinem Grundschutt aus dem Ostseegebiet bis hierher gebracht. Sie kamen auch in der Steinsohle auf dem Talboden vor. Mehr als zehntausend Artefakte wurden geborgen. Sie lassen erkennen, dass sie vorwiegend auf die Rohstoffgewinnung und vorläufige Präparation der Feuersteinrohstücke an Schlagplätzen zurückgehen. Die Vollkerne und gezielt in ihrer Form hergestellte Abschläge kommen im Fundmaterial nur in untergeordneter Häufigkeit vor und wurden offensichtlich als das begehrte Rohmaterial für Werkzeuge an die Stellen des Bedarfs, an die Lagerplätze, weggeführt. So besteht das Material an den Gewinnungs- und Schlagplätzen vorwiegend aus Werkabfall. Nur wenige Geräte wurden hier hergestellt. Sie betragen je nach Stichprobe 0,5 bis 3 %, Faustkeile z. B. nur 0,1 %. An Kernsteinen kommen vor allem die Abbaustadien und die Restkerne vor. Es überwiegen diskoide Formen, daneben treten Kernsteine mit langoval, spitzoval, dreieckig oder parallelseitig geformter Abbaufläche zur Gewinnung entsprechend geformter Abschläge auf. Zahlreiche Kerne tragen Strukturmängel, Fehlschläge oder sind zerbrochen, dasselbe gilt für Zielabschläge und Geräte, vor allem Halbfabrikate. Das ist alles Abfall und wurde verworfen. Die Hauptmasse der Funde (90 %) besteht aus den Abschlägen der Zurichtung der Kerne (Präparationsabfälle). Es wurde meisterhaft die Levalloistechnik angewandt; 45 % der Geräte ist zweiflächig zugerichtet. Das sind vor allem Faustkeile und Keilmesser. Zahlreiche Schaber verschiedener Form sind flächig kantenretuschiert, ebenso langschmale Spitzen. Daneben treten auch die Levalloisspitzen auf.

Es liegt ein entwickeltes Acheuléen mit Levalloistechnik vor. Es charakterisiert im Übergangsgebiet zur norddeutschen Tiefebene das ältere Mittelpaläolithikum. Wir bringen es mit dem archaischen *Homo sapiens* zusammen, der seit der letzten Warmzeit vor der Saalevereisung im Elbe-Saale-Gebiet heimisch war und den *Homo erectus* abgelöst hat. Zahlreiche weitere Fundstellen aus dem Frühglazial der Saale-Kaltzeit im Elbe-Saale-Gebiet vertreten diesen Kulturhorizont.

Dietrich Mania

Abb. 19 *1987 wurde beim Braunkohleabbau im Tagebau Gröbern, Lkr. Anhalt-Bitterfeld (Sachsen-Anhalt), das fast vollständige Skelett eines Waldelefanten* (Palaeoloxodon antiquus) *aus der Eem-Warmzeit in den Ablagerungen eines flachen Sees entdeckt. Das Tier verendete im flachen Wasser und wurde vom neandertalerzeitlichen Menschen zerlegt, wie zahlreiche Schnittspuren an den Knochen und Feuersteinabschläge bezeugen; ca. 125 000 Jahre vor heute (Zeichnung © K. Schauer).*

zugerichtete dünne, mit Schneiden versehene Zweiflächner auf, die man unmöglich noch als »Faustkeile« bezeichnen kann. Meisterhafte Ausführung trifft auch für zweiflächig bearbeitete Diskusscheiben, Blattschaber und »Faustkeil«-blätter zu. Standardisierung in Bearbeitungstechnik und Formgebung gewinnt in dieser Zeit eine neue Qualität. Doch zeigen auch Fundstellen mit Zerlegungsplätzen, dass unter dem Zwang der Augenblicksanforderung schnell und einfach lediglich Spaltstücke und Abschläge hergestellt wurden, um diese zum Tranchieren zu benutzen, wie bei Neumark-Nord oder später, um 120 000 vor heute, den Elefanten von Lehringen und Gröbern (Abb. 19). Diese beiden Fundstellen stammen aus der Eemwarmzeit. Auffälliger jedoch ist, dass zahlreiche Fundhorizonte mit dem entwickelten und jüngeren Acheuléen vorzugsweise in Ablagerungen der kaltzeitlichen Wärmeschwankungen mit kühlen kontinentalen, ariden Klimaverhältnissen angetroffen werden, also weiterführende Anpassungen an die kaltzeitlichen Wald- und Wiesensteppen zeigen. Ab 300 000 vor heute treffen wir als jenen Vertreter des frühen Menschen, der mit dem entwickelten Acheuléen verbunden ist, den sog. frühen (»archaischen«) *Homo sapiens* an, wie bei Steinheim (Süddeutschland), Biache (Nordfrankreich) und Atapuerca (Sima de los Huesos). Auch der Fossilmensch von Weimar-Ehringsdorf gehört zu dieser Gruppe (siehe Infobox »Weimar-Ehringsdorf« von D. Mania, S. 268). Dessen Geräteinventar ist sehr individuell entwickelt und kann aus einer Verbindung bzw. Überprägung der kleinformatigen Spezialgeräte mit der oder durch die Bearbeitungstechnik und Formauffassung des Acheuléen entstanden sein. In die gleiche Warmzeit vor 200 000 Jahren gehört der umfassende Fundkomplex aus dem Tagebau Neumark-Nord (siehe Infobox »Tagebau Neumark-Nord« von D. Mania, S. 269) im Geiseltal südwestlich von Halle (Saale) (Meller 2010). Er betrifft ein ganzes Ökosystem dieser Warmzeit, die durch ein ausgesprochen subkontinentales Klima mit Tatarenahorn-Eichensteppenwäldern und ausgedehnten Borstengrassteppen ausgezeichnet war. Der Komplex geht auf einen mittelgroßen See und seine durch extreme Trockenzeiten trockengefallenen Uferbereiche zurück. Eine Unmenge von Fundmaterial lässt nicht nur das Ökosystem mit Flora und Waldelefanten-Fauna erfassen, sondern zusätzlich erkennen, dass es die Jagdgründe für den mittelpaläolithischen Menschen bot. Die großen Herbivoren wurden von den Salzausblühungen des Sees angezogen. Ihre Lebensspuren und körperlichen Reste blieben auf der Uferzone zurück. Allein über 70 Waldelefanten hinterließen dort Skelette und Knochenfelder. Wald-, Steppen- und Wollhaarnashörner, zusätzlich Auerochsen kommen darunter vor, auch als Zerlegungsplätze des mittelpaläolithischen Menschen, der sie offenbar hier erlegt hat. Hunderte von Dam- und Rothirschskeletten reicherten sich im Laufe von 5000 Jahren – so lange dauerte der Klimahöhepunkt der Warmzeit – in den Seeablagerungen an. Hirsche bildeten auch das hauptsächliche Jagdwild, dem der Jäger hier auflauerte; an zweiter Stelle standen Auerochsen. Wichtig für unsere Betrachtung der Jagd und ihrer Methoden ist das eigentümlich zusammengesetzte Geräteinventar, das die Jäger auf ihren kurzfristigen Lagerplätzen am höheren Ufer unter den zerschlagenen Skelettresten, Feuerstellen und Arbeitsplätzen zurückließen. Es sind keine Faustkeile, andere aufwendig hergestellte Zweiflächner usw., sondern es wurden, so wie es die augenblickliche Situation erforderte, lediglich Abschläge hergestellt, die als Messer auf der inneren Uferzone und dem sumpfigen Uferbereich, wo die Skelette lagen, zurückblieben, während an den Lagern neben solchen Messern nur gezähnte und gebuchtete Geräte (Abb. 20), wohl zur Holzbearbeitung, verwendet wurden, z. B. zur Herstellung oder Reparatur von Jagdwaffen. Hier treffen wir also eine ökonomisch bedingte Jagdfazies des Geräteinventars an, das sich gewiss grundsätzlich vom Inventar eines Basislagers dieser Jäger unterschieden hat. Im Knochenfeld eines Elefanten kam die Klinge eines Messers aus Feuerstein zum Vorschein, an der Verfärbungen und organische Reste ihre Schäftung in einen Griff bezeugen (Abb. 21–22). Doch die Masse stammt von einem Eichenrindenkonzentrat, das bei Benutzung zwischen Klinge und Griff eingedrungen war. Heute wird ein solches Konzentrat zum Gerben benutzt.

ZUR KULTUR DES JÜNGEREN MITTELPALÄOLITHIKUM

Spätestens ab 125 000 vor heute ist mit dem Neandertaler *(Homo sapiens neanderthalensis)* im nördlichen Mediterrangebiet zu rechnen. Es wird ihm eine eigene Entwicklungslinie zugeschrieben, die unter

WEIMAR-EHRINGSDORF, THÜRINGEN

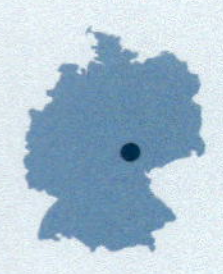

Fundstelle: Travertinsteinbrüche
Beim Werksteinabbau wurden fossile Tierknochen und Abdrücke von Pflanzenteilen, besonders Blättern, ab 1900 auch die ersten Steinartefakte gefunden. 1908 kam der erste menschliche Rest zum Vorschein, 1925 wurde der menschliche Schädel entdeckt. Spätere Grabungen und umfassende Materialaufnahmen geben den Forschungsstand wieder (Behm-Blancke 1960; Kahlke 1974; Kahlke 1975; Vlček 1993; Mania 2006).

Zeitstellung: Neun Fundhorizonte (»Brandschichten«) im Unteren Travertin und ein Fundhorizont im Oberen Travertin gehen auf den Aufenthalt des frühen Menschen an den Quellen und Becken der Travertinlagerstätte zurück (Abb. 1). Sie werden mit verschiedenen Verfahren in die Zeit zwischen 150 000 und 200 000 Jahren vor heute datiert (zusammenfassend bei Mania 2003).

Bedeutung der Fundstelle: Im stratigrafischen System des Elbe-Saale-Gebietes werden sie in eine Warmzeit zwischen Saale- und Warthevereisung eingeordnet. Das Klima war günstiger entwickelt als heute, doch infolge subkontinentalen Einflusses waren die Sommer warm-trocken, infolge dessen die Waldlandschaft durch offene, wiesensteppenartige Flächen aufgelockert. Es waren thermophile, artenreiche Eichenmischwälder der Ordnung der Flaumeichen-Trockenwälder und ausgedehnte Gebüschgesellschaften, z. B. mit Körösem Flieder (identisch mit Thüringischem Flieder), ausgebildet. An den Lagerplätzen kamen Feuerstellen, große Mengen von zerschlagenen Knochen der Beutetiere und von Artefakten, vorwiegend aus Feuerstein, auch aus anderen Silikatgesteinen, zum Vorschein. Bevorzugt wurden Nashörner, Wildrinder und Wildpferde, weniger bejagt Rothirsche. Ob auch die Waldelefantenreste ausschließlich auf Jagd zurückgehen, ist fraglich. Das mittelpaläolithische Artefaktspektrum ist vielseitig und reichhaltig, besonders in Bezug auf die Gerätetypen, wie ein- und zweiflächig bearbeitete ovale und spitzovale faustkeilartige Formen, Keilmesser, Faustkeil- und Blattschaber, zahlreiche andere vielgestaltige Schabertypen, einfache und doppelte Spitzen, vor allem vom schlanken Ehringsdorf-Typ, Kratzer und Klingengeräte. Zur Herstellung wurde die Praxis des präparierten Kerns,

Abb. 1 Blick in den Travertinsteinbruch von Ehringsdorf, OT Weimar (Thüringen) (Stand etwa im Jahr 2000). Die Travertinfolge wird in mittlerer Höhe durch den Zwischenhorizont aus gelblichen Hangablagerungen (auch als deutliche horizontale Linie zu sehen) in den Unteren und Oberen Travertin gegliedert.

die Diskuskern-Technik, angewandt. Wegen seiner individuellen Formenvielfalt wird für dieses Artefaktmaterial der Begriff »Ehringsdorfien« angewandt (Feustel 1983). Die menschlichen Fossilfunde bestehen aus einem Schädel, den Resten zweier weiterer Schädel, zwei Unterkiefern, einem kindlichen Torso und einigen weiteren Resten. Die Untersuchung von E. Vlček (1993) ergab ihre Zugehörigkeit zu einem frühen (»archaischen«) *Homo sapiens* mit einigen neandertaloiden Merkmalen.

Dietrich Mania

geografischer Isolation im westlichen Teil der eurasischen Halbinsel aus den späten Formen des *Homo erectus* und des frühen Sapiens, die oberflächlich als *»Homo heidelbergensis«* zusammengefasst werden, hervorgegangen sein soll. An eine Isolierung und eigene Artentwicklung denken wir nicht, denn der frühe Mensch war in seiner soziokulturellen Entwicklung und Anpassungsfähigkeit schon so weit fortgeschritten, dass es dazu kaum kommen konnte. Als opportuner Jäger und Sammler liebte er die günstigeren, wildreichen Klimagebiete, wie sie z. B. während der kälteren Perioden im westlichen Europa unter dem Einfluss eines milden atlantischen Klimas vorhanden waren. Deshalb treffen wir im Mittelpaläolithikum, besonders zur Zeit des klassischen Neandertalers, dort so zahlreiche Aufenthalte an, nicht nur mit menschlichen Fossilfunden, z. B. Bestattungen, sondern vor allem mit den typischen Geräteinventaren. Doch sind diese von dort weit über Mitteleuropa und den Vorderen Orient hinaus bis nach Zentralasien (Altai, Mongolei) verbreitet. Abgesehen von der letzten Warmzeit, finden wir diese vielfach typologisch aufgesplitterten Kulturgruppen in den boreal-kontinentalen Wald- und Wiesensteppen der frühglazialen Wärmeschwankungen (Interstadiale) der letzten Kaltzeit vor. Während der ersten großen Inlandvereisung dieser Zeit um 60 000–50 000 vor heute war es den Menschen möglich, in das atlantisch beeinflusste Gebiet, in den mediterranen Süden, in den Vorderen Orient zu gehen. Nach dieser Vereisung wurde das Klima wieder günstiger, mit sommerwarmen Baum-, Busch und Wiesensteppen von Mitteleuropa bis Südrussland, nördlich davon mit ausgedehnten, sehr wildreichen Kurzgras-Kräutersteppen (Lösssteppen). Erst um 20 000 vor heute entstanden wieder arktisch beeinflusste Gebiete vor der Maximalvereisung der Weichseleiszeit.

TAGEBAU NEUMARK-NORD (GEISELTAL), SAALEKREIS, SACHSEN-ANHALT

Fundstelle: 1985 entdeckte Matthias Thomae bei seinen geologischen Arbeiten im Abbau-Anschnitt die Ablagerungen eines Sees (»Becken 1«; Abb. 1), darin die ersten fossilen Hirschskelette, zusammen mit Dietrich Mania dann die ersten Artefakte aus Feuerstein. Ständige interdisziplinäre Untersuchungen und Grabungen im Wettlauf mit dem Bagger bis 2006 ergaben den umfassenden Einblick in ein interglaziales Ökosystem einschließlich der Aktivitäten des frühen Menschen (Mania u. a. 2010; Meller 2010; Mania u. a. 2013).

Zeitstellung: Geologisch-stratigrafische Untersuchungen und Datierungen ergaben eine Warmzeit zwischen Saale- und Warthevereisung mit einem Alter von etwa 180 000 bis 200 000 Jahren vor heute.

Bedeutung der Fundstelle: Das Klima während des Optimums dieser Warmzeit war bei einem jährlichen Temperaturmittel von etwa 20 °C stark subkontinental geprägt. Die Niederschläge waren im Jahr zweigipflig verteilt, im Spätsommer und Frühherbst kam es zu mehrmonatigen Trockenperioden. Außerdem entwickelten sich im Abstand von etwa 800 bis 1000 Jahren im Laufe des Optimums sechs intensive Trockenzeiten mit Regression, Verflachung und Eutrophierung des Sees. Unter diesen Verhältnissen war eine waldsteppenartige Landschaft entwickelt, mit Tataren-Ahorn-Eichensteppenwäldern und Borstengrassteppen, wie heute in Südrussland oder Pannonien (Westungarn; Mai 2010). Am aussage-

Abb. 2 Neumark-Nord, Saalekreis (Sachsen-Anhalt), Becken 1. Der Schädel zu einem Skelett des Auerochsen (Bos primigenius) *am Seeufer, offenbar der Überrest eines von den Jägern ausgeschlachteten Tieres.*

Abb. 1 Das Lebensbild des Sees von Neumark-Nord, Saalekreis (Sachsen-Anhalt), und seiner warmzeitlichen Umgebung vor 200 000 Jahren. Im Vordergrund ist es mit einem geologischen Schnitt kombiniert. Dieser zeigt die unterlagernden gelben Sande aus dem Tertiär, darüber die Grundmoräne der Saalevereisung, die mehrfach durchgebogen ist und das Seebecken bildet. Aus verschiedenen Gründen, aber vor allem wegen seiner Salzausblühungen am Ufer, wurde der See von der Großtierwelt aufgesucht. Diese lockten die mittelpaläolithischen Jäger an, die viele Male hier ihre Jagdgründe aufsuchten. Die Darstellung beruht auf der wissenschaftlichen Vorlage von D. Mania (Zeichnung © K. Schauer).

kräftigsten waren die breiten Regressionszonen der zweiten und dritten Trockenzeit. Salz- und andere Mineralausblühungen zogen besonders die Pflanzenfresser an; ihnen folgten die Beutegreifer und Aasfresser. Im flachen Seeuferbereich und auf der Uferzone fanden sich Skelette von Großsäugern und bildeten sich Knochenfelder, besonders von Waldelefanten (Skelette und Reste von allein über 70 Waldelefanten), Wald-, Steppen- und Wollhaarnashörnern, Auerochsen (Abb. 2), weniger von Wisenten und Wildpferden. In den Ablagerungen des flachen bis sumpfigen Sees blieben viele Hundert Skelette von Damhirschen, nicht so häufig von Rothirschen, zurück. Seltener kamen unter den Resten jene vom Riesenhirsch und Reh vor. An Beutegreifern wurden Reste bis zum vollständigen Skelett von Hyänen und Löwen, von Wolf, Dachs, Rotfuchs und Marder aufgefunden. Von Muschelkrebsen, Weichtieren, Dungkäfern, Schmeißfliegen und Mäusen bis hin zu einst 10t schweren Elefanten, vom Pollenkorn über Samen und Früchte bis zu Stämmen und Stubben von Waldbäumen waren die wichtigsten organischen Bestandteile des Ökosystems vorhanden. Einige Skelette, so von Steppennashorn und Ur, gehen auf ausgeschlachtete Beutetiere des Menschen zurück, der hier seine Jagdgründe aufsuchte. Seine kurzfristigen Jagdlager befanden sich auf dem höheren Ufer, mit Feuerstellen (Holzkohlen), großen Mengen an zerschlagenen Tierknochen und Feuersteinartefakten. Gejagt wurden vorzugsweise Dam-, Rothirsche und Auerochsen. An Elefantenskeletten bzw. -kadavern wurde manipuliert. Feuersteinmesser blieben zurück. Eines war in einen Griff geschäftet, was anhaftende organische Substanzen beweisen. Die Artefakte, die hier am Jagdplatz hergestellt und benutzt wurden, waren vorzugsweise Messer. Die übrigen Gerätetypen, wie Sägen und gebuchtete Geräte, dienten der Holzbearbeitung, offensichtlich zur Reparatur, zum Nachschärfen oder gar Herstellen von Wurfspeeren, wie wir sie von Schöningen kennen. Es zeichnet sich also eine besondere Artefaktfazies ab.

Dietrich Mania

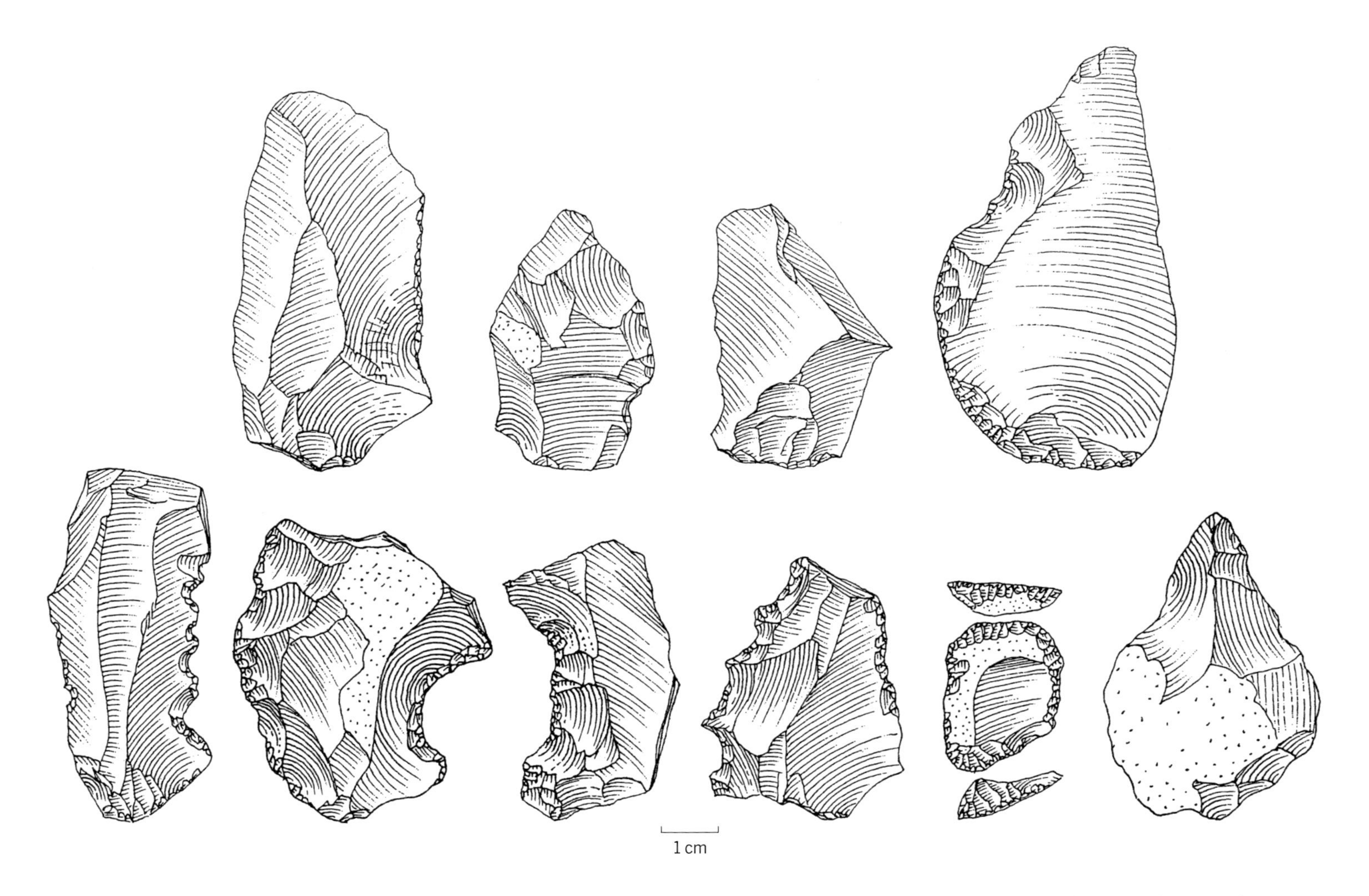

Abb. 20 *Neumark-Nord, Saalekreis (Sachsen-Anhalt). Aus Feuerstein gefertigte Geräte aus dem Jagdrevier des mittelpaläolithischen Menschen am Ufer eines Sees. Obere Reihe: Schlachtmesser von Zerlegungsplätzen oder aus den Knochenfeldern von Großwild. Untere Reihe: Geräte von den Rastplätzen: Geräte mit Buchten und sägezähnigen Kanten zur Holzbearbeitung (z. B. für Speere), ein Schaber und eine Dreikantspitze (Typus Tayacspitze).*

Abb. 21 Neumark-Nord, Saalekreis (Sachsen-Anhalt), Schneidenbruchstück eines Messers aus Feuerstein, das in einem Griff geschäftet war. Unter dem Griff hat sich eine organische Masse eingeschmiert, die erhalten blieb, allerdings nicht zum Einkitten des Messers geführt hat, sondern den Rückstand eines Eichenrindenkonzentrats enthält. Deutet das auf einen Gerbprozess? Das Artefakt stammt aus einem Knochenfeld von Elefanten; Länge ca. 4,7 cm.

Das jüngere Mittelpaläolithikum, das etwa um 40 000 vor heute generell endete, ist durch zwei charakteristische Kulturkreise gekennzeichnet. Der eine, allgemein das Spätacheuléen mit dem daraus hervorgehenden Moustérien (Abb. 23), ist mit dem Neandertaler verbunden. Er hat einen Verbreitungsschwerpunkt in Westeuropa, reicht aber über Mitteleuropa bis ins mittlere Asien, indem die Funddichte ausdünnt. Der östlichste Fund eines Neandertalers ist die Bestattung von Teschik-Tasch im Grenzgebirge Usbekistans zu Tadschikistan. Der andere Kulturkreis, er leitet sich auch aus dem Acheuléen her, wird durch einige besondere Artefakttypen als Kreis der »Keilmessergruppen« bezeichnet (Abb. 24). Gegensätzlich zum Moustérien hat er seinen Verbreitungsschwerpunkt im östlichen Mitteleuropa und in Osteuropa und dünnt seinerseits stark nach Westeuropa aus. Außer dem morphologisch untypischen Schädel eines Kindes von der Fundstelle Staroselje auf der Krim gibt es leider noch keinen charakteristischen Hinweis auf die Verbindung dieses Kreises mit einem fossilen Menschentyp. Es ist anzunehmen, dass sich hinter ihm der fossile moderne Mensch *(Homo sapiens sapiens)* verbirgt, der vom Vorderen Orient aus, wo er bereits vor mehr als 100 000 Jahren auftrat, auch mit Bestattungen, doch noch ohne Keilmesser, auf den geografischen Zwangsleitrouten nach Mitteleuropa vordrang und dort vor allem während der frühweichselzeitlichen wärmeren Interstadiale erscheint. Die zeitliche Parallelität von *Homo sapiens neanderthalensis* und *Homo sapiens sapiens* und das gegenseitige Durchdringen ihrer Kulturkreise kann die Hypothese bestärken, wonach infolge genetischer Verbindungen der Neandertaler mit seiner Morphologie allmählich verschwunden ist.

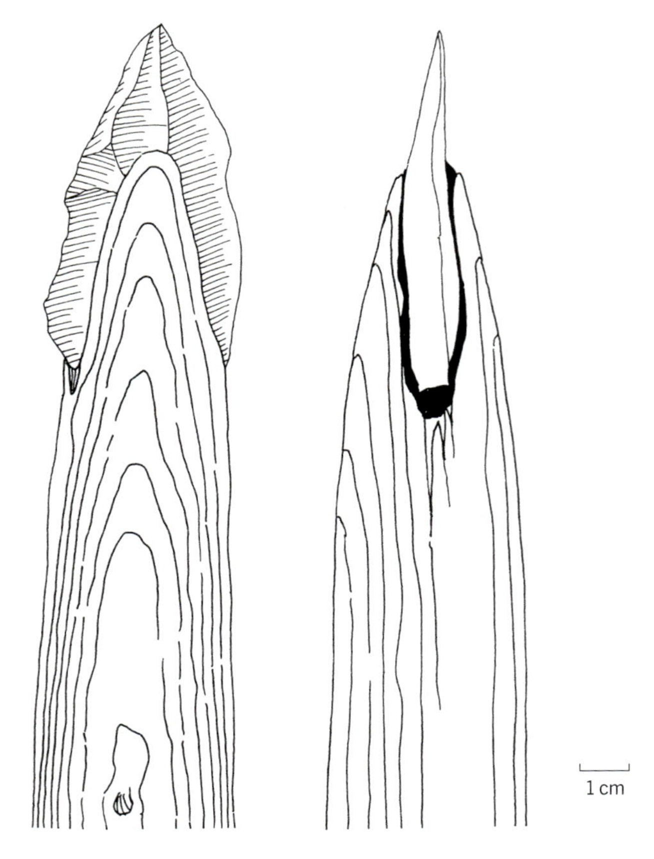

Abb. 22 Der Mensch des Mittelpaläolithikum verstand es, die sog. Levallois-spitzen in die Spitzenpartie von Holzspeeren einzusetzen und zu verkitten.

Dass es solche Verbindungen gab, beweisen die jüngsten Analysen von fossilem Genmaterial.

DER BEFUND VON KÖNIGSAUE IM NORDHARZVORLAND

Als Beispiel für das frühweichselzeitliche Mittelpaläolithikum wählen wir die Fundstelle Königsaue (siehe Infobox »Königsaue« von D. Mania, S. 274) am ehemaligen Ascherslebener See im Nordharzvorland. Hier wurde in 25 m Tiefe im Tagebau eine fossile Uferzone des Sees erfasst, die durch die geologischen Verhältnisse in das zweite Interstadial der Weichselkaltzeit eingestuft werden kann und somit in die Zeit um etwa 90 000 Jahre vor heute gehört. Auf ihr befanden sich die paläolithischen Fundhorizonte. Im Wettlauf mit dem Bagger wurden sie 1963–1964 ausgegraben. Es ergab sich eine 400 m breite, nach Südwest offene Bucht mit einer etwa 80 m breiten Uferterrasse. Hinter ihr stieg der Uferhang um etwa 30 m zur anschließenden Hochfläche auf. Von dieser verlief an der Südostflanke ein Wasserriss mit Bachlauf zum See, wo er einen breiten Sandfächer eingeschwemmt hatte. Die Uferfläche war mit anmoorigen Sanden und Torfen bedeckt. Darin befanden sich drei durch sterile Schichten voneinander getrennte Siedlungshorizonte, von unten nach oben Königsaue A, B (Abb. 25) und C. Kö A und Kö C gehören zu den Keilmessergruppen, Kö B, von ihnen eingeschlossen, zum typischen Moustérien. Die Fundhorizonte ließen erkennen, dass die jeweiligen Gruppen von Jägern und Sammlern, die sich hier einfanden, den von höherer Vegetation freien Uferstreifen zum Aufenthalt wählten. Dieser bestand aus einer Riedgraswiese auf einem schwarzen anmoorigen Boden und ging zum Hang hin in eine Zwergstrauchheide

Abb. 24 *Verbreitung der Kultur der »Keilmessergruppen« in Eurasien (Fundstellen kultureller Zeugen [gelb]). Eingeblendet sind zudem die Fundstellen (rot) der Lagerplätze von Königsaue A, Salzlandkreis (Sachsen-Anhalt), und Wolgograd (Südrussland).*

über, seewärts wurde er von einem Uferwald aus Birken, Kiefern, Weiden, Espen und Fichten diffus begrenzt, der einen Bruchwaldtorf hinterließ. Noch weiter zum See schloss sich ein Röhrichtsaum mit Schilftorf an, diesem folgten die Mudden mit dem Schwimmblattgürtel. Es herrschte ein im Durchschnitt boreal-kontinentales Klima mit warmen Sommern und mit Wald- sowie Wiesensteppen. Merkmale der Wirbeltierfauna zeigen, dass sich die Jäger hier im Sommer aufhielten. Auf den besiedelten Uferflächen erschienen durch dichte Fundkonzentration gekennzeichnete Artefaktlager. Kö A ergab fünf, Kö B sieben, Kö C nur noch drei solche Lager. Wir sehen in diesen Konzentrationen, die auf Arbeitsplätze mit entsprechenden Artefakten zurückgehen und mit Holzkohle- oder Ascheschichten verbunden waren sowie die Verzehrreste der Jagdbeute enthielten, Hinweise auf jeweils einmalige Aufenthalte von kleinen Gruppen, nämlich Sommerlager mit leichten, schnell zu errichtenden Hütten. Mehrere Jahre suchten die Menschen immer wieder die ideale Bucht auf, um hier zu jagen, auch zu sammeln, z. B. Heidel- und Preiselbeeren. Es ist anzunehmen, dass auch Nahrung als Vorrat für die Winterzeit mit einfachen Konservierungsverfahren zubereitet wurde, z. B. durch Fleischtrocknen, wozu das kontinentale Klima geeignet war. Die Sommerjagd wurde auf die Pflanzenfresser einer Übergangsfauna betrieben, so, nach Häufigkeit geordnet, von Kö A auf Rentiere, Wildpferde, Mammute (Jungtiere), Bisons, Wollhaarnashorn, Rothirsch (Maral) und Wildesel, von Kö B auf Wildpferde, Rentiere, Bisons, Mammute (Jungtiere), Wildesel, Maralhirsch, Steppen- und Wollhaarnashorn. Hin und wieder fielen auch Carnivoren den Jägern zum Opfer, wie Wolf, Hyäne, Bär und Löwe.

An den Arbeitsplätzen wurden aus Feuerstein mithilfe der Technik des Diskuskerns Geräte hergestellt (Abb. 26). In Kö A sind das meisterhaft zweiflächig retuschierte Keilmesser (Typ Königsaue mit geknicktem Rücken), sog. langschmale »Faustkeil«-Blätter und breite dünne Blattspitzen, ferner zahlreiche Schaber, einfache Messer aus Abschlägen, langdreieckige Levalloisspitzen, die wie die Faustkeilblätter offenbar in Wurfspeere eingesetzt waren. In Kö B herrschen Typen des Moustérien vor: kleine Faustkeile, Moustierspitzen, verschiedene Schaberformen, Messer mit natürlichem Rücken, gezähnte und gebuchtete Geräte, Bohrer, Kratzer. In Kö C kamen wieder keilmesserartige Formen vor, zusätzlich flächig retuschierte Spitzen und Breitschaber. In beiden Horizonten A und B wurden Stücke aus Birkenpech nachgewiesen (Koller/Baumer 2002), für Kö A ein Stück mit Negativabdruck einer retuschierten Kante und von Holzmaserung sowie einen Fingerabdruck – also der Beweis für eine in einen hölzer-

◄ ***Abb. 23*** *Verbreitung der Kultur (vorwiegend Moustérien) des Neandertalers in Eurasien, dargestellt mithilfe aller Fundstellen seiner körperlichen Reste (gelb). Eingeblendet ist auch die Fundstelle des Lagerplatzes von Königsaue B, Salzlandkreis (Sachsen-Anhalt) (rot).*

KÖNIGSAUE, SALZLANDKREIS, SACHSEN-ANHALT

Fundstelle: Am südlichen Fuße des Bruchsberges, 25 m tief unter dem Boden des ehemaligen Ascherslebener Sees im Tagebau.
Während seiner geologischen Arbeiten im Tagebau entdeckte Dietrich Mania einen mittelpaläolithischen Fundhorizont in fossilen Uferablagerungen des Aschersleбener Sees. Im Wettlauf mit dem Bagger grub er ihn sukzessive, auch mithilfe des Landesmuseums für Vorgeschichte Halle, im Laufe von über 150 Arbeitstagen von 1963 bis 1964 aus (Mania/Toepfer 1973).

Zeitstellung: Die Ufer- und zugehörigen Seeablagerungen stammen aus dem zweiten frühglazialen Interstadial der Weichsel-Kaltzeit und haben ein Alter von mindestens 90 000 Jahren vor heute. Sie ergeben sich aus der zyklisch gegliederten Sedimentabfolge des Sees, wie man sich das nicht besser wünschen kann (Mania 1999). ^{14}C-Datierungen sind für diese Zeit nicht mehr möglich.

Bedeutung der Fundstelle: Es handelt sich um drei mittelpaläolithische Fundhorizonte – Königsaue A als der ältere, B als der mittlere und C als der jüngste Horizont. Sie entstanden in einer etwa 1 m mächtigen Folge von Ufersedimenten, die sich in einer 400 m breiten Bucht auf einer Terrasse am Fuße des Uferhanges gebildet hatte. Das waren Flach- und Bruchwaldtorfe, anmoorige, mit Riedgras bestandene Böden und eingeschwemmte Sande. An der südöstlichen Seite mündete ein Wasserriss, der einen breiten Sandfächer in den See geschüttet hatte und an der Siedlungsterrasse einen freien Zugang zum Wasser von höherer Vegetation freihielt. Diese bildete im Übergangsbereich vom Schilfrohrgürtel zur Riedgraswiese einen Uferwaldstreifen, die Riedgraswiese auf Anmoor den geschützten Siedlungsbereich. Dieser wurde von Jäger- und Sammlergruppen zu sommerlichen Jagdaufenthalten im Harzvorland wiederholt aufgesucht (Abb. 1). Dabei entstanden »Artefaktlager« mit Feuerstellen, Aschelagen und Arbeitsplätzen, fünf für Kö A, sieben für Kö B, nur noch drei erhaltene für Kö C. Sie entsprechen jeweils Aufenthalten der mittelpaläolithischen Menschen. Der Kö A-Horizont bildete sich in einer frühen Phase des Interstadials mit beginnendem boreal-kontinentalem Klima, mit Wiesensteppen und eingestreuten Birken-Kiefernwäldern. Der Kö B-Horizont entstand im voll entwickelten Interstadial, mit boreal- bis kühl temperiertem Klima und Kiefern-Birkenwäldern, in denen auch anspruchsvollere Arten vorkamen, wie Hasel, Eiche, Hainbuche, Zitterpappel, sich ansonsten Tschernosem-Wiesensteppen ausbreiteten und Zwergstrauchheiden entstanden. Kö C hatte ähnliche Verhältnisse. Hier in dieser Bucht wechselten zwei verschiedene mittelpaläolithische Kulturgruppen. Königsaue A und C gehören zu den sog. Keilmessergruppen, Kö B zu einem typischen Moustérien. Entsprechend ist das jeweilige Artefaktinventar zusammengesetzt: Kö A mit meisterhaft flächig bearbeiteten Keilmessern (z. B. Typ Königsaue), Faustkeilblättern und breit-dünnen Blattspitzen, Kö B mit kleinen Faustkeilen und Moustierspitzen sowie verschiedenen Schaberformen, Kö C wieder mit breiten Keilmessern sowie flächig retuschierten Transversalschabern (Typ La Quina). Gejagt wurden Rentiere, Rothirsche (Marale), Bison, Steppen- und Wollhaarnashorn, Mammut (Jungtiere), Wildpferd und Wildesel. Außerdem kamen Löwe, Höhlenbär, Hyäne und Wolf vor. Interessant und aufschlussreich für die hohe Entwicklung von Geist, Intelligenz und Technik sind zwei Stücke Birkenpech: In Kö A wurde das Pech zum Einkitten einer Feuersteinklinge in einen Holzgriff verwendet, das Stück von Kö B ist als Wurst gerollt und zusammengebogen (Koller u. a. 2001; Koller/Baumer 2002; Mania 2015).

Dietrich Mania

Abb. 1 Neandertaler beim Herstellen von Wurfspeeren (Zeichnung © K. Schauer).

***Abb. 25** Königsaue, Salzlandkreis (Sachsen-Anhalt), Uferbereich des Aschersleber Sees vor 90 000 Jahren. Dieser wurde wiederholt von mittelpaläolithischen Jäger- und Sammlergruppen aufgesucht. Hier wurden von drei Fundschichten die Lagerplätze der unteren Horizonte Königsaue A und Königsaue B dargestellt. Bei den Fundverdichtungen handelt es sich jeweils um saisonale Aufenthalte.* ➤

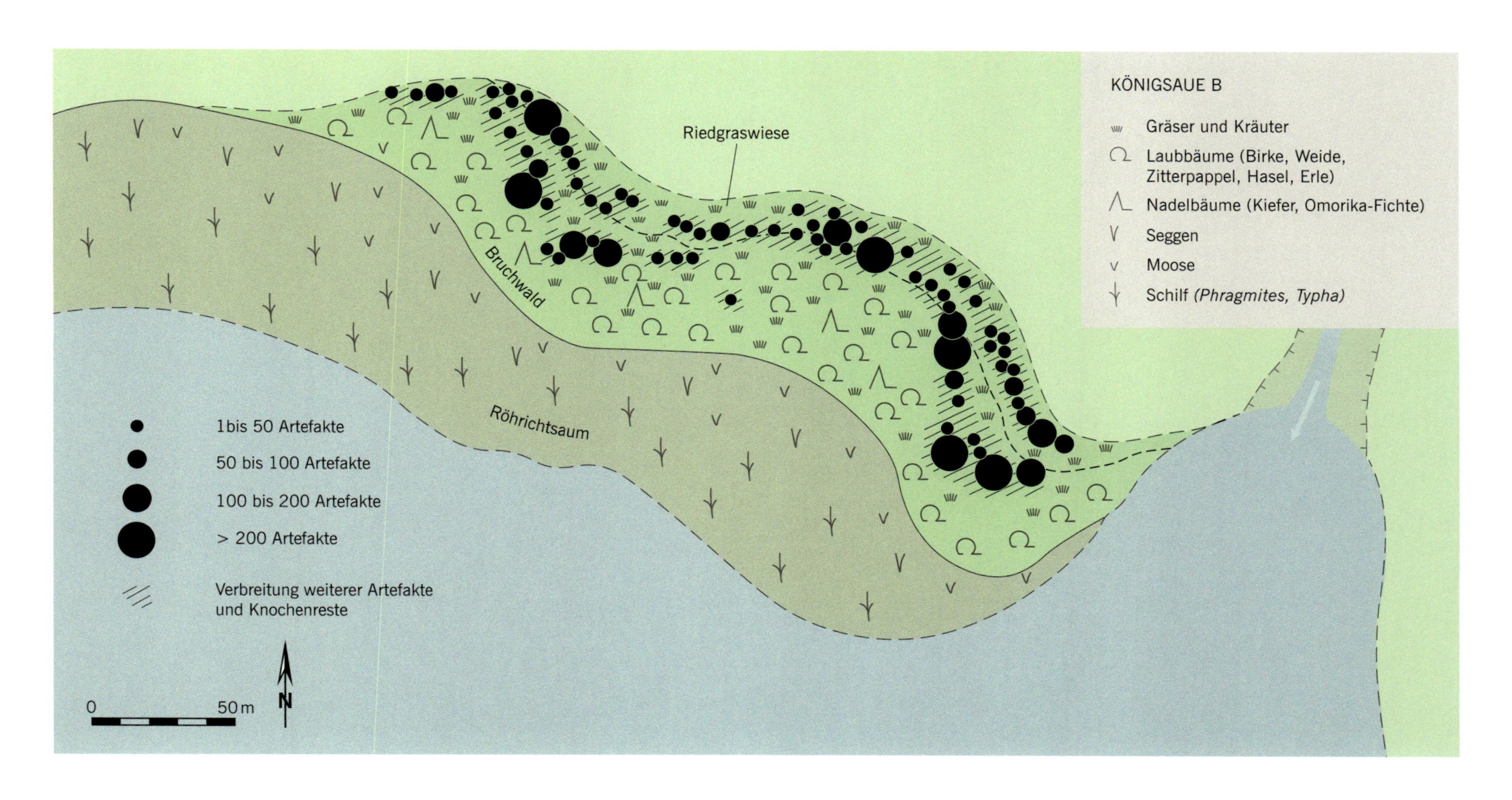
KÖNIGSAUE B
Gräser und Kräuter
Laubbäume (Birke, Weide, Zitterpappel, Hasel, Erle)
Nadelbäume (Kiefer, Omorika-Fichte)
Seggen
Moose
Schilf *(Phragmites, Typha)*
Riedgraswiese
Bruchwald
Röhrichtsaum
1bis 50 Artefakte
50 bis 100 Artefakte
100 bis 200 Artefakte
> 200 Artefakte
Verbreitung weiterer Artefakte und Knochenreste
0
50 m
N

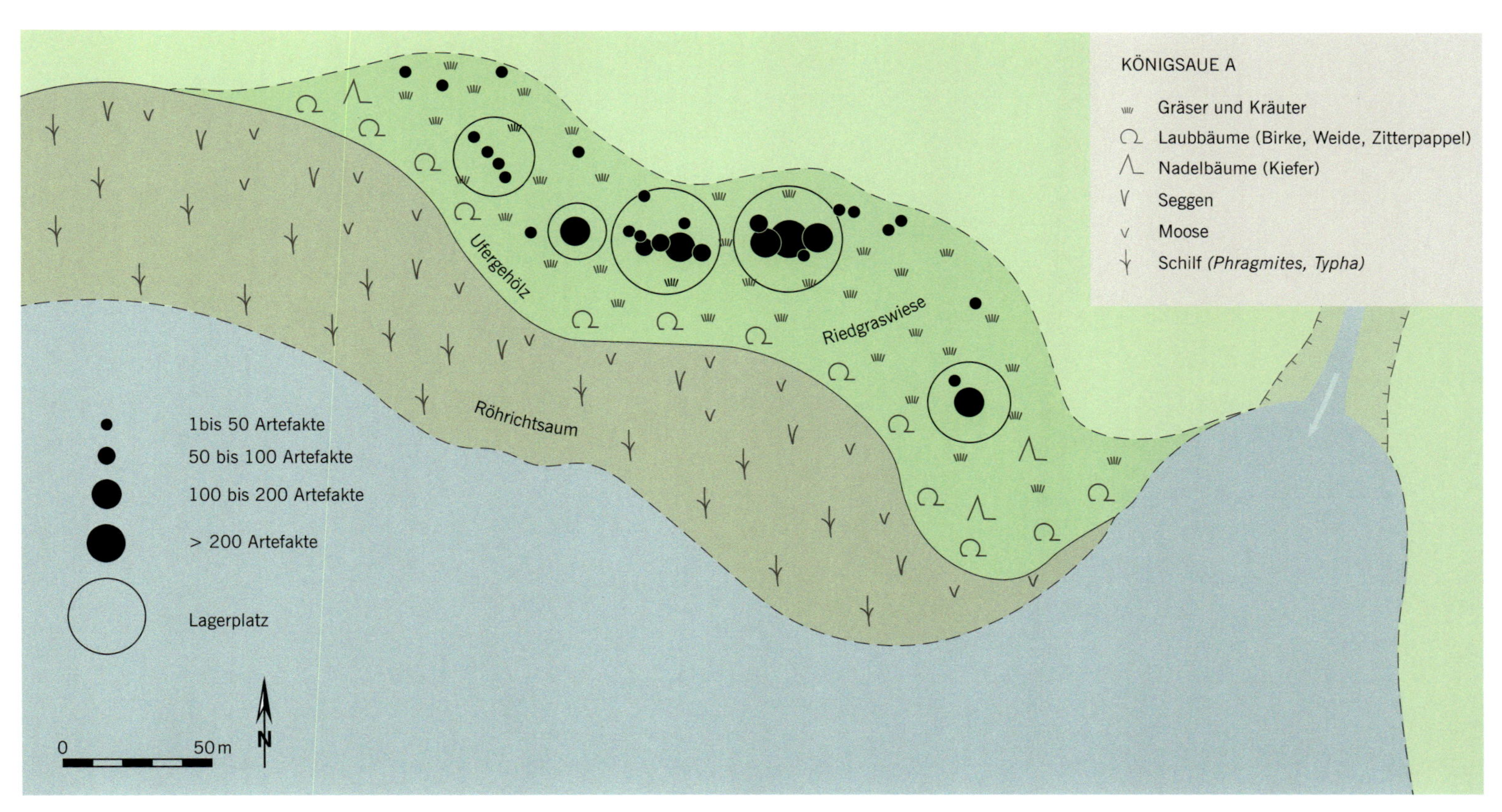
KÖNIGSAUE A
Gräser und Kräuter
Laubbäume (Birke, Weide, Zitterpappel)
Nadelbäume (Kiefer)
Seggen
Moose
Schilf *(Phragmites, Typha)*
Ufergehölz
Riedgraswiese
Röhrichtsaum
1bis 50 Artefakte
50 bis 100 Artefakte
100 bis 200 Artefakte
> 200 Artefakte
Lagerplatz
0
50 m
N

nen Griff geschäftete und mit Pech verklebte Messerklinge (Abb. 27), für Kö B eine gerollte und zusammengebogene Wurst aus diesem Material. Aus Birkenrinde unter Luftabschluss und bei konstanter Temperatur von 360–400 °C Pech zu schwelen, erfordert hohe geistige Fähigkeit sowie technisches Geschick und ist allein schon ein Beweis für ein hohes kulturelles Niveau, das der mittelpaläolithische Mensch erreicht hatte. Zusätzlich müssen wir ihm alle Errungenschaften der kulturellen Evolution zugestehen, die vor ihm erreicht wurden. Zu seinem Niveau gehören das Erschaffen einer eigenen künstlichen, sozio-kulturellen Umwelt mit Wohnbauten, Feuernutzung, speziellen Aktivitätsbereichen, einfache Kleidung, das Beherrschen einer komplexen und differenzierten Technik und variabler Technologien, planvolles Verhalten, eine geistige Vorstellungswelt über solche Fähigkeiten hinaus, mit begrifflichem, symbolischem Denken, mit einer Sprache und mit frührituellem Verhalten. Auf dieses beziehen sich die Bestattungen, die man von beiden Formen des mittelpaläolithischen Menschen erstmalig im Laufe der Evolution kennt, von *Homo sapiens neanderthalensis* und *Homo sapiens sapiens*. Beide treten damit nebeneinander, quasi gemeinsam, vor mehr als 100 000 Jahren im Nahen Osten auf. Überraschend aber ist, dass sie beide keinen Unterschied in ihrer Kultur erkennen lassen. Beide benutzten die gleichen Gerätetypen und Herstellungstechniken, sie besaßen also eine technisch, formentypisch und symbolisch übereinstimmende Kultur. Selbst die Bestattung von Toten und das damit verbundene Weltbild hatten sie gemeinsam. Im Laufe des Weichselfrühglazials differenziert sich offenbar die Gerätekultur in einigen Akzenten zum Formenkreis der Gruppen des Moustérien und zum Formenkreis der Keilmessergruppen. Wie oben schon angedeutet, ist hinter den Keilmessergruppen der moderne Mensch zu vermuten, während der Neandertaler das Moustérien vertritt. Sie waren beide zeitgleich von Westeuropa bis mindestens zum Altai verbreitet. Es gab genug Gelegenheit zu Vermischungen kultureller, wenn nicht auch biologischer Art, zum Aufgehen der einen Kultur in der anderen und deren Weiterführung zum Jungpaläolithikum, wohl zunächst zum Aurignacien, der *Homo sapiens neanderthalensis* mit seinem Moustérien über das Châtelperronien, der *Homo sapiens sapiens* mit seinem Keilmesserkreis über frühe Blattspitzengruppen, wie beispielsweise Ranis 2 in Thüringen. Wir müssen uns nicht bezüglich der frühglazialen Verhältnisse bemühen, um mithilfe ideologisch gefärbter Begründungen die Überlebensstrategien der Neandertaler zu überdenken und »Szenarien« zu konstruieren, um damit ihr Aussterben und ihr Nichtverwandtsein mit uns zu beweisen. Für das Überleben waren sie bestens ausgerüstet, mithilfe ihres Geistes und ihrer Kultur diese »neuen« Lebensbedingungen zu meistern. Natürlich auch wieder mit der Jagd, sogar vor allem mit der Jagd und bestimmt auch mit neuen Techniken und Methoden. Der moderne Sapiens tat es ihnen gleich.

DER WEG FÜR DEN KULTURELLEN AUFSTIEG DES HOMO SAPIENS IST VORBEREITET

Wir sind jetzt an der Stelle angelangt, wo die soziale Jagd als wichtigste Ernährungsstrategie des frühen Menschen und als stärkster Antrieb der kulturellen Evolution einen maximalen Erfolg erreicht hat. Der *Homo sapiens sapiens*, der mit seiner Kultur daraus hervorgeht, baut auf diesem Erfolg auf. Er führt die kulturelle Daseinsform zu weiteren Höhepunkten und schafft es, sich mithilfe seines Geistes und seiner Kultur an Naturbedingungen anzupassen, die für den Menschen noch unwirtlicher waren. Dabei war die Triebfeder wiederum jener Drang, das in diesen Naturräumen lebende Wild als Nahrungsgrundlage zu nutzen, also weiterhin die Jagd mit ihren schon bekannten, jetzt raffiniert weiter entwickelten Techniken zum Überleben dienen musste. Es war eigentlich nicht nötig, sich auch an die subarktischen und arktischen Klima- und Umweltverhältnisse anzupassen. Das zeigten vor ungefähr 15 000 Jahren jene Jäger und Sammler im Vorderen Orient, wo sie im fruchtbaren Halbmond zur frühneolithischen Landwirtschaft übergingen, sesshaft wurden und ein Mehrprodukt schufen, das zuerst einen Populationszuwachs hervorrief, dann allerdings auch Gier und Neid, schließlich erste Auseinandersetzungen und den Krieg. Mit diesen negativen Erscheinungen der kulturellen Evolution kann für unsere heutige Situation der Satz von Gordon Childe, den wir am Anfang zitierten, in einen gegensätzlichen Sinn geändert werden.

Wir haben in großen Zügen die sozio-kulturelle Evolution des Menschen geschildert. Sie lief parallel zur biologischen Evolution, zunehmend in immer stärkerer Verbindung mit der Entwicklung des Gehirns und den damit verbundenen geistigen und kulturellen Fähigkeiten. Den Anstoß zu dieser Entwicklung gab die Jagd. Im weiteren Verlaufe wurde sie zum treibenden Motor der Entwicklung. Es zeigt sich, dass nicht die klimatischen Veränderungen der Lebensumwelt den Menschen dazu gezwungen haben, in immer ungünstigere, seiner Biologie widersprechende Lebensräume vorzudringen, sondern der Mensch hat sich aktiv, mithilfe der Jagd als wichtigstem Mittel seines Nahrungserwerbs, und mit seiner sich daraus ergebenden besonderen kulturellen Daseinsform, mit seiner Kulturbefähigung an neue Lebensbedingungen angepasst, besser: sich ihnen gestellt und hat sie überlebt. Zuletzt auch der Neandertaler, in dessen Zeit die Jagd und Kulturbefähigung einem Höhepunkt zustrebten und in die Daseinsformen des modernen Menschen einmündeten. Und das erlebte der Neandertaler mit seinem nächsten Verwandten, dem Sapiens im Frühglazial der letzten Kaltzeit: Beide hatten gleiche Kultur, gleiche geistige Voraussetzungen, gleiche soziale Lebensweisen, gleiches Weltbild. Dieses manifestierte sich in der Behandlung ihrer eigenen Toten. Beide bestatteten sie. Erkenntnisse daraus vermittelt Avraham Ronen (1990): »Der Akt der Bestattung bringt keinen materiellen Vor-

◀ ***Abb. 26*** *Königsaue, Salzlandkreis (Sachsen-Anhalt), Uferrandsiedlungen am Ascherslebener See. Oben: Faustkeil und diskoider Kernstein des Moustérien von Königsaue B. Unten: zwei Keilmesser und ein sog. Faustkeilblatt (Mitte) von Königsaue A. Alle Geräte aus Feuerstein; Maßstab etwa 1:1.*

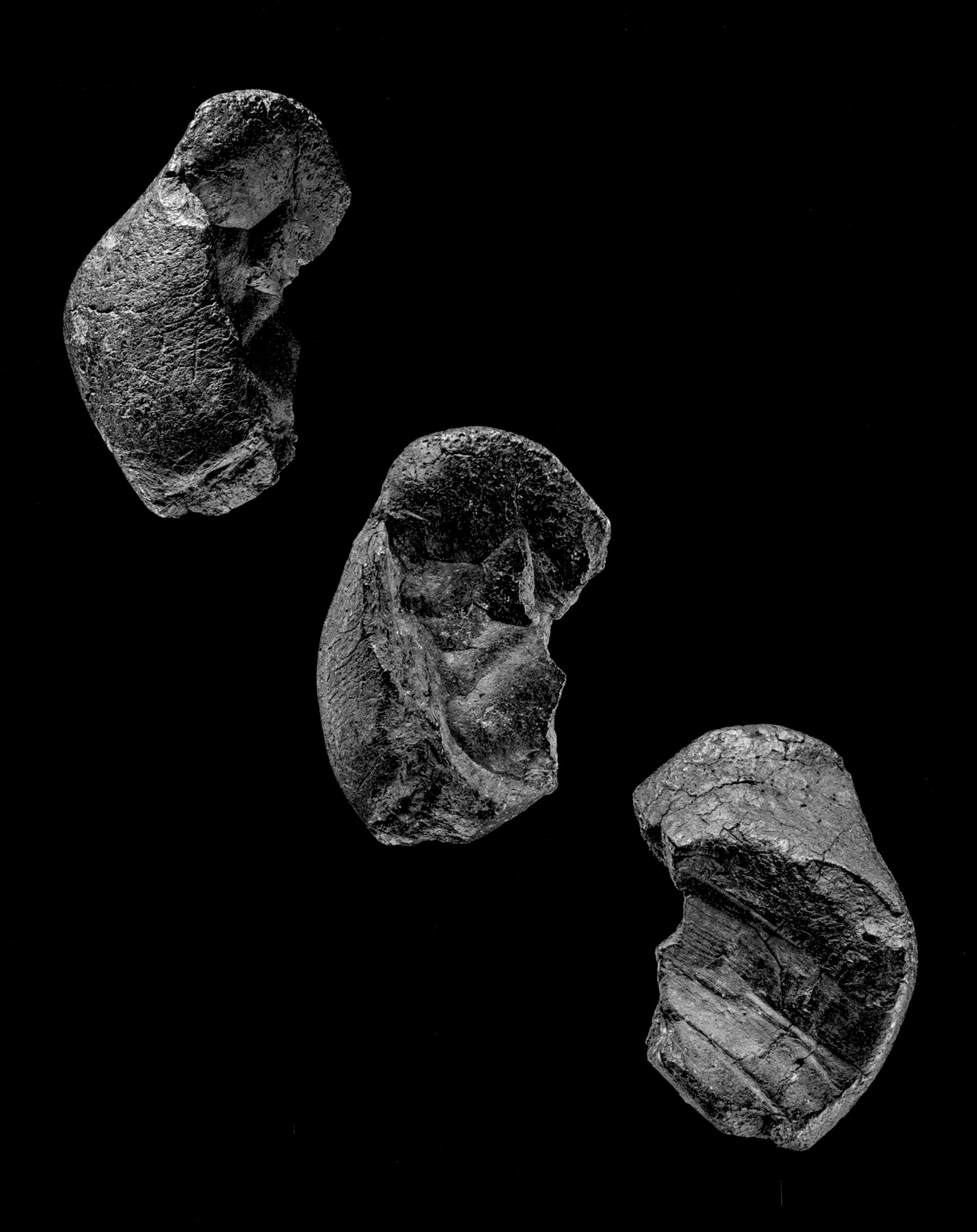

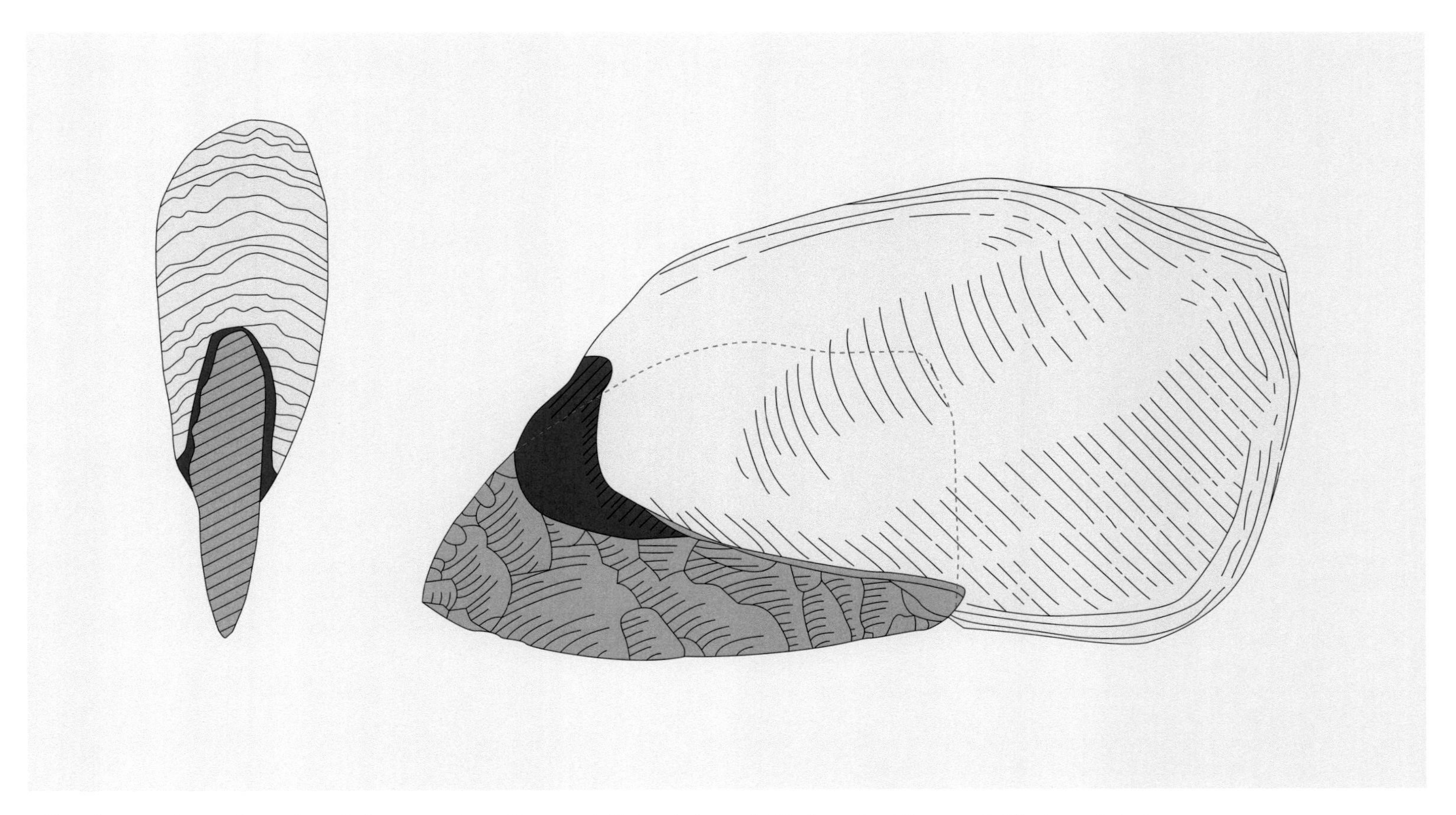

Abb. 27b *Die Rekonstruktion der Schäftung von einem Messer mit Birkenrindenpech. Die Form des hölzernen Griffes ist spekulativ.*

teil. Sein Wert muss in Glaubensvorstellungen und Symbolen gesucht werden. So ist das Vorhandensein von Gräbern der archäologische Hinweis auf die Vorstellungswelt und ein Symbolsystem … Die Anlage eines Grabes ist ein Hinweis auf das Wissen um den Tod und auf die Einsicht, dass das Leben außerhalb der Kontrolle des Menschen liegt … Das Wissen um den Tod beinhaltet auch einen Zeitbegriff, Vergangenheit und Zukunft. Die Verbindung der Vorstellungen von Zeit und Tod führt zu dem Wissen um die Unvermeidlichkeit des eigenen Todes. Dieses Stückchen Wissen ist die alleinige, stärkste Determinante der menschlichen Existenz«.

◄ **Abb. 27a** *Aus dem Inventar der Keilmessergruppe Königsaue A, Salzlandkreis (Sachsen-Anhalt), stammt ein Rest von Birkenrindenpech, das zum Einkitten eines retuschierten Messerblattes aus Feuerstein in einen Holzgriff diente. Oben und Mitte das Stück mit den Abdrücken von Papillarlinien eines Fingers auf der Außen- und der retuschierten Kante auf der Innenseite. Unten der Abdruck von gemasertem Holz auf der Außenseite; Länge 2,7 cm.*

NEANDERTALER ŠAL'A 1 – EIN MENSCH DES OBEREN PLEISTOZÄN AUS DER SLOWAKEI

Fundstelle: Die pleistozänen fluvialen Kiesterrassen mit Lössablagerungen im Gebiet der Donau-Ebene, die Anwesenheit von Travertinen, vor allem in der Mittel- und Ost-Slowakei, und – selbstverständlich – die Höhlen und Abris auf dem Gebiet der Slowakei sind eine hervorragende Voraussetzung für paläoanthropologische Funde. Das bestätigt sich auch durch das Auffinden von Knochenresten und natürlichen Ausgüssen von Neandertaler-Knochen in den Travertinen von Gánovce und den Kiesterrassen des Flusses Váh (Waag).

Zeitstellung: In der Slowakei sind bis jetzt Funde von vier Neandertaler-Individuen (*Homo neanderthalensis* bzw. *Homo sapiens neanderthalensis*) bekannt, die im Eem-Interglazial, einer Warmzeit zwischen 125 000 und 90 000 Jahren vor heute, lebten.

Bedeutung der Fundstelle: Zwei Individuen stammen aus dem Travertinhügel Hrádok in Gánovce (Kreis Poprad) und zwei aus dem Fluss Váh in der Nähe der Stadt Šal'a (Kreis Šal'a).
Der Neandertaler-Fund Šal'a 1 wurde 1961 in den Kiesen des Flusses Váh gefunden (Abb. 1a–d; Vlček 1968; Vlček 1969). Es handelt sich hierbei um ein braun-schwarzes, sehr gut erhaltenes, fossilisiertes und relativ schweres Stirnbein, das an hervorstehenden Stellen etwas heller ist. Die fast unbeschädigte Verzahnung der Kranznaht *(Sutura coronalis)* zeugt von einem nur sehr kurzen Transport im Wasser. Die Randbereiche des Knochens sind leicht poliert, wahrscheinlich durch Sand und Wasser.
Das Stirnbein weist typische morphologische Merkmale eines Neandertalers auf: mächtig ausgebildete Überaugenwülste *(Torus supraorbitalis)*, postorbitale Einschnürungen des Schädels (schmale Stirnbereiche über den Überaugenwülsten), eine niedrige und fliehende Stirnbeinschuppe *(Squama ossis frontalis)*, angedeutete Stirnbeinhöcker, eine breite Nasenwurzel und dem oberen Rand nach ovale Augenhöhlen. Eine einfache, große Stirnhöhle füllt den gesamten Nasenwurzelbereich, reicht aber nicht bis in die Stirnbeinschuppe hinein. Diese ist leicht geneigt und hat im mittleren Bereich einen ausgebildeten »Kamm«. Am Ausgang des Stirnbereichs des Endokraniums (innerer Teil des Stirnbeins) kann man, anders als bei anderen Neandertalern, ein kleiner entwickeltes *Rostrum orbitale* (die konkave frontomarginale Wölbung der Augenhöhlengegend) beobachten. Die unbeschädigten Überaugenwülste gehen an ihren Rändern bis zum Jochbein-Fortsatz *(Processus zygomaticus)* des Stirnbeins in gleichmäßige und gleich starke Wülste über. Die Überaugenwülste sind von der Stirnbeinschuppe klar abgegrenzt.
Über der rechten Augenhöhle, im Bereich der Überaugenfläche *(Planum supraorbitale)*, kann man eine ovale, elliptische Delle beobachten – eine etwa 10 x 12 mm große Narbe. Sie durchdringt die *Lamina externa* (äußere Knochenschicht) in ihrer ganzen Stärke und bildet in der *Diploe* (Bereich zwischen innerer und äußerer Knochenschicht der Schädelkalotte) des Knochens eine oberflächliche Verletzung (vgl. Abb. 1; Vlček 1968; Vlček 1994; Sládek u. a. 2002). Die Ränder der Verletzung sind durch neu gebildeten Knochen ausgeheilt. Die Umgebung der Narbe ist atrophiert (hat zu einem Gewebeschwund geführt), und der Überaugenwulst ist an dieser Stelle dünner. Es dürfte sich um eine verheilte Verletzung handeln, die von einem scharfen Gegenstand (Stein, Zahn etc.) verursacht worden sein könnte.
Am oberen Rand der rechten Augenhöhle, knapp unter der Verletzung, befinden sich drei im Querschnitt V-förmige »Schnitte« von 4,2–7,4 mm Länge. Die Farbe der Schnitte ist etwas heller als ihre Umgebung, was auf eine Entstehung nach dem Tod hindeutet. Des Weiteren befinden sich über der Nasenwurzel und über der linken Augenhöhle mehrere flache lineare Kratzer, die die gleiche Farbe haben wie der gesamte Knochen. Sie sind wahrscheinlich durch den Transport im Flusskies entstanden.

Abb. 1a–c Vorderansicht (a), Draufsicht (b) und Seitenansicht (c) des Stirnbeins von Šal'a 1, Nitriansky kraj (Slowakei). Die Breite zwischen den Außenrändern der beiden Augenbögen beträgt 11,5 cm.

Beim Vergleich der morphologisch (Betrachtung der Form) Merkmale von Šal'a 1 mit anderen Fossilien ist die Typus-Morphologie (anhand dieser Form wurde die Art definiert) der Überaugenwülste nicht eindeutig. In Bezug auf ihre Größe und Neigung ähneln diese Wülste am ehesten denen, die zur Gruppe der spätpleistozänen Neandertaler aus Europa und Vorderasien (z. B. Amud 1, Tabun 1, beide in Israel, La Chapelle-aux-Saints, La Ferrassie, beide in Frankreich, Krapina 3, 4 und 5 in Kroatien, Shanidar 1 und 5 im Irak) und mittelpaläolithischen frühen modernen Homininen (Qafzeh, Skhul, beide in Israel) gehören. Hinsichtlich der Form des Orbitalrandes und der Segmentierung der Merkmale weist Šal'a 1 die größte Ähnlichkeit mit mittelpleistozänen archaischen Homininen auf (z. B. Atapuerca SH 4, 5 und 6 in Spanien, Broken Hill in Sambia, Ehringsdorf 9 in Deutschland, Florisbad 1 in Südafrika). Der Multivariaten Analyse (Analyse mehrerer Variablen) nach gehört Šal'a 1 mit einer Wahrscheinlichkeit von 87 % in die Gruppe der Neandertaler (Sládek u. a. 2002).

Das Stirnbein stammt von einem erwachsenen Individuum aus dem Umfeld der spätpleistozänen, zentraleuropäischen Neandertaler (Sládek u. a. 2002). Es handelte sich wahrscheinlich um eine Frau im Alter zwischen 20 und 39 Jahren (Vlček 1968; Vlček 1969; Vlček 1994). Ursprünglich wurde der Fund auf den frühen Abschnitt des letzten Würm-Glazials datiert (etwa 70 000–50 000 Jahre vor heute). Im Zusammenhang mit der neuerlichen Entdeckung eines Neandertalers (Šal'a 2) stellte sich heraus, dass Šal'a 1 tatsächlich etwa 5 km weiter südlich gefunden wurde als ursprünglich angegeben: 1961 hatte der damals 18-jährige Josef Syrový den Knochen am 52. bis 53. Flusskilometer im flachen Kiesbereich des rechten Ufers des Flusses Váh gefunden. Nach einer neu abgeleiteten Stratigrafie (Šefčáková u. a. 2005) ist die primäre Lage von Šal'a 1 in jüngeren Schichten des letzten Interglazials (Riss-Würm bzw. Eem, »OIS 5e«, ursprünglicher Komplex PK III, etwa 100 000–80 000/75 000 Jahre vor heute) zu vermuten. Dies wird durch die Sekundärlage und das gleichzeitige Vorkommen von fossilen Nashörnern *(Dicerorhinus hemitoechus* und *Dicerorhinus kirchbergensis*), Riesenhirschen *(Megaloceros giganteus)* und Waldelefanten *(Palaeoloxodon antiquus)* (Vlček 1968; Ďurišová 1989; Ďurišová 1993; Ďurišová 1994) bestätigt.

In den Jahren 1993 und 1995 gelang ein weiterer Fund eines Neandertalers, benannt als Šal'a 2. Es handelt sich um zwei linksseitige Schädelteile (Stirn- und Scheitelbein; Kormoši u. a. 1996; Jakab 1996; Jakab 1998; Jakab 2005), die zum selben Individuum gehören und durch eine glückliche Fügung in einem Zeitraum von drei Jahren gefunden wurden. Šal'a 2 gehört zu einem älteren und robusteren Individuum als Šal'a 1. Vermutlich handelt es sich um einen erwachsenen Mann, der zum Zeitpunkt seines Todes etwa 40–59 Jahre alt war. Durch einen Vergleich der Funde Šal'a 2 und Šal'a 1 wird ersichtlich, dass sie eine gleiche Evolutionsstufe repräsentieren (Jakab 2005).

Doch wer waren die Neandertaler? Woher kamen sie? Taxonomisch werden sie in die Gattung *Homo* gestellt und häufig als eine eigenständige Art betrachtet (Harvati 2003). Allerdings enthalten unsere Gene einen bestimmten prozentuellen Anteil an Neandertaler-DNA, wahrscheinlich ein Ergebnis einer Kreuzung, was wiederum von einem nahen Verwandtschaftsverhältnis zum *Homo sapiens* zeugt (Sankararaman u. a. 2014). Es scheint aber, dass sie einen getrennten Evolutionsweg hatten (Mounier u. a. 2016).

Über den Ursprung des *Homo sapiens* gibt es zwei grundlegend verschiedene Ansichten (Stringer 2001). Nach der Theorie des gemeinsamen afrikanischen Ursprunges (»Out of Africa-Theorie«, die Theorie des Monozentrismus, d. h. die Hypothese des afrikanischen Ursprungs, die Theorie der »mitochondrialen[1] Eva«) entstand der vernunftbegabte Mensch in Afrika und verbreitete sich anschließend über die ganze Welt. Dabei ersetzte er die phylogenetisch (stammesgeschichtlich) älteren Populationen und wahrscheinlich vermischte er sich auch biologisch mit ihnen. Nach der zweiten Theorie der regionalen Kontinuität (»Single-Species-Theorie«, die Theorie des Polyzentrismus) entwickelte sich der Mensch aus seinen eigenen homininen Vorfahren vor Ort, dort, wo er bis heute lebt. Am wahrscheinlichsten ist ein Kompromiss zwischen beiden Theorien.

Abb. 1d *Detailansicht der traumatischen Verletzung am rechten Augenbrauenbogen von Šal'a 1, Nitriansky kraj (Slowakei).*

Den Fossilien und DNA-Analysen nach wird vermutet, dass unsere Vorfahren aus Afrika stammen, wo für ihre Entstehung ideale Bedingungen herrschten (Stringer 2003). Die restlichen Gebiete der Welt besiedelten sie in mehreren zeitlichen Wellen (Templeton 2002), wobei möglicherweise manche Populationen auch zurückkehrten. Die erste Migration aus Afrika geschah wahrscheinlich in Form des *Homo ergaster* (möglicherweise einer frühen Variante des *Homo erectus*) vor etwa 1,8 Millionen Jahren. Die zweite betrifft den *Homo heidelbergensis* vor ca. 600 000–200 000 Jahren. In Europa entstanden aus dem Umkreis des *Homo heidelbergensis* die Neandertaler, die vor etwa 300 000–40 000 Jahren lebten. Gleichzeitig und unabhängig davon entwickelte sich vermutlich auch aus dem *Homo heidelbergensis* in Afrika vor mindestens 300 000 Jahren der *Homo sapiens* (Hublin u. a. 2017). Die dritte Migration aus Afrika, diesmal durch den sog. modernen Menschen *(Homo sapiens sapiens)* ereignete sich vor etwa 100 000–50 000 Jahren. Beim Erreichen von Europa trafen sie auf Neandertaler, die dort bereits seit Tausenden von Jahren lebten.

Alena Šefčáková

1) Mitochondriale DNA (mtDNA) = Sie wird bei vielen Organismen nur von der Mutter an die Nachkommen weitergegeben.

Thorsten Uthmeier

BESTENS ANGEPASST

JUNGPALÄOLITHISCHE JÄGER UND SAMMLER IN EUROPA

In diesem Beitrag geht es in erster Linie um die Deckung einfacher Grundbedürfnisse, also um die Vermeidung von Hunger, Durst, Schlaflosigkeit und Angst, während des Jungpaläolithikum zwischen 44 000 und 14 000 Jahren vor heute. Die Träger des Jungpaläolithikum waren Angehörige von *Homo sapiens sapiens*, die sich anatomisch und intellektuell nicht wesentlich von uns unterschieden. Letzteres gilt auch für die in Europa entstandenen, anthropologisch korrekt als *Homo sapiens neanderthalensis* klassifizierten Neandertaler, die allerdings einen im Detail anderen Körperbau aufwiesen und die Menschenart des vorangegangenen Mittelpaläolithikum waren. Trotz der physischen Unterschiede sind sowohl der Neandertaler als auch der moderne Mensch nach Erkenntnissen der Paläogenetik lediglich Unterarten von *Homo sapiens*, die sich in Eurasien vermutlich mehrfach und in verschiedenen Regionen vermischt haben. Ihr unbestreitbarer evolutionärer Erfolg liegt in der kulturell ermöglichten ökologischen Plastizität, die sich sowohl auf materielle als auch immaterielle Kulturelemente stützt und durch die Herausbildung des aufrechten Ganges und die Freiheit der Hände möglich wurde. Bei der Erzeugung und Weiterentwicklung der kulturellen Ausstattung konnten die ersten modernen Menschen auf ältere Erfahrungsschätze zurückgreifen, die aber weder in ungebrochener Tradition noch in Gänze zur Verfügung standen.

DER LANGE WEG ZUM JUNGPALÄOLITHIKUM

Ganz unabhängig von der Gattung waren die Homininenarten einschließlich des modernen Menschen in ein Ökosystem eingebunden, in dem sie je nach körperlicher und kultureller Ausstattung eine Nische besetzt haben. Uns, dem »modernen« Menschen (Uthmeier 2016) oder taxonomisch: *Homo sapiens sapiens*, ist es gelungen, nahezu die gesamte irdische Landmasse ständig zu bewohnen. Grundlage dieses Erfolges war eine bereits vor mehr als 2,5 Millionen Jahren einsetzende Umkehrung des zuvor dominierenden Mechanismus einer immer besseren physischen Evolution zugunsten einer ohne Einfluss der Genetik ständig verbesserten kulturellen Anpassung. Die Erschließung neuer, zuvor nicht genutzter Lebensräume setzte bereits im Altpaläolithikum vor mindestens 1,2 Millionen Jahren ein (Huguet u. a. 2017), hat aber nach der Entstehung des modernen Menschen vor 300 000 Jahren im nördlichen Afrika (Richter u. a. 2017) deutlich an Dynamik zugenommen. Der hier interessierende Abschnitt des europäischen Jungpaläolithikum fällt nach bisher gemessenen, als zuverlässig anerkannten und durch Kalibration berichtigten Radiokarbondaten in einen Zeitraum zwischen 44 000 und 14 000 Jahren »calibrated Before Present« (im Weiteren kurz: »calBP«, wobei »BP« für das Jahr 1950 steht; vgl. Wolff 2007)[1].

Die Population des frühen modernen Menschen wurde nach einer gemeinsamen genetischen und kulturellen Entwicklung in Afrika räumlich aufgetrennt. In der Folge ist neben weiteren Separierungen immer wieder – auch in Europa – mit dem Aussterben von (Teil-) Populationen und dem Verlust von kulturellem Wissen zu rechnen (Fu u. a. 2015). Das Risiko eines regionalen bis sub-kontinentalen Ausdünnens und sogar Abbrechens kultureller wie genetischer Kontinuität ist nur vor dem Hintergrund sehr niedriger Populationsdichten zu verstehen. Schätzungen für den besonders kühlen Abschnitt des sog. »2. Kältemaximums« der letzten Kaltzeit zwischen 25 000 und 20 000 calBP gehen für West- und Mitteleuropa von 1400 bis 6300 gleichzeitig lebenden Personen aus, die sich auf mehrere Verbreitungsschwerpunkte höherer Bevölkerungsdichte verteilen (Maier u. a. 2016). Trotz der geringen Bevölkerungsdichten bestanden aber während des Jungpaläolithikum räumlich weitreichende und teilweise über Jahrtausende stabile Informations-Netzwerke (Maier 2015). Eine wichtige Grundlage dieser Netzwerke war die hohe Mobilität der damaligen Jäger- und Sammler-Gruppen mit entsprechend häufigen Kontakten auch zu peripheren oder zuvor nicht integrierten, fremden Gruppen. Die große Ähnlichkeit in den Grundstrukturen der erhaltenen materiellen Kultur darf aber nicht darüber hinwegtäuschen, dass es vielfältige Möglichkeiten der sozialen Abgrenzungen gegeben hat, die nicht überliefert sind, wie etwa Schmuck, Wandkunst oder Bekleidung, Haartracht und Körperbemalung. Vor diesem Hintergrund wirken die sog. »Industrien«, in denen zeitgleiche Inventare mit ähnlichen Rezepturen in der Herstellung der Steinwerkzeuge zusammengefasst werden, zuweilen den reell existierenden sozialen Einheiten wie übergestülpt (Vanhaeren/d´Errico 2006).

◄ *Lebensbild eines jungpaläolithischen Mannes in Winterkleidung (Zeichnung © K. Schauer).*

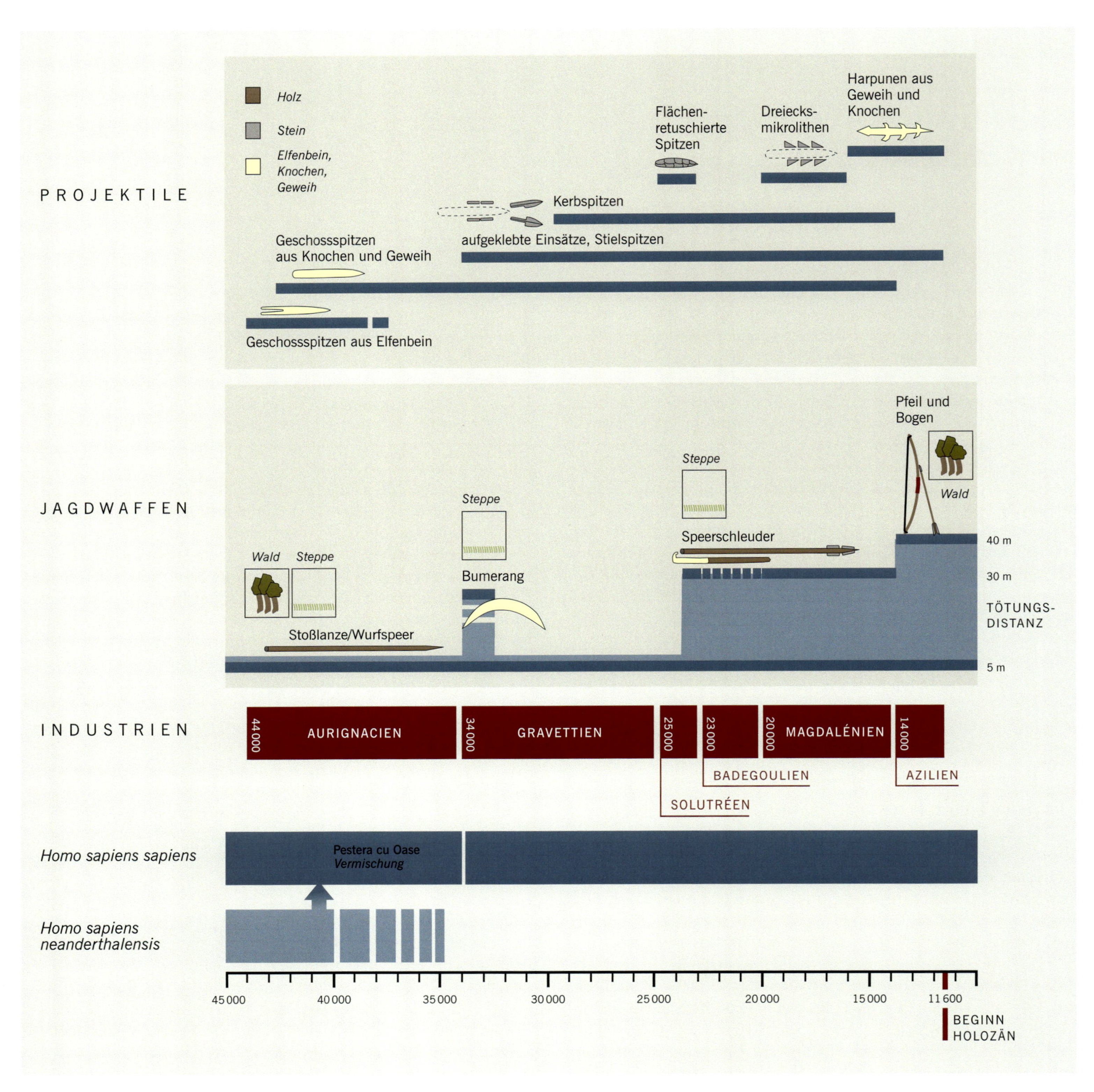

Abb. 1 *Übersicht über das Jungpaläolithikum in Europa. Die nach den Fundstellen der Erstbeschreibung benannten Industrien werden vor allem anhand von Projektilen (oben) definiert. Viele Innovationen zielen auf eine Verbesserung der Jagdwaffen, deren Schussweiten sich im Verlaufe des Jungpaläolithikum stetig vergrößerten. Der Träger des europäischen Jungpaläolithikum ist der aus Afrika kommende moderne Mensch, der im Zuge einer ersten Ausbreitung auf Gruppen des in Europa entstandenen Neandertalers traf, wobei es punktuell zu Vermischungen kam.*

Das europäische Jungpaläolithikum – ein kurzer Überblick

Das Jungpaläolithikum (Abb. 1) ist der jüngste Abschnitt des Paläolithikum[2]. Nach kontroversen Debatten herrscht mittlerweile breiter Konsens, dass der Mensch des Jungpaläolithikum in Europa der moderne Mensch (*Homo sapiens sapiens*) war (Nigst u. a. 2014). Die Menschengruppen des Jungpaläolithikum sahen sich mit langfristig instabilen Klima- und Umweltverhältnissen konfrontiert (Sirocko 2012), welche die gegenwärtig als kritisch diskutierten Prognosen für langfristige Temperaturanstiege des Weltklimas von 1 °C bis 3 °C pro Jahrhundert bei Weitem überstiegen. Hoch aufgelöste Daten grönländischer Eisbohrkerne zeigen, dass für die jungpaläolithischen Jäger und Sammler der letzten Kaltzeit weitaus drastischere Klimawechsel nicht die Ausnahme, sondern die Regel waren. Die zyklischen, bis zu mehrere tausend Jahre währenden Schwankungen wurden jeweils durch eine zunächst langsame Abkühlung in einer Größenordnung von mehreren hundert bis tausend Jahren eingeleitet (Alley 2000; Denton u. a. 2005). Innerhalb von nur etwa 80 Jahren fielen dann die Temperaturen auf einen Tiefststand. In den kältesten Phasen reichte der ganzjährige Permafrostboden nach Süden hin bis zum 45. Breitengrad, der in Mitteleuropa auf der Höhe der Alpen verläuft (Vandenberghe u. a. 2014), und die winterliche Packeisgrenze kam bis an die nordspanische Atlantikküste heran (Serangeli 2006, 26 Abb. 4). Zu den wärmeren Phasen hin stiegen vor allem die durchschnittlichen Wintertemperaturen zum Teil so rasch an, dass die Jahresmittel nach nur wenigen Jahrzehnten zum Teil um 15 °C höher lagen (Van Meerbeeck u. a. 2009). Insektenfaunen aus Großbritannien (Atkinson u. a. 1987) belegen auch ohne aufwendige Simulationen, dass während der Kaltphasen die Durchschnittstemperaturen für den kältesten Wintermonat bei bis zu -25 °C lagen, während die Sommermonate im Schnitt knapp 10 °C warm waren. Die wärmste Phase des gesamten Jungpaläolithikum, das »Grönland-Interstadial 1«, war dagegen mit Durchschnittstemperaturen für den wärmsten Sommermonat um 17–18 °C und den kältesten Wintermonat um 0 °C genauso warm wie heute.

Trotz dieser zum Teil von einer Generation erfahrbaren Klimaschwankungen sind die Wechsel von einer Industrie zur nächsten häufig nicht an Klimawechsel gebunden. Viele Innovationen dienten ohnehin der Verbesserung von Jagdwaffen, aus deren Optimierung sich für Jäger und Sammler auch unabhängig vom Klima Vorteile ergaben.

Zum jetzigen Forschungsstand lassen sich die innovativen Bestandteile der Bewaffnung in den süd- und mitteleuropäischen Industrien des Jungpaläolithikum in folgender, stark vereinfachter Liste zusammenfassen (vgl. Abb. 1):

- Aurignacien (44 000–34 000 calBP, inklusive des »Proto-Aurignacien«): von Hand geworfene Speere mit Bewehrung aus Elfenbein- und Geweihspitzen;
- Gravettien (34 000–25 000 calBP, im zentralen und östlichen Mitteleuropa auch als »Pavlovien« bezeichnet): von Hand geworfene Speere mit Bewehrung aus in Reihe aufgeklebten rückengestumpften Einsätzen oder gestielten bzw. gekerbten Steinspitzen;
- Solutréen (25 000–23 000 calBP, nur in Südwesteuropa verbreitet): mit der Speerschleuder geworfene Speere, Bewehrung aus flächig überarbeiteten Steinspitzen mit Druckretuschierung;
- Badegoulien (23 000–20 000 calBP): mit der Speerschleuder geworfene Speere mit Bewehrung aus mikrolithischen Einsätzen;
- Magdalénien (20 000–14 000 calBP, wird in Osteuropa auch als »Epi-Gravettien« bezeichnet): mit der Speerschleuder geworfene Speere mit Bewehrung aus aufgeklebten bzw. in Nut gesetzten geometrischen Einsätzen aus Stein (frühes und mittleres Magdalénien) oder einreihigen und zweireihigen Widerhakenspitzen (spätes Magdalénien).

Zeit, Raum und Wissen: Skalen jägerisch-sammlerischen Handelns

Die hier vorgelegte Beschreibung der Ausrüstung und der Strategien zur Beschaffung von Nahrungsressourcen konzentriert sich auf nur wenige, als essentiell angesehene Teile. Trotzdem ist eine Rekonstruktion aufgrund der erhaltungsbedingt nur wenigen zur Verfügung stehenden Informationen schwierig und gelingt nur durch Vergleiche mit als ähnlich eingeschätzten Fallstudien aus der Ethnografie. Neben der raschen Vergänglichkeit der meisten organischen Materialien, die zur Herstellung der Grundausstattung verwendet wurden, trägt auch die mobile Lebensweise dazu bei, dass wichtige archäologische Quellen kaum überliefert sind. Weil die Toten dort bestattet werden, wo sich die Gruppen gerade aufhalten, fehlen z. B. in der Regel Gräberfelder und damit die Grabausstattungen, die mitunter wertvolle Hinweise für die am Körper getragene Ausrüstung liefern. Darüber hinaus hinterlassen leichte Zelte oder Einbauten in Höhlen und unter Felsschutzdächern nur geringe und zugleich vergängliche Spuren im Boden. Erst wenn mit Gruben, Feuerstellen, Arbeitszonen oder gar Terrassierungen in das natürliche Terrain eingegriffen wird, lassen sich verlässlichere Aussagen zu den Behausungen und Lagerplätzen machen. Solche massiven Bodeneingriffe sind aber nicht zu allen Zeiten und in allen Räumen die Regel und geben daher nur einen verzerrten Ausschnitt des jeweiligen kulturellen Repertoires wieder.

In dem vorliegenden Artikel wird in einem einfachen Modell zwischen der Alltagsumgebung der Individuen und ihrer Kernfamilie in den Lagerplätzen einerseits und andererseits Aktivitäten, die weiter von den zentralen Plätzen wegführten, unterschieden. Beide Skalen unterscheiden sich nicht nur räumlich, sondern auch in Art und Planung der Aktivitäten: Während die Lagerplätze für die längeren Aufenthalte der ganzen Gruppen optimal zu den wichtigsten Ressourcen wie Wasser, Feuerholz und Grundnahrungsmitteln platziert werden mussten, verlangten längere Ausflüge weitab der Lagerplätze vor allem eine optimale Ausrüstung. Neben der Kleidung als unmittelbarem Körperschutz bilden die Strukturen am Lagerplatz wie Behausungen, Feuerstellen, Kochstellen, Depots und Vorratsgruben eine kulturell erzeugte und in Teilen transportable Mikroumwelt, die für die Menschen des Jungpaläolithikum immer gegenwärtig war. Ihr gegenüber stehen die durch Wissen erschlossenen, durch vereinzelt hinterlassene Spuren oder bewusst gesetzte Marker kulturell angeeigneten, aber vom Menschen deutlich weniger geprägten Schweifgebiete um die und zwischen den in bestimmten Abständen verlegten Lagerplätzen. Die konkret zur Jagd, zum Sammeln, zur Ausübung von rituellen Handlungen usw. genutzten Schweifgebiete sowie die durch gelegentliche Besuche oder Berichte Dritter lediglich bekannten, aber (noch) nicht aufgesuchten erweiterten Schweifgebiete dienten nicht nur der Beschaffung der Nahrungsressourcen und Rohstoffe. Sie waren gleichzeitig der Raum, aus denen die Gruppen das für das Überleben wichtige regionale und überregionale Wissen über die verfügbare Biomasse des Jagdwildes, das Wetter sowie die sozialen und politischen Verhältnisse schöpften.

INDIVIDUELLE AUSRÜSTUNG

Kleidung und Schuhe

Ganz allgemein ist der menschliche Körper wenig kältetolerant – ein physiologischer Nachteil, der aus seiner außergewöhnlichen ökologischen Anpassungsfähigkeit resultiert. Teile der Kleidung der jungpaläolithischen Jäger und Sammler mussten daher so konstruiert sein, dass sie selbst bei kalten Temperaturen längere Phasen ohne viel Bewegung im Freien, wie etwa bei der Ansitzjagd, ermöglichten. Zumindest im Winter gehörte dazu ein Schutz der Füße vor Kälte, wohingegen aufgrund der geringen Schneehöhen in vielen Regionen Europas (Barron u. a. 2003) auf Schneeschuhe verzichtet werden konnte. Neben einer Wärmeisolierung im Winter, die bei ausgesprochen niedrigen Temperaturen auch den Kopf einschließen musste, sollte die Kleidung auch gegen Nässe schützen. Gleichzeitig galt es dabei, eine optimale Bewegungsfreiheit zu gewährleisten und bei größeren körperlichen Anstrengungen einen Hitzestau zu vermeiden. Neben rein funktionalen Überlegungen belegt die genetische Aufspaltung von Kopflaus (*Pediculus humanus capitis*) und Körperlaus (*P. humanus corporis*) vor 114 000 bis 30 000 Jahren die regelhafte Verwendung von körpernah geschnittener Kleidung (als neue Nische für die Körperlaus; Kittler u. a. 2003). Zur Herstellung von wärmender und vor Regen schützender Kleidung boten sich zunächst die Felle der Jagdbeute an, die mit und ohne Behaarung verwendet werden konnten. In einigen Fällen lassen die Lage von Schnittspuren, die zunächst in den Fellen verbliebenen Fußknochen oder der geringe Nutzungsgrad der Karkassen auf eine gezielte Nutzung des Fells schließen. In Frage kamen zum einen die Felle größerer Beutetiere wie Mammut, Wisent, Pferd oder Ren. Aufgrund der Dicke der Haut boten sie sich aber eher für eine großflächige Verwendung als Decken, Zeltplanen oder wärmende Umhänge an. Für enganliegende und zugleich geschmeidige Kleidungsstücke waren die dünnen Felle von Kleintieren wie Fuchs oder Schneehase besser geeignet (Collard u. a. 2016). Ebenfalls in Frage kamen die über die Brust abgezogenen Bälge von größeren Vögeln, die zwar weniger reißfest, aber dafür mit Federn stärker wärmeisolierend sind. Zum Gerben konnte das vom Fett gereinigte Fell durch mechanisches Walken geschmeidig gehalten werden. Nachhaltiger war das Gerben durch Einlegen in zerriebenem Rötel, der mit pflanzlichen Flüssigkeiten oder tierkörpereigenen Stoffen wie Fett vermischt wurde, oder in Lösungen, die große Mengen an Eichenrinden enthielten. Die solchermaßen behandelten Felle bzw. Vollleder waren gegen Austrocknen und bakterielle Zersetzung resistent und bis zu einem gewissen Maß wasserdicht (Rifkin 2011).

Abb. 2 *Nähnadeln mit Öhr (rechts) und Nadelkern zur Spanherstellung (links) aus Knochen aus dem Magdalénien (20 000–14 000 calBP) von Tuc d'Audoubert, Galerie du Bouquetin, Dép. Ariège (Frankreich). Aus dem Kern wurden durch parallele Längsrillen schmale Späne herausgetrennt, die dann durch Schnitzen, Überschleifen und Bohren zu Nadeln weiterverarbeitet wurden. Die Nadel ist ein frühes Beispiel für das Vorliegen eines funktionalen Optimums, das bis heute Verwendung findet.*

Für die intensive Verarbeitung von Fellen zu Leder und Kleidung in allen Phasen des Jungpaläolithikum spricht neben entsprechenden Werkzeugen wie Kratzern und Glättern das Vorliegen von teilweise großen Mengen an Rötel. Ebenfalls in diese Richtung deuten Phosphatanalysen, die als Hinweise auf die Lagerung größerer Mengen an Fellen oder Leder gedeutet werden (z. B. im Geißenklösterle: Hahn 1988). Daneben gibt es erstmals Belege für die Herstellung und Verarbeitung von pflanzlichen Geweben. Schlüsselfundstellen sind vor allem die zwischen 34 000 und 30 000 calBP Jahre alten Fundstellen Pavlov I und Dolní Věstonice II am Fuße der Pollauer Berge in Tschechien (Svoboda u. a. 2016). Von 90 Tonstücken weisen 62 Exemplare Eindrücke von Geweben auf (Soffer u. a. 1998). Es handelt sich um zufällige Eindrücke von Geweben in frischen Ton, der dann in der Nähe des Feuers unabsichtlich als Teil des Bodenbelags mitgebrannt wurde. Die kleinen, nur etwa 3 cm x 2 cm großen Tonstücke zeigen Abdrücke von gezwirnten, d. h. aus mehreren verdrehten Einzelfäden bestehenden Fäden sowie von Kordeln, die aus mehreren miteinander verdrehten Fäden zusammengesetzt sind. Aufgrund der geringen Größe der Abdrücke ist nicht sicher, ob es sich um in beliebiger Länge herstellbare Garne oder eben »nur« um Fäden bzw. Kordeln handelt, und es bleibt

Abb. 3 Durchbohrte Perlen aus Lignit aus dem Magdalénien (20 000–14 000 calBP) von Enlène, Salle du Fond, Dép. Ariège (Frankreich). Die hier abgebildeten Exemplare stehen stellvertretend für die variantenreichen Perlen und Schmuckanhänger des gesamten Jungpaläolithikum, die häufig zur Verzierung auf die Kleidung aufgenäht wurden. Der Durchmesser der Perlen beträgt 0,5–1 cm.

völlig unklar, wie die Endprodukte ausgesehen haben könnten. Fest steht jedoch, dass die Kordeln zum Teil Knoten aufweisen und so u. a. zu Netzen weiterverarbeitet wurden, während man die Einzelfäden zu dünnen Textilien verwebte. Die mit verschiedenen Webtechniken hergestellten Textilien sind von ihrer Machart her so flexibel, dass sie sich auch für die Herstellung von Kleidung eignen würden. Weitere Verwendungsmöglichkeiten ergeben sich im häuslichen Bereich, wo neben Kordeln zum Verbinden und Verschnüren auch Decken, Wandbehang u. ä. benötigt werden, aber auch bei der Jagd. Während sicher ist, dass pflanzliche Fasern verarbeitet wurden, konnte für die mährischen Fundstellen nicht geklärt werden, um welche Arten es sich gehandelt hat. Auf Pollenanalysen basierende Rekonstruktionen der damaligen Umwelt verweisen auf die Möglichkeit, die faserige Rinde der in der Nähe der Fundstelle vorkommenden Erlen (*Alnus* sp.) und Eiben (*Taxus* sp.) als Rohstoff zu verwenden. Ebenso in Frage kommen die im Herbst geernteten Sprossachsen der wilden Brennnessel (*Urtica* sp.), die in Europa ein traditionelles Ausgangsmaterial für pflanzliche Textilien sind.

Direkter sind die Nachweise aus Fundstellen in Frankreich und Georgien, an denen sich originale Garn- und Kordelreste in Ton unter Luftabschluss erhalten haben. In der berühmten Bilderhöhle von Lascaux fanden sich fünf noch 4–7 cm lange Fragmente von Kordeln, die eine Dicke zwischen 9,8 und 12,5 mm (Soffer u. a. 2000) und ein Alter von 20 000 calBP aufweisen. Dafür, dass bereits im Jungpaläolithikum Kordeln beträchtlicher Längen hergestellt werden konnten, sprechen spezielle, als Lochstäbe klassifizierte Objekte, die möglicherweise beim Verdrehen mehrerer Fäden zum Einsatz kamen (Soffer 2004) und schon im frühen Aurignacien vor mehr als 40 000 calBP Jahren bekannt waren (Conard / Malina 2016). Die zahlreichen Fragmente von zweifädigem Garn aus der Dzudzuana-Höhle (Kvavadze u. a. 2009) in Georgien haben ein Alter von 36 000–31 000 calBP und bestehen aus Flachs oder Rindenbast. Eine Überraschung stellt die Beobachtung dar, dass die Fäden in Schwarzgrau, Türkis und möglicherweise auch Pink eingefärbt waren. Das Garn ist so dünn, dass es sich zum Vernähen eignet, sodass erstmals neben gespaltenen Tiersehnen auch pflanzliche Fasern zum Zusammenfügen von (Kleidungs-)Teilen zur Verfügung standen. Um Teile miteinander zu vernähen, konnten im Aurignacien (44 000–34 000 calBP) mit Pfriemen Löcher gestochen werden, durch die dann die Sehne bzw. der Faden geführt werden musste. Trotz der Tatsache, dass die Pfrieme sehr klein und entsprechend spitz ausfallen können (Liolios 2010), fragt man sich angesichts der kleinen Elfenbeinperlen aus dem Aurignacien, wie diese ohne Nadel mit Öhr in größerer Zahl bei vertretbarem Aufwand auf der Kleidung angebracht werden konnten (Wolf 2015). Möglicherweise dienten extrem dünne und an der Basis abgeflachte Elfenbeinstäbchen diesem Zweck, wie sie z. B. in Krems-Wachtberg (Niederösterreich) gefunden wurden (Simon u. a. 2014). Die mit einem Alter von 40 125 calBP bisher ältesten Hinweise für das Vorliegen von Nadeln mit Öhr (Abb. 2) wurden aus der Schicht 1C

K. SCHAUER
9/2014

Abb. 5 Speerschleuderende aus Rengeweih mit Darstellung von zwei Wasservögeln (Gans oder Ente) aus dem Magdalénien (20 000–14 000 calBP) von Enlène, Galerie de la Découverte, Dép. Ariège (Frankreich). Der durch Gebrauch verrundete Haken besteht aus der harten Kompakta des Geweihs. Wie alle anderen Speerschleuderenden des Magdalénien ist das auf einer Länge von 9 cm erhaltene Exemplar unvollständig und am Griff gebrochen. Selbst bei vollständiger Erhaltung des vorliegenden Teils aus Geweih müsste das Speerschleuderende durch einen Hebelarm aus Holz (nach rechts hin) ergänzt werden, um eine funktionsfähige Jagdwaffe zu erhalten. Das Ende des etwa fingerdicken Speeres wurde in dem Widerhaken (links im Bild) eingerastet und während der Ziel- und Ausholphase entweder durch zwei Finger der Griffhand oder durch die freie Hand gestützt. Der Bewegungsablauf beim Wurf ähnelte dem beim Speerwurf, wobei die Speerschleuder die Wurfbewegung und damit die Beschleunigungsphase verlängerte.

der Merzmaskaya-Höhle nahe der russischen Schwarzmeerküste bekannt gegeben (Golovanova u. a. 2010). In Südwesteuropa sind Nadeln mit Öhr erst ab dem Solutréen (25 000–23 000 calBP) und in Mitteleuropa erst mit dem Magdalénien (20 000–14 000 calBP) so häufig, dass an vielen längerfristig genutzten Lagerplätzen neben den Nadeln Kerne zur seriellen Herstellung der Nadel-Rohlinge zurückblieben.

Während sich die Herstellungstechniken sowie bis zu einem gewissen Grad auch die verwendeten Materialien anhand der überlieferten Funde einigermaßen rekonstruieren lassen, so sind die Kleidungsstücke selber in der Regel vergangen. Erhalten geblieben sind lediglich auf die Kleidung aufgenähte Perlen (Abb. 3), die seit dem Aurignacien (44 000–34 000 calBP) bei entsprechend sorgfältiger Grabungsmethodik fast regelhaft an den Fundstellen nachgewiesen sind. Anders als an den Lagerplätzen, an denen die Perlen überwiegend unbeabsichtigt verloren gegangen sind, liegen sie aus den Gräbern in ihrem ursprünglichen Kontext vor und geben durch ihre Lage am Skelett Auskunft über die Kleidung der Toten. Besonders zahlreich sind reich mit Kleidungsbesatz ausgestattete Gräber aus dem Gravettien (34 000–25 000 calBP). In den am besten erhaltenen Bestattungen der kleinen Nekropole von Sungir nordöstlich von Moskau (z. B. Trinkaus u. a. 2014; Trinkaus u. a. 2015) lagen in gestreckter Rückenlage ein älterer erwachsener Mann (Abb. 4) von 50–70 Jahren (Sungir 1) und zwei neun- bzw. zwölfjährige Kinder (Sungir 2 und 3), wobei sich die Kinder Kopf an Kopf liegend eine Grabgrube teilten. Alle drei Bestatteten trugen mit bis über 5000 Elfenbeinperlen besetzte Kleidungsstücke, die mit Elfenbeinbändern oder Tierfiguren weitere, allerdings weniger zahlreiche Verzierungselemente aufwiesen. Trotz der Einschränkung, dass es sich möglicherweise um eine spezielle Totenausstattung handelt, die nur zu bestimmten Anlässen getragen wurde, lassen die Befunde von Sungir eine Rekonstruktion der äußeren Lage der Bekleidung zu. Die in Quer- und in zwei Fällen zusätzlich auch in Längsreihen angeordneten Perlen lassen im Bereich des Oberkörpers auf Anoraks schließen, die im Fall der Kindergräber mit Nadeln im Halsbereich verschlossen waren und mit einem Gürtel oberhalb der Hüfte in Form gehalten werden konn-

◄ Abb. 4 Rekonstruktion der Bekleidungsausstattung aus Grab 1 von Sungir, Oblast Wladimir (Russland). Der Schnitt der in das Gravettien (34 000–25 000 calBP) datierten Kleidung, die Form der Schuhe und die Art der Kopfbedeckung ergaben sich aus der Lage der in Reihen auf Kleidung bzw. Schuhen aufgenähten Elfenbeinperlen und -ringe. Es ist davon auszugehen, dass die festliche Totenkleidung in ihren Grundzügen, d. h. Mütze, Anorak und Leggings, der Alltagskleidung entsprach (Zeichnung © K. Schauer).

***Abb. 6** Rekonstruktion eines Jägers mit Speerschleuder in der Ausholbewegung. Ethnografische Berichte und Experimente zeigen, dass die Speerschleuder bis zu Distanzen von etwa 30 m eine durchschlagskräftige und treffsichere Jagdwaffe ist. Eine offene Vegetation vorausgesetzt, die weder die Ausholbewegung noch den Flug des in der Flugphase ausschwingenden Speeres behindert, ist die Speerschleuder zudem eine aus einfachen Konstruktionselementen bestehende und daher äußerst zuverlässige Jagdwaffe (Zeichnung © K. Schauer).*

ten. Die eng anliegenden Beinkleider könnten sowohl Hosen als auch – nach Art des kupferzeitlichen Gletschermannes aus den Ötztaler Alpen (Egg/Spindler 2008) – Beinlinge sein. Die in Sungir über die Unterschenkel und die Füße senkrecht verlaufenden Perlenreihen werden aufgrund von quer dazu liegenden Perlenreihen unterhalb der Knie als Besatz von stiefelhohen Mokassins gewertet. Alle drei Individuen trugen eine Kopfbedeckung, wobei um den Kopf laufende Perlenbänder für eine Mütze (und weniger für eine Kapuze) sprechen.

Obwohl vergleichsweise kälteunempfindlich, benötigten die Füße bei kaltzeitlichen Wintertemperaturen definitiv eine Wärmeisolierung, um Schädigungen der Haut (Erfrierungen 1. und 2. Grades) oder gar Nekrosen (Erfrierungen 3. Grades) zu verhindern (Trinkaus 2005a). Hierzu reichen Umwickelungen oder gefütterte Mokassins vollkommen aus, die aber den Fuß kaum gegen Stöße oder scharfkantige Untergründe schützen. Umgekehrt führt das Laufen in Schuhen mit stabilen Sohlen zu einer Verringerung der Größe und Robustizität vor allem der mittleren drei Zehen. Vergleiche von paläolithischen Zehengliedern mit bekannten Barfußgehern (historische Pecos Pueblo-Indianer) und Schuhträgern (Inuit, Euroamerikaner) haben gezeigt, dass ab dem Gravettien (34 000–25 000 calBP) – der Zeit der Gräber von Sungir – mit einem regelmäßigen Tragen von festem Schuhwerk gerechnet werden muss (Trinkaus 2005a). Die ab diesem Zeitpunkt beobachteten Verkleinerungen der mittleren Zehen entsprechen sowohl derjenigen bei den Inuit, die stabile Seehundfell-Stiefel tragen, als auch

***Abb. 7** Aus einem langen Vorschaft und einem Projektil mit gegabelter Basis (unten) zusammengesetzte Geschossspitze (oben) aus dem Magdalénien (20 000–14 000 calBP) von Tuc d'Audoubert, Balcon I, Dép. Ariège (Frankreich).*

den Fußformen in modernen Industriegesellschaften. Andererseits handelt es sich bei den originalen Fußspuren im Höhlenlehm franko-kantabrischer Bilderhöhlen ausnahmslos um solche von Barfußgehern aller Altersklassen (Pastoors u. a. 2015). Weil es sich auch bei den weit vom Tageslicht entfernten größeren Räumen der Bilderhöhlen häufig um Lagerplätze gehandelt hat (Pastoors 2016), ist davon auszugehen, dass die jungpaläolithischen Menschen bei kurzen Distanzen und gemäßigten Temperaturen weiterhin ohne Schuhe unterwegs gewesen sind.

Ausrüstung zur Jagd

Die Jagd ist nur ein Teil derjenigen Tätigkeiten, die bei Jägern und Sammlern, die weder Pflanzen anbauen noch Tiere züchten oder hüten, mit der Nahrungsbeschaffung in Zusammenhang stehen. Es ist oft betont worden, dass dabei die Bedeutung des Sammelns ebenso groß sei wie die des Jagens. In traditionellen Gesellschaften besteht in aller Regel eine Arbeitsteilung zwischen den Geschlechtern (Peoples/Bailey 2009, Tab. 11.1). Von wenigen Ausnahmen abgesehen ist das Jagen, Fallenstellen, Fischen und Schlachten eine männliche Domäne, während Frauen vor allem pflanzliche Nahrungsmittel, Brennholz sowie Wasser beschaffen und die Nahrungszubereitung übernehmen. Beiden Geschlechtern fällt die Jagd auf Kleinsäuger und die Fell- bzw. Lederverarbeitung zu. Was die Herstellung der Ausrüstung unter anderem für die Jagd angeht, so ist das Verarbeiten von Stein, Knochen, Horn, Elfenbein und Geweih ebenso Sache der Männer wie das Herstellen von Seilen und Netzen. Eine weitere Erkenntnis aus der Ethnografie besagt, dass die Komplexität der Jagdausrüstung heute lebender Jäger und Sammler bei sinkenden Durchschnittstemperaturen zunimmt (Torrence 2001). Vergleicht man das Jungpaläolithikum als Ganzes mit dem vorangegangenen späten Mittelpaläolithikum mit tendenziell weniger kalten Habitaten, so trifft dies sicherlich zu. Im Gegensatz zum Mittelpaläolithikum kommen im Jungpaläolithikum regelhaft Geschossspitzen aus elastischen und dennoch zähen organischen Materialien wie Elfenbein, Knochen und Geweih vor, die parallel zu oder im Verbund mit steinernen Einsätzen die Bewehrung der Lanzen und Speere aus Holz bilden. Darüber hinaus nimmt im Verlauf des Jungpaläolithikum die Variabilität der Projektilformen und der Konstruktion der Jagdwaffen selber zu (vgl. Abb. 1), allerdings unabhängig von klimatischen Schwankungen.

Eine der wichtigsten echten Erfindungen des Jungpaläolithikum, die nicht nur eine schrittweise Verbesserung bereits bestehender Technologien, sondern eine komplette Neuentwicklung darstellt, ist die Speerschleuder (Abb. 5). Es handelt sich um ein heute noch u. a. von Inuit und Aborigines (Stodiek 1993) benutztes Waffensystem, das aus zwei Grundelementen besteht: einem mit einem Haken oder einer Mulde versehenen Hebelarm, mit dem der Speer beschleunigt wird, und dem Wurfgeschoss selber (Abb. 6). Die meisten aus der Ethnografie bekannten kompletten Speerschleudern sind um die 50 cm lang und die Speerschaftlänge liegt zwischen 1,30 und 2,30 m. Die 123 bisher in Europa entdeckten Speerschleudern des Jungpaläolithikum (Stodiek 1993) sind bis auf wenige Ausnahmen Hakenschleudern. In allen Fällen sind lediglich die Hakenenden aus Geweih (und einmal Elfenbein) erhalten, deren abgeschrägtes oder durchbohrtes, dem Haken gegenüberliegendes Ende mithilfe einer Umwicklung aus Tiersehnen oder Pflanzenfasern mit dem Wurfhebel aus Holz verbunden war. Es muss daher davon ausgegangen werden, dass einfachere Exemplare komplett aus Holz bestanden haben. Das bedeutet gleichzeitig, dass weder über die zeitlich-räumliche Verbreitung noch über die realen Häufigkeiten verlässliche Angaben gemacht werden können. Angesichts der vielen Vorteile, die sich gegenüber dem mit der Hand geworfenen Speer ergaben, wäre jedoch alles andere als eine regelhafte Verwendung – möglicherweise nach einer Einführungsphase – eine Überraschung. Die mit Abstand älteste Speerschleuder des europäischen Jungpaläolithikum stammt aus Combe Saunière in der Dordogne und gehört in das Solutréen (25 000–23 000 calBP). Danach folgt eine Fundlücke. Erst innerhalb des Magdalénien (20 000–14 000 calBP) nehmen die Funde wieder zu, um danach abzubrechen (Stodiek 1993, Abb. 145). Angesichts der Variabilität jungpaläolithischer Geschossspitzen und Projektile stellt sich die Frage, ob es bereits vor dem Solutréen Speerschleudern gab, die sich aufgrund der ausschließlichen Verwendung von Holz nicht erhalten haben.

Neben einem früheren chronologischen Ansatz der Speerschleuder wird immer wieder auch die Kenntnis von Pfeil und Bogen bereits im Jungpaläolithikum diskutiert. Als indirekte Nachweise für das Vorliegen von Pfeil und Bogen werden besonders kleine Knochen- bzw. Steinspitzen, mitunter in Kombination mit Schäftungsspuren an der Basis und typischen Aufprallbeschädigungen, angeführt. Beispiele für ungewöhnlich kleine Projektile sind u. a. nur 4 cm lange und an der Basis 1 cm im Durchmesser messende Geschossspitzen aus dem Aurignacien (44 000–34 000 calBP) der Potočka zijalka (Slowenien; Odar 2011) oder aber die sog. Parpallo-Spitzen aus der gleichnamigen Fundstelle des Solutréen (25 000–23 000 calBP), die tatsächlich an jungsteinzeitliche Pfeilspitzen erinnern (Junkmanns 2013). Experimente zeigen aber, dass auch grazile »Pfeilspitzen« erfolgreich mit der Speerschleuder verschossen werden können, wenn bei den Speeren Vorschäfte benutzt werden (Junkmanns 2013). Zudem sind ethnografisch dokumentierte Pfeile bzw. Speere oft wesentlich dicker, als es die eingesetzten Projektile vermuten lassen (Stodiek 1993, 156). Hinzu kommen zahlreiche weitere Möglichkeiten für die Verwendung von ungewöhnlich klein dimensionierten Spitzen etwa als Einsätze zum Schneiden oder Drücken. Aus diesem Grunde scheint es sicherer, sich auf direkte archäologische Nachweise zu verlassen (so auch Straus 2016). Die ältesten direkten Nachweise für die Verwendung von Pfeil und Bogen sind mehr als 100 Kompositpfeile aus Kiefernholz mit einer Nocke zur Aufnahme der Sehne, die an der Feuchtboden-Fundstelle Stellmoor im Ahrensburger Tunneltal geborgen wurden. Weil ihr absolutes Alter von 12 700–11 600 calBP (Junkmanns 2013, Tab. 4) außerhalb des hier betrachteten Zeitraums liegt (vgl. Abb. 1), werden Pfeil und Bogen in diesem Beitrag nicht ausführlicher behandelt. Ob die nach dem Magdalénien einsetzende Fundleere bei den Speerschleudern den Tatsachen entspricht oder sich die Ablösung durch Pfeil und Bogen schrittweise vollzogen hat, lässt sich aufgrund der schlechten Erhaltungschancen für Speerschleudern aus Holz wiederum kaum entscheiden.

Dasselbe gilt für den Bumerang aus Elfenbein aus dem Gravettien (34 000–24 000 calBP) der Obłazowa-Höhle (Valde-Nowak u. a. 1987), für den es bisher keine Parallele im Jungpaläolithikum gibt. Da er nach dem Abwurf nicht wiederkehrt, müsste man ihn eigentlich als »Wurfholz« bezeichnen, was zudem auf das in der Ethnografie bei weitem häufiger nachgewiesene Material für solche Jagdwaffen verweist. Experimenten (Polen; Evers/Valde-Nowak 1994) zufolge flog der mit einem Gewicht von 800 g vergleichsweise schwere Bumerang aus der Obłazowa-Höhle bis zu 50 m weit.

Wägt man die Vor- und Nachteile der Jagdwaffen, die vor, während und nach dem Jungpaläolithikum durch Funde belegt sind, gegeneinander ab, so müssen neben der Reichweite und Durchschlagskraft auch die potentielle Treffgenauigkeit, die Verlässlichkeit und die Handhabung unter schwierigen Bedingungen berücksichtigt werden. Stoß- und Wurflanzen, die nur im Alt- und Mittelpaläolithikum direkt nachgewiesen sind, erzwingen eine Annäherung an die Jagdbeute bis auf wenige Meter (vgl. Abb. 1). Je nach Fluchtverhalten und Vegetation ist aber gerade die Verringerung der Distanz zum Jagdwild ein schwieriges Unterfangen (Müller u. a. 2006). Mit einem Bumerang kann die Distanz zur Jagdbeute vergrößert werden, aber Flugbahn und Durchschlagskraft eignen sich eher für die Jagd auf Vögel oder mittelgroße Tiere, die nicht tödlich verwundet, sondern durch einen Schlag bewegungsunfähig gemacht werden sollen. Erst die Speerschleuder sowie Pfeil und Bogen ermöglichen größere Tötungsdistanzen, was neben einer höheren Erfolgsquote auch die Gefährdung der Jäger verringert. Die Speerschleuder ist bis zu Entfernungen von knapp 30 m (Cattelain 1997, 219) bei hoher Durchschlagskraft und großer Zuverlässigkeit treffsicher. Die in der Flugphase stark ausschwingenden Speere werden aber bei dichter Vegetation durch Blätter und Äste abgelenkt, so dass sich der Einsatz der Speerschleuder nur in offenen Gras- und Savannenlandschaften anbietet (Junkmanns 2013, 15). Im Gegensatz zur Speerschleuder sind Pfeil und Bogen vom Schützen auch auf kleinem Raum gut zu handhaben und eignen sich daher für bewaldete Habitate. Hinzu kommt eine größere Schusspräzision bei höherer Reichweite, was aufgrund der geraden Flugbahn der kurzen Pfeile auch durch kleinere Äste u. ä. nicht beeinträchtigt wird. Bis zu einer Entfernung von 30 m können unbewegliche Ziele von wenigen Zentimetern Größe recht genau getroffen werden; die maximale Distanz, auf der noch eine akzeptable Trefferquote erreicht wird, liegt bei etwa 40 m (Cattelain 1997, 227). Gegenüber der Speerschleuder ist allerdings die Durchschlagskraft geringer und die Möglichkeit eines Materialbruchs höher. Mit beiden Waffensystemen lassen sich die besten Ergebnisse erzielen, wenn die Pfeile ähnliche Flugeigenschaften aufweisen. Daher stellt die Standardisierung der Projektile und das Ausbalancieren der Pfeile eine große Herausforderung dar.

Projektile

Ob derjenige Teil der Jagdwaffe, der auf das Jagdwild trifft, eine schneidende Wirkung haben soll oder nicht, hängt im Wesentlichen von

Abb. 8 *Einsätze aus Feuerstein aus dem Magdalénien (20 000–14 000 calBP) von Tuc d'Audoubert, Salle du Cheval Rouge, Dép. Ariège (Frankreich). Die als »Rückenmesser« oder »Rückenspitzen« gearbeiteten Stücke wurden mithilfe einer steil retuschierten, hier nach links orientierten und zusätzlich in der Seitenansicht wiedergegebenen Kante auf oder (beim Vorliegen einer Nut) in den Speer bzw. die Geschossspitze geklebt, sodass eine bzw. zwei messerscharfe Schneiden entstanden. Als Klebstoff diente Birkenpech oder eine Mischung aus Harz und Bienenwachs. Die weißen Pfeile zeigen an, dass die Stücke beim Auftreffen auf die Jagdbeute bzw. auf einen harten Untergrund zerbrochen sind (die Bruchfläche ist vergrößert dargestellt).*

zwei Faktoren ab: der Größe der Jagdbeute und der Frage, ob es sich vorrangig um die Beschaffung von Fleisch oder von Fell bzw. Federn handelt. Für die Jagd auf Vögel eignen sich auch stumpfe, kolbenförmige Speere oder der Bumerang. Für größere Tiere ist das Eindringen der Projektile in den Tierkörper der einzige Weg, um es entweder sofort zu töten oder tödlich zu verletzen. Je tiefer ein Projektil dabei eindringt, desto höher ist der Blutverlust und desto früher tritt der Tod ein. Darüber hinaus lassen sich stark blutende Tiere leichter verfolgen: Neben einer geringeren Fluchtgeschwindigkeit und einer schneller einsetzenden Erschöpfung hilft die Blutspur beim Auffinden der Beute, wenn der Sichtkontakt abgerissen ist. Schussversuche mit der Speerschleuder zeigen, dass stumpfe Geschossspitzen aus Geweih bei Tieren von Damwild-Größe etwa 20–22 cm in den Körper eindringen (Stodiek 1993). Die Jagd auf größere Tiere mit entsprechend dickerer Haut wurde anhand von Schüssen auf einen Wisentkadaver simuliert. Hier sind steinerne Einsätze zwingend erforderlich, um das Tier nachhaltig zu verletzen. Die Ergebnisse können – mit dem Unterschied der wesentlich geringeren Tötungsdistanz – auf Wurf- und Stoßlanzen übertragen werden. Dem jetzigen Kenntnisstand zufolge war die Bewaffnung mit Wurf- und Stoßlanzen während des Aurignacien (44 000–34 000 calBP) und Gravettien (34 000–25 000 calBP) vollkommen ausreichend, um mit dem Mammut das größte Landsäugetier der kaltzeitlichen Steppe erfolgreich zu bejagen (Münzel u. a. 2017).

Im gesamten Jungpaläolithikum kommen Geschossspitzen aus hartem und zugleich elastischem organischen Material regelhaft vor (Abb. 7). Die Präferenz für ein bestimmtes Rohmaterial variiert und verschiebt sich von überwiegend Knochen während des Aurignacien (44 000–34 000 calBP) (Albrecht u. a. 1972, Abb. 8) zu Geweih im Magdalénien (20 000–14 000 calBP) (Stodiek 1993). Die Lösungen, die im Laufe des Jungpaläolithikum für die Art der Schäftung und die Erhöhung der Durchschlagskraft gefunden werden, sind so verschieden, dass zahlreiche Modelle der zeitlichen und räumlichen Gliederung des Jungpaläolithikum auf Geschossspitzen beruhen. Grob verallgemeinernd kann gesagt werden, dass nach einer ersten Phase während des Aurignacien (44 000–34 000 calBP), in der mit gespaltenen und massiven Basen experimentiert wird, ab dem Gravettien die meisten Geschossspitzen eine einseitig oder beidseitig abgeschrägte Basis haben (vgl. Abb. 1). Andere Lösungen, wie konische bzw. gegabelte Basen oder aus zwei halbrunden Teilen zusammengesetzte Geschossspitzen (vgl. Abb. 7), kommen im Magdalénien (20 000–14 000 calBP) vor, sind aber insgesamt selten (Stodiek 1993). Neben der Verbindung zum Schaft kann auch das Eindringen der Projektile auf verschiedene Art und Weise gelöst werden. Steinerne Einsätze wurden als Spitze oder – ab dem Gravettien (34 000–25 000 calBP) – seitlich als messerartige Schneiden (Abb. 8) montiert. Vor allem die Spitzen sind in ihrer Form sehr variabel. Dabei wurde vor allem nach einer Verbesserung der Verbindung mit dem Schaft bzw. der Geschossspitze gesucht und Steinspitzen mit gerader, spitzer, runder, gekerbter oder gestielter Basis entwickelt und ggf. als weniger brauchbare Lösung wieder verworfen. Das Auf- oder Einkleben erfolgte mit Birkenpech, das im Rahmen der technisch aufwendigen trockenen Destillation gewonnen wurde. Eine einfacher herzustellende Alternative stellt Harz bzw. ein Gemisch aus Harz und Bienenwachs dar (Stodiek 1993, 151). Abdrücke von Maserung auf Birkenpechresten an Rückenmessern aus Lascaux zeigen, dass es auch Ge-

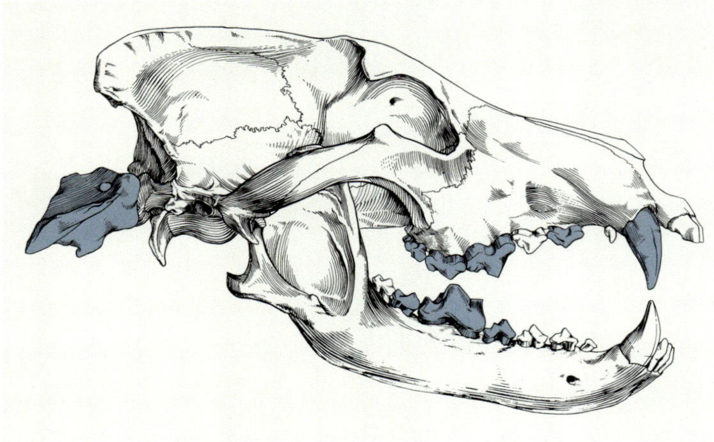

Abb. 9 *Wolfsreste aus dem Gravettien (34 000–25 000 calBP) von der Napoleonshöhe, Regensburg (Bayern); ohne Maßstab. Obwohl im Unterschied zu zahlreichen zeitgleichen Beispielen Schnittspuren als direkte Hinweise auf eine Nutzung der Wölfe zur Fleisch- bzw. Fellgewinnung durch den Menschen fehlen, deutet allein schon das Vorliegen des Schädels auf eine Verwertung des gesamten Tierkörpers hin; ohne Maßstab.*

schossspitzen aus Holz gegeben haben muss, die aber nicht überliefert sind. In einer frühen Phase des Magdalénien ging man dazu über, den Sitz der seitlich an den Geschossspitzen aufgeklebten Einsätze durch Nuten zu verbessern. Gleichzeitig etablierten sich mikrolithische Dreiecke als Einsätze, die ebenfalls in Reihe aufgeklebt wurden. Um 16 000 calBP (Maier 2015, 250) wurden die Geschossspitzen mit dreieckigen Einsätzen durch Harpunen ersetzt (vgl. Abb. 1). Sie gelten als Weiterentwicklung der älteren, mit Dreiecksmikrolithen besetzten Geschossspitzen, auch wenn die Widerhaken jetzt eine andere Funktion – zuvor schneidend, jetzt festhaltend – haben. Harpunen im engeren Sinne sind nicht fest mit dem Schaft verbunden, sondern stecken mit einer Dornschäftung lose in einer Aushöhlung (Weniger 1995). Bei einem Treffer sitzt die Harpune durch ihre Widerhaken fest im Tierkörper und löst sich vom Schaft. Im Opfer fixiert, kann sie über ein Seil mit dem Jäger verbunden sein, sich aber auch komplett vom Schaft lösen (Weniger 1995, 20–29). Daneben gab es Speerspitzen mit seitlichen Widerhaken, die fest mit dem Schaft verbunden waren. Eine Verbindung zum Jäger ist archäologisch nur bei Exemplaren sicher nachgewiesen, die an ihrer Basis durchlocht sind. Interessanterweise sind die echten Harpunen in aller Regel mit zwei Reihen Widerhaken ausgestattet, während die Speerspitzen einreihig sind. Mit der Speerschleuder verschossene einreihige Speerspitzen ohne Leine werden mit der Jagd auf Landsäuger assoziiert, sollten dann aber keine allzu großen Widerhaken haben (Weniger 1995, 193). Die überwiegend im Inland angetroffenen echten Harpunen machen vor allem als Bewehrung einer Stoßlanze für den Fischfang Sinn, der ethnografisch überwiegend aus kurzer Distanz erfolgt (Weniger 1995, 198). Zusammenfassend kann gesagt werden, dass in allen Phasen des Jungpaläolithikum eine hochstehende Jagdwaffen-Technologie zur Verfügung stand, die es erlaubte, je nach Gelände und Tierart zwischen verschiedenen Varianten zu wählen.

Netze, Fallen und Schlingen

Aus Sehnen oder Kordeln bestehende Netze und Schlingen haben ebenso wie Fallen, die oft aus Ästen in Kombination mit unter Zug stehenden Seilen konstruiert werden, kaum eine Chance, sich zu erhalten. Einzige Hinweise auf die potenzielle Existenz von Konstruktionen, welche die Beute fixieren, sind die weiter oben beschriebenen Fäden, Knoten und Netze. Die in Pavlov I ausgegrabenen Netze sind feinmaschig und eignen sich zum Erlegen von Kleintieren und Vögeln. Eine solche Verwendung würde mit der ungewöhnlich hohen Anzahl an Überresten von Fuchs (*Vulpes lagopus/vulpes*), Hase (*Lepus* sp.) und Rabe (*Corvus corax*) an dieser und weiteren zeitgleichen Fundstellen in Mähren korrelieren (Wojtal u. a. 2016). Ethnografisch nachgewiesen ist die Jagd mit Netzen vor allem für Tiere zwischen 3 und 30 kg. Die Netzjagd erfordert keine besondere Ausrüstung und ist hoch effektiv. Andererseits erlaubt sie keine Selektion von Alter und Geschlecht, sodass die Jagd mit dem Netz vor allem für die Beschaffung von Fellen und Federn eingesetzt wird. Ein zusätzlicher Vorteil ist die geringe Gefährdung der Jäger/-innen, die darüber hinaus keine besonderen Fähigkeiten haben müssen. Aus diesem Grund wird diese Art der Jagd in traditionellen Gesellschaften auch von Kindern und Jugendlichen ausgeübt.

Der Hund als Jagdhelfer?

Immer wieder kommen an den Fundstellen des Jungpaläolithikum Überreste von Wölfen vor (Abb. 9), deren Nutzung durch den Menschen grundsätzlich durch Schnittspuren von Steinwerkzeugen nachgewiesen ist. Neben dem Fell macht auch das ungewöhnlich nahrhafte Fleisch die Tierart zu einer attraktiven Jagdbeute, entspricht doch der Nährwert eines großen oder zweier kleiner bis mittelgroßer Wölfe dem eines Pferdes (Ewersen u. a. 2013). Die hohen Fluchtdistanzen von 100–5000 m, das schnelle Reaktionsvermögen und die hohen Fluchtgeschwindigkeiten von bis zu 65 km/h lassen aber Erfolge bei der direkten Jagd als eher unwahrscheinlich erscheinen (Ewersen u. a. 2013). Ganz andere, eher unfreiwillige Jagdchancen ergaben sich aber aus der Tatsache, dass Wölfe als Fleisch- und Aasfresser natürliche Nahrungskonkurrenten des Menschen sind, die dazu über einen feinen Geruchssinn verfügen. Schon allein aufgrund der Fleischabfälle sind eine Vielzahl von unerwünschten Begegnungen an den Lagerplätzen und ihrer näheren Umgebung vorstellbar, die dann zum Erlegen von Wölfen führten. Zu einem solchen Szenario passt das gehäufte Vorkommen von Wölfen an intensiv über Wochen und Monate hinweg genutzten Lagerplätzen wie Dolní Věstonice oder Pavlov, wo die Überreste von 20 bzw. 57 Caniden zwischen der übrigen Jagdbeute lagen (Wojtal u. a. 2016). Ob es sich bereits im Gravettien (34 000–25 000 calBP) um domestizierte Wölfe, also Hunde, gehandelt hat, ist jedoch unwahrscheinlich. Aufgrund der großen genetischen Verwandtschaft zwischen Wölfen und Hunden und der großen Variabilität der jungpaläolithischen Skelette bleibt eine deutliche Größenreduzierung das einzig zuverlässige Unterscheidungskriterium (Napierala/Uerpmann 2012). Von der Verkleinerung, die sich innerhalb von nur 20–100 Generationen einstellt (Boudadi-Maligne u. a. 2012), ist insbesondere die Schnauzenpartie betroffen. Die kürzere Schnauze bewirkt eine merkliche Verkürzung des Unterkiefers, der Größe der Zähne und eine Zahnfehlstellung (P3/P4 – Kulissenstellung). Zum ersten Mal entsprechen die Messstrecken der Caniden aus dem späten Magdalénien zwischen 16 000 calBP und 14 000 calBP denjenigen von Hunden (siehe Infobox »Auf den Hund gekommen?« von N. Mélard, S. 384); einen älteren Datierungsansatz für die Domestikation des Wolfes bereits um etwa 30 000 calBP vertreten (Germonpre u. a. 2009). Neben den schweizerischen Fundstellen Neuchâtel-Champréveyres und Kesslerloch (zusammenfassend: Napierala/Uerpmann 2012) sind gleichzeitige Hunde auch aus dem spanischen Morin (Boudadi-Maligne u. a. 2012) nachgewiesen. Man kann sich den Prozess der Domestikation des Wolfes am besten als Selbstdomestikation vorstellen (Reichholf 2016, 94), die sich unter Umständen über viele Tausend Jahre hinzog und von der beide Seiten gleichermaßen profitiert haben: der Wolf durch die tolerierte Teilhabe an den Nahrungsabfällen (»Kommensalismus«), der Mensch durch das Anschlagen der Wölfe, wenn sich fremde Tiere oder Menschen dem Lagerplatz genähert haben. Bereits in dieser Zeit des freiwilligen Nebeneinanders könnten die Menschen in die Zusammensetzung der Wolfsrudel eingegriffen haben, indem sie die aggressivsten Tiere töteten. Die für eine Prägung auf den Menschen nötigen Welpen könnten so aus bereits an den Menschen angepassten Wolfsrudeln entnommen worden sein. In nahezu allen Fällen früher Hundehaltung wurden die Tiere nach ihrem Tod zerlegt, was entweder für eine unsentimentale (Nach-)Verwertung oder das gezielte Vorhalten einer Notreserve für schlechte Zeiten im Sinne eines Rudel-Managements spricht.

AM LAGERPLATZ: BEHAUSUNGEN UND DAZUGEHÖRIGE STRUKTUREN

Behausungen

Um ohne Kleidung im Freien zu schlafen, sollte es bei minimalem Wind von 1,5 m/s etwa 32–33 °C warm sein (Sørensen 2009). Auch mit einer Lage Kleidung werden nur 16–20 °C toleriert. Erst wenn über der Kleidung eine Decke mit der Fellseite nach innen gelegt wird, lassen sich Temperaturen bis -23 °C überleben. Ein erholsamer Schlaf, die Versorgung des Nachwuchses sowie die Erledigung alltäglicher Arbeiten sind daher – zumal unter den kaltzeitlichen Bedingungen – ohne Schutz vor Wind und Wetter nicht vorstellbar. Am einfachsten war es, bestehende Strukturen wie Felsblöcke, Felsüberhänge oder Höhlen zu nutzen. Bei entsprechend kleinen überdachten Flächen hält bereits eine unterhalb der Traufkante angelegte Feuerstelle die Kälte für eine gewisse Zeit aus dem Innenraum fern und bietet so einen gewissen Kälteschutz. Weitaus effektiver sind aber Behausungen, die je nach Konstruktion unter Umständen sowohl im Freien als auch in Höhlen oder unter Felsschutzdächern aufgebaut werden konnten. Als »Behausungen« gelten hier an den Seiten und nach oben hin verschließbare Objekte, die Schutz vor Witterung und ggf. Tieren boten sowie in der Lage waren, die im Inneren durch Körper oder Feuerstellen erzeugte Wärme zu halten. Archäologisch lässt sich eine Behausung vor allem indirekt durch eine verdichtete Fundverteilung entlang der Zeltwände nachweisen (»Wandeffekt«), zu deren Analyse sich insbesondere kleine Objekte eignen, die durch Bewegungen der Menschen unbeabsichtigt aus den Aktivitätszentren wegbewegt wurden. Ein weiteres wichtiges Argument liegt dann vor, wenn sich Zusammensetzungen zwischen Steinartefakten bzw. Knochenstücken überwiegend innerhalb der postulierten Wände finden lassen. Grundsätzlich erschwert aber die Siedlungsdynamik das Erkennen klarer Strukturen. Die ausgegrabenen Befunde sind die Reste von aufgelassenen Strukturen, die entweder einen Ausschnitt aus einem Kontinuum (das z. B. unterbrochen wurde, weil eine Familie oder Gruppe trotz anderslautender Planung nicht wiederkam) oder einen Endzustand aus aktuell nicht mehr brauchbaren Abfällen darstellen. Dazu kommen vielfältige Vorgänge während der aktiven Nutzungsphase einer Behausung, durch die sich die materiellen Spuren verschiedener Aktivitäten unter Umständen überlagern bzw. vermischen. Hierzu gehört auch das Ausräumen und Säubern von Feuerstellen, Gruben und Innenflächen, um Platz für eine neue Nutzungsphase zu schaffen. Schließlich werden Gruben häufig nach ihrer primären Nutzung (als Kochgruben, als Ablage für Objekte) mit Abfall verfüllt, sodass die ursprüngliche Funktion nicht mehr erkennbar ist.

Grundsätzlich muss davon ausgegangen werden, dass sich die Länge der Aufenthalte in dem Aufwand, der für die Behausungen und die Lagerplatz-Infrastruktur betrieben wurde, niederschlug. Großflächige Plattenlagen gegen aufgetauten Boden, massive und geräumige Behausungskonstruktionen und eine sorgfältigere Abfallentsorgung sprechen für längere Aufenthalte. Die Zusammensetzung der Jagdbeute und deren Tötungszeitpunkte, die Herkunft des Rohmaterials oder intentional zur Desinfektion eingebrachte Zwischenlagen belegen, dass die mit hohem Aufwand errichteten, stabilen Behausungen mehrfach hintereinander genutzt wurden (Soffer u. a. 1997; Street u. a. 2012). In anderen Fällen ist man über Jahre hinweg ebenfalls an den bekannten Platz zurückgekehrt, hat aber die zuvor zurückgelassenen Strukturen nicht bewohnt, sondern lediglich als Rohmaterialquelle für unmittelbar daneben platzierte Aufenthalte genutzt (z. B. Müller u. a. 2006). Insgesamt lassen sich die Strukturen, die zu einem Lagerplatz gehören, stark vereinfacht in die folgenden beiden Gruppen gliedern:

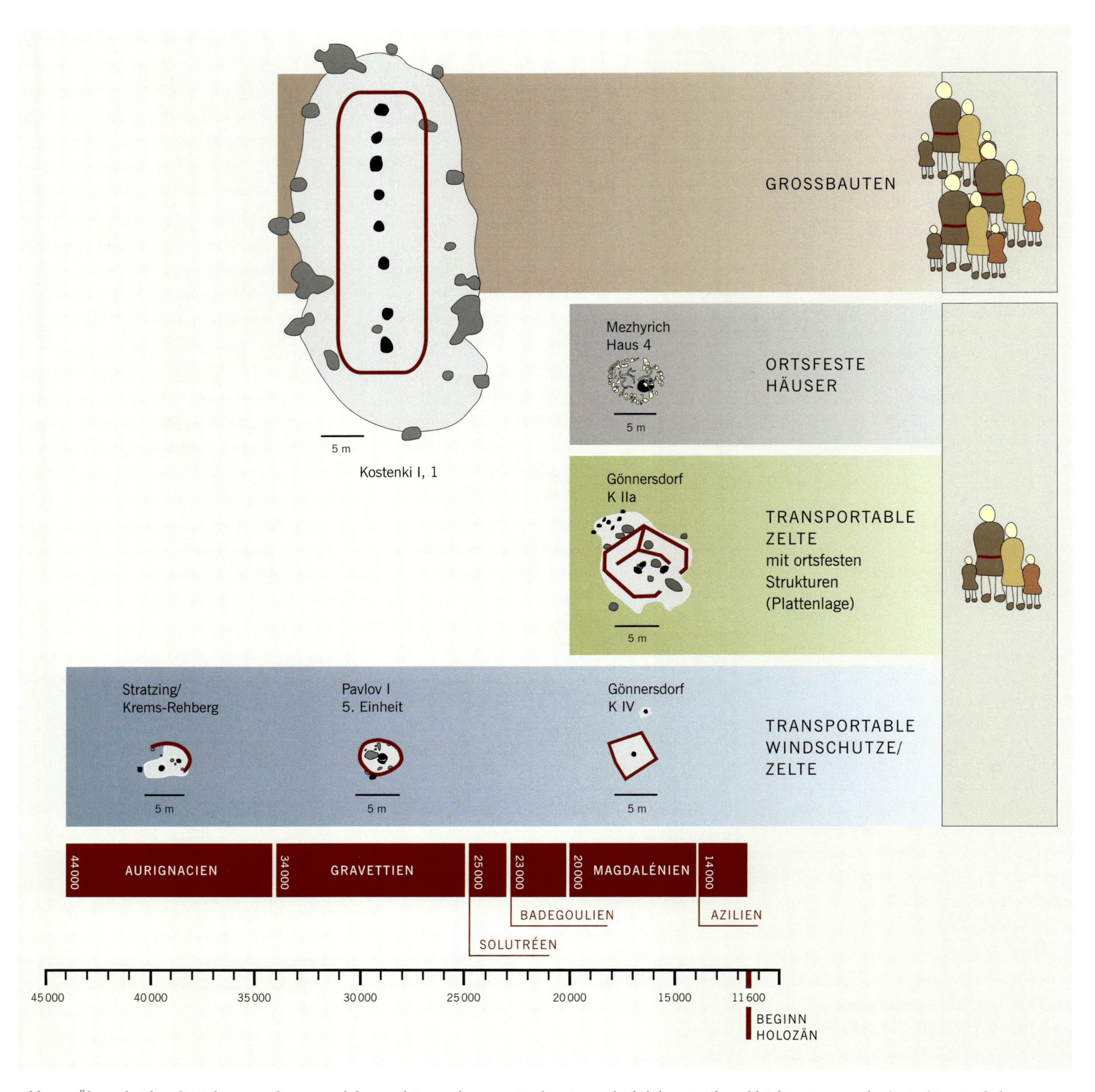

Abb. 10 *Übersicht über die Behausungsformen und -konstruktionen des europäischen Jungpaläolithikum. Während leichte Stangenzelte (unten) in sämtlichen Industrien belegt sind, kommen aufwendigere, mehrfach an derselben Stelle genutzte Konstruktionen v. a. im späten Jungpaläolithikum vor. Weitere Unterschiede ergeben sich aus der Annahme, dass die überwiegende Anzahl der Behausungen für Kernfamilien gedacht war, während Großbauten (oben), in denen größere soziale Einheiten zum Wohnen und/oder gemeinsamen Arbeiten Platz fanden, seltener sind.*

- kürzere Aufenthalte von Tagen bis wenigen Wochen: leichte, mobile Stangenzelte mit Feuerstelle, Gruben und anderen Aktivitätszonen im Inneren, Nutzung der Außenbereiche durch Arbeitsplätze und weitere Feuerstellen möglich, aber wenig intensiv;
- lange Aufenthalte von bis zu mehreren Monaten: stabile Bauten mit ortsfesten Bauteilen wie dem Bodenbelag und/oder starren Teilen der aufgehenden Konstruktion sowie zahlreichen Gruben und Feuerstellen im Inneren, intensive Nutzung der Außenbereiche auch in Form von speziellen, gemeinschaftlich genutzten Arealen, Abfallentsorgung in räumlich definierten, ggf. durch Sediment oder stehendes Wasser versiegelten Gruben, insgesamt häufige Säuberungsaktionen.

Sofern es sich nicht um Konstruktionen handelt, die an den Wänden von Höhlen oder Abris hingen oder verspannt waren, bestanden die Behausungen des europäischen Jungpaläolithikum aus einem Gerüst, das mit einer Hülle aus organischem Material überzogen war. Je nach technischer Lösung und zur Verfügung stehenden Materialien gibt es eine große Variabilität in Form, Größe und Konstruktion. Pfostenlöcher oder ganz einfach das Fehlen von großen Knochen und/oder Stoßzähnen in entsprechender Fundlage sprechen für die überwiegende Verwendung von Holz. Aufgrund der offenen Vegetation mit nur wenigen, oft zwergwüchsigen Bäumen waren ausreichend lange Stämmchen oder Äste nicht einfach zu beschaffen. Sicherlich stellten sie neben der Hülle aus Leder oder aus Pflanzenfasern gewebten Matten einen Wert dar, der bei einem Lagerplatzwechsel mitgenommen wurde.

Chronologisch betrachtet (Abb. 10) sind die leichten Stangenzelte während des ganzen Jungpaläolithikum verbreitet. Aufwendige, vermutlich mehrfach genutzte Konstruktionen für lange Aufenthalte kommen dagegen erst ab dem Gravettien (34 000–25 000 calBP) in unterschiedlichen Ausprägungen vor. Selbst innerhalb eines einzigen Lagerplatzes mit als gleichzeitig angesehenen Behausungen wie in Gönnersdorf (Street u. a. 2012) werden neben einfachen Stangenzelten große und stabile Zelte mit Innengliederung rekonstruiert, sodass von funktionsspezifischen Konstruktionen (für kurze bzw. lange Aufenthalte am Wohnplatz oder im Jagdlager) ausgegangen werden muss. Wird ein ethnografisch nachgewiesener Flächenbedarf von 1,6–4 m^2 pro Person angesetzt (Soffer 1985, 406–407), so dürfte es sich in den meisten Fällen um Unterkünfte für Kernfamilien gehandelt haben (vgl. Abb. 10). Größere Einheiten, wie etwa die selbst in quellenkritischen Rekonstruktionen (Grigor'ev 1967) noch etwa 30 m langen und 7 m breiten, über 200 m^2 großen Objekte im Kostenki-Gebiet, waren möglicherweise nicht überdacht, sondern mit einem Windschirm geschützte, zum Himmel hin offene Arbeitsbereiche. Ähnliche Arbeitsbereiche mit scharfer Begrenzung der inneren Fundstreuung sowie Reihen von Feuerstellen und Gruben kommen auch an den mehr oder weniger gleichzeitigen Plätzen von Dolní Věstonice I (Siedlungsobjekt 1) und Dolní Věstonice II (Siedlungsareal A) am Fuß der Pollauer Berge vor.

Feuerstellen

Die stabileren Behausungen weisen zumeist mindestens eine Feuerstelle im Inneren auf, während sich bei den leichten Stangenzelten die Feuerstellen sowohl im Inneren als auch davor befinden. Vor der Behausung platzierte Feuerstellen entbinden von Vorrichtungen für Zug- und Abluft in der Außenhülle, wärmen aber kaum, sodass in diesen Fällen Sommer-Aufenthalte wahrscheinlicher sind. Neben der Funktion als Wärmequelle dient kontrolliertes Feuer im Alltag als Lichtquelle, zur Nahrungszubereitung, zur kurz- bis langfristigen

***Abb. 11** Abfallgrube (links) und Schema einer Kochgrube (rechts) des Magdalénien aus der Freilandfundstelle Gönnersdorf, Lkr. Neuwied (Rheinland-Pfalz). Bei der im Block geborgenen Abfallgrube, die vermutlich aus Sicherheitsgründen während der Besiedlung mit den jetzt schräg stehenden Schieferplatten abgedeckt war, könnte es sich um eine sekundär genutzte Kochgrube handeln. In den mit Leder ausgekleideten Kochgruben konnten Flüssigkeiten zum Kochen gebracht werden, indem zuvor in einer Feuerstelle erhitzte Gerölle in die Grube verbracht wurden. Bei der Nahrungszubereitung ist auch an das Auskochen von Markknochen zur Fettgewinnung als letzte Ausnutzung der Jagdbeute zu denken.*

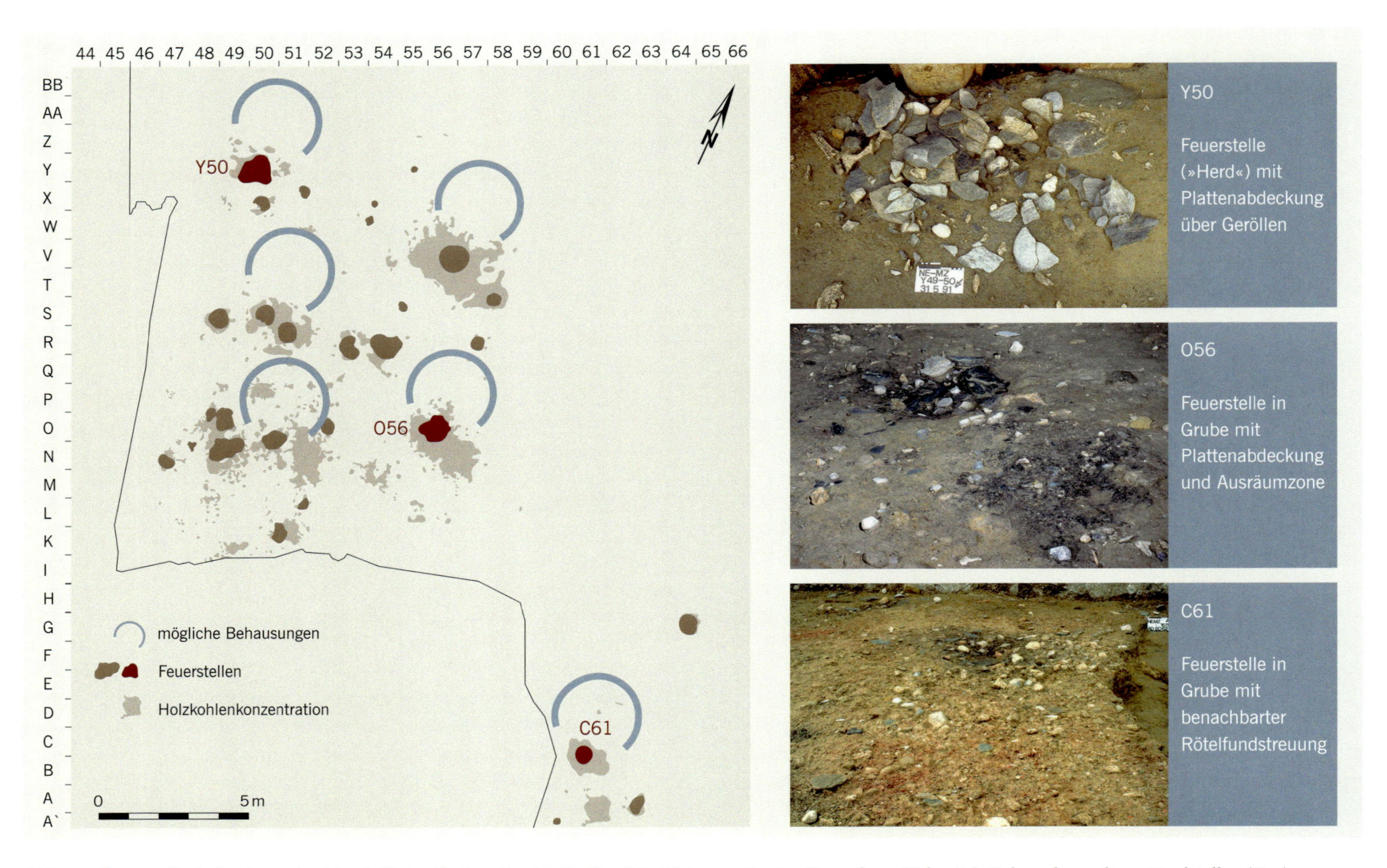

***Abb. 12** Feuerstellenbefunde an der Magdalénien-Freilandfundstelle Neuchâtel-Monruz, Kanton Neuenburg (Schweiz). Neben ebenerdigen Herdstellen (Y50) aus Geröllen, auf denen hitzespeichernde Platten auflagen, kommen Feuerstellen mit (O56) sowie ohne (C61) Plattenabdeckung vor, die windgeschützt in flachen Gruben angelegt waren. In unmittelbarer Nähe zu den Feuerstellen gelegene Ausräumzonen unterstreichen die mehrfache Nutzung der Befunde, die in den meisten Fällen außerhalb der (als Kreise angedeuteten) Behausungen vermutet werden. Aufgrund der Dichte der Befunde ist es in Monruz allerdings schwierig, eindeutige Behausungsgrundrisse bzw. -konstruktionen zu identifizieren.*

Haltbarmachung von verderblichen Lebensmitteln durch Erhitzen, Auskochen oder Räuchern sowie zur Abfallentsorgung (Fladerer u.a. 2014), wobei eine Feuerstelle oft mehrere Funktionen gleichzeitig oder nacheinander erfüllte. Für eher seltene Verwendungszwecke ist an religiöse Zeremonien (z.B. in einer Schwitzhütte oder zur Totenverbrennung) oder die Signalgebung mittels Licht oder Rauch zu denken. Durch Hitze verfärbte oder zersprungene Gerölle direkt im archäologischen Material (Nakazawa u.a. 2009) das Kochen von Flüssigkeiten mit heißen Steinen in speziell ausgekleideten (»Koch«-)Gruben, die sich in der unmittelbaren Nähe der Feuerstellen befanden (Abb. 11).

Als Brennmaterial sowohl Holz als auch Knochen in Feuerstellenbefunden belegt, wobei Holz als der bessere Brennstoff gilt. Die Verfügbarkeit von Holz in einer für das Sammeln vertretbaren Entfernung zum Lagerplatz war sowohl von klimatischen als auch von topografischen Faktoren abhängig. In Monruz (Magdalénien, 20000–14000 calBP) am Ufer des Neuenburger Sees in der Schweiz spiegelt der hohe Prozentsatz an Zwergweide (*Salix retusa*) von fast 99 Prozent (Müller u.a. 2006) die Schwierigkeiten wider, entlang des flachen Uferbereichs des Neuenburger Sees geeignetes Brennholz zu finden. Daher waren die Konstruktionen der Feuerstellen (Müller u.a. 2006, 748) auf hohe Effizienz ausgelegt (Abb. 12). Sie bestanden aus Geröllen, welche das Brenngut umgaben, und darüber gelegten Deckplatten, die lange nach dem Ausglühen des Holzes noch Wärme abgaben. Vor jedem neuen Brennvorgang mussten die Deckplatten abgenommen werden, um frisches Brennholz nachlegen zu können. Zahlreiche kleine Hitzeaussprünge und -brüche, die zu großen Teilen wieder zusammengesetzt werden konnten, und Ausbesserungen ermöglichen eine Abschätzung der Anzahl der Brennvorgänge, die sich auf etwa 30–50 belaufen. In Krems-Wachtberg (Gravettien, 34000–25000 calBP) wuchsen dagegen in der von deutlichen Reliefunterschieden geprägten Landschaft an windgeschützten Stellen auch Kiefern (*Pinus*) und sogar die anspruchsvolleren Tannen (*Abies*), die verheizt werden konnten (Fladerer u.a.

Abb. 13 Befundfoto einer Abfallgrube aus Dobranichevka, Oblast Tscherkassy (Ukraine). Aufgrund des Aufwandes für die Eintiefung der Grube in den Permafrostboden wird davon ausgegangen, dass es sich ursprünglich um eine Vorratsgrube für Fleisch gehandelt hat (der Durchmesser der Grube beträgt etwa 1 m).

2014). Die deutlich weniger energieeffiziente Verbrennung erfolgte u. a. in einer zentralen offenen Feuerstelle von 1,50 m Durchmesser, die mindestens drei Nutzungszyklen aufwies.

Eine Alternative zu Holz als Brennmaterial stellten frische Knochen dar, die nach dem Anzünden über mehrere Stunden mit gleichmäßiger Hitze verbrennen. Dabei darf nicht unterschätzt werden, dass zum Anzünden von Knochenfeuern bis zu einem Drittel des Knochengewichtes an Holz investiert werden muss. Das erklärt, warum im ukrainischen Mezhyrich (Magdalénien, 20 000–14 000 calBP) südöstlich von Kiew in der nur von wenigen niedrigen Sträuchern bewachsenen Umgebung des Lagerplatzes mit großem Aufwand dünne Äste und Zweige von Weide (*Salix*) und Kiefer (*Pinus sylvestris*) gesammelt wurden, obwohl ein großer Teil des verbrannten Materials aus Knochen besteht (Marquer u. a. 2012).

Vorrats-, Koch- bzw. Abfallgruben

Eine gezielte Abfallentsorgung war nicht immer und zu allen Besiedlungsphasen eines Lagerplatzes üblich. Vor allem bei kürzeren Aufenthalten blieben viele Speise- und Herstellungsabfälle einfach an Ort und Stelle liegen oder wurden nach Reinigungsmaßnahmen im Inneren einfach vor bzw. zwischen den Behausungen verstreut. Eine nachhaltigere Abfallbeseitigung erfolgte am einfachsten in Gruben, die zuvor zum Kochen oder zur Aufbewahrung gedient hatten (vgl. Abb. 11). Auch die tief in den Permafrostboden gegrabenen, großen Grubenkomplexe (Abb. 13) der ukrainischen Fundstellen wie Dobranichevka (Magdalénien, 20 000–14 000 calBP) verdanken ihre Errichtung nicht primär der Abfallbeseitigung, sondern der Vorratshaltung (Soffer u. a. 1997; Marquer u. a. 2012). Bei längerer Aufenthaltsdauer beeinflusste vermutlich auch die Entfernung zu den Jagdgründen die Konsequenz in der Abfallorganisation. Es fällt zumindest auf, dass die großen Lagerplätze des Gravettien am Fuße der Pollauer Berge – Dolní Věstonice I, Dolní Věstonice II und Pavlov I – durch bemerkenswerte Anhäufungen von Knochen gekennzeichnet sind, die eindeutig als Jagdbeutereste anzusprechen sind (Péan u. a. 2005). Sie befanden sich abseits der Behausungen in Bereichen am Hang und/oder dort, wo in Rinnen oder Mulden natürlicherweise Wasser floss oder stand. Auf diese Weise wurde eine allzu starke Geruchsbildung vermieden, die je nach Windstärke und Richtung ansonsten sicher nahegelegene (Mammut-)Jagdstationen wie Milovice, das 2,5 km entfernt ist, erreicht hätte.

Im Folgenden wird die Variabilität der Behausungen anhand von zwei Beispielen aus dem Magdalénien (20 000–14 000 calBP) erläutert.

Lange Aufenthalte in perfektionierten Zelten: Gönnersdorf

In Gönnersdorf bei Neuwied am Rhein wurden auf einer Fläche von knapp 680 m² insgesamt vier Behausungen des Magdalénien (20 000–14 000 calBP) ausgegraben (Abb. 14). Einige Tausend Jahre nach der letzten Nutzung hat der Bims (vulkanisches Eruptivgestein) der vom Ausbruch des Laacher Seevulkans (13 000 calBP) stammt, die bereits mit Sediment bedeckten Überreste des Lagerplatzes konserviert (Street u. a. 2012). Jede der vier Fundkonzentrationen (K I bis K IV) bestand aus unterschiedlichen Mengen an Platten, Steinen und Geröllen aus Schiefer, Quarzit und Basalt, mit denen der Boden befestigt worden war, sowie Gruben, Pfostenlöchern, Ockerverfärbung und einer Artefaktstreuung, die sich auch in den Außenbereichen vor dem Eingang bzw. entlang der Hinterwand fortsetzte. Zum jetzigen Zeitpunkt (Street u. a. 2012) wird über jeder Fundkonzentration eine Behausung rekonstruiert (vgl. Abb. 14). Aus den Raumanalysen der Plattenlagen, der Zusammensetzungen der Steinartefakte und der Verteilungen der kleinen Fundfraktionen ergab sich dabei eine überraschende Variabilität der Grundrisse. Neben rund bis rundovalen Konstruktionen (K III) standen am selben Lagerplatz annähernd rechteckige (K IV) bis trapezförmige Behausungen (K IIa und wohl auch K I). Die Konzentrationen K I, K IIa und K III werden als stabile, nur mit größerem Aufwand auf- und abzubauende Zelte interpretiert, während Konzentration K IV als leichtes, transportables Stangenzelt gedeutet wird (Street u. a. 2012, 238). Die rechteckige oder ovale Form der Umrisse scheint demnach weniger funktionsspezifisch, sondern eher gruppen- oder familienspezifisch gewesen zu sein.

In Gönnersdorf stehen viele Brandspuren an den Bodenplatten sowohl im Inneren als auch in den Außenbereichen sowie zahlreiche Kochsteine in einem deutlichen Gegensatz zu dem Fehlen evidenter Feuerstellenkonstruktionen und der Seltenheit von Holzkohlen. Neben der Überlegung, dass ein Teil des Lichtes und der Wärme mithilfe von Fettlampen erzeugt wurde, wird auch die Existenz von einfachen Feuerstellen diskutiert, die direkt auf dem Boden betrieben und nach dem Brennvorgang ausgeräumt wurden (Street u. a. 2012, 240).

Die auf Monate genaue Fixierung des Tötungszeitpunktes von Pferdeföten und Fohlen über die Milchzähne erlaubt eine Eingrenzung der jahreszeitlichen Nutzung der Behausungen von Gönnersdorf. Demnach wurden die Konzentrationen K I, K II und K III nach Aufenthalten, die von Dezember bis zum Beginn des Sommers dauerten, hinterlassen. Einige wenige Zähne deuten auf eine sporadische Rückkehr von Teilen der in Gönnersdorf lagernden Familien im Oktober. Soweit

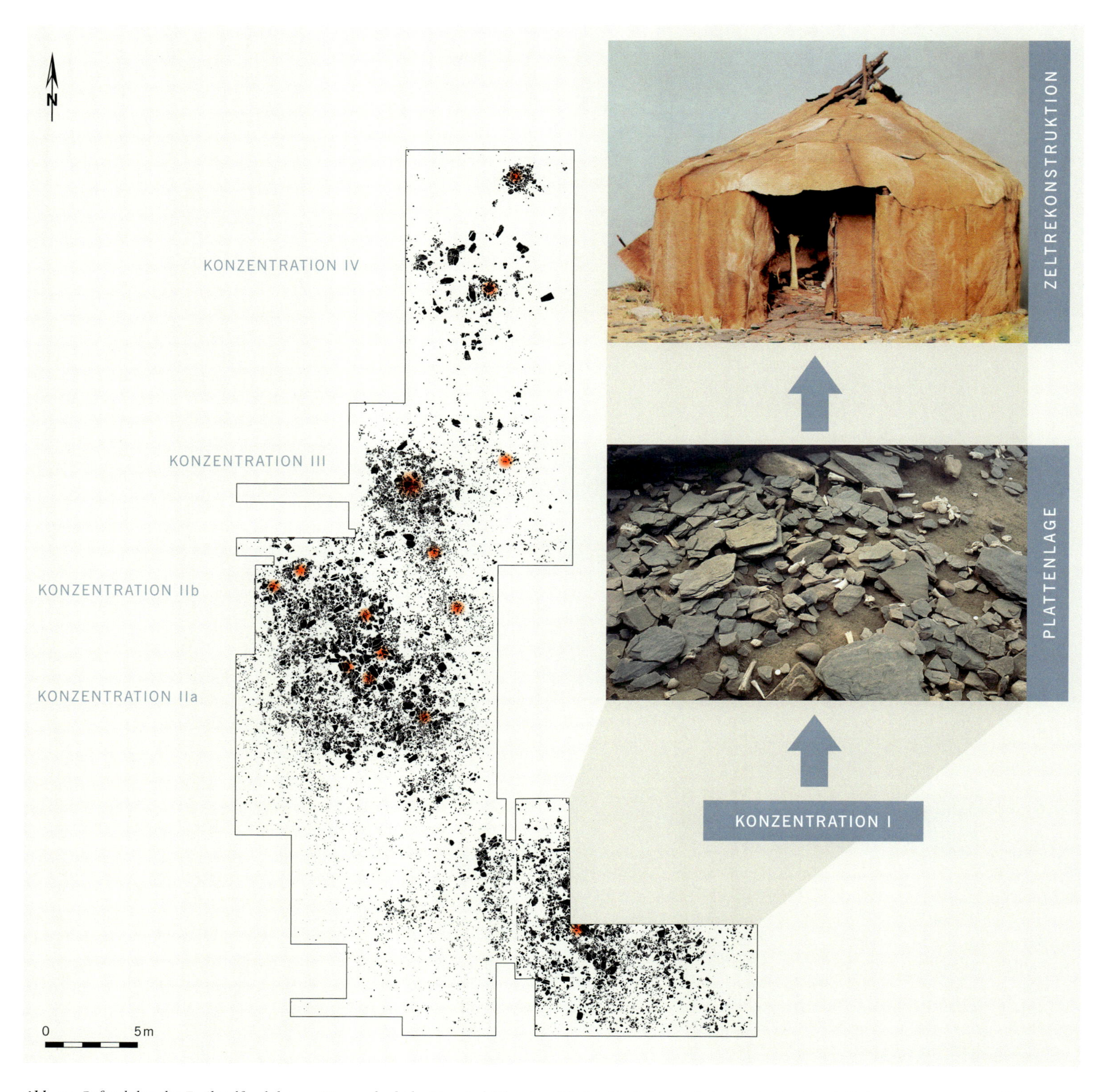

Abb. 14 *Befundplan des Freilandfundplatzes Gönnersdorf, Lkr. Neuwied (Rheinland-Pfalz). Die Rekonstruktion der in das Magdalénien (20 000–14 000 calBP) zu stellenden runden und trapezförmigen Behausungen beruht u. a. auf der räumlichen Verteilung der Schieferplatten, die größer als 20 cm sind (schwarz). Im Inneren sowie vereinzelt im Außenbereich der teilweise mehrfach benutzten Zeltplätze befanden sich mehrere Feuerstellen (rot). Durch die Grabungen wurde nur ein Teil der Befunde erfasst, sodass der Platz wesentlich größer gewesen sein muss.*

bestimmbar, handelt es sich also um Winterbehausungen, die mit hoher Wahrscheinlichkeit gleichzeitig und/oder in so kurzen zeitlichen Abständen bewohnt waren, dass die zurückgelassenen Plattenlagen und Artefakte sichtbar waren. Die Frage, inwieweit die aufwendigen Behausungen mehrfach wiederbenutzt wurden, kann nur mithilfe von indirekten Indizien beantwortet werden, da am gesamten Platz keine interne Stratigrafie – wie etwa mehrere Plattenlagen übereinander – vorliegt. Für Konzentration K IIa ist aufgrund von Zusammensetzungen von Artefakten aus unterschiedlichen Gruben recht sicher nur eine Nutzungsphase belegt (Sensburg 2007). Gleichzeitig handelt es sich um die komplexeste Behausung, für die nicht nur drei nacheinander betriebene Feuerstellen rekonstruiert werden, sondern auch eine Innengliederung: Durch Reihen von mittelgroßen Steinen, die man sich als Beschwerung von Vorhängen vorstellen kann, wurden von der 38 m^2 großen Grundfläche zwei kleinere Abteile im Norden und ein größerer Raum im Osten abgetrennt. Die geringen Fundhäufigkeiten unterscheiden die abgetrennten Bereiche von dem Hauptraum, in dem sich in einer dichten Fundstreuung die drei Feuerstellen nebst Ausräumzonen sowie nicht weniger als 20 Gruben befanden. Die durch Zusammensetzungen belegte Tatsache einer gleichzeitigen Nutzung kann am besten damit erklärt werden, dass die Gruben mit Schieferplatten zugedeckt waren, sofern sie nicht in Gebrauch waren. Aufgrund der vielen Unwägbarkeiten im Leben von selbst optimal angepassten Jägern und Sammlern ist es natürlich immer möglich, dass eine Familie nicht wie geplant im Jahr nach der ersten Nutzung an den Winterplatz zurückkam. Für Konzentration K III können dagegen anhand von Unterschieden in den Rohmaterialien der Grubenfüllungen bis zu vier Begehungen plausibel gemacht werden (Terberger 1997). Die Wiederbenutzung der bestehenden Strukturen lässt vermuten, dass der zeitliche Abstand nicht allzu groß gewesen ist und tatsächlich am ehesten jeweils eine Jahreshälfte (in diesem Fall Sommer bis Herbst) betragen hat. Unabhängig von der Frage der Mehrfachnutzung muss davon ausgegangen werden, dass die Familien bei einem Lagerplatzwechsel die mobilen Teile der Zelte abgebaut und mitgenommen haben. Hierfür

Abb. 15 *Blick auf die freigelegte Begehungsoberfläche eines »Mammutknochenhauses« des Magdalénien (regional als »Epi-Gravettien« bezeichnet: 20 000–14 000 calBP) an der Fundstelle Dobranichevka, Oblast Tscherkassy (Ukraine). Der überwiegende Teil der v. a. aus Schulterblättern und Langknochen bestehenden großen Knochen lag als Beschwerung auf der eigentlichen Konstruktion aus einem mit Lederplanen bedeckten Holzgestänge. Im Zentrum des im Durchmesser etwa 4 m großen Behausungsbefundes sind zwei Stoßzähne als Konstruktionselemente des Daches sowie die einzige innen liegende Feuerstelle zu erkennen. Die komplett ausgegrabene Fundstelle bestand aus vier nahezu identischen Behausungen.*

spricht neben dem grundsätzlichen Problem der regionalen Verfügbarkeit von gerade gewachsenen Stämmchen und Ästen für das Gestänge (zur Baumgrenze südlich der Alpen zwischen 25 000 und 20 000 calBP siehe A. Maier u. a. 2016) vor allem der Aufwand für die Außenhülle aus Fellen bzw. Leder. Bei den in der Größe vergleichbaren »Jarangas« der Tschuktschen besteht die Abdeckung im Durchschnitt aus 40 Rentierfellen (Bosinski 1979, 178). Rechnet man 2 kg je Fell, so mussten 80 kg allein an Zeltplanen bewegt werden. Andererseits könnten die Zeltstangen zu einfachen Schlitten in Form von sog. »Stangenschleifen« umfunktioniert worden sein, sodass trotz des hohen Gewichts ein Transport auch über große Distanzen vorstellbar ist.

Lange Aufenthalte in »Mammutknochenhäusern«: Mezhyrich und Dobranichevka

Mezhyrich (z. B. Soffer 1985, 69–80; Marquer u. a. 2012) bildet mit Mezin (Soffer 1985, 80–84), Dobranichevka (Soffer 1985, 48–51) und Gontsy (Soffer 1985, 57–61) einen über die Flusstäler des Dnjepr und der Desna verbundenen Cluster mit untereinander fast identischen Befunden, die sich – freilich als untypische Bauweisen – in Richtung Osten bis in das Kostenki-Gebiet am mittleren Don finden (u. a. Anosovka II / Kostenki XI: Soffer 1985, Abb. 8.2). Immer sind Schädel, Becken, Schulterblätter, Langknochen und Stoßzähne vom Mammut tragende Bestandteile des Unterbaus der Behausungen (Abb. 15). Im Inneren befand sich seitlich vom Zentrum eine Feuerstelle, während im Außenbereich neben Aktivitätszonen (ukrainisch: toptalische) und Feuerstellen als Besonderheit große Vorrats- bzw. Abfallgruben lagen. Dieses funktionale Muster – ortsfeste Behausung mit mehreren umgebenden Gruben – kam an allen Plätzen zur Anwendung und deutet auf ein festes System von Lagerplatzaufbau und -nutzung. In fast allen Fällen konnten nur Teilbereiche der über Bohrungen auf Flächen von bis zu über 5000 m² (Soffer 1985; dies entspricht der Hälfte eines Fußballfelds) erschlossenen Areale durch Grabungen freigelegt werden, sodass die jeweils zwei bis vier ergrabenen Behausungen nur Minimalwerte darstellen. Es wird angenommen, dass ein Teil der Behausungen gleichzeitig errichtet wurde (Marquer u. a. 2012, 111) und für Aufenthalte von bis zu sechs Monaten (Soffer 1985, 416) während der kalten Jahreszeit diente (Soffer 1985, 349).

In Mezhyrich standen an einem leicht geneigten Hang, aber mit ebenen Fußböden im Abstand von bis zu über 15 m vier rundovale Behausungen (Soffer 1985, Abb. 2.63–2.66). Bei Innenflächen von 12 m² (Behausung 3) bis 24 m² (Behausung 1) betragen die Gewichte der Mammutknochen zwischen 8,5 t und 20,5 t (Abb. 16). Sie stammen von mindestens 149 Individuen. Die hohe Zahl der Mindestindividuen schließt eine vorbereitende Jagd als alleinige Strategie zur Akquise des Baumaterials aus. Stattdessen wurden überwiegend natürliche Sterbe- oder ältere Tötungsplätze in der Nähe abgesammelt. Für eine Verwendung von älterem Knochenmaterial spricht auch die heterogene Zusammensetzung der Skelettelemente pro Behausung, sodass im Detail unterschiedliche Lösungen beim Aufbau vorliegen. So überwiegen in Behausung 1 Unterkiefer, in Behausung 2 Rippen und in Behausung 3 Wirbel (Soffer 1985, Tab. 6.18). Die Schädel, ineinander gestapelte Unterkiefer und andere große Knochen bildeten die unterste Lage der Außenwand und dienten als Fundament für weitere, dieser Basis aufliegenden Reihen von Knochen. Im Inneren der Behausungen müssen sich Stützkonstruktionen aus Holz mit einer darüber gezogenen, dichtenden Hülle befunden haben. So lassen sich die größeren Abstände zwischen den Knochen, die dann als Beschwerung der Außenhülle und nicht als statisches Element anzusprechen sind, erklären. Während der Ausgrabungen wurden keine Pfostenlöcher gefunden, wohl aber Mam-

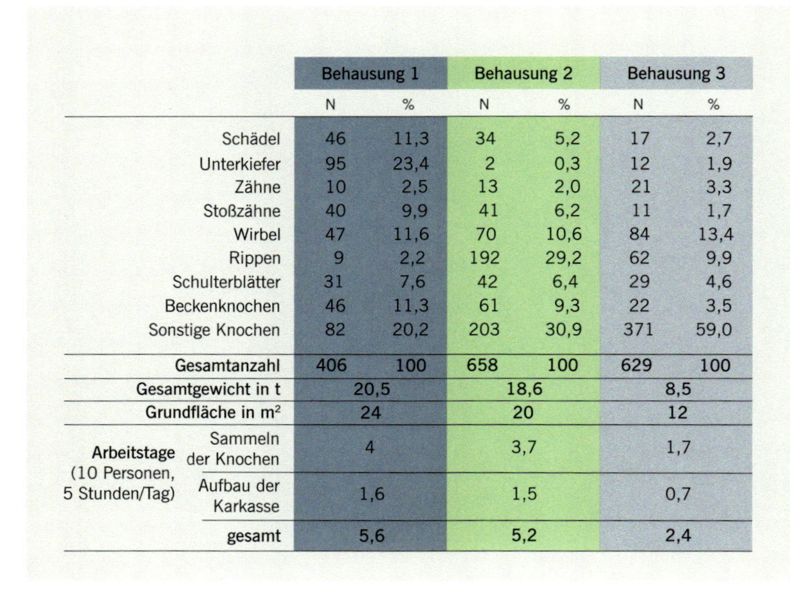

		Behausung 1		Behausung 2		Behausung 3	
		N	%	N	%	N	%
Schädel		46	11,3	34	5,2	17	2,7
Unterkiefer		95	23,4	2	0,3	12	1,9
Zähne		10	2,5	13	2,0	21	3,3
Stoßzähne		40	9,9	41	6,2	11	1,7
Wirbel		47	11,6	70	10,6	84	13,4
Rippen		9	2,2	192	29,2	62	9,9
Schulterblätter		31	7,6	42	6,4	29	4,6
Beckenknochen		46	11,3	61	9,3	22	3,5
Sonstige Knochen		82	20,2	203	30,9	371	59,0
Gesamtanzahl		406	100	658	100	629	100
Gesamtgewicht in t		20,5		18,6		8,5	
Grundfläche in m²		24		20		12	
Arbeitstage (10 Personen, 5 Stunden/Tag)	Sammeln der Knochen	4		3,7		1,7	
	Aufbau der Karkasse	1,6		1,5		0,7	
	gesamt	5,6		5,2		2,4	

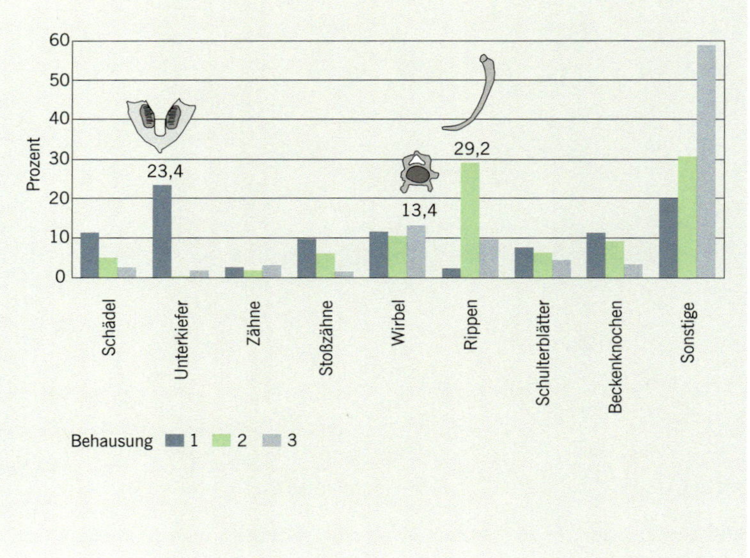

Abb. 16 Daten zu den Mammuthäusern von Mezhyrich, Oblast Tscherkassy (Ukraine). In der Tabelle (links) sind Häufigkeiten der Skelettelemente vom Mammut, die Gesamtgewichte der Knochen, die Grundflächen und die Arbeitszeitschätzungen für die drei komplett ausgegrabenen Häuser zusammengestellt. Das Histogramm (rechts) zeigt die Häufigkeiten der Skelettelemente in einer anderen Darstellung, die erkennen lässt, dass in jeder Behausung ein anderes Skelettelement dominiert.

mutknochen mit intentionalen Löchern (Soffer 1985, Abb. 2.68), die als Standfüße für aufgehende Konstruktionselemente gedient haben könnten. Die Behausungen werden als Kuppelbauten rekonstruiert, bei deren Dachkonstruktion neben Holz auch Mammutstoßzähne Verwendung fanden. In den komplett gegrabenen Behausungen 1 bis 3 fand sich im Innenraum nahe der Außenwand jeweils eine Feuerstelle, die Wärme und Licht für folgende Aktivitäten spendete: Steinbearbeitung (Artefakte), Lederverarbeitung (Nadeln), Häuten von kleinen Säugetieren (Faunenreste) und Nahrungszubereitung (verbrannte Knochen). In der Umgebung von Behausung 4 lagen sechs Gruben, die Durchmesser von 2–3 m und Tiefen zwischen 0,70 und 1,10 m aufwiesen. Die letzte durch die Grabungen dokumentierte Nutzung ist die der Abfallentsorgung, der eine Phase als Vorratsgrube vorausgegangen war. Aufgrund des hohen Gewichtes erscheint es naheliegend, dass die Behausungen nicht zum Transport abgebaut wurden, sondern ortsfest waren. Direkte Hinweise über die Wiederaufnahme der Nutzung nach einer längeren Unterbrechung liegen tatsächlich vor: Bis zu 12 cm mächtige, intentional vom Menschen eingebrachte Schichten aus sterilem Sand trennen sowohl in den Behausungen als auch in den hausbegleitenden Gruben eine untere und eine obere Fundschicht (Soffer u. a. 1997). Arbeitszeitschätzungen zum Bau der Behausungen kommen für zehn Personen, die fünf Stunden pro Tag gearbeitet haben, auf 2,4–5,6 Arbeitstage pro Behausung, wobei das Sammeln der Knochen mit mehr als doppelt so hohen Arbeitsleistungen angesetzt wird wie der eigentliche Bau (Soffer 1985, Tab. 6.20). Der Aufwand ist eigentlich nicht allzu hoch. Dennoch muss überlegt werden, ob es nicht territoriale Ansprüche an den Lagerplatz gegeben hat, dessen Behausungen bzw. deren Baumaterial aus Knochen in Phasen der Abwesenheit der Gruppe während des Sommers frei zugänglich waren. Als Ausdruck einer sozialen Kontrolle über die Behausungen können rote Bemalungen gedeutet werden, die gut sichtbar u. a. auf den Mammutschädeln angebracht waren.

***Abb. 17** Aufgeschlagener Langknochen vom Rind oder Pferd aus dem Magdalénien (20 000–14 000 calBP) von Enlène, Couloir de la Découverte, Dép. Ariège (Frankreich). Größere Knochen der Jagdbeute wurden gezielt zerschlagen, um an das kalorienreiche Knochenmark zu gelangen. Nach dem Herauskratzen des Knochenmarks konnte eine weitere Zerkleinerung erfolgen, um die kleinen Knochenstücke anschließend in einer Suppe auszukochen. Die Länge des Knochens beträgt 8 cm.*

IN DER NÄHEREN UND WEITEREN UMGEBUNG DER LAGERPLÄTZE: TAKTIKEN DER NAHRUNGSBESCHAFFUNG

Grundbedürfnisse

Der Bedarf an Kalorien zur täglichen Ernährung ist von Mensch zu Mensch verschieden. Neben der Körpergröße und dem Gewicht können Alter und körperliche Belastung den Energiebedarf erheblich beeinflussen. Im Mittel benötigt der moderne Mensch 2451 kcal pro Tag (Ben-Dor u. a. 2011, Tab. 2), die aber längerfristig nicht beliebig zusammengesetzt sein können. So ist dem Verzehr von magerem Muskelfleisch eine Obergrenze gesetzt. Sie ergibt sich aus dem Zusammenspiel der Maximalmenge an Enzymen zur Stickstoff-Produktion, die von der Leber bereitgestellt werden kann, und der Leistungsfähigkeit der Nieren zum Abtransport von Harnstoff als Nebenprodukt der Fleischverdauung. Als Obergrenze für den Verzehr von magerem Muskelfleisch gelten 4 g pro kg Körpergewicht und Tag – ansonsten droht der sog. »Kaninchenhunger«, der ohne Gegenmaßnahmen tödlich verlaufen kann. Der übrige Kalorienbedarf muss durch andere Quellen gedeckt werden. Gegenüber Pflanzen, deren Beschaffung und Aufbereitung aufwendig ist, gilt Fett als gesunde und zugleich leicht zu verdauende Kalorien- und Proteinquelle, die bereits in der Jagdbeute enthalten ist. Mit knapp 50 % der essbaren Kalorien weisen heutige Elefanten und Wisente die höchsten Fettanteile auf (Ben-Dor u. a. 2011, Tab. 3) – ohne das ebenfalls nahrhafte Knochenmark. Analysen an 40 000–4000 Jahre alten Kadavern aus dem Permafrost Sibiriens (Guil-Guerrero u. a. 2014) ergaben zudem, dass unter den eiszeitlichen Pflanzenfressern Arten wie Mammut oder Pferd, die ihre Nahrung in nur einem Magen verdauen und daher keine Wiederkäuer sind, bei entsprechender Futterversorgung besonders große Fettvorräte anlegen können. Gleichzeitig ist dieses Fett reich an ungesättigten Fettsäuren, die für den menschlichen Organismus lebenswichtig sind, aber von außen zugeführt werden müssen. Stehen hierfür, wie im Winter bzw. in klimatisch bedingten Kaltphasen, keine ölhaltigen Pflanzen in ausreichender Menge zur Verfügung, muss entweder auf Fisch oder Fett ausgewichen werden. Aufgrund der kurzen Vegetationsperiode während der Kaltphasen sowie der nur saisonal größeren Fischschwärme, unter denen Lachse ernährungsphysiologisch besonders wertvoll sind, boten sich hierfür während des Jungpaläolithikum vor allem Tierfette an. Neben dem Körper- und Muskelfett ist Knochenmark eine weitere wichtige potenzielle Quelle für Eiweiß und Fett. Es steckt in erster Linie in den Langknochen (Abb. 17) und kann nach dem Öffnen der harten Knochenhülle mechanisch ausgelöffelt, aber auch als Öl ausgekocht werden (etwa an der 31 000 calBP alten Gravettien-Fundstelle Krems-Wachtberg: Fladerer u. a. 2014).

Die Schätzung der Anteile von Pflanzen und Fisch (Abb. 18) in der Ernährung der jungpaläolithischen Menschen allein anhand der Stickstoff-Isotopengehalte in ihren Knochen ist schwierig, da die damaligen Ökosysteme mit einer hohen Gras- und Kräutermasse nicht analog zu heutigen sind, was leicht zu Fehlern führt (Bocherens/Drucker 2004). Die Bedeutung von Fisch ist nicht nur durch entsprechende Knochenfunde als Nahrungsreste nachgewiesen (z. B. Ádan u. a. 2009). Darüber hinaus sind bereits im Aurignacien (44 000–34 000 calBP) einfache Angelhaken, sog. »Querangeln«, vorhanden (Julien 1994), mit denen Leinenfischerei betrieben werden konnte. Ihnen werden im Magdalénien spezielle, mehrzackige Fischspeere an die Seite gestellt. Weiter oben wurde aber bereits darauf hingewiesen, dass auch Pflanzen eine sinnvolle Ergänzung zu einer fleischreichen Kost darstellen. An Fundstellen des Gravettien (34 000–25 000 calBP) finden sich Belege für die Zubereitung von Mehl in Form von Reibsteinen und Mörserstößeln (Revedin u. a. 2015). Aus einer größeren Bandbreite an immer noch anhaftenden Stärkekörnern konnte Mehl aus Rohrkolben (*Typha*: an den Stationen Bilancino und Pavlov IV) und Eicheln (*Quercus*: in der Höhle von Paglicci) identifiziert werden.

Optimale Nahrungssuche: eine kurze Übersicht über die gejagten Tierarten

Aus dem zuvor Gesagten wird klar, wie komplex die Zusammenstellung einer ausgewogenen Ernährung vor allem unter kühlen klimatischen Bedingungen war. Die Habitate waren durch eine geringe Biodiversität, eine niedrige Primärproduktion der Pflanzen sowie eine patchworkartige Verteilung der Habitate gekennzeichnet (Guthrie 1982). Die Huftiermasse war zwar unter Umständen hoch, aber in weiten Teilen des zentralen und östlichen Mitteleuropas wechselten die an offene Vegetation angepassten Tierarten wie Ren und Wisent zwischen Sommer- und Winterweiden. Andere Arten, wie das Pferd und die – je nach Relief und Klima – ebenfalls vorkommenden Waldbewohner wie das Wildschwein und der Rothirsch, waren dagegen standorttreu, soweit es die Bedingungen zuließen. Um ihre Jagdstrategien langfristig zu optimieren, mussten die jungpaläolithischen Jäger die Arten mit der besten Energiebilanz aus dem jeweiligen Angebot der sie umgebenden Umwelt herausfiltern. Entscheidend war das Verhältnis zwischen dem Aufwand für eine erfolgreiche Jagd, der sich aus der Häufigkeit des Vorkommens, der Erreichbarkeit des Aufenthaltsorts sowie dem Verteidigungs- und Fluchtverhalten ergibt, einerseits und dem verwertbaren Kaloriengehalt des Beutetieres andererseits. Daneben spielten möglichst geringe Schwankungen in den Populationsdichten des Jagdwildes sowie die Verfügbarkeit von alternativen Quellen für Protein und ungesättigte Fettsäuren, wie Pflanzen und Fische (vgl. Abb. 18), eine Rolle.

Für die Identifikation von Jagdbeuteresten unter den Knochenfunden steht mit der Archäozoologie eine ganze Disziplin zur Verfügung. Wichtige Merkmale sind die Alterszusammensetzung der Tiere, die es von einer natürlichen Sterbegemeinschaft und Beutemustern anderer, ähnlich erfolgreicher Fleischfresser wie dem Höhlenlöwen oder der Hyäne abzugrenzen gilt, sowie das Vorliegen von Zerlegungsspuren in

Abb. 18 *Ursprünglich mit Rötel bemaltes Halbrelief eines Lachses aus dem Abri du Poisson, Dép. Dordogne (Frankreich) aus dem Gravettien (34 000–25 000 calBP). Dargestellt ist ein männliches Exemplar in Originalgröße (die Länge beträgt 1,05 m) mit dem typischerweise verlängerten Unterkiefer (»Laichhaken«), der neben einer rötlichen Färbung die geschlechtsreifen Männchen auszeichnet. Die wiederholte Darstellung vom Lachs in der eiszeitlichen Wandkunst unterstreicht zum einen die Bedeutung dieser während der Laichzeit in großer Menge verfügbaren Ressource, und zum anderen die genaue Kenntnis des Verhaltens und Aussehens der potentiellen Jagdbeute, die in diesem Fall nur in längerfristig geplanten Aktionen effektiv genutzt werden konnte. Die tiefen Bohrungen und Schlagspuren gehen auf den im letzten Moment verhinderten Versuch am Beginn des 20. Jahrhunderts zurück, das Relief für den Verkauf aus dem Abri zu entfernen.*

Form von Schnitten, Schlagmarken und Brüchen (vgl. Abb. 17). Bevor abschließend auf den Menschen als Jäger geschlossen werden kann, bedarf es zusätzlich einer genauen Untersuchung der Entstehung der Veränderungen der Knochen (der sog. »Taphonomie«). Auf diese Weise können anthropogene Schnittspuren von natürlichen Verwitterungsspuren und Schrammen unterschieden werden, die von den scharfen Reißzähnen großer Carnivoren oder Bewegungen im Sediment stammen. Unter Vernachlässigung der seltener nachgewiesenen Tierarten lässt sich für die Grundversorgung im Jungpaläolithikum folgende grobe Entwicklung konstatieren (vgl. Napierala/Uerpmann 2009):

- Aurignacien (44 000–34 000 calBP): gemischte Jagdfauna aus großen Pflanzenfressern wie Ren (*Rangifer tarandus*) und Pferd (*Equus ferus*) bzw. Europäischem Wildesel (*Equus hydruntinus*) sowie sehr großen Pflanzenfressern wie dem Mammut (*Mammuthus primigenius*), daneben Fisch und kleinere Säugetiere wie Hase (*Lepus* sp.);
- Gravettien (34 000–25 000 calBP): Jagd auf Pferd (*Equus ferus*) bzw. Europäischen Wildesel (*Equus hydruntinus*) und Ren (*Rangifer tarandus*) sowie (im östlichen Mitteleuropa saisonal spezialisierte) Bejagung des Mammuts (*Mammuthus primigenius*), daneben Zunahme der Bedeutung von kleinen Säugetieren bis Fuchsgröße und Vögeln (zur Fellgewinnung) sowie vom Wolf (*Canis lupus*: Wojtal/Wilczyński 2015);
- Solutréen (25 000–23 000 calBP, nur in Südwesteuropa verbreitet): starke Fokussierung auf einzelne, regional verschiedene Tierarten (Rigaud/Simek 1989), wie etwa auf Rothirsch (*Cervus elaphus*) und Steinbock (*Capra ibex*) in den Pyrenäen, ergänzt durch Fischfang, vor allem Lachs;
- Badegoulien und Magdalénien (23 000–14 000 calBP): deutliche Bevorzugung von Pferd (*Equus ferus*) und Ren (*Rangifer tarandus*) mit der Tendenz des Überwiegens von Ren in Südwest- und im südlichen Mitteleuropa sowie von Pferd nördlich davon.

Sammeln und Jagen im Schweifgebiet um den Lagerplatz

Folgt man aus der Ethnografie abgeleiteten Modellen, so wurden die Lagerplätze für die ganze Gruppe an der Schnittstelle der Einzugsgebiete der wichtigsten Ressourcen eingerichtet. In jedem Fall musste eine ausreichende tägliche Wasserversorgung gewährleistet sein. Daneben war auch die Verfügbarkeit von Holz als Brennmaterial wichtig. Bei den übrigen Ressourcen konnte man sich je nach Relief und Vegetation entweder komplett aus der näheren Umgebung des Lagerplatzes versorgen oder musste für einen Teil der Nahrungsbeschaffung größere Distanzen überbrücken. Zu Jagdausflügen weit von den Basislagern entfernt wird nur ein kleiner Teil der Gruppe für mehrere Tage bis Wochen aufgebrochen sein. Parallel dazu wurden in der näheren Umgebung der Lagerplätze von allen aktiven Mitgliedern der Gruppe Vögel und kleinere Säugetiere gejagt sowie von den Frauen und Kindern neben essbaren Pflanzen und deren Früchten bzw. Samen auch pflanzliche Rohstoffe etwa zur Herstellung von Kordeln oder Textilien gesammelt. Von den Tierarten, denen nachgestellt wurde, hing die Wahl der Jagdtaktik und der Jagdwaffen ab (Abb. 19). Es ist aber nicht einfach, das Verhalten der eiszeitlichen Tierwelt zu rekonstruieren. Neben der Tatsache, dass ein Teil der Tierarten gegen Ende der Eiszeit ausgestorben ist und in Analogie auf nahe Verwandte zurückgegriffen werden muss (u. a. Steppenwisent [*Bison priscus* †] und Amerikanischer Bison [*Bison bison*] bzw. Mammut [*Mammuthus primigenius* †] und Afrikanischer Elefant [*Loxodonta africana*]), sind auch Vergleiche mit heutigen Vertretern der überlebenden Spezies zum Teil mit erheblichen Ungenauigkeiten behaftet. Dies liegt zum einen an den häufig unterschätzten Umwelttoleranzen und der daraus resultierenden großen Variabilität der Verhaltensweisen. Als exemplarisches Beispiel sei der Rothirsch (*Cervus elaphus*) genannt. Standorttreu und ursprünglich an lichte Wälder und Waldränder angepasst, gilt er vielen als typischer Waldbewohner der gemäßigten Breiten. Bei geringem oder jahreszeitlich stark schwankendem Nahrungsangebot findet sich der Rothirsch aber auch in einer offenen Landschaft zurecht und wechselt über Distanzen von bis zu 140 km zwischen den Winter- und Sommerständen (Serangeli 2006, 89). Entsprechend kritisch sind die Verallgemeinerungen zu sehen, die im Folgenden für das Hauptjagdwild unter den Huftieren gemacht werden.

Verhaltensmerkmale, die auch für die jungpaläolithischen Jäger bedeutsam gewesen sein dürften, sind die Größe der Herden und deren Standorte in den verschiedenen Jahreszeiten. Prinzipiell kann man zwischen Tierarten, die sich für jahreszeitliche Wanderungen zu großen Herden zusammenfinden, und solchen, die sich in kleinen Herden das ganze Jahr über in derselben Region aufhalten, unterscheiden. Dabei ist zu beachten, dass sich auch die großen saisonalen Herden, wie etwa die heute zum Teil weit über 200 000 Tiere zählenden Herden der skandinavischen und alaskischen (Tundren-)Rentiere (*Rangifer tarandus*) (Fletcher 2015), beim Erreichen der Weidegründe in kleine, nach Geschlecht getrennte Gruppen aufteilen. Weiterhin ist aus historischen Daten über die Menge an Rentierfellen, welche die grönländischen Inuit im 19. und 20. Jahrhundert an die Handelsstationen geliefert haben, bekannt, dass die regionalen Herden systematisch und zeitlich versetzt in Abständen von 60 bis 120 Jahren aus ökologischen Gründen kollabiert sind (Meldgaard 1986). Trotz der hohen Kopfzahlen in den Übergangsjahreszeiten war eine überwiegend auf die Rentierjagd ausgerichtete Beschaffungsstrategie demnach nicht ohne Risiko. Tierarten, die sich das ganze Jahr über in einem Gebiet aufhalten, leben überwiegend in kleinen Herden von zehn bis 15 Tieren. Häufig bilden die weiblichen Tiere mit ihrem Nachwuchs eine feste Einheit, die von einem Hengst bzw. Bullen kontrolliert wird, der die jungen männlichen Tiere bei Erreichen der Geschlechtsreife vertreibt. Letztere tun sich zu Zweckgemeinschaften zusammen, bis sie alt genug sind, um solitär zu leben oder einen Harem für sich zu erobern. Eine Tierart, für die ein solches Verhalten angenommen wird, ist z. B. der Rothirsch (*Cervus elaphus*). Schwierig ist die Einschätzung des Verhaltens anderer Tierarten wie etwa des Pferdes (*Equus* sp.). Archäozoologische Analysen des Tötungszeitpunktes von Pferden aus den unterschiedlichen Fundkonzentrationen von Gönnersdorf (Street u. a. 2012) belegen Aufenthalte der Herden in der Rheinebene während des Winters bis zum Frühsommer sowie (wieder) im Herbst (Jöris u. a. 2012). Von jahreszeitlichen Wechseln zwischen Saône-Tal und angrenzendem Mittelgebirge wird auch in Solutré ausgegangen (Olsen 1989; Turner 2002), wohingegen die Uferplatte des Neuenburger Sees die Sommerweidegründe der dortigen Pferdepopulationen waren (Müller u. a. 2006). Neben saisonal

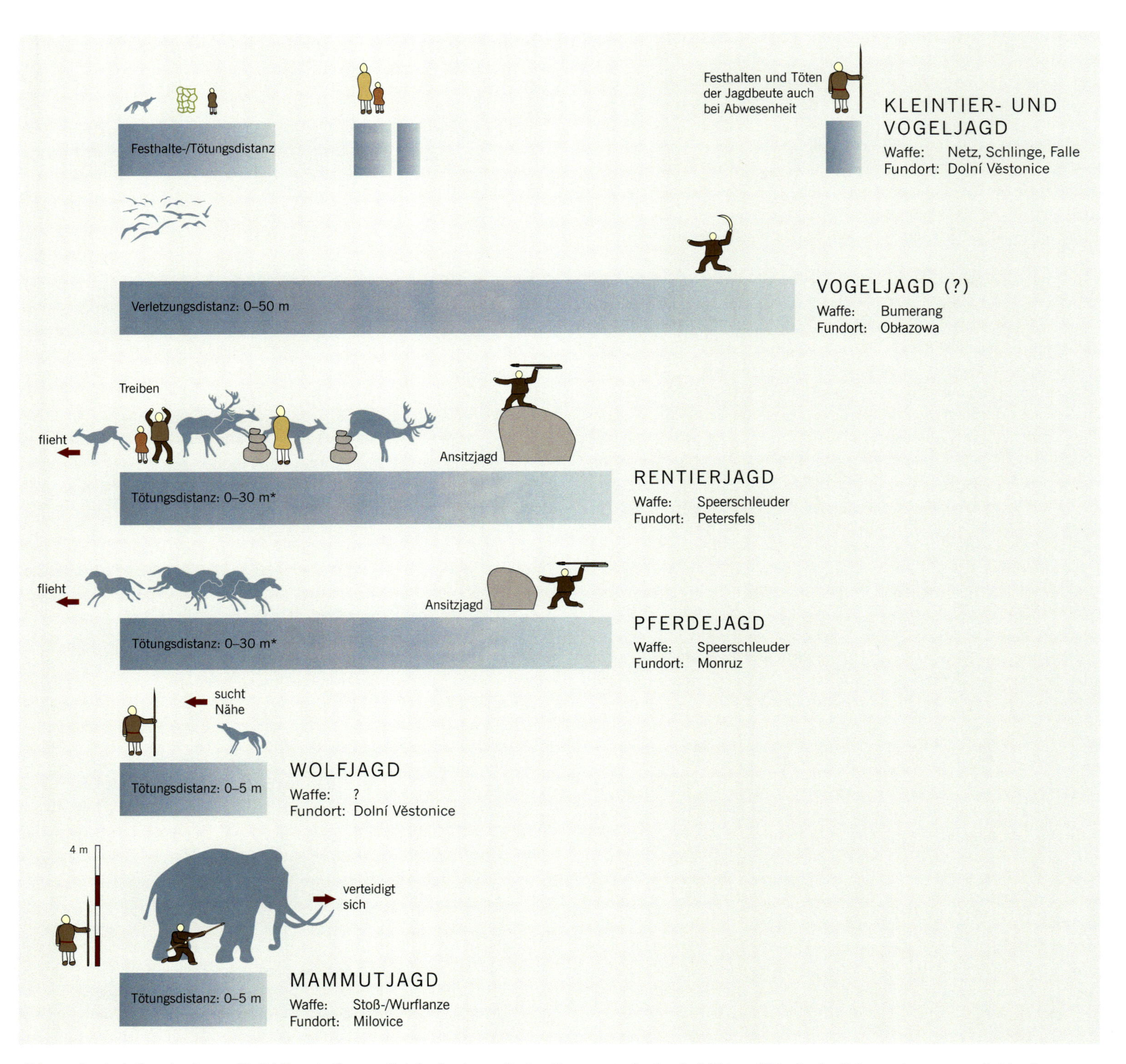

Abb. 19 *Jagdtaktiken des Jungpaläolithikum in Europa. Bei der Jagd war die Annäherung an das Jagdwild bis auf Wurf- oder Schussweite von entscheidender Bedeutung. Die Tötungsdistanz variierte dabei je nach zur Verfügung stehender bzw. verwendeter Jagdwaffe. Durch Drücken oder Treiben von Fluchttieren wie Ren oder Pferd auf die im Versteck wartenden Jäger konnte die Annäherung erheblich erleichtert werden. Für die Bejagung großer Tiere wie dem Mammut, das sich aufgrund seiner Größe eher verteidigt, kommt neben dem Ansitzen und dem Ausnutzen von natürlichen Fallen, wie Schlammlöchern im aufgetauten Permafrost, auch ein aktives Anschleichen der Jäger in Frage. Es wird diskutiert, ob Wölfe überhaupt Jagdbeute des Menschen waren oder vielmehr freiwillig die Nähe der Lagerplätze suchten und dann eher zufällig oder im Zuge von Nahrungskrisen getötet wurden (*Tötungsdistanz bei Verwendung einer Speerschleuder, ansonsten deutlich geringer: vgl. Abb. 1).*

unterschiedlichen Nahrungsangeboten könnte das regional andere Verhalten der Pferde durch Unterschiede in den Schneehöhen zwischen den höhergelegenen Sommerweiden im Mittelgebirge und schneeärmeren Winterweiden in der Ebene ausgelöst worden sein. Trotz der saisonalen Wanderungen schließen sich die Pferde allerdings nicht zu großen Verbänden zusammen, was sie deutlich vom (Steppen-)Bison unterscheidet.

Gleichgültig, um welche Tierart es sich handelt, musste die potenzielle Jagdbeute lokalisiert und dann gestellt werden, um auf Tötungsdistanz heranzukommen (vgl. Abb. 19). Dies geschah entweder, indem der oder die Jäger die Beute an einem Wechsel oder an der Tränke versteckt oder getarnt erwarteten (Ansitzjagd), oder indem andere Mitglieder der Gruppe die Tiere auf den oder die Jäger zutrieben. Bei einer Treibjagd im engeren Sinne bewegten die Treiber die Tiere durch Lärm u. ä. zur Flucht, sodass die Jäger bei hohen Kopfzahlen an getöteten Tieren nur wenig Auswahlmöglichkeiten bezüglich Alter, Größe und Geschlecht hatten. Treibjagden werden heute vor allem in offener Vegetation betrieben und haben den Vorteil, dass bei stärkerem Relief und damit natürlichen Barrieren nicht viele Treiber notwendig sind. Bei der im Wald besser geeigneten Drückjagd wird das Jagdwild durch die Treiber in Bewegung, aber nicht in Panik versetzt, sodass es vergleichsweise ruhig an den Jägern vorbeizieht. Diese Art der Jagd ist aber personalintensiv. In jedem Fall war die genaue Kenntnis des Aufenthaltsortes des Jagdwildes von großer Bedeutung, also die Wildwechsel auf dem Weg zur Tränke, zu den Weidegründen und zu den jeweiligen Sommer- und Winterständen.

Mittelgroße Huftiere in kleinen Herden: Pferdejagd am Neuenburger See und am Felsen von Solutré

Pferde (Abb. 20) sind keine Wiederkäuer und können daher große Mengen an nährstoffarmen Pflanzen zu sich nehmen, sind aber im Gegenzug dazu gezwungen, 60–80 % des Tages umherschweifend für die Nahrungssuche und -aufnahme zu investieren (Macdonald 2001, 471). Trotz der hohen täglichen Mobilität lassen sich die in kleinen Herden zusammenlebenden Tiere aufgrund ihrer Abhängigkeit von einer regelmäßigen Wasseraufnahme vor allem im Sommer an den Wechseln zur Tränke gut ausrechnen (siehe Infobox »Bad Kösen-Lengefeld« von T. Uthmeier u. a., S. 314). Ganz allgemein sind Pferde aufmerksam und mit guten Sinnesorganen ausgestattet, sodass die Fluchtdistanzen groß sind. In der an höherer Vegetation armen kaltzeitlichen Steppenlandschaft war es daher nahezu unmöglich, sich aktiv anzuschleichen. Stattdessen mussten die Jäger im Ansitz versteckt warten, bis sich die Pferde auf Tötungsdistanz näherten. Besonders gut sind Ansitzjagden auf Pferde an Fundstellen des Magdalénien (20 000–14 000 calBP) belegt. In den Schweizer Freilandfundstellen Monruz und Champréveyres (Müller u. a. 2006) wurden die Pferde auf ihren täglichen Wanderungen entlang des Ufers des Neuenburger Sees erlegt, während im französischen Solutré die zwischen den Sommer- und Winterweiden wechselnden Herden am Übergang zwischen Mittelgebirge und Saône-Tal gestellt wurden (Turner 2002). Als Ansitze boten sich größere Felsblöcke an. Fehlten höhere natürliche Strukturen, konnte der Ansitz auch in natürlichen Depressionen am Boden liegend (Müller u. a. 2006) erfolgen. Ethnografisch nachgewiesen sind auch eigens errichtete Wälle aus mittelgroßen Steinen, hinter denen sich die Jäger verbergen. Gejagt wurden Haremsgruppen aus Stuten mit ihren Fohlen. Mit der Speerschleuder musste abgewartet werden, bis die Pferde auf etwa 30 m an die Jäger herangekommen waren. Die kurze Tötungsdistanz gab den nachfolgenden Tieren nach den ersten Treffern die Möglichkeit zur Flucht, sodass bei einem Jagdereignis kaum mehr als zwei bis drei Tiere erlegt wurden (Müller u. a. 2006). Durch diese Einschränkung und durch die zeitliche Tiefe der Fundstellen relativieren sich die oft genannten hohen Zahlen an getöteten Tieren. So verteilen sich, wenn auch diskontinuierlich, die geschätzten 32 000 Pferde in Solutré (Olsen 1989, 300) auf einen Zeitraum von 20 000 Jahren! Im Unterschied zu Monruz und Champréveyres, wo die Jagdbeute vor Ort komplett zerlegt, konsumiert und weiterverarbeitet wurde, kam es in Solutré wiederholt zu einer nur geringen Ausnutzung der Jagdbeute. Die Jäger erlegten statt der größtmöglichen Masse bevorzugt erwachsene Tiere, die sie dann aber nicht komplett zerlegten (Turner 2002). Stattdessen wurden nur die besten Stücke aus der Beute gelöst und – vermutlich zusammen mit den Fellen – zu anderen Plätzen mitgenommen. Am Tötungs- und Zerlegungsplatz selber fanden sich kaum verbrannte Knochen, die für einen Verzehr sprechen würden, dafür aber zahlreiche Pferde, die sich noch im anatomischen Verband befanden und kaum zerlegt waren. Für diese Tiere kommt eigentlich nur Fellgewinnung in Frage, da bei der Zerlegung zunächst der Kopf sowie die Hinter- und Vorderläufe vom Rumpf getrennt wurden. Das Aufbrechen und Ausweiden wurde durch Aufhängen der Rümpfe erleichtert. Insgesamt handelt es sich um eine Schlachtweise, bei der die Beute schnell und effektiv verarbeitet werden konnte. Zu nur kurzen, auf die Zeit der Wanderungen beschränkten Aufenthalten der Jägergruppen in Solutré passt der intensive Karnivorenverbiss an den Faunenresten, der am einfachsten mit einer ungestörten Anwesenheit u. a. von Hyänen erklärt werden kann. Die Befunde aus Solutré sind nicht nur im Hinblick auf die Jagd aufschlussreich, sondern illustrieren gleichzeitig das Vorliegen von Phasen des Ressourcen-Überflusses, die offenbar selbst unter kaltzeitlichen Bedingungen regelhaft vorkamen.

Mittelgroße Huftiere in großen Herden: Rentierjagd am Petersfels

Rentiere (Abb. 21) der kalten Habitate ziehen im jahreszeitlichen Wechsel von ihren jeweiligen Sommer- zu den Winterständen. Neben ausreichenden Futterquellen, die im Laufe des Jahres entlang von ansteigenden Höhengradienten günstiger ausfallen, lassen sich durch Sommeraufenthalte in höheren Lagen oder am Fuße der Alpen auch Ungeziefer wie Mücken und Dasselfliegen umgehen. Sofern es sich nicht um standorttreue Wald- oder Taigarentiere handelt, ist die Jagd auf Rentier vor allem in den Übergangsjahreszeiten lohnend, wenn sich große Herdenzüge bilden. Das Rentier ist in sämtlichen Abschnitten des Jungpaläolithikum ein wichtiges Beutetier, wird aber vor allem während des Magdalénien (20 000–14 000 calBP) in Südwesteuropa und dem westlichen Teil Mitteleuropas an speziellen Jagdplätzen in großer Zahl erlegt (Maier 2015). Einer dieser Plätze ist der Petersfels (Lkr. Konstanz, Deutschland), eine kleine Höhle im Brudertal, wo die Rentiere auf ihrem Wechsel zwischen den Winterständen am mittleren Neckar und den Sommerweiden im voralpinen Hügelland die

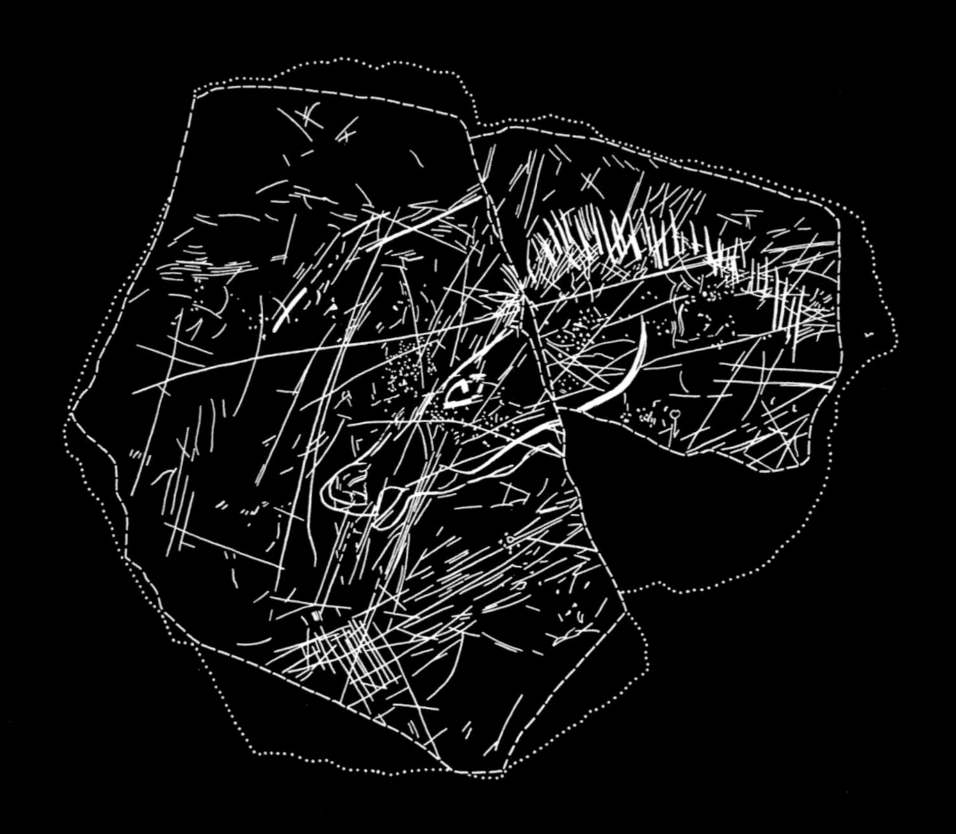

Alb überqueren mussten. In der näheren Umgebung des Petersfelses liegt eine Reihe von größeren, weniger steilen Tälern, die den Übergang auch für große Herden ermöglichten. Von ihnen zweigen enge Schluchten ab, die im Fall des Brudertals als natürliche Falle für Treibjagden dienten, in die Teile der großen jahreszeitlichen Herde abgedrängt wurden (Albrecht 1983, 125). Der Tötungs- und Zerlegungsplatz befand sich im schmalen Talgrund, von dem aus Teile der Beute zur Weiterverarbeitung an einen Lagerplatz an der im Petersfels gelegenen Petershöhle geschafft wurden. Die Rentierreste am Hangfuß vor dem Petersfels bezeugen alle Arbeitsschritte des Schlachtens. Noch vor dem Abziehen des Fells wurden die Beinknochen zerschlagen. Die Seltenheit des Klauenbeins erklärt sich über den Verbleib im Fell, wie es heute noch bei der Fellgewinnung üblich ist. Die übrigen Zehenknochen wurden sorgfältig ausgelöst und der Markgewinnung zugeführt. Zahlreiche Schnittspuren entlang der Wirbel und Rippen zeigen, dass die Rippen nach dem Filetieren in Dreierpakete zerteilt wurden (Albrecht 1983, 112). Viele Knochen wurden zur Markgewinnung zerschlagen. Hiervon sind sogar die Unterkiefer betroffen, was eine Ausnutzung der Ressourcen bis zum Letzten nahelegt. Dies hat nicht nur mit der zwischen September und Dezember besonders hohen Einlagerung von Markfett zu tun, sondern ist auch als Indiz für eine optimale Bevorratung für den Winter zu werten. Die Zahl der getöteten Rentiere wird am Petersfels auf mindestens 1200 geschätzt, die sich aber auf mehrere Begehungen in einem geschätzten Zeitraum von vielleicht zehn Jahren verteilen (Albrecht 1983, 10).

Große Beutetiere in Familiengruppen: Mammutjagd in den Pollauer Bergen

Afrikanische Elefanten gelten als beste Analogie für das Verhalten und die Umweltansprüche der Mammute. Bei den afrikanische Elefanten (Macdonald 2001, 441–443) leben die häufig untereinander verwandten Kühe mit ihrem Nachwuchs in Verbänden von bis zu drei Familien, die von einer erfahrenen Leitkuh angeführt werden. Während die heranwachsenden Kühe in der Familiengruppe verbleiben, verlassen die jungen Bullen die Herde. Spätestens mit dem Einsetzen der Geschlechtsreife im dritten Lebensjahrzehnt leben die Bullen als Einzelgänger. Unabhängig von der sozialen Konstellation sind afrikanische Elefanten – und damit mit hoher Wahrscheinlichkeit auch die eiszeitlichen Mammute – von Jägern gut auszurechnen, da sie einen hohen Bedarf an Grünfutter haben und von einer täglichen Wasseraufnahme abhängig sind. Zudem fliehen sie nicht, was das Auffinden und die Annäherung – zumindest bis auf Verteidigungsdistanz – erleichtert. Elefanten und Mammute werden sich und alle anderen Gruppenmitglieder mit Nachdruck verteidigen, was sie aufgrund ihrer Größe zu einer gefährlichen Jagdbeute macht. Gleichzeitig haben sie eine 4 cm dicke Haut, die einem festen Bindegewebe aufliegt und selbst aus kurzer Distanz das Zufügen einer tödlichen Verletzung erschwert. Ethnografisch belegte Jagdtechniken setzen an bekannten Wechseln an und basieren auf dem Anschleichen und Verletzten der Achillessehne, dem Werfen von Steinen aus erhöhter Position, dem Ausgraben einer mit Spitzen bewehrten Falle oder dem Stellen eines in die Enge getriebenen Tieres, das dann mit Speeren erlegt wird (Ben-Dor u. a. 2011). Für die jungpaläolithische Jagd wird auch eine aktive Nutzung des auftauenden Permafrosts in Erwägung gezogen, in dem sich tiefe, mit zähem Bodenbrei gefüllte Löcher auftun können (Svoboda u. a. 2005). Möglicherweise wurden die Tiere in die Löcher getrieben und so ihre Beweglichkeit eingeschränkt.

Unabhängig von der letztendlich ungeklärten Jagdtechnik ist die Bejagung des Mammuts im gesamten Jungpaläolithikum durch Faunenreste empirisch belegt. Entlang der Zeitachse ist dabei eine Verschiebung von Fundstellen mit zahlreichen Mammutresten, die auf eine intensive Bejagung deuten, in Richtung Osten festzustellen. Die Bevorzugung junger Mammute bei der Jagd im Frühjahr führte im westlichen Mitteleuropa bereits im Aurignacien (44 000–34 000 calBP) zu einer Dezimierung der Population (Münzel u. a. 2017), während in Südwesteuropa der gleichzeitig einsetzende Rückgang vermutlich klimatische Ursachen hatte (Drucker u. a. 2015). Trotz der allgemeinen Reduzierung war der mitteleuropäische Bestand auch im Gravettien (34 000–25 000 calBP) noch so groß, dass in einer Fundschicht weiterhin die Überreste mehrerer Mammute vorkommen können, wie dies etwa in den Weinberghöhlen bei Mauern in Bayern der Fall ist (Uthmeier 2004). Im östlichen Mitteleuropa erlebte die Mammutjagd im Gravettien sogar eine regelrechte Blüte (Abb. 22). Spätestens im Magdalénien (20 000–14 000 calBP) waren die größten Säugetiere der Mammutsteppe jedoch im gesamten Mitteleuropa selten geworden. Dass sie weiterhin, wenn auch mit geringen Kopfzahlen, in vielen Teilen Europas vorkamen, belegen die berühmten Höhlenbilder von Rouffignac in Südwestfrankreich oder die bis hin zur Afterklappe detaillierten Gravierungen auf den Schieferplatten von Gönnersdorf im Rheinland.

Im Gravettien (34 000–25 000 calBP) des östlichen Mitteleuropas gibt es Tötungs- und Zerlegungsplätze, an denen über einen längeren Zeitraum überwiegend oder fast ausschließlich Mammute erlegt wurden. In der Kraków-Spadzista-Straße (Polen; Wojtal/Wilczyński 2015) sind es 77 Mammute, die bezogen auf die Mindestindividuen 97 % der Jagdbeute ausmachen. In Mähren wurden die großen Lagerplätze Pavlov und Dolní Věstonice am Fuß der Pollauer Berge von dem 2,5 km entfernten Milovice aus mit Jagdwild versorgt (Brugère 2014). Hier wurden neben Rentieren und Pferden vor allem 86 Mammute erlegt, deren am Platz verbliebene Überreste sich auf mehrere räumlich getrennte Konzentrationen verteilen. Zwischen den einzelnen Jagdaufenthalten verstrich eine gewisse Zeit und dies gab anderen Fleischfressern die Gelegenheit, das Aas zu verwerten und Verbissspuren an den Knochen zu hinterlassen. Die Altersstruktur der Jagdbeute zeigt, dass

◄ **Abb. 20** *oben: Schieferplatte mit der Gravur eines Pferdekopfes aus dem Magdalénien (20 000–14 000 calBP) der Freilandstation von Saaleck, Burgenlandkreis, (Sachsen-Anhalt); Länge der Platte 19 cm. Die steil aufgestellte Mähne entspricht derjenigen der heute noch in Zoos und ausgewildert in freier Wildbahn überlebenden eiszeitlichen Przewalski-Pferde (*Equus ferus przewalskii*). Solche Darstellungen finden sich nicht nur auf den Schieferplatten des Bodenbelags anderer Lagerplätze, wie etwa Gönnersdorf, Lkr. Neuwied (Rheinland-Pfalz) (vgl. Abb. 14), sondern zahlenmäßig häufig auch als Malerei oder Gravierung der franko-kantabrischen Bilderhöhlen bzw. als Gravierung oder geschnitzte Skulpturen an Gebrauchsgegenständen wie etwa Speerschleudern (vgl. Abb. 5). Unten: Umzeichnung der Schieferplatte.*

Abb. 21 Szenische Rekonstruktion einer Jagd auf Rentiere während des Magdalénien (20 000–14 000 calBP) in der Nähe der Freilandfundstelle Nebra, Burgenlandkreis (Sachsen-Anhalt). Die Jäger haben ihren hinter dem Betrachter befindlichen Ansitz verlassen und versuchen, die möglicherweise von anderen Gruppenmitgliedern auf sie zu getriebenen Tiere mit der Speerschleuder zu erlegen. Aufgrund des vergleichsweise geringen Gewichtes ist der Transport der ausgenommenen Beute auch über längere Distanzen hinweg möglich. Ist der Weg zurück zum Lagerplatz weit, so besteht die Möglichkeit, die Rentiere in zwei leichtere Hälften zu teilen. Soll auch das Fell genutzt werden, was u. a. die Befunde vom Petersfels, Lkr. Konstanz (Baden-Württemberg) nahelegen, so wird am Tötungs- bzw. Zerlegungsplatz zuvor das Fell abgezogen (Zeichnung © K. Schauer).

sich die Konzentrationen jeweils bestimmten Jahreszeiten zuordnen lassen. Demnach wurden die Mammute vorrangig im Frühjahr und im Herbst gejagt. Grundsätzlich überwiegen unter den getöteten Mammuten weibliche Tiere, wobei sich im Frühjahr die Jagd auf trächtige oder stillende Kühe konzentrierte, die trotz der schlechten Jahreszeit noch über hohe Fettreserven verfügten. Aufgrund der engen Bindung des Nachwuchses an die Muttertiere wurden häufig auch die Jungtiere erlegt. Die Jagd im Herbst zielte auf die Erlegung möglichst vieler Tiere ab und konzentrierte sich daher auf die wiederum überwiegend aus weiblichen Tieren bestehenden Herden. Die fleisch- und fetttragenden Teile wurden von den Jagdplätzen, an denen sich nur die Jäger aufhielten, zu den Lagerplätzen geschafft. Dort machen sie aber nur einen geringen Teil der Jagdbeute aus. In dieser Hinsicht besonders aufschlussreich sind die Faunenreste aus Dolní Věstonice II, weil die dort mit modernen Methoden durchgeführten Grabungen auch einen Abfallhaufen erfasst haben, der zu größeren Teilen aus Mammutknochen bestand. Trotzdem erreichen die Mammutüberreste, wenn man sie zu Mindestindividuen zusammenrechnet, mit sieben Individuen »nur« einen Anteil von knapp unter 3 % (Wojtal/Wilczyński 2015). Überschätzungen der Bedeutung von Mammut gehen auf den hohen Zerlegungsgrad zur Knochenmark- und Knochenölgewinnung (siehe Krems-Wachtberg) zurück. Die Tatsache, dass trotz einer saisonal starken Bejagung der Mammute ihr Anteil an der Gesamtbeute eher gering ist, liegt in der mehrfachen Nutzung der Lagerplätze, sodass die Jagdbeutereste aus ganz unterschiedlichen Jahreszeiten auf demselben Abfallhaufen landen. Hase, Fuchs, Rentier und Wolf mit in dieser Reihenfolge abnehmenden Mindestindividuenzahlen von 20 bis 60 Tieren sind von den Kopfzahlen weitaus häufiger. Aufgrund der Größe der Mammute lohnte sich die Jagd trotzdem: Für ein erwachsenes Mammut werden 1,8 t Fleisch angesetzt, wobei die hohen Fettreserven in den Knochen und die Innereien noch nicht berücksichtigt sind (Wojtal/Wilczyński 2015); Pferd mit 170 kg und Ren mit 60 kg liegen um den Faktor 10 bzw. 30 darunter.

VERLEGEN DER LAGERPLÄTZE IM JÄHRLICHEN SCHWEIFGEBIET

Es herrscht weitgehender Konsens darüber, dass für die Jäger und Sammler des Jungpaläolithikum ein ganzjähriger Aufenthalt an einem Lagerplatz in der Regel nicht möglich war. Bei einem Teil der Großsäuger sprechen zunächst die saisonalen Verschiebungen der Standorte wichtiger Herdentiere wie Ren oder Steppenbison dagegen. Erschwerend kommt hinzu, dass sowohl die in den Weidegründen angekommenen Migranten als auch das Standwild die Umgebung der Lagerplätze meiden (Müller u. a. 2006, 747). Aufgrund der Lernfähigkeit der Tiere ist anzunehmen, dass die Distanzen zwischen den Weidegründen und den Lagerplätzen mit zunehmender Siedlungsdauer (und den damit verbundenen häufigeren Begegnungen sowie dem zunehmenden Geruch der Abfälle) größer wurden. Ab einem bestimmten Punkt kippte dann das Kosten-Nutzen-Verhältnis der immer weiter weg führenden Jagdausflüge und es war besser, den Lagerplatz zu verlegen. Archäozoologische Bestimmungen der Tötungszeit der erlegten Tiere belegen, dass sich die Gruppen nur während einer bestimmten Zeit des Jahres in einer Region aufgehalten haben und dann in Jagdreviere umzogen, die für die kommende Jagdsaison günstiger waren. Entscheidungen über einen Lagerplatzwechsel konnten sich an den Bewegungen der Hauptjagdbeute zwischen Winter- und Sommerständen orientieren, aber auch an einer jahreszeitlichen Umstellung auf andere Jagdbeute.

Besonders komplex waren Strategien, die auf das Abfangen großer Herdenzüge setzten. Entgegen einer weit verbreiteten Auffassung war es nicht möglich, den Tieren einfach zu folgen. Stattdessen mussten der Lagerplatzwechsel bereits erfolgt und die Jäger schon positioniert sein, bevor die Herden jagdstrategisch günstige Geländeabschnitte wie Solutré oder den Petersfels passierten. An dieser Stelle ist zu betonen, dass sich die Taktiken der Jäger und Sammler durch eine große Flexibilität sowohl innerhalb eines Jahres als auch über längere Zeiträume hinweg auszeichnen (Dyson-Hudson/Smith 1978), sodass Verallgemeinerungen eigentlich nicht möglich sind. In der Ethnografie entwickelte Modelle von Jägern und Sammlern, die täglich von einem Platz aus jagen und abends zurückkehren (»foragers«) oder Zweckgruppen in weit entfernte Jagdlager ausschicken (»collectors«), sind daher eher als die jeweiligen Enden eines Kontinuums anzusehen, innerhalb dessen sich die Strategien von Jägern und Sammlern verorten lassen. Ein gutes Beispiel hierfür sind die auf den ersten Blick widersprüchlichen Befunde aus dem Magdalénien (20000–14000 calBP), die sich aber bei näherer Betrachtung gut ergänzen.

In Monruz (Müller u.a. 2006) ist die Nutzung eines Jagdreviers während der warmen Jahreszeit dokumentiert. Das Alter der erlegten Pferde, Eierschalen vom Schwan und das Vorliegen von Tierarten, die Winterschlaf halten, sprechen in dieser Hinsicht eine deutliche Sprache. Die Taktik in Monruz bestand darin, aus kleinen geschlechtsspezifischen Herden jeweils zwei bis drei Tiere zu töten und dann den Lagerplatz direkt am Tötungs- und Zerlegungsplatz zu errichten. Auf diese Weise bewegten sich die Jäger- und Sammlergruppen mit kurzfristigen Lagerplätzen über vergleichsweise kurze Distanzen entlang des Ufersaums zwischen den Plätzen einer erfolgreichen Jagd, bis winterliche Bedingungen eine großräumigere Bewegung erzwangen. Die Intensität der Nutzung des eher kleinen saisonalen Schweifgebietes belegen für Monruz etwa 40 Feuerstellen auf 300 m² Grabungsfläche, in deren Umgebung zusammengerechnet 44000 Steinartefakte sowie Nähnadeln, Schmuck und vieles andere mehr lagen. Aufgrund der durch Zusammensetzungen belegten Tatsache, dass für die Ausbesserungen der Feuerstellenkonstruktionen jeweils Elemente anderer, nicht mehr funktionstüchtiger Befunde Verwendung fanden, lässt sich schlussfolgern, dass immer nur maximal zwei bis drei Herde in Betrieb waren. Der Abstand zwischen den Aufenthalten ist schwer zu schätzen, er kann zwischen mehreren Wochen oder Jahren gelegen haben.

In Gönnersdorf, dem Lagerplatz der kalten Jahreszeit am Rande des Neuwieder Beckens und in Reichweite des Rheins (Street u.a. 2012), waren die Aufenthalte länger. Auch in Gönnnersdorf war das Pferd die Hauptjagdbeute. Statt aber nach jedem Jagdereignis mit der ganzen Gruppe umzuziehen, wurde der Lagerplatz durch Tötungsplätze in der näheren Umgebung versorgt. Die Untersuchungen in Solutré bezeugen eindrücklich die ausgeklügelte Vorgehensweise beim Zerlegen der bis zu 300 kg schweren Pferde in handlichere Portionen. Diese konnten von einer Gruppe von Jägern sicherlich auch über größere Distanzen transportiert werden, aber das Rheinufer als ein günstiges Jagdrevier auf Pferde war ohnehin nicht weit entfernt. Rohmaterialien für Steinartefakte, die bei einem Lagerplatzwechsel über große Distanzen mitgenommen wurden (Abb. 23), geben Auskunft über diejenigen Schweifgebiete, die von den Familien vor ihrer Ankunft in Gönnersdorf genutzt wurden (Street u.a. 2012, 243–244). Ein Teil des ortsfernen Rohmaterials (Westischer Feuerstein und Paläozoischer Quarzit) kommt aus dem deutsch-belgisch-niederländischen Grenzgebiet und damit aus einer Entfernung von 120–130 km in Richtung Nordwesten. Baltischer Kreidefeuerstein wurde dagegen aus den mindestens 100 km entfernten Moränenresten des skandinavischen Eisschildes nördlich der Ruhr entnommen. Mit dem 80–100 km entfernten Mainzer Becken, aus dem Chalzedon und Kieseloolith stammen, konnte eine dritte, südöstliche Herkunftsregion bestimmt werden. Schließlich wurden mit Tertiärquarzit und Kieselschiefer weitere überregionale Rohmaterialien aus östlicher Richtung herangeschafft. Weil sich die Rohmaterialien nicht in allen Konzentrationen finden, müssen die in Gönnersdorf lagernden (Familien-)Gruppen aus unterschiedlichen Gebieten an den Rhein gekommen sein, um dort gemeinsam die kalte Jahreszeit zu verbringen.

Jahreszeitliche Fluktuationen in den Gruppengrößen sind eine bei Jägern und Sammlern weit verbreitete Rückversicherung sowohl gegen Schwankungen im Nahrungsangebot als auch gegen eine Eskalation von sozialen Konflikten. Es liegt nahe, in den großen, während einer

Jahreszeit gemeinschaftlich genutzten Lagerplätzen zunächst einen Hinweis auf das grundsätzliche Vorliegen von Phasen des ökologischen Überflusses zu sehen. Dieser ergibt sich aber nicht nur aus den Rahmenbedingungen der Umwelt, sondern auch aus den Strategien, mit denen die Ressourcen genutzt werden. Das Fehlen von großen Lagerplätzen im Aurignacien (44 000–34 000 calBP) könnte an weniger effektiven Jagd- und Sammelstrategien, aber auch an anderen Umweltbedingungen und/oder weniger dichten sozialen Netzwerken liegen. Alle Abschnitte des Jungpaläolithikum verbindet die Häufigkeit, mit der Jäger- und Sammlergruppen an dieselben Plätze zurückkehren. Neben der wenig veränderlichen topografischen Gunst von sorgfältig ausgewählten Plätzen bzw. Mikroregionen kommt hinzu, dass die aufgelassenen Plätze allein schon wegen der zurückgelassenen Rohmaterialien vorangegangener Aufenthalte attraktiv waren. Solange Informationen hierzu vorlagen und die Konzentrationen noch nicht zusedimentiert waren, lohnte sich daher das Aufsuchen bekannter Plätze doppelt: Neben der Kenntnis der Ressourcen konnte man vor allem am Beginn einer erneuten Nutzung durch Recycling auf eine aufwendige Rohmaterialsuche zunächst verzichten – eine ebenso energie- und zeitsparende wie nachhaltige Strategie.

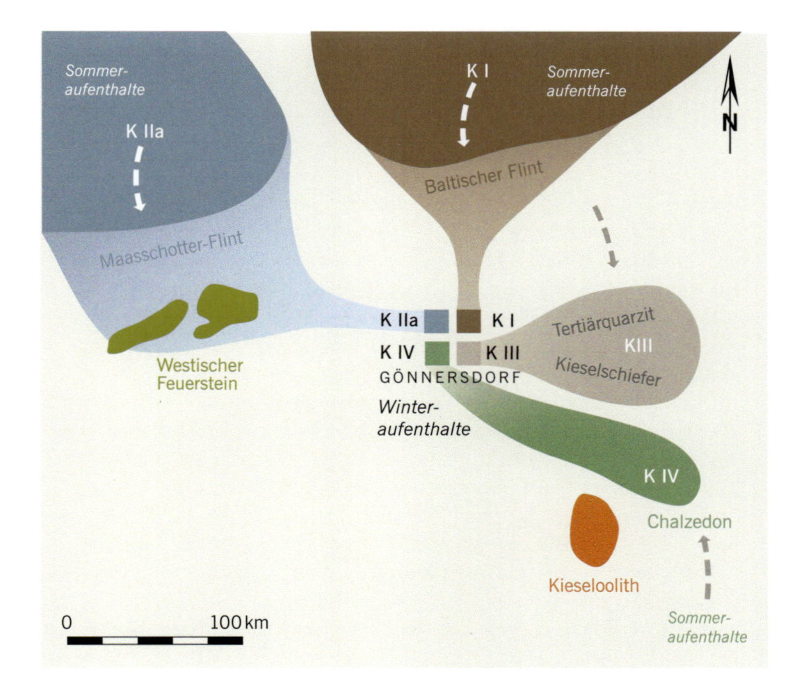

Abb. 23 Zuvor aufgesuchte saisonale Schweifgebiete der in Gönnersdorf, Lkr. Neuwied (Rheinland-Pfalz), während des Magdalénien (20 000–14 000 calBP) lagernden Gruppen. Die Bewegungsmuster wurden anhand von ferntransportierten Rohmaterialien rekonstruiert, die aus Gegenden außerhalb des regional genutzten Ressourcengebietes um Gönnersdorf stammen (das Kürzel »K« steht für »Konzentration« und bezieht sich in Kombination mit der Ziffer auf den jeweiligen Behausungsbefund aus Abb. 14).

RESÜMEE

Die Jäger- und Sammlergruppen des Jungpaläolithikum (44 000–14 000 calBP) waren an die kaltzeitlichen, sowohl im Laufe eines Jahres als auch auf lange Sicht stark schwankenden Umweltbedingungen optimal anpasst. Die Kleidung bestand neben gegerbten Fellen und Leder aus gewebten vegetabilen (pflanzlichen) Stoffen, die mit Nadel und Faden zu Anoraks, Leggings und Schuhen mit festen Sohlen verarbeitet wurden. Für die Jagd stand eine an das jeweilige Jagdwild angepasste Bewaffnung zur Verfügung. In die Zeit des Jungpaläolithikum fallen wichtige Innovationen wie die Erfindung des Bumerangs und der Speerschleuder, mit deren Einsatz die Tötungsdistanzen gegenüber einfachen Stoß- und Wurfspeeren erheblich vergrößert werden konnten, und der Harpune, welche ein Festhalten der Beute ermöglichte. Gejagt wurde je nach Habitat und Verwendungszweck eine große Palette an unterschiedlichen Tierarten. Der Ernährung dienten vor allem Ren, Pferd und Mammut. Das Nahrungsangebot wurde u. a. durch Fische, Vögel und deren Eier sowie kleinere Säugetiere ergänzt, wobei letztere auch der Gewinnung von Fellen dienten. Der Wolf war bis zum Magdalénien, aus dem die frühesten domestizierten Exemplare vorliegen, ein freiwilliger Begleiter der Menschen und taucht im Fundstoff vor allem als Nahrungs- und Fellllieferant auf. Konkrete Jagdstrategien richteten sich nach der Verfügbarkeit und dem Verhalten der Jagdbeute. Die Größe der Jäger- und Sammlergruppen, der Aufwand für die Behausungen, deren Nutzungsdauer sowie die Verlegung der Lagerplätze in andere Gebiete orientierten sich an dem Verhalten der Jagdbeute. Insgesamt entsteht das Bild von Gesellschaften, die überwiegend ohne dramatische Krisen ihr Leben in den kaltzeitlichen Umwelten organisiert haben.

ANMERKUNG

1 Sämtliche Datierungen werden der Einfachheit halber ohne Standardabweichung angegeben.
2 Streng genommen wird zwischen einem Jungpaläolithikum (44 000–14 000 calBP) und einem Spätpaläolithikum (14 000–11 500 calBP) unterschieden. Aus Gründen der Übersichtlichkeit wird aber in dem vorliegenden Beitrag auf eine detaillierte Darstellung des Spätpaläolithikum verzichtet. Dies erscheint angesichts zahlreicher Übereinstimmungen mit dem späten Jungpaläolithikum vertretbar: Abgesehen von der Einführung von Pfeil und Bogen (Abb. 1) ähnelt das Fundgut des spätpaläolithischen Azilien trotz einer deutlichen Klimaerwärmung und der damit verbundenen Ausbreitung von (zum Teil lichten) Wäldern in den meisten Regionen Europas in vielen Aspekten demjenigen des vorangegangenen Magdalénien.

◄ ***Abb. 22*** *Kleinplastik eines Mammuts aus dem Gravettien (34 000–25 000 calBP) von Dolní Věstonice, Jihomoravský kraj (Tschechische Republik). Die Figur wurde frei mit den Fingern aus Ton geformt und danach zusammen mit weiteren Exemplaren in einem speziellen Ofen gebrannt; Länge 2,5 cm, Höhe 2,1 cm, Dicke 1,1 cm.*

BAD KÖSEN-LENGEFELD, BURGENLANDKREIS – PFERDEJAGD IM SAALETAL VOR 15 000 JAHREN

Fundort: Die ganztägig sonnenbeschienene und nach Norden hin durch einen Hang gegen Wind geschützte Fundstelle liegt hoch über der Saale, die sich hier tief in den Muschelkalkfels eingeschnitten und so eine Landschaft mit steil aufragenden Klippen geschaffen hat (Abb. 1). Aus Sicht eiszeitlicher Jäger und Sammler bot dieser Ort geradezu ideale Bedingungen für einen Lagerplatz, denn die besondere lokale Topografie ist jagdstrategisch außerordentlich günstig. Durchfloss die Saale zuvor ein vergleichsweise weites Tal, so verengt sich dieses direkt an der Fundstelle zu einem schmalen Trichterhals. Das direkt unterhalb des Lagerplatzes verfügbare Trinkwasser war auch für Tiere attraktiv, die täglich zum Trinken von der Hochebene in die Flussaue wechseln mussten und vom Lagerplatz aus gut beobachtet und an den Übergängen gejagt werden konnten. Die geschützte Lage des engen Tals ist zudem ein potenzieller Standort für Gehölze, die Bau- und Brennmaterial in einer andernfalls eher baumfreien Landschaft boten. Darüber hinaus verfügte die Saale mit Fischvorkommen über eine weitere, vor allem saisonal konzentrierte und damit höchst attraktive Nahrungsressource. Für die direkt unterhalb des Lagerplatzes Bad Kösen-Lengefeld gelegene Fundstelle Saaleck gilt das Abgreifen der herbstlichen Lachszüge als wichtigste Erklärung für die intensive Begehung der dortigen Saaleschleife mit über 60 000 Steinartefakten sowie Feuerstellen und Plattenlagen (Nobis 1982; Terberger 1987; Grünberg 2004).

Während die Station Saaleck bereits zu Beginn des 20. Jahrhunderts bekannt war und zwischen den Weltkriegen durch großflächige Grabungen untersucht wurde (Hülle 1932; Wlost 1932), erfolgte die Entdeckung von Bad Kösen-Lengefeld erst in den 1960er Jahren durch V. Töpfer, W. Matthias und F. Waih (Grünberg 2004). Die Entdecker und D. Mania trugen ein zusammen knapp über 1500 Steinartefakte zählendes Oberflächeninventar zusammen, das von A. Adaileh (2011) und H. Decker (2011) bearbeitet wurde. Ebenfalls zum Fundgut gehört eine im Landesmuseum für Vorgeschichte in Halle (Saale) ausgestellte Sandsteinplatte mit gravierten Linien (Abb. 2), die als Frauendarstellung interpretiert werden (Meller 2005, 28). Seit 2008 wird die Fundstelle Bad Kösen-Lengefeld durch die ur- und frühgeschichtlichen Institute der Universitäten Köln und Erlangen-Nürnberg in Kooperation mit dem Landesamt für Denkmalpflege und Archäologie Sachsen-Anhalt in fortlaufenden Grabungskampagnen untersucht (Uthmeier/Richter 2012). Bisher konnte in dem als Lehrgrabung konzipierten, interdisziplinären Projekt eine Fläche von ca. 90 m² untersucht werden. Neben der konsequenten dreidimensionalen Dokumentation aller Einzelfunde und Platten, die zudem mit ihren Umrisslinien eingemessen werden, ermöglichen u. a. die Erstellung eines Fotoplans aus entzerrten Orthofotos sowie 3D-Modelle besonderer Befunde die Darstellung und Analyse der Funde und ihres Kontextes (Abb. 3). Aufgrund der noch laufenden Grabun-

Abb. 1 *Blick von Süden auf die Saaleschleife bei Saaleck (Markierung). Der Pfeil auf der Geländestufe markiert die Fundstelle Bad Kösen-Lengefeld, Burgenlandkreis (Sachsen-Anhalt). Nur wenige Hundert Meter entfernt, aber im Talgrund, befindet sich die zeitgleiche Station Saaleck. Die Tatsache, dass sich die Fundstelle in der Talaue erhalten hat, spricht dafür, dass sich der Flusslauf an dieser Stelle nicht wesentlich geändert hat.*

Abb. 2 Sandsteinplatte mit gravierten Linien, von denen die tieferen mithilfe eines Steinwerkzeugs erzeugt wurden und als stark stilisierte seitliche Ansicht des Oberkörpers einer unbekleideten Frau gedeutet werden. Ähnliche Darstellungen, die allerdings vollständigere Silhouetten mit Gesäß und leicht gebeugten Beinen, aber ebenfalls ohne Kopf zeigen, finden sich sowohl als Gravierungen auf (Schiefer-)Platten als auch in Form von Anhängern aus Elfenbein, Gagat (fossiles Holz) oder Feuerstein an zahlreichen weiteren Plätzen des europäischen Magdalénien. Die feineren Linien können ebenso von einer Benutzung als Unterlage zum Schneiden oder, da es sich um einen Oberflächenfund handelt, vom Pflug herrühren. Maße der Sandsteinplatte: Länge 11,2 cm, Breite 8,8 cm, Dicke 1,2 cm.

gen und Auswertungen können im Folgenden an dieser Stelle lediglich erste, gleichwohl spannende Eindrücke gegeben werden.

Zeitstellung: Magdalénien, ca. 15000 calBP
Zum jetzigen Zeitpunkt deutet alles darauf hin, dass zwischen den Magdalénien-Stationen Bad Kösen-Lengefeld und Saaleck nicht nur ein funktionaler, sondern auch ein enger zeitlicher Zusammenhang besteht. Anders lassen sich die großen Ähnlichkeiten der Steinartefakte nicht erklären. Für Saaleck liegen absolute Datierungen vor. ^{14}C-Messungen ergaben Alter von (OXA-11890) 15246 ± 264 calBP und (OXA-11891) 15751 ± 399 calBP (Grünberg 2004). Treffen die absoluten Daten auch für Bad Kösen-Lengefeld zu, dann datieren beide Plätze in eine kalte Phase kurz bevor das Klima um 14500 Jahren vor heute – mit Unterbrechungen durch kühlere Abschnitte – für fast 2000 Jahre deutlich wärmer wurde.

Bedeutung der Fundstelle: Wenig Brennholz und viel Fleisch – komplexe Feuerstellenkonstruktionen zur Nahrungszubereitung und -konservierung.
Die Freilandfundstelle Bad Kösen-Lengefeld fügt sich einerseits gut in das

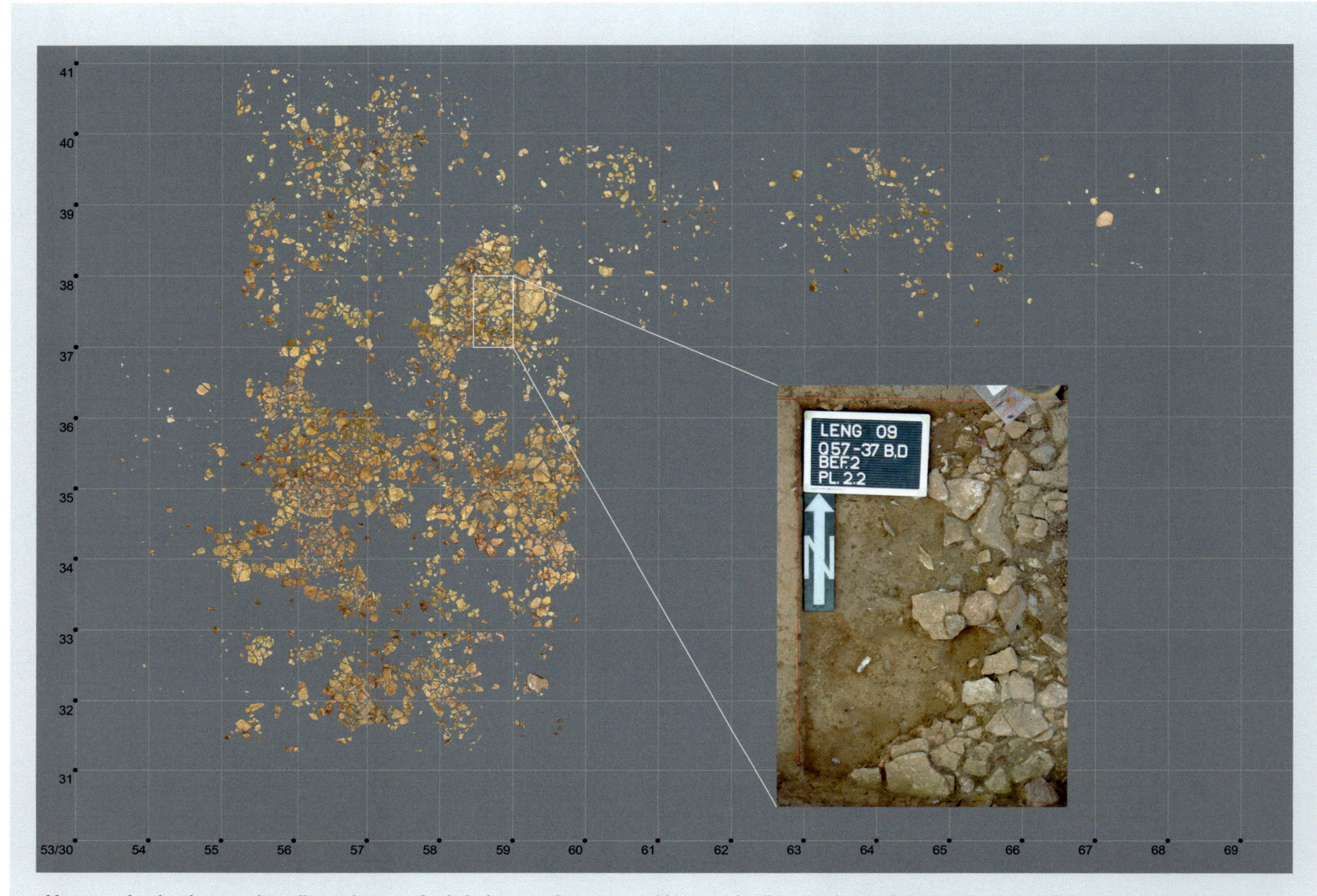

Abb. 3 *Fotoplan der Platten und Gerölle aus der Hauptfundschicht von Bad Kösen-Lengefeld, Burgenlandkreis (Sachsen-Anhalt). Die scharfen randlichen Grenzen der Verbreitung ergeben sich aus der Größe des Grabungsschnitts. Unterschiede in der Verteilung innerhalb der Grabungsgrenzen entsprechen dagegen archäologischen Befunden. Die flachen Platten aus Muschelkalk dienten als Befestigung des Untergrundes in Bereichen, die sowohl für Aktivitäten unter freiem Himmel (im nördlichen Teil der Grabungsfläche) als auch für das Aufstellen von leichten Stangenzelten (im südlichen Bereich) genutzt wurden. Herausgestellt ist ein Arbeitsfoto von der Freilegung einer großen Feuerstelle, die zum Räuchern von Fleisch diente.*

Bild anderer bislang bekannter Magdalénien-Fundstellen in Sachsen-Anhalt und Thüringen ein (z. B. Mania 2004a). Andererseits birgt der Platz aber auch Elemente, die so bisher noch nicht dokumentiert werden konnten. Was diese Fundstelle vor anderen auszeichnet, sind vor allem ungewöhnlich aufwendige Feuerstellenkonstruktionen. Erste Analysen von Verbrennungsrückständen deuten darauf hin, dass sie der Haltbarmachung von Nahrung durch Räuchern dienten. Angesichts eines klimabedingten Mangels an Brennholz erforderten die Konstruktionen einen besonderen Aufbau.
Die gut erhaltene Hauptfundschicht befindet sich nur knapp unterhalb des Pflughorizonts und umfasst neben Steinartefakten und Jagdbeuteresten auch große Mengen an Kalkplatten, die als Baumaterial, unter anderem für zwei besondere Feuerstellenbefunde, aus der nahen Umgebung in die Fundstelle eingebracht wurden. An zahlreichen Stellen haben sich darüber hinaus Bestandteile der originalen Begehungsoberfläche erhalten, wie Rötel in kleinen Vertiefungen und verziegeltes Sediment im Bereich von Feuerstellen. Bemerkenswert ist auch eine Reihe kleinerer Gruben, die wohl als Pfostenlöcher für Zeltstangen oder andere aufgehende Holzkonstruktionen dienten. Daneben gibt es Hinweise auf Prozesse, die die Erhaltung der Fundstelle nachträglich beeinflusst haben. So liegen trotz des Schlämmens mit Maschenweiten von bis zu 2 mm nur vergleichsweise wenige Absplisse (kleine und kleinste Abschläge) vor, die bei der Herstellung von Steinwerkzeugen eigentlich in großer Zahl anfallen.
Vermutlich sind Abspülungsvorgänge mit geringer Dynamik, wie sie z. B. beim langsamen Abschmelzen einer Schneedecke zu erwarten sind, für die Ausdünnung der Kleinfraktion verantwortlich. Die in manchen Bereichen weniger gute Erhaltung der Faunenreste könnte auf ein längeres Offenliegen der Fundstellen-Oberfläche hinweisen, ist aber in jedem Fall auch der geringen Fundtiefe geschuldet, die zu einer Entkalkung des Sediments im Zuge

jüngerer Bodenbildung geführt hat. Besser erhaltene Faunenreste, zum Teil noch im anatomischen Verband und in Einzelfällen sogar mit Rötelresten, finden sich daher vor allem im Bereich der Plattenlagen, wo der Kalkgehalt höher ist.
Die bisherigen Untersuchungen zeigen, dass es sich bei der Hauptfundschicht um die Reste von mindestens zwei Aufenthalten handelt, die sich auch anhand ihrer Jagdbeute unterscheiden lassen. Die Fundkonzentration im Norden der Fundstelle umfasst einen Aufenthalt, bei dem die Nachbereitung einer Pferdejagd im Mittelpunkt stand. Der wichtigste Befund ist ein über 3 m^2 großer Bereich, in dem flache, verbrannte und unverbrannte Kalksteinplatten dicht nebeneinander und in mehreren Lagen geschichtet angetroffen wurden (Abb. 4). Zwischen den Platten fanden sich Langknochen und Zähne von Pferden. Auf der obersten Plattenlage konnten vereinzelte Überreste angeziegelten Sediments erkannt werden. Zweifelsfrei steht die Struktur damit im Zusammenhang mit einer kontrollierten und wohl mehrmaligen Feuernutzung. Eine intensive Schwarzfärbung am Kontakt der Steinpackung zum unterliegenden Löss stammt von Rußpartikeln, die aller Wahrscheinlichkeit nach über einen längeren Zeitraum aus der Steinpackung gewaschen und dort angereichert wurden. Erste Analysen der biochemischen Marker in dem Sediment deuten auf das Räuchern von Fleisch. Der Artefaktverteilung nach zu urteilen handelt es sich um eine Aktivitätszone unter freiem Himmel, bei der kleine Stücke in der Nähe des Feuerstellenbefundes liegen blieben, während größere Steinartefakte in einem halbkreisförmigen Bereich dahinter entsorgt wurden. Die Steinwerkzeuge wurden aus baltischem Feuerstein hergestellt, der aus nahen Moränenresten der Saalevereisung aufgelesen werden konnte. Hohe Rindenanteile sprechen für einen Eintrag kompletter Rohknollen, die vor Ort zerlegt wurden. Die vielen weggeworfenen Kantenretuschen zeugen von Zerlegungsvorgängen, während die Rückenmesser auf ein Erneuern der Einsätze von Jagdwaffen zurückgeführt werden können. Während sich diese Werkzeugformen mit der Vor- und Nachbereitung von Jagdereignissen in Verbindung bringen lassen, liegen mit Sticheln und Kratzern auch Geräte vor, mit denen Knochen, Geweih und Fell weiterverarbeitet werden konnten (Uthmeier/Richter 2012; Albert 2014).

Abb. 4 *Blick von Süden auf die teilweise freigelegte Begehungsoberfläche im nördlichen Teil der Grabungsfläche. Im Vordergrund ist einer der beiden Feuerstellenbefunde im teilweise freipräparierten Zustand der obersten Lage zu erkennen. Beim weiteren grabungstechnischen Abbau des Befundes stellte sich heraus, dass mehrere Plattenlagen dicht gepackt übereinanderlagen, sodass von mehreren Nutzungsphasen ausgegangen werden muss. Rußartige Verbrennungsrückstände im Sediment unter den Platten deuten auf das Räuchern von Fleisch hin.*

Im Süden fand sich eine zweite Feuerstelle mit einer bisher aus dem Magdalénien völlig unbekannten Konstruktionsweise. Dieser Befund bestand aus einer ungewöhnlich großen Steinplatte, die einem Unterbau aus Geröllen auflag, der eine horizontale Fixierung der Platte sicherstellte. Auf dieser Platte fanden sich mehrere Gruppen sowohl verbrannter wie unverbrannter Gerölle.
Beide Konstruktionen sind zwar wesentlich größer, weisen aber Ähnlichkeiten zu den Feuerstellen von Neuchâtel-Monruz auf, wo ebenfalls Platten und Steine verwendet wurden, um eine Art Ofen zu errichten, in dessen Kammer das aus dünnen Zweigen bestehende Brenngut windgeschützt verbrennen konnte (Müller u. a. 2006). Die Vorteile waren eine verlängerte Brenndauer und die Speicherung der Hitze in den umgebenden Steinen. Die großen horizontalen Steinflächen von Bad Kösen-Lengefeld könnten, einmal erhitzt, für die Zubereitung und/oder die Konservierung von Nahrung durch Trocknen oder Räuchern gedient haben. Eine Funktion der Feuerstellen als bloße Wärmefeuer scheint dagegen angesichts der Größe der Konstruktionen und des damit verbundenen Aufwandes unwahrscheinlich. Ob die erhitzten Quarzgerölle ausschließlich in diesen Konstruktionen verwendet oder zudem als Kochsteine zum Erhitzen von Flüssigkeiten in Gruben oder zum Erwärmen von Zelten und/oder Schlafplätzen dienten, muss noch geklärt werden. In den letzten beiden Grabungskampagnen konnte zusätzlich zur Hauptfundschicht im unterlagernden Löss eine zweite, tiefer liegende Fundschicht auf bisher wenigen Quadratmetern nachgewiesen werden, die auf eine ältere Begehung des Platzes verweist.
Die Analyse des Fauneninventars erbrachte neben dem Nachweis von mindestens fünf Pferden auch Hinweise auf das Vorliegen des Rentiers, dessen Knochen sich bisher allerdings nur im südlichen Teil der Grabung fanden, sowie Einzelfunde von Hase, Eisfuchs, Bär, Wolf und nicht weiter bestimmbaren Vertretern aus der Familie der Hornträger, bei denen es sich mit großer Wahrscheinlichkeit um Wisent oder Saiga-Antilope handeln dürfte. Bei den Pferden spricht das Vorliegen von Schädelteilen dafür, dass die getöteten Tiere komplett an den Platz gebracht wurden. Das macht nahegelegene Tötungsplätze wahrscheinlich, vielleicht sogar in der unmittelbaren Umgebung des Lagerplatzes. Schnitt- und Schlagspuren an den Knochen belegen das Zerlegen und die Weiterverarbeitung vor Ort sowie die Markgewinnung durch Aufschlagen der Knochen (Meindl 2015).
Der Fundplatz Bad Kösen-Lengefeld birgt also die Überreste mehrerer Aufenthalte von Familiengruppen an einem jagdstrategisch günstigen Platz. Für eine über die reine Nahrungsgewinnung und -haltbarmachung hinausgehende Verarbeitung der Jagdbeute sprechen neben der Zusammensetzung der Werkzeuge auch die zahlreichen Rötelreste, die auf die Bearbeitung von Fell und Leder deuten. Die Aufenthalte, die angesichts der aufwendigen Plattenlagen und dem breiten Spektrum an Tätigkeiten sicher mehrere Tage bis einige Wochen dauerten, fanden je nach Bereich sowohl unter freiem Himmel als auch in Stangenzelten oder hinter Windschirmen statt. Zum jetzigen Zeitpunkt deutet alles darauf hin, dass zwischen den Fundstellen von Bad Kösen-Lengefeld und Saaleck ein enger funktionaler und chronologischer Zusammenhang besteht. Hierauf weisen vor allem die großen Ähnlichkeiten im Steingeräteinventar und in der Struktur der beiden Plätze hin.

Thorsten Uthmeier, Jürgen Richter, Andreas Maier, Joel Orrin, Thomas Albert, Pia Meindl und Amela Puskar

Olaf Jöris, Tim Matthies und Peter Fischer

AM RANDE DER BEWOHNTEN WELT

VOM LEBEN IN DEN TUNDRENÄHNLICHEN GRASLANDSCHAFTEN DES NÖRDLICHEN MITTELEUROPA VOR 34 000 JAHREN

Der früh-jungpaläolithische Fundplatz Breitenbach liegt im Ortsteil Schneidemühle, Gemeinde Gutenborn, nur wenige Kilometer südwestlich von Zeitz, Burgenlandkreis (Sachsen-Anhalt). Heute befindet sich die Fundstelle auf einem langgestreckten, mit bis zu 2 m Löss überdeckten und aus nordwestlicher Richtung kommenden Geländesporn, der in das Tal der von Süden kommenden Aga, einem rechten Zufluss der Weißen Elster, ragt (Abb. 1). Das kleine Flüsschen umströmt den Sporn heute auf östlicher Seite. Der hier gelegene ausgedehnte Freiland-Siedlungsplatz zählt zu den nördlichsten bekannten Stationen früh-jungpaläolithischer Jäger- und Sammler-Gruppen des über ganz Europa verbreiteten sog. Aurignacien (Hahn 1977). Seine Lage, seine räumliche Ausdehnung sowie eine Reihe besonderer Funde machen die Bedeutung der Fundstelle aus. Die Ergebnisse jüngster Geländearbeiten rücken seit 2009 den seit den 1920er Jahren bekannten Platz in ein neues Licht[1].

ENTDECKUNG UND GRABUNGSGESCHICHTE

Mit der Vorlage eines an der »Schneidemühle« gefundenen Mammutbackenzahns beim Breitenbacher Lehrer E. Tiersch Ende März 1925 nahm die Erforschung der Fundstelle Breitenbach ihren Anfang. Wie Schüler berichteten, war bereits im Herbst 1924 bei der Anlage eines Holzstapelplatzes am Sägewerk eine »Unmasse von großen Knochen« (Wilcke 1925, 16) gefunden worden (Porr 2004). Nach erster Besichtigung der Fundstelle, in deren Zuge Tiersch auch erste Steinartefakte fand und »die ungeheure Wichtigkeit des Fundplatzes« erkannte (Wilcke 1925a), wurde der Zeitzer Schulrat M. Wilcke informiert, der Anfang April 1925 die Fundstelle selbst aufsuchte (Wilcke 1925a) und anschließend »das Museum und das Geologische Institut der Universität Halle sowie das Völkerkundemuseum in Berlin« (Porr 2004, 224) von den Funden in Kenntnis setzte. Die Vergesellschaftung paläolithischer Steinartefakte mit einer Vielzahl von Mammutknochen in dem rötlich-braunen lehmigen Boden unterhalb des hellgelben, letzteiszeitlichen Lösses wurde als früher Nachweis der Mammutjagd gewertet (Wilcke 1925a). Der Bedeutung dieses Befundes entsprechend folgte nur wenige Wochen später eine erste, viertägige archäologische Sondagegrabung, die M. Wilcke, E. Tiersch, A. Götze (Museum für Völkerkunde Berlin) und H. Hess von Wichdorff (Preußisches Geologisches Landesamt Berlin) gemeinsam vornahmen (Abb. 2; Wilcke 1925; Wilcke 1925a; Wilcke 1925b). Zur Klärung der geologischen Situation und der Ausdehnung des Fundareals, teufte Heß von Wichdorff in den Jahren 1926 und 1927 eine den gesamten Geländesporn erschließende Serie geologischer Bohrungen ab (Heß von Wichdorff 1932), die – wenngleich nicht umfassend dokumentiert – die fundführenden Sedimente unter teils mehr als 2 m Löss erfassten (Abb. 3; vgl. Abb. 2).

Als der Holzlagerplatz an der Schneidemühle 1927 abermals vergrößert werden sollte, folgten unter Leitung des an der »Landesanstalt für Vorgeschichte« in Halle beschäftigten, aus Schweden stammenden Neolithforschers N. Niklasson und unter Beteiligung des Geologen F. Wiegers (Geologische Landesanstalt Halle) die bislang umfangreichsten Geländearbeiten, die den Fundplatz auf einer Fläche von insgesamt fast 400 m² aufdeckten (vgl. Abb. 1; Niklasson 1927; Niklasson 1928). Bis heute ungeklärt ist indes die genaue Herkunft der Funde einer privaten Sammlung, der »Sammlung Wlost« (Richter 1987), die das Germanische Nationalmuseum Nürnberg 1958 aufkaufte. Wahrscheinlich stammen diese, als »Breitenbach B« bezeichneten Funde aus einer vor 1930/31 getätigten Raubgrabung oder wurden anderweitig eingetauscht oder von Wlost aufgekauft (Porr 2004). Das weit umfangreichere, im LDA Halle gelagerte Fundmaterial wird auch unter der Bezeichnung »Breitenbach A« geführt.

Kleinflächige Untersuchungen erfolgten 1962 unter Leitung von K. Nuglisch durch das Landesmuseum für Vorgeschichte in Halle. Die Ergebnisse dieser Untersuchungen sind aber weder publiziert noch sind die Nuglisch'schen Schnitte heute genau lokalisierbar. Aus den Ortsakten (LDA-OA-1790) und dem nur wenig umfangreichen Fundeingang in Halle kann einzig abgeleitet werden, dass im Zuge dieser Arbeiten wohl nur wenig Fundmaterial zutage kam und die Sondagen wohl die Peripherie des Siedlungsareals erfasst haben dürften. In den Jahren 2004 und 2005 untersuchte J. Schäfer (Freie Universität Berlin) die Südhälfte des Sporns in insgesamt sieben Sondageschnitten, die die Beurteilung der Schichtenfolge zum Ziel hatten (Schäfer 2012). »Dabei ging es weniger um die Ausdehnung des Fundschichtareals als

◄ Früher Schmuck vom nördlichen Ende der Welt: durchbohrte Eisfuchszähne aus der eiszeitlichen Tundra – das etwas andere Mode-Accessoire; Breitenbach-Schneidemühle, Burgenlandkreis (Sachsen-Anhalt); Länge 2,2–2,5 cm.

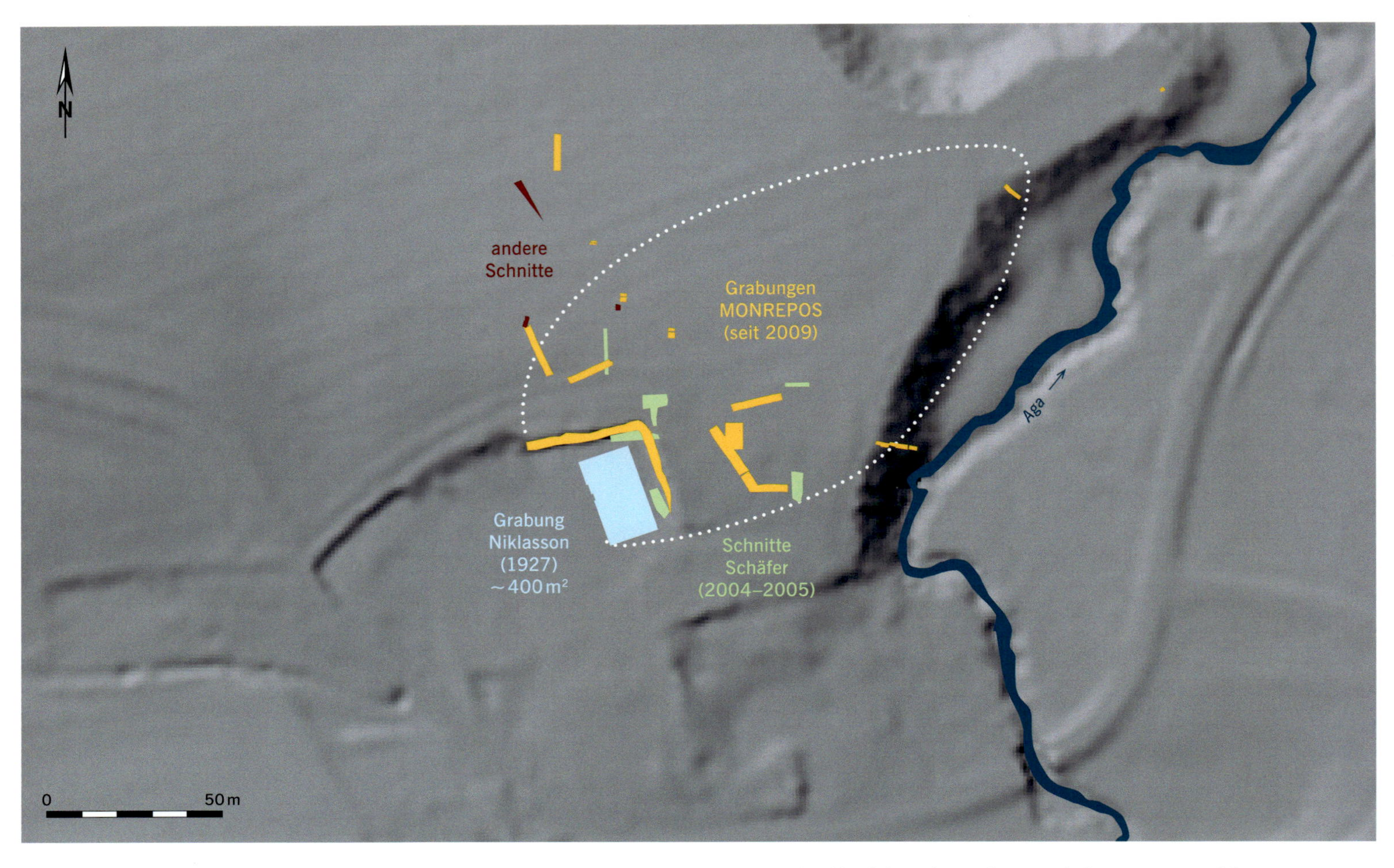

Abb. 1 *Breitenbach-Schneidemühle, Burgenlandkreis (Sachsen-Anhalt). Der großflächige Freilandfundplatz, der zu den räumlich weitest ausgedehnten Stationen des frühen Jungpaläolithikum in Europa zählt, liegt am Ende eines ausgedehnten Geländesporns auf einer saalezeitlichen Flussterrasse, die heute von der Aga, einem rechten Zufluss der Weißen Elster, östlich umströmt wird. Verzeichnet sind die unterschiedlichen Sondage- und Grabungsflächen; die weiß gepunktete Linie kennzeichnet die mutmaßliche Ausdehnung des früh-jungpaläolithischen Siedlungsareals.*

um das Verständnis der scheinbar widersprüchlichen altpublizierten Stratigrafien« (Schäfer 2012, 20–21). Insbesondere deuteten in Teilen verlagerte Sedimente und charakteristische, auf Dauerfrostbedingungen zurückzuführende Störungen auf eine nicht gänzlich ungestörte Überlieferung des Fundplatzes (Porr 2004; vgl. hierzu Pohl 1939; Pohl 1958; Richter 1987; Toepfer 1968). Diese Beobachtungen zeichneten verantwortlich für eine unsichere Bewertung »von Schichtaufbau, Fundschichtlage sowie deren Entstehungsgeschichte« (Schäfer 2012, 21). Ausgehend von diesem Problem setzen auch die seit 2009 in Kooperation des MONREPOS Archäologischen Forschungszentrums und Museums für menschliche Verhaltensevolution in Neuwied, der Faculty of Archeology der Universität Leiden (Niederlande) und des LDA Sachsen-Anhalt durchgeführten Ausgrabungen an, die – darüber hinausgehend – der großflächigen Untersuchung des Fundplatzes zum Verständnis der räumlichen Organisation im frühen Jungpaläolithikum gewidmet sind.

ZEITSTELLUNG UND ÜBERLIEFERUNG DES FUNDPLATZES

Das umfangreiche Breitenbacher Fundmaterial, insbesondere der Grabungen Niklassons (Pohl 1939; Pohl 1958; Moreau 2012) sowie der neueren, seit 2009 durchgeführten Grabungen, macht einen sehr einheitlichen Eindruck. Bereits Wilcke (Wilcke 1925; Wilcke 1925a; Wilcke 1925b), Hess von Wichdorff und Niklasson hatten das Material dem sog. Aurignacien, der frühesten über ganz Europa nachgewiesenen Phase des Jungpaläolithikum, zugewiesen. Andere Bearbeiter schlossen sich dieser Interpretation an (Andree 1939; Toepfer 1968; Hahn 1977; Richter 1987; Moreau 2012; Moreau 2012a). Unklar blieben jedoch die genauere Zeitstellung (Jöris/Moreau 2010; Moreau/Jöris 2013) und der Charakter der Fundplatzüberlieferung (Schäfer 2012).

Acht Radiokohlenstoff-, d.h. ^{14}C-Datierungen (Jöris 2009), die in Oxford an den Knochen unterschiedlicher Tierarten aus Breitenbach

Abb. 2 *Breitenbach-Schneidemühle, Burgenlandkreis (Sachsen-Anhalt). a Blick von Südwesten auf den Freilandfundplatz am 19. April 1925. In der Bildmitte der Holzstapelplatz, bei dessen Anlage in den Profilzügen erste Funde gemacht wurden; rechts davon der Schornstein des ehemals mit Wasserdampf getriebenen, heute abgerissenen Sägewerkes »Schneidemühle«. b Der Beginn der Untersuchungen am 19. April 1925 mit dem Geologen Hess von Wichdorff (links) und Lehrer Frede (rechts). Im Profil ist deutlich die Knochenlage, die zur Entdeckung des Platzes führte und die vor allem Reste des Mammuts erbrachte, zu erkennen. Etwa in Kopfhöhe der beiden Herren deutet sich der farbliche Wechsel der rot-braunen fundführenden Ablagerungen zu den aufliegenden Lössen an. c Dasselbe Profil wie in Abb. 2b aus einem leicht anderen Winkel hebt die unterschiedlichten Schichten deutlich hervor (vgl. Abb. 3).*

(Mammut, Ren und Pferd) gemessen worden waren, hatten deutlich divergierende Altersabschätzungen zwischen etwa 24 000 und etwas mehr als 28 000 ^{14}C-Jahren vor heute (unkalibriert; ^{14}C-Daten bedürfen einer Umrechnung in Sonnenjahre, d. h. »Kalibration«; vgl. Jöris 2009) geliefert (Street/Terberger 2000; Grünberg 2006). Zwei konventionelle ^{14}C-Datierungen, die am Kölner ^{14}C-Labor an Mammutresten vorgenommen worden waren, hatten noch jüngere Altersangaben erbracht (Richter 1987). Da all diese Datierungen ein äußerst inhomogenes Bild ergaben und deutlich jünger ausgefallen waren, als für das Aurignacien zu erwarten (Jöris/Moreau 2010; Jöris u. a. 2010; Moreau/Jöris 2013), war es nötig, gezielt neuere Proben zu nehmen. Auch war der Fundkontext der zuvor datierten Proben nicht in jedem Fall dokumentiert. Darüber hinaus hatten es Fortschritte in der Probenvorbehandlung möglich gemacht, etwaige Verunreinigungen, die das Probenalter in der Regel zum Jüngeren hin verzerren, besser herauszufiltern. In der Tat dokumentiert die jüngste, 2009 genommene Probenserie die

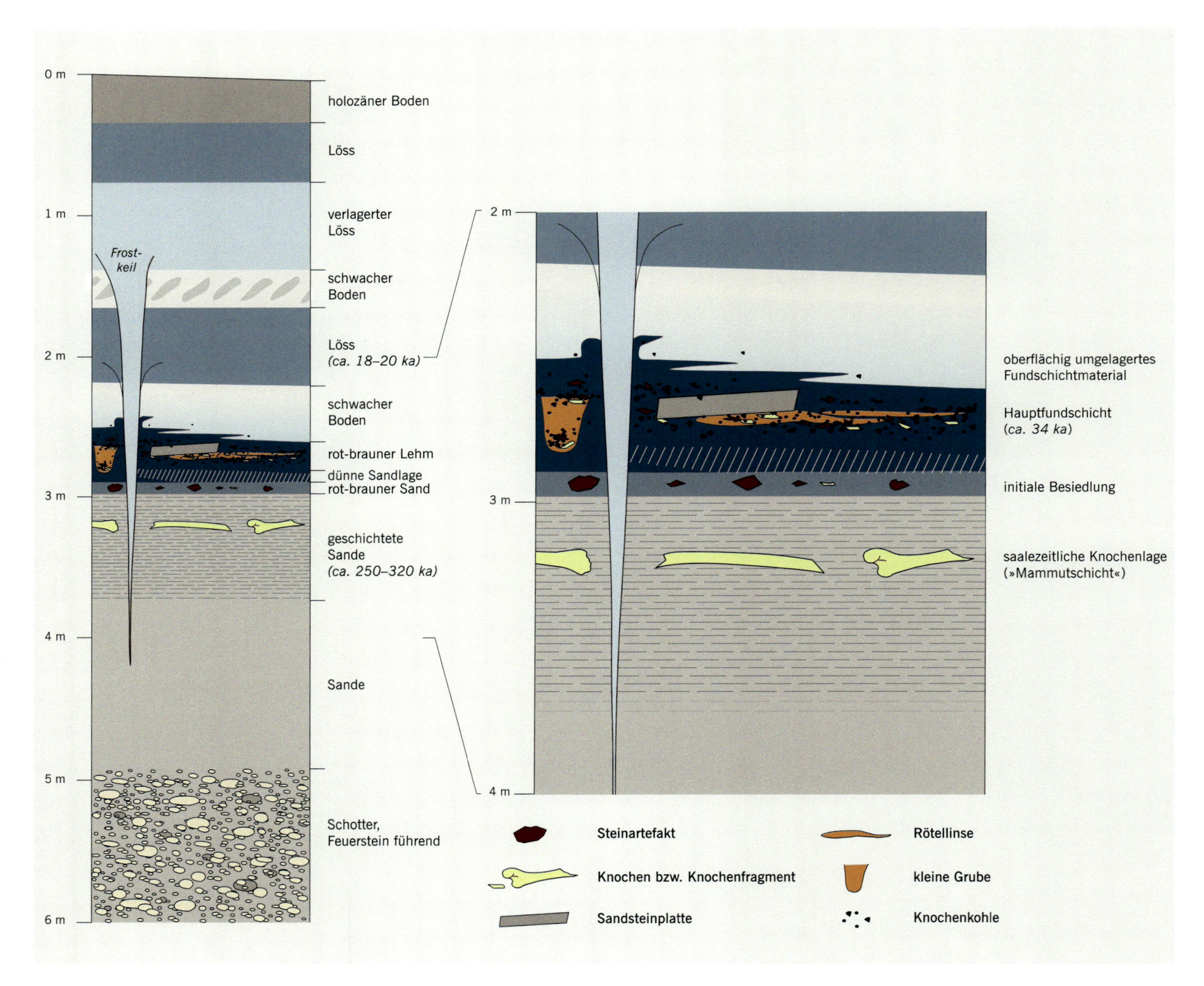

Abb. 3 *Breitenbach-Schneidemühle, Burgenlandkreis (Sachsen-Anhalt). Halbschematische Schichtenfolge auf dem plateauartigen Geländesporn, synthetisiert nach umfangreichen Profilbeobachtungen, Bohrungen und archäologischen Befunden (links) sowie Detail der Abfolge (rechts). ka = Kiloannum (= 1000 Jahre).*

insgesamt schlechte Erhaltung des für eine präzise Datierung erforderlichen Knochenkollagens. Einzig eine Probe (OxA-21089) an einem Renknochen der 1927er Grabungen lieferte mit 29650 ± 280 ^{14}C-BP (^{14}C-Jahre vor 1950, unkalibriert) ein erstes verlässliches Alter (T. Higham E-Mail an O. Jöris vom 07. Okt. 2009). Kalibriert, d. h. in Sonnenjahre umgerechnet (Jöris 2009; Weninger/Jöris 2008), entspricht dies einem Alter von etwa 34000 Jahren vor heute, ganz am Übergang vom Aurignacien zum nachfolgenden Mittleren Jungpaläolithikum bzw. dem sog. Gravettien (Jöris u. a. 2010). Dieser Altersansatz deckt sich mit den Ergebnissen der typologischen und technologischen Untersuchungen des umfangreichen, 1927 ausgegrabenen Steinartefaktinventars »Breitenbach A« (Moreau 2012; Moreau 2012a; vgl. hierzu Jöris/Moreau 2010; Moreau/Jöris 2013).

DIE BEDEUTUNG DES FREILAND-SIEDLUNGSPLATZES BREITENBACH-SCHNEIDEMÜHLE

Bis heute ist die Lebens- und Siedlungsweise des früh-jungpaläolithischen Menschen in Europa nur unzureichend bekannt und äußerst bruchstückhaft überliefert. Es handelt sich bei den untersuchten Fundplätzen dieser Zeit vorwiegend um Höhlen, die auch zeitlich hochauflösende Archive mit oft exzellenten Erhaltungsbedingungen darstellen, doch haben wiederholte Belegungen an diesen Plätzen meist alle räumlichen Signaturen des Lebens überprägt und verwischt. Freilandplätze hingegen erlauben die Untersuchungen räumlicher Muster und Strukturen, die oft detailliert und sehr mittelbar auf die Aktivitäten vor Ort schließen lassen. Zum einen sind Freilandstationen dieser Zeit als Folge von Erosion leider nur selten erhalten. Zum anderen verfügen unter den überlieferten Freilandstationen nur sehr wenige Plätze über Erhaltungsbedingungen, die organisches Material bis heute überdauern ließen. So ergibt sich insgesamt ein von Höhlengrabungen dominiertes »Zerrbild« der Zeit vor rund 40000 bis vor 30000 Jahren, als sich Gruppen moderner Menschen wie wir in Europa etablierten. Vor diesem Hintergrund ist Breitenbach ein Fundplatz von »ungeheure[r] Wichtigkeit« (Wilcke 1925a) für die Erforschung dieser so entscheidenden Periode der Menschheitsgeschichte, für die sich erstmals Verhaltensweisen festmachen lassen, die unser Leben bis heute prägen (Jöris in Vorb.; Jöris in Vorb. a).

AM RANDE DER BEWOHNTEN WELT ...

Breitenbach zählt zu den nördlichsten bekannten Fundplätzen des europäischen Jungpaläolithikum (Moreau 2012). Wie die reiche, aber recht artenarme Fauna zeigt, lag hier der Rand der vor 34000 Jahren bewohnten Welt: Ren, Eisfuchs, Schneehase und Halsbandlemming und einige andere eiszeitliche Tiere bezeugen arktische Tundrenbedingungen mit einem über das gesamte Jahr über kalten und ariden Klima (Matthies 2010; Taszus 2016; Matthies in Vorb.). Für Mammut und Pferd hat es in der offenen Landschaft aber genügend Grasflächen gegeben (Matthies in Vorb.).

WIE EIN KLEINES DORF!

Die Befunde aus den unterschiedlichen Sondagen und Grabungsflächen lassen vermuten, dass die fundführenden Ablagerungen auf einer Fläche von rund 6000 m²–10000 m² erhalten sind (vgl. Abb. 1). Damit gehört Breitenbach zu den größtflächig überlieferten Fundplätzen dieser Zeit in Eurasien: Eine »Ansiedlung« von der Größe eines kleinen Dorfes! Der Siedlungsplatz lag auf einer alten frühsaalezeitlichen Flussterrasse (vgl. Abb. 3) unmittelbar am Ufer des Vorläufers der Aga, die sich zu dieser Zeit noch nicht so tief eingeschnitten hatte. Wohl wurde diese Stelle wiederholt und wahrscheinlich auch längerfristig besiedelt (vgl. Moreau 2012). Der Fundreichtum der Fundstelle mit mittlerweile rund 20000 Steinartefakten und etwa 5000 Tierknochen, die derzeit Gegenstand wissenschaftlicher Analysen sind, Brandschichten aus Aschen und verkohlten Knochenresten und eine Reihe von Befunden – kleine Gruben, Steinsetzungen aus bearbeiteten Sandsteinen (Moors 2010) und eine eventuelle Pfostensetzung – zeugt von einer intensiven Siedlungsintensität. So zeigt sich mit Breitenbach, dass der nördliche Rand der bewohnten Welt nicht etwa gelegentlich oder nur in günstigen Zeiten aufgesucht wurde, sondern dass die Fundstelle und die umliegende Region ein wichtiger Teil des aurignacienzeitlichen Wirtschaftsraums bzw. der aurignacienzeitlichen »Oikumene« war.

EINE FÜLLE VON RESSOURCEN

Ressourcen, die für das Leben der aurignacienzeitlichen Menschen von Bedeutung waren, gab es in Breitenbach reichlich: Wie zooarchäologische Untersuchungen zeigen, waren Ren und vielleicht auch Mammut sowie das Pferd die wichtigsten Nahrungsquellen (Matthies in Vorb.). Die Tiere wurden im Allgemeinen komplett verwertet: Über die Fleischgewinnung hinaus, wurden die Knochen systematisch zerschlagen, um das nahrhafte Knochenmark, einen hochkonzentrierten Energieträger, herauszulösen. Der extrem hohe Anteil verbrannter Knochen legt das Auskochen des Knochenfettes nahe. In dem an Gehölzen armen Biotop waren die fetthaltigen Knochen aber auch als Brennstoff bedeutend. Außerdem wurde durch das Verfeuern der Knochen der »Biomüll« entsorgt. Die in Breitenbach auffällig häufigen Reste von Eisfüchsen und Schneehasen werden hingegen mit der gezielten Gewinnung von Pelzen in Zusammenhang gebracht; sie geben Hinweis auf eine Bejagung im Herbst und Winter (Matthies 2010).

Mammutknochen und -elfenbein waren aber auch wichtige Rohmaterialien der Werkzeugherstellung. Geschossspitzen aus Elfenbein, wie jene aus Breitenbach, sind nicht nur sehr stabil, sondern zersplittern aufgrund ihrer Elastizität auch nicht so leicht wie steinerne Projektile. Beobachtungen der jüngsten Grabungen zeigen aber auch, dass wohl nicht nur »frisches« Elfenbein verarbeitet wurde: Einige stark verwitterte Mammutknochen, die wenige Dezimeter unterhalb des fundführenden lehmigen Bodens in Flusssanden, die den Terrassenschottern auflagern, gefunden wurden, konnten in die frühe Saale-Kaltzeit datiert werden (vgl. Abb. 2–3). Demnach waren

***Abb. 4** Breitenbach-Schneidemühle, Burgenlandkreis (Sachsen-Anhalt). Ein Blick von Süden in die Elfenbeinwerkstatt: Nach Länge vorsortierte Konzentrationen sog. Lamellen aus Mammutelfenbein. Die lockere Streu nur wenige Zentimeter unterhalb der Elfenbeinkonzentrationen liegender Steinartefakte charakterisiert die initiale Besiedlungsphase des Platzes (vgl. Abb. 3). Die Länge des Maßstabs im Vordergrund beträgt 40 cm.*

hier vor mehr als 250 000 Jahren Tierreste vor allem des Mammuts angespült und abgelagert worden. Ein großer Teil der Mammutreste der Altgrabungen dürfte diesem älteren Horizont angehören (vgl. Abb. 2). Nach den Grabungen der letzten Jahre zu urteilen, hatte der Mensch am Zustandekommen dieser ungleich älteren Fundakkumulation jedoch keinen Anteil. Größere Knochen und vor allem Elfenbeinstücke mögen zur Zeit der Besiedlung des Platzes durch den aurignacienzeitlichen Menschen noch aus dem Boden geschaut und das Interesse auf sich gezogen haben. So sind unter den Befunden der letzten Jahre besonders einige räumlich begrenzte Areale, die der Verarbeitung von Mammutelfenbein gewidmet waren, hervorzuheben (Abb. 4; Jöris u. a. 2017). Zum Großteil war das genutzte Elfenbein bereits stark angewittert. Nach den bisherigen Befunden scheint es möglich, dass es aus den älteren Sanden ausgegraben wurde. Mit meißelartigen Geräten aus Feuerstein wurde es gespalten und in kleinere Stücke zerlegt (Schunk 2014), die dann für eine Weiterbearbeitung genutzt wurden.

Vor Ort fand sich auch das Rohmaterial für die Steingeräteherstellung in großer Menge: Baltischer Feuerstein – von einiger Größe und hoher Qualität – erodierte unmittelbar am Süd- und Ostrand des Siedlungsplatzes im Anschnitt des Aga-Flüsschens aus den Schottern unterhalb des Siedlungshorizontes (vgl. Abb. 3).

ARBEITSORGANISATION

Hinweise auf eine wohl längerfristige Nutzung des Platzes und eine deutliche räumliche Differenzierung der Fundstelle lieferten bereits die Altgrabungen der 1920er Jahre (Jöris/Moreau 2010; Moreau 2012). Die neuen Untersuchungen belegen größtenteils intakte Siedlungsstrukturen (García-Suárez 2011) und lassen überdies spezialisierte Tätigkeitsbereiche erkennen (Jöris u. a. in Vorb.).

Speziell die Befunde zur Elfenbeinbearbeitung illustrieren ein äußerst systematisches, räumlich strikt organisiertes Vorgehen, bei dem die gewonnenen Elfenbeinspäne zunächst ihrer Länge nach in unterschiedlichen Haufen sortiert wurden (vgl. Abb. 4). Anschließend wurden gezielt dickere Stücke aus mehreren noch zusammenhängenden sog. Lamellen ausgewählt, da sich nur aus solchen Stücken Objekte plastisch gestalten lassen. Dazu wurden zunächst Stäbe mit D-förmigen Querschnitten sowie dünne, runde »Stifte« zugeschnitzt (Abb. 5). Aus ersteren fertigte man Geschossspitzen, während letztere zu einfachen kleinen Perlen weiterverarbeitet wurden (Abb. 6). In Breitenbach ist der gesamte Herstellungsprozess der Stücke räumlich sorgfältig gegliedert: Von den vorsortierten Auswahlhaufen der Rohstücke, über die vorfabrizierten Stäbe und »Stifte« bis hin zu den Endprodukten und dem angefallenen Schnitzabfall zeigen sich deutliche Muster einer

Fertigung unterschiedlichster Objekte in »Kleinserien« – der Niederschlag früher Arbeitsspezialisierung (Jöris u. a. in Vorb.).

Eine derart differenzierte Raumnutzung und Arbeitsorganisation spiegelt sich auch in einem gewissen Investment in Architektur wider, die einer dauerhafteren Organisation des Raumes über eine längere Zeit der Besiedlung eines Platzes dient (Jöris in Vorb.). Sie ist meist auch das Ergebnis einer längerfristig kommunizierten Nutzung des Raums jenseits einzelner, vor allem flüchtiger Aktivitäten. Arrangements mehrerer, meist intentionell aufgespaltener Sandsteinplatten (Moors 2010) deuten für einige Bereiche des Fundplatzes auf länger genutzte Strukturen, die bislang allerdings nur in kleinen Flächen aufgedeckt wurden. Bemerkenswert ist in diesem Zusammenhang der Fund eines einzelnen, grob bearbeiteten und 114 kg schweren Quarzitblocks von noch unbekannter Funktion.

BESIEDLUNGSABFOLGE

Bereits im Zuge der Altgrabungen an der Schneidemühle wurden verschiedene fundführende Horizonte festgestellt. Nach den Beobachtungen Heß von Wichdorffs (Heß von Wichdorff 1932) entstammten die größeren Funde, insbesondere die Masse der Mammutknochen, einem unteren Fundhorizont, die Masse der gebrannten und verkohlten Knochen und Feuersteinartefakte jedoch einer »oberen Kohlenschicht«, die heute als Hauptfundschicht zu bewerten ist (vgl. Abb. 3). Inwiefern die untere Schicht (vgl. Abb. 2–3: »Mammutschicht«) aber überhaupt (und sicher zuweisbar) Artefakte führte oder sich vielleicht doch ausschließlich aus stark fossilisierten, schlecht erhaltenen Mammutresten höheren Alters zusammensetzte, bleibt nach den jüngeren Geländebeobachtungen zu hinterfragen, zumal über den gesamten Sporn verbreitet immer nur eine einzige, mehrere Dezimeter mächtige fundführende Schicht in einem rötlich-braunen lehmigen Boden festgestellt werden konnte.

Vor dem Hintergrund dieser Diskussion ist es umso bedeutender, dass im unteren, südlichen Hangbereich des Fundplatzes auf größerer Fläche eine dünne, nur 7–10 cm mächtige, fundfreie und wohl auf ein Hochwasserereignis zurückzuführende Sandschicht festgestellt werden konnte, die einen unteren Fundhorizont von einem oberen, der Hauptfundschicht, trennt (vgl. Abb. 3). Während der obere Horizont die oberen Dezimeter des rötlich-braunen Bodens unmittelbar unterhalb des Lösses ausmacht und durch seinen Fundreichtum vor allem an Steinartefakten, Knochenkohlen und Knochen sowie Sandsteinplatten charakterisiert ist, kennzeichnet eine nur dünne Fundstreu aus vorwiegend Steinartefakten den nur wenige Zentimeter mächtigen unteren Horizont. Hervorzuheben sind hier die unterschiedlichen Qualitäten beider Horizonte: Der untere Horizont ist zwar arm an Funden, doch setzen diese sich insbesondere aus großen vorpräparierten Kernen und vergleichsweise großen Abschlägen und Klingen des initialen Kernabbaus, wie Entrindungsabschlägen, zusammen. Hinzu kommen wenige Geräte, allen voran die für das Aurignacien so charakteristischen sog. Kielkratzer (Abb. 7). Der obere Horizont ist ungleich reicher an Material, das insgesamt jedoch kleinstückiger ist, kleine, stark abgebaute Kerne umfasst, wie auch eine Vielzahl standardisierter sowie durch Gebrauch retuschierter Geräteformen (Schunk 2014). Es scheint, als sei mit dem unteren Horizont eine kurzzeitige, »initiale« Besiedlung erfasst (vgl. Abb. 3), im Zuge derer zunächst Rohmaterial akquiriert und Klingen und Lamellen gewonnen wurden (vgl. Abb. 7). Erst nach einem Hochwasserereignis hätte man sich dann längerfristig an diesem Platz »eingerichtet« und das Tätigkeitsspektrum erweitert, wie das breitere Gerätespektrum und der intensive Umgang mit Feuer

Abb. 5 *Breitenbach-Schneidemühle, Burgenlandkreis (Sachsen-Anhalt). Dünne, stiftförmige Elfenbeinstäbchen dienten als Rohlinge der Herstellung winziger Perlen. Es spricht einiges dafür, dass ein Teil des verarbeiteten Elfenbeins subfossil ist und aus der tieferen, saalezeitlichen »Mammutschicht« stammt (vgl. Abb. 4).*

Abb. 6 (links) *Breitenbach-Schneidemühle, Burgenlandkreis (Sachsen-Anhalt). Früher Schmuck des Nordens: Die winzigen Perlen aus Elfenbein und Knochen wurden aus dünnen Stäbchen (vgl. Abb. 5) gefertigt, die zunächst markiert und dann auf die gewünschte Länge zerschnitten wurden. Vielleicht waren die ursprünglich schneeweißen Perlen der Kleidung aufgenäht oder in das Haar geflochten; Länge 0,4–0,5 cm.* ➤➤

Abb. 7 (rechts) *Breitenbach-Schneidemühle, Burgenlandkreis (Sachsen-Anhalt). Von sog. Kielkratzern, die für das Aurignacien charakteristisch sind, wurden schmale, parallelseitige Lamellen gewonnen. Diese extrem kantenscharfen Stücke werden – an einer Längsseite geschäftet – als schneidende Einsätze in Projektilen Verwendung gefunden haben. Die Kratzer dienten demnach als Kerne zur Herstellung solcher Lamellen, doch werden einige dieser Kerne auch als Geräte eingesetzt worden sein, so etwa bei der Fellbearbeitung; Länge Kielkratzer 3,7 cm, Länge Lamellen 1,4–2,1 cm.* ➤➤

erkennen lassen. Hinzu kommen Geräte aus organischen Materialien, die Elfenbein- und Knochenbearbeitung (vgl. Abb. 5–6; 8) und die Bearbeitung von Sandsteinplatten, die im Siedlungsgeschehen des oberen Horizontes von Bedeutung sind. Alle »besonderen« Funde, die im weitesten Sinne als Schmuck oder als Ausdrucksformen von Kunst klassifiziert werden, stammen aus diesem oberen Horizont. Der Befund einer solchen Belegungsabfolge ist umso bedeutender, gibt sich in Breitenbach damit doch erstmals eine regelrechte Besiedlungsabfolge zu erkennen, die zeigt, wie sich der Charakter eines Platzes im Zuge seiner Nutzungsgeschichte verändert.

SCHMUCK UND KUNST

Neben den Elfenbeinperlen sind in Breitenbach auch ein Halbfabrikat einer Knochenperle (vgl. Abb. 6) und durchbohrte Eckzähne von Eisfüchsen als Schmuckgegenstände anzusprechen (siehe Abb. S. 318; Richter 1987; Matthies 2010). Zwar handelt es sich bei den Perlen und Fuchszahnanhängern um insgesamt nur recht wenige Stücke, doch stammen all diese aus dem oberen Horizont. Auch Spuren roter Farbe kennzeichnen den oberen Horizont über das gesamte Siedlungsareal. Zusammen zeigen diese Beobachtungen, dass Breitenbach nicht allein ein für das Wirtschaften wichtiger Platz war, sondern dass hier auch Aspekte des Lebens jenseits aller praktischen Dinge eine Rolle spielten.

Auch zwei kleine, auf den ersten Blick recht unscheinbare, plastisch gestaltete, spiegelbildlich geformte und oberflächig sorgfältig polierte Elfenbeinfragmente sind in diesem Zusammenhang zu erwähnen (vgl. Abb. 8). Sie zählen zu den »besonderen« Funden der letzten Jahre. Wohl handelt es sich bei den Stücken um die Bruchstücke ein und derselben figürlichen Elfenbeinskulptur (Jöris u. a. in Vorb.). Die Stücke lassen sich zwanglos in eine Elfenbeinfigur einpassen (Abb. 9), die als »Venus vom Hohle Fels« bekannt wurde (Conard 2009). Im Aurignacien sind solche plastisch gearbeiteten Skulpturen aus Elfenbein bislang nur aus den weltberühmten süddeutschen Höhlenfundplätzen bekannt (Conard 2007; Floss 2007). Meist handelt es sich dabei um eindrucksvoll gearbeitete Tierfigürchen oder Darstellungen von Mischwesen mit Attributen von Tier und Mensch (Kind 2016).

ENTWICKLUNG UNSERES RÄUMLICHEN VERHALTENS

In ihrer Ganzheit bezeugen die Breitenbacher Befunde ein breit gefächertes Tätigkeitsspektrum. Die Summe der Beobachtungen erinnert an die großen Freilandfundplätze des dem Aurignacien nachfolgenden »Gravettien« im östlichen Mittel- sowie in Osteuropa, die verschiedentlich als »Basislager« diskutiert wurden und an denen sich die Menschen längerfristig aufhielten und »einrichteten«. So deuten sich ab dieser Zeit neue Formen der sozialen Organisation an, die eng mit neuen Formen der Organisation und Ordnung des Raums verknüpft sind. Sie sind Ergebnis wie auch Motor neuer Formen des sozialen bzw. sozio-ökonomischen Miteinanders (Jöris in Vorb.). So ist unser räumliches Verhalten direkt mit unserer Sozialität verbunden (Gamble u. a. 2014). Aus der räumlichen Organisation leiten sich oft strikte Regeln ab, die sich in all unseren Aktivitäten durchpausen. Sie formen die Organisation von kleinskaligen Haushalten, den elementaren sozio-ökonomischen Einheiten, bis hin zu allen anderen Formen von Ansiedlungen, einschließlich moderner Megastädte.

Laufende Geländearbeiten und die Auswertung der Grabungsergebnisse in Breitenbach werden dabei zeigen, inwieweit die Etablierung neuer räumlicher Systeme und neuer Formen des sozialen Miteinanders zur Stärkung des modern-menschlichen Siedlungs- und Gemeinwesens beigetragen haben. Die einzigartige Ausdehnung der Fundstelle verspricht wertvolle neue Daten, die einen substantiellen Beitrag zum Verständnis der Wurzeln unseres modern-menschlichen Gemeinwesens liefern werden.

ANMERKUNG

1 Für die Förderung der Geländearbeiten in Breitenbach sind wir der Leakey Foundation (ID-20140), der Wenner-Gren Foundation (Grant No. 7974), der Fritz Thyssen Stiftung (FTS Az. 20.09.0.057), der Faculty of Archeology der Universität Leiden (Niederlande), dem Römisch-Germanischen Zentralmuseum Mainz sowie dem LDA Sachsen-Anhalt zutiefst zu Dank verpflichtet.

Abb. 8 *Breitenbach-Schneidemühle, Burgenlandkreis (Sachsen-Anhalt). Von weit größerer Bedeutung als es zunächst scheint: zwei spiegelbildliche Fragmente einer sorgfältig polierten, plastisch gestalteten Elfenbeinfigur. Vielleicht eine Tierdarstellung, ein Mensch oder gar ein Mischwesen? Entsprechende figürliche Elfenbeinplastiken sind aus dem Aurignacien bislang nur aus süddeutschen Höhlen bekannt und zählen zu den ältesten Kunstwerken der Welt. Die abgebildeten Stücke liefern damit den ersten Nachweis eines solchen Kunstobjektes außerhalb Süddeutschlands; Länge 1,6 cm und 1,8 cm.* ➤

Abb. 9 *»Venus vom Hohle Fels« bei Schelkingen, Alb-Donau-Kreis (Baden-Württemberg). Die plastisch gestalteten Breitenbacher Elfenbeinfragmente (vgl. Abb. 8) lassen sich aufgrund morphologischer Kriterien, als linke bzw. rechte Oberschenkelpartien gedeutet, zwanglos in die von der Schwäbischen Alb stammende »Venus vom Hohle Fels« (Conard 2009) einpassen. Bei gleichen Proportionen fiele das Breitenbacher Exemplar etwas kleiner aus als der süddeutsche Fund. Die Breitenbacher Fragmente einer Elfenbeinplastik stellen damit den ersten und ältesten Nachweis eines solchen Kunstobjektes außerhalb Süddeutschlands dar und belegen zugleich die Kontinuität plastisch gestalteter Elfenbeinfiguren in Mitteleuropa bis in das späte Aurignacien hinein; Länge 6 cm.* ➤➤

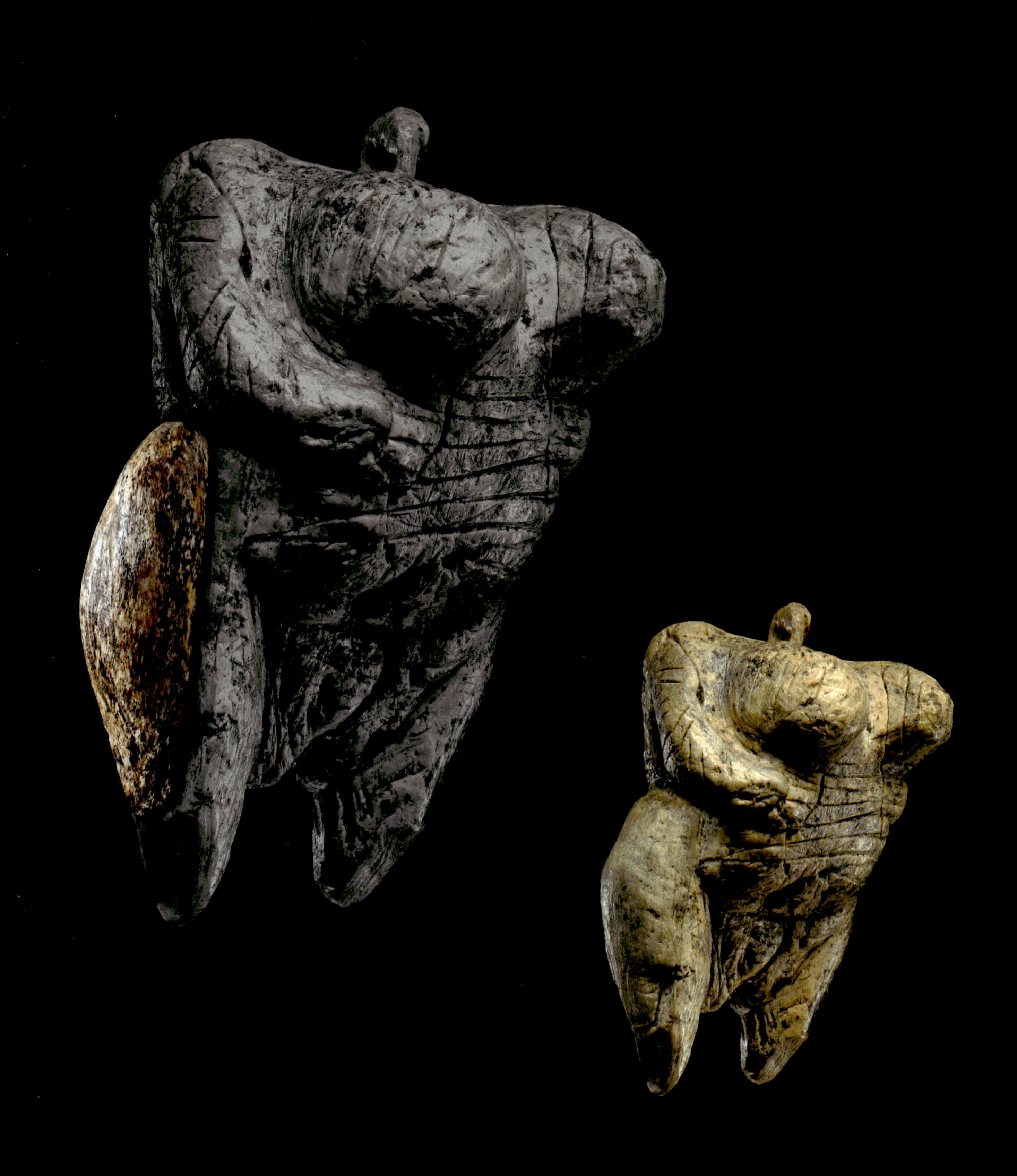

Gerd-Christian Weniger

KRISENMANAGEMENT IN DER EISZEIT

Im März 1572 vermerkt der holländische Mönch Wouter Jacobszoon in seinem Tagebuch: »Es war in dieser Zeit ein sehr bitter kaltes Wetter. Alles gefror und wurde steif. Es hagelte, es schneite und wehte sehr rau und es dauerte vom Allerseelentag bis jetzt. Der gnädige Herr, verstehen wir daraus, will uns dadurch zeigen, wie sehr wir uns verirrt haben, aber die Menschen änderten sich nicht und verhielten sich, als ob sie seine Feinde wären«. Ähnlich düstere Worte schrieb Marco Antonio Martinengo im Mai 1590 in Brescia nieder: »Gott zeigt uns seinen Zorn, indem er uns ewigen Winter schickt, den wir zu Hause in Kälte und mit den dicksten Pelzen zu fühlen haben« (Blom 2017).

Im Winter 1572/73 war der Bodensee bis in das Frühjahr hinein von einer dicken Eisschicht bedeckt. Drei Jahre zuvor war bereits die Lagune in Venedig bis in den März hinein zugefroren. Die Themse war 1565, 1595, 1608 und von 1621 bis 1695 noch weitere acht Mal von dickem Eis bedeckt (Blom 2017). Zugleich entdeckten holländische Maler Schnee und Eis als Motiv. Winterliche Landschaften wurden in der Malerei im 17. Jahrhundert zu einem neuen Genre (Abb. 1).

Zahllose Dokumente berichten seit den letzten Jahrzehnten des 16. Jahrhunderts von eiskalten, lang andauernden Wintern sowie dunklen und verregneten Sommern. Verheerende Missernten führten zu Hungersnöten quer durch Europa. Der Kontinent wurde bis in das 18. Jahrhundert hinein immer wieder von Kältewellen erschüttert und die alpinen Gletscher verzeichneten einen kräftigen Zuwachs mit Vorstößen bis in die tieferen Lagen. Diese historische Phase mit häufig wiederkehrenden, extremen Wetterereignissen wird heute Kleine Eiszeit genannt und war das bisher größte, historisch nachweisbare Zeugnis eines Klimawandels in Europa. Sie hatte tiefgreifende Folgen für die Gesellschaften Europas.

Seit der Mitte des 19. Jahrhunderts verdichtete sich die Erkenntnis über die Existenz von Eiszeiten im Klimageschehen der Erde. Gingen Geologen zu Beginn des 20. Jahrhunderts noch von vier großen Eiszeiten in den vergangenen 2,5 Millionen Jahren aus (Penck/Brückner 1909), wissen wir heute von mindestens 104 großen Klimaschwankungen (Cohen/Gibbard 2011). Unser Wissen über das Eiszeitalter ist in den letzten zwei Jahrzehnten enorm angewachsen. Geowissenschaftler können inzwischen nachweisen, dass es zwischen 50 000 und 10 000 Jahren vor heute, dem Ende der letzten Eiszeit, zu regelmäßigen, abrupten Klimasprüngen kam (Rahmstorf 2003), die als *Rapid Climate Change (RCC)* in der internationalen Fachliteratur beschrieben werden (Abb. 2).

Betrachtet man den Klimaverlauf von der Mitte der letzten großen Eiszeit bis heute und vergleicht dabei den Ausschlag der Kleinen Eiszeit mit den Schwankungen zwischen 50 000 und 10 000 Jahren vor heute, werden neben den deutlich höheren Durchschnittstemperaturen der Gegenwart zwei Dinge deutlich:

- Der Klimaverlauf der Nacheiszeit war 10 000 Jahre lang außergewöhnlich ruhig und stabil.
- Die Kleine Eiszeit, die im Laufe von 200 Jahren tiefgreifende Spuren in den Gesellschaften Europas hinterlassen hat, kann verglichen mit den abrupten Klimasprüngen der letzten Eiszeit als geradezu belanglos gelten.

Die Wucht der Klimaschwankungen, die im Eiszeitalter immer wieder nachweisbar ist, hatte aus unserer Perspektive der vergangenen 2000 Jahre betrachtet unvorstellbare Dimensionen. Nicht nur Europa und Asien waren davon betroffen, sondern auch Afrika. Untersuchungen an ostafrikanischen Seen belegen anhand enormer Seespiegelschwankungen vor allem dramatische Trockenperioden, die ganze Regionen immer wieder heimsuchten (Cohen u. a. 2007).

Was bedeutete dieser dramatische Klimawandel für das Leben der eiszeitlichen Menschen in Afrika, Asien und Europa und wie sind eiszeitliche Gemeinschaften mit diesen für uns heute kaum vorstellbaren Umweltkrisen umgegangen?

Eiszeitliche Menschen lebten als Jäger und Sammler. Ethnohistorische Berichte und ethnologische Beobachtungen bis in das 20. Jahrhundert hinein geben fundierten Aufschluss über die Lebensform des Jagens und Sammelns (Kelly 2013). Alle Daten belegen drei Grundprinzipien dieser Lebensweise:

- kleine Gruppengrößen zwischen 20 und 50 Personen;
- hohe Mobilität mit regelmäßigen Lagerplatzwechseln im Laufe eines Jahres;
- extrem geringe Bevölkerungsdichte.

◄ *Mammutjagd des* Homo sapiens *in einer winterlichen Landschaft der letzten Eiszeit (Zeichnung © K. Schauer).*

Jäger und Sammler produzieren keine Nahrungsmittel, weder durch den Anbau von Nutzpflanzen noch durch Tierhaltung. Sie sichern ihr Überleben ausschließlich durch die Entnahme von Nahrung aus dem natürlichen System ihres Lebensraumes. Nahrungsressourcen wie Wildtiere oder Wildpflanzen sind allerdings bedingt durch Topografie und Jahreszeit in ihrer Qualität und Quantität ungleichmäßig über den Lebensraum verteilt. Dies gilt in gleicher Weise für andere Ressourcen wie Wasser, Brennmaterial oder Rohmaterial zur Herstellung von Steinwerkzeugen.

Um bei diesen wechselnden Rahmenbedingungen eine verlässliche Lebensgrundlage schaffen zu können, müssen zahlreiche Kriterien erfüllt sein. Dazu zählen: genaue geografische Kenntnisse, hohe Mobilität, umfangreiches biologisches Wissen sowie präzises Wissen über die regionale Verteilung der natürlichen Ressourcen einschließlich verlässlicher Prognosen zum jahreszeitlichen Geschehen. Erschwerend kommt hinzu, dass in den meisten Fällen nur geringe Möglichkeiten für eine Vorratshaltung bestehen. Nahrung kann nur in begrenztem Umfang konserviert werden. Daher sind Nahrungsbeschaffung und Nahrungsverzehr zeitlich eng aneinander gekoppelt.

Diese Lebensweise erfordert sowohl generell als auch situativ hohe Anpassungsleistungen und Flexibilität. Ein wichtiges Ziel von Jägern und Sammlern ist die Minimierung des Risikos einer Unterversorgung mit Nahrung. Allerdings zeigen ethnohistorische Studien und Skelettuntersuchungen, dass kurzfristige Hungerphasen durch Nahrungsengpässe nicht ungewöhnlich sind und akzeptiert werden.

Eine wichtige Maßnahme ist unter diesen Bedingungen der regelmäßige Lagerplatzwechsel (Abb. 3). Jedes Basislager, an dem die ganze Gruppe siedelt, verfügt über ein lokales Schweifgebiet, dessen Größe sich nach der jeweiligen Topografie richtet. In der Landschaftsarchäologie wird die Größe des lokalen Schweifgebietes anhand der

***Abb. 1** Jäger im Schnee, Pieter Bruegel der Ältere 1565, Kunsthistorisches Museum Wien.*

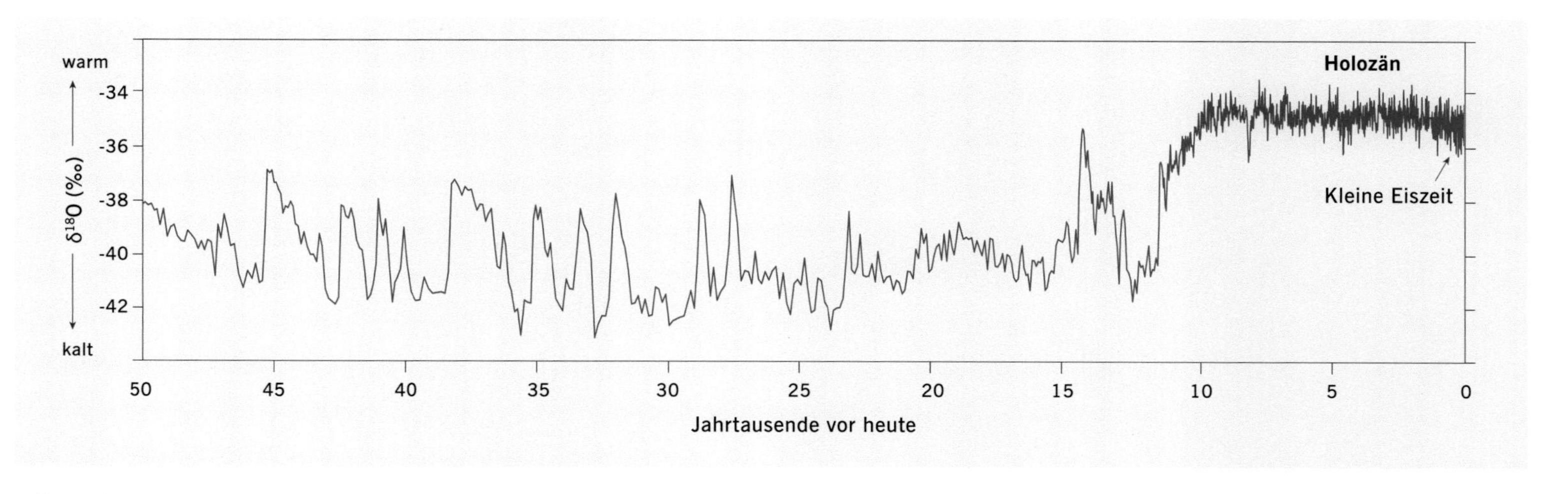

Abb. 2 *Klimakurve der letzten 50 000 Jahre. Die Werte basieren auf dem Verhältnis von Sauerstoffisotopen, die im grönländischen Eisschild gemessen wurden. Deutlich sind die abrupten Klimasprünge aus der zweiten Hälfte der letzten Eiszeit (50 000–10 000 Jahre vor heute) erkennbar, die in der Fachwelt als Rapid Climate Change (RCC) bezeichnet werden.*

täglichen menschlichen Laufleistung definiert. In der Regel wird eine durchschnittliche Laufleistung von etwa zwei Stunden als einmalige Wegstrecke angenommen. In diesem Schweifgebiet werden Nahrungsressourcen gejagt oder gesammelt. Zudem werden Silexrohmaterial und andere Ressourcen dem Schweifgebiet entnommen und in den Lagerplatz gebracht. Ein Lagerplatzwechsel ist spätestens dann erforderlich, wenn der energetische Aufwand der Nahrungsbeschaffung nicht mehr durch den Ertrag gedeckt werden kann. Andere Gründe können sein, dass durch eine saisonale Verdichtung von Nahrungsressourcen an anderen Orten kurzfristig eine überdurchschnittliche Versorgungslage gegeben ist.

Der Wechsel des Basislagers ist unter logistischen Gesichtspunkten das aufwendigste denkbare Ereignis. Er entspricht, in Anlehnung an den modernen Alltag, einem Wohnungswechsel. Alle Mitglieder einer Gruppe, auch Kinder, Alte und Kranke, müssen auf Wanderschaft gehen. Zudem muss die gesamte Sachkultur mitgenommen werden. Dies bedeutet: Was nicht über eine längere Wegstrecke getragen werden kann, muss am Lagerplatz zurückbleiben. In der Archäologie der Jäger und Sammler wird dieser Lagerplatzwechsel der gesamten Gruppe als »Residentielle Mobilität« bezeichnet.

Um den Aufwand für die Gemeinschaft geringer zu halten, können auch andere Maßnahmen ergriffen werden. Kleingruppen aus wenigen Mitgliedern verlassen das Basislager temporär, um eine spezielle Ressource von einem Außenlager aus zu nutzen. Den Ertrag ihrer Exkursion bringen sie zurück ins Basislager und teilen ihn mit der Gruppe. Diese Form der Mobilität wird als »Logistische Mobilität« bezeichnet. Bei prekärer Versorgungslage kann auch eine temporäre Aufspaltung der Gruppe in zwei kleinere Gruppen erfolgen, die zu einem späteren Zeitpunkt wieder zusammenkommen.

Durch Veränderung von Mobilität und Gruppengröße können Jäger und Sammler ihre Anpassungsleistung optimieren. Häufigere Wechsel des Basislagers, Erhöhung der Distanzen zwischen Basislagern oder Wechsel zwischen Residentieller und Logistischer Mobilität sind dazu geeignete Mittel.

Neben der ökonomischen Mobilität spielt die soziale Mobilität eine wichtige Rolle. Geht es doch darum, einen Ehepartner möglichst in anderen Gruppen zu finden (Wobst 1974). Dazu können Treffen mehrerer Gruppen in Momenten mit besonders günstiger Versorgungslage verabredet werden. Dies geschieht auch vor dem Hintergrund, durch eine gemeinsame Anstrengung eine besonders reichhaltige, temporäre Nahrungsquelle effektiver zu nutzen. Bei Jägern und Sammlern, die große Huftierherden bejagen, ergeben sich solche Momente häufig in Form von Treibjagden während jahreszeitlicher Wanderungen der Beutetiere. Ähnliche Mechanismen greifen auch beim Fangen von Wanderfischarten, die konzentriert zur Laichzeit in die Oberläufe von Flüssen ziehen.

Neben Veränderung in der Mobilität kann auch die Flexibilisierung des Nahrungsspektrums eine Maßnahme der Anpassung sein. Nahrungsquellen, die weniger ertragreich sind, schlechter schmecken, mit Tabus belegt sind oder deren Zubereitung umständlich ist, können in die Ernährung aufgenommen werden, wenn dies zur Sicherung der Lebensgrundlage erforderlich ist. Viele Gemeinschaften kennen solche Notnahrung, deren Erschließung und Zubereitung bei normaler Versorgungslage vermieden wird.

Durch Verbesserung der technischen Ausstattung und von technischen Abläufen kann die Anpassungsleistung ebenfalls erhöht werden. Dies sind dann meist mittel- bis langfristige Veränderungen. Als Beispiele können genannt werden: die Verkürzung der Jagddistanz durch effektivere Jagdwaffen, ein effektiveres Vorgehen bei der Herstellung von Steingeräten, das zu Gewichtsersparnis führen kann oder der Einsatz von organischen Klebstoffen, um Werkzeugeinsätze in Schäftungen schneller wechseln zu können.

Die geringe Populationsdichte von Jägern und Sammlern ist ein weiteres Merkmal dieser Lebensform. Die aneignende Wirtschaftsweise

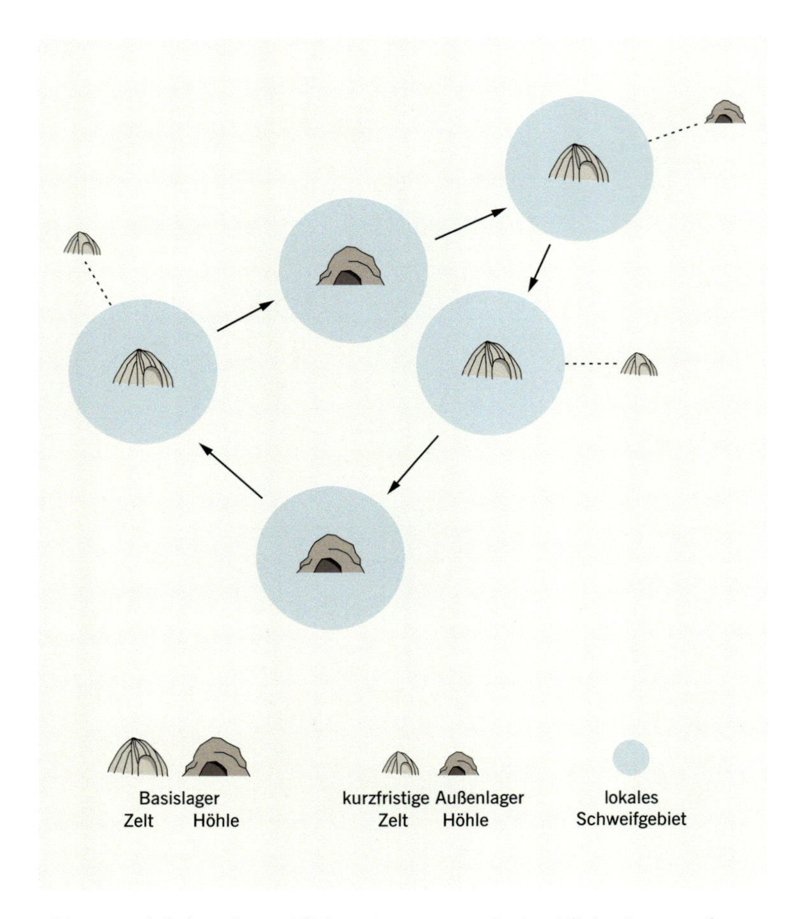

Abb. 3 *Modell des jahreszeitlichen Nutzungsareals eiszeitlicher Jäger und Sammler. Im Basislager (Zeltlager oder Höhle) leben über einen längeren Zeitraum alle Mitglieder einer Gruppe. Sie nutzen das lokale Schweifgebiet um das Basislager herum. Im Zuge der »Residentiellen Mobilität« wird das Basislager verlegt. Bei der »Logistischen Mobilität« nutzen Teile der Gruppe Außenlager, um dort Ressourcen zu beschaffen und in das Basislager zu bringen.*

ermöglicht nur in besonders begünstigten Regionen eine etwas höhere Populationsdichte. Aber auch dann ist deren Größe weit entfernt von uns geläufigen Dimensionen. Für ethnohistorische Gruppen schwankt die Populationsdichte weltweit zwischen 0,034 und 0,019 Personen/km² (Binford 2001). In Deutschland beträgt die durchschnittliche Populationsdichte heute 229 Personen/km². In der Europäischen Union liegt sie bei 116 Personen/km².

Die hohe Mobilität von Jägern und Sammlern schränkt die Zahl ihrer Kinder ein. Nur wenige Kinder können getragen werden, alle anderen müssen in der Lage sein, größere Strecken zu Fuß zurücklegen zu können. Die Abstände zwischen den Geburten sind daher größer als bei Ackerbauern, wodurch dem Wachstum der Population Grenzen gesetzt sind.

Die grundsätzlichen Merkmale und Strukturen, die ethnohistorische Jäger und Sammler auszeichnen, finden wir in Ansätzen auch bei eiszeitlichen Jägern und Sammlern. Wir kennen deren Lebensweise nur sehr fragmentarisch aus ihren archäologischen Hinterlassenschaften. Der Umfang und die Zusammensetzung der Werkzeuge, der Jagdbeute und die erkennbaren Strategien zur Nutzung des Lebensraumes zeigen allerdings ganz ähnliche Strukturen. Wie sind die eiszeitlichen Gemeinschaften in Anbetracht ihres begrenzten Handlungsrepertoires mit den dramatischen Klimasprüngen in der letzten Eiszeit umgegangen?

Das Kaskadenmodell (Abb. 4) skizziert potentielle Reaktionsmuster bei stetig steigendem Umweltdruck (Bradtmöller u. a. 2012). Auf der ersten Krisenstufe kann die Flexibilität der Wirtschaftsform eingesetzt werden: Vergrößerung der lokalen Schweifgebiete um die Lagerplätze herum, Flexibilisierung des jahreszeitlichen Siedlungsareals, Erweiterung des Nahrungsspektrums, temporäre Aufspaltung in kleinere Gruppen, Zunahme von Hungerperioden. Dadurch kann ein Verbleib im Siedlungsareal erreicht werden.

Wird die zweite Krisenstufe erreicht, muss das Siedlungsareal aufgegeben werden. Ein Ausweichen in neue Siedlungsareale mit geringerem Umweltdruck ist die einzige Lösung. Im winterkalten Europa bedeutete dies in der Regel eine Verschiebung des Siedlungsareals in den Süden. Ethnohistorische Beispiele belegen, dass für solche Extremsituationen Vereinbarungen zwischen Gruppen getroffen werden (Veth 2003). Aufgrund der geringen Populationsdichte sind viele Landstriche tatsächlich unbesiedelt, sodass eine solche Option auch sozial verträglich ist.

Auf der dritten Krisenstufe ist das Repertoire der Anpassungsmaßnahmen erschöpft. Das regionale Aussterben von Gruppen in Lebensräumen mit hohem Risiko ist die Folge, wodurch die gesamte Population geschwächt wird.

Bei besonders abrupten oder länger andauernden Klimaverschlechterungen, der vierten Krisenstufe, muss mit dem europaweiten Aussterben der eiszeitlichen Gemeinschaften gerechnet werden. Temporär waren dann weite Teile Europas menschenleer. Eine Wiederbesiedlung erfolgte nach der Klimakrise dann durch die Einwanderung neuer, weit entfernter Gruppen. Ein menschenleeres Europa erscheint uns heute undenkbar. Für das Modell eines wiederholten Bevölkerungsaustausches (RRM = Repeated Replacement Model) gibt es allerdings zahlreiche archäologische und paläogenetische Hinweise (Bradtmöller u. a. 2012; Fu u. a. 2016).

Das endgültige Verschwinden der Neandertaler in Europa kann wahrscheinlich auf einen klimabedingten Zusammenbruch der Populationen zwischen 45 000 und 40 000 Jahren vor heute zurückgeführt werden (Bradtmöller u. a. 2012; Dalén u. a. 2012; Hodgkins u. a. 2016). Die Vermischung von Neandertalern und modernen Menschen fand nach den paläogenetischen Daten nur im Vorderen Orient statt, vor der Ausbreitung der modernen Menschen nach Europa (Green u. a. 2010). In Europa sind sich die beiden Menschenformen wahrscheinlich nicht mehr begegnet. Paläogenetische Daten der ältesten modernen Menschen in Europa geben Hinweise darauf, dass die kleinen Gruppen der Erstbesiedlung ebenfalls ausgestorben sind und keinen Beitrag zum Genpool der modernen Europäer geleistet haben (Fu u. a. 2016). Und auch in späteren Phasen zum Ende der letzten Eiszeit ist ein Austausch der Bevölkerung wahrscheinlich (Fu u. a. 2016). Das letzte glaziale Maximum um 20 000 Jahre vor heute hat weite Teile Mitteleuropas komplett entvölkert. Paläogenetische und archäologische Daten ergänzen sich in diesem Punkt ausgezeichnet.

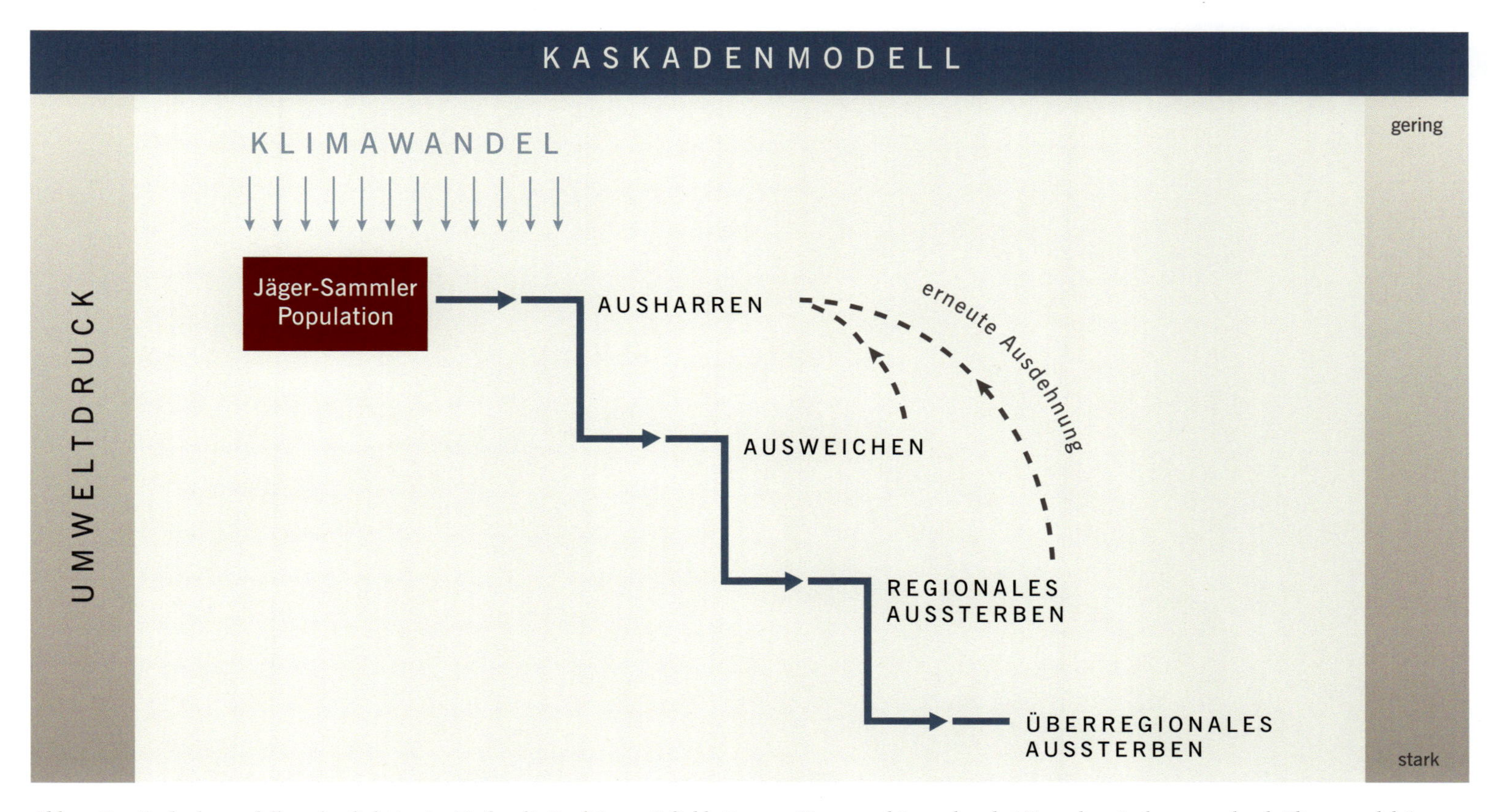

Abb. 4 *Das Kaskadenmodell verdeutlicht in vier Stufen die Reaktionsmöglichkeiten von Jägern und Sammlern bei Umweltveränderungen durch Klimawandel. Je stärker der Umweltdruck wird, desto geringer sind die Möglichkeiten, darauf zu reagieren, sodass im ungünstigsten Fall die menschliche Population großräumig zusammenbricht.*

Als moderne Europäer müssen wir dankbar sein, dass uns Klimasprünge wie im Eiszeitalter bisher erspart geblieben sind. Die neuen Erkenntnisse der Klimaforschung zu abrupten Klimasprüngen hat der Regisseur Roland Emmerich im Jahr 2004 in seinem Katastrophenfilm »The Day After Tomorrow« verarbeitet. Auch wenn die im Film gezeigte enorme Geschwindigkeit des Geschehens jenseits jeglicher wissenschaftlicher Erkenntnis liegt, wird der Ablauf abrupter Klimasprünge in seinem Kern erfasst. Mit Blick auf unsere eiszeitlichen Vorfahren wächst der Respekt vor diesen unerschrockenen Menschen, die ein grenzenloses Europa durchstreiften und Klimaereignisse von geradezu biblischen Ausmaßen erleben mussten. Trotz ihrer begrenzten technischen Möglichkeiten gelang es Jägern und Sammlern durch allmählichen Wissenszuwachs und Innovationen bis zum Ende der letzten Eiszeit alle Lebensräume, von der Wüste bis in die Arktis, zu besiedeln und in einigen bilden sie bis heute den Außenposten der Menschheit.

C.1

Martin Oliva

DIE KUNST DES GRAVETTIEN/PAVLOVIEN IN MÄHREN

Das älteste Kunstobjekt aus dem östlichen Mitteleuropa ist die Silhouette einer tanzenden Frau aus Stratzing/Krems-Rehberg in Niederösterreich, die sog. Venus vom Galgenberg. Sie gehört zur Kunst des Aurignacien (ca. 40 000–28 000 Jahre vor heute; siehe Chronologietabelle Seite 17), die sich durch die Einzigartigkeit und Isoliertheit ihrer Zentren, sowohl von der geografischen Seite her als auch durch die Präsenz verschiedener Kunstgattungen, auszeichnet. Eine der wichtigsten Fundregionen liegt in Baden-Württemberg auf der Schwäbischen Alb, mit den Fundstellen Vogelherdhöhle, Hohlenstein-Stadel, Hohle Fels und Geißenklösterle im Lone- und Achtal, wo sich figurative Elfenbeinschitzereien aus dem Aurignacien fanden. Dieses Fundgebiet ist einzigartig und kennt keine Analogien nicht einmal zu sehr fundreichen, stratifizierten Fundstellen in Österreich. Noch reicher dagegen sind die Aurignacien-Fundplätze in Mähren (Tschechische Republik), aber dort handelt es sich entweder um Oberflächenfundstellen, oder das dortige organische Material ist sehr schlecht erhalten. Hier wurde bis jetzt keine Kunst aus der Kultur des Aurignacien entdeckt.

Die ältesten Kunstgegenstände in Mähren stammen aus dem Gravettien (ca. 30 000–22 000 Jahre vor heute). Die Fundplätze in dieser Region (Abb. 1), wie z. B. Dolní Věstonice, Pavlov, Předmostí, Petřkovice und Brno (Brünn) stellen eines der wichtigsten Zentren dar, die – anders als im vorherigen Aurignacien – schon zahlreicher sind und mehr Gemeinsamkeiten aufweisen. Die Ursachen dieses Unterschieds sind wahrscheinlich in den sozialen Verhältnissen zu suchen, sie wurden jedoch noch nicht ausfindig gemacht. Sicherlich beschleunigte die Mammutjagd, die für das Pavlovien, einer regionalen Ausprägung des Gravettien (vor ca. 30 000–25 000 Jahren), typisch ist, die Entwicklung von Gesellschaftsstrukturen, weil sie prestigeträchtig war und die Zusammenarbeit (d. h. auch periodische Begegnungen) der Jäger aus weiterer Umgebung erforderte. Doch dieser Aspekt kann nicht erklären, warum unter den Jagdtieren in der Gravettien-Kultur in Westeuropa, anstatt von Mammuten, nach wie vor Rentiere und Pferde überwiegen.

Ohne Zweifel wird sich auch im Pavlovien der Großteil der Kunstwerke nicht erhalten haben, da sie aus vergänglichen Materialien gefertigt waren, wie Leder- und vielleicht auch Textilbekleidung, gestickte oder gemalte Ornamente und Holz. Wir können auch nicht beurteilen, welche bildenden Aspekte in der Verzierung des Schmucks wie bei durchbohrten Zähnen oder Schalen tertiärer Schnecken zum Ausdruck kamen, die leider nie vollständig erhalten geblieben sind. Die einzige Ausnahme bildet das Paar gekreuzter Fuchseckzähne auf dem kalzinierten Schädel eines Kindes aus Dolní Věstonice I (Homo 4; Abb. 2).

Zu den Schmuckgegenständen gehören auch einige Artefakte aus Mammutelfenbein, auf denen eine gewisse ästhetische Gestaltung zu beobachten ist, z. B. Verzierungen auf Zylindern und Plättchen aus Dolní Věstonice I (Abb. 3c–d, f–g), auf doppelten Perlen aus Předmostí und Pavlov oder auf fein geschnitzten Ringen (Fingerringe?) aus Pavlov I. Auf anderen Gegenständen mit Dekorativfunktion sind Zierelemente fortgeschrittener, sodass sie als künstlerischer Ausdruck

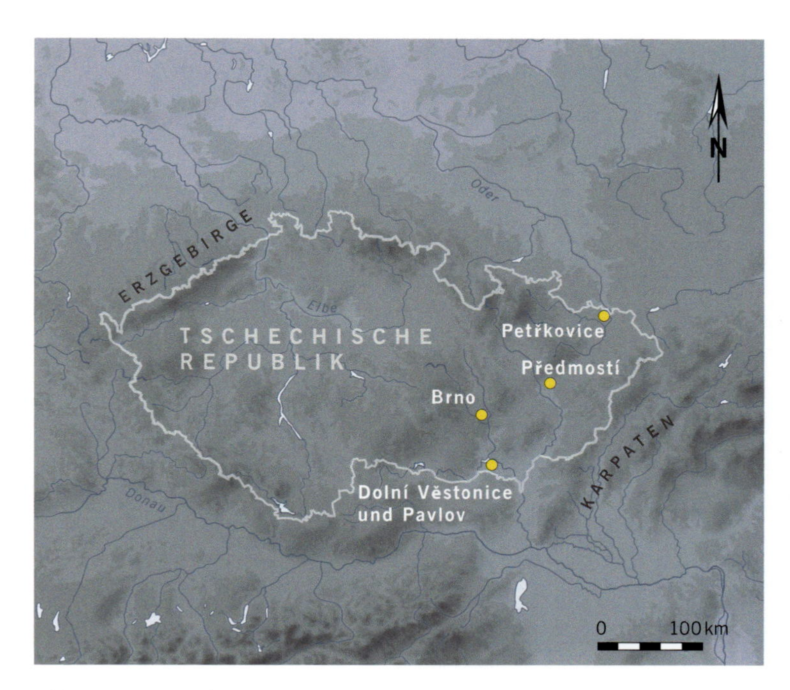

Abb. 1 Karte mit den wichtigsten Fundstellen des Gravettien/Pavlovien in Mähren (Tschechische Republik).

◄ Die Venus von Dolní Věstonice, Jihomoravský kraj (Tschechische Republik), wird in diesem Kästchen im Anthropos Institut des Mährischen Landesmuseums in Brno, Jihomoravský kraj (Tschechische Republik) aufbewahrt.

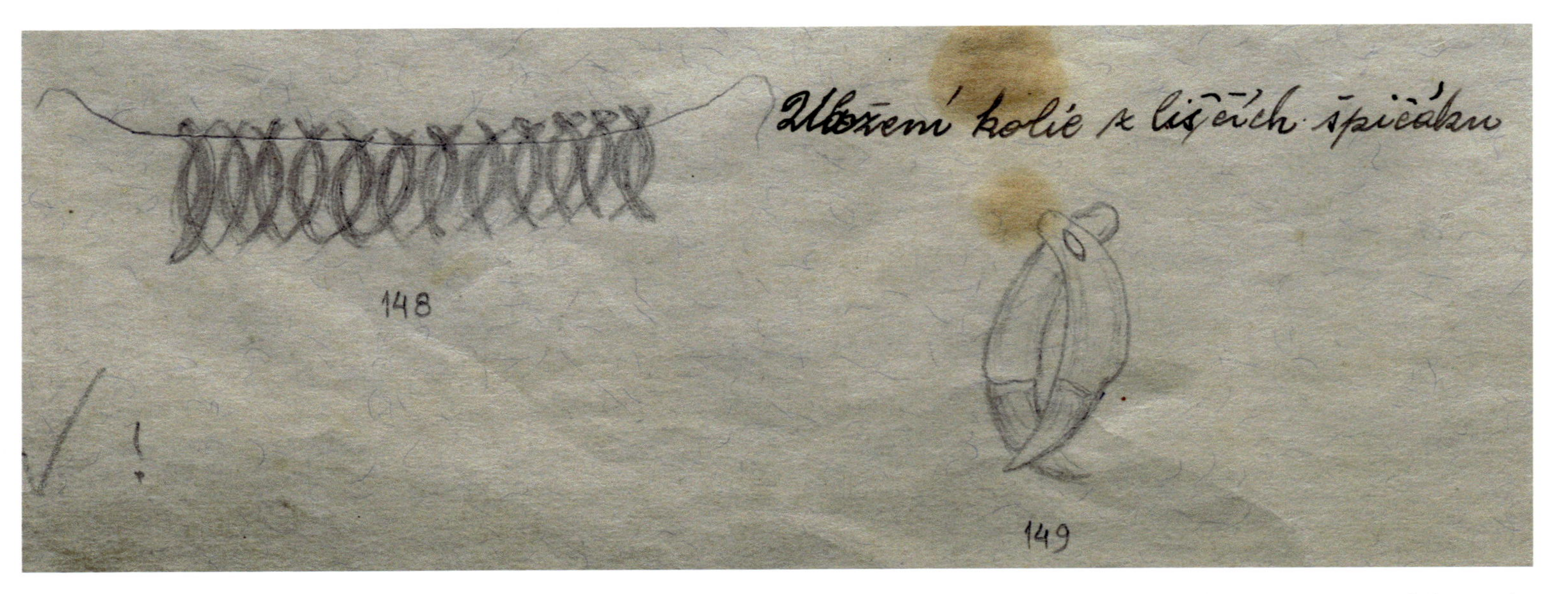

Abb. 2 *In seinem Tagebucheintrag von 1927 hielt Emmanuel Dania die gekreuzten Fuchseckzähne auf dem kalzinierten Schädel eines gravettienzeitlichen Kindes aus Dolní Věstonice 4, Jihomoravský kraj (Tschechische Republik), skizzenhaft fest.*

gewertet werden können. Es handelt sich besonders um flache Spangen und sog. Stirnbänder aus Pavlov (Abb. 4), Anhänger aus Předmostí (Abb. 3e) und gynekomorphe (frauengestaltige) Anhänger aus Dolní Věstonice I (Abb 5; vgl. Abb. 21). Zu Schmuckstücken kann jedoch nicht die Verzierung von kleinen Scheiben und Spielsteinen aus verschiedenen Rohstoffen gezählt werden (Abb. 6), die aus dem sog.

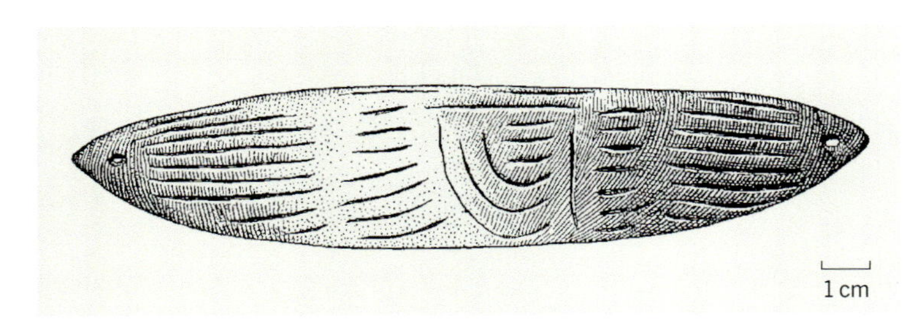

Abb. 4 *Verziertes »Stirnband« aus Pavlov I, Jihomoravský kraj (Tschechische Republik), Mammutelfenbein, Gravettien.*

Schamanengrab Brno 2 stammen (Oliva 2000). Obwohl sie sehr fein gearbeitet sind, ist ihre Verzierung in Form von kleinen Randrillen sehr unauffällig und bis auf eine einzige Ausnahme fehlt eine Öffnung oder Öse zum Anhängen. Die Bedeutung dieser einzigartigen Artefakte lag also eher in einer Einweihfunktion, sie dienten nicht zur Präsentation und Verschönerung, was jedoch ihren künstlerischen Wert keinesfalls senkt. Bemerkenswert ist unter dem technischen Gesichtspunkt, dass kleine Scheiben aus Mammutbackenzahn, d.h. aus sehr hartem Material, auf polierten Schichten von Dentin und Zahnschmelz ein symmetrisches Bild zeigen, das an ein weibliches Geschlecht (Vulva) erinnert (Abb. 6 Mitte rechts und ganz rechts). Ähnliche Symbole kennen wir aus Kostenki I (Russland), dort sind sie aus Kalkstein hergestellt (Abramova 1962, Tab. XIII; Chlopačev 2014, 125–126).

Artefakte, die bei allen möglichen ursprünglichen Funktionen dem heutigen Menschen das künstlerische Fühlen ihres Schöpfers verraten, stammen aus nur vier der größten pavlovienzeitlichen Siedlungen in Předmostí, Dolní Věstonice I, Pavlov I und Petřkovice I. An kleineren Fundstellen mit erhaltenen Knochen kommen dagegen Kunstgegenstände nicht vor.

Die pavlovienzeitliche Kunst stimmt in Grundzügen mit künstlerischen Ausdrücken des sog. »Ostgravettien« überein, doch weisen einzelne Siedlungen gewisse Besonderheiten auf. In Pavlov sind es flache Figuralsilhouetten und verzierte Stirnbänder (vgl. Abb. 4), in Dolní Věstonice eigenartige Frauenstatuetten (Abb. 7) und stilisierte Plastiken weiblicher Körperteile (vgl. Abb. 5). Es ist interessant, dass für die beiden Großsiedlungen, die kaum 500 m voneinander entfernt liegen, zum Teil verschiedene Kunststücke typisch sind, die allerdings jeweils in allen, verschiedentlich datierten Teilen der Fundstellen

Abb. 3 *Verschiedene verzierte Objekte aus Mammutelfenbein. Dolní Věstonice I, Jihomoravský kraj (Tschechische Republik), Gravettien. a–b Gravierungen; c–d verzierte Plättchen; f–g verzierte Zylinder. Předmostí I, Olomoucký kraj (Tschechische Republik), Gravettien. e Gravierungen auf einem Anhänger.* ➤

a
b
c
d
e
f
g
1 cm

Abb. 5 *Zwei verzierte »Brustanhänger« aus Dolní Věstonice I, Jihomoravský kraj (Tschechische Republik), Mammutelfenbein, Gravettien; Vorder- und Rückseite.*

vorkommen. Ein gemeinsames Merkmal stellen jedoch zahlreiche Figürchen aus gebranntem Ton dar, die von woanders in einer solchen Zahl nicht bekannt sind. Alle erwähnten Fundstätten haben dann nur abstrakte geometrische Motive gemeinsam. Aus dem ganzen Repertoire der gravettienzeitlichen Kunst wurde also lediglich ein gewisser Ausschnitt verwendet. Die nächste Analogie grober Frauenstatuetten aus Mammutmetapodien und der Mammut-Schnitzerei aus Předmostí ist in Avdeevo (Zentralrussland) zu finden, wo auch geometrisch verzierte Stirnbänder vorkommen, die an ähnliche Funde aus Pavlov erinnern (Gvozdover 1995, 75–76 Abb. 39). Auch der sog. »Rechenstab« aus einem Wolfsradius von Dolní Věstonice (Abb. 8) hat sein Pendant in Avdeevo (Gvozdover 1995, 75–76). Die verzierten Stirnbänder kommen auch in Kostenki I, Schicht 1 vor (Chlopačev 2014, 184–187). Regionale Unterschiede sowie überregionale Analogien der Gravettien-Kunst sind interessant und als ein Ausdruck stilistischer Mittel der sozialen Adaptation zu interpretieren.

In den drei wichtigsten Siedlungsagglomerationen des Pavlovien, in Předmostí, Dolní Věstonice und Pavlov, kommt häufig das geometrische Dekor zum Vorschein, das auf Knochen und vor allem auf Mammutelfenbein, aber sehr selten auf gebranntem Ton oder Stein angebracht ist. Auf erhaltenem organischem Material beobachtet man meistens kurze parallele, senkrechte oder schräge Rillen, mehrfache

Abb. 6 *Verzierte kleine Scheiben aus Stein (ganz links und Mitte links) und Mammutmolaren (Mitte rechts und ganz rechts) aus dem »Schamanengrab« von Brno 2, Jihomoravský kraj (Tschechische Republik), Gravettien.*

Abb. 7 *Die gravettienzeitliche »Gabelvenus« (Venus XIII) aus Dolní Věstonice I, Jihomoravský kraj (Tschechische Republik), wurde aus Mammutelfenbein gefertigt und weist eine Durchlochung zur Verwendung als Anhänger auf.*

Abb. 8 *Wolfsradius mit Ritzlinien, sog. »Rechenstab« aus Dolní Věstonice I, Jihomoravský kraj (Tschechische Republik), Gravettien.*

Sparren, dann Bögen, Wellenlinien, Ovale u.ä. (Abb. 9). Die Existenz von Motiven, die nur für eine gewisse Lokalität charakteristisch wären (Svoboda 2011, 59), ist nicht zu beweisen, da fast jedes Motiv einzigartig ist. Diese Motive laufen lose durcheinander, ergänzen sich gegenseitig und akkummulieren sich in Feldern, so dass keines leer bleibt, ganz nach dem Prinzip des *»horror vacui«* (lat. »Scheu vor der Leere«). Während ganze Schmuckgegenstände, wie z.B. Anhänger oder Stirnbänder in ihrer Gesamtform streng symmetrisch sind, ist das Dekor immer deutlich asymmetrisch (vgl. Abb. 4). Einige Kompositionen sind so kompliziert, dass man in Versuchung kommt, darin eine Darstellung oder sogar Informationen zu suchen. Dies ist der Fall bei der extrem komplexen Gravierung auf dem Mammutstoßzahn aus Pavlov (die an die gegenwärtige Grafitti-Kunst erinnert), die B. Klíma (1987, 40; 68) als die Karte der Landschaft unter den Pollauer Bergen mit Hügeln und

Abb. 9 Předmostí I, Olomoucký kraj (Tschechische Republik), Gravierungen auf einer Mammutrippe, Gravettien (oben); Gravierungen auf einer (Mammut?-)Rippe, Gravettien (unten). Die untere Rippe weist am breiten Ende rechts intensive Glättspuren auf, während am schmaleren Teil Abnutzungen, durch das häufige Halten in der Hand, zu erkennen sind.

Abb. 10 Gravettienzeitliche Gravierungen auf einem Mammutstoßzahn aus Pavlov, Jihomoravský kraj (Tschechische Republik), werden von B. Klíma (1987, 40; 68) als Darstellung einer Landschaft interpretiert.

dem Fluss in der sumpfigen Aue interpretiert hat (Abb. 10). Die Lage der Siedlung soll ein Doppelring bezeichnen. Es wurden auch andere konkrete Deutungen vorgenommen, die aber erheblich jünger sind: eine komplizierte Ritzung aus Kiew (Ukraine), in welcher L. Jakovleva (2013, 243; 270) verschiedene Tiere sieht, und eine Ritzung aus Mezhirich (Mizirič, Ukraine), vielleicht mit vier Hütten. Keine Interpretation ist allerdings ohne Bedenken. Beobachtet man nur das betreffende Artefakt aus Pavlov, dann scheint die angeführte Interpretation akzeptabel zu sein. Die komplexe Beurteilung der Semantik der gravettienzeitlichen Gravierungen senkt jedoch ihre Wahrscheinlichkeit. Bis auf ein bis zwei Ausnahmen spiegeln sie nie ein konkretes Thema wider: es liegen keine gravierten Tier- oder Menschendarstellungen und keine Geschlechts- oder Jagdsymboliken vor. Die erwähnte Ausnahme bildet die einzigartige Gravierung einer Frauenfigur aus Předmostí, die aus selbstständigen Ovalen, Punkten und Linien zusammengestellt ist (Abb. 11). Die Vorstellungskraft des paläolithischen Künstlers überragte hier geläufige Konventionen und schuf eine geniale Synthese abstrakter und konkreter Motive. Es ist nicht auszuschließen, dass sein Autor unter dem Einfluss halluzinogener Drogen stand (Pokorný 1982). Die rechte Brust wurde nachträglich mit Schlägen übersät. Ein ähnliches Vorgehen kennt man aus Kostenki I, wo eine der Venus-Figurinen noch nicht einmal fertiggestellt worden ist, und trotzdem schon am Bauch Schlagspuren besitzt. Eine vollendete steinerne Figur wurde zerschlagen und dann in einer kleinen Grube deponiert (Djuljui 2014).

Eine Besonderheit von Dolní Věstonice und Pavlov I stellen die berühmten Plastiken aus gebranntem Ton dar. Die Frauenstatuetten aus Dolní Věstonice weisen einen einzigartigen lokalen Stil auf; erstaunlicherweise ist nie das Geschlecht dargestellt, Oberschenkel sind vom Gesäß und Bauch durch eine tiefe Rille getrennt und von

Abb. 11 Geometrisierte Frauengravierung auf einem Mammutstoßzahn aus Předmostí I, Olomoucký kraj (Tschechische Republik), Gravettien, mit einer Nachzeichnung der Gravierung; Länge 280 mm. ➤

der Wirbelsäule, die durch eine vertikale Vertiefung angedeutet ist, laufen dicke Fettfalten schräg nach unten (Abb. 12–13). Untere Gliedmaßen sind voneinander durch eine senkrechte Rille getrennt, weitere Details fehlen und ihr Abschluss an dem verjüngten unteren Ende erhielt sich nicht. Ähnlich sind auch die Arme gestaltet. Den unteren Rückenteil der Venus von Věstonice berührte wohl die Hand eines etwa zehnjährigen Heranwachsenden (Králík u. a. 2002). Die Venus wurde in der Zentralfeuerstelle der oberen Siedlung zwischen Ascheschicht und rotgebranntem Lehm gefunden. Es ist interessant, dass in dieser Feuerstelle mehrere Hundert gebrannte Steinartefakte gefunden wurden, und zwar kein Abfall, sondern gute Kerne, Klingen und Geräte (Absolon 1938, 93). Das erinnert an berühmte Zeremonien der amerikanischen Nordwest-Indianer, für die die Vernichtung von Besitztümern typisch war. Zu den Besonderheiten anthropomorpher Schöpfung aus Dolní Věstonice gehört der tätowierte Torso mit Nabel (Abb. 14) und ein anderer, der wahrscheinlich eine Männerstatuette darstellt (Oliva 2015, 88 Abb. 34). Für die anthropomorphen Köpfchen aus Pavlov ist wieder die bikonische Form und eine Art Stirnband typisch (Klíma 1989; Svoboda 2011, 33–36 Abb. VII), das manchmal schräg schraffiert ist und wohl in den Zusammenhang mit dem Vorkommen verzierter Stirnbänder gestellt werden könnte. Eine andere Bedeutung als die anthropomorphen Artefakte hatten ohne Zweifel die Tierfigürchen (Abb. 15–16), was jedoch nicht bedeutet, dass es sich nur um Jagdmagie handelte. Die Hauptrolle spielten hier wohl verschiedene totemische und schamanistische Motive. Wenn es auch nicht der Fall gewesen wäre, konnte der urzeitliche Jäger eher das abbilden, was er an Tieren bewunderte – die aggressive Kraft der Raubtiere, die Mächtigkeit der Mammute, die natürliche Schönheit der Hirsche, Rentiere und eventuell Vögel. Er mied gewöhnliche, banale Themen, so z. B. die Darstellung von Hasen, der häufigsten Beute, die nie vorkommt. Erstaunlicherweise fehlen im Pavlovien auch Pferde- und Bovidenmotive praktisch völlig, die später in der Magdalénien-Kunst sehr beliebt waren. Besonders gelungen sind Raubtierköpfchen mit strichartigen Augen (vgl. Abb. 16d–e), deren Körper nie gefunden wurden; vielleicht wurden sie nicht gebrannt und zerfielen bald – davon würde ein stumpfer Dorn im Hinterhaupt zeugen (Abb. 16e). Die Rümpfe können auch beim Brennen leichter, thermisch bedingt, zerfallen sein, denn sie sind massiver als die Köpfchen und Füßchen. Als Beweis der Jagdmagie wurde der tiefe Einstich im Köpfchen eines katzenartigen Raubtiers interpretiert, das jedoch sicherlich nicht zu den beliebten Jagdtieren gehörte (vgl. Abb. 16b). Es ist nicht leicht, Rentiere abzubilden, da es nicht möglich ist Geweih zu modellieren; deshalb werden Köpfchen mit angedeutetem Geweihansatz für Pferdedarstellungen gehalten (vgl. Abb. 16f). Dazu kommen einige Grassfresser oder sogar Eulen. In Pavlov scheint das Nashorn ziemlich beliebt zu sein, und sowohl in Dolní Věstonice als auch in Pavlov das Mammut (vgl. Abb. 16c; i). Ähnliche verkürzte Gestalten von Mammuten aus Kalkstein sind auch aus Kostenki bekannt (Abramova 1962, Tab. XIV–XV; Chlopačev 2014, 213–215).

Jan Jelínek (1988, 209) meinte, dass die Tierstatuetten absichtlich vernichtet wurden, und zwar sowohl nach dem Brand als auch davor, da einige davon Spuren eines Schlags im weichen, ungebrannten Zustand aufweisen. Nach P. Vandiver (u. a. 1989) hat man absichtlich einen »explosiven« Stoff in die Tonmasse eingemischt, um den Effekt der spontanen Zersplitterung während des Brennens zu erzielen. Ob Zerstörungssrituale stattgefunden haben oder auch nicht, so kamen dennoch die meisten Tierplastiken und vor allem einfache modellierte Tonstücke in der Nähe der Feuerstellen vor. In der Umgebung des Ofens, mit teilweise erhaltenem Gewölbe, in der Hütte Nr. 2 in Dolní Věstonice befanden sich mehr als 2000 Tonfragmente (Klíma 1963). Als besondere Thematik ist die Analyse der Fingerabdrücke der pavlovienzeitlichen Tonobjekte erwähnenswert, diese zeigte, dass die meisten Abdrücke zu Kindern gehören (Králík/Novotný 2005). Daraus könnte man vielleicht schließen, dass es sich nicht um allzu sehr religiöse oder kultische Gegenstände gehandelt hat.

Die letzte wichtige Gruppe der Pavlovien-Kunst, obwohl wegen der anspruchsvollen Herstellung weniger zahlreich, bilden figurative Schnitzereien. Unter dem technologischen Gesichtspunkt können sie in flache Statuetten oder gar Silhouetten, die aus der Lamelle eines Stoßzahns gefertigt wurden, und dreidimensionale Skulpturen gegliedert werden. In die erste Gruppe gehören alle Tiermotive, so auch die Plastik des Mammuts aus Předmostí, die entgegen der wirklichen Anatomie eines Mammuts flach gestaltet wurde (vgl. Abb. 15). Das ist auch in Osteuropa der Fall, was sich anhand eines schönen Bisons aus Zaraysk in Russland zeigt. Durch dieselbe Technik sind in Pavlov auch figurative Anhänger mit großer Öffnung gefertigt, die manchmal an einen Eulenkopf erinnern (Abb. 17).

Die Gruppe der Menschenstatuetten ist mit flachen, aber auch dreidimensionalen Skulpturen vertreten: zu flachen Kunstwerken gehören anthropomorphe Silhouetten aus Pavlov und einige berühmte Funde aus Dolní Věstonice – wie eine sog. Maske und eine flache kopflose Venus aus Elfenbein (Abb. 18–19).

Die dreidimensionalen Plastiken sind entweder sehr detailliert, wie das berühmte Köpfchen (Abb. 20a–b), oder im Gegenteil sehr hochstilisierte Schnitzereien aus Dolní Věstonice. Es handelt sich um die sog. Gabel mit dargestellter pubischer Rille (vgl. Abb. 7), um ein geometrisch verziertes Stäbchen mit Büstenhalter an der Rückseite (Abb. 21) und um Perlen mit Brüsten (vgl. Abb. 5). Die Gabel und Perlen sind zum Anhängen angepasst, was auch beim Stäbchen mit Brüsten nicht ausgeschlossen ist, denn sein Oberteil ist mit Gips ergänzt. Die einzige steinerne Venus stammt aus Petřkovice.

Trotz der Fülle unserer Frauenfigurinen vermissen wir einige Typen, die in Osteuropa vorkommen, z. B. langgestreckte, schreitende oder kniende Frauen (Chlopačev 2014, 86–89; 120). Es ist jedoch zu beden-

Abb. 12 *Die berühmte gravettienzeitliche Venus I, aus gebranntem Ton, Dolní Věstonice I, Jihomoravský kraj (Tschechische Republik), Vorder- und Rückseite. Typisch für die Venusstatuetten aus Dolní Věstonice sind das Fehlen der Geschlechtsorgane und eine tiefe Rille zwischen Oberschenkel und Gesäß bzw. Bauch. Die Wirbelsäule ist durch eine senkrechte Vertiefung dargestellt, von der wiederum schräg nach unten verlaufende Fettfalten ausgehen; Höhe 111 mm, Breite 44 mm.* ➤

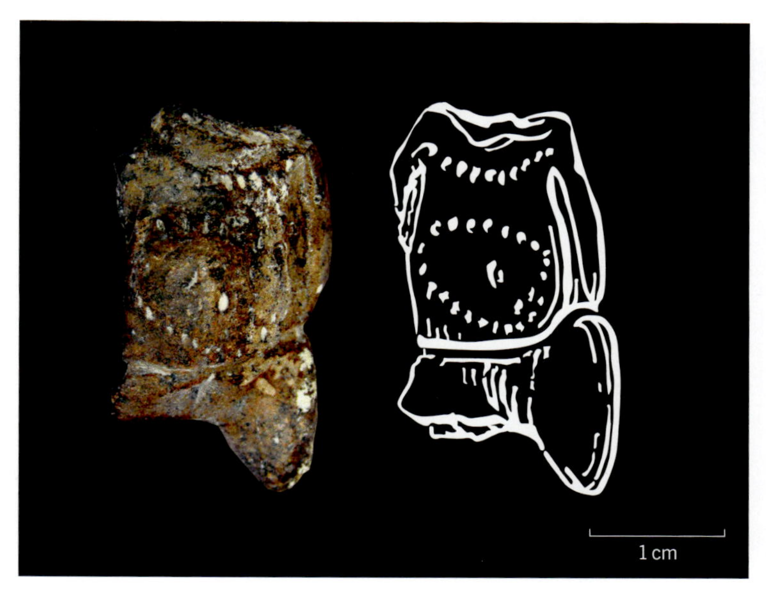

Abb. 14 *Tätowierter Torso einer Statuette aus Dolní Věstonice I, Jihomoravský kraj (Tschechische Republik), gebrannter Ton, Gravettien (links); Zeichnung des Torso (rechts).*

Abb. 15 *Flache Tierplastik in Form eines Mammuts aus Předmostí I, Olomoucký kraj (Tschechische Republik), Mammutelfenbein, Gravettien.*

ken, dass diese Statuetten, ebenso wie die sog. »Spätelchen« (löffelförmige Objekte) von Avdeevo meistens der Kostenki-Willendorf-Kultur (Jüngeres Gravettien) angehören, die schon in eine Zeit nach dem Pavlovien datieren. Andere Gegenstände aus dieser Fundstelle stehen dagegen unseren Kunststücken sehr nah.

Ein Sonderfall ist die erwähnte männliche Plastik aus Brno (Abb. 22). Die Brno-Statuette – wahrscheinlich die älteste bewegliche Puppe der Welt – wurde in einem Grab mit anderen einzigartigen Artefakten gefunden, weshalb wir über ihre spirituelle Bedeutung diskutieren können. Keines der gefundenen Artefakte war von praktischem Zweck. Im Gegenteil, alles deutet auf die Ausstattung eines alten sibirischen Schamanen hin: zwei große Ringe aus Weichstein, Trommelschlägel aus Rengeweih, verzierte Plättchen und Knochen der damaligen Großfauna. Aus der Untersuchung der Menschenknochen wird ersichtlich, dass der beigesetzte etwa 50-jährige Mann an einer chronischen Knochenentzündung (Osteitis) gelitten hatte. Auf seiner Schädelkalotte sind zudem Rillen und Kratzspuren sichtbar. Es ist also möglich, dass es sich nicht im engeren Sinne um ein Grab handelte, sondern um eine reliquienartige Niederlegung (Deponierung) von geheiligten Gegenständen. Das Grab oder die Deponierung ist auf etwa 24000 Jahre (unkalibriert) datiert und gehört damit ins Junggravettien (Pettitt/Trinkaus 2000).

Die paläolithische, anthropomorphe Kunst wird für gewöhnlich als Symbol der Fruchtbarkeit, der Erotik, des ästhetischen Ideals und des Wohlstandes angesehen. In der Urgeschichte könnten tatsächlich alle diese Aspekte in beträchtlichem Maße zusammengekommen sein: der erfolgreiche Jäger präsentierte sich mit einer gut genährten Frau, die einem bestimmten Schönheitsideal entsprach. Die dicke Frau ist ein Symbol der Üppigkeit, das reiche Fett sichert das Überleben in Notzeiten und ist für Schwangerschaft und Mutterschaft wichtig (Frisch 1988; Trinkaus 2005, 269). Dass es solche Frauen auch im Gravettien gab, beweisen anschaulich ihre Merkmale auf Plastiken. Sie gehörten ohne Zweifel zu jenen Menschen, die das ganze Jahr durch an den zentralen Siedlungsplätzen blieben. Schon dadurch stellten sie wohl ein ziemlich seltenes Phänomen dar, denen die anderen Gravettien-

◀ *Abb. 13* *Venus VIa und b aus Dolní Věstonice I, Jihomoravský kraj (Tschechische Republik), gebrannter Ton, Gravettien. Es ist unklar, ob Torso und Beine zusammengehören. Torso: Höhe 30 mm, Breite 27 mm; Beine: Höhe 26 mm.*

Abb. 16a–b *Verschiedene Tierfigurinen aus gebranntem Ton, Dolní Věstonice, Jihomoravský kraj (Tschechische Republik), Gravettien: a (links) Bär, Breite 74 mm; b (rechts) Löwenkopf, Breite 43 mm.* ▶▶

Abb. 16c–i *Verschiedene Tierfigurinen aus gebranntem Ton, Dolní Věstonice, Jihomoravský kraj (Tschechische Republik), Gravettien: c Mammut, Breite 30 mm; d Löwenkopf, Breite 46 mm; e Raubtierkopf, Breite 38 mm; f Rentier- oder Elchkopf, Breite 78 mm; g Tier mit Hörnern (?), Breite 47 mm; h Rentier- oder Elchkopf, Breite 39 mm; i Nashornkopf, Breite 39 mm.* ▶▶▶

a

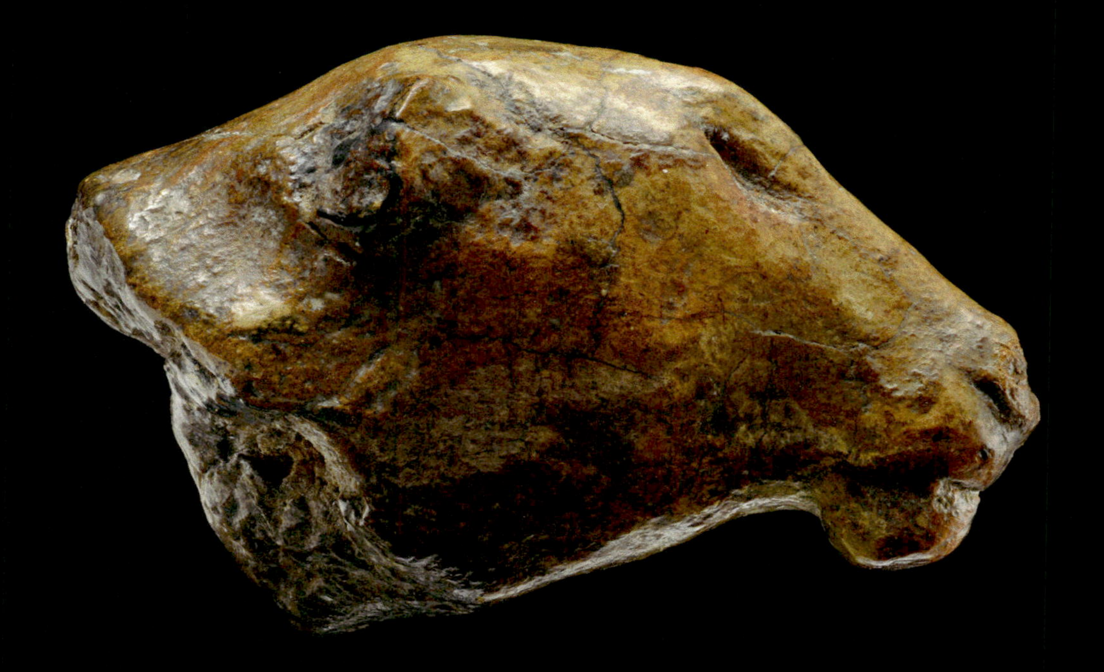

b

c
d
e
f

g

h

i

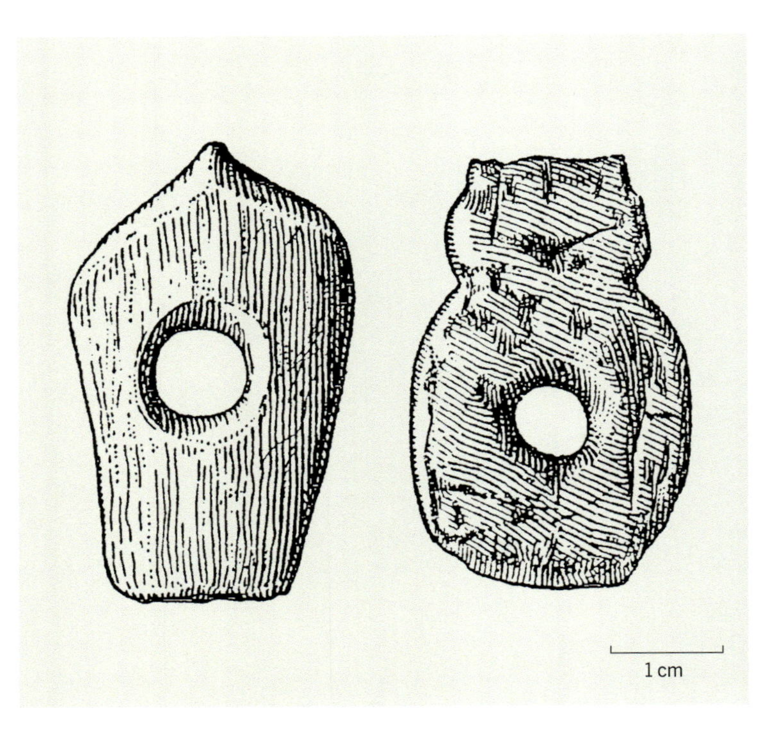

Abb. 17 *Figurative Anhänger in Form von Eulen aus Pavlov, Jihomoravský kraj (Tschechische Republik), zeugen von der gravettienzeitlichen Schnitzkunst.*

Abb. 18 *Die sog. »flache Venus« (Venus V) von Dolní Věstonice I, Jihomoravský kraj (Tschechische Republik), Mammutelfenbein, Gravettien, Vorder- und Rückseite.*

Menschen nur selten begegneten und deren Stellung in der Gesellschaft um so höher (wohl in Form von Ritualen) gewesen sein muss. Nur wenige Venusfigurinen weisen Schwangerschaftsmerkmale auf, meistens handelt es sich um die bloße Dickleibigkeit oder Steatopygie – die Fettleibigkeit am Bauch und am Hinterteil.

Auch eine übertriebene Fruchtbarkeit war bei der nomadischen Lebensweise der Jäger nicht wünschenswert. Bei den meisten Plastiken aus Dolní Věstonice sind primäre Geschlechtsmerkmale, im Unterschied zu den sekundären, nicht betont (und oft nicht einmal angedeutet). Die Beliebtheit dieser Figürchen weist eher auf eine zuverlässige Mutter-Ernährerin und Betreuerin hin, als auf ein ästhetisches, erotisches oder Fruchtbarkeits-Ideal (Oliva 2015, 39–41; 57–59). Auch die sorgfältige Darstellung der Haartracht (z. B. auf der Venus von Willendorf) und der Verzierungen entspricht eher der einer Mutterfigur. Einige Statuetten können als Amulette gedient haben, andere wurden dagegen in kleinen Gruben und Feuerstellen versteckt. Sie kommen nie in Gräbern vor.

Zusammenfassend kann man sagen, dass in der Pavlovien-Kunst manches davon fehlt, was die damaligen Rohstoffe und technischen Bedingungen herzustellen erlaubten: deutliche Tiergravierungen, Geweihschnitzereien, gravierte Motive auf nichtkeramischen zoomorphen Plastiken fehlen, obwohl die geglätteten Flächen der Tiersilhouetten aus Pavlov zu einer Gravierung direkt herausforderten. Es ist interessant, dass diese komplizierten geometrischen Muster nie auf herkömmlichen Waffen (zylindrischen Spitzen) und Werkzeugen vorkommen (z. B. im Unterschied zu magdalénienzeitlichen Waffen). Bei den Geweihhacken aus Pavlov kommt das ausgeprägteste Dekor aus Reihen schräger Rillen bei den kleinsten, d. h. am wenigsten funktionellen Exemplaren vor (Klíma 1987a, Abb. 30–35). Einige besondere verzierte Artefakte weisen jedoch Spuren des Glättens auf, das einen Teil des Dekors verwischt: auf der vertieften Partie eines langen Löffels aus Dolní Věstonice I ist ein Teil der Zierrillen an den Rändern des breiteren Teils und auf dem rechten Rand des engeren Teils verwischt (Oliva 2015, 118). Die dicht verzierte Rippe aus Předmostí ist auf dem

Abb. 19 *Die sog. Maske von Dolní Věstonice I, Jihomoravský kraj (Tschechische Republik), Mammutelfenbein, Gravettien; Höhe 44 mm, Breite 25 mm, Dicke 9 mm.* ➤

Abb. 20 *Das berühmte Köpfchen von Dolní Věstonice I, Jihomoravský kraj (Tschechische Republik), in zwei Ansichten, Mammutelfenbein, Gravettien; Höhe 47 mm, Breite 23 mm, Dicke 21 mm.* ➤➤

breiteren Ende durch intensives Glätten abgerundet, und ein Teil des Dekors auf den Seiten des engeren Endes (dessen Fortsetzung fehlt) ist durch das häufige Halten in der Hand geglättet (vgl. Abb. 9 unten; Oliva 2015, 82). Es ist nicht ausgeschlossen, dass auch diese verzierten und danach abgenutzten Artefakte irgendwelchen Ritualen gedient haben.

Kunstvoll zusammengesetzte, geometrische Motive, aber nur solche ohne einen anatomischen Bezug, sind durch zwei Plastiken von Frauenbrüsten aus Dolní Věstonice (vgl. Abb. 5) ergänzt. Die beiden Gegenstände werden auch für männliche Geschlechtssymbole (Kehoe 1991) oder synthetische Darstellungen weiblicher und männlicher Merkmale gehalten (Svoboda 1995, 265; Svoboda 2011, 236). Obwohl solche bisexuellen Darstellungen in der paläolithischen Kunst nicht fremd sind (z.B. Feustel 1971; Mussi 1995, 173; 179), bin ich der Meinung, dass in diesem Fall das männliche Merkmal nicht ausgeprägt genug ist und anatomische Details vermissen lässt (vgl. Kehoe/McDermott 1996). Auf der verzierten Perle ist zudem zwischen den beiden Brüsten eine abgegrenzte dreieckige Form mit senkrechter Rille zu beobachten, die an das weibliche pubische Dreieck erinnert (vgl. Abb. 5) – es könnte sich also um eine synthetische Darstellung weiblicher Geschlechtsmerkmale handeln.

Wegen der Abwesenheit zoomorpher Gravierungen fehlen im Pavlovien auch Gruppenszenen, die aus dem Magdalénien gut bekannt sind, wo Tiergravierungen das häufigste bildnerische Genre darstellen. In einer einfachen keramischen Modellierung oder Plastik aus Mammutelfenbein ist die Darstellung einer Tiergruppe praktisch ausgeschlossen. Diese technischen Hindernisse sind jedoch ohne Zweifel sekundär, denn die urgeschichtliche, bildende Kunst passte sich immer der Ideologie an und nicht umgekehrt. Von ideologischen Unterschieden gegenüber dem Magdalénien zeugt die Abwesenheit ergänzender symbolischer Zeichen bei Figurmotiven, obwohl sie das Material sowie die technischen Möglichkeiten zulassen würden. Eine Ausnahme von dieser Regel könnten nur Öffnungen im Scheitel der Venus von Dolní Věstonice I darstellen (Oliva 2015, 85). Neben diesen esoterischen, hoch komplexen Kompositionen gab es standardisierte Tierfigürchen, hauptsächlich aus Ton, deren Bedeutung dem breiteren Publikum wohl verständlicher war. Eine bestimmte Rolle spielte hier sicherlich auch der unterschiedliche Arbeitsaufwand für die Herstellung der Gegenstände beider Gruppen. Während die keramische Plastik bei genügender Handfertigkeit in ein paar Minuten modelliert werden konnte, dauerte die Anfertigung der Schnitzerei aus Mammutelfenbein, nach durchgeführten Experimenten, sogar mehr als zehn Stunden (Hahn 1986, 65–69).

Abb. 21 *»Bruststäbchen« (Venus XIV) aus Dolní Věstonice I, Jihomoravský kraj (Tschechische Republik), Mammutelfenbein, Gravettien. Der obere Teil wurde mit Gips ergänzt, was nicht ausschließen lässt, dass dieses Objekt als Anhänger getragen wurde.*

Die strenge Standardisierung der Gravettien-Kunst fällt besonders im Vergleich mit den bildhaften Darstellungen des Magdalénien auf, wo Genres, Motive und Techniken viel loser kombiniert und auf Gegenständen ritueller sowie profaner Bestimmung verwendet wurden.

Abb. 22 *Männliche Statuette aus dem Grab von Brno 2, Jihomoravský kraj (Tschechische Republik), Mammutelfenbein, Gravettien. Sie stellt die wahrscheinlich älteste bewegliche Puppe der Welt dar. Kopf: Höhe 66 mm, Breite 51 mm, Dicke 49 mm; Torso: Höhe 138 mm, Breite 52 mm, Dicke 22 mm (oben), 37 mm (unten); Arm: Länge 98 mm, Dicke 17 mm.* ➤

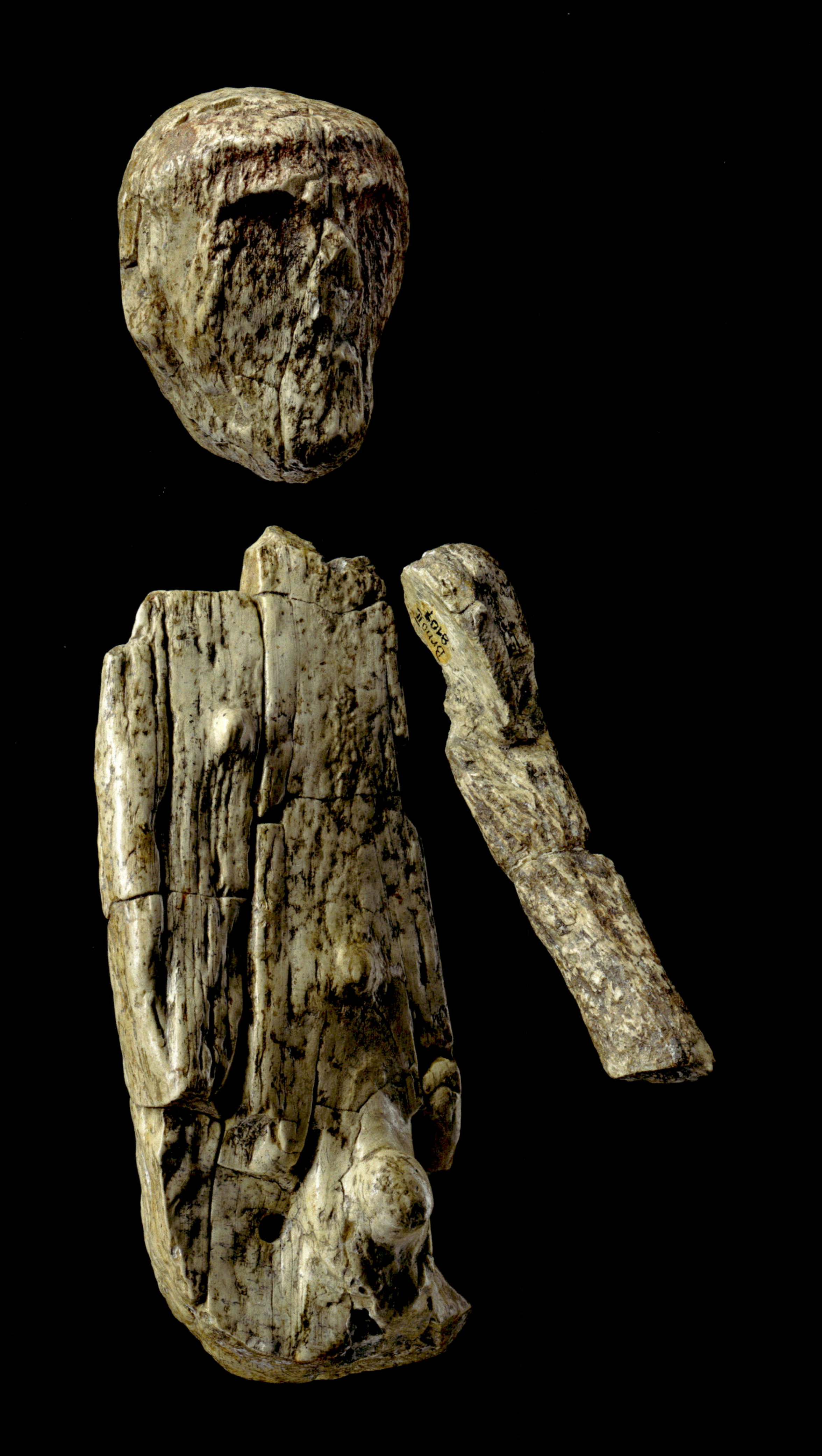
Brunn II
8407

Nicolas Mélard

LEBENSKÜNSTLER DER EISZEIT UND IHRE BILDER

30 000 JAHRE KUNSTGESCHICHTE

Die eiszeitlichen Malereien und Gravierungen auf den Wänden der paläolithischen Höhlen Westeuropas sind weltberühmt. Die Bisons von Altamira in Kantabrien (Nordspanien), die gewaltigen Tiere von Lascaux im Périgord (Westfrankreich) und die technisch ausgefeilten Malereien der Chauvet-Höhle (Vallon-Pont-d'Arc) in der Ardèche (Südfrankreich) wurden von Millionen von Menschen bewundert und sind mittlerweile sogar teilweise in Form von mobilen Kopien auf Weltreise (Abb. 1). Die Ausdruckskraft dieser Bilder, deren älteste Vertreter mehr als 30 000 Jahre alt sind, ist bis heute ungebrochen.

Neben der Höhlenkunst hat der jungpaläolithische Mensch in Europa auch sog. Kleinkunst hinterlassen (Abb. 2). Auch hier gibt es weltberühmte Kunstwerke wie den Löwenmenschen (Hohlenstein-Stadel, Baden-Württemberg, Deutschland) oder andere Tier- und Menschenfiguren aus jungpaläolithischen Fundstellen in ganz Europa und westlichen Teilen Russlands. Wie bei den Höhlenmalereien staunen auch heute noch Wissenschaftler und Museumsbesucher über die Ausgewogenheit der Formen, die feine Ausarbeitung und die Ästhetik der Darstellungen (Vialou 1992).

Seit den ersten Entdeckungen im 19. Jahrhundert haben sich Wissenschaftler für diese Eiszeitkunst interessiert und versucht, die Gründe für die Anfänge der Kunst und ihre Entwicklungsgeschichte zu erforschen. Viele Theorien erblickten seither das Licht der Welt. Die Neuentdeckungen von Bilderhöhlen verwerfen traditionelle Erklärungsmodelle und werfen neue Fragen auf. Der Zeitpunkt scheint noch in ferner Zukunft zu liegen, an dem die Wissenschaft behaupten kann, diese Kunst verstanden zu haben (Leroi-Gourhan 1965; Clottes/Lewis-Williams 1998; Lorblanchet 2001).

Abb. 1 *Die Höhlenkunst des Paläolithikum in Europa. Die wohl bekanntesten künstlerischen Hinterlassenschaften der paläolithischen Jäger- und Sammler sind die Darstellungen auf den Höhlenwänden. Hier ein Beispiel aus der Chauvet-Höhle, Dép. Ardèche (Frankreich). Die Höhle selbst bildet noch heute einen atemberaubenden Rahmen für die Bilder.*

◄ *Unterwelten: Die Karsthöhlen Europas wurden im Paläolithikum wiederholt aufgesucht. Die Höhleneingänge boten ideale Wohnplätze. Tief im Inneren der Höhlen zeigte sich bereits im Paläolithikum eine reiche Formen- und Farbenvielfalt, die sich die Menschen künstlerisch zunutze machten. La Garma, Prov. Cantabria (Spanien), Gang nahe des Eingangsbereichs der Höhle mit Magdalénien-Kunst.*

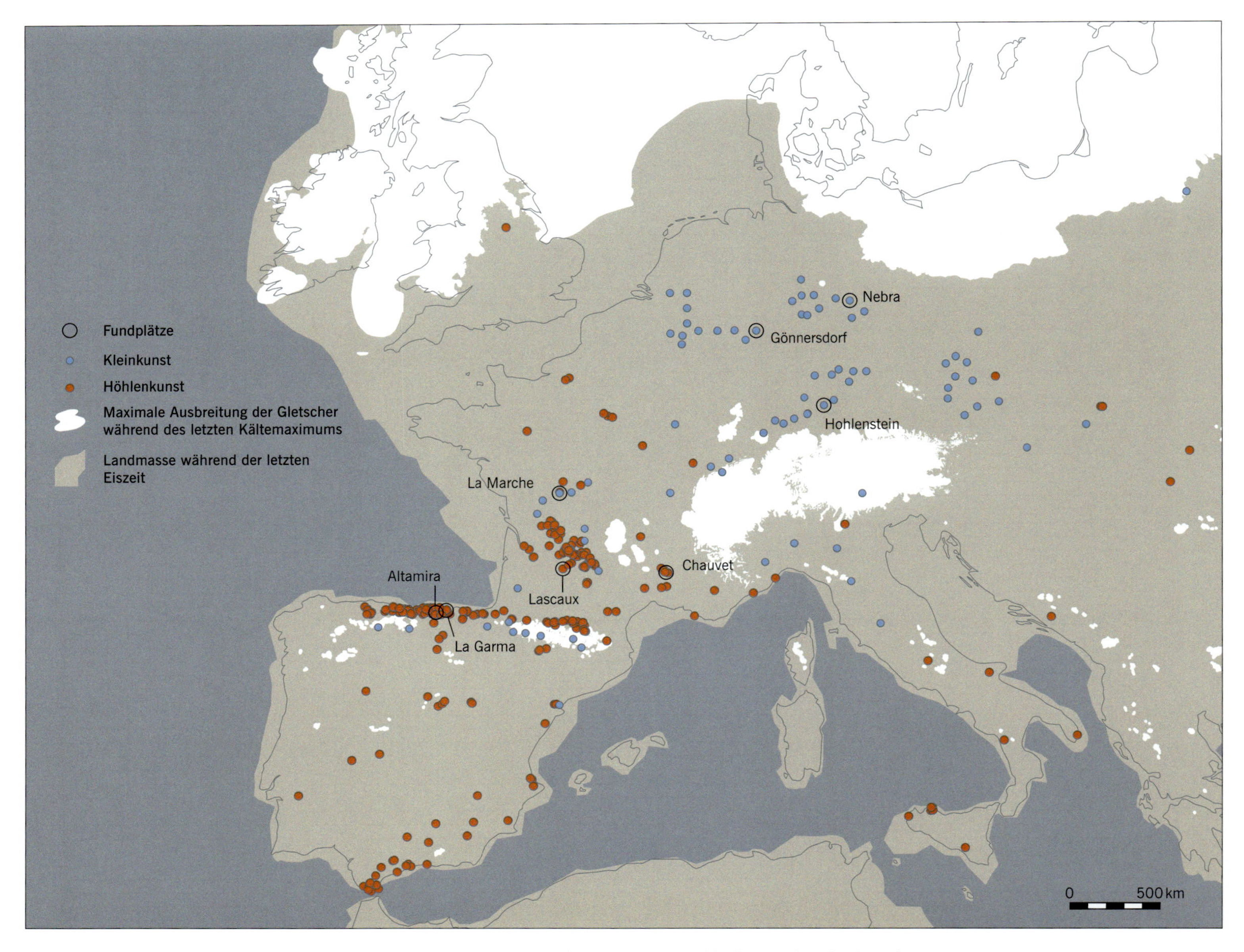

***Abb. 2** Verbreitung paläolithischer Fundplätze mit künstlerischen Hinterlassenschaften (Höhlenkunst oder Kleinkunst).*

Um die Kunst der Eiszeit auch nur ansatzweise zu erfassen, ist es notwendig, sie in ihrem chronologischen und kulturellen Kontext zu sehen, denn »Eiszeitkunstgeschichte« heißt tatsächlich 30 000 Jahre Kunstgeschichte.

KUNST DER EISZEIT

Rätselhaft, ausdrucksstark, geheimnisvoll, versteckt, fantasievoll – viele Adjektive finden sich in den Zeugnissen von Menschen, die Eiszeitkunst beschreiben. Das Interesse wird automatisch geweckt, wenn man sich die Bilder der Eiszeit anschaut. Gleichzeitig kommt jedem interessierten Betrachter natürlich das Bedürfnis, die Gründe zu erklären, die die paläolithischen Menschen motiviert haben, diese Bilder an teils tief in der Erde, weit vom Tageslicht entfernt liegenden Orten anzufertigen.

Eindrucksvoll ist die Ausgereiftheit der benutzten Techniken in der Höhlenkunst, die von der Zeichnung über die Malerei bis zur Gravierung reichen und sich auch der Schraffierung und des Skulptierens bedienen (Abb. 3).

Auch bei der Kleinkunst zeigt sich sowohl die Beobachtungsgabe als auch das Gedächtnis und das künstlerische Talent einiger Menschen

Abb. 3a–b *Meisterwerke der Kunst. Ob in Lascaux vor über 17 000 Jahren oder in der Chauvet-Höhle vor mehr als 32 000 Jahren: die paläolithischen Künstler wiesen sich schon früh durch die Vielfalt der benutzten Techniken aus. Gravierung, Schraffur, Zeichnung und Malerei wurden für einige Bildfelder geschickt miteinander verbunden, um großartige grafische Ensembles zu bilden. a (links) Grotte Lascaux, Dép. Dordogne (Frankreich); b (oben) Grotte Chauvet-Pont-d'Arc, Dép. Ardèche (Frankreich).*

des Paläolithikum. Teilweise sehr kleine Figuren beeindrucken mit einer Fülle von Details, die teilweise auf sehr schwierig zu bearbeitenden Materialien dargestellt wurden. Skulpturen aus Elfenbein, Knochen oder Geweih sowie Gravierungen auf Steinen und Knochen sind aus dem gesamten europäischen Jungpaläolithikum bekannt (Abb. 4).

Den tatsächlichen Beginn und das Ende einer Ära zu fassen, ist stets problematisch, so auch für die Kunst des Jungpaläolithikum. Chronologisch betrachtet, bezeichnet man aktuell als »Eiszeitkunst« oder »paläolithische Kunst« die künstlerischen Werke oder künstlerisch gestalteten Werkzeuge des europäischen Jungpaläolithikum (ca. 40 000–12 000 Jahre vor heute). Geprägt ist der Beginn dieser menschheitsgeschichtlichen Zeitstufe durch ein wichtiges Ereignis: die Ankunft des anatomisch modernen Menschen *(Homo sapiens sapiens)* in dem bis dato vom Neandertaler *(Homo sapiens neanderthalensis)* besiedelten Europa. Die *Homo sapiens sapiens*-Formen, die vor ungefähr 40 000 Jahren in Europa ankamen, zeichneten sich durch eine stark vom Neandertaler abweichende Anatomie, aber auch durch Unterschiede in der materiellen Kultur aus. Ihre Stein- und Knochenartefaktherstellung basierte auf einer anderen Technologie (Bosinski/Fischer 1980; Bosinski u. a. 2001).

Da der Neandertaler vor ungefähr 26 000 Jahren ausgestorben ist, gibt es einen Zeitraum von über 10 000 Jahren, in denen wahrscheinlich anatomisch moderne Menschen und Neandertaler nebeneinander gelebt haben. Heute wirft diese Tatsache sogar die Frage auf, ob nicht auch der Neandertaler der Urheber der ersten Zeugnisse von Kunst sein kann. Interessant ist, dass es weder von *Homo sapiens sapiens* noch von *Homo sapiens neanderthalensis* sowohl in dem Zeitraum

Abb. 4 *Bovidenknochen mit der Darstellung eines Auerochsen. Die Darstellung ist als umlaufender Fries graviert. Um das gesamte Bild zu erfassen, muss der Betrachter das Objekt drehen. La Garma, Prov. Cantabria (Spanien), Magdalénien, ca. 15 000 Jahre alt; Länge 8,3 cm.*

Abb. 5a–d Monumental und unscheinbar. Die Höhlenkunst des Paläolithikum weist eine große Vielfalt von Techniken auf, die von der feinsten Gravierung bis zur Malerei im Großformat reichen. Die Vielfältigkeit der Tiere in den Höhlenmalereien reicht von Pferden, Bisons, Rentieren zu heute ausgestorbenen Tierarten wie Höhlenlöwen, Höhlenbären, Mammuts und Wollnashörnern. Beispiele 14 000–12 000 Jahre alter Höhlenkunst in Frankreich: a Grotte Margot, Dép. Mayenne: Nashorn, Gravierung; b Grotte de Mayenne-Sciences, Dép. Mayenne: Pferd und Mammut, Malerei; c Grotte de Bernifal, Dép. Dordogne: Mammut, Gravierung; d Grotte de Gouy, Dép. Seine-Maritime: verschiedene Gravierungen, links ein Pferd.

von vor 40 000 Jahren als auch außerhalb Europas sichere Beweise für künstlerische Darstellungen gibt. War es vielleicht das Zusammentreffen der beiden Menschenformen, das in gewisser Weise den Startschuss für künstlerisches Schaffen gegeben hat? Die spannende Frage nach den Anfängen und der Identität der ersten Höhlenkünstler bleibt noch offen.

Auch über die Frage nach der Bedeutung der Eiszeitkunst wird noch lebhaft diskutiert. Die Hypothesen und Theorien zur Deutung der figürlichen und abstrakten Darstellungen kursieren seit über 150 Jahren sowohl in der Fachliteratur als auch in populärwissenschaftlichen Veröffentlichungen. Sogar die Esoterik hat sich des Themas angenommen. Jagdzauber, Schamanismus, Animismus, ästhetische Gründe und viele andere Erklärungsansätze wurden bereits zusammengetragen, ohne eine allgemein befriedigende Antwort zu finden.

Es ist wichtig, an dieser Stelle den Faktor »Zeit« in Betracht zu ziehen. Die Zeit, in der Menschen künstlerische Werke schufen, die heute als »Eiszeitkunst« oder »paläolithische Kunst« bezeichnet wird, umfasst eine immense Spanne von fast 30 000 Jahren. Wenn man bedenkt, dass unsere heutige Kultur nur knappe 2500 Jahre von den Anfängen der römischen Geschichte entfernt ist und man sich gleichzeitig die Entwicklung der Stile, Techniken und vor allem der kulturellen, sozialen, religiösen und politischen Funktionen von Kunst vergegenwärtigt, so wird der Umfang potentieller kultureller, ethnischer, geografischer Veränderungen und Entwicklungen im Jungpaläolithikum deutlich. Die Erforschung von Eiszeitkunst kann demnach nicht wie klassische Kunstgeschichte betrieben werden. Trotzdem lassen Fundzusammenhänge und der chrono-kulturelle Kontext für bestimmte Fundplätze, Regionen oder Zeitstufen Interpretationen über Bedeutung und Funktion der Kunstwerke zu (siehe Beitrag von N. Mélard/J. Airvaux, S. 372).

Abb. 6 *Die »scène du puits« aus der Grotte Lascaux, Dép. Dordogne (Frankreich), ist eine der seltenen Darstellungen, in der Mensch und Tier (hier ein Anthropomorpher mit Vogelkopf, ein Vogel und ein verwundeter Bison) in Szene gesetzt werden.*

LEBENSBILDER UND FANTASIEN

Es scheint unmöglich, eine einzige gültige Erklärung für die 30 000 Jahre währende Eiszeitkunst zu liefern und doch kann man in groben Zügen einige Gemeinsamkeiten aufzeigen, vor allem was die Bilderwelt betrifft.

Was die figürlichen Darstellungen anbelangt, so wird die Ikonografie der Eiszeitkunst klar und deutlich von Tieren dominiert. Hier sind vor allem Pferde, Bisons, Rentiere, aber auch heute ausgestorbene Tierarten wie Höhlenlöwen, Höhlenbären, Mammute und Wollnashörner zu nennen (Abb. 5). Je nach Periode können die prozentualen Anteile der dargestellten Tierarten variieren. Im Aurignacien sind in der Tat die für den Menschen gefährlichen und sehr imposanten Tiere stark vertreten. Das gilt sowohl für die Höhlenkunst als auch für die Kleinkunst. Die paläolithischen Künstler beweisen sehr häufig ihre zeichnerischen Talente, aber vor allem ihre ausgeprägte Beobachtungsgabe und ihre exzellente Kenntnis der Tiere. So können oft nicht nur Tierart und Geschlecht, sondern sogar spezifische Verhaltensweisen erkannt und interpretiert werden. Es überrascht nicht, dass insbesondere die Tiere, die gejagt wurden, in sehr naturgetreuer Weise dargestellt worden sind. Selbst bei den grafisch stark vereinfachten Figuren zeigt sich meist eine naturgetreue Darstellungsart.

Menschendarstellungen sind selten und je nach Region und Periode mehr oder weniger häufig vertreten. Oft nur schematisch oder als Mischwesen abgebildet, tritt der Mensch auf den Wänden und den Objekten zahlenmäßig in den Hintergrund. Jedoch sind die wenigen Menschen oder Anthropomorphen (Menschengestaltigen) häufig umso ausdrucksstärker und oft auch in zentralen Bildfeldern angebracht. Denken wir nur an die berühmte Szene aus Lascaux, in der ein Mensch von einem verwundeten Bison getötet (?) wird (Abb. 6). Nar-

87

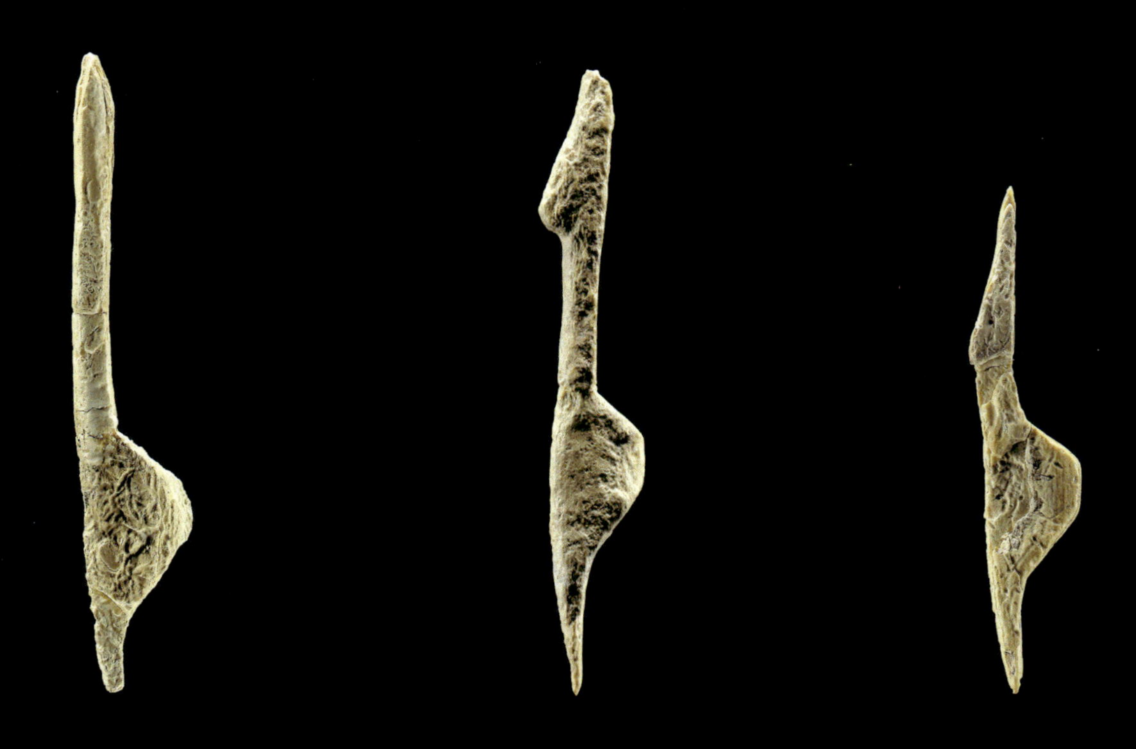

rative Szenen dieser Art stellen in der Eiszeitkunst jedoch eine große Ausnahme dar.

Zu den figürlichen Darstellungen kommen auch noch geometrische Formen – Symbole oder Zeichen. Teilweise scheinen diese Formen abgekürzte Versionen von figürlichen Darstellungen zu sein: Isolierte Augen, Rückenlinien von Tieren oder aber die Darstellung von Schamdreiecken weisen einen direkten Zusammenhang zur figürlichen Bilderwelt auf. Sehr anschaulich ist der grafische Übergang von der figürlichen Darstellung zum Zeichen an den gut untersuchten späteiszeitlichen Frauendarstellungen vom »Typ Gönnersdorf« zu erkennen: Die schematischen Darstellungen existieren auf ein und demselben Fundplatz in mehr oder weniger abstrahierter Form (Abb. 7). Anhand der kontinuierlichen Schematisierung können zwei leicht unterschiedlich geschwungene Linien als Frauendarstellung erkannt werden (Bosinski u. a. 2001, Abb. 114; Gaudzinski-Windheuser/Jöris 2015, 301).

Viele Zeichen sind aus unserer heutigen Sicht weder als Piktogramme noch als abstrahierte Darstellungen zu erkennen und bleiben meist unentschlüsselt. Einige dieser Zeichen oder Symbole scheinen jedoch regionale Gruppen voneinander abzugrenzen.

Auffällig ist die totale Abwesenheit von Pflanzen. Es gibt in der Tat keine einzige klare Darstellung von Vegetation aus dem Jungpaläolithikum. In Anbetracht der detaillierten grafischen Ausführung der Tierdarstellungen würde eine intentional dargestellte Pflanze als solche erkannt werden können.

Auch fehlt in den paläolithischen Bildern jeglicher natürlicher Kontext wie Landschaften. Selbst einfache Bodenlinien sind eher selten. Vielmehr scheinen die Tiere teils schwerelos in der Luft zu wandeln, ohne aber ihre natürliche Bewegungsweise zu verlieren. Manchmal sind die Zeichnungen der Höhlenkunst so angebracht, dass die Tiere in Höhlen aus Hohlräumen hervorzuspringen scheinen.

HÖHLEN, STEINE, KNOCHEN … KONTEXT UND MATERIAL

So reich wie die Bildwelt des Paläolithikum, so mannigfaltig ist auch die Wahl der Orte für das künstlerische Schaffen und die Werkzeugpalette der Künstler.

Die paläolithische Kunst weist eine große Vielfalt von benutzten Materialien und Untergründen auf. In Anbetracht des Alters dieser Kunst muss man natürlich den Aspekt der Erhaltung in Betracht ziehen. Im Bereich der Kleinkunst hat dies eine große Auswirkung auf das Bild, das sich uns heute offenbart. Viele organische Materialien sind nahezu nicht überliefert: So fehlen Holz, Leder und Textilien völlig. Dass Holzbearbeitung eine große Rolle spielte und technisch schon lange vor dem Auftreten des anatomisch modernen Menschen beherrscht wurde, ist jedoch spätestens seit der Entdeckung der Holzspeere von Schöningen (ca. 300 000 Jahre vor heute) bekannt. Bislang ist jedoch kein Kunstwerk aus Holz entdeckt worden. Selbst die Konservierung von Knochen, Elfenbein und Geweih ist nicht immer gegeben. So ist unser Bild der Kleinkunst des Paläolithikum nur fragmentarisch. Das gleiche gilt für die Höhlenkunst. Mehr als 400 Höhlen mit Wandkunst sind in Europa bekannt. Meist liegen sie in Karstgebieten. Bei den Bilderhöhlen hängt die Wahrscheinlichkeit der Erhaltung sehr von den geomorphologischen Kontexten und den spezifischen Eigenschaften sowie dem Mikroklima jeder einzelnen Höhle ab (Abb. 8). Ihr Erhaltungszustand ist dementsprechend unterschiedlich. Meist sind nur Bruchteile der einst existierenden Bilder (und anderer Spuren auf den Wänden und dem Boden) erhalten. Höhlen mit exzellenter Erhaltung wie die Höhlen Chauvet (Vallon-Pont-d'Arc) und Cussac in Frankreich oder La Garma in Spanien sind, in Anbetracht der geologischen Dynamik der Höhlen, nahezu an Wunder grenzende Ausnahmen (Abb. 9).

Künstlerische Zeugnisse der Eiszeit können sowohl in tief in der Erde versteckten Höhlenräumen als auch an Felswänden im Freiland oder aber innerhalb von Wohnplätzen gefunden werden. Es scheint, dass das grafische Schaffen seit der Erscheinung dieses Phänomens nahezu universell geworden ist. Alltagsleben und Kunst sind eng miteinander verwoben. Einige sauber und aufwendig gezeichnete Tiere auf Steinplatten des mittleren und späten Magdalénien (14 000–12 000 vor heute) wurden kurz nach der Gravierung als Arbeitsunterlage verwendet (Abb. 10). Heute sind die beeindruckenden Tierfiguren hinter Liniengewirr verborgen.

STILENTWICKLUNG

Wie einleitend schon erwähnt, ist die paläolithische Kunst nur fragmentarisch überliefert. Selbst die scheinbar große Anzahl von Fundplätzen ist für die enorme Zeitspanne von über 30 000 Jahren und das große Verbreitungsgebiet der Eiszeitkunst sehr gering. Demzufolge ist eine Ausarbeitung einer Stilentwicklung relativ gewagt und unsicher.

In der Forschungsgeschichte des 20. Jahrhunderts wurde bis zur Entdeckung der Chauvet-Höhle (Vallon-Pont-d'Arc) eine von eher abstrakten und einfachen Formen des Aurignacien bis hin zu den naturgetreuen polychromen Malereien des Magdalénien geprägte Entwicklung angenommen. Obwohl schon einige Kleinkunstobjekte gegen eine solche Theorie sprachen, konnte sie sich auch wegen des Fehlens von Alternativtheorien bis zum Ende der 90er Jahre des 20. Jahrhunderts behaupten. Die Entdeckung der nicht nur außerordentlich gut erhaltenen, sondern auch überraschend alten Chauvet-Höhle war aus vielerlei Hinsicht eine Sensation in der archäologischen Fachwelt. Die Bilder der Höhle konnten durch mehrere ^{14}C-Datierungen dem Aurignacien zugeordnet werden. Die mehr als 30 000 Jahre alten Bilder

◄ **Abb. 7** *Schematisierte Frauendarstellungen. Am Ende des Jungpaläolithikums findet man des Öfteren, v. a. in Zentraleuropa, schematisierte Frauendarstellungen. Meist auf Oberschenkel, Becken und Torso reduziert, sind sie sowohl als Gravierungen auf Steinplatten oder als Skulpturen aus Knochen, Geweih oder Elfenbein anzutreffen. Oben: Frauendarstellungen vom »Typ Gönnersdorf« vom namengebenden Fundort, Lkr. Neuwied (Rheinland-Pfalz) (Gönnersdorfer »Strickvenüsse«); Höhe 8 cm; unten: Venusfiguren von Nebra, Burgenlandkreis (Sachsen-Anhalt); Höhe (von links nach rechts) 6,6 cm, 6,3 cm und 5,2 cm.*

Abb. 8 *Wunder der Erhaltung. Die Höhlenkunst des Paläolithikum ist uns nur fragmentarisch überliefert. Die Natur hat in den Tropfsteinhöhlen und unter Felsschutzdächern sicherlich viele Bilder verschwinden lassen. Hier ein Beispiel der Cosquer-Höhle, Dép. Bouche-du-Rhône (Frankreich). Der ehemalige Höhleneingang liegt heute mehr als 30 m tief im Meer. Der steigende Wasserspiegel könnte diese Pferdedarstellungen bald für immer verschwinden lassen.*

gehören zu den sicher eindrucksvollsten und technisch ausgefeiltesten der heute bekannten Eiszeitkunst. Sie stehen der fast 20 000 Jahre jüngeren magdalénienzeitlichen Höhle von Altamira in nichts nach.

Die Theorie der Entwicklung vom Einfachen zum Komplizierten kann also heute nicht mehr in der Form aufrechterhalten werden. Sicherlich ist die stilistische Entwicklung der Eiszeitkunst weitaus komplizierter und muss geografische und chronologische Besonderheiten berücksichtigen. Auch hier ist ein Ansatz, der eher archäologischer oder ethnografischer als kunsthistorischer Natur ist, sicherlich angebracht.

Überraschend ist das Ende der Eiszeitkunst, das sich zeitgleich mit dem großen Klimaumbruch am Ende des Pleistozän vollzog. Innerhalb von nicht einmal 1500 Jahren verschwinden fast alle jungpaläolithischen Kunstmerkmale. Die sehr feinen und detailgetreuen Darstellungen des Magdalénien weichen ungefähr vor 12 000 Jahren fast ausschließlich abstrakten und geometrischen Motiven. Mit dem Holozän beginnt also auch auf dem Niveau des künstlerischen Schaffens eine neue Ära.

BILDER DES LEBENS

So rätselhaft die Eiszeitkunst uns heute erscheint, so eindrucksvoll ist sie dennoch auch Tausende von Jahren nach ihrer Erschaffung für den

Abb. 9 *In der Höhle von La Garma, Prov. Cantabria (Spanien), hat sich der Siedlungshorizont des mittleren Magdalénien stellenweise unverändert erhalten. Der Boden ist mit Tausenden von Stein- und Knochenartefakten übersät (links), unter denen wahre Kunstwerke entdeckt wurden (vgl. Abb. 4). An der Höhlenwand, direkt über den Siedlungsspuren, ein schwarzes Pferd (rechts).*

heutigen Betrachter. Vor allem die Tierbilder, aber auch die weniger häufigen Menschendarstellungen sind selten statisch abgebildet und lassen uns dadurch in lebendige Szenen eintauchen.

Dass das künstlerische Schaffen eine wichtige Rolle in der Welt der jungpaläolithischen Menschen hatte, steht außer Frage. In Wohnplätzen sind Kunst und Alltagsleben eng miteinander verwoben: Jagdwaffen werden dekoriert, Steinplatten graviert, Schmuck aus Zähnen, Elfenbein und Knochen hergestellt. Die Menschen wagen sich auch tief ins Innere der Erde, um Bilder an Wände und Tropfsteinformationen zu zeichnen, zu malen und zu gravieren. In diesen dunklen und

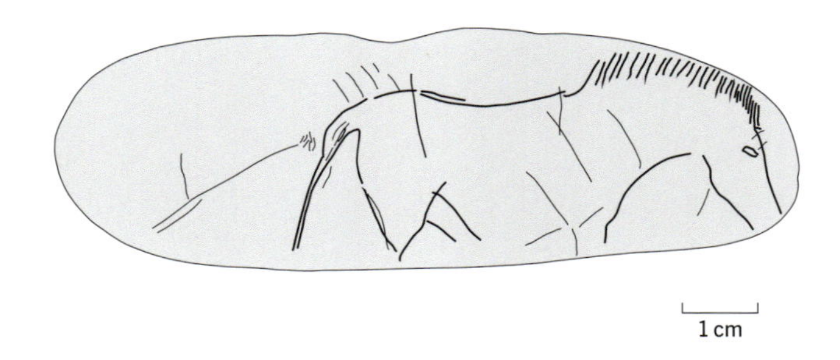

Abb. 10 *Steinplatte mit Gravierung eines Pferdes aus Oelknitz, Saale-Holzland-Kreis (Thüringen). Wie in anderen Fundplätzen, z.B. in Gönnersdorf, Lkr. Neuwied (Rheinland-Pfalz) (vgl. Abb. 7) oder in La Marche, Dép. Vienne (Frankreich) (siehe Beitrag von N. Mélard/J. Airvaux, S. 372), wurden auch in Oelknitz kleine Tierfiguren auf Steine graviert. Oft ist diese Art von Kleinkunst mit Wohnplätzen verbunden.*

mysteriösen »Heiligtümern« der Eiszeit wurden auch Figuren aus Ton modelliert. Die schönen und aufwendig gearbeiteten Knochen- und Elfenbeinflöten sowie Schlagspuren an Tropfsteinformationen lassen Musik und Rhythmen in den Höhlen erahnen und die Kunst der Eiszeit noch lebendiger werden (Abb. 11). Es fanden sicherlich Aktivitäten rund um die Bilder statt, von denen heute kaum noch Spuren zu erkennen sind. Und doch, ein paar Fußspuren von Erwachsenen, Kindern und sogar Tieren (ein Hund war dabei) weisen darauf hin, dass alle Altersgruppen in die Höhlen kamen.

Die Eiszeitkunst bleibt bis heute noch voller Rätsel, unerklärter Bilder und Botschaften. Vielleicht ist es unter anderem das Geheimnisvolle, das die Faszination dieser ersten bekannten künstlerischen Meisterwerke ausmacht. Sicher ist, dass es heute so aussieht, als würde die Kunst in ihrer vollen Pracht, einem Vulkanausbruch gleich, vor ca. 35 000 Jahren in Europa auftauchen.

Abb. 11 *Immaterielle Kunst. Knochenflöten sind bereits aus dem Aurignacien bekannt. Sie bezeugen, dass die paläolithischen Menschen Musik machten und dazu bereits Instrumente herstellten. Meist wurden bereits hohle Vogelknochen verwendet, manchmal aber auch Elfenbein, das kompliziert ausgehöhlt und zusammengesetzt werden musste. Elfenbeinflöte aus dem Geißenklösterle, Alb-Donau-Kreis (Baden-Württemberg); Länge 18,7 cm, Alter ca. 36 000 Jahre.* ➤

Nicolas Mélard und Jean Airvaux

DIE KUNST DES MITTLEREN MAGDALÉNIEN VON LUSSAC-ANGLES (WESTFRANKREICH)

EIN BEISPIEL DER ENTWICKLUNG EINER REGIONALEN KULTUR VOR 16 000 JAHREN

Im westlichen Teil Zentralfrankreichs (le Centre-Ouest de la France) liegt die Schwelle des Poitou zwischen dem Zentralmassiv und dem armorikanischen Massiv (Bretagne) am westlichen Rande des großen Pariser Beckens und des Aquitanischen Beckens (Abb. 1). Diese Region wurde seit der ältesten Urgeschichte des Menschen in Zentraleuropa intensiv von Menschengruppen aufgesucht. Die ältesten Fundstellen werden dem Altpaläolithikum (ca. 600 000 Jahre vor heute) zugeordnet.

Natürlich sind die besser bekannten Phasen der älteren regionalen Urgeschichte, wie überall in Europa, diejenigen, die während der letzten großen Vereisung stattfanden. In diesem seit dem 19. Jahrhundert intensiv untersuchten Jungpaläolithikum (ca. 40 000–12 000 Jahre vor heute) kristallisieren sich teilweise regionale Varianten von großen Kulturstufen heraus. So ist es auch mit der Mikrokultur, die Forscher heute als mittleres Magdalénien von Lussac-Angles (Magdalénien moyen de Lussac-Angles) bezeichnen. Die Kenntnisse über diese Kultur basieren vor allem auf vier wichtigen Fundstellen, von denen zwei weltweites Ansehen in der Wissenschaft genießen: Es handelt sich um die Abri-Fundstelle (Fundplatz unter Felsschutzdach) vom Roc-aux-Sorciers in Angles-sur-l'Anglin und der Höhle von La Marche in Lussac-les-Châteaux, beide im Département Vienne gelegen (Abb. 2; vgl. Abb. 1).

Das Magdalénien von Lussac-Angles zeichnet sich durch seine Homogenität sowohl in der Knochen- und Steinindustrie als auch durch regionaltypische Werkzeugformen aus. Es setzt sich so von anderen Werkzeuginventaren des mittleren Magdalénien Zentral- und Südwestfrankreichs ab (Abb. 3).

Aber seine große Originalität und seine Bedeutung für die Forschung rühren von den künstlerischen Hinterlassenschaften her, die sicherlich zu den bemerkenswertesten menschlichen Schöpfungen der Urgeschichte zählen.

An vielen Fundplätzen, vor allem in La Marche, wurden Schmuckperlen gefunden (Abb. 4). Des Weiteren haben magdalénienzeitliche Menschen dieser Region, wie überall im besiedelten Raum zu dieser Zeit, sowohl in der Kleinkunst als auch in den Kunstwerken der Höhlen und Abris Tiere in großer Anzahl dargestellt (Abb. 5–9). Die außergewöhnlichste, weil extrem seltene, Bildgattung dieser regionalen Kultur sind die Menschendarstellungen (Abb. 10–14). Diese einzigartigen Abbildungen haben keine ebenbürtigen Beispiele in Qualität und Quantität in der ganzen bekannten paläolithischen Welt.

DIE ENTDECKUNG DES MAGDALÉNIEN VON LUSSAC-ANGLES

Vier für diese Kultur zentrale Fundplätze liegen in zwei Kommunen des Département Vienne. Namentlich sind es das Abri des Roc-aux-Sorciers in Angles-sur-l'Anglin und die Höhlen von Les Fadets, La Marche und dem Réseau Guy Martin in Lussac-les-Châteaux (vgl. Abb. 1–2).

***Abb. 1** Die wichtigsten Fundplätze des Magdalénien von Lussac-Angles in der Region Poitou-Charentes (Frankreich): 1) La Marche, Les Fadets und das Réseau Guy Martin in Lussac-les-Châteaux, Dép. Vienne, 2) Roc-aux-Sorciers in Angles-sur-L'Anglin, Dép. Vienne.*

◄ *Höhle von La Marche, Dép. Vienne (Frankreich). Einer von Tausenden von gravierten Steinen dieses Fundplatzes trägt die Darstellung eines Hasen; Höhe 11,6 cm.*

Abb. 2 *Blick auf die Höhle von Les Fadets bei Lussac les Châteaux, Dép. Vienne (Frankreich). In der nach Süden ausgerichteten Felswand befinden sich zahlreiche paläolithische Wohnplätze, unter ihnen auch La Marche, Dép. Vienne (Frankreich).*

Kurz vor 1905 führte Henri Breuil eine kleine Ausgrabung in der Höhle Les Fadets durch, die er in einer kurzen Nachricht erwähnt. Während dieser Grabung fand Breuil Steinwerkzeuge und gravierte Kalksteinplatten, die er als magdalénienzeitliches Ensemble ohne nähere Erläuterung ansprach, ohne das Inventar gesondert zu publizieren. Der Fundplatz wurde später nach und nach von den ortsansässigen Archäologen Robert Soueix, Léon Péricard und Stéphane Lwoff vor allem im Jahr 1937 sporadisch ergraben (Lwoff 1962). Es wurden Stein- und Knochenartefakte sowie weitere gravierte Kalksteine entdeckt, die diesmal als Magdalénien III (mittleres Magdalénien) angesprochen wurden. Anfang der 1980er Jahre schlämmte Jean Airvaux den Grabungsabraum der Altgrabungen. Viele neue gravierte Stücke konnten auf diese Weise geborgen werden.

1927 legte Lucien Rousseau am Fuße eines Felsens, des sog. Roc-aux-Sorciers, eine groß angelegte Testgrabung an (Rousseau 1933). Er entdeckte eine Gravierung, die ein Mammut darstellt, sowie Schmuckelemente und Werkzeuge, die er allgemein dem Magdalénien zuwies. Zu diesem Zeitpunkt war dem Archäologen nicht bewusst, dass er soeben einen der bemerkenswertesten Fundplätze der paläolithischen Kunst entdeckt hatte. Erst nach dem Zweiten Weltkrieg (ab 1947) wurde der Fundplatz von Suzanne de Saint-Mathurin und ihren Mitarbeitern in mehr als zehn Grabungskampagnen systematisch ausgegraben (Saint-

Abb. 3 *Typische Knochen- und Steinartefakte des Magdalénien von Lussac-Angles. La Marche, Dép. Vienne (Frankreich): 1 Lussac-Angles-Spitze, 3 Rückenlamelle, 4 Schaber an Klingengrundform, 5 »Baguette demi-ronde« – typisches Knochenartefakt mit halbrundem Querschnitt. Le Roc-aux-Sorciers, Dép. Vienne (Frankreich): 2 Bohrer, 6 Stichel, 7 Kratzer, 8 robuste Doppelspitze.* ➤

1
2
3
4
5
6
7
8
1 cm

Abb. 5 *Die Kunst des Magdalénien von Lussac-Angles. Teilstück des Monumentalfrieses vom Roc-aux-Sorciers in Angles-sur-l'Anglin, Dép. Vienne (Frankreich). Die Darstellung des Steinbocks (unten) misst ca. 1 m.*

Mathurin/Garrod 1951; Saint-Mathurin 1984). Diese Grabungen legten Stück für Stück einen monumentalen Skulpturenfries frei. Dazu kam die eng mit der Felswand verbundene archäologische Schichtenfolge, die mehrere strukturierte Besiedlungshorizonte mit reicher Stein- und Knochenindustrie sowie vielen Schmuckelementen und gravierten, bildhauerisch gearbeiteten und teilweise bemalten Kalksteinplatten und -blöcken geliefert hat.

Um 1914 entdeckte ein gewisser H. Lavergne einige Steinwerkzeuge in der Höhle von La Marche, einer großen Fundstelle in Lussac-les-Châteaux. Die eigentliche Entdeckung dieses Fundplatzes, der mehrere Grabungen folgten, fand aber erst 1937 durch Léon Péricard statt. Er führte zusammen mit Stéphane Lwoff mehrere Grabungskampagnen durch (Péricard/Lwoff 1940), in denen ein reichhaltiges Werkzeug-, Schmuck und Kunstinventar entdeckt wurde. 1957 fanden kleine Nachgrabungen durch Louis Pradel statt. Es folgten einige Publikationen, die erste Entdeckungen von Menschendarstellungen erwähnten. Diese Veröffentlichungen blieben jedoch eher unbeachtet oder die Entdeckungen waren stark umstritten. Von 1988 bis 1993 schlämmte Jean Airvaux den gesamten Grabungsabraum. Er konnte auch einen stratigrafischen Aufschluss neu aufnehmen. Diese Arbeiten lassen heute erkennen, wie außerordentlich der Fundplatz La Marche ist. Aus einer einzigen relativ ausgedehnten Fundschicht wurden Tausende

◄ **Abb. 4** *Schmuckperlen von La Marche, Dép. Vienne (Frankreich). Durchlochte fossile Schneckengehäuse und Muschelschalen (Faluns de Touraine) aus der Touraine und atlantische Schnecken und Muscheln, durchlochte und mit Einritzungen verzierte Säugetierzähne (Fuchs, Wolf, Rind), Perlen aus Elfenbein und Rengeweih, durchbohrte Pferdezungenbeinknochen; ohne Maßstab.*

Abb. 7 *Gravierte Mammutdarstellung aus der Höhle Réseau Guy Martin in Lussac-les-Châteaux, Dép. Vienne (Frankreich).*

von gravierten Steinen, Schmuckelementen und Knochengeräten sowie Faunenreste geborgen (vgl. Abb. 3–4).

Zusammen mit einem Höhlenforscherteam entdeckte Jean Airvaux 1990 in unmittelbarer Nähe von La Marche in Lussac-les-Châteaux eine Höhle mit gravierter Wandkunst, vor allem mit einem grafischen Ensemble von großer Bedeutung für die Charakterisierung dieses regionalen Kulturenkomplexes. Die Höhle ist heute als Réseau Guy Martin bekannt (Abb. 15; vgl. Abb. 7).

Durch die Grabungen und vergleichenden Arbeiten, die seit einem Jahrhundert an diesen Fundplätzen stattfanden, lässt sich heute der mikrolokale Kulturkreis von Lussac-Angles genau charakterisieren (Airvaux 1998; Airvaux 2001).

Chronologisch kann die Lussac-Angles-Gruppe in das 16. Jahrtausend eingeordnet werden. Die Altersbestimmung der einzelnen Fundplätze durch ^{14}C-Datierungen liegt zwischen 14 000 und 15 000 v. Chr. bzw. 16 000 und 17 000 vor heute:

◄ **Abb. 6** *Fragment (Höhe ca. 32 cm) des Monumentalfrieses vom Roc-aux-Sorciers in Angles-sur-l'Anglin, Dép. Vienne (Frankreich). Es handelt sich um die Darstellung eines Pferdekopfes, der sicherlich noch zu einem an der Wand befindlichen Körper gehörte.*

Abb. 8 Steinplatte von La Marche, Dép. Vienne (Frankreich) mit der Darstellung eines Seeelefanten; Höhe ca. 5 cm.

Abb. 9 Darstellung zweier sich überlagernder Löwen auf einer Steinplatte von La Marche, Dép. Vienne (Frankreich); Länge ca. 11,5 cm.

- La Marche: 14280±160 BP (Ly 2100), also 15528±275 cal BC;
- Le Roc-aux-Sorciers: 14160±80 BP (GrN 1913), also 15448 ±249 cal BC;
- Le Réseau Guy Martin: 14240 ± 85 BP (Orsay 3780), also 15502 ±256 cal BC.

CHARAKTERISTIKA DES MITTLEREN MAGDALÉNIEN VON LUSSAC-ANGLES

Die Magdalénien-Fazies Lussac-Angles hebt sich von anderen zeitgleichen Fundensembles des restlichen Magdalénien durch verschiedene typologische Unterschiede ab. So finden sich in der Knochenindustrie zahlreiche kurze, einseitig abgeschrägte und gekerbte Spitzen (die sog. Spitzen von Lussac-Angles) wie auch bearbeitete lange Knochenstäbe mit halbrundem Profil (vgl. Abb. 3). Eine beträchtliche Anzahl verschiedener Werkzeuge begleitet diese Leitformen in allen Fundplätzen: Knochennadeln, verschiedene Geschossspitzen aus Knochen oder Geweih, durchlochte Stücke etc. Die Steinindustrie basiert auf

Abb. 10 Steinplatte von der Höhle Les Fadets, Dép. Vienne (Frankreich). Die Gravierung stellt eine Menschenfigur in Bewegung dar. Möglicherweise trägt dieser Mensch einen Jagdbogen mit sich; Höhe ca. 11,5 cm.

Abb. 11 *Gravierung eines Menschenkopfes vom Fundplatz La Marche, Dép. Vienne (Frankreich) auf einem Steinblock; Durchmesser ca. 18,5 cm. Man erkennt deutlich die Haare, das markante Profil und die Kopfbedeckung (Mütze oder Stirnband).*

Abb. 12 *Menschenbüste im Profil vom Fundplatz Roc-aux-Sorciers, Dép. Vienne (Frankreich). Graviert, bildhauerisch ausgearbeitet und bemalt ist dieses Stück eine der eindrucksvollsten Menschendarstellungen des Paläolithikum; Höhe ca. 45 cm.*

der Herstellung von großen Klingen als Grundform für die Werkzeuge. Bestimmte Fertigungstechniken wie z. B. die Ausdünnung der Klingen durch Retusche (vergleichbar mit den Kostienkimessern) und viele retuschierte Rückenlamellen sind typisch für das Lussac-Angles-Magdalénien (vgl. Abb. 3).

Sicherlich erklärt auch die intensive künstlerische Aktivität und die damit verbundene Notwendigkeit spezifischer Werkzeuge vor allem für Gravur und Skulptur die zahlreichen spezifischen Formen wie Zinken, massive Stichel, große Steinspitzen (vgl. Abb. 3) und auch bearbeitete Gerölle.

Auf allen Fundplätzen wurden neben den Stein- und Knochenartefakten auch verschiedene andere Geräte und weitere Gegenstände entdeckt: Steinlampen, Schalen, Reibsteine und dazugehörige Läufer, mineralische und organische Farbstoffe, Raspeln aus porösem Vulkangestein, eine auffallend große Anzahl von stark fragmentierten Tierknochen und eine Vielzahl von gravierten, skulptierten oder bemalten Steinen. In einigen Fundschichten wurden ebenfalls menschliche Reste mit Schnittspuren entdeckt, die bereits auf den noch frischen Knochen entstanden sein müssen. Es gibt auch verbrannte menschliche Knochen.

Der Schmuck ist vielfältig und reich an Rohmaterialien und Formen (vgl. Abb. 4). So finden sich durchlochte und teilweise mit Gravierungen schraffierte Tierzähne von Fuchs, Wolf, Robbe, Rind und Steinbock, Perlen aus Elfenbein oder Geweih, kleine Segmente von Langknochen kleiner Säugetiere und Vögel sowie viele Schnecken und

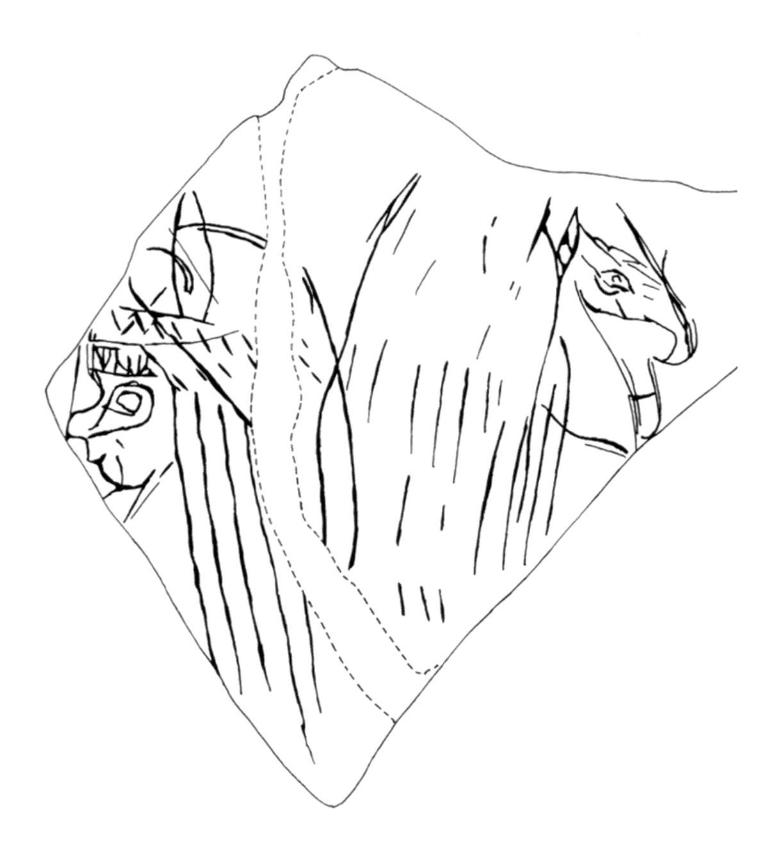

***Abb. 13** Zwei detaillierte Menschenköpfe aus La Marche, Dép. Vienne (Frankreich). Auf einer kleinen Steinplatte wurden diese beiden Darstellungen sauber und fein auf die Oberfläche graviert. Trotz der kleinen Dimensionen sind Augen, Haarschnitte und Schmuckelemente zu erkennen; Höhe 6 cm.*

Muscheln. Letztere stammen sowohl von tertiären Aufschlüssen in der Nähe der Fundplätze als auch von der zur Magdalénienzeit über 200 km entfernt liegenden Atlantikküste. Zungenbeine von Pferden wurden durchlocht und eingekerbt. Durchbohrte Schiefergerölle hatten vielleicht eine Doppelfunktion als Schmuck und Werkzeug. Farbstoffblöcke sind zerschlagen, zerrieben und zermahlen worden, um sie schließlich unter anderem als Körperbemalung zu nutzen, wie die intensive Rotfärbung der Schmuckperlen vermuten lässt, die vielleicht Hautkontakt hatten. Sicherlich hatte der Farbstoff auch andere Funktionen, denn seine Benutzung war dermaßen intensiv, dass einige Fundschichten regelrecht eingefärbt waren.

DIE KUNST DES MAGDALÉNIEN VON LUSSAC-ANGLES

Die Kunst des Magdalénien von Lussac-Angles zeigt sich stilistisch und thematisch zwar sehr homogen, weist aber dennoch auf technischer Ebene fundplatzspezifische Eigenschaften auf, die hauptsächlich auf der Wahl der Untergründe und Materialien beruhen. An allen Fundplätzen finden sich in der Tat Gravierungen auf Steinen oder Steinplatten – Gravierungen auf Knochen sind sehr selten –, aber am Roc-aux-Sorciers sind sie weit seltener als an anderen Fundplätzen, die dieser Gruppe zugeordnet werden. Hier überwiegen die Monumentalskulpturen an der Felswand. In der Höhle Réseau Guy Martin hingegen sind einige kalzitüberzogene Wände mit feinen Gravierungen versehen worden, ohne jegliche andere Modifikation größeren Ausmaßes aufzuweisen. In der großen Höhle von La Marche fehlen Skulpturen nahezu vollständig und verschwinden völlig hinter der eindrucksvollen Anzahl von fein gravierten Steinen. Sicherlich sind diese Unterschiede unter anderem rohmaterialabhängig. In der Tat ist der lokale Kalkstein in La Marche sehr hart und schlecht zur Skulptur geeignet, während das lokale Kalkgestein in Angles-sur-l'Anglin zur Bildhauerei regelrecht einlädt. Sicher spielt aber neben den Rohmaterialien auch eine lokale Tradition eine Rolle.

Tierdarstellungen sind sehr zahlreich (Pales/Saint-Péreuse 1969; Pales 1976; Pales 1981; Pales 1989; Airvaux 2001; Mélard 2008). Die Tierdarstellungen von La Marche decken nahezu das gesamte Spektrum der Großtiere des Magdalénien Westeuropas ab: Pferd, Bison, Auerochse, Mammut, Hirsch, Rentier, Reh, Steinbock, Hase, Kaninchen, Robbe, Seeelefant, Bär, Löwe, Wolf, Vögel etc. (siehe Abb. S. 372; vgl. Abb. 8–9).

Die Skulpturen auf den Wänden und Blöcken vom Roc-aux-Sorciers stellen ebenfalls eine große Vielfalt an Tieren dar, die jedoch von drei Arten dominiert werden: Pferd, Bison und Steinbock (vgl. Abb. 5–6). Es gibt aber auch Darstellungen von Gämsen, Saiga-Antilopen, Rentieren, Mammuten, Bären und Löwen. In der Höhle Réseau Guy Martin wurden Pferde, eine Raubkatze und ein Mammut als Gravierungen auf den Wänden entdeckt (vgl. Abb. 7). Die Steinplatten tragen Darstellungen von Vögeln, Robben, Mammuten und Pferden. In der in unmittelbarer Nähe gelegenen Höhle von Les Fadets wurden ebenfalls verschiedene Tierarten gezeichnet: Bär, Rentier und Pferd. Diese Abbildungen sind teilweise herausragende Kunstwerke. Die Darstellungsweise ist sehr naturgetreu und die anatomischen Proportionen sind ausgewogen und biologisch korrekt. Bei einigen Darstellungen haben sich die Künstler für eine spezifische Technik zur Erstellung der Zeichnungen entschieden: Die Umrisslinien wurden mehrfach wiederholt und teilweise leicht versetzt nachgezogen. Manchmal wurden sogar Gliedmaßen mehrfach gezeichnet. So entsteht der Eindruck von Bewegung und lässt die Darstellungen lebendiger erscheinen (vgl. Abb. 9).

Die Darstellungen lassen außer der Tierart und dem Geschlecht auch häufig sehr spezifische Verhaltensmuster erkennen. Einem Betrachter, der diese Tierarten gut kennt, stehen mit diesen Abbildungen also Individuen gegenüber. Die Darstellung ist ein direktes Abbild des beobachteten Lebens und wird durch den erzählenden Charakter zu einem Stück Geschichte, das Aufschluss über die Wahrnehmung der magdalénienzeitlichen Menschen und teilweise auch über ihr Verhältnis zu bestimmten Tierarten gibt.

Ein sehr interessantes Kunstwerk wurde auf einer kleinen Steinplatte von La Marche (4 x 5 cm) entdeckt (Mélard 2008). Heute in

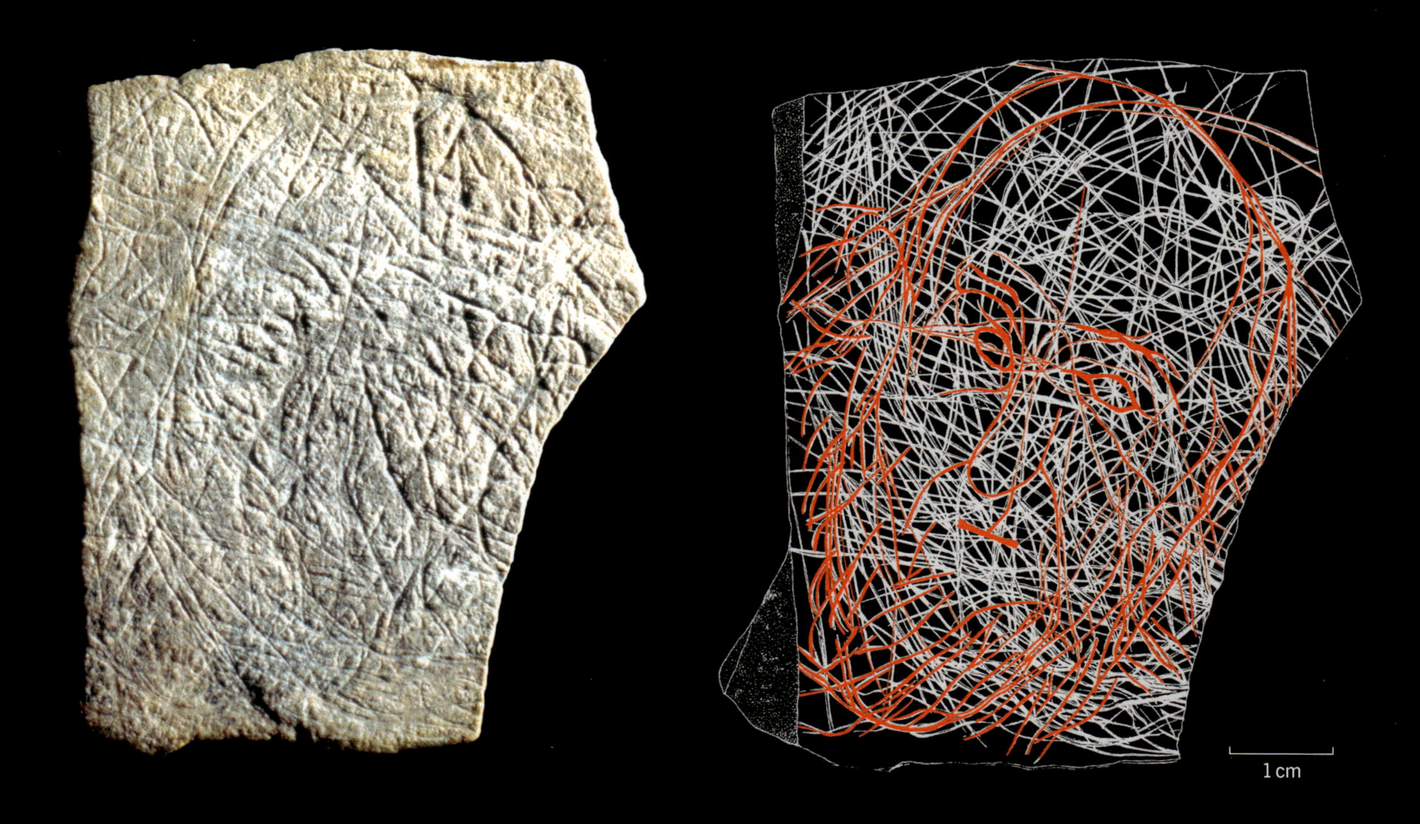

Abb. 14 *Auf einer dünnen Steinplatte vom Fundplatz La Marche, Dép. Vienne (Frankreich) wurde das Gesicht eines Vollbärtigen in Frontalansicht gezeichnet. Eine akribische Entzifferungsarbeit der Archäologen hat das Gesicht aus einem heute unverständlichen Strichgewirr herausgelöst.*

Abb. 15 *Der sog. »Entbindungsfries« aus der Höhle Réseau Guy Martin, Dép. Vienne (Frankreich) (Abguss). Sie besteht aus drei Vulva-Darstellungen, die mehr oder weniger weit geöffnete Organe zeigen. Die feine Gravierung eines Neugeborenen komplettiert die Szene, die dem »Mythos von Lussac-Angles« zugeordnet wird.*

AUF DEN HUND GEKOMMEN? – DIE GESCHICHTE DER ANNÄHERUNG VON MENSCHEN UND CANIDEN

Des Menschen treuer Gefährte, Hirte, Haus- und Hofwache, Retter, hilfreiche Spürnase etc. Der Hund ist heute in den westlichen Gesellschaften ein gängiger Begleiter und Arbeitskollege. Die Beziehungen zwischen Mensch und Hund reichen weit in die Geschichte zurück. Von Römern und Ägyptern wissen wir, dass es verschiedene Hunderassen gab, deren Rolle bereits fest in den Gesellschaften verankert war. Darstellungen auf Fresken, Mosaiken und dekorierter Keramik zeigen Bilder von Hunden bei der Jagd, im Haushalt oder beim Spiel.

Beute und Begleiter? Sicher ist, dass sich die Beziehung vom Menschen zu den Caniden (»Hundeartigen«) spätestens im ausgehenden Jungpaläolithikum (der jüngeren Altsteinzeit), d. h. seit über 11 000 Jahren nachweisen lässt. Noch weiter zurück in die Altsteinzeit, auf ca. 15 000 Jahre vor heute, datieren genetische und biometrische Untersuchungen das Auftreten domestizierter Caniden oder zumindest gezähmter Wölfe. Archäologische Funde sind eindeutige Belege dafür: Einige Knochenfunde und vor allem durchbohrte Zähne zeigen, dass Füchse und Wölfe sicherlich des Felles wegen gejagt und ihre Zähne als Schmuck verwendet wurden. Da Spuren von Entfleischung extrem selten sind, gehen Archäologen heute davon aus, dass diese Tiere im Jungpaläolithikum nicht als Nahrungsquelle gedient haben, für die Jungsteinzeit ist dies dagegen nachgewiesen. Dass die Verbindung zwischen Menschen und Caniden im Paläolithikum über die Beziehung von Jägern und Gejagten hinausgeht, beweisen einige Befunde aus verschiedenen Regionen Europas und Asiens. Vor allem verschiedene Bestattungen aus Russland, der Ukraine, Deutschland, Frankreich und Spanien bezeugen, dass Caniden teilweise mit Menschen begraben wurden. Bestattungen dieser Art sind eindeutige Belege für die Sonderstellung von Caniden als Gruppenmitglieder.
Aktuell bleibt noch umstritten, welche Canidenarten (der Gattung *Canis* wie z. B. Wölfe, Wildhunde, Schakale etc.) im Paläolithikum die Menschengruppen begleitet haben. Frühe domestizierte Caniden und zeitgleich auftretende Wölfe sind im Knochenspektrum und auch genetisch meist sehr schwer zu unterscheiden (Germonpré u. a. 2012; Boudadi-Maligne/Escarguel u. a. 2014). Neuere Forschungen auf diesem Gebiet sind vielversprechend und lassen auf interessante Ergebnisse bezüglich des Stammbaums der heutigen Hunde hoffen.

... oder kam der Hund auf den Menschen? So interessant die Aufschlüsselung der biologischen Stammbäume sein mag, die genaue Bestimmung der Canidenarten spielt eine untergeordnete Rolle, was die Ursprünge der Annäherung von Menschen und Caniden angeht. In der Tat sind sich Verhaltensforscher einig, dass die meisten Caniden, vor allem Wölfe, bereits in ihrer Wildform Sozialstrukturen bilden, die die Zähmung und Domestizierung begünstigen. Es gibt starke Ähnlichkeiten zwischen den Strukturen von Rudeln und denen von Menschengruppen. Zahlreiche Versuche aus der Verhaltensforschung haben gezeigt, dass Wolfsjunge ohne Weiteres direkt in eine Menschengruppe eingegliedert werden können (Zimen 2003). Es war im Jungpaläolithikum also durchaus möglich, ohne große Schwierigkeiten eine solche Eingliederung von wilden Caniden vorzunehmen. Das geschickte Jagdverhalten der wilden Caniden könnte die paläolithischen Menschen dazu veranlasst haben, den Versuch einer Zähmung zu unternehmen. Es ist auch möglich, dass sich die

Abb. 1 *Gravierte Steinplatte (Höhe ca. 5 cm) des mittleren Magdalénien von La Marche, Dép. Vienne (Frankreich). Hunderte von fein gravierten Strichen bedecken die Oberfläche. Die Tierdarstellung ist nur schwer zu erkennen.*

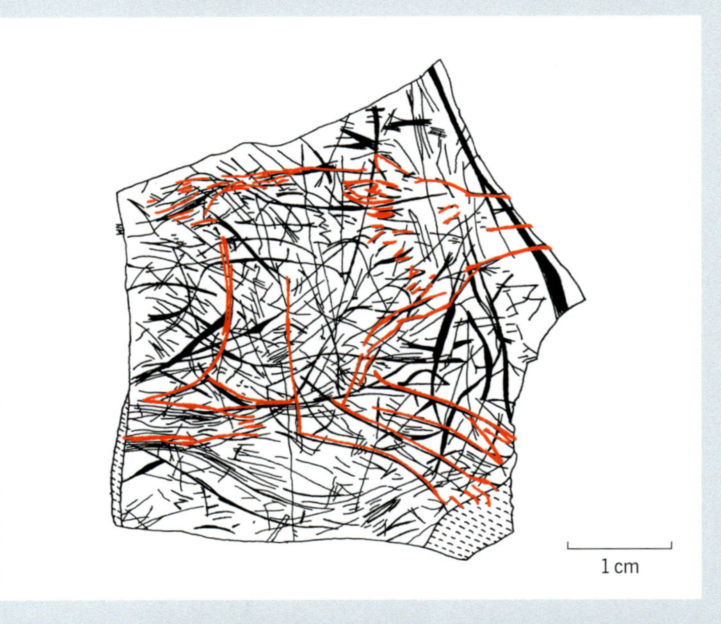

Abb. 2 *Umzeichnung der gravierten Steinplatte des mittleren Magdalénien von La Marche, Dép. Vienne (Frankreich). Die Umzeichnung, die mithilfe von Streiflichtfotografie und digitalen Scans angefertigt wurde, lässt eine sehr detailreiche und naturgetreue Darstellung eines Caniden erkennen.*

Caniden von selbst Menschengruppen angenähert haben. Man beobachtet auch heute noch bestimmte Wolfsrudel, die sich immer wieder in die Nähe von Menschengruppen begeben, um von Nahrungsresten zu profitieren. In vielen Fällen findet in solchen Situationen eine automatische Annäherung statt, die zwangsläufig zu einer engen Mensch-Tier-Beziehung führt.
Wie auch immer sich die Integration von Caniden in altsteinzeitliche Menschengruppen vollzogen hat, so muss man sich diese sicher nicht als einseitigen Vorgang, sondern eher als gegenseitige Annäherung vorstellen.

Bilder sprechen Bände: Die paläolithischen Bilder auf Höhlenwänden und die bildhaften Darstellungen in Form von Kleinkunst sind weltberühmt. Erstaunlich naturgetreu und technisch extrem ausgefeilt drückten sich die Menschen bereits im frühen Jungpaläolithikum (Aurignacien) aus. Die Tierdarstellungen der Kleinkunst der Schwäbischen Alb sowie die großartigen Tierbilder der Chauvet-Höhle in der benachbarten Ardèche sind Beispiele für die technische Fertigkeit der Steinzeitkünstler einerseits, aber auch für ihre außerordentliche Kenntnis der Tiere, die sie so lebensnah und dynamisch auf die Wände malten und zeichneten oder deren Körper sie aus Elfenbein, Geweih oder Knochen schnitzten.
Neben den archäozoologischen Daten und Befunden zur Beziehung von Menschen und Caniden liefert die Archäologie mit der Erforschung der paläolithischen Kunst auch weitere, sehr aufschlussreiche Quellen.
Im Gegensatz zu den zahlreichen Darstellungen von großen Pflanzenfressern (Pferd, Rentier, Bison, Mammut oder Wollnashorn) sind Bilder von Caniden extrem selten. Diese Darstellungen sind jedoch für die Untersuchung der Wechselbeziehung zwischen Menschen und Caniden sehr interessant.
Ein hervorragendes Beispiel ist eine 2004 entdeckte Gravierung vom magdalénienzeitlichen Fundplatz La Marche (Poitou-Charentes, Frankreich). Auf einer kleinen Kalksteinplatte hat vor über 14 000 Jahren ein Mensch eine sehr detailreiche Darstellung eines Caniden angefertigt (Abb. 1–2).
Einmal aus dem Strichgewirr herausgelöst, wird deutlich, wie genau hier anatomische Details dargestellt wurden. Nicht nur die Gattung (*Canis* sp.) kann ohne Zweifel bestimmt, sondern auch die Körperhaltung gelesen und von Seiten der Verhaltensforschung untersucht werden. Dank der Zusammenarbeit von Archäologen (Umzeichnung) und Spezialisten für die Erforschung von Caniden (Biologen und Verhaltensforschern) kann diese Gravierung entschlüsselt werden: Das Tier liegt auf dem Bauch, der Körper ist über den vier auf dem Boden liegenden Läufen angespannt, der Kopf nach oben gestreckt, sodass Hals und Brust freiliegen. Die Ohren sind eng an den Kopf nach hinten angelegt, das Maul ist geschlossen.
Die Untersuchung des Canidenbildes von La Marche lässt aus Sicht der Verhaltensforschung darauf schließen, dass das hier dargestellte Tier eine unterwürfige Gebärde zeigt. Noch präziser interpretieren die Verhaltenforscher das dargestellte Verhalten als aktive, auch spielerische Unterwürfigkeit. Caniden, seien es Wölfe oder auch Hunde, wenden dieses Verhalten zur Konfliktvermeidung an. Es handelt sich um ein intimes Verhalten, das heute lediglich von Verhaltensforschern durch Kameras oder durch schrittweise Integration in das Rudel beobachtet werden kann. Hunde zeigen es des Öfteren in Gruppen- oder Familienverbänden. Natürlich ist diese Beobachtung auf einer 14 000 Jahre alten Steinplatte von großem Interesse für die Archäologie und Anthropologie des Paläolithikum. Der Künstler, der die kleinformatige Ritzung von La Marche angefertigt hat, muss dieses unterwürfige Verhalten nicht nur mehrfach gesehen, sondern auch verstanden haben. Nur so ist es möglich, diese Gebärde naturgetreu darstellen zu können. Da es nahezu auszuschließen ist, dass ein paläolithischer Jäger und Sammler wilde Caniden wiederholt in dieser Haltung beobachtet hat, kann man davon ausgehen, dass hier ein Tier dargestellt ist, das sozial vollständig in die Menschengruppe eingegliedert war.
Ob es sich um einen gezähmten oder domestizierten Wolf *(Canis lupus)* oder bereits einen Hund *(Canis familiaris)* handelt, verrät uns die Darstellung von La Marche zwar nicht, sie ist jedoch ein klares Beweisstück für die enge soziale Beziehung von Menschen und Caniden.
Durch die systematische Forschung in Paläontologie, Biologie und Archäologie werden zukünftige Forschungen sicherlich noch mehr Licht in diese spannende Geschichte des »besten Freundes« des Menschen bringen.

Nicolas Mélard

einem dichten Strichgewirr verborgen, wurde mithilfe von 2D- und 3D-Technik auf dieser leicht fragmentierten Platte eine fast vollständige Darstellung eines Caniden (»Hundeartigen«; *Canis* sp.) herausgefiltert.

Diese Abbildung stellt aus mehrerlei Hinsicht eine Besonderheit dar. Darstellungen von Caniden sind in der paläolithischen Kunst an sich selten, zudem weist die Platte trotz ihrer kleinen Größe eine große Anzahl von anatomischen und verhaltensspezifischen Merkmalen auf, die weitergehende Betrachtungen zulassen (siehe Infobox »Auf den Hund gekommen?« von N. Mélard, S. 384 Abb. 1–2). Die Zusammenarbeit von Archäologen und Verhaltensforschern brachte neue Erkenntnisse über diese Darstellung.

Das Tier liegt auf dem Bauch, der Körper ist über den vier auf dem Boden liegenden Läufen angespannt, der Kopf nach oben gestreckt, sodass Hals und Brust freiliegen. Die Ohren sind eng an den Kopf nach hinten angelegt, das Maul ist geschlossen. Diese Merkmale können aus der Sicht der Verhaltensforschung als Unterwürfigkeitsgebärde, die eher spielerisch oder präventiv ist, interpretiert werden. In der Wildnis können derartige Verhaltensmuster vor allem innerhalb von Wolfsrudeln beobachtet werden. Es handelt sich um ein Verhalten, das eher in einer für das Rudel sicheren Situation zu beobachten ist. Entweder zeigt das Tier hier eine Gebärde, um einen Konflikt mit einem dominanten Artgenossen zu verhindern – das Tier zeigt in diesem Falle prophylaktisch seine Unterwürfigkeit – oder es könnte sich auch um eine Aufforderung zum Spiel handeln. Beide Möglichkeiten sind als friedfertig zu bezeichnen. Heute wird diese Art von Verhaltensweisen innerhalb der Rudel oder Wildhundmeuten mit Kameras oder von an die Tiere gewöhnten Spezialisten gemacht. Die Beobachtung derartiger Verhaltensweisen in freier Wildbahn, z. B. durch einen Jäger, ist viel schwieriger (Zimen 2003). Die Gravierung von La Marche wurde mit Sicherheit von einem Menschen gezeichnet, der dieses wiederholt

Abb. 16 Die »Venusdarstellungen« vom Roc-aux-Sorciers, Dép. Vienne (Frankreich), sind Frauenunterkörper mit physiologischen Details, v. a. im Bereich der Vulva (Teildarstellung des Monumentalfrieses).

beobachtet und die Bedeutung verstanden hat. Es scheint alles darauf hinzuweisen, dass auf dieser Steinplatte ein Tier abgebildet wurde, das innerhalb einer Menschengruppe gelebt hat. Ob es sich um einen gezähmten Wolf oder bereits einen Hund handelt, muss noch offen bleiben, doch zeugt diese Darstellung von der engen Beziehung zwischen Mensch und Caniden im Magdalénien.

Neben den Tieren sind sicherlich die Darstelllungen von Menschen der wichtigste und ungewöhnlichste Aspekt der Kunst des Magdalénien von Lussac-Angles. In allen vier Fundplätzen, die diesen Kulturkreis definieren, sind Abbildungen von Menschen vorhanden (Abb. 16–18; vgl. Abb. 10–15). Es handelt sich nicht um einfache Umrisse oder schematische Darstellungen, sondern meist um regelrechte Portraits. Neben vielen biomorphologischen Details wurden auch Kleidungselemente und Schmuck abgebildet. Die Darstellungen zeigen Menschen, Individuen unterschiedlichen Alters und Geschlechts, manchmal in Gruppen oder Paaren, mit unterschiedlichen Körperhaltungen und Verhaltensweisen (vgl. Abb. 10). Es können Haar- und Bartschnitte sowie persönliche Gesichtsmerkmale (Form der Nase, Stirn etc.) erkannt werden (vgl. Abb. 11–14; 17). Hier wird nicht das menschliche Wesen an sich dargestellt, sondern es sind Personen, die einen Namen tragen und deren Bild als Gravierung wahrscheinlich von ihren Gruppenmitgliedern identifiziert werden konnte. In der Höhle Les Fadets wurde eine Gravierung eines Menschen entdeckt, der höchstwahrscheinlich einen Jagdbogen trägt (vgl. Abb.10). Dieses Werk scheint also grafisch die Existenz dieser Waffe im 16. Jahrtausend vor heute zu bezeugen (Airvaux/Chollet 1985).

Im Magdalénien von Lussac-Angles ist aber einer der interessantesten Aspekte das Vorhandensein von Darstellungen von Frauen in

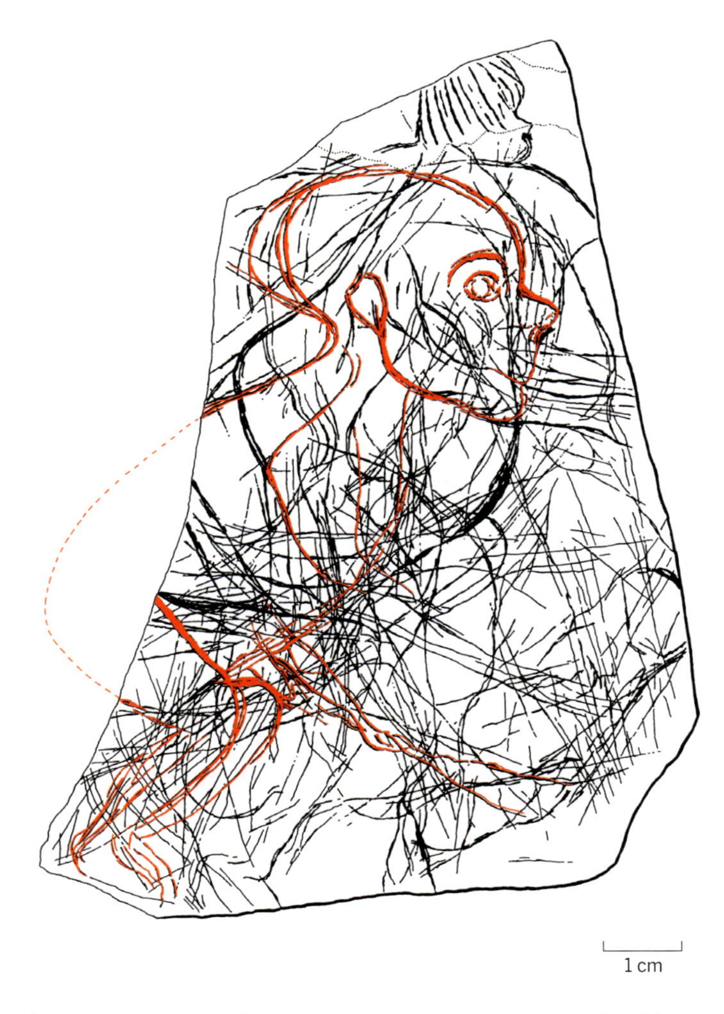

Abb. 17 *Auf einer Steinplatte aus La Marche, Dép. Vienne (Frankreich), wurden sukzessive und sich überlagernd eine schwangere Frau und ein neugeborenes Kind (wahrscheinlich sogar mit Nabelschnur) graviert.*

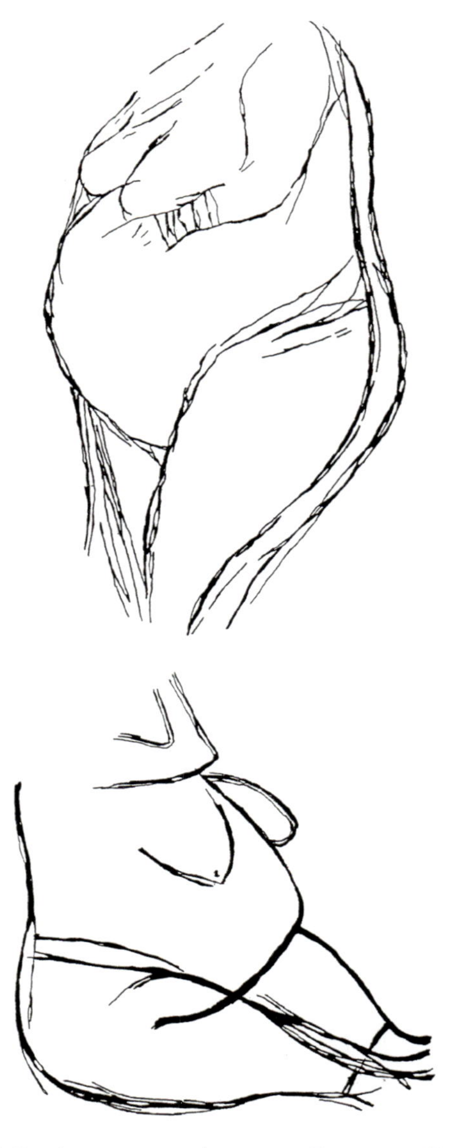

Abb. 18 *Gravierungen von schwangeren Frauen vom Fundplatz La Marche, Dép. Vienne (Frankreich). Beide Frauen wurden ohne Kopf gezeichnet, besitzen deutliche Merkmale einer Schwangerschaft im fortgeschrittenen Stadium und tragen Arm- bzw. Knöchelschmuck; ohne Maßstab.*

verschiedenen Stadien des Fortpflanzungszyklus (Schwangerschaft und Geburt).

Am Felsen des Roc-aux-Sorciers befindet sich der sog. »Venus-Fries«, der sich aus drei Frauenkörpern zusammensetzt, die klare morphologische Unterschiede aufweisen. Diese können ohne Weiteres als verschiedene physiologische Stadien der weiblichen Fortpflanzung interpretiert werden (vgl. Abb. 16; Airvaux 1998; Airvaux 2001). Im Réseau Guy Martin befindet sich ein in dieser Hinsicht sehr bedeutendes Ensemble. Es handelt sich um die Gravierung dreier Vulven, ebenfalls mit unterschiedlichen Morphologien. Dazu kommt die Darstellung eines Menschen, die ohne Zweifel als die eines Neugeborenen identifiziert werden kann (vgl. Abb. 15). In der einzigen archäologischen Schicht des Réseau Guy Martin wurde eine Steinplatte entdeckt, auf der eine im fortgeschrittenen Stadium der Schwangerschaft befindliche Frau dargestellt ist. In La Marche sind die Frauendarstellungen zahlreich und zeugen meist vom selben Thema: schwangere Frauen, oft ohne Darstellung des Kopfes. Einige tragen Arm- oder Knöchelbänder oder auch Gürtel. Erstaunlich ist die Position der Frauen, die nach heutiger Sichtweise der Schmerzlinderung oder Geburt keineswegs dienlich ist (vgl. Abb. 18). Eine der Platten von La Marche zeigt eine dreiphasige Darstellung, in der der Akt der Geburt zu sehen ist: Über der Gravierung einer schwangeren Frau wurde das Bild eines Neugeborenen angefertigt (vgl. Abb. 17). Eine andere Gravierung stellt eine Menschenfigur einer Vulva gegenüber (Abb. 19). Dieser Thematik können auch die

Abb. 19 Eine kleine Steinplatte von La Marche, Dép. Vienne (Frankreich) mit einer sehr feinen, detaillierten Darstellung eines Menschen und einer Vulva. Die Hände des Menschen sind sich öffnend zur Vulva gerichtet – vielleicht die Darstellung einer Geburt?

isolierten Vulva-Darstellungen zugeordnet werden, die besonders auf Pferdezähnen oder auch auf Steinplatten vorzufinden sind (Abb. 20). Es ist offensichtlich, dass diese Bilder mit einer Art Mythos über die menschliche Fortpflanzung in Verbindung gebracht werden können. Er soll hier als »Mythos von Lussac-Angles« angesprochen werden. Es ist in der Tat so, dass diese sich in der regionalen Kultur des mittleren Magdalénien wiederholende Thematik der Fortpflanzung nicht nur die Menschendarstellungen, sondern auch die Tierbilder betrifft. Tatsächlich gibt es einige Beispiele von trächtigen Tieren oder von Jungtieren.

Die Menschen des Magdalénien von Lussac-Angles zeigen mit ihrer Kunst ein großes Interesse am Thema des fortwährenden Zyklus des Lebens im weiteren Sinne. In vielen ihrer künstlerischen Darstellungen thematisierten sie immer wieder die prägnantesten Momente der weiblichen Physiognomie während der Schwangerschaft und der Geburt. Die Geburt und das Überleben der Kinder wurden sehr wahrscheinlich als eine Garantie für das Fortbestehen der Generationen, der Gruppe und Menschengemeinschaften wie auch als Sicherung der Ernährung angesehen und deshalb hoch geschätzt.

Abb. 20 Unterer Schneidezahn eines Pferdes aus La Marche, Dép. Vienne (Frankreich). Am Kronenrand ist eine Vulva eingraviert; Länge des Zahnes ca. 5 cm. ➤

5 KLIMAÄNDERUNGEN UND DIE GESELLSCHAFT

Wolfgang Behringer

DAS WECHSELHAFTE KLIMA DER LETZTEN 1000 JAHRE

Während man bis vor wenigen Jahrzehnten davon ausgegangen ist, dass das Klima im Wesentlichen konstant sei, wissen wir inzwischen, dass es sich nicht nur in den letzten Jahrmillionen oder in Zehntausenden von Jahren verändert, sondern auch relativ kurzfristig. Innerhalb des letzten Jahrtausends unterscheiden wir mittlerweile drei große Epochen: die Hochmittalterliche Warmzeit, die Kleine Eiszeit und die Globale Erwärmung unserer Zeit (Behringer 2007).

DIE HOCHMITTELALTERLICHE WARMZEIT

Als die Wikinger im 7. Jahrhundert im Nordmeer eine Insel entdeckten, gaben sie ihr den Namen, den sie heute noch trägt: Sie erschien ihnen als ein eisiges Land, als *Island.* Im Zuge einer Erwärmung war die Insel aber zu Beginn des 10. Jahrhunderts weniger abweisend (Ogilvie 1991) und mehrere hundert Häuptlingsfamilien aus Norwegen begannen mit der Besiedelung, festgehalten in einer berühmten Quelle, dem *Landnamabook* (Buch der Landnahme). Im Jahr 982 segelte der Wikinger Erik der Rote (ca. 950–1004) weiter nach Westen und entdeckte dort eine noch viel größere Insel. Nach drei Jahren kehrte er zurück und warb Siedler für seine Insel, das grüne Land. 25 Schiffe brachen 985 zur Besiedelung Grönlands auf. Eriks Sohn, Leif Erikson (ca. 970–1020), erkundete von dort aus die Küste noch weiter im Westen. Er nannte sie *Markland* (= Waldland) und *Vinland* (= Weinland), das heutige Neufundland (Abb. 1; Seaver 1996). Im Jahr 1000 entschied das Parlament Islands, das *Althing,* die Einführung des Christentums. Auch nach Grönland wurde kurz nach 1100 ein Bischof entsandt. Die Ruine seiner Bischofskirche kann man heute noch besuchen. Die Wikinger auf Island und Grönland führten wie in Norwegen das Leben europäischer Bauern. Sie lebten von Ackerbau und Viehzucht, aßen Brot und Fleisch und trieben Handel mit Norwegen und Schottland (Dansgaard u. a. 1975).

Möglich geworden war diese Besiedelung des hohen Nordens durch eine klimatische Veränderung. Die Vorstellung von einer *»Medieval Warm Period«* (MWP) wurde 1965 durch den englischen Klimaforscher Hubert Horace Lamb (1913–1997) ausformuliert. Seine Schlussfolgerungen beruhten auf der historischen Überlieferung und auf physikalischen Klimadaten. Den Höhepunkt seiner Warmzeit sah Lamb trotz des Aufsatztitels, der von *»Early Medieval Warm Period«* spricht (Flohn 1985), zwischen 1000 und 1300. Richtiger muss man also von einer »Hochmittelalterlichen Warmzeit« sprechen. Während dieser Klimaperiode häuften sich warme, trockene Sommer und milde Winter. Das Ausmaß der Erwärmung schätzte Lamb auf 1–2 °C über dem Mittelwert der Normalperiode von 1931–1960. Im hohen Norden war es sogar bis zu 4 °C wärmer. Es gibt kaum Berichte über Treibeis zwischen Island und Grönland. Erdbegräbnisse auf Grönland wurden in Lagen ausgegraben, in denen noch heute Permafrost herrscht (Lamb 1965). Die Hochmittelalterliche Warmzeit lässt sich ablesen am weltweiten Rückzug großer Gletscher im Zeitraum zwischen ca. 900 und 1250/1300 (Grove/Switsur 1994). Chronisten berichten auch aus Deutschland über zahlreiche Klimaextreme. Nürnberger Quellen klagen für 1022, dass Menschen »auff den Strassen vor großer Hiz verschmachtet und ersticket« seien, dass Bäche und Flüsse, Seen und Brunnen austrockneten und Wassermangel eintrat. Eine längere Warmphase ereignete sich zwischen 1080 und 1120, als Hitze mit Feuchtigkeit kombiniert war. Der Sommer 1130 war dagegen so trocken, dass man durch den Rhein waten konnte. Das folgende Jahrzehnt zeichnete sich durch große Trockenheit und zahlreiche Waldbrände in Mitteleuropa aus. Im Jahr 1135 führte die Donau so wenig Wasser, dass man sie zu Fuß durchqueren konnte. Die Autoritäten waren so klug, den Niedrigstand des Wassers auszunutzen: In diesem Jahr wurden die Fundamente für die berühmte Steinerne Brücke von Regensburg gelegt. Die 1180er Jahre sahen die wärmste bekannte Winterdekade. Im Winter 1186/87 herrschten sommerliche Temperaturen und im Januar blühten bei Straßburg die Bäume (Glaser 2001). Als Ursache für die Erwärmung wird eine erhöhte Sonnenaktivität gesehen (Jirikowic/Damon 1994).

Der Warmzeit war das sog. »frühmittelalterliche Pessimum« vorausgegangen, weltweit gekennzeichnet durch Missernten und Bevölkerungsrückgang, den Zusammenbruch großer Reiche, von Völkerwanderungen und einem Vordringen der Wälder in Mitteleuropa. Die Hochmittelalterliche Warmzeit war dagegen eine Zeit des Bevölkerungswachstums, der Waldrodungen und der Stadtgründungen. Mit den Rodungen entstand das für Europa typische, durch die Landwirtschaft geprägte Landschaftsbild, das nur einzelne Waldinseln

◄ *Gletscher im Glacier Bay National Park, Alaska (USA).*

stehen ließ. Die Produktivität der Landwirtschaft führte zu einem Abebben der Hungersnöte, zu einer Verbesserung der Ernährung, zu zahlreichen Erfindungen und zu einem langfristigen gesellschaftlichen Aufschwung, in Europa ebenso wie in China und anderen Teilen der Welt. Dies war erneut eine Zeit, in der große Reiche entstanden, etwa das Heilige Römische Reich Deutscher Nation unter den schwäbischen Dynastien der Salier und der Staufer oder das China der Song-Zeit. Im Hochmittelalter florierten sogar Reiche hoch im Norden, wie die der russischen Stadtstaaten und die skandinavischen Königreiche Schweden und Norwegen. Die Wikingersiedlungen in Grönland und Island blühten etwa zwei Jahrhunderte lang. Doch dann begann eine Zeit des Leidens. Der Norden Europas begann abzukühlen. Die Ernten wurden magerer, Viehsterben reduzierte die Lebensgrundlage und Epidemien brachen aus (Tomasson 1977). Der Kontakt nach *Vinland* brach ab und die europäischen Siedlungen auf Grönland verschwanden. Erst in den letzten Jahrzehnten wurden sie wieder ausgegraben, um die genauen Gründe dafür zu erforschen (Barlow u. a. 1997).

DIE KLEINE EISZEIT

Warum sich das Klima seit dem späten 13. Jahrhundert abkühlte, können wir nicht genau sagen (siehe Infobox »Kleine Eiszeit« von W. Behringer, S. 395). Im Wesentlichen werden drei Faktoren diskutiert: (1) Ob Milankovitch-Forcings (Exzentrizität[1], Obliquität[2] und Präzession[3] der Erdbahn) eine Rolle spielen, ist nicht gesichert, da

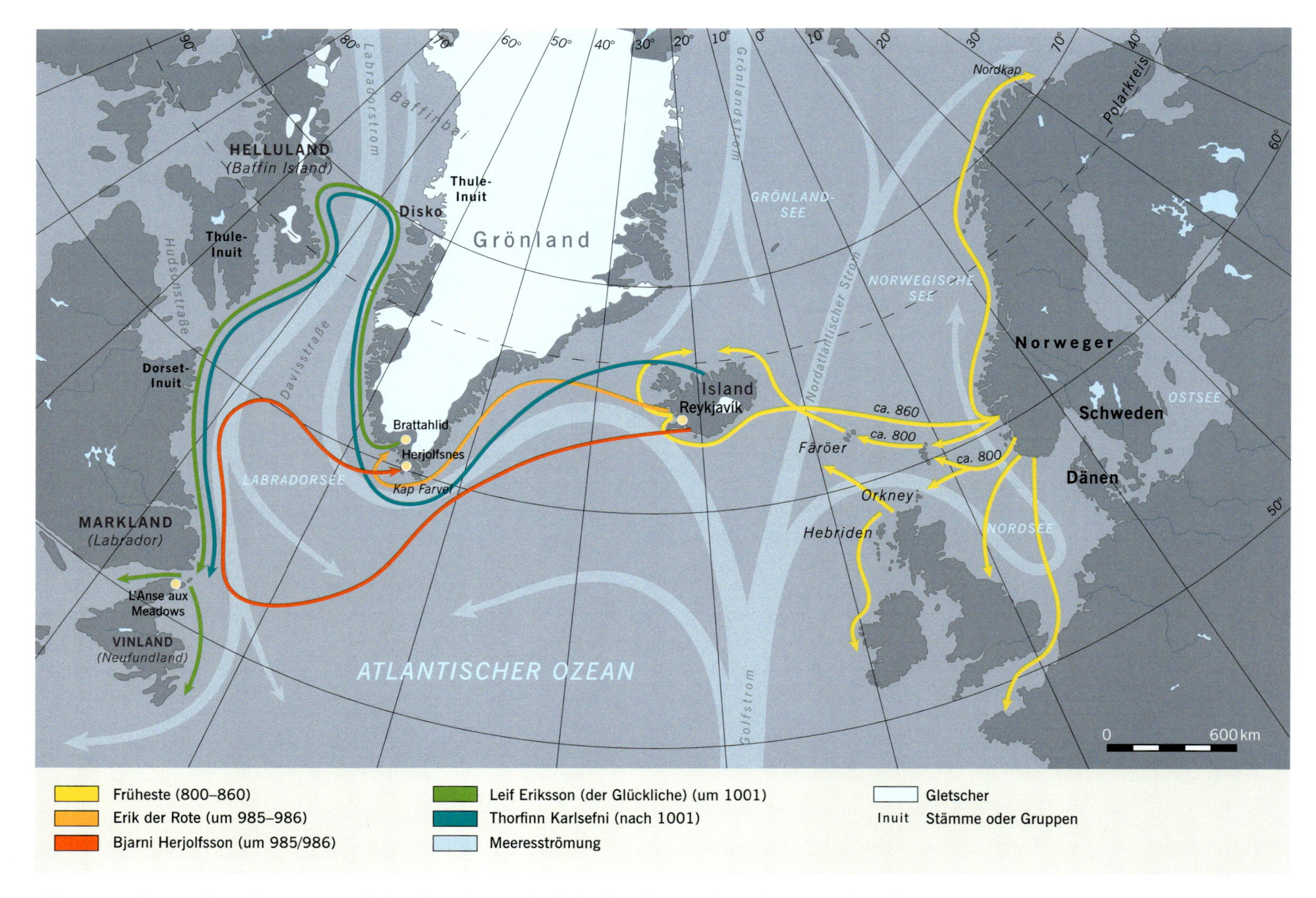

Abb. 1 *Expeditionen der Wikinger im Nordatlantik. In den Geschichtsbüchern beginnt das Wikingerzeitalter offiziell mit dem ersten Wikingerraubzug auf das Kloster von Lindisfarne, Northumberland, in Nordengland im Jahr 793. Sie erreichten als Seefahrer im Norden nicht nur England, sondern drangen auch bis nach Island, Grönland und das heutige Neufundland (Kanada) vor. Mit Beginn des 11. Jahrhunderts gingen allmählich ihre räuberischen Überfälle und Plünderungen zurück und die Wikinger als kriegerische Seefahrer verschwanden.*

KLEINE EISZEIT

Der Begriff »Kleine Eiszeit« wurde Ende der 1930er Jahre von dem amerikanischen Glaziologen Francois Matthes (1875–1949) geprägt. Zunächst tauchte er in einem Report über jüngere Gletschervorstöße in Nordamerika auf (Matthes 1939), dann im Titel eines Aufsatzes über die geologische Interpretation von Gletschermoränen des Yosemite Valley in Kalifornien. Matthes interessierte sich für die Abkühlungen nach dem postglazialen klimatischen Optimum, also für die letzten 3000 Jahre und hier insbesondere für die Abkühlung nach der Warmzeit des Mittelalters. Die meisten heute noch existierenden Gletscher in Nordamerika gehen nach Matthes nicht auf die letzte große Eiszeit zurück, sondern entstanden in dieser relativ kurz zurückliegenden Periode. Diese Zeit vom 13. bis zum 19. Jahrhundert (Abb. 1), in der es zu Gletschervorstößen in den Alpen, in Skandinavien und in Nordamerika gekommen war, nannte er – im Unterschied zu den großen Eiszeiten – »*the little ice age*« (Matthes 1950). Dieser Begriff wurde 1955 durch den schwedischen Wirtschaftshistoriker Gustaf Utterström (1911–1985) aufgegriffen, der vorschlug, die ökonomischen und demografischen Schwierigkeiten Skandinaviens im 16. und 17. Jahrhundert durch eine Periode der Klimaverschlechterung zu erklären (Utterström 1955). Von der Gletscherforschung ist nachgewiesen worden, dass während des Klimapessimums (Klimaungunst) der »Kleinen Eiszeit« ein weltweites Wachstum der Gletscher zu beobachten ist (Grove 1988). Mittlerweile ist die Existenz der »Kleinen Eiszeit« nicht mehr umstritten. Heute bezeichnen wir den ganzen Zeitraum zwischen der Hochmittelalterlichen Warmzeit und dem Beginn der Globalen Erwärmung – also etwa zwischen 1300 und 1900 – als »Kleine Eiszeit«.

Abb. 1 *London (England), Frostjahrmarkt auf der Themse mit der Old London Bridge im Hintergrund, ca. 1685. Ölgemälde auf Leinwand eines unbekannten Künstlers aus dem 17. Jahrhundert; Yale Center for British Art, Paul Mellon Collection.*

Wolfgang Behringer

diese normalerweise auf einer anderen Zeitskala stattfinden (siehe Beitrag von V. Bothmer, S. 28). Ein wichtiger Faktor (2) ist die Sonneneinstrahlung (Insolation), die sich vermutlich etwas abgeschwächt hat. Entgegen unserem Schulbuchwissen gibt es keine Sonnenkonstante. Im Verlauf der letzten tausend Jahre kennen wir sogar mehrere Perioden, in denen das Fehlen von Sonnenflecken eine besonders geringe Sonnenaktivität anzeigt: das »Wolf-Minimum« (ca. 1282–1342), das »Spörer-Minimum« (ca. 1450–1534) und das »Maunder-Minimum« (ca. 1645–1715). Ein weiterer Faktor (3) wäre der Vulkanismus (Abb. 2–3). Größere Vulkanausbrüche stoßen solche Mengen an Gasen bis in die Stratosphäre aus, dass deren Abbauprodukte – die Aerosole (Schwebeteilchen) – einen Schleier bilden, der die Sonneneinstrahlung reflektiert und auf der Erde zu einer Abkühlung führt. Da die Aerosole durch Höhenwinde verteilt werden, kann dieser Effekt weltweit auftreten und bis zu zwei Jahre lang andauern. Sobald die Aerosole in die Atmosphäre eintreten, werden sie durch Regen ausgewaschen und der Effekt endet. Die sozialen Turbulenzen, die durch solche Abkühlungen ausgelöst werden, können allerdings länger andauern (siehe Infobox »Tambora« von W. Behringer, S. 398). Außerdem finden wir im Verlauf der Kleinen Eiszeit mehrmals ganze Gruppen von Vulkanausbrüchen, deren Wirkung sich überlagerte und verstärkte (Mauelshagen 2010).

Wenn wir uns auch gegenwärtig wegen des *»Global Warming«* Sorgen machen, so muss man doch deutlich sagen, dass das Gegenteil davon – nämlich ein *»Global Cooling«* – erheblich größere Probleme bereiten würde. Mit einer solchen globalen Abkühlung haben wir es tendenziell in der Kleinen Eiszeit zu tun, ablesbar unter anderem an jenem Wachstum der Gletscher (Abb. 4), das überhaupt zu ihrer Entdeckung geführt hat. Bereits die relativ geringen Abkühlungen während der Kleinen Eiszeit – wir sprechen hier lediglich von durchschnittlich 1–2 °C im Vergleich zu über 10 °C während der letzten Großen Eiszeit – bereiteten ganz erhebliche Probleme. Das liegt unter anderem daran, dass lokal begrenzt die Temperaturschwankungen erheblich größer sein konnten, aber auch daran, dass die Produktivität der frühneuzeitlichen Landwirtschaft nicht sehr hoch und an die örtlichen Klimabedingungen angepasst war. Selbst eine geringe Abkühlung, eine verkürzte Vegetationsperiode, Spätfröste im Frühjahr oder früh einsetzender Schneefall konnten zu erheblichen Ernteausfällen führen (Pfister 1988). Missernten bei den Grundnahrungsmitteln – in Europa Brotgetreide, in Ostasien Reis, in Mexiko Mais – führten zu Hunger und Mangelernährung, diese häufig zum Ausbrechen von Seuchen und zu politischen Unruhen und Revolutionen.

Ähnlich sensibel reagierte die Landwirtschaft auf Veränderungen der Niederschlagsmenge. Dürre oder im Gegenteil Starkregen und Überschwemmungen trafen oft mit den Temperaturschwankungen zusammen und verstärkten die Katastrophe. Starkregen oder Dürre konnten mit Vulkanausbrüchen zusammenhängen. Sie traten jedoch

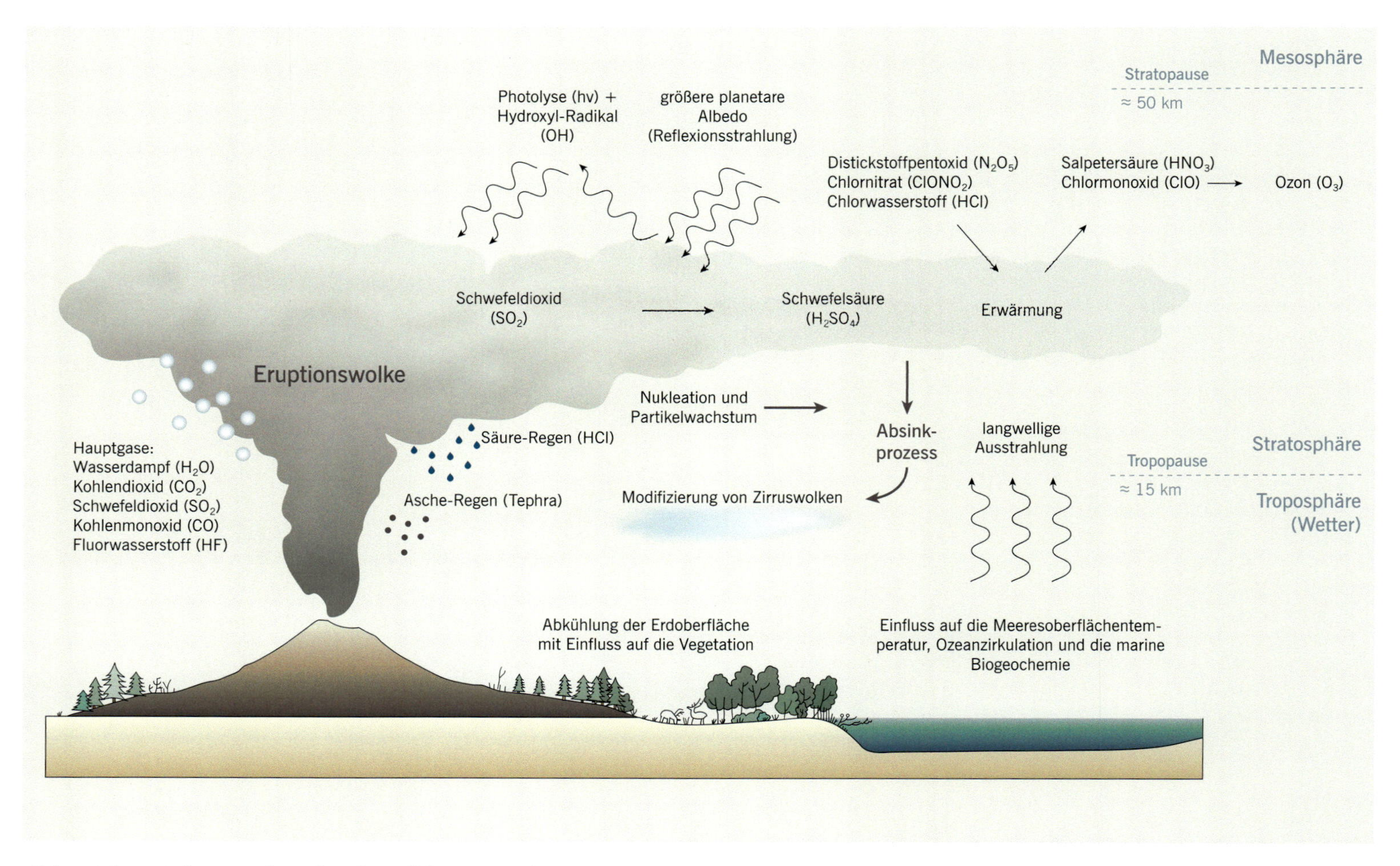

Abb. 2 *Schematische Darstellung des Klimaeffektes von großen Vulkaneruptionen. Sie können große Mengen von Gasen sowie festen Teilchen (Asche) in die obere Atmosphäre eintragen. Die vulkanische Asche fällt aufgrund ihrer Größe und Masse schnell aus der Atmosphäre aus. Stratosphärische Aerosole (Schwebeteilchen) beeinflussen das globale Klimasystem auf vielfältige Weise. Sie haben einen direkten Strahlungseinfluss, indem sie die einfallende solare Strahlung streuen und die Wärmestrahlung der Erde absorbieren.*

genauso infolge eines weiteren klimawirksamen Faktors auf: der *»El-Niño-Southern-Oscillation«* (ENSO). Unter El Niño versteht man seit 1895 das periodische Auftreten von warmem Wasser vor der Küste von Peru. Die Warmwasserströmung verdrängt den fischreichen Humboldtstrom, was – wie z. B. im Jahr 2017 – zu Starkregen mit massiven Überschwemmungen in der sonst trockenen peruanischen Küstenregion führt. Erst in den 1960er Jahren hat man entdeckt, dass dieser Effekt durch eine Umkehr der Passatwinde entsteht, die warmes Wasser von Ostasien und Australien über den Pazifik nach Südamerika treibt. Sie ist direkt verknüpft mit der *»Southern Oscillation«*, dem Wechsel des Wettergeschehens in Asien. Wenn in Peru El Niño auftritt, trocknen Australien und Indonesien aus und riesige Waldbrände und Buschfeuer treten auf. Außerdem schwächt sich der Sommermonsun so weit ab, dass der Regen in Indien und Afrika ausbleibt und es dort zu massiven Hungersnöten kommt. Wir können beobachten, dass gleichzeitig auch oft Hungersnöte in China und Europa auftreten. Wie diese Verknüpfung entsteht, ist ebenso wenig befriedigend geklärt wie der Zusammenhang von ENSO mit der Kleinen Eiszeit. Historiker

Abb. 3 *Aufnahme der bis in die Stratosphäre reichenden Eruptionswolke des Vulkans Sarytschew auf der Kurilen-Insel Matua (Russland) aus der Raumstation ISS am 12. Juni 2009. Deutlich lassen sich die braunen Aschewolken von den weißen Dampfwolken unterscheiden. Sie beeinflussen u. a. das Klima. Gut sichtbar werden in dieser frühen Phase des Ausbruchs auch die Auswirkungen der Druckwelle der Explosion. Sie hat ein Loch in die Zirruswolkendecke gerissen.* ➤

TAMBORA

Die genauen Umstände des Ausbruchs des Vulkans Tambora auf der indonesischen Insel Sumbawa am 10. April 1815 wurden durch den britischen Gouverneur, Thomas Stamford Raffles (1781–1826), durch eine aufwendige Umfrage unter allen britischen Residenten in Hinterindien – dem heutigen Indonesien – eruiert und in Berichten an die *British East India Company* in London zusammengestellt, die immer wieder nachgedruckt wurden. Aus diesen Berichten geht hervor, dass in dieser vulkanisch äußerst aktiven Region, gemäß den Erinnerungen und den vorhandenen Aufzeichnungen, niemals eine größere vulkanische Explosion stattgefunden hatte (Ross 1816). Nachdem am Beispiel des Krakatau-Ausbruches von 1883 bewiesen worden war, dass ein Vulkanausbruch weltweite Klimafolgen haben kann (Symons 1888), wies der amerikanische Atmosphärenphysiker William Jackson Humphreys 1913 nach, dass die klimatischen Auswirkungen des Tambora-Ausbruchs weit größer als die des Krakatau gewesen sein müssen (Humphreys 1913). Nach der Entwicklung des *Volcanic Explosivity Index* (VEI) als Maßeinheit für die Größe von Vulkanausbrüchen (Newhall/Self 1982) wurde der Tambora-Ausbruch als größter Ausbruch in der Geschichte der Menschheit identifiziert. Auf einer Skala von 1–7 wurde er zunächst allein mit Grad 7 eingestuft. Grad 8 war für Supervulkane wie den Yellowstone reserviert, der zuletzt vor 600 000 Jahren explodiert ist (Simkin/Siebert 1994).
Geologen versuchen seit einigen Jahren, den *Impact* (Wirkung, Auswirkung) des Tambora-Ausbruchs zu bestimmen (Stothers 1984; Self u. a. 1984; Harrington 1992; Oppenheimer 2003; Klingaman/Klingaman 2013). Aber erst seit kurzem wird versucht, alle regionalhistorischen Publikationen zu den Hungersnöten (Marjolin 1933; Peacock 1965; Moltmann 1989; Specker 1993; Echenberg 2011), sozialen Unruhen und Rebellionen, kulturellen Verwerfungen und Bewältigungsstrategien wie Sozialreformen, Erfindungen (Abb. 1), Infrastrukturprojekte oder Auswanderung unter dem Begriff der »Tambora-Krise« zusammenzufassen (Behringer 2016). Während klimaphysikalisch die Krise nach spätestens zwei Jahren ausgestanden war, weil wie bei allen Vulkanausbrüchen die Aerosole (Schwebeteilchen) dann aus der Atmosphäre ausgewaschen worden sind, konnte die soziale Krise weit darüber hinaus andauern. Neuere Untersuchungen haben gezeigt, dass die Folgen – wie im Süden Afrikas – jahrzehntelang, wegen der Schaffung von Pfadabhängigkeiten (festgefahrene, falsche Strategien bzw. Entscheidungen), im Falle Indiens oder Chinas sogar über eineinhalb Jahrhunderte, andauern konnten (Cao u. a. 2012).

Wolfgang Behringer

Abb. 1 *Im Jahr 1816 – dem sog. »Jahr ohne Sommer« – waren Futtermittel knapp in Europa und viele Pferde starben. Als indirekte Folge des Tambora-Ausbruchs von 1815 gilt die Erfindung des Ur-Fahrrads »Draisine« durch den Freiherrn von Drais. Hier ein Nachbau aus dem Technoseum Mannheim.*

sind sich allerdings darüber einig, dass zumindest in den Hochphasen dieser Periode besonders zahlreiche klimatische Extremereignisse auftraten (Caviedes 2005).

Im Unterschied zur Hochmittelalterlichen Warmzeit, als manche Winter sommerlich wirkten, traten während der Kleinen Eiszeit wiederholt die sog. Jahre ohne Sommer auf: Sommer, die ungewöhnlich kühl blieben und in denen die Menschen die Sonne kaum zu sehen bekamen – mit ähnlichen Folgen wie heute. Melancholie zählte nicht umsonst zu den typischen Krankheitsbildern der Frühen Neuzeit. Ängstliche Naturen – die es auch damals gab – meinten, sie würden sterben und das Ende der Welt anbrechen. In Jahren wie 1628 oder 1816 regnete es außerdem in Mitteleuropa die Sommermonate über fast ständig. Und wenn die Sonne doch einmal herauskam, wirkte sie kraftlos und krank (Lehmann 1986). Ein anderes Kennzeichen waren jene Extremwinter, deren Merkmale in zahlreichen Chroniken festgehalten wurden: Die Vögel fielen tot vom Himmel, der Wein fror in den Kellern ein und sprengte die Fässer, der Postreiter saß bei seiner Ankunft am Zielort tot auf seinem Pferd. Wölfe kamen aus den Wäldern und überfielen Einzelhöfe und Reisende (Post 1985).

Als Klimamarker dient das Zufrieren der großen Alpenseen (Bodensee, Zürichsee, Gardasee), der großen Flüsse (Rhein, Rhone, Themse, Guadalquivir) und das Zufrieren von Meeresteilen (Lagune von Venedig, Mittelmeer vor Marseille) bzw. ganzer Meere: Als im Jahr 1658 die Ostsee zufror, konnte König Karl X. den Belt überqueren und Dänemark erobern (Camuffo 1987). Im Extremwinter 1708/1709, dem sowohl der Ausbruch des Vulkans Fujijama in Japan als auch ein starker El Niño vorausgingen, froren die Lagune von Venedig (Abb. 5), die Ostsee, der Gardasee, der Zürichsee und der Bodensee zu, außerdem die Themse bei London, die Elbe bei Hamburg, die Maas, der Rhein bei Köln, die Rhone, die Garonne und zahllose andere Flüsse und Seen. In der Nacht vom 9.–10. Januar 1709 wurden in Berlin (umgerechnet) -30 °C gemessen, die Tageshöchstwerte lagen bei -19 °C. Der Frost hielt drei Wochen lang an und im Februar begann eine weitere Frostperiode. Hungersnöte und Epidemien gab es in ganz Europa und in China (Monahan 1993). In den österreichischen Alpen starb in diesem Extremwinter die letzte Steinbockpopulation aus (Zechner in Vorb.).

Die Verkürzung der Vegetationsperiode führte zu großräumigen Anpassungen, wie etwa die Aufgabe vieler Tausender von Siedlungen

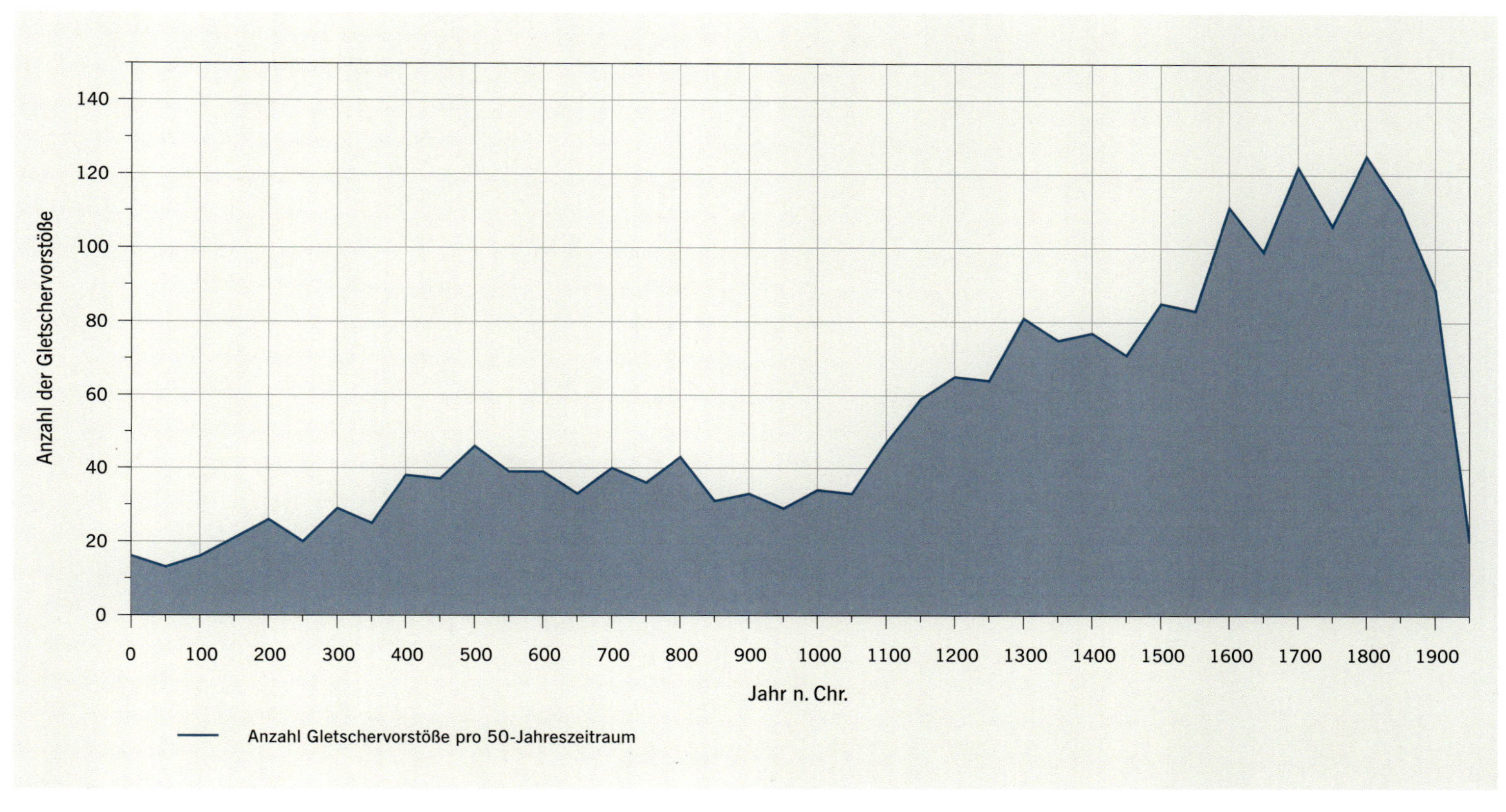

Abb. 4 *Anzahl der Gletschervorstöße pro 50-Jahreszeitraum seit der Zeitenwende. Die Daten basieren auf 275 Gletschern weltweit. Wegen der Heterogenität der ausgewerteten Literatur sollte die Anzahl nur als grobe Näherung betrachtet werden.*

in der sog. Wüstungsperiode (Abel 1976), die Aufgabe des Getreidebaus in Schottland oder die Südverlegung der Weinbaugrenze. Häuser wurden mit Glasfenstern besser isoliert und mit Kachelöfen besser beheizt (Behringer 2005). Im Zusammenhang mit klimatischen Extremperioden kam es aber immer wieder zu »Malthusianischen Checks«: Massensterben von Mensch und Vieh. Hungersnöte und Epidemien führten im 14. Jahrhundert zu einem weltweiten Bevölkerungsrückgang um mehr als ein Drittel. Verständlicherweise waren die Leute, die sich nicht mehr ernähren konnten, unzufrieden. Viele schlossen sich Räuberbanden und Aufstandsbewegungen an. So kam es in den 1640er Jahren zum Sturz der Ming-Dynastie in China, zur Hinrichtung des Königs in der Englischen Revolution sowie zu Revolutionen in Portugal, Katalonien und Neapel-Sizilien, während in Deutschland der Dreißigjährige Krieg tobte (Parker 2013). Auch im 17. Jahrhundert ging die Bevölkerung zurück. Klimatische Extremereignisse, unnatürliches Wetter und unnatürliche Krankheiten führten zudem zur Suche nach Sündenböcken. So kam es im 14. Jahrhundert zu Judenverfolgungen und seit dem 15. Jahrhundert zur Hexenverfolgung. Nachdem Ende Mai 1626 ein Kälteeinbruch – eine Jahrtausendkälte – zum Ausfall der Obsternte und zum Erfrieren der Weinstöcke geführt hatte, begann in vielen Teilen Deutschlands eine Hexenjagd, die fünf Jahre lang andauerte (Behringer 1999). Aber Missernten, Teuerung und Hunger gab es nicht nur in Mitteleuropa, sondern gleichzeitig auch in Indien und China, und ab 1630 auch in Russland, Japan und Äthiopien.

Das Ende der Kleinen Eiszeit ist – wie schon ihr Beginn – umstritten. Das liegt nicht zuletzt daran, dass Abkühlung und Erwärmung nicht überall auf der Welt völlig gleichzeitig auftreten. Die Auskühlung begann im hohen Norden schon etwas früher und möglicherweise trifft dasselbe auf die Globale Erwärmung zu, die zumindest im Norden besonders markante Formen annimmt. Am Einfachsten hält man sich an Systeme, die wie die Gletscher etwas träge auf Klimaschwankungen reagieren. Sie wuchsen seit etwa 1300 und blieben bis ca. 1900 trotz einiger Schwankungen relativ beständig. Durch eine Verbesserung der Agrarproduktion hörten zwar in Europa nach 1850 die Hungersnöte auf, in anderen Teilen der Welt – etwa in Indien – nahmen sie aber derart zu, dass das Massensterben als »late Victorian Holocaust« bezeichnet worden ist (Davis 2001). Nehmen wir einen Klimamarker wie die Flussvereisung, dann finden wir, dass Boden- und Zürichsee noch einmal 1880, die Themse bei London zuletzt im Jahr 1895 zugefroren waren. Seither erwärmt sich das Klima weltweit.

Abb. 5 *Die gefrorene Lagune von Venedig (Italien) 1708, Gemälde von Gabriele Bella (1730–99) aus der Pinacoteca Querini Stampalia in Venedig. Auf dem Bild erfreuen sich die Menschen am seltenen Ereignis des Zufrierens der Lagune durch den Extremwinter in Europa 1708/1709.*

DIE GLOBALE ERWÄRMUNG

Wenn heute davon die Rede ist, dass sich das Klima seit dem Ende des 19. Jahrhunderts um etwa ein Grad erwärmt hat, dann ist dabei ein kleiner Trick im Spiel: Denn damals befanden wir uns in der Kleinen Eiszeit und am Ende einer Kältephase darf man eine Erwärmung erwarten. Andererseits muss man zugeben, dass sich die durchschnittliche Temperatur – mit einer Pause in den 1950er und 1960er Jahren (der Bodensee fror 1963 ein letztes Mal zu) – kontinuierlich und über das zu erwartende Ausmaß hinaus erhöht hat. Wir haben uns inzwischen so sehr an den Gedanken einer Globalen Erwärmung gewöhnt, dass man daran erinnern muss, dass es sich dabei um eine sehr neue Entwicklung handelt (Weart 2003). Zwar ist das physikalische Prinzip der Globalen Erwärmung bereits in den 1890er Jahren durch den norwegischen Nobelpreisträger Svante Arrhenius (1859–1927) berechnet worden, doch war dies zunächst ein Gedankenspiel. Der Skandinavier fand die Idee außerdem großartig, dass es endlich etwas wärmer werden sollte (Arrhenius 1896). Noch bis in die 1970er Jahre sorgte man

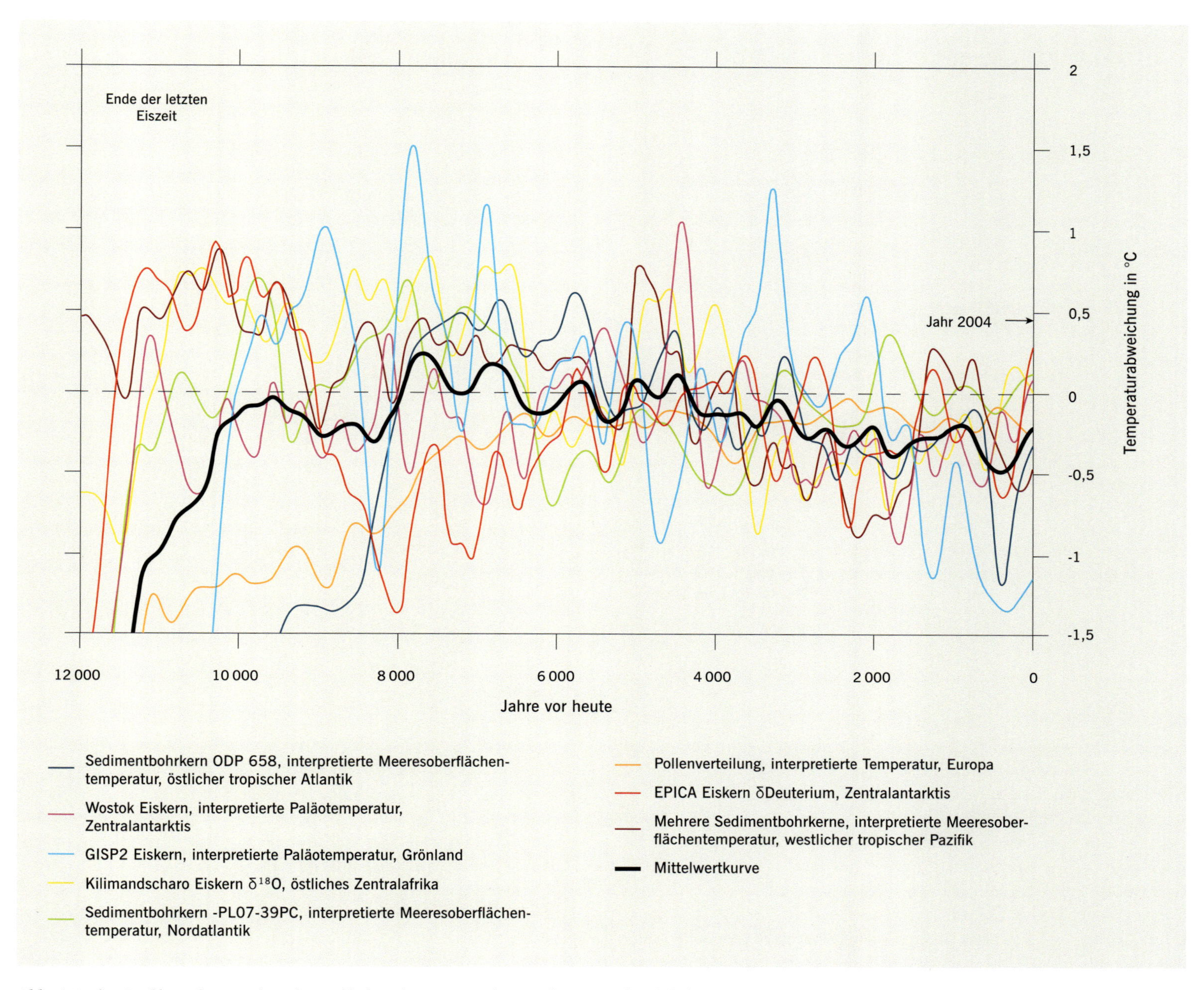

Abb. 6 *In der Grafik ist die Mittelwertkurve (dicke schwarze Linie) aus acht Messreihen lokaler Temperaturänderungen (tropischer Atlantik, Zentralafrika, Grönland, Nordatlantik, Europa, Antarktis, tropischer Pazifik) im Verlauf des Holozän bzw. seit der letzten Eiszeit dargestellt. Die Daten werden als Abweichung vom Mittelwert der Temperatur im 20. Jahrhundert angezeigt. Der Mittelwert von 2004 ist auf der Temperaturachse markiert.*

sich eher um eine vermeintlich unmittelbar bevorstehende nächste große Eiszeit (Mitchell 1961; Huhges 1970; Dansgaard u.a. 1972; Bryson 1974; Sullivan 1975). Als Wallace Smith Broecker 1975 den Begriff *»Global Warming«* prägte, geschah dies noch in Form einer Frage. Erst danach schwenkten die führenden Klimaforscher auf breiter Front zu einer wachsenden Sorge über eine beginnende Globale Erwärmung um, die als »anthropogen« verstanden wurde (Broecker 1975; Schneider 1990).

Dass sich in den 1980er Jahren ein weitgehender Konsens unter den Klimaforschern einstellte, hing mit verschiedenen Faktoren zusammen: Zum einen setzte sich der messbare Erwärmungstrend fort, der nach übereinstimmender Meinung in den vorausgehenden

DIE PRÄZISION DER GEISTESWISSENSCHAFTEN

Den Geisteswissenschaften hängt im Vergleich zu den Naturwissenschaften der Ruf an, sie seien unpräzise. Für den Zeitraum vor Beginn der Instrumentenmessungen ist aber genau das Gegenteil der Fall. Die mithilfe naturwissenschaftlicher Methoden erhobenen Daten sind in den Augen von Historikern geradezu lächerlich unscharf. Nehmen wir den Ausbruch des Vulkans Rabaul auf Papua-Neuguinea. Mit Hilfe der Radiokarbonanalyse (^{14}C-Methode) wurde dieser Vulkanausbruch auf den Zeitraum 540 (plus/minus 90 Jahre) datiert, also mit einer Unschärfe von nicht weniger als 180 Jahren. Dieser Zeitraum reicht von der Periode des Römischen Kaisers Valentinian III. (r. 419–455) bis in die Zeit des Frankenkönigs Dagobert I. (r. 608–639): Das sind verschiedene Epochen der Geschichte, nämlich Antike bzw. Mittelalter. Eine Datierung des Vulkanausbruchs auf Anfang März 536 gelang den Naturwissenschaftlern lediglich mithilfe byzantinischer Quellen, die für das zehnte Regierungsjahr des Kaisers Justinian (r. 527–565) zahlreiche signifikante meteorologische Erscheinungen berichten, z. B. eine Verdunkelung der Sonne vom 24. März bis zum 24. Juni des folgenden Jahres. Früchte reiften nicht, der Wein wurde sauer, im Winter kam es in Mesopotamien zu heftigen Schneefällen (Stothers 1984a).

Mithilfe von Eisbohrkernen lassen sich Klimaphänomene im Prinzip auf das Jahr genau datieren, indem man in den jährlichen Ablagerungen die Gase oder Materieteilchen analysiert, die sich dort mit dem Schnee niedergeschlagen haben. Mit naturwissenschaftlichen Methoden ist eine genaue Datierung aber leider nicht möglich. Deswegen sucht man in einem gewissen Zeitumfeld nach historisch überlieferten Ereignissen. Konkret diente der große historische Ausbruch des Vesuvs zur »Kalibrierung«. Der Bericht des römischen Naturforschers Plinius des Jüngeren an den Historiker Tacitus ist allerdings noch sehr viel genauer als jeder Baumjahresring: Wir erfahren das exakte Datum – den 24. August des Jahres 79 n. Chr. – sowie den genauen Ablauf des Ereignisses, bei dem sein Onkel Plinius der Ältere (23–79 n. Chr.) ums Leben kam. Er schildert alle Vorzeichen sowie die Hauptexplosion, die etwa um 13 Uhr mittags mit der Absprengung der Bergspitze des Vesuvs begann. Er schildert die Eruptionssäule von ca. 20 km Höhe, den Tephra-Niederschlag über Pompeji, das begleitende Erdbeben, den Eruptionsregen, einen Lahar (Schlammlawine) und die pyroklastischen Ströme, die das Städtchen Herculaneum überrollten (Plinius, Epistulae 6,16). Seine Schilderung ist so präzise, dass sie im 20. Jahrhundert sogar zur Eichung der Stärke von Vulkanausbrüchen diente (plinianischer Ausbruch = Volcanic Explosivity Index Grad 5; Simkin/Siebert 1994).

Klimaforscher misstrauen den geisteswissenschaftlich ermittelten Daten, da Klassifikationen wie »sehr heiß« oder »starker Regen« keine Messungen mithilfe der erst später entwickelten Messinstrumente (z. B. dem Thermometer etc.) darstellen. Man muss sich aber darüber im Klaren sein, wie jung derartige Messungen mit heute noch anerkannten Instrumenten und geeichten Skalen sind. Vor dem 19. Jahrhundert haben wir – abgesehen von den naturwissenschaftlich ermittelbaren Proxydaten – überhaupt nur Beobachtungsdaten. Diese sind allerdings nach den damaligen Standards oft präzise aufgezeichnet worden, etwa seit dem 16. Jahrhundert in Wettertagebüchern, in lokalen Chroniken oder in Schiffslogbüchern.

Wolfgang Behringer

Jahrzehnten durch Vulkanausbrüche und Umweltverschmutzung – in beiden Fällen »verdunkeln« Aerosole die Atmosphäre und verringern die Sonneneinstrahlung – nur »maskiert« worden war. Zum Zweiten standen mit den Eiskernbohrungen in Arktis und Antarktis (Abb. 6; Dansgaard u. a. 1982; Neftel u. a. 1988; Grootes u. a. 1993; Petit u. a. 1999; EPICA 2004), in Hochgebirgsgletschern (Thompson u. a. 1986) sowie mit Tiefseebohrungen (Shackleton/Opdyke 1973) ganz neue Untersuchungsmethoden und -ergebnisse zur Verfügung (siehe Infobox »Die Präzision der Geisteswissenschaften« von W. Behringer, S. 402). Drittens gab es erste Ergebnisse von Langzeituntersuchungen, wie etwa der von Charles Keeling (1928–2005) seit 1958 gemessenen Anreicherung der Luft mit CO_2 auf der Maunaloa-Messstation auf Hawaii. Viertens ermöglichten erste leistungsfähige Computer die Bewältigung großer Datenmengen und damit auch komplexerer Klimasimulationen (Kutzbach/Gruetter 1986). Hinzu kamen so prosaische Verbesserungen wie eine Verdichtung des weltweiten Netzes von Messstationen sowie die Schaffung wissenschaftlicher Plattformen zur interdisziplinären Präsentation der Ergebnisse, wie die von Stephen Schneider (1945–2010) 1975 gegründete Zeitschrift *»Climate Change«*. Und schließlich spielten organisatorische Fragen eine Rolle: Die *World Meteorological Organization* (WMO) berief für 1979 in Genf eine erste Weltklimakonferenz ein. Dort wurde ein *World Climate Programme* beschlossen. Und 1988 rief man – zusammen mit dem *United Nations Environment Programme* (UNEP) – den sog. Weltklimarat *Intergovernmental Panel on Climate Change* (IPCC) ins Leben. Die Ansicht, dass Treibhausgase, wie das bei der Verbrennung von Kohle, Öl oder Gas entstehende Kohlendioxid (CO_2) sowie Methan (CH_4) für den Anstieg der weltweiten Temperaturen verantwortlich sind, hat sich in den fünf großen Berichten des IPCC von 1990 bis 2014 zur Gewissheit verdichtet (Houghton u. a. 1990; Houghton u. a. 1995; Houghton u. a. 2001; IPCC 2007; IPCC 2014).

Mittlerweile hat die schleichende Erwärmung begonnen, unseren Alltag zu verändern. Die Zahl der Frosttage pro Jahr ist stark zurückgegangen, die Zahl heißer Sommertage angestiegen. Wieder kann man das Verhalten der Gletscher als untrügliches Zeichen nehmen: Sie gehen weltweit zurück. In den Alpen haben sie nicht weniger als 50 % ihrer früheren Masse verloren. Während man in den 1960er Jahren noch monatelang Skifahren gehen und bis zur Talstation abfahren konnte, muss man heute in manchen Jahren weit zu den schwindenden Gletschern fahren, deren Leben mit Schneekanonen künstlich verlängert werden muss; oder man fliegt gleich in die kanadischen Rocky Mountains oder in den Himalaya. Pollenallergiker können über die Verlängerung ihres Leidens berichten, nicht nur wegen der Verlängerung der Vegetationsperiode, sondern auch wegen des Einwanderns neuer Problempflanzen wie der *Ambrosia* (Beifußblättriges Traubenkraut). Der Weinbau wandert wieder weiter

Abb. 7 *Weltweit wird für die Bewohner vieler Küstenregionen und -städte bei einer weiteren globalen Erwärmung der steigende Meeresspiegel zur Gefahr. Malé, die Hauptstadt der Malediven im Indischen Ozean, liegt wie die anderen Atolle des Inselstaates nicht mehr als einen Meter über dem Meeresspiegel. Aufgrund ihrer sehr geringen Höhe könnten sie alle in naher Zukunft im Meer versinken.*

nach Norden: In Belgien und in Mecklenburg wurden Anbaugebiete ausgewiesen und mutige Weinbauern probieren es schon auf der schwedischen Insel Gotland. Moselwinzer stellen ihre Produktion von Riesling auf Rotweine wie den Cabernet um. Das Auftauen des Permafrosts führt weltweit zu Problemen: In den Hochalpen kommt es zu Felsstürzen, wenn das Gestein nicht mehr durch Frost zusammengehalten wird. In Kanada und Sibirien entstehen neue Sumpflandschaften, die nicht nur Straßen versinken und Häuser einstürzen lassen, sondern ihrerseits große Mengen von Methan freisetzen und mit diesem Treibhausgas in einem Rückkoppelungseffekt die Erwärmung weiter befeuern. Der Wasserpegel von Cuxhaven ist im 20. Jahrhundert um 25 cm angestiegen, das sind rechnerisch 2,5 mm pro Jahr. Der weltweite Anstieg des Meeresspiegels erfordert eine Erhöhung der Deiche und lässt die Bewohner von Korallenriffen bangen (Abb. 7; Glaser 2013). Man könnte mit solchen Beispielen endlos fortfahren. Aber jeder kennt die entsprechenden Meldungen aus den Zeitungen oder kann auf eigene Erfahrungen zum gegenwärtigen Klimawechsel zurückgreifen.

ANMERKUNGEN

1 Unter Exzentrizität versteht man die Abweichung von einer Kreisbahn. Die Umlaufbahn der Erde um die Sonne schwankt zwischen einer Ellipse und einem fast perfektem Kreis.

2 Als Obliquität wird die Neigung der Erdachse gegen die Erdbahnebene bezeichnet.

3 Die Präzession ist die Schwingung der Erdachse um die Senkrechte auf der Erdbahnebene.

Stefan Kröpelin

KLIMAWANDEL UND BESIEDLUNG DER ÖSTLICHEN SAHARA SEIT DER LETZTEN EISZEIT

EIN SCHLÜSSEL FÜR DIE ZUKUNFT?

Bei aller Bedeutung der Klimadaten, die in den vergangenen Jahrzehnten vorwiegend aus aufwendigen und kostspieligen Bohrungen in den Meeresböden und im grönländischen und antarktischen Eis gewonnen wurden, blieb der Mensch als sensibler Indikator des Klimawandels auf den bewohnbaren Kontinenten – dem entscheidenden Siedlungsraum in Vergangenheit und Zukunft – bei paläoklimatischen Fragestellungen meist außerhalb der Betrachtung. Außerdem stellt sich die Frage, inwieweit die aus den Ozeanablagerungen und polaren Eisarchiven abgeleiteten Klimaschwankungen auf den afrikanischen Kontinent und insbesondere auf die östliche Sahara, die heute größte hyperaride Wärmewüste der Erde, zu übertragen sind.

Die Ostsahara umfasst mit einer Westeuropa entsprechenden Fläche das östliche Libyen, Ägypten, den Nord-Sudan und den nordöstlichen Tschad. In dieser Region fällt gegenwärtig fast kein Niederschlag, sodass außerhalb weniger vom fossilen Grundwasser gespeister Oasen auf der 1500 km messenden Nord-Süd-Strecke zwischen der Qattara-Senke und dem Wadi Howar (bzw. der 800 km weiten Distanz zwischen Kufra und Dachla) nirgends menschliches Leben anzutreffen ist (vgl. Abb. 16f).

Im Gegensatz zur westlichen und zentralen Sahara wird die Ostsahara nicht durch Gebirge beeinflusst, die Klimasignale verfälschen könnten. Mit den vielfältigen geologischen, biologischen und archäologischen Klimaanzeigern, die meist oberflächennah exponiert sind, bietet die östliche Sahara ein hervorragendes Arbeitsgebiet für paläoklimatische Fragestellungen. Insbesondere können die Auswirkungen tropischer Sommer- und mediterraner Winterregen, deren Zonen hier aufeinandertreffen, vergleichend untersucht werden. Eine Zusammenschau der Forschungsergebnisse der letzten 35 Jahre erlaubt es, den Ablauf der Klima- und Besiedlungsgeschichte der Ostsahara während der letzten 12 000 Jahre in verschiedene Phasen zu untergliedern und mit bedeutenden kulturgeschichtlichen Entwicklungen zu korrelieren.

HOLOZÄNE KLIMA- UND UMWELTARCHIVE

Mit dem Beginn des Holozän vor rund 11 000 Jahren finden sich die ersten Anzeichen für einen tiefgreifenden Klimawandel im nordafrikanischen Raum, der hauptsächlich auf eine Ausweitung des Monsunsystems zurückzuführen ist. Das Einsetzen fossilreicher Seeablagerungen belegt den Beginn einer relativ rasch von Süden nach Norden fortschreitenden Regenfront, welche die Sahara in eine von Flüssen und Seen geprägte Savannenlandschaft verwandelte (Kröpelin 1993; Hoelzmann u. a. 2001; Pachur/Altmann 2006). Die enge Verknüpfung zwischen Zeugnissen des Klimawandels und prähistorischer menschlicher Besiedlung wird besonders in den Uferbereichen dieser ehemaligen Wasserstellen greifbar.

PLAYAS

Vielerorts in der ägyptischen und libyschen Sahara findet man Siedlungsspuren nahe der sog. Playas – temporäre Regentümpel –, die nur Tage, Wochen oder Monate lang Wasser führten. Jedoch sind nur wenige Stellen bekannt, an denen die klimatische und kulturelle Entwicklung kontinuierlich über mehrere Tausend Jahre zu verfolgen ist. Eine Schlüsselstellung nimmt das Wadi Bakht im Sandstein-Plateau des Gilf Kebir im äußersten Südwesten Ägyptens ein, wo eine der vollständigsten Klimasequenzen der Sahara aufgeschlossen ist (Abb. 1; Kröpelin 1993a).

Das Wadi Bakht ist eines von mehreren West-Ost verlaufenden Tälern, die von Dünen abgeriegelt sind, welche auf die beständigen Nordwestpassatwinde zurückgehen. Als mit dem Einsetzen der holozänen Feuchtphase vor etwa 10 500 Jahren Niederschläge das Gilf Kebir erreichten, staute sich hinter einer solchen Düne das vom Plateau ablaufende Wasser. Die mitgeführten Sedimente bildeten im Wechsel mit den dazwischenliegenden, in trockeneren Phasen gebildeten Sandlagen ein lückenloses Klimaarchiv, das von 8400–3500 v. Chr.

◄ Boku-See in der Oase von Ounianga Serir, Sahara (Nordost-Tschad). Die Süßwasserseen von Ounianga Serir sind ein weltweit einzigartiges hydrologisches System und ein Paradox in einer hyperariden Umgebung, da sie aufgrund einer Kombination besonderer Faktoren trotz der extremen Verdunstung nicht versalzen. Sie sind die letzten Überbleibsel aus der »grünen Sahara« und werden seit Jahrtausenden nahezu vollständig aus fossilem Grundwasser gespeist, das in der letzten Feuchtzeit vor etwa 10 000 bis 5000 Jahren aufgefüllt wurde.

Abb. 1 *Wadi Bakht, Gilf Kebir-Plateau (Ägypten). Früh- bis mittelholozäne Playa (temporärer Regentümpel) hinter ehemaliger Sperrdüne.*

auf rund 8 m angewachsen ist (Abb. 2). Dabei dokumentiert jede einzelne der bis 4200 v. Chr. abgelagerten tonig-schluffigen Schichten ein bedeutendes, vermutlich monsunales Niederschlagsereignis (Kröpelin 1987). Die von 4200–3500 v. Chr. entstandene homogene Toplage deutet dagegen auf ein Winterregenregime. Ein geoarchäologischer Vergleich der prähistorischen Landnutzungssysteme dieser beiden Hauptphasen weist überraschenderweise darauf hin, dass die quantitativ höheren, tagsüber gefallenen monsunalen Sommerregen nicht zu mehr, sondern zu weniger Graswuchs auf den Hochflächen des Gilf Kebir geführt haben als die späteren, quantitativ geringeren Winterregen, die typischerweise in der Nacht niedergegangen sind (Linstädter/Kröpelin 2004). Die durch unterschiedliche Verdunstungsverluste bedingte verschiedenartige pflanzenverfügbare Feuchtigkeit hatte dabei erhebliche Auswirkungen auf die Weidegründe und damit auf die viehhütende Wirtschaftsweise der prähistorischen Bevölkerung und spiegelt sich sogar in der Felsbildkunst wider (Riemer u. a. 2017).

Abb. 2 *Wadi Bakht, Gilf Kebir Plateau (Ägypten), Aufschluss der Playa-Ablagerungen (Ablagerungen temporärer Regentümpel). Kalibrierte ¹⁴C-Datierungen in Jahren v. Chr.*

Abb. 3 Der Boku-See von Ounianga Serir (Nordost-Tschad), ist eines der letzten Relikte der einst ausgedehnten Seenlandschaften der Sahara.

PALÄOSEEN

Während für die holozäne Feuchtphase der ägyptischen und libyschen Wüsten nördlich etwa 22° Nord die nur saisonal bis episodisch Wasser führenden silikatischen Playaseen charakteristisch waren, dominieren in den tschadischen und sudanesischen Wüsten südlich dieser Breite karbonatische und diatomitische (d.h. Kieselalgen führende) Ablagerungen, die permanente, einst über Jahrtausende existierende Paläoseen belegen. Solche Sedimente finden sich auch nahe der größten bis heute überdauernden Seen der Sahara in den Oasen von Ounianga im Nordost-Tschad, welche einer Initiative des Autors folgend im Jahre 2012 auf Grund ihrer Einzigartigkeit zur ersten UNESCO-Welterbestätte des Landes erklärt wurden (Abb. 3; Chad 2014). Sie speisen sich ausschließlich aus dem fossilen Grundwasserreservoir, das zuletzt im

Abb. 4 Bis zu 80 m über dem heutigen Seeboden befindliche frühholozäne Seeablagerungen in Ounianga Serir (Nordost-Tschad).

Abb. 5 *Der Yoa-See von Ounianga Kebir (Nordost-Tschad). Erste Probenahme vom Schlauchboot im Januar 1999.*

Früh- und Mittelholozän aufgefüllt wurde und bis heute die extrem hohe Verdunstung, die dem Süßwasserverbrauch einer deutschen Millionenstadt entspricht, kompensiert (Kröpelin 2007). Bis über 80 m oberhalb des heutigen Seebodens finden sich fein laminierte diatomitische Sedimente, die aus den frühholozänen Höchstständen der Seespiegel herrühren (Abb. 4).

Die oberflächlich aufgeschlossenen Ablagerungen im Becken von Ounianga Serir finden ihre Entsprechung in den feingeschichteten Sedimenten am Boden des 40 km westlich gelegenen Yoa-Sees von Ounianga Kebir, der seit seiner Bildung bis in die Gegenwart als Sediment- und Pollenfalle agiert (Abb. 5). Die seit 1999 in dem Salzsee in 25 m Wassertiefe geborgenen Sedimentbohrkerne stellen das vollständigste Klima- und Umweltarchiv der gesamten Sahara, wenn nicht ganz Afrikas, dar und gestatten nicht nur eine jährliche, sondern sogar saisonale Auflösung des gesamten Holozän bis in die Gegenwart (Abb. 6).

Während durch die multidisziplinären Untersuchungen in den ägyptischen und nordsudanesischen Wüsten die Klimageschichte zwischen etwa 9000 und 1500 v. Chr. hinreichend geklärt werden konnte, lagen für die letzten Jahrtausende wegen des Fehlens relevanter Ablagerungen oder Siedlungsspuren nahezu keine Daten zum Umwelt- und Klimawandel vor. Gerade dieser Zeitraum ist jedoch für die auf numerischen Simulationen basierenden Klimaprognosen im Rahmen des Globalen Wandels und für Aussagen über eine künftige Ausdehnung oder Schrumpfung der Trockengürtel von großer Bedeutung (Claussen u. a. 2013). Die Ergebnisse aus Ounianga bieten eine einzigartige Gelegenheit, diese Lücke in der jüngeren Klimageschichte der Sahara zu schließen.

Die bisher veröffentlichten Ergebnisse von einem knapp 9 m langen Bohrkern zeigen ein lückenloses Bild der Umwelt- und Klimaänderungen während der letzten 6100 Jahre (Abb. 7; Kröpelin u. a. 2008; Francus u. a. 2013) und widerlegen die bisherige, aus einem atlantischen Bohrkern gefolgerte Annahme, wonach es vor 5500 Jahren zu einer abrupten Austrocknung der gesamten Sahara gekommen sei (deMenocal u. a. 2000).

Vor 6000 Jahren dominierten in der südöstlichen Sahara noch Süßgräser die Vegetation, die von einzelnen Akazien und anderen tropischen Bäumen durchsetzt war – eine Savannenlandschaft, die den regenreicheren Regionen des heutigen Sahels 300 km weiter südlich ähnelte. Als vor 5500 Jahren die Region langsam auszutrocknen begann, wurden die tropischen Baumarten zunehmend durch niedrigere Bäume und Sträucher ersetzt. Gleichzeitig reduzierte sich auch die Grasbedeckung und seit 4300 Jahren brachten die häufiger werdenden Sandstürme immer mehr Feinstaub in den See. Erst vor 2700 Jahren war die Austrocknung so weit fortgeschritten, dass sich außerhalb der Oasen die heutigen extremen Wüstenbedingungen eingestellt haben. Insgesamt dauerte der Übergang von der »grünen« in die »gelbe« Sahara nach dem Datensatz vom Yoa-See also mindestens 3000 Jahre

Abb. 6a–b *a Die fein geschichteten Bohrkerne aus dem Yoa-See (Nordost-Tschad) stellen das zeitlich höchst auflösende Klimaarchiv der Sahara dar. b Detail der warvenartigen Schichtung mit Sommer- und Winterlagen am Seeboden.*

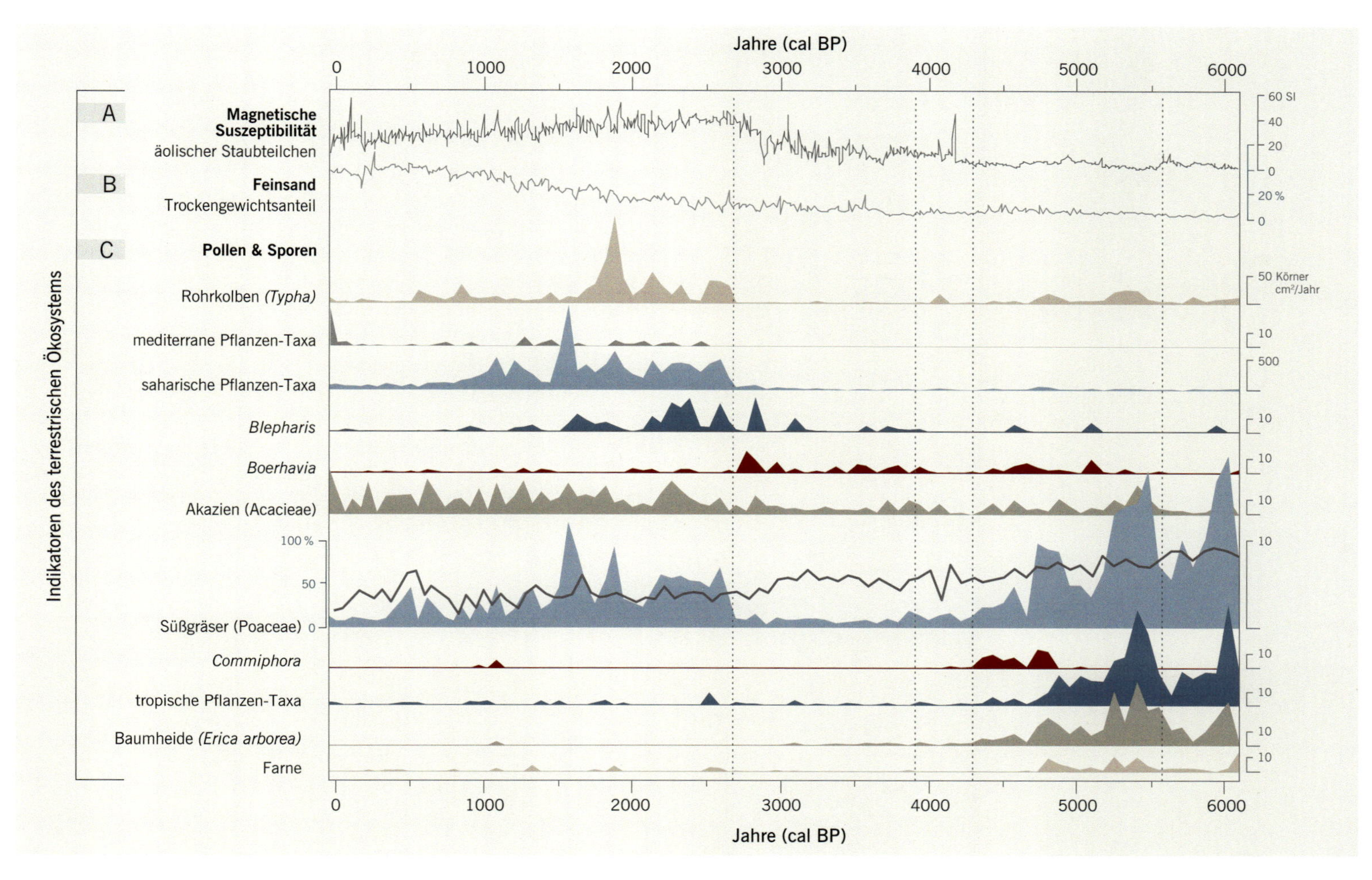

Abb. 7 Daten aus Bohrkernen des Yoa-Sees (Nordost-Tschad): Biologische, sedimentologische und botanische Indikatoren zeigen in zuvor unerreichter Präzision den ökologischen und klimatischen Wandel der Sahara während der letzten 6000 Jahre und deren kontinuierliche Austrocknung. Erläuterungen zur Abbildung: A) Die magnetische Suszeptibilität (lat. susceptibilis *= »übernahmefähig«) ist eine physikalische Größe, die die Magnetisierbarkeit einer Substanz in magnetischen Feldern beschreibt und Anzeiger für Staubeintrag ist. Äolische Staubteilchen bezeichnen Stoffe, die durch Wind transportiert wurden. C)* Blepharis *gehört in die Familie der Akanthusgewächse;* Boerhavia *stammt aus der Familie der Wunderblumengewächse;* Commiphora *zählt zur Familie der Balsambaumgewächse.*

und nicht nur wenige Jahrzehnte oder Jahrhunderte wie nach der Kollaps-Hypothese der »African Humid Period«-Theorie (deMenocal u. a. 2000). Bestätigt wird dies durch die unten beschriebenen umfangreichen archäologischen Ergebnisse zur Besiedlungsgeschichte der östlichen Sahara.

FLUVIALE ABLAGERUNGEN

Auch die Ablagerungen feuchtzeitlicher Wasserläufe zählen zu den wertvollen terrestrischen Klimaarchiven. Dabei kommt dem bis in die 1980er Jahre weitgehend unerforschten Wadi Howar im Nordwest-Sudan als wichtigster Abflussleitlinie der östlichen Sahara eine besondere Rolle zu. Das insgesamt fast 1100 km lange, etwa West-Ost verlaufende Trockental beherbergte von etwa 8500–1500 v. Chr. den größten saharischen Zufluss des Nil (Pachur/Kröpelin 1987). Typisch sind dunkle schlammartige Wadisedimente, welche die Talwege mit Breiten bis zu 10 km, Strecken von mehreren Dekakilometern und Mächtigkeiten von mehreren Metern ausfüllen (Abb. 8; Kröpelin 1999). Darin eingebettete Menschenskelette legen den Verdacht auf Ertrinken nahe (Abb. 9). Vergleichbare Ablagerungen werden heute erst mehr als 500 km südlich in Nord-Kordofan gebildet (Abb. 10).

Bis ins 2. Jahrtausend v. Chr. bestand auch der bis Anfang der 1980er Jahre unbekannte Unterlauf, das 400 km lange Untere Wadi Howar, aus einer Kette von Seen und Feuchtgebieten, die zumindest episodisch über fließende Gewässer verbunden waren. Daraus resultierte eine Aneinanderreihung von Flüssen, Seen und sumpfig geprägten Abschnitten bis zur Nileinmündung. Die ökologisch günstigen Bedingungen entlang seines Laufs ermöglichten eine über Jahrtausende andauernde, intensive Besiedlung (Kröpelin 2012). Durch diesen Nachweis wurden

Abb. 8 Feuchtzeitliche Ablagerungen im Unteren Wadi Howar (Sudan), einst der größte Zubringer des Nils aus der Sahara.

Überlegungen zu den Beziehungen der Kulturen des Niltals mit Innerafrika auf eine neue Grundlage gestellt.

FAUNEN- UND FLORENRESTE

Eine unverzichtbare Ergänzung geowissenschaftlicher Untersuchungen für die palökologische Umweltrekonstruktion sind Faunen- und Florenreste, die häufig in archäologischem Kontext auftreten. Anspruchsvollere Arten sind allerdings auf die äquatorwärtige Hälfte der Ostsahara südlich von etwa 22° Nord beschränkt. Neben Großsäugern wie Elefant, Nashorn, Giraffe oder Flusspferd, Reptilien wie Krokodilen, diversen Muscheln und Schnecken oder einem breiten Spektrum von Mikrofossilien gehören Fischreste in der heutigen Extremwüste zu den eindrucksvollsten Klimazeugen (Abb. 11). Anfangs eher isolierte Funde im Nordwest-Sudan verdichteten sich über die Jahre auf Nachweise von über 20 Fischarten (Peters u. a. 2002). Die Ausbreitung der früh- und mittelholozänen aquatischen Fauna vom Nil in die südostsaharischen Seenlandschaften und weiter in das Tschad-Becken erfolgte

Abb. 9 Skelett eines vermutlich vor etwa 8500 Jahren im Unteren Wadi Howar (Sudan) ertrunkenen prähistorischen Menschen.

***Abb. 10** Flusslandschaft in Kordofan (Sudan) zur Veranschaulichung der Verhältnisse im Wadi Howar (Sudan) vor 8000 Jahren.*

offenbar hauptsächlich über das ehemalige Entwässerungsnetz des Wadi Howar. Davon zeugen bis heute die seit Jahrtausenden isolierten Krokodile in der Schlucht von Archei im Ennedi-Plateau (Abb. 12).

PRÄHISTORISCHE SIEDLUNGSPLÄTZE

Die Hinterlassenschaften der prähistorischen Menschen erlauben vielfältige Rückschlüsse auf frühere Lebensbedingungen. Sie finden sich bevorzugt auf Dünen in der Umgebung ehemaliger Wasserstellen (Abb. 13). Besonders reiche Funde häufen sich entlang des Unteren Wadi Howar auf den sog. Siedeldünen. Mit der frühesten Besiedlung wurden durch eine dichte Kulturschicht Quadratkilometer große und bis zu 20 m hohe Dünenzüge, trotz der beständig wehenden Passatwinde, am Weiterwandern gehindert und während der folgenden Jahrtausende langen Besiedlung stabilisiert (Abb. 14; Gabriel u. a. 1985). Das archäologische Material besteht hauptsächlich aus Reibsteinen, Reibschalen, Steinbeilen und Mikrolithen sowie Rohmaterial zu Wohnzwecken und für die Werkzeugherstellung. Neben Knochenresten finden sich meist Scherben von Keramikgefäßen mit Verzierungen von der frühesten, mäanderartig geschwungenen »Dotted Wavy Line« bis zu den Leiterbandmustern, welche auch ohne absolute Datierung ungefähre Altersabschätzungen vom 8. bis ins 2. Jahrtausend v. Chr. gestatten. Angesichts ihrer Anzahl, Dimension und Materialfülle können die Siedeldünen als fundreichstes prähistorisches Erbe der Ostsahara und möglicher Kandidat einer künftigen Kulturwelterbestätte gelten (Kröpelin 1993b).

FELSBILDER

Die Felsüberhänge des Ennedi-Plateaus, das 2016, ebenfalls einer Initiative des Autors folgend, zur zweiten UNESCO-Welterbestätte des Tschad erklärt wurde (Mallaye/Kröpelin 2016), bergen die um-

Abb. 11 *Rückenwirbel eines Nilbarsches in frühholozänen Seesedimenten des Westnubischen Paläosees (Sudan), 600 km westlich des Nils.*

fangreichsten Felsmalereien der östlichen Sahara. Über Jahrtausende haben prähistorische Männer und Frauen Szenen aus dem Leben ihrer Zeit dargestellt und so ein noch längst nicht durchforschtes Nachschlagewerk ihrer Kulturgeschichte hinterlassen. Eine ideale Abfolge von übereinander angebrachten Felsbildern beginnt mit Darstellungen von archaischen rundköpfigen Menschen inmitten von Nashörnern und Giraffen, welche die voll entwickelte Savannenlandschaft der frühen Blütezeit der Sahara dokumentieren. Sie werden ab etwa 5000 v. Chr. von Felsbildern sorgfältig gemalter Rinder und detaillierten Szenen des Dorflebens einer Hirten-Bevölkerung überlagert, die Einblicke in die Ausstattung der Hütten und Kenntnisse über Kleidung und Haartracht der Frauen geben. Nachfolgende Schichten umfassen galoppierende Pferde mit lange Speere tragenden Reitern, die der Eisenzeit im 1. Jahrtausend v. Chr. zugeschrieben werden. Die darüber liegenden Schichten zeigen »fliegende« Kamele, die erst nach der Zeitenwende in eine bereits wüstenhafte, durch Schlangen gekennzeichnete Umwelt eingeführt wurden (Abb. 15). Einige Stätten belegen sogar noch die Ankunft der ersten Motorfahrzeuge in der

Abb. 12 *Krokodil in der Schlucht von Archei im Ennedi-Plateau (Nordost-Tschad).*

Abb. 13 Neolithischer Siedlungsplatz nahe der tschadischen Grenze im äußersten Nordwest-Sudan.

Mitte des letzten Jahrhunderts. Die Felsbildabfolgen veranschaulichen somit in höchster Kunstfertigkeit die Anpassung der prähistorischen Menschen an den aus den geologischen und archäologischen Datensätzen abgeleiteten Klima- und Umweltwandel von der nacheiszeitlichen »grünen« Sahara bis zur allmählichen Austrocknung in die größte hyperaride Wüste unseres Planeten.

ABLAUF DER HOLOZÄNEN BESIEDLUNG UND KLIMAGESCHICHTE

Wesentlichste Grundlage für die Rekonstruktion der Klima- und Besiedlungsgeschichte der östlichen Sahara ist neben den geowissenschaftlichen, archäozoologischen und archäobotanischen Ergebnissen eine Synthese aus 150 archäologischen Ausgrabungen und rund 500 ^{14}C-Daten, in denen sich die Anwesenheit des Menschen in bestimmten Klimazonen während verschiedener Zeitscheiben widerspiegelt (Kuper/Kröpelin 2006). Der Mensch als *»homo climaticus«* wird dabei als sensibler Klimaindikator betrachtet, dessen Siedlungsspuren – oder deren Abwesenheit – sowohl Niederschlagsintensitäten und Umweltbedingungen wie auch das annähernd breitenparallele Fortschreiten der Wüstenränder von Nord nach Süd bis in historische Zeit nachzeichnen.

Nach dem letzten glazialen Maximum um 19000 v.Chr. reichte die Sahara noch Hunderte Kilometer weiter nach Süden als heute. Charakteristisch für die prekären Lebensbedingungen während der endpleistozänen Trockenphase ist ein archäologischer Befund vom Jebel Sahaba im nubischen Niltal. Hier wurde ein steinzeitliches Gräberfeld mit mehr als 60 Skeletten von Männern, Frauen und Kindern freigelegt, die offenbar um 12000 v.Chr. eines gewaltsamen Todes gestorben sind (Wendorf 1968). Die Ursache dieser kriegerischen Auseinandersetzungen war vermutlich der Kampf um knapper werdenden Lebensraum und andere Ressourcen. Zu dieser Zeit waren die Existenzmöglichkeiten noch auf das Niltal beschränkt (Abb. 16a). Mit dem postglazialen Ansteigen tropischer Regenfälle in den Quellgebieten änderte sich jedoch das Abflusssystem des Nils gravierend und beschnitt die Lebensgrundlagen der Jäger und Fischer, ohne dass sie in die benachbarten Wüsten ausweichen konnten, die von den Niederschlägen noch nicht erreicht wurden.

Im 9. Jahrtausend v.Chr. änderte sich dieses Bild entscheidend und die bis dahin extrem aride und wie heute völlig unbelebte Sahara verwandelte sich in eine bewohnbare Savanne. Die neuen Siedlungsmöglichkeiten wurden umgehend bis jenseits des unter dem Wendekreis des Krebses gelegenen Gilf Kebir genutzt (Abb. 16b). Zu den Belegen zählt Keramik, die zu der weltweit ältesten gehört, und mit der Wiederbesiedlung der Wüste bis in das westliche Ägypten gelangte. Gefäße mit sog. »Wavy Line«-Verzierung werden weithin mit einer ans Wasser gebundenen, von Fischfang und Jagd lebenden Bevölkerung in Verbindung gebracht. Die Entwicklung keramischer Technologie erscheint dabei als eine unabhängige Leistung Nordafrikas.

Während im Vorderen Orient gleichzeitig bereits der Übergang von der jägerischen Lebensweise zur Sesshaftigkeit mit Ackerbau und Viehhaltung stattfindet, Keramik aber erst später erscheint, sind ihre Nutzer in der Sahara Jäger und Sammler. Nach der Verbreitung der Siedlungsplätze bevorzugten diese offenbar die neu entstandene Savanne gegenüber dem verblüffend fundleeren Niltal und mieden auch die Niederungen des Wadi Howar im Süden, weil die Lebensbedingungen dort offenbar zu feucht und gefährlich waren.

In der Zeit von 7000–5300 v.Chr. bildet die Jagd zwar weiterhin eine wesentliche Lebensgrundlage in der Ostsahara, doch ereignen sich wirtschaftliche und kulturelle Veränderungen, welche die geschichtliche Entwicklung des gesamten Kontinents prägen sollten (Abb. 16c). Wichtigste Neuerung ist der Beginn der Viehhaltung, insbesondere die Domestikation des Rindes, von der amerikanische und polnische Kollegen annehmen, dass sie bereits um 8000 v.Chr. westlich des As-

Abb. 14 Siedeldüne am Nordufer des Unteren Wadi Howar (Sudan).

***Abb. 15** Prähistorische Felsbilder im Ennedi-Gebirge (Nordost-Tschad) dokumentieren den Kultur- und Landschaftswandel der Sahara von der Rinder- bis in die Kamelzeit.*

suan-Stausees erfolgt wäre (Wendorf/Schild 2001). Jedenfalls zeichnet das von der Ostsahara aus abnehmende Alter des regional frühesten Vorkommens des Hausrindes – um 5000 v. Chr. im Sudan, im 3. Jahrtausend in Ost- und Westafrika und erst nach der Zeitenwende im südlichen Afrika – den Ausbreitungsweg des Rinderhirtentums nach (Kuper 1999). Die Weidewirtschaft bildet bis heute die wesentlichste Lebensgrundlage der Menschen in den ländlichen Trockengebieten Afrikas, einem Drittel des Erdteils. Während die Domestikation des Rindes, dessen Wildformen in Afrika heimisch sind, offenbar eine eigenständige Leistung des Erdteils darstellt, sind Schaf und Ziege, die anderen Grundlagen afrikanischen Hirtentums, aus Südwestasien eingeführt worden, wo ihre Urheimat liegt. Während sie dort schon im 9. Jahrtausend v. Chr. als Haustiere erscheinen, ist ihr Vorkommen in Nordafrika erst kurz vor 6000 v. Chr. belegt.

Der Getreideanbau jedoch, der zu Beginn des Holozän im Vorderen Orient den grundlegenden wirtschaftlichen Wandel des Übergangs von der aneignenden zur Nahrung produzierenden Lebensweise markiert, ist in dieser Phase nirgends im Bereich der heutigen Sahara belegt. Offensichtlich war es nicht notwendig, Ackerbau zu betreiben, solange die Savanne noch Wildgetreide in ausreichendem Maß bot. In welchem Umfang wildwachsende Gräser zur Nahrung beitragen können, belegen Beobachtungen bei den Zaghawa in Nord-Darfur, wo eine Frau an einem Tag einen Erntekorb voll Wildreis zu sammeln vermag (Kröpelin 2012).

Daraus ergibt sich ein grundlegend anderes Modell wirtschaftlichen Wandels als es traditionell mit der sog. Neolithischen Revolution im »Fruchtbaren Halbmond« verbunden ist, von wo aus die neue Lebensweise im 5. Jahrtausend auch Mitteleuropa erreichte. Statt vom nomadisierenden Jäger und Sammler zum sesshaften, Keramik herstellenden Ackerbauern und Viehzüchter wird der Mensch in der Sahara vom relativ sesshaften, ans Wasser gebundenen Fischer und Jäger, der schon über Keramik verfügt, zum nomadisierenden Viehzüchter (Kuper/Kröpelin 2006).

Bereits um 5300 v. Chr. deutet sich mit einer Datenlücke im Norden der östlichen Sahara die Auflassung bestimmter Regionen an (Gehlen

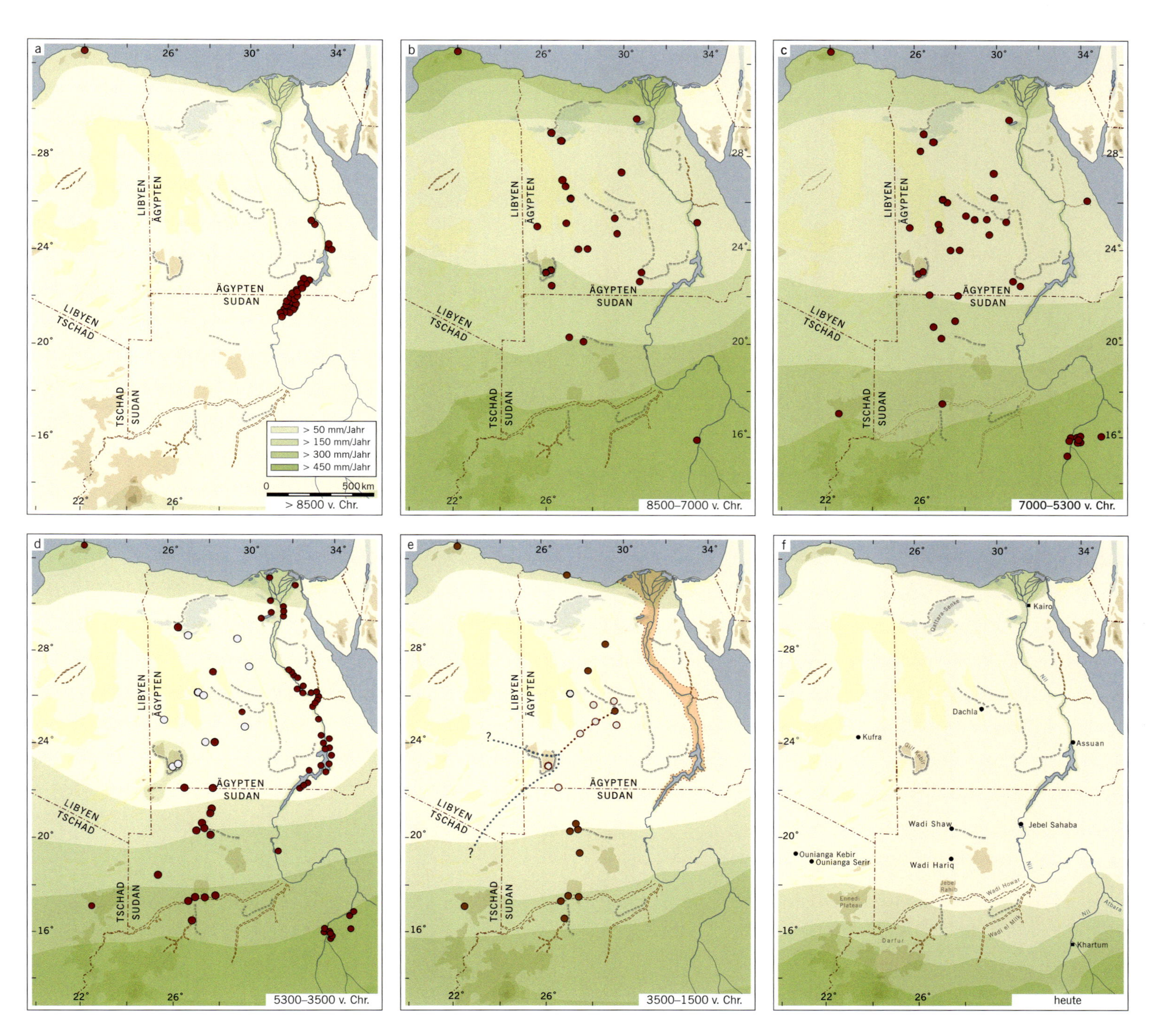

Abb. 16a–f Hauptphasen der klimabedingten Besiedlungsgeschichte der östlichen Sahara. Punkte: Siedlungskonzentrationen; Ringe: episodische Siedlungen in ökologischen Nischen; rote Schraffur: pharaonischer Staat; rot gepunktete Linie: Abu Ballas Trail; blau gepunktete Linie: dessen mögliche Fortsetzung. f zeigt die wichtigsten im Text erwähnten Orte in der Ostsahara.

u.a. 2002). In der Folgezeit bis 3500 v.Chr. verschlechtern sich die Lebensbedingungen zunehmend und nähern sich insbesondere in der ägyptischen Sahara den heutigen Wüstenverhältnissen an (Abb. 16d). Dabei erscheinen gegen Ende dieser Phase im vorher fundleeren Niltal nun zahlreiche Orte der ältesten bäuerlichen Besiedlung, aus der später die pharaonische Hochkultur erwuchs (Kuper/Kröpelin 2006).

Neben der Verlagerung der Besiedlung des westlichen Ägyptens in Richtung Niltal lässt das archäologische Fundmaterial auf einen

Abb. 17 Abu Tabari-Gebiet am Unteren Wadi Howar (Sudan) im Jahr 1986.

Rückzug in Regionen schließen, die saisonal oder episodisch noch ausreichende Lebensbedingungen boten. Hierzu gehören die Umgebung der ägyptischen Oasendepressionen und das Gilf Kebir-Plateau. Die Ebenen des nördlichen Sudan wurden dagegen auch weiterhin von den Monsunregen erreicht.

Nach 3500 v. Chr. lassen die fehlenden Daten das westliche Ägypten siedlungsleer erscheinen und zeichnen ein Bild, das der heutigen Situation ähnelt (Abb. 16e). Demgegenüber konnte sich in der südöstlichen Sahara das viehzüchterische Leben weiter entfalten. Siedlungsabfolgen in Wadi Shaw und Wadi Hariq im Nordwest-Sudan belegen noch am Ende des Alten Reiches dorfähnliche Ansiedlungen mit Brunnenanlagen, die offenbar die Basis für eine Wanderweidewirtschaft bildeten, wie sie bis heute in den subsaharischen Trockengebieten Afrikas weit verbreitet ist (Gabriel/Kröpelin 1983; Jesse u. a. 2004). Während vor dieser Phase offene Wasserflächen existierten, fielen infolge ausbleibender Regen zunächst die Seen und später auch die Brunnen trocken, sodass den Menschen ab etwa 2000 v. Chr. ihre Lebensgrundlage entzogen war. Bemerkenswerterweise liegen gerade aus diesem Zeitraum altägyptische Berichte vor, nach denen Nomaden ins Niltal kamen und um Aufnahme baten, weil »die Wüste vor Hunger stirbt« (Smither 1945).

Etwa 300 km weiter südlich im Wadi Howar waren die ökologischen Bedingungen dagegen noch erheblich besser, was sich in ausgesprochen reichen Fundplätzen entlang seiner Ufer zeigt. Um 3000 v. Chr. entwickelte sich entlang dieses »Gelben Nils« eine Rinderhirtenkultur, deren Siedlungsspuren Lebensbilder der spezialisierten Rindernomaden Ost- und Westafrikas wachrufen (Keding 1997). Doch auch hier schritt die Dürre fort, was sich in einer Abnahme der Rindernachweise in den Siedlungen des 2. Jahrtausends v. Chr. und in einer stärkeren Hinwendung zur Kleinviehzucht widerspiegelt. Insgesamt werden mit diesen Gruppen wohl die Völker greifbar, die den Hintergrund altägyptischer Darstellungen über Kontakte mit den afrikanischen Nachbarn bilden.

Entdeckungen von rund 30 linear angeordneten pharaonischen Stationen zwischen den Dachla-Oasen und dem Gilf Kebir werfen ein neues Licht auf die Zeit vom Alten Reich bis in die Römerzeit, als die ägyptische Sahara bereits eine unbewohnbare Wildnis war (Bergmann/Kuhlmann 2001; Kuhlmann 2002). Der sog. Abu Ballas Trail wurde über mehrere Tausend Jahre zumindest episodisch genutzt, wenn auch weiterhin offenbleibt, ob als Handelsweg, zu staatlichen Zwecken wie Militär- oder Prospektionsunternehmen oder zur Kontrolle des Schmuggels begehrter Güter aus dem subsaharischen Afrika (vgl. Abb. 16e; Kuper/Förster 2003).

Da das Kamel erst kurz vor der Zeitenwende in die Sahara eingeführt wurde, waren solche Entfernungen nur mit Eseln zu bewältigen, was einen erheblichen logistischen Aufwand mit einem ausgeklügelten Versorgungssystem und der Einrichtung von Etappenstationen in Tagesabständen erforderte (Förster 2015). Jedenfalls stellen diese Wüstenkarawanen die bisher ältesten Belege für einen Transsahara-Verkehr dar (Förster/Riemer 2013). In welcher Weise sich Kontakte zwischen den pharaonischen Expeditionen mit der prähistorischen Restbevölkerung abgespielt haben, ist eine der interessantesten Fragen am Übergang von der Vorgeschichte zur Geschichte, bevor die östliche Sahara den aktuellen hyperariden Zustand erreichte (Abb. 16f).

WIEDERERGRÜNEN DER SAHARA?

Die Vorstellung, dass die nacheiszeitliche Erwärmung zu verstärkter Aridität im nordhemisphärischen Trockengürtel führte, ist seit Langem widerlegt. Vielmehr entstand durch die höhere Verdunstung über den Weltmeeren mehr Wasserdampf, der durch ein verstärktes Monsunsystem weit in die Sahara hinein verfrachtet wurde und dort abregnete. Trotz einer anderen Konstellation astronomischer Faktoren muss also auch die gegenwärtige anthropogene Erwärmung keineswegs zwangsläufig zu einer wachsenden Wüstenausbreitung führen.

Abb. 18 In Folge zunehmender Niederschläge nutzen Kababisch-Nomaden die neuen Kamelweiden im zuvor nahezu bewuchslosen Abu Tabari-Gebiet (Sudan) (2001).

Entgegen der weitläufigen Annahme von abnehmenden Niederschlägen am Südrand der Sahara zeichnen Langzeitbeobachtungen, in von menschlichem Einfluss unberührten Regionen, ein anderes Bild als das aus bewohnten Gebieten am Südrand der Sahara bekannte, wo natürliche Ressourcen wie Wasser, Weiden und Holz angesichts des starken Bevölkerungswachstums immer knapper werden. So war zum Beispiel das zwischen dem Jebel Rahib und dem Nil gelegene Trockental des Unteren Wadi Howar eine nahezu vegetationslose Extremwüste (Abb. 17). Seit den späten 1980er Jahren gibt es dort jedoch wie an vielen anderen Orten der südlichen Sahara Hinweise auf zunehmende Sommerregen. Diese bewirkten eine erstaunlich dichte Pflanzendecke aus Gräsern, Kräutern und sogar aufkeimenden Bäumchen (Kröpelin 2012). Die dichte Vegetation, die den Talboden zum Teil über mehrere Kilometer Durchmesser bedeckt, repräsentiert offenbar einen Trend zunehmender Niederschläge, der mit dem seinerzeit vermeintlichen »Jahrhundertregen« im Nordsudan im August 1988 eingesetzt hat (Kröpelin 1993). Die Vegetationszunahme hat einen starken Zuwachs an Gazellen, Füchsen, Nagern oder Vögeln und sogar die Zuwanderung von Lurchen zur Folge. Kababisch-Nomaden weiden ihre Kamelherden in dem seit Menschengedenken kaum nutzbaren Gebiet (Abb. 18; Kröpelin 2007a).

Eventuell machen sich hier wie auch in anderen Regionen der südlichen Sahara (Dardel u. a. 2014) die ersten Auswirkungen der rezenten Erderwärmung bemerkbar. Anstelle der allgemein postulierten fortschreitenden Austrocknung und Wüstenausbreitung scheint es zu vermehrten Niederschlägen zu kommen – möglicherweise wie nach der letzten Kaltzeit aufgrund höherer Verdunstung über den zunehmend aufgeheizten Ozeanen und damit einhergehenden Luftströmungen, die mehr Feuchtigkeit bis tief in die Sahara bringen. Ein Anhalten dieses Trends wäre ein segensreiches Signal für den Nordrand der Sahelzone vom Atlantik bis nach Zentralasien und könnte der wegen der exponentiell ansteigenden Bevölkerungsentwicklung weiter zunehmenden menschengemachten Wüstenbildung (Desertifikation) zumindest in begrenztem Umfang entgegenwirken. Im Extremfall könnte bei einer Rückkehr zu warmzeitlichen Feuchtbedingungen, wie zuletzt vor rund 10 000–5000 Jahren, in fernerer Zukunft das gegenwärtig brachliegende nördliche Drittel des afrikanischen Kontinents wieder bewohnbar werden.

Arnold Müller

WAS PASSIERT, WENN ES KÄLTER ODER WÄRMER WIRD?

Kaum etwas wird heute lebhafter diskutiert als die Klimaentwicklung für die nächste Zukunft. Das ist auch nicht überraschend: Trotz aller zivilisatorischer Leistungen der Menschheit in den vergangenen Jahrhunderten bleiben wir auch weiterhin sehr klimaabhängig. Der »Wohlfühlfaktor«, also das, was wir als angenehm empfinden, stellt dabei noch das geringste Problem dar. Das hängt sowieso von dem ab, was man gewohnt ist. Die Inuit auf Grönland werden die Frage nach optimalen klimatischen Bedingungen anders beantworten als Bewohner Mitteleuropas oder Nordafrikas. Wegen seiner Bedeutung wurde das Thema Klima inzwischen hochgradig politisch aufgeladen. Dabei fallen im Dickicht verschiedenster Interessen Fakten gerne unter den Tisch oder werden dem eigenen Weltbild angepasst. Ein kurzer Rückblick in die vergangenen Jahrzehnte der Klimadiskussion offenbart das recht anschaulich.

Noch vor wenigen Jahrzehnten ging die Angst vor der nächsten Eiszeit um. Wenig später wurde die globale Erwärmung zum Schreckensbild erklärt. Als Hauptverursacher für die erwartete Erwärmung gilt heute allgemein die Menschheit selbst und die anthropogene Beeinflussung des Klimasystems wird erbittert diskutiert. Aus erdgeschichtlicher Sicht kann man das entworfene Katastrophenszenario für eine Erwärmung von über 2 °C nur milde belächeln. 2 °C höher als heute lägen immer noch deutlich unterhalb des känozoischen Mittels. Allein die Lebensgeschichte der letzten 66 Millionen Jahre mit dem grandiosen Aufstieg der Säugetiere und schließlich des Menschen selbst zeigt, dass deutlich wärmere Perioden Blütezeiten der Biosphäre waren. Warum also die unnötige Angst vor etwas höheren Temperaturen, während Kälte gegenwärtig kein Thema zu sein scheint? Die Gründe dafür sind vielfältig und oft irrational.

Ein wichtiger Grund für die Angst vor dem unvermeidlichen Klimawandel liegt allerdings offen zutage: Innerhalb von 100 Generationen (das ist ein Zeitraum von 3000–4000 Jahren bei einer Rechnung von 30–40 Jahren pro Generation) hat die Anzahl der Menschen enorm zugenommen und nimmt auch weiter zu (Abb. 1). Etwa 10 Milliarden Menschen werden für das Ende des Jahrhunderts vorausgesehen. Ernährungsprobleme, hochgradig arbeitsteiliger Gesellschaftsaufbau, zunehmende Urbanisation (Megastädte), Abfallentsorgung und anderes sind nur mit hohem Energieaufwand (Verkehr, Strom, Klimatisierung) zu lösen. Erzwingt eine Klimaänderung eine grundsätzliche Neuausrichtung im komplexen Gefüge moderner Zivilisation, bricht das gewohnte Umfeld wie ein Kartenhaus in sich zusammen.

Ob eine Klimaänderung in Richtung warm problematischer wäre als in Richtung kalt, lässt sich anhand der jüngsten Erdgeschichte recht einfach ableiten. Als Modell für ein warmes Szenario ist die Eem-Warmzeit zwischen Saale- und Weichsel-Glazial geeignet. Das kalte Szenario kann man dem letzten Glazial (Weichsel-Glazial) entlehnen. Auf diese Szenarien muss man die aktuelle und in nächster Zukunft zu erwartende Zivilisation projizieren und ableiten, welche Folgen bestimmte Entwicklungen haben könnten. Aus Platzgründen steht Europa im Mittelpunkt der beiden Szenarien. Doch nicht nur Extremwerte spielen eine wichtige Rolle, sondern auch das Tempo der Klimaänderungen. Es entscheidet letztlich darüber, welche Reaktionszeit der Menschheit überhaupt bei einer harschen Klimaänderung bleibt. Da bietet die Geschichte rund um die letzte scharfe Kaltzeit (jüngere Dryas) ein geeignetes Beispiel mit folgenden Eckdaten aus Eisbohrkernen von Grönland: Vor etwa 14 500 Jahren stürzten die Temperaturen dort innerhalb von rund 470 Jahren um ca. 10 °C ab. Es dauerte dann weitere ungefähr 1380 Jahre bis zum Minimum (von -32,5 am Anfang auf -49,0 °C im Minimum). Am Ende der jüngeren Dryaszeit stiegen die Temperaturen innerhalb von 320 Jahren von -48 °C wieder auf das Ausgangsniveau von rund -32,5 °C an – das entspricht ziemlich genau dem heutigen Niveau (Cuffey u. a. 1995; Stuiver u. a. 1995). 15,5 °C Anstieg in 320 Jahren ist sehr rapide, auch wenn die Werte in mittleren Breiten (Europa) bei weitem nicht mehr so extrem waren wie auf Grönland.

DAS WARME SZENARIO

In den kurzen warmen Phasen (Interglazialen) des Pleistozän lagen die globalen Durchschnittstemperaturen um bis zu 5 °C höher als heute. Die globale Durchschnittstemperatur ist allerdings ein statistisches Konstrukt, über dessen Sinnhaftigkeit man nachdenken kann. Es sagt praktisch nichts aus über die Verhältnisse an einem konkreten Ort. In den Tropen gab es nur geringe Schwankungen, während die grönländischen Eisbohrkerne extreme Schwankungsbeträge von 15–25 °C in

◄ *Das Landesmuseum für Vorgeschichte in Halle (Saale), Sachsen-Anhalt, von einer meterdicken Eisschicht bedeckt. Fiktion oder mögliches Zukunftsszenario? (Zeichnung © K. Schauer)*

Abb. 1 Besucher eines Schwimmbads in Suining, Prov. Sichuan (China). Überbevölkerung und zunehmende Urbanisation, wie sie am Beispiel von China deutlich werden, sind Teil unserer komplexen modernen Zivilisation. Eine gravierende Klimaänderung würde das bestehende gesellschaftliche Gefüge vor eine fundamentale Herausforderung stellen.

den polnahen Bereichen aufzeigen. Verallgemeinert heißt das: relativ geringe Änderungen in den äquatornahen Bereichen und sehr starke Schwankungen im Bereich der polaren Eiskappen. Die Erwärmung hoher Breiten erfolgte viel radikaler als in niederen Breiten, wodurch insgesamt der Temperaturgradient zwischen Äquator und Polarbereich abnahm. Das Klima wurde deutlich ausgeglichener und die Lage der Klimazonen mit ihren Vegetationsgürteln änderte sich. Wie stark die Erwärmung spürbar war, hängt also davon ab, wo man sich als Beobachter im Eem-Interglazial befunden hätte. In Afrika beispielsweise dehnte sich der tropische Regenwald etwas nach Norden aus und der anschließende wechselfeuchte Monsungürtel wanderte ebenfalls nach Norden. In diesen Phasen wurden große Teile der Sahara grün.

Im nordpolaren Umfeld ging das Eis weiter zurück als heute. Das Nordpolarmeer war eisfrei und der Meeresspiegel stieg auf 6–7 m über das heutige Niveau an. In Zentraleuropa nördlich der Alpen erhöhten sich die Temperaturen um 3–4 °C über den aktuellen Wert und im Zuge des Anstiegs wanderten auch hier die Vegetationsgürtel nach Norden. Frostböden mit Tundren nahmen wesentlich kleinere Flächen als heute ein, da die potentiell geeignete Zone zum großen Teil vom Nordpolarmeer bedeckt wurde. Skandinavien und Nordsibirien wurden eisfrei und die Permafrostböden tauten auf. Das dabei entweichende Methan hat in einem selbstverstärkenden Prozess die Temperaturen kurzzeitig noch nach oben getrieben. Kurzum: Das Eis (nordisches Inlandeis und Gebirgsgletscher) verschwand aus Europa weitgehend, der boreale Nadelwaldgürtel wanderte weit nach Norden und südlich davon dehnten sich im Optimum Laubwälder mit Eichen (auch Steineichen), Linden, Buchen und Hainbuchen aus. Es ist in den besten Zeiten ein Klima wie heute etwa im nördlichen Mittelmeerraum. Mit den Pflanzen der warmen Phasen kehrte auch die entsprechende Tierwelt zurück.

Für die aktuellen Gesellschaften würde dieses Szenario bedeuten:

- Mit fortlaufender Erwärmung wird das Nordpolarmeer eisfrei.
- Der größte Teil der holarktischen Permafrostböden taut auf (Abb. 2). In der Übergangsphase versinken große Teile der sibirischen und kanadischen Infrastruktur im stark wasserhaltigen Matsch des Auftaubodens.
- Das Auftauen setzt viel als Gashydrat gebundenes Methan frei und beschleunigt die Erwärmung noch.
- Der Meeresspiegelanstieg setzt Randbereiche der Nord- und Ostsee unter Wasser und die Hafenstädte der Nord- und Ostseeanrainer versinken im Meer.
- Nach der für die Infrastruktur verheerenden Auftauphase der Permafrostböden normalisieren sich die Verhältnisse und die landwirtschaftlich nutzbare Fläche im nördlichen Europa und Sibirien würde sich ganz erheblich ausdehnen.
- Teile Südeuropas, vor allem die Iberische Halbinsel, würden zuneh-

mend austrocknen und einen großen Teil ihrer agrarisch nutzbaren Fläche verlieren.
- Im Gegenzug würden große Teile der Sahelzone ergrünen.

Allein schon die aufgeführten Eckpunkte (es gibt noch zahlreiche weitere Folgen) würden Europa vor große Probleme stellen. Eine deutliche Erwärmung würde sich besonders unangenehm in den urbanen Zentren auswirken (urbaner Wärmeinseleffekt). Der energetisch jetzt schon unsinnige Bau riesiger Glaspaläste (z. B. die neue Messe in Leipzig) würde zu thermisch kaum noch beherrschbaren Gewächshäusern führen. Mauern mit kleinen Fensterflächen und Beschattung (siehe orientalische Bauweise) wären dann wesentlich vorteilhafter, zumal nicht absehbar ist, ob in 100 oder 300 Jahren noch ausreichend Energie zur Klimatisierung aufgebracht werden kann.

Infolge des Meeresspiegelanstiegs müsste ein großer Teil der Küsten- und Hafenstädte geräumt werden. Millionen von Menschen stünden vor der Umsiedlung. Als Ausgleich bieten sich die neuen nutzbaren Flächen in Nordeuropa und Sibirien an. In Südeuropa, vor allem auf der Iberischen Halbinsel, wäre Landwirtschaft ohne Bewässerung kaum noch möglich. Die notwendigen Wassermengen wären aber nicht vorhanden und allein die Trinkwasserversorgung würde zum Problem. Alternative: Abwanderung in die feuchtere Sahara, um dort Landwirtschaft zu betreiben.

Das Szenario hat auch positive Seiten und es hängt vom Standort ab, ob man zu den Verlierern oder Gewinnern der Veränderung wird:

- Insgesamt dehnt sich die landwirtschaftlich nutzbare Fläche im Norden Eurasiens erheblich aus, während die Ausdehnung des Trockengürtels im Süden vergleichsweise geringe Flächen erfasst. Der Gewinn im Norden ist größer als der Verlust im Süden.
- Der Energieverbrauch zur Klimatisierung von Gebäuden sinkt (bei klimagerechter Bauweise) erheblich (Heizung versus Kühlung).
- Die Lebensverhältnisse in Mitteleuropa würden etwa den heutigen im mediterranen Umfeld entsprechen.

DAS KALTE SZENARIO

Sollte das Klima wieder in eine rapide Abkühlung umschwenken (etwa der Übergang vom »Interglazial Holozän« in eine anschließende Kaltzeit), kann man den Übergang vom Eem-Interglazial zur Weichselkaltzeit als Modellfall zur Veranschaulichung verwenden. Die Abkühlung

***Abb. 2** Die Stützen einer überirdischen Versorgungsleitung auf Spitzbergen (Norwegen) geraten durch das Auftauen des Permafrostbodens in Schieflage. Weltweit ist rund ein Viertel der Landfläche Permafrostgebiet. In einem warmen Klimaszenario wären große Teile der sibirischen und kanadischen Infrastruktur durch das Auftauen der Dauerfrostböden gefährdet.*

würde relativ schnell erfolgen, die Folgen würden aufgrund der Trägheit des Systems aber nur schrittweise sichtbar werden. Eine rapide Abkühlung bedeutet zunächst, dass das Klima in Mitteleuropa härter wird. Die Winter werden länger, kälter und schneereicher, die Sommer kürzer und weniger warm, wenngleich es immer noch warme Phasen wie heute im kurzen sibirischen Sommer gäbe. In Nordeuropa (Skandinavien, Nordrussland) würde der Schnee länger liegenbleiben und das Nordpolarmeer bekäme eine geschlossene Eisdecke. An diesem Punkt werden dann Rückkoppelungen im Klimasystem wirksam. Die großen Eis- und Schneeflächen verursachen über den Albedoeffekt (Reflexionsstrahlung) eine weitere, sich selbst verstärkende Abkühlung. Schnee taut im kurzen Sommer nicht mehr völlig ab und im Laufe der Jahre bildet sich eine dauerhafte Eis- und Schneedecke, die von Jahr zu Jahr weiter zunimmt.

Während sich im Norden also eine permanente Eis- und Schneefläche bildet, gehen in Mitteleuropa die Temperaturen deutlich zurück. Zunächst verschwinden thermisch anspruchsvolle Pflanzen und Tiere aus der heimischen Natur. In der Landwirtschaft wären als erstes wärmebedürftige Kulturen wie Wein und bestimmte Obstarten betroffen. Bei weiterer Abkühlung ändert sich der Charakter des Waldes. Hainbuchen, Buchen und Eichen würden zunehmend den Nadelbäumen weichen und bald stellt sich der Typus des borealen Nadelwaldes (Taiga) ein. In der Landwirtschaft können nur noch relativ kälteresistente Pflanzen angebaut werden. Bald wird auch das nicht mehr möglich sein.

Bei weiterer Abkühlung weicht der boreale Nadelwald der Tundra mit Zwergbirken. Der Boden gefriert im Winter immer tiefer und bald reicht der kurze Sommer nicht mehr aus, ihn bis in die Tiefe aufzutauen. Es entsteht ein Dauerfrostboden mit einer dünnen sommerlichen Auftauschicht (Mollisol) an der Oberfläche. In der Folge wird es im Sommer morastig. Tau- und Niederschlagswasser können wegen der effektiven Sperrschicht des Dauerfrostbereichs nicht mehr versickern. Diese Umstände gefährden die gesamte menschliche Infrastruktur (Gebäude, Verkehrswege). Sie ist in Mitteleuropa nicht für solche Verhältnisse eingerichtet. Parallel dazu steigt der Energiebedarf für das Heizen enorm an. Sollte es lange Zeit kalt bleiben, werden im Norden aus den zunehmenden Schneemassen allmählich Gletschereispanzer, die sich bei weiterer Akkumulation von Schnee und Firn (Altschnee) schließlich so weit auftürmen, dass sie unter ihrem eigenen Auflastdruck in Bewegung kommen und von den skandinavischen Gebirgen in Richtung Süden fließen. Gleichzeitig würden durch den rapiden Meeresspiegelrückgang Nord- und Ostsee weitgehend trocken fallen. Nach einigen Tausend Jahren kontinuierlichen Eisaufbaus würde schließlich das Eis das nördliche Deutschland erreichen.

Innerhalb kurzer Zeit würden mit der Abkühlung also mehrere Klima- und Vegetationszonen Mitteleuropa auf ihrem Weg nach Süden durchziehen. Wald gäbe es nur noch ganz im Süden, im Südwesten Europas und an den meeresnahen Küstenregionen. Nördlich von Karpaten, Alpen und französischem Zentralmassiv hingegen breitet sich tundrenartige Vegetation aus, vermutlich mit Resten des borealen Nadelwaldes in besonders geschützten Lagen. Norddeutschland könnte in einem Hochglazialstadium sogar wieder unter dem Eis verschwinden.

Mit der Verlagerung der Vegetationsgürtel wäre in Europa keine Landwirtschaft mehr möglich. Die geringen Flächen im mediterranen Raum sind praktisch bedeutungslos. Europa hat heute eine Gesamtbevölkerung von ca. 540 Millionen Einwohnern. Ein großer Teil davon müsste in relativ kurzer Zeit aus den Schnee- und Eiswüsten des Nordens umgesiedelt werden. Kurze Zeit später beträfe das auch die große Mehrheit der Europäer, die heute im zukünftigen Tundrengürtel leben. Über 400–500 Millionen Menschen müssten ihre Heimat verlassen. Nur Spanier, Süditaliener und Griechen könnten vielleicht noch etwas Landwirtschaft betreiben. Die einzig nennenswerte Nahrungsquelle wäre dann nur noch das Meer südlich des Packeisgürtels: das Mittelmeer und der Atlantik an der Iberischen Halbinsel. Heute schon überfischt, werden die Meere in Zukunft nicht den notwendigen Ertrag zur Ernährung von über 500 Millionen Menschen erbringen können.

Da die gleiche Entwicklung auch für Nordamerika (nahezu ganz Kanada und Teile der nördlichen USA) und Asien (Sibirien und Zentralasien nördlich der Hochgebirge) zuträfe, würden weit über zwei Milliarden Menschen (wie die Zahl in 300 Jahren aussieht, ist ungewiss) erheblich und direkt unter Druck kommen. Da in einigen Jahrzehnten die Bevölkerung Afrikas und einiger Länder des Orients und Südasiens sich praktisch verdoppelt, wird eine Weltbevölkerung von mindestens 10 Milliarden Menschen (Szenario für das Ende des Jahrhunderts) oder mehr (in 300 Jahren) zwangsläufig um den Platz und den Ertrag einer stark schrumpfenden Landwirtschaft und Fischerei konkurrieren. Für riesige Menschenmassen (über zwei Milliarden in der Nordhemisphäre) müsste eine komplett neue Infrastruktur in wärmeren Gefilden errichtet werden. Dank Bevölkerungsexplosion platzt dort alles schon heute aus den Nähten (Abb. 3) und der Aufbau der benötigten Infrastruktur kann mit der Bevölkerungsentwicklung nicht mehr Schritt halten. Als besonders wichtige Punkte der Entwicklung wären die folgenden zu nennen:

- Zusammenbruch wichtiger Bereiche der Landwirtschaft in Europa nördlich der Alpen (relativ kurzfristig wirksam);
- Starke Auswirkungen auf Infrastruktur (Verkehrswesen, Energieversorgung u. a.) (relativ kurzfristig wirksam);
- Hoher Energieaufwand (Kosten) für Aufrechterhaltung erträglicher Lebensverhältnisse (relativ kurzfristig wirksam);
- Totalzusammenbruch der Landwirtschaft nördlich der Alpen (mittelfristig wirksam);
- Unerträgliche Lebensverhältnisse nördlich der Alpen – nur lösbar mit Umsiedlungsprogrammen, aber wohin? (mittelfristig wirksam);
- Starker Meeresspiegelrückgang lässt weltweit Häfen trocken fallen (mittelfristig wirksam);
- Weltweiter Hunger bei stark gewachsener Weltbevölkerung und stark gesunkenen Flächen für Landwirtschaft, Übernutzung verbliebener Flächen.

Allein diese Auswahl zeigt, dass bereits die ersten Jahrzehnte einer dramatischen Abkühlung von politisch nahezu unlösbaren Problemen begleitet werden, die sich mit einer weiteren Verschärfung und Dauer der Kälte noch weiter zuspitzen würden. Angesichts der voraussehbaren Problemlage ist aktuell nicht abzuschätzen, wie die Menschheit überhaupt damit umgehen könnte. Entscheidend ist

Abb. 3 *Smog in der Megastadt Shanghai (China). Dieser Smog ist eine Folge von Industrie- und Verkehrsabgasen sowie Aerosolen in einer von vielen Millionen Menschen bewohnten Agglomeration (Urbanisation). Lokale Klimaeigenheiten (häufige austauscharme Wetterlagen/Inversionen) können den Smog noch gravierend verstärken.*

sicher die verfügbare Zeit zur Anpassung und Umsetzung geeigneter Maßnahmen. Im Vergleichsfall »Dryas« dauerte der Temperatursturz vom Alleröd-Interstadial zum Minimum der Dryas rund 1800 Jahre, das entspricht einem Zeitraum von der Spätantike bis heute. Die kälteste Phase der Dryas dauerte rund 850–900 Jahre. Das umfasst 2600–2700 Jahre stetig fallender Temperaturen mit Phasen absoluter Kälte. Welche Zivilisation heutigen Zuschnitts würde das überstehen?

RESÜMEE

Das warme und das kalte Szenario konnten hier aus Platzgründen nur grob skizziert werden. Allein die wenigen vorgestellten Folgen verursachen Gänsehaut. Im warmen Szenario ist vor allem die Übergangszeit im Permafrostbereich kritisch und betrifft große Teile Sibiriens und Nordamerikas. Insgesamt wären die zivilisatorischen Folgen aber beherrschbar. Im kalten Szenario wäre das unter heutigen Umständen nicht gegeben. Glaziale Verhältnisse würden das Ende jeder modernen Zivilisation in weiten Bereichen der Nordhemisphäre bedeuten. Nur die an die Kälte angepassten Nomadenvölker des Nordens, Inuit, Nenzen oder Jakuten, könnten der Verschiebung der geeigneten Klimazone folgen und hätten relativ geringe Probleme. Es liegt ganz in der persönlichen Vorstellungskraft der Leser, welches der beiden Szenarien man für wahrscheinlicher und/oder bedrohlicher hält. Aussuchen können wir uns das nicht. Eines von beiden Szenarien wird die Natur für uns bereithalten – die Richtung allerdings bleibt weiterhin ungewiss.

LITERATURVERZEICHNIS

Abbazzi u. a. 2008
L. Abbazzi/M. Delfino/G. Gallai/L. Trebini/L. Rook, New data on the vertebrate assemblage of Fiume Santo (North-western Sardinia, Italy), and overview on the Late Miocene Tusco-sardinian paleobioprovince. Palaeontology 51, 2008, 425–451.

Abel 1976
W. Abel, Die Wüstungen des ausgehenden Mittelalters[3] (Stuttgart 1976).

Abramova 1962
Z. Abramova, Paleolitičeskoje iskusstvo na territorii SSSR. Svod Arch. Istočnikov A 4–3 (Moskva, Leningrad 1962).

Absolon 1938
K. Absolon, Die Erforschung der diluvialen Mammutjäger-Station von Unter-Wisternitz an den Pollauer Bergen in Mähren. Arbeitsbericht über das zweite Jahr 1925. Stud. Allg. Karstforsch., Wiss. Höhlenkde., Eiszeitforsch. u. Nachbargebiete 9 (Brünn 1938).

Adaileh 2010
A. Adaileh, Die Oberflächenfunde der Magdalénien-Freilandstation Bad Kösen-Lengefeld aus dem Landesmuseum für Vorgeschichte in Halle. Ungedr. Magisterarbeit Friedrich-Alexander-Univ. Erlangen-Nürnberg (Erlangen 2010).

Adam 1988
K. D. Adam, Der Urmensch von Steinheim an der Murr und seine Umwelt – Ein Lebensbild aus einer Zeit vor einer viertel Million Jahren. Zweite Virchow-Vorlesung, 1988. Jahrb. RGZM 35, 1988, 1–23.

Adán u. a. 2009
G. E. Adán/D. Álvarez-Lao/P. Turrero/M. Arbizu/E. García-Vázquez, Fish as diet resource in North Spain during the Upper Paleolithic. Journal Arch. Scien. 36,3, 2009, 895–899.

Airvaux 1998
J. Airvaux, Découverte d'une grotte ornée, le réseau Guy Martin à Lussac-Les-Châteaux, Vienne, et application d'une méthodologie structurale pour l'étude de l'art préhistorique. Anthropologie (Paris) 102,4, 1998, 495–521.

Airvaux 2001
J. Airvaux, L'art Préhistorique du Poitou-Charentes. Sculptures et gravures des temps glaciaires. Bull. Soc. Préhist. Française 100,1, 2001, 183–184.

Airvaux/Chollet 1985
J. Airvaux/A. Chollet, Figuration humaine sur plaquette à la grotte des Fadets à Lussac-les-Châteaux (Vienne). Bull. Soc. Préhist. Française 82,3, 1985, 83–85.

Alba u. a. 2001
D. M. Alba/S. Moyà-Solà/M. Köhler/L. Rook, Heterochrony and the cranial anatomy of Oreopithecus: some cladistic fallacies and the significance of developmental constraints in phylogenetic analysis. In: L. Bonis/D. Kouros/G. Kouros (Hrsg.), Hominoid Evolution and Climatic Change in Europe. 2: Phylogeny of the neogene hominoid primates of Eurasia (Cambridge 2001) 284–315.

Albert 2014
T. Albert, Die Silexartefakte aus dem Nordschnitt der Magdalénien-Freilandstation Bad Kösen-Lengefeld. Ungedr. Magisterarbeit Friedrich-Alexander-Univ. Erlangen-Nürnberg (Erlangen 2014).

Albrecht 1983
G. Albrecht (Hrsg.), Naturwissenschaftliche Untersuchungen an Magdalénien-Inventaren vom Petersfels. Grabungen 1974 bis 1976. Tübinger Monogr. Urgesch. 8 (Tübingen 1983).

Albrecht u. a. 1972
G. Albrecht/J. Hahn/W. G. Torke, Merkmalanalyse von Geschoßspitzen des mittleren Jungpleistozäns in Mittel- und Osteuropa. Arch. Venatoria 2 (Stuttgart 1972).

Alemseged u. a. 2006
Z. Alemseged/F. Spoor/W. H. Kimbel/R. Bobe/D. Geraads/D. Reed/J. G. Wynn, A juvenile early hominin skeleton from Dikika, Ethiopia. Nature 443, 2006, 296–301.

Alley 2000
R. B. Alley, Ice-core evidence of abrupt climate changes. Proc. Nat. Acad. Scien. USA 97,4, 2000, 1331–1334.

Almécija u. a. 2007
S. Almécija/D. M. Alba/S. Moyà-Solà/M. Köhler, Orang-like manual adaptations in the fossil hominoid Hispanopithecus laietanus: first steps towards great ape suspensory behaviours. Proc. Royal Soc. B 274,1624, 2007, 2375–2384.

Alvarez u. a. 1980
L. W. Alvarez/W. Alvarez/F. Asaro/H. V. Michel, Extraterrestrial cause for the Cretaceous-Tertiary extinction. Science 208,4448, 1980, 1095–1108.

Ambros 2006
D. C. Ambros, Morphologische und metrische Untersuchungen an Phalangen und Metapodien quartärer Musteliden unter besonderer Berücksichtigung der Unterscheidung von Baum- und Steinmarder (*Martes martes* [Linné 1758] und *Martes foina* [Erxleben 1777]). Diss. Friedrich-Alexander-Univ. Erlangen-Nürnberg (Tönning, Lübeck, Marburg 2006).

Andersen u. a. 2006
K. K. Andersen/A. M. Svensson/S. J. Johnsen/S. O. Rasmussen/M. Bigler/R. Röthlisberger/U. Ruth/M.-L. Siggaard-Andersen/J. P. Steffensen/D. Dahl-Jensen/B. M. Vinther/H. B. Clausen, The Greenland Ice Core Chronology 2005, 15–42 ka. Part 1: constructing the time scale. Quaternary Scien. Rev. 25,23–24, 2006, 3246–3257, doi:10.1016/j.quascirev.2006.08.002.

Andree 1939
J. Andree, Der eiszeitliche Mensch in Deutschland und seine Kulturen (Stuttgart 1939).

Argue u. a. 2017
D. Argue/C. P. Groves/M. S. Y. Lee/W. L. Jungers, The affinities of *Homo floresiensis* based on phylogenetic analyses of cranial, dental, and postcranial characters. Journal Human Evolution 107, 2017, 107–133.

Arrhenius 1896
S. Arrhenius, On the Influence of Carbonic Acid in the Air upon the Temperature of the Ground. Phil. Magazine 5,41, 1896, 237–276.

Atkinson u. a. 1987
T. C. Atkinson/K. R. Briffa/G. R. Coope, Seasonal temperatures in Britain during the past 22,000 years, reconstructed using beetle remains. Nature 325, 1987, 587–592.

Azzaroli 1946
A. Azzaroli, La scimmia fossile della Sardegna. Riv. Scien. Preist. 1, 1946, 68–76.

Bachmann u. a. 2008
G. H. Bachmann/B.-C. Ehling/R. Eichner/M. Schwab (Hrsg.), Geologie von Sachsen-Anhalt: mit 54 Tabellen (Stuttgart 2008).

Bajpai u. a. 2008
S. Bajpai/R. F. Kay/B. A. Williams/D. P. Das/V. V. Kapur/B. N. Tiwari, The oldest Asian record of Anthropoidea. Proc. Nat. Acad. Scien. USA 105,32, 2008, 11093–11098.

Bannikov 2014
A. F. Bannikov, A new genus of the family Palaeocentrotidae (Teleostei, Lampridiformes) from the Oligocene of the northern Caucasus and comments on other fossil Veliferoidei. Paleont. Journal 48,6, 2014, 624–632.

Barlow u. a. 1997
L. K. Barlow/J. P. Sadler/A. E. J. Ogilvie/P. C. Buckland/T. Amorosi/J. H. Ingimundarson/P. Skidmore/A. J. Dugmore/T. H. McGovern, Interdisciplinary investigations of the end of the Norse Western Settlement in Greenland. Holocene 7,4, 1997, 489–499.

Barron u. a. 2003
E. Barron/T. H. van Andel/D. Pollard, Glacial Environment II: Reconstructing the climate of Europe in the Last Glaciation. In: T. H. van Andel/W. Davis (Hrsg.), Neanderthals and modern humans in the European landscape during the last glaciation: archaeological results of the Stage 3 Project (Cambridge 2003) 57–78.

Bar-Yosef/Goren-Inbar 1993
O. Bar-Yosef/N. Goren-Inbar, The Lithic Assemblages of 'Ubeidiya. A Lower Palaeolithic Site in the Jordan Valley. Qedem 34 (Jerusalem 1993).

de Bast u. a. 2013
E. de Bast/E. Steurbaut/T. Smith, New mammals from the marine Selandian of Maret, Belgium, and their implications for the age of the Paleocene continental deposits of Walbeck, Germany. Geol. Belgica 16,4, 2013, 236–244.

Baumann/Mania 1983
W. Baumann/D. Mania, Die paläolithischen Neufunde von Markkleeberg bei Leipzig. Veröff. Landesmus. Vorgesch. Dresden 16 (Berlin 1983).

Beard 1998
K. C. Beard, East of Eden: Asia as an important center of taxonomic origination in mammalian evolution. Bull. Carnegie Mus. Natural Hist. 34, 1998, 5–39.

Behm-Blancke 1960
G. Behm-Blancke, Altsteinzeitliche Rastplätze im Travertingebiet von Taubach, Weimar und Ehringsdorf. Alt-Thüringen 4, 1960, 2–246.

Behringer 1999
W. Behringer, Climatic Change and Witch-Hunting: The Impact of the Little Ice Age on Mentalities. Climatic Change 43,1, 1999, 335–351.

Behringer 2005
W. Behringer, Kleine Eiszeit und Frühe Neuzeit. In: W. Behringer/H. Lehmann/C. Pfister (Hrsg.), Kulturelle Konsequenzen der »Kleinen Eiszeit«. Veröff. Max-Planck-Inst. Gesch. 212 (Göttingen 2005) 415–508.

Behringer 2007
W. Behringer, Kulturgeschichte des Klimas. Von der Eiszeit bis zur globalen Erwärmung (München 2007).

Behringer 2016
W. Behringer, Tambora und das Jahr ohne Sommer. Wie ein Vulkan die Welt in die Krise stürzte[2] (München 2016).

Ben-Dor u. a. 2011
M. Ben-Dor/A. Gopher/I. Hershkovitz/R. Barkai, Man the Fat Hunter: The Demise of *Homo erectus* and the Emergence of a New Hominin Lineage in the Middle Pleistocene (ca. 400 kyr) Levant. PLoS One 6,12, 2011, e28689, doi:10.1371/journal.pone.0028689.

Benecke 1994
N. Benecke, Der Mensch und seine Haustiere. Die Geschichte einer jahrtausendealten Beziehung (Stuttgart 1994).

Bengtsson 1997
L. Bengtsson, A Numerical Simulation of Anthropogenic Climate Change. Ambio 26,1, 1997, 58–65.

Bergmann/Kuhlmann 2001
C. Bergmann/K. P. Kuhlmann, Die Expedition des Cheops. GEO-Special 5,1, 2001, 120–127.

Berna u. a. 2012
F. Berna/P. Goldberg/L. Kolska Horwitz/J. Brink/S. Holt/M. Bamford/M. Chazan, Microstratigraphic evidence of in situ fire in the Acheulean strata of Wonderwerk Cave, Northern Cape province, South Africa. Proc. Nat. Acad. Scien. USA 109,20, 2012, E1215–E1220, doi:10.1073/pnas.1117620109.

Bernatchez 2004
L. Bernatchez, Ecological theory of adaptive radiation. An empirical assessment from Coregonine fishes (Salmoniformes). In: A. P. Hendry/S. C. Stearns (Hrsg.), Evolution Illuminated: salmon and their relatives (Oxford 2004) 175–207.

Berndt u. a. 2016
C. Berndt/C. Hensen/C. Mortera-Gutierrez/S. Sarkar/S. Geilert/M. Schmidt/V. Liebetrau/R. Kipfer/F. Scholz/M. Doll/S. Muff/J. Karstens/S. Planke/S. Petersen/C. Böttner/W. C. Chi/M. Moser/R. Behrendt/ A. Fiskal/M. A. Lever/C. C. Su/L. Deng/M. S. Brennwald/D. Lizarralde, Rifting under steam – How rift magmatism triggers methane venting from sedimentary basins. Geology 44,9, 2016, 767–770.

Berner 2001
R. A. Berner, Modeling atmospheric O^2 over Phanerozoic time. Geochimica Cosmochimica Acta 65,5, 2001, 685–694.

Berner 2008
U. Berner, Klimawandel: Gestern und heute. Vortrag zum Wochenendseminar II/2008 der Hanns-Seidel-Stiftung e. V., 02.02.2008, <https://www.hss.de/fileadmin/migration/downloads/080201_VortragBerner.pdf> (12.05.2017).

Berner/Hollerbach 2016
U. Berner/A. Hollerbach, Klimawandel und CO^2 aus geowissenschaftlicher Sicht, <https://www.vdi.de/fileadmin/media/content/get/67.pdf> (28.10.2016).

Bibi u. a. 2009
F. Bibi/M. Bukhsianidze/A. W. Gentry/D. Geraads/D. S. Kostopoulos/E. S. Vrba, The Fossil Record and Evolution of Bovidae: State of the Field. Palaeontol. Electronica 12,3, 2009, 1–11.

Bilkenroth 1993
K.-D. Bilkenroth, 300 Jahre Geiseltal – tertiäre Lebenswelt, Braunkohlengewinnung und Folgelandschaft. Braunkohle Tagebautechnik 45,8, 1993, 4–9.

Binford 2001
L. R. Binford, Constructing Frames of Reference: An Analytical Method for Archaeological Theory Building Using Ethnographic and Environmental Data Sets (Berkeley, Los Angeles, London 2001).

BirdLife International 2016
BirdLife International, Datazone –Trogonidae, <http://datazone.birdlife.org/home> (23.12.2016).

Bleiweiss 1998
R. Bleiweiss, Tempo and mode of hummingbird evolution. Biol. Journal Linnean Soc. 65,1, 1998, 63–76.

Blom 2017
P. Blom, Die Welt aus den Angeln. Eine Geschichte der Kleinen Eiszeit von 1570 bis 1700 sowie der Entstehung der modernen Welt, verbunden mit einigen Überlegungen zum Klima der Gegenwart (München 2017).

Blot 1980
J. Blot, La faune ichthyologique des gisements du Monte Bolca (Province de Verona, Italie). Bull. Mus. Nat. Hist. Naturelle Section C 4,2, 1980, 339–396.

Boaz u. a. 2000
N. T. Boaz/R. L. Ciochon/Q. Xu/J. Liu, Large Mammalian Carnivores as a Taphonomic Factor in the Bone Accumulation at Zhoukoudian. Acta Anthr. Sinica 19, 2000, 224–234.

Bocherens/Drucker 2004
H. Bocherens/D. Drucker, Carbon and Nitrogen Stable Isotopes as Tracers of Change in Diet Breadth during Middle and Upper Palaeolithic in Europe. Internat. Journal Osteoarch. 14,3–4, 2004, 162–177.

Böhme 2001
M. Böhme, Die Landsäugerfauna des Unteroligozäns der Leipziger Bucht – Stratigraphie, Genese und Ökologie. Neues Jahrb. Geol. u. Paläontol., Abhandl. 220,1, 2001, 63–82.

Böhme 2003
M. Böhme, The Miocene Climatic Optimum: evidence from ectothermic vertebrates of Central Europe. Palaeogeography, Palaeoclimatology, Palaeoecology 195,3/4, 2003, 389–401.

Bond/Lotti 1995
G. C. Bond/R. Lotti, Iceberg Discharges into the North Atlantic on Millennial Time Scales During the Last Glaciation. Science 267,5200, 1995, 1005–1010.

Bond u. a. 2015
M. Bond/M. F. Tejedor/K. E. Campbell/L. Chornogubsky/N. Novo/F. Goin, Eocene primates of South America and the African origins of New World monkeys. Nature 520,7548, 2015, 538–541.

de Bonis u. a. 2007
L. de Bonis/S. Peigné/A. Likius/H. T. Mackaye/P. Vignaud/M. Brunet, The oldest African fox (*Vulpes riffautae n.* sp., Canidae, Carnivora) recovered in late Miocene deposits of the Djurab desert, Chad. Naturwissenschaften 94,7, 2007, 575–580.

Bosinski 1979
G. Bosinski, Die Ausgrabungen in Gönnersdorf 1968–1976 und die Siedlungsbefunde der Grabung 1968. Der Magdalénien-Fundplatz Gönnersdorf 3 (Wiesbaden 1979).

Bosinski 1982
G. Bosinski, Die Kunst der Eiszeit in Deutschland und in der Schweiz. Kat. Vor- u. Frühgesch. Alt. 20 (Bonn 1982).

Bosinski/Fischer 1980
G. Bosinski/G. Fischer, Mammut- und Pferdedarstellungen von Gönnersdorf. Der Magdalénien-Fundplatz Gönnersdorf 5 (Wiesbaden 1980).

Bosinski u. a. 2001
G. Bosinski/F. d'Errico/P. Schiller, Die gravierten Frauendarstellungen von Gönnersdorf. Der Magdalénien-Fundplatz Gönnersdorf 8 (Stuttgart 2001).

Botelho u. a. 2014
J. F. Botelho/D. Smith-Paredes/D. Nunez-Leon/S. Soto-Acuna/A. O. Vargas, The developmental origin of zygodactyl feet and its possible loss in the evolution of Passeriformes. Proc. Royal Soc. B 281,1788, 2014, doi: 20140765.

Bothmer/Daglis 2007
V. Bothmer/I. A. Daglis, Space Weather – Physics and Effects (Berlin 2007).

Boudadi-Maligne/Escarguel 2014
M. Boudadi-Maligne/G. Escarguel, A biometric re-evaluation of recent claims for Early Upper Palaeolithic wolf domestication in Eurasia. Journal Arch. Scien. 45, 2014, 80–89.

Boudadi-Maligne u. a. 2012
M. Boudadi-Maligne/J.-B. Mallye/M. Langlais/C. Barshay-Szmidt, Magdalenian dog remains from Le Morin rock-shelter (Gironde, France). Socio-economic implications of a zootechnical innovation. Paleo 23, 2012, 39–54.

Bradtmöller u. a. 2012
M. Bradtmöller/A. Pastoors/B. Weninger/G.-C. Weniger, The repeated replacement model – Rapid climate change and population dynamics in Late Pleistocene Europe. Quaternary Internat. 247, 2012, 38–49.

Brain/Sillent 1988
C. K. Brain/A. Sillent, Evidence from the Swartkrans cave for the earliest use of fire. Nature 336, 1988, 464–466.

Braun u. a. 2005
H. Braun/M. Christl/S. Rahmstorf/A. Ganopolski/A. Mangini/C. Kubatzki/K. Roth/B. Kromer, Possible solar origin of the 1,470-year glacial climate cycle demonstrated in a coupled model. Nature 438, 2005, 208–211.

Brewer 1978
S. Brewer, The Forest Dwellers (London 1978).

Brink 1957
A. S. Brink, The Spontaneous Fire-controlling Reactions of Two Chimpanzee Smoking Addicts. South African Journal Scien. 53,9, 1957, 241–247.

Broecker 1975
W. S. Broecker, Are We on the Brink of a Pronounced Global Warming? Science 189, 1975, 460–464.

Broecker 1996
W. S. Broecker, Plötzliche Klimawechsel. Spektrum Wiss. 1, 1996, 86–93.

Broom 1938
R. Broom, The Pleistocene anthropoid apes of South Africa. Nature 142, 1938, 377–379.

Broom 1947
R. Broom, Discovery of a new skull of the South African ape-man, *Plesianthropus*. Nature 159, 1947, 672.

Brugère 2014
A. Brugère, Not one but two mammoth hunting strategies in the Gravettian of the Pavlov Hills area (southern Moravia). Quaternary Internat. 337, 2014, 80–89.

Brunet u. a. 1995
M. Brunet/A. Beauvilain/Y. Coppens/E. Heintz/A. H. Moutaye/D. Pilbeam, The first australopithecine 2,500 kilometres west of the Rift Valley (Chad). Nature 378, 1995, 273–275.

Bryant u. a. 1997
D. Bryant/D. Nielsen/L. Tangley, The Last Frontier Forests: Ecosystems and Economies on the Edge (Washington DC 1997).

Bryson 1974
R. A. Bryson, A Perspective on Climate Change. Science 184,4138, 1974, 753–760.

Bubenzer/Radke 2007
O. Bubenzer/U. Radke, Natürliche Klimaänderungen im Laufe der Erdgeschichte. In: W. Endlicher/F.-W. Gerstengarbe (Hrsg.), Der Klimawandel – Einblicke, Rückblicke und Ausblicke (Potsdam 2007) 17–26.

Buchal/Schönwiese 2012
C. Buchal/C.-D. Schönwiese, KLIMA: Die Erde und ihre Atmosphäre im Wandel der Zeiten[2] (Jülich 2012).

Buness u. a. 2005
H. Buness/M. Felder/G. Gabriel/F.-J. Harms, Explosives Tropenparadies. Geologie und Geophysik im Zeitraffer. In: H. Burkert (Hrsg.), Fossillagerstätte Grube Messel. Momentaufnahmen aus dem Eozän. Vernissage, R. Unesco-Welterbe 21,5, 2005, 6–11.

Burger u. a. 2004
J. Burger/W. Rosendahl/O. Loreille/H. Hemmer/T. Eriksson/A. Götherström/J. Hiller/M. J. Collins/T. Wess/K. W. Alt, Molecular phylogeny of the extinct cave lion *Panthera leo spelaea*. Molecular Phylogenetics Evolution 30,3, 2004, 841–849.

Callaway 2016
E. Callaway, Elephant history rewritten by ancient genomes. Nature, 16. September 2016, doi:10.1038/nature.2016.20622.

Camuffo 1987
D. Camuffo, Freezing of the Venezian Lagoon since the 9th Century AD in Comparison to the Climate of Western Europe and England. Climatic Change 10,1, 1987, 43–66.

Cao u. a. 2012
S. Cao/Y. Li/B. Yang, Mt. Tambora, Climatic Changes, and China's Decline in the Nineteenth Century. Journal World Hist. 23,3, 2012, 587–607.

Carstens 2016
P. Carstens, Plötzlicher Massentod der Saiga-Antilope: Ursache gefunden, <http://www.geo.de/natur/tierwelt/13602-rtkl-oekologie-ploetzlicher-massentod-der-saiga-antilope-ursache-gefunden> (30.08.2017).

Castello 2016
J. R. Castello, Bovids of the World. Antelopes, Gazelles, Cattle, Goats, Sheep, and Relatives. Princeton Field Guides (Princeton 2016).

Cattelain 1997
P. Cattelain, Hunting during the Upper Palaeolithic. Spearthrower or bow, or both? In: H. Knecht (Hrsg.), Projectile Technology. Interdisciplinary Contributions Arch. (New York 1997) 213–240.

Caviedes 2005
C. N. Caviedes, El Niño. Klima macht Geschichte (Darmstadt 2005).

Chad 2014
S. Chad, Last Lakes of the Green Sahara. Saudi Aramco World 65,3, 2014, 12–21.

Chambers u. a. 2012
S. M. Chambers/S. R. Fain/B. Fazio/M. Amaral, An Account of the Taxonomy of North American Wolves from Morphological and Genetic Analyses. North Am. Fauna 77, 2012, 1–67.

Charmove 1996
A. S. Charmove, Enrichment: Unpredictable Ropes and Fire. The Shape of Enrichment 5,2, 1996, 1–3.

Childe 1959
G. Childe, Der Mensch schafft sich selbst. Fundus-Bücher 2 (Dresden 1959).

Chisholm u. a. 2016
R. H. Chisholm/J. M. Trauer/D. Curnoe/M. M. Tanaka, Controlled fire use in early humans might have triggered the evolutionary emergence of tuberculosis. Proc. Nat. Acad. Scien. USA 113,32, 2016, 9051–9056, doi:10.1073/pnas.1603224113.

Chlopačev 2014
G. A. Chlopačev, Obrazy, simboly, znaki vetrchnĕgo paleolita: drevnosti archeologičeskogo sobranija MAE. In: G. A. Chlopačev (Hrsg.), Istorija archeologičeskogo sobranija MAE. Verchnij paleolit (St. Petersburg 2014) 48–293.

Claussen u. a. 2013
M. Claussen/S. Bathiany/V. Brovkin/T. Kleinen, Simulated climate-vegetation interaction in semi-arid regions affected by plant diversity. Nature Geoscien. 6, 2013, 954–958.

Clottes/Lewis-Williams 1998
J. Clottes/D. Lewis-Williams, The Shamans of Prehistory: Trance and Magic in the Painted Caves (New York 1998).

Cocchi 1872
I. Cocchi, Su di due Scimmie fossili italiane. Boll. Reale Com. Geol. Italia 3, 1872, 59–71.

Cohen/Gibbard 2011
K. M. Cohen/P. Gibbard, Global chronostratigraphical correlation table for the last 2.7 million years. Subcomm. Quaternary Stratigraphy (Cambridge 2011).

Cohen u. a. 2007
A. S. Cohen/J. R. Stone/K. R. Beuning/L. E. Park/P. N. Reinthal/D. Dettmann/C. A. Scholz/T. C. Johnson/J. W. King/M. R. Talbot/E. T. Brown/S. J. Ivory, Ecological consequences of early Late Pleistocene megadroughts in tropical Africa. Proc. Nat. Acad. Scien. USA 104,42, 2007, 16422–16427.

Collar 2001
N. J. Collar, Family Trogonidae (Trogons). In: J. del Hoyo/A. Elliott/J. Sargatal (Hrsg.), Handbook of the Birds of the World 6. Mousebirds to Hornbills (Barcelona 2001) 80–127.

Collard u. a. 2016
M. Collard/L. Tarle/D. Sandgate/A. Allan, Faunal evidence for a difference in clothing use between Neanderthals and early modern humans in Europe. Journal Anthr. Arch. 44,B, 2016, 235–246.

Conard 2007
N. J. Conard, De nouvelles sculptures en ivoire aurignaciennes du Jura Souabe et la naissance de l'art figurative/Neue Elfenbeinskulpturen aus dem Aurignacien der Schwäbischen Alb und die Entstehung der figürlichen Kunst. In: H. Floss/N. Rouquerol (Hrsg.), Les chemins de l'Art aurignacien en Europe (Das Aurignacien und die Anfänge der Kunst in Europa). Coll. Internat. Aurignac, 16–18 septembre 2005. Éditions Mus.-Forum Aurignac 4 (Aurignac 2007) 317–330.

Conard 2009
N. J. Conard, A Female Figurine from the Basal Aurignacian of Hohle Fels Cave in Southwestern Germany. Nature 459, 2009, 248–252.

Conard/Malina 2016
N. J. Conard/M. Malina, Außergewöhnliche neue Funde aus den aurignacienzeitlichen Schichten vom Hohle Fels bei Schelklingen. Arch. Ausgr. Baden-Württemberg, 2015 (2016) 60–66.

Copeland u. a. 2011
S. R. Copeland/M. Sponheimer/D. J. de Ruiter/J. A. Lee-Thorp/D. Codron/P. J. le Roux/V. Grimes/M. P. Richards, Strontium isotope evidence for landscape use by early hominins. Nature 474,7349, 2011, 76–78.

Coppold/Powell 2000
M. Coppold/W. Powell, A Geoscience Guide to the Burgess Shale: Geology and Paleontology in Yoho National Park (Field BC 2000).

Cuffey u. a. 1995
K. M. Cuffey/G. D. Clow/R. B. Alley/M. Stuiver/E. D. Waddington/R. W. Saltus, Large Arctic temperature change at the Wisconsin-Holocene glacial transition. Science 270,5235, 1995, 455–458.

Dahlmann 2001
T. Dahlmann, Die Kleinsäugerfauna der unter-pliozänen Fundstelle Wölfersheim in der Wetterau (Mammalia: Lipotyphla, Chiroptera, Rodentia). Courier Forschinst. Senckenberg 227, 2001, 1–129.

Dalén u. a. 2012
L. Dalén/L. Orlando/B. Shapiro/M. Brandström-Durling/R. Quam/M. T. P. Gilbert/P. Thomas/J. C. D. Díez- Fernández-Lomana/E. Willersley/J. L. Arsuaga/A. Götherström, Partial Genetic Turnover in Neandertals: Continuity in the East and Population Replacement in the West. Molecular Biol. Evolution 29,8, 2012, 1893–1897.

Dansgaard u. a. 1972
W. Dansgaard/S. J. Johnsen/H. B. Clausen/C. C. Langway, Speculations about the next Glaciation. Quaternary Research 2,3, 1972, 396–398.

Dansgaard u. a. 1975
W. Dansgaard/S. J. Johnsen/N. Reeh/N. Gundestrup/H. B. Clausen/C. U. Hammer, Climate changes, Norsemen and modern man. Nature 255, 1975, 24–28.

Dansgaard u. a. 1982
W. Dansgaard/H. B. Clausen/N. Gundestrup/C. U. Hammer/S. F. Johnsen/P. M. Kristinsdottir/N. Reeh, A New Greenland Deep Ice Core. Science 218,4579, 1982, 1273–1277.

Dardel u. a. 2014
C. Dardel/L. Kergoat/P. Hiernaux/E. Mougin/M. Grippa/C. J. Tucker, Re-greening Sahel: 30 years of remote sensing data and field observations (Mali, Niger). Remote Sensing Environment 140, 2014, 350–364.

Dart u. a. 1925
R. A. Dart, *Australopithecus africanus*: The man-ape of South Africa. Nature 115, 1925, 195–199.

Davenport u. a. 2006
T. R. B. Davenport/W. T. Stanley/E. J. Sargis/D. W. De Luca/N. E. Mpunga, A new Genus of African monkey, Rungwecebus: Mor-

phology, ecology and molecular phylogenetics. Science 312,5778, 2006, 1378–1381.

Davis 2001
M. Davis, Late Victorian Holocausts. El Nino Famines and the Making of the Third World (London 2001).

Dawson 1999
M. Dawson, Bering Down: Miocene dispersal of land mammals between North America and Europe. In: G. E. Rössner/K. Heissig (Hrsg.), The Miocene Land Mammals of Europe (München 1999) 473–483.

Decker 2010
H. Decker, Die Oberflächenfunde von Bad-Kösen-Lengefeld aus der Sammlung Dietrich Mania. Ungedr. Magisterarbeit Univ. Köln (Köln 2010).

DeConto/Pollard 2003
R. M. DeConto/D. Pollard, Rapid Cenozoic glaciation of Antarctica induced by declining atmospheric CO_2. Nature 421, 2003, 245–249.

De Man u. a. 2004
E. De Man/L. Ivany/V. Vandenberghe, Stable oxygen isotope record of the Eocene-Oligocene transition in the southern North Sea Basin: positioning the Oi-1 event. Netherlands Journal Geoscien. 83,3, 2004, 193–197.

deMenocal u. a. 2000
P. deMenocal/J. Ortiz/T. Guilderson/J. Adkins/M. Sarnthein/L. Baker/M. Yarusinsky, Abrupt onset and termination of the African Humid Period: rapid climate responses to gradual insolation forcing. Quaternary Scien. Rev. 19,1–5, 2000, 347–361.

Deng u. a. 2011
T. Deng/X. Wang/M. Fortelius/Q. Li/Y. Wang/Z. J. Tseng/G. T. Takeuchi/J. E. Saylor/L. K. Säilä/G. Xie, Out of Tibet: Pliocene Woolly Rhino Suggests High-Plateau Origin of Ice Age Megaherbivores. Science 333,6047, 2011, 1285–1288.

Denton u. a. 2005
G. H. Denton/R. B. Alley/G. C. Comer/W. S. Broecker, The role of seasonality in abrupt climate change. Quaternary Scien. Rev. 24,10/11, 2005, 1159–1182.

Diedrich 2010
C. G. Diedrich, Die späteiszeitlichen Fleckenhyänen und deren Exkremente aus Neumark-Nord. In: H. Meller (Hrsg.), Elefantenreich – Eine Fossilwelt in Europa. Begleitband zur Sonderausstellung im Landesmuseum für Vorgeschichte Halle, 26.03.–03.10.2010 (Halle [Saale] 2010) 445–448.

Diedrich 2015
C. Diedrich, Late Pleistocene spotted hyena den sites and specialized rhinoceros scavengers in the karstified Zechstein areas of the Thuringian Mountains (Central Germany). E&G Quaternary Scien. Journal 64,1, 2015, 29–45.

Diez-Martín u. a. 2015
F. Diez-Martín/P. Sánchez Yustos/D. Uribelarrea/E. Baquedano/D. F. Mark/A. Mabulla/C. Fraile/J. Duque/I. Díaz/A. Pérez-González/J. Yravedra/C. P. Egeland/E. Organista/M. Dominguez-Rodrigo, The Origin of The Acheulean: The 1.7 Million-Year-Old Site of FLK West, Olduvai Gorge (Tanzania). Scien. Reports 5, 2015, 17839, doi:10.1038/srep17839.

Djuljui 2014
D. Djuljui, Ženskie vostočno-gravettijskie statuetki iz izvestnjaka so stojanki Kostenki I. In: G. A. Chlopačev (Hrsg.), Istorija archeologičeskogo sobranija MAE. Verchnij paleolit (St. Petersburg 2014) 338–353.

Drucker u. a. 2015
D. G. Drucker/C. Vercoutère/L. Chiotti/R. Nespoulet/L. Crépin/N. J. Conard/S. C. Münzel/T. Higham/J. van der Plicht/M. Lázničková-Galetová/H. Bocherens, Tracking possible decline of woolly mammoth during the Gravettian in Dordogne (France) and the Ach Valley (Germany) using multi-isotope tracking (^{13}C, ^{14}C, ^{15}N, ^{34}S, ^{18}O). Quaternary Internat. 359/360, 2015, 304–317.

Ďurišová 1989
A. Ďurišová, Molaren von *Palaeoloxodon antiquus* (Falconer et Cautley, 1847) (Mammalia, Proboscidea) aus den fluvialen Akkumulationen des Waag-Flusses auf dem Gebiet von Šaľa, Kreis Galanta (Tschechoslowakei). Acta Rerum Naturalium Mus. Nat. Slovaci 35, 1989, 7–16.

Ďurišová 1993
A. Ďurišová, Fosílne zvyšky druhu *Dicerorhinus hemitoechus* (Falconer) (Mammalia, Rhinocerotidae) z fluviálnych náplavov Váhu v Šali (Slovensko, ČSFR). Acta Rerum Naturalium Mus. Nat. Slovaci 39, 1993, 3–11.

Ďurišová 1994
A. Ďurišová, *Dicerorhinus kirchbergensis* (Mammalia, Rhinocerotidae) z fluviálnych náplavov Váhu v Šali (Slovenská republika). Acta Rerum Naturalium Mus. Nat. Slovaci 40, 1994, 7–13.

Dyson-Hudson/Smith 1978
R. Dyson-Hudson/E. A. Smith, Human Territoriality: An Ecological Reassessment. Am. Anthropologist 80, 1978, 21–41.

Echenberg 2011
M. Echenberg, Africa in the Time of Cholera. A History of Pandemics from 1817 to the present. African Stud. Ser. 114 (Cambridge 2011).

Egg/Spindler 2008
M. Egg/K. Spindler, Kleidung und Ausrüstung der Gletschermumie aus den Ötztaler Alpen. Monogr. RGZM 77 (Regensburg 2008).

Ehrmann 1994
W. U. Ehrmann, Die känozoische Vereisungsgeschichte der Antarktis (Cenozoic glacial history of Antartica). Ber. Polarforsch. 137, 1994, 1–152.

Engelhard 2016
K. Engelhard, Rätselraten im Regenwald. Spektrum Wiss. 2016,16, <http://www.spektrum.de/news/die-unermessliche-biodiversitaet-tropischer-waelder/1407685> (14.12.2016).

EPICA Community Members 2004
EPICA Community Members, Eight Glacial Cycles from an Antarctic Ice Core. Nature 429, 2004, 623–628.

Esper 1774
J. F. Esper, Ausführliche Nachricht von neuentdeckten Zoolithen unbekannter vierfüsiger Thiere, und denen sie enthaltenden, so wie verschiedenen andern, denkwürdigen Grüften der Obergebürgischen Lande des Marggrafthums Bayreuth: mit vierzehn illuminirten Kupfer-Tafeln (Nürnberg 1774).

Espinosa de los Monteros 1998
A. Espinosa de los Monteros, Phylogenetic relationships among the trogons. Auk 115,4, 1998, 937–954.

Evers/Valde-Nowak 1994
D. Evers/P. Valde-Nowak, Wurfversuche mit dem jungpaläolithischen Wurfgerät aus der Obłazowa-Höhle in den polnischen Karpaten. Arch. Korrbl. 24, 1994, 137–143.

Ewersen u. a. 2013
J. Ewersen/T. Uthmeier/A. Dirian, Die Jagd auf den Wolf oder mit dem Wolf auf Jagd? Archäozoologische Untersuchungen an der Gravettien-Freilandfundstelle auf der Napoleonshöhe bei Regensburg. Beitr. Arch. Oberpfalz u. Regensburg 10, 2013, 9–32.

Fessler 2006
D. M. T. Fessler, A Burning Desire: Steps Toward an Evolutionary Psychology of Fire Learning. Journal Cognition and Culture 6,3/4, 2006, 429–451.

Feustel 1971
R. Feustel, Sexuologische Reflexionen über jungpaläolithische Objekte. Alt-Thüringen 11, 1971, 7–46. Feustel 1983
R. Feustel, Zur zeitlichen und kulturellen Stellung des Paläolithikums von Weimar-Ehringsdorf. Alt-Thüringen 19, 1983, 16–42.

Fischer 1996
K. Fischer, Das Mammut (*Mammuthus primigenius* Blumenbach 1799) von Klinge bei Cottbus in der Niederlausitz (Land Brandenburg). Berliner Geowiss. Abhandl. E 18, 1996, 121–167.

Fladerer u. a. 2014
F. A. Fladerer/T. A. Salcher-Jedrasiak/M. Händel, Hearth-side bone assemblages within the 27 ka BP Krems-Wachtberg settlement: Fired ribs and the mammoth bone-grease hypothesis. Quaternary Internat. 351, 2014, 115–133.

Fleitmann u. a. 2007
D. Fleitmann/S. J. Burns/A. Mangini/M. Mudelsee/J. Kramers/I. Villa/U. Neff/A. A. Al-Subbary/A. Buettner/D. Hippler/A. Matter, Holocene ITCZ and Indian monsoon dynamics recorded in stalagmites from Oman and Yemen (Socotra). Quaternary Scien. Rev. 26,1–2, 2007, 170–188.

Fletcher 2015
P. Fletcher, Discussion on the possible origin of Europe´s first boats – 11,500 BP. Atti Accad. Peloritana Pericolanti, Classe Scien. Fisiche, Matematiche e Naturali 93,2, 2015, 1–18.

Flohn 1985
H. Flohn, Das Problem der Klimaänderungen in Vergangenheit und Zukunft (Darmstadt 1985).

Floss 2007
H. Floss, L'art mobilier Aurignacien du Jura Souabe et sa place dans l'art Paléolithique/Die Kleinkunst des Aurignacien auf der Schwäbischen Alb und ihre Stellung in der paläolithischen Kunst. In: H. Floss/N. Rouquerol (Hrsg.), Les chemins de l'Art aurignacien en Europe (Das Aurignacien und die Anfänge der Kunst in Europa). Coll. Internat. Aurignac, 16–18 septembre 2005. Éditions Mus.-Forum Aurignac 4 (Aurignac 2007) 295–316.

Forstén 1992
A. Forstén, Mitochondrial-DNA time-table and the evolution of *Equus*: comparison of molecular and paleontological evidence. Ann. Zool. Fennici 28,3/4, 1992, 301–309.

Förster 2015
F. Förster, Der Abu Ballas-Weg. Eine pharaonische Karawanenroute durch die Libysche Wüste. Africa Praehist. 28 (Köln 2015).

Förster/Riemer 2013
F. Förster/H. Riemer (Hrsg.), Desert Road Archaeology in Ancient Egypt and Beyond (Köln 2013).

Franzen/Haubold 1987
J. L. Franzen/H. Haubold, The biostratigraphic and palaeoecologic significance of the Middle Eocene locality Geiseltal near Halle (German Democratic Republic). Münchner Geowiss. Abhandl. A 10, 1987, 93–100.

Franzen u. a. 2009
J. L. Franzen/P. D. Gingerich/J. Habersetzer/J. H. Hurum/W. von Koenigswald/B. H. Smith, Complete Primate Skeleton from the Middle Eocene of Messel in Germany: Morphology and Paleobiology. PLos One 4,5, 2009, e5723, doi:10.1371/journal.pone.0005723.

Franzen u. a. 2013
J. L. Franzen/M. Pickford/L. Costeur, Palaeobiodiversity, palaeoecology, palaeobiogeography and biochronology of Dorn-Dürkheim 1 – a summary. Palaeobiodiversity and Palaeoenvironments 93,2, 2013, 277–284.

Freud 1948
S. Freud, Das Unbehagen in der Kultur. In: S. Freud/A. Freud (Hrsg.), Gesammelte Werke XIV (London, Frankfurt a. M. 1948) 419–506.

Friedrich u. a. 2012
O. Friedrich/R. D. Norris/J. Erbacher, Evolution of middle to Late Cretaceous oceans – A 55 m.y. record of Earth's temperature and carbon cycle. Geology 40, 2012, 107–110.

Frisch 1988
R. E. Frisch, Fatness and Fertility. Scien. Am. 258,3, 1988, 88–95.

Froehlich 2002
D. J. Froehlich, Quo vadis eohippus? The systematics and taxonomy of the early Eocene equids (Perissodactyla). Zool. Journal Linnean Soc. 134,2, 2002, 141–256.

Fröhlich 2012
C. Fröhlich, Total solar irradiance observations. Surveys Geophysics 33,3–4, 2012, 453–473, doi: 10.1007/s10712-011-9168-5.

Fu u. a. 2015
Q. Fu/M. Hajdinjak/O. T. Moldovan/S. Constantin/S. Mallick/P. Skoglund/N. Patterson/N. Rohland/I. Lazaridis/B. Nickel/B. Viola/K. Prüfer/M. Meyer/J. Kelso/D. Reich/S. Pääbo, An early modern human from Romania with a recent Neanderthal ancestor. Nature 524,7564, 2015, 216–219.

Fu u. a. 2016
Q. Fu/C. Posth/M. Hajdinjak/M. Petr/S. Mallick/D. Fernandes/A. Furtwängler/W. Haak/M. Meyer/A. Mittnik/B. Nickel/A. Peltzer/N. Rohland/V. Slon/S. Talamo/I. Lazaridis/M. Lipson/I. Mathieson/S. Schiffels/P. Skoglund/A. P. Derevianko/N. Drozdov/V. Slavinsky/A. Tsybankov/R. G. Cremonesi/F. Mallegni/B. Gély/E. Vacca/M. R. González Morales/L. G. Straus/C. Neugebauer-Maresch/M. Teschler-Nicola/S. Constantin/O. T. Moldovan/S. Benazzi/M. Peresani/D. Coppola/M. Lari/S. Ricci/A. Ronchitelli/F. Valentin/C. Thevenet/K. Wehrberger/D. Grigorescu/H. Rougier/I. Crevecoeur/D. Flas/P. Semal/M. A. Mannino/C. Cupillard/H. Bocherens/N. J. Conard/K. Harvati/V. Moiseyev/D. G. Drucker/J. Svoboda/M. P. Richards/D. Caramelli/R. Pinhasi/J. Kelso/N. Patterson/J. Krause/S. Pääbo/D. Reich, The genetic history of Ice Age Europe. Nature 534,7606, 2016, 200–205.

Gabriel/Kröpelin 1983
B. Gabriel/S. Kröpelin, Jungquartäre limnische Akkumulationsphasen im NW-Sudan. Zeitschr. Geomorphol. Suppl.-Bd. 48, 1983, 131–143.

Gabriel u. a. 1985
B. Gabriel/S. Kröpelin/J. Richter/E. Cziesla, Parabeldünen am Wadi Howar – Besiedlung und Klima in neolithischer Zeit im Nordsudan. Geowiss. Unserer Zeit 3,4, 1985, 105–112.

Gaisler/Zejda 1997
J. Gaisler/J. Zejda, Enzyklopädie der Säugetiere (Hanau 1997).

Gallwitz 1955
H. Gallwitz, Kalk, Kieselsäure und Schwefeleisen in der Braunkohle des Geiseltales und ihre Bedeutung für die Fossilisation. Paläontol. Zeitschr. 29,1/2, 1955, 33–37.

Gamble u. a. 2014
C. Gamble/J. Gowlett/R. Dunbar, Thinking Big. How the Evolution of Social Life Shaped the Human Mind (London 2014).

García-Suárez 2011
A. García-Suárez, Micromorphological and Geochemical Analysis of the Late Aurignacian Occupation at the Open-air Site of Breitenbach (Sachsen-Anhalt, Germany). Ungedr. Masterarbeit Univ. of Reading (Reading 2011).

Gaudzinski-Windheuser/Jöris 2006
S. Gaudzinski-Windheuser/O. Jöris (Hrsg.), 600.000 Jahre Menschheitsgeschichte in der Mitte Europas. Begleitbuch zur Ausstellung im Museum für Archäologie des Eiszeitalters, Schloss Monrepos, Neuwied (Mainz 2006).

Gaudzinski-Windheuser/Jöris 2015
S. Gaudzinski-Windheuser/O. Jöris, Contextualising the Female Image – Symbols for Common Ideas and Communal Identity in Upper Palaeolithic Societies. In: F. Coward/R. Hosfield/M. Pope/F. Wenban-Smith (Hrsg.), Settlement, Society and Cognition in Human Evolution. Landscapes in Mind (Cambridge 2015) 288–314.

Gehlen u. a. 2002
B. Gehlen/K. Kindermann/J. Linstädter/H. Riemer, The Holocene Occupation of the Eastern Sahara: Regional Chronologies and Supra-regional Developments in Four Areas of the Absolute Desert. In: T. Lenssen-Erz/U. Tegtmeier/S. Kröpelin/H. Berke/B. Eichhorn/M. Herb/F. Jesse/B. Keding/K. Kindermann/J. Lingstädter/S. Nußbaum/H. Riemer/W. Schuck/R. Vogelsang (Hrsg.), Tides of the Desert – Gezeiten der Wüste. Contributions to the Archaeology and Environmental History of Africa in Honour of Rudolph Kuper. Africa Praehist. 14 (Köln 2002) 85–116.

Geist 1998
V. Geist, Deer of the World. Their Evolution, Behaviour, and Ecology (Mechanicsburg PA 1998).

Gentili u. a. 1998
S. Gentili/A. Mottura/L. Rook, The Italian fossil primate record: recent finds and their geological context. Geobios 31,5, 1998, 675–686.

Germonpré u. a. 2012
M. Germonpré/M. Láznicková-Galetová/M. V. Sablin, Palaeolithic dog skulls at the Gravettian Předmostí site, the Czech Republic. Journal Arch. Scien. 39,1, 2012, 184–202.

Gervais 1872
P. Gervais, Sur un singe fossile, d'espèce non encore décrite, qui a été découvert au Monte Bamboli. Comptes Rendus Hebdomadaires Séances Acad. Scien. 74, 1872, 1217–1223.

Gibbard/Cohen 2008
P. Gibbard/K. M. Cohen, Global chronostratigraphical correlation table for the last 2.7 million years. Episodes 31,2, 2008, 243–247.

Giersch u. a. 2010
S. Giersch/W. Munk/R. Ziegler, The first record of a beaver – *Trogontherium (Euroxenomys) minutum* – in the Höwenegg fauna (Miocene, southern Germany). Palaeodiversity 3, 2010, 235–239.

Glaser 2001
R. Glaser, Klimageschichte Mitteleuropas. 1000 Jahre Wetter, Klima, Katastrophen (Darmstadt 2001).

Glaser 2013
R. Glaser, Klimageschichte Mitteleuropas. 1200 Jahre Wetter, Klima, Katastrophen[3] (Darmstadt 2013).

Glaubrecht u. a. 2007
M. Glaubrecht/A. Kinitz/U. Moldrzyk, Als das Leben laufen lernte. Evolution in Aktion (München, Berlin, London, New York 2007).

Golovanova u. a. 2010
L. V. Golovanova/V. B. Doronichev/N. E. Cleghorn, The emergence of bone-working and ornamental art in the Caucasian Upper Palaeolithic. Antiquity 84,324, 2010, 299–320.

Goren-Inbar u. a. 2004
N. Goren-Inbar/N. Alperson/M. E. Kislev/O. Simchoni/Y. Melamed/A. Ben-Nun/E. Werker, Evidence of Hominin Control of Fire at Gesher Benot Ya`aqov, Israel. Science 304,5671, 2004, 725–727, doi:10.1126/science.1095443.

Goudsblom 2016
J. Goudsblom, Feuer und Zivilisation[2] (Wiesbaden 2016).

Gowlett 2016
J. A. J. Gowlett, The Discovery of Fire by Humans: a Long and Convoluted Process. Phil. Transact. Royal Soc. B 371,1696, 2016, 20150164, doi:10.1098/rstb.2015.0164.

Gowlett/Wrangham 2013
J. A. J. Gowlett/R. W. Wrangham, Earliest fire in Africa: towards the convergence of archaeological evidence and the cooking hypothesis. Azania: Arch. Research Africa 48,1, 2013, 5–30.

Grahmann 1955
R. Grahmann, The Lower Palaeolithic site of Markkleeberg and other comparable localities near Leipzig. Transact. Am. Phil. Soc. N. S. 45,6 (Philadelphia 1955).

Green u. a. 2010
R. E. Green/J. Krause/A. W. Briggs/T. Maricic/U. Stenzel/M. Kircher/N. Patterson/H. Li/W. Zhai/M. Hsi-Yang Fritz/N. F. Hansen/E. Y. Durand/A.-S. Malaspinas/J. D. Jensen/T. Marques-Bonet/C. Alkan/K. Prüfer/M. Meyer/H. A. Burbano/J. M. Good/R. Schultz/A. Aximu-Petri/A. Butthof/B. Höber/B. Höffner/M. Siegemund/A. Weihmann/C. Nusbaum/E. S. Lander/C. Russ/N. Novod/J. Affourtit/M. Egholm/C. Verna/P. Rudan/D. Brajkovic/Ž. Kucan/I. Gušic/V. B. Doronichev/L. V. Golovanova/C. Lalueza-Fox/M. de la Rasilla/J. Fortea/A. Rosas/R. W. Schmitz/P. L. F. Johnson/E. E. Eichler/D. Falush/E. Birney/J. C. Mullikin/M. Slatkin/R. Nielsen/J. Kelso/M. Lachmann/D. Reich/S. Pääbo, A Draft Sequence of the Neandertal Genome. Science 328,5979, 2010, 710–722, doi:10.1126/science.1188021.

Grigor'ev 1967
G. P. Grigor'ev, A new reconstruction of the above-ground dwelling of Kostenki. Current Anthr. 8,4, 1967, 344–348.

Grootes u. a. 1993
P. M. Grootes/M. Stuiver/J. W. C. White/S. Johnsen/J. Jouzel, Comparison of Oxygen Isotope records from the GISP2 and GRIP

Greenland Ice Cores. Nature 366, 1993, 552–554.

Gross 1992
C. Gross, Das Skelett des Höhlenlöwen (*Panthera leo spelaea* Goldfuss, 1810) aus Siegsdorf/Ldkr. Traunstein im Vergleich mit anderen Funden aus Deutschland und den Niederlanden. Diss. Tierärztliche Fakultät Ludwig-Maximilians-Univ. München (München 1992).

Grove 1988
J. M. Grove, The Little Ice Age (London, New York 1988).

Grove/Switsur 1994
J. M. Grove/R. Switsur, Glacial Geological Evidence for the Medieval Warm Period. Climatic Change 26,2/3, 1994, 143–169.

Grünberg 2004
J. M. Grünberg, Das Leben des modernen Menschen zur Zeit des Magdalénien. Jagd- und Sammelstrategien und der Fundplatz bei Saaleck. In: H. Meller (Hrsg.), Paläolithikum und Mesolithikum. Kat. Dauerausstellung Landesmus. Vorgesch. Halle 1 (Halle [Saale] 2004) 251–260.

Grünberg 2006
J. M. Grünberg, New AMS Dates for Palaeolithic and Mesolithic Camp Sites and Single Finds in Saxony-Anhalt and Thuringia (Germany). Proc. Prehist. Soc. 72, 2006, 95–112.

Guil-Guerrero u. a. 2014
J. L. Guil-Guerrero/A. Tikhonov/I. Rodríguez-García/A. Protopopov/S. Grigoriev/R. P. Ramos-Bueno, The Fat from Frozen Mammals Reveals Sources of Essential Fatty Acids Suitable for Palaeolithic and Neolithic Humans. PLoS One 9,1, 2014, e84480, doi:10.1371/journal.pone.0084480.

Guthrie 1982
R. D. Guthrie, Mammals of the mammoth steppe as paleoenvironmental indicators. In: D. M. Hopkins/J. V. Matthews/C. E. Schweger/S. B. Young (Hrsg.), Paleoecology of Beringia (New York 1982) 179–191.

Gvozdover 1995
M. Gvozdover, Art of the Mammoth Hunters: The Finds from Avdeevo. Oxbow Monogr. 49 (Oxford 1995).

Hahn 1977
J. Hahn, Aurignacien. Das ältere Jungpaläolithikum in Mittel- und Osteuropa. Fundamenta A 9 (Köln, Wien 1977).

Hahn 1986
J. Hahn, Kraft und Aggression: die Botschaft der Eiszeitkunst im Aurignacien Süddeutschlands? Arch. Venatoria 7 (Tübingen 1986).

Hahn 1988
J. Hahn, Die Geissenklösterle-Höhle im Achtal bei Blaubeuren. 1: Fundhorizontbildung und Besiedlung im Mittelpaläolithikum und im Aurignacien. Forsch. u. Ber. Vor- u. Frühgesch. Baden-Württemberg 26 (Stuttgart 1988).

Hansen u. a. 2013
J. Hansen/M. Sato/G. Russell/P. Kharecha, Climate sensivity, sea level, and atmospheric carbon dioxide. Phil. Transact. Royal Soc. A 371,2001, 2013, 24043864, doi:10.1098/rsta.2012.0294.

Harmand u. a. 2015
S. Harmand/J. E. Lewis/C. S. Feibel/C. J. Lepre/S. Prat/A. Lenoble/X. Boës/R. L. Quinn/M. Brenet/A. Arroyo/N. Taylor/S. Clément/G. Daver/J. P. Brugal/L. Leakey/R. A. Mortlock/J. D. Wright/S. Lokorodi/C. Kirwa/D. V. Kent/H. Roche, 3.3-million-year-old stone tools from Lomekwi 3, West Turkana, Kenya. Nature 521,7552, 2015, 310–315.

Harrington 1992
C. R. Harrington (Hrsg.), The Year Without a Summer? World Climate in 1816 (Ottawa 1992).

Harrison/Rook 1997
T. Harrison/L. Rook, Enigmatic anthropoid or misunderstood ape: the phylogenetic status of *Oreopithecus bambolii* reconsidered. In: D. R. Begun/C. V. Ward/M. D. Rose (Hrsg.), Function, Phylogeny and Fossils: Miocene Hominoid Evolution and Adaptations. Advances in Primatology (New York, London 1997) 327–362.

Harvati 2003
K. Harvati, The Neanderthal taxonomic position: models of intra- and inter-specific craniofacial variation. Journal Human Evolution 44,1, 2003, 107–132.

Hastings/Hellmund 2015
A. K. Hastings/M. Hellmund, Aus der Morgendämmerung: Pferdejagende Krokodile und Riesenvögel, neueste Forschungsergebnisse zur eozänen Welt Deutschlands vor ca. 45 Millionen Jahren. Begleitband zur gleichnamigen Ausstellung in der Nationalen Akademie der Wissenschaften Leopoldina vom 6. März bis 29. Mai 2015 in Halle (Saale), Deutschland (Halle [Saale] 2015).

Hastings/Hellmund 2017
A. K. Hastings/M. Hellmund, Evidence for prey preference partitioning in the middle Eocene high-diversity crocodylian assemblage of the Geiseltal-Fossillagerstätte, Germany, utilizing skull shape analysis. Geol. Magazine 154,1, 2017, 119–146.

Haynes 1991
G. Haynes, Mammoths, Mastodonts, and Elephants: Biology, Behavior and the Fossil Record. Cambridge Stud. Applied Ecology and Resource Management (Cambridge 1991).

Haynes 1999
G. Haynes, The role of mammoths in rapid Clovis dispersal. In: G. Haynes/J. Klimowicz/J. W. F. Reumer (Hrsg.), Mammoths and the Mammoth Fauna: Studies of an Extinct Ecosystem. Proc. of the Internat. Mammoth Conference St. Petersburg, Russia, October 16–21, 1995. Deinsea 6, 1999, 6–38.

Hebbeln 2015
D. Hebbeln, Klimaschwankungen während der letzten Eiszeit. In: J. L. Lozán/H. Graßl/D. Kasang/D. Notz/H. Escher-Vetter (Hrsg.), Warnsignal Klima: Das Eis der Erde (Hamburg 2015) 51–56, <http://www.klima-warnsignale.uni-hamburg.de/wp-content/uploads/2015/11/hebbeln.pdf> (20.07.2017).

Heissig 1987
K. Heissig, Changes in the rodent and ungulate fauna in the Oligocene fissure fillings of Germany. Münchner Geowiss. Abhandl. A 10, 1987, 101–108.

Heissig 1989
K. Heissig, The Rhinocerotidae. In: D. R. Prothero/R. M. Schoch (Hrsg.), The evolution of perissodactyls. Oxford Monogr. Geol. and Geophysics 15 (New York 1989) 399–417.

Heizman u. a. 1989
E. P. J. Heizmann/G. Bloos/R. Böttcher/J. Werner/R. Ziegler, Ulm-Westtangente und Ulm-Uniklinik: Zwei neue Wirbeltier-Faunen aus der Unteren Süßwasser-Molasse (Untermiozän) von Ulm (Baden-Württemberg). Stuttgarter Beitr. Naturkde. B 153, 1989, 1–14.

Heizmann/Reiff 1998
E. P. J. Heizmann/W. Reiff, Aus der Katastrophe geboren. Das Steinheimer Becken. In: E. P. J. Heizmann (Hrsg.), Vom Schwarzwald zum Ries. Erdgesch. Mitteleuropäischer Regionen[2] (München 1998) 156–176.

Heizmann/Reiff 2002
E. P. J. Heizmann/W. Reiff, Der Steinheimer Meteorkrater (München 2002).

Hellmund 2007
M. Hellmund, Exkursion: Ehemaliges Geiseltalrevier, südwestlich von Halle (Saale). Aus der Vita des eozänen Geiseltales. Hall. Jahrb. Geowiss. Beih. 23, 2007, 1–16.

Hellmund 2013
M. Hellmund, Reappraisal of the bone inventory of *Gastornis geiselensis* (Fischer, 1978) from the Eocene »Geiseltal Fossillagerstätte« (Saxony-Anhalt, Germany). Neues Jahrb. Geol. u. Paläontol., Abhandl. 269,2, 2013, 203–220.

Henrich 2016
J. Henrich, The Secret of Our Success. How Culture is Driving Human Evolution, Domesticating Our Species, and Making Us Smarter (Princeton NJ 2016).

Herre 1986
W. Herre, *Rangifer tarandus* (Linnaeus, 1758) – Ren, Rentier. In: J. Niethammer/F. Krapp (Hrsg.), Handbuch der Säugetiere Europas. 2/II: Paarhufer – Artiodactyla (Suidae, Cervidae, Bovidae) (Wiesbaden 1986) 198–216.

Heß von Wichdorff 1932
H. Heß von Wichdorff, Ein bedeutsames geologisch-vorgeschichtliches Profil im Bereich der paläolithischen Freilandstation an der Schneidemühle bei Zeitz (Prov. Sachsen). Mannus 24, 1932, 460–463.

Hodgkins u. a. 2016
J. Hodgkins/C. W. Marean/A. Turq/D. Sandgathe/S. J. P. McPherron/H. Dibble, Climate-mediated shifts in Neandertal subsistence behaviors at Pech de l'Azé IV and Roc de Marsal (Dordogne Valley, France). Journal Human Evolution 96,1, 2016, 1–18.

Hoelzmann u. a. 2001
P. Hoelzmann/B. Keding/H. Berke/S. Kröpelin/H.-J. Kruse, Environmental change and archaeology: Lake evolution and human occupation in the Eastern Sahara during the Holocene. Palaeogeography, Palaeoclimatology, Palaeoecology 169,3, 2001, 193–217.

Hofreiter/Lister 2006
M. Hofreiter/A. Lister, Mammoths. Current Biol. 16,10, 2006, R347–R348.

Holen u. a. 2017
S. R. Holen/T. A. Deméré/D. C. Fisher/R. Fullagar/J. B. Paces/G. T. Jefferson/J. M. Beeton/R. A. Cerutti/A. N. Rountrey/L. Vescera/K. A. Holen, A 130,000-year-old archaeological site in southern California, USA. Nature 544,7651, 2017, 479–483.

Hooker u. a. 2004
J. J. Hooker/M. E. Collinson/N. P. Sille, Eocene-oligocene mammalian faunal turnover in the Hampshire Basin, UK: calibration to the global time scale and the major cooling event. Journal Geol. Soc. 161,2, 2004, 161–172.

Houghton u. a. 1990
J. T. Houghton/G. J. Jenkins/J. J. Ephraums (Hrsg.), Climate Change: The IPCC Scientific Assessment (Cambridge 1990).

Houghton u. a. 1995
J. T. Houghton/L. G. Meira Filho/ B. A. Callandar/N. Harris/A. Kattenberg/K. Maskell, Climate Change 1995: The Science of Climate Change (IPCC) (Cambridge 1995).

Houghton u. a. 2001
J. T. Houghton/Y. Ding/D. J. Griggs/M. Noguer/P. J. van der Linden/X. Dai/K. Maskell/C. A. Johnson (Hrsg.), Climate Change 2001: The Scientific Basis. Contribution of Working Group I to the Third Assessment Report of the Intergovernmental Panel on Climate Change (Cambridge 2001).

del Hoyo/Collar 2014
J. del Hoyo/N. J. Collar, HBW and BirdLife International illustrated checklist of the birds of the world. Vol. 1: Non-passerines (Barcelona 2014).

Hsü u. a. 1977
K. J. Hsü/L. Montadert/D. Bernoulli/M. B. Cita/A. Erickson/R. E. Garrison/R. B. Kidd/F. Mélières/C. Müller/R. Wright, History of the Mediterranean salinity crisis. Nature 267,5610, 1977, 399–403.

Hsü u. a. 1978
K. J. Hsü/L. Montadert/D. Bernoulli/M. B. Cita/A. Erickson/R. E. Garrison/R. B. Kidd/F. Mélières/C. Müller/R. Wright, History of the Mediterranean Salinity Crisis. In: D. A. Ross/Y. P. Neprochnov (Hrsg.), Initial Reports of the Deep Sea Drilling Project: covering Leg 42, Part 2, of the cruises of the Drilling Vessel *Glomar Challenger*. Istanbul, Turkey to Istanbul, Turkey, May–June 1975 (Washington DC 1978) 1053–1078, <http://www.deepseadrilling.org/42_1/volume/dsdp42pt1_55.pdf> (20.07.2017).

Hubbard u. a. 2016
T. D. Hubbard/I. A. Murray/W. H. Bisson/A. P. Sullivan/A. Sebastian/G. H. Perry/N. G. Jablonski/G. H. Perdew, Divergent Ah Receptor Ligand Selectivity during Hominin Evolution. Molecular Biol. Evolution 33,10, 2016, 2648–2658, doi:10.1093/molbev/msw143.

Hublin u. a. 2017
J.-J. Hublin/A. Ben-Ncer/S. E. Bailey/S. E. Freidline/S. Neubauer/M. M. Skinner/I. Bergmann/A. Le Cabec/S. Benazzi/K. Harvati/P. Gunz, New fossils from Jebel Irhoud, Morocco and the pan – African origin of *Homo sapiens*. Nature 546,7657, 2017, 289–292.

Hufenus 2004
H.-P. Hufenus, Vergessener Wald, verbanntes Feuer. Internat. Zeitschr. Handlungsorientiertes Lernen 6, 2004, 14–17.

Hughes u. a. 2006
S. Hughes/T. J. Hayden/C. J. Douady/C. Tougard/M. Germonpré/A. Stuart/L. Lbova/R. F. Carden/C. Hänni/L. Say, Molecular phylogeny of the extinct giant deer, *Megaloceros giganteus*. Molecular Phylogenetics Evolution 40,1, 2006, 285–291.

Huguet u. a. 2017
R. Huguet/J. Vallverdú/X. P. Rodríguez-Álvarez/M. Terradillos-Bernal/A. Bargalló/A. Lombera-Hermida/L. Menéndez/M. Modesto-Mata/J. Van der Made/M. Soto/H.-A. Blain/N. García/G. Cuenca-Bescós/G. Gómez-Merino/R. Pérez-Martínez/I. Expósito/E. Allué/J. Rofes/F. Burjachs/A. Canals/M. Bennàsar/C. Nuñez-Lahuerta/J. M. Bermúdez de Castro/E. Carbonell, Level TE9c of Sima del Elefante (Sierra de Atapuerca, Spain): A comprehensive approach. Quaternary Internat. 433, 2017, 278–295.

Huhges 1970
T. Huhges, Convection in the Antarctic Ice Sheet Leading to a Surge of the Ice Sheet and Possibly to a New Ice Age. Science 170, 1970, 630–633.

Hülle 1932
W. M. Hülle, Ein Fundplatz der Spätmagdalénienzeit bei Saaleck, Kr. Naumburg. Nachrbl. Dt. Vorzeit 8, 1932, 85–88.

Humphreys 1913
W. J. Humphreys, Volcanic Dust and other Factors in the Production of Climatic Changes, and their possible Relation to Ice Ages. Bull. Mount Weather Observatory 6, 1913, 1–34.

Hürzeler 1949
J. Hürzeler, Neubeschreibung von Oreopithecus bambolii Gervais. Schweizer. Paläontol. Abhandl. 66,5 (Basel 1949) 1–20.

Hürzeler 1958
J. Hürzeler, *Oreopithecus bambolii* Gervais. A preliminary report. Verhand. Naturforsch. Ges. Basel 69,1, 1958, 1–48.

IPCC 2007
Intergovernmental Panel On Climate Change, Fourth Assessment Report (AR4), <http://www.ipcc.ch/report/ar4/> (11.07.2017).

IPCC 2014
Intergovernmental Panel On Climate Change, Fifth Assessment Report (AR5), <http://www.ipcc.ch/report/ar5/> (11.07.2017).

von Jäger 1835
G. F. von Jäger, Ueber die fossilen Säugethiere, welche in Würtemberg aufgefunden worden sind (Stuttgart 1835).

Jakab 1996
J. Jakab, Nový nález neandertálca na Slovensku. Inf. Slovenskej Arch. Spoločnosti 7, 1996, 6.

Jakab 1998
J. Jakab, Poodhalené tajomstvo Váhu. Slovensko 3, 1998, 57–59.

Jakab 2005
J. Jakab, Šaľa II: Documentation and description of a Homo sapiens neanderthalensis find from Slovakia. Anthropologie (Brno) 43,2–3, 2005, 325–330.

Jakovleva 2013
L. Jakovleva, Najdavniše mistectvo Ukraini – L'Art des origines en Ukraine. Starodavnij Svit (Kijiv 2013).

Jarvis u. a. 2014
E. D. Jarvis/S. Mirarab/A. J. Aberer/B. Li/P. Houde/C. Li/S. Y. W. Ho/B. C. Faircloth/B. Nabholz/J. T. Howard/A. Suh/C. C. Weber/R. R. da Fonseca/J. Li/F. Zhang/H. Li/L. Zhou/N. Narula/L. Liu/G. Ganapathy/B. Boussau/S. Bayzid/V. Zavidovych/S. Subramanian/T. Gabaldón/S. Capella-Gutiérrez/J. Huerta-Cepas/B. Rekepalli/K. Munch/M. Schierup/B. Lindow/W. C. Warren/D. Ray/R. E. Green/M. W. Bruford/X. Zhan/A. Dixon/S. Li/N. Li/Y. Huang/E. P. Derryberry/M. Frost Bertelsen/F. H. Sheldon/R. T. Brumfield/C. V. Mello/P. V. Lovell/M. Wirthlin/M. P. Cruz Schneider/F. Prosdocimi/J. A. Samaniego/A. M. Vargas Velazquez/A. Alfaro-Núñez/P. F. Campos/B. Petersen/T. Sicheritz-Ponten/A. Pas/T. Bailey/P. Scofield/M. Bunce/D. M. Lambert/Q. Zhou/P. Perelman/A. C. Driskell/B. Shapiro/Z. Xiong/Y. Zeng/S. Liu/Z. Li/B. Liu/K. Wu/J. Xiao/X. Yinqi/Q. Zheng/Y. Zhang/H. Yang/J. Wang/L. Smeds/F. E. Rheindt/M. Braun/J. Fjeldsa/L. Orlando/F. K. Barker/K. A. Jønsson/W. Johnson/K.-P. Koepfli/S. O'Brien/D. Haussler/O. A. Ryder/C. Rahbek/E. Willerslev/G. R. Graves/T. C. Glenn/J. McCormack/D. Burt/H. Ellegren/P. Alström/S. V. Edwards/A. Stamatakis/D. P. Mindell/J. Cracraft/E. L. Braun/T. Warnow/W. Jun/M. T. P. Gilbert/G. Zhang, Whole-genome analyses resolve early branches in the tree of life of modern birds. Science 346,6215, 2014, 1320–1331.

Jechorek u. a. 2007
H. Jechorek/A. Czaja/D.-H. Mai, Die Vegetation des Reinsdorf-Interglazials, Rekonstruktion durch eine fossile Frucht- und Samenflora. In: H. Thieme (Hrsg.), Die Schöninger Speere – Mensch und Jagd vor 400 000 Jahren (Stuttgart 2007) 93–98.

Jelínek 1988
J. Jelínek, Considérations sur l'art paléolithique mobilier de l'Europe centrale. Anthropologie (Paris) 92, 1988, 203–238.

Jesse u. a. 2004
F. Jesse/S. Kröpelin/M. Lange/N. Pöllath/H. Berke, On the periphery of Kerma – The Handessi Horizon in Wadi Hariq, Northwestern Sudan. Journal African Arch. 2,2, 2004, 123–165.

Jirikowic/Damon 1994
J. L. Jirikowic/P. E. Damon, The Medieval solar activity maximum. Climatic Change 26,2–3, 1994, 309–316.

Johanson u. a. 1978
D. C. Johanson/T. D. White/Y. Coppens, A New Species of the Genus *Australopithecus* (Primates: Hominidae) from the Pliocene of Eastern Africa. Kirtlandia 28, 1978, 1–14.

Jones 2008
M. Jones, Feast: Why Humans Share Food (Oxford 2008).

Jones u. a. 2005
T. Jones/C. L. Ehardt/T. M. Butynski/T. R. B. Davenport/N. E. Mpunga, The highland mangabey Lophocebus kipunji: a new species of African monkey. Science 308, 2005, 1161–1164.

Jöris 2009
O. Jöris, Datierung nach dem Zerfallsprinzip – C-14-Altersbestimmung. In: Archäologisches Landesmusem Baden-Württemberg (Hrsg.), Eiszeit – Kunst und Kultur. Begleitband zur Großen Landesausstellung Eiszeit – Kunst und Kultur im Kunstgebäude Stuttgart, 18. September 2009 bis 10. Januar 2010 (Ostfildern 2009) 123.

Jöris in Vorb.
O. Jöris, Der räumliche Niederschlag neuer Bedürfnisse: Auf der Suche nach den Wurzeln unseres modern-menschlichen Siedlungs- und Gemeinwesens/The spatial signatures of new needs: Searching for the origins of modern-human settlement- and communal behaviours. In: S. Gaudzinski-Windheuser/O. Jöris (Hrsg.), MONREPOS forscht (Mainz in Vorb.).

Jöris in Vorb. a
O. Jöris, Der Mensch und das Verhalten. Beitrag zu einer »Philosophie« der Menschwerdung. In: S. Fink/R. Rollinger/M. Otte (Hrsg.), Stadien menschlicher Entwicklung – Ansätze zur Kulturmorphologie heute (Innsbruck in Vorb.).

Jöris/Moreau 2010
O. Jöris/L. Moreau, Vom Ende des Aurignacien: Zur chronologischen Stellung des Freilandfundplatzes Breitenbach (Burgenlandkr.) im Kontext des Frühen und Mittleren Jungpaläolithikums in Mitteleuropa. Arch. Korrbl. 40,1, 2010, 1–20.

Jöris u. a. 2010
O. Jöris/C. Neugebauer-Maresch/B. Weninger/M. Street, The Radiocarbon Chronology of the Aurignacian to Mid-Upper Palaeolithic Transition Along the Upper and Middle Danube. In: C. Neugebauer-Maresch/L. R. Owen (Hrsg.), New Aspects of the Central and Eastern European Upper Palaeolithic – methods, chronology, technology and subsistence. Symposium by the Prehistoric Commission

of the Austrian Academy of Sciences, Vienna, November 9–11, 2005. Mitt. Prähist. Komm. Österr. Akad. 72, 2010, 101–137.

Jöris u. a. in Vorb.
O. Jöris/T. Matthies/L. Schunk/J. Weiss, Eine 34.000 Jahre alte Elfenbeinwerkstatt: Zeugnis früher Arbeitsspezialisierung/ A 34,000 year-old ivory workshop as an example of early craft specialisation. In: S. Gaudzinski-Windheuser/O. Jöris (Hrsg.), MONREPOS forscht (Mainz in Vorb.).

Jouzel u. a. 2007
J. Jouzel/V. Masson-Delmotte/O. Cattani/ G. Dreyfus/S. Falourd/G. Hoffmann/ B. Minster/J. Nouet/J. M. Barnola/ J. Chappellaz/H. Fischer/J. C. Gallet/ S. Johnsen/M. Leuenberger/L. Loulergue/ D. Luethi/H. Oerter/F. Parrenin/G. Raisbeck/ D. Raynaud/A. Schilt/J. Schwander/ E. Selmo/R. Souchez/R. Spahni/B. Stauffer/ J. P. Steffensen/B. Stenni/T. F. Stocker/ J. L. Tison/M. Werner/E. W. Wolff, Orbital and Millennial Antarctic Climate Variability over the Past 800,000 Years. Science 317,5839, 2007, 793–797.

Junkmanns 2013
J. Junkmanns, Pfeil und Bogen: Von der Altsteinzeit bis zum Mittelalter (Ludwigshafen 2013).

Kahlke 1974
H.-D. Kahlke (Hrsg.), Das Pleistozän von Weimar-Ehringsdorf 1. Abhandl. Zentrales Geol. Institut 21 (Berlin 1974).

Kahlke 1975
H.-D. Kahlke (Hrsg.), Das Pleistozän von Weimar-Ehringsdorf 2. Abhandl. Zentrales Geol. Institut 23 (Berlin 1975).

Kahlke 1994
R.-D. Kahlke, Die Entstehungs-, Entwicklungs- und Verbreitungsgeschichte des oberpleistozänen *Mammuthus-Coelodonta*-Faunenkomplexes in Eurasien (Großsäuger). Abhandl. Senckenbergische Naturforsch. Ges. 546 (Frankfurt a. M. 1994).

Kahlke 1999
R.-D. Kahlke, The History of the Origin, Evolution and Dispersal of the Late Pleistocene *Mammuthus-Coelodonta* Faunal Complex in Eurasia (Large Mammals) (Rapid City SD 1999).

Kahlke/Lacombat 2008
R.-D. Kahlke/F. Lacombat, The earliest immigration of woolly rhinoceros (*Coelodonta tologoijensis*, Rhinocerotidae, Mammalia) into Europe and its adaptive evolution in Palaearctic cold stage mammal faunas. Quaternary Scien. Rev. 27,21/22, 2008, 1951–1961.

Kaiser 2011
T. M. Kaiser, Feeding ecology and niche partitioning of the Laetoli ungulate faunas. In: T. Harrison (Hrsg.), Paleontology and Geology of Laetoli: Human Evolution in Context. Volume 1: Geology, Geochronology, Paleoecology and Paleoenvironment. Vertebrate Paleobiol. Paleoanthr. Ser. (New York 2011) 329–354.

Kaplan u. a. 2016
J. O. Kaplan/M. Pfeiffer/J. C. A. Kolen/ B. A. S. Davis, Large Scale Anthropogenic Reduction of Forest Cover in Last Glacial Maximum Europe. PLoS One 11,11, 2016, e0166726, doi:10.1371/journal.pone.0166726.

Keding 1997
B. Keding, Djabarona 84/13 – Untersuchungen zur Besiedlungsgeschichte des Wadi Howar anhand der Keramik des 3. und 2. Jahrtausends v. Chr. Africa Praehist. 9 (Köln 1997).

Kehoe 1991
A. B. Kehoe, No possible, probable shadow of doubt. Antiquity 65,246, 1991, 129–131.

Kehoe/McDermott 1996
A. B. Kehoe/L. D. McDermott, On an Unambiguous Upper Paleolithic Carved Male. Current Anthr. 37,4, 1996, 665–666.

Keller u. a. 2002
G. Keller/T. Adatte/W. Stinnesbeck/ V. Luciani/N. Karoui-Yaakoub/ D. Zaghbib-Turki, Paleoecology of the Cretaceous-Tertiary mass extinction in planktonic foraminifera. Palaeogeography, Palaeoclimatology, Palaeoecology 178,3/4, 2002, 257–297.

Kelly 2013
R. L. Kelly, The lifeways of hunter-gatherers: the foraging spectrum[2] (New York 2013).

Kind 2016
C.-J. Kind, Das Lonetal – eine altsteinzeitliche Fundlandschaft von Weltrang. Arch. Deutschland 2016,6, 22–25.

Kirscher u. a. 2016
U. Kirscher/J. Prieto/V. Bachtadse/ H. A. Aziz/G. Doppler/M. Hagmaier/ M. Böhme, A biochronologic tie-point for the base of the Tortonian stage in European terrestrial settings: Magnetostratigraphy of the topmost Upper Freshwater Molassesediments of the North Alpine Foreland Basin in Bavaria (Germany). Newsletters Stratigraphy 49,3, 2016, 445–467.

Kittler u. a. 2003
R. Kittler/M. Kayser/M. Stoneking, Molecular Evolution of *Pediculus humanus* and the Origin of Clothing. Current Biol. 13,16, 2003, 1414–1417.

Klíma 1957
B. Klíma, Übersicht über die jüngsten paläolithischen Forschungen in Mähren. Quartär 9, 1957, 85–130.

Klíma 1963
B. Klíma, Dolní Věstonice. Výzkum tábořiště lovců mamutů v letech 1947–1952 (Erforschung eines Lagerplatzes der Mammutjäger in den Jahren 1947–1952). Mon. Arch. Pragae T 11 (Praha 1963).

Klíma 1987
B. Klíma, Die Kunst des Gravettien. In: H. Müller-Beck/G. Albrecht (Hrsg.), Die Anfänge der Kunst vor 30000 Jahren (Stuttgart 1987) 34–42.

Klíma 1987a
B. Klíma, Paleolitická parohová industrie z Pavlova. Pam. Arch. 78, 1987, 289–380.

Klíma 1989
B. Klíma, Figürliche Plastiken aus der paläolithischen Siedlung von Pavlov. In: F. Schlette/D. Kaufmann (Hrsg.), Religion und Kult in ur- und frühgeschichtlicher Zeit. Tagung Fachgruppe Ur- u. Frühgesch. 13 (Berlin 1989) 81–90.

Klingaman/Klingaman 2013
W. K. Klingaman/N. P. Klingaman, The Year Without Summer. 1816 and the Volcano that darkened the World and changed History (New York 2013).

Knapp u. a. 2009
M. Knapp/N. Rohland/J. Weinstock/ G. Baryshnikov/A. Sher/D. Nagel/G. Rabeder/ R. Pinhasi/H. A. Schmidt/M. Hofreiter, First DNA sequences from Asian cave bear fossils reveal deep divergences and complex phylogeographic patterns. Molecular Ecology 18,6, 2009, 1225–1238.

von Koenen 1889–1894
A. von Koenen, Das norddeutsche Unter-Oligocän und seine Molluskenfauna. Abhandl. Geol. Specialkarte Preußen u. Thüring. Staaten 10,1–7 (Berlin 1889–1894).

von Koenigswald 2002
W. von Koenigswald, Lebendige Eiszeit. Klima und Tierwelt im Wandel (Stuttgart 2002).

von Koenigswald 2003
W. von Koenigswald, Mode and causes for the Pleistocene turnovers in the mammalian fauna of Central Europe. In: J. W. F. Reumer/W. Wessels, Distribution and Migration of Tertiary Mammals in Europe. Deinsea 10, 2003, 305–312.

Koepfli u. a. 2008
K.-P. Koepfli/K. A. Deere/G. J. Slater/ C. Begg/K. Begg/L. Grassman/M. Lucherini/ G. Veron/R. K. Wayne, Multigene phylogeny of the Mustelidae: Resolving relationships, tempo and biogeographic history of a mammalian adaptive radiation. BMC Biol. 6,10, 2008, doi:10.1186/1741-7007-6-10.

Köhler/Moyà-Solà 1997
M. Köhler/S. Moyà-Solà, Ape-like or hominid-like? The positional behavior of *Oreopithecus bambolii* reconsidered. Proc. Nat. Acad. Scien. USA 94,21, 1997, 11747–11750.

Köhler/Moyà-Solà 1997a
M. Köhler/S. Moyà-Solà, The phylogenetic relationships of *Oreopithecus bambolii* Gervais 1872. Comptes Rendus Acad. Scien. Paris 324, 1997, 141–148.

Koller/Baumer 2002
J. Koller/U. Baumer, Untersuchung der mittelpaläolithischen »Harzreste« von Königsaue. Praehist. Thuringica 8, 2002, 82–88.

Koller u. a. 2001
J. Koller/U. Baumer/D. Mania, High-Tech in the Middle Palaeolithic: Neandertal-manufactured pitch identified. European Journal Arch. 4,3, 2001, 385–397.

Köppen 1900
W. Köppen, Versuch einer Klassifikation der Klimate, vorzugsweise nach ihren Beziehungen zur Pflanzenwelt. Geogr. Zeitschr. 6, 1900, 593–611.

Köppen/Geiger 1954
W. Köppen/R. Geiger, Klima der Erde. Wandkarte 1:16 Mill. (Gotha 1954).

Köppen/Wegener 1924
W. Köppen/A. Wegener, Die Klimate der geologischen Vorzeit 1 (Berlin 1924).

Kormoši u. a. 1996
J. Kormoši/I. Mihálik/P. Strapko/ G. Kormoši/R. Strapko, Správa o náleze častí čelovej kosti neandertálca z roku 1995 zo Šale (Bratislava 1996).

Kottek u. a. 2006
M. Kottek/J. Grieser/C. Beck/B. Rudolf/ F. Rubel, World Map of Köppen-Geiger Climate Classification updated. Meteorologische Zeitschr. 15,3, 2006, 259–263, <http://koeppen-geiger.vu-wien.ac.at/pdf/kottek_et_al_2006_A4.pdf> (14.03.2017).

Králík/Novotný 2005
M. Králík/V. Novotný, Dermatoglyphics of ancient ceramics. In: J. Svoboda (Hrsg.), Pavlov I – Southeast. A window into the Gravettian lifestyles. Dolnověstonické Stud. 14 (Brno 2005) 449–497.

Králík u. a. 2002
M. Králík/V. Novotný/M. Oliva, Fingerprint on the Venus of Dolní Věstonice. Anthropologie (Brno) 40,2, 2002, 107–113.

Kristoffersen 2002
A. V. Kristoffersen, An early Paleogene trogon (Aves: Trogoniformes) from the Fur

Formation, Denmark. Journal Vertebrate Paleont. 22,3, 2002, 661–666.

Kröpelin 1987
S. Kröpelin, Palaeoclimatic Evidence from Early to Mid-Holocene Playas in the Gilf Kebir (Southwest Egypt). Palaeoecology Africa 18, 1987, 189–208.

Kröpelin 1993
S. Kröpelin, Zur Rekonstruktion der spätquartären Umwelt am unteren Wadi Howar (Südöstliche Sahara/NW-Sudan). Berliner Geogr. Abhandl. 54 (Berlin 1993).

Kröpelin 1993a
S. Kröpelin, Geomorphology, Landscape Evolution and Paleoclimates of Southwest Egypt. In: B. Meissner/P. Wycisk (Hrsg.), Geopotential and ecology; analysis of a desert region. Catena Suppl. 26, 1993, 31–66.

Kröpelin 1993b
S. Kröpelin, Environmental change in the southeastern Sahara and the proposal of a Geo-Biosphere Reserve in the Wadi Howar area (NW Sudan). In: U. Thorweihe/ H. Schandelmeier (Hrsg.), Geoscientific Research in Northeast Africa: Proc. of the Internat. Conference on Geoscientific Research in Northeast Africa, Berlin, Germany, 17–19 June 1993 (Rotterdam 1993) 561–568.

Kröpelin 1999
S. Kröpelin, Terrestrische Paläoklimatologie heute arider Gebiete: Resultate aus dem Unteren Wadi Howar (Südöstliche Sahara/Nordwest-Sudan). In: E. Klitzsch/ U. Thorweihe (Hrsg.), Nordost-Afrika: Strukturen und Ressourcen. Ergebnisse aus dem Sonderforschungsbereich »Geowissenschaftliche Probleme in ariden und semiariden Gebieten« (Weinheim 1999) 448–508.

Kröpelin 2007
S. Kröpelin, The Saharan lakes of Ounianga Serir – a unique hydrogeological system. In: O. Bubenzer/A. Bolten/F. Darius (Hrsg.), Atlas of Cultural and Environmental Change in Arid Africa. Africa Praehist. 21 (Köln 2007) 54–55.

Kröpelin 2007a
S. Kröpelin, Wadi Howar: Climate change and human occupation in the Sudanese desert during the past 11,000 years. In: P. G. Hopkins (Hrsg.), The Kenana Handbook of Sudan. A Kegan Paul Handbook (London 2007) 17–38.

Kröpelin 2013
S. Kröpelin, Neues aus der sudanesischen Sahara. Ergebnisse aus dem Kölner Sonderforschungsbereich »ACACIA«. In: S. Wenig/K. Zibelius-Chen (Hrsg.), Die Kulturen Nubiens – ein afrikanisches Vermächtnis (Dettelbach 2013) 497–524.

Kröpelin u. a. 2008
S. Kröpelin/D. Verschuren/A.-M. Lézine/ H. Eggermont/C. Cocquyt/P. Francus/ J.-P. Cazet/M. Fagot/B. Rumes/J. M. Russell/ F. Darius/D. J. Conley/M. Schuster/ H. von Suchodoletz/D. R. Engstrom, Climate-Driven Ecosystem Succession in the Sahara: The Past 6000 Years. Science 320,5877, 2008, 765–768.

Krumbiegel 1977
G. Krumbiegel, Genese, Palökologie und Biostratigraphie der Fossilfundstellen im Eozän des Geiseltales. Kongress u. Tagungsber. Martin-Luther-Univ. Halle-Wittenberg, Wiss. Beitr. 1977,2, 113–138.

Krumbiegel u. a. 1983
G. Krumbiegel/L. Rüffle/H. Haubold, Das eozäne Geiseltal, ein mitteleuropäisches Braunkohlenvorkommen und seine Pflanzen- und Tierwelt. Neue Brehm-Bücherei 237 (Lutherstadt Wittenberg 1983).

Kuhlmann 2002
K. P. Kuhlmann, The »Oasis Bypath« or The Issue of Desert Trade in Pharaonic Times. In: T. Lenssen-Erz/U. Tegtmeier/ S. Kröpelin/H. Berke/B. Eichhorn/M. Herb/ F. Jesse/B. Keding/K. Kindermann/ J. Lingstädter/S. Nußbaum/H. Riemer/ W. Schuck/R. Vogelsang (Hrsg.), Tides of the Desert – Gezeiten der Wüste. Contributions to the Archaeology and Environmental History of Africa in Honour of Rudolph Kuper. Africa Praehist. 14 (Köln 2002) 125–170.

Kuper 1999
R. Kuper, Auf den Spuren der frühen Hirten. Arch. Deutschland 1999,2, 12–17.

Kuper/Förster 2003
R. Kuper/F. Förster, Khufu's ›mefat‹ expeditions into the Libyan Desert. Egyptian Arch. 23, 2003, 25–28.

Kuper/Kröpelin 2006
R. Kuper/S. Kröpelin, Climate-Controlled Holocene Occupation in the Sahara: Motor of Africa's Evolution. Science 313,5788, 2006, 803–807.

Kutzbach/Gruetter 1986
J. E. Kutzbach/P. J. Gruetter, The influence of changing orbital parameters and surface boundary conditions on climate simulations for the past 18 000 years. Journal Atmospheric Scien. 43,16, 1986, 1726–1759.

Kvavadze u. a. 2009
E. Kvavadze/O. Bar-Yosef/A. Belfer-Cohen/ E. Boaretto/N. Jakeli/Z. Matskevich/ T. Meshveliani, 30,000-Year-Old Wild Flax Fibers. Science 325,5946, 2009, 1359.

Lamb 1965
H. H. Lamb, The Early Medieval Warm Epoch and Its Sequel. Palaeogeography, Palaeoclimatology, Palaeoecology 1, 1965, 13–37.

Leakey 1959
L. S. Leakey, A new fossil skull from Olduvai. Nature 184,4685, 1959, 491–493.

Leakey 1971
M. D. Leakey, Olduvai Gorge. 3: Excavations in Beds I and II, 1960–1963 (Cambridge, London 1971).

Leakey u. a. 1964
L. S. Leakey/P. V. Tobias/J. R. Napier, A New Species of the Genus *Homo* from Olduvai Gorge. Nature 202, 1964, 7–9.

Leakey u. a. 1976
M. D. Leakey/R. L. Hay/G. H. Curtis/ R. E. Drake/M. K. Jackes, Fossil hominids from the Laetolil Beds. Nature 262,5568, 1976, 460–466.

Lehmann 1986
H. Lehmann, Frömmigkeitsgeschichtliche Auswirkungen der ›Kleinen Eiszeit‹. In: W. Schieder (Hrsg.), Volksreligiosität in der modernen Sozialgeschichte. Gesch u. Ges., Sonderh. 11 (Göttingen 1986) 31–50.

Lenz u. a. 2015
O. K. Lenz/V. Wilde/D. F. Mertz/W. Riegel, New palynology-based astronomical and revised $^{40}Ar/^{39}Ar$ ages for the Eocene maar lake of Messel (Germany). Internat. Journal Earth Scien. 104,3, 2015, 873–889.

Leroi-Gourhan 1965
A. Leroi-Gourhan, Préhistoire de l'art occidental. Collect. »L'Art Et Les Grandes Civilisations« 1 (Paris 1965).

Lévi-Strauss 1976
C. Lévi-Strauss, Mythologica I. Das Rohe und das Gekochte. Suhrkamp-Taschenbuch Wiss. 167 (Frankfurt a. M. 1976).

Lieberman 2015
D. E. Lieberman, Unser Körper. Geschichte, Gegenwart, Zukunft (Frankfurt a. M. 2015).

Lieberman u. a. 1996
D. E. Lieberman/B. A. Wood/D. R. Pilbeam, Homoplasy and early *Homo*: an analysis of the evolutionary relationships of *H. habilis sensu stricto* and *H. rudolfensis*. Journal Human Evolution 30,2, 1996, 97–120.

Linstädter/Kröpelin 2004
J. Linstädter/S. Kröpelin, Wadi Bakht revisited: Holocene climate change and prehistoric occupation in the Gilf Kebir region (Eastern Sahara, SW Egypt). Geoarchaeology 19,8, 2004, 753–778.

Liolios 2010
D. Liolios, Les instruments osseux. In: M. Otte (Hrsg.), Les Aurignaciens. Civilisations et Cultures (Paris 2010) 137–151.

Lisiecki/Raymo 2005
L. E. Lisiecki/M. E. Raymo, A Pliocene-Pleistocene stack of 57 globally distributed benthic $\delta^{18}O$ records. Paleoceanography 20,1, 2005, PA1003, doi:10.1029/2004PA001071.

Lister 1999
A. M. Lister, Epiphyseal fusion and postcranial age determination in the woolly mammoth, *Mammuthus primigenius* (Blum.). Deinsea 6, 1999, 79–88.

Lister u. a. 2005
A. M. Lister/A. V. Sher/H. van Essen/G. Wei, The pattern and process of mammoth evolution in Eurasia. Quaternary Internat. 126–128, 2005, 49–64.

Litsche 2004
G. A. Litsche, Theoretische Anthropologie. Grundzüge einer theoretischen Rekonstruktion der menschlichen Seinsweise. Internat. Cultural-Hist. Human Scien. 10 (Berlin 2004).

Lockwood u. a. 2007
C. A. Lockwood/C. G. Menter/J. Moggi-Cecchi/A. W. Keyser, Extended male growth in a fossil hominin species. Science 318,5855, 2007, 1443–1446.

Lorblanchet 2001
M. Lorblanchet, Höhlenmalerei. Ein Handbuch[2] (Darmstadt 2001).

Lordkipanidze 2015
D. O. Lordkipanidze, »Die ersten Europäer – die Fundstelle Dmanisi«. In: Hessisches Landesmuseum Darmstadt (Hrsg.), HOMO: Expanding Worlds – Originale Urmenschen-Funde aus fünf Weltregionen (Darmstadt 2015) 45–55.

Lovejoy u. a. 2009
C. O. Lovejoy/G. Suwa/L. Spurlock/B. Asfaw/ T. D. White, The pelvis and femur of *Ardipithecus ramidus*: the emergence of upright walking. Science 326,5949, 2009, doi:10.1126/science.1175831.

Lucas/Schoch 1989
S. G. Lucas/R. M. Schoch, European Brontotheres. In: D. R. Prothero/R. M. Schoch (Hrsg.), The evolution of perissodactyls. Oxford Monogr. Geol. and Geophysics 15 (New York 1989) 485–489.

Ludwig u. a. 2009
A. Ludwig/M. Pruvost/M. Reissmann/ N. Benecke/G. A. Brockmann/P. Castaños/ M. Cieslak/S. Lippold/L. Llorente/ A.-S. Malaspinas/M. Slatkin/M. Hofreiter, Coat Color Variation at the Beginning of Horse Domestication. Science 324,5926, 2009, 485.

Lüps/Wandeler 1993
P. Lüps/A. I. Wandeler, *Meles meles* (Linnaeus, 1758) – Dachs. In: M. Stubbe/ F. Krapp (Hrsg.), Handbuch der Säugetiere

Europas. 5: Raubsäuger – Carnivora (Fissipedia). Teil II: Mustelidae 2, Viverridae, Herpestidae, Felidae (Wiesbaden 1993) 856–906.

Lwoff 1962
S. Lwoff, Les Fadets, Commune de Lussac-les-Châteaux (Vienne). Bull. Soc. Préhist. Française 59,5, 1962, 407–426.

Macdonald 1995
D. Macdonald, Mit Zähnen und Klauen. Leben und Überleben der Raubtiere (Köln 1995).

Macdonald 2001
D. Macdonald (Hrsg.), The New Encyclopaedia of Mammals (Oxford 2001).

MacFadden 1984
B. J. MacFadden, Systematics and phylogeny of *Hipparion, Neohipparion, Nannippus,* and *Cormohipparion* (Mammalia, Equidae) from the Miocene and Pliocene of the New World. Bull. Am. Mus. Natural Hist. 179, 1984, 1–195.

MacFadden 1992
B. J. MacFadden, Fossil Horses. Systematic, Paleobiology, and Evolution of the family Equidae (Cambrigde 1992).

Mader 1989
B. J. Mader, The Brontotheriidae: A systematic revision and preliminary phylogeny on North American Genera. In: D. R. Prothero/R. M. Schoch (Hrsg.), The evolution of perissodactyls. Oxford Monogr. Geol. and Geophysics 15 (New York 1989) 458–484.

Mai 1983
D. H. Mai, Die fossile Pflanzenwelt des mittelpleistozänen Travertins von Bilzingsleben. In: D. H. Mai/D. Mania/T. Nötzold/V. Toepfer/E. Vlček, Bilzingsleben 2. Homo erectus: seine Kultur und seine Umwelt. Veröff. Landesmus. Vorgesch. Halle 36 (Berlin 1983) 45–129.

Mai 1994
D. H. Mai, Fossile Koniferenreste in der meridionalen Zone Europas. Feddes Repertorium 105,3–4, 1994, 207–227.

Mai 1995
D. H. Mai, Tertiäre Vegetationsgeschichte Europas: Methoden und Ergebnisse (Jena, Stuttgart, New York 1995).

Mai 2010
D. H. Mai, Karpologische Untersuchungen in einem Interglazial von Neumark-Nord (Geiseltal). Palaeontographica B 282,4–6, 2010, 99–187.

Mai/Walther 1983
D. H. Mai/H. Walther, Die fossilen Floren des Weißelster-Beckens und seiner Randgebiete. Hall. Jahrb. Geowiss. 8, 1983, 59–74.

Maier 2015
A. Maier, The Central European Magdalenian: Regional Diversity and Internal Variability. Vertebrate Paleobiol. Paleoanthr. Ser. (Berlin, Dordrecht, New York, London 2015).

Maier u. a. 2016
A. Maier/F. Lehmkuhl/P. Ludwig/M. Melles/I. Schmidt/Y. Shao/C. Zeeden/A. Zimmermann, Demographic estimates of hunter-gatherers during the Last Glacial Maximum in Europe against the background of palaeoenvironmental data. Quaternary Internat. 425, 2016, 49–61.

Mallaye/Kröpelin 2016
B. Mallaye/S. Kröpelin, Ennedi Massif, Chad. A cultural and natural gem. World Heritage 82, 2016, 30–37.

Mania 1990
D. Mania, Auf den Spuren des Urmenschen – Die Funde aus der Steinrinne von Bilzingsleben (Berlin 1990).

Mania 1999
D. Mania, 125 000 Jahre Klima- und Umweltentwicklung im mittleren Elbe-Saalegebiet. Hercynia N. F. 32, 1999, 1–97.

Mania 2003
D. Mania, Die Travertine in Thüringen und im Harzvorland. Hall. Jahrb. Geowiss. 17, 2003, 1–83.

Mania 2004
D. Mania, Zur Geologie, Ökologie und Archäologie der Acheuleen-Fundstelle Markkleeberg südlich von Leipzig. Praehist. Thuringica 10, 2004, 171–200.

Mania 2004a
D. Mania, Jäger und Sammler vor 15 000 Jahren im Unstruttal In: H. Meller (Hrsg.), Paläolithikum und Mesolithikum. Kat. Dauerausstellung Landesmus. Vorgesch. Halle 1 (Halle [Saale] 2004) 233–249.

Mania 2006
D. Mania, Die Molluskenfauna der Travertine von Weimar-Ehringsdorf – ihre feinstratigraphische und paläoökologische Aussage. Praehist. Thuringica 11, 2006, 20–94.

Mania 2010
D. Mania, Zur Einordnung der Warmzeit von Neumark-Nord und ihrer Elefanten-Fauna in den Ablauf der Erdgeschichte. In: H. Meller (Hrsg.), Elefantenreich – Eine Fossilwelt in Europa. Begleitband zur Sonderausstellung im Landesmuseum für Vorgeschichte Halle, 26.03.–03.10.2010 (Halle [Saale] 2010) 65–69.

Mania 2015
D. Mania, Messer aus den mittelpaläolithischen Uferstationen von Königsaue (Nordharzvorland) und Neumark-Nord (Geiseltal). Anthropologie (Brno) 53,1–2, 2015, 31–60.

Mania/Mania 2002
D. Mania/U. Mania, Bilzingsleben – Fundstelle des fossilen Menschen und seiner Kultur. In: E. Vlček/D. Mania/U. Mania, Bilzingsleben 6. Der fossile Mensch von Bilzingsleben. Beitr. Ur- u. Frühgesch. Mitteleuropa 35 (Weißbach 2002) 9–27.

Mania/Mania 2004
D. Mania/U. Mania, Der Urmensch von Bilzingsleben. Seine Kultur und Umwelt. In: H. Meller (Hrsg.), Paläolithikum und Mesolithikum. Kat. Dauerausstellung Landesmus. Vorgesch. Halle 1 (Halle [Saale] 2004) 69–101.

Mania/Toepfer 1973
D. Mania/V. Toepfer, Königsaue. Gliederung, Ökologie und mittelpaläolithische Funde der letzten Eiszeit: zum IX. Kongress der Internat. Quartärvereinigung (INQUA) Christchurch, Neu-Seeland 1973. Veröff. Landesamt Denkmalpfl. u. Arch. Sachsen-Anhalt 26 (Berlin 1973).

Mania u. a. 2010
D. Mania/M. Altermann/G. Böhme/T. Böttger/E. Brühl/H.-J. Döhle/K. Erd/K. Fischer/R. Fuhrmann/W.-D. Heinrich/R. Grube/P. G. Karelin/J. Koller/K. V. Kremenetski/T. Laurat/J. Van der Made/D. H. Mai/U. Mania/R. Musil/T. Pfeiffer-Deml/E. Pietrzeniuk/T. Schüler/M. Seifert-Eulen/M. Thomae, Quartärforschung im Tagebau Neumark-Nord, Geiseltal (Sachsen-Anhalt) und ihre bisherigen Ergebnisse. In: H. Meller (Hrsg.), Neumark-Nord – Ein interglaziales Ökosystem des mittelpaläolithischen Menschen. Veröff. Landesamt Denkmalpfl. u. Arch. Sachsen-Anhalt 62 (Halle [Saale] 2010) 11–69.

Mania u. a. 2013
D. Mania/M. Thomae/M. Altermann/K. V. Kremenetski/E. Y. Novenko, Zur Geologie und Stratigraphie der pleistozänen Becken von Neumark-Nord (Geiseltal). Veröff. Landesamt Denkmalpfl. u. Arch. Sachsen-Anhalt 68 (Halle [Saale] 2013).

Marjolin 1933
R. Marjolin, Troubles provoqués en France par la disette de 1816–1817. Rev. Hist. Moderne et Contemporaine 8,10, 1933, 423–460.

Marquer u. a. 2012
L. Marquer/V. Lebreton/T. Otto/H. Valladas/P. Haesaerts/E. Messager/D. Nuzhnyi/S. Péan, Charcoal scarcity in Epigravettian settlements with mammoth bone dwellings: the taphonomic evidence from Mezhyrich (Ukraine). Journal Arch. Scien. 39,1, 2012, 109–120.

Matthes 1939
F. E. Matthes, Report of Committee on Glaciers, April 1939. Transact. Am. Geophysical Union 20,4, 1939, 518–523.

Matthes 1950
F. E. Matthes, The Little Ice Age of Historic Times. In: F. E. Matthes, The Incomparable Valley. A Geological Interpretation of the Yosemite (Berkeley 1950) 151–160.

Matthies 2010
T. Matthies, The Exploitation of Fur-bearing Mammals during the Late Aurignacian of Central Europe: a Case Study of the Faunal remains from Breitenbach (Saxony-Anhalt), Germany. Ungedr. Masterarbeit Univ. of Southampton (Southampton 2010).

Matthies in Vorb.
T. Matthies, Human Subsistence Strategies in the Early Upper Palaeolithic of Northern Central Europe. Diss. Univ. Mainz (Mainz in Vorb).

Mauelshagen 2010
F. Mauelshagen, Klimageschichte der Neuzeit: 1500–1900. Gesch. Kompakt (Darmstadt 2010).

Mayr 1976
E. Mayr, Evolution and the Diversity of Life – Selected Essays (Cambridge MA 1976).

Mayr 1999
G. Mayr, A new trogon from the Middle Oligocene of Céreste, France. Auk 116,2, 1999, 427–434.

Mayr 2000
G. Mayr, Die Vögel der Grube Messel – ein Einblick in die Vogelwelt Mitteleuropas vor 49 Millionen Jahren. Natur u. Mus. 130,11, 2000, 365–378.

Mayr 2002
G. Mayr, Avian Remains from the Middle Eocene of the Geiseltal (Sachsen-Anhalt, Germany). In: Z. Zhou/F. Zhang (Hrsg.), Proceedings of the 5th Symposium of the Society of Avian Paleontology and Evolution: Beijing, 1–4 June 2000 (Beijing 2002) 77–96.

Mayr 2003
G. Mayr, A new Eocene swift-like bird with a peculiar feathering. Ibis 145,3, 2003, 382–391.

Mayr 2004
G. Mayr, Old World fossil record of modern-type hummingbirds. Science 304,5672, 2004, 861–864.

Mayr 2005
G. Mayr, New trogons from the early Tertiary of Germany. Ibis 147,3, 2005, 512–518.

Mayr 2006
G. Mayr, Fine feathered fossils of the Eocene – the birdlife of Messel. Vernissage, R. Unesco-Welterbe 13,21, 2006, 38–43.

Mayr 2007
G. Mayr, The birds from the Paleocene fissure filling of Walbeck (Germany). Journal Vertebrate Paleont. 27,2, 2007, 394–408.

Mayr 2009
G. Mayr, Paleogene fossil birds (Berlin, Heidelberg 2009).

Mayr 2009a
G. Mayr, A well-preserved second trogon skeleton (Aves, Trogonidae) from the middle Eocene of Messel, Germany. Palaeobiodiversity and Palaeoenvironments 89,1–2, 2009, 1–6.

Mayr 2011
G. Mayr, Two-phase extinction of »Southern Hemispheric« birds in the Cenozoic of Europe and the origin of the Neotropic avifauna. Palaeobiodiversity and Palaeoenvironments 91,4, 2011, 325–333.

Mayr 2017
G. Mayr, Avian Evolution. The Fossil Record of Birds and its Paleobiological Significance. Topics in Paleobiol. (Chichester 2017).

Mayr 2017a
G. Mayr, The early Eocene birds of the Messel fossil site: a 48 million-year-old bird community adds a temporal perspective to the evolution of tropical avifaunas. Biol. Rev. Cambridge Phil. Soc. 92,2, 2017, 1174–1188.

Mayr/Micklich 2010
G. Mayr/N. Micklich, New specimens of the avian taxa *Eurotrochilus* (Trochilidae) and *Palaeotodus* (Todidae) from the early Oligocene of Germany. Paläontol. Zeitschr. 84,3, 2010, 387–395.

Mayr/Smith 2013
G. Mayr/T. Smith, Galliformes, Upupiformes, Trogoniformes, and other avian remains (Phaethontiformes and Threskiornithidae) from the Rupelian stratotype in Belgium, with comments on the identity of *»Anas« benedeni* Sharpe, 1899. In: U. B. Göhlich/A. Kroh (Hrsg.), Paleornithological Research 2013. Proc. of the 8th Internat. Meeting of the Society of Avian Paleontology and Evolution, Vienna, 2012 (Wien 2013) 23–35.

Meindl 2015
P. Meindl, Auswertung der magdalénienzeitlichen Pferdeknochen aus der Grabungskampagne 2011 in Bad Kösen. Ungedr. Bachelorarbeit Univ. Köln (Köln 2015).

Mélard 2008
N. Mélard, Pierres gravées de La Marche à Lussac-les-Châteaux (Vienne). Techniques, technologie et interprétations. Gallia Préhist. 50,1, 2008, 143–268.

Meldgaard 1986
M. Meldgaard, The Greenland caribou: Zoogeography, taxonomy, and population dynamics. Meddel. Grønland Bioscien. 20 (København 1986).

Meller 2005
H. Meller, Menschenwechsel: Jungpaläolithikum und Mesolithikum. Begleith. Dauerausstellung Landesmus. Vorgesch. Halle 2 (Halle [Saale] 2005).

Meller 2010
H. Meller (Hrsg.), Elefantenreich – Eine Fossilwelt in Europa. Begleitband zur Sonderausstellung im Landesmuseum für Vorgeschichte Halle 26.03.–03.10.2010 (Halle [Saale] 2010).

Meller/Muhl 2017
H. Meller/A. Muhl (Hrsg.), Geisteskraft: Alt- und Mittelpaläolithikum³. Begleith. Dauerausstellung Landesmus. Vorgesch. Halle 1 (Halle [Saale] 2017).

Mertz/Renne 2005
D. F. Mertz/P. R. Renne, A numerical age for the Messel deposit (UNESCO World Heritage Site) derived from $^{40}Ar/^{39}Ar$ dating on a basaltic rock fragment. Courie Forschinst. Senckenberg 255, 2005, 67–75.

Mertz u. a. 2000
D. F. Mertz/C. C. Swisher/J. L. Franzen/F. O. Neuffer/H. Lutz, Numerical dating of the Eckfeld maar fossil site, Eifel, Germany: a calibration mark for the Eocene time scale. Naturwissenschaften 87,6, 2000, 270–274.

Meyer u. a. 2017
M. Meyer/E. Palkopoulou/S. Baleka/M. Stiller/K. E. H. Penkman/K. W. Alt/Y. Ishida/D. Mania/S. Mallick/T. Meijer/H. Meller/S. Nagel/B. Nickel/S. Ostritz/N. Rohland/K. Schauer/T. Schüler/A. L. Roca/D. Reich/B. Shapiro/M. Hofreiter, Palaeogenomes of Eurasian straight-tusked elephants challenge the current view of elephant evolution. ELife 6,6, 2017, e25413, doi:10.7554/eLife.25413.

Micklich 2012
N. Micklich, Peculiarities of the Messel fish fauna and their palaeoecological implications: a case study. Palaeobiodiversity and Palaeoenvironments 92,4, 2012, 585–629.

Mihlbachler 2003
M. C. Mihlbachler, Preliminary cladistic phylogeny of the Brontotheriidae (Mammalia, Perissodactyla). Journal Vertebrate Paleont. 23, 2003, 78A.

Mihlbachler/Samuels 2016
M. C. Mihlbachler/J. X. Samuels, A small-bodied species of Brontotheriidae from the middle Eocene Nut Beds of the Clarno Formation, John Day Basin, Oregon. Journal Paleont. 90,6, 2016, 1233–1244.

Mihlbachler/Solounias 2002
M. C. Mihlbachler/N. Solounias, Body size, dental microwear, and brontothere diets through the Eocene. Journal Vertebrate Paleont. 22, 2002, 88A.

Mihlbachler u. a. 2004
M. C. Mihlbachler/S. G. Lucas/R. J. Emry/B. Bayshashov, A new brontothere (Brontotheriidae, Perrisodactyla, Mammalia) from the Eocene of the Ily Basin of Kazakstan and a phylogeny of Asian »horned« brontotheres. Am. Mus. Novitates 3439, 2004, 1–43.

Milankovitch 1941
M. Milankovitch, Kanon der Erdbestrahlung und seine Anwendung auf das Eiszeitenproblem (Belgrad 1941).

Missiaen u. a. 2011
P. Missiaen/G. F. Gunnell/P. D. Gingerich, New Brontotheriidae (Mammalia, Perissodactyla) from the Early and Middle Eocene of Pakistan with implications for mammalian paleobiogeography. Journal Paleont. 85,4, 2011, 665–677.

Mitchell 1961
J. M. Mitchell, Recent Secular Changes of Global Temperature. Ann. New York Acad. Scien. 95,1, 1961, 235–250.

Mlíkovský 2002
J. Mlíkovský, Cenozoic birds of the world. 1: Europe (Praha 2002).

Mol u. a. 2006
D. Mol/J. Shoshani/A. Tikhonov/B. van Geel/S. Sano/P. Lazarev/G. Boeskorov/L. D. Agenbroad, The Yukagir Mammoth: Brief history, 14C Dates, individual age, gender, size, physical and environmental conditions and storage. Scien. Ann. School Geol. Aristotle Univ. Thessaloniki 98, 2006, 299–314.

Moltmann 1989
G. Moltmann (Hrsg.), Aufbruch nach Amerika. Die Auswanderungswelle von 1816/17 (Stuttgart 1989).

Monahan 1993
W. G. Monahan, Year of Sorrows. The Great Famine of 1709 in Lyon (Columbus OH 1993).

Moors 2010
C. Moors, Untersuchungen zu Petrographie, chaîne opératoire und Verwendung der bearbeiteten Sedimentgesteine der aurignacienzeitlichen Freilandfundstelle Breitenbach, Kreis Zeitz (BLK). Ungedr. Masterarbeit Ruhr-Univ. Bochum (Bochum 2010).

Moreau 2012
L. Moreau, Breitenbach-Schneidemühle, Germany: a major Aurignacian open air settlement in Central Europe. Eurasian Prehist. 9,1–2, 2012, 51–75.

Moreau 2012a
L. Moreau, The Aurignacian of Breitenbach (Sachsen-Anhalt, Germany): Status of flake production. In: A. Pastoors/M. Peresani (Hrsg.), Flakes not Blades: The Role of Flake Production at the Onset of the Upper Palaeolithic in Europe. Wiss. Schr. Neanderthal Mus. 5 (Mettmann 2012) 181–197.

Moreau/Jöris 2013
L. Moreau/O. Jöris, La fin de l'Aurignacien. Au sujet de la position chronologique de la station de plein air de Breitenbach dans le contexte du paléolithique supérieur ancien en Europe centrale. In: P. Bodu/L. Chehmana/L. Klaric/L. Mevel/S. Soriano/N. Teyssandier (Hrsg.), Le Paléolithique supérieur ancien de l'Europe du Nord-ouest: réflexions et synthèses à partir d'un projet collectif de recherche sur le centre et le sud du Bassin parisien; actes du colloque de Sens (15–18 Avril 2009). Mém. Soc. Préhist. Française 56, 2013, 395–414.

Morlo 1999
M. Morlo, Niche structure and evolution in creodont (Mammalia) faunas of the European and North American Eocene. Geobios 32,2, 1999, 297–305.

Morlo u. a. 2004
M. Morlo/S. Schaal/G. Mayr/C. Seiffert, An annotated taxonomic list of the Middle Eocene (MP 11) Vertebrata of Messel. Courier Forschinst. Senckenberg 252, 2004, 95–108.

Mosbrugger u. a. 2005
V. Mosbrugger/T. Utescher/D. L. Dilcher, Cenozoic continental climatic evolution of Central Europe. Proc. Nat. Acad. Scien. USA 102,42, 2005, 14964–14969.

Mounier u. a. 2016
A. Mounier/A. Balzeau/M. Caparros/D. Grimaud-Hervé, Brain, calvarium, cladistics: A new approach to an old question, who are modern humans and Neandertals? Journal Human Evolution 92, 2016, 22–36.

Moyà-Solà/Köhler 1996
S. Moyà-Solà/M. Köhler, A *Dryopithecus* skeleton and the origins of great-ape locomotion. Nature 379, 1996, 156–159.

Moyà-Solà u. a. 2004
S. Moyà-Solà/M. Köhler/D. M. Alba/I. Casanovas-Vilar/J. Galindo, *Pierolapithecus catalaunicus*, a New Middle Miocene

Great Ape from Spain. Science 306,5700, 2004, 1339–1344.

Müller 2013
A. Müller, Exkursionsführer zur Sitzung der Subkommission Tertiär-Stratigraphie 20.–22. März in Leipzig (Leipzig, Frankfurt a. M. 2013).

Müller/Leder in Vorb.
A. Müller/R. M. Leder, Fish faunas from the Late Eocene to the Late Oligocene in Central Germany: Systematics, Paleobiogeography and Biostratigraphy. Palaeontos (in Vorb.).

Müller/Rozenberg 2000
A. Müller/A. Rozenberg, Fischotolithen (Pisces: Teleostei) aus dem Unteroligozän von Mitteldeutschland. Leipziger Geowiss. 12, 2000, 71–141.

Müller u. a. 2006
W. Müller/D. Leesch/J. Bullinger/M.-I. Cattin/N. Plumettaz, Chasse, habitats et rythme des déplacements: réflexions à partir des campements magdaléniens de Champréveyres et Monruz (Neuchâtel, Suisse). Bull. Soc. Préhist. Française 103,4, 2006, 741–752.

Müller u. a. 2014
A. Müller/R. M. Leder/M. Henninger/F. Bach, Die Silberberg-Formation im Profil von Atzendorf bei Stassfurt (Egelner Nordmulde, Sachsen-Anhalt, Deutschland). Hall. Jahrb. Geowiss. 36, 2014, 73–133.

Münzel u. a. 2001
S. C. Münzel/K. Langguth/N. J. Conard/H.-P. Uerpmann, Höhlenbärenjagd auf der Schwäbischen Alb vor 30.000 Jahren. Arch. Korrbl. 31,3, 2001, 317–328.

Münzel u. a. 2017
S. C. Münzel/S. Wolf/D. G. Drucker/N. J. Conard, The exploitation of mammoth in the Swabian Jura (SW-Germany) during the Aurignacian and Gravettian period. Quaternary Internat. 445, 2017, 184–199, doi.org/10.1016/j.quaint.2016.08.013.

Mussi 1995
M. Mussi, Les statuettes italiennes de pierre tendre de Savignano et Grimaldi. In: H. Delporte (Hrsg.), La Dame de Brassempouy: actes du colloque de Brassempouy, juillet 1994. Etudes et Rech. Arch. Univ. Liège 74 (Liège 1995) 169–185.

Naito u. a. 2016
Y. I. Naito/M. Germonpré/Y. Chikaraishi/N. Ohkouchi/D. G. Drucker/K. A. Hobson/M. A. Edwards/C. Wißing/H. Bocherens, Evidence for herbivorous cave bears (*Ursus spelaeus*) in Goyet Cave, Belgium: implications for palaeodietary reconstruction of fossil bears using amino acid $\delta^{15}N$ approaches. Journal Quaternary Scien. 31,6, 2016, 598–606.

Nakazawa u. a. 2009
Y. Nakazawa/L. G. Straus/M. R. González-Morales/D. C. Solana/J. C. Saiz, On stone-boiling technology in the Upper Paleolithic: behavioral implications from an Early Magdalenian hearth in El Mirón Cave, Cantabria, Spain. Journal Arch. Scien. 36,3, 2009, 684–693.

Napierala/Uerpmann 2009
H. Napierala/H.-P. Uerpmann, Jäger und Gejagte. Eiszeitliche Großwildjagd in der Mammutsteppe. In: Archäologisches Landesmusem Baden-Württemberg (Hrsg.), Eiszeit – Kunst und Kultur. Begleitband zur Großen Landesausstellung Eiszeit – Kunst und Kultur im Kunstgebäude Stuttgart, 18. September 2009 bis 10. Januar 2010 (Ostfildern 2009) 186–190.

Napierala/Uerpmann 2012
H. Napierala/H.-P. Uerpmann, A ›New‹ Palaeolithic Dog from Central Europe. Internat. Journal Osteoarch. 22,2, 2012, 127–137.

Neftel u. a. 1988
A. Neftel/H. Oeschger/T. Staffelbach/B. Stauffer, CO_2 record in the Byrd Ice Core 50,000–5,000 years BP. Nature 331, 1988, 609–611.

Newhall/Self 1982
C. G. Newhall/S. Self, The Volcanic Explosivity Index (VEI): an estimate of explosive magnitude for historical volcanism. Journal Geophysical Research 87,C2, 1982, 1231–1238.

Niemitz 2002
C. Niemitz, A theory on the evolution of the habitual orthograde human bipedalism – the »Amphibische Generalistentheorie«. Anthr. Anz. 60,1, 2002, 3–66.

Niemitz 2004
C. Niemitz, Das Geheimnis des aufrechten Gangs. Unsere Evolution verlief anders (München 2004).

Nigst u. a. 2014
P. R. Nigst/P. Haesaerts/F. Damblon/C. Frank-Fellner/C. Mallol/B. Viola/M. Götzinger/L. Niven/G. Trnka/J.-J. Hublin, Early modern human settlement of Europe north of the Alps occurred 43,500 years ago in a cold steppe-type environment. Proc. Nat. Acad. Scien. USA, 111,40, 2014, 14394–14399.

Niklasson 1927
N. Niklasson, Die Grabung auf der jungpaläolithischen Station bei der Schneidemühle bei Breitenbach, Kreis Zeitz. Nachrbl. Dt. Vorzeit 3, 1927, 58.

Niklasson 1928
N. Niklasson, Die paläolithische Station bei der Schneidemühle bei Breitenbach im Kreise Zeitz. Tagungsber. Dt. Anthr. Ges. 49, 1928, 89–90.

Nobis 1982
G. Nobis, Die Wildpferde aus der magdalénienzeitlichen Station Saaleck am Fuße der Rudelsburg in Thüringen. Bonner Zool. Beitr. 33, 1982, 223–236.

Odar 2011
B. Odar, Archers at Potočka zijalka? Arh. Vestnik 62, 2011, 433–456.

Ogilvie 1991
A. E. J. Ogilvie, Climatic Changes in Iceland A.D. c. 865 to 1598. Acta Arch. 61, 1991, 233–251.

Oliva 2000
M. Oliva, Brno II Upper Paleolithic Grave. In: W. Roebroeks (Hrsg.), Hunters of the Golden Age: the mid Upper Palaeolithic of Eurasia, 30,000–20,000 BP. Analecta Praehist. Leidensia 31 (Leiden 2000) 143–159.

Oliva 2015
M. Oliva, Umění moravského paleolitu. Atlas sbírky Ústavu Anthropos MZM (Palaeolithic art of Moravia: the Anthropos Collection of the Moravian Museum). Anthropos 38 N. S. 30 (Brno 2015).

Olsen 1989
S. L. Olsen, Solutré: A theoretical approach to the reconstruction of Upper Palaeolithic hunting strategies. Journal Human Evolution 18,4, 1989, 295–327.

Oppenheimer 2003
C. Oppenheimer, Climatic, environmental and human consequences of the largest known historic eruption: Tambora volcano (Indonesia) 1815. Progress Physical Geogr. 27,2, 2003, 230–259.

Osborn 1929
H. F. Osborn, Titanotheres of ancient Wyoming, Dakota, and Nebraska. Monogr. US Geol. Survey 55 (Washington DC 1929).

Pacher 1997
M. Pacher, Der Höhlenbärenkult aus ethnologischer Sicht. In: D. Nagel (Hrsg.), Fossile Tierreste aus Niederösterreichischen Höhlen. Wiss. Mitt. Niederösterreich Landesmus. 10 (Wien 1997) 251–375.

Pachur/Altmann 2006
H.-J. Pachur/N. Altmann, Die Ostsahara im Spätquartär: Ökosystemwandel im größten hyperariden Raum der Erde (Berlin, Heidelberg, New York 2006).

Pachur/Kröpelin 1987
H.-J. Pachur/S. Kröpelin, Wadi Howar: Paleoclimatic Evidence from an Extinct River System in the Southeastern Sahara. Science 237,4812, 1987, 298–300.

Pales 1976
L. Pales, Les Gravures de La Marche. 2: Les humains (Paris 1976).

Pales 1981
L. Pales, Les Gravures de La Marche. 3: Équidés et Bovidés (Paris 1981).

Pales 1989
L. Pales, Les Gravures de La Marche. 4: Cervidés, Mammouths et Divers (Paris 1989).

Pales/Saint-Péreuse 1969
L. Pales/M. Saint-Péreuse, Les gravures de La Marche. 1: Félins et ours. Suivis du félin gravé de la Bouiche (Ariège). Publ. Inst. Préhist. Univ. Bordeaux, Mémoire 7 (Bordeaux 1969).

Palkopoulou u. a. in Vorb.
E. Palkopoulou/M. Lipson/S. Mallick/S. Nielsen/N. Rohland/S. Baleka/J. Enk/E. Karpinski/A. M. Ivancevic/T.-H. To/R. Daniel Kortschak/J. M. Raison/Z. Qu/T.-J. Chin/K. W. Alt/S. Claesson/L. Dalen/R. MacPhee/H. Meller/A. L. Roca/O. Ryder/K. Schauer/D. Heiman/S. Young/M. Breen/C. Williams/B. L. Aken/M. Ruffier/E. Karlsson/J. Johnson/F. Di Palma/J. Alfoldi/K. Lindblad-Toh/D. L. Adelson/T. Mailund/K. Munch/M. Hofreiter/H. Poinar/D. Reich, Genomic history of elephants and their extinct relatives (in Vorb.).

Papazzoni/Trevisani 2006
C. A. Papazzoni/E. Trevisani, Facies analysis, palaeoenvironmental reconstruction, and biostratigraphy of the »Pesciara di Bolca« (Verona, northern Italy): An early Eocene Fossil-Lagerstätte. Palaeogeography, Palaeoclimatology, Palaeoecology 242,1/2, 2006, 21–35.

Papazzoni u. a. 2014
C. A. Papazzoni/D. Bassi/E. Fornaciari/L. Giusberti/V. Luciani/P. Mietto/G. Roghi/E. Trevisani, 3. Geological and stratigraphical setting of the Bolca area. In: C. A. Papazzoni/L. Giusberti/G. Carnevale/G. Roghi/D. Bassi/R. Zorzin (Hrsg.), The Bolca Fossil-Lagerstätten: a window into the Eocene World. Rendiconti Soc. Paleont. Italiana 4, 2014, 19–28.

Parker 2013
G. Parker, Global Crisis: War, Climate Change and Catastrophe in the Seventeenth Century (New Haven CT 2013).

Pastoors 2016
A. Pastoors, Mit dem Rücken zur Kunst. Der Kontext eiszeitlicher Höhlenbilder. Wiss. Schr. Neanderthal Mus. 8 (Mettmann 2016).

Pastoors u. a. 2015
A. Pastoors/T. Lenssen-Erz/T. Ciqae/U. Kxunta/T. Thao/R. Bégouën/M. Biesele/J. Clottes, Tracking in Caves: Experience Based Reading of Pleistocene Human

Footprints in French Caves. Cambridge Arch. Journal 25,3, 2015, 551–564.

Paturi 1991
F. R. Paturi, Die Chronik der Erde (Dortmund 1991).

Peacock 1965
A. J. Peacock, Bread or Blood. A Study of the Agrarian Riots in East Anglia in 1816 (London 1965).

Pei/Zhang 1985
W. Pei/S. Zhang, A study of the lithic artifacts of *Sinanthropus*. Paleont. Sinica N. S. D12 (Beijing 1985).

Penck/Brückner 1909
A. Penck/E. Brückner, Die Alpen im Eiszeitalter. 3 Bde. (Leipzig 1909).

Peoples/Bailey 2009
J. Peoples/G. A. Bailey, Humanity: An Introduction to Cultural Anthropology[8] (Belmont CA 2009).

Péricard/Lwoff 1940
L. Péricard/S. Lwoff, La Marche, commune de Lussac-les-Châteaux (Vienne): Premier atelier de Magdalénien III à dalles gravées mobiles (campagnes de fouilles 1937–1938). Bull. Soc. Préhist. Française 37,7–9, 1940, 155–180.

Perini u. a. 2010
F. A. Perini/C. A. M. Russo/C. G. Schrago, The evolution of South American endemic canids: a history of rapid diversification and morphological parallelism. Journal Evolutionary Biol. 23,2, 2010, 311–322.

Peters u. a. 2002
J. Peters/N. Pöllath/A. von den Driesch, Ichthyological diversity in the Holocene Palaeodrainage Systems of Western Nubia. In: T. Lenssen-Erz/U. Tegtmeier/S. Kröpelin/H. Berke/B. Eichhorn/M. Herb/F. Jesse/B. Keding/K. Kindermann/J. Lingstädter/S. Nußbaum/H. Riemer/W. Schuck/R. Vogelsang (Hrsg.), Tides of the Desert – Gezeiten der Wüste. Contributions to the Archaeology and Environmental History of Africa in Honour of Rudolph Kuper. Africa Praehist. 14 (Köln 2002) 325–335.

Petit u. a. 1999
J. R. Petit/J. Jouzel/D. Raynaud/N. I. Barkov/J.-M. Barnola/I. Basile/M. Bender/J. Chappellaz/M. Davis/G. Delayque/M. Delmotte/V. M. Kotlyakov/M. Legrand/ V. Y. Lipenkov/C. Lorius/L. Pépin/C. Ritz/E. Saltzman/M. Stievenard, Climate and atmospheric history of the past 420,000 years from the Vostok ice core, Antarctica. Nature 399,6735, 1999, 429–436.

Pettitt/Trinkaus 2000
P. Pettitt/E. Trinkaus, Direct radiocarbon dating of the Brno 2 gravettian human remains. Anthropologie (Brno) 38,2, 2000, 149–150.

Pfister 1988
C. Pfister, Klimageschichte der Schweiz 1525–1860. Das Klima der Schweiz von 1525–1860 und seine Bedeutung in der Geschichte von Bevölkerung und Landwirtschaft (Bern, Stuttgart 1988).

Plinius, Epistulae
Gaius Plinius Caecilius Secundus, *Epistulae*. Zitiert nach W. Rüegg (Hrsg.), Sämtliche Briefe. Eingel. u. übers. von A. Lambert (Zürich, München 1969).

Plumettaz 2007
N. Plumettaz, Le site magdalénien de Monruz. 2: Étude des foyers à partir de l'analyse des pierres et de leurs remontages. Arch. Neuchâteloise 38 (Neuchâtel 2007).

PMOD/WRC 2014
Physikalisch-Meteorologisches Observatorium Davos/World Radiation Center, Solar Constant, <https://www.pmodwrc.ch/pmod.php?topic=tsi/composite/SolarConstant> (20.04.2017).

Pohl 1939
G. Pohl, Die mitteldeutschen Flachklingen von Breitenbach. Ungedr. Diss. Martin-Luther-Univ. Halle-Wittenberg (Halle [Saale] 1939).

Pohl 1958
G. Pohl, Die jungpaläolithische Siedlung Breitenbach, Kr. Zeitz, und ihre bisherige Beurteilung. Jahresschr. Mitteldt. Vorgesch. 41/42, 1958, 178–190.

Pokorný 1982
A. Pokorný, The significance of Newguinean ethnographic parallel of the Predmost Venus for the elucidation of the paleolithic stylized art-roots. In: V. Novotný (Hrsg.), Proceedings of the IInd Anthropological Congress dedicated to Dr. Aleš Hrdlička, held in Prague and Humpolec, September 3–7, 1979 (Praha 1982) 369–372.

Pollan 2014
M. Pollan, Kochen. Eine Naturgeschichte der Transformation (München 2014).

Porr 2004
M. Porr, Menschen wie wir. Die Aurignacien-Fundstelle von Breitenbach. In: H. Meller (Hrsg.), Paläolithikum und Mesolithikum. Kat. Dauerausstellung Landesmus. Vorgesch. Halle 1 (Halle [Saale] 2004) 223–231.

Post 1985
J. D. Post, Food Shortage, Climatic Variability, and Epidemic Disease in Preindustrial Europe. The Mortality Peak in the early 1740s (Ithaca NY, London 1985).

Prothero 1994
D. R. Prothero, The Eocene-Oligocene transition: paradise lost. Critical Moments Paleobiol. Earth Hist. Ser. (New York 1994).

Pruetz/LaDuke 2010
J. D. Pruetz/T. C. LaDuke, Brief communication: Reaction to fire by savanna chimpanzees *(Pan troglodytes verus)* at Fongoli, Senegal: Conceptualization of »fire behavior« and the case for a chimpanzee model. Am. Journal Physical Anthr. 141,4, 2010, 646–650, doi:10.1002/ajpa.21245.

Pushkina/Raia 2008
D. Pushkina/P. Raia, Human influence on distribution and extinctions of the late Pleistocene Eurasian megafauna. Journal Human Evolution 54,6, 2008, 769–782.

Pyne 2012
S. J. Pyne, Fire: Nature and Culture (Chicago IL, London 2012).

Pyne 2016
S. J. Pyne, Fire in the mind: changing understandings of fire in Western civilization. Phil. Transact. Royal Soc. B 371,1696, 2016, 27216523, doi:10.1098/rstb.2015.0166.

Rabal-Garcés u. a. 2012
R. Rabal-Garcés/G. Cuenca-Bescós/J. I. Canudo/T. de Torres, Was the European cave bear an occasional scavenger? Lethaia 45,1, 2012, 96–108.

Rabeder u. a. 2000
G. Rabeder/D. Nagel/M. Pacher, Der Höhlenbär. Thorbecke Species 4 (Stuttgart 2000).

Rahmstorf 2003
S. Rahmstorf, Timing of abrupt climate change: a precise clock. Geophysical Research Letters 30,10, 2003, 1510, doi:10.1029/2003GL017115.

Rahmstorf 2006
S. Rahmstorf, Thermohaline Ocean Circulation. In: S. A. Elias (Hrsg.), Encyclopedia of Quaternary Sciences (Amsterdam 2006) <http://www.pik-potsdam.de/~stefan/Publications/Book_chapters/rahmstorf_eqs_2006.pdf> (14.03.2017).

Rasser 2006
M. W. Rasser, 140 Jahre Steinheimer Schnecken-Stammbaum: der älteste fossile Stammbaum aus heutiger Sicht. Geol. et Palaeontol. 40, 2006, 195–199.

Raval/Ramanathan 1989
A. Raval/V. Ramanathan, Observational Determination of the Greenhouse Effect. Nature 342,6251, 1989, 758–761.

Reichholf 2016
J. H. Reichholf, Evolution: Eine kurze Geschichte von Mensch und Natur (München 2016).

Revedin u. a. 2015
A. Revedin/L. Longo/M. M. Lippi/E. Marconi/A. Ronchitelli/J. Svoboda/E. Anichini/M. Gennai/B. Aranguren, New technologies for plant food processing in the Gravettian. Quaternary Internat. 359/360, 2015, 77–88.

Richards u. a. 2008
M. P. Richards/M. Pacher/M. Stiller/J. Quilès/M. Hofreiter/S. Constantin/J. Zilhão/E. Trinkaus, Isotopic evidence for omnivory among European cave bears: Late Pleistocene *Ursus spelaeus* from the Peştera cu Oase, Romania. Proc. Nat. Acad. Scien. USA 105,2, 2008, 600–604.

Richter 1987
J. Richter, Jungpaläolithische Funde aus Breitenbach/Kr. Zeitz im Germanischen Nationalmuseum Nürnberg. Quartär 37/38, 1987, 63–96.

Richter u. a. 2017
D. Richter/R. Grün/R. Joannes-Boyau/T. E. Steele/F. Amani/M. Rué/P. Fernandes/J.-P. Raynal/D. Geraads/A. Ben-Ncer/J.-J. Hublin/S. P. McPherron, The age of the hominin fossils from Jebel Irhoud, Morocco, and the origins of the Middle Stone Age. Nature 546,7657, 2017, 293–296.

Rieder 2000
H. Rieder, Die altpaläolithischen Wurfspeere von Schöningen, ihre Erprobung und ihre Bedeutung für die Lebensumwelt des Homo erectus. Praehist. Thuringica 5, 2000, 68–75.

Riemer u. a. 2017
H. Riemer/S. Kröpelin/A. Zboray, Climate, styles and archaeology: an integral approach towards an absolute chronology of the rock art in the Libyan Desert (Eastern Sahara). Antiquity 91,355, 2017, 7–23.

Rifkin 2011
R. F. Rifkin, Assessing the efficacy of red ochre as a prehistoric hide tanning ingredient. Journal African Arch. 9,2, 2011, 131–158.

Rigaud/Simek 1989
J.-P. Rigaud/J. Simek, The last pleniglacial in the South of France (24,000 to 14,000 years ago). In: C. Gamble/O. Soffer (Hrsg.), The World at 18,000 BP. 1: High Latitudes. One World Arch. (London 1989) 69–86.

Rögl/Steininger 1983
F. Rögl/F. F. Steininger, Vom Zerfall der Tethys zu Mediterran und Paratethys. Die neogene Paläogeographie und Palinspastik des zirkummediterranen Raumes. Ann. Naturhist. Mus. Wien 85A, 1983, 135–163.

Rohland u. a. 2005
N. Rohland/J. L. Pollack/D. Nagel/C. Beauval/J. Airvaux/S. Pääbo/M. Hofreiter, The Population History of Extant and Extinct Hyenas. Molecular Biol. Evolution 22,12, 2005, 2435–2443.

Ronen 1990
A. Ronen, Neandertaler und früher *Homo sapiens* im Nahen Osten. Jahrb. RGZM 37, 1990, 3–17.

Rook 2009
L. Rook, The Italian fossil primate record: an update and perspective for future research. Boll. Soc. Paleont. Italiana 48,2, 2009, 67–77.

Rook 2012
L. Rook, Basel-Tuscany, a long-lasting link. Swiss Journal Palaeontol. 131,1, 2012, 7–9.

Rook 2016
L. Rook, Geopalaeontological setting, chronology and palaeoenvironmental evolution of the Baccinello-Cinigiano Basin continental successions (Late Miocene, Italy). Comptes Rendus Palevol 15,7, 2016, 825–836.

Rook u. a. 1999
L. Rook/L. Bondioli/M. Köhler/S. Moyà-Solà/R. Macchiarelli, *Oreopithecus* was a bipedal ape after all: Evidence from the iliac cancellous architecture. Proc. Nat. Acad. Scien. USA 96,15, 1999, 8795–8799.

Rose 2006
K. D. Rose, The Beginning of the Age of Mammals (Baltimore MD 2006).

Rose 2012
K. D. Rose, The importance of Messel for interpreting Eocene Holarctic mammalian faunas. Palaeobiodiversity and Palaeoenvironments 92,4, 2012, 631–647.

Rose u. a. 2015
K. D. Rose/G. Storch/K. Krohmann, Small-mammal postcrania from the middle Paleocene of Walbeck, Germany. Paläontol. Zeitschr. 89,1, 2015, 95–124.

Rosenmüller 1794
J. C. Rosenmüller, Quaedam de ossibus fossilibus animalis cuiusdam, historiam eius et cognitionem accuratiorem illustrantia. Amplissimi philosophorum ordinis auctoritata A.D. XXIII. octobris MDCCXCIV H. L. Q. C. Ad disputandum proposuit Ioannes Christianus Rosenmueller Hessberga-Francus LL. AA. M. in theatro anatomico Lipsiensi Prosector. Assumto socio Ioanne Christiano Heinroth Lips. med. stud. (Leipzig 1794).

Ross 1816
J. T. Ross, Narrative of the Effects of the Eruption from the Tomboro Mountain in the Island of Sumbawa on the 11th and 12th of April 1815. Communicated by the President [of the Batavian Society, 28. September 1815]. Verhand. Bataviaasch Genootschap Konsten en Wetenschappen 8, 1816, 3–25.

Rousseau 1933
L. Rousseau, Le Magdalénien dans la Vienne. Découverte et fouille d'un gisement du Magdalénien, à Angles-sur-l'Anglin (Vienne). Bull. Soc. Préhist. Française 30,4, 1933, 239–256.

Russo/Shapiro 2013
G. A. Russo/L. J. Shapiro, Reevaluation of the lumbosacral region of Oreopithecus bambolii. Journal Human Evolution 65,3, 2013, 253–265.

Saint-Mathurin 1984
S. Saint-Mathurin, L'abri du Roc-aux-Sorciers à Angles-sur-l'Anglin (Vienne). In: A. Leroi-Gourhan, L'art des caverns: atlas des grottes ornées paléolithiques françaises. Atlas Arch. France (Paris 1984) 583–587.

Saint-Mathurin/Garrod 1951
S. Saint-Mathurin/D. Garrod, La frise sculptée de l'abri du Roc aux Sorciers à Angles-sur-l'Anglin (Vienne). Anthropologie (Paris) 55, 1951, 413–424.

Sankararaman u. a. 2014
S. Sankararaman/S. Mallick/M. Dannemann/K. Prüfer/J. Kelso/S. Pääbo/N. Patterson/D. Reich, The genomic landscape of Neanderthal ancestry in present-day humans. Nature 507, 2014, 354–357.

Savage-Rumbaugh/Lewin 1998
E. S. Savage-Rumbaugh/R. Lewin, Kanzi – der sprechende Schimpanse. Was den tierischen vom menschlichen Verstand unterscheidet. Knaur 77311 (München 1998).

Schäfer 2012
J. Schäfer, Zur Stratigraphie und Geomorphologie am Aurignacien-Freilandfundplatz Breitenbach-Schlottweh. In: H. Meller (Hrsg.), Zusammengegraben – Kooperationsprojekte in Sachsen-Anhalt. Tagung vom 17. bis 20. Mai 2009 im Landesmuseum für Vorgeschichte Halle (Saale). Arch. Sachsen-Anhalt, Sonderbd. 16 (Halle [Saale] 2012) 19–26.

Schäfer u. a. 2004
J. Schäfer/T. Laurat/J. Kegler/E. Miersch, Neue archäologische Untersuchungen in Markkleeberg, Tagebau Espenhain (Lkr. Leipziger Land). Praehist. Thuringica 10, 2004, 141–170.

van Schaik 2016
C. P. van Schaik, The Primate Origins of Human Nature. Foundations Human Biol. (Hoboken NJ 2016).

Schneider 1990
S. H. Schneider, Global Warming. Are We Entering the Greenhouse Century? (New York 1990).

Schönwiese 2003
C.-D. Schönwiese, Klimatologie[2] (Stuttgart 2003).

Schreiber u. a. 2007
H. D. Schreiber/M. Löscher/L. C. Maul/I. Unkel, Die Tierwelt der Mauerer Waldzeit. In: G. A. Wagner (Hrsg.), *Homo heidelbergensis* – Schlüsselfund der Menschheitsgeschichte (Stuttgart 2007) 127–159.

Schreiber/Löscher 2011
H. D. Schreiber/M. Löscher, The second find of a primate from the early Middle Pleistocene locality of Mauer (SW Germany): a molar of Macaca (Mammalia, Cercopithecidae). Neues Jahrb. Geol. u. Paläontol., Abhandl. 260,3, 2011, 297–304.

Schuchmann 1999
K. L. Schuchmann, Family Trochilidae (Hummingbirds). In: J. del Hoyo/A. Elliot/J. Saragtal (Hrsg.), Handbook of the Birds of the World 5. Barn-owls to Hummingbirds (Barcelona 1999) 468–680.

Schulz u. a. 2002
R. Schulz/F.-J. Harms/M. Felder, Die Forschungsbohrung Messel 2001: Ein Beitrag zur Entschlüsselung der Genese einer Ölschieferlagerstätte. Zeitschr. Angewandte Geol. 4, 2002, 9–17.

Schunk 2014
L. Schunk, Geräteverhalten im Frühen Jungpaläolithikum. Die retuschierten Artefaktfunde der Grabungen Breitenbach 2012–2013. Ungedr. Bachelorarbeit Johannes Gutenberg-Univ. Mainz (Mainz 2014).

Schwarzbach 1993
M. Schwarzbach, Das Klima der Vorzeit. Eine Einführung in die Paläoklimatologie[5] (Stuttgart 1993).

Schwarzhans 2010
W. Schwarzhans, The Otoliths from the Miocene of the North Sea Basin (Leiden, Weikersheim 2010).

Scotese u. a. 1994
C. R. Scotese/T. R. Worsley/T. L. Moore/C. M. Fraticelli, Phanerozoic CO_2 levels and global temperatures inferred from changing paleogeography. In: G. D. Klein (Hrsg.), Pangea: paleoclimate, tectonics, and sedimentation during accretion, zenith and breakup of a supercontinent. Special Paper Geol. Soc. Am. 288, 1994, 57–73.

Seaver 1996
K. A. Seaver, The Frozen Echo: Greenland and the Exploration of North America, ca. A.D. 1000–1500 (Stanford CA, London 1996).

Šefčáková u. a. 2005
A. Šefčáková/R. Halouzka/M. Thurzo, Príspevok k histórii, stratigrafii a datovaniu neandertálca Šal'a 1 zo Slovenska. Acta Rerum Naturalium Mus. Nat. Slovaci 51, 2005, 71–87.

Self u. a. 1984
S. Self/M. R. Rampino/M. S. Newton/J. A. Wolff, Volcanological Study of the Great Tambora Eruption of 1815. Geology 12,11, 1984, 659–663.

Serangeli 2006
J. Serangeli, Verbreitung der Großen Jagdfauna in Mittel- und Westeuropa im oberen Jungpleistozän. Ein kritischer Beitrag. Tübinger Arbeiten Urgesch. 3 (Rahden/Westf. 2006).

Serangeli u. a. 2014
J. Serangeli/T. van Kolfschoten/N. J. Conard, 300.000 Jahre alte Funde einer Säbelzahnkatze aus Schöningen – Die gefährlichste Raubkatze der Eiszeit erstmals für Norddeutschland belegt. Ber. Denkmalpfl. Niedersachsen 1, 2014, 10–12.

Serangeli u. a. 2015
J. Serangeli/T. van Kolfschoten/B. M. Starkovich/I. Verheijen, The European saber-toothed cat *(Homotherium latidens)* found in the »Spear Horizon« at Schöningen (Germany). Journal Human Evolution 89, 2015, 172–180.

Shackleton/Opdyke 1973
N. J. Shackleton/N. D. Opdyke, Oxygen Isotope and Palaeomagnetic Stratigraphy of Equatorial Pacific Core V28-238: Oxygen isotope temperatures and ice volumes on a 10^5 year and 10^6 year scale. Journal Quaternary Research 3,1, 1973, 39–55.

Siegenthaler u. a. 2005
U. Siegenthaler/T. F. Stocker/E. Monnin/D. Lüthi/J. Schwander/B. Stauffer/D. Raynaud/J. M. Barnola/H. Fischer/V. Masson-Delmotte/J. Jouzel, Stable carbon cycle-climate relationship during the late pleistocene. Science 310,5752, 2005, 1313–1317.

Simkin/Siebert 1994
T. Simkin/L. Siebert, Volcanoes of the World. A Regional Directory, Gazetteer, and Chronology of Volcanism During the Last 10,000 Years[2] (Tucson AZ 1994).

Simon u. a. 2014
U. Simon/M. Händel/T. Einwögerer/C. Neugebauer-Maresch, The archaeological record of the Gravettian open air site Krems-Wachtberg. Quaternary Internat. 351, 2014, 5–13.

Sirocko 2012
F. Sirocko (Hrsg.), Wetter, Klima, Menschheitsentwicklung: Von der Eiszeit bis ins 21. Jahrhundert[3] (Stuttgart 2012).

Skinner u. a. 2015
M. M. Skinner/N. B. Stephens/Z. J. Tsegai/A. C. Foote/N. H. Nguyen/T. Gross/D. H. Pahr/J. J. Hublin/T. L. Kivell, Human evolution. Human-like hand use in *Australopithecus africanus*. Science 347,6220, 2015, 395–399.

Sládek u. a. 2002
V. Sládek/E. Trinkaus/A. Šefčáková/R. Halouzka, Morphological affinities of the Šal'a 1 frontal bone. Journal Human Evolution 43, 2002, 787–815.

Smith u. a. 1994
A. G. Smith/D. G. Smith/B. M. Funnell, Atlas of Mesozoic and Cenozoic coastlines (Cambridge 1994).

Smither 1945
P. C. Smither, The Semnah Despatches. Journal Egyptian Arch. 31,1, 1945, 3–10.

Soergel 1922
W. Soergel, Die Jagd der Vorzeit (Jena 1922).

Soffer 1985
O. Soffer, The Upper Paleolithic of the Central Russian Plain. Stud. Arch. (Orlando FL 1985).

Soffer 2004
O. Soffer, Recovering Perishable Technologies through Use Wear on Tools: Preliminary Evidence for Upper Paleolithic Weaving and Net Making. Current Anthr. 45,3, 2004, 407–412.

Soffer u. a. 1997
O. Soffer/J. M. Adovasio/N. L. Kornietz/A. A. Velichko/Y. N. Gribchenko/B. R. Lenz/V. Y. Suntsov, Cultural stratigraphy at Mezhirich, an Upper Palaeolithic site in Ukraine with multiple occupations. Antiquity 71,271, 1997, 48–62.

Soffer u. a. 1998
O. Soffer/J. M. Adovasio/D. C. Hyland/B. Klíma/J. Svoboda, Perishable Technologies and the Genesis of the Eastern Gravettian. Anthropologie (Brno) 36, 1998, 43–68.

Soffer u. a. 2000
O. Soffer/J. M. Adovasio/J. S. Illingworth/H. A. Amirkhanov/N. D. Praslov/M. Street, Palaeolithic perishables made permanent. Antiquity 74,286, 2000, 812–821.

Sørensen 2009
B. Sørensen, Energy use by Eem Neanderthals. Journal Arch Scien. 36,10, 2009, 2201–2205.

Specker 1993
L. Specker, Die grosse Heimsuchung. Das Hungerjahr 1816/17 in der Ostschweiz. Neujahrsbl. Hist. Ver. Kt. St. Gallen 133, 1993, 9–42.

Sponheimer u. a. 2006
M. Sponheimer/B. H. Passey/D. J. de Ruiter/D. Guatelli-Steinberg/T. E. Cerling/J. A. Lee-Thorp, Isotopic evidence for dietary variability in the early hominin *Paranthropus robustus*. Science 314,5801, 2006, 980–982.

Spötl u. a. 2007
C. Spötl/K.-H. Offenbecher/R. Boch/M. Meyer/A. Mangini/J. Kramers/R. Pavuza, Tropfstein-Forschung in österreichischen Höhlen – ein Überblick. Jahrb. Geol. Bundesanstalt 147,1/2, 2007, 117–167.

Springer u. a. 2012
M. S. Springer/R. W. Meredith/J. Gatesy/C. A. Emerling/J. Park/D. L. Rabosky/T. Stadler/C. Steiner/O. A. Ryder/J. E. Janečka/C. A. Fisher/W. J. Murphy, Macroevolutionary Dynamics and Historical Biogeography of Primate Diversification Inferred from a Species Supermatrix. PLoS One 7,11, 2012, e49521, doi:10.1371/journal.pone.0049521.

Stanley 1979
S. M. Stanley, Macroevolution: Pattern and Process (San Francisco CA 1979).

Stehlin 1909
H. G. Stehlin, Remarques sur les faunules de Mammifères des couches éocènes et oligocènes du Bassin de Paris. Bull. Soc. Geol. France 9,4, 1909, 488–520.

von den Steinen 1894
K. von den Steinen, Unter den Naturvölkern Zentral-Brasiliens: Reiseschilderung und Ergebnisse der zweiten Schingú-Expedition, 1887–1888 (Berlin 1894).

Steininger/Wessely 2000
F. F. Steininger/G. Wessely, From the Tethyan Ocean to the Paratethys Sea: Oligocene to Neogene Stratigraphy, Paleogeography and Paleobiogeography of the circum-Mediterranean region and the Oligocene to Neogene basin evolution in Austria. Mitt. Österr. Geol. Ges. 92, 2000, 95–116.

Steppan 2006
K. Steppan, Jäger und Gejagte: Raubwild am jungsteinzeitlichen Federsee. In: R. Baumeister (Hrsg.), Jäger und Gejagte. Pelztiere am vorgeschichtlichen Federsee. Begleitband zur Sonderausstellung »Jäger und Gejagte: Pelztiere am vorgeschichtlichen Federsee«, 21. Mai bis 1. November 2006 (Bad Buchau 2006) 10–15.

Stevens u. a. 2013
N. J. Stevens/E. R. Seiffert/P. M. O´Connor/E. M. Roberts/M. D. Schmitz/C. Krause/E. Gorscak/S. Ngasala/T. L. Hieronymus/J. Temu, Palaeontological evidence for an Oligocene divergence between Old World monkeys and apes. Nature 497,7451, 2013, 611–614.

Stodiek 1993
U. Stodiek, Zur Technologie der jungpaläolithischen Speerschleuder. Eine Studie auf Basis archäologischer, ethnologischer und experimenteller Erkenntnisse. Tübinger Monogr. Urgesch. 9 (Tübingen 1993).

Storch 1984
G. Storch, Die alttertiäre Säugetierfauna von Messel – ein paläobiogeographisches Puzzle. Naturwissenschaften 71,5, 1984, 227–233.

Storch 1986
G. Storch, Die Säuger von Messel: Wurzeln auf vielen Kontinenten. Spektrum Wiss. 6, 1986, 48–65.

Stothers 1984
R. B. Stothers, The Great Tambora Eruption in 1815 and its Aftermath. Science 224,4654, 1984, 1191–1198.

Stothers 1984a
R. B. Stothers, Mystery cloud of AD 536. Nature 307, 1984, 344–345.

Straus 2016
L. G. Straus, Humans confront the Last Glacial Maximum in Western Europe: Reflections on the Solutrean weaponry phenomenon in the broader contexts of technological change and cultural adaptation. Quaternary Internat. 425, 2016, 62–68.

Street/Terberger 2000
M. Street/T. Terberger, The German Upper Palaeolithic 35,000-15,000 bp. New Dates and Insights with Emphasis on the Rhineland. In: W. Roebroeks (Hrsg.), Hunters of the Golden Age: the mid Upper Palaeolithic of Eurasia, 30,000–20,000 BP. Analecta Praehist. Leidensia 31 (Leiden 2000) 281–297.

Street u. a. 2012
M. Street/O. Jöris/E. Turner, Magdalenian settlement in the German Rhineland – An update. Quaternary Internat. 272/273, 2012, 231–250.

Stringer 2001
C. Stringer, Modern Human Origins – Distinguishing the Models. African Arch. Rev. 18,2, 2001, 67–75.

Stringer 2003
C. Stringer, Human evolution: Out of Ethiopia. Nature 423,6941, 2003, 692–695.

Stuart 1993
A. J. Stuart, Death of the megafauna: Mass extinction in the Pleistocene. Geoscientist 2,6, 1993, 17–20.

Stuart 2014
A. J. Stuart, Late Quaternary megafaunal extinctions on the continents: a short review. Geol. Journal 50,3, 2014, 338–363.

Stuart/Lister 2012
A. J. Stuart/A. M. Lister, Extinction chronology of the woolly rhinoceros *Coelodonta antiquitatis* in the context of late Quaternary megafaunal extinctions in northern Eurasia. Quaternary Scien. Rev. 51, 2012, 1–17.

Stuart u. a. 2004
A. J. Stuart/P. A. Kosintsev/T. F. G. Higham/A. M. Lister, Pleistocene to Holocene extinction dynamics in giant deer and woolly mammoth. Nature 431, 2004, 684–689.

Stuiver u. a. 1995
M. Stuiver/P. M. Grootes/T. F. Braziunas, The GISP 2 δ^{18} O Climate Record of the past 16,500 years and the Role of the Sun, Ocean and Volcanoes. Quaternary Research 44,3, 1995, 341–354.

Sullivan 1975
W. Sullivan, Scientists Ask Why World Climate Is Changing; Major Cooling May Be Ahead. New York Times, 21.05.1975, 92.

Svensmark/Friis-Christensen 1997
H. Svensmark/E. Friis-Christensen, Variation of cosmic ray flux and global cloud coverage – a missing link in solar-climate relationships. Journal Atmospheric Solar-Terrestrial Physics 59,11, 1997, 1225–1232.

Svensson u. a. 2006
A. M. Svensson/K. K. Andersen/M. Bigler/H. B. Clausen/D. Dahl-Jensen/S. M. Davies/S. J. Johnsen/R. Muscheler/S. O. Rasmussen/R. Röthlisberger/J. P. Steffensen/B. M. Vinther, The Greenland Ice Core Chronology 2005, 15-42 ka. Part 2: comparison to other records. Quaternary Scien. Rev. 25,23/24, 2006, 3258–3267, doi:10.1016/j.quascirev.2006.08.003.

Svoboda 1995
J. Svoboda, L'art Gravettien en Moravie: contexte, dates et styles. Anthropologie (Paris) 99, 1995,2/3, 258–272.

Svoboda 2011
J. Svoboda, Počátky umění (Praha 2011).

Svoboda u. a. 2016
J. Svoboda/M. Novák/S. Sázelová/J. Demek, Pavlov I: A large Gravettian site in space and time. Quaternary Internat. 406, 2016, 95–105.

Symons 1888
G. J. Symons (Hrsg.), The eruption of Krakatoa and subsequent phenomena: report of the Krakatoa Committee of the Royal Society (London 1888).

Szalay/Delson 1979
F. S. Szalay/E. Delson, Evolutionary History of the Primates (New York 1979).

Taszus 2016
R. Taszus, The Breitenbach Archaeological Site – A Palaeoenvironmental Analysis Based on Micro-mammals. Ungedr. Bachelorarbeit Friedrich-Schiller-Univ. Jena (Jena 2016).

Templeton 2002
A. Templeton, Out of Africa again and again. Nature 416,6876, 2002, 45–51.

Teodoridis u. a. 2012
V. Teodoridis/Z. Kvaček/H. Zhu/P. Mazouch, Environmental analysis of the mid-latitudinal European Eocene sites of plant macrofossils and their possible analogues in East Asia. Palaeogeography, Palaeoclimatology, Palaeoecology 333/334, 2012, 40–58.

Terberger 1987
K. Terberger, Funde der Magdalénien-Station Saaleck. Jahresschr. Mitteldt. Vorgesch. 70, 1987, 95–134.

Terberger 1997
T. Terberger, Die Siedlungsbefunde des Magdalénien-Fundplatzes Gönnersdorf: Konzentrationen III und IV. Der Magdalénien-Fundplatz Gönnersdorf 6 (Stuttgart 1997).

Thieme 1999
H. Thieme, Altpaläolithische Holzgeräte aus Schöningen, Lkr. Helmstedt. Bedeutsame Funde zur Kulturentwicklung des frühen Menschen. Germania 77, 1999, 451–487.

Thieme 2007
H. Thieme (Hrsg.), Die Schöninger Speere – Mensch und Jagd vor 400 000 Jahren (Stuttgart 2007).

Thompson u. a. 1986
L. G. Thompson/E. Mosley-Thompson/W. Dansgaard/P. M. Grootes, The Little Ice Age as Recorded in the Stratigraphy of the Tropical Quelccaya Ice Cap, Peru. Science 234,4774, 1986, 361–364.

Toepfer 1957
V. Toepfer, Die Mammutfunde von Pfännerhall im Geiseltal. Veröff. Landesmus. Vorgesch. Halle 16 (Halle [Saale] 1957).

Toepfer 1968
V. Toepfer, Die Weichsel-Eiszeit und ihre paläolithischen Fundplätze im Gebiet der Deutschen Demokratischen Republik. Ausgr. u. Funde 13,1, 1968, 9–17.

Toepfer 1970
V. Toepfer, Stratigraphie und Ökologie des Paläolithikums. In: H. Richter/G. Haase/I. Lieberoth/R. Ruske (Hrsg.), Periglazial-Löß-Paläolithikum im Jungpleistozän der Deutschen Demokratischen Republik. Petermanns Geogr. Mitt. Ergänzungsh. 274, 1970, 329–422.

Tomasson 1977
R. F. Tomasson, A Millennium of Misery. The Demography of the Icelanders. Population Stud. 31,3, 1977, 405–427.

Torrence 2001
R. Torrence, Hunter-gatherer technology: macro- and microscale approaches. In: C. Panter-Brick/R. H. Layton/P. Rowley-Conway (Hrsg.), Hunter-Gatherers: An Interdisciplinary Perspective. Biosocial Soc. Symposium Ser. 13 (Cambridge 2001) 73–98.

Trinkaus 2005
E. Trinkaus, The Adiposity Paradox in the Middle Danubian Gravettian. Anthropologie (Brno) 43,2/3, 2005, 263–271.

Trinkaus 2005a
E. Trinkaus, Anatomical evidence for the antiquity of human footwear use. Journal Arch. Scien. 32,10, 2005, 1515–1526.

Trinkaus u. a. 2015
E. Trinkaus/A. P. Buzhilova/M. B. Mednikova/M. V. Dobrovolskaya, The age of the Sunghir Upper Palaeololithic human burials. Anthropologie (Brno) 53,1/2, 2015, 221–231.

Tseng u. a. 2014
Z. J. Tseng/X. Wang/G. J. Slater/G. T. Takeuchi/Q. Li/J. Liu/G. Xie, Himalayan fossils of the oldest known pantherine establish ancient origin of big cats. Proc. Royal Soc. B 281,1774, 2014, 24225466, doi:10.1098/rspb.2013.2686.

Turner 2002
E. Turner, Solutré. An Archaeozoological Analysis of the Magdalenian Horizon. Monogr. RGZM 46 (Mainz 2002).

Turner/Antón 1997
A. Turner/M. Antón, The Big Cats and their fossil relatives. An illustrated guide to their evolution and natural history (New York 1997).

Uthmeier 2004
T. Uthmeier, Micoquien, Aurignacien und Gravettien in Bayern: eine regionale Studie zum Übergang vom Mittel- zum Jungpaläolithikum. Arch. Ber. 18 (Bonn 2004).

Uthmeier 2016
T. Uthmeier, »Modernes Verhalten« und Neandertaler – ein Widerspruch? Arch. Deutschland 2016,2, 28–31.

Uthmeier/Richter 2012
T. Uthmeier/J. Richter, Die Ausgrabungen der Universität zu Köln an der Magdalénien-Freilandfundstelle Bad Kösen-Lengefeld: Ein Vorbericht. In: H. Meller (Hrsg.), Zusammengegraben – Kooperationsprojekte in Sachsen-Anhalt. Tagung vom 17. bis 20. Mai 2009 im Landesmuseum für Vorgeschichte Halle (Saale). Arch. Sachsen-Anhalt, Sonderbd. 16 (Halle [Saale] 2012) 27–39.

Utterström 1955
G. Utterström, Climatic Fluctuations and Population Problems in Early Modern History. Scandinavian Economic Hist. Rev. 3,1, 1955, 3–47.

Vaks u. a. 2006
A. Vaks/M. Bar-Matthews/A. Ayalon/A. Matthews/A. Frumkin/U. Dayan/L. Halicz/A. Almogi-Labin/B. Schilman, Paleoclimate and location of the border between Mediterranean climate region and the Saharo–Arabian Desert as revealed by speleothems from the northern Negev Desert, Israel. Earth and Planetary Scien. Letters 249,3/4, 2006, 384–399.

Valde-Nowak u. a. 1987
P. Valde-Nowak/A. Nadachowski/M. Wolsan, Upper Palaeolithic boomerang made of a mammoth tusk in South Poland. Nature 329, 1987, 436–438.

Vandenberghe u. a. 2014
J. Vandenberghe/H. M. French/A. Gorbunov/S. Marchenko/A. A. Velichko/H. Jin/Z. Cui/T. Zhang/X. Wan, The Last Permafrost Maximum (LPM) map of the Northern Hemisphere: permafrost extent and mean annual air temperatures, 25–17 ka BP. Boreas 43, 2014, 652–666.

Vandiver u. a. 1989
P. B. Vandiver/O. Soffer/B. Klíma/J. Svoboda, The origins of ceramic technology at Dolní Věstonice, Czechoslovakia. Science 246,4933, 1989, 1002–1008.

Vanhaeren/d'Errico 2006
M. Vanhaeren/F. d´Errico, Aurignacian ethno-linguistic geography of Europe revealed by personal ornaments. Journal Arch. Scien. 33,8, 2006, 1105–1128.

Van Meerbeeck u. a. 2009
C. J. Van Meerbeeck/H. Renssen/D. M. Roche, How did Marine Isotope Stage 3 and Last Glacial Maximum climates differ? – Perspectives from equilibrium simulations. Climate Past 5, 2009, 33–51.

Veth 2003
P. M. Veth, »Abandonment« or Maintenance of Country? A critical Examination of Mobility Patterns and Implications for Native Title. Land, Rights, Laws: Issues Native Title 2,22 (Canberra 2003).

Vialou 1992
D. Vialou, Frühzeit des Menschen. Universum der Kunst 37 (München 1992).

Vlček 1968
E. Vlček, Nález pozůstatků neandertálce v Šali na Slovensku. Anthropozoikum A 5, 1968, 105–124.

Vlček 1969
E. Vlček, Neandertaler der Tschechoslowakei (Praha 1969).

Vlček 1993
E. Vlček, Fossile Menschenfunde von Weimar-Ehringsdorf. Weimarer Monogr. Ur- u. Frühgesch. 30 (Stuttgart 1993).

Vlček 1994
E. Vlček, Vývoj fosilního člověka na našem území. In: J. Svoboda, Paleolit Moravy a Slezska (The Peleolithic of Moravia and Silesia). Dolnovestonicke Stud. 1 (Brno 1994) 50–69.

Vlček 2002
E. Vlček, Der fossile Mensch von Bilzingsleben. In: E. Vlček/D. Mania/U. Mania, Bilzingsleben 6. Der fossile Mensch von Bilzingsleben. Beitr. Ur- u. Frühgesch. Mitteleuropa 35 (Weißbach 2002) 145–392.

Vlček 2003
E. Vlček, Macaca florentina von Bilzingsleben im Vergleich mit mittelpleistozänen Funden Europas. In: H. Meller/J. M. Burdukiewicz/W.-D. Heinrich/A. Justus/E. Brühl (Hrsg.), Erkenntnisjäger – Kultur und Umwelt des frühen Menschen. Festschrift für Dietrich Mania. Veröff. Landesamt Arch. Sachsen-Anhalt - Landesmus. Vorgesch. 57,2 (Halle [Saale] 2003), 623–645.

Vlček u. a. 2002
E. Vlček/D. Mania/U. Mania, Bilzingsleben 6. Der fossile Mensch von Bilzingsleben. Beitr. Ur- u. Frühgesch. Mitteleuropa 35 (Weißbach 2002).

Voigt 1985
E. Voigt, The Bryozoa of the Cretaceous-Tertiary boundary. In: C. Nielsen/G. P. Larwood, Bryozoa: Ordovician to Recent (Fredensborg 1985) 329–342.

Wagner u. a. 2010
G. A. Wagner/M. Krbetschek/D. Degering/J.-J. Bahain/S. Qingfeng/C. Falguères/P. Voinchet/J.-M. Dolo/T. Garcia/G. P. Rightmire, Radiometric dating of the type-site for *Homo heidelbergensis* at Mauer, Germany. Proc. Nat. Acad. Scien. USA 107,46, 2010, 19726–19730.

Wagner u. a. 2011
G. A. Wagner/L. C. Maul/M. Löscher/H. D. Schreiber, Mauer – the type site of *Homo heidelbergensis*: palaeoenvironment and age. Quaternary Scien. Rev. 30,11/12, 2011, 1464–1473.

Walker u. a. 1986
A. Walker/R. E. Leakey/J. M. Harris/F. H. Brown, 2.5-Myr *Australopithecus boisei* from west of Lake Turkana, Kenya. Nature 322, 1986, 517–522.

Warneken/Rosati 2015
F. Warneken/A. G. Rosati, Cognitive capacities for cooking in chimpanzees. Proc. Royal Soc. B 282,1809, 2015, 26041356, doi:10.1098/rspb.2015.0229.

Weart 2003
S. R. Weart, The Discovery of Global Warming. New Hist. Scien., Technology, Medicine (Cambridge MA 2003).

Wegener 1912
A. Wegener, Die Herausbildung der Großformen der Erdrinde (Kontinente und Ozeane), auf geophysikalischer Grundlage. Petermanns Geogr. Mitt. 63, 1912, 185–195; 253–256; 305–309.

Wegener 1912a
A. Wegener, Die Entstehung der Kontinente. Geol. Rundschau 3,4, 1912, 276–292.

Wegener 1915
A. Wegener, Die Entstehung der Kontinente und Ozeane (Braunschweig 1915).

Weigelt 1939
J. Weigelt, Die Aufdeckung der bisher ältesten tertiären Säugetierfauna Deutschlands. Nova Acta Leopoldina N. F. 7, 1939, 515–528.

Weigelt 1941
J. Weigelt, Die neuen Entdeckungen von Walbeck. Angewandte Chemie 54,11/12, 1941, 141–142.

Weigelt 1960
J. Weigelt, Die Arctocyoniden von Walbeck. Freiberger Forschh. C77 (Berlin 1960).

Wendorf 1968
F. Wendorf, Site 117: A Nubian Final Palaeolithic Graveyard near Jebel Sahaba, Sudan. In: F. Wendorf (Hrsg.), The Prehistory of Nubia (Dallas TX 1968) 954–995.

Wendorf/Schild 2001
F. Wendorf/R. Schild, Holocene Settlement of the Egyptian Sahara. 1: The Archaeology of Nabta Playa (New York 2001).

Weniger 1995
G.-C. Weniger, Widerhakenspitzen des Magdalénien Westeuropas. Ein Vergleich mit ethnohistorischen Jägergruppen Nordamerikas. Madrider Beitr. 20 (Mainz 1995).

Weninger/Jöris 2008
B. Weninger/O. Jöris, A ^{14}C Age Calibration Curve for the Last 60 ka: The Greenland-Hulu U/Th Timescale and Its Impact on Understanding the Middle to Upper Paleolithic Transition in Western Eurasia. Journal Human Evolution 55,5, 2008, 772–781.

Werdelin/Solounias 1991
L. Werdelin/N. Solounias, The Hyaenidae: taxonomy, systematics and evolution. Fossils Strata 30 (Oslo 1991).

Wiessner 2014
P. W. Wiessner, Embers of society: Firelight talk among the Ju/'hoansi Bushmen. Proc. Nat. Acad. Scien. USA 111,39, 2014, 14027–14035, doi:10.1073/pnas.1404212111.

Wilcke 1925
M. Wilcke, Die paläolithische Fundstelle an der Schneidemühle bei Breitenbach, Kr. Zeitz. Nachrichtenbl. Dt. Vorzeit 1, 1925, 16–19.

Wilcke 1925a
M. Wilcke, Die paläolithische Fundstätte an der Schneidemühle bei Breitenbach (Kreis Zeitz). Zeitzer Neueste Nachrichten, 04.04.1925, 270–272.

Wilcke 1925b
M. Wilcke, Zeitzer Heimatbuch. 2: Der Zeitzer Kreis und seine Bevölkerung in vor- und frühgeschichtlicher Zeit (Zeitz 1925) 13–30.

Wilson/Reeder 2005
D. E. Wilson/D. M. Reeder, Mammal Species of the World: A Taxonomic and Geographic Reference Volume 1³ (Baltimore 2005).

Wlost 1932
A. Wlost, Saaleck, eine altsteinzeitliche Wildjägerstation. Naumburger Tagebl. 2, 1932, 4.

Wobst 1974
H. M. Wobst, Boundary conditions for Paleolithic social systems: a simulation approach. Am. Antiquity 39,2, 1974, 147–178.

Wojtal/Wilczyński 2015
P. Wojtal/J. Wilczyński, Hunters of the giants: Woolly mammoth hunting during the Gravettian in Central Europe. Quaternary Internat. 379, 2015, 71–81.

Wojtal u. a. 2016
P. Wojtal/J. Wilczyński/K. Wertz/J. Svoboda, The scene of a spectacular feast (part II): Animal remains from Dolní Věstonice II, the Czech Republic. Quaternary Internat., 2016, <http://dx.doi.org/10.1016/j.quaint.2016.03.022> (18.07.2017).

Wolf 2015
S. Wolf, Schmuckstücke – die Elfenbeinbearbeitung im Schwäbischen Aurignacien. Tübinger Monogr. Urgesch. (Tübingen 2015).

Wolff 2007
E. W. Wolff, When is the »present«? Quaternary Scien. Rev. 26,25–28, 2007, 3023–3024.

Wrangham 2009
R. W. Wrangham, Feuer fangen. Wie uns das Kochen zum Menschen machte – eine neue Theorie der menschlichen Evolution (München 2009).

Wrangham u. a. 2009
R. Wrangham/D. Cheney/R. Seyfarth/E. Sarmiento, Shallow-Water Habitats as Sources of Fallback Foods for Hominins. Am. Journal Physical Anthr. 140,4, 2009, 630–642.

WWF 2011
World Wide Fund For Nature, Dramatischer Waldverlust bis 2050, <http://www.wwf.de/dramatischer-waldverlust-bis-2050/> (28.10.2016).

Yin 2016
S. Yin, The Lingering Embers of Discovering Fire. New York Times, 09.08.2016, D5.

Youlatos 2003
D. Youlatos, Calcaneal features of the Greek Miocene primate *Mesopithecus pentelicus* (Cercopithecoidea: Colobinae). Geobios 36,2, 2003, 229–239.

Zachos u. a. 2001
J. Zachos/M. Pagani/L. Sloan/E. Thomas/K. Billups, Trends, rhythms, and aberrations in global climate 65 Ma to present. Science 292,5517, 2001, 686–693.

Zachos u. a. 2008
J. C. Zachos/G. R. Dickens/R. E. Zeebe, An Early Cenozoic perspective on greenhouse warming and carbon-cycle dynamics. Nature 451, 2008, 279–283, doi:10.1038/nature06588.

Zechner in Vorb.
A. Zechner, Das Ende des Steinbocks. Anthropogene und natürliche Ursachen für das Verschwinden der letzten autochthonen Steinwildpopulation der Ostalpen im Zillertal zu Beginn des 18. Jahrhunderts. Diss. Univ. Salzburg (Salzburg in Vorb.).

Zhao u. a. 2015
T. Zhao/G. Mayr/M. Wang/W. Wang, A trogon-like arboreal bird from the early Eocene of China. Alcheringa 39,2, 2015, 287–294.

Ziegler 1990
P. A. Ziegler, Geological Atlas of Western and Central Europe² (Den Haag 1990).

Ziegler 1999
R. Ziegler, Urmenschen. Funde in Baden-Württemberg. Stuttgarter Beitr. Naturkde. Ser. C 44, 1999.

Ziegler/Heizmann 1991
R. Ziegler/E. P. J. Heizmann, Oligozäne Säugetierfaunen aus den Spaltenfüllungen von Lautern, Herrlingen und Ehrenstein bei Ulm (Baden-Württemberg). Stuttgarter Beitr. Naturkde. B 171, 1991.

Zimen 2003
E. Zimen, Der Wolf: Verhalten, Ökologie und Mythos: Das Vermächtnis des bekannten Wolfsforschers (Stuttgart 2003).

Zimmermann 1996
A. Zimmermann, Zur Bevölkerungsdichte in der Urgeschichte Mitteleuropas. In: I. Campen/J. Hahn/M. Uerpmann (Hrsg.), Spuren der Jagd – Die Jagd nach Spuren. Festschrift für Hansjürgen Müller-Beck. Tübinger Monogr. Urgesch. 11 (Tübingen 1996) 49–61.

Zinner u. a. 2009
D. Zinner/M. L. Arnold/C. Roos, Is the new primate genus *Rungwecebus* a baboon? PLoS One 4,3, 2009, e4859, doi:10.1371/journal.pone.0004859.

ABBILDUNGSNACHWEIS

Hinweis: Die Infoboxen sind durch **blaue Schrift** gekennzeichnet.

Seite	Abb.	Nachweis
1		Neandertaler, Ilsenhöhle © K. Schauer, Salzburg
2		*Homo sapiens,* Ilsenhöhle © K. Schauer, Salzburg
4		Zentralinstallation Ausstellung »Klimagewalten«, Landesmuseum für Vorgeschichte, Halle (Saale), Foto J. Lipták, München
6		Mammutherde © K. Schauer, Salzburg

KAPITEL 1

Seite	Abb.	Nachweis
14–17		© LDA Sachsen-Anhalt, Umsetzung: K. Pockrandt unter Verwendung der Datensammlung von Glen Fergus, Wikimedia Commons, CC BY-SA 4.0, <https://commons.wikimedia.org/wiki/File:All_palaeotemps.png> (24.10.2017)
20		D. Clark, Western Washington University, <http://icecores.org/indepth/2010/fall/combatant-col.shtml> (13.04.2017)
22	1	nach M. Forkel, <http://klima-der-erde.de/zirkulation_inhalt.html> (14.03.2017), Grafik LDA Sachsen-Anhalt
23	2	nach Kottek u. a. 2006, 261 Abb. 1, Grafik LDA Sachsen-Anhalt
	3	verändert nach Scotese u. a. 1994; Berner 2001, Grafik LDA Sachsen-Anhalt
24	4	© Landesamt für Archäologie Sachsen, Foto J. Lipták, München
25	5	R. Boch, Institut für Geologie und Paläontologie, Univ. Innsbruck, <https://www.zamg.ac.at/cms/de/klima/informationsportal-klimawandel/klimaforschung/klimarekonstruktion/tropfsteine> (08.05.2017)
26	6	H. Roop, National Science Foundation, <http://icecores.org/icecores/index.shtml> (13.04.2017)
27	7	nach Petit u. a. 1999, 431 Abb. 3, Grafik LDA Sachsen-Anhalt
28		NASA's Goddard Space Flight Center/SDO/AIA, <https://svs.gsfc.nasa.gov/10785> (20.04.2017)
29	1	nach H. Frank, CC-by-sa-3.0, <https://de.wikipedia.org/wiki/Erdbahn#/media/File:Four_season_german_infotext.svg> (20.04.2017), Grafik LDA Sachsen-Anhalt
30	2	nach R. A. Rohde, CC-by-sa-3.0, <https://commons.wikimedia.org/wiki/File:Milankovitch_Variations.png> (20.04.2017), Grafik LDA Sachsen-Anhalt
31	3	Physikalisch-Meteorologisches Observatorium Davos/World Radiation Center 2014, Grafik LDA Sachsen-Anhalt
	4	nach R. A. Rohde, CC-by-sa-3.0, <https://commons.wikimedia.org/wiki/File:Milankovitch_Variations.png> (20.04.2017), Grafik LDA Sachsen-Anhalt
32	5	SOHO (ESA/NASA), <http://www.geomar.de/fileadmin/content/service/presse/Pressemitteilungen/2014/solar_activity_SOHO-ESA-NASA.jpg> (20.04.2017)
	6	STEREO (NASA), <https://stereo.gsfc.nasa.gov/gallery/item.php?id=stereo-images&iid=212> (20.04.2017)
33	7	Museum für Naturkunde Chemnitz, Foto J. Lipták, München
34	8	Yohkoh data courtesy of the NASA-supported Yohkoh Legacy data Archive at Montana State University, <http://solar.physics.montana.edu/press/sxt/sxt.html> (20.04.2017)
	9	NASA, <http://www.pravda-tv.com/wp-content/uploads/2013/11/sonne-polumkehr.jpg> (20.04.2017)
35	10	NASA/Courtesy of Harald Albrigtsen, <http://www.spiegel.de/fotostrecke/sonnensturm-und-polarlicht-fotostrecke-105738-3.html> (20.04.2017)
	11	nach M. Coppold/W. Powell 2000, Grafik LDA Sachsen-Anhalt
36		R. Zäuner, Bözberg
38	1	nach NASA, <https://visibleearth.nasa.gov/view.php?id=88415> (15.03.2017); © E.-G. Beck, <http://www.biokurs.de/treibhaus/CO2-1.htm> (10.05.2017), Grafik LDA Sachsen-Anhalt
39	2	nach Berner/Hollerbach 2016, Abb. 3, Grafik LDA Sachsen-Anhalt
40	3	nach Glaubrecht u. a. 2007, Grafik LDA Sachsen-Anhalt
	4	nach Schönwiese 2003, 23; verändert durch LDA Sachsen-Anhalt
41	5	nach Rahmstorf 2006, 1 Abb. 1, Grafik LDA Sachsen-Anhalt
	6	nach Raval/Ramanathan 1989; Bengtsson 1997, Grafik LDA Sachsen-Anhalt
42	7	Müller 2013, 17 Abb. 26
43	8	nach J. Paeger, <http://www.oekosystem-erde.de/html/kohlenstoffkreislauf.html> (14.03.2017), Grafik LDA Sachsen-Anhalt
44	9	nach Bryant u. a. 1997, Grafik LDA Sachsen-Anhalt
45	10	A. Müller

KAPITEL 2

Seite	Abb.	Nachweis
48		Geologisch-Paläontologische Sammlung Univ. Leipzig, Foto J. Lipták, München
50	1	verändert nach Zachos u. a. 2001, 688 Abb. 2, Grafik LDA Sachsen-Anhalt
51	2	Global Paleogeography and Tectonics in Deep Time © 2016 Colorado Plateau Geosystems Inc.
52	3	A. Müller, Grafik LDA Sachsen-Anhalt
54	4	Geowissenschaftliche Sammlung Martin-Luther-Univ. Halle-Wittenberg, Foto J. Lipták, München
56	5	© Royal Belgian Institute of Natural Sciences, Foto T. Hubin
57	6	T. Bastelberger, München
58–60	7–8	Geologisch-Paläontologische Sammlung Univ. Leipzig, Foto J. Lipták, München
61–63	9	Zentralmagazin Naturwissenschaftlicher Sammlungen (ZNS) der Martin-Luther-Univ. Halle-Wittenberg, Foto J. Lipták, München
64	10	ZNS der Martin-Luther-Univ. Halle-Wittenberg, Foto J. Lipták, München
65	11	Paleogeography of Europe © 2011 Colorado Plateau Geosystems Inc.
66	12	Geologisch-Paläontologische Sammlung Univ. Leipzig, Foto J. Lipták, München
67	13	Geologisch-Paläontologische Sammlung Univ. Leipzig, Foto J. Lipták, München
68	14	A. Müller, Foto Nummuliten J. Lipták, München, Grafik LDA Sachsen-Anhalt
69–70	15–16	Geologisch-Paläontologische Sammlung Univ. Leipzig, Foto J. Lipták, München
72	17	Geologisch-Paläontologische Sammlung Univ. Leipzig, Foto J. Lipták, München
73	18	Paleogeography of Europe © 2011 Colorado Plateau Geosystems Inc.
74–76	19–21	Geologisch-Paläontologische Sammlung Univ. Leipzig, Foto J. Lipták, München
77	22	Staatliche Naturwissenschaftliche Sammlungen Bayerns – Bayerische Staatssammlung für Paläontologie und Geologie (SNSB – BSPG), München, Foto J. Lipták, München
79–83	23–26	Museum der Westlausitz Kamenz, Foto J. Lipták, München
84	27	nach Svensson u. a. 2005; nach Andersen u. a. 2006, Grafik LDA Sachsen-Anhalt
85–86	28–29	Geologisch-Paläontologische Sammlung Univ. Leipzig, Foto J. Lipták, München
88–89	30	Private Sammlung D. Mania, Foto J. Lipták, München
90		Zentralmagazin Naturwissenschaftlicher Sammlungen (ZNS) der Martin-Luther-Univ. Halle-Wittenberg, Foto J. Lipták, München
91	1	K. Wolf-Schwenninger, Staatliches Museum für Naturkunde Stuttgart
92	2	© Masato Hattori, 2017
93	3	nach Hastings/Hellmund 2015, Grafik LDA Sachsen-Anhalt
94	4	A. Vogel, Senckenberg Naturmuseum Frankfurt am Main
95	5	Paläontologische Sammlung der Univ. Tübingen, Foto © Ghedoghedo, Italien, CC-by-sa-3.0, <https://commons.wikimedia.org/wiki/File:Pholidocercus_hassiacus_34.JPG> (19.05.2017)
96	6	A. Vogel, Senckenberg Naturmuseum Frankfurt am Main
97	7	LDA Sachsen-Anhalt
98	8	nach Ziegler 1990, Grafik LDA Sachsen-Anhalt
99	9–10	S. Leidenroth, Staatliches Museum für Naturkunde Stuttgart
	11	Inventar-Nr. SMNS 47284, Staatliches Museum für Naturkunde Stuttgart, Foto J. Lipták, München
	12	Inventar-Nr. SMNS 44760, Staatliches Museum für Naturkunde Stuttgart, Foto J. Lipták, München
	13	S. Leidenroth, Staatliches Museum für Naturkunde Stuttgart
99	14	Inventar-Nr. SMNS 43506, Staatliches Museum für Naturkunde Stuttgart, Foto J. Lipták, München

100 Inventar-Nr. SMNS 47284 (oben), 44760 (unten) Staatliches Museum für Naturkunde Stuttgart, Foto J. Lipták, München

101 1 M. Rasser, Staatliches Museum für Naturkunde Stuttgart

103 15 Zentralmagazin Naturwissenschaftlicher Sammlungen (ZNS) der Martin-Luther-Univ. Halle-Wittenberg, Foto J. Lipták, München

104 © K. Schauer, Salzburg

106–107 1 Geiseltalsammlung (fossile Insekten) und Zoologische Sammlung (Entomologie), Zentralmagazin Naturwissenschaftlicher Sammlungen (ZNS) der Martin-Luther-Univ. Halle-Wittenberg, Foto J. Lipták, München

108 2 Hastings/Hellmund 2015, 15

109 3 Inventar-Nr. GMH XXII-700-1965, ZNS der Martin-Luther-Univ. Halle-Wittenberg, Foto J. Lipták, München

110–111 4 Inventar-Nr. GMH XIV-4757a-1956, ZNS der Martin-Luther-Univ. Halle-Wittenberg, Foto J. Lipták, München

112 5 Inventar-Nr. GMH Leo X-8001-1938, ZNS der Martin-Luther-Univ. Halle-Wittenberg, Foto J. Lipták, München

113 6 Hastings/Hellmund 2015, 95

114 7 Schnabel: Inventar-Nr. GMH XLI-200-1968, Unterkieferfragment: Inventar-Nr. GMH XIV-4730-1956, Synsacrum und Becken: Inventar-Nr. GMH XIV-658-1956, ZNS der Martin-Luther-Univ. Halle-Wittenberg, Foto J. Lipták, München

115 8 © K. Schauer, Salzburg

116 9 Hastings/Hellmund 2015, 74

117 10 Inventar-Nr. GMH XIV-1670-1955, ZNS der Martin-Luther-Univ. Halle-Wittenberg, Foto J. Lipták, München

118 11 Inventar-Nr. GMH XXXVIII-798-1964, ZNS der Martin-Luther-Univ. Halle-Wittenberg, Foto J. Lipták, München

119 1 P. Radke, Lausitzer und Mitteldeutsche Bergbau-Verwaltungsgesellschaft mbH

120 12 Inventar-Nr. GMH XXII-586-1965, ZNS der Martin-Luther-Univ. Halle-Wittenberg, Foto J. Lipták, München

121 13 Hastings/Hellmund 2015, 64–65

122 14 Inventar-Nr. GMH Ce IV-7011-1933, ZNS der Martin-Luther-Univ. Halle-Wittenberg, Foto J. Lipták, München

123 15 Inventar-Nr. GMH XXXVII-135-1964, ZNS der Martin-Luther-Univ. Halle-Wittenberg, Foto J. Lipták, München

124 Inventar-Nr. IZH-V 3048, Zentralmagazin Naturwissenschaftlicher Sammlungen (ZNS) der Martin-Luther-Univ. Halle-Wittenberg, Foto J. Lipták, München

126 1 Collar 2001

127 2 nach Collar 2001, Grafik LDA Sachsen-Anhalt

128 3 G. Mayr, Forschungsinstitut Senckenberg Frankfurt am Main

4 Mayr 2009a

129 5 © Royal Belgian Institute of Natural Sciences, Brussels, Foto T. Hubin

6 nach Mayr/Smith 2013, 33 Abb. 4, Grafik LDA Sachsen-Anhalt

130 7 Mayr 2017, 144, Foto S. Tränkner, Senckenberg Forschungsinstitut Frankfurt am Main

131 8 Mayr 2017, 145, Foto S. Tränkner, Senckenberg Forschungsinstitut Frankfurt am Main, Grafik LDA Sachsen-Anhalt

132 9 Inventar-Nr. IZH-V 3061, ZNS der Martin-Luther-Univ. Halle-Wittenberg, Foto J. Lipták, München

134 10 Inventar-Nr. IZH-V 3095, ZNS der Martin-Luther-Univ. Halle-Wittenberg, Foto J. Lipták, München

135 11 Inventar-Nr. IZH-V 3072, ZNS der Martin-Luther-Univ. Halle-Wittenberg, Foto J. Lipták, München

136–137 12 Inventar-Nr. IZH-V 3060, ZNS der Martin-Luther-Univ. Halle-Wittenberg, Foto J. Lipták, München

139 13 Inventar-Nr. IZH-V 3079, ZNS der Martin-Luther-Univ. Halle-Wittenberg, Foto J. Lipták, München

140–141 14 Inventar-Nr. IZH-V 0113, ZNS der Martin-Luther-Univ. Halle-Wittenberg, Foto J. Lipták, München

142 J. Lipták, München

144 1 nach von Koenigswald 2002, Grafik LDA Sachsen-Anhalt

145 2 Spengler Museum Sangerhausen, Foto U. Stieglitz

146 1 Staatliches Museum für Naturkunde Stuttgart, Foto S. Wang

147 3 Landesmuseum für Vorgeschichte Halle (Saale), Foto J. Lipták, München

148 1 Univ. Heidelberg, Institut für Geowissenschaften

150 4 Foto J. Lipták, München

151 5–6 Staatliches Museum für Naturkunde Stuttgart, Foto R. Harling

152 7 Senckenberg Forschungsstation für Quartärpaläontologie Weimar, Foto T. Korn

153 8 Staatliches Museum für Naturkunde Stuttgart, Foto H. Lumpe

154 1 nach Knapp u. a. 2009, Grafik LDA Sachsen-Anhalt

155 2 Inventar-Nr. IZH-M 632, Zentralmagazin Naturwissenschaftlicher Sammlungen (ZNS) der Martin-Luther-Univ. Halle-Wittenberg, Foto J. Lipták, München

3 Inventar-Nr. IZH-M 779, ZNS der Martin-Luther-Univ. Halle-Wittenberg, Foto J. Lipták, München

4 © K. Schauer, Salzburg

5 J. Lipták, München

156 1 J. Lipták, München

157 2 © K. Schauer, Salzburg

158 3 © K. Schauer, Salzburg, Grafik K. Pockrandt, Halle (Saale)

159 4 © K. Schauer, Salzburg

160 1 W. Warby, London

2 © K. Schauer, Salzburg

161 3 D. Chulov – stock.adobe.com, <https://stock.adobe.com/de/stock-photo/reindeers-in-natural-environment-tromso-region-northern-norway/74133733> (31.07.2017)

162 1 © K. Schauer, Salzburg

2 bereta – stock.adobe.com, <https://stock.adobe.com/de/stock-photo/musk-ox/72596775> (30.08.2017)

163 3 Victor Tyakht – stock.adobe.com, <https://stock.adobe.com/de/stock-photo/wild-male-saiga-antelope-near-watering-in-steppe/91004934> (30.08.2017)

1 © K. Schauer, Salzburg

164 2 Inventar-Nr. 10420:3:3, Foto J. Lipták, München

3 © K. Schauer, Salzburg

165 1 Inventar-Nr. SNSB-BSPG AS II 604, Bayerische Staatssammlung für Paläontologie und Geologie München, Foto J. Lipták, München

2 Inventar-Nr. HK 62:248, Foto J. Lipták, München

166 3 Inventar-Nr. IZH-M 622, Zentralmagazin Naturwissenschaftlicher Samlungen (ZNS) der Martin-Luther-Univ. Halle-Wittenberg, Foto J. Lipták, München

4 © K. Schauer, Salzburg

167 1 © K. Schauer, Salzburg

2 Inventar-Nr. IZH-M 2962, Zentralmagazin Naturwissenschaftlicher Sammlungen (ZNS) der Martin-Luther-Univ. Halle-Wittenberg, Foto J. Lipták, München

168 3 Naturhistorisches Museum Wien, Foto J. Lipták, München

169 1 © K. Schauer, Salzburg, Grafik K. Pockrandt, Halle (Saale)

170 2–3 © K. Schauer, Salzburg

171 4 Museum für Naturkunde Berlin, Foto J. Lipták, München

5 Stadtmuseum Aschersleben, Foto J. Lipták, München

172 6–7 J. Lipták, München

173 1 Inventar-Nr. GL 77/202//Z-GL/M 397, GL 77/202//Z-GL/M 398, GeoZentrum Nordbayern, Fachgruppe Paläoumwelt, Erlangen, Foto J. Lipták, München

174 1 Staatliche Naturwissenschaftliche Sammlungen Bayerns, Bayerische Staatssammlung für Paläontologie und Geologie (SNSB – BSPG), München, Foto J. Lipták, München

2 J. Lipták, München

175 3 Museum für Naturkunde Berlin, Foto J. Lipták, München

176 1 LDA Sachsen-Anhalt

177 2 © K. Schauer, Salzburg

KAPITEL 3

180 © K. Schauer, Salzburg

182 1–2 Museum für Naturkunde Berlin, Foto J. Lipták, München

184–185 3 © K. Schauer, Salzburg, Grafik K. Pockrandt, Halle (Saale)

186 1 Geologisch-Paläontologische Sammlungen des Instituts für Geowissenschaften und Geografie der Martin-Luther-Univ. Halle-Wittenberg

188 4 Inventar-Nr. Wa285, Geologisch-Paläontologische Sammlung der Martin-Luther-Univ. Halle-Wittenberg, Foto J. Lipták, München

189 5 © K. Schauer, Salzburg

190 6 © K. Schauer, Salzburg, Grafik K. Pockrandt, Halle (Saale), Kartengrundlage Global Paleogeography and Tectonics in Deep Time © 2016 Colorado Plateau Geosystems Inc.

191 7 Inventar-Nr. 6MH VI-10209-1949, ZNS der Martin-Luther-Univ. Halle-Wittenberg, Foto J. Lipták, München
8 Inventar-Nr. 6MH Leo I-4240-1932, ZNS der Martin-Luther-Univ Halle-Wittenberg, Foto J. Lipták, München
192 9 Inventar-Nr. 6MH L-2-1969, ZNS der Martin-Luther-Univ. Halle-Wittenberg, Foto J. Lipták, München
193 10 © K. Schauer, Salzburg
194 11 Geologisch-Paläontologische Sammlungen der Martin-Luther-Univ. Halle-Wittenberg, Foto J. Lipták, München
196 12 Geologisch-Paläontologische Sammlungen der Martin-Luther-Univ. Halle-Wittenberg, Foto J. Lipták, München
197 13 © K. Schauer, Salzburg, Grafik B. Janzen, LDA Sachsen-Anhalt, Kartengrundlage Global Paleogeography and Tectonics in Deep Time © 2016 Colorado Plateau Geosystems Inc.
198 14 Inventar-Nr. IZH M-213, ZNS der Martin-Luther-Univ. Halle-Wittenberg, Foto J. Lipták, München
199 15 © K. Schauer, Salzburg
200 16 Museum für Naturkunde Berlin, Foto J. Lipták, München
201 17 © K. Schauer, Salzburg
203 18 W. Kruger, Bloemfontein
204 19 J. Lipták, München
20 © K. Schauer, Salzburg
205 21 © Fotosearch, K37182332
207–208 22–23 © K. Schauer, Salzburg
210 N. Feans, CC-by-2.0, <https://commons.wikimedia.org/wiki/File:Olduvai_Gorge_or_Oldupai_Gorge.jpg> (23.09.2017)
212 1 National Museum of Tanzania, Dar Es Salaam, Foto T. M. Kaiser, Centrum für Naturkunde (CeNak) Hamburg
213 2 nach T. M. Kaiser, CeNak Hamburg, Grafik LDA Sachsen-Anhalt
3 Ditsong National Museum of Natural History, Johannesburg, Südafrika, Foto T. M. Kaiser, CeNak Hamburg
214 4 Nairobi National Museum, Kenia, Foto T. M. Kaiser, CeNak Hamburg
5 nach T. M. Kaiser, CeNak Hamburg, Grafik LDA Sachsen-Anhalt
215 6 Nairobi National Museum, Kenia, Foto T. M. Kaiser, CeNak Hamburg
216 7 National Museum of Tanzania, Dar Es Salaam, Foto T. M. Kaiser, CeNak Hamburg
217 8–9 Ditsong National Museum of Natural History, Johannesburg, Südafrika, Foto T. M. Kaiser, CeNak Hamburg
218 10 National Museum of Tanzania, Dar Es Salaam, Foto T. M. Kaiser, CeNak Hamburg
219 11 nach T. M. Kaiser, CeNak Hamburg, Grafik LDA Sachsen-Anhalt
220 12 nach T. M. Kaiser, CeNak Hamburg, Grafik LDA Sachsen-Anhalt
221 13 Nairobi National Museum, Kenia, Foto T. M. Kaiser, CeNak Hamburg
14 Nairobi National Museum, Kenia, Foto T. M. Kaiser, CeNak Hamburg
222 S. Bambi, Museo di Storia Naturale, Università di Firenze
223 1 LDA Sachsen-Anhalt
223 2 S. Bambi, Museo di Storia Naturale, Università di Firenze
224 3 S. Bambi, Museo di Storia Naturale, Università di Firenze
225 4 Naturhistorisches Museum, Basel
5 S. Bambi, Museo di Storia Naturale, Università di Firenze
226 6 S. Bambi, Museo di Storia Naturale, Università di Firenze
227 7 © M. Antón, Madrid

KAPITEL 4

230 in_possible – stock.adobe.com, <https://stock.adobe.com/de/stock-photo/incendio-en-canaveral-con-humo-cubriendo-el-horizonte/117506687> (10.08.2017)
232 1 C. S. Fuchs, Niedersächsisches Landesamt für Denkmalpflege
2 Human Origins Program, Smithsonian Institution
233 3 © K. Schauer, Salzburg
235 4 M. Krog, mitchellkrog.com
236 5 REUTERS, A. Gea – stock.adobe.com; <https://stock.adobe.com/de/search?filters%5Bcontent_type%3Aphoto%5D=1&filters%5Bcontent_type%3Aillustration%5D=1&filters%5Bcontent_type%3Azip_vector%5D=1&filters%5Bis_editorial%5D=1&k=154372365&safe_search=1&search_page=1&limit=100&acp=&aco=154372365> (23.10.2017)
237 6 © K. Schauer, Salzburg
238 7 Cam Matheson
239 8 ivan kmit – stock.adobe.com, <https://stock.adobe.com/de/stock-photo/fire/79583743> (10.08.2017)
240 © K. Schauer, Salzburg
242 1 M. Wegmann, CC-by-sa-3.0, <https://en.wikipedia.org/wiki/Olduvai_Gorge#/media/File:Panoramic_view_of_Olduvai_Gorge.jpg> (26.04.2017)
243 2 Leakey 1971
244 3 D. Mania
245 4 Leakey 1971
246 5 D. Mania
248–249 6 a © K. Schauer, Salzburg, b Foto J. Lipták, München
250 7 © K. Schauer, Salzburg
252 8 LDA Sachsen-Anhalt
254 9 nach Pei/Zhang 1985
255 10 D. Mania
256 1 D. Mania
257 2 D. Mania, nach Mai 1983
258 11 D. Mania
259 12 nach Mania/Mania 2004, Grafik LDA Sachsen-Anhalt
260–261 13 © K. Schauer, Salzburg
260 14 D. Mania
262 15 J. Lipták, München
263 1 E. Behrens und Foto C. S. Fuchs, Niedersächsisches Landesamt für Denkmalpflege
264 16 D. Mania
265 17 © K. Schauer, Salzburg
266 18 D. Mania
266 1 D. Mania
267 19 © K. Schauer, Salzburg
268 1 D. Mania
269 1 D. Mania, © K. Schauer, Salzburg
2 D. Mania
270 20 D. Mania
271 21 J. Lipták, München
272–273 22–24 D. Mania, Grafik LDA Sachsen-Anhalt
274 1 © K. Schauer, Salzburg
275 25 D. Mania, Grafik LDA Sachsen-Anhalt
276–278 26–27a J. Lipták, München
279 27b LDA Sachsen-Anhalt
280–281 1 Slovak National Museum – National History Museum, Foto J. Lipták, München
282 © K. Schauer, Salzburg
284 1 T. Uthmeier, Grafik LDA Sachsen-Anhalt
286–287 2–3 Association Louis Bégouën
288 4 © K. Schauer, Salzburg
289 5 Association Louis Bégouën
290 6 © K. Schauer, Salzburg
291 7 Association Louis Bégouën
293 8 Association Louis Bégouën
294 9 Foto u. Zeichnung J. Ewersen
296 10 T. Uthmeier, Grafik LDA Sachsen-Anhalt
297 11 T. Uthmeier, verändert nach: Abfallgrube: Gaudzinski-Windheuser/Jöris 2006, 44, Foto C. Hellebrand-Kosche; Schema: Gaudzinski-Windheuser/Jöris 2006, 44, Grafik M. Sensburg
298 12 Fotos Y. André, Laténium; Plan verändert nach Plumettaz 2007, Grafik LDA Sachsen-Anhalt
299 13 T. Uthmeier
300 14 Grabungsplan: Gaudzinski-Windheuser/Jöris 2006, 39, Plan: O. Jöris, MONREPOS; Zeltmodell: Gaudzinski-Windheuser/Jöris 2006, 38, Foto G. Bosinski; Plattenlage: Foto G. Bosinski; Bildarchiv des Archäologischen Forschungszentrums und Museums für menschliche Verhaltensevolution MONREPOS
301 15 T. Uthmeier
302 16 T. Uthmeier, zusammengestellt nach Soffer 1985, Tab. 6.18 und Tab. 6.20
303 17 Association Louis Bégouën
304 18 © O. Huard/CNP/MCC (CNP=Centre national de Préhistoire/MCC=Ministère de la Culture et de la Communication)
306 19 T. Uthmeier, Grafik LDA Sachsen-Anhalt
308 20 Foto J. Lipták, München, Zeichnung nach Bosinski 1982, Taf. 78,1
310–311 21 © K. Schauer, Salzburg
312 22 Naturhistorisches Museum Wien, Foto J. Lipták, München
313 23 T. Uthmeier, nach Street u. a. 2012, Grafik LDA Sachsen-Anhalt
314 1 A. Maier, Univ. Erlangen-Nürnberg
315 2 J. Lipták, München, Umzeichnung LDA Sachsen-Anhalt
316 3 Plan A. Rüschmann und O. Vogels, Univ. Köln, Foto Univ. Köln/Erlangen-Nürnberg
317 4 T. Uthmeier
318 J. Lipták, München
320 1 Kartengrundlage Landesamt für Vermessung und Geoinformation Sachsen-Anhalt, Grafik LDA Sachsen-Anhalt

321 2 R. Helm, Archiv des Museums Schloss Moritzburg, Zeitz

322 3 O. Jöris, MONREPOS Archäologisches Forschungszentrum und Museum für menschliche Verhaltensevolution Neuwied, Grafik LDA Sachsen-Anhalt

324 4 O. Jöris, MONREPOS Archäologisches Forschungszentrum und Museum für menschliche Verhaltensevolution Neuwied

325–327 5–7 J. Lipták, München

329–333 8–9 Fotos J. Lipták, München, Zusammenstellung LDA Sachsen-Anhalt

332 © K. Schauer, Salzburg

334 1 Kunsthistorisches Museum Wien; akg-images

335 2 Rahmstorf 2003, 2 Abb. 1, Grafik LDA Sachsen-Anhalt

336–337 3–4 G.-C. Weniger, Grafik LDA Sachsen-Anhalt

338 Mährisches Landesmuseum Brünn, Foto J. Lipták, München

339 1 LDA Sachsen-Anhalt

340 2 Mährisches Landesmuseum Brünn, Foto J. Lipták, München

4 Klíma 1957, 130 Abb. 20

341 3 Mährisches Landesmuseum Brünn, Foto J. Lipták, München

342 5 Mährisches Landesmuseum Brünn, Foto J. Lipták, München

343 6–8 M. Oliva, Mährisches Landesmuseum Brünn

344 9 Mährisches Landesmuseum Brünn, Foto J. Lipták, München

10 M. Oliva, Mährisches Landesmuseum Brünn

345 11 Mährisches Landesmuseum Brünn, Foto J. Lipták, München, Umzeichnung S. Buchwald, LDA Sachsen-Anhalt

347 12 M. Oliva, Mährisches Landesmuseum Brünn

348 13 Mährisches Landesmuseum Brünn, Foto J. Lipták, München

349 14 Mährisches Landesmuseum Brünn, Foto M. Oliva, Umzeichnung S. Buchwald, LDA Sachsen-Anhalt

15 M. Oliva, Mährisches Landesmuseum Brünn

350–353 16 Mährisches Landesmuseum Brünn, Foto J. Lipták, München

354 17 B. Klíma 1957, 110 Abb. 17

18 Mährisches Landesmuseum Brünn, Foto J. Lipták, München

355–357 19–20 Mährisches Landesmuseum Brünn, Foto J. Lipták, München

358 21 M. Oliva, Mährisches Landesmuseum Brünn

359 22 Mährisches Landesmuseum Brünn, Foto J. Lipták, München

360 Museo de Prehistoria y Arqueología de Cantabria, Santander

361 1 S. Jaillet – MCC (Ministère de la Culture et de la Communication)

362 2 Kartendaten: J. Cavero/N. Melard 2017, Umsetzung S. Buchwald, LDA Sachsen-Anhalt

363 3 a Cliché N. Aujoulat, Centre National de Préhistoire – MCC, b © J. Clottes – MCC

4 Museo de Prehistoria y Arqueología de Cantabria, Santander

364 5 © H. Paitier

365 6 Cliché N. Aujoulat, Centre National de Préhistoire – MCC

366 7 oben: V. Iserhardt, Römisch-Germanisches Zentralmuseum Mainz, unten: Foto J. Lipták, München

368 8 Gesamtansicht Höhle: © MCC DRAC/SRA PACA – L. Vanrell (Original argentique)

369 9 Museo de Prehistoria y Arqueología de Cantabria, Santander

10 links: Landesamt für Denkmalpflege und Archäologie, Weimar, Foto H. Arnold, rechts: Landesamt für Denkmalpflege und Archäologie, Weimar, Zeichnung H. Künzel

371 11 H. Jensen, Univ. Tübingen

372 Collection Musée de la Ville de Poitiers et de la Société des Antiquaires de l'Ouest, Foto © Musées de Poitiers/Christian Vignaud

373 1 nach Airvaux 2016, Grafik LDA Sachsen-Anhalt

374 2 J. Airvaux

375 3 Collection Musée de la Ville de Poitiers et de la Société des Antiquaires de l'Ouest und Musée d'Archéologie nationale et Domaine national de Saint-Germain-en-Laye, Fotomontage J. Airvaux

376 4 Collection Musée de la Ville de Poitiers et de la Société des Antiquaires de l'Ouest, J. Airvaux 2001, 122 Abb. 107

377 5 © A. Maulny

378 6 Musée d'Archéologie nationale et Domaine national de Saint-Germain-en-Laye, Foto S. de Saint-Mathurin

379 7 J. Airvaux

380 8 Collection Musée de la Ville de Poitiers et de la Société des Antiquaires de l'Ouest, Foto © Musées de Poitiers/Christian Vignaud

9 Collection du Muséum National d'Histoire Naturelle, Foto MH_50-7-300 collection MNHN-MH, E. Robert und L. Glemarec

10 Collection IPH; F123 Lussac 1919-1, Foto E. Robert und S. Renault (MNHN), Umzeichnung J. Airvaux

381 11 J. Airvaux

12 Musée d'Archéologie nationale et Domaine national de Saint-Germain-en-Laye, Foto bpk/RMN – Grand Palais/Jean-Gilles Berizzi

382 13 J. Airvaux

383 14 Institution: unbekannt, Foto u. Umzeichnung J. Airvaux

15 Collection Musée de la Ville de Poitiers et de la Société des Antiquaires de l'Ouest, Foto © Musées de Poitiers/Christian Vignaud, Umzeichnung J. Airvaux

384 1 Collections des Musées de la Ville de Poitiers et de la Société des Antiquaires de l'Ouest, Foto N. Mélard

2 N. Mélard

386 16 © A. Maulny

387 17–18 J. Airvaux

388 19 Collection Musée de la Ville de Poitiers et de la Société des Antiquaires de l'Ouest, Foto J. Airvaux, Umzeichnung J. Airvaux

389 20 Collection Musée de la Ville de Poitiers et de la Société des Antiquaires de l'Ouest, Foto © Musées de Poitiers/Christian Vignaud

KAPITEL 5

392 jhvephoto, stock.adobe.com, <https://stock.adobe.com/de/stock-photo/glacier-in-glacier-bay-national-park-alaska/98047043?prev_url=detail> (26.06.2017)

394 1 nach W. Behringer, Grafik LDA Sachsen-Anhalt

395 1 Yale Center for British Art, <http://collections.britishart.yale.edu/vufind/Record/1667694> (27.06.2017)

396 2 verändert nach Max-Planck-Institut für Meteorologie, <https://www.mpimet.mpg.de/kommunikation/aktuelles/im-fokus/klimaeinfluss-von-vulkaneruptionen/> (26.06.2017), Grafik LDA Sachsen-Anhalt

397 3 NASA, <https://www.nasa.gov/multimedia/imagegallery/image_feature_1397.html> (12.06.2017)

398 1 Technoseum Mannheim, K. Luginsland, <https://www.tourismus-bw.de/Media/Presse/Pressemitteilungen/Als-das-Rad-ins-Rollen-kam/Laufmaschine-von-Karl-Drais_1817_Nachbau_-C-Technoseum-Mannheim> (27.06.2017)

399 4 nach DeWikiMan, CC-by-sa-3.0, <https://commons.wikimedia.org/wiki/File:Male-total.jpg> (26.06.2017)

400 5 Pinacoteca Querini Stampalia Venezia, akg-images

401 6 nach K. Conrad, CC-by-sa-3.0, <https://commons.wikimedia.org/wiki/Image:Holocene_Temperature_Variations_German.png> (26.06.2017), Grafik LDA Sachsen-Anhalt

403 7 S. Ilyas, CC-by-sa-3.0, <https://commons.wikimedia.org/wiki/File:Male-total.jpg> (26.06.2017)

404 S. Kröpelin

406–407 1–4 S. Kröpelin

408 5 U. George

6 S. Kröpelin

409 7 Kröpelin u. a. 2008

410–411 8–10 S. Kröpelin

412 11 S. Kröpelin

12 A. Polczyk

413–414 13–15 S. Kröpelin

415 16 S. Kröpelin, nach Kuper/Kröpelin 2006

416 17–18 S. Kröpelin

418 © K. Schauer, Salzburg

420 1 picture alliance/dpa, Foto Li Xiangyu

421 2 maxbaer – stock.adobe.com, <https://stock.adobe.com/de/stock-photo/spitzbergen-ueberirdische-versorgungsleitungen/43994420?prev_url=detail> (26.07.2017)

423 3 maxbaer – stock.adobe.com, <https://stock.adobe.com/de/stock-photo/spitzbergen-ueberirdische-versorgungsleitungen/43994420?prev_url=detail> (26.07.2017)

441 Montage Zentralinstallation Ausstellung »Klimagewalten«, Landesmuseum für Vorgeschichte, Halle (Saale), Foto J. Lipták, München. Abgebildete Personen (von links nach rechts): Daniel Salzer (NW-Geinsheim), Dieter Schön (Pfarrkirchen i. M., Österreich).

AUTOREN

Dr. Jean Airvaux
Ministère de la culture et
de la communication
182 Rue Saint-Honoré
75001 Paris
Frankreich

Thomas Albert
Institut für Ur- und Frühgeschichte
Universität zu Köln
Weyertal 125
50931 Köln
Deutschland

Dr. Dieta Ambros
Assoziierter Wissenschaftler
GeoZentrum Nordbayern
Fachgruppe Paläoumwelt
Loewenichstr. 28
91054 Erlangen
Deutschland

Prof. Dr. Wolfgang Behringer
Arbeitsstelle für Historische
Kulturforschung
Universität des Saarlandes
Campus B3 1
66123 Saarbrücken
Deutschland

Dr. Volker Bothmer
Institut für Astrophysik
Georg-August-Universität Göttingen
Friedrich-Hund-Platz 1
37077 Göttingen
Deutschland

Dr. Peter Fischer
Geographisches Institut Mainz
Johannes-Gutenberg-Universität Mainz
Johann-Joachim-Becher-Weg 21
55099 Mainz
Deutschland

Dr. Agness Gidna
National Museum of Tanzania
PO Box 511
Dar Es Salaam
Tansania

Dr. Alexander K. Hastings
Virginia Museum of Natural History
21 Starling Avenue
Martinsville
VA 24112
USA

Dr. Olaf Jöris
MONREPOS
Archäologisches Forschungszentrum und
Museum für menschliche Verhaltensevolution
Schloss Monrepos
56567 Neuwied
Deutschland

Prof. Dr. Thomas M. Kaiser
Centrum für Naturkunde (CeNak)
Universität Hamburg
Martin-Luther-King-Platz 3
20146 Hamburg
Deutschland

Lazarus Kgasi
Ditsong National Museum of Natural History
432 Paul Kruger Street
Pretoria 0001
Südafrika

Dr. Stefan Kröpelin
Institut für Ur- und Frühgeschichte
Forschungsstelle Afrika
Universität zu Köln
Jennerstraße 8
50823 Köln
Deutschland

Dr. Amandus Kwekason
National Museum of Tanzania
PO Box 511
Dar Es Salaam
Tansania

Prof. Dr. Audax ZP Mabulla
National Museum of Tanzania
PO Box 511
Dar Es Salaam
Tansania

Andreas Maier
Institut für Ur- und Frühgeschichte
Friedrich-Alexander-Universität
Erlangen-Nürnberg
Kochstraße 4/18
91054 Erlangen
Deutschland

Prof. Dr. Dietrich Mania
Forstweg 29
07745 Jena
Deutschland

Dr. Fredrick K. Manthi
Earth Sciences Department
National Museums of Kenya
PO Box 40658
00100 Nairobi
Kenia

Tim Matthies M.A.
MONREPOS
Archäologisches Forschungszentrum und
Museum für menschliche Verhaltensevolution
Schloss Monrepos
56567 Neuwied
Deutschland

Dr. Gerald Mayr
Senckenberg Forschungsinstitut
und Naturmuseum Frankfurt
Sektion Ornithologie
Senckenberganlage 25
60325 Frankfurt a. M.
Deutschland

Pia Meindl B.A.
Archäozoologie Köln
Institut für Ur- und Frühgeschichte
Forschungsstelle Afrika
Universität zu Köln
Jennerstraße 8
50823 Köln
Deutschland

Dr. Nicolas Mélard
Centre de recherche et de restauration des musées de France (C2RMF)
Groupe Imagerie
Palais du Louvre – Porte des Lions
14, quai François Mitterrand
75001 Paris
Frankreich

Prof. Dr. Harald Meller
Landesamt für Denkmalpflege und Archäologie Sachsen-Anhalt
Landesmuseum für Vorgeschichte
Richard-Wagner-Straße 9
06114 Halle (Saale)
Deutschland

Kai Michel M. A.
Höfliweg 10
8055 Zürich
Schweiz

Prof. Dr. Arnold Müller
Fockestraße 23
04275 Leipzig
Deutschland

PD Dr. Martin Oliva
Ústav Anthropos
Moravské zemské muzeum
Zelný trh 6
659 37 Brno
Tschechische Republik

Joel Orrin
Institut für Ur- und Frühgeschichte
Universität zu Köln
Weyertal 125
50931 Köln
Deutschland

Amela Puskar B. A.
Archäozoologie Köln
Institut für Ur- und Frühgeschichte
Forschungsstelle Afrika
Universität zu Köln
Jennerstraße 8
50823 Köln
Deutschland

Dr. Thomas Puttkammer
Landesamt für Denkmalpflege und Archäologie Sachsen-Anhalt
Landesmuseum für Vorgeschichte
Richard-Wagner-Straße 9
06114 Halle (Saale)
Deutschland

Prof. Dr. Jürgen Richter
Institut für Ur- und Frühgeschichte
Universität zu Köln
Weyertal 125
50931 Köln
Deutschland

Prof. Dr. Lorenzo Rook
Dipartimento di Scienze della Terra
Università degli Studi Firenze
Via La Pira, 4
50121 Florenz
Italien

Karol Schauer
Landesamt für Denkmalpflege und Archäologie Sachsen-Anhalt
Landesmuseum für Vorgeschichte
Richard-Wagner-Straße 9
06114 Halle (Saale)
Deutschland

Dr. Ellen Schulz-Kornas
Max-Planck-Weizmann-Zentrum für Integrative Archäologie und Anthropologie
Max-Planck-Institut für Evolutionäre Anthropologie
Deutscher Platz 6
04103 Leipzig
Deutschland

Alena Šefčáková
Slovenské národné múzeum
Prírodovedné múzeum
Vajanského nábrežie 2
810 06 Bratislava 16
Slowakei

Dr. Frank D. Steinheimer
Zentralmagazin Naturwissenschaftlicher Sammlungen (ZNS)
Martin-Luther-Universität Halle-Wittenberg
Domplatz 4
06108 Halle (Saale)
Deutschland

Dr. Mirriam Tawane
Ditsong National Museum of Natural History
432 Paul Kruger Street
Pretoria 0001
Südafrika

Prof. Dr. Thorsten Uthmeier
Institut für Ur- und Frühgeschichte
Friedrich-Alexander-Universität Erlangen-Nürnberg
Kochstraße 4/18
91054 Erlangen
Deutschland

Juliane Weiß M. A.
Landesamt für Denkmalpflege und Archäologie Sachsen-Anhalt
Landesmuseum für Vorgeschichte
Richard-Wagner-Straße 9
06114 Halle (Saale)
Deutschland

Prof. Dr. Gerd-Christian Weniger
Neanderthal Museum
Talstraße 300
40822 Mettmann
Deutschland

Dr. Reinhard Ziegler
Fossile Säugetiere
Staatliches Museum für Naturkunde Stuttgart
Rosenstein 1
70191 Stuttgart
Deutschland